Nr. 40
S. 14389—14748

1962
3. Oktober

Chemisches Zentralblatt

Vollständiges Repertorium für alle Zweige der reinen und angewandten Chemie

1830 gegründet. 1897—1945 von der Deutschen Chemischen Gesellschaft fortgeführt. Im Auftrage der Deutschen Akademie der Wissenschaften zu Berlin, der Chemischen Gesellschaft in der DDR, der Akademie der Wissenschaften zu Göttingen und der Gesellschaft Deutscher Chemiker (in der BRD)

herausgegeben von Prof. Dr. Heinrich Bertsch und Prof. Dr. Dr. h. c. Wilhelm Klemm

133. Jahrgang

1962

Chefredakteure: Dr. Eugen Klever und Dr. Willi Barz

Akademie-Verlag GmbH., Berlin — Verlag Chemie, GmbH., Weinheim/Bergstr.

Inhalt

Sprachenbezeichnung in den Referaten des Chemischen Zentralblattes

(Abkürzungen laut DIN-Normblatt 1502 Beiblatt 1)

Albanisch = alb.
Bulgarisch = bulg.
Chinesisch = chin.
Dänisch = dän.
Deutsch = dt.
Englisch = engl.
Estnisch = estn.
Finnisch = finn.
Flämisch = fläm.
Französisch = franz.
Griechisch = griech.
Irisch = ir.
Italienisch = ital.
Japanisch = jap.
Lateinisch = lat.
Litauisch = litau.

Niederländisch = niederl.
Norwegisch = norw.
Persisch = pers.
Polnisch = pol.
Portugiesisch = port.
Rumänisch = rum.
Russisch = russ.
Schwedisch = schwed.
Serbokroatisch = serbokroat.
Slowakisch = slowak.
Slowenisch = slowen.
Spanisch = span.
Tschechisch = tschech.
Türkisch = türk.
Ukrainisch = ukrain.
Ungarisch = ung.

CHEMISCHES ZENTRALBLATT

VOLLSTÄNDIGES REPERTORIUM FÜR ALLE ZWEIGE DER REINEN UND ANGEWANDTEN CHEMIE

1830 gegründet
1897—1945 von der Deutschen Chemischen Gesellschaft fortgeführt

Im Auftrage der Deutschen Akademie der Wissenschaften zu Berlin,
der Chemischen Gesellschaft in der DDR,
der Akademie der Wissenschaften zu Göttingen
und der Gesellschaft Deutscher Chemiker (in der BRD)
herausgegeben von

Prof. Dr. **Heinrich Bertsch** und Prof. Dr. Dr. h. c. **Wilhelm Klemm**

133. JAHRGANG

1962

SEITE 13273—14748

Chefredakteure: Dr. Eugen Klever und Dr. Willi Barz

1962

AKADEMIE-VERLAG GMBH · BERLIN
VERLAG CHEMIE · GMBH · WEINHEIM/BERGSTR.

Heft-Nr.	Seitenzahl	Ausgabedatum
37	13273—13640	12. September 1962
38	13641—14012	19. September 1962
39	14013—14388	26. September 1962
40	14389—14748	3. Oktober 1962

Herausgeber: Prof. Dr. Heinrich Bertsch, Berlin, u. Prof. Dr. Dr. h. c. Wilhelm Klemm, Münster.
Chefredakteure und verantwortlich für den Inhalt: Dr. Eugen Klever, Berlin W 30, Geisbergstr. 39, Fernsprecher: 249541, und Dr. Willi Barz, Berlin N 4, Schiffbauerdamm 19, Fernsprecher: 425571.

Verlag: Akademie-Verlag GmbH, Berlin W 8, Leipziger Str. 3—4 (Fernsprecher: 220441, Telex-Nr. 011773, Postscheckkonto Berlin 35021), und Verlag Chemie, GmbH, Weinheim/Bergstr. (Fernsprecher: Weinheim 3635 [Sammelnummer]; Fernschreiber: 0465516 chemieverl wnh; Postscheckkonten: Frankfurt/M. 145314 u. Berlin [West] 7430). Bestellnummer: 1007/133. Das Chemische Zentralblatt erscheint wöchentlich. Preis des Jahrganges einschl. Autoren-, Patent-, Sach- u. Formelregister: DM 1200,—; einseitig bedruckte Ausgabe: DM 1350,—. Abgabe der Zeitschrift nur mit sämtlichen Registern. Abbestellungen nur bis spätestens 6 Wochen vor Ablauf des Kalenderjahres.

Satz u. Druck: VEB Leipziger Druckhaus, Leipzig, III/18/203. 9/62.
Veröffentlicht unter der Lizenznummer ZLN 5002 des Ministeriums für Kultur, Hauptverwaltung Verlagswesen.
Printed in Germany.

Abkürzungsverzeichnis

A	Ampère
A.	Äthylalkohol
Å	Ångström
a	Jahr (nur für Dimensionen)
Abb.	Abbildung(en)
abs.	absolut(e)
Ae.	Diäthyläther
akt.	aktiv(e)
allg.	allgemein(e)
App.	Apparat(e), Apparatur(en)
asymm.	asymmetrisch(e)
at	Atmosphäre, technisch
atm	Atmosphäre, physikalisch
Atomgew.	Atomgewicht
ausg.	ausgegeben
AZ.	Acetylzahl
bar	Bar
bes.	besonders, besondere, insbesondere
Best.	Bestimmung(en)
Bibl.	Bibliographie(n)
bin.	binär
Bldg.	Bildung(en)
bzgl.	bezüglich
Bzl.	Benzol
Bzn.	Benzin
bzw.	beziehungsweise
C.	Chem. Zentralblatt (nur bei Zitaten)
c	Curie
ca.	zirka
cal	Calorie (Grammcalorie)
Chlf.	Chloroform
const	constans
cP	Centipoise
cSt	Centistokes
D_4^{20}	Dichte (bei 20° gemessen u. bezogen auf Wasser von 4°)
D	Debye
d	Tag (nur für Dimensionen)
DAB.	Deutsches Arzneibuch
dad. gek.	dadurch gekennzeichnet
Darst.	Darstellung(en)
Deriv.	Derivat
Derivv.	Derivate
Dest.	Destillation(en)
dest.	destillieren, destilliert(e)
d.h.	das heißt
DK	Dielektrizitätskonstante
DL	Dosis letalis
DTA	Differentielle Thermoanalyse
$E^{1\%}_{1\,cm}$	Extinktion (1%ige Lsg.; 1 cm Schichtdicke)
Eig.	Eigenschaft
Eigg.	Eigenschaften
Einfl.	Einfluß, Einflüsse
Einw.	Einwirkung(en)
EMK	Elektromotorische Kraft
Entw.	Entwicklung(en)
Ep.	Erstarrungspunkt
Epp.	Erstarrungspunkte
eV	Elektronenvolt
evtl.	eventuell
EZ.	Esterzahl
°F	Grad Fahrenheit
F.	Schmelzpunkt
FF.	Schmelzpunkte
Fl.	Flüssigkeit
Fll.	Flüssigkeiten
fl.	flüssig(e)
g	Gramm
Geh.	Gehalt(e)
gek.	gekennzeichnet(e)
gesätt.	gesättigt(e)
Geschw.	Geschwindigkeit(en)
Gew.	Gewicht(e)
ggf.	gegebenenfalls
Ggw.	Gegenwart
h	Stunde (nur für Dimensionen)
Herst.	Herstellung(en)
Hz	Hertz
I.E.	Internationale Einheit
i.m.	intramuskulär(e)
inakt.	inaktiv(e)
I.P.	Isoelektrischer Punkt
IR	Infrarot (Ultrarot)
i.v.	intravenös(e)
J	Joule
JZ.	Jodzahl
°K	Grad Kelvin
kcal	Kilogrammcalorie
Koeff.	Koeffizient(en)
Koll.	Kolloid(e)
koll.	kolloid(e), kolloidal(e)
Kondens.	Kondensation(en)
Konst.	Konstante(n)
konst.	konstant(e)
Konstit.	Konstitution(en)
Konz.	Konzentration
Konzz.	Konzentrationen
konz.	konzentriert(e)
korr.	korrigiert(e)
Kp.	Siedepunkt
Kpp.	Siedepunkte
krist.	kristallisiert(e)
KW-Stoff	Kohlenwasserstoff
KW-Stoffe	Kohlenwasserstoffe
Labor.	Laboratorium, Laboratorien
l.c.	loco citato
Leg.	Legierung
Legg.	Legierungen
lösl.	löslich(e)
log	Logarithmus (allgemein)
Lsg.	Lösung
Lsgg.	Lösungen
Lsgm.	Lösungsmittel (Ein- u. Mehrzahl)
m	Meter
m	molar (Konzentrationsangabe)
Meth.	Methode(n)
Min.	Minute(n) (allgemein)
min	Minute (nur für Dimensionen)
Mitt.	Mitteilung(en)
mkr.	mikroskopisch(e)
ml	Milliliter
mμ	Millimikron
Mol	Grammolekül(e)
Mol.	Molekül
Moll.	Moleküle
mol.	molekular(e)
Molgew.	Molekulargewicht(e)
Mol.-Refr.	Molekularrefraktion(en)
n	normal (Konzentrationsangabe)
n-	normal (Isomerieangabe)
n_D^{20}	Brechungsindex (bei 20° u. D-Linie)
nachst.	nachstehend(e)
Nachw.	Nachweis(e)
Nd.	Niederschlag
Ndd.	Niederschläge
Oe	Oerstedt
opt.-akt.	optisch-aktiv(e)
p	Pond
PAe.	Petroläther
pH	Wasserstoffionenkonzentration (negativer dekad. Logarithmus)
pK	Dissoziationskonstante (negativer Logarithmus)
ppm	parts per million
Präp.	Präparat
Präpp.	Präparate
prim.	primär(e)
Prior.	Priorität(en), Unionspriorität(en)
Prod.	Produkt
Prodd.	Produkte
qual.	qualitativ(e)
quant.	quantitativ(e)

quart.	quartär(e) (Bindigkeit)
quatern.	quaternär(e)
°R	Grad Réaumur
r	Internationale Röntgeneinheit
rac.	racemisch(e)
rad	Einheit der absorbierten Strahlendosis
°Rank.	Grad Rankine
Red.	Reduktion
Redd.	Reduktionen
red.	reduziert(e)
Ref.	Referat
Reff.	Referate
rem	roentgen-equivalent-men
rep	roentgen-equivalent-physical
R_F	Retentionsfaktor (anteilmäßige Steighöhe)
RhZ.	Rhodanzahl
Rk.	Reaktion
Rkk.	Reaktionen
S	Sedimentationskonstante
s	Sekunde (nur für Dimensionen)
s.	siehe
schm.	schmelzend(e)
sd.	siedend(e)
Sek.	Sekunde(n), allgemein
sek.	sekundär(e)
sog.	sogenannt(e)
Spezif.Gew.	Spezifisches Gewicht
Std.	Stunde(n) (allgemein)
std.	stündig(e)
symm.	symmetrisch(e)
Synth.	Synthese(n)
Syst.	System(e)
SZ.	Säurezahl
t	Tonne, metrisch
Temp.	Temperatur(en)
tern.	ternär(e)
tert.	tertiär(e)
u.	und
u.a.	und andere, unter anderem
u.dgl.	und dergleichen
U/min	Umdrehungen pro Minute
ungesätt.	ungesättigt(e)
unlösl.	unlöslich(e)
unsymm.	unsymmetrisch(e)
Unters.	Untersuchung
Unterss.	Untersuchungen
USP.	United States Pharmacopeia
usw.	und so weiter
UV	Ultraviolett
V	Volt
Val	Grammäquivalent
Verb.	Verbindung
Verbb.	Verbindungen
verd.	verdünnt(e)
Verf.	Verfahren (Einzahl)
Verff.	Verfahren (Mehrzahl)
Verh.	Verhalten
Vers.	Versuch
Verss.	Versuche
Verw.	Verwendung(en)
Vf.	Verfasser(in) (Einzahl)
Vff.	Verfasser(innen) (Mehrzahl)
Vgl.	Vergleich(e)
vgl.	vergleiche
Vol.	Volumen, Volumina
Vork.	Vorkommen (Ein- u. Mehrzahl)
vorl.Mitt.	vorläufige Mitteilung(en)
Vorr.	Vorrichtung(en)
vorst.	vorstehend(e)
VZ.	Verseifungszahl
W	Watt
W.	Wasser
Wrkg.	Wirkung(en)
wss.	wässerig(e)
X	X-Einheit
z.B.	zum Beispiel
Zers.	Zersetzung(en)
z.T.	zum Teil
Zus.	Zusammensetzung(en)
♂	männlich (im biolog. Sinne)
♀	weiblich (im biolog. Sinne)
°	Grad Celsius
%ig.	prozentig
‰ig.	promillig
$\sim$	angenähert, etwa gleich mit, rund
$\geqq$	gleich oder größer als
$\leqq$	gleich oder kleiner als
$>$	größer als
$<$	kleiner als
$\triangleq$	entspricht
∞	unendlich
$\varnothing$	Durchmesser

Griech. Abkürzungen

$[\alpha]_D^{20}$	Opt, Drehung, spezifische (gemessen mit D-Linie bei 20°)
λ	Wellenlänge
λ_{max}	maximale Wellenlänge
λ_{min}	minimale Wellenlänge
μ	Mikrometer (auch Mikron genannt)
μg	Mikrogramm (auch Gamma genannt)
Ω	Ohm

Kurzzeichen der Vorsätze für Einheiten

T	Tera-	10^{12} Einheiten
G	Giga-	10^{9} Einheiten
M	Mega-	10^{6} Einheiten
k	Kilo-	10^{3} Einheiten
h	Hekto-	10^{2} Einheiten
da	Deka-	10^{1} Einheiten
d	Dezi-	10^{-1} Einheiten
c	Zenti-	10^{-2} Einheiten
m	Milli-	10^{-3} Einheiten
μ	Mikro-	10^{-6} Einheiten
n	Nano-	10^{-9} Einheiten
p	Pico-	10^{-12} Einheiten

Patent-Abkürzungen

D.A.S.	Deutsche Auslegeschrift
D.B.P.	Deutsches Bundes-Pat.
D.P. [DDR]	Deutsches [DDR] Patent
D.R.P.	Deutsches Reichs-Pat.
A.P.	Amerikanisches Patent
Aust.P.	Australisches Patent
Belg.P.	Belgisches Patent
Can.P.	Canadisches Patent
Dän.P.	Dänisches Patent
E.P.	Englisches Patent
Finn.P.	Finnisches Patent
F.P.	Französisches Patent
Holl.P.	Holländisches Patent
Ind.P.	Indisches Patent
It.P.	Italienisches Patent
Jap.A.S.	Japan. Auslegeschrift
Jug.P.	Jugoslawisches Patent
Norw.P.	Norwegisches Patent
Oe.P.	Österreichisch. Patent
Poln.P.	Polnisches Patent
Schwed.P.	Schwedisches Patent
Schwz.P.	Schweizer Patent
Tschech.P.	Tschechoslowakisches Patent
UdSSR.P.	Sowjetisches Patent
Ung.P.	Ungarisches Patent

Für die fachliche Rechtschreibung in den Referaten und Registern des Chemischen Zentralblattes ist die 2. Auflage (Verlag Chemie GmbH Weinheim/Bergstr. u. VDI-Verlag GmbH Düsseldorf; 1959) der „Rechtschreibung der technischen und chemischen Fremdwörter" von Jansen-Mackensen bestimmend.

Dr. Eugen Klever und Dr. Willi Barz, Chefredakteure

Chemisches Zentralblatt

1962 **Bibliographien** Nr. 40

Neue Bücher

A. Allgemeine, physikalische und anorganische Chemie

Jiří Bareš, Collection of problems in physical chemistry. Oxford, New York, Paris: Pergamon Press. 1961. (XVIII + 608 S. m. Abb.) 8⁰.

K. A. Manokidis, Inorganic chemistry. Athen: General Direction of Press Research and Cultural Relations Division. 1960. (408 S.)

G. Pannetier, Chimie générale. Atomistique et liaisons chimiques. Paris: Masson. 1962. (510 S. m. 278 Abb.) 58 NF.

—, McGraw-Hill yearbook of science and technology. 1961—1962. New York: McGarw-Hill. 1962. (558 S. m. Abb.) $ 17.50.

A_1. Kernphysik und Kernchemie

—, Glossary of terms used in nuclear science. London: British Standards Institution. 1962. (128 S.) 30 s.

A_2. Optisches Verhalten der Materie

Pierre Barchewitz, Spectroscopie infrarouge. 1. Vibrations moléculaires. Paris: Gauthier-Villars. 1961. (VIII + 239 S. m. Abb.) 8⁰. 42 NF.

William A. Shurcliff, Polarized light; production and use. Cambridge (Massachusetts): Harvard. 1962. (207 S. m. Abb.) $ 6.25.

E_1. Allgemeine Biologie und Biochemie

Frank C. Ferguson jun., Drug therapy. Philadelphia: Lea & Febiger. 1962. (411 S.) $ 7.50.

Marcel Florkin, ed., Comparative biochemistry; vol. 3. New York: Academic P. 1962. (XIX + 959 S. m. Abb.) $ 30.—.

E_3. Mikrobiologie. Bakteriologie. Immunologie

S. Lambin et **A. German,** Guide de travaux, pratiques de microbiologie. 2e édit. Paris: Vigot Frères. 1962. (200 S. m. Abb.) 16 NF.

E_5. Tierchemie. Tierphysiologie. Tierpathologie

Aubrey Gorbman, A textbook of comparative endocrinology. New York: Wiley. 1962. (468 S. m. Abb.) $ 12.50.

L. G. Leibsson, Die Regulierung des Zuckergehaltes im Blut von Tier und Mensch. Moskau: Verl. der Akad. der Wiss. der UdSSR. 1962. (25 Bogen) 1 Rbl. 75 Kop. [Russ.]

I. N. Werchowskaja, Brom im tierischen Organismus und Mechanismus seiner Wirkung. Moskau: Verl. der Akad. der Wiss. der UdSSR. 1962. (307 S. m. Abb.) 2 Rbl. 15 Kop. [Russ.]

—, The adrenocortical hormones. Part 1. Berlin, Göttingen, Heidelberg: Springer. 1962. (XXIII + 738 S. m. 224 Abb.) 4⁰ = Handbuch der experimentellen Pharmakologie. Erg.-Werk, Bd. 14. Part 1. DM 236,—.

E_6. Pharmakologie. Therapie. Toxikologie. Hygiene

Thomas J. Haley and **Ray S. Snider,** eds., Response of the nervous system to ionizing radiation. New York: Academic. 1962. (XVII + 783 S. m. Abb.) $ 18.—.

W. M. Koslow und **W. D. Turowski,** Beryllium. Toxikologie, Klinik der Schäden, Arbeitshygiene. Moskau: Gossatomisdat. 1962. (119 S. m. Abb.) 37 Kop. [Russ.]

G. Yiannaracos, Internal Pathology and contemporary Therapeutics. Ist vol. Athens: General Direction of Press Research and Cultural Relations Division. 1959. (832 S.)

—, Enzymes and drug action. London: Churchill. 1962. (XV + 556 S. m. 3 Taf., Tab. u. Diagr.) 65 s.

G. Analyse. Laboratorium

Izaak Maurits Kolthoff, ed., Treatise on analytical chemistry. New York: Interscience. 1961. (567 S. m. Abb.) $ 20.75.

D. W. Radun, Messung der Temperatur flüssiger Metalle, der Feuchtigkeit von Stoffen und der Konzentration von Lösungen. Moskau: 1962. (111 S. m. Zeichng.) 21 Kop. [Russ.]

H I. Allgemeine chemische Technologie

Siegfried Buch, Einführung in die allgemeine Vakuumtechnik. Stuttgart: Wissenschaftliche Verl. Ges. 1962. (XII + 207 S. m. 186 Abb.) 8⁰. DM 38,—.

Wilfred Francis Coxon, Automatic process control. London: Heywood & Co. 1962. (X + 291 S. m. Abb., Taf., Tab. u. Diagr.) 55 s.

H. L. Eschbach, Praktikum der Hochvakuumtechnik. Leipzig: Akademische Verlagsgesellschaft Geest & Portig. 1962. (X + 243 S. m. 223 Abb. u. 26 Tab.) 8⁰ = Technisch-Physikalische Monographien. Bd. 13. DM 28,50.

Henri Guérin, Chimie industrielle. La grande industrie chimique. Tome I: Les industries du soufre et de ses composés. Paris: Presses Universitaires de France. 1962. (XX + 416 S. m. Abb.) 32 NF.

III. Elektrotechnik

John Robert Collins, Electrochemical measuring instruments. New York: Rider. 1962. (121 S. m. Abb.) = Rider pubn. no. 292. $ 3.25.

VI. Silicatchemie. Baustoffe

W. I. Panassjuk, Chemische Kontrolle der Glasproduktion (Lehrbuch für Technika der Glasindustrie). Moskau: Rosstechisdat. 1962. (196 S. m. Abb.) 54 Kop. [Russ.]

Ja. M. Ssyrkin und **M. B. Frenkel**, Chemie und Technologie des Schlackenportlandzementes. Kiew: Gosstroiisdat der UkrainSSR. 1962. (179 S. m. Abb.) 67 Kop. [Russ.]

X. Färberei. Organische Farbstoffe

Otto Mecheels, Hrsg., Deutscher Färberkalender für das Jahr 1962. Jahrgang 66. München: Eder. 1961. (376, 95 S. m. Abb.) 8⁰. DM 16,—.

—, Methods for the determination of the colour fastness of textiles. 1st revision. London: British Standards Institution. 1961. (108 S. m. Tab. u. Diagr.) 30 s.

—, Procion dyestuffs in textile dyeing. London: Imperial Chemical Industries. 1962. (380 S. m. Taf., Tab. u. Diagr.)

XI. a) Farben. Anstriche. Lacke. Naturharze

G. Champetier and **H. Rabaté**, Physique des peintures, vernis et pigments. 1. Paris: Dunod. 1962. (VIII + 411 S. m. Abb.) 8⁰. 68 NF.

XI. b) Plaste (Kunstharze, Plastische Massen)

Walter Mink, Grundzüge der Spritzgußtechnik. Speyer/Rh.: Zechner. 1961. (196 S. m. 92 Abb. u. 16 Tab.) 8⁰ = Die Kunststoffbücherei. DM 14,80.

XVI. Nahrungs-, Genuß- und Futtermittel

—, Grüne Liste 1960. Verzeichnis diätetischer Lebensmittel. Herausgeg. vom Verband der Diätetischen Lebensmittelindustrie, Frankfurt/Main. Aulendorf/Wttbg.: Editio Cantor. 1960. (96 S.) DM 6,—.

XIX. Brennstoffe. Erdöl. Mineralöle

N. F. Dubowkin, Handbuch der Kohlenwasserstoffbrennstoffe und ihrer Verbrennungsprodukte. Moskau-Leningrad: Gossenergoisdat. 1962. (288 S. m. graph. Darst.) 1 Rbl. 8 Kop. [Russ.]

L. Ss. Sarubin u. a., Filterzentrifugen für die Entwässerung von Kohlenklein. Moskau: Gossgortechisdat. 1961. (110 S.) 34 Kop. [Russ.]

Je. M. Taitz u. a., Methoden der Analyse und Prüfung der Kohlen als industrieller Rohstoff. Moskau: Gossgortechisdat. 1961. (316 S.) 90 Kop. [Russ.]

Ausgewertete Bibliographie-Fachzeitschriften

Belgien	Bibliographie de Belgique — Belgische Bibliographie	England	British Books (Incorporating the Publishers Circular & Booksellers Record)
ČSSR	Bulletin — Die Neuesten Forschungsergebnisse der Tschechoslowakischen Wissenschaft		British National Bibliography
	Nové Knihy (Neue Bücher)	Frankreich	Bibliographie de la France
	Novinky (Neuheiten)	Italien	Bibliografia Nazionale Italiana
Dänemark	Danske Bogmarked	Japan	Nōhon Shūhō (Current Publications)
Deutschland	Börsenblatt für den Deutschen Buchhandel — Frankfurter Ausgabe	Niederlande	Nieuwsblad voor de Boekhandel
	Börsenblatt für den Deutschen Buchhandel — Leipziger Ausgabe	Österreich	Österreichische Bibliographie
	Deutsche Bibliographie. Wöchentliches Verzeichnis. Ausgabe II. [Frankfurt/Main]	Schweiz	Schweizer Buch. Serie A und Serie B
	Deutsche Nationalbibliographie. Reihe A: Neuerscheinungen des Buchhandels [Leipzig]	UdSSR	Bücherverzeichnis des Jahres (Книжная летопись)
		USA	Publishers' Weekly

Namenregister

Patentregister

Chemisches Zentralblatt

1962 **Nr. 40** **3. Oktober**

A. Allgemeine, physikalische und anorganische Chemie

Grundlagen der Quantentheorie und Komplementarität. L. Rosenfeld. (Nature [London] **190.** 384–88. 29/4. 1961. Copenhagen, Nordisk Inst. for Teor. Atomfys.; engl.) – Krit. Übersicht. A. Blaschette. 10□

Anwendbarkeit von angenäherten quantenmechanischen Wellenfunktionen mit Diskontinuitäten in ihren ersten Ableitungen. Joseph O. Hirschfelder und George V. Nazaroff. (J. chem. Physics **34.** 1666–70. Mai 1961. Madison, Wis., Univ. of Wisconsin, Theoret. Chem. Labor.; engl.) – Vff. zeigen, daß näherungsweise quantenmechan. Wellenfunktionen, die Diskontinuitäten in ihrer ersten Ableitung aufweisen, durchaus brauchbar sind u. als Resultat dieser Diskontinuitäten zu den Erwartungswerten der kinet. Energie einen Anteil liefern. G. M. Neumann. 10□

Die Geltung des Matrizenprinzips bei Grenzflächenprozessen in Naturwissenschaft und Technik. H. Seifert. (Chemie-Ing.-Techn. **33.** 210–19. März 1961. Münster/Westf., Univ., Mineralog.-Petrolog. Inst.; dt.) – Grenzflächenvorgänge an krist. Festkörpern sind wegen deren geordneter Mol.-Struktur mit ihrem anisotropen Potentialfeld strukturgelenkt. Die Vorstellung von der Wirkungsweise solcher „morpholog. Katalysatoren„ findet prägnanten Ausdruck in der „Matrizentheorie"; dieser „geometr. Faktor" wird neben dem energet. herausgestellt. Hierzu bespricht Vf. die Grundlagen in der Kristallographie mit den selektiven, spezif. Adsorptionsprozessen u. den strukturgelenkten katalyt. Folgeerscheinungen; außerdem wird die heterogene Katalyse unter diesem Gesichtspunkt krit. betrachtet. Es folgen Anwendungen aus zahlreichen Bereichen der Grundwissenschaften u. Technik. Die Bedeutung des Matrizenprinzips überschreitet den Bereich des Anorganischen. Dies zeigt Vf. für biokristallograph. Erscheinungen u. für viele Vorgänge u. Rk.-Prodd. in Biochemie u. Medizin; „diagnost." Kristallisationen u. Krankheitserscheinungen, wie z. B. die Silicose, werden unter diesem katalyt. Aspekt erörtert. – 47 Literaturangaben. G. Ruban. 10□

Jiří Bareš, Collection of problems in physical chemistry. Oxford, New York, Paris: Pergamon Press. 1961. (XVIII + 608 S. m. Abb.) 8°.

K. A. Manokidis, Inorganic chemistry. Athen: General Direction of Press Research and Cultural Relations Division. 1960. (408 S.)

G. Pannetier, Chimie générale. Atomistique et liaisons chimiques. Paris: Masson. 1962. (510 S. m. 278 Abb.) 58 NF.

—, McGraw-Hill yearbook of science and technology. 1961—1962. New York: McGraw-Hill. 1962. (558 S. m. Abb.) $ 17.50.

A_1. Kernphysik und Kernchemie

Myoneneinfang und strahlender Pioneneinfang in ^{3}He. A. Fujii und D. J. Hall. (Nuclear Physics [Amsterdam] **32.** 102–05. April 1962. London, Imp. Coll., Dep. of Phys. and Queen Elizabeth Coll., Dep. of Phys.; engl.) – Vff. beschreiben eine Interpolations-Meth., um das Kern-Matrixelement der μ-Einfang-Rk. $\mu^- + {}^3\text{He} \rightarrow {}^3\text{H} + \nu$ aus den Matrixelementen des strahlenden π-Einfangprozesses $\pi^- + {}^3\text{He} \rightarrow {}^3\text{H} + \gamma$ u. des β-Zerfallsprozesses ${}^3\text{H} \rightarrow {}^3\text{He} + e + \bar{\nu}$ zu erhalten. Gerhard Schmidt. 90□

Untersuchung der Elektronenspektren und der Asymmetrie beim π-μ-e-Zerfall in einer Kernphotoemulsion. A. O. Waissenberg, W. A. Smirnitski und E. D. Kolganowa. (Журнал Экспериментальной и Теоретической Физики [J. exp. theoret. Physik] **40.** 1042–49. April 1961; russ., Auszug: engl.) – Emulsionskammern mit 50–100 Schichten von 10×10 (oder 15) $\times$ 0,04 cm^3 wurden im Magnetfeld von 17 kOe oder ohne Magnetfeld dem Pionenbündel ausgesetzt u. dabei der π-μ-e-Zerfall untersucht. Das Spektrum der Zerfallselektronen wurde nach der Meth. der Einfachstreuung bestimmt. Für den Michel-Parameter wurde $\varrho = 0,66 \pm 0,07$ u. für den Asymmetrieparameter $\delta = 0,63 \pm 0,12$ gefunden, was mit der Zweikomponententheorie des Neutrinos im Einklang steht. M. Wiedemann. 90□

Der Zerfall der negativen π-Mesonen beim Abbremsen in leichten Elementen und Isolatoren. G. Culligan, D. Harting, N. H. Lipman, L. Madansky und G. Tibell. (Nuovo Cimento [10] **20.** 351—58. 16/4. 1961. Geneva, CERN; engl.) — Das 170-MeV/c-Pionenbündel des Synchrocyclotrons wurde verwendet, die Pionen nach der Flugzeit ausgewählt u. in Targets aus Be, B_4C, Al u. Teflon abgebremst. Der π–μ–e-Zerfall der π^+ sowie π^- wurde untersucht u. die Zahl der Elektronen bestimmt. Wenn angenommen wird, daß in Al kein Zerfall negativer Pionen stattfindet, ist die Zerfallswahrscheinlichkeit der π^- beim Abbremsen in den anderen Targets $<1\%$.
M. Wiedemann. 90□

Die Wirkung der Pion–Pion-Wechselwirkung auf die Pion–Nucleon-Streuung. Kin-ichi Ishida. (Progr. theoret. Physics [Kyoto] **25.** 797—802. Mai 1961. Kyoto, Kyoto Univ., Res. Inst. for Fundament. Res.; engl.) — Vgl. C. **1961.** 15637 u. C. **1962.** 10339. — Es wird gezeigt, daß die Einführung nicht nur der Pion–Pion-P-Wellen-Wechselwrkg., sondern auch der Pion–Pion-S-Wellen-Wechselwrkg. die Pion–Nucleon-P-Wellen-Phasenverschiebungen bei niedrigen Energien zu deuten vermag.
M. Wiedemann. 90□

π-N-Vorwärtsdispersionsbeziehungen mit elektromagnetischen Korrekturen. A. Minguzzi. (Nuovo Cimento [10] **19.** 981—86. 1/3. 1961. Geneva, CERN; engl.) — Die Vorwärts–Meson–Nucleon-Dispersionsbeziehungen mit elektromagnet. Korrekturen bis zur e^2-Ordnung werden bewiesen, der Beitrag des unphysikal. Bereichs wird abgeschätzt.
M. Wiedemann. 90□

π^+-Proton-Streuquerschnitte nach der Chew-Low-Extrapolation. G. A. Smith, H. Courant, E. Fowler, H. Kraybill, J. Sandweiss und H. Taft. (Physic. Rev. Letters **5.** 571—72. 15/12. 1960. New Haven, Conn., Yale Univ., Phys. Dep.; engl.) — Der totale π^+–p-Wrkg.-Querschnitt kann nach Chew-Low auf hohe Energien extrapoliert werden, wenn der Wrkg.-Querschnitt von $p + p \rightarrow p + n + \pi^+$ bekannt ist. Hiernach wurden 790 Beispiele analysiert, die mittels der 20-in.-Blasenkammer mit fl. H_2, die dem 2,85-GeV-Protonenbündel ausgesetzt wurde, beobachtet wurden.
M. Wiedemann. 90□

310-MeV-π^+-p-Polarisations- und Wirkungsquerschnittsexperimente. Phasenverschiebungsanalyse. Ernest H. Rogers, Owen Chamberlain, James H. Foote, Herbert M. Steiner, Clyde Wiegand und Tom Ypsilantis. (Rev. mod. Physics **33.** 356—61. Juli 1961. Berkeley, Calif., Univ. of California, Lawrence Radiation Labor.; engl.) — Durch Beschuß von Polyäthylen mit 740-MeV-Cyclotronprotonen wurden positiv geladene Pionen mit 310 MeV u. einer Intensität von $2 \cdot 10^6$/s erzeugt, sie fielen auf ein Target aus fl. H_2. Mittels einer Zähleranordnung wurden der differentielle Wrkg.-Querschnitt u. durch Streuung an *C* die Polarisation der Rückstoßprotonen bestimmt. Der Wrkg.-Querschnitt nahm von 18,4 mbarn/sterad bei 14° (Schwerpunkts-Syst.) auf das Minimum von 1,48 bei 105° ab u. stieg bis 165° wieder auf 4,8 mbarn/sterad an. Die Phasenverschiebungsanalyse mit S-, P-, D- u. F-Wellen ergab kein eindeutiges Resultat.
M. Wiedemann. 90□

Partielle Wirkungsquerschnitte nahe den höheren Resonanzen. P. Valk-Vairant und G. Valladas. (Rev. mod. Physics **33.** 362—67. Juli 1961. Saclay, Labor. de Phys. Corpuscul. à Haute Energie; engl.) — Überblick über die Wrkg.-Querschnitte für elast., unelast. u. Ladungsaustauschprozesse bei π^-–p- u. π^+–p-Wechselwrkg. im Bereich bis 1500 MeV. Auch die π^0-Erzeugung wird behandelt. Ferner werden das Verh. der Querschnitte im $T = 1/2$-Zustand u. die Resonanzen bei 600 u. 890 MeV erörtert. Die Ladungsaustauschstreuung u. die Interferenzglieder zwischen $T = 1/2$- u. $T = 3/2$-Zuständen werden behandelt.
M. Wiedemann. 90□

Bildung von Kernfragmenten in Photoemulsionen unter der Einwirkung von 80-MeV-π^+-Mesonen. A. Ss. Assowskaja und N. Ss. Iwanowa. (Журнал Экспериментальной и Теоретической Физики [J. exp. theoret. Physik] **39.** 1511—16. Dez. 1960. Strahleninst. der Akad. der Wiss. der UdSSR; russ., Auszug: engl.) — Mit 80-MeV-π^+-Mesonen werden Photoemulsionen beschossen u. die Fragmentspuren analysiert. Aus der Ausbeute der mehrfach geladenen Fragmente sowie deren Energie u. Winkelverteilung ergibt sich, daß die Fragmente von schnellen Protonen erzeugt werden, die prim. bei der Absorption der π^+-Mesonen durch Nucleonenpaare entstehen.
K.-E. Seyb. 90□

Zerfallsmodi und Lebensdauer negativer K-Mesonen. B. Bhowmik, P. C. Jain und P. C. Mathur. (Nuovo Cimento [10] **20.** 857—76. Juni 1961. Delhi, Univ., Dep. of Phys.; engl.) — Zwei Emulsionsstapel wurden dem magnet. analysierten K^--Bündel des Bevatrons von 430 bzw. 440 MeV/c ausgesetzt u. auf 103m Bahn neben Einfangsternen u. Wechselwrkg. im Flug 48 Zerfälle im Flug beobachtet, die sich auf folgende Typen verteilten: K_{μ_2} (56,0 ± 12,8), K_{π_2} (33,4 ± 8,7), K_{μ_3} (5,9 ± 3,1), K_{π_3} (2,7 ± 2,7), K_{β_3} (2,9 ± 1,9) u. τ' (0 + 2,0) %. Aus den beiden ersten Typen ergab sich eine mittlere Masse von 965,8 (+ 16,5, − 21,5) m_e. Die mittlere Lebensdauer wurde zu 1,27 (+ 0,36, − 0,23)·10^{-8} s berechnet. M. WIEDEMANN. 90□

Beitrag zur K^+-Zerfallsstatistik. J. K. Boggild, K. H. Hansen, J. E. Hooper und M. Scharff. (Nuovo Cimento [10] **19.** 621−41. 16/2. 1961. Copenhagen, Univ., Inst. for Theor. Phys.; Chandigarh, India, Panjab Univ.; engl.) — 200 Emulsionen von 0,6 mm, entsprechend einem empfindlichen Vol. von 10,4 Litern, wurden dem K^+-Bündel mit 350 MeV/c ausgesetzt u. insgesamt 1257 Zerfälle identifiziert. Hierzu wurden die Sekundärteilchen bis zum Ende ihrer Reichweite verfolgt. Für einen Zerfall nach $K^+ \to \mu^+ + \mu^0$ u. damit die Existenz des μ^0 wurde kein Hinweis gefunden (Verzweigungsverhältnis < 5%). Ferner wurden unter 467 Zerfällen keine π^+ mit Energien zwischen 53 u. 61 MeV gefunden. Diese u. die Ergebnisse anderer Autoren liefern folgende Verzweigungsverhältnisse: $\mu^+ + \nu$ 58,6 ± 2,6 %; $\pi^+ + \pi^0$ 21,7 ± 2,5 %; $\pi^+ + \pi^+ + \pi^-$ 7,1 ± 0,4 %; $\pi^+ + 2\pi^0$ 2,4 ± 0,4 %; $\mu^+ + \pi^0 + \nu$ 5,5 ± 1,1 % u. $e^+ + \pi^0 + \nu$ 4,7 ± 1,1 %. M. WIEDEMANN. 90□

Experimentelle Verifizierung der Auswahlregel $\Delta I = 1/2$ für den Leptonenzerfall von K-Mesonen. D. W. Njagu, E. O. Okonow, N. I. Petrow, A. M. Rosanowa und W. A. Russakow. (Журнал Экспериментальной и Теоретической Физики [J. exp. theoret. Physik] **40.** 1618−24. Juni 1961. Verein. Inst. für Kernforsch.; russ., Auszug: engl.) — K_2^0 wurden mittels Protonen von 9−10 GeV an Pb erzeugt u. ihr Zerfall mit einer WILSON-Kammer untersucht. Die relative Häufigkeit von $K_2^0 \to e^\pm + \pi^\mp + \nu$ ergab sich zu 46 ± 11%. Ferner wurden 4 Elektron–Positron-Paare mit großer Divergenz gefunden u. als $K_2^0 \to 3\pi^0$ mit einer relativen Häufigkeit von 18% gedeutet. Die Lebensdauer des K_2^0 beträgt 6,1·10^{-8} s, hieraus ergibt sich die abs. Wahrscheinlichkeit des K_{e_3}-Zerfalls zu ca. 6·10^6/s, was dem doppelten Wert der Zerfallswahrscheinlichkeit $K^+ \to e^+ + \pi^0 + \nu$ entspricht u. auch der des K_{μ_3}-Zerfalls. Diese Beziehungen sprechen für die Gültigkeit der $\Delta I = 1/2$-Regel für den Leptonenzerfall der K. M. WIEDEMANN. 90□

Leptonenzerfall des Λ-Hyperons und die Wahrscheinlichkeit für K_{μ_3}- und K_{e_3}-Prozesse. G. M. Gandelman. (Журнал Экспериментальной и Теоретической Физики [J. exp. theoret. Physik] **40.** 1672−75. Juni 1961.; russ., Auszug: engl.) — Bzgl. der Divergenz des Vektorteils des Baryonenstroms bei Nichterhaltung der Strangeness wird ein neues Postulat eingeführt, das die Beziehung zwischen den Wahrscheinlichkeiten der Leptonenzerfälle von Λ-Hyperonen u. den von K_{μ_3}- u. K_{e_3}-Zerfällen aufzustellen gestattet. Beim Λ spielt die Vektorvariante die entscheidende Rolle. M. WIEDEMANN. 90□

Vorschlag eines Experiments über $\Sigma^\pm$-Zerfälle. Ph. Meyer, J. Prentki und Y. Yamaguchi. (Nuovo Cimento [10] **20.** 344−50. 16/4. 1961. Geneva, CERN; engl.) — Die Möglichkeit der Unters. der Zerfälle polarisierter $\Sigma^\pm \to n + \pi^\mp$, die nach $K^- + p \to \Sigma^\pm + \pi^\mp$ gewonnen werden sollen, u. der Messung der Polarisation der Zerfallsneutronen durch Streuung an einem geeigneten Analysator wird diskutiert. Man könnte über die s- oder p-Wellennatur der Zerfälle entscheiden, die Gültigkeit der $|\Delta I| = 1/2$-Regel prüfen u. die Größe sowie das Vorzeichen des Asymmetrie-Koeff. α^0 bestimmen. M. WIEDEMANN. 90□

Häufigkeit der Zerfallsart $\Sigma^+ \to p + \gamma$. J. Schneps und Y. W. Kang. (Nuovo Cimento [10] **19.** 1218−20. 16/3. 1961. Medford, Mass., Tufts Univ.; Padova, Univ., Ist. di Fis.; engl.) — 15000 durch K^--Einfang erzeugte Sterne wurden analysiert. Es wurden 264 normale Zerfälle $\Sigma^+ \to p + \pi^0$ mit einer Protonenreichweite von 1677 μm gefunden u. 4 anomale Zerfälle nach $\Sigma^+ \to p + \gamma$ mit einer Reichweite von 3045 μm. Nach entsprechenden Korrekturen ergibt sich eine Häufigkeit von ca. 1%. M. WIEDEMANN. 90□

Neue schwere Bosonen. H. Fröhlich. (Proc. physic. Soc. **77.** 1223. 1/6. 1961. Liverpool, Univ., Dep. of Theor. Phys.; engl.) — Vgl. C. **1962.** 372. — Aus Symmetriebetrachtung über die Wellengleichung des Vf. sowie aus den Eigg. der schwachen Wechselwrkg. nach LEE u. YANG folgt die Existenz von vier neuen Bosonen (ν-Teilchen), einem positiven, einem negativen u. zwei neutralen, mit dem Spin 1 u. einer Masse größer als die der K-Mesonen. M. WIEDEMANN. 90□

Masse eines neutralen Vektormesons und p-p-Streuung. Shoroku Ohnuma. (Progr. theoret. Physics [Kyoto] **25.** 847−49. Mai 1961. Tokyo, Waseda Univ., Sci. and Engng. Res. Labor.; engl.) — Die Schwierigkeiten bei der Best. des Wertes der Masse des neutralen Vektormesons, das als Erklärung der Spin–Bahn-Wechselwrkg. zwischen zwei Nucleonen eingeführt wurde, werden diskutiert. M. WIEDEMANN. 90□

Über die Anwendung der Methoden der Theorie der Supraleitfähigkeit auf Fragen der Massen von Elementarteilchen. W. G. Waks und A. I. Larkin. (Журнал Экспериментальной и Теоретической Физики [J. exp. theoret. Physik] **40.** 282—85. Jan. 1961; russ.) — Unters. zu einer Vierfermionen-Zweikomponenten-Lagrange-Funktion mit Cutoff (Heisenberg-Typ). G. Kirschstein. 90□

Eine nichtlineare Theorie der starken Wechselwirkungen. T. H. R. Skyrme. (Proc. Roy. Soc. [London], Ser. A **247.** 260—77. 16/9. 1958. Harwell, AERE; engl.) — Es wird eine nichtlineare Theorie der Mesonen, Nucleonen u. Hyperonen entwickelt. Dabei wird für das pseudoskalare Pionenfeld ein Vierkomponenten-Feldvektor konst. Länge eingeführt, alle anderen Konst. sind dimensionslos. Die Masse des Mesonenfeldes wird behandelt. Die kub. Symmetriegruppe führt die Quantenzahlen des Isospins u. der Strangeness ein. M. Wiedemann. 90□

Neue Arbeiten über starke Wechselwirkungen im CERN. A. M. Wetherell. (Rev. mod. Physics **33.** 382—89. Juli 1961. Geneva, CERN; engl.) — Vf. berichtet über Unterss. der Gesamtquerschnitte, einschließlich Beugungsstreuung, für p-p- u. $\bar{p}$-p-Stöße bei hohen Energien. Die ersten sind im Bereich 10—28 GeV/c nahezu konst. 39—40 mbarn = $^2/_3$ des geometr., die letzteren nehmen mit steigender Energie ab u. nähern sich den ersteren. Weiterhin wird über die Erzeugung seltsamer Teilchen, Σ^+ u. Σ^-, Λ, K^0, u. deren Winkelverteilung durch 16-GeV/c-π^- in einer Blasenkammer mit fl. H_2 berichtet. M. Wiedemann. 90□

Elementare relativistische Wellenmechanik von Teilchen mit Spin 0 und Spin 1/2. Herman Feshbach und Felix Villars. (Rev. mod. Physics **30.** 24—45. Jan. 1958. Cambridge, Mass., MIT, Phys. Dep. and Labor. for Nucl. Sci.; engl.) — Überblick über die Wellenmechanik von Teilchen mit dem Spin Null (bes. die Klein-Gordon-Gleichung u. ihre Hamilton-Form), mit dem Spin 1/2 (bes. die Dirac-Matrix u. -Gleichung) sowie die nichtrelativist. Grenze, die Zitterbewegung u. die Verknüpfungen mit der Feldtheorie. G. Ruban. 90□

Ein Vergleich der Pionen- und Nucleonenwechselwirkungen in Kernemulsionen zwischen 10^{11} und 10^{13} eV. F. A. Brisbout, C. Gauld, C. B. A. McCusker, J. Malos, K. Nishikawa, L. S. Peak und L. G. van Loon. (Nuclear Physics [Amsterdam] **26.** 217—21. Aug. 1961. Sydney, Univ., Falkiner Nucl. Dep., School of Phys.; engl.) — Vff. werten die Ergebnisse der Messungen der Pionen- u. Nucleonenwechselwrkg. in Kernemulsionen zweier Gruppen (Sydney-Gruppe: 10 Liter Emulsionsstapel u. Chicago-Gruppe: 22 Liter Emulsionsstapel) aus. Es ergab sich, daß bei Energien um 1000 GeV a) die durchschnittliche Zahl der Schauerteilchen in sek. Strahlen (hauptsächlich von Pionen herrührend) etwa die Hälfte der durch Protonen erzeugten Strahlen beträgt, b) die Streuung der Multiplizitäten in Pion-Nucleon-Stößen bei einer vorgegebenen Energie klein ist, c) die Streuung der Multiplizitäten in durch Protonen erzeugten Strahlen beträchtlich u. in guter Übereinstimmung mit den Vorhersagen der Tunneltheorie ist, u. d) die durchschnittliche Zahl der schweren Spuren in sek. Strahlen (hauptsächlich durch Pionen erzeugt) mit wachsender Energie von ca. 15 bei 6 GeV auf ca. 3 bei 5000 GeV abnimmt. H. Schroeder. 90□

Erzeugung von δ-Elektronen in entfernten Stößen durch geladene ultrarelativistische Teilchen. V. Bortolani. (Nuovo Cimento [10] **20.** 977—82. Juni 1961. Bologna, Univ., Ist. di Fis.; engl.) — Die Beziehung zwischen der Zahl der von einem im Abstand von einigen μm über eine Metalloberfläche fliegenden Teilchen erzeugten δ-Elektronen u. dem Wert $1/\sqrt{1-(v/c)^2}$ wird ermittelt. Für die Elektronen des Metalls werden Eigenfunktionen vom Typ des Wasserstoffatoms benutzt. Das Problem wird nach Weizsäcker-Williams auf einen photoelektr. Effekt zurückgeführt. M. Wiedemann. 90□

Über die longitudinale Depolarisation von Bündeln aus Teilchen mit Spin 1/2 durch multiple Coulomb-Streuung. G. Passatore. (Nuovo Cimento [10] **18.** 532—44. 1/11. 1960. Genova, Univ., Ist. di Fis.; Ist. Naz. di Fis. Nucl.; engl.) — Es wird die mittlere longitudinale Depolarisation eines Elektronenbündels durch multiple Coulomb-Streuung berechnet. Vf. gibt numer. Werte der Depolarisation für *Al*- u. *Au*-Targets u. für verschiedene Werte der Energie u. Dichte an. J.-M. Spaeth. 90□

Bremsstrahlung an der Grenze des Mediums unter Berücksichtigung der Vielfachstreuung. I. I. Goldman. (Журнал Экспериментальной и Теоретической Физики [J. exp. theoret. Physik] **38.** 1866—69. Juni 1960. Physik. Inst. der Akad. der Wiss. der ArmenSSR; russ., Auszug: engl.) — Die Vielfachstreuung führt zur Unterdrückung der Bremsstrahlung äußerst relativist. Elektronen in einem dichten Medium.

Vf. untersucht die spektrale Zus. der Bremsstrahlung, die an der Grenze eines Mediums entsteht. Die theoret. Ableitung berücksichtigt den Landau-Pomerantschuk-Migdal-Effekt. G. Ewald. 90□

Der Übergangseffekt der Ultrastrahlungsneutronen an der Grenzfläche Luft-Wasser. E. Bagge und S. Skorka. (Z. Physik **152.** 34—48. 11/7. 1958. Kiel, Christian-Albrechts-Univ., Inst. für Reine u. Angew. Kernphys.; dt.) — Mit drei BF_3-Zählrohren (92% Anreicherung) wurde die Neutronendichte in einem Süßwassersee auf Seehöhe zwischen 0 u. 140 cm Tiefe gemssen. In 4,6 $\pm$ 0,3 cm Tiefe ergibt sich ein Übergangsmaximum, das relativ zu dem über der Wasserfläche gemessenen Wert der Neutronenintensität ca. 5fach überhöht ist. Der therm. Fluß über W., gemessen als Cd-Differenz, beträgt $(0{,}90 \pm 0{,}02) \cdot 10^{-3}$ n/cm$^2\cdot$s. In 50 cm Tiefe sind die Übergangseffekte abgeklungen; der Neutronenfluß beginnt hier exponentiell abzunehmen mit einer mittleren Absorptionslänge von 169 $^{+19}_{-16}$ g/cm^2. Die totale lokale Erzeugungsrate auf Seehöhe, gemessen in W., beträgt $(2{,}89 \pm 0{,}09) \cdot 10^{-5}$ n/g$\cdot$s. W. Betcke. 90□

Über die Gültigkeit der Neutronendiffusionstheorie in Bereichen mit ortsabhängigen Querschnitten. K. T. Spinney. (J. nuclear Energy **4.** 44—50. Jan. 1957. Harwell, Berks., AERE; engl.) — Die zur einfachen Diffusionstheorie analoge Gleichung wird aus der Transportgleichung abgeleitet. Herbert Weber. 90□

Ein Iterationsverfahren für Neutronentransportprobleme mit sphärischer Symmetrie. W. R. Conkie. (Canad. J. Physics **39.** 295—314. Febr. 1961. Atom. Energy of Canada Ltd., Theor. Phys. Branch; engl.) — Vf. dehnt die Anwendbarkeit eines Iterations-Verf. zur Lsg. von Neutronentransportproblemen mit ebener Symmetrie auf den Neutronentransport mit sphär. Symmetrie aus. Bes. Aufmerksamkeit wurde der Frage der Neutronenverteilung in einer schwarzen Kugel, die in einem ideal streuenden Medium eingebettet ist, mit Quellen im Unendlichen gewidmet. Die mit dieser Meth. erhaltenen Ergebnisse sind sehr gut mit denen anderer Autoren vergleichbar. H. Schroeder. 90□

Kriterien für die Bestimmung der Konstanten der Zweigruppenmethode. G. Casini und G. Rossi. (Energia nucleare **6.** 472—78. Juli 1960. Milano, Agip Nuc.; ital.) — Bei der Berechnung heterogener Reaktoren kann man die Konst. der Diffusion bei 2 Neutronengruppen auf Grund von Modellgleichungen ermitteln, deren allg. Grundlagen abgeleitet u. auf U-Graphit-Reaktoren angewandt werden. Die Ableitung erfolgt in getrennten Gleichungen für die therm. u. die schnelle Gruppe bei einem homogenen Reaktor u. für den heterogenen Reaktor. Die Berechnungsergebnisse werden mit dem Experiment verglichen. R. K. Müller. 90□

Methoden zur Analyse von Leichtwasser-Cores mit niedriger Anreicherung. R. W. Deutsch. (Reactor Sci. Technol. **14.** 168—79. Juli 1961. Dunedin, Fla., Gen. Nucl. Engng. Corp.; engl.) — Entw. einer Dreigruppen-Meth. zur Analyse von UO_2-Cores niedriger Anreicherung u. Anwendung der Meth. auf techn. Core-Auslegungen. Gerhard Schmidt. 90□

Methode zur Bewertung der kritischen Parameter von spaltbaren Körpern beliebiger Form. V. G. Zagrafov. (Reactor Sci. Technol. **15.** 36—41. Sept. 1961; engl. — C. **1961.** 9281.) E. Klever. 90□

Xenonoscillationen in Kernreaktoren. G. B. Zorzoli. (Energia nucleare **6.** 393—98. Juni 1959. Milano, CISE; ital.) — Nach einer vereinfachten Theorie wird eine erste Approximationsanalyse der Xenonoscillationen in 3 verschiedenen Reaktortypen durchgeführt. Gerhard Schmidt. 90□

Anomale Reflexionen in einem Einkristall-Neutronenspektrometer. V. P. Duggal, K. Raghavendra Rao, C. L. Thapar und V. Singh. (Proc. Indian Acad. Sci., Sect. A **53.** 59—71. Febr. 1961. Trombay, Atom. Energy Establ.; engl.) — Die mit einem Einkristallspektrometer erhaltene Kurve der Zählrate gegen Bragg-Winkel zeigt Fluktuationen. Einige dieser Fluktuationen wurden identifiziert als herrührend von Doppel-Bragg-Reflexionen durch den Kristall. Es wurden die Werte des differentiellen kohärenten unelast. Streuquerschnitts für *Al* (1 1 1) bei einigen Winkeln für viele Energien der einfallenden Neutronen bestimmt. Dieser Effekt ist sehr klein. J.-M. Spaeth. 90□

Die Streuung von Deuteronen an Deuteronen unter Berücksichtigung ihrer gegenseitigen Verzerrung. G. Ernst und S. Flügge. (Z. Physik **162.** 448—67. 1961. Marburg/Lahn, Inst. für Struktur der Materie; dt.) — Vff. leiten Integro-Differentialgleichungen zur Berechnung der Streuung von Deuteronen an Deuteronen bei Energien von einigen MeV ab. Es zeigt sich, daß die gegenseitige Verzerrung zweier Deuteronen in kurzer Entfernung einen großen Einfl. auf die Winkelverteilung hat. Die Brauchbarkeit des Verf. wird an 2 experimentellen Werten gezeigt. H. Schroeder. 90□

Eine Monte-Carlo-Methode für nucleare Mehrkörperprobleme. Erich W. Schmid. (Nuclear Physics [Amsterdam] **32.** 82—97. April 1962. Tallahassee, Fla., Florida State Univ.; Oak Ridge, Tenn., Oak Ridge Nat. Labor.; engl.) — Theoret. Betrachtung der Monte-Carlo-Meth. zur Lösung von Mehrkörperproblemen im Rahmen des Ritzschen Variationsprinzips. Die Meth. wird für ein Zwei-Clustermodell unter Verw. von Oscillator-Wellenfunktionen u. Kräften des harten Core formuliert. Ein Testbeispiel wird für das α-Teilchen berechnet. Gerhard Schmidt. 95☐

Einige Kennzeichen der Beziehung zwischen Massendefekt und Massenzahl. L. H. Ahrens. (Trans. Roy. Soc. South Africa **35.** 109—13. 1957. Cape Town, Univ. of Cape Town, Dep. of Chem.; engl.) — Vf. untersucht krit. die Änderung des Massendefektes mit der Massenzahl an Hand der Massenzahlen von Wapstra (C. **1956.** 4902). Es lassen sich drei Haupt-Eigg. unterscheiden, von denen zwei mit den Neutronenzahlen N = 50 u. N = 82 in Beziehung gebracht werden können. G. M. Neumann. 95☐

Stärkefunktionen für deformierte Kerne. D. J. Hughes, R. L. Zimmermann und R. E. Chrien. (Physic. Rev. Letters **1.** 461—63. 15/12. 1958. Upton, N.Y., Brookhaven Nat. Labor.; engl.) — Vff. geben tabellar. u. graph. die niederenerget. Neutronenstärkefunktion Γ_n^0/D an, welche experimentell auf Grund der Meth. der mittleren Querschnitte u./oder der individuellen Resonanzen für 55 Isotope oder Elemente ermittelt wurde. Die Ergebnisse werden mit verschiedenen Kernmodellen verglichen („Schwarzer" Kern, sphär. Kern mit diffuser Grenze sowie Kernmodell mit Einbeziehung der Kerndeformationen). Es zeigt sich, daß das letztgenannte Modell das charakterist. Doppelmaximum von $\overline{\Gamma}_n^0/D$ als Funktion von A gut wiedergibt. D. Jörchel. 95☐

Neuere Ergebnisse zur Theorie nichtaxialer Kerne. A. Ss. Dawydow. (Известия Академии Наук СССР, Серия Физическая [Nachr. Akad. Wiss. UdSSR, physik. Ser.] **25.** 782—91. Juli 1961. Moskau, Lomonossow-Univ.; russ.) — Vgl. C. **1962.** 4063. — Übersicht über die theoret. Arbeiten, die sich mit der kollektiven Anregung von gerade-gerade-Kernen in verschiedenen Näherungen befassen. Es werden die adiabat. Theorie der Rotationszustände, die Theorie der Rotationsschwingungsanregungen u. der allg. Fall der Quadrupolanregung behandelt. M. Wiedemann. 95☐

Daten von magnetischen Spektrographen über die Niveaudichten leichter Kerne. N. Macdonald und A. C. Douglas. (Nuclear Physics [Amsterdam] **24.** 614—19. Mai 1961. Aldermaston, Atom. Weapons Res. Establ.; engl.) — Die mit dem magnet. Spektrographen bei der Analyse von Kern-Rkk. erhaltenen Daten über Energie u. Dichte der Kernniveaus im Bereich der Massen 18—34 werden diskutiert, die Kern-Temp. werden berechnet. Die Niveaudichten zeigen keine einfache Abhängigkeit vom geraden oder ungeraden Charakter der Kerne. M. Wiedemann. 95☐

Über die Wahrscheinlichkeit des E2-Übergangs vom ersten 2^+-Niveau in sphärischen Kernen. Ju. T. Grin. (Журнал Экспериментальной и Теоретической Физики [J. exp. theoret. Physik] **40.** 784—85. März 1961; russ., Auszug: engl.) — Auf der Basis einer mkr. Beschreibung des ersten angeregten 2^+-Niveaus in sphär. Kernen wird die Wahrscheinlichkeit des Überganges zum Grundzustand ermittelt. Diese ist in erster Linie der Zahl der Teilchen in der Schale, in zweiter Linie $f_0/2\ E_2$ proportional. M. Wiedemann. 95☐

E3-γ-Übergang im Kern. Jan-Go Li. (Acta physica sinica **14.** 479—87. 1958; chin., Auszug: russ.) — Unter Anwendung des allg. Kernmodells wird der E 3-γ-Übergang $7/2^+ \longleftrightarrow 1/2^-$ betrachtet. Infolge der Kernkräfte u. Bindung der Nucleonen mit der Kernoberfläche wird eine Konfigurationsmischung angenommen. Die numer. Berechnung (*Se-*, *Kr-*, *Te-*, *Rh-*, *Ag*-Isotope) zeigt die Hauptrolle von $\lambda = 2$-Phononen. J. Tůmová. 95☐

Zur Berechnung der Wahrscheinlichkeiten der γ-Übergänge vom M3-Typ und der verbotenen β-Übergänge zweiter Ordnung im Nilsson-Modell. D. Bogdan. (Журнал Экспериментальной и Теоретической Физики [J. exp. theoret. Physik] **40.** 801—08. März 1961. Bukarest, Inst. für Atomphys. der Akad. der Rumän. Volksrepublik; russ.; Auszug: engl.) — Vgl. C. **1961.** 6031. — Für die Wahrscheinlichkeiten von γ-Übergängen des M3-Typs u. für verbotenen β-Übergang 2. Ordnung werden Formeln abgeleitet. Die Notwendigkeit einer Korrektur der Nilsson-Darst. wird diskutiert. Einige konkrete Beispiele von M3-Übergängen werden angeführt. M. Wiedemann. 95☐

Nach einer Mikrowellenmethode gemessene Lebensdauern von Rotationsniveaus in einigen ungerade-A-Kernen. A. E. Blaugrund, Y. Dar und G. Goldring. (Physic. Rev. [2] **120.** 1328—40. 15/11. 1960. Rehovoth, Weizmann Inst. of Sci., Dep. of Phys.; engl.) — Mit einer speziell entwickelten Anordnung zur Erfassung mittlerer Lebensdauern der ersten angeregten Zustände einiger ungerade-A-Kerne im Bereich von

2—20·10^{-11} s bestimmen Vff. in 4 Fällen den experimentellen Zerfall direkt, u. zwar für die ersten angeregten Zustände von ^{175}*Lu*, ^{179}*Hf*, ^{181}*Ta* u. für das 118-keV-Niveau von ^{179}*Tm*. Die Ergebnisse sind: $\tau(^{169}Tm) = (9{,}0 \pm 0{,}4)\cdot 10^{-11}$ s; $\tau(^{175}Lu) = (14{,}6 \pm 1)\cdot 10^{-11}$ s; $\tau(^{179}Hf) = (5{,}4 \pm 0{,}4)\cdot 10^{-11}$ s u. $\tau(^{181}Ta) = (6{,}0 \pm 0{,}5)\cdot 10^{-11}$ s. Lebensdauermessungen werden auch für die ersten angeregten Zustände von ^{179}Hf, ^{185}*Re* u. ^{187}*Re* durchgeführt. Gerhard Schmidt. 95□

Formfaktoren des ^{6}Li-Kerns. Daphne F. Jackson. (Proc. physic. Soc. **76.** 949—58. 1/12. 1960. London, Battersea Coll. of Technol., Dep. of Phys.; engl.) — Die experimentellen Ergebnisse für die elast. Streuung energiereicher Elektronen an ^{6}Li werden mittels einer Ladungsverteilung angeglichen, die aus einem endlichen Potential mit ident. Parametern für s- u. p-Nucleonen abgeleitet worden war. Ein mittlerer Radius von 2,72 ± 0,08 fermi (f) u. eine zentrale Kerndichte von 0,14 ± 0,01 Teilchen pro f^2 wurden erhalten. Herbert Weber. 95□

Spin und magnetisches Dipolmoment des 2,6-h-^{56}Mn. W. J. Childs, L. S. Goodman und L. J. Kieffer. (Physic. Rev. Letters **1.** 296. 15/10. 1958. Lemont, Ill., Argonne Nat. Labor.; engl.) — Ausführliche Darst. vgl. C. **1962.** 7402. A. Blaschette. 95□

Paarungskräfte und Paarkorrelation bei den ^{206}Tl- und ^{210}Bi-Kernen. L. A. Sliw, G. A. Ssogomonowa und Ju. I. Charitonow. (Журнал Экспериментальной и Теоретической Физики [J. exp. theoret. Physik] **40.** 946—53. März 1961. Leningrad, Physik.-techn. Inst. der Akad. der Wiss. der UdSSR; russ., Auszug: engl.) — Die Restkräfte, die zwischen Neutronen u. Protonen bei ihrer Bewegung im Kernfeld wirken, werden ermittelt. Für die Nuclide ^{206}Tl u. ^{210}Bi werden Energien der einzelnen Niveaus, Eigenfunktionen u. Übergangswahrscheinlichkeiten berechnet u., soweit möglich, mit experimentellen Daten verglichen. Allg. Schlüsse auf die Multiplettaufspaltung werden gezogen. M. Wiedemann. 95□

Kernspektroskopie: Untersuchung von erlaubten und verbotenen β-Spektren. B. V. Thosar. (Current Sci. **27.** 281—82. Aug. 1958. Bombay, Tata Inst. of Fundamental Res.; engl.) — Theoret. Überblick. Herbert Weber. 103□

Der Bahnelektroneneinfang und die Nichterhaltung der Parität. Vorl. Mitt. R. Bouchez und P. Depommier. (J. Physique Radium **19.** 56S—57S. Aug./Sept. 1958. Grenoble, Univ., Labor. de Phys. Nucl.; franz.) — Vorl. Mitteilung. A. Blaschette. 103□

Über begünstigte α-Übergänge. A. Sändulescu und M. Iosifescu. (Nuclear Physics [Amsterdam] **26.** 209—16. Aug. 1961. Bucharest, Inst. for Atom. Phys.; engl.) — Mit Werten der red. Breiten der α-Übergangswahrscheinlichkeiten wurden die Intensitäten begünstigter α-Übergangswahrscheinlichkeiten von Kernen mit ungerader Massenzahl u. die relativen Intensitäten ihrer Komponenten von bekanntem Drehimpuls berechnet. H. Schroeder. 103□

Abhängigkeit der α-Zerfallsenergie von der Protonen- und Neutronenzahl. Y. Pal Varshni. (Nuovo Cimento [10] **3.** 1148—49. 1/5. 1956. Allahabad, Univ. of Allahabad, Dep. of Phys.; engl.) — Für Kerne mit N > 132 wird die Formel E_d [MeV] = 0,4 Z — 1,795 (N — 132)^{0,5} — 26,208 für die α-Zerfallsenergie E: abgeleitet; die mittlere Abweichung von experimentellen Werten ist ± 3,6%. A. Blaschette. 103□

Fünf neue Millisekunden-Isomere, die bei Kernreaktionen mit 19,2-MeV-Protonen entstehen. A. M. Morosow, W. W. Remajew und P. A. Jampolski. (Журнал Экспериментальной и Теоретической Физики [J. exp. theoret. Physik] **39.** 973—85. Okt. 1960. Inst. für chem. Phys. der Akad. der Wiss. der UdSSR, Physiko-techn. Inst. der Akad. der Wiss. der UkrainSSR; russ.; Auszug: engl.) — Vgl. C. **1962.** 2984. — Präpp. verschiedener Elemente, teilweise mit angereicherten Isotopen, werden mit 19,2-MeV-Protonen beschossen. γ-Strahlen von Isomeren mit Halbwertszeiten im ms-Bereich werden mit einem Scintillationszähler mit Graukeilanalysator u. Vielkanalzeitanalysator untersucht. Es werden beobachtet: in *Sc* E_γ 0,28 MeV, $T_{1/2}$ 5,8 ms. Zuordnung ^{45m}*Ti*; in *Nb* 0,25 MeV, 4,8 ms u. 0,40 MeV, 5,7 ms; in *Cd* u. *In* 0,32 MeV, 41,5—42,2 ms, (^{114m}In); in *La* 0,30, 0,8 u. 1,04 MeV, 9,2 ms (^{138m}*Ce*); in *Nd* 0,21, 0,43 MeV, 2,2 ms; in *Ta* 0,24, 0,37 MeV, 5,5 ms (^{180m}W) u. in *Os* 0,32 MeV, 10,0 ms. K.-E. Seyb. 103□

Bildung von Spaltfragmenten unter der Einwirkung von 100-MeV-Protonen. U. R. Arifchanow, M. M. Makarow, N. A. Perfilow und W. P. Schamow. (Журнал Экспериментальной и Теоретической Физики [J. exp. theoret. Physik] **38.** 1115—22. April 1960. Strahleninst. der Akad. der Wiss. der UdSSR; russ.; Auszug: engl.) — Feinkörnige Photoemulsion wird mit 100-MeV-Protonen beschossen u. die Ausbeute geladener Prodd. untersucht. Die Erzeugungsquerschnitte für Teilchen mit

$Z \geqq 3$ betragen $1{,}93 \pm 0{,}64$ mbarn, für α-Teilchen u. Protonen $1{,}16 \pm 0{,}36$ mbarn. Die Energie- u. Winkelverteilung der Fragmente werden untersucht. Der Erzeugungsmechanismus der schweren Teilchen wird diskutiert. K.-E. SEYB. 103□

Winkelverteilungen der Neutronen aus der Reaktion $^{11}B(\alpha, n)^{14}N$. J. M. Calvert, N. H. Gale, J. B. Garg und K. Ramavataram. (Nuclear Physics [Amsterdam] **31.** 471—77. April 1962. Manchester, Univ., Phys. Labor.; engl.) — Vff. untersuchen die Rk. $^{11}B(\alpha, n)\,^{14}N$ über einen Bereich der Beschußenergien von 2,15—5,38 MeV unter Verw. eines Neutronen-Flugzeitspektrometers. Die Neutronenverteilung aus dieser Rk. läßt sich durch eine Kombination von direktem Stripping u. dem Stripping des schweren Teilchens analysieren. Einige der Daten lassen sich ebenfalls durch die Compoundkern-Bldg. erklären. GERHARD SCHMIDT. 103□

Die Winkelverteilungen der bei der Bestrahlung von Stickstoff mit Deuteronen auftretenden geladenen Teilchengruppen. W. M. Jones, D. G. Waters und V. M. Rout. (Nuclear Physics [Amsterdam] **26.** 203—08. Aug. 1961. Aldermaston, Berks., Aldermaston Court, Associat. Electr. Ind., Res. Labor.; engl.) — Vff. führten Winkelverteilungsmessungen der bei den Rkk. $^{14}N(d, p)^{15}N$ u. $^{14}N(d, \alpha)^{12}C$ mit Deuteronen von ca. 2 MeV auftretenden Protonen u. α-Teilchen durch. Die gefundenen Gruppen p_0, $(p_1 + p_2)$, p_3 u. α_0 zeigen, daß der Rk.-Mechanismus mit der Bldg. eines Compoundkerns unter Beteiligung einer begrenzten Anzahl Niveaus mit entgegengesetzter Parität erklärt werden kann. H. SCHROEDER. 103□

Einfangreaktionen an ^{19}F-, ^{31}P- und ^{32}S-Kernen. G. Je. Weljuchow, A. N. Prokofjew und Ss. W. Starodubzew. (Журнал Экспериментaьной и Теоретической Физики [J. exp. theoret. Physik] **39.** 563—65. Sept. 1960. Leningrad, Physikotechn. Inst. der Akad. der Wiss. der UdSSR; russ.; Auszug: engl.) — F-, P- u. *Si*- u. *Ne*-Targets werden mit 14-MeV-Neutronen beschossen u. die emittierten Deuteronen in verschiedenen Winkeln mit einem Teleskop aus einem Scintillationszähler u. 2 Proportionalzählern gemessen. Aus den Energie- u. Winkelverteilungen werden die entsprechenden Funktionen für den Übergang in den Grundzustand der Endkerne ^{18}O, ^{30}Si u. ^{31}P abgeleitet. Der Querschnitt der Rk. $^{20}Ne(n, d)\,^{19}F$ beträgt $5 \cdot 10^{-27}$ cm²/sterad. Die red. Übergangsbreiten werden nach der Theorie von BUTLER berechnet. K.-E. SEYB. 103□

Über die Reaktion $^{40}K(n_{th}, p)^{40}Ar$. J. Rossel und J. Weber. (Helv. physica Acta **31.** 727—33. 30/12. 1958. Neuchâtel, Univ., Inst. de Phys.; franz.) — Eine 15μ-Schicht von KCl, angereichert in ^{40}K, befand sich zwischen Kernemulsionen; sie wurde mit therm. Neutronen (0,054 eV) bestrahlt u. der Neutronenfluß durch die Rk. $^{14}N(n, p)\,^{14}C$ gemessen. Der Wrkg.-Querschnitt für $^{40}K(n, p)$ ergab sich zu $3{,}8 \pm 0{,}7 \cdot 10^{-24}$ cm², die mittlere Protonenenergie zu $2{,}23 \pm 0{,}10$ MeV in guter Übereinstimmung mit den aus den Massen berechneten Werten. Dem Niveau des Compoundkerns ^{41}K werden $J = 9/2$ u. ungerade Parität zugeordnet. M. WIEDEMANN. 103□

Der Querschnitt der Reaktion $^{58}Ni(n, p)^{58}Co$ für Neutronen mit Energien zwischen 2,2 und 3,6 MeV. L. González, J. Rapaport und J. J. Van Loef. (Physic. Rev. [2] **120.** 1319—21. 15/11. 1960. Santiago, Univ. de Chile, Inst. de Fís. y Mat.; engl.) — Vff. bestimmen den relativen Querschnitt für die Rk. $^{58}Ni(n, p)\,^{58}Co$ nach einer Aktivierungs-Meth. für Neutronenenergien von 2,2—3,6 MeV. Der abs. Querschnitt bei $E_n = 3{,}55$ MeV ergibt sich zu 195 ± 30 mbarn durch Vgl. der Intensität des 810-keV-γ-Strahls von ^{58}Co mit der Menge von ^{31}Si, die bei der Rk. $^{31}P(n, p)\,^{31}Si$ gebildet wird, die einen Querschnitt von $96{,}2 \pm 9{,}0$ mbarn besitzt. Der Querschnitt steigt von 140 mbarn bei 2,2 MeV auf einen maximalen Wert von 214 mbarn bei 3,0 MeV an. Die beobachteten Querschnitte werden mit den Vorhersagen der statist. Theorie von Kern-Rkk. unter Verw. eines quadrat. Muldenpotentials verglichen. Die Übereinstimmung mit den experimentellen Daten ist nicht befriedigend. GERHARD SCHMIDT. 103□

α-γ-Reaktion. H. Morinaga. (Physic. Rev. [2] **101.** 100—02. 1/1. 1956. Lafayette, Ind., Purdue Univ., Dep. of Phys.; engl.) — Ni-Folien wurden mit α-Teilchen von ca. 10—17 MeV bestrahlt. Das nach der Rk. $^{58}Ni\,(\alpha, \gamma)\,^{62}Zn$(9,33 Std.) gebildete Zn wurde als $Zn(OH)_2$ abgetrennt u. durch die energiereiche Positronenstrahlung des 10-min-Tochterelements nachgewiesen. Der Wrkg.-Querschnitt beträgt bei 17 MeV 0,4 mbarn u. nimmt mit fallender Energie ab. Das Verh. kann theoret. gedeutet werden, wenn bei ca. 14,7 MeV eine Riesenresonanz angenommen wird. M. WIEDEMANN. 103□

(p, nγ)-Reaktionen an ^{59}Co und ^{75}As. B. Lobkowicz und P. Marmier. (Helv. physica Acta **32.** 266—68. 31/8. 1959. Zürich, ETH, Phys. Inst., Cyclotron-Labor.; dt.) — Durch Unters. der Rkk. $^{59}Co(p, n\gamma)^{59}Ni$ u. $^{75}As(p, n\gamma)^{75}Se$ wurden die Niveauschemata der beiden Folgekerne ermittelt. Nachst. γ-Energien (keV) u. relative γ-Intensitäten (in Klammern) wurden beobachtet: für ^{59}Ni 330 (100), 450 (17), 880 (21), 990 (40),

1170 (22), 1320 (24), 1410 (13); für ^{75}Se 110 (10), 135 (23), 285 (100), 430 (14), 610 (20), 670 (3), 780 (6), 850 (12), 990 (11), 1130 (4). A. Blaschette. 103□

Yttrium-96 und Strontium-93. Neue Kerndaten. D. G. Vallis und J. L. Perkin. (J. inorg. nuclear Chem. **22.** 1—5. Febr. 1962. Aldermaston, Berks., Atom. Weap. Res. Establ.; engl.) — Angereichertes ^{96}Zr wurde in 6 n HNO_3 gelöst u. mit 14,5-MeV-Neutronen bei einem Fluß von ca. $2 \cdot 10^9$ s^{-1} cm^{-2} 3 Min. lang bestrahlt. Aus der Lsg. wurde mit einer App. das durch (n, p)-Rk. entstandene Y von Zr u. Sr durch Fällung mit NH_4F-Lösung abgetrennt. Der Nd. wurde in HCl gelöst u. einer Zählkammer zugeführt. Aus der β-Abfallkurve für die abgetrennte Y-Probe geht die Halbwertzeit 2,3 $\pm$0,1 min hervor. Sie ist dem bisher noch nicht bekannten ^{96}Y zuzuschreiben. Der Wrkg.-Querschnitt der Rk. ^{96}Zr(n, p)^{96}Y wurde zu 13 $\pm$4 mbarn ermittelt. Die maximale Energie des β-Zerfalls wurde zu 3,5 MeV bestimmt. Eine β-Abfallkurve ergab eine weitere Halbwertszeit von 8,3 $\pm$0,5 min, die mit dem schon bekannten Wert für ^{93}Sr übereinstimmt. ^{93}Sr entstand nach der Rk. ^{96}Zr(n, α)^{93}Sr, die maximale Energie seines β-Zerfalls wurde zu 2,0 MeV ermittelt. E. Schiewer. 103□

Der Zerfall von ^{119}Te. C. W. Kocher, Allan C. G. Mitchell, C. R. Creager und T. D. Nainan. (Physic. Rev. [2] **120.** 1348—53. 15/11. 1960. Bloomington, Ind., Indiana Univ., Phys. Dep.; engl.) — Vff. untersuchen den Zerfall von ^{119}Te mit Hilfe von Magnetspektrometern u. NaJ(Tl)-Scintillationszählern. 2 Halbwertszeiten werden beobachtet, eine von 4,7 $\pm$0,3 Tagen u. eine von ca. 16 Stunden. Diese Halbwertszeiten stellen den Zerfall aus 2 isomeren Zuständen dar. Der isomere Übergang wird nicht beobachtet. Der 4,7-d-Zerfall erfolgt durch Elektroneneinfang u. zeigt γ-Strahlen mit Energien von 0,153, 0,270, 0,930, 1,10, 1,22 u. 2,12 MeV. Die folgenden Koinzidenzen werden beobachtet: (2,12—0,270), (1,22—0,930—0,153), (1,10—0,270). Das K/(L + M)-Verhältnis für die Linie bei 0,153 MeV ist 7,85 u. für die Linie bei 0,270 MeV 5,77. Das 16-h-Isomer zeigt Positronen der Endpunktenergie 0,627 MeV u. 2 γ-Strahlen der Energien 1,76 u. 0,645 MeV. Ein Zerfallsschema wird angeführt. Gerhard Schmidt. 103□

Weitere γ-spektroskopische Untersuchungen am Zerfallsschema von ^{131}J. D. Berényi, Gy. Máthé und T. Scharbert. (Nuclear Physics [Amsterdam] **31.** 456 bis 459. April 1962. Debrecen, Hungaria Acad. of Sci., Inst. for Nucl. Res.; engl.) — Vgl. C. **1962.** 7038. — In Ergänzung zu l. c. werden problemat. Punkte beim Zerfallsschema von ^{131}J nach der Scintillations- u. Koinzidenztechnik untersucht. Die früher mitgeteilten γ-Strahlen bei 156 u. 210 keV werden als nicht echt erkannt. Der bekannte γ-Strahl von 177 keV, der sich nicht in das Zerfallsschema einordnen läßt, tritt in Koinzidenz mit einem neuen γ-Strahl von 326 $\pm$10 keV auf. Die Intensität dieser neuen γ-Kaskade ist $\approx$ 0,2% in bezug auf den γ-Strahl von 364 keV. Von dem Niveau bei 500 $\pm$10 keV läuft ein cross-over-Übergang auch mit einer relativen Intensität von 0,8 $\pm$0,2%. Weiterhin wird festgestellt, daß parallel mit dem direkten Übergang von 364 keV nur die Kaskade 80—284 keV vorhanden ist. Gerhard Schmidt. 103□

Halbwertszeit, Q_β-Wert und γ-Spektren des ^{143}La. K. Fritze, T. J. Kennett und W. V. Prestwich. (Canad. J. Physics **39.** 662—67. Mai 1961. Hamilton, Ontario, McMaster Univ.; engl.) — Die Halbwertszeit von ^{143}La wurde zu 14,0 $\pm$0,1 Min. bestimmt. Die Abtrennung des ^{143}La von (U + Spalt-Prodd.) erfolgte nach 2 Meth.: 1. Fällung des Mutternuclids ^{143}Ba als $BaCl_2$, anschließende Fällung des ^{143}La als Hydroxid u. Extraktion mit Tributylphosphat (Dekontaminationsfaktor ca. 10^4, Zeitbedarf bis zur Messung 25 Min.) u. 2. Isotopenaustausch des Mutternuclids ^{143}Ba an festem $BaCl_2$, anschließende Fällung des ^{143}La u. Reinigung über Dowex-1-Austauscher (Zeitbedarf bis zur Messung 15 Min.). Der Q_β-Wert wurde auf Grund von Spektrometermessungen zu 3,30 $\pm$0,08 MeV gefunden. Das γ-Spektrum erwies sich als sehr komplex (14 γ-Energien von 0,200—2,85 MeV). H. Schroeder. 103□

γ-Übergänge im ^{146}Sm-Kern. E. Je. Berlowitsch, W. N. Klementjew, L. W. Krassnow und M. K. Nikitin. (Журнал Экспериментальной и Теоретической Физики [J. exp. theoret. Physik] **40.** 375—77. Jan. 1961. Leningrad, Physikotechn. Inst. der Akad. der Wiss. der UdSSR; russ.) — Mit einer γ,γ-Koinzidenzanordnung aus Scintillationsspektrometern werden die γ-Übergänge im Zerfall des ^{146}*Eu* zum ^{146}Sm untersucht. Ein Niveauschema wird dargestellt. K.-E. Seyb. 103□

γ-Strahlen aus ^{150}Eu. G. Chilosi, P. Cuzzocrea, R. A. Ricci und G. B. Vingiani. (Nuovo Cimento [10] **21.** 376—78. 16/7. 1961. Napoli, Univ., Ist. di Fis. Super.; Ist. Naz. di Fis. Nucl.; engl.) — Vff. bestimmten durch γ-spektrometr. Messungen die Energie der von ^{150}Eu emittierten γ-Quanten. (Tabelle). H. Schroeder. 103□

Radioaktiver Zerfall von ^{167}Yb. R. G. Wilson und M. L. Pool. (Physic. Rev. [2] **120.** 1296—97. 15/11. 1960. Columbus, Ohio, Ohio State Univ., Dep. of Phys. and

Astronom.; engl.) — Zu 35,1% in der Massenzahl 164 angereichertes Erbiumoxyd wird mit 17- u. 24-MeV-α-Teilchen bestrahlt. Es wird eine Aktivität erzeugt, die durch Elektroneneinfang mit einer Halbwertszeit von (17,7 $\pm$0,2) min zerfällt. Die Zuordnung dieser Aktivität zu ^{167}Yb wird durch die Identifizierung der *Tm*–K-Röntgenstrahlen u. der bekannten Tochteraktivität von ^{167}Tm bestätigt. γ-Strahlen mit Energien von 106, 113 u. 176 keV werden im Spektrum von ^{167}Yb beobachtet, das mit einem NaJ(Tl)-Kristall u. einem 100-Kanal-Analysator aufgenommen wird. An den beobachteten Strahlungen werden γ–γ-Koinzidenzmessungen durchgeführt. Übergangswahrscheinlichkeiten, Multipolbeimischungen u. Elektroneneinfang-Verzweigungsverhältnisse werden berechnet. Angenähert 89% der Elektroneneinfangübergänge gehen zum 292,7-keV-Niveau (7/2$^-$) von ^{167}Tm. Gerhard Schmidt. 103□

Theoretische Untersuchung des β-Zerfalls von Rhenium-187. Nicole Gilbert. (C. R. hebd. Séances Acad. Sci. **247.** 868—71. 22/9. 1958; franz.) — Die β^--Halbwertszeit von ^{187}Re wird für Übergangsenergien von ca. 1 keV u. unter Berücksichtigung der Elektronen-Neubldg. abgeschätzt. A. Blaschette. 103□

Über die Natur des 686-keV-Niveaus von ^{187}Re. H. A. Vartapétian. (Nuclear Physics [Amsterdam] **32.** 98—101. April 1962. Erévan, USSR, Rss. d'Arménie, Inst. de Phys. de l'Acad. des Sci.; franz.) — Nach der Meth. der verzögerten Koinzidenzen wird die Halbwertszeit des 686-keV-Niveaus in ^{187}Re zu (2 $\pm$0,7)$\cdot 10^{-10}$ s gemessen. Die El- u. E2-Übergangswahrscheinlichkeiten werden mit den nach dem Nilsson-Modell berechneten verglichen. Das 686-keV-Niveau braucht kein Schwingungszustand zu sein. Gerhard Schmidt. 103□

Untersuchung einer intensitätsschwachen Komponente im β-Spektrum von ^{214}Bi(RaC). G. R. Bishop und F. Demichelis. (Nuovo Cimento [10] **4.** 1599—1600. 1/12. 1956. Paris, École Normale Supér., Labor. de Phys.; Torino, Politecn., Ist. di Fis. Sper.; engl.) — Der Übergang ^{214}Bi(RaC) $\rightarrow$ ^{214}*Po*(RaC') wurde untersucht. Mittels eines Proportional-Scintillationszählers wurden Energiemaxima im β-Spektrum bei 3,2, 2,6 u. 1,7 MeV nachgewiesen. Ferner wurden Koinzidenzen zwischen β-Strahlung u. 0,606-MeV-γ-Strahlung gemessen u. somit die Existenz der 2,56-MeV-β-Strahlung bewiesen. M. Wiedemann. 103□

Über die spontane ternäre Spaltung von Curium-242. N. A. Perfilow, S. I. Ssolowjewa, R. A. Filow und G. I. Chlebnikow. (Доклады Академии Наук СССР [Ber. Akad. Wiss. UdSSR] **136.** 581—82. 21/1. 1961. Chlopin-Strahleninst. der Akad. der Wiss. der UdSSR.; russ.) — Photoplatten werden auf einer elektrolyt. abgeschiedenen Schicht von ^{242}Cm exponiert u. die Spuren energiereicher α-Teilchen beobachtet. Die Energie- u. Winkelverteilung der α-Teilchen werden bestimmt. Aus der Zahl der gemessenen α-Teilchen folgt das Verhältnis der tern. Spaltung zur bin. Spaltung 1/300. K.-E. Seyb. 103□

Die Transurane. Historischer Bericht über die verschiedenen im Laufe ihrer Entdeckung verwendeten Methoden. Stanley G. Thompson. (Énergie nucléaire **1.** 254—61. Nov./Dez. 1959. Berkeley, Calif., Univ. of California, Lawrence Radiat. Labor.; franz.) Gerhard Schmidt. 104□

Die Zukunft der Transurane, ihre Verwendung und die Möglichkeiten der Erlangung neuer Elemente. W. Forsling. (Énergie nucléaire **1.** 262—70. Nov./Dez. 1959. Stockholm, Nobel-Inst. für Phys.; franz.) Gerhard Schmidt. 104□

Reaktoreinrichtungen für die Herstellung von Radioisotopen. R. West. (Nuclear Power **6.** 60—62. Febr. 1961. Harwell, AERE, Isotop. Prod. Unit., Radiochem. Centre; engl.) — Beschreibung der speziellen Einrichtungen zur Erzeugung von Radionucliden an den Reaktoren BEPO (zentraler therm. Neutronenfluß 1,5$\cdot 10^{12}$ n/cm^2 s) u. DIDO (maximaler therm. Neutronenfluß 10^{14} n/cm^2 s). L. Roth. 106□

Verwendungen von Radioisotopen und Bestrahlung. David Iggulden. (Nuclear Power **6.** 66—67. Febr. 1961; engl.) — Übersicht über Anwendungen von Radionucliden in Industrie, Medizin, Landwirtschaft, Forschung u. Energieerzeugung. L. Roth. 106□

Hat die chemische Industrie eine nucleare Zukunft? 1. Mitt. **Radioaktivität.** W. R. Tomlinson jun. (Ind. Engng. Chem., int. Edit. **51.** 1239—44. Okt. 1959. Bethesda, Md., Johns Hopkins Univ., Operat. Res. Office; engl.) — Voraussetzungen. Gerhard Schmidt. 110□

Hat die chemische Industrie eine nucleare Zukunft? 2. Mitt. **Reaktorphysik.** W. R. Tomlinson jun. (Ind. Engng. Chem., int. Edit. **51.** 1339—44. Nov. 1959; engl.) — 1. vgl. vorst. Referat. — Einmündung der Reaktortechnologie in die Chemie. Gerhard Schmidt. 110□

Hat die chemische Industrie eine nucleare Zukunft? 3. Mitt. Kerntechnik. W. R. Tomlinson jun. (Ind. Engng. Chem., int. Edit. **51.** 1435—40. Dez. 1959; engl.) — 2. vgl. vorst. Referat. — Umstellung der chem. Industrie auf die Reaktortechnologie. Gerhard Schmidt. 110□

Überblick über Trennungsprozesse. S. Lawroski. (Proc. int. Conf. peaceful Uses Atomic Energy, Geneva **9.** 575—82. 1956. Argonne Nat. Labor.; engl.) — Übersicht über Trennungsprozesse (Fällung, Ionenaustausch, fraktionierte Best., Pyrometallurgie, Solventextraktion) zur Wiedergewinnung u. Reinigung von Reaktorbrennstoffen. — 12 Literaturzitate. Ch. Weiske. 110□

Abfallbehandlung bei wassergekühlten Reaktoranlagen. P. J. Koenig und C. Zangger. (Neue Techn. [Zürich] **2.** 57—68. Okt./Nov. 1960. Zürich, Atomelectra Ltd.; engl.) — Überblick über Behandlung u. Beseitigung radioakt. Abfälle von Kernkraftwerken, bes. solcher mit wassergekühlten Reaktoren. — 50 Literaturangaben. P. Frenzel. 110□

Zwei-Target-Verfahren bei einem Protonensynchrotron. S. J. Goldsack. (Nuclear Instruments [Amsterdam] **1.** 90—91. März 1957. Birmingham, Univ., Dep. of Phys.; engl.) — Vf. beschreibt ein Target-Verf., das gewisse Vorteile in bezug auf Ausbeute u. Impulsdauer gestreuter Teilchen bietet. 2 Targets werden in eine Vakuumkammer so eingebracht, daß das eine Target am inneren Rand, das andere am äußeren Rand des Beschleunigungsbereiches wirkt. Das kann in verschiedenen Teilen der Maschine sein u. jeder Strahl kann unabhängig von dem anderen benutzt werden. Die beiden Strahlen haben verschiedene Eigg. u. können dementsprechend angewendet werden. M. Guerlin. 112□

Ein Targetgefäß für den Beschuß von CF_4 in gasförmiger oder fester Form. P. B. Treacy und N. F. Bowkett. (Nuclear Instruments [Amsterdam] **1.** 86—89. März 1957. Canberra, Austral. Nat. Univ., Res. School of Phys. Sci.; engl.) — Es wird die Konstruktion eines Targetgefäßes beschrieben, in welchem CF_4 entweder in gasförmigem oder in festem Zustand mit Protonen beschossen werden kann, u. mit dem die Winkelverteilung weicher Strahlung (19 keV), die durch den Prozeß ^{19}F (p, p'γ) emittiert wird, beobachtbar ist. Beispiele für Impulsspektren, die Vff. mit festem CF_4 u. mit dem bisher üblichen CaF_2-Target erhalten haben, werden verglichen. M. Guerlin. 112□

Berechnung des G-Faktors für Gas-Streuversuche. Edward A. Silverstein. (Nuclear Instruments Methods [Amsterdam] **4.** 53—66. März 1959. Madison, Wis., Univ. of Wisconsin; engl.) — Bei Gas-Streu-Verss. durchquert ein Strahl das Target-Gas u. gestreute Teilchen gelangen in einen Detektor, der aus einem Syst. von 2 Aperturen in parallelen Ebenen besteht. Der G-Faktor stellt die Beziehungen zwischen Ausbeute, Bündelintensität, Targetdichte u. Streuquerschnitt her u. wird für verschiedene Aperturformen berechnet. Dabei wird nur der geometr. Einfl. der Aperturform berücksichtigt, Randeffekte u. Vielfachstreuung werden vernachlässigt. M. Guerlin. 112□

Übersicht über die chemischen Dosimetriesysteme. Jerome Weiss. (Int. J. appl. Radiat. Isotopes **4.** 89—95. Dez. 1958. Upton, N.Y., Brookhaven Nat. Labor., Health Phys. Div.; engl.) — Übersicht über die Unters.-Ergebnisse aus den letzten 10 Jahren: Fricke-Dosimeter mit Ferrosulfat, Cersulfat, Na-Benzoat, Halogen-KW-Stoffen, Polyvinylchloridfilm mit Methylviolett, Resazurin in Agar, Ag-aktiviertes Phosphatglas, CdS-Kristalle, Stickoxyd, Acetylenkondensation. Die einzelnen Meth. werden beschrieben u. ihre Anwendungsgebiete diskutiert. — 38 Literaturhinweise. W. Reusse. 112□

Eigenschaften der Halogenzähler bei der künstlichen Löschung der Entladung. Botjo Betew und Leon Mitrani. (Известия на Физическия Институт с АНЕБ, Българска Академия на Науките [Bull. Inst. Physique Rech. atom., Acad. bulg. Sci.] **8.** 79—90. 1960; bulg., Auszug: engl.) — In Halogenzählern wurde die Entladung mittels eines Multivibrators gelöscht. Die Totzeit des Zählers kann bis auf 10 μs herabgesetzt werden. Während der Entladung werden negative Ionen gebildet, ihre Lebensdauer ergibt sich zu 8,7 μs. M. Wiedemann. 112□

Mikrozählrohre für Beta-Gamma-Messungen. G. L. Locher. (Int. J. appl. Radiat. Isotopes **4.** 112—16. Dez. 1958. Los Angeles, Calif., Western Radiat. Labor.; engl.) — Beschreibung empfindlicher Zählrohre von 5—30 mm Länge u. 1—6 mm ∅, die in der medizin. Diagnose u. für biolog. Unterss. angewendet werden können. W. Betcke. 112□

Ein rein dampfgefülltes Zählrohr langer Lebensdauer. P. Dietrich. (Z. angew. Physik einschl. Nukleonik **9.** 547—50. Nov. 1957. Darmstadt, Fernmeldetechn. Zentralamt; dt.) — Durch kurzzeitiges Ausheizen des Anodendrahtes u. durch Anbringung eines Vorratsgefäßes zur Nachlieferung verbrauchten Xyloldampfes wird eine 7—8fache

Erhöhung der Lebensdauer von o-xylolgefüllten Geiger-Müller-Zählrohren erreicht. Die Ansprechempfindlichkeit der Zählrohre genügt zur Registrierung der Höhenstrahlung. Die Zählrohre eignen sich wegen ihrer gleichen Charaktersitik bes. für Koinzidenzanordnungen. W. Betcke. 112☐

Ein Verstärker mit Diskriminator für Proportionalzählrohre. J. Schintlmeister. (Atompraxis 6. 271—72. 1960. Dresden, TH, Lehrstuhl für Kernspektroskopie; dt.) — Es wird ein Verstärker mit Diskriminator beschrieben, der zur Zählung von α-Teilchen mit einem Proportionalzählrohr bestimmt ist. L. Roth. 112☐

Photographische Spurenaufzeichnung von Elementarteilchen. C. F. Powell. (Science [Washington] **132.** 1134—36. 21/10. 1960. Bristol, H. H. Wills Phys. Labor.; engl.) — Übersicht über die Meth. der dreidimensionalen Spurenaufzeichnung von Elementarteilchen nach der Stapeltechnik. J.-M. Spaeth. 112☐

—, Glossary of terms used in nuclear science. London: British Standards Institution. 1962. (128 S.) 30 s.

A_2. Optisches Verhalten der Materie

Eine Untersuchung des neutralen Wasserstoffs in einem Gebiet in Cygnus. May A. Kaftan-Kassim. (Astrophysic. J. **133.** 821—42. Mai 1961. Cambridge, Mass., Harvard Coll. Observ.; engl.) — Vf. berichtet über Beobachtungen der 21-cm-Linienprofile des neutralen Wasserstoffs in einem begrenzten Gebiet in Cygnus, das mehrere dunkle Nebel einschließlich eines Teils des Great Rift, zahlreiche O- u. B-Sterne, helle Nebel u. HII-Bereiche enthält. Es wurde gefunden, daß die Dichten des neutralen H in dem opt. verdunkelten Gebiet des Great Rift größer sind als in den relativ klaren Gebieten u. das diese Dichten größer werden an den Stellen der O–B-Vorkommen. C. Gottfried. 113

Energieniveaus des begrenzten isotropen harmonischen Oscillators und des begrenzten Wasserstoffatoms mit der Methode der Begrenzungsstörung. K. K. Singh. (Proc. nat. Inst. Sci. India, Part A **27.** 86—94. 26/1. 1961. Delhi, Univ. of Delhi, Dep. of Phys.; engl.) — Es wird gezeigt, daß die Theorie der Begrenzungsstörung (wie sie z. B. für Gase unter sehr hohen Drücken gilt) erfolgreich auf die Unters. des quantenmechan. Verh. des „begrenzten" isotropen harmon. Oscillators u. des „begrenzten" H-Atoms für große Werte des Begrenzungsparamaters angewandt werden kann. Analyt. Ausdrücke zur Darst. der Energieniveaus bis zur 2. Ordnung der Näherung wurden erhalten. J. M. Spaeth. 114☐

Notiz über die Lösung der Schrödinger-Gleichung für den Grundzustand des Heliumatoms. H. M. Schwartz. (J. Physique Radium **19.** 505. April 1958. Technion, Israel Inst. of Technol.; franz.) A. Blaschette. 114☐

Bemerkung zu vorstehender Notiz. Ph. Pluvinage. (J. Physique Radium **19.** 505. April 1958. Strasbourg, Fac. des Sci., Inst. de Phys.; franz.) — Vgl. vorst. Referat. A. Blaschette. 114☐

Absolute Intensitätsmessungen der K-Röntgenlinien von Kohlenstoff und Aluminium mit einem Proportionalzähler. R. M. Dolby. (Brit. J. appl. Physics **11.** 64—66. Febr. 1960. Cambridge, Cavendish Labor.; engl.) — Vf. bestimmt die Ausbeute (Quanten pro Elektron u. Raumwinkeleinheit) von dicken C- u. Al-Targets in Abhängigkeit von der Anodenspannung im Bereich unter 10 kV. Ebenso werden Konstruktion u. Anwendung des zur Intensitätsmessung dienenden Proportionalzählers beschrieben. G. Ruban. 116☐

Neue Daten über die Röntgenemissionsspektren des Titans in einigen Hydriden, Carbiden und Nitriden. E. Je. Wainstein und Je. A. Shurakowski. (Доклады Академии Наук СССР [Ber. Akad. Wiss. UdSSR] **128.** 695—97. 1/10. 1959. Vernadsky-Inst. für Geochem. u. analyt. Chem. der Akad. der Wiss. der UdSSR; Odessa, Pädagog. Uschinski-Inst.; russ.) — Vgl. C. **1958.** 3506. — Mit der K $\alpha_{1,2}$-Dublettlinie von V als Bezugslinie wird die K β_5-Emissionsbande von Ti im Metall u. verschiedenen Verbb. untersucht. Beim Carbid u. Nitrid ist die Feinstruktur der K β_5- u. der K β''-Bande gleich; die Struktur der K β_5-Bande ist anders als beim Hydrid, bei dem sie derjenigen des Metalls ähnelt, aber breiter als in allen anderen Fällen ist u. 2 Maxima aufweist. Die Lage des langwelligen Maximums ist bei allen Hydriden (mit 1—3% H) gleich; der H-Geh. beeinflußt nur die Intensität des kurzwelligen Maximums, die bei 33 (50) Atom-% H 11 (25) % derjenigen des langwelligen Maximums beträgt, bei höherem H-Geh. nur 6%, was auf die Auffüllung der Elektronendefekte in der 3 d-Bande zurückgeführt wird. Aus dem Auftreten des K β''-Satelliten kann man auf die Ladung am H u. ihre Abhängigkeit von der Zus. schließen. R. K. Müller. 116☐

Die Feinstruktur der K-Absorptionskanten von Nickel und Eisen in Ni–Fe-Legierungen bei tiefen Temperaturen. Dorel Bally und Léonard Müller. (C. R. hebd. Séances Acad. Sci. **249.** 1099–1101. 28/9. 1959; franz.) — Von auf 12 μ gewalzten Proben aus Ni, Fe u. Ni-Legg. mit 15–50% Fe wird bei —160° die Feinstruktur der K-Absorptionskanten untersucht. Die Lagen der K_1-Punkte der K-Absorptionskanten von reinem Ni u. Fe werden durch Temp.-Erniedrigung nicht verändert. In Legg. werden die K_1-Punkte von Fe zu längeren Wellenlängen u. in gleicher Weise die K_1-Punkte des Ni in einer abgeschreckten Leg. mit 50% Fe zu kürzeren Wellenlängen verschoben. HERBERT MÜLLER. 116□

Übergangswahrscheinlichkeiten für verbotene Linien des Ne IV. R. H. Garstang. (Monthly Notices Roy. astronom. Soc. **120.** 201–03. 1960. London, Mill Hill Park, Univ. of London, Observ.; engl.) — Die Übergangswahrscheinlichkeiten wurden für magnet. Dipol- u. elektr. Quadrupolstrahlung für Übergänge zwischen den Niveaus der 2 p^3-Konfiguration des Ne IV abgeschätzt. Die errechneten relativen Intensitäten der Linien des ^2P–^2D-Multipletts betragen: $^2P_{3/2}$–$^2D_{5/2}$ 1,1, $^2P_{1/2}$–$^2D_{5/2}$ 0,3, $^2P_{3/2}$–$^2D_{3/2}$ 1,3 u. $^2P_{1/2}$–$^2D_{3/2}$ 1,2. ERNST SCHULTE. 118□

Anomale Intensitätsverhältnisse von Komponenten der Hyperfeinstruktur der Indiumlinien. Ju. I. Turkin und M. P. Tschaika. (Оптика и Спектроскопия [Optik u. Spektroskopie] **11.** 695. Nov. 1961; russ.) — Vff. berichten über beobachtete Abweichungen der Intensitätsverhältnisse der Hyperfeinstrukturkomponenten für die Linie In 4101,8 Å von den theoret. zu erwartenden Werten. Es wurde die Strahlung einer mit In beschickten, mit fl. Luft gekühlten Hohlkathode mit einem FABRY-PÉROT-Etalon gemessen. R. GERBATSCH. 118□

Spektroskopische Untersuchungen eingefrorener Radikale. Anonym. (Appl. Spectroscopy **13.** 124–26. 1959. Washington, D.C., Nat. Bur. of Stand.; engl.) — Überblick über Unterss. am NATIONAL BUREAU OF STANDARDS über die Lichtemission freier Radikale, die durch Anregung von O_2, N_2 bzw. Gemischen von O_2 u. N_2, N_2 u. H_2, N_2 u. Edelgasen oder O_2 u. Edelgasen erzeugt u. mit fl. He oder H_2 ausgefroren werden. F. HUBER. 118□

r-Schwerpunkte und ihre Eigenschaften für das ($B^1\Sigma \rightarrow X^1\Sigma$)-System von BeO. N. R. Tawde und N. Sreedhara Murthy. (Bull. Soc. roy. Sci. Liège **29.** 325–29. Nov./Dez. 1960. Dharwar, India, Karnatak Univ., Dep. of Phys.; engl.) — Die r-Schwerpunkte für die Banden des BeO (B → X)-Syst. wurden 1. mittels des Verf. der quadrat. Gleichung u. 2. mittels der numer. Integration mit Hilfe der MORSE-Wellenfunktion berechnet. Eine vergleichende Unters. der Ergebnisse nach den beiden Meth. ergibt die glatte Beziehung zwischen r-Schwerpunkt u. Wellenlänge. J. M. SPAETH. 118□

Der Einfluß glänzender Oberflächen auf Remissionsmessungen. Andreas Brockes. (Farbe **9.** 53–62. Sept. 1960. Leverkusen, Farbenfabriken Bayer Akt.-Ges.; dt.) — Glänzende Oberflächen an Kunststoff-, Glas- u. ähnlichen Proben beeinflussen sehr stark Remissionsmessungen. Vf. gibt zunächst für die Oberflächenkorrektur an Vitrolitglas, Emailplatten u. Kunststoff eine Ableitung der Formel von RYDE für verschiedenen Lichteinfall (unter 0°, diffus 45°) u. verschiedene Meßanordnungen (diffus u. 0°) an. Durch Vgl. kann man dann aus der Messung den Reflexionsfaktor r_2 für das aus dem Probeninnern diffus auf die Oberfläche auffallende Licht berechnen. Mit Hilfe einer Gleichung läßt sich r_2 auch theoret. aus dem Brechungsindex n der Probe berechnen. D. HAHN. 119□

Über die Lichtstreuung an NaCl-Kristallen. E. Kappler und G. Pampus. (Ann. Physik [7] **4.** 178–87. 1959. Münster/Westf., Univ., Chem. Inst.; dt.) — Bei ultramkr. Abb. eines reinen *NaCl*-Kristalls wurden Streuzentren längs der (1 1 0)-Ebenen beobachtet. Sie sind besonders stark nach plast. Verformung. Es wird angenommen, daß in diesen Streuzentren die Gleitbänder im Kristallinnern wahrnehmbar wurden. Bei stärkerer Vergrößerung beobachtet man in diesen Gleitbändern ein unregelmäßiges Netzwerk mit einer faserigen Feinstruktur. Wahrscheinlich wird in dieser Feinstruktur die elementare Vernetzungsstruktur sichtbar. ERNST SCHULTE. 119□

Elektronenspinresonanz und optische Absorption von Elektronen-Überschuß-Zentren in KCl. P. R. Moran, S. H. Christensen und R. H. Silsbee. (Physic. Rev. [2] **124.** 442–49. 15/10. 1961. Ithaca, N.Y., Cornell Univ., Dep. of Phys., Labor. of Atomic and Solid State Phys.; engl.) — Vff. finden, daß die M-, R- u. N-Zentren nicht verantwortlich für die Veränderungen im Resonanz-Verh. in gefärbten KCl-Kristallen sind. Die opt. Absorption in magnet. Zentren scheint im Gebiet der F-Bande zu bleiben. Die Kristallpräparationen u. die Meßmeth. werden beschrieben. D. HAHN. 119□

Farbzentren in Alkalimetallaziden. H. A. Papazian. (Physics Chem. Solids **21.** 81—86. Okt. 1961. San Diego, Calif., Convair Sci. Res. Labor.; engl.) — Vgl. C. **1962.** 3716. — An aus gesätt. wss. Lsgg. gewachsenen raumzentrierten tetragonalen CsN_3-, RbN_3-, KN_3- u. raumzentrierten rhomboedr. NaN_3-Kristallen wurden die Absorptionsbanden im UV, Sichtbaren u. IR vor u. nach UV-Bestrahlung bei einer Temp. von $-196°$ untersucht. Vf. findet einen engen Zusammenhang zwischen den durch Bestrahlung mit UV-Licht hervorgerufenen Banden im Sichtbaren u. im IR u. nimmt deshalb an, daß dieser Zusammenhang durch einen Ladungstransport hervorgerufen wird. Ein entsprechendes Modell wird angegeben. H. G. Grimmeiss. 119□

Untersuchungen über die Rotationsdispersion von Koordinationsverbindungen. 1. Mitt. **Absorptionsspektren und Elliptizität von optisch-aktiven diedrischen Kobalt(III)-Komplexen.** John G. Brushmiller, E. L. Amma und Bodie E. Douglas. (J. Amer. chem. Soc. **84.** 111—13. 5/1. 1962. Pittsburgh, Pa., Univ. of Pittsburgh, Dep. of Chem.; engl.) — Für cis-[Co $(en)_2(NH_3)H_2O](NO_3)_3$, cis-[Co $(en)_2(NH_3)Cl]Cl_2$ u. cis-[Co $(en)_2(NH_3)Br]Cl_2$ werden die molaren Extinktions-Koeff. u. die Lage der Absorptions- u. Elliptizitätsmaxima für die Übergänge $^1A_{1g} \rightarrow {}^1E_g$ u. $^1A_{1g} \rightarrow {}^1A_{2g}$ angegeben. Aus diesen Werten folgern Vff., daß für die mol. inverse Dispersion ein anderer Mechanismus verantwortlich ist als für die Absorption im Sichtbaren. P. Kurzmann. 119□

Infrarot-Faraday-Rotation und Absorption freier Träger in Bi_2Te_3. I. G. Austin. (Proc. physic. Soc. **76.** 169—79. 1/8. 1960. Wembley, General Electric Co. Ltd., Res. Labor.; engl.) — Vgl. C. **1961.** 4602. — Vf. untersucht die Faraday-Rotation bei Wellenlängen von 8—15 μ an verschiedenen Bi_2Te_3-Einkristallen vom n- u. p-Typ unter Verw. eines Magnetfeldes von 17 kOe. Die Ergebnisse werden gedeutet als Summe der Rotationen, die durch freie Ladungsträger u. Zwischenbandübergänge verursacht werden. Es wird versucht, die Komponenten zu trennen u. die Rotation der freien Träger dazu zu benutzen, die Parameter der effektiven Masse abzuschätzen. Ebenso wird über Messungen der Absorption der freien Träger im Bereich von 8—20 μ berichtet; diese führen unabhängig auf eine Abschätzung derselben Parameter der effektiven Masse u. zeigen befriedigende Übereinstimmung mit den Faraday-Messungen. Die Ergebnisse werden im Hinblick auf neuere galvanomagnet. Messungen an einigen der Kristalle diskutiert. G. Ruban. 119□

Ermittlung des Brechungsindex im Infrarot-Bereich. Josette Vincent-Geisse und Jean Lecomte. (J. Physique Radium **21.** 794—800. Nov. 1960. Sorbonne, Labor. de Rech. Phys.; franz.) — Ausführliche Übersicht über neuere Ergebnisse. — 88 Literaturangaben. A. Blaschette. 119□

Berechnung von Infrarotintensitäten durch direkte Integration. Eine Verbesserung der Ramsayschen Methode. A. Cabana und C. Sandorey. (Spectrochim. Acta [London] **16.** 335—51. April 1960. Montréal, Univ. de Montréal, Dép. de Chim.; engl.) A. Blaschette. 120□

Infrarot-Absorptionsspektren von Diamanten verschiedenen Typs. S. C. Sirkar. (Indian J. Physics Proc. Indian Assoc. Cultivat. Sci. **34** (**43**). 13—19. 1960. Calcutta, Indian Assoc. for Cultivat. of Sci., Opt. Dep.; engl.) — 10 Diamantproben, deren Fluorescenz- u. Absorptionsspektren schon bekannt waren, wurden erneut untersucht. Zwei der Proben waren im UV bis 2300 Å transparent, die Fluorescenzbande bei 4156 Å fehlte, u. sie wiesen nur schwache IR-Banden in verschiedenen Bereichen auf, während bei den anderen Proben einige oder alle der von anderen Autoren beobachteten Banden auftraten. Diese IR-Banden führt Vf. mit Ausnahme der bei 1360 cm^{-1} auf Verunreinigungen zurück u. nicht auf Schwingungen im Diamantgitter. Die Bande bei 1360 cm^{-1} rührt von Schwingungen der Teile des Gitters her, die durch Verunreinigungen unter Spannung stehen. Ernst Schulte. 120□

Einfluß der Temperatur auf die Intensität und die Struktur der Banden im Infrarotspektrum des rhombischen Schwefels. Vernon D. Neff und Thomas H. Walnut. (J. chem. Physics **35.** 1723—29. Nov. 1961. Syracuse, N.Y., Syracuse Univ., Dep. of Chem.; engl.) — Das IR-Spektrum von rhomb. S_8 wurde zwischen 750 u. 2000 cm^{-1} aufgenommen u. die relative Intensität der Banden bei 845, 936, 1298 u. 1513 cm^{-1} als Funktion der Temp. (-190 bis $+85°$) u. der Orientierung des Präp. gemessen. Es wird eine Formel für den Zusammenhang zwischen der Temp.-Abhängigkeit einer Oberschwingungs- oder Kombinationsbande u. derjenigen ihrer Komponenten abgeleitet u. als Kriterium bei der Zuordnung der Banden benutzt. Der Zusammenhang der Bandenstruktur mit akust. Gitterschwingungen u. sein Einfl. auf die Temp.-Abhängigkeit werden diskutiert. A. Blaschette. 120□

Interferometrische Spektren von Ammoniak und Kohlenmonoxid im fernen Infrarot. Ernest V. Loewenstein. (J. opt. Soc. America **50.** 1163—65. Dez. 1960.

Baltimore, Md., Johns Hopkins Univ., Labor. of Astrophys. and Phys. Meteorol.; engl.) — Mit einem Gitterinterferometer wurden die Spektren von NH_3, NH_2D u. CO im fernen IR erhalten. An Hand des CO-Spektrums wird gezeigt, daß bereits aus dem Interferogramm ohne numer. FOURIER-Transformation wesentliche Daten erhalten werden können. Das NH_3-Spektrum zeigt in der ν_2-Grundschwingung (950 cm^{-1}) reine Rotations- u. Inversionsübergänge. HARRO ZIMMER. 120□

Schwingungsspektren einiger Carbonylhalogenide. 1. Mitt. Infrarot- und Raman-Spektren des Carbonylchlorids und Carbonylbromids. B. Schneider und J. Štokr. (Collect. czechoslov. chem. Commun. **26**. 1221—30. Mai 1961. Prag, Tschech. Akad. der Wiss., Inst. für organ. Chem. u. Biochem.; engl.) — Die RAMAN-Spektren von fl. $COCl_2$ (I) u. $COBr_2$ (II), das RAMAN-Spektrum von gasförmigem I u. die IR-Spektren von fl. u. gasförmigem I u. II wurden gemessen u. diskutiert. O. KNESSL/Prag. 120

Kraftkonstanten des BCl_3-Moleküls. V. Santhamma. (Current Sci. **24**. 262—63. Aug. 1955. Waltair, Andhra Univ., Dep. of Phys.; engl.) — Die Kraft-Konst. des BCl_3 werden aus spektroskop. Daten berechnet (je zwei Werte als Lsgg. einer quadrat. Gleichung; alle Werte in 10^5 dyn/cm): f_d 3,227 (3,227); f_{dd} 0,706 (0,706); $f_{\alpha d}-f'_{\alpha d}$ —0,69 (3,103); $f_\alpha-f_{\alpha\alpha}$ 0,158 (1,065). Sie führen zu Schwingungsfrequenzen für $^{10}BCl_3$. A. BLASCHETTE. 120□

Infrarotuntersuchungen bis zu 30000 Atmosphären im Bereich von 1 bis 15 Mikron. C. E. Weir, E. R. Lippincott, A. Van Valkenburg und E. N. Bunting. (J. Res. nat. Bur. Standards **63A**. 55—62. Juli/Aug. 1959. Washington, D.C.; engl.) — In einer ausführlich beschriebenen Druckzelle wurde das IR-Spektrum von *Calcit* (I) u. *Aragonit* im Bereich von 1—15 μ bei Drücken zwischen 1 u. 30000 atm aufgenommen. Als Fenstermaterial eignen sich die nur bei 5 μ absorbierenden, mechan. genügend stabilen Diamanten vom Typ II, zwischen denen I rein oder mit LiF verd. zur Messung gepreßt wurde. Mit steigendem Druck verschieben sich je nach Schwingungsart die Absorptionsbanden unter Intensitätsabnahme zu höheren Frequenzen: die symm. CO-Valenzschwingung ν_1 in I wird IR-akt., die doppelt degenerierte Valenz- (ν_3) u. Deformationsschwingung (ν_4) spalten auf. Aus der Verschiebung von ν_1 errechnet sich die Kompressibilität $[(-1/R_0)(d\,R/d\,p)]$ des CO-Bindungsabstandes R zu $2{,}8\cdot10^{-7}\,atm^{-1}$. Der Effekt wird als Abweichung des CO_3^{2-} von der trigonalen Achse unter Druck-Einfl. gedeutet. Größere Abweichungen wurden auch an anderen Präpp. nicht beobachtet. H. BÜRGER. 120□

Infrarotspektrum der Spinelle Ni_2SiO_4, Ni_2GeO_4 und ihrer festen Lösungen. P. Tarte und A. E. Ringwood. (Nature [London] **193**. 971—72. 10/3. 1962. Liège, Univ. of Liège, Dep. of Gen. Chem.; Canberra, Australian Nat. Univ., Dep. of Geophys.; engl.) — Die IR-Spektren zeigen im Gegensatz zu dem der olivin. Form des Ni_2SiO_4 einen sehr einfachen Bau. Die Banden des Ni_2SiO_4 werden der antisymm. Valenzschwingung der SiO_4-Tetraeder (825 cm^{-1}), der antisymm. Deformationsschwingung der SiO_4-Tetraeder (516) u. der antisymm. Valenzschwingung der NiO_6-Oktaeder (380) zugeschrieben. Die entsprechenden Banden des Ni_2GeO_4 liegen bei 689, 470 u. 340 cm^{-1}. Ni_2SiO_4 u. Ni_2GeO_4 sind demnach Normalspinelle. In der Reihe $Ni_2[Si_{(1-x)}Ge_x]O_4$ nimmt die Intensität der 825-Bande u. der 516-Bande mit wachsendem x stetig ab, die der 689-Bande u. der 470-Bande ständig zu, entsprechend dem Ersatz der SiO_4-Tetraeder durch GeO_4-Tetraeder. Die 380-cm^{-1}-Bande verschiebt sich mit wachsendem x stetig gegen 340 cm^{-1}, ohne etwas von ihrer Intensität einzubüßen. Diese Wanderung wird durch eine Gitterexpansion beim Übergang vom Ni_2SiO_4 zu Ni_2GeO_4 erklärt. WOLFGANG KRETSCHMER. 120□

Molekularer Aufbau der verschiedenen Natriumdihydrogendiphosphate $Na_2H_2P_2O_7$. Jean Lecomte, André Boullé, Claudine Morin und Josette Morandat. (C. R. hebd. Séances Acad. Sci. **249**. 2681—86. 21/12. 1959. Paris, Sorbonne, Labor. de Rech. phys.; École des Mines, Labor. de Chim.; franz.) — IR-spektroskop. lassen sich die Formen α u. β des $Na_2H_2P_2O_7$ (I) unterscheiden. α-I bildet sich durch Erhitzen von $Na_2H_2PO_4$ auf 220° oder Neutralisation von wss. $H_4P_2O_7$ (dargestellt aus $Ag_4P_2O_7$ u. HCl), β-I aus dem Hydrat des $Na_3H_2P_3O_{10}$ bei 150° im Vakuum durch therm. Zers. von Polyphosphaten u. durch Neutralisation von Polyphosphorsäuren. Das schlecht kristallisierende β-I läßt sich bei 220° u. 1,7 atm N_2 in α-I überführen; beide geben mit W. reversibel das Hexahydrat. Das Spektrum von α-I zeigt alle auf Grund der Symmetrie C_{2v} zu erwartenden Linien, β-I zusätzlich zu diesen Aufspaltungen u. weitere Frequenzen, bes. im Bereich der $\delta_{PO}\cdot\nu_s$ P—O—P u. ν_s PO. OH-Schwingungen können durch Deuterierung zugeordnet werden. Aus Isomeriebetrachtungen lassen sich die experimentellen Ergebnisse nicht vollständig deuten. H. BÜRGER. 120□

Über Mikrowellen. F. Kohler. (Österr. Chemiker-Ztg. **58.** 250—59. Nov. 1957. Wien, Univ., I. Chem. Inst.; dt.) — Einführung in die Mikrowellenspektroskopie. A. BLASCHETTE. 121 □

Neuere Fortschritte auf dem Gebiet der Mikrowellenspektroskopie von Gasen. J. Sheridan. (Boll. sci. Fac. Chim. ind. Bologna **16.** 71—79. 1958. Birmingham, Univ.; engl.) — 39 Literaturangaben. A. BLASCHETTE. 121 □

Einige Beiträge der Mikrowellenspektroskopie zur Chemie. John Sheridan. (Ricerca sci. **28.** 1801—16. Sept. 1958. Birmingham, Univ.; engl.) — Kurze Einführung. — 19 Literaturangaben. A. BLASCHETTE. 121 □

Mikrowellenabsorption in Festkörpern. A. Jayaraman. (Current Sci. **27.** 41—45. Febr. 1958; engl.) — Kurze einführende Übersicht. A. BLASCHETTE. 121 □

Cyclotronresonanz. Benjamin Lax. (Science [Washington] **134.** 1333—40. 27/10. 1961. Lexington, Mass., MIT, Lincoln Labor., Solid State Div.; engl.) — Einführende Übersicht über die Erscheinungen der Cyclotronresonanz in Gasen, Halbleitern u. Metallen. — 37 Literaturangaben. A. BLASCHETTE. 121 □

Die Luminescenz-Abklingung von verschiedenen Kristallen für Teilchen verschiedener Ionisationsdichte. J. C. Robertson und J. G. Lynch. (Proc. physic. Soc. **77.** 751—56. 1/3. 1961. Glasgow, Univ., Dep. of Natural Philos.; engl.) — Mit Teilchen verschiedener Ionisationsdichte werden an *LiJ*(*Eu*)-, *NaJ*(*Tl*)-, *KJ*(*Tl*)-, *CsBr*(*Tl*)- u. 3 *CsJ*-Kristallen mit variierter Tl-Konz. Luminescenzabklingmessungen durchgeführt. Es wird die Abhängigkeit der Abklingzeiten u. Ausbeute des relativen Spannungsimpulses pro Energieeinheit für α-Teilchen, Protonen u. Elektronen von der Tl-Konz. in CsJ untersucht. Das Verhältnis der Durchschnittsabklingzeiten für Elektronen bzw. α-Teilchen wächst mit dem Durchschnitts-Z-Wert des Kristalls. D. HAHN. 125 □

Über das Verhalten von elektrolumineseierenden Phosphoren bei Bestrahlung mit Ultraviolettlicht. D. W. G. Ballentyne. (Physics Chem. Solids **21.** 131—33. Okt. 1961. Hull, Univ., Dep. of Phys.; engl.) — Vf. untersucht Elektroluminescenz (EL) bei gleichzeitiger UV-Einstrahlung. Zu diesem Zwecke wurde der Phosphor mit 400 Hz elektr. angeregt u. das emittierte Licht mit einem 800-Hz-Verstärker gemessen, um einen Einfl. der von der UV-Strahlung verursachten Photoluminescenz auszuschalten. Vf. beobachtet eine wesentliche Verstärkung der EL bei gleichzeitiger Einstrahlung von UV-Licht u. erklärt den Effekt mit der Annahme, daß die Löcher teilweise am EL-Prozeß beteiligt sind. Da freies Cu die Kristallstruktur von *ZnS* beeinflußt, vermutet Vf., daß freies Cu kub. ZnS mit einem so hohen Geh. an Cu-Ionen verursacht, daß eine Störbandleitung auftritt. Andererseits ist das kub. ZnS gleichzeitig mit weniger hoch dotiertem n-leitendem Material aus hexagonalem ZnS in Berührung. Bei Anlegen eines Feldes tunneln Elektronen aus den Aktivatoren des hexagonalen ZnS in das Störband des kub. ZnS, um bei Feldumkehrung entweder in das Leitungsband oder in Haftstellen des hexagonalen ZnS zurückzutunneln. Der Einfl. des UV besteht darin, die Besetzungsdichte des Störbandes zu verkleinern u. dadurch die Tunnelwahrscheinlichkeit zu vergrößern. H. G. GRIMMEISS. 125 □

Einfluß der Temperatur auf die spektrale Zusammensetzung der Zinksulfidluminescenz. I. Soudek. (Brit. J. appl. Physics **11.** 289—92. Juli 1960. Prague, Res. Inst. for the Vacuum-Electrotechn.; engl.) — Vf. untersucht die Temp.-Abhängigkeit der spektralen Zus. nach einer neuen Meth., welche die relativen Formänderungen der Emissionsbande besser wiederzugeben vermag. An der Hauptemissionsbande einiger *Zn*- u. *Zn–Cd-Sulfide* werden zwischen der Temp. der fl. Luft u. der Temp. des Zusammenbruchs folgende Effekte beobachtet: 1. wächst unterhalb 180° K bei steigender Temp. die Kurzwellenseite der Emissionsbande bei allen Phosphoren schneller als die Langwellenseite; 2. besitzt in der Gegend von 220° K die Intensität der gesamten Bande ein Minimum bei allen Cu-aktivierten u. -inhibierten Phosphoren; 3. verhalten sich einige Phosphore oberhalb 220° umgekehrt wie im ersten Fall. Diese Effekte lassen sich erklären durch die Annahme zweier von der Temp. abhängender Prozesse, die umgekehrte Einfl. auf die Form der Emissionsbande ausüben. Der eine ähnelt dem Löcherwanderungsprozeß, der andere steht im Zusammenhang mit der therm. Befreiung eingefangener Elektronen. G. RUBAN. 125 □

Wirkung der Infrarotstrahlung auf ZnS:Cu-Phosphore. H. Kallmann und K. Luchner. (Physic. Rev. [2] **123.** 2013—19. 15/9. 1961. New York, N.Y., New York Univ., Dep. of Phys., Solid State Labor.; engl.) — Bei Unterss. über die IR-Stimulation u. -Auslöschung von ZnSCu wird gefunden, daß erstere linear mit der Konz. der ionisierten Aktivatoren anwächst u. mit der Entleerung der flachsten Haftstellen verschwindet. Die Auslöschung dagegen nimmt mit dem Prod. der Konzz. der ionisierten

Aktivatoren u. in Haftstellen befindlichen Elektronen zu. Daraus wird geschlossen, daß die Wrkg. der IR-Strahlung vorwiegend in einem Transport der Löcher zu Niveaus mit größerer Rekombinationswahrscheinlichkeit liegt u. nicht in einer Entfernung von Elektronen aus Haftstellen. IR-Effekte auf Thermoluminescenz u. Photoleitfähigkeit bestätigen das angegebene Modell. D. Hahn. 125□

Über den Aufbau der Zinksulfid-Luminophore. Nikolaus Riehl und Henry Ortmann. (Monogr. „Angew. Chem." u. „Chem.-Ing.-Techn." **1957**. Nr. 72. 1—58. München, TH, Labor. für Techn. Phys.; Berlin-Buch, Dt. Akad. der Wiss., Inst. für Med. u. Biol.; dt.) — Ausführliche Fassung der C. **1956**. 7442, 9351, 11118, 13921 referierten Arbeiten. A. Blaschette. 125□

Einige Bemerkungen zum Nachleuchten von ZnCdS-Phosphoren. K. Albers. (Mber. dtsch. Akad. Wiss. Berlin **1**. 93—94. 1959. Berlin, Humboldt-Univ., II. Phys. Inst.; dt.) — Vf. untersucht die Mischkristallreihe $ZnCdS:Cu$ u. bestimmt u. a. auch die Lage der Maxima der Emissionsbanden. Dabei wurden die bereits von anderen Autoren gefundenen Cu-Banden beobachtet, die von 4450 Å (bei ZnS) bis 8200 Å (CdS) bzw. von 5160 Å (ZnS) bis ca. 10200 Å (CdS) wandern. Zweifellos stehen diese Emissionen miteinander in Beziehung. Ein Vgl. der Meßergebnisse zeigt übereinstimmend eine fast lineare Abhängigkeit der Lage der Bandenmaxima vom Mischungsverhältnis. Trägt man die Banden im Energiemaßstab gegen das Mischungsverhältnis (Mol-%) auf, so zeigt sich eine Abnahme der Energie mit wachsendem CdS-Geh., entsprechend der Rotverschiebung der Banden. Es zeigt sich aber auch, daß diese Energieabnahme annähernd parallel zum Bandabstand verläuft. Die Parallelität der Kurven bedeutet, daß die Aktivatorterme immer etwa den gleichen Abstand vom Valenzband haben u. nur eine schwache Abnahme (ca. 0,1 eV) mit wachsendem CdS-Geh. zu verzeichnen ist. G. Ruban. 125□

Die Beeinflussung der Luminescenz des Mangan-aktivierten Cadmiumchlorophosphates durch Wismut. H. Ruffler. (Techn.-wiss. Abh. Osram-Ges. **7**. 211—18. 1958; dt.) — Die Luminescenz-Eigg. des mit Mn oder Bi aktivierten $3\,Cd_3(PO_4)_2 \cdot CdCl_2$ wurden untersucht. Spektrale Energieverteilung, Fluorescenzintensität (als Funktion der Bi-Konz. u. der Temp.), Abklingkurven, Riehl-Effekt u. Glow-Kurven wurden aufgenommen. An Hand der Ergebnisse wird der Fluorescenzmechanismus diskutiert. W. Betcke. 125□

Das Temperaturverhalten der Manganbanden in Calciumsilicat (Mn, Pb) und Zinkberylliumsilicat (Mn). H. Lange. (Techn.-wiss. Abh. Osram-Ges. **7**. 219—22. 1958; dt.) — Entgegen naheliegenden Annahmen zeigen sich im Temp.-Verh. entsprechender Banden der in der spektralen Verteilung ihrer Luminescenzemission sehr ähnlichen Mn- bzw. Pb-aktivierten Leuchtstoffe Calciumsilicat u. Zinkberylliumsilicat starke Unterschiede. Ersteres zeigt ein bei -180^0 nahezu glattes, dagegen bei $+200^0$ eine Erhebung im Grün aufweisendes Spektrum, während es bei letzterem gerade umgekehrt ist. W. Betcke. 125□

Über die sensibilisierende Wirkung von Ce in Mn-aktivierten Sulfatleuchtstoffen. J. Rudolph und H. Ruffler. (Techn.-wiss. Abh. Osram-Ges. **7**. 223—34. 1958; dt.) — Gegenstand der Unters. ist die Luminescenzfähigkeit der mit Ce^{3+} sensibilisierten Mn-aktivierten Sulfate von *Li, Na, K, Rb, Cs,* NH_4, *Mg, Ca, Sr, Ba, Al, Zn* u. *Cd*. Untersucht wurden die spektrale Verteilung der Emission, der Einfl. der Ce- u. Mn-Konz. sowie der Temp., das Nachleuchten u. die Absorption. Die Ergebnisse werden auf der Grundlage der Annahme einer Energieübertragung durch Excitonen bzw. durch quantenmechan. Resonanz vom absorbierenden Sensibilisator Ce^{3+} zum emittierenden Aktivator Mn^{2+} diskutiert. W. Betcke. 125□

Pierre Barchewitz, Spectroscopie infrarouge. 1. Vibrations moléculaires. Paris: Gauthier-Villars. 1961. (VIII + 239 S. m. Abb.) 8⁰. 42 NF.

William A. Shurcliff, Polarized light; production and use. Cambridge (Massachusetts): Harvard. 1962. (207 S. m. Abb.) $ 6.25.

A₃. Elektrizität. Magnetismus. Elektrochemie

Über die Stabilitätsbedingungen der Verteilungsfunktion der Elektronen im Plasma. A. I. Achijeser, G. Ja. Ljubarski und R. W. Polowin. (Журнал Экспериментальной и Теоретической Физики [J. exp. theoret. Physik] **40**. 963—69. März 1961. Physik.-techn. Inst. der Akad. der Wiss. der UkrainSSR; russ., Auszug: engl.) — Für freies Plasma wie für solches, das in ein konst. u. gleichförmiges elektr. oder magnet. Feld eingebettet ist, werden die Bedingungen für die Stabilität der

Elektronenverteilungsfunktion gegenüber hochfrequenten Plasmaschwankungen aufgestellt. Stöße werden vernachlässigt. M. Wiedemann. 131□

Messung der Plasmatemperatur und der Elektronendichte. Kiyoshi Murakawa und Shizuyo Hashimoto. (J. physic. Soc. Japan **14.** 1824. Dez. 1959. Tokyo, Univ., Aeronaut. Res. Inst.; engl.) — Vgl. C. **1962.** 2258. — Eine Überprüfung der l. c. angewandten Meth. führt auf einen verbesserten Wert für die Elektronendichte von $N = 4{,}8 \cdot 10^{15}$ cm^{-3}; die Plasma-Temp. wird auf $T = 4{,}9 \cdot 10^3$ °K korrigiert. G. Ruban. 131□

Beobachtung von hydromagnetischen Schwingungen im Plasma einer elektrodenlosen Impulsentladung. M. D. Gabowitsch und I. M. Mitropan. (Журнал Технической Физики [J. techn. Physik] **31.** 676—79. Juni 1961; russ.) — Die elektrodenlose Entladung wurde in H_2 von 0,12 Torr Druck bzw. in *Kr* in einem Quarzrohr von 65 mm Ø durchgeführt, das von 2 Cu-Spulen umgeben war. Die Einw. des Plasmas auf das mit Sonden gemessene Magnetfeld u. auf die Stromstärke wurden oscillograph. aufgezeichnet. Es wurde eine Schwingungsperiode in der Größenordnung von 0,2 μs beobachtet. M. Wiedemann. 131□

Über den Einfluß der Langmuir-Schicht zwischen Plasma und Gefäßwand auf die Wellenausbreitung in einem Plasmakabel. Winfried Otto Schumann. (Z. angew. Physik **12.** 298—300. Juni 1960. München, TH, Elektrophysikal. Inst.; dt.) — Theoret. Untersuchung. Die Abhängigkeit der Phasen-Geschw. einer elektromagnet. Welle in einem Plasmakabel von der Frequenz zeigt statt der nach der einfachen Theorie zu erwartenden monotonen Abnahme mit zunehmender Frequenz kurz vor der Grenzfrequenz eine anomale Dispersion. Dies läßt sich verstehen, wenn man den Einfl. der DK des Glasrohrs, in dem die Entladung brennt u. der Langmuir-Schicht zwischen Plasma u. Glaswand berücksichtigt. F. Lenz. 131□

Unterdrückung von Plasmaschwingungen. D. W. Mahaffey und K. G. Emeleus. (J. Electronics and Control [1] **4.** 301—04. April 1958. Belfast, Queen's Univ., Phys. Dep.; engl.) — In heißen Kathodenröhren mit niedrigem Gasdruck können Schwingungen mit Frequenzen von 10^3—10^4 MHz entstehen. Vff. untersuchen die Abhängigkeit dieser Schwingungen von dem Abstand Kathode–Anode. Aus den Vers.-Ergebnissen werden 2 Schlüsse gezogen: 1. Die Existenz einer starken Plasmaelektron- u. Strahlschwingung ist nicht notwendig für die Entladung. 2. Die Schwingungen können unterdrückt werden, wenn Kathode u. Anode genügend dicht zusammengebracht werden. M. Guerlin. 131□

Ausbreitung eines Mikrowellen-Pfeifermodus in einem dichten Laboratoriumsplasma. R. M. Gallet, J. M. Richardson, B. Wieder, G. D. Ward und G. N. Harding. (Physic. Rev. Letters **4.** 347—49. 1/4. 1960. Boulder, Colo., Boulder Labor., Nat. Bur. of Stand.; Harwell, Atom. Energy Res. Establ.; engl.) — In einem homogenen Plasma mit der Plasmafrequenz ω_P ist in Ggw. eines homogenen Magnetfeldes mit der Elektronen-Gyrofrequenz ω_H außer den gewöhnlichen Ausbreitungsmoden mit $\omega > \omega_P$ nach der Appleton-Gleichung auch die Ausbreitung niederfrequenter Wellen mit $\omega < \omega_H$ möglich, wenn der Winkel zwischen Magnetfeldrichtung u. Ausbreitungsrichtung der Welle sehr klein ist. Dieser zunächst in außerterrestr. Quellen u. in der Exosphäre der Erde beobachtete Pfeifer (Whistler)-Modus läßt sich auch im Labor. anregen. Es wird über Experimente in der ZETA-Anordnung in Harwell berichtet. Man kann aus Messungen des Brechungsindex bei zwei verschiedenen Frequenzen ω_P, ω_H u. die Richtung des Magnetfeldes u. somit den örtlichen u. zeitlichen Verlauf der Verteilung der Elektronen-Konz. u. des Magnetfeldes in einem dichten Plasma experimentell bestimmen. F. Lenz. 131□

Erzeugung eines elektrischen Gleichstroms aus einem ionisierten Dampfstrahl. Siegfried Klein. (C. R. hebd. Séances Acad. Sci. **251.** 657—59. 1/8. 1960; franz.) — Läßt man einen ionisierten Strahl von *Hg-*, *Wasser-* oder anderem Dampf durch eine Düse in einen Raum mit mehreren Elektroden treten, in welchem ein Vakuum von 10^{-3} Torr herrscht, so kommt es durch ungleichartige Diffusion der beteiligten Teilchen (Moll., Ionen u. Elektronen) zu einer effektiven Trennung der positiven u. negativen Ladungen u. zwischen den Elektroden tritt eine EMK auf. Mit Hg wurden 10 V erzeugt, wobei bisher für die Umwandlung von therm. in elektr. Leistung ein Wrkg.-Grad von ca. 12% erzielt wurde. F. Lenz. 131□

Ionisation von Argon durch Sauerstoff- und Stickstoffionen. R. N. Iljin und Je. Ss. Ssolowjew. (Журнал Технической Физики [J. techn. Physik] **31.** 680—87. Juni 1961. Leningrad, physik.-techn. Ioffe-Inst. der Akad. der Wiss. der UdSSR; russ.) — Untersucht wurde die Wechselwrkg. von N^+, O^+, N_2^+, O_2^+, NO^+ u. NO_2^+ von 15 bis 180 keV mit *Ar*. Gemessen wurde, jeweils in Abhängigkeit von der Energie, der Elektroneneinfangquerschnitt, der Ionisationsquerschnitt, die Querschnitte für die Bldg. einfach, doppelt, drei- u. vierfach geladener Ionen. Ferner kommen Prozesse des Einfangs zweier Elektronen vor, die $O^+ \rightarrow O^-$ ergeben. M. WIEDEMANN. 131□

Einfang von Elektronen durch O_2- und N_2-Moleküle bei Zusammenstößen mit schnellen Atomen von Alkalimetallen. A. M. Buchtejew, Ju. F. Bydin und W. M. Dukelski. (Журнал Технической Физики [J. techn. Physik] **31.** 688—93. Juni 1961. Leningrad, physik.-techn. Ioffe-Inst. der Akad. der Wiss. der UdSSR; russ.) — Mittels Stoßkammer u. Massenanalysator wurden Stöße schneller Atome *K*, *Rb* u. *Cs* mit den Moll. O_2 u. Cl_2 untersucht, wobei Ionisation der Alkalimetalle u. Elektroneneinfang, führend zu O^- u. O_2^- bzw. Cl^- u. Cl_2^-, beobachtet wurde. Die relativen Wahrscheinlichkeiten wurden für Energien der Alkaliatome von 150—2200 eV bestimmt. M. WIEDEMANN. 131□

Geschwindigkeit des Elektronenschwunds durch Rekombination, Anlagerung und ambipolare Diffusion in Stickstoffoxidplasmen. Robert C. Gunton und Edward C. Y. Inn. (J. chem. Physics **35.** 1896. Nov. 1961. Sunnyvale, Calif., Lockheed Missiles and Space Co.; engl.) — Durch Photolyse von NO mit H_2-Emissionsstrahlung (LYMAN-α-Bereich) wurden NO–NO^+-Plasmen mit Elektronendichten ϱ von 10^8—10^{10} cm^{-3} erzeugt u. der zeitliche Abfall von ϱ durch Hohlraumresonanz verfolgt. Bei NO-Drücken $p = 4$—10 Torr u. niedrigem ϱ ist die Geschw. (v) dieses Abfalls proportional p^2, entsprechend einer Anlagerung nach $NO + NO \rightleftharpoons (NO)_2$, $(NO)_2 + e^- \rightarrow NO^- + NO$. Die Konz. des Dimeren $(NO)_2$ ist von gleicher Größenordnung wie die der Elektronen. Der Geschw.-Koeff. für die Anlagerung ist $K = 4 \cdot 10^{-31}$ $cm^6 \cdot s^{-1}$. Bei p = einige Zehntel Torr u. niedrigem ϱ überwiegt die ambipolare Diffusion (niedrigster Ordnung) mit dem Diffusions-Koeff. $D_a p = 80\,cm^2 \cdot s^{-1} \cdot$ Torr, bei analogem p u. hohem ϱ die Rekombination $NO^+ + e^- \rightarrow N^* + O^*$ mit dem Geschw.-Koeff. $\alpha = 1{,}3 \cdot 10^{-6}$ $cm^3 \cdot s^{-1}$. Die bei der Photolyse erzeugten Elektronen besitzen eine Energie von ca. 1 eV, werden aber innerhalb weniger μs therm. (0,04 eV). A. BLASCHETTE. 131□

Das Ionisationspotential von NH. R. I. Reed und W. Snedden. (J. chem. Soc. [London] **1959.** 4132—33. Dez. Glasgow, Univ.; engl.) — Aus der Diskussion massenspektroskop. Ergebnisse folgt als wahrscheinlichster Wert I (NH) = 13,10 ± 0,05 eV. A. BLASCHETTE. 131□

Massenspektrometrische Untersuchung gasförmiger Teilchenarten im System Bor–Kohlenstoff. G. Verhaegen, F. E. Stafford, M. Ackerman und J. Drowart. (Nature [London] **193.** 1280. 31/3. 1962. Bruxelles, Univ. Libre, Labor. de Chim.-Phys. Mol.; engl.) — Der mit dem Syst. B (amorph)–Graphit (I) im Gleichgewicht stehende Dampf wurde bei 1780—2500° K massenspektrometr. nach der KNUDSEN-Meth. untersucht. Oberhalb 2300° K konnten *B*, *C*, C_2, C_3, *BC*, B_2C u. BC_2, bei Zusatz von hexagonalem SiC zum Syst. I auch *BSi*, *BCSi* u. möglicherweise BSi_2 durch ihre Massen, Isotopen-Zus., Appearance-Potentiale (AP) u. Intensitäten nachgewiesen werden. An neuen Daten wurde ermittelt: AP von BC 10,0 ± 0,6, B_2C 10,2 ± 0,6, BC_2 10,4 ± 0,6 eV; relative Dampfdrücke dieser Teilchen über Syst. I bei 2167° K: $1/10^{-2}/5 \cdot 10^{-4}$, von BC u. B über B_4C-Graphit bei 2400° K; $1/7 \cdot 10^{-4}$; Rk.-Enthalpien ΔH_0^0 (kcal/Mol): −64 für BC(g) ⇌ B(g) + C(f); −38 für $B_2C(g) \rightleftharpoons 2\,B(g) + C(f)$; −41 für $B_2C(g) \rightleftharpoons B(g) + 1/4\,B_4C(f) + 3/4 \cdot C(f)$; −38 für $BC_2(g) \rightleftharpoons B(g) + 2\,C(f)$; 105 ± 10 für BC(g) ⇌ B(g) + C(g); 260 ± 10 für $B_2C(g) \rightleftharpoons 2\,B(g) + C(g)$; 302 ± 10 für $BC_2(g) \rightleftharpoons B(g) + 2\,C(g)$; 70 für BSi(g) ⇌ B(g) + Si(g); 250 für BCSi(g) ⇌ B(g) + C(g) + Si(g) (g = gasförmig; f = fest). A. BLASCHETTE. 131□

Untersuchung schneller Reaktionen mit Hilfe des Massenspektrometers. Cyrias Quellet. (XVIe Congr. int. Chim. pure appl., Paris **1957.** 144—62. Suppl. VII zu „Experientia". Quebec, Univ. Laval; franz.) — Einführende Übersicht. — 33 Literaturangaben. A. BLASCHETTE. 131□

Die dielektrische Polarisation einiger realer polarer Gase. A. D. Buckingham und R. E. Raab. (J. chem. Soc. [London] **1961.** 5511—23. Dez. Oxford, Univ., Phys. Chem. Labor.; engl.) — Es wird eine App. zur Messung der Dichteabhängigkeit der dielektr. Gesamtpolarisation $P = (\varepsilon - 1)\,V_m/(\varepsilon + 2)$ polarer Dämpfe beschrieben (V_m = Molvol.). Dichte u. DK (ε) werden dabei bei gleichem Druck u. gleicher Temp. ermittelt; der Meßbereich beträgt 0—2 atm bei Temp. bis 200°. Die Entw. von P (cm^3/Mol) als Potenzreihe der Dichte ($P = A + B/V_m + C/V_m^2 + \cdots$) wird diskutiert; A, B, C usw. sind die ersten, zweiten, dritten usw. dielektr. Virialkoeffizienten. Durch Messung von A (cm^3/Mol) u. B (cm^6/Mol^2) bei verschiedenen Temp. (jeweils bezogen auf den P-Wert von CO_2 = 7,35) werden Dipolmomente μ (D) u. Polarisierbarkeiten α (cm^3) erhalten.

In einigen Fällen wurde auch der zweite Virial-Koeff. der Gasgleichung B′ (cm^3/Mol) ermittelt. Für SF_6 ergibt sich bei 80,69, 100,35 u. 131,78° der konst. Wert A = 16,41 ± 0,02, entsprechend der Nichtpolarität von SF_6. Für CH_3CN ist bei 80,64° P = 273,68 − $10{,}13 \cdot 10^5\ V_m^{-1} + 2{,}92 \cdot 10^{10}\ V_m^{-2}$, bei 100,48° P = $258{,}50 - 6{,}132 \cdot 10^5\ V_m^{-1} + 0{,}955 \cdot 10^{10}\ V_m^{-2}$, bei 131,69° P = $239{,}26 - 3{,}43 \cdot 10^5\ V_m^{-1} + 0{,}54 \cdot 10^{10}\ V_m^{-2}$, bei 160,00° P = $224{,}01 - 1{,}718 \cdot 10^5\ V_m^{-1}$; A = 3,304 + 95550/T; $\alpha = (1{,}3 \pm 0{,}5) \cdot 10^{-24}$; $\mu = 3{,}96 \pm 0{,}01$. Aus der linearen Abhängigkeit zwischen log B u. 1/T ergibt sich für die Dimerisierungs-Rk. 2 $CH_3CN \rightarrow (CH_3CN)_2$ (I) $\Delta H_0 = -3{,}8$ kcal/Mol u. $\mu_D = 3{,}4$ für I; bei 100° sinkt $-\Delta H_0$ bzw. steigt μ_D mit steigender Temperatur. AsF_3 liefert nachst. Werte: bei 80,61° P = $127{,}22 - 7900\ V_m^{-1}$ u. B′ = −730 ± 30, bei 159,88° P = A = 106,45, $\alpha = 5{,}45 \cdot 10^{-24}$, $\mu = 2{,}57 \pm 0{,}02$. Der Wert von μ weicht erheblich von dem aus dem Mikrowellen-STARK-Effekt erhaltenen Wert von 2,815 ± 0,025 ab (SHULMAN, DAILEY u. TOWNES, Physic. Rev. [2] **78.** [1950.] 145). Für CHF_3 ergab sich P = $55{,}30 - 6500\ V_m^{-1}$ u. B′ = −273 ± 30 bei 80,49°, P = A = 46,62 ± 0,07 bei 160,57°, $\alpha = 3{,}28 \cdot 10^{-24}$, $\mu = 1{,}65 \pm 0{,}01$, für $CHCl_3$ P = $42{,}76 - 10800\ V_m^{-1}$ bei 80°, $\mu = 1{,}00 \pm 0{,}01$. Paraldehyd zersetzte sich in der App. bereits bei 79°. A. BLASCHETTE. 132□

Änderung der Dielektrizitätskonstante von Alkalihalogeniden unter Druck. G. J. Hill. (Nature [London] **193.** 1275—76. 31/3. 1962. Bristol, Univ., H. H. Wills Phys. Labor.; engl.) — Nach JARMAN (Dissertation, Bristol 1957) ist die Polarisierbarkeit der Einheitszelle von Alkalihalogeniden proportional V^2. Das Mittel der Meßwerte für NaCl, KCl, KBr u. NaJ ergab $(V/\alpha)(\partial\alpha/\partial V)_T = 2{,}04$. MgO u. LiF machen nach JARMAN eine Ausnahme. Vf. zeigt, daß die Regel von JARMAN auch für diese Salze gilt. Auf einzelne Kristallproben, die die Form dünner Plättchen hatten, wurden Metallelektroden aufgedampft u. die Kapazität des so entstandenen Kondensators unter Normalbedingungen u. in einem Stahlautoklaven unter einem hydrostat. Druck von 4000 kg/cm^2 gemessen. Die errechnete Änderung der DK ergab, daß die früheren Messungen einen systemat. Fehler enthielten u. daß die Regel von JARMAN auf alle Alkalihalogenide, auch auf LiF u. MgO anwendbar ist. Als neuer Mittelwert wird $(V/\alpha)(\partial\alpha/\partial V)_T = 2{,}02 \pm 0{,}04$ erhalten, für MgO 2,15 ± 0,34. R. ESENWEIN. 132□

Dielektrische und Röntgenuntersuchungen von $Ca_xBa_{1-x}TiO_3$ und $Ca_xSr_{1-x}TiO_3$. T. Mitsui und W. B. Westphal. (Physic. Rev. [2] **124.** 1354—59. 1/12. 1961. Cambridge, Mass., MIT, Labor. for Insulat. Res.; engl.) — Aus Pulvermischungen von $CaTiO_3$, $BaTiO_3$ u. $SrTiO_3$ werden durch doppeltes Brennen bei 1300—1450° $Ca_xBa_{1-x}TiO_3$ (I) bzw. $Ca_xSr_{1-x}TiO_3$ (II) mit $0 \leqq x \leqq 0{,}24$ hergestellt. Von zylindr. Plättchen mit einer Dicke von 1 mm werden mit Hilfe einer Kapazitätsbrücke die DK u. einer SAWYER-TOWER-App. die dielektr. Hystereseschleifen als Funktion der Temp. (4,3 bis 300°K) aufgenommen. Struktur-Unterss. werden mit CuK_α-Strahlung unter Verw. der Beugungen $(422)\alpha_1$ u. $(224)\alpha_1$ durchgeführt. Für I u. II werden bis x = 0,24 scharfe Rückstrahlungsbeugungen beobachtet. Aus der Abhängigkeit der Gitterparameter von x folgt für I u. II eine Abweichung von der VÉGARDschen Regel. In I fällt sowohl der Umwandlungspunkt tetragonal-orthorhomb. als auch orthorhomb.-rhomboedr. monoton mit steigendem Ca-Gehalt. Der CURIE-Punkt von I steigt mit der Ca-Konz. bis x = 0,08 auf 136° an u. fällt dann ab. Da Ca^{2+} einen kleineren Ionenradius als Ba^{2+} hat, steigt seine Atompolarisation mit dem Geh. zunächst an, wird aber von der Schrumpfung des Vol. der Elementarzelle überkompensiert. Die gleichen Effekte werden an II beobachtet, jedoch führt die größere Atompolarisierbarkeit des Ca^{2+} bei kleinen Ca-Geh. ($0{,}04 \leqq x < 0{,}12$) bei tiefer Temp. (< 70°K) zur Ausbldg. einer ferroelektr. Phase; II besitzt in diesem Bereich tetragonale Struktur. HERBERT MÜLLER. 132□

Molekül- und Ionenwechselwirkungen in Dielektrika. Ann M. Parks. (Nat. Acad. Sci. — Nat. Council, Publ. Nr. **799.** 69—99. 1959. Yorktown Heights, N.Y., IBM Res. Center; Ottawa, Carleton Univ.; engl.) — Übersicht über neuere Ergebnisse. — 171 Literaturangaben. A. BLASCHETTE. 132□

Leitungsvorgänge in festen Dielektrika. F. R. Lipsett und J. Rolfe. (Nat. Acad. Sci. — Nat. Res. Council, Publ. Nr. **799.** 101—31. 1959. Ottawa, Nat. Res. Council; engl.) — Übersicht unter bes. Berücksichtigung von *CdS* u. der *Ag-Halogenide*. — 162 Literaturangaben. A. BLASCHETTE. 132□

Der Durchschlag von Dielektrika. S. I. Reynolds und J. C. Devins. (Nat. Acad. Sci. — Nat. Res. Council, Publ. Nr. **799.** 133—60. 1959. Schenectady, N.Y., Gen. Electric Res. Labor.; engl.) — Umfassende Übersicht. — 179 Literaturangaben. A. BLASCHETTE. 132□

Strahlungsbedingte Änderungen der ferroelektrischen Eigenschaften einiger Materialien vom Typ des Bariumtitanats. Issai Lefkowitz. (Physics Chem. Solids

10. 169—73. Juli 1959. Upton, Long Island, N.Y., Brookhaven Nat. Labor.; engl.) — DK-Messungen an keram. $BaTiO_3$ in Abhängigkeit von der Temp. u. Reaktorbestrahlung zeigen Änderungen des CURIE-Punktes. Im Falle des handelsüblich reinen $BaTiO_3$ zeigt sich eine Depression des DK-Maximums bei gleichzeitig geringer Änderung der DK bei Zimmertemperatur. Keramiken mit Zusätzen zeigen sowohl eine Verschiebung des CURIE-Punktes als auch eine Depression des DK-Maximums. Proben, die einer integrierten Reaktordosis von 10^{18} nvt ausgesetzt waren, wiesen keine reversible dielektr. Polarisation auf. G. RUBAN. 133 □

Ansprechen einer geladenen idealisierten piezoelektrischen Platte auf ein elektrisches Signal. Leo Levi. (J. appl. Physics **31.** 1237—42. Juli 1960. New York, N.Y.; engl.) — Vf. behandelt allg. das Verh. piezoelektr. Platten u. Stäbchen in Form von „äquivalenten" elektr. Stromkreisen. Eine solche Behandlung wird unübersichtlich, wenn die wirklichen mechan. Spannungen u. Verschiebungen von Interesse sind. Hingegen lassen sich bei Annahme gewisser Vereinfachungen u. Idealisierungen entsprechende Unterss, durchführen. Vf. behandelt einen solchen vereinfachten Fall einer geladenen piezoelektr. Platte bzgl. ihres Verh. gegenüber einem elektr. Eingangssignal. G. RUBAN. 133 □

Materialien für die thermoelektrische Kühlung. F. D. Rosi, B. Abeles und R. V. Jensen. (Physics Chem. Solids **10.** 191—200. Juli 1959. Princeton, N.J., David Sarnoff Res. Center, R.C.A. Res. Labor.; engl.) — Vff. bestimmen die elektr. Leitfähigkeit, Thermo-EMK u. therm. Leitfähigkeit von Bi_2Te_3 u. Legg. der Syst. $(Bi, Sb)_2Te_3$, $Bi_2(Te, Se)_3$ u. $(Bi, Sb)_2(Te,Se)_3$. Kriterien zur Best. der optimalen Eigg. dieser Verbb. hinsichtlich ihrer Verw. zur thermoelektr. Kühlung werden diskutiert. Thermopaare aus den genannten Materialien ergeben eine maximale Abkühlung von 65°, gemessen zwischen kälterer u. heißerer Verbindungsstelle, wenn letztere sich bei 300 °K befindet G. RUBAN. 133 □

Ein neuer thermionischer Generator. D. Gabor. (Nature [London] **189.** 868—72. 18/3. 1961. London, Imp. Coll. of Sci. and Technol., Dep. of Electr. Engng.; engl. — C. **1962.** 11687.) F. LENZ. 134 □

Die Veränderung einer Metalloberfläche nach der Elektronenemission unter atmosphärischen Bedingungen. Antonín Hrbek und Libuše Vlasáková. (Czechoslov. J. Physics **7.** 626—27. 1957. Prag, Forschungsinst. für Materialschutz; dt.) — Es wurde die Elektronenemission aus unter Vakuum aufgedampftem Al bei Beleuchtung mit sichtbarer Strahlung mit Hilfe des nach BOHM angefertigten Spitzenzählers unter normalen atmosphär. Bedingungen untersucht. Durch die Beleuchtung wächst die Elektronenemission nach bestimmten kinet. Kurven, in Abhängigkeit von der Beleuchtungsstärke von unter 10^2 Impulsen/cm^2·min im Dunkeln bis auf über 10^4 Impulse/cm^2·min bei Beleuchtung. Nach dem Anwachsen auf 10^4 Impulse/cm^2·min entsteht auf der Oberfläche eine Aluminiumoxidschicht. Die starke Emission u. Oxydation wird durch einen Spektralbereich von einer Wellenlänge etwa um 3900 Å verursacht. Es wird eine Hypothese zur Erklärung der Erscheinungen vorgeschlagen. J.-M. SPAETH. 134 □

Über das Energiespektrum und die Zusammensetzung der Sekundäremission negativer Teilchen von Na-Filmen auf Ta bei Beschuß mit Ar-Ionen. U. A. Arifow und D. A. Taschchanowa. (Известия Академии Наук УзССР, Серия Физико-Математических Наук [Nachr. Akad. Wiss. UsbekSSR, Ser. physik. math. Wiss.] **1960.** Nr. 2. 61—67. Taschkent, Akad. der Wiss. der UsbekSSR, Inst. für Kernphysik; russ., Auszug: usbek.) — Experimentelle Untersuchung. Während beim Auftreffen von Ionen, deren Ionisierungsenergie V_i kleiner als die Austrittsarbeit φ des beschossenen Targets ist, nur eine kinet. Elektronenemission (γ_K) vorhanden ist, existiert im umgekehrten Fall, daß V_i größer als 2φ ist, auch eine potentielle Elektronenemission (γ_p) (AUGER-Effekt) von reinen Targetoberflächen. Daß diese von TELKOWSKI (C. **1957.** 4598) nicht gefunden wird, wird auf Oberflächenverunreinigungen bei dessen Experimenten zurückgeführt. Eine kontinuierliche Variation des Verhältnisses V_i/φ wird dadurch realisiert, daß auf ein mit Ar-Ionen beschossenes Ta-Target eine Na-Schicht zunehmender Dicke kontinuierlich aufgedampft wird. Der Primärstrahl, aus dem durch ein magnet. Ablenkfeld die ungeladenen Teilchen aussortiert wurden, wurde mit einer Frequenz von 500 bis 1000 Hz in Rechteck-Impulsen moduliert, das Kollektorpotential mit 25 Hz in Sägezahnimpulsen (doppelte Modulation). Die Primärenergie lag bei 720—900 eV. Die negative Sekundärstrahlung besteht aus einer weichen u. einer harten Komponente. Die harte Komponente fehlt beim reinen Ta-Target, nimmt mit zunehmender Dicke der Na-Schicht zunächst zu u. nach Durchlaufen eines Maximums wieder auf einen sehr niedrigen Wert ab. Sie wird auf negative Ionen adsorbierter Gase zurückgeführt. Die immer vorhandene weiche Komponente, deren Emissions-Koeff. von 5% für die reine

Ta-Oberfläche mit zunehmender Na-Bedeckung zunächst ansteigt u. nach Durchlaufen eines Maximums von 23% wieder bis auf ca. 15% absinkt, wird der potentiellen Emission (AUGER-Effekt) zugeordnet. F. LENZ. 134☐

Einfluß der Neutronenbestrahlung auf die Trägerlebensdauer in Si. Kenji Matsuura und Yoshio Inuishi. (J. physic. Soc. Japan **16.** 1485. Juli 1961. Osaka, Univ., Fac. of Engng.; engl.) — Vff. bestrahlten Si-Einkristalle vom n-Typ mit therm. Neutronen ($1{,}1 \cdot 10^{15}$ nvt) u. verfolgten den Abfall der Photoleitfähigkeit bei Raum-Temp. mittels Mikrowellenabsorptions-Verfahren. Der Ausheilungsgrad wurde bei verschiedenen Temp. (20—360⁰ in 30⁰-Intervallen) u. verschiedenen Zeiten (bis 360 Min.) gemessen. H. SCHROEDER. 135☐

Zur Theorie der Silicium-Photoelemente. M. Asisow und G. M. Awakjanz. (Известия Академии Наук УзССР, Серия Физико-Математических Наук [Nachr. Akad. Wiss. UsbekSSR, Ser. physik.-math. Wiss.] **1960.** Nr. 2. 78—83. Akad. der Wiss. der UsbekSSR, Physikal.-techn. Inst. und Mittelasiat. Staatliche Lenin-Univ.; russ., Auszug: usbek.). — Das Fehlen eines Sättigungsstroms in Si-Photoelementen in Sperr-Richtung wird auf eine ungleichmäßige Verteilung der Konz. der Fremdatome in verschiedenen Teilen des p-n-Übergangs zurückgeführt. In anomalen Bereichen, in denen beispielsweise die Konz. von B-Atomen sehr hohe Werte hat, können so hohe Feldstärken auftreten, daß die durch Tunneleffekt bedingten Ströme die gewöhnlichen Diffusionsströme überwiegen. Eine in diesem Sinne modifizierte Theorie des p-n-Übergangs liefert Strom–Spannungs-Charakteristiken, die mit den an realen Photoelementen beobachteten in gute Übereinstimmung gebracht werden können. F. LENZ. 135☐

Negativer Photodioden-Effekt im Vordurchschlagsgebiet der Germanium-Elektronen-Löcher-Übergänge. W. I. Swjagin, D. I. Blinkow, G. B. Blinkowa und Je. M. Lobanow. (Известия Академии Наук УзССР, Серия Физико-Математических Наук [Nachr. Akad. Wiss. UsbekSSR, Ser. physik.-math. Wiss.] **1960.** Nr. 2. 84—88. Taschkent, Akad. der Wiss. der UsbekSSR, Inst. für Kernphysik; russ., Auszug: usbek.) — Der negative Photodiodeneffekt besteht in einer Verringerung des lichtelektr. Stroms bei Belichtung. Er wird an Ge-Photodioden beobachtet, in denen durch γ-Bestrahlung FRENKEL-Defekte erzeugt worden waren. Zu seiner Erklärung wird angenommen, daß vor der Belichtung die Störniveaus durch thermoelektron. Emission mit Elektronen besetzt werden, die von dort durch Tunneleffekt oder Stoßionisation ins Leitfähigkeitsband gelangen. Bei Belichtung erhöht sich dann die Löcher-Konz. im Übergangsbereich, u. es kommt zu einer verstärkten Rekombination der Löcher mit den in den Störniveaus lokalisierten Elektronen. So werden die Störniveaus von ihren Elektronen befreit, was zu einer Verminderung des anomal erhöhten Dunkelstroms führt. Der bei Normaltemp. beobachtete Effekt verschwindet bei tieferen Temperaturen. Dies wird darauf zurückgeführt, daß die Besetzung der Störniveaus durch thermoelektron. Emission bei tieferen Temp. von vornherein unterbleibt, so daß der erhöhte Dunkelstrom u. somit auch der negative Photoeffekt abgeschwächt wird. F. LENZ. 135☐

Wärmeschwingungen in n-Germanium bei tiefer Temperatur. S. H. Koenig und R. D. Brown III. (Physics Chem. Solids **10.** 201—03. Juli 1959. New York, N.Y., Columbia Univ., IBM Watson Labor; engl.) — In verschiedenen n-leitenden Ge-Proben wird in der Stromdichte–Feld-Abhängigkeit bei tiefer Temp. ein Bereich beobachtet, in dem beim Einsatzpunkt des elektr. Durchschlages ein scheinbar negativer Widerstand auftritt. Dieser Widerstand ist mit einer hochfrequenten Relaxationsschwingung (ca. 1 MHz) in der Probe verbunden. Unter diesen Bedingungen wird ein mittleres elektr. Feld an der Probe gemessen, das entsprechend der Natur der Schwingungen stets niedriger als das Gleichgewichts-Durchschlagsfeld ist. Die Temp.-Abhängigkeit dieser Wärmeschwingungen bei 6⁰K in Sb-dotiertem Ge ($3\,\Omega \cdot$cm) wird mit Hilfe der Temp.-Abhängigkeit des Durchschlagsfeldes u. der Ladungsträger-Geschw. gedeutet. HERBERT MÜLLER. 135☐

Rekombination von Elektronen und Donatoren in Germanium vom n-Typ. G. Ascarelli und S. C. Brown. (Physic. Rev. [2] **120.** 1615—26. 1/12. 1960. Cambridge, Mass., MIT, Dep. of Phys. and Res. Labor. of Electron.; engl.) — Vff. berichten über Unterss. der Rekombination von Elektronen u. Donatoren in Ge vom n-Typ bei der Temp. des fl. He. Der Durchschlag bei tiefer Temp. führt auf die Überschußelektronendichte. Die experimentellen Ergebnisse zeigen, daß sich die Rekombinationswahrscheinlichkeit angenähert reziprok mit dem Quadrat der Temp. ändert. Die Größe des Rekombinationsquerschnittes scheint von der Bindungsenergie der Elektronen bzgl. der Donatorverunreinigungen abzuhängen; die Querschnitte variieren von 10^{-12} bis 10^{-11} cm². G. RUBAN. 135☐

Bestimmung der Konzentration an Verunreinigungen der Basis eines Niederfrequenz-Transistors aus Germanium mit Hilfe elektrischer Messungen. J. P. Biet. (J. Physique Radium, Physique appl., Suppl. zu: J. Physique Radium **22.** Nr. 6. 100A bis 102 A. Juni 1961; franz.) — Es wird eine Meth. zur Best. der Konz. an Verunreinigungen im Basisbereich mit Hilfe der Beziehung zwischen Kollektorstrom u. Basis–Emitter-Spannung beschrieben. Zur Eliminierung des Temp.-Einfl. wird eine experimentelle Meth. angegeben. J.-M. Spaeth. 135□

Über die Änderung von Kleinsignal-Parametern von Transistoren mit Emitterstrom und Kollektorspannung. N. I. Meyer. (J. Electronics and Control [1] **4.** 305—34. April 1958. Copenhagen, Teleteknisk Forsknings-Labor.; engl.) — Die Änderung der Kleinsignal-Parameter mit Emitterstrom u. Kollektorspannung ist theoret. u. experimentell untersucht worden. Die experimentell bestimmten Änderungen der niederfrequenten k-Parameter stimmen genau mit den Berechnungen überein. Dagegen führt der theoret. Ausdruck von Misawa zu einer falschen Abhängigkeit vom Emitterstrom. M. Guerlin. 135□

Zur Frage der elektrischen Leitfähigkeit der Oxidkathode. J. Rudolph und A. Paulisch. (Techn.-wiss. Abh. Osram-Ges. **7.** 103—07. 1958; dt.) — Unstimmigkeiten im quant. Verlauf der von verschiedenen Autoren experimentell erhaltenen Leitfähigkeitskurven (log σ gegen 1/T) von aktivierten *BaO*- u. *SrO*-Schichten konnten dadurch beseitigt werden, daß σ nicht auf den Querschnitt der Meßproben, sondern auf deren freie Oberfläche bezogen wurde. Zum Verständnis der Abhängigkeit von σ bei Oxidschichten von der Meßkörpergeometrie ist die Annahme einer Leitung über freie Elektronen im Außenraum notwendig. W. Betcke. 135□

Die elektrische Leitfähigkeit von Bariumcerat ($BaCeO_3$). J. Rudolph. (Techn.-wiss. Abh. Osram-Ges. **7.** 108—22. 1958; dt.) — Vgl. vorst. Referat. — An polykristallinen $BaCeO_3$-Sinterkörpern (kub. Perowskit-Gitter) werden die Leitfähigkeit (σ) u. z. T. die Thermokraft (ThF) zwischen Raum-Temp. u. ca. 1000° in Luft, im Vakuum u. in H_2 gemessen. Durch therm. Behandlung im Vakuum oder in H_2 wird infolge steigenden Sauerstoffausbaus eine zunehmende Überschußleitfähigkeit erzeugt. Substitution eines geringen Prozentsatzes der Ce-Ionen durch höherwertige Ionen (W, Mo) führt auch nach Glühen an Luft zu einem erhöhten σ mit dem ThF-Vorzeichen eines n-Leiters. Zusatz von niederwertigen Ionen, wie Y oder Ca an Stelle von Ce oder von K oder Rb an Stelle von Ba, bringt an Luft ein erhöhtes σ mit dem einem p-Leiter entsprechenden ThF-Vorzeichen mit sich. σ-Messungen an den letztgenannten Proben in fließendem H_2 zeigen über einen größeren mittleren Temp.-Bereich nichtlineares Verh. mit charakterist. Vorzeichenwechsel der ThF. Die Meßergebnisse werden an Hand des Bändermodells mit temperaturabhängiger Fermi-Grenze diskutiert. W. Betcke. 135□

Oberflächenpotential, Feldeffektbeweglichkeit und Oberflächenleitfähigkeit von ZnO-Kristallen. H. J. Krusemeyer. (Physic. Rev. [2] **114.** 655—64. 1/5. 1959. Murray Hill, N.J., Bell Telephone Labor., Inc.; engl.) — Die Oberflächen-Eigg. von ZnO-Kristallen werden bei 300° K sowohl in trockenem O_2 als auch im Hochvakuum gemessen. Die Dunkelleitfähigkeit wird durch UV-Bestrahlung geändert. Die Oberflächenpotentiale von Kristallen mit Durchmessern bis hinab zu 0,002 cm werden nach der Kelvin-Meth. mit einer Genauigkeit von 0,002 V bestimmt. Ein Vgl. der gemessenen u. berechneten Abhängigkeit der Dunkelleitfähigkeiten u. Oberflächenpotentiale voneinander zeigt, daß letztere von ca. 0,1 V unterhalb bis 0,5 V oberhalb des Neutralpunktes verändert werden können. Anlegen eines transversalen elektr. Feldes ruft eine schnelle Änderung der Leitfähigkeit hervor, u. zwar in weniger als 50 μs, sowie eine langsame Änderung, bei der ein Teil der schnellen Änderung verschwindet, u. zwar mit einer Zeit-Konst. von Min. bis Std., je nach Umgebungs- u. Oberflächenpotential. Die Feldeffektbeweglichkeit wächst mit steigendem Oberflächenpotential von einem Wert, der manchmal < 1 ist, bis zu einem Plateauwert zwischen 70 u. 145 $cm^2\,V^{-1}\,s^{-1}$, um dann für die größten Werte des Oberflächenpotentials wieder abzufallen. Vf. nimmt an, daß die kleinen Beweglichkeitswerte durch Oberflächenzustände hervorgerufen werden. Eine quant. Behandlung der Locheinfangprozesse zeigt, daß der Diffusionsweg für Löcher > 1000 Å ist u. daß das Verhältnis von Loch-Oberflächeneinfangs-Geschw. zu Diffusions-Konst. $1{,}7 \cdot 10^5\ cm^{-1}$ beträgt. G. Ruban. 135□

Sättigung des Photostroms mit der Lichtintensität. Richard H. Bube. (J. appl. Physics **31.** 1301—02. Juli 1960. Princeton, N.J., RCA Labor.; engl.) — In speziell präparierten u. sensibilisierten CdS-Kristallen wird mit zunehmender Lichtintensität eine Sättigung des lichtelektr. Stromes beobachtet. Der Effekt wird dadurch gedeutet, daß die Sensibilisierungszentren mit großem Wrkg.-Querschnitt für Löcher u. anschließend kleinem Wrkg.-Querschnitt für Elektronen sämtlich mit Löchern besetzt sind. Weitere durch die Bestrahlung geschaffene Löcher können dann nur von Zentren mit großen Wrkg.-Querschnitten für Elektronen eingefangen werden. F. Lenz. 135□

Elektrische Eigenschaften von Alkaliantimoniden. Shunji Imamura. (J. physic. Soc. Japan **14.** 1491—96. Nov. 1959. Tokyo, Japan Broadcast. Corp., Techn. Res. Labor.; engl.) — Beschreibung der Darst. von Li_3Sb, Na_3Sb, K_3Sb, Rb_3Sb u. Cs_3Sb als hexagonale (α) u. kub. Phasen (β). Die systemat. Unters. der elektr. Charakteristiken zeigt, daß sich diese Antimonide in 2 Gruppen einteilen lassen: 1. solche mit einem Übergang vom p- zum n-Typ unter nachfolgender Aktivierung (z. B. Na u. K), 2. solche mit konst. p-Typ (Cs). Rb_3Sb liegt in seinem Verh. zwischen diesen beiden Typen. Alkaliüberschuß, Abscheidung von überschüssigem Sb u. Oxydation zeigen merkliche Einfl. auf die Dunkel- u. Photoleitfähigkeit sowie die Photoemission, u. zwar in beiden Gruppen in entgegengesetzter Weise. Mit fallender Temp. zeigt die Beweglichkeit eine Abnahme bei Verbb. vom n-Typ, dagegen eine Zunahme bei denen vom p-Typ. Die Ionenradien der Alkaliatome u. die Kristallstrukturen werden in die Betrachtungen einbezogen. G. RUBAN. 135□

Photoelektrische Eigenschaften von Alkaliantimoniden. Shunji Imamura. (J. physic. Soc. Japan **14.** 1497—1505. Nov. 1959; engl.) — Vgl. vorst. Referat. — Photoemission, Photoleitung u. opt. Absorption der Alkaliantimonide mit u. ohne Abweichung von der Zus. Na_3Sb, K_3Sb, RbS_3b u. Cs_3Sb werden in verschiedenen Stadien der Darst. untersucht. Bei den drei ersten Verbb. verursacht Alkaliüberschuß eine Abnahme der opt. Absorption u. Photoemission bei Photonenenergien oberhalb der Absorptionskante, während dieses Phänomen bei Cs-Antimoniden nicht auftritt. Die Photoleitungscharakteristiken werden gedeutet durch Annahme zweier Verunreinigungszustände (Donator u. Acceptor). Auf Grund der Kristallstrukturen (kub. oder hexagonal) werden 2 Arten von Energiebandstrukturen im k-Raum angenommen, wobei die gemessenen Energiewerte verwendet werden. G. RUBAN. 135□

Über die elektrische Leitfähigkeit von zonengeschmolzenem Zirkonium bei tiefer Temperatur. Louis Renucci, Jean-Paul Langeron und Pierre Lehr. (C. R. hebd. Séances Acad. Sci. **249.** 1113—15. 28/9. 1959; franz.) — Von Proben aus zonengeschmolzenem *Zr* (I) wird das Verhältnis der Widerstände r = R'/R'' (R' = elektr. Widerstand bei 20,4° K, R'' bei 77,4° K) als Funktion des Walzgrades u. der Anlaß-Temp. bestimmt. Zwischen 200 u. 300 bzw. 100 u. 150° bleibt r im Verlauf der Erholung nahezu konst.; der tiefere Temp.-Bereich gilt für das bes. reine Mittelstück des zonengeschmolzenen Stabes. Bei der Rekristallisations-Temp. fällt r weitgehend unabhängig vom Verformungsgrad scharf ab. Der Sprung erfolgt für VAN ARKEL-*Zr* (II) bei 450°, für das I-Mittelstück bei 270°. Aus den Meßwerten folgt, daß die Verunreinigungen weitgehend im Schwanzstück von I angereichert sind, O_2 befindet sich dagegen im Kopfstück. Nach der Rekristallisation ändert sich r für I nicht mehr mit der Temp., während für II oberhalb 600° r mit der Temp. ansteigt. HERBERT MÜLLER. 136□

Änderung des elektrischen Widerstandes von Praseodym, Dysprosium, Erbium und Ytterbium bei Drücken bis zu 250000 kg/cm². L. F. Wereschtschagin, A. A. Ssemertschan und Ss. W. Popowa. (Доклады Академии Наук СССР [Ber. Akad. Wiss. UdSSR] **139.** 585—86. 21/7. 1961. Akad. der Wiss. der UdSSR, Inst. für Phys. hoher Drücke; russ.) — Vff. untersuchten den elektr. Widerstand einiger Seltenerdmetalle bei hohen Drücken ($25 \cdot 10^3$ bis $250 \cdot 10^3$ kg/cm²). Infolge der unterschiedlichen Kristallgitter wurden unterschiedliche Abhängigkeiten festgestellt. Bei Pr u. Dy tritt nach starkem Abfall des Widerstandes ein Minimum auf, bei Er erfolgt ein gleichmäßiger Abfall mit steigendem Druck, bei Yb wurde ein Maximum festgestellt. L. KERSTIN. 136□

Die Abweichungen von der Matthiessenschen Regel bei Wolfram und bei Blei im Temperaturbereich von 14—300° K. E. Krautz und H. Schultz. (Techn.-wiss. Abh. Osram-Ges. **7.** 256—58. 1958; dt.) — Die von SONDERHEIMER u. WILSON theoret. abgeleiteten Abweichungen (Zweibändertheorie) von der MATTHIESSENschen Widerstandsregel wurden durch Unterss. an *W* u. *Pb* experimentell bestätigt. W. BETCKE. 136□

Messungen der Supraleitungseindringtiefe in Aluminium bei 175 MHz. W. L. McLean. (Proc. physic. Soc. **79.** 572—85. 1/3. 1962. Cambridge, Cavendish Labor.; engl.) — Vf. beschreibt eine Meth. zur Unters. von Änderungen der Eindringtiefe in Abhängigkeit von Änderungen der Resonanzfrequenz an einer Ta-Spirale u. dem zu untersuchenden Supraleiter als Kern. Einige Resultate werden für reine u. unreine *Al*-Proben erzielt. Bei den tiefsten erreichbaren Temp. ist keine Abweichung von einer linearen Abhängigkeit der Eindringtiefe λ von der Größe $z = (1 - t^4)^{-1/2}$ zu erkennen, wobei t die red. Temp. T/T_c bedeutet (T = abs. Temp., T_c = Sprung-Temp.). Im Bereich $1{,}1 \leqslant z \leqslant 1{,}7$ wird $d\lambda/dz = 5{,}3 \cdot 10^{-6}$ cm gefunden. G. RUBAN. 136□

Die Oberflächenimpedanz von supraleitendem Aluminium bei 3 GHz. D. Llewely Williams. (Proc. physic. Soc. **79.** 594—97. 1/3. 1962. Cambridge, Univ., Roy. Soc. Mond Labor.; engl.) — In dem Bemühen, eine Anisotropie der Eindringtiefe in supraleitendem Al aufzufinden, was eine nichtlokale Beziehung zwischen Feld u. Strom bestätigen würde, führt Vf. Hochfrequenzmessungen ($3 \cdot 10^9$ Hz) an Einkristalldrähten verschiedener Orientierungen durch. Anisotropie läßt sich nicht sicher feststellen, was auf fehlerhaften Kristallorientierungen beruhen kann. Oberflächenwiderstand (W) u. -reaktanz (R) werden sehr dicht bei der Sprung-Temp. T_c sorgfältig untersucht: R zeigt ein Maximum dicht unterhalb T_c. Mit den theoret. Voraussagen ergibt sich eine zwar qual., aber nicht quant. Übereinstimmung. G. RUBAN. 136☐

Magnetische Susceptibilität, Wärmekapazität und Entropie nach dem dritten Hauptsatz bei $MgNi_2$. J. S. Wollam und W. E. Wallace. (Physics Chem. Solids **13.** 212—20. Juni 1960. Pittsburgh, Pa., Univ., Dep. of Chem.; engl.) — Bei der Unters. der Wärmekapazität u. der magnet. Susceptibilität von $MgNi_2$ zwischen 25 u. 450° konnte der alte Befund von Voss aus dem Jahre 1908, nämlich ferromagnet. Eigg. unterhalb von 235°, nicht bestätigt werden. $MgNi_2$ ist vielmehr mittelstark paramagnet. mit einer prakt. temperaturunabhängigen Susceptibilität. Allerdings zeigt eine sehr genaue thermomagnet. Analyse bei 194° einen sehr kleinen plötzlichen Abfall der Susceptibilität u. eine kleine Anomalie in der Wärmekapazität an. Diese Anomalie wird einer Gitterunregelmäßigkeit im Sinne einer Defektstruktur zugeschrieben, die beim Ersatz eines Mg- durch ein Ni-Atom im Gitter entsteht. Aus der Wärmekapazität wird ferner durch numer. Integration u. Extrapolation nach tiefen Temp. die Entropie von $MgNi_2$ nach dem dritten Hauptsatz ermittelt. H. FAHLENBRACH. 137☐

Bestimmung der Magnetisierungsrichtungen bei polykristallinen Ferriten. D. R. Callaby. (J. appl. Physics, Suppl. zu **32.** Nr. 3. 298 S—299 S. März 1961. Harlow, Essex, Standard Telecommun. Labor. Ltd.; engl.) — Im Hinblick auf die Erklärung der Schalt-Eigg. von Rechteckferriten wird auf der Basis des transversalen magnetoopt. KERR-Effektes eine Meth. entwickelt, die an Ringproben aus Ferriten — magnetisiert mit Wechselfeldern — die Richtung der Magnetisierung in den einzelnen Körnern bestimmt. Dazu wird ein rechteckiges Gebiet der Ferritoberfläche ($200 \times 160\ \mu$) mit einer W-Drahtlampe bestrahlt u. die reflektierte Strahlung mit einer Ge-Photodiode gemessen. Bei der Ummagnetisierung des Ferrits mit einem Wechselfeld der Frequenz 1100 Hz wird eine Modulation derselben Frequenz in der Photodiode sichtbar gemacht. Dabei ist die Amplitude der Modulation nur 0,01% des Gleichfeldes. Sie wechselt in der Größe beträchtlich beim Abtasten der Oberfläche mit dem Lichtstrahl wegen der verschiedenen Magnetisierungsrichtungen der Körner. Durch Drehung der Probe um den Lichtstrahl sind weitere Varianten möglich. Die Meth. wird bei Rechteckferriten erprobt. Die Ergebnisse werden diskutiert. H. FAHLENBRACH. 137☐

Paramagnetische Untersuchung von Yttrium- und Seltenerdmetallferriten der Formel $5\ Fe_2O_3$–$3\ M_2O_3$. Roland Aléonard. (Physics Chem. Solids **15.** 167—82. Aug. 1960. Grenoble, Labor. d'Electrostat. et de Phys. du Métal; franz.) — An den ferrimagnet. Granaten der chem. Zus. $5\ Fe_2O_3 \cdot 3\ M_2O_3$, wobei M = *Y, Gd, Tb, Dy, Ho, Er, Tm, Yb* u. *Lu* gewählt wurde, wird im Temp.-Gebiet zwischen den jeweiligen CURIE-Punkten u. 1500° K mit der FOEX-FORRERschen Translationswaage die magnet. Susceptibilität gemessen. Die dabei gewonnenen Ergebnisse konnten mit der NEELschen Theorie des Ferrimagnetismus befriedigend erklärt werden. Je nachdem, ob die M-Ionen paramagnet. oder nichtparamagnet. sind, ergeben sich für die Temp.-Abhängigkeiten der reziproken Susceptibilitäten Kurven dritten oder zweiten Grades. Aus diesen Beziehungen konnten die Mol.-Feld-Konst. berechnet werden, die die Wechselwrkg. der magnet. Ionen untereinander in den verschiedenen Untergittern beschreiben u. die Temp.-Abhängigkeit des Mol.-Feldes bestimmen. H. FAHLENBRACH. 137☐

Magnetochemie. 1. Mitt. **Theorie und Anwendungen.** A. Earnshaw. (Lab. Pract. **10.** 89—91. Febr. 1961. London, Battersea Coll. of Technol.; engl.) — Grundlegende Übersicht. A. BLASCHETTE. 137☐

Magnetische Anisotropie von Ferrocen. L. N. Mulay und Mary Eleanor Fox. (J. Amer. chem. Soc. **84.** 1308—10. 5/4. 1962. Cincinnati, Ohio, Univ. of Cincinnati, Dep. of Chem.; engl.) — Vff. nehmen Messungen der magnet. Anisotropie an Ferroceneinkristallen nach der Meth. des maximalen Drehmomentes vor. Als Eichsubstanzen dienten Naphthalin u. Acenaphthen. Die elektromagnet. Feldstärke betrug ca. 4000 bis 9000 Oe. Die Susceptibilitätswerte in Richtung der magnet. Hauptachsen ergaben sich zu $\chi_1 = -99{,}0$, $\chi_2 = -136{,}0$ u. $\chi_3 = 139{,}9$ (in cgs-Einheiten $\cdot 10^{-6}$). Der Winkel zwischen der kristallograph. c-Achse u. der Richtung von χ_1 wurde zu $24{,}0 \pm 1°$ ermittelt. Aus diesen Werten u. der Kristallstruktur wurden die mol. Susceptibilitäten in Richtung der Hauptachsen zu $K_1 = -105$, $K_2 = -112$ u. $K_3 = -158$ (cgs-Einheiten $\cdot 10^{-6}$) bestimmt. Der Beitrag zur Susceptibilität im rechten Winkel zur Ebene des Cyclopentadienylringes ist ziemlich groß u. wird der Zirkulation der π-Elektronen in diesem Ring zugeschrieben. Vorläufige Berechnungen der theoret. Susceptibilität, die sich aus den π-Elektronen im Cyclopentadienylring ergeben, führen zur gleichen Größenordnung wie die experimentellen Werte. Die Faktoren, die als Ursachen für die Anisotropie in Betracht kommen können, werden erörtert. GERHARD SCHULZE. 137□

Über die Entstehung von Resonanzerscheinungen in einem Paramagnetikum in parallelen Feldern. B. W. Ssemakow. (Доклады Академии Наук СССР [Ber. Akad. Wiss. UdSSR] **128.** 706—08. 1/10. 1959. Perm, Gorki-Univ.; russ.) — Im Zusammenhang mit der Beobachtung, daß bei einem Paramagnetikum nicht nur in senkrechten Feldern ($H_0 \perp H_1$) bei $H_0 \gg H_1$, sondern auch in parallelen Feldern ($H_0 \parallel H_1$) Maxima der paramagnet. Absorption auftreten, z. B. bei 10^{10} Hz, wird die Möglichkeit ihrer Entstehung in einem isolierten Spin-Syst. infolge Dipolwechselwrkg. zwischen den Spins in Gleichungen behandelt. R. K. MÜLLER. 137□

Kernmagnetische Resonanz in Silber–Cadmium. L. E. Drain. (Philos. Mag. [8] **4.** 484—501. April 1959. Harwell, Metallurgy Div., AERE; engl.) — Kernmagnet. Resonanzverschiebungen u. Linienbreiten wurden in Ag–Cd-Legg. bei 300° K in einem Magnetfeld von 4200 Gauß gemessen. Die Resonanzen von ^{109}Ag- u. ^{107}Ag-Kernen wurden in den α- u. β-Phasen festgestellt, die von ^{113}Cd u. ^{111}Cd bei allen bei Zimmer-Temp. beständigen Phasen. Bei prim. Lsgg. von Cd in Ag nehmen die KNIGHT-Verschiebungen linear mit der Zunahme des Cd-Geh. ab. Die Ergebnisse deuten an, daß in α-Ag–Cd-Legg. der Einfl. der Cd-Atome auf die Verschiebung der Ag-Kerne auf die erstnächsten u. zweitnächsten Nachbarn beschränkt ist. Die Linienbreiten in der β-Phase deuten auf eine geordnete Struktur hin. Die Beziehung der kernmagnet. Resonanzverschiebungen zur Zustandsdichte auf der FERMI-Oberfläche wird diskutiert u. eine Berechnung der Änderung dieser Größe in Abhängigkeit von der Zus. nach den Ergebnissen der KNIGHT-Verschiebungen aufgestellt. D. PAPENFUSS. 137□

Die Ionisationskonstante von Hydroxylamin. R. A. Robinson und V. E. Bower. (J. physic. Chem. **65.** 1279—80. 26/7. 1961. Washington, D.C., Nat. Bur. of Stand.; engl.) — Aus spektrophotometr. Messungen an partiell mit NaOH neutralisierten, *3.4-Dinitrophenol* (I) enthaltenden Hydroxylammoniumchlorid-Lsgg. werden die Säure- u. Basen-Dissoziations-Konst. von *NH_2OH* ermittelt: $pK_a = 6{,}04$ (20°), 5,96 (25°), 5,84 (30°); $pK_b = 8{,}13$ (20°), 8,04 (25°), 7,99 (30°). Für I gilt: pK = 5,46 (20°), 5,42 (25°), 5,38 (30°). A. BLASCHETTE. 139□

Abhängigkeit des Grenzdiffusionsstromes in der Kette Zn—Hg (Tropfelektrode) von der Konzentration einiger Kationen ohne angelegte äußere Spannung. Antoni Piotrowski und Bronisław Belski. (Chem. analit. [Warszawa] **5.** 581—86. 1960. Kraków, PAN, Inst. Podst. Probl. Techn., Zakł. Metali; pol.) — Die Abhängigkeit der Stromstärke von der Konz. des Depolarisators (Ag^+, Cu^{2+}, Cd^{2+}) im Element Zn (Anode)-Hg-Tropfkathode mit KCl oder KNO_3 als Leitelektrolyt ist linear. Bei Konzz., die $> 10^{-4}$m sind, hat gelöstes O_2 keinen Einfl. auf die Stromstärke–Konz.-Kurven. Bei kleineren Konzz. muß gelöstes O_2 mit Na_2SO_3 entfernt werden. Die Hg-Tropfelektrode erhält durch die Polarisation mit dem inneren Strom des Elementes ein für die Red. der Kationen ausreichendes Potential. Das Potential der Anode bleibt während der Arbeitsleistung des Elementes konst., da die Oberfläche der Anode groß ist. Das Potential der Kathode nimmt wegen der hohen Stromdichte ab. Ein Syst., in dem innere Elektrolyse u. Polarisation gekoppelt auftreten, ist für die amperometr. Titration geeignet.
F. URBAN. 142□

Über das Verhalten von Cr(II) und Cr(III) an der Quecksilbertropfelektrode. 1. Mitt. **Reduktion verschiedener Arten des Chromchlorids.** K. M. Abubacker und Wahid U. Malik. (J. Indian chem. Soc. **36.** 459—62. Juli 1959. Aligarh, U. P., Muslim Univ., Chem. Labor.; engl.) — In KCl-Grundlsg. wurde die polarograph. Red. von *$CrCl_3$* untersucht. Die Red. verläuft in zwei Stufen über Cr(II) zu Cr(0). Die Lage der Halbstufenpotentiale ist vom Hydratationsgrad abhängig. So wird das frisch hergestellte grüne Salz am leichtesten u. das violette $CrCl_3$ schwerer reduziert. Das am weitesten negative Halbstufenpotential besitzt eine durch Luftoxydation von $CrCl_2$ gewonnene Lsg., in der Komplexe mit O-Brücke ($CrCl_2$–O–$CrCl_2$) angenommen werden.
E. MOISAR 142□

Über das Verhalten von Cr(II) und Cr(III) an der Quecksilbertropfelektrode. 2. Mitt. **Anodische Stufe von Cr(II) in Gegenwart von Säuren, Salzen und Komplexbildnern.** K. M. Abubacker und Wahid U. Malik. (J. Indian chem. Soc. **36.** 463—66. Juli 1959; engl.) — 1. vgl. vorst. Referat. — Die anod.-polarograph. Oxydation von *$CrCl_2$* wurde in verschiedenen Grundlsgg. untersucht. Die Cr(II)-Oxydation, wie

auch die entsprechende Cr(III)-Red. verläuft stets irreversibel. In tartrat- u. oxalathaltiger (evtl. auch in acetathaltiger) Grundlsg. konnte keine Oxydationsstufe beobachtet werden. Während die kathod. Cr(III)-Stufe weitgehend unabhängig von der Art des Leitsalzes ist, übten Elektrolyte auf die anod. Cr(II)-Stufe einen deutlichen Einfl. aus.
E. MOISAR. 142□

Das polarographische Verhalten der Rhodium(III)-chlorokomplexe. Danilo Cozzi und Francesco Pantani. (J. inorg. nuclear Chem. **8.** 385—98. 1958. Firenze u. Trieste, Univ., Ist. di Chim. Analit.; engl.) — Aus coulometr. Unterss. geht hervor, daß die polarograph. Red. der Rh(III)-Chlorokomplexe in einem Schritt zu Rh(0) unter Amalgam-Bldg. führt. Der Red.-Vorgang ist reversibel. Aus der Abhängigkeit der Halbstufenpotentiale von der Cl^--Konz. konnten die Stabilitäts-Konst. der einzelnen Komplexe ermittelt werden: $[RhCl]^{2+}$ 2,8·10²; $[RhCl_2]^+$ 3,5·10⁴; $[RhCl_3]$ 8,3·10⁵; $[RhCl_4]^-$ 1,2·10⁷; $[RhCl_5]^{2-}$ 5,6·10⁸ u. $[RhCl_6]^{3-}$ 2,7·10⁸.
E. MOISAR. 142□

Eine grundlegende Untersuchung über die rotierende Quecksilbertropfelektrode in der Polarographie. 1. Mitt. Theoretische Gesichtspunkte. Yutaka Okinaka. (Sci. Rep. Tôhoku Univ., Ser. I. **43.** 27—52. Juni 1959. Minneapolis, Minn., Univ. of Minnesota, School of Chem.; engl.) — Vf. behandelt die theoret. Grundlagen der Polarographie an einer rotierenden Quecksilbertropfelektrode (RE) u. leitet Ausdrücke für den Grenzstrom u. die Form der Strom–Spannungs-Kurve ab. Gegenüber der konventionellen Quecksilbertropfelektrode (TE) bestehen folgende Unterschiede: Der Grenzstrom an der RE ist nur wenig von der Höhe des Hg-Druckes abhängig u. ist in Ggw. maximumunterdrückender grenzflächenakt. Verbb. etwa proportional $D^{2/3} \cdot t^{1/2}$ gegenüber $D^{1/2} \cdot t^{1/6}$ bei der TE (D = Diffusions-Koeff.; t = Tropfzeit). Während bei reversiblen Redox-Syst., deren Komponenten in Lsg. bleiben, die Halbstufenpotentiale an RE u. TE nahezu gleich sind, liegen sie bei der Red. amalgambildender Metallionen an der TE bei negativeren Werten. Gleiches gilt für stark irreversible Red.-Vorgänge. Rkk., die an der einen Elektrode reversibel ablaufen, sind an der anderen nicht zwangsläufig gleichfalls reversibel. Weitere Unterschiede bestehen in verschiedenen kinet. Einfl. u. in der Wrkg. katalyt. Effekte.
E. MOISAR. 142□

Eine grundlegende Untersuchung über die rotierende Quecksilbertropfelektrode in der Polarographie. 2. Mitt. **Experimentelle Untersuchungen.** Yutaka Okinaka. (Sci. Rep. Tôhoku Univ., Ser. I. **43.** 85—112. Aug. 1959; engl.) — 1. vgl. vorst. Referat. — Es wird über experimentelle Ergebnisse der Polarographie an der rotierenden Hg-Tropfelektrode (RE) in reversiblen (*Tl⁺*; *p-Benzochinon*), irreversiblen (*Ni²⁺*; *Cu²⁺*) u. in solchen Syst. berichtet, bei denen der Red.-Vorgang an der konventionellen Tropfelektrode reversibel, an der RE jedoch irreversibel verläuft [*V(III)/V(II)*]. Ferner wurden die kinet. Ströme bei der Red. von *Brenztraubensäure* u. *Glucose* untersucht. Einen wesentlichen Einfl. üben die Elektrodencharakteristika aus (kleine Capillarenöffnung u. begrenzter Rotationsradius, da sonst Deformation der Hg-Tropfen auftritt). Da bes. bei irreversiblen Red.-Prozessen starke Maxima zweiter Art auftreten, ist die Unterdrückung der Maxima entscheidend für reproduzierbare Strom–Spannungs-Kurven. Allgemein sollte ein Maximumdämpfer in einem weiten Potentialbereich am Hg adsorbiert sein. Aus einer Unters. der Desorptionsstufen verschiedener organ. Verbb. geht die universelle Anwendbarkeit von Polyacrylamid als Dämpfer hervor. Die untere Grenze der Erfaßbarkeit wird mit ca. 10^{-5} Mol/Liter angegeben.
E. MOISAR. 142□

Untersuchungen an der vibrierenden Quecksilbertropfelektrode. 1. Mitt. **Die Theorie des Grenzstromes und ihre Anwendung auf die Elektrocapillarität.** Hideo Imai, Senkichi Inouye und Shokichi Chaki. (Bull. chem. Soc. Japan **32.** 994—97. Sept. 1959. Hiroshima, Univ., Minami Coll., Dep. of Chem.; engl.) — 2. vgl. C. **1962.** 1133. — Wird der Hg-Tropfen einer Tropfelektrode durch Anlegen eines elektr. Wechselfeldes zur Vibration gebracht, so wird der Grenzstrom (GS) eines Depolarisators um den Beitrag eines Konvektionsstromes (KS) erhöht. Vff. zeigen, daß die Höhe des KS durch die Differenz des tatsächlichen Elektrodenpotentials u. des Potentialwertes des elektrocapillaren Maximums (M_e) beschrieben werden kann. Beim M_e wird GS — KS gleich Null; bei Berücksichtigung des nichtlinearen Verlaufes der Strom–Potential-Kurve läßt sich mithin das LIPPMANN-Potential bestimmen. In 0,1f KCl-Lsg. wird z. B. der Wert —0,467 ± 0,001 V (gegen gesätt. Kalomelelektrode) erhalten.
E. MOISAR. 142□

Über die Phasengrenzimpedanz von anodisch polarisierten Nickelelektroden. L. F. Trueb, G. Trümpler und N. Ibl. (Helv. chim. Acta **44.** 1433—43. 16/10. 1961. Zürich, ETH, Labor. für phys. Chem. u. Elektrochem.; dt.) — Vff. bestimmen die Phasengrenzimpedanz (PI) von stabförmigen Ni-Anoden in 0,2—10n H_2SO_4 im Frequenzbereich von 0,09—40 kHz u. beschreiben eine App. zur Messung von Impedenz u. Phasenwinkel unter anod. Polarisation mit einer halbkugelförmigen Elektrolysezelle mit konzentr. Elektrodenanordnung. Die Messung erfolgt mit stufenweise erhöhter Belastung bei konst. Anodenpotential P_A vom stromlosen Zustand bis in den Passivbereich. OHMscher (R) u. kapazitiver Anteil (C) der PI sowie Stromdichte i werden in Abhängigkeit von P_A, C u. R außerdem als Funktion von $1/\sqrt{\omega}$ graph. mitgeteilt. Nach der mechan. Bearbeitung befindet sich das Ni im sog. primärpassiven Zustand (starke Störung der Kristallstruktur, teilweise Bedeckung mit Oxid u. chemisorbiertem O). Die Oberflächenschicht wird offenbar im Elektrolyten nicht vollständig beseitigt u. bewirkt schlecht reproduzierbare Hemmung der Ni-Auflösung. Entfernung der Schicht erfolgt bei längerer anod. Polarisation bei einem Potential, wo die Aktivstrom–Potential-Kurve bereits deutlich ansteigt (positiver als das 1. Kapazitätsmaximum). Das reversible Potential liegt bei — 530 mV (gegen Normalkalomelelektrode). Von — 400 bis — 200 mV ist i von P_A prakt. unabhängig. Danach tritt Verdrängung des chemisorbierten O durch Anionen mit steilem Anstieg von i ein, was auch durch den Verlauf von C gestützt wird. Im akt. Bereich der Kurve ist deren Steilheit in einem Bereich von mindestens 100 mV konst., die Ni-Auflösung ist relativ ungehemmt, jedoch abhängig vom pH u. von der SO_4^{2-}-Konzentration. In der Nähe des krit. Potentials verflacht die Kurve, vermutlich werden die SO_4^{2-}-Ionen durch O verdrängt. Nach vollständiger Bedeckung ist die Anode passiv. Vff. nehmen an, daß das chemisorbierte O nach längerer Verweilzeit im Passivzustand in vermutlich nichtstöchiometr. Oxid mit starker Fehlstellen-Konz. an den Phasengrenzen umgewandelt wird. P. FRENZEL. 142 □

Zur Kenntnis des Einflusses von Halogenidionen auf die Passivität des Nickels. 1. Mitt. G. Trümpler und R. Keller. (Helv. chim. Acta **44**. 1691—1707. 16/10. 1961; dt.) — Vgl. vorst. Referat. — Vff. untersuchen das Verh. einer Ni-Elektrode mit Hilfe von Strom–Zeit-Kurven bei anod. Belastung mit stufenweise steigendem Potential E im Bereich der (1.) Aktivierung, der Passivierung u. der Passivität bzw. der erneuten (2.) Aktivierung in wss. H_2SO_4-Lsgg. (0,2, 1,0, 5,0, 10,0 u. 20,0n) teilweise unter Zusatz von Halogenidionen ($X = Cl^-$, Br^-) bei 25°. Die Aktivität der Ni-Anode steigt in Abwesenheit von X bis zur Säure-Konz. (SK) 5n, darüber fällt sie stark ab. 0,025n Cl^- bewirkt hier Aktivierung, bei 1n Säure ist die zusätzliche Aktivität am größten, nimmt bei 5 u. 10n stark ab u. ist bei 20n prakt. verschwunden. Br^- bewirkt wesentlich geringere zusätzliche Aktivierung. SO_4^{2-} wirkt im akt. Bereich in verd. Säure inhibierend, ähnlich wie Cl^- bei größeren Säurekonzentrationen. $NiCl_2$ verschiebt das Passivierungspotential E_p in 0,1 u. 1n Säure nach positiven, in 5n u. 10n Säure nach negativen Werten. Bei größeren Cl^--Zusätzen (0,1n) tritt erhebliche Erhöhung der passiven Restströme ein. Hohe passive Restströme treten ohne X-Zusatz in 20n Säure, merkliche schon in 10n Säure auf (Aktivierung durch systemeigene Ionen: H^+, HSO_4^-). Bei > 300 mV (gegen Normalkalomelelektrode) rufen geringe X-Konzz. (0,025n) Wiederaktivierung hervor, die in 1—3 Std. in Abhängigkeit von E, SK u. der Konz. des Zusatzes zu angenähert stationären Strömen führt. Die stationäre 2. Aktivierung ist bei gegebenem E u. niedrigen SK am größten u. fällt mit steigenden SK stark ab. Auch im Bereich der 2. Aktivierung liefert der anod. Prozeß Ni^{2+}-Ionen. P. FRENZEL. 143 □

Zur Kenntnis des Einflusses von Halogenidionen auf die Passivität des Nickels. 2. Mitt. G. Trümpler und R. Keller. (Helv. chim. Acta **44**. 1785—93. 16/10. 1961; dt.) — 1. vgl. vorst. Referat. — Vff. untersuchen vorwiegend rasch veränderliche Zustände im Bereich der 2. Aktivierung bei starken Potentialänderungen durch Rückschaltung, Stromunterbrechung u. Umspulung. Rückschaltung des Anodenpotentials E_A von höheren auf tiefere Werte im Bereich von + 800 bis + 200 mV führt vom stationären Strom I_s der 2. Aktivierung des Ausgangspotentials zu dem der neuen Potentiallage, der mit I_s beim Ausgehen von tieferen Werten übereinstimmt. Der Stromrückgang von einer höheren auf eine tiefere Stationärlage verläuft im allg. nicht gleichförmig, sondern über eine teils sehr ausgeprägte Kuppe oder Spitze, die über der Ausgangslage liegen kann. Vff. nehmen an, daß der mit der Senkung von E_A verbundene Abbau der Passivierung anfangs schneller verläuft als der Abbau der durch die Cl^--Ionen bedingten zusätzlichen Aktivierung (Aktivierungskomponente, AK). Die anod. Abschaltkurven (in 0,2n H_2SO_4/0,2n $NiSO_4$/0,025n $NiCl_2$) zeigen, daß die Passivierungskomponente (PK) im stationären Zustand bei 400 mV stärker ausgebildet ist als bei 300 mV, d. h., mit steigendem E_A nehmen 2. Aktivierung u. Passivierung zu. Stromunterbrechung von wenigen Sek. hat keinen merklichen Einfl. auf die Höhe von I_s oder auf die zu dessen Einstellung benötigte Zeit, obwohl die PK im Gegensatz zur AK, die nur wenig abnimmt, weitgehend abgebaut wird. Nach erneutem Einschalten erfolgt rasche Regenerierung der PK. Umpolung für einige Sek. beschleunigt den Aufbau der 2. Aktivierung ohne Änderung der Höhe von I_A. Abbau u. Regenerierung der PK entspricht dem

Effekt bei Stromunterbrechung, die AK wird nicht merklich abgebaut. Vff. erklären den Einfl. der elektr. Eingriffe auf die Anodenvorgänge teilweise durch die Annahme, daß prim. potentialbestimmte Aktivierungs- u. Passivierungsvorgänge bei der Ausbildung der „akt." Zustände beteiligt sind. Bei schnellen, durch Potentialänderungen eingeleiteten Zustandsänderungen verschieben sich die Vorgänge gegeneinander u. sind so der Beobachtung zugänglich. Im Bereich der 2. Aktivierung eilt die Passivierung bei raschen Potentialsteigerungen im Aufbau der Aktivierung voraus, bei schnellen Potentialsenkungen wird sie aber auch schneller abgebaut. P. FRENZEL. 143□

A$_4$. Thermodynamik. Thermochemie

Kompressibilitäten von wässerigen Acetat-Lösungen. M. Suryanarayana. (J. sci. ind. Res. [New Delhi], Sect. B **21.** 57—61. Febr. 1962. Hyderabad, Nizam Coll., Dep. of Phys.; engl.) — Die adiabat. u. scheinbaren molalen Kompressibilitäten, die relativen Assoziationen, die molare Schall-Geschw. u. der spezif. akust. Widerstand wurden für wss. Lsgg. der *Acetate von* Li^+, Na^+, K^+, NH_4^+, Mg^{2+}, Ca^{2+}, Sr^{2+}, Ba^{2+}, Zn^{2+}, Cd^{2+}, Hg^{2+} u. Pb^{2+} für den Konz.-Bereich von 0—1,0 Mol/Liter berechnet. Es existieren Zusammenhänge zwischen den berechneten Eigg. u. den Kationenradien bzw. den Atomgew. der Kationen; Ausnahmen bilden lediglich die Acetate von Zn^{2+}, Cd^{2+}, Hg^{2+} u. Pb^{2+}. G. GATTOW. 148□

Kompressibilitäten von Elektrolytmischungen. P. L. Khare. (J. sci. ind. Res. [New Delhi], Sect. B **21.** 61—64. Febr. 1962. Bangalore, Indian Inst. of Sci., Dep. of Phys.; engl.) — Vgl. C. **1962.** 11101. — Durch Best. der Ultraschall-Geschw. in wss. Lsgg. von $NaCl$ (1m) u. Na_2SO_4 (0,5m) bzw. $MgSO_4 \cdot 7\ H_2O$ (0,5m), die KBr (I), Na_2SO_4 (II), $MgSO_4$ (III) u. I, K_2SO_4, III bzw. NaCl, II, III enthalten (Konz.-Bereich von 0,05 bis 0,25 m), wurden die scheinbaren molalen Kompressibilitäten Φ ermittelt. Entsprechend der DEBYE-HÜCKEL-Theorie existiert eine lineare Beziehung zwischen Φ u. der Quadratwurzel aus der totalen ionalen Konzentration. Auftretende Abweichungen werden ausführlich diskutiert. G. GATTOW. 148□

Ein Bezugsquerschnitt für die Streuung neutraler Moleküle. Peter Toschek. (Z. Naturforsch. **17a.** 357. April 1962. Bonn, Univ., Physikal. Inst.; dt.) — Der von verschiedenen Autoren gemessene u. nach unterschiedlichen Formeln berechnete Streuquerschnitt von K in Ar wird mit Hilfe einer geeigneteren Korrekturfunktion neu berechnet. Die Übereinstimmung der korr. Meßwerte ist wesentlich größer als die der Ausgangswerte. Als Bezugsquerschnitt wird deshalb das gerundete arithmet. Mittel aus vier Messungen vorgeschlagen u. mit dem Wert $Q_{K-Ar} = 655$ Å^2 (bei $T_K = 500°$ K) angegeben. Der mittlere Fehler des Mittelwerts wird zu $\pm 5\%$ angenommen.
D. NOACK. 149□

Quantenmechanische Berechnungen der Geschwindigkeitsabhängigkeit des differentiellen und totalen Wirkungsquerschnitts für elastische Streuung von Molekülstrahlen. Richard B. Bernstein. (J. chem. Physics **34.** 361—65. Febr. 1961. Ann Arbor, Mich., Univ. of Michigan, Chem. Dep.; engl.) — Vgl. C. **1961.** 4619. — Vf. wendet die Phasenverschiebungsanalyse der elast. Streuung von Mol.-Strahlen (vgl. l. c.) auf die Berechnung der Geschw.-Abhängigkeit des differentiellen u. totalen Streuquerschnitts für ein LENNARD-JONES-(12,6)-Potential an u. untersucht die Anwendbarkeit der BORNschen Näherung u. die Gültigkeit der MASSEY-MOHRschen Gleichung für die dem LENNARD-JONES-Potential entsprechende Streuung.
P. FRENZEL. 149□

Über die Intensitätsverteilung von Dampf- und Molekularstrahlen. K.-G. Günther. (Z. angew. Physik einschl. Nukleonik **9.** 550—56. Nov. 1957. Nürnberg, Siemens-Schuckertwerke Akt.-Ges., Labor. ZW/LS; dt.) — Die Richtungsverteilung der aus Verdampfern verschiedener Form austretenden Dampf- oder Molekularstrahlen wurde in Abhängigkeit von Austrittsöffnung u. Dampfdruck quant. untersucht. Dabei wurde ein Meßverf. angewendet, das auf der Auswertung von Interferenzerscheinungen beruht, die bei Beleuchtung dünner transparenter Aufdampfschichten mit monochromat. Licht auftreten. Es existieren 2 getrennte Bereiche für die Abhängigkeit der Dampfdichteverteilung vom Dampfdruck: bei geringerem Dampfdruck führt eine blendenförmige Öffnung zu einer cos-Verteilung der Dampfdichte, während zylindr. Bohrungen eine Fokussierung des Dampfstrahls bewirken. Sinkt die freie Weglänge mit zunehmendem Dampfdruck unter die Dimensionen der Austrittsöffnung, so ist die Dampfdichteverteilung von letzterer unabhängig. Die im ersten Bereich experimentell gefundene Fokussierung ist schwächer als es die Theorie erwarten läßt. Als Ursache wird eine „therm. Gleitung" angenommen u. in einer Näherungsformel berücksichtigt.
W. BETCKE. 150□

Eine mathematische Extrapolation für die Methode der feuchten Rückstände. Hans Schott. (J. chem. Engng. Data **6.** 324. Juli 1961. Newark, Del., Univ.; engl.) — Zur algebraischen Best. der Zus. der festen Phasen in tern. Syst., die im Gleichgewicht mit der gesätt. Lsg. stehen, wird ein mathemat. Extrapolations-Verf. angegeben, das sich auf die Meth. der feuchten Rückstände (SCHREINEMAKERS) gründet. Zur Vereinfachung der Aufstellung von Gleichungen für die Verbindungslinien wird das Dreiecksdiagramm in rechtwinklige Koordinaten übertragen, wodurch in zwei einfachen Gleichungen die Koordinaten x u. y eines Punktes im cartesian. Syst. angegeben werden können. H. FRIES. 150□

Spezifische Wärme einer kubisch-raumzentrierten Cr–Fe-Legierung zwischen 30° K und 110° K. Chuan-Tseng Wei und Chin-Huan Cheng. (Physic. Rev. [2] **124.** 722—23. 1/11. 1961. East Lansing, Mich., State Univ., Dep. of Metallurg. Engng.; Urbana, Ill., Univ., Dep. of Min. and Metallurg. Engng.; engl.) — Die spezif. Wärme der kub.-raumzentrierten Leg. $Cr_{80,6}Fe_{19,4}$ wurde zwischen 30 u. 110° K bestimmt. Aus der Kurve $C_v/T = f(T^2)$ konnten zwischen 40 u. 60° K die Koeff. der spezif. Wärme $\gamma = (46 \pm 5) \cdot 10^{-4}$ cal/Mol·Grad² bzw. $\beta = (0{,}0440 \pm 0{,}0004) \cdot 10^{-4}$ cal/Mol·Grad⁴ u. die entsprechende charakterist. DEBYE-Temp. zu $472 \pm 14°$ K ermittelt werden. Die Kurve $C_v = f(T)$ hat bei einer Übergangs-Temp. von $37 \pm 2°$ K eine scharfe Spitze, was auf einen Übergang vom CURIE-Typ deutet. W. SOBIESKI. 151□

Thermodynamische Eigenschaften von Zinn(IV)-chlorid, -bromid und -jodid. V. Ananthanarayanan. (J. sci. ind. Res. [New Delhi], Sect. B **21.** 89—90. Febr. 1962. Bangalore, Indian Inst. of Sci., Dep. of Phys.; engl.) — Folgende thermodynam. Daten wurden von $SnCl_4$ (I), $SnBr_4$ (II) u. SnJ_4 (III) für den idealen Gaszustand bei 1 atm berechnet (Werte von 100—1000° K tabelliert): $(H^0 - E_0^0)/T$, $-(F^0 - E_0^0)/T$, S^0 u. C_p^0. Für 298,16° K werden angegeben (in cal/Grad·Mol): I 17,92, 69,28, 87,20 u. 23,53; II 20,07, 78,55, 98,62 u. 24,71; III 21,33, 85,33, 106,66 u. 25,17. Die Wärmekapazitäten lassen sich durch folgende allg. Gleichungen beschreiben (in cal/Grad·Mol): I $C_p^0 = 27{,}054 - 10{,}505 \cdot 10^2\,T^{-1}$ (±0,35%, 100—300° K), $C_p^0 = 27{,}163 - 5{,}420 \cdot 10^{-4}\,T - 10{,}007 \cdot 10^2\,T^{-1}$ (±0,08%, 400—1000° K); II $C_p^0 = 27{,}327 - 7{,}731 \cdot 10^2\,T^{-1}$ (±0,24%, 100—400° K), $C_p^0 = 27{,}227 - 7{,}242 \cdot 10^{-4}\,T - 7{,}654 \cdot 10^2\,T^{-1}$ (±0,11%, 500—1000° K); III $C_p^0 = 27{,}033 - 5{,}481 \cdot 10^2\,T^{-1}$ (±0,31%, 100—400° K), $C_p^0 = 27{,}256 - 8{,}574 \cdot 10^{-4}\,T - 6{,}456 \cdot 10^2\,T^{-1}$ (±0,09%, 500—1000° K). G. GATTOW. 151□

Die Bildungswärmen im System Aluminium–Silber bei 470°. Beiträge zur Energetik metallischer Systeme. 13. Mitt. Franz Eberhard Wittig und Werner Schilling. (Z. Metallkunde **50.** 610—17. Okt. 1959. München, Univ., Physikal.-chem. Inst.; dt.) — 12. vgl. Z. Elektrochem., Ber. Bunsenges. physik. Chem. **63.** [1959.] 994; 11. vgl. C. **1961.** 8935; 14. vgl. C. **1962.** 1901. — Die Lsg.-Wärmen von festem Ag u. Al in Ag–Al-Legg. werden bestimmt u. daraus die Bldg.-Wärmen im Syst. Ag–Al berechnet. Die Werte sind tabelliert angegeben. Die Bldg.-Wärmen sind mit maximal −4,25 kJ/g-Atom sehr klein u. nur wenig größer als im Syst. Ag–Zn. Die Best. der Lsg.-Wärmen erfolgt in einer fl. Zn–Al-Mischphase im Hochtemp.-Calorimeter nach WITTIG u. HUBER. Die Best. der Mischungswärmen im fl. Syst. Al–Zn, die Ableitung der Bldg.-Wärme bei verschiedenen Al-Konzz. aus den Lsg.-Wärmen der festen Ag–Al-Mischphase bei 740°, der Verlauf der Bldg.-Wärme in der hexagonalen ϱ-Phase in Abhängigkeit von der Valenzelektronen-Konz. u. die metastabilen Zustände im heterogenen Bereich Al–ϱ-Phase sind angegeben u. werden diskutiert. ERNST SCHULTE. 156□

Thermodynamische Eigenschaften einfacher Ionenmischungen. Tormod Førland. (Discuss. Faraday Soc. **1961.** Nr. 32. 122—27. Trondheim, Norway, TU of Norway, Inst. of Inorg. Chem.; engl.) — Zur Berechnung thermodynam. Eigg. von Mischungen geschmolzener Salze wird das Gittermodell benutzt. Gewisse Schwierigkeiten treten bei Benutzung dieses Modells auf, wenn die Komponenten der Mischung Ionen unterschiedlicher Wertigkeit, wie z. B. im Syst. $AgBr$–$PbBr_2$, enthalten. Für diese Fälle werden Gleichungen für die Entropie u. Mischungsenthalpie abgeleitet u. hieraus für die Syst. $AgBr + PbBr_2$, $Na_2CO_3 + CaCO_3$ u. $K_2CO_3 + CaCO_3$ die entsprechenden Werte berechnet u. mit experimentellen Daten verglichen. Ein Verf. zur Ermittlung des allg. als Konfigurationsentropie bezeichneten Entropiebetrags wird beschrieben. Für folgende Rkk. werden die Freie Enthalpie u. Entropie bei 802° angegeben: $AgCl + NaBr \rightarrow AgBr + NaCl$, $\Delta G = -4340$ (cal/Mol), $\Delta S = -1{,}3$ (cal/Mol·Grad); $AgCl + KBr \rightarrow AgBr + KCl$, $\Delta G = -3270$, $\Delta S = -0{,}8$; $NaBr + KCl \rightarrow NaCl + KBr$, $\Delta G = -1070$, $\Delta S = -0{,}5$. WOLFGANG KRÜGER. 156□

Thermochemie binärer geschmolzener Nitrate. O. J. Kleppa und L. S. Hersh. (Discuss. Faraday Soc. **1961.** Nr. 32. 99—106. Chicago, Ill., Univ. of Chicago, Inst. for the Study of Metals, Dep. of Chem.; engl.) — Die Lsg.-Wärmen von festem $Ca(NO_3)_2$ (I)

in fl. *$LiNO_3$*, *$NaNO_3$*, *KNO_3* u. *$RbNO_3$* wurden in Abhängigkeit vom Molenbruch von I ermittelt. Für die partielle molare Lsg.-Enthalpie für die Lsg. von I in den angegebenen Alkalinitraten bei 350° wurde die halbempir. Beziehung $\Delta \overline{H}$ (I, fest) = 6,0 − 225 [(r_{++}/2 − r_+/1) (d_1 + d_2)]^2 kcal/Mol gefunden, wobei r_{++} u. r_+ die Ionenradien der beiden Kationen u. d_1 bzw. d_2 die Summe der Ionenradien (r_+ + r_-) in jedem der beiden Lsg.-Partner bedeuten. Durch Extrapolation wurde die Schmelzwärme von I bei 350° zu 5,7 kcal/Mol ermittelt. Für die partielle molare Lsg.-Enthalpie von unterkühltem fl. I in den genannten Alkalinitraten wurde der Ausdruck $\Delta \overline{H}$ (I, fl.) = 0,3 − 225 [(r_{++}/2 − r_+/1) (d_1 + d_2)]^2 kcal/Mol erhalten. Auf Grund der in den Schmelzenthalpie–Molenbruch-Kurven von I mit KNO_3 bzw. $RbNO_3$ auftretenden Maxima vermuten Vff. die Bldg. von Doppelsalzen der Zus. 4 KNO_3·I bzw. 2 $RbNO_3$·I.
WOLFGANG KRÜGER. 156□

Flammenzonen-Untersuchungen. 4. Mitt. Mikrostruktur und Materialtransport in einer laminaren Propan–Luft-Flammenfront. R. M. Fristrom und A. A. Westenberg. (Combust. and Flame **1.** 217—28. Juni 1957. Silver Spring, Md., Johns Hopkins Univ., Appl. Phys. Labor.; engl.) — 3. vgl. Combust. and Flame **1.** [1957.] 102. — An einer Propan/Luft-Flamme (stöchiometr. Gemisch) wurden bei einem Druck von 1/4 atm die Gas-Geschw. senkrecht u. die Strömungsquerschnittsfläche parallel zur Flammenfront bestimmt. Weiter wurde das Temp.-Profil gemessen. Die Verteilung der 11 im Rk.-Gemisch nachzuweisenden stabilen Verbb. C_3H_8, O_2, H_2O, CO_2, CO, H_2, C_2H_4, C_3H_6, C_2H_2, C_2H_6 u. CH_4 über das Flammenprofil wurde massenspektrometr. untersucht. Für jede Spezies wurden die Konvektions- u. Diffusionsströmungs-Geschw. berechnet.
W. BETCKE. 157□

Thermische Leitfähigkeit vielatomiger Gase und Relaxationserscheinungen. S. C. Saxena und J. P. Agrawal. (J. chem. Physics **35.** 2107—13. Dez. 1961. Bombay, India, Atomic Energy Establ. Trombay, Chem. Engng. Div.; engl.) — Mit Hilfe der EUCKENschen u. HIRSCHFELDERschen Theorie werden experimentelle Werte der Wärmeleitfähigkeit L von *N_2*, *Luft*, *CO_2* (300—1300° K), *O_2*, *CH_4*, *NO_2* (300—573° K), *H_2* (100—2000° K) u. *He* analysiert. Die Abweichungen von den nach diesen Theorien berechneten Werten werden auf die Relaxation der inneren Energie zurückgeführt. Gegenwärtig ist nur ein qual. Vgl. zwischen den abgeleiteten Ausdrücken u. Werten aus Unterss. über die Fortpflanzung von Ultraschall- u. Stoßwellen in den Gasen möglich. Zur quant. Deutung sind weitere Unterss., wie über die Druckabhängigkeit von L, erforderlich. H_2 zeigt im Vgl. zu den anderen Gasen anomales Verh., was durch die Unsicherheit der experimentellen Werte erklärt wird. Ergebnisse für bin. Mischungen inerter Gase mit H_2 u. für He bestätigen obige Annahmen. P. FRENZEL. 158□

Einfluß der Ausfällung von gelöstem $MnCl_2$ auf die thermische Leitfähigkeit von NaCl bei tiefen Temperaturen. Miles V. Klein. (Physic. Rev. [2] **123.** 1977—85. 15/9. 1961. Ithaca, N.Y., Cornell Univ., Labor. of Atom. and Solid State Phys.; engl.) — An *NaCl*-Kristallen mit einer Dotierung von 10^{-2} Mol-% $MnCl_2$ wurde die therm. Leitfähigkeit bei tiefen Temp. gemessen. Die Proben wurden bei 750° getempert, abgeschreckt u. bei Zimmer-Temp. gealtert. Die Kinetik der Ausfällung konnte durch Elektronenspinresonanzmessungen festgestellt werden. Während des Temperns u. Abkühlens wurden nur überraschend geringe Änderungen der therm. Leitfähigkeit gemessen: ein Absinken der Leitfähigkeit bei Temp. nahe dem Leitfähigkeitsmaximum u. ein langsames Ansteigen bei höheren Temperaturen. Ein Tieftemp.-Abfall der Leitfähigkeit fehlt ganz. W. SOBIESKI. 158□

Ultraschalluntersuchungen in wässerigen Elektrolytlösungen. M. Pancholy und S. P. Singal. (J. sci. ind. Res. [New Delhi], Sect. B **21.** 70—73. Febr. 1962. New Delhi, Nat. Phys. Labor.; engl.) — Vff. untersuchten die Abhängigkeit der Ultraschall-Geschw. (UG) u. -Absorption (UA) (Frequenz 20,1 MHz) von der Konz. (0,0005—2,0 Mol/Liter) u. Temp. (15—70°) wss. Lsgg. von *Na-* u. *Ca-Formiat*, *Na-*, *Ca-*, *Pb-*, *Zn-* u. *Ba-Acetat*, *Na-* u. *Ca-Propionat* u. von *Na-Isovaleriat*. UG u. UA nehmen mit steigender Temp. u. steigender Konz. sowie mit der Größe des Anions zu. Abweichungen treten bei den Lsgg. von Pb- u. Zn-Acetat auf. G. GATTOW. 159□

Ultraschallverhalten wässeriger Zinkhalogenidlösungen. S. V. Subrahmanyam. (Z. physik. Chem. [Leipzig] **219.** 5—10. 1962. Tirupati, India, S. V. Univ., Phys. Dep.; engl.) — Vgl. C. **1961.** 4614. — Vf. berichtet über Messungen der Ultraschall-Geschw. u. der adiabat. Kompressibilität wss. Lsgg. der Zn-Halogenide. Ein Vgl. der Meßergebnisse mit dem Verh. der Lsgg. von Cd-Halogeniden zeigt, daß die Tendenz zur Bldg. von Halogenidkomplexen im Gegensatz zur Tendenz bei den Cd-Halogeniden in Richtung vom Jodid zum Chlorid zunimmt. G. M. NEUMANN. 159□

A_5. Kolloidchemie. Grenzschichtforschung

Koeffizient der diffusen Reflexion mehrteiliger Suspensionen. André Dognon und Pierre Suquet. (C. R. hebd. Séances Acad. Sci. **246**. 736—38. 3/2. 1958; franz.) — Vgl. C. **1959**. 13111. — Die von Vff. (C. **1959**. 12653) für einteilige Suspensionen erhaltenen Ergebnisse werden auf Syst. mit zwei oder mehr Teilchenarten erweitert u. auf Suspensionen von roten Blutkörperchen u. Hefeteilchen in RINGER-Lsg. angewandt.
A. BLASCHETTE. 162□

Das Haften von Leuchtstoffschichten an Glasoberflächen. 2. Mitt. **Die Wirkung der Alkalisalze auf das Haften der Leuchtstoffschichten.** I. Hangos. (Exp. Techn. Physik **7**. 71—77. 1959. Budapest, Távközlési Kutató Intézet; dt. — C. **1959**. 9489.)
G. HALMI. 166□

Das osmotische Verhalten von wässerigen Salzlösungen bei höheren Temperaturen. 2. Mitt. B. A. Soldano und C. Stuart Patterson. (J. chem. Soc. [London] **1962**. 937—40. März. Oak Ridge, Tenn., Oak Ridge Nat. Labor., Reactor Chem. Div.; engl.) — 1. vgl. C. **1961**. 5344. — Osmot. Koeff. der wss. Lsgg. von LiCl, NaCl, KCl u. CsCl als Funktion der Konz. wurden bei 121° ermittelt; bei 142° wurden die Werte für eine Konz. angegeben. Die Änderungen des Verhältnisses des osmot. Koeff. eines Salzes zu dem von NaCl mit der Temp. sind angegeben. Salze, wie LiCl, $BaCl_2$, $MgSO_4$ u. UO_2SO_4, zeigen eine lineare Temp.-Abhängigkeit. Für KCl u. CsCl ändert sich der relative osmot. Koeff. nur wenig mit der Temperatur. RENATE KRÄMER. 170□

Diffusion von Kr und He in flüssigem Wasserstoff. G. Cini Castagnoli. (J. chem. Physics **35**. 1999—2001. Dez. 1961. Roma, Ist. Naz. di Fis. Nucl.; Univ., Ist. di Fis.; engl.) — Vf. bestimmt die Diffusions-Koeff. D für ^{85}Kr (10^{-9}% bei 19,6° K) u. ^{4}He (1‰ zwischen 15 u. 20° K) in H_2 u. beschreibt eine Diffusions- u. eine Zählapparatur. D (Kr — H_2) beträgt bei 19,6° K $(14,7 \pm 2,3) \cdot 10^{-5}$ cm²/s. Für He—H_2 gilt im Temp.-Intervall von 15—20° K die Beziehung $D(He-H_2) = 20 \exp(-20/T) \cdot 10^{-5}$ cm²/s. Vf. vergleicht die bestimmten Werte mit Werten für Ne u. D_2 in H_2 bei 20° K sowie mit den nach dem Prinzip der korrespondierenden Zustände berechneten u. erörtert die beobachteten Abweichungen. P. FRENZEL. 171□

Eine neue Methode zur Messung der Viscosität von Flüssigkeiten. Jan Wojtczak. (Bull. Soc. Amis Sci. Lettres Poznań, Sér. B **14**. 283—93. 1958. Poznań, Adam Mickiewicz Univ., Inst. of Phys. Chem.; engl.) — Vf. beschreibt eine neue App. zur Messung der Viscosität von fl. Syst., die Meth. der Messung u. die Art zur Berechnung des Viscositätskoeffizienten. Die Struktur des Viscosimeters beruht auf dem Prinzip des Spiegelgalvanometers. Die zu untersuchende Fl. spielt die Rolle eines Schmiermittels im unteren Teil des Meßgefäßes, das wie ein Lager im oscillierenden Syst. des Galvanometers fungiert. Der ganze App. besteht aus dem Viscosimeter, passend versehen mit einem Thermostaten, einem Potentiometer-Syst. zur Regulierung der Ströme, einem Teleskop zur Ablesung des Ablenkungswinkels u. einer Uhr zur Messung der für die Ablenkung des oscillierenden Syst. durch einen gegebenen Winkel notwendigen Zeit. Für die Best. der Viscosität einer Fl. sind 2—3 Tropfen nötig. Der Meßbereich kann durch Änderung der Stromstärke ausgeweitet werden. Der Maximalfehler der Meth. beträgt ca. 1%. G. HELLER. 172□

Die Chemisorption von Stickstoffmonoxid an Aluminiumoxidgel bei 0°. Aage Solbakken und Lloyd H. Reyerson. (J. physic. Chem. **66**. 365—66. Febr. 1962. Minneapolis, Minn., Univ. of Minnesota, School of Chem.; engl.) — Vgl. C. **1961**. 7853. — Bei der Chemisorption von NO an Aluminiumoxidgel (**I**; Oberfläche nach BET 287,3 m²/g) stellt sich nach 128 Tagen das Gleichgewicht ein. Es werden 2,56 mg NO an 228 mg **I** chemisorbiert, entsprechend $0,79 \cdot 10^{14}$ Moll. NO/cm². Es liegt echte Chemisorption vor, die sehr langsam verläuft. Die Geschw.-Konst. der Chemisorption ändert sich während des Vorgangs. Der Mechanismus wird diskutiert. F. HUBER. 176□

Die freie Adsorptionsenergie. 2. Mitt. **Der Einfluß der Struktur des Substrats in den Systemen von Al_2O_3 und TiO_2 mit n-Hexan, CH_3OH und H_2O.** R. L. Every, W. H. Wade und Norman Hackerman. (J. physic. Chem. **65**. 937—41. Juni 1961. Austin, Tex., Univ. of Texas, Dep. of Chem.; engl.) — 1. vgl. C. **1961**. 9316. — Vff. berechnen für obige Syst. mit α-, γ- u. amorphem SiO_2 sowie Anatas u. Rutil die Freie Adsorptionsenergie π aus den 25°-Isothermen unter Verw. der GIBBSschen Adsorptionsgleichung u. stellen eine bedeutende Abhängigkeit von π von der spezif. Oberflächengröße fest. Die integralen Adsorptionsentropien für W. an Al_2O_3 u. TiO_2 nehmen monoton mit abnehmender Teilchengröße für beide Adsorbenten ab. Der Einfl. steigender Entgasungs-Temp. für die Adsorption von W. an krist. Al_2O_3 mit 2,72 m²/g sowie für CH_3OH an Al_2O_3 entspricht dem für krist. SiO_2-Proben. Für CH_3OH u. n-Hexan wird keine eindeutige Abhängigkeit von π festgestellt. Vff. nehmen an, daß die physikal. Adsorption mit zunehmender Polarität des Sorbenten weniger von der Substratstruktur als von der Substratdichte abhängig ist. Die mol. Bedeckungsbereiche ω sind einheitlicher als an SiO_2. Sie betragen für Al_2O_3 u. TiO_2 angenähert $\omega_{(H_2O)} = 11$, $\omega_{(CH_3OH)} = 21$ u. $\omega_{(C_6H_{14})} = 60$ Å². P. Frenzel. 176□

Isotopenaustausch bei der Gaschromatographie. J. Tadmor. (J. inorg. nuclear Chem. **23.** 158—59. Dez. 1961, herausgeg. März 1962. Rehovoth, Israel, Atomic Energy Commiss. Labor.; engl.) — Vf. untersuchte nach der gaschromatograph. Meth. den Isotopenaustausch des Cl zwischen flüchtigem $GeCl_4$ (I) u. $AsCl_3$ (II) u. einer mit ^{36}Cl markierten fl. oder festen Phase. Für trägerfreies I u. II wurden gut definierte Peaks erhalten, die Retentionszeiten waren 30 Sek. bzw. 2 Minuten. Es findet vollständiger Austausch zwischen dem Cl von I u. II u. dem von der Säule festgehaltenen ^{36}Cl statt. P. Scharner. 177□

Darstellung und Eigenschaften einer Ionenaustauschmembran mit variabler Ladung. Harold Jacobson. (J. physic. Chem. **66.** 570—72. März 1962. Dayton, Ohio, Nat. Cash Register Co., Fundamental Res. Dep.; engl.) — Zur Herst. einer Ionenaustauschmembran mit amphoteren Eigg. wurde aus Methacrylsäure u. N-Diäthylamino-2-äthylmethacrylsäureester ein Polyampholyt dargestellt. Aus einer Lsg. von Dynel u. dem Polyampholyt in N.N-Dimethylformamid mit 17% Feststoff-Geh. (davon 28,6% Polyampholyt) wurde bei 90° eine Membran von 50 μ ± 2% Dicke hergestellt. Diese hat bis pH 6,1 eine positive Ladung u. ist verschieden stark anionenselektiv. Der I.P. liegt bei pH 6,1. Bei höherem pH-Wert hat die Membran eine negative Ladung u. ist kationenselektiv. Der elektr. Widerstand hat am I.P. ein Maximum. Die Konz.-Potentiale für 0,2—0,1n HCl- u. 0,2—0,1n KOH-Lsg. wurden zu —16,5 mV bzw. +14,9 mV bestimmt. R. Krämer. 177□

Untersuchungen mit dem Zeiss-Flammenphotometer mit Nebelkammer. Ernö Pungor, Barna Weszprémy und Márta Pályi-Kovács. (Magyar Kémiai Folyóirat [Ung. Z. Chem.] **66.** 518—20. Dez. 1960. Budapest, Eötvös Loránd Tud. Egyet. Szervetlen és Anal.-Kémiai Int. és Csepel Vas-és Fémmüvek Közp. Anyagvizsg. Labor.; ung. — C. **1961.** 11624.) G. Halmi. 180□

Experimente mit geladenen Tröpfchen. Charles D. Hendricks jun. (J. Colloid Sci. **17.** 249—59. März 1962. Urbana, Ill., Univ. of Illinois; engl.) — Vff. bestimmten die Geschw. u. Ladung individuell geladener, durch 12 u. 13 kV beschleunigter Öltröpfchen, die mit einer hohlen, auf einer hohen positiven Spannung gehaltenen Stahlnadel erhalten wurden. Aus der Öldichte u. dem Beschleunigungspotential wurde das Verhältnis Ladung : Masse (q : m), die Masse m u. der Radius r der Tröpfchen berechnet. Für q : m wurden Werte von 0,01—5 Coulomb/kg u. für r Werte von 0,1—10 μ erhalten. Die Theorie von Rayleigh über die Instabilität geladener, fl. Tropfen sagt eine Maximalgrenze für q : m als Funktion von r voraus, oberhalb derer die Tropfen instabil werden. Die beobachteten Maximalwerte von q : m der Öltropfen bei jedem r liegen sehr dicht bei dieser theoret. Kurve. Diese Grenze liegt um den Faktor 50 unter der Feldemissionsgrenze, die auf Grund der Unterss. von Müller (C. **1957.** 6950) über die Feldemission vorausgesagt wurde. P. Scharner. 180□

A_6. Strukturforschung

„Coloured polyhedra". G. S. Pawley. (Acta crystallogr. [Copenhagen] **14.** 319—20. 10/3. 1961. Cambridge, Cavendish Labor., Crystallogr. Labor.; engl.) — Erweiterung der von Wittke u. Garrido (vgl. C. **1961.** 759) durchgeführten theoret. Untersuchungen. C. Gottfried. 181

Über die Berechnung von Kristallfeldparametern. J. C. Phillips. (Physics Chem. Solids **11.** 226—30. Okt. 1959. Berkeley, Calif., Univ. of California, Dep. of Phys.; engl.) — Beschreibung einer neuen Meth. zur Berechnung der Kristallfeldaufspaltung unter Berücksichtigung des Einfl. der Orthogonalisierung der Ligandenbahnfunktionen durch Einbeziehung der letzten Terme in ein effektives Abstoßungspotential [Anwendung auf $Cr(H_2O)_6^{3+}$]. G. Ruban. 181□

Wechselwirkungsenergie von Punktunvollkommenheiten in Metallen auf Grund der freien Elektronen. A. M. Garofalo und J. S. Plaskett. (Physics Chem. Solids **3.** 275—81. 1957. Charlottesville, Va., Univ., Phys. Dep.; engl.) — Vff. berechnen die Wechselwrkg.-Energie zwischen zwei δ-Funktions-Quellen für ein eindimensionales Modellmetall, in dem das Potential konst. ist. Für kleine Quellen, die um einen großen Abstand a voneinander entfernt sind, ist die Energie proportional cos (2 k'a)/a, wobei k' der Wellenvektor des Elektrons maximaler Energie ist. Wenn das Potential eine geringe zeitabhängige Fluktuation aufweist, ist der obige Energieausdruck mit einem

Faktor exp $(-\lambda a)$ zu multiplizieren. Bei Verw. eines Theorems über die durchschnittliche Störung der degenerierten Niveaus wird dasselbe Resultat bis zur 2. Ordnung erhalten. Vff. zeigen, daß die Störungstheorie für Elektronen niedriger Energie divergente Resultate liefert. Nach der Störungstheorie ist die Wechselwrkg.-Energie entsprechend proportional $\cos(2\,k'a)/a^3$ beim dreidimensionalen Fall. G. RUBAN. 181□

Semivariante für nichtzentrosymmetrische Raumgruppen mit konventionell zentrierten Zellen. J. Karle und H. Hauptman. (Acta crystallogr. [Copenhagen] **14.** 217—23. 10/3. 1961. Washington, D.C., U.S. Naval Res. Labor.; engl.) C. GOTTFRIED. 181

Angeregte Molekülzustände und die Streuung schneller Elektronen. J. Karle. (J. chem. Physics **35.** 963—69. Sept. 1961; engl.) — Vgl. vorst. Referat. — Zerlegt man die Elektronen-Beugungsdiagramme von Moll. mittels eines Geschw.-Analysators nach MÖLLENSTEDT in diejenigen Bestandteile, die von Elektronen aufgezeichnet werden, die bei der Streuung bestimmte charakterist. Energieverluste erlitten haben, so enthalten derartige monochromat. Diagramme Informationen über die angeregten Mol.-Zustände. Die von Elektronen mit einem bestimmten Energieverlust aufgezeichneten Beugungsdiagramme zeigen ebenso wie die von den verlustlosen Elektronen registrierten ausgeprägte Intensitätsmaxima u. -minima, im Gegensatz zu einer gelegentlich auftretenden Meinung, derzufolge unelast. gestreute Elektronen nur zu inkohärenter Streuung Anlaß gäben. Eine Theorie zur Deutung von Beugungsdiagrammen von Molekülen unter Berücksichtigung von Energieverlusten der Primärelektronen u. Anregung der Moll. wird entwickelt, wobei von der BORNschen Streutheorie, dem FRANCK-CONDON-Prinzip u. einem gruppentheoret. Verf. zur Bldg. von Mol.-Wellenfunktionen durch geeignete Linearkombination von Atomfunktion Gebrauch gemacht wird. Die Theorie wird auf das zweiatomige Mol. aus gleichen Atomen, sowie CCl_4 u. *Benzol* angewandt. F. LENZ. 181□

Numerische Integration der paraxialen Bahngleichung in der Elektronenoptik. Renée Lapeyre und Michel Laudet. (C. R. hebd. Séances Acad. Sci. **251.** 679—81. 1/8. 1960. Toulouse, Labor. d'Opt. Électron. de Centre Nat. de la Rech. Sci.; franz.) — Aufstellung zweier Formeln vom RUNGE-KUTTA-Typ zur numer. Lösung der Differentialgleichung der paraxialen Elektronenbahnen in rotationssymm. Feldern, die immer in der Form $y'' + f(x)\,y = 0$ geschrieben werden kann. Die Brauchbarkeit des aufgestellten Rechenprogramms wird am Beispiel des GLASERschen Feldmodells bei teleskop. Linsenstärke durch Vgl. der in einer IBM-Rechenanlage errechneten Werte mit der bekannten exakten Lösung nachgewiesen. F. LENZ. 181□

Numerische Integration der Marginalbahnen in der Elektronenoptik. Renée Lapeyre und Michel Laudet. (C.R. hebd. Séances Acad. Sci. **251.** 863—65. 8/8. 1960; franz.) — Vgl. vorst. Referat. — Aufstellung einer Formel vom RUNGE-KUTTA-Typ zur numer. Lösung der Differentialgleichung der Elektronenbahnen in rotationssymm. elektronenopt. Syst. unter Vernachlässigung von Gliedern von fünfter u. höherer Ordnung in den Achsenabständen der Bahnen u. der Bahnneigungen. Die Brauchbarkeit des Verf. wird am Beispiel des GLASERschen Glockenfeldmodells für den Fall teleskop. Linsenstärke durch Vgl. der in einer IBM-Rechenanlage berechneten numer. Bahn mit der bekannten exakten Lösung nachgewiesen. F. LENZ. 181□

Über die Neukonstruktion einer Röntgen-Kleinwinkel-Kamera vom Kratky-Typ mit großem Auflösungsvermögen. S. Eins und D. Unangst. (Z. Naturforsch. **17a.** 198—202. März 1962. Jena, Univ., Phys. Inst.; dt.) — Vff. beschreiben einige Besonderheiten der Neukonstruktion einer Kleinwinkelkamera für Röntgenstrahlen vom KRATKY-Typ sowie ein bequemes Verf. zur Justierung des Primärstrahlfängers. Als Beleg für die Leistungsfähigkeit der Neukonstruktion werden Ergebnisse einer Unters. von *Kollagen*-Präpp. mitgeteilt (Nachw. einer kontinuierlichen Kleinwinkelstreuung u. Alterungs-Einfl. auf diesen Effekt). G. RUBAN. 181□

Technik zur Berechnung der Röntgenstrahlintensitäten im Elektronensonden-Mikroanalysator. L. S. Birks. (J. appl. Physics **31.** 1297—98. Juli 1960. Washington, D.C., U. S. Nav. Res. Labor.; engl.) — Mitt. eines Rechen-Verf., welches die Abhängigkeit der Intensität einer bestimmten Emissions-Linie des charakterist. Röntgenspektrums von der chem. Zus. des emittierenden Objekts zu berechnen gestattet. Diese Intensität ist nämlich keine lineare Funktion des Geh. des Objekts an der die charakterist. Linie emittierenden Substanz. Sie hängt vielmehr in komplizierterer Weise von den Absorptions-Koeff. sämtlicher Objektbestandteile sowie von dem Winkel ab, unter welchem die Röntgenstrahlen das Objekt verlassen. F. LENZ. 181□

Experimentelle Untersuchung der integralen absoluten Intensitäten von Röntgenstrahlen bei Durchstrahlung. André Authier. (Acta crystallogr. [Copenhagen] **14.** 287—91. 10/3. 1961. Paris, Fac. des Sci., Labor. de Minér. et Cristallograph.; engl.) — An nahezu vollkommenen *Si*-Einkristallen verschiedener Dicke bestimmte Vf. mit einem Doppelkristallspektrometer u. einer Ionisationskammer die integralen Intensitäten bei Durchstrahlung. Die Ergebnisse standen in guter Übereinstimmung mit denen der dynam. Theorie. C. GOTTFRIED. 181

Kleinwinkelintensitäten aus Doppelreflexen in Pulverproben. B. E. Warren. (Acta crystallogr. [Copenhagen] **12.** 837—41. 10/11. 1959. Cambridge, Mass., MIT; engl.) — Bei der Analyse der Kleinwinkelintensitäten von Doppelreflexen in Pulverproben unterscheidet Vf. „Interkornbeiträge" (zusammengesetzt aus der hkl-Reflexion eines Korns u. derselben hkl-Reflexion eines anderen Korns) u. „Intrakornbeiträge" (aus hkl-Reflexionen eines einzigen Korns). Die Interkornintensität ist unabhängig von der Korngröße u. fällt umgekehrt zum Beugungswinkel ab, die Intrakornintensität ist dagegen von der Korngröße abhängig u. fällt schnell mit dem Streuwinkel ab. Für beide Typen werden Gleichungen abgeleitet. Kaltbearbeitung einer Probe bricht die ursprünglichen Körner in kleinere Unterkörner mit geringer Änderung der Orientierung auf; der Interkornbeitrag von solchen Gruppen von Unterkörnern kann eine starke Kleinwinkelstreuung hervorrufen. G. RUBAN. 181□

Abänderung der Technik zur Röntgenbeugungstopographie nach A. R. Lang. Henry A. Carlson und H. A. Richard Wegener. (J. appl. Physics **32.** 125—26. Jan. 1961. Bloomfield, N.J., Tung-Sol Electric. Res. Labor.; engl.) — Vff. beschreiben eine Abänderung der Arbeitstechnik von LANG (C. **1958.** 5886) zur Unters. der Fehler in Kristallen u. wenden sie auf *Si* an. D. HOENE. 181□

Über den Einfluß von Kristallstörungen auf die Interferenzen aus Gitterquellen. O. Brümmer und W. Schülke. (Z. Naturforsch. **17a.** 203—07. März 1962. Halle/Saale, Univ., Inst. für exp. Phys.; dt.) — Vff. berichten über Ergebnisse von Unterss. an Gitterquellen-Interferenzen, die beim Einsatz eines Röntgenmikroanalysators auftreten; sie können einmal die Intensität der austretenden charakterist. Strahlung beeinflussen, zum anderen stellen sie die einzige Röntgen-Interferenzerscheinung dar, die gleichzeitig mit der zu analysierenden Strahlung aufgenommen werden kann. Es wird theoret. u. experimentell gezeigt, daß die Interferenzen aus Gitterquellen weitgehend vom Realbau der Kristalle (nämlich von der Größe der kohärent streuenden Bereiche u. ihrer Verschwenkung) abhängig sind. Dabei bewirkt eine Zunahme der Verschwenkung der kohärentstreuenden Bereiche eine Vergrößerung des integralen Intensitätsüberschusses nahezu dunkler KOSSEL-Linien, währen die Abnahme der Größe der kohärent streuenden Bereiche eine Abnahme des maximalen Intensitätsüberschusses symm. Hell–Dunkel-Linien hervorruft. G. RUBAN. 181□

Vergleichende Untersuchungen von Interferenzen bei kohärenter und inkohärenter Lage der Röntgenstrahlenquelle zum Kristallgitter. W. Schülke und O. Brümmer. (Z. Naturfosch. **17a.** 208—16. März 1962; dt.) — Vgl. vorst. Referat. — Vff. berichten über Unterss. mit Gitterquelleninterferenzen (KOSSEL-Effekt) an nahezu idealen Kristallen, z. B. *Ge*. Die experimentelle Anordnung u. die Berücksichtigung der Absorption machen einen Vgl. von Interferenzaufnahmen mit kohärenter (Gitterquelleninterferenzen) u. inkohärenter Quellenlage (Weitwinkelinterferenzen) bei verschiedener Tiefenlage der Quelle möglich. Durch Einführung der Absorption in die VON LAUEsche Theorie der Gitterquelleninterferenzen können Vff. die Ergebnisse mit den Voraussagen der dynam. Interferenztheorie vergleichen. Wie am Beispiel der (2 2 0)-Interferenz im symm. LAUE-Fall gezeigt wird, ergibt sich in Übereinstimmung mit der Theorie ein Unterschied bzgl. Intensität u. Feinstruktur zwischen Interferenzen mit kohärenter u. inkohärenter Quellenlage. Bei größerer Tiefenlage der Quelle kommt es zu einem Umschlag der Feinstruktur der Gitterquelleninterferenzen. G. RUBAN. 181□

Untersuchung der Vollkommenheit von Kristallen unter Verwendung polarisierter Röntgenstrahlen. K. S. Chandrasekaran. (Acta crystallogr. [Copenhagen] **12.** 916—22. 10/11. 1959. Madras, Univ., Dep. of Phys.; engl.) — Vf. beschreibt eine neue Meth. zur Unters. der Vollkommenheit von Kristallen mit Hilfe polarsierter Röntgenstrahlen u. berichtet über Meßergebnisse an einer Reihe von Kristallen aus ***Calcit, NaCl, LiF, Fluorit*** u. ***Quarz***. Das Polarisationsverhältnis (Verhältnis der integrierten Intensitäten der beiden orthogonalen Polarisationszustände) liegt in allen Fällen innerhalb der theoret. Grenzen. Ferner werden die abs. Intensitäten u. die Reflexbreiten gemessen u. die verschiedenen Meth. zur Unters. der Vollkommenheit von Kristallen miteinander verglichen. Hierbei zeigt sich, daß die neue Meth. einfacher ist. Die Grenzen u. optimalen Bedingungen der Messungen werden diskutiert. G. RUBAN. 181□

Zur Röntgenstreuung an Kristallen mit Versetzungen. Manfred Wilkens. (Z. Naturforsch. **17a.** 277—78. März 1962. Stuttgart, MPI für Metallforsch.; dt.) — Zusammenfassender Bericht über die Ergebnisse einiger Modellrechnungen bzgl. der Röntgenstreuung (Weitwinkelreflexionen, kinemat. Näherung) an Kristallen mit Versetzungen. Den Rechnungen liegt ein zylinderförmiger Kristall (elast. isotrop) mit kub. primitiver Zelle u. einer axialen Schraubenversetzung parallel einer kub. Achse zugrunde, bei dem der Betrag des BURGERS-Vektors gleich der Gitter-Konst. a ist. Die Ergebnisse einer WARREN-AVERBACH-Analyse werden mit den berechneten Werten verglichen. G. RUBAN. 181☐

Elektronegativität. 1. Mitt. Orbital-Elektronegativität von neutralen Atomen. Jürgen Hinze und H. H. Jaffé. (J. Amer. chem. Soc. **84.** 540—46. 20/2. 1962. Cincinnati, Ohio, Univ. of Cincinnati, Dep. of Chem.; engl.) — Die Elektronegativitäten χ (EN) werden unter Zugrundelegung der Definition von MULLIKEN [1934] $\chi = E_v + I_v$ ausführlich diskutiert (E_v = Elektronenaffinität, I_v = Ionisierungsenergie). Es wird gezeigt, daß die En keine Eig. der Atome in ihrem Grundzustand darstellt, sondern eine Funktion des jeweiligen Bindungszustandes in den entsprechenden Moll. ist. Für *H, Li, Be, B, C, N, O, F, Na, Mg, Al, Si, P, S* u. *Cl* werden für die möglichen Valenzzustände die entsprechenden E_v- u. I_v-Werte sowie die Orbital-EN (OEN) berechnet. Die OEN für σ-Orbitale sind größer als die für π-Orbitale. Die EN-Werte nehmen mit steigendem s-Charakter des Orbitals zu. Zwischen den EN von MULLIKEN (χ_M) u. denen von PAULING (χ_P) besteht der Zusammenhang $0{,}168\,(\chi_M - 1{,}23) = \chi_P$. G. GATTOW. 182☐

Die Dissoziationswärme des Stickstoffs. Geo. Glockler. (Pure appl. Chem. **2.** 49—53. 1961. Durham, N.C., Duke Univ., Dep. of Chem.; engl.) — Die Kernabstände bzw. die Kraft-Konst. der Strukturen MH_x (M = C, N, O, F; x = 1—4) zeigen eine regelmäßige Abhängigkeit von x, wobei die Grundsequenz C, N, O, F ist. Bei analoger Betrachtung der Bindungsenergien D wird mit $D(N)_2$ = 9,765 eV jedoch die Sequenz N, C, O, F erhalten. Bei Verw. der in der Literatur ebenfalls diskutierten höheren $D(N_2)$-Werte von 11,8 bzw. 12,14 eV bzw. 265 kcal tritt wieder die erwartete Folge C, N, O, F auf. Der gegenwärtig wahrscheinlichste Wert von 9,765 eV kann nur dann ohne Vorbehalte angenommen werden, wenn die Anomalie in der Sequenz der D(MH)-Werte eine Erklärung findet. A. BLASCHETTE. 182☐

Doppel-ξ-SCF-MO-Berechnungen für den Grundzustand und einige angeregte Zustände von N_2. James W. Richardson. (J. chem. Physics **35.** 1829—39. Nov. 1961. Chicago, Ill., Univ. of Chicago, Dep. of Phys., Labor. of Mol. Structure and Spectra; engl.) — SCF-Wellenfunktionen für den Grundzustand $N_2(^4S)$ u. die angeregten Zustände $N_2^+(^2\pi_u)$, $N_2^{2+}(^1\Sigma_g^+)$ u. $N_2(1\pi_u^3\,1\pi_g^1)$ werden für den Grundkernabstand (1,094 Å) in der MO-Form erhalten. Die Mol.-Orbitale werden in der üblichen LCAO-Form mitgeteilt, doch wird ein Grundsyst. mit je 2 s-, 2 pσ- u. 2 p$\bar{\pi}$-Atomorbitalen vom SLATER-Typ u. von unterschiedlicher Kernladung angewandt. Alle elektron. Wechselwrkg. werden exakt berücksichtigt. Die Gesamtenergie des Grundzustands ergibt sich zu —108,785 atomaren Einheiten, ein Wert, der um 21,8 eV über dem experimentellen liegt, aber um 5,8 eV besser als ein mit reinen SLATER-Orbitalen erhaltener Wert ist. Die berechneten Anregungs- u. Ionisierungsenergien stimmen gut mit experimentellen Daten überein, sind aber nicht besser als die in der üblichen Weise aus Grundzustands-Orbitalen berechneten Werte. A. BLASCHETTE. 182☐

Zur Theorie der Hydridmoleküle nach dem Modell des vereinigten Atoms. R. Gáspár und I. Tamássy-Lenlei. (Ann. Physik [7] **2.** 208—16. 1958. Debrecen, Kossuth-Lajos-Univ., Inst. für theoret. Phys.; dt.) — Mit Hilfe des in der Mol.-Spektroskopie bei der Beschreibung des Term-Syst. benutzten Modells des vereinigten Atoms werden die verschiedenen Eigg. der Moll. nach der Variations-Meth. berechnet. Die Atomkerne werden in der geometr. Anordnung des Mol. belassen u. die Mol.-Eigenfunktionen aus Einzentren-Einelektronen-Eigenfunktionen nach dem SLATER-Verf. aufgestellt. Bei dieser Näherung sind gute Ergebnisse für Hydrid-Moll. zu erwarten; die Rechnungen wurden für *HF*, H_2O u. HO^- durchgeführt. Die erhaltenen Werte der totalen Energie E, des Kernabstands R u. der Dissoziationsenergie D stimmen mit den experimentellen Werten gut überein (alle Angaben in atomaren Einheiten): *HF*, E = —99,016, R = 1,57, D = $0{,}19_8$; HO^-, E = —74,404, R = 1,65, D = $0{,}15_7$; H_2O (Valenzwinkel 104° 27′), E = —75, 0,31, D (H, OH) = $0{,}20_1$, D (H, H, O) = $0{,}37_2$. Der analyt. Teil der Rechnungen ist nicht langwieriger als bei Atomproblemen. A. BLASCHETTE. 182☐

Wellenfunktionen für den Grundzustand linearer Moleküle. Enrico Clementi. (J. chem. Physics **34.** 1468—69. April 1961. Chicago, Ill., Univ. of Chicago, Dep. of

Phys., Labor. of Mol. Struct. and Spectra; engl.) — Es wurden LCAO—MO—SCF-Wellenfunktionen für den ${}^1\Sigma_g^+$-Grundzustand von C_3, N_3^-, NO_2^+ u. HF_2^- unter Verw. von Atomorbitalen vom SLATER-Typ abgeleitet. Die SLATER-Koeff. u. Orbitalenergien werden für die besetzten σ_g-, σ_u-, π_g- u. π_u-Mol.-Orbitale mitgeteilt. Die Gesamtenergie (atomare Einheiten) der vier Moll. beträgt —113, 08754; —162, 54219; —202, 90110; —198, 28264. A. BLASCHETTE. 182□

Ungepaarte Elektronen in Rußpräparaten. R. L. Collins, M. D. Bell und Gerard Kraus. (J. appl. Physics **30.** 56—62. Jan. 1959; Rubber Chem. Technol. **33.** 993—1004. Nov. 1960. Bartlesville, Okla., Phillips Petroleum Co.; engl.) — Die Elektronenspinresonanz eines typ. koll. Ruß-Präp. (*Spheron 6*) u. ihre Veränderung durch therm. Behandlung (TB) bei Temp. bis 3000° während 2 Std. in nichtoxydierender Atmosphäre wurde untersucht. In unbehandeltem bzw. unterhalb 1400° behandeltem Ruß sind die ungepaarten Elektronen wahrscheinlich bewegliche π-Elektronen, die durch Resonanzkonfigurationen in großen kondensierten Ringstrukturen stabilisiert sind; diese Stabilisierung ist vor allem dann möglich, wenn die kondensierten aromat. Bereiche chinoiden Sauerstoff enthalten. Auf solchen Strukturen beruht das analoge Verh. der ungepaarten Elektronen in quasigraphit. Ruß u. in amorphem Tieftemp.-Ruß. In unbehandeltem Spheron 6 beträgt die Konz. an ungepaarten π-Elektronen $1{,}4 \cdot 10^{20}$/g, die Zahl der quasigraphit. Moll. $3{,}2 \cdot 10^{20}$/g. Die Elektronen-Konz. nimmt bei TB bis 750° langsam, oberhalb dieser Temp. schneller ab, um bei 1400° prakt. den Wert Null zu erreichen. Die Ursache hierfür ist die Bldg. größerer Einheiten aus kleineren Ringstrukturbezirken u. die damit verbundene Verringerung der Anzahl der stabilisierenden Zentren. TB bei 1400—2000° führt in zunehmendem Maß zur Bldg. einer zweiten Art von ungepaarten Elektronen. Es handelt sich jetzt um σ-Elektronen, die im Verlauf der Rekristallisation auftreten u. an Gitterdefekten lokalisiert werden. Andere Handels-Präpp. enthalten ebenfalls im wesentlichen ungepaarte π-Elektronen, so *Philiblack A*, *Philiblack O*, *Philiblack I*, *Philiblack E*, *Wyex*, *Acetylenruß* (I), *Thermal* (P-33), *Lampblack 333*. Sie ähneln sich in der Elektronen-Konz. u. dem g-Wert, unterscheiden sich aber wesentlich durch die Linienbreite u. die O_2-Empfindlichkeit. Lediglich hochgraphit. I scheint neben den π- auch σ-Elektronen zu enthalten. A. BLASCHETTE. 182□

Elektronenstruktur des Chromocens und einiger anderer verwandter Verbindungen. Je. M. Schusstorowitsch und M. Je. Djatkina. (Доклады Академии Наук СССР [Ber. Akad. Wiss. UdSSR] **131.** 113—16. 1/3. 1960. Kurnakow-Inst. für allg. u. anorg. Chem. der Akad. der Wiss. der UdSSR; russ.) — Vgl. C. **1962.** 7433. — Nach der MO-Meth. von ROOTHAAN (C. **1952.** 3451) ergibt sich für den Grundzustand von Chromocen (I) $(a_{1g})^2(a_{1u})^2(e_{1g})^4(e_{1u})^4(e_{2g})^3(a_{1g})^1$. Ein anderer möglicher Triplettzustand von I ist $(a_{1g})^2(a_{1u})^2(e_{1g})^4(e_{1u})^4(a_{1g})^2(e_{2g})^2$. In unmittelbarer Nähe des Grundzustands kann sich der diamagnet. Zustand $(e_{2g})^4(a'_{1g})^0$ befinden. Bei Ferrocen (II) u. Kobalticiniumkation $(C_5H_5)_2Co^+$ liegt das e_{2g}-Niveau über a'_{1g}, bei I darunter. Das Ionisationspotential von I, berechnet aus dem oberen a'_{1g}-Niveau ist —4,82 eV, d. h. 70% des experimentellen Wertes (6,90). Die Ladungsverteilung ist +1,70 Elektronenladungen (EL) auf dem Cr-Atom, —0,17 EL auf jedem C-Atom. Die Cr-Ladung ist also größer als diejenige von Fe in II (+0,68) R. K. MÜLLER. 182□

Paarbildungsenergien in der Actinidenreihe. J. S. Griffith. (J. chem. Physics **35.** 748. Aug. 1961. Philadelphia, Pa., Univ. of Pennsylvania, Dep. of Chem.; engl.) — Berichtigung zu GRIFFITH u. ORGEL, C. **1958.** 5007. A. BLASCHETTE. 182□

Optische Untersuchung der Sauerstoffdiffusion in nichtstöchiometrischem glasigen Germaniumoxid. Vittorio Garino-Canina und Jeanine Denoncin. (C. R. hebd. Séances Acad. Sci. **250.** 1815—17. 7/3. 1960; franz.) — Eine in nichtstöchiometr. glasigem $\sim GeO_2$ (Schichtdicke 50—100 μ) bei 2450 Å auftretende Absorptionsbande verschwindet auf kontinuierliche Weise beim Erhitzen an der Luft (bis 500°). Die hierbei erfolgende Sauerstoffaufnahme wird auf eine über Anionenleerstellen erfolgende Diffusion zurückgeführt. Die Aktivierungsenergie ergibt sich zu $1{,}2 \pm 0{,}1$ eV, der Diffusions-Koeff. zu ca. 10^{-3}. A. BLASCHETTE. 186□

Untersuchungen über die Keimbildung in Ionenschmelzen. E. R. Buckle und A. R. Ubbelohde. (Pure appl. Chem. **2.** 263—69. 1961. London, Imp. Coll. of Sci. and Technol., Dep. of Chem. Engng. and Chem. Technol.; engl.) — Die Unters. der Keim-Bldg. in Ionenschmelzen wird in einem Ofen durchgeführt, in dem Wolken von Schmelzetröpfchen in einer aus dem entsprechenden Salzdampf bestehenden Atmosphäre durch intermittierende Übersättigung gebildet werden. Die Kondens. wird dabei in einem inerten Trägergas (Ar, N_2) durch kurzzeitiges (ca. 0,5 Sek.) Erhitzen eines Salztropfens hervorgerufen. Die Salzwolke wird mit einer Hg-Lampe durchstrahlt u. das bei der Keim-Bldg. auftretende Scintillieren des vorwärtsgestreuten Lichtes beobachtet. Aus

der Scintillationsfrequenz u. -intensität im Fall von Alkalihalogeniden wird geschlossen, daß die Keime einkristalline kleine Würfel (1—5 μ) sind, die mit ca. 1 U/s rotieren. Weitere Informationen werden aus den Unterschieden in der Wachstums- u. Verdampfungs-Geschw. von Tröpfchen u. Kristallkeimen gewonnen. Für Alkalihalogenide wurden nachst. Temp. für den Beginn der Keim-Bldg. ermittelt (° K): *NaF* 985, *NaCl* 911, *NaBr* 862, *KCl* 877, *KBr* 850, *KJ* 804, *RbCl* 845. Sättigung des Trägergases mit W. bei 20°, Zusatz von 10% KOH zum KJ oder Verw. von höchstreinen Salzen war ohne Einfl. auf die Ergebnisse. Für das Verhältnis der Kantenlänge λ^* eines krit. Keims zum Abstand d zwischen direkt benachbarten Ionen im Kristall u. für die Zahl N^* der Ionen im krit. Keim werden nachst. Werte abgeleitet: NaF 8,9, 700; NaCl 8,8, 680; NaBr 9,0, 740; KCl 9,1, 750; KBr 9,1, 750; KJ 9,1, 750; RbCl 9,9, 980.
A. Blaschette. 190□

Das Zonenschmelzverfahren. G. R. Whalley. (Lab. Pract. **7.** 462—64. Aug. 1958; engl.) — Kurze Übersicht. A. Blaschette. 190□

Untersuchung der Protonenretention in erhitzten 1:1-Tonen durch Infrarotspektroskopie, Gewichtsverlust und Deuteriumaufnahme. V. Stubičan und Rustum Roy. (J. physic. Chem. **65.** 1348—52. Aug. 1961. University Park, Pa., Pennsylvania State Calif., Univ., Coll. of Min. Ind.; engl.) — Eindeutige Widersprüche in den automat. aufgezeichneten thermogravimetr. Gew.-Verlustkurven von Kaolinkörpern führen Vff. auf deren Stapelfehler zurück. Die nach dem anfänglichen Gew.-Verlust (z. B. bei 700 bis 1000°) zurückgehaltene Menge H^+ (**A**) nimmt vom *Halloysit* mit der größten Fehlordnung über synthet. *Kaolinit* vom Typ eines „Fire-clay-Tones„ zum Kaolinit mit großen Kristallen u. geringer Fehlordnung ab. **A** kann quant. aus den IR-Spektren, die nach erneuter Synth. des Kaolinits mit reinem D_2O aufgenommen wurden, nicht aber direkt bestimmt werden. Die Absorptionsspektren von erhitztem Kaolinit (**I**) u. *Pyrophyllit* (**II**) werden im Bereich von 11—25 μ aufgenommen. Die Bande für **I** bei 538 cm^{-1}, die früher der Gruppierung Si—O—Al (Koordinationszahl des Al = 6) zugeordnet wurde, verschwindet beim Erhitzen der Proben auf 600—950°, bei höheren Temp. tritt sie erneut auf. An erhitztem **II** bleibt sie erhalten, verschiebt sich jedoch allmählich nach 545—565 cm^{-1}, was auf eine geringe Abnahme des Al—(OSi)-Abstandes hinweist. Die Werte werden im Zusammenhang mit Koordinationsänderungen in erhitzten Tonen erörtert. Die bei **I** beim Erhitzen auf 950° beobachtete breite Bande bei 565 cm^{-1} zeigt die Beständigkeit der 6fachen Koordination der Al-Ionen an.
P. Frenzel. 190□

Eindringtiefe von Oberflächeneffekten in Molekülkristallen. B. J. Alder, J. R. Vaisnys und G. Jura. (Physics Chem. Solids **11.** 182—89. Okt. 1959. Livermore, Calif., Univ. of California, Lawrence Radiat. Labor.; Berkeley, Calif., Dep. of Chem.; engl.) — Im halbunendlichen Mol.-Kristall läßt man die Abstände zwischen den Ebenen senkrecht zur Oberfläche ihre Gleichgewichtswerte annehmen. Vff. zeigen, daß beim Minimum der Energie dieses Syst. die 1. Abstände zwischen den Ebenen um 2,5%, die 2. um 0,6%, die 3. um 0,2% u. die 4. um 0,08% anwachsen. Die Ausdehnung über den Normalabstand hinaus nimmt in einem unendlich großen Kristall proportional zu $1/d^3$ ab (d = Abstand von der Oberfläche). Andererseits wird die Oberflächenenergie durch diese tieferen Abstandsstörungen nur geringfügig beeinflußt. Die Veränderung des Ebenenabstands wird zusätzlich für verschiedene gleichförmig verzerrte halbunendliche Kristalle berechnet. G. Ruban. 190□

Die Gitterkonstanten für einige Metallfluoroborathexahydrate. K. C. Moss, D. R. Russell und D. W. A. Sharp. (Acta crystallogr. [Copenhagen] **14.** 330. 10/3. 1961. London, Imp. Coll., Inorg. Chem. Res. Labor.; engl.) — Röntgenograph. wurden die folgenden Verbb. untersucht: $Mg(BF_4)_2 \cdot 6\,H_2O$ (**I**), $Mn(BF_4)_2 \cdot 6\,H_2O$ (**II**), $Fe(BF_4)_2 \cdot 6\,H_2O$ (**III**), $Co(BF_4)_2 \cdot 6\,H_2O$ (**IV**), $Ni(BF_4)_2 \cdot 6\,H_2O$ (**V**), $Zn(BF_4)_2 \cdot 6\,H_2O$ (**VI**) u. $Cd(BF_4)_2 \cdot 6\,H_2O$ (**VII**). Die hexagonalen Zellen haben folgende Abmessungen: **I** (a =) 15,36 (Å); (c =) 5,38; ($D_{exp.}$) 1,849 (g/cm³); **II**: 15,46; 5,44; 1,982; **III**: 15,49; 5,33; 2,038; **IV**: 15,33; 5,22; 2,081; **V**: 15,32; 5,16; 2,136; **VI**: 15,24; 5,30; 2,120; **VII**: 15,96; 5,58; 2,292. **I**—**VI** sind isomorph mit den von West (Z. Kristallogr. **91.** [1935.] 480) untersuchten analogen Perchloraten. **VII** hat eine verwandte trigonale Struktur mit halb so großem Parameter; der obige verdoppelte Wert ist aus Vgl.-Gründen angeführt. *Lithiumfluoroborat* tritt in wenigstens 2 Formen auf: 1. $LiBF_4 \cdot H_2O$ ist stabil oberhalb 23° u. krist. tetragonal mit a = 5,74 (Å); c = 4,88. 2. $LiBF_4 \cdot 3\,H_2O$ krist. aus W. unterhalb 23° u. ist hexagonal u. isomorph mit dem von West untersuchten analogen Perchlorat. C. Gottfried. 195

Über die Kristallstrukturen des Kalium- und Rubidiumphosphids, KH_2P und RbH_2P. Günter Bergerhoff und Ernst Schultze-Rhonhof. (Acta crystallogr. [Copenhagen] **15.** 420. 10/4. 1962. Bonn, Univ., Anorg.-chem. Inst.; dt.) — KH_2P (**I**) u.

RbH_2P (II) kristallisieren mit 2 Formeleinheiten pro Elementarzelle in der Raumgruppe C 2/m — C_{2h}^3 u. besitzen die Gitterdimensionen a = 7,952, b = 4,450, c = 5,275 Å, β = 120,5° (I) u. a = 8,419, b = 4,746, c = 5,513 Å, β = 122,0° (II). Besetzungen der Punktlagen (a) für K bzw. Rb u. (d) für P ergeben für die Struktur einen Zuverlässigkeitsfaktor von 6% (für I). Die Struktur stellt ein NaCl-Gitter dar, das in Richtung einer der Raumdiagonalen (RD) pseudorhomboedr. verzerrt ist; senkrecht zu dieser RD bleiben die abwechselnden Kationen- u. Anionenschichten bestehen. Die Lokalisierung der H-Atome könnte unter Umständen zu einer Erniedrigung der Symmetrie führen. Aus den Schwerpunktsabständen errechnet sich für das PH_2^--Ion ein Radius von 2,12 Å (für I) bzw. 2,13 Å (für II). Zwischen 20 u. 100° konnte bei I keine Umwandlung beobachtet werden. G. Gattow. 195 □

Röntgenographische Untersuchung von wasserfreiem Cadmium- und Quecksilber(II)-sulfat. P. A. Kokkoros und P. J. Rentzeperis. (Acta crystallogr. [Copenhagen] **14.** 329—30. 10/3. 1961. Thessaloniki, Univ., Dep. of Miner.; engl.) — Weissenberg-, Präzessions- u. Pulveraufnahmen an $CdSO_4$ (I) u. $HgSO_4$ (II) lieferten für die orthorhomb. Zellen die Abmessungen a = 4,709 ± 0,001 (Å); b = 6,562 ± 0,0015; c = 4,694 ± 0,001 für I u. a = 4,821 ± 0,0005; b = 6,581 ± 0,0007; c = 4,785 ± 0,0005 für II. Wahrscheinlichste Raumgruppe für beide Sulfate ist D_{2h}^{13} — P m m n, Z = 2. C. Gottfried. 195

Die Kristallstruktur von Gadoliniumtrichloridhexahydrat. Massimo Marezio, H. A. Plettinger und W. H. Zachariasen. (Acta crystallogr. [Copenhagen] **14.** 234—36. 10/3. 1961. Chicago, Ill., Univ., Dep. of Phys.; Argonne, Ill., Nat. Labor., Div. of Phys.; engl.) — $GdCl_3 \cdot 6\,H_2O$ krist. monoklin mit a = 9,651 ± 0,001 (Å); b = 6,525 ± 0,001; c = 7,923 ± 0,001; β = 93,65 ± 0,02°. Raumgruppe ist P 2/n; Z = 2. Die Struktur-Best. lieferte die folgenden Parameter: Gd in 2(e): (x =) 1/4; (y =) 0,1521 ± 0,0002; (z =) 1/4; $Cl_{(1)}$ in 2(f): 3/4; 0,3769 ± 0,0004; 1/4; $Cl_{(2)}$ in 4(g): 0,0587 ± 0,0004; 0,8370 ± 0,0008; 0,2601 ± 0,0004; $O_{(1)}$ in 4(g): 0,2813 ± 0,0012; 0,0471 ± 0,0019; 0,5432 ± 0,0012; $O_{(2)}$ in 4(g): 0,1423 ± 0,0012; 0,4254 ± 0,0020; 0,0888 ± 0,0012; $O_{(3)}$ in 4(g): 0,4406 ± 0,0012; 0,2988 ± 0,0020; 0,1058 ± 0,0012. Bemerkenswert ist, daß 1/3 der Cl-Atome ($Cl_{(1)}$) nicht an Gd gebunden ist; der kürzeste Abstand Gd—$Cl_{(1)}$ ist > 5 Å. In dem Gitter treten Komplexe der Form $Cl_2Gd(OH_2)_6$ auf, wobei jedes $Cl_{(2)}$-Atom u. jedes O-Atom an ein Gd-Atom gebunden ist. Das einzigste Symmetrieelement des Komplexes ist eine zweizählige Achse. Die Abstände im Komplex sind: Gd—2 $Cl_{(2)}$ = 2,768 ± 0,008 (Å); Gd—2 $O_{(1)}$ = 2,42 ± 0,002; Gd—2 $O_{(2)}$ = 2,39 ± 0,02 u. Gd—2 $O_{(3)}$ = 2,42 ± 0,02. Die kürzesten O—O-, Cl—O- u. Cl—Cl-Abstände in dem Komplex sind $O_{(1)}$—$O_{(2)}$ = 2,80 (Å); $Cl_{(2)}$—$O_{(3)}$ = 3,20 u. $Cl_{(2)}$—$Cl_{(2)}$ = 3,7. Jedes O-Atom hat als kürzeste Nachbarn ein $Cl_{(1)}$-Atom in einem Abstand von 3,17—3,24 Å u. ein $Cl_{(2)}$-Atom eines benachbarten Komplexes in einem Abstand von 3,14—3,18 Å. Diese kurzen Abstände deuten auf die Ggw. von Bindungen O—H···Cl hin. Die Annahme findet eine Stütze in der Beobachtung, daß der Winkel zwischen 2 O—H···Cl-Bindungen 89—97° beträgt. Umgekehrt bildet jedes $Cl_{(1)}$-Atom 6 $Cl_{(1)}$···H—O-Bindungen u. jedes $Cl_{(2)}$-Atom 3 $Cl_{(2)}$···H—O-Bindungen, u. zwar zusätzlich zu der Bindung Gd—$Cl_{(2)}$. C. Gottfried. 195

Die Kristallstruktur von Lithiumwolframat. W. H. Zachariasen und H. A. Plettinger. (Acta crystallogr. [Copenhagen] **14.** 229—30. 10/3. 1961; engl.) — Vgl. vorst. Referat. — Einkristallaufnahmen an Li_2WO_4 ergaben, daß das Wolframat, wie erwartet, im Phenakittyp kristallisiert. Die hexagonale Zelle mit Z = 18 hat die Dimensionen a = 14,361 ± 0,003 (Å) u. c = 9,602 ± 0,002; die rhomboedr. Zelle mit Z = 6 a = 8,888 ± 0,002; α = 107,78 ± 0,03°. Raumgruppe ist R $\bar{3}$; alle Atome liegen in den allgemeinsten Punktlagen. Für die hexagonale Zelle wurden folgende Atomparameter bestimmt: W (x =) —0,02035 ± 0,00007; (y =) 0,19537 ± 0,00007; (z =) 0,25069 ± 0,00010; $O_{(1)}$: 0,1117 ± 0,0016; 0,2112 ± 0,0016; 0,2500 ± 0,0021; $O_{(2)}$: —0,0010 ± 0,0016; 0,3275 ± 0,0016; 0,2502 ± 0,0021; $O_{(3)}$: —0,0909 ± 0,0016; 0,1238 ± 0,016; 0,0993 ± 0,0021; $O_{(4)}$: —0,0970 ± 0,0016; 0,1235 ± 0,0016; 0,4028 ± 0,0021; $Li_{(1)}$: —0,014 ± 0,004; 0,191 ± 0,004; 0,591 ± 0,005; $Li_{(2)}$: —0,027 ± 0,004; 0,187 ± 0,004; 0,911 ± 0,005. Die Wolframatgruppe im Gitter ist innerhalb der Fehlergrenzen tetraedr. koordiniert mit dem Abstand W—O = 1,79 Å. Li hat ebenfalls tetraedr. Koordinaten mit einer mittleren Bindungslänge von Li—O = 1,96 Å. C. Gottfried. 195

Gitterkonstanten und Raumgruppe von Natriumwolframatdihydrat. Carl W. F. T. Pistorius und W. E. Sharp. (Acta crystallogr. [Copenhagen] **14.** 316—17. 10/3. 1961. Los Angeles, Calif., Univ., Inst. of Geophys.; engl.) — Pulveraufnahmen an $Na_2WO_4 \cdot 2\,H_2O$ bei 25° mit NaCl als Vgl.-Substanz ergaben orthorhomb. Symmetrie mit a = 8,456 ± 0,005 (Å); b = 10,601 ± 0,005; c = 13,842 ± 0,005. $D_{pyk.}$ 3,50 g/cm³.

Mögliche Raumgruppen sind D_{2h}^{14} — P b c n oder D_{2h}^{15} — P b c a; Z = 8. Die Brechungsindices (Na-Licht) wurden gemessen zu n_x 1,5530 ± 0,001; n_y 1,5535 ± 0,001; n_z 1,5650 ± 0,001; (+) 2 V: 26°; X = a; Y = b; Z = c; opt. Ebene ist (0 1 0); r < v stark. C. GOTTFRIED. 195

Beitrag zur Untersuchung der hydratisierten Uranoxide. J. Protas. (Bull. Soc. franç. Minéralog. Cristallogr. **82.** 239—72. Juli/Sept. 1959. Paris, Sorbonne, Labor. de Minéral.-Crist.; franz.) — Opt. u. strukturelle Eigg. wenig definierter, hydratisierter U-Oxide werden an natürlichen u. künstlich hergestellten Mineralproben untersucht. Die künstlichen Proben werden aus siedenden wss. Lsgg. von $UO_2(CH_3COO)_2$ (I) u. den entsprechenden Acetaten von Ca, Ba, Pb, Sr bzw. Bi als Pulver abgeschieden. Beide Probenformen werden röntgenograph., thermoanalyt. u. differentialthermoanalyt. untersucht u. die chem. Zus. mikroanalyt. bestimmt. *Schoepit*, $UO_3 \cdot 2\,H_2O$ (**II**), tritt in orthorhomb., pleochroit. u. negativ 2achsigen Kristallen mit den Gitter-Konst. a = 14,23 ± 0,05 (Å), b = 16,72 ± 0,05 u. c = 14,62 ± 0,05 auf; die Kristalle mit der Raumgruppe P b c a enthalten in der Elementarzelle Z = 2 Moll. **II.** Durch Pyrolyse von $UO_2(NO_3)_2$, $UO_4 \cdot 2\,H_2O$ bzw. $(NH_4)_2U_2O_7$ erhaltenes UO_3 liefert bei der Hydratation bei Raum-Temp. Proben mit dem gleichen Pulverdiagramm wie **II.** Die Hydrolyse von **I** bei 180—240° führt zu verschieden hydratisierten UO_3-Proben, die als Mineralien nicht beschrieben sind; die Gitter-Konst. sind angegeben. *Becquerelit*, $CaU_6O_{18}(OH)_6 \cdot 8\,H_2O$, ist orthorhomb. mit der Raumgruppe P m m a u. a = 13,86 ± 0,03 (Å), b = 12,42 ± 0,03 u. c = 14,96 ± 0,03 u. Z = 4. Ident. Proben werden durch Erhitzen wss. Lsgg. von **I** u. $Ca(CH_3COO)_2$ (1 ≤ U/Ca ≤ 15) auf 100—180° erhalten. Beim Erhitzen wss. Lsgg. von **I** u. $Sr(CH_3COO)_2$ mit U/Sr = 1 wird $2\,SrO \cdot 7\,UO_3 \cdot 10\,H_2O$, mit 2 ≤ U/Sr ≤ 10 $SrU_6O_{18}(OH)_{18} \cdot 7\,H_2O$ (**III**) gebildet; **III** ist orthorhomb. mit a = 14,06 ± 0,05 (Å), b = 24,12 ± 0,10 u. c = 14,16 ± 0,05. *Billietit*, $BaU_6O_{16}(OH)_{18} \cdot 8\,H_2O$, ist orthorhomb. mit der Raumgruppe P m m a u. Z = 4. Aus wss. Lsgg. von **I** u. $Ba(CH_3COO)_2$ werden bei 100° ident. Proben erhalten. Beim Erhitzen wss. Lsgg. von **I** u. $Pb(CH_3COO)_2$ werden für 1 ≤ U/Pb ≤ 4 $PbU_2O_7 \cdot 2\,H_2O$ (**V**), für 5 ≤ U/Pb ≤ 6,5 $3\,PbO \cdot 8\,UO_3 \cdot 10\,H_2O$ (**VI**), für 7 ≤ U/Pb ≤ 10 *Fourmarierit*, $PbO \cdot 4\,UO_3 \cdot 5\,H_2O$ (**VII**), u. U/Pb > 11 *Vandendriesscheit*, $2\,PbO \cdot 13\,UO_3 \cdot 12\,H_2O$ (**VIII**) erhalten. Die Kristalle von **V** sind nicht einheitlich, so daß keine röntgenograph. Unterss. ausgeführt werden können; jedoch entspricht **V** auf Grund thermoanalyt. u. chem. Unterss. orthorhomb. *Wölsendorfit*, $(Pb, Ca) \cdot U_2O_7 \cdot 2\,H_2O$, mit a = 11,95 ± 0,05 (Å), b = 13,09 ± 0,07 u. c = 7,02 ± 0,05. Das Pulverdiagramm von **VI** ähnelt dem von *Masuyit*. **VI** geht bei der Dehydratation unter W. in orthorhomb. *Curit*, $3\,PbO \cdot 8\,UO_3 \cdot 5\,H_2O$, mit der Raumgruppe P n a m oder P n a 2_1, Z = 2 u. den Gitter-Konst. a = 12,58 ± 0,05 (Å), b = 13,03 ± 0,05 u. c = 8,40 ± 0,02 über. Aus Röntgen-Unterss. von natürlichem **VII** folgen die Raumgruppe B b 2_1 m, Z = 2 u. die Gitter-Konst. a = 13,96 ± 0,05 (Å), b = 16,45 ± 0,05 u. c = 14,28 ± 0,05. Künstlich hergestelltes **VII** ist stärker hydratisiert u. zeigt bei der Dehydratisierung bei 60° bereits eine Veränderung des Pulverdiagramms, so daß die Zus. von natürlichem **VII** nachgeprüft werden muß. Natürliches **VIII** ist orthorhomb. mit Z = 12 u. den Gitter-Konst. a = 14,05 ± 0,05 (Å), b = 41,40 ± 0,5 u. c = 14,68 ± 0,05; die Kristalle sind negativ 2achsig. Durch Erhitzen wss. Lsgg. von **I** u. $Bi_2(SO_4)_3$ auf 180° wird monoklines $UO_4Bi(OH)$ (**IX**) erhalten; die Elementarzelle mit Z = 4 weist die Parameter a = 7,65 ± 0,04 (Å), b = 7,78 ± 0,04, c = 7,53 ± 0,04 u. β = 93 ± 1° auf; die Kristalle sind positiv 2achsig. **IX** unterscheidet sich von natürlichem *Uranosphärit* (**X**) lediglich durch den Hydratationsgrad; die Zus. von **X** ist wahrscheinlich $Bi_2U_2O_7(OH)_4$. Das gemeinsame Auftreten der beschriebenen Mineralien u. *Pechblende* wird diskutiert. HERBERT MÜLLER. 195□

Über die Verfeinerung der Kristallstrukturbestimmung einiger Vertreter des Rutiltyps. 3. Mitt. Zur Gittertheorie des Rutiltyps. Werner H. Baur. (Acta crystallogr. [Copenhagen] **14.** 209—13. 10/3. 1961. Göttingen, Univ., Miner.-Kristallograph. Inst.; dt.) — 2. vgl. C. **1959.** 12787. — Unter Verw. der l. c. festgelegten Strukturdaten für GeO_2, TiO_2, SnO_2, MgF_2, NiF_2, ZnF_2, CoF_2, FeF_2 u. MnF_2 berechnete Vf. die MADELUNG-Konstanten. Dann wurden unter Berücksichtigung der Abstoßungskräfte die Gitterenergien berechnet. Die auf diese Weise bestimmten Gleichgewichtslagen der Anionen wurden mit den experimentellen Ergebnissen verglichen. Es wurde geschlossen, daß die Bindungen in TiO_2, GeO_2, SnO_2 u. FeF_2 hauptsächlich nichtheteropolar sind. Für CoF_2 u. NiF_2 konnte eine endgültige Entscheidung nicht getroffen werden. Da Bindungen in MgF_2, MnF_2 u. ZnF_2 haben dagegen hauptsächlich Ionencharakter. C. GOTTFRIED. 195

Reaktion zwischen Kupfer und festem, aus einer Gasentladung bei sehr tiefen Temperaturen ausgefrorenem Sauerstoff. Jerome Kruger und William J. Ambs. (Nature [London] **186.** 794—95. 4/6. 1960. Washington, D.C., Nat. Bur. of Stand.;

engl.) — In einer Mikrowellenentladung (2450 MHz) partiell dissoziierter reiner Sauerstoff reagiert bei 4,2—40° K mit sauberen Oberflächen von 99,99%ig. Cu unter Bldg. einer bei 20° festen, wahrscheinlich oxid. Oberflächenschicht von ca. 20 Å Dicke. Keine Rk. wurde hingegen mit mol. O_2 bis 300° K, mit akt. Sauerstoff oberhalb 40° K oder mit O_3 bei 4,2° K beobachtet. Die Bldg. des Oxidfilms wird auf die Rk. von Cu mit kondensiertem O_2 zurückgeführt, deren Aktivierungsenergie durch die Rekombinationswärme der O-Atome geliefert wird. Auf kristallograph. verschiedenen Flächen eines Cu-Einkristalls ({1 0 0}, {1 1 0}, {1 1 1}) traten gleiche Schichtdicken auf. Bei Verw. von N_2-haltigem O_2 wird nach der Aktivierung in der Entladung visuell erkennbares u. röntgenograph. identifiziertes $Cu(NO_3)_2$ gebildet. A. BLASCHETTE. 196□

Untersuchung atomarer Fehlstellen in verformtem und abgeschrecktem Nickel. Dieter Schumacher, Wolfgang Schüle und Alfred Seeger. (Z. Naturforsch. **17a.** 228—35. März 1962. Stuttgart, MPI für Metallforsch.; TH, Inst. für theoret. u. angew. Phys.; dt.) — Polykristalline Ni-Proben (99,9% Reinheit) werden entweder unterhalb Zimmer-Temp. kaltgewalzt oder von 1000° abgeschreckt. Die Erholung des elektr. Widerstandes wird zwischen 0 u. 300° untersucht. Nach der Kaltbearbeitung werden in diesem Temp.-Bereich 2 getrennte Erholungsprozesse gefunden: Stufe III nahe 80° u. Stufe IV nahe 250°, deren Aktivierungsenergien 1,09 ± 0,005 u. 1,55 ± 0,10 eV betragen. Nach dem Abschrecken von 1000° tritt nur Stufe IV auf (das Maximum der Erholungs-Geschw. liegt nahe 270°, die Aktivierungsenergie beträgt ca. 1,5 eV), während Stufe III nicht beobachtet wird. Nach den vorliegenden Ergebnissen wird der Stufe III eine Wanderung freier Zwischengitterplätze zugeschrieben, Stufe IV dagegen eine Wanderung einzelner Leerstellen. Vff. schätzen die Bldg.-Energie einzelner Leerstellen in Ni auf 1,3—1,4 eV u. die Vol.-Zunahme pro Leerstelle auf 0,82 Atomvolumina. G. RUBAN. 197□

Die Durchlässigkeit von Niob für Wasserstoff. D. W. Rudd, D. W. Vose und S. Johnson. (J. physic. Chem. **66.** 351—53. Febr. 1962. Beverly, Mass., Metal Hydrides Inc., Res. and Dev. Labor.; engl.) — Vff. untersuchen die Permeation von H_2 durch eine Nb-Membran (Dicke 0,0940—0,1710 in., Durchmesser 0,6210—0,6615 in.), die durch Ausdrehen eines kompakten Nb-Stabes als Trennwand zwischen zwei Hohlräumen erhalten wurde, zwischen 950 u. 1065° u. H_2-Drücken von 1,1—2,0 atm; das durchtretende H_2 wird mit einer TOEPLER-Pumpe abgesaugt. Die Permeabilität kann mit $P = 2{,}01 \cdot 10^3 \exp[-(5208 + 140)/RT]$ cm^3 (NTP)·Torr/cm^2·h·$(atm)^{1/2}$ beschrieben werden. HERBERT MÜLLER. 197□

Übersicht über die Konstitution von Uran-Molybdän-Legierungen. A. J. Carrea, D. R. F. West und J. G. Ball. (J. nuclear Energy **7.** 189—98. Sept. 1958. Buenos Aires, Nat. Comm. of Atomic Energy; London, Imp. Coll. of Sci. and Technol., Metall. Dep.; engl.) — 22 Literaturangaben. A. BLASCHETTE. 197□

Zirkonium und seine Legierungen. C. Tyzack. (Nuclear Engng. **3.** 102—14. März 1958. Culcheth, UKAEA I.G.; engl.) — Übersicht über mechan. u. technol. Eigenschaften. — 73 Literaturangaben. A. BLASCHETTE. 197□

Eine neue Phase in dem System Zink-Zirkonium. D. R. Petersen und H. W. Rinn. (Acta crystallogr. [Copenhagen] **14.** 328—29. 10/3. 1961. Midland, Mich., Dow Chem. Co., Chem. Phys. Res. Labor.; engl.) — Aus einer Lsg. von Zn u. Zr in geschmolzenem Mg konnte als neue Phase die intermetall. Verb. Zn_2Zr_3 isoliert werden. WEISSENBERG- u. Drehkristallaufnahmen ergeben tetragonale Symmetrie mit $a = 7{,}633 \pm 0{,}004$ Å u. $c = 6{,}965 \pm 0{,}004$ Å. $D_{exp.}$ 6,60 ± 0,04 (g/cm³); $D_{ber.}$ 6,62; Z = 4. Mögliche Raumgruppen $P4_2nm$, $P\bar{4}n2$ oder $P4_2/mnm$. C. GOTTFRIED. 197

Beitrag zur Untersuchung der Verfestigung von Legierungen. André Kohn und Jean Philibert. (C. R. hebd. Séances Acad. Sci. **249.** 2073—75. 16/11. 1959. Inst. de Rech. de la Sidérurgie; franz.) — Vff. untersuchen thermoanalyt., autoradiograph. u. mit Hilfe der Elektronenmikrosonde die Vorgänge während der Verfestigung von Al-Legg. mit 1—2% Cu. Während der Abkühlung einer fl. Al-Leg. mit 1,75% Cu scheiden sich nach einer Unterkühlung um einige Grade innerhalb der fl. Phase Dendrite mit 0,28% Cu ab. Die Bldg. dieser Kristalle erfolgt bei konst. Temp. u. chem. Zus., während die fl. Phase in der Umgebung der Dendrite 2,8—3 (%) Cu, in einem Abstand von 1 mm 1,95 Cu aufweist. Zwischen den Dendriten befindet sich eine an Cu angereicherte fl. Phase, die sich in einem breiten Temp.-Intervall verfestigt u. teilweise eutekt. Zus. erreicht. HERBERT MÜLLER. 197□

Einige durch mikroskopische Untersuchung von Bruchoberflächen einer gegossenen Aluminium-Silicium-Kupfer-Legierung erhaltene Ergebnisse. D. A. Ryder. (Acta metallurg. [New York] **9.** 73—76. Jan. 1961. Farnborough, Roy. Aircraft Establ.; engl.) — Eine gegossene u. gealterte Al-Si-Cu-Leg. mit 2,5 (%) Si u. 1 Cu wurde bei

Zimmer-Temp. durch Zug, Biegen oder Schlag zerbrochen; die Bruchoberflächen wurden mkr. u. an Hand von C-Abdrucken elektronenmkr. untersucht. Die in mehreren Mikrophotographien wiedergegebenen Bruchoberflächen werden auf ihre Entstehung hin ausführlich diskutiert. C. GOTTFRIED. 197

Die Kristallstrukturen von $TlSbTe_2$ und $TlBiTe_2$. E. F. Hockings und J. G. White. (Acta crystallogr. [Copenhagen] **14.** 328. 10/3. 1961. Princeton, N.J., RCA-Labor.; engl.) — $TlSbTe_2$ (I) u. $TlBiTe_2$ (II) wurden durch Erhitzen eines Gemisches der Komponenten in evakuierten Quarzampullen auf 600° u. langsames Abkühlen erhalten. DTA ergab für I F. 480° u. für II 535°; therm. Effekte bis zum F. wurden nicht beobachtet. Beide Verbb. krist. rhomboedr. mit a = 8,177 ±0,010 Å; α = 31°24′ ±15′ für I u. a = 8,137 ±0,010 Å; α = 32°18′ ±15′. $D_{exp.}$ 7,26 (g/cm³) für I u. 8,06 für II. $D_{ber.}$ 7,34 für I; 8,15 für II. Z = 1 u. Raumgruppe D_{3d}^5 — R $\bar{3}$ m für I u. II. Punktlagen: 1 Tl in (a); Sb oder Bi in (b); 2 Te in (c) mit x = 0,243 für I u. 0,250 für II. Der Abstand Tl—Te beträgt in I 3,30 (Å); der Abstand Sb—Te in II 3,11. C. GOTTFRIED. 197

Einfluß der Reinheit von Eisen auf die bei Zugkurven beobachtete Diskontinuität der Elastizitätsgrenze. Bernard Migaud und Jean Talbot. (C. R. hebd. Séances Acad. Sci. **249.** 2071—72. 16/11. 1959. Vitry, C.N.R.S., Labor.; franz.) — Erst nach verschiedenen Arten der Wärmebehandlung u. Alterung ist an Proben aus zonengeschmolzenem *Fe* (I) die Diskontinuität D an der Elastizitätsgrenze zu beobachten. Das Auftreten von D ist an die Ggw. von C in fester Lsg. gebunden, da mehrfache Zug-Verss. vor dem Erscheinen von D nur mit Fe großer Reinheit ausgeführt werden können. Ein Maximum der inneren Dämpfung wird nur an langsam abgekühlten Proben beobachtet. Die Amplitude von D steigt mit der Reinheit; bei jeweils 10^{-3}% C beträgt sie für I 2,3 ±0,3 (kg/mm²), Elektrolyt-Fe 1,7 ±0,3 u. Armco-Fe 1,35 ±0,3 u. ist korngrößenunabhängig. HERBERT MÜLLER. 200□

Einige Beobachtungen über die Umkörnungserscheinungen in der Al–Zn-Legierung mit 10% Zink. Einfluß einer Kaltverformung auf die durch Umkörnung erhaltenen festen Lösung. René Graf. (C. R. hebd. Séances Acad. Sci. **249.** 1110—12. 28/9. 1959; franz.) — Vgl. C. **1960.** 403. — Vf. untersucht die Zeitabhängigkeit des Härteverlaufs von Al-Legg. mit 10% Zn bei isothermer Behandlung zwischen 50 u. 200°. Der Härteabfall zwischen 50 u. 75° ist nur gering; außerdem werden in Röntgenbeugungsdiagrammen Zonen beobachtet, die auch bei Raum-Temp. auftreten. Bei Temp. ≥100° steigt der Härteabfall zunehmend schneller mit der Temp. an; der Grenzwert beträgt ca. 25 kg/mm². Gleichzeitig verschwinden die Zonen in der Röntgenbeugung, d. h. die Vorfällungen werden bei der Wärmebehandlung wieder gelöst. Bei dieser Umkörnung geht die Leg. in den Zustand einer ungeordneten festen Lsg. über. Bei 200° erfolgt dagegen keine Umkörnung, da bereits die Löslichkeitsgrenze für 10% Zn überschritten ist. Unterhalb 100° werden die Zonen teilweise umgeordnet, der Zustand der Vorfällung bleibt jedoch erhalten. Aus den Härtekurven kann eine mittlere Aktivierungsenergie E_a = 28 kcal/Mol abgeleitet werden; dieser Wert entspricht der E_a der Zn-Diffusion in Al. Der Einfl. der Umkörnungszeit auf die Härtekurven ist gering. Beim Umkörnen (30 Sek., 175°) u. nachfolgendem Kaltwalzen werden röntgenograph. erneut Beugungszonen beobachtet. Jede Zone besteht aus einem sphär. Kern von Zn-Atomen, der von einer Al-Aureole umgeben ist; die entsprechenden Durchmesser sind für verschiedene Walzgrade angegeben. HERBERT MÜLLER. 200□

Temperatur- und Zusammensetzungsabhängigkeit der elastischen Konstanten verdünnter Legierungen von Mangan in Kupfer. D. L. Waldorf. (Physics Chem. Solids **16.** 90—99. Nov. 1960. Dearborn, Mich., Ford Sci. Labor., Phys. Dep.; engl.) — Im Temp.-Bereich von 4,2—300° K werden nach der Ultraschallimpuls-Meth. die elast. Konst. verschiedener Cu–Mn-Legg. mit 0—5,8% Mn bestimmt. Die 3 gemessenen Moduln zeigen eine ähnliche Temp.-Abhängigkeit wie die von reinem Cu; sie weisen einen linearen Abfall mit wachsender Mn-Konz. auf. Die Änderung der DEBYE-Temp., die aus den elast. Konst. bei 4,2° K berechnet wird, ergibt sich zu —0,6° K pro Atom-% Mn. Dies führt auf ein Anwachsen der spezif. Gitterwärme bei Temp. innerhalb des „T^3-Bereichs“ von ca. 0,5% pro Atom-% Mn. Die Abhängigkeit der Schermoduln von der Zus. zeigt, daß +3e die Ladung des Mn-Ions im Cu-Gitter ist. Da Messungen des Magnetismus u. der spezif. Wärme für den Spin des Ions s = 4/2 ergeben, wird gefolgert, daß vier 3d-Elektronen am Mn-Ion mit parallel ausgerichteten Spins verbleiben. G. RUBAN. 200□

Mikrokriechrelaxation von festliegenden Versetzungen in Gold. R. Kamel. (Acta metallurg. [New York] **9.** 65—68. Jan. 1961. Cairo, Univ., Fac. of Sci., Phys. Dep.; engl.) — An sehr dünnen Drähten von spektroskop. reinem Au wurden die Änderungen der inneren Reibung u. des Elastizitätsmoduls im Frequenzbereich von 10—100 Hz

u. bei Temp. bis zu 700° gemessen. Trägt man die innere Reibung gegen die Temp. auf, so tritt zwischen 200 u. 600° ein Peak auf, während gleichzeitig der Elastizitätsmodul stetig abfällt. Wird die Probe kurz vor den Messungen von 1000° abgeschreckt, dann nimmt die Relaxationsstärke zu, die Lage des Relaxationsbandes wird jedoch nicht beeinflußt. Mit zunehmender Frequenz verschiebt sich das Maximum der Relaxation der inneren Reibung nach höheren Temperaturen. Vollkommen unterdrückt wird die Relaxation bei ca. 700°. Nimmt man an, daß Leerstellen an Versetzungslinien anhaften können, ohne in ihrer Natur verändert zu werden, dann lassen sich die Beobachtungen durch Mikrokriechen der festliegenden Versetzungslinien unter der Einw. des angelegten alternierenden Spannungsfeldes erklären. Da die Beweglichkeit der Leerstellen mit steigender Temp. zunimmt, könnten die Leerstellen, die die Versetzungslinien fixieren, hinter ihnen hergezogen werden, sofern die Temp. hoch genug ist. Die vollständige Unterdrückung des Relaxationsprozesses bei ca. 700° kann man der erhöhten Leerstellenbeweglichkeit zuschreiben, die groß genug ist, um sofort der sich bewegenden Versetzungslinie zu folgen, u. zwar ohne Rücksicht auf die Frequenz der angelegten Spannung.

C. Gottfried. 200

Zum Kriechverhalten des Titans. H. Scholl und W. Knorr. (Acta metallurg. [New York] **9.** 61—63. Jan. 1961. Essen, Firma Friedrich Krupp, Forsch.-Anstalten; dt.) — An unlegiertem, polykristallinem Ti, das ca. 0,5 Atom-% O enthielt, wurden bei Temp. zwischen Zimmer-Temp. u. 300° Kriechkurven gemessen. Es wurde gefunden, daß die Kriechkurven bei 300° eine relativ hohe Anfangsdehnung zeigen. Bei den Spannungen, bei denen der Druck im untersuchten Zeitintervall nicht eintrat, war die Kriech-Geschw. sehr klein u. nahezu konstant. Im Gegensatz hierzu wurde bei Temp. zwischen Zimmer-Temp. u. 275° bei bestimmten Belastungen nach anfänglich kleinen Werten ein Maximum der Kriech-Geschw. gefunden. Der Betrag der maximalen Kriech-Geschw. u. die Zeit, nach der das Maximum auftritt, hängen von der Temp. u. der an die Proben angelegten Zugspannung ab. Bei höherer Temp. tritt bei gleichen Zeiten das Maximum bei kleineren Spannungen auf. Es wird gezeigt, daß das Maximum der Kriech-Geschw. durch die Wechselwrkg. der O-Atome mit Versetzungen im Ti-Gitter bedingt wird. Die Konst. der Wechselwrkg.-Energie eines O-Atoms mit einer Versetzung im Ti-Gitter wurde aus den Kriech-Verss. zu $30 \cdot 10^{-20}$ dyn cm² bestimmt. C. Gottfried. 200

Mikrographische Beziehung zwischen dem kaltverformten Zustand eines Aluminiumeinkristalls und dem polygonisierten Zustand nach dem Anlassen. Robert Daumas und Jean Montuelle. (C. R. hebd. Séances Acad. Sci. **249.** 1511—13. 19/10. 1959. Vitry, C.N.R.S., Labor.; franz.) — Eine trapezförmige Al-Einkristallprobe wird in der Längsrichtung einer Zugspannung unterworfen; damit wird erreicht, daß in dieser Richtung der Gradient der Kaltverformung zwischen 0 u. 12% variiert. Nach längerem Anlassen auf 630° zeigen mkr. u. Röntgenaufnahmen, daß die Probe aus 2 Kristallen besteht. Der stark verformte Teil ist zu einem Kristall mit veränderter Orientierung gegenüber der Ursprungsorientierung rekrist., während der weniger verformte Teil polygonisiert ist u. die Ursprungsorientierung behalten hat. Die krit. Verformung, d. h. die Grenze zwischen beiden Kristallen, ist weniger von der Reinheit des Al als vielmehr von der Orientierung u. der Geometrie der Probe abhängig; sie liegt für 1 mm starke Bleche zwischen 7,5 (%) u. 10, für zylindr. Proben (Ø 2 mm) zwischen 8 u. 20. Die größeren Werte werden beobachtet, wenn die Zugrichtung in der Nähe von [0 1 1] liegt, während für Kristalle, bei denen die Zugrichtung in der Symmetriezone (0 0 1)—(1 1 1) liegt, die kleinsten Werte auftreten. Bei einer 5%ig. Verformung wird für keine Orientierung Rekristallisation beobachtet. Die Kristalle sind in regulären Banden polygonisiert, die abwechselnd aus kleinen u. wesentlich größeren Subkörnern bestehen. Bei Kristallen, an denen die Zugrichtung mit der Symmetriezone (0 0 1)—(1 1 1) zusammenfällt, ist die Polygonisierung homogen u. frei von Banden. Auch bei Kristallen, für die die Zugrichtung mit [0 0 1] genau zusammenfällt, tritt keine bevorzugte Orientierung der Subkörner auf. Herbert Müller. 200□

Einfluß der Fassung auf die Zugverformung von kubisch-flächenzentrierten Einkristallen. J. J. Hauser und K. A. Jackson. (Acta metallurg. [New York] **9.** 1—13. Jan. 1961. Cambridge, Mass., Harvard Univ., Gordon McKay Labor.; engl.) — Es wurde experimentell festgestellt, daß Anstieg u. Ausdehnung des Easy-Glide-Bereichs von Einkristallen orientierungsabhängig sind. Die theoret. Unters. ergab, daß der Easy-Glide-Bereich von der Gestalt der Probe, von der Schubspannung im Gleit-Syst., dem Fassungs-Einfl. auf das prim. Gleit-Syst. u. auf die Syst., die mit diesem Cottrell-Lomer-Hindernisse bilden, von der Gitterdrehung, die diese Fassungs-Einfl. ändert, u. vom Fassungs-Einfl., der durch die Gitterdrehung selbst hervorgerufen wird, abhängt. Die Unterss. wurden ausgedehnt auf Einkristalle, die sich in vielen unter gleicher Spannung stehenden Gleit-Syst. verformen. Die Forderung, daß der Fassungs-Einfl. verschwindet, ermöglichte die Best. der Zahl der wirklich betätigten Gleit-Syst. u. führte zu einer qual. Unterscheidung zwischen den verschiedenen Fällen von Vielfachgleitung. C. Gottfried. 200

Absorption und Dispersion von elastischer Energie in Gesteinen. R. J. Donato, P. N. S. O'Brien und M. J. Usher. (Nature [London] **193**. 764—65. 24/2. 1962. Sunbury-on-Thames, Middlesex, Brit. Petroleum Res. Centre; London, Imp. Coll., Dep. of Appl. Geophys.; engl.) — Von 3 Gesteinsproben (Kalkstein, Dolerit u. Kreide) wurden die Q-Werte u. die Young-Moduln in einem größeren Frequenzbereich bestimmt. Die Young-Moduln bleiben im Bereich von 2 Hz bis 90 kHz innerhalb 5% konst. u. die Q-Werte ändern sich über diesen Bereich nur um den Faktor 2. Aus den Ergebnissen wird auf einen nichtlinearen Mechanismus für die Absorption der elast. Energie in Gesteinen geschlossen. Es ist aber auch möglich, daß ein linearer Mechanismus mit einem flachen Spektrum von Relaxationszeiten eine hinreichend kleine Dispersion hervorruft. Ernst Schulte. 200□

A_7. Gleichgewichte. Kinetik

Nichtelektrolytlösungen. Robert L. Scott. (Annu. Rev. physic. Chem. **7**. 43—66. 1956. Los Angeles, Calif., Univ. of California, Dep. of Chem.; engl.) — Fortschrittsbericht (1955). — 154 Literaturangaben. A. Blaschette. 224□

Eine Untersuchung des theoretischen Effekts eines Komplexbildners bei der Gegenstromextraktion. B. C. Cox. (Analytica chim. Acta [Amsterdam] **26**. 197—203. März 1962. Cardiff, Wales, Welsh Coll. of Adv. Technol., Dep. of Chem.; engl.) — Der Wrkg.-Grad der Gegenstromextraktion wurde am Beispiel der stufenweisen Extraktion komplexer Polyhalogenidanionen X_2Y^- aus wss. Lsg. in CCl_4 theoret. untersucht, wobei zur Berechnung des Gleichgewichts in den einzelnen Extraktionsstufen ein elektron. Rechner benutzt wurde. Empir. ergibt sich eine einfache lineare Beziehung zwischen den Variablen. W. Betcke. 224□

Über die Differentialgleichungen der bimolekularen Reaktion 2. Ordnung. Hartmut Ehlich und Max Müller. (S.-B. Heidelberger Akad. Wiss., math.-naturwiss. Kl. **1959**. 187—218. Tübingen; dt.) A. Blaschette. 225□

Bildung, Lebensdauer und Zerfall von OH-Radikalen in strömenden Entladungssystemen. F. Kaufman und F. P. Del Greco. (J. chem. Physics **35**. 1895. Nov. 1961. Aberdeen, Proving Ground, Md., Ballist. Res. Labor.; engl.) — Die Prodd. einer Mikrowellenentladung (800 W bei 2450 MHz) werden durch ein Quarzrohr gepumpt u. die lokalen OH-Konzz. durch Absorption der Q_1-4-Linie der OH-(0.0)-Bande ermittelt; als Lichtquelle dient eine Mikrowellenentladung in H_2O–Ar. Bei Entladungen in reinem H_2O-Dampf oder in Ggw. von He, Ar, H_2 oder N_2 werden nur maximal 0,1 bis 0,3% OH gebildet. O_2 bewirkt zusätzliche OH-Bldg. hinter der Entladungszone ($H + O_2 + M \rightarrow HO_2 + M$, $H + HO_2 \rightarrow H_2O_2^* \rightarrow 2\,OH$). Durch Zusatz von NO_2 wurden größere Mengen OH gemäß $H + NO_2 \rightarrow OH + NO$ gebildet; sie zerfallen nach einer Rk. zweiter Ordnung, wahrscheinlich $2\,OH \rightarrow H_2O + O$, mit k = ca. 10^{-12} cm³·Mol/s. Daß im Vgl. zu H nur geringe Mengen OH bei Entladungen in H_2O entstehen, beruht vielleicht darauf, daß OH erheblich rascher als H_2O dissoziiert u. damit die schnelle Rk. $O + OH \rightarrow O_2 + H$ möglich macht. A. Blaschette. 225□

Reaktion von Stickstoffdioxid mit Wasserstoffatomen. M. A. A. Clyne und B. A. Thrush. (Trans. Faraday Soc. **57**. 2176—87. Dez. 1961. Lensfield, Cambridge, Dep. of Phys. Chem.; engl.) — Vgl. C. **1962**. 11120. — Die schnelle Rk. zwischen NO_2 u. atomarem H wurde bei 293 °K u. 1 Torr Gesamtdruck durch Messung der Intensität der dabei auftretenden roten HNO-Emission verfolgt. H wurde in einer elektrodenlosen Entladung erzeugt u. rein oder mit Ar gemischt eingesetzt. In Abwesenheit von H_2-Moll. verläuft die Rk. stöchiometr. gemäß (1) $H + NO_2 \rightarrow OH + NO$, so daß die Titration mit NO_2 unter der Voraussetzung, daß $[H]/[H_2] > 1/4$, bei Zimmer-Temp. zur Best. der H-Konz. geeignet ist. Die Rk.-Enthalpie beträgt —31 kcal. Die Emission (6400 bis 8000 Å) beruht auf der Rk.-Folge $H + NO + M \rightarrow HNO^* + M$, $HNO^* \rightarrow HNO + h\nu$. In Ggw. von H_2 reagiert ein Teil der bei Rk. (1) in angeregten Schwingungszuständen entstehenden OH-Radikale nach $OH + H_2 \rightarrow H_2O + H$, so daß mehr als ein NO_2-Mol. auf ein ursprünglich vorhandenes H-Atom verbraucht werden. Bei der untersuchten Rk. werden unter gewissen Bedingungen zusätzlich O-Atome (ca. 0,1%) gebildet ($H + OH \rightarrow O + H_2$ bzw. $2\,OH \rightarrow H_2O + O$), die ein schwaches grünes Nachleuchten bewirken ($O + NO + M \rightarrow NO_2^* + M$, $NO_2^* \rightarrow NO_2 + h\nu$). A. Blaschette. 225□

Rekombination von atomarem Sauerstoff an Oberflächen. D. S. Hacker, S. A. Marshall und M. Steinberg. (J. chem. Physics **35.** 1788—92. Nov. 1961. Chicago, Ill., Armour Res. Found.; engl.) — Die Kinetik der Rekombination von O-Atomen im Strömungs-Syst. (Quarzglasrohr) wird bei niedrigem Druck (0,0015—0,0022 atm) in einer App. untersucht, die aus einem Mikrowellengenerator (2450 MHz), einem Spektrometer zur Messung der paramagnet. Resonanzabsorption u. einem isothermen Pt-Draht-Calorimeter besteht. Die örtliche O-Konz. im strömenden Syst. wird aus der paramagnet. Absorption ermittelt. Die O-Atome verschwinden im Rohr nach einer Rk. erster Ordnung bzgl. [O], entsprechend dem Mechanismus $O + O \cdot S \xrightarrow{k_1} O_2 + S$ (S = Oberfläche), $O + O_2 + M \xrightarrow{k_2} O_3 + M$ (M = Inert-Mol.), $O + O_3 \rightarrow 2\,O_2$; k_2 ergibt sich zu $2{,}5 \cdot 10^{14}$ cm^6/Mol$^2 \cdot$s, die Rekombinationsausbeute für Quarz zu $\gamma = 2\,k_1 r/c = 4{,}0 \cdot 10^{-5}$ je Stoß (r = Rohrradius, c = mittlere therm. Geschw. der O-Atome). An Pt-Draht-Detektoren von 200 bzw. 850^0 gehorcht die Rk. ebenfalls einem Gesetz erster Ordnung mit $\gamma = 0{,}01 \pm 0{,}002$ bzw. $0{,}1 \pm 0{,}02$ je Stoß. A. BLASCHETTE. 225□

Kinetik und Mechanismen anorganischer Redoxreaktionen. K. E. Howlett. (Sci. Progr. **49.** 286—99. April 1961. London, Bedford Coll.; engl.) — Kurze Übersicht über neuere Ergebnisse. A. BLASCHETTE. 225□

Polarographische Untersuchung der Hydrolyse von Halogenopentamminchrom(III)-Ionen. Marilyn A. Levine, T. P. Jones, W. E. Harris und W. J. Wallace. (J. Amer. chem. Soc. **83.** 2453—57. 5/6. 1961. Edmonton, Alberta, Univ. of Alberta, Dep. of Chem.; engl.) — Es werden opt. u. polarograph. Eigg. einiger Pentamminchrom(III)-Komplexe beschrieben. In wss. Lsg. besitzen sie nachst. Absorptionsmaxima (mμ): $[Cr(H_2O)(NH_3)_5]^{3+}$ (I) λ_{max} 360 (ε_{max} 29), 479 (34); $[CrCl(NH_3)_5]^{2+}$ (II) 375 (39), 512 (36); $[CrBr(NH_3)_5]^{2+}$ (III) 378 (41), 468 (25), 523 (38); $[CrJ(NH_3)_5]^{2+}$ (IV) 471 (40), 528 (40); $[Cr(OH)(NH_3)_5]^{2+}$ 399 (41), 507 (43). Die Hydrolyse von **II**, **III** u. **IV** zu **I** wurde mit Hilfe polarograph. Meth. in einem weiten pH-Bereich (Puffer-Syst. aus $HClO_4$ u. NH_4-, Anilinium-, Pyridinium-, 2-Aminopyridinium- oder Diäthylammoniumperchlorat) u. bei Cr(III)-Konzz. bis herab zu 10^{-4} m kinet. verfolgt. Die Rk. wird durch die Puffersubstanzen nicht beeinflußt. Bei pH 1—10 ist die Rk.-Geschw. R unabhängig vom pH-Wert u. gehorcht dem Gesetz $R = k_1$ [Komplex] mit k_1 (0,1 m ClO_4^--Lsg.) $= 5{,}6 \cdot 10^{-4}$ (25^0) für **II**, $6{,}2 \cdot 10^{-3}$ (25,3^0) für **III**, $6{,}0 \cdot 10^{-2}$ min^{-1} (25^0) für **IV**; die entsprechenden Aktivierungsenergien betragen 22,4, 21,5 bzw. 21,4 kcal (aus Meßdaten im Bereich 0—60^0, 0—45^0 bzw. 0—25^0), die Frequenzfaktoren $1 \cdot 10^{13}$, $4 \cdot 10^{13}$ bzw. $3 \cdot 10^{14}$ min^{-1}. Unterhalb pH 1 sinkt R merklich ab. Bei pH >11,5 gilt das Gesetz $R = k_b$ [Komplex] [OH^-] mit $k_b = 0{,}11$ (23,3^0), 4,3 (25,3^0) bzw. 220 Liter/Mol$\cdot$min (25^0); die Aktivierungsenergien u. Frequenzfaktoren sind 26,7, 26,3 bzw. 26,8 kcal u. $5 \cdot 10^{17}$, $8 \cdot 10^{18}$ bzw. $2 \cdot 10^{19}$ Liter/Mol$\cdot$min. R ist in allen Fällen unabhängig von der Ausgangs-Konz. an Cr(III).

Versuche: $[Cr(H_2O)(NH_3)_5](NO_3)_3 \cdot NH_4NO_3$ (**V**), aus K–Cr(III)-Sulfat, NH_4OH u. NH_4NO_3 bei 60^0. — $[CrCl(NH_3)_5]Cl_2$ (**VI**), aus **V** in ammoniakal. Lsg. u. überschüssigem konz. wss. HCl. — $[CrBr(NH_3)_5]Br_2$, analog aus HBr. — $[CrJ(NH_3)_5]J_2$, analog aus HJ. — $[CrCl(NH_3)_5](ClO_4)_2$, durch Zugabe von konz. $HClO_4$ zu einer gesätt. Lsg. von **VI** u. Kühlen auf 0^0. A. BLASCHETTE. 225□

Die Säurezersetzung von Tris-[2-pyridinalalkylimin]-eisen(II)-Verbindungen. R. Kent Murmann und Edward A. Healy. (J. Amer. chem. Soc. **83.** 2092—98. 5/5. 1961. Storrs, Conn., Univ. of Connecticut, Chem. Dep.; Columbia, Mo., Univ. of Missouri; engl.) — Die Zers.-Geschw. von Tris-[2-pyridinalalkylimin]-eisen(II)-Komplexen vom Typ $[Fe(Py{-}CH{=}N{-}R)_3]^{2+}$ (**I**; Py = 2-Pyridyl) wurde in saurer Lsg. spektrophotometr. untersucht. Für R = CH_3 (**Ia**), C_2H_5 (**Ib**), n-C_3H_7 (**Ic**), iso-C_3H_7 (**Id**), n-C_4H_9 (**Ie**), 8-Aminochinolinyl (**If**) sowie für $Fe(phen)_3{}^{2+}$ (**II**) u. $Fe(dipy)_3{}^{2+}$ (**III**) erfolgt die Zers. in ca. $5 \cdot 10^{-5}$ m Lsgg. bei [H^+] $>1 \cdot 10^{-3}$ m bis zu 95% ihres Ablaufs nach einer Rk. erster Ordnung bzgl. der Komplex-Konz. (phen = 1.10-Phenanthrolin, dipy = 2.2′-Dipyridil). Im Falle des näher untersuchten Ions **Ic** konnte in verschiedenen Medien (HCl–NaCl, HBr–NaBr, $HClO_4$–$NaClO_4$) keine Bldg. von Bis- oder Monokomplexen als Zwischenprodd. festgestellt werden, d. h. der erste Ligand dissoziiert nicht viel rascher ab als die beiden folgenden. Die Geschw. wird kaum durch geringe Mengen von $[Fe \cdot (Py{-}CH{=}N{-}C_3H_7)_3]^{3+}$, jedoch erheblich durch die Ionenstärke des Mediums beeinflußt (Geschw.-Steigerung in der Reihenfolge $ClO_4^- < Br^- < HSO_4^- < Cl^- < NO_3^-$ bzw. weniger ausgeprägt in der Reihe $Ba^{2+} < Li^+ < Rb^+ < Na^+$). Bzgl. [$H^+$] besitzt die Rk. etwa die Ordnung 0,15. Bei den übrigen Komplexen nimmt die Zers.-Geschw. ebenfalls mit [H^+] zu, wie bereits für **III** bekannt ist. Als Zwischenzustände bei der Zers. im sauren Medium kommen Komplexe mit halbgebundenen (half-bonded) oder protonierten Liganden in Betracht. Eine Hydrolyse der —C=N-Bindung, die bes. wahrscheinlich im Fall von halbgebundenen Liganden sein sollte, ließ sich nicht feststellen; in allen

Fällen erfolgt vor der Hydrolyse der SCHIFFschen Base die vollständige Komplexdissoziation. In konz. H_2SO_4 oder $HClO_4$ entsteht in rascher Rk. aus **I c** ein paramagnet. Prod., dessen Absorptionsspektrum sich von dem einer wss. **I c**-Lsg. unterscheidet. Gleichzeitig nimmt das magnet. Moment Werte an, die nacheinander 0—4 ungepaarten Elektronen entsprechen. Diese Effekte können nicht durch Dissoziation, Oxydation zu Fe(III) bzw. die Existenz halbgebundener Strukturen oder von Mono- oder Biskomplexen gedeutet werden. Als wahrscheinlich erscheint nur eine Assoziation mit H^+ oder H_2SO_4 bzw. $HClO_4$. Beim Verdünnen mit 1m Säure wird der ursprüngliche Komplex **I c** in 95%ig. Ausbeute zurückerhalten, auch in Ggw. von Sn^{2+}, H_3PO_2 oder As^{3+}. Ähnliches Verh. zeigen **I a**, **I b**, **I e**, **I f**, **II**, **III**, $[Fe(2.2'.2''\text{-terpyridin})_3]^{2+}$ u. $[Fe(\text{glyoxaldi-n-butylimin})_3]^{2+}$ in konz. H_2SO_4, $HClO_4$ oder $HClO_4$–CH_3CO_2H. Biskomplexe vom Typ des $[Fe(phen)_2]Cl_2$ werden durch konz. Säuren rasch zersetzt. Auch in verd. Säuren (< 4m) machen einige experimentelle Tatsachen die Bldg. protonierter Prodd. wahrscheinlich: 1. die Löslichkeitsabnahme von $[Fe(dipy)_3](ClO_4)_2$ bei pH 2—3 u. die erhebliche Zunahme der Löslichkeit von $[Fe(Py-CH{=}N-C_3H_7)_3]\cdot(ClO_4)_2$ (**IV**) in > 0,5m Säure; 2. der Verlauf der Titration von **IV** mit $HClO_4$ in Essigsäure. Unter der Annahme, daß die mit dem ursprünglichen Komplex im Gleichgewicht stehenden protonierten Prodd. nach einer Rk. erster Ordnung in die Liganden u. Fe^{2+} dissoziieren, ergibt sich für die beobachtete Geschw.-Konst. k der Ausdruck $k = (k_1 + k_2[H^+]k_3[H^+]^2)/(k_4 + [H^+])$; für **I c** ist $k_1 = 3{,}0\cdot10^{-3}$, $k_2 = 6{,}3\cdot10^{-3}$, $k_3 = 1{,}45\cdot10^{-3}$, $k_4 = 5{,}2\cdot10^{-2}\,\text{min}^{-1}$. Die Aktivierungsenergie E_a für die Zers. von **I c** ist unabhängig vom Gegenanion u. von der Acidität; die beobachteten kinet. Abhängigkeiten beruhen auf Änderungen von ΔS. E_a, ΔH, ΔG u. ΔS für die Zers. von **I c** in saurer Lsg. der Ionenstärke $\mu = 1{,}0$ ergeben sich zu 28,5, 27,9, 22,6 kcal/Mol u. 17,8 Entropieeinheiten. Die Zers.-Geschw. ist abhängig von R (Formel I) u. steigt in der Reihenfolge **I a** < **I b** < **I e** < **I c**. Die Geschw. ist somit umgekehrt proportional zur Basenstärke der Amine. Obwohl für die Komplexe **I** zwei geometr. Isomere möglich sind, konnten sie lediglich (als Gemisch) für $R = -CH(C_6H_5)-CH_3$ erhalten werden. Sie unterscheiden sich erheblich in ihrer Zers.-Geschw.-Konst.: $k = 2{,}05\cdot10^{-3}$ bzw. $3{,}42\cdot10^{-2}\,\text{min}^{-1}$ bei 28° (0,1m HCl; $\mu = 1{,}0$).

Versuche: Komplexe vom Typ $[Fe(PyCH{=}NR)_3](ClO_4)_2$: durch Versetzen von 0,1 Mol Pyridinal-(2) (**V**) in 50 ml Aceton mit 0,09 Mol des geeigneten Amins H_2NR (rein oder in wss. Lsg.), 15 Min. langes Stehenlassen bei 20°, Zufügen von 0,1 Mol $FeCl_2\cdot6\,H_2O$ in 50 ml W., 15 Min. langes Rühren, Filtrieren u. Fällen mit einem geringen Überschuß an 20%ig. wss. $NaClO_4$; dunkle, purpurfarbene Mikrokristalle; Ausbeuten 20—90%. — *$[Fe(PyCH{=}NC_3H_7)_3](ClO_4)_3$*, durch Zufügen von 0,29 g n-Propylamin u. 0,60 g **V** zu 0,5 g $FeSO_4\cdot7\,H_2O$ in 100 ml W., Filtrieren, Behandeln mit überschüssigem Cl_2 bei 0°, Versetzen mit 4 ml 30%ig. wss. $NaClO_4$ u. 2std. Stehenlassen; blaugrüne Kristalle; 60% (Ausbeute). A. BLASCHETTE. 225 □

cis-Dichlorodiamminplatin(II). Säurehydrolyse und Isotopenaustausch der Chloridliganden. John W. Reishus und Don S. Martin jun. (J. Amer. chem. Soc. **83**. 2457—62. 5/6. 1961. Ames, Iowa, Iowa State Univ., Inst. for Atomic Res. and Dep. of Chem.; engl.) — Die Hydrolyse von *cis*-$[PtCl_2(NH_3)_2]$ (**I**) wurde bei der ionalen Stärke 0,318 (Na_2SO_4) durch Titration des sauren Wasserstoffs (ein Proton je H_2O-Ligand) verfolgt. Für **I** + H_2O → *cis*-$[PtCl(H_2O)(NH_3)_2]^+$ (**II**) + Cl^- ergibt sich die Gleichgewichts-Konst. bei 25 bzw. 35° zu $K_1 = 3{,}3\cdot10^{-3}$ bzw. $3{,}9\cdot10^{-3}$ Mol/Liter; für **II** + H_2O → *cis*-$[Pt(H_2O)_2(NH_3)_2]^{2+}$ (**III**) + Cl^- sind die entsprechenden Werte $K_2 = 4\cdot10^{-4}$ bzw. $2\cdot10^{-4}$ Mol/Liter. Für das Geschw.-Gesetz $R_1 = k_1[I]$ der ersten Hydrolysestufe ist $k_1 = 2{,}5\cdot10^{-5}$ (25°) bzw. $7{,}6\cdot10^{-5}\,s^{-1}$ (35°), entsprechend $\Delta H = 19{,}7$ kcal, $\Delta S = -14$ Entropieeinheiten. Der Isotopenaustausch der Chloridliganden wurde durch Zusatz von $^{36}Cl^-$ zu frischen u. gealterten **I**-Lsgg. u. Trennung des komplexierten vom freien Cl^- mit Hilfe von Ionenaustauschern untersucht. Der direkte Austausch zwischen **I** u. Cl^- ist unerheblich, der beobachtete Effekt beruht im wesentlichen auf dem Gleichgewicht **I** + $H_2O \rightleftharpoons$ **II** + Cl^-. Die Geschw. des Austauschs zwischen **II** u. Cl^- ist unabhängig von $[Cl^-]$ u. wird durch die Geschw.-Konst. $k' = 3{,}3\cdot10^{-5}$ (25°) bzw. $10{,}4\cdot10^{-5}\,s^{-1}$ (35°) gek.; hieraus folgt $\Delta H = 20{,}3$ kcal, $\Delta S = -11$ Entropieeinheiten. Bei diesem Vorgang ist somit ebenfalls das Hydrolysegleichgewicht **II** + $H_2O \rightleftharpoons$ **III** + Cl^- maßgebend. A. BLASCHETTE. 225 □

Kinetik von Liganden-Austauschreaktionen an Nickel(II): Cyanid- und Äthylendiamintetraacetat-Ion. D. W. Margerum, T. J. Bydalek und John J. Bishop (J. Amer. chem. Soc. **83**. 1791—95. 20/4. 1961. Lafayette, Ind., Purdue Univ.; engl.) — Die Rk. NiY^{2-} (**I**) + $4\,CN^- \rightleftharpoons Ni(CN)_4^{2-}$ (**II**) + Y^{4-} (Y^{4-} = EDTA-Anion) wurde spektrophotometr. bei 275—285 mμ untersucht. Hiernach entstehen in diesem Syst. gemischte Komplexe der Zus. $NiY(CN)^{3-}$ (**III**) u. $NiY(CN)_2^{4-}$ (**IV**). Die Stabilitäts-Konst. von II beträgt (2,6 ± 0,2)·10^{-4} (25°, Ionenstärke μ = 0,11, [OH^-] = 1,10·10^{-3}m) bzw. (1,7 ± 0,3)·10^{-4} (25°, μ = 1,01, [OH^-] = 2,90·10^{-3}m). Es gilt das Zeitgesetz d[II]/dt = k_f[III]·[CN^-]^2. k_f besitzt bei μ = 0,11 Werte um 2,3·10^2 bis 2,5·10^2, bei μ = 1,01 ca. 1,8·10^3; es wird durch Änderungen der OH^--Konz. (korr. bzgl. der Hydrolyse der CN^--Ionen) nur wenig beeinflußt. Aus der Temp.-Abhängigkeit (10—40°) bei μ = 0,11 ergibt sich E_a = 5,94 kcal/Mol, ΔH^* = 5,35 kcal/Mol, ΔS^* = −37,8 Entropieeinheiten. Bei der Rk. von II mit überschüssigem Y^{4-} wird die Bldg. eines zusätzlichen Komplexes in geringer Menge beobachtet, wahrscheinlich $NiY(CN)_3^{5-}$ (V). Für II ergibt sich bei μ = 1,01 eine Instabilitäts-Konst. von 3,0·10^{-32}. Der Übergang vom paramagnet., oktaedr. Komplex I zum diamagnet., planaren Komplex II wird kinet. durch die Koordinierung von drei CN^--Gruppen um das Ni-Ion u. nicht durch die Aufspaltung des EDTA-Chelats bestimmt: I + CN^- ⇌ III (schnell), III + CN^- ⇌ IV (schnell), IV (paramagnet.) + CN^- ⇌ V (diamagnet.; langsame Rk.), V + CN^- ⇌ II + Y^{4-} (schnell). Für III u. IV werden Strukturen vorgeschlagen. A. BLASCHETTE. 225□

Oxydation von Eisen(II)-ionen in saurer Lösung durch Polonium-α-Strahlung. Marc Lefort. (C. R. hebd. Séances Acad. Sci. **245.** 1623—26. 4/11. 1957; franz.) — In 5·10^{-3}m $FeSO_4$-Lsgg. in 0,8n H_2SO_4, die 350—2500 μc/cm³ Po enthielten, wurden die Fe^{2+}-Ionen in Ggw. von Luft mit einer Ausbeute von G = 5,6 ± 0,1, in Abwesenheit von Luft mit G = 3,65 ± 0,1 zu Fe^{3+} oxydiert. In 2·10^{-5}m Lsg. sinkt die Ausbeute im Vakuum bei hohen Intensitäten auf 0,95. Hieraus ergibt sich die prim. H_2O_2-Ausbeute zu $G_p(H_2O_2)$ = 1,35, die Ausbeute an freien OH-Radikalen zu G(OH) = 0,95. Weiter folgt $G(H_2O_2)$ = $G_p(H_2O_2)$ − ½ G(OH) = 0,9 ± 0,05; $G(H_2)$ = 1,8 ± 0,1; $G(O_2)$ = 0,42 ± 0,05. A. BLASCHETTE. 226□

Neue Beweise für die Fällung von metallischem Lithium in mit thermischen Neutronen bestrahlten Lithiumsalzen. Marianne Lambert, Pierre Berge, Charles Mazières und André Guinier. (C. R. hebd. Séances Acad. Sci. **249.** 2054—56. 16/11. 1959; franz.) — Kristalle von *LiF* bzw. von in einer evakuierten Quarzampulle befindlichem *LiH* werden mit 6·10^{18} bzw. 2·10^{18} therm. Neutronen/cm² bestrahlt u. nach der Bestrahlung mit Hilfe der Mikro-DTA untersucht. Während bei LiF zwischen 170 u. 200° zwei Temp.-Spitzen auftreten, fallen diese bei erneuter Abkühlung zu einer scharfen Spitze zusammen. Aus röntgenograph. Unterss. folgt, daß bei der Bestrahlung metall., kub. flächenzentriertes Li gebildet wird, das sich in der Nähe des F. in die normale kub. raumzentrierte Form umwandelt. Bei bestrahltem LiH wird nur eine scharfe Temp.-Spitze beobachtet, da während der Bestrahlung offenbar der F. von Li überschritten wurde u. nur die kub. raumzentrierte Form auftreten konnte. Bei der Bestrahlung von LiH werden 1,6% des H_2 freigesetzt; der T-Geh. des entwickelten u. des in LiH zurückbleibenden H_2 zeigt, daß vollständiger Isotopenaustausch stattgefunden hat. HERBERT MÜLLER. 226□

Einfluß der Verschiebung des chemischen Elektronenpotentials auf die Aktivität von Halbleiter-Katalysatoren. G. K. Boresskow. (Доклады Академии Наук СССР [Ber. Akad. Wiss. UdSSR] **127.** 591—94. 21/7. 1959. Physik.-chem. Karpow-Forsch.-Inst.; russ.) — Der Einfl. der Verschiebung des chem. Potentials von Elektronen auf die Aktivität eines Halbleiterkatalysators wird in Gleichungen behandelt. Beim Gleichgewichtszustand gehen die Geschw. der Adsorption u. der Desorption für geringe Oberflächenbedeckung (OB) durch ein Maximum, wenn die Austrittsarbeit φ des Elektrons, die durch die Lage des chem. Potentialniveaus bestimmt ist, zunimmt. Bei großem OB-Grad ergibt sich eine Abnahme der Geschw. mit zunehmendem φ. R. K. MÜLLER. 227□

A_8: Präparative anorganische Chemie. Komplexverbindungen. Metallorganische Verbindungen

Beiträge zur Chemie des Bors. 6. Mitt. **Über Subverbindungen des Bors. Hypoborsäuretetrakis-[dialkylamide] und Hypoborsäureester.** Heinrich Nöth und Werner Meister. (Chem. Ber. **94.** 509—14. 1961. München, Univ., Inst. für Anorg. Chem.; dt.) — 5. vgl. C. **1960.** 14671. — *Hypoborsäuretetrakis-[dimethylamid]* (I) u. *-tetrakis-[diäthylamid]* werden durch Red. der entsprechenden Bis-[dialkylamino]-borchloride mit K–Na-Leg. dargestellt. Die Verbb. hydrolysieren mit W. langsam zu Hypoborsäure u. Dialkylamin; bei A.- oder Säurezusatz verläuft die Hydrolyse rascher. *Hypoborsäuremethyl-, -äthyl-, -propyl-* u. *n-butylester* werden durch Alkoholyse von I erhalten.

Versuche: *Hypoborsäuretetrakis-[dimethylamid]* (I), $C_8H_{24}B_2N_4$, F. −33°, $Kp._{0,05}$ 42,5°, aus K–Na-Leg. in PAe. u. Bis-[dimethylamino]-borchlorid (langsam zutropfen) im

Eisbad, Erhitzen am Rückfluß unter N_2 bis Lsg. chloridfrei, Abdestillieren des Lsgm. u. Fraktionieren; n_D^{21} 1,4679; $D._4^{22}$ 0,8541; 40—60% (Ausbeute). — *Hypoborsäuretetrakis-[diäthylamid]*, $C_{16}H_{40}B_2N_4$, F. ca. —65°, Kp.$_{0,1}$ 84°; analog I aus Bis-[diäthylamino]-borchlorid oder durch Red. mit K in Bzl.; n_D^{21} 1,4603, $D._4^{22}$ 0,8564; 48%. — *Hypoborsäuremethylester* (II), $C_4H_{12}B_2O_4$, Kp.$_{25}$ 46—47° a) aus Dimethoxyborchlorid u. K in Ae. (langsames Zutropfen, Kühlung) Abdestillieren des Borsäuremethylesters, Hochvakuum-Dest. des Rückstandes in eine Vorlage von —35°; b) aus I u. Methanol in PAe., Trennung durch Ölbad-Dest. (<80°) u. Vakuum-Dest.; n_D^{20} 1,4075; 77%. — *Hypoborsäureäthylester*, $C_8H_{20}B_2O_4$, Kp.$_{0,2}$ 30—33°, aus I u. A.; n_D^{20} 1,4058; 81%. — *Hypoborsäurepropylester*, $C_{12}H_{28}B_2O_4$, Kp.$_{0,05}$ 55°, Kp.$_{1,5}$ 72—76°, aus Dipropoxyborchlorid u. K. — *Hypoborsäure-n-butylester*, $C_{16}H_{36}B_2O_4$, Kp.$_{0,03}$ 96°; aus I u. n-Butanol; n_D^{20} 1,4014; 86%. — *Hypoborsäure*, $B_2(OH)_4$, F. >290°, durch Hydrolyse der Hypoborsäureester oder von I; rein weiß, stark reduzierend. H.-J. HARTMANN. 258□

Beiträge zur Chemie des Bors. 8. Mitt. **Über die Einwirkung von Schwefel auf Alkaliboranate.** H. Nöth und G. Mikulaschek. (Z. anorg. allg. Chem. **311.** 241—48. Aug. 1961; dt.) — 6. vgl. vorst. Ref.; 7. vgl. C. **1961.** 16771. — S_8 bildet mit $LiBH_4$ in Ae. eine gelbliche, unterhalb 0° beständige Lsg., die bei hydrolyt. Zers. 3 Mol H_2 je Mol B entwickelt. Bei 20° erfolgt spontane H_2-Bldg., Abscheidung von Li_2S u. Trennung in zwei Phasen. Als prim. Schritt wird ein nucleophiler Angriff des S_8 unter Ringspaltung u. Kettenabbau gemäß $S_8 + BH_4^- \rightarrow HS{-}S_6{-}S{-}BH_3^-$ (I), I + $BH_4^- \rightarrow HS{-}S_5{-}BH_3^-$ + $[HSBH_3]^-$ usw. angesehen. Das Li-Thioloboranat zerfällt weiter nach $LiBH_3SH \rightarrow LiBH_2S$ (II) + H_2, 2 II $\rightarrow Li_2S + S(BH_2)_2$ (Diborylsulfan), II + $S(BH_2)_2 \rightarrow$ *$Li[B_3S_2H_6]$* (III). III ist in der schweren Schicht des zweiphasigen Syst. als Ae.-Additions-Verb. enthalten. Es reagiert mit $(C_2H_5)_3N$ unter Abspaltung von BH_3-Gruppen zu N-Triäthylborazan, entsprechend der Struktur $Li[H_3B{-}S{-}BH{-}BH_2]$ mit zwei H-Brückenbindungen. In Abwesenheit eines Lsgm. reagieren Schwefel u. $LiBH_4$ nach $LiBH_4 + 4\,S \rightarrow LiBS_2 + 2\,H_2S$ (200°), $LiBH_4 + 2\,S \rightarrow LiBS_2 + 2\,H_2$, $LiBH_4 \rightarrow LiH + B + 1{,}5\,H_2$ (bei S-Unterschuß). Aus dem Rk.-Prod. läßt sich im Vakuum bis zu 300° kein B_2S_3 absublimieren. $NaBH_4$ u. KBH_4 reagieren bei 250—280° in stark exothermer Rk. einheitlich nach $MeBH_4 + 2\,S \rightarrow MeBS_2 + 2\,H_2$ zu *Metathioboraten*, die mit W. rasch unter H_2S-Entw. hydrolysieren, von $(C_2H_5)_2NH$ oder sd. $C_2H_5NH_2$ jedoch nur langsam solvolysiert werden.

Versuche: *$NaBS_2$*, aus 3,225 g S_8 u. 0,704 g $NaBH_4$ durch Erhitzen auf 250° (N_2), nach Abklingen der Rk. auf 300° (½ Std.), Extrahieren mit CS_2; hellgelbes Pulver; 1,52 g (Ausbeute). — *KBS_2*, analog aus 251,5 mg S_8 u. 186,5 mg KBH_4 bei 350°; goldgelb. A. BLASCHETTE. 258□

Beiträge zur Chemie des Bors. 10. Mitt. **Darstellung von Bor–Stickstoff-Verbindungen durch Umamidierung.** Heinrich Nöth. (Z. Naturforsch. **16b.** 470—71. Juli 1961; dt.) — 8. vgl. vorst. Ref.; 9. vgl. C. **1961.** 16771. — Borazene werden durch Amine gemäß $R_2B = NR_2' + HNR_2'' \rightleftharpoons R_2B = NR_2'' + HNR_2'$ umamidiert. Zur Verschiebung des Gleichgewichtes muß überschüssiges HNR_2'' eingesetzt oder HNR_2' laufend abdestilliert werden. Aus ster. Gründen nimmt die Reaktivität gegenüber einem bestimmten Amin in der Reihe $R_2BNR_2' > RB(NR_2')_2 > B(NR_2')_3$ ab; außerdem reagieren Borazene umso träger, je länger u. verzweigter R, R′ u. R″ sind. Die Rk. $(C_4H_9)_2BN(CH_3)_2 + NH_3 \rightleftharpoons (C_4H_9)_2BNH_2 + HN(CH_3)_2$ verläuft bei 30—40° mit überschüssigem NH_3 von links nach rechts, bei 70—100° mit überschüssigem Amin von rechts nach links. Auch Borazole sind der Umamidierung zugänglich.

Versuche: Aus $(CH_3)_2BN(CH_3)_2$ u. überschüssigem HNR″ wurden erhalten: *$(CH_3)_2BN(C_2H_5)_2$*, Kp.$_{712}$ 90—92°, 86% (Ausbeute); *$(CH_3)_2BNH(C_4H_9)$*, Kp.$_{722}$ 114°, 95%; *$(CH_3)_2BN(C_4H_9)_2$*, Kp.$_{10}$ 68°, 87%; *$(CH_3)_2BNH(C_6H_5)$*, Kp.$_{12}$ 77°, 72%; *$(CH_3)_2 \cdot BNHCH_2CH_2NH_2$*, Kp.$_{20}$ 28—30°; 69%; *$(CH_3)_2BNHCH_2CH_2NH \cdot B(CH_3)_2$*, Kp.$_{22}$ 25 bis 27°, 85%. — *B-Methyl-1-bora-2.5-diazacyclopentan*, $CH_3B[NHCH_2]_2$, Kp.$_{718}$ 102°, aus $CH_3B[N(CH_3)_2]_2$ u. $H_2NCH_2CH_2NH_2$ (1:1) bei 110°; 22% neben Polymerprodukten. — *B-Triphenyl-N-trimethylborazol*, F. 268°, aus $C_6H_5B[N(CH_3)_2]_2$ u. H_2NCH_3 bei 200°; 78%. — *Hexaphenylborazol*, F. 407°, aus B-Triphenylborazol u. 3 Mol Anilin bei 350°; 73%. A. BLASCHETTE. 258□

Beiträge zur Chemie des Bors. 11. Mitt. **Hydrazinoborane.** Heinrich Nöth. (Z. Naturforsch. **16b.** 471—72. Juli 1961; dt.) — 10. vgl. vorst. Referat. — *Hydrazino-N.N′-bis-[dialkylborane]*, $R_2BNHNHBR_2$ (I) sind auf nachst. Wegen zugänglich: 1. Aus $(R_2BH)_2$ u. N_2H_4 bei 100—150° (60—90% Ausbeute); 2. aus BR_3 u. N_2H_4; die hierbei zunächst gebildeten Additions-Verbb. $N_2H_4 \cdot BR_3$ zersetzen sich beim Erhitzen mit 1 Mol BR_3 oberhalb 170° in H_2, Alken, Alkan u. I; 3. durch Umamidierung gemäß $2\,R_2BNR_2'$ (II) + $N_2H_4 \rightleftharpoons$ I + $2\,HNR_2'$ (95—100%); 4. durch therm. Zers. von R_2BNHNH_2 unter Austritt von N_2H_4; lediglich *$(C_6H_5)_2BNHNH_2$*, F. 147°, ist therm. stabil. Die Verbb. I lösen sich in Bzl. monomer (außer R = CH_3). — $(C_4H_9)_2BCl$ reagiert mit $H_2NN(CH_3)_2$ glatt zu $(C_4H_9)_2BNHN(CH_3)_2$, mit N_2H_4 bei 0° in Ae. jedoch zu salzartigem $[(C_4H_9)_2B(N_2H_4)_2]Cl$. *Hydrazinodialkylborane*, R_2BNHNH_2, werden aus **I** oder **III** u. N_2H_4 (1:1) erhalten. Bei Umsetzung von **II** mit H_2NNHR oder H_2NNR_2 werden *N-Alkylhydrazino-N'-dialkylborane* als in Bzl. monomere, hydrolyse- u. O_2-empfindliche Verbb. erhalten. Auch $RB[N(CH_3)_2]_2$ u. $B[N(CH_3)_2]_3$ (**III**) reagieren mit Hydrazinen zu Hydrazinoboranen. Aus **III** u. N_2H_4 entsteht bei 100—200° polymeres, kristallines $B_2(NHNH)_3$.

Versuche: $(CH_3)_2BNHNHB(CH_3)_2$, Kp. 95—97°. — $(C_2H_5)_2BNHNHB(C_2H_5)_2$, $Kp._{15}$ 77°. — $(C_3H_7)_2BNHNHB(C_3H_7)_2$, $Kp._{12}$ 122°. — $(C_4H_9)_2BNHNHB(C_4H_9)_2$, $Kp._{0,5}$ 118°. — $(CH_3)_2BNHNH(CH_3)$, Kp. 53—55°. — $(CH_3)_2BNHNH(C_6H_5)$, $Kp._{11}$ 101°. — $(C_3H_7)_2BNHNH(C_6H_5)$, $Kp._6$ 135°. — $(C_4H_9)_2BNHNH(C_6H_5)$, $Kp._1$ 144°. — $(C_4H_9)_2 \cdot BNHN(CH_3)_2$, $Kp._2$ 47°. A. BLASCHETTE. 258□

Beiträge zur Chemie des Bors. 12. Mitt. **Über eine neue Methode zur Darstellung von Bor-Phosphor-Verbindungen.** Heinrich Nöth und Wolfgang Schrägle. (Z. Naturforsch. **16 b.** 473—74. Juli 1961; dt.) — 11. vgl. vorst. Referat. — Bor-Verbb. BX_3 (X = H, CH_3, F, Cl, Br) lagern sich leicht an Trimethylsilylphosphane unter Bldg. von $[(CH_3)_3Si]_{3-n}PR_n \cdot BX_3$ an. Diese Addukte zersetzen sich beim Erhitzen unter Abspaltung von (3—n) Mol $(CH_3)_3SiX$ u. Bldg. von $R_nP\text{–}BX_n$, eine Rk., die sich zur Darst. von Dialkylphosphinoboranen (n = 2), polymeren B–P-Verbb. (n = 1) u. Borphosphid (n = 0) eignet. Silylphosphoniumsalze vom Typ $[(R_3Si)_3PR]J$ u. $[(R_3Si)_3PH]X$ sind bei Zimmer-Temp. anscheinend nicht existenzfähig; so reagiert $[(CH_3)_3Si]_3P$ mit CH_3J rasch zu $(CH_3)_3SiJ$ u. $[(CH_3)_4P]J$, mit HCl ebenfalls unter Spaltung der Si–P-Bindung.

Versuche: $(CH_3)_3SiP(C_4H_9)_2 \cdot BBr_3$ (**I**), durch Eintropfen von 1 Mol $(CH_3)_3SiP \cdot (C_4H_9)_2$, $Kp._{10}$ 106°, in 1 Mol BBr_3 bei —40°. — $(C_4H_9)_2PBBr_2$, F. 111—113°, $Kp._{0,001}$ 185°, aus **I** in 3 Std. bei 105—110°; in Bzl. dimer; hydrolysebeständig. — $(CH_3)_3SiP \cdot (CH_3)_2 \cdot BH_3$ (**II**), aus $(CH_3)_3SiP(CH_3)_2$ (**III**) u. B_2H_6 (2:1). — $[(CH_3)_2PBH_2]_3$, F. 87°, aus **II** in 5 Std. bei 150°; 85% (Ausbeute). — $[(C_3H_7)_2BP(CH_3)_2]_3$, $Kp._2$ 165—167°, aus **III** u. $(C_3H_7)_2BCl$ bei 140°. — $[(CH_3)_3Si]_2P(C_6H_5) \cdot B(C_6H_5)Cl_2$ (**IV**), F. 74° (Zers.), aus den Komponenten 1:1) in PAe.; unlösl. in PAe.; spaltet bei 20° langsam $(CH_3)_3SiCl$ ab. — $[(C_6H_5)PB(C_6H_5)]_n$, (aus **IV** bei 200°; gelbliches kristallines Pulver. — $[(CH_3)_3Si]_3P \cdot B(CH_3)_3$, aus $[(CH_3)_3Si]_3P$ (**V**) u. $B(CH_3)_3$; beständig bei —78°, zerfällt oberhalb dieser Temp. in die Komponenten. — $[(CH_3)_3Si]_3P \cdot BH_3$ (**VI**), aus **V** u. B_2H_6. — $[(CH_3)_3 \cdot SiPBH]_n$, aus **VI** bei 200°; gelbbraun. — BP, aus **V** u. BF_3 bzw. BCl_3 (1:1) in 6 Std. bei 120° bzw. >120°; braun, sehr reaktionsfähig. — $[(CH_3)_3Si]_3P \cdot B(C_6H_5)Cl_2$ (**VII**), aus den Komponenten; glänzende Blättchen. — $[(CH_3)_3SiPB(C_6H_5)]_n$, aus **VII** in 3 Std. bei 150°; gelbes Pulver. — $[(CH_3)_3SiP]_n$, aus **V** u. J_2 bzw. Br_2 (1:1) in Bzl.; orangerote Blättchen, unlösl. in allen protoneninakt. Lösungsmitteln. A. BLASCHETTE. 258□

Beiträge zur Chemie des Bors. 13. Mitt. **Zur Spaltung der Si–N-Bindung durch lewisacide Bor-Verbindungen.** Heinrich Nöth. (Z. Naturforsch. **16b.** 618—20. Sept. 1961; dt.) — 12. vgl. vorst. Referat. — Die Spaltung der Si—N-Bindung in Aminosilanen durch B-Verbb. R_nBX_{3-n} (X = H, F, Cl, Br, J) nach $\equiv Si{-}N\langle + X{-}B\langle \rightarrow \equiv Si{-}X + \rangle B{-}N\langle$ führt unter Eliminierung von Silan $\equiv Si{-}X$ zu B—N-Verbindungen.

Versuche: $(CH_3)_2NBCl_2$, $Kp._{80}$ 44—46°, aus $(CH_3)_3SiN(CH_3)_2$ (**I**) u. BCl_3 im Mol-Verhältnis 1:1 bei 20°; 85—90% (Ausbeute). — $[(CH_3)_2N]_2BCl$, $Kp._{12}$ 43°, aus **I** u. BCl_3 (2:1); 87%. — $[(CH_3)_2N]_3B$, aus BCl_3 u. überschüssigem **I** bei 120—150°. — $(CH_3)_2NBBr_2$, (2:1); $Kp._1$ 49—51°, aus **I** u. BBr_3 (1:1). — $[(CH_3)_2N]_2BBr$, $Kp._3$ 36—38°, aus **I** u. BBr_3 (2:1). — $(CH_3)_2NB(C_3H_7)_2$, $Kp._{12}$ 57—59°, aus **I** u. $(C_3H_7)_2BCl$; > 95%. — $(CH_3)_2NB(C_4H_9)_2$, $Kp._{10}$ 78—80°, aus **I** u. $(C_4H_9)_2BCl$; >95%. — $[(CH_3)_3SiN(CH_3)_2] \cdot BH_3$, F. 102—105° (Zers.), aus **I** u. B_2H_6; zersetzt sich bei 140° in $(CH_3)_3SiH$, $(CH_3)_2NB_2H_5$ (**II**), $[(CH_3)_2 \cdot NBH_2]_2$ (**III**) u. $[(CH_3)_2N]_2BH$ (**IV**). — $(CH_3)_2HSiN(CH_3)_2 \cdot BH_3$, F. 75—79°, aus $(CH_3)_2Si \cdot [N(CH_3)_2]Cl$ u. $LiBH_4$ in Ae.; zersetzt sich zu $(CH_3)_2SiH_2$ (85%), **II**, **III** u. **IV**. — $(ClBNH)_3$, F. 83—84°, aus $[(CH_3)_3Si]_2NH$ (**V**) u. BCl_3 (1:1); 30%. — $(BrBNH)_3$, F. 131°, aus **V** u. BBr_3; 48%. — $(JBNH)_3$, F. 134°, aus **V** u. BJ_3. — $[(CH_3)_3Si]_2NH \cdot BF_3$, aus **V** u. BF_3 bei —60° bis —30°; Nadeln; zersetzt sich unter $(CH_3)_3SiF$-Abspaltung bei 0—20° zu $(CH_3)_3 \cdot SiNHBF_2$, bei 200° zu polymerem $(HNBF)_n$. — $[(CH_3)_3Si]_2NH \cdot BH_3$ (**VI**), F. 50—51° (Zers.), aus **V** u. B_2H_6 (2:1). — $[(CH_3)_3SiNBH]_3$, $Kp._{0,95}$ 104°, aus **VI** in 6 Std. bei 120° im Einschlußrohr; ölig, hydrolysiert nur langsam. — B-Triorganylborazole, $(RBNH)_3$, aus **V** u. $RBCl_2$ (1:1): $R = CH_3$, F. 29—31°, $Kp._{720}$ 118—120°, 73%; C_3H_7, $Kp._{15}$ 117 bis 118°, 87%; n-C_4H_9, $Kp._5$ 124—126°, 95%; tert.-C_4H_9, F. 32°, $Kp._1$ 90—91°, 91%; C_6H_5, F. 181—183°, 86%. — $(CH_3)_3SiNHB(C_3H_7)_2$ (**VII**), $Kp._9$ 70—71°, aus $(C_3H_7)_2BCl$ (**VIII**)

u. **V** (1:1); quant.; ölige Fl., luft- u. feuchtigkeitsempfindlich. — $(C_3H_7)_2BNHB(C_3H_7)_2$ (**IX**), Kp.$_3$ 80—84°, aus **VII** u. **VIII** bzw. aus **V** u. **VIII** (1:2); oxydations- u. hydrolyseempfindlich. — $(CH_3)_3SiNHB(C_4H_9)_2$, Kp.$_{15}$ 104—106°, analog **VII**. — $(C_4H_9)_2BNHB \cdot (C_4H_9)_2$, Kp.$_{0,001}$ 75—78°, analog **IX**. — $(CH_3)_2B-[NH-Si(CH_3)_2-]_3Cl$, Kp.$_1$ 125—130°, aus Hexamethylcyclotrisilazan (**X**) u. **VIII** (1:1); ölig. — $(C_3H_7)_2BNHSi(CH_3)_2Cl$, Kp.$_1$ 77—79°, aus **X** u. **VIII** (1:3). A. BLASCHETTE. 258□

Zur Kenntnis eines Arsenmethylimids $As_4(NCH_3)_6$. H. Nöth und H. J. Vetter. (Naturwissenschaften **48**. 553. 2. Aug.-H. 1961; dt.) — Vgl. vorst. Reff.; vgl. auch C. **1962**. 53. — *Tetraarsenhexakis-[methylimid]*, $As_4(NCH_3)_6$ (I), F. 122—125°, Molgew. 462—468 (kryoskop. in Bzl.), entsteht nach 4 $AsCl_3$ + 18 CH_3NH_2 → I + 12 $[CH_3NH_3]Cl$ in Ae. (Ausbeute 60%). Es ist im Hochvakuum sublimierbar u. besitzt auf Grund von IR- u. DEBYE-SCHERRER-Aufnahmen eine urotropinähnliche Struktur [achtgliedriger Ring aus je vier As- u. N-Atomen, zwei As–N(CH_3)–As-Brücken]. I ist lösl. in Bzl. u. Toluol u. wird durch W., Säuren u. protonenakt. Lsgm. angegriffen. In Bzl. reagiert es mit überschüssigem CH_3J (1:15) in 48 Std. zu $[(CH_3)_4N]J$ u. *Tetraarsenpentakis-[methylimid]-dijodid* (II), $As_4(NCH_3)_5J_2$, F. 162°, goldgelbe Kristalle (Bzl./PAe.). II leitet sich von I durch Abspaltung einer CH_3N-Gruppe u. Absättigung der beiden freien As-Valenzen durch J ab. $P_4(NCH_3)_6$ liefert mit CH_3J ein 1:1-Addukt, $P[N(CH_3)_2]_3$ ein Phosphoniumsalz $\{CH_3P \cdot [N(CH_3)_2]_3\}J$; hingegen wird die As—N-Bindung in $As[N(CH_3)_2]_3$ durch CH_3J gespalten. A. BLASCHETTE. 265□

Untersuchung metastabiler Gleichgewichte und fester Phasen im System $CaCO_3$–$MgCO_3$–H_2O. O. K. Janatjewa und I. Ss. Rassonskaja. (Журнал Неорганической Химии [J. anorg. Chem.] **6**. 1424—30. Juni 1961; russ.) — Vff. untersuchen die Löslichkeitsgleichgewichte in den Syst. $MgCO_3$–H_2O zwischen 0 u. 54° u. $MgCO_3$–$CaCO_3$–H_2O zwischen 0 u. 90° jeweils bei p_{CO_2} ca. 1 atm. Die Löslichkeiten für $Mg(HCO_3)_2$ u. $Ca(HCO_3)_2$ in mMol/1000 g Lsg., die Dichten der Lsgg. u. die Zus. der festen Phasen sind angegeben. Es treten auf: $MgCO_3 \cdot 3\,H_2O$, $MgCO_3 \cdot 5\,H_2O$, $4\,MgCO_3 \cdot Mg(OH)_2 \cdot 4\,H_2O$ sowie $CaCO_3$. Es findet keine Bldg. chem. Verb. noch die Ausscheidung von Magnesit statt. Von den festen Phasen werden Mikrophotographien angegeben. D. HOENE. 283□

Stabilitätsbeziehungen von Grossular und Hydrogrossular bei hohen Temperaturen und Drücken. Carl W. F. T. Pistorius und George C. Kennedy. (Amer. J. Sci. **258**. 247—57. April 1960. Los Angeles, Calif., Univ. of California, Inst. of Geophys.; engl.) — Die Gleichgewichtsbeziehungen zwischen Hydrogrossular/Quarz u. Anorthit/Wollastonit/W. wurden bis zu 15500 bar u. 810° unter Verw. einer einfachen Hochdruckpresse bestimmt. Es besteht eine fortlaufende Serie fester Lsgg. von Grossularit $3\,CaO \cdot Al_2O_3 \cdot 3\,SiO_2$ über Hydrogrossular zu Hibschit $3\,CaO \cdot Al_2O_3 \cdot 2\,SiO_2 \cdot 2\,H_2O$. Die Zus. von Hydrogrossular im Gleichgewicht mit Quarz wurde oberhalb 500° lediglich durch die Temp. bestimmt. Grossular ist in Anwesenheit von Quarz oberhalb 780° u. 15 kbar H_2O-Druck stabil. Die thermochem. u. Röntgendaten sind tabelliert. E. SCHULTE. 294□

Wechselbeziehungen zwischen den Sulfaten von Alkalimetallen und Thallium in Schmelzen. 1. Mitt. **Ternäres System aus Lithium-, Kalium- und Thalliumsulfat.** Je. K. Akopow und A. G. Bergman. (Журнал Неорганической Химии [J. anorg. Chem.] **2**. 193—200. Jan. 1957. Kuban, Landwirtsch. Inst., Lehrst. für org., phys. u. Kolloidchem.; russ.) — Nach der visuell-polytherm. Meth. wurde das Liquidusdiagramm des tern. Syst. Li_2SO_4 (I)–K_2SO_4 (II)–Tl_2SO_4 (III) untersucht. Die Existenz einer unter Zers. schmelzenden Verb. $2\,Li_2SO_4 \cdot K_2SO_4$ (**IV**) wird bestätigt. Die Ggw. von **III** in der Schmelze von **I** u. **II** fördert die Bldg. von **IV**. Die Verbb. $Li_2SO_4 \cdot K_2SO_4$ (**V**) u. $Li_2SO_4 \cdot Tl_2SO_4$ (**VI**) bilden eine lückenlose Reihe fester Lsgg. ohne Extrema aus. Die Kristallisationsfläche des Syst. besteht aus folgenden 5 Grundfeldern **I, II, III, IV** u. festen Lsgg. $(Li, K, Tl)_2SO_4$, die in 2 nonvarianten tern. Punkten zusammentreffen; einem eutekt. bei 497° u. 22,5 (Gew.-%) **I**, 2 **II**, 75,5 **III** sowie einem Tripelpunkt bei 516° u. 76 **I**, 5 **II**, 19 **III**. Das Syst. besitzt einen triangulären Schnitt, der von den Feldern der Verbb. **V** u. **VI** ausgeht u. das Syst. in ein Phasendreieck u. ein Trapez mit dem eutekt. Punkt teilt. In topolog. Beziehung besitzt das untersuchte Diagramm kein Analogon u. stellt einen Sonderfall dar. U.-L. RAU. 297□

Experimentelle und berechnete Löslichkeitsisotherme (25°) des Systems K_2MoO_4–K_2SO_4–H_2O. F. M. Perelman und S. G. Karow. (Журнал Неорганической Химии [J. anorg. Chem.] **6**. 1431—35. Juni 1961. Kabardin-Balker-Univ., Inst. für allg. u. anorg. Chem. der Akad. der Wiss. der UdSSR; russ.) — Vff. untersuchen das Syst. K_2MoO_4–K_2SO_4–H_2O. Es bilden sich keine Kristallhydrate, keine Doppelsalze u. keine festen Lsgg. (Mischkristalle). Der eutekt. Punkt liegt bei 63,4% K_2MoO_4 u. 0,09%

K_2SO_4. Die Zus. der fl. u. festen Phasen sind tabellar. angegeben. Nach einer Gleichung dritten Grades für Salze des Typs A^I_2-B^{II} in tern. eutekt. Syst. wird die Löslichkeitsisotherme für das Syst. berechnet. Sie stimmt gut mit der gemessenen überein. D. HOENE. 336□

Spektrophotometrische und konduktometrische Untersuchungen der Metallkomplexe des p-[3-Hydroxy-3-phenyltriazeno]-phenylsulfonats. 2. Mitt. **Der Molybdänkomplex.** Umesh Chandra Durgapal und N. C. Sogani. (J. Indian chem. Soc. 35. 842—46. Dez. 1958. Ajmer, Gov. Coll., Chem. Dep.; engl.) — 1. vgl. C. **1962.** 14068; 3. vgl. C. **1962.** 10774. — Mo bildet mit p-[3-Hydroxy-3-phenyltriazeno]-phenylsulfonat (I) einen orangegelben, wasserlösl. Komplex, dessen Zus. nach den Ergebnissen spektrophotometr. Best. nach der JOBschen Meth., der Slope-ratio- u. der Molar-ratio-Meth. der Formel MoI_3 entspricht. Der mol. Extinktions-Koeff. beim Absorptionsmaximum (425 mμ) wurde zu $1,5 \cdot 10^3$, die Dissoziations-Konst. bei 25° zu $1,34 \cdot 10^{-13}$ u. die Freie Bldg.-Energie des Komplexes zu —17,55 kcal/Mol bestimmt. Messungen der zeitlichen Zunahme der Absorption innerhalb von 30 Min. nach dem Zusammengeben der Komponenten zeigten, daß die Komplex-Bldg. in verd. Lsg. als Rk. 1. Ordnung abläuft. Die spezif. Rk.-Geschw. wurde zu 0,1606 gefunden. W. BETCKE. 336□

Über die Natur der Natrium- und Kaliummolybdat- und -wolframatschmelzen. S. A. Mateiko und G. A. Buchalowa. (Журнал Неорганической Химии [J. anorg. Chem.] 2. 201—05. Jan. 1957. Rostow/Don, Ingenieur-Bau-Inst.; russ.) — Nach der visuell-polytherm. Meth. wurde das Syst. Na_2MoO_4 (I; F. 688°)–K_2MoO_4 (II; F. 926°) untersucht. Es bildet 2 unter Zers. schmelzende Verbb. der Zus. $Na_2MoO_4 \cdot K_2MoO_4$ u. $Na_2MoO_4 \cdot 2\ K_2MoO_4$; Eutektikum bei 667° u. 19 (Gew.-%) **II**, Umwandlungspunkte bei 686° u. 37 **II** sowie 337° u. 54 **II**. Das Syst. Na_2WO_4 (**III**; F. 698°)–K_2WO_4 (**IV**; F. 926°) besitzt ebenfalls 2 unter Zers. schmelzende Verbb.: $Na_2WO_4 \cdot K_2WO_4$ u. $Na_2WO_4 \cdot 2\ K_2WO_4$; Eutektikum bei 642° u. 15,5 **IV**, Umwandlungspunkte bei 646° u. 23,5 sowie 678° u. 40 **IV**. Syst. **I–III** bildet feste Lsgg.; das Minimum der entsprechenden Kurve liegt bei 676° u. 40 **I**. Syst. **II–IV** weist eine lückenlose Reihe fester Lsgg. auf. Die durch 4 bin., 2 diagonale u. 5 innere Schnitte konstruierte Kristallisationsfläche des Syst. Na, K‖MoO_4, WO_4 besteht aus folgenden 4 Kristallisationsfeldern: 2 Felder lückenloser fester Lsgg. von **I** u. **III** sowie **II** u. **IV** u. 2 Felder fester Lsgg. von Kationenkomplexen. U.-L. RAU. 337□

Ionenarten von Kobalt(II) in Essigsäure. 1. Mitt. **Kobalt(II)-acetat in Gegenwart von Wasser und von Natriumacetat.** P. J. Proll, L. H. Sutcliffe und J. Walkley. (J. physic. Chem. **65.** 455—60. März 1961. Liverpool, Univ., Dep. of Inorg. and Phys. Chem.; engl.) — Das Absorptionsspektrum von wasserfreiem $CoSO_4$ in abs. Essigsäure (AcOH) zeigt einen d ← d-Übergang im Sichtbaren (526—538 mμ) u. eine Charge-transfer-Bande im UV (310 mμ). Das LAMBERT-BEER-Gesetz gilt für $5 \cdot 10^{-3}$ bis $5 \cdot 10^{-2}$m Lösungen. Das Verhältnis $\varepsilon_{max}/\varepsilon_{min}$ beträgt 5:1 bis 10:1, je nach Darst.-Meth. des $CoSO_4$. Es wird angenommen, daß in abs. Essigsäure in einem geringen Ausmaß ein mehrkerniger Komplex auftritt. Die reversiblen Veränderungen des Spektrums bei Änderung der Temp. u. der Einfl. von Na-Acetat (I) bzw. W. wurden bei 25—64° untersucht. Aus den spektrophotometr. Ergebnissen in Verbindung mit Ionenwanderungsmessungen wird geschlossen, daß unter diesen Bedingungen $CoOAc^+$ (**II**), $Co(OAc)_2$ (**III**), $Co(OAc)_3^-$ (**IV**) u. $Co(OAc)_4^{2-}$ (**V**) in der Lsg. existieren. Die Bldg. von **II** u. **III** wird durch Zugabe von W., die Bldg. von **IV** u. **V** durch Zugabe von **I** oder Temp.-Erhöhung gefördert. Für **V** ist λ_{max} = 565 mμ. Der Einfl. des W. beruht lediglich auf der Änderung der DK u. nicht auf spezif. Solvatationseffekten. Für das Prod. K_2K_3 der Gleichgewichts-Konst. von **III** + $OAc^- \rightleftharpoons$ **IV** u. **IV** + $OAc^- \rightleftharpoons$ **V**, d. h. für den Übergang von der oktaedr. Form (solvatisiertes **III**) in die tetraedr. Form (solvatisiertes **V**) ergibt sich zu $1,9 \cdot 10^5$ bei 25°, entsprechend einer Änderung der Freien Enthalpie von —7,2 kcal/Mol. Es wird wahrscheinlich gemacht, daß solvatisiertes **III** u. **V** die akt. Ionenarten bei der Katalyse durch $CoSO_4$ sind, so z. B. bei der Zers. von tert.-Butylhydroperoxid oder der Oxydation von Trimethyläthylen in Essigsäure in Ggw. von Luft. A. BLASCHETTE. 355□

Ionenarten von Kobalt(II) in Essigsäure. 2. Mitt. **Kobalt(II) in Gegenwart von Lithiumbromid, Lithiumchlorid und Ammoniumthiocyanat.** P. J. Proll und L. H. Sutcliffe. (J. physic. Chem. **65.** 1993—2000. Nov. 1961; engl.) — 1. vgl. vorst. Referat. — Vff. untersuchen den Einfl. der Zugabe anorgan. Acetate, Bromide, Chloride u. Thiocyanate auf die Bldg. von Co(II)-Komplexen in Eisessig im Temp.-Bereich von 25,0—64°. Spektrophotometr. u. mit Hilfe von Messungen der Ionenwanderung wird die Bldg. von tetraedr. $[CoX_4]^{2-}$ (X = oben erwähnte Liganden) u. von tetraedr. $[CoX_3]^-$ (X = Cl^-, Br^-, CNS^-) u. wahrscheinlich auch von tetraedr. $[CoX_3]^-$ (X = Acetat) festgestellt. Es bestehen die Gleichgewichte $CoX_2 + X^- \overset{k_2}{\rightleftharpoons} [CoX_3]^-$ u. $[CoX_3]^- + X^- \overset{k_3}{\rightleftharpoons} [CoX_4]^{2-}$. Die neutrale Verb. ist im Falle des Acetats oktaedr., beim Vorliegen der übrigen Liganden tetraedrisch. Die Absorptionsspektren der beschriebenen Co(II)-Komplexe sind sehr ähnlich, denn sie zeigen nur eine bedeutende Absorptionsbande im sichtbaren Bereich, die dem d ← d-Übergang zukommt. Die Wellenlängen der Absorptionsbanden der neutralen Verbb. nehmen in der Reihenfolge 672 (mμ) (Br^-), 665 (Cl^-), 620 (Thiocyanat) u. 526 (Acetat) ab. Im Hinblick auf die breite Form der Bande u. ihren großen Extinktions-Koeff. müssen für das letztere Anion (oktaedr. Konfiguration) spinerlaubte Übergänge u. zwar $^4F_1 \leftarrow {}^4F_1$ oder $^4A_2 \leftarrow {}^4F_1$ u. für die übrigen Anionen (tetraedr. Konfiguration) $^4F_2 \leftarrow {}^4A_2$-Übergänge angenommen werden. Zugabe von überschüssigem Acetat, CNS^-, Cl^- u. Br^- verschiebt das Absorptionsmaximum nach längeren Wellenlängen (565, 620, 685 u. 695); dies wird durch die abnehmenden Dq-Werte für Co(II) im tetraedr. Feld erklärt. Die berechneten Oscillatorstärken nehmen in der Reihenfolge $[Co(OAc)_4]^{2-} > [Co(CNS)_4]^{2-} > [CoBr_4]^{2-} > [CoCl_4]^{2-}$ ab; der Wert für $[CoCl_4]^{2-}$ von $6{,}85 \cdot 10^{-3}$ stimmt ziemlich gut mit dem von Ballhausen u. Liehr (J. molecular Spectroscopy **2.** [1958.] 342) ermittelten Wert von $6{,}0 \cdot 10^{-3}$ überein. Zwischen der Oscillatorstärke u. der Lage des Absorptionsmaximums (cm^{-1}) besteht eine ungefähr lineare Abhängigkeit. Die bei der Gesamt-Rk. erfolgenden Änderungen der Enthalpie, Freien Energie u. Entropie werden für den kombinierten Prozeß $K_2K_x^{1/2}$ u. $K_2K_3K_x$ (K_x = Dissoziations-Konst. des anorgan. Zusatzes) bei 25° u. in Eisessig als Lsgm. tabellar. angegeben. Unter der ziemlich sicheren Annahme, daß die Dissoziations-Konst. der anorg. Zusätze mit steigender Temp. zunehmen, wird für diesen Prozeß eine positive Enthalpieänderung erhalten u. somit die Enthalpieänderung für K_2 für das Br^-- u. Cl^--Syst. nicht größer als -2 (kcal·Mol^{-1}) u. für K_3 nicht größer als -10 ± 4 bzw. -4 ± 2 geschätzt; die Differenz der Enthalpieänderungen ($\Delta H_2 - \Delta H_3$) für die Prozesse K_2 u. K_3 werden zu $+7 \pm 3$ (Br^-) u. $+3 \pm 1$ (Cl^-) ermittelt. Bei der Unters. des Einfl. anderer Zusätze (F^-, CN^- u. N_3^-) auf das Spektrum von Co(II)-Acetat (**I**) in wasserfreiem Eisessig wird festgestellt, daß das schwerlösl. NH_4F keinen merklichen Einfl. hat. Zugabe von leicht lösl. KCN führt zur Bldg. eines Nd., wogegen die Zugabe von NaN_3 das Absorptionsmaximum nach längeren Wellenlängen in gleicher Weise wie in Ggw. von Na-Acetat verschiebt. Die Ursache hierfür wird in der Tatsache gesehen, daß die Dissoziations-Konst. von HN_3 in Eisessig sehr viel geringer als die von Eisessig selbst ist. U. Skurnia. 355□

Bestimmung der Zusammensetzung von Kobaltxanthogenaten. I. M. Korenman, F. R. Schejanowa und Ss. A. Rjabowa. (Журнал Неорганической Химии [J. anorg. Chem.] **2.** 65—67. Jan. 1957. Gorki, Lobatschewski-Univ.; russ.) — Mit ^{60}Co als Indicator wurde die Zus. von *Co-Äthyl-* u. *Co-Benzylxanthogenat* in Abhängigkeit vom pH u. der Konz. der Ausgangsstoffe untersucht. Die ausgefällten Xanthogenate besitzen, unabhängig vom pH der Lsg., stets die Zus. $Co(ROCS_2)_3$. Die Löslichkeit in organ. Lsgm. u. die intensive Farbe zeugt vom innerkomplexen Charakter dieser Verbindungen. U.-L. Rau. 355□

Untersuchungen über Metallkomplexe von o-Hydroxyazoverbindungen. 3. Mitt. **Herstellung, einige Eigenschaften und relative Stabilität von Kobaltchelaten der Phenylazo-p-kresole.** Yasumasa Hayakawa und Hidehiko Kido. (Sci. Rep. Saitama Univ., Ser. A **3.** 33—39. 1958. Urawa, Saitama Univ., Coll. of Liberal Arts, Dep. of Chem.; engl.) — 2. vgl. C. **1962.** 14067. — In Fortsetzung der Arbeiten werden *Co-Komplexe* von *Phenylazo-p-kresol-Derivv.* dargestellt u. ihre Löslichkeiten in verschiedenen Lsgm. sowie die relativen Stabilitäts-Konst. gemessen. Die Stabilität der Substanzen entspricht denen der Ni-Verbb. u. ist etwas geringer als die der Cu-Komplexe. Folgende Verbb. konnten isoliert werden: *Bis-[2-(3'-methylphenylazo)-4-methylphenol]-Co-Chelat*, F. 228°, rotbraun aus A., 60% (Ausbeute). — *Bis-[2-(4'-methylphenylazo)-4-methylphenol]-Co-Chelat*, F. 214° (A.), schwarz; 65%. — *Bis-[2-(4'-chlorphenylazo)-4-methylphenol]-Co-Chelat*, F. 224° (A.); braun-schwarz; 100%. — *Bis-[2-(2'-Carboxyphenylazo)-4-methylphenol]-Co-Chelat*, F. >350° (A.); schwarz, 95%. — *Bis-[2-(2'-nitrophenylazo)-4-methylphenol]-Co-Chelat*, F. >350° (A.), schwarz, 85%. — *Bis-[2-(4'-bromphenylazo)-4-methylphenol]-Co-Chelat*, F. 225° (A.); dunkelbraun; 90%. — *Bis-[2-phenylazo-4-methylphenol]-Co-Chelat*, F. 225° (A.); schwarz; 100%. — *Bis-[2-(3'-chlorphenylazo)-4-methylphenol]-Co-Chelat*, F. 174° (A.); schwarz; 80%. — *Bis-[2-(2'-methoxyphenylazo)-4-methylphenol]-Co-Chelat*, F. >350° (A.); schwarz mit grünem Schimmer; 60%. U. Baumann. 355

Addukte der Kupfer(II)-β-Diketon-Chelate mit heterocyclischen Basen. D. P. Graddon und E. C. Watton. (J. inorg. nuclear Chem. **21.** 49—57. Dez. 1961. Sydney, Australia, Univ. of New South Wales, Inorg. Chem. Dep.; engl.) — Vgl. C. **1961.** 5347. — Heterocycl. Basen (**A**) bilden mit β-Diketonatokupfer(II)-Verbb. (**B**) 1:1-Addukte. Die Gleichgewichts-Konst. $k_{(20-22°)}$ = [Addukt]/[**B**]·[**A**] in wasserfreien Lsgm. (**C**) werden bei Veränderung von **A**, **B** u. **C** spektrometr. bestimmt u. die Ergebnisse tabellar. mitgeteilt. Unabhängig von Änderungen der beiden anderen Variabeln, steigt die Beständigkeit der Addukte in der Reihe **A**: 2.6-Dimethylpyridin < 2-Methylpyridin < Pyridin < 4-Methylpyridin; **B**: Acetylacetonat < Benzoylacetonat < Äthylacetoacetat, **C**: Chloroform < Aceton < Benzol. Änderungen der Beständigkeit bei Variation von **A** werden auf verschieden große Donator-Eigg. von **A** u. ster. Effekte, bei Variation von **B** auf die sich ändernden Restladungen am Cu-Atom u. bei Variation von **C** auf verschiedene Solvatationswärmen der Basen in den entsprechenden Lsgm. zurückgeführt. Die reinen Additions-Verbb. $[CH_3COCHCO_2C_2H_5]_2Cu[C_6H_7N]_2$ (**I**), $[CH_3COCHCO_2C_2H_5]_2Cu[C_5H_5N]_2$ (**II**); $[C_6H_5COCHCOCH_3]_2Cu\ [C_6H_7N]$ (**III**), $[C_6H_5COCHCOCH_3]_2Cu[C_5H_5N]$ (**IV**) u. $[CH_3COCHCOCH_3]_2Cu[C_6H_7N]$ (**V**) konnten durch Kristallisation der entsprechenden **B** aus Pyridin bzw. 4-Methylpyridin gewonnen werden. **I** hell-, **II**—**V** dunkelgrüne Kristalle. **I**—**V** zersetzen sich an der Luft unter Verlust von **A**. Spektrometr. Unterss. zeigen, daß die Molekularstrukturen der gelösten u. ungelösten Verbb. gleich sind. Die IR-Spektren u. die Spektren im sichtbaren Bereich deuten für alle Addukte auf eine Struktur mit 5er-Koordination. Die vom Cu(II)-Atom u. den β-Diketonen gebildeten Chelatstrukturen bleiben erhalten, die **A** werden senkrecht zu den ebenen **B**-Moll. addiert. Bei **I** u. **II** soll das zweite Basen-Mol. nicht koordinativ am Cu, sondern im Kristallgitter gebunden sein. Die magnet. Momente des Cu in den Addukten entsprechen den in Cu(II)-Verbb. üblichen (1,81 bis 1,85 μ). H. KUCKERTZ. 358□

Von polymeren Schiffschen Basen abgeleitete Koordinationsverbindungen. Harold A. Goodwin und John C. Bailar jun. (J. Amer. chem. Soc. **83.** 2467—71. 5/6. 1961. Urbana, Ill., Univ. of Illinois, Noyes Chem. Labor.; engl.) — Vff. untersuchen die therm. Stabilität (TS) der Metallkomplexe SCHIFFscher Basen vom Typ **I**. Durch Kondens. von Triäthylentetramin (**II**) mit Bis-[salicylaldehyd]-5.5'-sulfon (**III**) bzw. mit 5.5'-Methylen-bis-[salicylaldehyd] (**IV**) werden gelbe, amorphe Polymere mit $X = SO_2$, $Y = CH_2 \cdot (CH_2NHCH_2)_2CH_2$ (**Ia**) bzw. mit $X = CH_2$, $Y = CH_2(CH_2NH \cdot CH_2)_2CH_2$ (**Ib**) erhalten, die je Grundbaustein 6 Donatoratome enthalten.

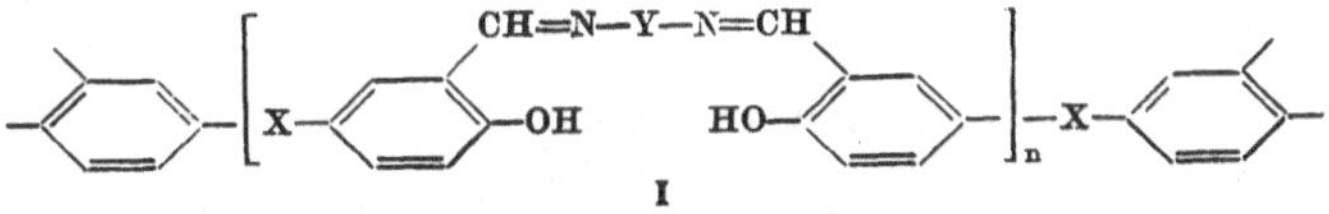

I

Metallkomplexe dieser Substanzen entstehen bei der Rk. von **III** bzw. **IV** mit Lsgg. der Cu(II)-, Co(II)-, Ni(II)-, Fe(III)-, Al(III)- u. Cr(III)-Komplexe von **II** als intensiv gefärbte, unlösl. u. amorphe Pulver, deren TS (Gew.-Verlust) durch 24std. Erhitzen auf 250 oder 300° in N_2 geprüft wurde. Bei den Komplexen von **Ia** sinkt die TS in der Reihe Ni(II) > Cu(II) > Co(II) > Cr(III) > Al(III) > Fe(III); die geringe TS der Verbb. mit 3wertigen Metallen beruht auf ihrem ion. Charakter. Die Komplexe von **Ib** sind im Vgl. zu denen von **Ia** recht instabil u. zersetzen sich in der Reihenfolge Co(II) > Cu(II) ~ Ni(II) zum Metalloxid. Bei der Kondens. von Diäthylentriamin (**V**) mit **III** oder **IV** bzw. von 2.6-Bis-[aminomethyl]-pyridin (**VI**) mit **III** oder **IV** werden Polymere mit 5 Donatoratomen je Grundbaustein erhalten: $X = SO_2$, $Y = CH_2CH_2NHCH_2CH_2$ (**Ic**); $X = CH_2$, $Y = CH_2CH_2NHCH_2CH_2$ (**Id**); $X = SO_2$, $Y = CH_2-(C_5H_3N)-CH_2$ (**Ie**); $X = CH_2$, $Y = CH_2-(C_5H_3N)-CH_2$ (**If**). Die TS der Komplexe von **Ic** entspricht der Reihe Cr(III) > Al(III) > Co(III), von **Ie** Al(III) > Co(III) > Cr(III). Die Koordination erfolgt wahrscheinlich zwischen sämtlichen 5 Donatoratomen u. jeweils 2 Metallatomen unter Quervernetzung der Polymerketten. Aus **Id** u. $[Co(NH_3)_6](NO_3)_3$ wird ein Komplex erhalten, in dem die 6. Koordinationsstelle jedes Co-Ions durch NH_3 besetzt ist; die Folge davon ist eine geringe TS. Durch Red. der Azomethingruppen zu $-NH-CH_2$-Gruppen wird aus **Id** ein Polymeres (**VII**) erhalten, dessen Cr(III)-Komplex (mit einem Cl-Atom als 6. Koordinationspartner) eine bedeutend geringere TS als der Cr(III)-Komplex von **Id** aufweist. Ähnliche Unterschiede in der Stabilität zeigen die Zn(II)-Komplexe der entsprechenden monomeren Verbb. Bis-[salicyliden]-äthylendiamin bzw. 1.6-Bis-[o-hydroxyphenyl]-2.5-diazahexan.

Versuche: $(C_{20}H_{24}N_4O_4S)_n$ (**Ia**), durch Zutropfen von 0,306 g **III** in 150 ml heißem A. im Verlauf von 45 Min. unter Rühren zu einer heißen Lsg. von 0,15 g **II** in abs. A., Stehenlassen, Abfiltrieren des gelben Prod., Waschen mit A. u. Trocknen im Vakuum; Zers. bei 220°. Analog wurden erhalten: $(C_{21}H_{26}N_4O_2)_n$ (**Ib**), $(C_{18}H_{19}N_3O_4S)_n$ (**Ic**), $(C_{19}H_{21} \cdot N_3O_2)_n$ (**Id**), $(C_{21}H_{17}N_3O_4S)_n$ (**Ie**), $(C_{22}H_{19}N_3O_2)_n$ (**If**). — Komplexe der Verbb. **Ia** bis **If**: Durch langsames Zufügen von 1 mMol Aldehyd (**III** oder **IV**) in 30 ml Dimethylformamid (DMF) unter Rühren zu einer heißen Lsg. von 1 mMol Amin (**II**, **V** oder **VI**) u. des entsprechenden Metallsalzes in 50 ml DMF, mehrstd. leichtes Kochen am Rückfluß, Abfiltrieren, Waschen mit DMF u. A. u. Trocknen im Vakuum. Als Metallsalze sind geeignet: Co(II)-, Ni(II)-, Cu(II)-Acetat, $[Co(NO_2)_3(NH_3)_3]$ bzw. $[Co(NH_3)_6](NO_3)_3$, $[CrCl_3Py_3]$, $Fe(NO_3)_3$, $AlCl_3$ bzw. $Al(NO_3)_3$. Im einzelnen wurden erhalten: $(C_{20}H_{22}N_4O_4 \cdot$

SCo·0,5 $H_2O)_n$, aus Co(II) u. **Ia**, hellbraun; $(C_{20}H_{22}N_4O_4SNi \cdot 0{,}5\,H_2O)_n$, aus Ni(II) u. **Ia**, hellbraun; $(C_{20}H_{22}N_4O_4SCu)_n$, aus Cu(II) u. **Ia**, braungrün; $(C_{20}H_{22}N_4O_4SFeNO_3)_n$, aus Fe(III) u. **Ia**, dunkelbraun; $(C_{20}H_{22}N_4O_4SCrCl \cdot 1{,}5\,H_2O)_n$, aus Cr(III) u. **Ia**, hellbraun; $(C_{20}H_{22}N_4O_4SAlNO_3 \cdot 3\,H_2O)_n$, aus Al(III) u. **Ia**, gelbbraun; $(C_{21}H_{24}N_4O_2Cu)_n$, aus Cu(II) u. **Ib**, braungrün; $(C_{21}H_{24}N_4O_2Ni)_n$, aus Ni(II) u. **Ib**, dunkelbraun; $(C_{21}H_{24}N_4O_2Co)_n$, aus Co(II) u. **Ib**, dunkelbraun; $(C_{18}H_{17}N_3O_4SCo)_n$, aus Co(III) u. **Ic**, braun; $(C_{18}H_{17}N_3O_4 \cdot SAlCl \cdot 3\,H_2O)_n$, aus Al(III) u. **Ic**, gelb; $(C_{18}H_{17}N_3O_4SCrCl \cdot 3\,H_2O)_n$, aus Cr(III) u. **Ic**, braun; $(C_{19}H_{19}N_3O_2AlCl \cdot 2\,H_2O)_n$, aus Al(III) u. **Id**, gelb; $(C_{19}H_{19}N_3O_2CrCl \cdot H_2O)_n$, aus Cr(III) u. **Id**, braun; $(C_{19}H_{21}N_3O_2Co)_n$, aus Co(III) u. **Id**, braun; $(C_{21}H_{15}N_3O_4SCo \cdot 3\,H_2O)_n$, aus Co(III) u. **Ie**, dunkelbraun; $(C_{21}H_{15}N_3O_4SAlCl \cdot 3\,H_2O)_n$, aus Al(III) u. **Ie**, blaßbraun; $(C_{21}H_{15}N_3O_4SCrCl)_n$, aus Cr(III) u. **Ie**, braun; $(C_{22}H_{17}N_3O_2AlCl \cdot 4\,H_2O)_n$, aus Al(III) u. **If**, hellbraun. — $(C_{19}H_{25}N_3O_2 \cdot 2\,CH_3COOH \cdot C_2H_5OH)_n$ (**VII**), durch Zufügen von 5,12 g **IV** in 100 ml heißem Eisessig unter Rühren zu 2,06 g **V** in 50 ml heißem Eisessig, 75 Min. langes Erhitzen, Kühlen, 24std. katalyt. Hydrierung mit PtO_2/H_2 (1 lbs./sq.in.), Entfernen des Lsgm. im Vakuum unter mehrfachem Zusatz von W., Auflösen in A., Filtrieren, Eindampfen des Filtrats u. Trocknen im Vakuum; sehr hygroskop., sprödes Harz. — $(C_{19}H_{23}N_3O_2CrCl \cdot 1{,}5\,H_2O)_n$, durch Zufügen einer Suspension von 0,79 g $[CrCl_3Py_3]$ in 20 ml DMF zu einer warmen Lsg. von 0,66 g **VII** in 20 ml DMF, Rühren u. vorsichtiges Kochen am Rückfluß während 3 Tagen; schwarzviolett, amorph. — *1.6-Bis-[o-hydroxyphenyl]-2.5-diazahexanzink(II)*, $C_{16}H_{18}N_2O_2Zn$, durch Versetzen einer heißen Lsg. von **6** g Äthylendiamin in 300 ml 95%ig. A. unter Rühren mit 30 g Zn-Staub in 100 ml Essigsäure u. 24 g Salicylaldehyd in 150 ml A. (90 Min.), portionsweises Zufügen von 70 g Zn-Staub u. 200 ml Essigsäure (3 Std.), Stehenlassen über Nacht, Filtrieren, Abdestillieren der Lsgm. im Vakuum, Aufnehmen in W., Versetzen mit NaOH u. Umkristallisieren des cremefarbenen Nd. aus wss. DMF.

A. BLASCHETTE. 358□

Jodopentamminplatinverbindungen. I. I. Tschernjajew und W. Ss. Orlowa. (Журнал Неорганической Химии [J. anorg. Chem.] **6**. 1272—80. Juni 1961. Akad. der Wiss. der UdSSR, Kurnakow-Inst. für allg. Chem.; russ. — Vgl. C. **1962**. 2671.) — Vff. untersuchen die Darst. von Jodopentamminplatin(IV)-Verbb. durch Einw. von NH_3 auf gemischte Halogeno-, Dihalogeno- u. Jodohydroxotetramminplatinate(IV). Lediglich die Jodohydroxotetrammine gehen in die Pentammine über, die mit Halogenwasserstoffen leicht die trans-Dihalogenotetrammine geben. trans-Dihalogenotetrammine, die verschiedene Halogene enthalten, können durch gemeinsame Kristallisation in gemischte Dihalogenotetrammine umgewandelt werden. Dihydroxotetrammine geben auch mit Dijodotetramminen keinen Austausch. $AgNO_3$ fällt nur ein Halogen aus der inneren Sphäre der Tetrammine. Bei gemischten Dihalogenotetramminen wird das Halogen geringeren Atomgewichts gefällt. Daraus wird auf einen starken trans-Einfl. von J geschlossen, der auch durch den pH-Wert der halogenhaltigen Verbb. in der Reihenfolge OH $<$ Cl $<$ Br $<$ J beschrieben werden kann.

Versuche: $[PtJ_2(NH_3)_4]Br_2$ (**I**), aus $[PtBr_2(NH_3)_4]Br_2$ (**II**) u. KJ (in geringem Überschuß, bei großem bildet sich $[PtJ_2(NH_3)_4]J_2$); dunkelviolette Prismen; die elektr. Leitfähigkeit entspricht der eines dreiionigen Elektrolyten; 90% (Ausbeute). —$[PtBrJ \cdot (NH_3)_4]Br_2$ (**III**), aus **I** u. **II** in äquimol. Mengen; dunkelbraune Prismen; 90%. — $[Pt(OH)J(NH_3)_4](NO_3)_2$ (**IV**), durch Rk. von **III** mit $AgNO_3$; hellgrüne Prismen; 84%. — $[PtJ(NH_3)_5]_2(CO_3)_3$ (**V**), durch Umsetzen von **IV** mit $(NH_4)_2CO_3$ oder durch Rk. von $[PtBrJ(NH_3)_4]CO_3$ oder $[PtClJ(NH_3)_4]CO_3$ mit NH_3 in Ggw. von $(NH_4)_2CO_3$; gelbliche Prismen; pH der 0,001 m Lsg. bei 20° 9,7. — $[PtJ(NH_3)_5](NO_3)_3 \cdot H_2O$ (**VI**), durch Einw. von verd. HNO_3 auf **V**; gelblich; pH bei 20° 5,5 (0,001 m Lsg.); 50%. **VI** ist diamagnet., die Brechungsindices sind: $N_g = 1{,}737$, $N_m = 1{,}655$, $N_p = 1{,}636$. Gibt mit NaOH oder KOH hellgelbes $[PtJNH_2(NH_3)_4](NO_3)_2$. — $[PtJ \cdot (NH_3)_5]_2(SO_4)_3$ (**VII**), durch Umsetzen von **V** oder **VI** mit 20%ig. H_2SO_4, farbloser Nd.; pH 4,0 bei 20° in 0,001 m Lsg.; 90%. Gibt mit Laugen die Amidoverbindung. — $[PtJ_2(NH_3)_4](NO_3)_2$ (**VIII**), durch Umsetzen von **VI** mit KJ; dunkelbraune Prismen; pH 3,9 bei 20° in 0,001 m Lösung. — $[PtBrJ(NH_3)_4](NO_3)_2$ (**IX**), durch Umsetzen von **VI** mit KBr in 2%ig. Überschuß oder durch Rk. von **VII** mit $[PtBr_2(NH_3)_4](NO_3)_2$; zimtfarbene, glänzende Kristalle. — $[PtClJ(NH_3)_4](NO_3)_2$ (**X**), aus KCl u. **VI** oder **VII** u. $[PtCl_2(NH_3)_4](NO_3)_2$; gelbbraune Kristalle. **IX** u. **X** werden durch Oxalsäure zu $[Pt(NH_3)_4] \cdot (NO_3)_2$ reduziert. — $[PtJNH_2(NH_3)_4]BrOH$, beim Erhitzen einer Lsg. von **III** in 20%ig. NH_3; gelbes Pulver; Löslichkeit in W. bei 25° ca. 0,01 g/Liter; pH der $2 \cdot 10^{-5}$ u. $1 \cdot 10^{-6}$ m Lsg. 8,1 bei 20°. — $[PtFJ(NH_3)_4]SO_4$, durch Rk. von **VI** mit KF unter H_2SO_4-Zugabe; citronengelb. — $[PtFJ(NH_3)_4](NO_3)_2$, durch Zugabe von KF zu einer warmen **VI**-Lsg. u. Zufügen von konz. HNO_3 zu der abgekühlten Lsg.; gelblich. D. HOENE. 368□

A_9. Mineralogische und geologische Chemie

Beryllium in Flußwasser. J. Jedwab. (Geochim. cosmochim. Acta [London] **24.** 317. Juli 1961. Bruxelles, Univ. Libre; engl.) — Vf. weist darauf hin, daß der von MERRIL u. Mitarbeitern (C. **1961.** 11650) im W. des Lehigh-Flusses gefundene hohe Geh. an ungelöstem Be auf Kohlenasche zurückgeführt werden kann. A. BLASCHETTE. 378□

Kristalltracht und Spurenelementgehalt einiger Bleiglanze. Royal R. Marshall und Oiva Joensuu. (Econ. Geol. **56.** 758—71. Juni/Juli 1961. Chicago, Ill., Univ. of Chicago, Enrico Fermi Inst. for Nucl. Stud.; Chattanooga, Tenn., Heavy Minerals Co.; engl.) — 31 PbS-Proben aus nordamerikan. Erzbezirken wurden emissionsspektroskop. analysiert. Quant. Werte wurden für Ag, Bi, Cu u. Sb erhalten. Die Proben zeigen variable Tracht. Obwohl die Spurenelement-Konzz. in Proben aus verschiedenen Erzbezirken beachtlichen Schwankungen unterworfen sind, enthalten würfelige Kristalle stets mehr Sb als die oktaedr. Proben. Ag- oder Bi-Geh. beeinflußt die Trachtausbildung nicht erheblich. Bes. große Konzz. einiger Spurenelemente wurden in Bleiglanzproben einiger Lagerstätten ermittelt, die bes. typ. {1 1 1}-Flächenanteil zeigen. Hinweise auf den Zusammenhang zwischen Spurenelement-Geh., Bleiglanzhabitus u. Bldg.-Bedingungen. Würfeliger PbS bildet sich bei den niedrigsten Temperaturen.
H. MOENKE. 378□

Isotopenuntersuchung einiger Erze vom Colorado-Plateau. L. R. Stieff und T. W. Stern. (Econ. Geol. **54.** 752. Juni/Juli 1959. Washington, D. C.; engl.) — Vgl. C. **1959.** 3075. — Erwiderung auf eine Arbeit von MILLER u. KULP (C. **1960.** 5109).
J.-E. HILLER. 378□

Verteilung und Lithologie der organisch entstandenen Carbonate der oberen devonischen Fairholme-Gruppe, Alberta. Helen R. Belyea. (Trans. Canad. Inst. Mining Metallurgy Mining Soc. Nova Scotia **61.** 40—48. 1958. Geol. Surv. of Canada; engl.) — Vgl. C. **1959.** 9837. A. BLASCHETTE. 378□

Betrachtungen gewisser Typen metamorpher Reaktionen. A. R. Alderman. (J. Proc. Roy. Soc. New South Wales **92.** 99—103. 1958. Adelaide, Univ.; engl.) — Der größte Teil der metamorphen Rkk. findet in W. oder anderen fluiden Medien statt. Vf. zeigt, daß metamorphe Rkk. aber auch vollständig bei hohen Temp. in fester Phase verlaufen können, wenn die Mineralien auf die TAMMANN-Temp. erhitzt werden.
E. SCHULTE. 378□

Bentonit- und Fuller-Erde-Ablagerungen in New-South-Wales. 1. Mitt. **Vorkommen, Mineralogie und physikalische Eigenschaften.** F. C. Loughnan und G. T. See. (Australas. Inst. Mining Metallurgy, Proc. Nr. **190.** 85—104. Juni 1959. Univ. of New South Wales; engl.) — Von 7 Fundorten in N.S.W. wurden Bentonite u. Fullererden eingehend untersucht. Die Gegenden zukünftiger Prospektierung werden angezeigt. Röntgendaten, chem. Analysen, DTA-Kurven u. weitere physikal. Eigg. sind angegeben.
E. SCHULTE. 380□

Bentonit- und Fuller-Erde-Ablagerungen in New-South-Wales. 2. Mitt. **Bindeeigenschaften.** A. J. Anderson, F. C. Loughnan und C. N. Giles. (Australas. Inst. Mining Metallurgy, Proc. Nr. **190.** 105—111. Juni 1959. Univ. of New South Wales, Dep. of Techn. Educ.; engl.) — 1. vgl. vorst. Referat. — Bentonite u. akt. Erden wurden als Bindemittel in grünen Formsanden ausgewertet; das Verh. mit u. ohne Kohlenstaub beim Eisenguß bei 1400° wurde untersucht. Nur die Vork. nahe Wingen u. Muswellbrook haben Eigg., die vergleichbar mit denen von Wyoming-Bentonit sind. Alle anderen sind von minderer Qualität. E. SCHULTE. 380□

Über die Silicatmineralien der Abuta-Mine in Hokkaido, Japan. Yukitosi Urasima. (J. Fac. Sci., Hokkaido Univ., Ser. IV. **10.** 235—54. März 1959. Hokkaido Univ., Fac. of Sci., Dep. of Geol. and Mineral.; engl.) — In den S- u. FeS-Ablagerungen der Abuta-Mine kommen als Silicatmineralien Chalcedon, Quarz, Opal u. α-Cristobalit vor. Chalcedon u. Quarz wurden durch Mineralisation gebildet u. treten in den sog. harten Eisensulfiderzen sowie im Limonit auf. Opal u. Cristobalit sind reichlich im Nebengestein. Es ist sehr selten, daß beide Mineralgruppen Paragenese aufweisen. Die Geologie des Vork. ist eingehend beschrieben. E. SCHULTE. 380□

Mitteilung über Xonotlit vom Acheron-River, Mid-Canterbury. D. S. Coombs und W. R. Lauder. (New Zealand J. Geol. Geophysics **3.** 72—73. Febr. 1960. Otago, Univ.; Wellington, Victoria Univ.; engl.) — Die Analyse von Xonotlit, der in Adern einer Teschenitschwelle am Acheron River vorkommt, ergab in %: SiO_2 50,0, R_2O_3 0,1, CaO 46,5, H_2O^+ 2,96, H_2O^- 0,2, CO_2 0,26 (spektralanalyt. Fe 0,2, Al 0,02, K 0,02, kein Mg, Na, Sr u. Mn). D. 2,69 $\pm$0,01. n = 1,593 $\pm$0,002 (parallel zu den Fasern), Härte = 6. Es handelt sich um das erste Xonotlit-Vork. in New Zealand. E. SCHULTE. 380□

Petrologie des Broken Hill-Erzganges und seine Beziehung zur Erz-Genesis. F. L. Stillwell. (Australas. Inst. Mining Metallurgy, Proc. Nr. **190.** 1—84. 16 Tafeln. Juni 1959; engl.) — Petrolog. Querschnitts-Unterss. entlang des Broken Hill-Erzganges ergaben, daß die Erzgang-Bldg. bei hohen Temp. mit pneumatolyt. Austausch von Mn, Fe u. Ca in der Formation von Mn-haltigen Silicaten begann u. mit fallender Temp. hydrothermal Sulfide mit Fluorit u. Calcit entstanden. Die einzelnen Bldg.-Stufen werden eingehend beschrieben. Lagepläne, erzmkr. Befunde u. chem. Analysen sind angegeben. E. Schulte. 380 □

Einige Bemerkungen zur Geologie und Petrographie des südlichen Zuganges zum Mt. Manaslu in Nepal-Himalaya. Seiji Hashimoto. (J. Fac. Sci., Hokkaido Univ., Ser. IV **10.** 95—110. März 1959. Hokkaido Univ., Fac. of Sci., Dep. of Geol. and Miner.; engl.) — Entlang der Route von Katmandu bis Mt. Manaslu (ca. 180 km) wurden 7 geolog. Einheiten festgestellt. Die Gruppen werden eingehend beschrieben u. einzelne chem. Analysen mitgeteilt. E. Schulte. 382 □

Das Vorkommen von einigen geschmolzenen sedimentären Gesteinen bei Ravensworth, New South Wales. H. F. Whitworth. (J. Proc. Roy. Soc. New South Wales **92.** 204—09. 2 Tafeln. 1958. Sydney, Min. Mus.; engl.) — Beim Vork. nahe Ravensworth, Singleton District, wurde der Geh. an geschmolzenem u. halbgeschmolzenem Sandstein viel größer als normal in der Umgebung des Eindringens in ein sedimentäres Gestein gefunden. Die Proben wurden mkr. untersucht, es konnte kein Ergußgestein nachgewiesen werden. E. Schulte. 385 □

Mineralogische Untersuchung einiger schwarzer Oxfordmergel. P. Maurel. (Bull. Soc. franç. Minéralog. Cristallogr. **82.** 276—84. Juli/Sept. 1959. Paris, Sorbonne, Labor. de Minéral.-Crist.; franz.) — Vf. untersucht die mineralog. Zus. von schwarzen Oxfordmergeln aus Villers-sur-Mer, Red Cliff, Digne u. Grenoble mit Hilfe der Röntgenbeugung, Elektronenmikroskopie, DTA u. chem. Analyse. Die Best. des Verhältnisses *Quarz* (**I**)/*Calcit* (**II**) zeigt, daß in den Vork. nur geringfügige Abweichungen von der mittleren Zus. 16(%) **I** u. 25 **II** auftreten. In allen Fällen ist ein dioktaedr. *Illit* der Hauptbestandteil, der je nach Vork. von *Kaolinit* oder *Chlorit* begleitet ist.
Herbert Müller. 385 □

Petrochemie der Auckland-Basalte. E. J. Searle. (New Zealand J. Geol. Geophysics **3.** 23—40. Febr. 1960. Univ. of Auckland, Dep. of Geol.; engl.) — Vgl. C. **1962.** 9276. — Von 13 Lavaproben von Auckland werden neue Analysen angegeben u. diskutiert. Die Gesteine bestehen aus olivinhaltigem Basalt, chem. vergleichbar mit Lava vom Pazifik-Becken. Die Zus. der Auckland-Gesteine wird mit der der Pliozän–Pleistozän-Basalte von Northland u. South Auckland verglichen. Der Ursprung der Olivin-Knötchen u. von Nephelin, die mit den Auckland-Basalten vergesellschaftet vorkommen, wird besprochen. Die Analysendaten sind tabelliert u. graph. dargestellt.
E. Schulte. 385 □

Chemische und modale Zusammensetzung von Dunit von Dun Mountain, Nelson. J. J. Reed. (New Zealand J. Geol. Geophysics **2.** 916—19. Dez. 1959. Lower Hutt, New Zealand Geol. Surv., Dep. of Sci. and Ind. Res.; engl.) — Der Dunit von Dun Mountain besteht aus 97,5% Olivin, 2,5% Chromit u. Spuren von Cr-haltigem Diopsid u. Serpentin. Die chem. Analyse ist angegeben. E. Schulte. 385 □

Soda-metasomatisierte Argillite, assoziiert mit der ultramafischen Nelson-Zone. J. J. Reed. (New Zealand J. Geol. Geophysics **2.** 905—15. Dez. 1959; engl.) — Vgl. vorst. Referat. — Petrograph., chem. u. röntgenograph. Unterss. von verhärteten Argilliten zeigten merkliche Sodametasomatose. Die Härte ist groß durch die Albit-Bldg., u. zusätzlich, speziell bei dem von den Maoris zur Werkzeug-Herst. verwendeten Material, durch Verfilzung durch tremolit. Fasern. Hochstetters Hypothese über die gehärteten Argillite erscheint am wahrscheinlichsten u. wird gestützt durch Vgl. der Amphibolisation der Argillite mit der Nephritisation. E. Schulte. 385 □

Über Quarz–Feldspat-Reaktionsgefüge in epimetamorphen Quarzporphyren. Gottfried Hirschmann. (Geologie **9.** 138—50. 1960. Freiberg; dt.) — Dünnschliff-Unterss. von Porphyroiden des Schwarzburger Sattels ergaben verschiedene Formen von Quarz–Feldspat-Verwachsungen. Diese Strukturen in leicht epizonal verformten Porphyren gestatten es, den Anteil u. die Wrkg.-Weise der beginnenden Metamorphose zu untersuchen. Magmat. u. metamorph entstandene Strukturen dieser Art kommen nebeneinander in einem Gestein vor. Die Unterss. stützen die von Drescher-Kaden vertretenen Anschauungen. E. Schulte. 385 □

Über Marmor-Kalksilicatfelse im Kyffhäuserkristallin. Rolf Seim. (Geologie **9.** 151—55. 1960. Rostock; dt.) — Unterss. der Amphibolite u. Hornblendegneise des

Kyffhäuserkristallins ergaben, daß der ursprüngliche Stoffbestand heterogener u. der Entw.-Gang komplizierter ist, als frühere Autoren annahmen. Zum Beispiel wurden Marmor–Kalk-Silicatfelse im Verband mit amphibolit. Material gefunden. Vf. folgert, daß beim Aufbau des Kyffhäuserkristallins sedimentäres Material beteiligt ist. Opt., röntgenograph. u. Dünnschliff-Unterss. führten zur Unterscheidung zwischen Calcit–Diopsid–Aktinolithfels u. Calcit–Grossular–Diopsid (Albit)-Fels. Die einzelnen Mineralien werden beschrieben. E. SCHULTE. 385□

Einige Betrachtungen über die Beziehung zwischen chemischem Charakter und geographischer Position der vulkanischen Zonen in Japan. Toshio Ishikawa und Yoshio Katsui. (J. Fac. Sci., Hokkaido Univ., Ser. IV **10.** 163–82. März 1959. Hokkaido Univ., Fac. of Sci., Dep. of Geol. and Miner.; engl.) — Pleistozän- u. jüngere Vulcanite in Japan u. auf den Kurilen wurden geograph. in 4 Hauptzonen mit mehreren Unterzonen klassifiziert. Der Mineralbestand der einzelnen Zonen wird angegeben, u. die chem. Analysen der jüngeren vulkan. Gesteine werden mit denen der älteren bas. Vulcanite verglichen. Die Verhältnisse sind graph. dargestellt. E. SCHULTE. 386□

Die Bedeutung der Meteore für das Werden der Weltkörper. Heinrich Quiring. (Forsch. u. Fortschr. **35.** 260–62. Sept. 1961. Berlin; dt.) — Die Bedeutung der Meteorite für die Entstehung von Weltkörpern wird vom geolog. Standpunkt aus diskutiert. H. MOENKE. 388□

Uredelgase im Meteoriten Breitscheid. H. Hintenberger, H. König und H. Wänke. (Z. Naturforsch. **17a.** 306–09. April 1962. Mainz, MPI für Chem.; dt.) — Wie der Meteorit Pantar weist auch der Meteorit Breitscheid helle u. dunkle Anteile auf. Nur in den dunklen Bezirken konnten Uredelgase nachgewiesen werden. Ihr Geh. betrug $179 \cdot 10^{-8}$ NTP/g He u. $221 \cdot 10^{-8}$ NTP/g Ne. Die Isotopen-Zus. der Uredelgase wurde durch Subtraktion der kosmogen erzeugten Edelgasmengen, die in den hellen Anteilen bestimmt wurden u. für Chondrite etwa normal sind, vom Geh. in den dunklen Anteilen errechnet. Mögliche Änderungen der Isotopen-Zus. werden diskutiert. Das kosmogene He-Alter wurde neu bestimmt zu $1{,}63 \cdot 10^{9}$ Jahren. E. SCHULTE. 388□

Neue Untersuchungen des „Meteoriten" von Igast. John A. O'Keefe und Paul D. Lowman jun. (Geochim. cosmochim. Acta [London] **25.** 158. Sept. 1961. Washington, D.C., Nat. Aeronaut. and Space Adm., Goddard Space Flight Center, Theoretical Div.; engl.) — Die im Wiener Naturhistor. Museum aufbewahrten Proben des „Meteoriten" von Igast sind ird. Ursprungs u. nicht ident. mit den 1864 von GREWINGK u. SCHMIDT beschriebenen tektitähnlichen Funden. H. MOENKE. 388□

Der Eisenmeteorit „Thule", Nord-Grönland. Vagn Buchwald. (Geochim. cosmochim. Acta [London] **25.** 95–98. 5 Tafeln. Sept. 1961. Copenhagen, TU, Metallurg. Labor.; engl.) — Beschreibung des 48,6 kg schweren Oktaedritmeteoriten, der 1955 bei Thule auf Grönland gefunden wurde. H. MOENKE. 388□

„Organisierte Elemente" in kohlenstoffhaltigen Chondriten. Frank Fitch, Henry P. Schwarcz und Edward Anders. (Nature [London] **193.** 1123–25. 24/3. 1962. Chicago, Ill., Univ. of Chicago, Dep. of Path.; Argonne Cancer Res. Hosp.; Univ. of Chicago, Enrico Fermi Inst. for Nucl. Stud.; engl.) — Proben der ORGUEIL- u. IVUNA-Meteorite wurden gepulvert, zentrifugiert nach der Schwere getrennt u. opt. u. magnet. untersucht. In der schwersten Fraktion (5%) mit D. >3,33 werden die organisierten Formen an *Troilit* u. *Magnetit* als z. T. dünne Plättchen, sphär. u. ovale Formen beobachtet. Der Ursprung der Formen wird diskutiert. E. SCHULTE. 388□

Radiokohlenstoff-datierte organische Sedimente nahe Herbert, Saskatchewan. W. O. Kupsch. (Amer. J. Sci. **258.** 282–92. April 1960. Saskatchewan, Univ., Dep. of Geol.; engl.) — Organ. Sedimente in 11 Fuß Tiefe nahe Herbert enthalten Weidenholz, dessen Alter durch akt. C zu 10050±300 Jahren bestimmt wurde. Lokal ist Marl mit reichlichen Algenresten vorhanden. Sporen u. Pollen dieses Sediments geben Einblick in die Vegetation dieser Zeit. Flora u. Fauna zeigen, daß die Sedimentation in stehendem W. erfolgt ist. E. SCHULTE. 390□

Extraktion der gelben Substanz aus Küstengewässern. Jacques Chanu. (Rev. Opt. théor. instrument. **38.** 569–72. Dez. 1959. Paris, Muséum Nat. d'Historie Naturelle, Labor. de Phys. Appl.; franz.) — Proben des Küstenwassers von Roscoff werden bei 30–35° eingeengt, bei pH 1–2 mit Essigsäureäthylester extrahiert u. der Extrakt eingedampft. Der Rückstand wird in abs. Ae. gelöst u. das Absorptionsspektrum der Lsg. zwischen 210 u. 350 mμ aufgenommen. Durch Extraktion wurde aus dem Meerwasser eine gelbe Substanz mit einem Absorptionsmaximum bei 250 mμ isoliert; die Substanz ist wahrscheinlich organ. Ursprungs. HERBERT MÜLLER. 393□

B. Allgemeine und theoretische organische Chemie

Absorptionsspektrophotometrie im ultravioletten und sichtbaren Bereich. R. A. Morton. (J. Roy. Inst. Chem. **84.** 5—10. Jan. 1960. Liverpool, Univ.; engl.) — Übersicht. — 20 Literaturangaben. P. GOLINSKE. B 118□

Die Natur der ersten Absorptionsbande von Nitrobenzol. M. Godfrey und J. N. Murrell. (Proc. chem. Soc. [London] **1961.** 171. Mai. Sheffield, Univ., Dep. of Chem.; engl.) — Da die 5300 Å-Absorption von *Nitrobenzol* beim Übergang zu *2-Nitropyridin* (I) oder *2-Nitropyridiniumchlorid* eine Blauverschiebung zeigt, wird als Ursache dieser Absorption ein $\pi \rightarrow \pi^*$-Übergang angenommen, da bei Vorliegen eines $n \rightarrow \pi^*$-Übergangs eine Rotverschiebung auftreten sollte. Diese Annahme ist in Übereinstimmung mit einem Vgl. zu Carbonylgruppen, bei deren $n \rightarrow \pi^*$-Absorption durch Einführung von Donatorgruppen eine große Blauverschiebung bewirkt wird. Der gleiche Effekt sollte bei Phenyl- oder Vinylsubstituion von Nitromethan eintreten, Nitroolefine zeigen jedoch keine $n \rightarrow \pi^*$-Absorption. Eine theoret. Berechnung der $\pi \rightarrow \pi^*$-Absorptionsfrequenz führt zu einer Bande bei 3100 Å. R. ALBRECHT. B 118□

Zur Spiegelsymmetrie der Absorptions- und Luminescenzbanden von Farbstoffen. A. Kawski und B. Polacka. (Z. Naturforsch. **17a.** 353—55. April 1962. Danzig, Pädagog. Hochschule, Phys. Inst.; dt.) — Es werden die Absorptions- u. Emissionsspektren verschiedener organ. Farbstoffe in fl. u. festen Lsgm. gemessen. Die Meßergebnisse für *Rhodamin 6G*, *Rhodamin B* u. *gelbliches Eosin* in Mono- u. Polymethylmethacrylat u. in Glycerin werden diskutiert. In allen untersuchten Fällen wurde keine sichtbare Maximaänderung der nach einer neuen u. nach der alten Meth. ermittellten Absorptions- u. Emissionsbanden festgestellt. Dagegen wurde eine Änderung der Halbwertsbreite der Absorptions- u. Emissionsbanden beobachtet. Eine exakte Spiegelsymmetrie konnte nur in wenigen Fällen festgestellt werden. D. NOACK. B 118□

Die Verstärkung der Absorption und Rotation des Carbonyl-Chromophors durch Kopplung der $n \rightarrow \pi^*$- und $\pi \rightarrow \pi^*$-Übergänge. R. C. Cookson und Scott MacKenzie. (Proc. chem. Soc. [London] **1961.** 423—24. Nov. Southampton, Univ.; engl.) — Die UV-Spektren von *5-Phenylbornen-(5)-on-(2)* (I), *5-p-Toluylbornen-(5)-on-(2)* (II) u. *5-p-Methoxyphenylbornen-(5)-on-(2)* (III) (dargestellt durch Chromsäureoxydation der entsprechenden Phenylbornenole in Pyridin) in Cyclohexan werden gemessen. Die verbotene $n \rightarrow \pi^*$-Absorption ist, wie auch im Falle anderer ungesätt. Ketone, durch Kopplung mit dem erlaubten $\pi \rightarrow \pi^*$-Übergang verstärkt. Diese Verstärkung nimmt bei II u. III im Vgl. zu I zu (desgleichen bei Messung in einem polaren Lsgm.), da durch die elektronenabgebenden p-Substituenten im Styrolchromophor der Energieunterschied zwischen $n \rightarrow \pi^*$- u. $\pi \rightarrow \pi^*$-Übergang erniedrigt wird. I zeigt einen positiven COTTON-Effekt mit einem Maximum bei 345 mμ u. einer Mol.-Rotation von 108,000°. R. ALBRECHT. B 118□

Optische molekulare Anisotropie von einfachen Paraffinen in Lösungen von Cyclohexan und Tetrachlorkohlenstoff. Claude Clément und Pierre Bothorel. (C. R. hebd. Séances Acad. Sci. **251.** 2323—25. 21/11. 1960. Bordeaux, Fac. des Sci., Labor. de Chim. phys. et d'Optique moléc.; franz.) — Unter Bezugnahme auf eine frühere Unters. (vgl. C. **1962.** 438) berichten Vff. über Messungen der opt. Anisotropie von *Octan* (I) u. *Heptan* (II) in Cyclohexan u. CCl_4. Es wurde gefunden, daß innerhalb der Fehlergrenzen die mol. opt. Anisotropie Δ^2 für jedes Paraffin in beiden Lsgm. gleich ist, jedoch kleiner als in dem reinen fl. Paraffin. Δ^2 ist für II größer als für I. C. GOTTFRIED. B 119

Über das Drehungsvermögen von cholesterinischen Körpern. René Cano. (C. R. hebd. Séances Acad. Sci. **251.** 1139—41. 5/9. 1960. Montpellier, Fac. des Sci., Labor. de Minéral.-Cristallogr.; franz.) — Ausgehend von einem Amylalkoholgemisch mit 23,3% (—)-2-Methylbutanol wurden Gemische aus (+)-*p-Cyanbenzalaminozimtsäure-[2-methylbutyl]-ester* (I; cholesterin.) u. (inakt.) *-isoamylester* (II; nemat.) mit 2,29—54,9% I hergestellt. Das Estergemisch mit dem geringsten I-Geh. gibt beim Schmelzen einen fl. nemat. Kristall ohne Drehungsvermögen, während die anderen Gemische cholesterin. sind u. starkes Drehungsvermögen besitzen. Von Gemischen mit 12,3; 23,3; 36,8 u. 54,9% I maß Vf. das Drehungsvermögen bei 6 verschiedenen Wellenlängen zwischen 4678 u. 6908 Å u. Temp. zwischen 85 u. 110°. Es wurde gefunden, daß für eine gegebene Temp. u. eine gegebene Wellenlänge das Drehungsvermögen linear mit reziprokem I-Geh. zunimmt. Zum ersten Male stellte Vf. den *Ester mit rac.-Amylalkohol* dar. Dieser Ester bildet eine krist. fl. nemat. Phase. Ein keilförmiges Präp. zeigt unter dem Polarisationsmikroskop 4 mal Auslöschung, wobei Doppelbrechungsstreifen parallel zur Kante des Keils auftreten. Außerdem konnte BROWNsche Bewegung beobachtet werden. C. GOTTFRIED. B 119

Die Schwingungsspektren von $(CH_3)_3SiCCH$, $(CH_3)_3SiCCD$ und $(CH_3)_3SiCCSi\cdot(CH_3)_3$. Hermann Buchert und Werner Zeil. (Z. physik. Chem. [Frankfurt/M.] **29.** 317—28. Sept. 1961. Karlsruhe, TH, Inst. für Phys. Chem. u. Elektrochem.; dt.) — Die IR- u. Raman-Spektren von *Bis-[trimethylsilyl]-acetylen, Trimethyläthinylsilan* (I) u. D-I wurden aufgenommen u. die Banden zugeordnet.

Versuche: *Trimethyläthinylsilan* (I), Kp. 53,5°, in Na-Suspension (aus 24 g Na in 250 cm³ Di-n-butyläther, 0,125 g Ölsäure u. 0,08 g Al-Stearat, unter N_2 bei 110° pulverisieren) 1—2 Std. lang C_2H_2 einleiten, bei 6° 115 g Trimethylbromsilan (oder 83,5 g Trimethylchlorsilan) zutropfen, 6 Std. lang rühren; n_D^{20} 1,389$_2$, $D._4^{25}$ 0,701$_1$; Dipolmoment $\mu = 0,66 \pm 0,04$ D; 39% (konz. 38,6%) Ausbeute. Daneben 22,1 g Hexamethyldisiloxan u. Butylchlorid. Reinigung über die Grignard-Verb.; D-I, Kp. 53,5°, analog vorst. Verb., Zers. der Grignard-Verb. mit schwerem W.; n_D^{20} 1,389$_6$, $D._4^{25}$ 0,708$_9$.

U. Uhlich. B 120□

Die Phosphor-Wasserstoff-Bindung im Infrarot. H. Schindlbauer und E. Steininger. (Mh. Chem. **92.** 868—75. 1961. Wien, TH, Inst. für Chem. Technol. org. Stoffe; dt.) — An nachst. prim. u. sek. Phosphinen wird die Lage der ν-, δ- u. γ-PH-Schwingung im Bereich von 2—15 μ untersucht u. tabellar. angegeben. Durch Austausch des H am P gegen D, der leicht mit D_2O gelingt, wenn das Phosphin mit dem gleichen Vol. D_2O geschüttelt wird, können auch teilweise deuterierte Phosphine untersucht werden. Bei Salzen tert. Phosphine mit Säuren zeigt das Auftreten einer PH-Bande, daß solche Verbb. Oniumstruktur besitzen. Untersucht werden folgende Phosphine: *n-Butyl-* (Kp. 76°, n_D^{20} 1,4372, $D.^{20}$ 0,7693), *tert.-Butyl-* (Kp. 54°, n_D^{20} 1,4252, $D.^{20}$ 0,7360), *n-Hexyl-* (I; Kp. 128°, n_D^{20} 1,4482, $D.^{20}$ 0,7909), *n-Heptyl-* (Kp. 150°, n_D^{20} 1,4517, $D.^{20}$ 0,8002), *n-Octyl-* (Kp. 169°, n_D^{20} 1,4548, $D.^{20}$ 0,8082), *n-Nonyl-* (Kp. 187°, n_D^{20} 1,4571, $D.^{20}$ 0,8122), *n-Decyl-* (Kp.$_{100}$ 145°, n_D^{20} 1,4591, $D.^{20}$ 0,8163), *n-Dodecyl-* (II; Kp.$_{100}$ 176°, n_D^{20} 1,4622, $D.^{20}$ 0,8227), *n-Tetradecyl-* (Kp.$_{100}$ 199°, n_D^{20} 1,4632, $D.^{20}$ 0,8268), *n-Hexadecyl-* (Kp.$_{12}$ 167°, n_D^{20} 1,4648, $D.^{20}$ 0,8281), *n-Octadecyl-* (Kp.$_{10}$ 188°, n_D^{20} 1,4651, $D.^{20}$ 0,8289), *Cyclopentyl-* (Kp. 121°, n_D^{20} 1,4899, $D.^{20}$ 0,8818), *Cyclohexyl-* (Kp. 138°, n_D^{20} 1,4860, $D.^{20}$ 0,8750), *Di-n-butyl-* (Kp. 153°, n_D^{20} 1,4552, $D.^{20}$ 0,8078), *Di-n-octyl-* (Kp.$_{15}$ 173°, n_D^{20} 1,4647, $D.^{20}$ 0,8302), *Hexylpropyl-* (Kp. 194°, n_D^{20} 1,4579), *n-Dodecylbutyl* (III; Kp. 122°, n_D^{20} 1,4593, $D.^{20}$ 0,8221, *Phenyl-* (IV; Kp. 160°, n_D^{20} 1,5796), *Tolyl-* (Kp. 178°, n_D^{20} 1,5670), *p-Äthylphenyl-* (Kp.$_{12}$ 97°, n_D^{20} 1,5512), *Diphenyl-* (Kp.$_{12}$ 150°, n_D^{20} 1,6229), *n-Hexylbutyl-* sowie *n-Hexadecylbutyl-*. Weiterhin wird teilweise $D_{(P)}$-substituiertes I, II, III u. IV untersucht. Für *Phosphonsäuredi-n-propylester, -di-n-amylester, -di-n-hexylester* u. *-diisobutylester* werden die PH-Absorptionsfrequenzen angegeben, ebenso für *Triphenylposphoniumjodid* u. *Diphenyläthylphosphoniumchlorid*. W. Rittler. B 120□

Raman-Spektren und Infrarotabsorptionsspektren einiger Olefine; charakteristische Raman-Linien und Infrarotabsorptionsbanden der Ozonidbindung. E. Briner, C. Christol, H. Christol und S. Fliszár. (Helv. chim. Acta **44.** 1088—97. 15/6. 1961. Genève, Univ., Labor. de Chim. phys.; Montpellier, École Nat. Sup. de Chim.; franz.) — Vgl. C. R. hebd. Séances Acad. Sci. **252.** [1961.] 2166. — *trans-Stilben* (I), *trans-O-Methylisoeugenol* (II), *Fumar-* (III) u. *Zimtsäureäthylester* (IV) wurden in CCl_4-Lsg. ozonisiert u. die behandelten Lsgg. Raman- u. IR-spektroskop. untersucht. Nach 57%ig. Ozonisierung weist die I-Lsg. folgende IR-Banden (im Bereich der Carbonylbanden u. zwischen 1000 u. 1100 cm^{-1}) auf: bei 1706 [cm^{-1}] (CO-Bande von Benzaldehyd), bei 1023, 1053 u. 1083 (Ozonidbanden), im Raman-Spektrum nur die Linie bei 1702; analog II: im IR-Spektrum Banden bei 1685 (CO-Bande von Veratrumaldehyd) u. 1100 (Ozonidbande), im Raman-Spektrum nur die Linie bei 1687; III (nach 48%ig. Ozonisierung): im IR-Spektrum Banden bei 1720—1725 (nicht ozonisierter III), 1765—1770 (CO-Banden des ozonisierten III) u. bei 1100, im Raman-Spektrum Banden bei 1765 (ozonisierter III) u. 1731 (nicht ozonisierter III); IV (nach 34%ig. Ozonisierung): im IR-Spektrum bei 1715 (nicht ozonisierter IV), 1765 (ozonisiert) u. 1065 bzw. im Raman-Spektrum bei 1770 (ozonisiert) u. 1718 (nicht ozonisiert) sowie IV (nach 90%ig. Ozonisierung): IR-Banden bei 1765, 1715 (CO-Bande von IV) u. 1095, Raman-Linien bei 1765 u. 1715. In keinem Falle trat im Bereich von 1000—1100 cm^{-1} im Raman-Spektrum eine Ozonidlinie auf. Die der Ozonidbande zugrunde liegende Schwingung ist offenbar dissymm. (vgl. Goodwin u. Mitarbeiter, J. Amer. chem. Soc. **75.** [1953.] 4273). Zum gleichen Ergebnis, daß durch die Ozonisierung ein dissymm. Schwingungs-Syst. erzeugt wird, gelangen Vff. auch durch Vgl. der Intensitäten der Carbonylbanden im IR- u. Raman-Spektrum. Betrachtet werden ferner die Frequenzverschiebungen der Carbonylbanden von III u. IV, die größer sind, als sie bei der Hydrierung dieser Verbb. beobachtet werden, jedoch etwa gleich denen, die bei der Chlorierung auftreten. Hieraus leiten Vff. ab, daß O_3 eine starke Elektronenaffinität besitzt. B. Gnauck. B 120□

Beiträge zur Konstellationsanalyse. 9. Mitt. **Infrarotspektren alicyclischer Alkohole.** 2. Mitt. **C—O-Dehnungsschwingung und O—H-Assoziationsbande.** Walter Hückel und Jürgen Kurz. (Liebigs Ann. Chem. **645.** 194—215. 1961. Tübingen, Univ., Pharmazeut.-Chem. Inst.; dt.) — 8. vgl. Liebigs Ann. Chem. **645.** [1961.] 162 bzw. 1. vgl. C. **1961.** 9344; vgl. auch C. **1961.** 12780. — Vff. untersuchten die IR-Spektren folgender Cyclanole im Bereich der $\nu_{(C-O)}$-Schwingungen in CCl_4- bzw. CS_2-Lsg., wobei zur Erkennung dieser Banden in die Lsgg. HCl-Gas eingeleitet wurde (Oxoniumsalz-Bldg.). Die Bldg. von Oxoniumstrukturen führte zu Verschiebungen der $\nu_{(C-O)}$-Banden nach niedrigeren Frequenzen. Da die Bldg. von Oxonium-Verbb. oft nicht quant. ist, kommt es zu einer Bandenaufspaltung. Folgende Daten wurden erhalten: *Cyclohexanol* (**I**; ohne HCl, $\nu_{(C-O)}$) 1066, 986; (mit HCl) 1054, 962; *cis-3-Methyl-* (*cis*-**II**) 1098, 1045, 1020; 1094, 1041, 1009; *trans-3-Methyl-* (*trans*-**II**) 1074, 994; 1068, 987; *cis-3-Äthyl-* (*cis*-**III**) 1047, 1024; 1035, 1012; *trans-3-Äthyl-* (*trans*-**III**) 967, 980s (s: Schulter); 958; *cis-3-Isopropyl-* (*cis*-**IV**) 1041; 1028; *trans-3-Isopropyl-* (*trans*-**IV**) 972; 966; *cis-3-tert.-Butyl-* (*cis*-**V**) 1057; 1044; *trans-3-tert.-Butyl-* (*trans*-**V**) 972; 965; *cis-4-Methyl-* (*cis*-**IV**) 1030, 985, 968s, 926; 977; *trans-4-Methyl-* (*trans*-**VI**) 1092, 1048, 1008; 1087, 1037; *cis-4-Isopropyl-* 962, 938s; 952; *trans-4-Isopropyl-* 1062s, 1052, 1025s; 1042; *cis-4-tert.-Butyl-* (*cis*-**VII**) 1008, 956; 948; *trans-4-tert.-Butylcyclohexanol* (*trans*-**VII**) 1064; 1054; *2^c.5^t-* (**VIII**) 1080, 1034, 1015, 969, 934; 967, 924; *2^t.5^c-* (**IX**) 1050, 1027, 1008; 1048, 1020, 1007; *2^t.5^t-* (**X**) 1052s, 1035, 1008; 1022, 1006; *2^c.5^c-Dimethylcyclohexanol-(1^c)* 1032, 1012, 1000, 936; 1022, 928. Die Banden im Bereich von 1000—1092 werden äquatorialen (e), die zwischen 926 u. 1008 cm^{-1} axialen Formen (a) zugeordnet. Die Aufspaltung der Banden wird sowohl bei konstellativ einheitlichen Verbb. (wie cis- u. trans-**V**), als auch bei uneinheitlichen (wie **I**) beobachtet. Bei in 2-Stellung alkylierten Cyclohexanolen wird durch Nachbargruppeneffekte die Bldg. der Oxoniumstruktur in Ggw. von HCl verhindert, wie das Verh. von *cis-* u. *trans-2-Isopropylcyclohexanol* zeigt. Die früher (l. c.) als „Begleitbanden" bezeichneten Banden im e- bzw. a-Gebiet werden durch HCl nicht beeinflußt; sie dürften also mit der $\nu_{(C-O)}$ direkt nichts zu tun haben. Eine Aufspaltung der $\nu_{(C-O)}$ in Teilbanden findet nur in einigen Fällen statt u. ist manchmal nur durch eine Schulter angedeutet (wie z. B. bei trans-**III**). Die Aufspaltung wurde ferner beobachtet bei cis- u. trans-**II**, cis-**III** u. trans-**IV**. Vff. vermuten, daß als Ursache eine Rotationsisomerie in Betracht kommt, bei der die CH_3-Gruppe 2 bzw. 3 Lagen mit relativem Energieminimum einnimmt. Als konstellativ einheitlich werden cis-**II**, trans-**III**, cis- u. trans-**IV** sowie cis- u. trans-**V** angesehen. trans-**II** enthält ein wenig der e-Form. Von den 2.5-Dimethylcyclohexanolen sind **VIII**—**X** konstellativ einheitlich, u. zwar **VIII** rein a, **IX** u. **X** rein e. Für die Menthole u. tert.-Butylmenthole werden Analogieschlüsse diskutiert; für Menthol selbst dürfte danach einheitliche e-Konformation anzunehmen sein. Ferner wurden analog folgende Dekalole IR-spektroskop. untersucht: *1^c.9^c.10^c-* (F. 93°) 1027; 1019; *1^t.9^c.10^c-* (**XI**; F. 55°) 1041; 1028; *1^c.9^c.10^t-* (**XII**; F. 49°) 942; 936; *1^t.9^c.10^t-α-Dekalol* (F. 63°) 1020; 1012; *2^c.9^c.10^c-* (F. 105°) 1028; 1020; *2^t.9^c.10^c-* (**XIII**; F. 18°) 1050, 1008, 946; 1042, 998, 938; *2^c.9^c.10^t-* (**XIV**; F. 75°) 1028; 1018; *2^t.9^c.10^t-β-Dekalol* (**XV**; F. 53°) 1008, 947; 1001, 936. Nach diesen Daten ist **XII** rein a u. mit Ausnahme von **XIII** u. **XV** sind die anderen Dekalole die reinen e-Formen. Für die Dekalole werden ferner die $\delta_{(C-H)}$-Gerüstschwingungen u. die $\nu_{(C-C)}$-Schwingungen tabellar. (im Bereich zwischen 1100 u. 800 cm^{-1}) u. ihre Beeinflussung durch HCl angegeben. Zwischen 1050 u. 1060 weisen alle Dekalole eine scharfe, sehr intensive Bande auf, die nur bei **XI** fehlt, ferner ist allen Dekalolen eine schwache Bande bei 833—847 gemeinsam u. oft eine weitere zwischen 850 u. 857 vorhanden. Schließlich wurden noch folgende Cyclopentanole untersucht: *Cyclopentanol* (**XVI**) 1070, 997; 1056, 988; *cis-2-Isopropyl-* 1066, 1015, 994; 1066, 1015, 994; *trans-2-Isopropyl-* 1066, 1028, 988; 1060, 1026, 986; *cis-2-Cyclopentyl-* 1058, 1018, 990; 1058, 1018, 990; *trans-2-Cyclopentylcyclopentanol* 1064, 1020; 1060, 1018; *cis-β-* (**XVII**; *Form I*) 1062, 1005, 993; 1052, 1005, 987; *cis-β-Hydrindanol* (*Form II*) 1058, 1005, 995; 1047, 1005, 988; *trans-β-Hydrindanol* (**XVIII**) 1005; 1000; [e-Bereich zwischen 1058 u. 1070; b-Bereich zwischen 988 u. 1028]. Die Bande bei 1070 von **XVI** wird auf eine Bindung mit einer Zwischenstellung zwischen e- u. a-Lage („bisectinal bonds", vgl. Brutcher jun. u. Mitarbeiter, C. **1960.** 5769) zurückgeführt. In Übereinstimmung mit diesen Autoren wird angenommen, daß **XVIII** eine Halbsesselform einnimmt. Für eine a-Lage der OH-Gruppe ergab sich bei keinem der bisher untersuchten Cyclopentanole ein Anhaltspunkt im IR-Spektrum, doch kann geschlossen werden, daß es auch beim Fünfring Konstalltionsisomere mit verschiedener Lage der Substituenten gibt. Die Lage der $\nu_{(C-O-C)}$-Banden wurde von folgenden Cyclohexylmethyläthern ermittelt: *Cyclohexyl-* (**XIX**) 1103, 1088; *cis-3-Methyl-* (*cis*-**XX**) 1104; *trans-3-Methyl-* (*trans*-**XX**) 1104, 1090; *cis-4-Methyl-* (*cis*-**XXI**) 1102, 1090; *trans-4-Methyl-* (*trans*-**XXI**) 1107; *cis-4-tert.-Butyl-* (*cis*-**XXII**) 1092 u. *trans-4-tert.-Butylcyclohexylmethyläther* (*trans*-**XXII**)

1107. Die e-Bande liegt zwischen 1102 u. 1107, die a-Bande zwischen 1088 u. 1092, danach besitzen cis-**XX**, trans-**XXI** u. trans-**XXII** reine e- u. cis-**XXII** reine a-Konstellation. Bei trans-**XX** u. cis-**XXI** überwiegt die a-, bei **XIX** die e-Konstellation. Bei allen Äthern ist im Bereich zwischen 900 u. 940 eine durch HCl mehr oder weniger deutlich beeinflußbare Bande vorhanden. Schließlich ermittelten Vff. das Verhältnis der Extinktionen der beiden $\nu_{(O-H)}$-Assoziationsbanden von **I**, den 3-alkylierten Cyclohexanolen sowie **XIV** u. **XV**, die auf Ketten- u. Quadrupolassoziation zurückgeführt werden, wobei erstere bei e-Alkoholen über das Dimere hinausgehen kann. Aus den Daten ergibt sich folgender Prozentanteil an axialer Form: **I** 42, cis-**II** 9, trans-**II** 77, cis-**III** 0, trans-**III** 77, cis-**IV** 0, trans-**IV** 95, cis-**V** 0, trans-**V** 100, **XIV** 0 u. **XV** 93%. Bei den alkylierten Cyclohexanolen wird eine größere Zahl von $\delta_{(O-H)}$-Banden zwischen 1200 u. 1300 stark beeinflußt. In Übereinstimmung mit CHIURDOGLU u. Mitarbeitern (Bull. Soc. chim. belges **68**. [1959.] 388) liegen diese $\delta_{(O-H)}$-Banden „in der Ebene". Gesetzmäßigkeiten zur Konstellation konnten nicht gefunden werden. Dies gilt auch für Banden zwischen 650 u. 750 ($\delta_{(O-H)}$-Schwingungen „aus der Ebene"). Für **XI** u. **XIII** sind die IR-Spektren (in CS_2) zwischen 4000 u. 650, für folgende Verbb. nur zwischen 1100 u. 850 (in Ggw. u. ohne HCl) angegeben: **I** cis- u. trans-**II**, **XI**, **XIII**, **XV**, **XVII** u. **XVIII**. B. GNAUCK. B 120□

Tautomere Formen sauerstoffhaltiger Derivate des 1.3.5-Triazins. 1. Mitt. **Infrarotspektren.** M. Cignitti und L. Paoloni. (Rend. Ist. super. Sanità **23**. 1037—47. 1960. Roma, Ist. super. di Sanità, Labor. di Chim.; ital.) — Das IR-Spektrum von *1.3.5-Trimethyl-2.4.6-trioxohexahydro-1.3.5-triazin* (in KBr) weist starke Absorptionen bei 1693 u. 1677 [cm^{-1}] (Schwingungen der C=O-Gruppen), 1278 (N—CH_3), 1056 (C—N im Ring), 758, 752 u. 749 (Ring-Syst.) auf. Weitere intensive Banden bei 1480 u. 1388 werden den asymm. bzw. symm. Deformationsschwingungen der CH_3-Gruppen zugeschrieben. Im Spektrum von *2.4.6-Trimethoxy-1.3.5-triazin* (**I**) erscheinen die entsprechenden CH_3-Banden wesentlich stärker ausgeprägt u. nach 1642 u. 1359 verschoben. **I** zeigt ferner intensive Absorption bei 1203 (C—O), 1117 (O—CH_3), 1589 u. 1568 (C=N im Ring) sowie 814 (Ring-Syst.). Die Spektren werden ausführlich im Hinblick auf die tautomeren Formen der Cyanursäure u. ihrer Derivv. interpretiert.

Versuche: *2.4.6-Trimethoxy-1.3.5-triazin* (**I**), $C_6H_9N_3O_3$, F. 135°, nach DUDLEY u. Mitarbeitern (C. **1952**. 6528) aus 2.4.6-Trichlor-1.3.5-triazin u. methanol. NaOH; aus W. Nadeln. — *1.3.5-Trimethyl-2.4.6-trioxohexahydro-1.3.5-triazin*, $C_6H_9N_3O_3$, F. 176° (W.), durch ½ std. Kochen von **I** bei 270—280° (Metallbad-Temp.).
H.-E. TOUSSAINT. B 120□

Konformationen von 3.3-Dimethylpentandion-(2.4). John B. Rogan und David J. Ellis. (J. org. Chemistry **26**. 5232—33. Dez. 1961. Fort Collins, Colo., Colorado State Univ., Dep. of Chem.; engl.) — Vff. fanden durch Unterss. der Aufspaltung der C=O-Bande u. des UV-Spektrums, daß *3.3-Dimethylpentandion-(2.4)* (**I**) in einer Konformation (**A**) u. einer anderen (**B**) vorliegt, bei der die Acetylgruppen so gedreht sind, daß beide O-Atome eklipt. zu den CH_3-Gruppen in 3-Stellung stehen. Die beiden Konformationen stehen im Gleichgewicht miteinander. Als reine Fl. zeigt **I** Absorption bei 5,81 u. (mit größerer Intensität) 5,88 μ, in CCl_4-Lsg. (bei unveränderter Lage der beiden Banden) ist die Absorption bei niedrigerer Wellenlänge nur als Schulter von geringer Intensität vorhanden. Aus dem Vgl. mit den Daten von Cyclohexanon-Derivv. schließen Vff., daß die Absorption bei 5,81 μ der Konformation **A**, die bei 5,88 der Konformation **B** zugeordnet werden kann. Das UV-Spektrum, das von dem für Verbb. mit isolierten C=O-Gruppen zu erwartenden beträchtlich abweicht, wird diskutiert. — **I** wurde im wesentlichen nach der Meth. von PEARSON u. MAYERLE (C. **1952**. 2316) durch schrittweise Methylierung von Acetylaceton mit 60—70% Ausbeute dargestellt. CH. ZECHEL. B 123□

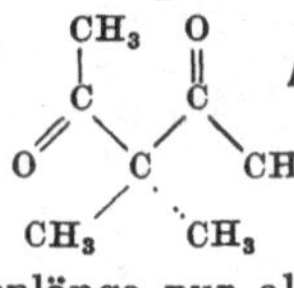

A

Über den Einfluß von Fremdstoffen auf die Chemiluminescenz des Luminols. 1. Mitt. **Einfluß der Porphyrine auf die Luminescenz des Luminols.** M. Deželić und M. Mehmedić. (Glasnik Društva Hemičara Tehnol. NR Bosne Hercegovine **7**. 55—62. 5/11. 1958. Sarajewo, Anstalt für kriminolog. Unterss. u. Philosoph. Fak., Chem. Inst.; kroat.) — Hämin oder Hämoglobin katalysiert die intensiv blaue Luminescenz von *Luminol* (**I**). Die gleiche Wrkg. hat komplex gebundenes Fe, z. B. in $K_4[Fe(CN)_6]$. Deswegen war es von Interesse, die Wrkg. von Porphyrinen auf die Luminescenz von **I** zu ermitteln. Aus den Unterss. geht hervor, daß die Porphyrine [Ätioporphyrin (**II**), Mesoporphyrindimethyläther u. a.] die Luminol-Rk. inhibieren. Demgemäß ist die katalyt. Wrkg. des Hämins u. des Hämoglobins ausschließlich dem komplexgebundenen Fe im Porphyrin-Syst. zuzuschreiben. Die Messungen wurden mit einer photoelektr. App., bestehend aus Selenphotoelement u. Spiegelgalvanometer, durchgeführt. Durch Zusatz von Porphyrin-Lsgg. (in Pyridin) wurde die Chemiluminescenz von I (die durch $K_4[Fe(CN_6)]$ katalysiert wurde) verringert. Es besteht ein Unterschied zwischen der inhibitor. Wrkg. von verschiedenen Porphyrinen, z. B. inhibiert II am schwächsten, Mesoporphyrin stärker u. 2.3.5.8-Tetramethyl-1.4-dipropylporphyrin-6.7-dipropionsäure am stärksten von den untersuchten Porphyrinen. Pyridin inhibiert ebenfalls, was bei den Messungen in Betracht gezogen wird. P. GOLINSKE. B 125□

Molekülpolarisierbarkeit: Die molaren Kerr-Konstanten, scheinbaren Dipolmomente und Konformationen von Trialkylboraten in Lösung. M. Aroney, R. J. W. Le Fèvre und P. M. Lenthen. (J. chem. Soc. [London] **1961**. 4140—43. Sept. Sydney, N.S.W., Australia, Univ.; engl.) — Vgl. C. **1961**. 7881. — Vff. bestimmen die auf unendliche Verdünnung extrapolierten mol. KERR-Konst. $\infty({}_mK_2)$ u. die „scheinbaren" Dipolmomente (μ) für die Verbb. *Trimethyl-* [$\infty({}_mK_2)\cdot 10^{12} = 1{,}2_2$; $\mu = 0{,}8_2$ D], *Triäthyl-* ($1{,}7_8$; $0{,}7_5$), *Tri-n-propyl-* ($2{,}5_5$; $0{,}7_7$), *Triisopropyl-* ($2{,}5_4$; $0{,}8_6$), *Tri-n-butyl-* ($3{,}1_7$; $0{,}7_7$), *Triisobutyl-* (3,1; $0{,}7_7$), *Tri-sek.-butyl-* ($3{,}1_6$; $0{,}8_5$), *Tripentyl-* ($3{,}8_4$; $0{,}8_4$), *Triisopentyl-* ($3{,}8_4$; $0{,}8_1$), *Trihexyl* ($4{,}3_7$; $0{,}8_6$), *Trioctyl-* ($5{,}6_7$; $0{,}9_7$) u. *Trinonylborat* ($6{,}2_8$; $0{,}9_3$) in CCl_4 bei 25°. Dabei wurden die $\infty({}_mK_2)$-Werte nach LE FÈVRE (C. **1954**. 10906) u. die Dipolmomente sowie die auf unendliche Verdünnung extrapolierten Molpolarisationen $_\infty P_2$ nach einer von Vff. früher weiterentwickelten Beziehung berechnet. Vff. diskutieren ausführlich ihre Ergebnisse. Die Verbb. besitzen eine Konformation, in der die BO_3-Einheit eine triangulare Ebene bildet u. jede O—C-Bindung so gedreht ist, daß sie einen Winkel von ca. 74° zu einer Senkrechten auf die BO_3-Ebene einnimmt. Beim Übergang von einem Homologen zum nächst höheren scheinen die hinzukommenden C—C-Bindungen derart eingebaut zu werden, daß ihre longitudinalen Polarisierbarkeits-Halbachsen einen ungefähr semitetraedr. Winkel zu den Hauptpolarisierbarkeitsrichtungen des Mol. des niederen Homologen einnehmen. J. WEINER. B 132□

Molekülpolarisierbarkeit: Das Dipolmoment, die molare Kerr-Konstante und Raumformel der Trögerschen Base, gelöst in Benzol. M. Aroney, L. H. L. Chia und R. J. W. Le Fèvre. (J. chem. Soc. [London] **1961**. **4144**—**47**. Sept. 1961; engl.) — Vgl. vorst. Referat. — Vff. bestimmen die auf unendliche Verdünnung extrapolierte KERR-Konst. $\infty({}_mK_2)$ u. das Dipolmoment μ für die TRÖGERsche Base [I; F. 135—136° (wss. A.), aus wss. Formaldehyd, p-Toluidin u. HCl in A. (nach GOECKE [1903]; $\infty({}_mK_2) = -17\cdot 10^{-12}$, $\mu = 1{,}0_1$ D] in Benzol-Lsg. bei 25°. Ferner wird die auf unendliche Verdünnung extrapolierte Mol-Polarisation $_\infty P_2$ berechnet. Für drei mögliche Konformationen der Base haben Vff. die mol. KERR-Konst. berechnet ($\infty({}_mK_2)\cdot 10^{-12} = -46$, -14 u. -52). Durch Vgl. der berechneten u. gemessenen Werte nehmen Vff. an, daß I in Lsg. hauptsächlich in einer Konformation vorliegt, bei der die Arylringe nahezu senkrecht zueinander stehen u. die $CH_2N\cdot CH_2N$-Gruppe, ähnlich der $-[CH_2]_4$-Gruppe im trans-Tetralin, nicht planar vorliegen. Die IR-Daten von I werden tabellar. angegeben.

J. WEINER. B 132□

Molekülpolarisierbarkeit: Die Dipolmomente, Polarisationen und molaren Kerr-Konstanten von zehn aliphatischen, in Tetrachlorkohlenstoff gelösten Ketonen. M. Aroney, D. Izsak und R. J. W. Le Fèvre. (J. chem. Soc. [London] **1961**. 4148—53. Sept.; engl.) — Vgl. vorst. Referat. — Vff. bestimmen die auf unendliche Verdünnung extrapolierten mol. KERR-Konst. $\infty({}_mK_2)$, die Dipolmomente μ u. die Mol-Polarisationen $_\infty P_2$ für *Diäthyl-* [I; Kp. 101—102°; $\infty({}_mK_2)\cdot 10^{12} = 63{,}7$; $\mu = 2{,}82$ D; $_\infty P_2\cdot 10^{23}$ cm³ = 190,2], *Di-n-propyl-* (Kp. 143°; 39,8; 2,70; 183,9), *Diisopropyl-* (II; Kp. 124—126°; 33,9; 2,83; 200,4), *Di-n-butyl-* (Kp. 185—187°, 31,1; 2,69; 193,5), *Diisobutyl-* (Kp. 164 bis 166°; 26,9; 2,66; 190,6), *Di-n-pentyl-* (III; Kp. 222°; 30,5; 2,68; 202,5), *Di-n-hexyl-* (Kp. 264°; 25,7; 2,61; 205,6), *Diisohexyl-* ($Kp._{92}$ 152°; 22,3; 2,59; 202,0), *Di-n-heptyl-* (Kp. 278°; 19,1; 2,73; 228,2) u. *Di-n-tridecylketon* (IV; $C_{27}H_{54}O$, F. 76°; 13,8; 2,32; 242,0) in CCl_4-Lsg. bei 25°. Zur Best. der Konformation berechnen Vff. nach einer früher entwickelten Meth. für verschiedene Strukturen der Ketone die theoret. KERR-Konstanten. Für I werden 7 Konformationen diskutiert. Bei II nehmen Vff. ein Gemisch von 2 Konformationen an. Die $\infty({}_mK_2)$-Werte der höheren Di-n-alkylketone können mittels der bekannten Daten für Aceton u. der entsprechenden n-Alkane berechnet werden, wobei die Polarisierbarkeiten der den Carbonylgruppen benachbarten Alkylgruppen durch Rotationsellipsoide dargestellt werden, deren lange Achsen mit den CO-Gruppen einen Winkel bilden, der von 67° bei III bis zu 63,25° bei IV variiert.

J. WEINER. B 132□

Die Dipolmomente von Cyclohexanthiol, α-Mercaptotoluol und Thiophenol. Simão Mathias, Eurico De Carvalho Filho und Renato G. Cecchini. (J. physic. Chem. **65**. 425—27. März 1961. São Paulo, Brazil, Univ. de São Paulo, Dep. de Química, Fac. de Filosofia, Ciências e Letras; engl.) — Vff. bestimmen die Dipolmomente von

Cyclohexanthiol (I; $Kp._{57}$ 70°; n_D^{25} 1,4905; $D._4^{25}$ 0,94393; $\varepsilon = ^{25}$ 5,420), *α-Mercaptotoluol* (II; $Kp._{699,8}$ 193,9°; n_D^{25} 1,57372; $D._4^{25}$ 1,05088; ε^{15} 4,705) u. *Thiophenol* (III; $Kp._{698,4}$ 165,4°; n_D^{25} 1,072246; $D._4^{25}$ 1,07264; ε^{25} = 4,382) als Fll. u. in Benzollösung. Die gefundenen Dipolmomente der Lsgg. betragen für **I** 1,73, für **II** 1,44 u. für **III** 1,23 D. Die Dipolmomente der reinen Fll. wurden nach den Meth. von Debeye, Onsager u. Yasumi-Kamooka berechnet. Die voneinander abweichenden Ergebnisse betragen für **I** 1,38, 1,64 u. 1,73, für **II** 1,17, 1,32 u. 1,41 u. für **III** 1,02, 1,13 u. 1,23 D. — Darst. von **I** durch Kondens. von Cyclohexylbromid mit Thioharnstoff in Amylalkohol-Lsg. u. Verseifung des Rk.-Prod. mit alkohol. NaOH. G. Paulig. B 132□

Indirekte Kernspin-Spin-Kopplung in gesättigten Kohlenwasserstoffmolekülen. Eiko Hiroike. (Progr. theoret. Physics [Kyoto] **21.** 943—44. Juni 1959. Meguro, Tokyo, Inst. of Technol., Dep. of Phys.; engl.) — Vgl. C. **1962.** 12606. — In Fortsetzung einer früheren Unters. (vgl. Aihara, C. **1958.** 4136) berechnet Vf. erneut eine Kopplungs-Konst. $I_{H_1H_2}$ von Elektronenkopplungs-Wechselwrkg. zwischen 2 Protonen H_1 u. H_2 in einem gesätt. KW-Stoff-Mol. mit Hilfe einer genaueren Wellenfunktion unter Einschluß aller möglichen Strukturen. Anwendung auf CH_4 lieferte für $I_{H_1H_2}$ einen Wert von 11,9 Hz, in guter Übereinstimmung mit einem experimentellen Wert. C. Gottfried. B 137

Theorie der diamagnetischen Susceptibilitäten von Alkanen. H. F. Hameka. (J. chem. Physics **34.** 1996—2000. Juni 1961. Baltimore, Md., Johns Hopkins Univ., Dep. of Chem.; engl.) — Vf. leitet eine Theorie der diamagnet. Susceptibilitäten χ der *Alkane* auf der Grundlage der SCF–LCAO–MO-Meth. (vgl. C. **1962.** 1895) ab. Bei Anwendung dieser Meth. auf Alkane sind jedoch folgende Annahmen zu machen: jede C—C- u. C—H-Bindung kann mit einer lokalisierten LCAO-Bahn beschrieben werden, diese lokalisierten Mol.-Bahnen sind für alle C—C- bzw. C—H-Bindungen des betreffenden Mol. ident., u. die C—C- u. C—H-Bindungslängen haben für alle Alkane gleiche Werte. Die Werte von χ sind die Summen von Beiträgen der 1s-Elektronen der C-Atome, der verschiedenen C—C- u. C—H-Bindungen u. der Wechselwrkg. zwischen verschiedenen Paaren benachbarter C—C- u. C—H-Bindungen. Aus der Theorie werden 3 halbempir. Parameter erhalten. Die damit berechneten χ von 54 Alkanen (CH_4, C_2H_6, C_3H_8, n-C_4 bis n-C_{16}, alle Isomeren bis C_8, *4-Methyl-*, *2.6-Dimethyloctan*, *4-Methyl-*, *2.4-*, *3.4-* u. *4.5-Dimethylnonan*) werden mit Meßwerten verglichen. Herbert Müller. B 137□

Protonenmagnetische Resonanzspektren, Stereochemie und Synthese von 2-[Chlorphenyl]-cyclohexanolen. Alain C. Huitric, William G. Clarke jun., Karen Leigh und Donald C. Staiff. (J. org. Chemistry **27.** 715—19. März 1962. Seattle, Wash., Univ. of Washington, Coll. of Pharm.; engl.) — Die 6 isomeren *cis-* u. *trans-2-[Chlorphenyl]-cyclohexanole* mit dem Cl-Atom in o-, m- u. p-Stellung sowie die entsprechenden Acetate werden synthetisiert, die cis-Verbb. dabei durch Red. der *2-[Chlorphenyl]-cyclohexanone* (**A**), letztere werden mittels der Nef-Rk. aus den entsprechenden Nitro-Verbb. relativ frei von Neben-Rkk. durch Zusatz von $NaHSO_3$ dargestellt, im Falle der o-Verb. entsteht jedoch neben **A** das Oxim. Die NMR-Spektren der Cyclohexanole u. Acetate werden gemessen. Bei festgelegter Sessel-Konformation unterliegen die H-Atome an benachbarten C-Atomen in a-Stellung stärkerer Spin-Spin-Kopplung, so zeigt das 2-H-Atom in den *cis-2-[Chlorphenyl]-cyclohexanolen* ein Dublett. Alle Spektren lassen sich unter Annahme einer Struktur mit dem Cyclohexanring in Sessel-Konformation u. dem Arylrest in e-Stellung deuten. Die Signale der 1- u. 2-H-Atome der o-Verbb. zeigen größere paramagnet. Verschiebungen als die der m- oder p-Verbindungen.

Versuche: *trans-2-[p-Chlorphenyl]-cyclohexanol* (*trans*-I), $C_{12}H_{15}ClO$, F. 84,5° (Hexan), aus Cyclohexenoxid (30,5 g) u. einer Lsg. von 0,8 Mol p-Chlorphenyl-Li in abs. Ae. bei 0°, anschließend 90 Min. unter Rückfluß, Hydrolysieren u. Ausäthern; 25 g (Ausbeute). *Acetat*, $C_{14}H_{17}ClO_2$, $Kp._{0,25}$ 100°. — *trans-2-[m-Chlorphenyl]-cyclohexanol* (*trans*-II), $C_{12}H_{15}ClO$, F. 47—47,5° (Hexan), wie vorst. Verb., Dest. des Roh-Prod. liefert trans-II als Fraktion vom $Kp._{0,7}$ 116—118°, 16 g. *Acetat*, $C_{14}H_{17}ClO_2$, $Kp._{0,28}$ 100°. *α-Naphthylurethan*, $C_{23}H_{22}ClNO_2$, F. 146—146,5°. — *trans-2-[o-Chlorphenyl]-cyclohexanol* (trans-III), $C_{12}H_{15}ClO$, F. 58—59° (Hexan), aus 6 g 2-[o-Chlorphenyl]-cyclohexanon u. $LiAlH_4$ in Ae.; 78,5%. *Acetat*, $C_{14}H_{17}ClO_2$, Kp. $_{0,5}$ 102°. — *cis*-I, $C_{12}H_{15}ClO$, F. 55—55,5°, aus 2-[p-Chlorphenyl]-cyclohexanon in abs. Ae. u. Cyclopentyl-MgBr in abs. Ae. unter Rühren, 90 Min. unter Rückfluß, Abtrennen der Ausgangs-Verb. mit Girard-Reagens T u. Abtrennung von I durch Chromatographie an neutralem Al_2O_3; daneben trans-I. *Acetat*, $C_{14}H_{17}ClO_2$, F. 99—100°. — *cis*-II, $C_{12}H_{15}ClO$, $Kp._{0,3}$ 108°, wie vorst. Verb. aus 2-[m-Chlorphenyl]-cyclohexanon, Dest. des Roh-Prod. u. Chromatographie der Fraktion vom $Kp._{0,25}$ 106—108°, fraktionierte Kristallisation des α-Naphthylurethans u. dessen $LiAlH_4$-Red. in Tetrahydrofuran in Ggw. von $AlCl_3$. *α-Naphthylurethan*, $C_{23}H_{22}ClNO_2$, F. 142

bis 143°. *Acetat*, $C_{14}H_{17}ClO_2$, Kp.$_{0,4}$ 108°. — *cis*-**III**, $C_{12}H_{15}ClO$, Kp.$_{0,3}$ 93°, wie vorst. Verb. aus 2-[o-Chlorphenyl]-cyclohexanon, Ausbeute nach Chromatographie 60%. *α-Naphthylurethan*, $C_{23}H_{22}ClNO_2$, F. 206—207°. — *4-Nitro-5-[m-chlorphenyl]-*, F. 66—67° (Isopropylalkohol), aus β-Nitro-m-chlorstyrol (20 g), 20 ml Butadien, 30 ml Toluol u. einer Spur Hydrochinon durch Erhitzen im Bombenrohr auf 110° für 6—7 Tage, ca. 70% Ausbeute. — *4-Nitro-5-[o-chlorphenyl]-cyclohexen*, F. 80—81°, wie vorst. Verbindung. — *2-[m-Chlorphenyl]-* (**IV**), F. 74—75°, durch katalyt. Hydrierung vorvorst. Verb. an Pd/C. — *2-[o-Chlorphenyl]-* (**V**), F. 81—82°, analog vorst. Verbindung. — *2-[p-Chlorphenyl]-nitrocyclohexan*, F. 51—51,5°, durch Hydrierung von 4-Nitro-5-[p-chlorphenyl]-cyclohexen. — *2-[p-Chlorphenyl]-*, aus 2,54 g Na in 65 ml 95%ig. A. u. einer Lsg. von vorst. Verb. in 230 ml 95%ig. A., der mit N_2 frei von O_2 gemacht wurde, Zugeben dieses Gemisches zu 330 ml W., 235 ml A., 110 ml konz. HCl u. 5,8 g $NaHSO_3$ während 1 Std. bei 0° u. weiterem Rühren für 1 Std. bei 0° u. 4 Std. bei Raum-Temp., Verdünnen mit W. u. Ausäthern; 8,5 g. Die gleiche Rk. ohne $NaHSO_3$ lieferte eine Ausbeute von 34%. — *2-[m-Chlorphenyl]-*, $C_{12}H_{13}ClO$, F. 39,5—40° (Hexan), wie vorst. Verb. aus 18 g **IV**, Dest. des Roh-Prod. lieferte eine Fraktion vom Kp.$_{0,2}$ 109—110° (14,2 g), die nach Animpfen mit etwas über das Oxim gereinigtem, krist. Prod. erstarrte; 10,5 g. — *2-[o-Chlorphenyl]-cyclohexanon* (**VI**), $C_{12}H_{13}ClO$, F. 70—71°, wie vorvorst. Verb. aus **V** (25 g), jedoch ohne $NaHSO_3$; 4 g. *2.4-Dinitrophenylhydrazon*, F. 171,5—172,5°. *Oxim*, $C_{12}H_{14}ClNO$, F. 215—216°. Das gleiche Oxim entsteht auch als Neben-Prod. bei der Darst. von **VI** als Nd. im sauren Rk.-Gemisch (6 g). Bei Zusatz von $NaHSO_3$ wurden aus 10 g **V** 2,1 g **VI** u. 3,4 g des Oxims erhalten. Rudolf Albrecht. B 137□

Untersuchung über die elektrochemischen Eigenschaften organischer Verbindungen. 5. Mitt. Heterocyclische Nitroverbindungen. R. Glicksman und C. K. Morehouse. (J. electrochem. Soc. **107.** 717—22. Sept. 1960. Somerville, N.J., Semiconductor and Materials Div., Radio Corp. of America; engl.) — 4. vgl. C. **1961.** 7534. — Die Elektrodenpotentiale folgender Verbb. wurden untersucht: *Nitrobenzol, 2-Nitro-, 2-Nitro-4-hydroxy-, 2-Chlor-5-nitro-, 2-Hydroxy-5-nitro-, 2-Hydroxy-3-cyan-5-nitro-, 2-Amino-5-nitro-, 2-Amino-3-nitro-, 4-Amino-3-nitro-, 4-Nitro-, 3.5-Dinitro-, 2-Hydroxy-3.5-dinitro-* u. *2-Chlor-3.5-dinitropyridin, 4-Nitropyridin-N-oxid, m-Dinitrobenzol, 1-Nitronaphthalin, 5-, 6-* u. *8-Nitrochinolin, 5-Nitroisochinolin, 6.8-Dinitrochinolin, 2-Nitro-, 2.5-Dinitro-* u. *2-Methyl-5-nitrofuran, 1-Nitro-2-[5-nitrofuryl]-äthylen, 2-Nitro-, 2.4-Dinitro-* u. *2.5-Dichlor-3.4-dinitrothiophen, 2-Amino-5-nitrothiazol, 5-* u. *6-Nitroindazol, 6-Nitrobenzimidazol, 5-Nitrobenzotriazol* u. *6-Nitrobenzimidazolthiol-(2)*. Das Kathodenpotential dieser Verbb. ist vom aromat. Charakter u. von der Elektronendichte u. damit von der Art u. Stellung der Substituenten abhängig. Diese Substituentenabhängigkeiten werden ausführlich diskutiert. In Kombination mit $Mg/MgBr_2$-Anoden eignen sich die heterocycl. Nitro-Verbb. wegen ihres höheren Potentials besser als Kathodenmaterial in Trockenzellen als die entsprechenden Nitrobenzolderivate. U. Uhlich. B 141□

Die Elektrolyse einiger o-Benzoylbenzoesäuren in Methanol bei 20 bis 30°. P. J. Bunyan und D. H. Hey. (J. chem. Soc. [London] **1962.** 324—31. Jan. London, Univ., King's Coll.; engl.) — Elektrolyse von wss. Lsgg. von *o-Benzoylbenzoesäure* (**I**; F. 129°) + CH_3OH + NaOH unter den normalen Bedingungen der Kolbeschen Rk. liefert nur 3-Phenylphthalid ($C_{14}H_{10}O_2$, F. 118°, 70% (Ausbeute). Auch bei Elektrolyse in wasserfreiem CH_3OH in Ggw. von Na bei 20—30° wurde an *o-[p'-Chlorbenzoyl]-* (**II**; F. 152—153°), *o-[p'-Toluyl]-* (**III**, F. 138—139°), *o-[p'-Methoxybenzoyl]-benzoesäure* [**IV**; F. 147—148°, aus der p'-Hydroxysäure (F. 217°)], *o-Phenoxybenzoesäure* (F. 113—114°) u. *N.N-Diphenylanthranilsäure* (F. 209—210°) keine intramol. Cyclisierung beobachtet. Nur *o-[p'-Brombenzoyl]-benzoesäure* (**V**; F. 173°) bildet unter diesen Bedingungen 3-Bromfluorenon (F. 156—162°) u. **I** wenig Fluorenol-(9) ($C_{13}H_{10}O$, F. 158°). Dagegen entstehen nach unbekanntem Mechanismus 3-Arylphthalide sowie durch Umlagerung des als Zwischenstufe gebildeten o-Benzoylbenzoyloxy-Radikals Arylmethylphthalate (vgl. C. **1961.** 1151), deren Ausbeute bei **I** kleiner ist als bei **II**—**V** in Übereinstimmung mit dem angenommenen Mechanismus über freie Radikale. Bei allen **I**-Derivv., mit Ausnahme von **IV**, entstehen durch Decarboxylierung die entsprechenden Benzophenone, bei **II** u. **IV** noch Phthaldehydsäuremethylester.

Versuche: Phthalsäureester, nach Dvornikoff (A. P. 1 899 919): *Methylphenyl-*, $C_{15}H_{12}O_4$, Kp.$_{0,01}$ 134°. — *Methyl-p-chlorphenyl-*, $C_{15}H_{11}ClO_4$, Kp.$_{0,02}$ 146°. — *Methyl-p-bromphenyl-*, $C_{15}H_{11}BrO_4$, F. 71°, Kp.$_{0,01}$ 146°. — *Methyl-p-tolyl-*, $C_{16}H_{14}O_4$, F. 53°, Kp.$_{0,01}$ 138°. — *Methyl-p-methoxyphenyl-*, $C_{16}H_{14}O_5$, F. 65,5°, Kp.$_{0,01}$ 144°. R. Junge. B 142□

NMR-Messung der Gaskompressibilität. M. Lipsicas, M. Bloom und B. H. Muller. (J. chem. Physics **34.** 1813—14. Mai 1961. Vancouver, Brit. Columbia, Canada,

Univ. of Brit. Columbia, Dep. of Phys.; engl.) — Durch NMR-Messung kann die relative Kompressibilität (Z) von Gasen in einem großen Bereich der Temp. (T) u. des Drucks (P) bestimmt werden. Unter Verw. eines Spin–Echo-Spektrometers wurden für *Methan* u. *Äthylen* Werte erhalten, die mit bekannten experimentellen Werten innerhalb weniger % übereinstimmen. Z wird nach einer angegebenen Gleichung aus dem Verhältnis der Intensitäten der Resonanzsignale bei verschiedenen P u. konst. T bestimmt. Die abs. Kompressibilität kann durch Vgl. mit der Resonanz von H_2 ermittelt werden. Für Methan wurde gefunden (P in atm; T in °K; Z): 58,4; 208,5; 0,56. 49,0; 209,5; 0,63. 41,1; 210,5; 0,74. 34,0; 212; 0,78. 27,3; 213,5; 0,86. Wesentlich für genaue Ergebnisse ist die Konstanz des Meßsystems. Die Meth. kann für alle Gase mit Kernspin ungleich null angewendet werden. Sie ist möglicherweise auch nützlich für die Prüfung der Gültigkeit des CURIE-Gesetzes. G. WINKHAUS. B 148□

Über die Kinetik der Phasenbildung in kondensierten Systemen. 2. Mitt. **Die Ausscheidung flüssiger Nichtelektrolyte aus wässerigen Lösungen.** R. Reich und M. Kahlweit. (Z. physik. Chem. [Frankfurt/M.] **27.** 80—103. Jan. 1961. Göttingen, Max-Planck-Inst. für phys. Chem.; dt.) — 1. vgl. C. **1961.** 10851; 3. vgl. C. **1962.** 13686. — Bei der Entmischung fl. Nichtelektrolyte setzt die Keim-Bldg. im Widerspruch zu den Voraussagen der Theorie von BECKER u. DÖRING [1935] in unmittelbarer Nähe der Gleichgewichtspunkte ein. Anschließend an die Keimbildungsperiode erfolgt eine rapide Alterung (Umlösung oder Aggregation) des Niederschlages. Die Ausscheidung wurde mit Hilfe von Trübungsmessungen verfolgt. Die Messungen gestatten eine Berechnung der Abnahme der Teilchenzahl/Vol.-Einheit. Eine Auszählung der anfänglich gebildeten Teilchen u. ein Vgl. mit der in früheren Unterss. abgeleiteten Gleichung über deren Abhängigkeit von den Bldg.-Bedingungen ist wegen der relativ großen Meßfehler beim Einsetzen der Trübung nicht möglich. Der gegenwärtige Stand der Keimbildungstheorie wird dargestellt, eine Erklärung für das abweichende Verh. von Mischungen fl. Nichtelektrolyte steht jedoch noch aus. Untersucht wurden die Syst. *Chlf./W.* (Chlf. in W. durch Zers. von Chloralhydrat in alkal. Medium gebildet) u. *Bromoform* (I)/*W.* [I in W. durch Zers. von Bromalhydrat (F. 53°) in gepufferter Lsg. gebildet]. Bei Verss. an den Syst. *Furfurol/W.*, *Phenol/W.*, *Anilin/Hexan* (II) u. *Nitrobenzol*/II war eine deutliche Unterkühlung nicht zu erreichen. H. NEWESELY. B 150 □

Zur Thermodynamik des Systems Wasser–Triäthylamin. F. Kohler, H. Arnold und R. J. Munn. (Mh. Chem. **92.** 876—906. 1961. Wien, Univ., Inst. für Physikal. Chem.; dt.) — Die Schmelzkurve des Syst. *W./Triäthylamin* (I) wurde bis zu einem Molenbruch von I $x_2 = 0{,}60$ bestimmt. Die Zus. der kongruent schmelzenden Verb. (II) ergab sich zu 3 $H_2O \cdot$I. Aus der Schmelzkurve konnte die thermodynam. Dissoziations-Konst. (log K = −0,334) von II, der F. der undissoziierten Verb. u. die Schmelzwärme ermittelt werden. Das Dissoziationsgleichgewicht von II wurde als Austauschgleichgewicht mit dem Viererassoziat des W. angesehen: (3 $H_2O\cdot$I) + $(H_2O)_1 \rightleftarrows (H_2O)_4$ + I. Es wurde festgestellt, daß II in W. wesentlich besser aufgenommen wird als freies I, während II in I kaum besser aufgenommen wird als Wasser. W. RITTLER. B 150□

Verteilungsisothermen und Gas–Flüssigkeits-Chromatographie. G. F. Freeguard und R. Stock. (Nature [London] **192.** 257—58. 21/10. 1961. Liverpool, College of Technol., Chem. Dep.; engl.) — Die Verteilungsisothermen (Löslichkeit der Dämpfe) wurden bei 30° nach einer stat. Meth. für *Cyclohexan* (I), *Dichlormethan*, *CCl_4* u. *Chlf.* in Dinonylphthalat (II) sowie für I u. CH_2Cl_2 in Squalan, *Bzl.* in Benzyldiphenyl, Diglycerin u. Siliconöl gemessen. Es zeigt sich, daß die Verteilungsisothermen durchaus nicht linear verlaufen, wie es die Theorie eigentlich fordert. Ferner zeigt sich, daß die Eluierungs-Peak-Symmetrie nicht von dem idealen oder nichtidealen Lsg.-Verh., sondern von der Form der Verteilungsisothermen abhängt. Aus den Unters.-Ergebnissen folgern Vff., daß das Auftreten einer diffusen Front u. eines scharfen Endes im Eluierungs-Peak typ. für die Gas–Fl.-Chromatographie ist. Das Abweichen von der Linearität bei den Verteilungsisothermen u. von der Symmetrie bei den Eluierungs-Peaks konnte nur bei hohen Konzz. beobachtet werden, bei niedrigen Konzz. folgten die Erscheinungen der Theorie. Die Abweichungen vom RAOULTschen Gesetz werden für I, CCl_4, CH_2Cl_2 u. Chlf. in II graph. dargestellt. G. M. NEUMANN. B 150□

Nichtionische oberflächenaktive Stoffe. 3. Mitt. **Einfluß der Struktur auf Micellenbildung in benzolischen Lösungen.** Paul Becher. (J. physic. Chem. **64.** 1221—23. Sept. 1960. Wilmington, Del., Atlas Powder Co., Chem. Res. Dep.; engl.) — 2. vgl. C. **1961.** 3577. — Aus Messungen der krit. Micell-Bldg.-Konz. c_0 mit Jod nach Ross u. OLIVIER (C. **1960.** 1754) u. Lichtstreuungsmessungen bei 435 mμ an benzol. Lsgg. ergibt sich, daß *Isosorbid-exo-monostearat* (*[1.4;3.6-Dianhydro-D-glucit]-exo-monostearat*), *Isoididmonostearat* (*[1.4;3.6-Dianhydro-L-idit]-monostearat*), *Äthylenglykol-mono-n-*

dodecyläther u. techn. *Polyoxyäthylenlaurylalkohol(-mono-n-dodecyläther)* in Bzl. bis hinauf zu Konzz. von 1,20 g/dLiter keine Micellen bilden. Von folgenden Verbb. werden c_0 u. Micell-Molgew. M bestimmt: *Isosorbid-endo-monostearat, Isomannidmonostearat* (*[1.4;3.6-Dianhydro-D-mannit]-monostearat, Diäthylenglykol-n-dodecyläther*, techn. *Polyoxyäthylenlaurylalkohol* (durchschnittlich 2 Oxyäthylen pro Mol), *Hexaäthylenglykol-n-tridecyläther*, techn. *Hexaäthylenglykoltridecyläther*, techn. *Polyoxyäthylentridecylalkohol(monotridecyläther*, durchschnittlich 6 Oxyäthylen pro Mol). Bei den Stearinsäureestern scheint die endo-Estergruppe zur Micell-Bldg. notwendig zu sein. Aus den Unterschieden in M der chem. reinen Äther u. der aus Prodd. techn. Oxoprozesse kann auf Grund der Molgew.-Verteilung letzterer angenommen werden, daß M hauptsächlich durch die Eigg. des das Micellinnere bildenden solophoben Anteiles des Mol. bestimmt wird u. nicht so sehr durch die Struktur (Verzweigungen) der lipophilen Enden. R. Junge. B 162□

Das Gelieren von Gallensalz-Lösungen. Harry Sobotka und Nina Czeczowiczka. (J. Colloid Sci. **13.** 188—91. April 1958. New York, N.Y., Mount Sinai Hospital, Dep. of Chem.; engl.) — Das Auftreten von Gelbldg. vor der Bldg. von krist. Ndd. oder gleichzeitig mit dieser wurde in wss. Lsg. von Na-Salzen der Gallensäuren im pH-Bereich 6—8 bei 20° in Abhängigkeit von der Konz. (bis 2,0 Gew.-%) der Salze verfolgt. Ein deutlicher Effekt trat bei den Lsgg. von *Desoxycholsäure* (I) auf; eine maximale Gelbldg. wurde bei pH 7, jedoch bei höheren Konzz. auch bei pH 6,4—7,8 beobachtet. In letzteren pH-Bereichen unvollständiger Gelbldg. können kugelförmige Gelteilchen (Durchmesser bis zu 2 mm) entstehen, wobei die Lsg. zwar fl. bleibt, jedoch hochviscos ist. *Lithocholsäure*-Lsg. geliert bes. leicht, 0,4 Gew.-%ig. Lsgg. sogar bei pH 12. Keine Gelbldg. konnte in den Fällen der *Cholsäure* u. der konjugierten Gallensäuren *Glykocholsäure* u. *Glykodesoxycholsäure* festgestellt werden. Die Gelbldg. wird aus der chem. Konstit. dieser Verbb. erklärt; van-der-Waals-Anziehung ist in den Fällen begünstigt, in denen größere Bereiche der Moll. frei von polaren Gruppen sind. Auf die Analogie zur Gelbldg. bei Lsgg. von Bromphenolblau wird hingewiesen. E. Uhlein. B 163□

Röntgen- und Neutronenbeugungsuntersuchung von p-Diphenylbenzol. C. J. B. Clews, E. N. Maslen, H. M. Rietveld und T. M. Sabine. (Nature [London] **192.** 154—55. 14/10. 1961. Nedlands, Univ. of Western Australia, Phys. Dep.; Lucas Heights, Australian Atomic Energy Commiss.; engl.) — Auf Grund von Röntgen- u. Elektronenbeugungsaufnahmen berechneten Vff. die beiden entsprechenden Fourier-Projektionen auf die (010)-Ebene, wobei die Projektion der Neutronenbeugungsreflexe wesentlich besser aufgelöst war. Aus ihr ergeben sich deutlich merkliche Abweichungen einiger der Atome aus ihren normalen Lagen, so daß das C-Skelett des Mol. leicht verzerrt ist. Jeder der Benzolringe hat seine normale Konfiguration, die beiden Endringe liegen jedoch nicht parallel mit dem zentralen Ring, sondern bilden einen Winkel von angenähert 1°30'. Ebenso sind einige der H-Atome aus ihren normalen Lagen verschoben, wahrscheinlich wegen ster. Behinderung innerhalb des Moleküls. So sind die am $C_{(1)}$ u. $C_{(5)}$ sitzenden H-Atome derart verschoben, daß ihr Abstand größer wird. Dies war zu erwarten, denn wenn sie ihre normale Lagen besetzten, wäre ihr Abstand nur 1,8 Å, während die Summe der van der Waalsschen Radien 2,4 Å beträgt. Aus der Projektion ließen sich ferner die Arten der Schwingungen innerhalb der Moll. herleiten. Die $C_{(2)}$- u. $C_{(4)}$-Atome haben beträchtlich geringere Wärmeschwingungen als die restlichen C-Atome. Die Bewegungen aller Atome sind deutlich anisotrop, wobei die Richtung maximaler Schwingung senkrecht zur langen Achse des Mol. liegt. C. Gottfried. B 182

Struktur der mesomorphen Phasen des wasserfreien Calciumstearats. Pierre Spegt und Antoine Skoulios. (C. R. hebd. Séances Acad. Sci. **251.** 2199—2201. 14/11. 1960. Strasbourg, Centre de Rech. sur les Macromol.; franz.) — Vff. untersuchten röntgenograph. wasserfreies *Ca-Stearat* bei Tempp. zwischen 50 u. 350°. Auf den Diagrammen lassen sich 2 Gebiete unterscheiden: das Gebiet der großen u. das der kleinen Bragg-Winkel. In dem 1. Gebiet tritt nur eine breite Bande auf, die charakterist. ist für die regellose Anordnung der Paraffinketten; bei Temp. $< 120°$ traten in diesem Gebiet feine Banden auf, die auf eine kristalline Nahordnung hinweisen. In dem 2. Gebiet wurde eine Reihe von 2—5 feiner Interferenzen festgestellt, von denen die zentralen in Abhängigkeit von der Temp. 3 Gruppen bilden, deren jede einer definierten Struktur entspricht. $< 115°$ ist die Struktur der Seife lamellar. Die salzartigen Gruppen sind in nicht definierten, parallelen Ebenen gleicher Abstände lokalisiert, die durch eine doppelte Schicht von Paraffinketten getrennt sind. Die polaren Gruppen u. die Paraffinketten bilden ein reguläres u. period. dreidimensionales Kristallgitter mit einer Blättchendicke von 47,3 Å. Bei ca. 115° bricht die Struktur der Paraffinketten zusammen; es tritt eine für ein fl. Paraffin charakterist. diffuse Bande auf. Trotzdem bleibt die Struktur lamellar. Die Schichtdicke fällt von 34 Å bei 115° auf ca. 29 Å bei 191°. Oberhalb 202° tritt eine neue mesomorphe Phase derart auf, daß die salzartigen Gruppen in unbestimmten parallelen Zylindern lokalisiert sind, die die Punktlagen eines zweidimensionalen hexagonalen Gitters besetzen, während die Paraffinketten in fl. Zustand den Rest des Raumes anfüllen. Der Abstand zwischen den Zylindern ist unabhängig von der Temp. u. beträgt 27 Å. C. Gottfried. B 190

Konstitution und antikristallisierend wirkende Eigenschaften der Weinsäureanhydride. Émile Peynaud. (Bull. Soc. chim. France **1961**. 574—75. März. Bordeaux, Fac. des Sci., Station agronom. et œnolog. et Labor. d'œnol. et de chim. agric.; franz.) — Vf. berichtet über Unterss., bei denen α-Weinsäure entweder im Vakuum verschieden lang (bis zu 1 Std.) auf ca. 160° oder bei normalem Druck auf ca. 175° erhitzt wurde. Bestimmt wurden von den Rk.-Prodd. der Esterifizierungsindex, d. h. der Prozentsatz der funktionellen Gruppen, die bei der internen Esterifizierung teilgenommen hatten in bezug auf die Gesamtheit der sauren Gruppen, ferner die Löslichkeit in verschiedenen Lsgm., die Fällung durch Calciumacetat, die Oxydierbarkeit in der Kälte durch Permanganat sowie die Ausbeute an Brenztraubensäure. Es wurde gefunden, daß der Verlust an Carboxylgruppen durch innere Esterifizierung 40—42% nicht übersteigt. Verss., die gebildeten Anhydride durch Chromatographie, durch fraktionierte Extraktion mit Ae. u. durch fraktionierte Ausfällung als Calciumsalze zu trennen, blieben ohne Erfolg. Die kinet. Unters. der Hydrolyse in wss. Lsg., die sehr langsam verläuft, bestätigte die Homogenität der *Weinsäureanhydride* (oder Hemipolylactide). Diese nicht kristallisierbaren Substanzen, auch die, welche man durch Schmelzen der α-Weinsäure erhält, zeigen in Lsg. hemmende Eigg. gegenüber der Kristallisation von weinsauren Salzen mit Ausnahme der Schwermetallsalze. Diese Weinsäureanhydride verhindern sowohl die Kristallisation von Salzen der *l*-Weinsäure wie auch die der rac. Säure. Genauere Unterss. zeigten, daß 0,8 mMol von Weinsäureanhydriden mit einem Esterifizierungsindex von 42% innerhalb von 24 Std. vollständig die Bldg. von Kristallen entsprechend 20 mMol/Liter K-Bitartrat oder 20 mMol/Liter Ca-Tartrat oder 25 mMol rac.-Ca-Tartrat verhinderte. C. Gottfried. B 190

Strukturelle Deutung der meriedrischen Formen des Hexamethylentetramins und des Kupfer(I)-jodids. Robert Cadoret und Jean-Claude Monier. (C. R. hebd. Séances Acad. Sci. **250**. 3680—82. 30/5. 1960; franz.) — In Fortsetzung von Unterss. von Kern u. Monier (vgl. C. **1958**. 7686 u. früher) über die meriedr. Formen von nichtzentrosymm. Kristallen untersuchten Vff. goniometr. u. z. T. röntgenograph. unter Verw. der anomalen Dispersion der Röntgenstrahlen selbst gezüchtete Kristalle von *Hexamethylentetramin* (I) u. *CuJ*. Bei I, das eine schwache Gitterenergie hat, sind die beiden komplementären meriedr. Formen {211} gleich gut entwickelt. CuJ krist. als Tetraeder, dessen Flächen den Strukturebenen des J entsprechen. Damit konnte die l. c. entwickelte Theorie in 2 Punkten bestätigt werden. C. Gottfried. B 190

Epitaxie von biologisch bedeutsamen Stoffen auf Quarzoberflächen. H. Seifert. (Naturwissenschaften **48**. 713—14. 1. Dez.-H. 1961. Münster, Univ., Miner.-Petrolog. Inst. u. Museum; dt.) — Sehr selektive Epitaxien wurden beobachtet von *Vitamin* B_1 auf einer Prismenfläche von L-Quarz u. von *Vitamin* B_{12} auf einer Prismenfläche von R-Quarz. Weiter verliefen Epitaxie-Verss. an Quarz positiv mit *Methylenblau, Malachitgrün, Phloroglucin* u. *Acridinorange*. Aufwachsungen von *Monosacchariden* bedürfen anscheinend mindestens der Aminosäuren als Promotoren. Vers. mit *Cholesterin*, L-*Ascorbinsäure* u. *Lactoflavin*, brachten negative Ergebnisse. Ch. Weiske. B 190□

Untersuchung der Kristallstruktur des Dihydrochlorids von Isoniazid. Danita Kupfer. (C. R. hebd. Séances Acad. Sci. **251**. 1796—97. 24/10. 1960. Bellevue, Labor. de Cristallogr. Appl.; franz.) — Krist. man *Isonicotinsäurehydrazid* aus HCl enthaltendem wss. A. um, dann bilden sich Platten. Bei langsamer Verdampfung einer wss. HCl-Lsg. bei 30° erhält man gestreckte Plättchen oder Nadeln der *Dihydrochloride* mit monokliner Symmetrie u. mit den Zellendimensionen a = 11,50 ± 0,04 (Å); b = 4,40 ± 0,03; c = 11,97 ± 0,04; β = 97° ± 0,5°. Raumgruppe ist P 2_1/n; Z gleich 4 mit D. 1,56. Die Struktur wurde vollständig durch Projektionen parallel der c- u. a-Achse bestimmt. Folgende Parameter sind angegeben: $Cl_{(1)}$ (x) 0,478; (y) 0,123; (z) 0,075; $Cl_{(2)}$: 0,206; 0,222; 0,146; $N_{(1)}$ 0,210; 0,547; 0,076; $N_{(2)}$: 0,378; 0,303; 0,798; $N_{(3)}$: 0,433; 0,247; 0,602; O: 0,455; 0,391; 0,464; $C_{(1)}$: 0,169; 0,475; 0,101; $C_{(2)}$: 0,225; 0,416; 0,965; $C_{(3)}$: 0,322; 0,436; 0,822; $C_{(4)}$: 0,357; 0,505; 0,790; $C_{(5)}$: 0,304; 0,562; 0,942; $C_{(6)}$: 0,382; 0,374; 0,672. Da die Verb. ein komplexes Cu-Salz bilden kann, kommt nur die tautomere Form (OH)(—)C=N—NH_2 in Frage. Die CO—NH—NH_2-Gruppe ist angenähert eben u.

nur wenig gegen den Pyridinring geneigt. Im Kristall ist das Cl-Atom des an den Pyridin-N [$N_{(1)}$] gebundenen HCl-Mol. mit $N_{(1)}$ u. $N_{(\omega)}$, das 2. Cl mit 2 $N_{(\omega)}$ verknüpft.
C. GOTTFRIED. B 195

Kristallstruktur der 1:1-Additionsverbindung Dithian–Jodoform. T. Bjorvatten und O. Hassel. (Acta chem. scand. **15.** 1429—36. 1961. Blindern-Oslo, Norway, Univ., Kjem. Inst.; engl.) — Vff. untersuchten die Struktur der bisher nicht bekannten *1:1-Additions-Verb. 1.4-Dithian* (I)–*Jodoform* (II). Kristalle der neuen Verb. (F. 72°, D. 2,80) wurden als flache monokline Nadeln durch langsame Verdampfung einer äquimol. Menge von **I** u. **II** enthaltenden gesätt. CS_2-Lsg. erhalten. WEISSENBERG-Aufnahmen lieferten die Zellendimensionen a = 6,56 (Å); b = 21,06; c = 4,47; β = 104,4°; Raumgruppe ist $P\,2_1/m$; z = 2. Die Struktur wurde mit Hilfe von PATTERSON- u. FOURIER-Synth. ermittelt u. mit der Meth. der kleinsten Quadrate verfeinert. Die gefundenen Parameter sind $J_{(1)}$ (x =) 0,5214; (y =) 0,3339; (z =) 0,1763; $J_{(2)}$: 0,0406; 0,2500; —0,0039; $C_{(1)}$: 0,344; 0,2500; —0,037; $S_{(1)}$: 0,805; 0,4529; 0,551; $C_{(2)}$: 0,775; 0,5287; 0,384; $C_{(3)}$: 0,943; 0,5733; 0,492. In dem Gitter liegen die **I**-Moll. in Symmetriezentren, die **II**-Moll. in Symmetrieebenen. Zwei zu einem einzelnen **II**-Mol. gehörige J-Atome bilden Ladungsübertragungsbindungen mit S-Atomen, die zu benachbarten **I**-Moll. gehören; der J—S-Abstand mit 3,32 Å ist ca. 0,7 Å kürzer als er für einen VAN DER WAALSschen Kontakt zu erwarten wäre. Jedes **II**-Mol. ist daher an 2 benachbarte **I**-Moll. u. umgekehrt gebunden; damit treten in dem Kristall Ketten mit abwechselnd Donator- u. Acceptormoll. auf. Vorläufige Unterss. an der *1:1-Additions-Verb. 1.4-Dioxan* (**III**)-**II** ergaben rhomb. Symmetrie; die Verb. ist nicht isostrukturell mit der untersuchten **I**-Verbindung. Die allg. Charakteristiken der beiden Additions-Verbb. scheinen jedoch sehr ähnlich zu sein. Danach sind auch in der **III**-Verb. Ketten mit abwechselnd Donator- u. Acceptor-Moll. vorhanden u. 2 J-Atome jedes **II**-Mol. bilden Ladungsübertragungsbindungen mit Äther-O-Atomen benachbarter **III**-Moleküle. C. GOTTFRIED. B 195

Röntgenkristallographische Untersuchung einiger Racemate und Quasiracemate. Steinar Husebye. (Acta chem. scand. **15.** 1215—22. 1961. Bergen, Norway, Univ. of Bergen, Chem. Inst.; engl.) — Es wurden röntgenograph. untersucht *rac.-1.2-Dithiandicarbonsäure-(3.6)* (**I**), *rac.-1.2-Diselenandicarbonsäure-(3.6)* (**II**), das *Quasiracemat* (**III**) (vgl. FREDGA, C. **1958.** 4132) von (—)-I u. (+)-II, *rac.-α-[Naphthyl-(1)]-propionsäure* (**IV**), *rac.-α-[Thianaphthenyl-(3)]-propionsäure* (**V**), das *Quasiracemat* (**VI**) von **IV** u. **V** u. *rac.-α-[Indolyl-(3)]-propionsäure* (**VII**). Zellendimensionen von **I** bei C-zentrierter Aufstellung a = 12,09 (Å); b = 9,26; c = 9,70; β = 129°, bei körperzentrierter Aufstellung a = 9,62 (Å); b = 9,26; c = 9,70; β = 102,5°; Raumgruppe C_{2h}^6—2/c; Z = 4. **II**: (Aufstellungen wie bei **I**) a = 9,97; b = 9,43; c = 9,78; β = 105° bzw. a = 12,01; b = 9,43; c = 9,78; β = 127°; Raumgruppe C_{2h}^6— 2/c; Z = 4. **III**: (Aufstellung wie bei **I**) a = 12,11; b = 9,38; c = 9,80; β = 128,5° bzw. a = 9,75; b = 9,38; c = 9,80; β = 103,5°; Raumgruppe C_2^3 — 2; Z = 4. **III** kristallisiert in gelben Prismen (D. 1,96). **IV** bildet flache, monoklin-prismat., nach der b-Achse gestreckte Prismen mit a = 7,89 (Å); b = 9,04; c = 15,01; β = 96,5°; Raumgruppe C_{2h}^5 — $P\,2_1/c$; D. 1,25; Z = 4. **V**: unregelmäßige monokline Kristalle mit a = 8,71 (Å); b = 10,45; c = 11,01; β = 96°; Raumgruppe C_{2h}^5 — $P\,2_1/c$; D. 1,34; Z = 4. **VI**: unregelmäßige Prismen oder nach der c-Achse gestreckte rhomb. Nadeln mit a = 8,86 (Å); b = 29,00; c = 8,09; mögliche Raumgruppen D_4^2-$P2_12_12_1$ oder D_3^3 — $P\,2_12_12$; D. 1,29; Z = 4. **VII**: kleine orangefarbene, nach der c-Achse gestreckte tetragonale Nadeln oder Prismen mit a = 16,00 Å u. c = 7179 Å; Raumgruppe C_{4h}^4 — $P\,4_2/n$; D. 1,24. Es scheint, daß die echten Racemate in nicht enantiomorphen Raumgruppen kristallisieren. Dies ist nicht der Fall bei den Quasiracematen **III** u. **VI**; hier fehlen die Symmetrieelemente $\bar{1}$, m, c u. $\bar{4}$. **III** besitzt nicht die Gleitebenen u. Symmetriezentren von **I** u. **II**. Die Zellendimensionen von **I**, **II** u. **III** sind sehr ähnlich; das ist zu erwarten wegen des geringen Unterschiedes in den kovalenten Radien von S u. Se. Es ist anzunehmen, daß die Lagen in dem Kristallgitter von **III** in der gleichen Weise besetzt sind wie in **I** u. **II**. **IV** u. **V** sind nicht isomorph, u. es besteht keinerlei Beziehung zwischen der Elementarzelle u. der Raumgruppe von **IV** u. **V** u. der von **VI**. Das ist wahrscheinlich das Ergebnis der relativ großen strukturellen Differenz zwischen den Komponenten des Quasiracemates, was eine ganz andere Pakkung der Moll. erforderlich macht als in den echten Racematen. Um die ähnliche Anordnung in **III** u. den beiden echten Racematen zu bestätigen, wurde eine Projektion der Struktur von **III** entlang der b-Achse ausgearbeitet u. die Ergebnisse mit den Daten der bekannten Strukturen von **I** u. **II** verglichen. Aus dieser Projektion ergab sich eindeutig, daß die (+)- u. (—)-Moll. auf dieselben Lagen verteilt sind wie in den echten Racematen.
C. GOTTFRIED. B 195

Zur Struktur von α-Lactosemonohydrat. H. Seifert und G. Labrot. (Naturwissenschaften **48.** 691. 2. Nov.-H. 1961. Münster, Univ., Mineralog.-Petrolog. Inst. u. Museum; dt.) — Drehkristall- u. WEISSENBERG-Aufnahmen ergaben für *α-Lactosemonohydrat* monokline Symmetrie u. die Zellendimensionen a = 7,864 ± 0,01 (Å); b = 21,898 ± 0,02; c = 4,897 ± 0,01; β = 105° 58,5' ± 1'; Raumgruppe ist C_2^2—P_2^1; D. 1,497; Z = 2. C. GOTTFRIED. B 195

Untersuchung der Reaktion von Benzol mit Phenylderivaten der Elemente der 4. Gruppe des Periodensystems und Bestimmung der Zusammensetzung ihrer Molekülverbindungen mittels markierter Atome. L. M. Nasarowa, Je. N. Charlamowa, G. Je. Alexandrowa und Je. B. Eltekowa. (Журнал Общей Химии [J. allg. Chem.] **31 (93).** 3308—11. Okt. 1961. Physikal.-chem. Karpow-Inst.; russ.) — Triphenylmethan (**I**), Tetraphenylsilan (**II**) u. -zinn (**III**) tauschen bei 200° nicht oder nur spurenweise mit Bzl. Phenylgruppen aus, wie durch Markierung des Bzl. mit ^{14}C u. Messen der Radioaktivität der erhaltenen Rk.-Prodd. festgestellt wurde. Tetraphenylblei (**IV**) tauscht mit Bzl. bei 200° in 20 Std. zu ca. 0,7% Phenylgruppen aus. **II, III** u. **IV** bilden mit Bzl. *Molekül-Verbb.* der Zus. $[Me(C_6H_5)_4]_7 \cdot C_6H_6$, die beständig sind. **I** liefert mit Bzl. eine Mol.-Verb. der Zus. 1:2, die sehr unbeständig ist u. schnell Bzl. abspaltet. Die Zus. von Mol.-Verbb. aus metallorgan. Verbb. u. Lsgm. kann durch ^{14}C-Indikation best. werden, wenn kein Austausch von Radikalen stattfindet. HELMUT SCHÄFER. B 223

Assoziation einiger binärer Lösungen von hydroxylierten Substanzen. Henry Brusset und Janine Chevalley. (Bull. Soc. chim. France **1961.** 2249—52. Dez. Paris, École Centr. des Arts et Manufact., Centre de Rech. de Chim.; franz.) — Vgl. CHEVALLEY, Bull. Soc. chim. France **1961.** 510. — Aus Dampfdruckdaten berechnen Vff. den Prozent-Geh. (α) an nicht assoziierten Moll. u. den mittleren Assoziationsgrad (χ_A) von *Phenol* (**I**) bzw. *Cyclohexanol* in CCl_4- bzw. Cyclohexan-Lsg. zwischen 24—50° bzw. 35 u. 55°. Die Daten werden mit den Ergebnissen spektroskop. Unterss. (vgl. MECKE, Z. Elektrochem., Ber. Bunsenges. physik. Chem. **52.** [1948.] 269; HOFFMANN, Z. physik. Chem. Abt. B **53.** [1943.] 179) des Syst. I–CCl_4 verglichen, wobei sich herausstellt, daß Lsgg. mit einem Geh. von über 20% I erheblich vom Modell einer idealen assoziierten Lsg. (vgl. PRIGOGINE u. DEFAY, Thermodynamique chimique, Liège, 1950) abweichen. Die thermodynam. χ_A-Werte nehmen bei den stärker konz. Lsgg. (etwa oberhalb eines Molenbruchs von 0,60) mit steigender Konz. ab. Aus Literaturdaten wurden auch die χ_A-Werte für die Syst. *Methanol–, A.–* u. *m-Kresol–*CCl_4 bei 35—55, 45—65 bzw. 10—40° berechnet. B. GNAUCK. B 223□

Umlagerung von Alkylkationen, die während der Reaktion zwischen salpetriger Säure und Alkylaminperchloraten gebildet werden. O. A. Reutov und T. N. Shatkina. (Tetrahedron [London] **18.** 237—43. Febr. 1962. Moscow, Univ. and Acad. of Med. Sci. of the USSR, Dep. of Chem.; engl.) — Bei der Rk. von HNO_2 mit *$^{14}C_{(1)}$-n-Propylaminperchlorat* erfolgt keine Umlagerung der n-Propylkationkette, sondern nur eine Isomerisierung (Is.) nach $CH_3—CH_2—^{14}CH_2^+ \rightleftarrows {}^+CH_2—CH_2—^{14}CH_3$ mit simultaner Is. des n-Propyl- zum Isopropyl-Kation, wobei n- u. Isopropanol gebildet werden. Eine ähnliche Is. wurde bei der Rk. von HNO_2 mit *$^{14}C_{(1)}$-Cyclohexylaminperchlorat* beobachtet. Das folgt aus der Bindung des OH an C-Atome des gebildeten Cyclohexanols, die an der N—C-Bindung des ursprünglichen Amins nicht beteiligt waren. Die Rk.-Mechanismen werden angegeben.

Versuche: *$^{14}C_{(1)}$-Propionitril*, Kp. 94—97°, aus $K^{14}CN$, Äthylenglykol u. $(C_2H_5O)_2 \cdot SO_2$ bei 35°, 18 Std. bei 20°; 30% (Ausbeute). — *$^{14}C_{(1)}$-n-Propylamin*, aus vorst. Verb. mit $LiAlH_4$ in Ae.; 50%. — *$^{14}C_{2(1,7)}$-Pimelinsäure*, durch 3std. Kochen von $K^{14}CN$ mit Pentamethylendibromid in wss. A.; 81%. — *$^{14}C_{(1)}$-Cyclohexanon*, n_D^{20} 1,4498, aus vorst. Verb. durch 1std. Erhitzen mit $BaCO_3$ auf 325°; 79%. *2.4-Dinitrophenylhydrazon*, F. 161—163°. — *$^{14}C_{(1)}$-Cyclohexylamin*, aus vorst. Verb. durch 2½std. Erhitzen mit 85%ig. HCO_2H, $CHONH_2—HCO_2Na$ u. RANEY-Ni; 50%. ERNST SCHULTE. B 225□

Über die intramolekularen Umwandlungen von N-Acylderivaten der α.γ-Diaminobuttersäure. A. B. Ssilajew, G. Ss. Katrucha und N. A. Kusmina. (Журнал Общей Химии [J. allg. Chem.] **31 (93).** 3111—15. Sept. 1961. Moskau, Univ., Chem. Fak., Labor. für die Chem. der Eiweißstoffe u. Antibiotica; russ.) — N^α-Capryloyl-α.γ-diaminobuttersäure (**I**) wird beim 3½tägigen Erwärmen mit 0,1 n NH_4OH auf 37° teilweise in *N^γ-Capryloyl-α.γ-diaminobuttersäure* (**II**) umgewandelt, wie durch elektrophoret. Unters. des erhaltenen Gemisches in verschiedenen Elektrolyten nachgewiesen wird. Ein weiterer Nachw. wird durch Umsetzen des Rk.-Gemisches mit 2.4-Dinitrofluorbenzol u. anschließende Hydrolyse durch 24std. Erhitzen mit 6 n HCl auf 110° geführt. Hierbei fallen nebeneinander *N^γ- u. N^α-[2.4-Dinitrophenyl]-α.γ-diaminobuttersäure* an, die ebenfalls papierelektrophoret. bestimmt werden. Auf analoge Weise wird festgestellt, daß in saurer Lsg. (6 n HCl) bei 37° auch eine $N^\gamma \rightarrow N^\alpha$-Acylwanderung unter Umwandlung von II in I stattfindet. Die Rkk. sind von Interesse, da sie unter den gleichen Bedingungen wie die Inaktivierung von *Polymyxin M* ablaufen. Es wird angenommen, daß die Acylwanderungen über ein cycl. Zwischenprod. führen.

H.-E. TOUSSAINT. B 225□

Umlagerung axialer Alkylcyclohexanole in Form des Natriumalkoholats unter dem Einfluß kleiner Mengen Sauerstoff. Bernard Alexander, Raymond Cornubert, Yves Fagnoni und Wladimir Kondrachoff. (Bull. Soc. chim. France **1960**. 1332—37. Juli. Nancy, Fac. des Sci., Labor. de Chim. organ.; franz.) — *4e* (**I**) u. *3e-Methylcyclohexanol-*(*1a*) lagern sich in Form der Na-Alkoholate bei Einw. geringer Mengen O_2 (80—85 cm^3) u. anschließendem Verweilen unter N_2 (48 Std.) in der Kälte in die äquatoriale Form um. Vff. nehmen an, daß die Epimerisierung über das 1a-Hydroperoxid verläuft u. die -ONA-Gruppe während des Bruchs der C—H-Bindung in die e-Konfiguration umklappt. Längeres Verweilen unter O_2 bewirkt teilweise Zers. der Cyclohexanolate zu Säuren, die nicht isoliert werden konnten. I selbst lagert unter den angegebenen Bedingungen keinen O_2 an.

M. SCHENK. B 225□

Einfluß von Substituenten auf die Racemisierungsgeschwindigkeit von Ketonen mit einem asymmetrischen C-Atom in α-Stellung. A. K. Mills und A. E. Wilder Smith. (Helv. chim. Acta **43**. 1915—27. 1/12. 1960. Genf, Univ., Inst. de Thérapeut., École de Méd.; Reading, England, Univ., Centr. Chem. Dep.; franz.) — Zur Ermittlung des Einfl. von Substituenten am asymm. C-Atom u. an der Ketogruppe wird die Racemisierungs-Geschw. von Ketonen der Desoxybenzoin- u. Hydratropasäurereihe in abs. A. u. 80%ig. wss. A. bei 25° in Ggw. von 0,0080 n CH_3ONa gemessen. Die Geschw.-Konst. $K_{rac.}$ der Ketone sind: α-Alkyldesoxybenzoine: *α-Methyl-* (**I**), $1,9 \cdot 10^{-2}$ [min^{-1}] (abs. A.), $1,1 \cdot 10^{-3}$ (80%ig. A.); *α-Äthyl-*, $6,5 \cdot 10^{-3}$, $2,6 \cdot 10^{-3}$; *α-n-Propyl-*, $3,9 \cdot 10^{-3}$, $2,1 \cdot 10^{-3}$; *α-n-Butyl-*, $3,7 \cdot 10^{-3}$, $2,0 \cdot 10^{-3}$; *α-n-Amyl-*, $3,6 \cdot 10^{-3}$, $1,9 \cdot 10^{-3}$; *α-[β-Phenyläthyl]-*, $1,1 \cdot 10^{-2}$, $3,9 \cdot 10^{-3}$; *α-Benzyl-*, $8,5 \cdot 10^{-3}$, $3,6 \cdot 10^{-3}$; *α-Isopropyl-*, $4,8 \cdot 10^{-4}$, $3,6 \cdot 10^{-4}$; *α-Isobutyl-*, $1,1 \cdot 10^{-3}$, $5,9 \cdot 10^{-4}$; *α-sek.-Butyl-*, $3,3 \cdot 10^{-4}$, $2,1 \cdot 10^{-4}$; *α-tert.-Butyl-*, $2,5 \cdot 10^{-5}$, $13 \cdot 10^{-5}$. — Alkyl-[α-phenyläthyl]-ketone: *Methyl-* (**II**), $3,9 \cdot 10^{-2}$, $2,4 \cdot 10^{-2}$; *Äthyl-*, $1,1 \cdot 10^{-2}$, $6,7 \cdot 10^{-3}$; *n-Propyl-*, $8,3 \cdot 10^{-3}$, $4,0 \cdot 10^{-3}$; *n-Butyl-* (**III**), $6,5 \cdot 10^{-3}$, $3,4 \cdot 10^{-3}$; *Isobutyl-*, $5,4 \cdot 10^{-3}$, $3,2 \cdot 10^{-3}$; *sek.-Butyl-*, $2,1 \cdot 10^{-3}$, $1,4 \cdot 10^{-3}$; *Isopropyl-*, $3,3 \cdot 10^{-3}$, $1,7 \cdot 10^{-3}$; (ab **III** nicht analyt. rein). Aus den Messungen folgt: Die Racemisierungs-Geschw. in abs. A. sind größer als in wss. A.; die Elektronendonator-Wrkg. aliphat. Gruppen wächst mit ihrer Länge u. ihrer Verzweigung; die Benzylgruppe ist ein stärkerer Elektronendonator als die β-Phenyläthylgruppe. Nach den Racemisierungs-Geschw. von I u. II müßte die Phenylgruppe ein stärkerer Elektronendonator als die Methylgruppe sein, ster. Effekte sind allerdings nicht ausgeschlossen.

Versuche: *(±)-1.1-Diphenyl-2-aminobutanol-(1)* (**IV**), $C_{16}H_{19}NO$, F. 82—85°, durch Rk. von C_6H_5MgBr mit 7,86 g α-Aminobuttersäureäthylesterhydrochlorid (**V**) in Ae. bei 0°, Rk. bei Raum-Temp. über Nacht, 2 std. Kochen u. Behandeln des *Hydrochlorids* mit NH_4OH; 6,3 g (Ausbeute). *(+)-Isomeres* [(+)-**IV**], $C_{16}H_{19}NO$, F. 86—87°, a) durch Spaltung von (±)-α-Aminobuttersäure nach ABDERHALDEN [1911] u. Rk. von 4,7 g (—)-**V**; $[\alpha]_D^{20}$ +84,3° (c = 1,0; Chlf.; l = 1); 4,7 g; b) aus 13,81 g **IV** u. 14,5 g Camphersulfonsäure über *(—)-1.1-Diphenyl-2-aminobutyl-(1)-camphersulfonat* ($[\alpha]_D^{20}$ —1,49° (c = 2,42; CH_3OH; l = 1); 2,58 g) u. dessen Zers. mit NH_4OH; $[\alpha]_D^{18}$ +79,3° (c = 1,0; Chlf.; l = 1); 1,19 g. — *(—)-Äthyldesoxybenzoin*, $C_{16}H_{16}O$, F. 53—54° (A./W.), aus 0,56 g (+)-**IV** in 25%ig. wss. CH_3COOH durch Zutropfen von $NaNO_2$-Lsg. bei 0°; $[\alpha]_D^{20}$ 179,40° (c = 0,505; l = 1); 0,227 g. — *(+)-1.1-Diphenyl-2-aminopentanol-(1)*, $C_{17}H_{21}NO$, F. 81,5—82,5°, aus 3,63 g des Äthylesterhydrochlorids aus (—)-α-Amino-n-valeriansäure ($[\alpha]_D^{20}$ —24,4°) analog **IV**; $[\alpha]_D^{16}$ 86,9° (c = 1,000; Chlf.; l = 1); 2,54 g. — *(—)-n-Propyldesoxybenzoin*, $C_{17}H_{18}O$, F. 43—44° (W./A.), aus 0,34 g vorst. Verb.; $[\alpha]_D^{20}$ —161,3° (c = 0,315; Chlf., l = 1); 0,31 g. — *(+)-3-Methyl-1.1-diphenyl-2-aminobutanol-(1)*, $C_{17}H_{21}NO$, F. 96,5—97,5° (A./W.), aus 3,294 g des Äthylesterhydrochlorids aus (—)-Valin ($[\alpha]_D^{20}$ = 29,8°, c = 2,945; 20%ig. HCl; l = 1) analog **IV** über das *Hydrochlorid* (F. 256—258°); $[\alpha]_D^{20}$ 123,1° (c = 1,056; $CHCl_3$; l = 1); 3,42 g. — *(—)-Isopropyldesoxybenzoin*, $C_{17}H_{18}O$, F. 93,5—94,5° (W./A.), aus 0,945 g vorst. Verb.; $[\alpha]_D^{20}$ —100,0° (c = 1,067; Chlf.; l = 1); 0,59 g. — *(—)-α-Aminocapronsäure*, aus der racem. Säure (aus α-Bromcapronsäure) nach ABDERHALDEN, FRÖHLICH u. FUCHS [1913]; $[\alpha]_D^{20}$ —25,4° (0,1120 g in 11,3896 g 20%ig. HCl; l = 1). *(+)-Isomeres*, $[\alpha]_D^{20}$ 25,5° (0,1360 g in 11,7498 g 20%ig. HCl; l = 1). — *(—)-1.1-Diphenyl-2-aminohexanol-(1)*, $C_{18}H_{23}NO$, F. 113,5—114,5° (W./A.), aus 5 g (—)-Äthylesterhydrochlorid vorst. Verb. über das *Hydrochlorid* [F. 221—223° (Zers.)]; $[\alpha]_D^{20}$ —85,27° (c = 0,1290; Chlf.; l = 1); 4,18 g. — *(+)-n-Butyldesoxybenzoin*, $C_{18}H_{20}O$, F. 67,5—68,5° aus 1,02 g vorst. Verb.; $[\alpha]_D^{20}$ 149,5° (c = 0,662; Chlf.; l = 1); 0,65 g. —

Isobutyldesoxybenzoin, aus (—)-Leucin ($[\alpha]_D^{20}$ —9,80°, c = 2,015; W.; *l* = 2) nach BETTZIECHE, MENGER u. WOLF [1926] u. KANAO u. YAGUCHI [1928]. — (—)-*3-Methyl-1.1-diphenyl-2-aminopentanol-(1)*, $C_{18}H_{23}NO$, aus 2,15 g (+)-Isoleucinäthylesterhydrochlorid über das *Hydrochlorid* [F. 248—249° (Zers.)]; $[\alpha]_D^{20}$ —126,6° (c = 1,000; Chlf.; *l* = 1); 1,97 g. — (+)-*sek.-Butyldesoxybenzoin*, $C_{18}H_{20}O$, F. 75,5—76° (A.), aus 1,19 g vorst. Verb.; $[\alpha]_D^{20}$ +91,3° (c = 0,300; Chlf.; *l* = 1); 0,82 g. — *α-Oximino-tert.-butylessigsäure*, F. 74—77° (PAe.), durch Zugabe von 13 g Trimethylbrenztraubensäure zu $NH_2OH \cdot HCl$ in Pyridin u. 48std. Stehen bei 0°; 13,1 g. — *α-Amino-tert.-butylessigsäure* (*Pseudoleucin*, **VI**), Sublimationspunkt 250°, aus vorst. Verb. in 50%ig. wss. A. durch Zugabe von Al-Amalgam in 1½ Std.; 93%. — (+)-*3.3-Dimethyl-1.1-diphenylbutanol-(1)*, $C_{18}H_{23}NO$, F. 131,5—132° (A./W.), aus 5,4 g Äthylesterhydrochlorid von (—)-**VI**; $[\alpha]_D^{20}$ +1,66,6° (c = 0,318; Chlf., *l* = 1); 1,5 g. — (—)-*tert.-Butyldesoxybenzoin*, $C_{18}H_{20}O$, F. 76,0—76,5° (wss. A.), aus 0,75 g vorst. Verb.; $[\alpha]_D^{20}$ —170,6° (c = 0,153; Chlf., l = 1); 0,44 g. — *n-Amylmalonsäure*, F. 75—78°, aus 160 g n-Amylmalonester; 100,5 g. — *α-Aminoheptansäure*, F. 262—265°, aus vorst. Verb. in Ae. durch Zutropfen von Br_2 u. Umsatz mit NH_4OH bei 0°; 72%. — *N-Formyl-α-aminoheptansäure*, $C_8H_{15}NO_3$, F. 116—117°, aus 45 g vorst. Verb. u. HCOOH durch 3std. Kochen; 25 g. (—)-*Brucinsalz*, F. 133—135° (A.); $[\alpha]_D^{20}$ —12,8° (c = 1,250; CH_3OH; *l* = 1); 37,5 g; (+)-*Brucinsalz*, Sirup; $[\alpha]_D^{18}$ 20,12° (c = 1,640; 20%ig. HCl; *l* = 1). — (—)-*N-Formyl-α-aminoheptansäure*, F. 108—110°, aus 37,5 g von vorst. (—)-Brucinsalz; $[\alpha]_D^{18}$ —14,86° (c = 1,380; CH_3OH; *l* = 1); 8,84g. — (—)-*α-Aminoheptansäure*, $C_7H_{15}NO_2$, aus 8,84 g vorst. Verb. durch 1½ std. Kochen in 10%ig. wss. HCl u. Neutralisation mit NH_4OH; $[\alpha]_D^{18}$ —24,45° (c = 1,325; 20%ig. HCl; *l* = 1); 5,60 g. — (+)-*1.1-Diphenyl-2-aminoheptanol-(1)*, $C_{19}H_{25}NO$, F. 88—89°, aus 4,19 g des Äthylesterhydrochlorids vorst. Verb. über das *Hydrochlorid* (F. 204—207°); $[\alpha]_D^{18}$ 75,5° (c = 0,914; Chlf.; *l* = 1); 3,81 g. — (—)-*n-Amyldesoxybenzoin*, $C_{19}H_{22}O$, F. 49—50° (A.), aus 1,1 g vorst. Verb.; $[\alpha]_D^{18}$ —151,2° (c = 0,500; Chlf.; *l* = 1); 0,63 g. — *Benzyldesoxybenzoin*, aus (—)-Phenylalanin ($[\alpha]_D^{18}$ —34,01°; c = 2,04; *l* = 1) nach MCKENZIE, ROGER u. WILLS [1926]. — (—)-*γ-Phenyl-α-amino-n-buttersäure* (**VII**), aus dem Racemat nach DU VIGNEAUD u. IRISH [1937]; $[\alpha]_D^{20}$ —49,6° (c = 1,000; 1 n HCl; l = 1). (+)-*Isomeres*; $[\alpha]_D^{20}$ +36,3° (c = 1,000; 1 n HCl; *l* = 1). — *1.1.4-Triphenyl-2-aminobutanol-(1)*, $C_{22}H_{23}NO$, F. 119—121°, aus 6,1 g **VII**-Äthylesterhydrochlorid; $[\alpha]_D^{19}$ +70,13° (c = 0,820; Chlf.; *l* = 1); 4,0 g. — (—)-*β-Phenyläthyldesoxybenzoin*, $C_{22}H_{20}O$, F. 97,5—98,5°, aus 1,49 g vorst. Verb. in 35%ig. wss. CH_3COOH; aus wss. A. Nadeln bzw. Blättchen (Dimorphie); $[\alpha]_D^{19}$ —143,0° (c = 0,500; Chlf.; *l* = 1; 1mal umkrist., F. 62—63°); $[\alpha]_D^{20}$ —148,6° (c = 0,575; Chlf.; *l* = 1; 2mal umkrist.; F. 94—95°); $[\alpha]_D^{20}$ —141,2° (3mal umkrist., F. 97,5—98,5°); $[\alpha]_D^{19}$ —147,5° (c = 0,461; Chlf.; *l* = 1; 5mal umkrist., F. 97,5—98,5°). — (+)-*Hydratropasäure* [(+)-**VIII**], aus Phenylacetonitril mit Dimethylsulfat in Ggw. von $NaNH_2$ über das Racemat u. Spaltung nach RAPER [1923] u. ARCUS u. KENYON [1939]; $[\alpha]_D^{20}$ +70,7° (c = 1,290; Chlf.; *l* = 1). *Chlorid*, Kp.$_{16}$ 107—108°. — (+)-[*α-Phenyläthyl*]-*methylketon* (**II**), Kp.$_{15}$ 103—105°, durch 1½ std. Erhitzen einer Zn-Cu-Leg. (9:1) mit CH_3J in abs. Essigester u. abs. Toluol, auf 110°, Abkühlen auf 0°, Dekantieren, Zugabe von 2,85 g (+)-**VIII**-Chlorid in abs. Toluol, je 1std. Rk. bei 0° u. Raum-Temp.; $[\alpha]_D^{20}$ +206,9° (c = 2,041; A; *l* = 1); 1,44 g. — (+)-[*α-Phenyläthyl*]-*äthylketon* $C_{11}H_{14}O$, Kp.$_{16}$ 114 bis 115°, wie vorst. mit C_2H_5J u. 5,36 g (+)-**VIII**-Chlorid; $[\alpha]_D^{20}$ +264,6° (c = 0,979; A.; *l* = 2); 4,07 g. — (+)-[*α-Phenyläthyl*]-*n-propylketon*, $C_{12}H_{16}O$, Kp.$_{11}$ 117—118°, mit Propyljodid u. 3,82 g (+)-**VIII**-Chlorid; $[\alpha]_D^{20}$ +203,7° (c = 0,7533; A.; *l* = 2). — (—)-[*α-Phenyläthyl*]-*isopropylketon*, Kp.$_{16}$ 117°, mit Isopropyljodid aus 8 g des Chlorids von (—)-**VIII** ($[\alpha]_D^{20}$ —19,0°) in PAe. u. Essigester; $[\alpha]_D^{20}$ —56,7° (c = 1,300; A.; *l* = 2) 3,19 g. — (+)-[*α-Phenyläthyl*]-*n-butylketon* (**III**), Kp.$_{2-3}$ 104—105°, mit Butyljodid aus 3 g (+)-**VIII**-Chlorid; $[\alpha]_D^{20}$ +89,56° (c = 1,091; A.; *l* = 1); 1,82 g. — [*α-Phenyläthyl*]-*isobutylketon*, Kp.$_{2-3}$ 99—100° (1. Fraktion), Kp.$_{2-3}$ 100—101° (2. Fraktion), mit Isobutyljodid aus 3 g (+)-**VIII**-Chlorid analog **I**; beide Fraktionen haben gleiche Racemisierungs-Geschw.; 1,55 g. — [*α-Phenyläthyl*]-*sek.-butylketon*, Kp.$_{2-3}$ 98—100° (1. Fraktion), Kp.$_{2-3}$ 100—103° mit sek.-Butyljodid aus 3 g (+)-**VIII**-Chlorid in PAe. u. Essigester; gleiche Racemisierungs-Geschw. beider Fraktionen; 1,68 g. E. BERGER. B 225 □

Untersuchungen über die Gasphasenoxydation von Propylen und Acrolein. Sigeru Kusuhara. (Rev. physic. Chem. Japan **31**. 34—41. 1961. Kyoto, Japan, Kyoto Univ., Labor. of Phys. Chem.; engl.) — Die therm. Gasphasenoxydation von *Propylen* (**I**; aus Propylalkohol durch Dehydratisierung am Al_2O_3-Katalysator) u. *Acrolein* (**II**) bei Temp. von 371 u. 319° wurde an Mischungen von O_2 mit 53,4% **I** bzw. 43,8% **II** bei einem Anfangsgesamtdruck von 25,8 bzw. 10,4 cm Hg durch gaschromatograph. u. IR-spektrograph. Analyse der Rk.-Prodd. (**II**, CO, CO_2, CH_4, C_2H_4, CH_3OH, HCHO, HCOOH, CH_3CHO) untersucht. Die App. wird beschrieben. Zwei Rk.-

Mechanismen für die Oxydation von I werden diskutiert. Vff. halten eine Oxydation I → II → CH_3CHO → andere Prodd. für wahrscheinlich. CH. ZECHEL. B 225□

Untersuchungen über die Oxydation von Propylen in der Explosionshalbinsel. Sigeru Kusuhara. (Rev. physic. Chem. Japan **31.** 42—49. 1961; engl.) — Vgl. vorst. Referat. — Die Oxydation von *Propylen* (I, aus Propylalkohol durch Dehydratisierung am Al_2O_3-Katalysator) im Bereich der Explosionshalbinsel bei Temp. von 580—626° in Mischungen von O_2 mit 8,5; 16; 20 u. 50% I bei 4 cm Hg Gesamtanfangsdruck wurde durch gaschromatograph. Analyse der Rk.-Prodd. untersucht. Während der Induktionsperiode reagiert der größte Teil von I zu CO u. wenig CH_4, C_2H_4 u. CO_2. Weiterhin wurde die Zers. von reinem I bei 626° untersucht. Die Ergebnisse zeigen, daß nur 15% des CH_4 u. C_2H_4 der Oxydations-Rk. durch therm. Zers. von I entstehen. Innerhalb der Explosionshalbinsel wird der größte Teil von I in einer langsamen Rk. zu CO oxydiert, das die Hauptrolle bei der Zündung spielt. CH. ZECHEL. B 225□

Die Oxydation von gasförmigem 2-Methylbuten-(2). 1. Mitt. **Kinetische und analytische Untersuchungen.** C. F. Cullis, A. Fish und D. W. Turner. (Proc. Roy. Soc. [London], Ser. A **262.** 318—27. 18/7. 1961. London, Imp. Coll., Dep. of Chem. and Chem. Engng.; engl.) — Bei der langsamen Verbrennung von *2-Methylbuten-(2)* [I, Kp. 37°; aus tert.-Amylalkohol mit 33 Vol.-%ig. H_2SO_4; 84% Ausbeute; als Nebenprod. ca. 3% 2-Methylbuten-(1)] mit O_2 bei Temp. von ca. 250° erfolgt zunächst eine Abnahme des Druckes im Rk.-Gefäß infolge Bldg. peroxid. Zwischenprodd.; danach ist ein Druckanstieg zu beobachten, während dessen wenig I umgesetzt wird u. der auf den Zerfall u. die weitere Oxydation der prim. Rk.-Prodd. zurückgeht. Bei Temp. von ca. 300° tritt kein anfänglicher Druckabfall auf; bei noch höheren Temp. erfolgt Zündung, die mit beträchtlichem Druckanstieg verbunden ist. Zu Beginn der Rk. sind Aceton u. Acetaldehyd (II), die anfänglich in äquivalenten Mengen entstehen, die hauptsächlichen Rk.-Produkte. Methylisopropylketon entsteht in etwas geringerer Menge u. CH_3OH, der während der Rk. vergleichsweise spät auftritt, bildet sich wahrscheinlich aus II durch oxydative Pyrolyse. Daneben wurden unter den Rk.-Prodd. Propionaldehyd, Isopropylalkohol, tert.-Butylalkohol u. Methyläthylketon (jeweils unter 5%) u. CO u. etwas weniger CO_2 sowie $<0,2\%$ H_2 gefunden, während CH_4, Isovaleraldehyd u. 2-Methylbutyraldehyd nicht zu beobachten waren. Bei den peroxid. Zwischenprodd. konnten organ. Peroxide, Hydroperoxide u. Peroxysäuren jodometr. unterschieden werden. Nach Red. der Rk.-Prod.-Mischung mit $LiAlH_4$ ließ sich 2.3-Dimethylbutandiol-(2.3) isolieren. Vff. schließen, daß der hauptsächliche Angriff auf I in einer Addition von O_2 an die Doppelbindung besteht, der eine Zers. der entstandenen cycl. Peroxide folgt. Daneben tritt Bldg. von Hydroperoxiden auf. Der Rk.-Mechanismus wird diskutiert. CH. ZECHEL. B 225□

Untersuchungen zur Oxydation: Oxydation von einigen aromatischen sekundären Alkoholen mit Chrom(VI)-oxid. 2. Mitt. N. Venkatasubramanian. (Proc. Indian Acad. Sci., Sect. A **53.** 80—88. Febr. 1961. Tambaram, Madras Christian Coll., Dep. of Chem.; engl.) — 1. vgl. C. **1961. 795.** — Vf. oxydierte *dl-α-Phenyläthylalkohol* (Kp. 202°), *Benzhydrol* u. *Fluorenol-(9)* in Mischungen von W. u. Eisessig bei der Ionenstärke 0,5 u. einem pH von 3,5 bei Temp. zwischen 35 u. 50°. Die Rk. verlief nach der 2. Ordnung (Geschw.-Konst. in Liter/Mol·s), wobei die Rk.-Geschw. mit zunehmenden Anteilen Essigsäure u. auch in der obengenannten Reihenfolge anstieg. Basenkatalyse wurde nicht beobachtet. Die Ergebnisse lassen sich nach dem WESTHEIMER-Mechanismus nicht erklären. Geschw.-Konst. sind tabelliert, die Aktivierungsgrößen bei Rk. in 10%ig. Essigsäure betragen (obige Reihenfolge): ΔE 12,85 [kcal/Mol, log PZ 5,9781; 12,46, 5,9561; 12,57, 6,3025. G. MEINHARDT. B 225□

Untersuchungen von Isotopen-Ionenaustauschreaktionen in gasförmiger und flüssiger Phase mit Hilfe der Methode des intermittierenden Lichts. V. B. Miller, M. B. Neiman und S. P. Solodovnikov. (Int. J. appl. Radiat. Isotopes **4.** 36—40. Dez. 1958; engl.) — An der Unters. des Isotopenaustausches zwischen CH_2J_2 u. $^{131}J_2$ mit Hilfe der Meth. des intermittierenden Lichts wird gezeigt, daß diese Meth. sowohl bei quadrat. als auch bei linearem Kettencharakter angewendet werden kann. Die Meth. basiert auf einer Trennung des Alkyljodids von dem akt. J_2 durch J_2-Adsorption an eine akt. Ag-Schicht. W. BETCKE. B 225□

Hydrolyse von Äthylsulfaten. Ss. D. Rasumowski, I. N. Bartnitzki, W. P. Ljuty und L. P. Kirillowa. (Журнал Прикладной Химии [J. angew. Chem.] **33.** 877—84. April 1960; russ.) — Es wurde der Einfl. der Vers.-Bedingungen auf die Hydrolyse einer Fraktion untersucht, die bei der Synth. von A. aus Äthylen u. H_2SO_4 (1,1:1 Mol) angefallen war u. aus ca. 40% *Äthylsulfat* (I), 30% *Diäthylsulfat* (II), 20% freier H_2SO_4 u. 0,5—1% Polymeren bestand. Der Einfl. der Temp. (70—90°) u. der Ver-

dünnung der Fraktion mit W. (1:0,5 bis 1:5) auf den Geh. an I, II, A., Ae. bzw. auf die Hydrolysen-Geschw. wurde festgestellt. Die Ergebnisse werden graph. u. tabellar. angegeben. — Die Hydrolysen-Geschw. erhöht sich stark mit der Temp., wobei bei 70—100° die Ausbeuten an A. u. Ae. nicht merklich von der Temp. abhängen, oberhalb 110° aber die Ausbeute an A. abnimmt, da sich durch therm. Zers. von I u. II Äthylen u. SO_2 bilden. Die maximale Ausbeute an A. wird in Abhängigkeit von der Verdünnung bei einem Verhältnis Fraktion:W = 1:1,33 erzielt. Die Hydrolyse des Extrakts mit Wasserdampf erniedrigt die Ausbeute an A., auch wenn vorher mit W. verd. wurde.
HELMUT SCHÄFER. B 225

Temperaturabhängige Protolyse von n-Butyl- und Phenyldihydroxyboran. George N. Chremos und Howard K. Zimmerman. (Z. physik. Chem. [Frankfurt/M.] **28.** 1—6. April 1961. College Station, Tex., Agric. and Mech. Coll. of Texas, Dep. of Chem.; engl.) — Vff. messen die Protolysen-Konst. für *n-Butylboronsäure* (I, F. 92° aus Toluol) u. *Phenylboronsäure* (II; Anhydrid, F. 216—218°) in wss. Lsg. bei Temp. von 5—55°. Nach Extrapolation auf die Ionenstärke Null folgen die pK_s-Werte den Gleichungen $pK_s = 16{,}06 - (2296/T) + 4{,}188 \log T - 0{,}2133\,T - 0{,}0000388\,T^2$ für I bzw. $pK_s = 27{,}88 + (972{,}6/T) - 11{,}96 \log T + 0{,}0284\,T - 0{,}000012\,T^2$ für II. Vff. leiten hieraus die thermodynam. Potentiale der Protolysen-Rkk. ab, die kurz diskutiert werden. Spektrophotometr. stellten Vff. bei Dihydroxyboranen eine langsame Zers. fest. H.-J. BECHER. B 225□

Instabilwerden von Hydroxyalkylaminborsäureestern durch Aufhebung der semipolaren Stickstoff → Bor-Bindung. R. Neu. (Arch. Pharmaz. **294/66.** 721—24. Nov. 1961. Karlsruhe-Durlach, Dr. Willmar Schwabe G.m.b.H., Chem. Forschungslabor.; dt.) — Die *Borsäureester* (**A**) von *Tris-[n-hydroxyalkyl]-aminen* (**B**) werden durch Na-Tetraphenyloborat (I) quant. gespalten, während sie gewöhnlich gegenüber hydrolyt. Einfl. recht stabil sind. Das Tetraphenyloborat des bei der Spaltung, als deren Ursache Vf. eine Aufhebung der semipolaren N → B-Bindung ansieht, entstehenden **B** kann durch seinen F. charakterisiert werden. Der **A** von *Tri-sek.-propanolamin* zeigt ein anderes Verhalten. — *Tetraphenyloborat* von *Triäthanolamin* (II), F. 134°, aus dem **A** von II mit I in konz. wss., essigsaurer Lsg. bei pH 8.
S. v. SCHIESZL. B 225□

Einwirkung von Arylaminen auf Säureanhydride. Kinetische Untersuchung. Marie-H. Loucheux und Albert Banderet. (Bull. Soc. chim. France **1961.** 2242—47. Dez. Strasbourg, Centre de Rech. sur les Macromol.; franz.) — Vgl. C. **1962.** 1249. — Vff. untersuchten auf UV-spektroskop. Wege die Kinetik der Rk. zwischen Arylaminen [*Anilin* (I), *p-Toluidin* (II) bzw. *Benzocain* (III; *p-Aminobenzoesäureäthylester*)] u. *Säureanhydriden* [*Acet-* (IV), *Buttersäure-* (V), *Phenylacet-* (VI) bzw. *Succinanhydrid* (VII)], die gemäß $RNH_2 + (R'CO)_2O \rightarrow R'COOH + R'CONHR$ abläuft. Es konnte nachgewiesen werden, daß unter den experimentellen Bedingungen die Amine weder mit Säure noch mit den Amiden reagieren. Die Rk.-Geschw. v erfüllt die kinet. Gleichung $v = k \cdot 0{,}25\, ab\, (-K + \sqrt{K^2 + 8\,K[c_0 + (a_0 - a)]})$, da v durch die gebildete Säure (Konz. c_0) autokatalyt. beeinflußt wird (K Assoziations-Konst. der Säure; a bzw. a_0 Konz. bzw. Anfangs-Konz. an Anhydrid; b Amin-Konz.). Katalyt. wirksam sind nur die Monomer-Moll. der Carbonsäuren. Folgende Daten wurden in Benzol-Lsg. erhalten: Rk. von **I** mit **IV** bei 25° k [Liter²/Mol²·s] $4{,}1 \cdot 10^2$, K [Liter/Mol] $2 \cdot 10^{-4}$ (Essigsäure), [benutzte Wellenlänge] 2900 Å; Rk. von **I** mit **V** bei 37° k $1{,}04 \cdot 10^2$, K 10^{-4} (Buttersäure); Rk. von **II** mit **VI** bei 25° k $3{,}0 \cdot 10^3$, K $2 \cdot 10^{-4}$ (Phenylessigsäure), 3100 Å; Rk. von **III** mit **VI** bei 25° k 42, K $2 \cdot 10^{-4}$, 3050 Å; Rk. von **I** mit **VII** bei 37° k 105, K 10^{-5} (Bernsteinsäure), 2900 Å. Aus den Ansätzen konnten folgende Prodd. isoliert werden: Acetanilid (F. 114°), Bernsteinsäuremonoanilid (F. 156°) bzw. p-Phenylacetylaminobenzoesäureäthylester (**VIII**). Die UV-Spektren von **I—III, V—VII** sowie *Butyranilid, Bernsteinsäure-p-toluidid* u. **VIII** sind zwischen ca. 2500 u. 3500 Å angegeben. Die UV-Maxima von **III** u. **VIII** liegen nahe beieinander (bei 2700—2800 Å).
B. GNAUCK. B 225□

α-Metallocenylcarboniumionen. John H. Richards und E. Alexander Hill. (J. Amer. chem. Soc. **81.** 3484—85. 5/7. 1959. Pasadena, Calif., California Inst. of Technol., Gates and Crellin Labor.; engl.) — *Methylferrocenylcarbinyl-* (I), *Methylruthenocenylcarbinyl-* (II) u. *Methylosmocenylcarbinylacetat* (III) werden durch Äthanolyse (Ät) in sd. A. unter Bldg. der entsprechenden Äthyläther u. 1 Mol CH_3COOH solvolysiert. Durch Zusatz von $7{,}16 \cdot 10^{-3}$m CH_3COO^- wird die Ät von I um den Faktor ca. 5 verringert. In Ggw. von $LiClO_4$ ($7{,}24 \cdot 10^{-3}$m) findet dagegen keine Beeinflussung der Ät statt. Die Solvolyse verläuft unter Spaltung der Alkyl-O-Bindung, wobei die bemerkenswert beständigen α-Metallocenylcarboniumionen auftreten. Die Koplanarität zwischen dem kation. Zentrum u. dem Cyclopentadienylring hat einen entscheidenden Einfl. auf die Geschw. der Solvolyse; denn diese ist in einem Aceton (80%)–W.-Gemisch bei *1.1'-[α-Acetoxytrimethylen]-ferrocen* (untersucht wurde auch *Tritylacetat*) um den Faktor von 132 langsamer als bei **I**. Auf Grund der relativen Solvolyse-Geschw. von **I**, **II** u. **III** in dem Aceton (80%)–W.-Gemisch wird die Reihenfolge, in der die Metallocenylreste die benachbarten Zentren der Carboniumionen stabilisieren, mit **I** < **II** < **III** angegeben. R. STRUFE. B 225

Alkalische Hydrolyse von Glykosidbindungen. 5. Mitt. **Die Wirkung von Alkali auf einige Methylfuranoside.** Jan Janson und Bengt Lindberg. (Acta chem. scand. **14.** 2051—53. 1960. Stockholm, Kungl. Tekn. Högsk., Inst. för Träkemi; engl.) — 4. vgl. C. **1960.** 6101. — Vff. stellen durch kinet. Unters. der Hydrolyse bei 170° in 10%ig. NaOH (Geschw.-Konst. tabelliert) fest, daß *Methyl-α-* u. *-β-D-glucofuranosid* (**I**, $[\alpha]_D^{20}$ —54°, W.); *Methyl-α-* u. *-β-D-galaktofuranosid* (**II**), *Methyl-α-* (**III**) u. *-β-D-mannofuranosid*, *Methyl-α-* u. *-β-D-xylofuranosid* (**IV**) sowie *Methyl-α-* (**V**, F. 45 bis 48°, $[\alpha]_D^{20}$ —124°; W.) u. *-β-L-arabofuranosid* leichter hydrolysierbar sind als die entsprechenden Pyranoside. Ebenso werden die Furanoside mit trans-Konfiguration am $C_{(1)}$ u. $C_{(2)}$ (**I**, **II**, **III**, **IV** u. **V**) rascher abgebaut als die cis-Isomeren. Im Vgl. mit den übrigen 1.2-trans-Glucofuranosiden besitzen **I** u. **IV** eine besonders hohe Rk.-Fähigkeit, während die entsprechenden Pyranoside unter sämtlichen Hexosiden u. Pentosiden am beständigsten gegen Alkalien sind. Bei der alkal. Hydrolyse von trans-Glucofuranosiden entstehen geringe Mengen neutraler Prodd., z. B. *Methyl-β-D-xylopyranosid* u. *Lävoglucosan* aus **IV** u. **I**. Im Gegensatz hierzu sind die im Holz vorkommenden *Methyl-α-* u. *-β-D-glucopyranuronosid* leichter hydrolysierbar als die entsprechenden Furanuronoside. P. FAHRNLAENDER. B 225□

Das Cracken von Cyclopentan und n-Pentan an einem SiO_2–Al_2O_3-Katalysator. C. Kemball und J. J. Rooney. (Proc. Roy. Soc. [London], Ser. A. **263.** 567—77. 10/10. 1961. Belfast, Queen's Univ., Dep. of Chem.; engl.) — Vgl. KEMBALL u. ROONEY, C. **1962.** 7108. — Crack-Rkk. an einem SiO_2/Al_2O_3-Katalysator wurden im Strömungs-Syst. im Temp.-Bereich von 493—603° für *Cyclopentan* (**I**) u. von 548—585° für *n-Pentan* (**II**) untersucht, wobei l. c. beschriebene Katalysatoren u. Meth. angewandt wurden. Zahlreiche Unterschiede bzgl. der Natur u. der Menge der Rk.-Prodd. von **I** u. **II** [H_2, CH_4, C_2H_6, C_2H_4, C_3H_8, n-C_3H_6, Isobutan, n-Butan, cis-, trans-Buten-(2), Isopentan, n-Pentan, Pentene, sowie Bzl., Toluol, o-, m-, p-Xylol, 1.3.5-, 1.2.3-, 1.2.4-Trimethylbenzol, Äthylbenzol, Naphthalin, α-, β-Methylnaphthalin, Dimethylnaphthaline u. andere KW-Stoffe) gegenüber denen von Cyclopenten (vgl. l. c.) werden dem relativ geringen Grad der Polymerisation zugeschrieben, die bei den gesätt. Reaktanten langsam u. autokatalyt. eintritt. Geringe Unterschiede bei den Rkk. von **I** bzw. **II** werden auf die erschwerte Cyclisierung der absorbierten Form von **I** zurückgeführt. Der Mechanismus der Rk. wird diskutiert. Vff. nehmen an, daß die Bldg. von Olefinen u. Carboniumionen reversibel aus gesätt. Verbb. an LEWIS-Säurestellen erfolgt u. daß die Entfernung des H aus Oberflächenphasen das Ausmaß der Polymerisation bestimmt. Während C_2-, C_3- u. C_5-Prodd. aus C_5-Carboniumionen entstehen, bilden sich alle anderen Prodd. hauptsächlich aus polymeren Verbb. an der Oberfläche des Katalysators. Nachst. Aktivierungsenergien (in kcal/Mol) werden für die Anfangs-Zers. von **I** (25 ± 2) bzw. die Bldg. von H_2 (56 ± 3), CH_4 (54 ± 3), C_2H_6 + C_2H_4 (31 ± 2), C_3H_8 + n-C_3H_6 (31 ± 2) u. der gesamten Pentane + Pentene (27 ± 3) angegeben. CH. ZECHEL. B 225□

Die Addition von Chlor an Acrylonitril. N. B. Lorette. (J. org. Chemistry **26.** 2324—27. Juli 1961. Freeport, Tex., Dow Chem. Co., Organic Basic Res. Dep.; engl.) — Bei Addition von *Cl_2* an *Acrylonitril* (**I**) entstehen in Abhängigkeit von An- bzw. Abwesenheit von HCl verschiedenartige Produkte. Bei allen Chlorierungen stellt die Bestrahlung mittels einer Wolframlampe (3000—4000 Å) die wirksamste Form der Katalysierung der Cl_2-Addition dar. Die Zeitabhängigkeit der Prod.-Bldg. ist graph. dargestellt. Die vermutlichen Rk.-Mechanismen werden angeführt u. diskutiert.

Versuche: *2.2.3-Trichlorpropionitril* (**I**), $Kp._{100}$ 96°, $Kp._{50}$ 79°, $Kp._{10}$ 47°; $D.^{25}$ 1,426; n_D^{25} 1,4655, HCl wird unter Kühlen innerhalb 2 Min. zu **I** gegeben, anschließend wird Cl_2 unter Bestrahlung eingeleitet; nach 30 Min. **I** als Haupt-Prod.; daneben *β-Chlorpropionitril* ($Kp._{100}$ 110°, $Kp._{50}$ 93°, $Kp._{10}$ 59°; $D.^{25}$ 1,137; n_D^{25} 1,4360). Bei 4std. Rk.-Zeit nur noch **I**. — *2.3-Dichlorpropionitril*, $Kp._{100}$ 108°, $Kp._{50}$ 91°, $Kp._{10}$ 58°; D^{25} 1,327; n_D^{25} 1,4633, a) durch Umsetzung von Cl_2 mit **I** + Hydrochinon in CCl_4 bei 10—25° unter Bestrahlung; 75% (Ausbeute); b) analoge Rk. ohne Lsgm.; 44%; c) Rk. ohne Bestrahlung in Ggw. von Pyridin; 69%. — *2-Chloracrylonitril*, $Kp._{760}$ 88°, $Kp._{150}$ 44°; $D.^{25}$ 1,088, n_D^{25} 1,4284, Cl_2 wird unter Rühren u. Kühlung ohne Bestrahlung zu **I** u. Pyridin eingeleitet, nach der Cl_2-Zugabe wird unter Erhitzen auf maximal 90° am Rückfluß bei 50 mm gekocht, das verdampfende Prod. wird kondensiert u. bei 150 mm redest.; 60%.

CLAUS FISCHER. B 225□

Relaxationsuntersuchungen der Hydratationskinetik an Brenztraubensäure in wässeriger Lösung. M. Eigen, K. Kustin und H. Strehlow. (Z. physik. Chem. [Frankfurt/M.] **31.** 140—43. Jan. 1962. Göttingen, Max-Planck-Inst. für phys. Chem.; dt.) — Vgl. C. **1961.** 13858. — Während die protolyt. Rekombinations-Geschw. des unhydratisierten *Pyruvations* früher (l. c.) bestimmt werden konnte, wird jetzt über die Best. der Geschw.-Konst. (k_{32}) des Überganges $CH_3C(OH)_2COOH$ (3) → $CH_3CO \cdot COOH$ (2) + H_2O nach der Temp.-Sprung- u. der Drucksprung-Meth. berichtet. Eine Unters. der pH-Abhängigkeit der reziproken Relaxationszeit $1/\tau$ weist darauf hin, daß der Beitrag der Hydratations-Rk. der dissoziierten Form unwesentlich ist neben dem der undissoziierten Brenztraubensäure. Ein Ausdruck für die pH- u. Konz.-Abhängigkeit von k_{32} wird mitgeteilt. E. MOISAR. B 225□

Die Methylaffinitäten einiger cyclischer Olefine und Polyene. J. Gresser, A. Rajbenbach und M. Szwarc. (J. Amer. chem. Soc. **83.** 3005—08. 20/7. 1961. Syracuse, N.Y., Syracuse Univ., State Univ. Coll. of Forestry, Dep. of Chem.; engl.) — Vff. bestimmen die relativen Geschw.-Konst. k_2/k_1 (Rk. 1: $CH_3\cdot$ + Isooctan → CH_4 + Isooctylradikal; Rk. 2: $CH_3\cdot$ + Olefin → $CH_3\cdot$Olefin) der Addition von *Methylradikalen* (aus der therm. Zers. von Acetylperoxid) an *Cyclopenten* (k_2/k_1 = 5,8), *Cyclohexen* (I, 0,9), *Cyclohepten* (4,2), *Cycloocten* (6,7), *Bicyclo-[2.2.1]-hepten* (*Norbornen*, 50,2), *Cyclopentadien* (270), *Cyclohexadien-(1.3)* (665), *-(1.4)* (niedrig), *Bicyclo-[2.2.1]-heptadien* (115), *Cycloheptatrien* (156), *Cyclooctatetraen* (81), *Methylencyclobutan* (42,5) u. *1.3-Dimethylencyclobutan* (II; 137) in Isooctan bei 65°. Außerdem werden einige Konst. k_3/k_1 angegeben, wobei k_3 die Geschw.-Konst. der Rk. mit einem α-H-Atom ist. Mit Ausnahme des unerwartet niedrigen k_2/k_1-Wertes für I lassen sich alle Ergebnisse durch die jeweiligen strukturellen Eigg. gut erklären. Mit Hilfe einer einfachen MO-Näherungs-Meth. wird aus den beiden Werten von II der β-Parameter für ein „gestrecktes" Butadien zu $\beta_{2.11}/\beta_{1.39}$ = 0,124 (C—C 2,11 Å) bestimmt. F. MADER. B 225□

Die Methylaffinität einiger von Acrylsäureestern sowie von Acrylonitrilen hergeleiteter Verbindungen. Die Reaktivitäten konjugierter Systeme, die andere Atome als Kohlenstoff enthalten. L. Herk, A. Stefani und M. Szwarc. (J. Amer. chem. Soc. **83.** 3008—11. 20/7. 1961; engl.) — Vgl. vorst. Referat. — Die relativen Geschw.-Konst. k_2/k_1 (vgl. l. c.) der Addition von *Methylradikalen* an nachst. Monomere werden in Isooctan bei 65° bestimmt: *Acrylsäuremethylester* (1030 ± 35), *Methacrylsäuremethylester* (1440 ± 65), *Crotonsäuremethylester* (67,6 ± 1,0), *β.β-Dimethylacrylsäuremethylester* (I; 11,9), *Acrylonitril* (1730 ± 50), *Methacrylonitril* (2120 ± 95), *Crotonsäurenitril* (72,3 ± 0,3), *β.β-Dimethylacrylsäurenitril* (II; 23,5), *Methylvinylketon* (1900 ± 75), *Vinylacetylen* (2260 ± 80) u. *1-Cyancyclopenten* (224). Die verhältnismäßig hohen Werte einiger dieser Verbb. lassen sich mit der elektronenabziehenden Wrkg. der —C=O-, —C≡N- bzw. —C≡CH-Gruppen erklären. Während eine Methylgruppe in α-Stellung eines Vinylrestes die Rk.-Geschw. vergrößert, wirken 1 bzw. 2 β-Methylsubstituenten ster. hindernd. Eine Addition des Methylradikals am Heteroatom, die wegen der abstoßenden Wrkg. der einsamen Elektronenpaare um wenigstens den Faktor 100 langsamer abläuft, kann vernachlässigt werden (vgl. Werte für I u. II). F. MADER. B 225□

Die Stereochemie der nucleophilen Addition von p-Methylthiophenol an 1-p-Toluolsulfonylcyclohexen. William E. Truce und Alan J. Levy. (J. Amer. chem. Soc. **83.** 4641—43. 4/12. 1961. Lafayette, Ind., Purdue Univ., Dep. of Chem.; engl.) — Die Addition von p-Methylthiophenol (I) an 1-p-Toluolsulfonylcyclohexen (II) führt in alkohol. Lsg. in Ggw. von Na-Äthylat zu *cis-1-p-Toluolsulfonyl-2-p-tolylmercaptocyclohexan* (*cis*-III). Die cis-Konfiguration wird durch Oxydation zu *cis-1.2-Bis-[p-toluolsulfonyl]-cyclohexan* sowie durch NMR-Spektren bewiesen. Mit steigendem Na-Äthylat-Geh. spaltet cis-III in zunehmendem Umfang wieder zurück. Die ausschließliche Bldg. der ster. benachteiligten cis-Konformation führen Vff. auf einen nucleophilen Angriff des Anions von I an der axialen Stellung zurück, auf den die augenblickliche Anlagerung eines Protons folgt. In Ggw. eines Protonendonators läuft hingegen ein 2-Stufen-Prozeß unter teilweiser Isomerisierung des gebildeten Anions ab: So wird aus I u. II in Dioxan in Ggw. von W. u. A. vorwiegend trans-III neben cis-III erhalten. Die Addition von I an II gelang nicht in Ggw. von Dibenzoylperoxid als radikal. Katalysator.

Versuche: *cis-1-p-Toluolsulfonyl-2-p-tolylmercaptocyclohexan* (*cis*-III), F. 132 bis 133° (95%ig. A.), durch Zugabe von I u. Na-Äthylat zu II in A., 16 Std. unter Rückfluß in N_2-Atmosphäre; 57% (Ausbeute). — *trans*-III, F. 58—59°, durch Zugabe von I, A. u. W. zu II u. Na-Methylat in Dioxan, 14 Std. unter Rückfluß in N_2-Atmosphäre;

60%. Daneben entsteht cis-**III**; 12,2%. Ergibt mit 30%ig. H_2O_2 in Eisessig trans-**IV**; 90,1%. — *cis-1.2-Bis-[p-toluolsulfonyl]-cyclohexan* (*cis*-**IV**), $C_{20}H_{24}O_4S_2$, F. 197—198° (95%ig. A.), a) aus cis-**III** u. 30%ig. H_2O_2 in Eisessig, 1 Std. unter Rückfluß; 100%; b) aus cis-**V** u. H_2 in Ggw. von RANEY-Ni, 12 Std. bei Zimmer-Temp.; 72,2%. — *trans*-**IV**, F. 143—145°, aus trans-**V** analog cis-**IV** nach b). — *cis-4.5-Bis-[p-toluolsulfonyl]-cyclohexen* (*cis*-**V**), $C_{20}H_{22}O_4S_2$, F. 158—160° (Zers.), aus cis-1.2-Bis-p-toluolsulfonyläthen u. Butadien in Bzl., 24 Std. bei 100° im Autoklaven; 48,4%. A. TREDE. B 225□

Reaktionen sauerstoffhaltiger Radikale des Typs RO. Ju A. Alexandrowa, Jui-Li Chuan, A. N. Prawednikow und Ss. Ss. Medwedew. (Доклады Академии Наук СССР [Ber. Akad. Wiss. UdSSR] **123.** 1029—32. 21/12. 1958. Physik.-chem. Karpow-Forsch.-Inst.; russ.) — Beim Zerfall von *Di-tert.-butylperoxid* (**I**) in KW-Stoff-Lsgm. entstehen als Hauptprodd. Aceton (**II**), tert.-Butanol (**III**) u. Methan: $(CH_3)_3 \cdot CO\cdot \xrightarrow{k_1}$ **II** $+ \cdot CH_3$; $(CH_3)_3CO \cdot + R'H$ (Lsgm.) $\xrightarrow{k_2}$ **III** $+ R'\cdot$; $\cdot CH_3 + R'H \xrightarrow{k_3} CH_4 + R'\cdot$. Das Verhältnis der Konzz. von **II** u. **III** ist demnach $a/b = (k_1/k_2)\,(1/[R'H])$. Die Unters. der Zerfalls-Prodd. von **I** bei 195° zeigt, daß die Ausbeute an **II** ca. 12mal größer ist als die an **III**. Offenbar entsteht **II** auch aus der Umsetzung von RO·-Radikalen. Die Zers. von **I** wird in Isopropylbenzol bei den Konzz. 4—16 Gew.-% u. 120 bis 150° mittels IR-Spektren verfolgt. Mit zunehmender **I**-Konz. nimmt a/b zu, u. die CH_4-Bldg. bleibt zunehmend hinter der **II**-Ausbeute zurück. Wenn die Konz. an RO· durch $[RO\cdot] = k_\alpha C^\alpha$ gegeben ist (α = Verhältnis der Geschw.-Konst. des Abbruchs 1. u. 2. Ordnung), gilt für die CH_4-Bldg. $dM/dt = k_1\,[RO\cdot]$, u. es ergibt sich $\log M = \log(k_1 k_\alpha / k_c \alpha) + a \log C_{Anf.}$ (k_c = Geschw.-Konst. des **I**-Zerfalls). Die experimentell ermittelten Kurven ergeben für $\alpha = 0{,}94$ bei 120°, 0,86 bei 135° u. 0,81 bei 150°. Die Bldg. von **III** durch eine Rk. 2. Ordnung bzgl. der Konzz. von RO· u. R'· wird ausgeschlossen. **III** entsteht also nur nach einer Rk. 1. Ordnung. Die Aktivierungsenergie $E_1 - E_2$ ist ca. 7 (kcal/Mol), die der **II**-Bldg. in einer Rk. 2. Ordnung bzgl. der RO·-Konz. ca. 17,5. **II** entsteht somit beim **I**-Zerfall bei ca. 200° in erheblichem Umfang nach $2\,(CH_3)_3CO\cdot \xrightarrow{k_4}$ **II** $+ CH_3OC(CH_3)_3$ u. nicht durch monomol. Zerfall von RO·-Radikalen.
R. K. MÜLLER. B 225□

Untersuchungen über metastabile Zustände von Porphyrinen. 2. Mitt. **Spektren und Zerfallskinetik von Tetraphenylporphin, Zinktetraphenylporphin und Bakteriochlorophyll.** Lauri Pekkarinen und Henry Linschitz. (J. Amer. chem. Soc. **82.** 2407—11. 20/5. 1960. Waltham, Mass., Brandeis Univ., Chem. Dep.; engl.) — 1. vgl. LINSCHITZ u. SARKANEN, C. **1959.** 13737. — Vff. benutzen die „flash"-Technik zur Unters. der metastabilen Zustände von *Tetraphenylporphin* (**I**), *Zn-Tetraphenylporphin* u. *Bakteriochlorophyll* (**II**) in Pyridin u. Toluol als Lösungsmittel. Die Spektren zeigen eine Hauptbande direkt unter dem SORET-Peak u. einen zweiten Peak, der auf der Seite höherer Energie neben der Soret-Absorption liegt. Unterhalb der Hauptbande zeigen die Triplettspektren eine bes. breite Absorption, die sich bis in das IR-Gebiet erstreckt. Unterschiede in den *Chlorophyll-a-* u. den *-b*-Porphinspektren werden diskutiert. Das Zerfallsgesetz lautet $-dC^*/dt = k_1C^* + k_2(C^*)^2 + k_3(C^*)(C_g)$ (C^* = angeregter Zustand, C_g = Grundzustand). Die Geschw.-Konst. sind für alle Verbb. meist dieselben, nur **II** zeigt einen viel schnelleren Zerfall 1. Ordnung. Die Cu^{2+}-, Co^{2+}- u. Ni^{2+}-Komplexe von **I** zeigen nur geringe oder gar keine Bleichung. — *α.β.γ.δ-Tetraphenylporphin* (**I**), aus Pyrrol u. Benzaldehyd im verschlossenen Rohr. C.-E. DÖRING. B 225□

Die Photolyse von Phosgen in Anwesenheit von Äthylen. M. H. J. Wijnen. (J. Amer. chem. Soc. **83.** 3014—17. 20/7. 1961. Pittsburgh, Pa., Mellon Inst., Radiat. Res. Labor.; engl.) — Vf. untersucht die Photolyse von *Phosgen* (**I**) in Ggw. von *Äthylen* (**II**) bei Bestrahlung mit einer Hanovia S-500-Mitteldrucklampe. Das Mischungsverhältnis **I**:**II**, die Lichtintensität sowie die Temp. (28; 74,5; 130°) werden variiert. Dabei entstehen CO, 1-Chlorbutan (**III**) u. 1.4-Dichlorbutan (**IV**) als Hauptprodd. u. daneben wenig 1-Chlorhexan u. 1.2-Dichloräthan. Die Bldg. von **III** u. **IV** läßt sich durch folgende Rk.-Gleichungen erklären: 1. Cl (aus **I**) $+ C_2H_4 \rightarrow C_2H_4Cl$; 2. $2\,C_2H_4Cl \rightarrow (C_2H_4Cl)_2$; 3. $C_2H_4Cl + C_2H_4 \rightarrow C_4H_8Cl$; 4. $C_4H_8Cl + R \rightarrow C_4H_9Cl + R'H$ [$R = (C_2H_4)_xCl$; $R' = CH_2{=}CH(C_2H_4)_{x-1}Cl$]. Für Rk. 3 wird eine Aktivierungsenergie von 7,5 kcal angegeben. Die Ausbeute an CO ist direkt proportional der absorbierten Lichtintensität u. kann als Vgl.-Standard für die Anzahl der entstanden Cl-Atome verwendet werden. Der vorgeschlagene Rk.-Mechanismus wird durch eine quant. kinet. Rechnung bestätigt.
F. MADER. B 226□

Ketten-Inhibierung einer Nicht-Kettenreaktion. Saul G. Cohen, Stanley Orman und Daniel Laufer. (Proc. chem. Soc. [London] **1961.** 301—02. Aug. Waltham, Mass., Brandeis Univ., Dep. of Chem.; engl.) — Es wurde der Einfl. von Thiolen u. Disulfiden auf die photochem. Red. von *Benzophenon* (**I**) zu Benzpinakon (**II**) durch Isopropanol (III) untersucht. Der Red.-Rk. ohne Zusätze liegt folgender Mechanismus zugrunde: (A) $Ph_2CO \xrightarrow{h\nu} Ph_2CO^*$; (B) $Ph_2CO^* + Me_2CHOH \rightarrow Ph_2\dot{C}OH$ (IV) + $Me_2\dot{C}OH$ (V); (C) Ph_2CO + V → IV + Me_2CO; (D) $2\,Ph_2\dot{C}OH \rightarrow [Ph_2C(OH)]_2$ (Ph = C_6H_5—; Me = CH_3—). Entgaste Lsgg. von I in III wurden mit einer Hg-Lampe megrere Std. bestrahlt, anschließend wurde II isoliert. Folgende Verbb. wurden zugesetzt: Dimesityldisulfid, Mesitylmercaptan, Diphenyldisulfid, Thiophenol, Dibenzyldisulfid, Diphenylsulfid (VI) u. $NiCl_2$. Mit Ausnahme von VI u. $NiCl_2$ tritt durch diese Zusätze eine starke Rk.-Hemmung auf (Ausbeute an II 0—40%), wobei folgender Rk.-Mechanismus vermutet wird: IV + $RS^\cdot$ → I + RSH; V + RSH → III + $RS^\cdot$. Es liegt hier also eine Ketten-Rk. bei der Inhibierung einer Nicht-Ketten-Rk. vor. Alle Rkk. sind nullter Ordnung. CLAUS FISCHER. B 226□

Eingefangene Radikale in bestrahltem n-Propanol bei 77° K. R. S. Alger, T. H. Anderson und L. A. Webb. (J. chem. Physics **35.** 49—54. Juli 1961. San Francisco, Calif., U.S. Naval Radiolog. Defence Labor.; engl.) — Die in festem *n-Propanol*(I) durch Radiolyse mit Röntgenstrahlen erzeugten freien Radikale wurden mittels elektronenparamagnet. Resonanz (EPR) untersucht u. mit den Radikalen verglichen, die bei Photolyse von I–H_2O_2-Gemischen auftreten. Die Identifizierung der Radikale basiert auf Modifikationen in der EPR-Hyperfeinstruktur durch Deuterierung ($D_{2(1,1)}$-, $D_{2(2,2)}$- u. $D_{3(3,3,3)}$-I). Die Radiolyse führt zur Radikal-Bldg. durch Entfernung eines H-Atoms vom α-C-Atom, während bei der Photolyse das gleiche an den β-C-Atomen geschieht. Durch massenspektrograph. Analyse wurde das während der Bestrahlung entweichende Gas als H_2 identifiziert; gleichzeitig wurde jedoch festgestellt, daß eine gewisse Menge H_2 nicht den α- u. β-C-Atom-Stellungen entstammt. Die experimentell ermittelten EPR-Hyperfeinstrukturspektren werden mit einer Reihe konstruierter Spektren verglichen. Letztere wurden durch Summierung GAUSSscher Adsorptionskurven — entsprechend den Wechselwrkg. der vermutlichen Radikale — erhalten. CLAUS FISCHER. B 226□

Struktur und Reaktivität bei der Radiolyse von Ketonen. J. N. Pitts jun. und A. D. Osborne. (J. Amer. chem. Soc. **83.** 3011—14. 20/7. 1961. Riverside, Calif., Univ. of California, Dep. of Chem.; engl.) — Vff. bestrahlen bei 25° *Methyl-n-propyl-* (I), *Methyl-n-butyl-* (II), *Methyl-n-amyl-* (III), *Methylcyclopropyl-* (IV), *Dicyclopropyl-* (V) u. *Methylpropenylketon* (VI) mit γ-Strahlen von 3 MeV (aus einem VAN DER GRAAF-Beschleuniger) u. untersuchen die Radiolyse-Prodd. massenspektroskop. u. gaschromatographisch. Hauptprodd. bei I, II u. III sind H_2, CH_4 u. CO; daneben wurden Propan, Äthylen, Äthan, Aceton (VII), Propylen, Buten-(1), Pentan, I u. II als Rk.-Prodd. gefunden. Aus I entsteht außerdem Acetaldehyd. Im wesentlichen beobachtet man also einen Abbau zu Radikalen u. intramol. Bldg. von VII sowie eines Olefins. Ein entsprechender Rk.-Mechanismus wird vorgeschlagen. V ist gegen Radiolyse auffallend stabil u. bildet hauptsächlich H_2 u. C_2H_2, während IV als Zwischenglied zu betrachten ist (Rk.-Prodd.; H_2, CO u. CH_4, aber nur wenig KW-Stoffe). trans-VI isomerisiert sich bei Bestrahlung zu cis-VI bzw. auch zu Methylisopropenylketon. Die G-Werte der entstehenden Stoffe werden angegeben F. MADER. B 226□

Wirkung der Reaktorstrahlung auf organische Stoffe, Sicherheitsüberlegungen vor der Durchführung einer Bestrahlung. W. Schilling. (Kerntechn., Isotopentechn. u. -chem. **3.** 106—10. März 1961. München, TH, Labor. für techn. Phys.; dt.) — Im Gegensatz zu Metallen, die nur durch schnelle Neutronen geschädigt werden können, werden die homöopolaren Bindungen in organ. Stoffen durch Reaktor-, vor allem durch γ-Strahlen, chem. beeinflußt. Die dafür maßgebenden Anregungs- u. Ionisationsprozesse im organ. Mol. werden besprochen u. es wird am Beispiel von *Bzl.*, *Toluol*, *Chlorbenzol*, *CH_3OH*, *Aceton*, *CCl_4* u. *Chlf.* gezeigt, daß für die Änderungen der Moll. durch Reaktorstrahlen, γ- oder Elektronenstrahlung die absorbierte Strahlenenergie maßgebend ist. Die Art der chem. Schädigung kann dabei unterschiedlich sein, sie ist abhängig von der Zahl der gebildeten Radikale u. der Leichtigkeit, mit der diese neue Verbb. eingehen. Die Anzahl der Radikale pro 100 eV absorbierter Strahlungsenergie (G_R) wird für vorst. Verbb. angegeben; G_R ist bes. klein bei aromat. Verbindungen. Dann wird das Verh. verschiedener hochpolymerer Stoffe gegenüber der Bestrahlung mit Reaktorstrahlung behandelt. *Polyäthylen*, *Polystyrol* (*Trolitul*), *Nylon*, *Buna*, *Neopren* u. *Polyvinylchlorid* neigen zur Vernetzung, *Polymethacrylsäuremethylester* (*Plexiglas*) u. *Teflon* zur Spaltung; *Bakelit* wird zerstört. Es treten dabei vorwiegend entweder Vernetzung der Ketten durch Verknüpfung von C—C-Bindungen oder Spaltung von C—C-Bindungen ein. Die mit der Vernetzung oder Spaltung verbundenen Änderungen der mechan. Eigg. werden erörtert u. aus der Mol.-Struktur erklärt. Es wird weiterhin über die bei den strahlenbedingten Umwandlungen auftretende Gas-Bldg. u. die bei der Benutzung von Hochpolymeren als Behälter für Bestrahlungsproben zu ergreifenden Schutzmaßnahmen berichtet. Neben den bereits erörterten Effekten am Behältermaterial betreffen sie Reaktivitätsänderungen beim Reaktor u. Korrosionsgefahren (z. B. an Al, Cd, Bi, Sn, V2A-Stahl u. Pb) im Poolwasser. Diese Wrkg. werden im einzelnen an Beispielen u. auf Grund von Erfahrungen am Forschungsreaktor München besprochen. W. REUSSE. B 226 □

Katalysatoruntersuchungen. 31. Mitt. **Untersuchungen über Raney-Nickelkatalysatoren.** 6. Mitt. **Untersuchung der Änderungen der Aktivität und Wirksamkeit von Raney-Nickel bei Säurezusatz.** Z. Csürös und J. Petró. (Acta chim. Acad. Sci. hung. **19.** 379—431. 1959. Budapest, TU, Inst. of Organ. Chem. Technol.; engl.) — 30. vgl. C. **1962.** 803. — Die Hydrierung organ. Verbb. mit RANEY-Ni (R) wird unter Zusatz von Oxal-, Essig-, Monochloressig-, Trichloressig- u. Salzsäure untersucht. Während Säure-Konzz. von $>0,1$ Mol als Katalysatorgifte wirken, erhöhen kleine Konzz. von ca. 10^{-5} bis 10^{-3} Mol die Aktivität (A) u. Wirksamkeit (W) von R. Die maximal erreichten Zunahmen von A u. W betragen bei der Hydrierung von *Aceton* 63 bzw. 20%, *Benzophenon* 16 bzw. 12%, *Benzaldehyd* 29 bzw. 10%, *Eugenol* 0,2 bzw. 12%, *Benzylcyanid* 5 bzw. 18% u. *Nitrobenzol* 30 bzw. 44%. Bei *Acetophenon* beträgt die maximale Zunahme von W 10%. Die Natur der Säure ist dabei weitgehend unwesentlich. Die A gealterter R-Katalysatoren kann durch Zugabe von Säuren fast vollkommen regeneriert werden. L. LAMZA. B 227

C. Präparative organische Chemie. Naturstoffe

Das I.U.P.A.C.-Kodexsystem für organische Verbindungen. P. E. Verkade. (Chem. Weekbl. **58.** 137—43. 24/3. 1962. 's-Gravenhage; niederl.) W. SCHICKE. 450 □

Grignard-Reagentien und ungesättigte Äther. 5. Mitt. **Verlauf der Spaltung von α- und γ-substituierten Allyläthern mit Grignard-Reagentien.** Carl M. Hill, Doris E. Simmons und Mary E. Hill. (J. Amer. chem. Soc. **77.** 3889—92. 20/7. 1955. Nashville, Tenn., A. & I. State Univ., Dep. of Chem.; engl.) — **4.** vgl. J. Amer. chem. Soc. **77.** [1955.] 352; 7. vgl. C. **1960.** 13333. — α- u. γ-substituierte Allyläther (A) werden durch Aryl- u. Alkyl-MgBr (Alkyl < n-Heptyl) glatt zu *Alkoholen* u. den entsprechenden *Allyl-Verbb.* gespalten; mit n-Heptyl- u. n-Octyl-MgBr reagieren sie unter Allylumlagerung zu *3-n-Heptyl-* bzw. *-n-Octylalkanen.* Die A u. die entstehenden Olefine werden durch Ozonolyse identifiziert. Für die Substitution unter Umlagerung wird ein Sechsringmechanismus angenommen.

Versuche: Allyläther (A), a) durch Umsetzung von Na-Alkoholaten mit Alkylhalogeniden; b) durch Rk. von Aldehyden mit GRIGNARD-Verbb. u. Umsetzung der entstandenen sek. Alkohole als Na-Verbb. mit Alkylhalogeniden: *Phenäthyl-* (**I**), $C_{11}H_{14}O$, $Kp._{37}$ 115—116°, nach a); $D._4^{20}$ 1,005, n_D^{20} 1,5200. — *Phenäthyl-3-phenyl-* (**II**), $C_{17}H_{18}O$, $Kp._{34}$ 121—123°, $Kp._1$ 70—74°, nach a); $D._4^{20}$ 1,0019, n_D^{20} 1,5390. — *n-Butyl-3-phenyl-* (**III**), $C_{13}H_{18}O$, $Kp._{13}$ 132—134°, nach a); $D._4^{20}$ 0,9841, n_D^{20} 1,5510. — *n-Butyl-1-n-butyl-3-methyl-* (**IV**), $C_{12}H_{24}O$, $Kp._{749}$ 179—181°, nach b); $D._4^{22}$ 0,8210, n_D^{20} 1,4328. — *tert.-Butyl-1-tert.-butyl-3-methyl-* (**V**), $C_{12}H_{24}O$, $Kp._{752}$ 164—165°, $Kp._{60}$ 104°, nach b); $D._4^{20}$ 0,8960, n_D^{20} 1,4671. — *n-Butyl-1-benzyl-3-phenyl-* (**VI**), nach b). — Aldehyde, durch Einleiten von O_3 bei 0° in die Lsg. der A in Hexan, Zers. mit Zn-Staub in Ggw. von Spuren Hydrochinon u. $AgNO_3$ u. Aufarbeiten: *Benzaldehyd*, $Kp._{50}$ 55—56°, a) aus **II**; b) aus **III**; c) aus **VI**; $D._4^{20}$ 0,999, n_D^{20} 1,4600. *2.4-Dinitrophenylhydrazon*, F. 236—237°. — *β-Phenäthoxyacetaldehyd*, $Kp._{10}$ 94—95°, aus **II** neben vorst. Verb. nach a); $D._4^{20}$ 1,282, n_D^{20} 1,5105. *2.4-Dinitrophenylhydrazon*, $C_{16}H_{16}N_4O_5$, F. 111—112°. — *n-Butoxyacetaldehyd*, $Kp._{746}$ 130—132°, aus **III** neben vorvorst. Verb., $D._4^{20}$ 0,854, n_D^{20} 1,4289. *2.4-Dinitrophenylhydrazon*, $C_{12}H_{16}N_4O_5$, F. 89—90°. — *2-n-Butoxy-3-phenylpropanol*, $Kp._{749}$ 110—112°, aus **VI** neben drittvorst. Verb.; $D._4^{20}$ 0,848, n_D^{20} 1,4180. *2.4-Dinitrophenylhydrazon*, $C_{19}H_{24}N_4O_5$, F. 99—100°. — *Acetaldehyd-2.4-dinitrophenylhydrazon*, F. 147 bis 149°, a) aus **IV**; b) aus **V**. — *2-n-Butoxyhexanal*, $Kp._{756}$ 153—154°, $Kp._{29}$ 90—93°, neben vorst. Verb. aus **IV**; $D._4^{20}$ 0,915, n_D^{20} 1,4230. *2.4-Dinitrophenylhydrazon*, $C_{16}H_{24}N_4O_5$, F. 96—97°. — *2-tert.-Butoxy-3.3-dimethylbutanal*, $Kp._{753}$ 132—133°, neben vorvorst. Verb. aus **V**; $D._4^{20}$ 0,884, n_D^{20} 1,4279. *2.4-Dinitrophenylhydrazon*, $C_{16}H_{24}N_4O_5$, F. 87 bis 88°. — Olefine, durch 2—4std. Zutropfen der A in Ae. oder Bzl. zu überschüssiger GRIGNARD-Verb. unter N_2, 20—40std. Kochen u. Zers. mit gesätt. NH_4Cl-Lsg.: *Nonen-(1)* (**VIII**), $Kp._{748}$ 143—146°, aus **I** u. n-Hexyl-MgBr (**VII**); $D._4^{20}$ 0,8155, n_D^{20} 1,4261; 22% (Ausbeute), daneben *β-Phenyläthanol* (**IX**), $Kp._{748}$ 201—203°, $D._4^{20}$ 1,0001, n_D^{20} 1,5179; 94%. *3.5-Dinitrobenzoat* (*3.5-DNB*), F. 105—106°. — *1-Phenylnonen-(1)* (**X**), $Kp._{746}$ 140 bis 143°, aus **II** u. **VII**; $D._4^{20}$ 0,8323, n_D^{20} 1,4320; daneben **IX**; 23%. — *1.3-Diphenylpropen* (**XI**), $Kp._{15}$ 112—115°, aus **II** u. C_6H_5MgBr; $D._4^{20}$ 1,0019, n_D^{20} 1,5501; 17%;

daneben **IX**; 98%. — *1.4-Diphenylbuten-(1)* (**XII**), $Kp._{18}$ 145—148°, a) aus **II** u. Benzyl-Grignard-Verb. (**XIII**); $D._4^{20}$ 1,0172, n_D^{20} 1,5639; 47%; daneben **IX**; 83%; b) aus **III** u. **IX**; 41%; daneben *n-Butanol* (**XIV**), $Kp._{745}$ 112—115°; 25%. *3.5-DNB*, F. 68—69°. — *3-Phenylundecen-(1)* (**XV**), $Kp._{753}$ 145—146°, aus **III** u. n-C_8H_{17}MgBr; $D._4^{20}$ 0,876, n_D^{20} 1,5050; 24%; daneben **XIV**; 88%. — *4-Äthylocten-(2)* (**XVI**), $Kp._{742}$ 188—189°, aus **IV** u. C_2H_5MgBr, $D._4^{20}$ 0,805, n_D^{20} 1,4339; 83%; daneben **XIV**; 23%. — *4-Phenylocten-(2)* (**XVII**), $Kp._{748}$ 180—182°, aus **IV** u. C_6H_5MgBr; $D._4^{20}$ 0,8408, n_D^{20} 1,4440; 68%; daneben **XIV**; 35%. — *2.2.5-Trimethyltridecen-(3)* (**XVIII**), $Kp._{753}$ 135—138°, aus **V** u. n-C_8H_{17}MgBr; $D._4^{20}$ 0,7822; n_D^{20} 1,4305; 63%; daneben *tert.-Butanol* (**XIX**), $Kp._{753}$ 83 bis 85°; 88%. *3.5-DNB*, F. 140—141°). — *5.5-Dimethyl-4-phenylhexen-(2)* (**XX**), $Kp._{752}$ 171 bis 173°, aus **V** u. C_6H_5MgBr; $D.^{23}$ 0,9880; n_D^{20} 1,5040; 30%; daneben **XIX**; 30%. — *1.4-Diphenyldodecen-(2)* (**XXI**), F. 49,5—50°, aus **VI** u. n-C_8H_{17}MgBr; 59%; daneben **XIV**; 63%. — Aldehyde, durch Ozonolyse der olefin. Spaltprodd.: *Formaldehyd, 2.4-Dinitrophenylhydrazon*, F. 165—166°, a) aus **VIII**; b) aus **XV**. — *Octanal*, $Kp._{700}$ 100—101°, a) neben vorst. Verb. nach a); n_D^{20} 1,4278; b) aus **X**. *2.4-Dinitrophenylhydrazon*, F. 106—107°. — *Benzaldehyd*, F. 45—46°, $Kp._{751}$ 110°, a) neben vorst. Verb. nach b); b) aus **XI**; c) aus **XII**. *2.4-Dinitrophenylhydrazon*, F. 236—237°. — *Phenylacetaldehyd*, $Kp._{752}$ 138—140°, a) neben vorst. Verb. nach b); b) aus **XXI**. *2.4-Dinitrophenylhydrazon*, $C_{14}H_{12}N_4O_4$, F. 121—122°. — *2-Phenyl-n-decanal*, $Kp._{733}$ 101—102°, a) neben vorst. Verb. nach b); b) neben CH_2O aus **XV**: *2.4-Dinitrophenylhydrazon*, $C_{22}H_{28}N_4O_4$, F. 122—123° (?). — *Hydrozimtaldehyd, 2.4-Dinitrophenylhydrazon*, F. 144—145°, neben C_6H_5CHO aus **XII**. — *Acetaldehyd, 2.4-Dinitrophenylhydrazon*, $C_8H_8N_4O_4$, F. 146—147°, a) aus **XVI**; b) aus **XVII**; c) aus **XX**. — *2-Äthylcapronaldehyd, 2.4-Dinitrophenylhydrazon*, $C_{14}H_{20}N_4O_4$, F. 119—120°, neben vorst. Verb. nach a). — *2-Phenylcapronaldehyd*, $Kp._{742}$ 120—121°, neben vorvorst. Verb. nach b); $D._4^{20}$ 0,879; n_D^{20} 1,3979. *2.4-Dinitrophenylhydrazon*, $C_{18}H_{20}N_4O_4$, F. 107—108°. — *2-Phenyl-3.3-dimethylbutanal*, $Kp._{744}$ 115—118°, neben drittvorst. Verb. nach c). *2.4-Dinitrophenylhydrazon*, $C_{18}H_{20}N_4O_4$, F. 70—71°. — *Pivalinaldehyd*, $Kp._{744}$ 81—82°, aus **XVIII**; $D.^{23}$ 0,817; n_D^{20} 1,3709. *2.4-Dinitrophenylhydrazon* $C_{11}H_{14}N_4O_4$, F. 103—104°; daneben *2-Methyldecanal*, $Kp._{744}$ 119—120°; $D._4^{23}$ 0,8948; n_D^{20} 1,4205. *2.4-Dinitrophenylhydrazon*, $C_{17}H_{26}N_4O_4$, F. 63—64°. H.-J. Kötzsch. 470□

Synthetische Wuchsstoffherbicide. Herstellung von 2.4-Dichlor- und 2.4.5-Trichlorphenoxyessigsäure, die mittels ^{36}Cl markiert sind. J. Mikulski und Z. Eckstein. (Bull. Acad. polon. Sci., Sér. Sci. chim., géol. géogr. **7**. 285—88. 1959. Krakow, Inst. für Kernforsch.; Poln. Akad. der Wiss., Inst. für organ. Synth.; dt.) — Die selektiven Wuchsstoffherbicide *2.4-Dichlorphenoxyessigsäure* (**I**) u. *2.4.5-Trichlorphenoxyessigsäure* (**II**) werden dargestellt u. mit ^{36}Cl markiert, das aus Na^{36}Cl mit konz. H_2SO_4 u. Oxydation des *H^{36}Cl* zu ^{36}*Cl* dargestellt wird u. in statu nascendi auf Phenoxyessigsäure einwirkt.

Versuche: ^{36}*Cl$_2$-2.4-Dichlorphenoxyessigsäure*, F. 139—140° (wss. A.), aus Phenoxyessigsäure in Eisessig/konz. HCl u. Einleiten von H^{36}Cl bei 5°, Erwärmen auf 56° u. Behandeln mit wss. $NaClO_3$; 86,2% (Ausbeute); spezif. Aktivität 1,8(±0,02)·10^3 [imp/s·g]. — ^{36}*Cl-2.4.5-Trichlorphenoxyessigsäure*, F. 157—159° (wss. A.), durch Einw. von H^{36}Cl auf 2.5-Dichlorphenoxyessigsäure in Eisessig/konz. HCl bei 3° u. Behandeln mit wss. $NaClO_3$ bei 60°; 84,2%; spezif. Aktivität 8,72(±0,15)·10^2.

W. Hampel. 480□

Die Biosynthese von Chrysanthemummonocarbonsäure. P. J. Godin und E. M. Thain. (Proc. chem. Soc. [London] **1961**. 452. Dez. London, Tropical Prod. Inst.; engl.) — Die alkal. Hydrolyse von in *Chrysanthemum cinerariaefolium* nach Applikation von ^{14}*C*$_{(2)}$*-Mevalonsäure* nach Crowley u. Mitarbeitern (C. **1962**. 6834) synthetisiertem ^{14}*C-Pyrethrin* (**I**) führte zu ^{14}*C-Chrysanthemummonocarbonsäure* (**II**), die die gesamte ursprüngliche Radioaktivität enthielt. Abbau von **II** durch Ozonolyse ergab ^{14}*C-Aceton*, das weiter zu ^{14}*C-Jodoform* abgebaut wurde, sowie ^{14}*C-Caronsäure* (**III**), die durch Kuhn-Roth-Abbau *Essigsäure* mit der halben Aktivität von **III** ergab, so daß die Annahme der Bldg. von **II** in der Pflanze aus zwei Isopren-Einheiten bekräftigt wird.

J. Boelter. 480□

Ein Mikro-Dibromidverfahren zur Reinigung von radioaktivem Cholesterin. Jon J. Kabara und James T. McLaughlin. (J. Lipid Res. **2**. 283—85. Juli 1961. Detroit, Mich., Univ., Dep. of Chem., Biochem. Sect.; Mount Carmel Mercy Hosp.; engl.) — Vff. beschreiben eine Mikromodifikation des Verf. von Schwenk u. Werthessen (C. **1950/54**. 8045 S) zur Reinigung von Cholesterin (**I**) über das Dibromid. ^{14}C-**I**, das aus biolog. Material als Digitonin- oder Tomatin (**II**)-Komplex isoliert wird, kann für die Radioaktivitätsanalyse im 1-mg-Maßstab mit ca. 30% Ausbeute gereinigt werden. Eine schonende Spaltung des **I**–**II**-Komplexes mit NaOH wird beschrieben.

H.-G. Floss. 480□

Einige Fortschritte in der Fluorchemie. H. J. Emeléus. (Proc. chem. Soc. [London] **1960.** 234—39. Juli; engl.) — Fortschrittsbericht. — 38 Literaturangaben.
P. GOLINSKE. 490□

Eine Laboratoriumsmethode zur Darstellung von 2.3-Dimethylbutan durch Alkylierung von Isobutan mit Äthylen. I. L. Kotljarewski, A. N. Wolkow und L. B. Fischer. (Известия Сибирского Отделения Академии Наук СССР [Nachr. sibir. Abt. Akad. Wiss. UdSSR] **1959.** Nr. 3. 62—65. Ostsibir. Filiale der sibir. Abt. der Akad. der Wiss. der UdSSR; russ.) — Vgl. C. **1960.** 13660. — *2.3-Dimethylbutan* (**I**) läßt sich durch Anlagerung von Äthylen an Isobutan (**II**) in Ggw. von $AlCl_3$ u. Äthylchlorid (**III**) darstellen. Es wurde der Einfl. des Komponentenverhältnisses, der Temp. (35—70°) u. der Rk.-Zeit (80—160 Min.) auf die **I**-Ausbeute untersucht. **I** wird in maximaler Ausbeute (47%), bezogen auf das erhaltene Alkylat, erhalten, wenn 50 g $AlCl_3$, 40 g **III**, 1900 g **II** u. 150 g Äthylen im Autoklaven 100 Min. lang auf 50—55° erhitzt werden. HELMUT SCHÄFER. 510

Homolytische Anlagerung von Bromwasserstoff an 1-Fluor-1.1-dichlorpropen. W. N. Kosst, T. T. Ssidorowa, R. Ch. Freidlina und A. N. Nessmejanow. (Доклады Академии Наук СССР [Ber. Akad. Wiss. UdSSR] **132.** 606—08. 21/5. 1960. Inst. für metallorgan. Verbb. der Akad. der Wiss. der UdSSR; russ.) — Bei der homolyt. Anlagerung von HBr an 1-Fluor-1.1-dichlorpropen (**I**) unter Bestrahlung mit UV-Licht werden *1-Fluor-1.1-dichlor-3-brompropan* (**II**) u. *1-Fluor-1.2-dichlor-3-brompropan* (**III**) im Verhältnis 2 : 1 erhalten, während die gleiche Rk. mit 1.1.1-Trichlorpropen nur *1.1.2-Trichlor-3-brompropan* liefert. Der Einfl. des F in **I** auf den Rk.-Mechanismus wird so gedeutet, daß es die Umlagerung des prim. entstehenden radikal. Zwischenprod. $FCl_2C \cdot \dot{C}H \cdot CH_2Br$ zu $FCl\dot{C} \cdot CHCl \cdot CH_2Br$ stark zurückdrängt. Bei der Dehydrobromierung von **II** erhält man **I** zurück, während aus **III** *1-Fluor-1.2-dichlorpropen-(2)* erhalten wird, dessen Struktur durch Ozonisierung u. Hydrolyse gesichert wird.

Versuche: *1-Fluor-1.1.3-trichlorpropan*, aus 1 Mol 1.1.1.3-Tetrachlorpropan, 0,5 Mol SbF_3 u. 3 ml $SbCl_5$; 45% (Ausbeute). — *1-Fluor-1.1-dichlorpropen* (**I**), durch HCl-Abspaltung aus vorst. Verb. in Äthylcellosolve; 59%. *Isothiuroniumpikrat*, $C_{10}H_9 \cdot ClFN_5O_7S$, F. 176—177° (wss. A.). — *1-Fluor-1.1-dichlor-3-brompropan* (**II**), $C_3H_4BrCl_2F$, $Kp._{70}$ 69—70°, Kp. 136°, a) unter Bestrahlung mit UV-Licht leitet man durch 50 g **I** 10 Std. lang HBr hindurch; n_D^{20} 1,4630; $D._4^{20}$ 1,7307; 32 g; b) durch Rk. von 1.1.1-Trichlor-3-brompropan mit SbF_3 in Ggw. von $SbCl_5$; n_D^{20} 1,4630; $D._4^{20}$ 1,7295. *Isothiuroniumpikrat*, $C_{10}H_{10}Cl_2FN_5O_7S$, F. 164° (A.); 60%; wird durch Alkali bei 0° wieder zu **I** zersetzt. — *1-Fluor-1.2-dichlor-3-brompropan* (**III**), $C_3H_4BrCl_2F$, $Kp._{40}$ 72—73°, Kp. 161°, analog **II** nach a); n_D^{20} 1,4870; $D._4^{20}$ 1,8200; 15 g. *Isothiuroniumpikrat*, $C_{10}H_{10}Cl_2FN_3O_7S$, F. 171° (A.). — *1-Fluor-1.2-dichlorpropen-(2)*, $C_3H_3Cl_2F$, Kp. 84°, a) aus **III** durch HBr-Abspaltung mit Alkali bei 0°; n_D^{20} 1,4290; $D._4^{20}$ 1,3214; 54%; *Isothiuroniumpikrat*, $C_{10}H_9ClFN_3O_7S$, F. 160—161°; b) durch Rk. von 1.1.2-Trichlor-3-brompropan mit SbF_3 in Ggw. von $SbCl_5$ in geringer Ausbeute. — *1.1.2-Trichlor-3-brompropan*, $Kp._{18}$ 84—85°, aus 50 g 1.1.1-Trichlorpropen durch HBr-Anlagerung im Verlauf von 25 Std. analog **II** u. **III**; n_D^{20} 1,5295; $D._4^{20}$ 1,8390; 68 g. G. HEY. 510□

Ein stereoisomeres Ozonidpaar. Gerhard Schröder. (Chem. Ber. **95.** 733—37. 20/3. 1962. Brussels, Europ. Res. Associates; dt.) — Bei der Ozonisierung von cis-Di-tert.-butyläthylen (cis-**I**) entsteht, wie durch modifizierte gaschromatograph. Trennung gezeigt wird, ein Gemisch von 70% *cis-* u. 30% *trans-Ozonid*, während aus trans-**I** unter denselben Bedingungen (über ein isolierbares *Primärozonid*) einheitliches *trans-Ozonid* gebildet wird. Die Zuordnung der ster. Konfiguration erfolgt nach der unterschiedlichen Rk.-Geschw. bei der Red. mit $LiAlH_4$, wobei in beiden Fällen *2.2-Dimethylpropanol* mit 70—80% Ausbeute entsteht.

Versuche: *cis-Di-tert.-butylenozonid*, $C_{10}H_{20}O_3$, F. —23 bis —16°, $Kp._{0,3}$ 23°, durch Ozonisierung von cis-**I** in n-Pentan bei —75° bis zur beginnenden Blaufärbung; n_D^{20} 1,4175; 82% (Ausbeute). — *trans-Di-tert.-butylenozonid*, $C_{10}H_{20}O_3$, F. —16 bis —10° (Misch-F. —23 bis —16°), $Kp._{0,3}$ 23°, analog vorst. Verb.; n_D^{20} 1,4145; 58%.
GERHARD MÜLLER. 560□

Die thermische Zersetzung höherer Alkylorthoborate. D. M. Young und C. D. Anderson. (J. org. Chemistry **26.** 2158—59. 13/6. 1961. Sarnia, Ontario, Dow Chemical of Canada Ltd., Exploratory Res. Labor.; engl.) — Tri-n-hexyl- (**I**), Tri-n-octyl- (**II**) u. Tri-n-decylorthoborat (**III**) werden therm. in fl. Phase zu den entsprechenden *Alkenen* u. *Orthoborsäure* zersetzt. Durch Zusatz einer äquimol. Menge B_2O_3 wird der Rk.-Ablauf nicht beeinflußt.

Versuche: *Tri-n-decylborat* (**III**), $C_{30}H_{63}BO_3$, $Kp._{1,5}$ 250° (roh), durch Rk. von n-Decanol mit B_2O_3 unter azeotroper Entfernung des W. mit Äthylbenzol. — *n-Hexen*, durch Zers. von **I** bei 250—316° bei 1 at; 73% (Ausbeute). — *n-Octen*, durch Zers. von 109,7 g **II** bei 300—350° u. 1 at; 84%. Daneben 1,5 g *n-Octanol.* — *n-Decen,* durch Zers. von III bei 320° u. 54 Torr; 83%. J. RUHNKE. 590□

Reaktionen von Allylchloridderivaten mit Kohlenoxid und Acetylen. 2. Mitt. **Synthese von Diencarboxyl-Verbindungen aus allylischen Chlorderivaten, Acetylen und Kohlenoxid.** Gian Paolo Chiusoli. (Chim. e Ind. [Milano] **41.** 506—13. Juni 1959; ital.) — 1. vgl. C. **1962.** 13724. — Allylchloride lassen sich gleichzeitig mit CO u. C_2H_2 in Ggw. von Alkoholen u. $Ni(CO)_4$ mit guter Ausbeute zu *Diensäureestern* umsetzen; mit W. werden die freien *Säuren* erhalten. Zahlreiche Beispiele entsprechender Synth. werden beschrieben. Die unter nicht zu drast. Bedingungen dargestellten u. isolierten Verbb. besitzen *cis*-Struktur der zur COOH-Gruppe konjugierten Doppelbindung. So gibt 5-Chlorpenten-(3)-säure (I) mit CO u. C_2H_2 in W. *cis-Octadien-(2.5)-disäure-(1.8)* (*cis*-II). *trans*-II läßt sich durch Rk. von I-Methylester mit CO, C_2H_2 u. Methanol zu *cis*-II-*Dimethylester,* dessen Umsetzung mit konz. NH_4OH zu *trans*-II-*Diamid* u. Verseifen mit konz. HCl darstellen.

Versuche: *Hexadien-(2.5)-säure,* $Kp._{12}$ 95—105°. *Methylester* (III), $C_7H_{10}O_2$ $Kp._{34}$ 63—66°, durch gleichzeitiges Einleiten von CO u. C_2H_2 u. Eintropfen von 25 g Allylchlorid u. 30 g $Ni(CO)_4$ in Methanol bei 35° unter N_2, Dest., Aussalzen mit $CaCl_2$, Verdünnen mit W. u. Ausäthern; n_D^{20} 1,4495; 16 g (Ausbeute); daneben *Phenol* (→ *Tribromphenol,* F. 94°. *Phenoxyessigsäure,* F. 99°). *Äthylester,* $Kp._{10}$ 50—55°. *Isopropylester,* $Kp._5$ 36—42°. — *Heptadien-(2.5)-säure,* $Kp._{15}$ 117—124°, analog III aus 25 g Crotylchlorid in wss. Aceton; 19 g. *Methylester,* $C_8H_{12}O_2$, $Kp._{18}$ 68—70°, a) analog der Säure in Methanol; b) ebenso aus 3-Chlorbuten-(1). — *5-Methylhexadien-(2.5)-säure* (IV), $C_7H_{10}O_2$, $Kp._{13}$ 107—112°, durch 2std. gleichzeitiges Einleiten von CO u. C_2H_2 in die Lsg. von 8 g $Ni(CO)_4$ u. 10 g Methallylchlorid in wss. Aceton in Ggw. von $MgCO_3$ bei 30°; 9 g. *Methylester,* $C_8H_{12}O_2$, $Kp._{18}$ 65—69°, analog der Säure in Methanol. *Isopropylester,* $Kp._{19}$ 78—82°. *tert.-Butylester,* $Kp._{14}$ 84—87°. — *cis-6-Methylheptadien-(2.5)-säure,* $Kp._{55}$ 103—107°, analog IV aus 7 g 1-Chlor-3-methylbuten-(2); 3,7 g. — *4-Methylheptadien-(2.5)-säure,* $C_8H_{12}O_2$, $Kp._6$ 102—104°, analog IV aus 4-Chlorpenten-(2). — *β-[Cyclopenten-(2)-yl]-acrylsäure,* $Kp._7$ 115—118°, F. 48—51°, analog III aus 30 g 2-Chlorcyclopenten; aus PAe. Nadeln; 2,6 g (das *Amid* wird hydriert zu *β-Cyclopentylpropionsäureamid,* F. 122°). — *6-Phenylhexadien-(2.5)-säure,* $C_{12}H_{12}O_2$, F. 64—65°, analog III aus Cinnamylchlorid; daneben *Dicinnamyl,* F. 82°. — *7-Cyanheptadien-(2.5)-säure, Methylester* (V), $C_9H_{11}NO_2$, $Kp._7$ 134—138°, analog III aus 40 g 1-Chlor-4-cyanbuten-(2) in Methanol; 45 g [daneben *1.8-Dicyanoctadien-(2.6),* F. 45°]. *Isopropylester,* $Kp._{13}$ 160 bis 165°. — *Octadien-(2.4)-disäure,* F. 221—222°, durch Verseifen von V mit 20%ig. NaOH. — *Octadien-(2.5)-disäure* (II), *cis-Form,* analog IV aus 0,5 g I; 0,2 g. *trans-Form,* F. 191—192°, durch Darst. des cis-II-Dimethylesters analog IV aus I-Methylester in Methanol, Umsetzen mit konz. NH_4OH u. Verseifen mit verd. HCl. — *Tetradecatetraen-(2.5.9.12)-disäuredimethylester,* $C_{16}H_{22}O_4$, $Kp._{10}$ 200—210°, analog IV aus 10 g 1.8-Dichloroctadien-(2.6); 3 g; wird in Methanol über Pd hydriert zu *Tetradecandisäuredimethylester,* F. 41° (Methanol). H.-E. TOUSSAINT. 800□

Reaktionen von Allylchloridderivaten mit Kohlenoxid und Acetylen. 3. Mitt. **Butadien-(2.3)-säure und Itaconsäure aus Propargylchlorid.** Gian Paolo Chiusoli. (Chim. e Ind. [Milano] **41.** 513—15. Juni 1959; ital.) — 2. vgl. vorst. Referat. — Die Umsetzung von Propargylchlorid (I) mit CO u. W. in Ggw. von $Ni(CO)_4$ führt in einfacher u. doppelter Carboxylierung zu einem Gemisch aus *Butadien-(2.3)-säure* (II) u. *Itaconsäure* (III). In Methanol werden unmittelbar die entsprechenden *Methylester* erhalten. Als Zwischenprod. tritt vermutlich *Butin-(3)-säure* auf.

Versuche: *Propargylchlorid* (I), Kp. 55—57°, durch Zutropfen von PCl_3 zu 16,8 g Propargylalkohol in abs. Pyridin unter Eiskühlung u. langsames Erhitzen; 10,5 g (Ausbeute). — *Butadien-(2.3)-säure* (II), F. 66° (PAe.), durch langsames Zutropfen von $Ni(CO)_4$ in Aceton zu 1 g I in wss. Aceton (1 : 1) unter Einleiten von CO bei 42—48°, 2std. Stehen, Einengen u. Ausäthern; 0,8 g; daneben 0,2 g III. — *Itaconsäure* (III), F. 160—164° (PAe.), analog II in wss. Aceton (1 : 5); 0,6 g [daneben 0,28 g II]. *Dimethylester,* $Kp._{11}$ 100—110°, analog III in Methanol [liefert durch Hydrieren bei 40°/20 at über Pd u. Verseifen *α-Methylbernsteinsäure,* F. 112—114°]. — *Buttersäureamid,* F. 115° (Bzl.), durch Darst. von II-Methylester (analog II in Methanol), Hydrieren bei 10 at über Pd/$CaCO_3$ u. 2std. Stehen in mit NH_3 gesätt. Methanol. H.-E. TOUSSAINT. 800□

Acrylsäure- und Methacrylsäureanhydrid. T. K. Brotherton, J. Smith jun. und J. W. Lynn. (J. org. Chemistry **26.** 1283—84. April 1961. South Charleston, W.Va., Union Carbide Chem. Co., Res. Dep.; engl.) — Polymerenfreies *Acrylsäure-* u. *Methacrylsäureanhydrid* werden vorteilhaft durch Umsetzen der Säuren in nichtwss. Lsg. mit

$SOCl_2$ oder $COCl_2$ in Ggw. von Triäthylamin bei niedriger Temp. u. Erwärmen auf Raum-Temp. dargestellt. — *Acrylsäureanhydrid*, $C_6H_6O_3$, Kp.$_{9,7}$ 68°, durch Einleiten von $COCl_2$ in die Lsg. von Acrylsäure u. Triäthylamin (1 : 2 : 2 Mol) in Bzl. in Ggw. von Hydrochinon bei 0—10° u. Erwärmen auf Raum-Temp.; n_D^{30} 1,4438; 72,3% (Ausbeute). — *Methacrylsäureanhydrid*, $C_8H_{10}O_3$, Kp.$_{9,4}$ 82°, analog; n_D^{30} 1,4492; 90,3%.

H.-E. Toussaint. 810 □

Darstellung und Pyrolyse von 12-Methylricinolsäuremethylester. Walter J. Gensler und Carolyn B. Abrahams. (J. org. Chemistry **26.** 249—50. Jan. 1961. Boston, Mass., Univ., Chem. Dep.; engl.) — Bei der Pyrolyse von 12-Methylricinolsäuremethylester (**III**), der aus Ricinolsäure über *12-Oxo-cis-octadecen-(9)-säure* (**I**), deren *Methylester* (**II**) u. dessen Rk. mit Methyl-MgBr erhalten, u. in welchem die Lage der Doppelbindung durch oxydative Spaltung unter Bldg. von *Azelainsäure* nachgewiesen wird, entstehen *Octanon-(2)* (**IV**) u. *Undecylensäuremethylester*.

Versuche: *12-Oxo-cis-octadecen-(9)-säure* (**I**), F. 40—41° (A.), aus 100 g Ricinusöl durch Oxydation (vgl. Nichols u. Schipper, C. **1960.** 5787); 51 g (Ausbeute). *Methylester* (**II**), aus **I** mit Diazomethan. — *12-Methylricinolsäuremethylester* (**III**), $C_{20}H_{38}O_3$, Kp.$_{0,02}$ 137—140°, aus **II** durch 15std. Rk. mit Methyl-MgBr unter N_2 u. Zers. mit Essigsäure; n_D^{25} 1,4670; 70%. — *Azelainsäure*, F. 105—106°, durch Ozonolyse von **III**, 2std. Kochen, Zugabe von alkal. $KMnO_4$-Lsg. u. nochmaliges Kochen; 57%. — *Octanon-(2)* (**IV**), Kp.$_{54}$ 97—101°, durch Pyrolyse bei 400—525° aus **III**; n_D^{25} 1,4192. *Semicarbazon*, $C_9H_{19}N_3O$, F. 121—122° (W.). — *Undecylensäuremethylester*, $C_{12}H_{22}O_2$, Kp.$_{25}$ 137 bis 140°, aus **III** neben **IV**; n_D^{25} 1,4372 (nach chromatograph. Reinigung).

B. Celms. 810

Die konjugierte Triensäure des Samenöls von Catalpa ovata. C. Y. Hopkins und Mary J. Chisholm. (J. chem. Soc. [London] **1962.** 573—75. Febr. Ottawa, Nat. Res. Council of Canada, Div. of Pure Chem.; engl.) — Aus dem Samenöl von *Catalpa ovata* Don (= *C. kaempferi* Sieb.) wird eine konjugierte Octadecatriensäure isoliert, deren Konstit. als *trans.trans–cis-$\Delta^{9.11.13}$-Octadecatriensäure* (**I**) durch Hydrierung zu *Stearinsäure*, oxydative Spaltung zu *Valerian-* u. *Azelainsäure*, Isomerisierung zu *β-Eläostearinsäure* (**II**) sowie die Rkk. des Maleinsäureanhydrid (**IV**)-Addukts (**III**) festgestellt wird. — UV- u. IR-Spektren vgl. Original.

Versuche (FF. korr.): *trans.trans–cis-$\Delta^{9.11.13}$-Octadecatriensäure* (**I**), $C_{18}H_{30}O_2$, F. 31,5 bis 32°, durch Extraktion gemahlener Samen mit PAe. bei 25°, Verseifen von 20 g des Öls durch ½ std. Kochen mit 10%ig. alkohol. KOH unter N_2, Entfernen des Unverseifbaren mit PAe., Ansäuern der alkal. Lsg. unter N_2 mit 2n HCl in Ggw. von PAe., Eindampfen im Vakuum u. fraktionierte Kristallisation aus Aceton u. Pentan; 0,9 g (Ausbeute); wird an der Luft in wenigen Min. verändert. — *Stearinsäure*, F. 69—69,5°, aus 0,23 g **I** in CH_3OH u. H_2 an Adams-Katalysator; 0,2 g. — *β-Eläostearinsäure* (**II**), F. 70 bis 70,5° (A.), aus **I** u. J_2 in Pentan. — *3-[7-Carboxyheptyl]-6-[cis-Δ^1-hexenyl]-Δ^1-cyclohexen-4.5-dicarbonsäureanhydrid* (**III**), $C_{22}H_{32}O_5$, F. 73—73,5° (Ae./PAe.; 1 : 4), durch 1std. Kochen von 0,2 g **I** u. **IV** in Bzl.; 0,17 g; Misch-F. 57—63° mit dem **II**–**IV**-Addukt (F. 77—78°) u. Misch-F. 53—60° mit dem **IV**-Addukt (F. 64—65°) der α-Eläostearinsäure (**V**). *Methylester*, F. 38—39°, wie **III** aus dem **I**-Methylester u. **IV**. — *3-[7-Carboxyheptyl]-6-n-hexyl-Δ^1-cyclohexen-4.5-dicarbonsäureanhydrid*, F. 92—93° (Ae./PAe.; 1 : 4), durch 6std. Kochen von trans.trans-$\Delta^{9.11}$-Octadecadiensäure u. **IV** in Benzol. — *3-[7-Carboxyheptyl]-6-n-hexylcyclohexan-1.2-dicarbonsäureanhydrid*, $C_{22}H_{36}O_5$, F. 77—78° (CH_3OH), aus vorst. Verb. oder **III** in CH_3OH u. H_2 an Adams-Katalysator; Misch-F. 62 bis 68° mit dem Hydrierungs-Prod. (F. 73—74°) des **IV**–**V**-Addukts. — *3-[7-Carboxyheptyl]-4.4.5.5-tetracyan-6-[cis-Δ^1-hexenyl]-Δ^1-cyclohexen*, $C_{24}H_{30}N_4O_2$, F. 91—92° (Ae./PAe.; 1 : 4), aus **I** u. Tetracyanäthylen in Bzl. (1½ Std.). — *3-n-Butyl-6-[9-carboxy-cis-Δ^1-nonenyl]-4.4.5.5-tetracyan-Δ^1-cyclohexen*, $C_{24}H_{30}N_4O_2$, F. 69—70°, analog vorst. Verb. aus **V**.

F. Heller. 810 □

Kaliumdihydrogen-D_s-L_s-isocitrat. H. B. Vickery. (Science [Washington] **132.** 892. 30/9. 1960. New Haven, Conn., Agric. Exp. Stat., Dep. of Biochem.; engl.) — Bei der *Isocitronensäure*-Synth. nach Fittig u. Miller [1889] über die *Trichlormethylparaconsäure* ist das *Kaliumsalz* dem Lacton als End-Prod. vorzuziehen.

Versuche: *Trichlormethylparaconsäure*, durch 1std. Erhitzen von Na-Succinat, Chloral u. Acetanhydrid auf 140°, Aufkochen des Prod. in wss. Lsg. mit Aktivkohle, Filtrieren, Einengen, HCl-Zusatz, Kühlen u. Abfiltrieren des Nd.; 72—78% (Ausbeute). — *Monokalium-D_s-L_s-isocitrat*, F. 175—176° (Zers.), durch Zugabe vorst. Verb. zu sd. wss. $Ba(OH)_2$, 1std. Kochen, Abfiltrieren des *Ba-Salzes*, Ansäuern u. Fällen nach Vickery u. Wilson (C. **1962.** 13441; Nadeln aus W.; 49—56%.

W. Betcke. 850 □

Darstellung und Eigenschaften von Lithiumhydroxypyruvat und Hydroxybrenztraubensäure. F. Dickens und D. H. Williamson. (Biochem. J. **68.** 74—81. Jan. 1958. London, Middlesex Hosp. Med. School, Courtauld Inst. of Biochem.; engl.) — Zur Darst. von *Hydroxybrenztraubensäuremonohydrat* (**I**) wird Brombrenztraubensäure (**II**) mit LiOH in das **I**-*Li-Salz* (**Ia**) übergeführt; in **Ia** ist 1 Mol. W. noch fester als in **I** gebunden, so daß in **Ia** eine geminale Diolgruppe angenommen wird. Analog **Ia** lassen sich die *Li-Salze* der $^{14}C_{(3)}$- u. $^{14}C_{(2)}$-*Hydroxybrenztraubensäuren* gewinnen. Das aus **Ia** durch Schütteln mit Amberlite IR-120 (H^+-Form) hergestellte **I** weicht in seinen Eigg. von der von FENTON u. WILKS [1912] erhaltenen Verb. ab. Die chem. Natur von **I** u. **Ia** konnte durch quant. Red. beider Verbb. mit Diphosphopyridinnucleotid in Ggw. sowohl von Muskelmilchsäuredehydrogenase als auch von spezif. **I**-Dehydrogenase aus Petersilienblättern, ferner durch quant. Decarboxylierung mit Hefecarboxylase, durch die Farb-Rk. mit Naphthoresorcin u. durch Darst. des *Dinitrophenylhydrazons* sowie dessen Red. zu *Serin* bewiesen werden. Beim Erhitzen wss. Lsgg. von **I** entsteht unter Decarboxylierung vermutlich *DL-Erythrulose*, in saurem Medium dagegen vornehmlich *Glykolaldehyd*. **I** gibt kein Osazon, aber vermutlich das *Phenylhydrazid des Phenylhydrazons*. Das von FENTON u. WILKS (l. c.) erhaltene Semicarbazon wird als *Mesoxalsäurehalbaldehydsemicarbazonhydrat* gedeutet.

Versuche: $^{14}C_{(3)}$-*Brombrenztraubensäure*, F. 58°, durch Zutropfen von Br_2 zu Brenztraubensäure (**V**) u. Na-$^{14}C_{(3)}$-Pyruvat in Ggw. von 1 Tropfen konz. H_2SO_4 unter Rühren bei 50°; aus Chlf. Nadeln; 97% (Ausbeute). Analog: $^{14}C_{(2)}$-*Brombrenztraubensäure* u. *Brombrenztraubensäure* (**II**). — *Hydroxybrenztraubensäure, Li-Salz-Monohydrat* (**Ia**), durch Zusatz von LiOH zur wss. Lsg. von **II** unter Rühren, Ansäuern u. Einengen; 49%. *Monohydrat* (**I**), $C_3H_6O_5$, F. 81—82° (Zers.), durch 10 Min. langes Schütteln der wss. Lsg. von 500 mg **Ia** mit Amberlite IR-120 (H^+-Form), Gefriertrocknung, Trocknen über P_4O_5 im Vakuum, Lösen in Ae. bei 0° u. Fällen mit PAe.; 160 mg. *2.4-Dinitrophenylhydrazon*, F. 160—161°, gelbe Kristalle aus Essigester–PAe.; 92%. *Phenylhydrazonphenylhydrazid*, $C_{15}H_{18}N_4O_3$, F. 115—117° (Zers.; Chlf.–PAe.), durch Lösen von **Ia** in n-HCl, Zugabe von Phenylhydrazin (**IV**) u. 20 Min. langes Erhitzen auf 80°. — *Mesoxalsäurehalbaldehyd* (**III**), durch Oxydation von Dihydroxyfumarsäuredihydrat mit $HgCl_2$ bei 60° nach FENTON [1905]. *Bis-[phenylhydrazon]*, $C_{15}H_{14}N_4O_2$, F. 218—220° (Chlf./wenig Essigsäure), a) aus **III**; b) aus Dihydroxymaleinsäure u. **IV**. Erhitzen mit alkohol. HCl → *Pyrazolon-Deriv.* $C_{15}H_{12}N_4O$, F. 146°. *Bis-[semicarbazon]-halbhydrat*, $C_5H_8N_6O_4 \cdot 0,5\ H_2O$, F. 225—226° (Essigsäure), aus **III** u. Semicarbazid–HCl; 65%. — *Li-Pyruvatmonohydrat*, durch Zusatz von LiOH zur gerührten wss. Lsg. von 0,1 Mol **V**, 16std. Stehen bei 0° u. Umkristallisieren aus W.; 2,7 g.

A. SCHELLENBERGER. 870

Über cis- und trans-5.5-Dimethyl-4-ketohexen-(2)-säure. Nils Hellström und Salo Gronowitz. (Kungl. Lantbrukshögskolans Ann. **25.** 363—74. 1959. Inst. of Organ. Chem.; engl.) — Durch Umsetzung von α-Brompinakolin (**V**) mit Na-Malonsäurediäthylester (**VI**) unter Bldg. von *2-Carbäthoxy-5.5-dimethyl-4-ketohexansäureäthylester* (**I**) u. dessen Hydrolyse u. Decarboxylierung wird *β-Pivaloylpropionsäure* (**II**) synthetisiert. **II** wurde auch im Eintopf-Verf. aus Pinakolin (**III**) durch Rk. mit $LiNH_2$ in fl. NH_3 u. Li-Bromacetat erhalten. **II** liefert bei der Bromierung u. anschließender Dehydrobromierung ein Gemisch aus *cis-* (cis-**IV**) u. *trans-β-Pivaloylacrylsäure* (trans-**IV**). **IV** konnte nicht durch Kondens. von **III** mit Glyoxylsäure erhalten werden. Die IR- u. magnet. Kernresonanzspektren der isomeren **IV** sind angegeben, danach liegt cis-**IV** in der cycl. Form als *2-Keto-5-hydroxy-5-tert.-butyl-Δ^3-dihydrofuran* vor. Auf Grund der UV-Spektren liegt cis-**IV** in wss. Lsg. z. T. in der offenen Form vor, das Verhältnis offene/cycl. Form nimmt mit steigendem pH der Lsg. zu. Die Konformation wird diskutiert.

Versuche: *2-Carbäthoxy-5.5-dimethyl-4-ketohexansäureäthylester* (**I**), $Kp._{11}$ 145 bis 155°, durch Eintropfen von je 0,34 Mol **VI** u. **V** in die Lsg. von 0,34 g-Atom Na in ½ Liter A., 2std. Kochen, Einengen u. Extraktion mit Ae.; 63% (Ausbeute). — *β-Pivaloylpropionsäure* (**II**), $C_8H_{14}O_3$, F. 65—66° (Ae.), a) durch 17std. Kochen von 45 g **I** mit 250 ml konz. HCl, Einengen auf ½ Vol., Zugabe von W. u. Extraktion mit Ae.; 16,2 g; b) durch Zugabe von 66 g **III** zur Lsg. von $LiNH_2$ (aus 7,7 g Li) in 300 ml fl. NH_3, Abdünsten des NH_3 unter Zutropfen von Ae., Eintropfen von 46 g Bromessigsäure in Ae., 20std. Kochen, Zugabe von W., Extraktion mit Ae., Eindampfen u. Kristallisieren aus Bzl.; 17 g. *β-Brom-Deriv.*, $C_8H_{13}BrO_3$, F. 67—69° (CS_2; —20°), durch 1½std. Bromierung von **II** in CCl_4; 88%. — *trans-β-Pivaloylacrylsäure* [trans-**IV**; *trans-5.5-Dimethyl-4-ketohexen-(2)-säure*], $C_8H_{12}O_3$, F. 94—95°, durch 5std. Kochen von 30 g vorst. Verb. u. 30 g wasserfreiem Na-Acetat in Eisessig unter Rühren, Gießen in W., Extraktion mit Ae., Eindampfen u. Sublimation bei 90°/1 Torr; aus 20%ig. A. gelbe Nadeln; 9,8 g; daneben durch Eindampfen der Mutterlauge im Vakuum 150 mg *cis-β-Pivaloylacrylsäure* (cis-IV; $C_8H_{12}O_3$, F. 84—85°; aus PAe. Plättchen). L. Lamza. 870

Über S-Oxalylthiole. Jürgen Koch und Lothar Jaenicke. (Liebigs Ann. Chem. **652.** 129—39. 24/4. 1962. München, Univ., Chem. Labor., Inst. für Biochem.; dt.) — Die Darst. von *S.S'-Oxalyl-bis-[N-acetylcysteamin]* (I) u. *S.S'-Oxalyl-bis-[N-capryloyl-cysteamin]* (II) durch Umsetzung von Oxalylchlorid (III) mit den entsprechenden Thiolen wird beschrieben. I u. II erleiden bereits in wss. Lsg. Hydrolyse zu *S-Oxalyl-N-acetyl-cysteamin* (IV) bzw. *S-Oxalyl-N-capryloylcysteamin* (V). Durch Umesterung werden aus dem Na-Salz von V bei pH 8 *S-Oxalylglutathion* u. *S-Oxalyl–Coenzym A* (CoA) erhalten. IV u. V lassen sich durch Chromatographie ihrer Hydroxamsäuren analysieren. Die UV-Spektren von V in W. [pH 5,75; λ_{max} 260 (mμ), ε = 2.9 10^{-3}], in 1nHCl [λ_{max} 270, ε = 3,1·10^{-3}], von II in Dioxan [λ_{max} 285, ε = 5,85·10^{-3}] u. von S-Formyl-N-acetyl-cysteamin in W. sind abgebildet, die Absorptionen entsprechen einem n → π*-Übergang u. sind durch den Substituenten-Einfl. bathochrom in Richtung auf die reine Ketobande verschoben. IV u. V sind im p_H-Bereich 3—6,5 in Ggw. eines anorgan. oder Aminopuffers gegen Hydrolyse beständig, werden aber in Ggw. eines Imidazolpuffers bei pH 6,4 merklich hydrolysiert, wobei die Hydrolysen-Geschw. von der Puffer-Konz. abhängt. Dies deutet auf eine direkte Beteiligung des Imidazols bei der Hydrolyse hin.

Versuche: *N-Acetylcysteamin*, $Kp._{0,4}$ 112—113°, aus N-Acetylaziridin u. H_2S in Methanol bei 60°; 95% (Ausbeute). — *S.S'-Oxalyl-bis-[N-acetylcysteamin]* (I), F. 176° (Dioxan), durch Zugabe von III zur Lsg. von vorst. Verb. u. Tributylamin in CCl_4 bei —10° u. 2 Std. bei Raum-Temp.; 75%. — *S-Oxalyl-N-acetylcysteamin* (IV), $C_6H_9NO_4S$, F. 159—160° (Zers.; Dioxan), durch Zugabe von I in Aceton zu 1nNaOH, 30 Min. bei Raum-Temp. [→ *Na-Salz*; 75%], Lösen in gesätt. $(NH_4)_2SO_3$-Lsg. u. Ansäuern mit 2n-H_2SO_4. — *S.S'-Oxalyl-bis-[N-capryloylcysteamin]* (II), $C_{22}H_{40}N_2O_4S_2$, F. 148—149° (Dioxan), aus N-Capryloylcysteamin analog I; 85%. — *S-Oxalyl-N-capryloylcysteamin* (V), F. 60° (Essigsäure–PAe.), aus II analog IV [→ *Na-Salz*; 50%] u. Ansäuern der wss. Lsg. mit 2nH_2SO_4. *Cyclohexylammoniumsalz*, $C_{18}H_{34}N_2O_4S$, F. 108° (Dioxan). A. Trede. 920□

Darstellung einiger neuer Komplexbildner und Bestimmung ihrer Konstanten. László Erdey, József Gyimesi und Tibor Meisel. (Magyar Kémiai Folyóirat [Ung. Z. Chem.] **65.** 386—88. Okt. 1959. Budapest, Müszaki Egytem Általanos Kém. Tanszék; ung.) — Es wurden *DL-2.3-Dihydroxypropylamin-N.N-diessigsäure*, DL-Serin-N.N-diessigsäure–Di-Na-Salz u. L-Glutaminsäure-N.N-diessigsäure–Di-Na-Salz hergestellt. Es wurden die Dissoziations-Konst. u. die Stabilitäten ihrer mit Erdalkalimetallen gebildeten Komplexe bestimmt u. untersucht, ob diese Verbb. als Hilfskomplexbildner verwendet werden können. Die Ergebnisse zeigten, daß die Verbb. als Maß-Lsgg. nur beschränkt verwendbar sind, sie können höchstens als Hilfskomplexbildner in Betracht kommen.

Versuche: *DL-2.3-Dihydroxypropylamin-N.N-diessigsäure*, $C_7H_{13}NO_6$, aus DL-*2.3*-Dihydroxypropylamin u. Chloressigsäure (I) in Ggw. von wss. NaOH. — *DL-Serin-N.N-diessigsäure–Di-Na-Salz*, $C_7H_9NNa_2O_7$, aus DL-Serin u. I in wss. NaOH. — *L-Glutaminsäure-N.N-diessigsäure–Di-Na-Salz*, $C_9H_{11}NNa_2O_8$, aus L-Glutaminsäure u. I in wss. NaOH. G. Halmi. 950□

Eine Synthese von L-Arginyl-L-arginin. Leonidas Zervas, Theodore Otani, Milton Winitz und Jesse P. Greenstein. (Arch. Biochem. Biophysics **75.** 290—91. Mai 1958. Athen, Greece, Univ. Dep. of Organ. Chem.; Bethesda, Md., Nat. Cancer Inst., Labor. of Biochem.; engl.) — *$N^\alpha.N^\omega.N^\omega$-Tricarbobenzoxy-L-arginyl-[N^ω-carbobenzoxy-argininbenzylester]*, $C_{51}H_{56}N_8O_{11}$, F. 160° (Essigester), aus L-Arginin durch Überführung in $N^\alpha.N^\omega.N^\omega$-Tricarbobenzoxy-L-arginin u. dessen Rk. mit N^ω-Carbobenzoxy-L-argininbenzylester in Chlf. in Ggw. von Chlorameisensäureäthylester u. abs. $(C_2H_5)_3N$; $[\alpha]_D^{25}$ +30° (c = 2,5; Chlf.). — *L-Arginyl-L-arginin* (I), aus vorst. Verb. durch katalyt. Hydrierung (Pd-Schwarz) in CH_3OH–Essigsäure; R_F 0,11 (HCOOH–W.–tert.-Butanol, 15:15:70), 0,09 (CH_3OH–W.–Pyridin, 40:10:1). *Diflavianatdihydrat*, $C_{12}H_{26}N_8O_3 \cdot 2[C_{10}H_4 \cdot OH(NO_2)_2SO_3H] \cdot 2\ H_2O$, F. 230—234°. *Tripikrolonat*, $C_{42}H_{50}N_{20}O_{18}$, F. 290—295°; $[\alpha]_{D\ 46}^{25}$ +32,4° (c = 1; Dimethylformamid). K. Maier. 950

Die Reaktion von Diboran mit Cyclopropan. W. A. G. Graham und F. G. A. Stone. (Chem. and Ind. **1957.** 1096—97. 10/8. Cambridge, Mass., Harvard Univ., Mallinckrodt Chem. Labor.; engl.) — Das durch 20std. Erhitzen von 239 ml Diboran(I) u. 1034 ml Cyclopropan (II) auf 95° entstehende *Gemisch* liefert bei der fraktionierten Dest. 25,9 ml H_2, 20,3% *Tri-n-propylboran* [$(C_3H_7)_3B$] u. 84,1 ml *Gasgemisch*, dessen Hydrolyse 5,2 ml H_2 u. einen nicht hydrolysierbaren Anteil ergab, der sich nach massenspektroskop. Analyse aus 51,8% *Propan*, 47,78% II u. 0,31% *Äthan* zusammensetzt.

Rückstand der Dest. ist eine bei Raum-Temp. nicht flüchtige, gelbe Fl., vermutlich in polymerem KW-Stoff gelöste Borhydride. B. MEHLIS. 980

Über die Beziehungen zwischen Struktur und Reaktionsfähigkeit phosphororganischer Verbindungen. M. I. Kabatschnik. (Z. Chem. **1.** 289—97. 1961. Akad. der Wiss. der UdSSR, Inst. für elementorgan. Verbb.; dt.) — Übersicht. — 37 Literaturangaben. P. GOLINSKE. 980□

Über die Anlagerung von Phosphor (III)-Verbindungen mit einer P-Cl-Bindung an Dienkohlenwasserstoffe. N. A. Rasumowa und A. A. Petrow. (Журнал Общей Химии [J. allg. Chem.] **31** **(93)**. 3144. Sept. 1961. Leningrad, Technol. Lensowjet-Inst.; russ.) — Durch Erhitzen von Propylenglykolphosphorigsäurechlorid (I) mit Divinyl, Isopren, Piperylen u. Chloropren bilden sich unter ARBUSOW-Umlagerung — u. wahrscheinlich unter 1.2-Addition — die entsprechenden *Addukte*. Diese sind gegen O_2 beständig, reagieren nicht mit S u. Cu_2Cl_2, lagern 1 Mol Br_2 an u. stellen Derivv. des 5wertigen P dar. Im IR-Spektrum werden die CH-Schwingungen u. die (sehr intensive) P=O-Schwingung beobachtet. — Addukte: Aus I u. *Divinyl*, $C_7H_{12}ClO_2P$, Kp.$_{10}$ 147 bis 148°; $D._4^{20}$ 1,2369; n_D^{20} 1,4978. — Aus I u. *Isopren*, $C_8H_{14}ClO_2P$, Kp.$_{10}$ 155—156°; $D._4^{20}$ 1,1881; n_D^{20} 1,4948. — Aus I u. *Piperylen*, $C_8H_{14}ClO_2P$, Kp.$_{10}$ 144—146°; $D._4^{20}$ 1,1850; n_D^{20} 1,4908. — Aus I u. *Chloropren*, $C_7H_{11}Cl_2O_2P$, Kp.$_{10}$ 169—170°; $D._4^{20}$ 1,3327; n_D^{20} 1,5130. HELMUT SCHÄFER. 980

Der aromatische Charakter. A. W. Johnson. (J. Roy. Inst. Chem. **84.** 90—94. März 1960. Nottingham, Univ.; engl.) — Übersicht über die Theorien zur Erklärung des aromat. Charakters. — 74 Literaturangaben. P. GOLINSKE. 1000□

Fortschritte in der organischen Fluorchemie. M. Stacey. (J. Roy. Inst. Chem. **84.** 11—14. Jan. 1960. Birmingham, Univ.; engl.) P. GOLINSKE. 1000□

Die Halogenierung von meta-tert.-Butylphenol. Warren W. Kaeding. (J. org. Chemistry **26.** 4851—55. 27/12. 1961. Pittsburg, Calif., Dow Chem. Co., Res. Dep.; engl.) — Die Halogenierung von m-tert.-Butylphenol (I) wird beschrieben u. die Struktur der entstehenden Prodd. aufgeklärt.

Versuche: *2-Brom-5-tert.-butylphenol*, $C_{10}H_{13}BrO$, Kp.$_{13}$ 138°, durch Bromieren von I in CCl_4 bei 20—40°; 91% (Ausbeute). — *4-tert.-Butylbrenzcatechin*, F. 50—53° (Pentan), durch 20 Min. langes Erhitzen vorst. Verb. mit wss. NaOH auf 225° im Rohr. — Phenole: *2.4-Dibrom-5-tert.-butyl-*, $C_{10}H_{12}Br_2O$, F. 62—63° (Pentan), a) durch 2std. Bromieren von I in CCl_4 u. ½std. Kochen; 96%; b) durch ½std. Kochen von I mit Br_2 in Eisessig. — *3-tert.-Butyl-2-chlor-4.6-dibrom-*, $C_{10}H_{11}Br_2ClO$, F. 30—31°, durch Chlorieren von 50 g vorst. Verb. in CCl_4 bei 25—35°; aus Pentan Nadeln; 40 g. — *2.3.4.6-Tetrabrom-*, $C_6H_2Br_4O$, F. 111—112° (Hexan), durch 2std. Kochen von 75 g I mit 275 g Br_2 in CCl_4 in Ggw. von Fe; 25 g; daneben aus den Mutterlaugen *2.4.6-Tribrom-*, F. 95°. — *Gemisch* aus *5-tert.-Butyl-2-chlor-* (**II**) u. *3-tert.-Butyl-2-chlor-* (**IV**), $C_{10}H_{13}ClO$, Kp.$_{10}$ 109—111°, durch 2std. Chlorieren von 240 g I in CCl_4 bei 30—40°; n_D^{25} 1,5297—1,5286; 205 g; daneben 38 g einer Fraktion vom Kp.$_{10}$ 138—141° u. *3-tert.-Butyl-4-chlor-* (**III**; $C_{10}H_{13}ClO$, Kp.$_{10}$ 142°; n_D^{25} 1,5430; 32 g.) — *3-tert.-Butyl-2-chlor-6-jod-*, $C_{10}H_{12}ClJO$, F. 70—72,5° (Pentan), durch Zugabe von alkal. J_2-Lsg. zu 9,7 g vorst. Gemisches in wss. KOH u. Zugabe von verd. H_2SO_4 bis pH 7,3; 3,5 g; daneben **II** (n_D^{27} 1,5279). — *2.6-Dichlor-3-tert.-butyl-* (**VI**), a) durch Chlorieren von **I** analog **II**; 4,6%; daneben 52,8% **II**, 13,5% **IV**, 19,3% **III** u. 4,1% **V**. — *2.4-Dichlor-5-tert.-butyl-* (**V**), $C_{10}H_{12}Cl_2O$, F. 48—49,5° (Pentan), durch 2std. Einleiten von Cl_2 in eine Lsg. von 100 g I in CCl_4 u. 1std. Kochen; 39%; daneben 43,8 g *2.4-Dichlor-3-tert.-butyl-* (**VII**; Kp.$_8$ 139—140°, $D.^{25}$ 1,253, n_D^{25} 1,5572) u. 58 g **VI** [$C_{10}H_{12}Cl_2O$, F. 64—64,5° (Pentan), Kp.$_{0,6}$ 90°]. — *3-tert.-Butyl-2.4-dichlor-6-jod-*, $C_{10}H_{11}Cl_2JO$, F. 34—35°, durch Rk. von **VII** mit J_2. — *3-tert.-Butyl-2.4.6-trichlor-*, $C_{10}H_{11}Cl_3O$, F. 41—42° (Pentan), durch Zugabe von fl. Cl_2 zu I in CCl_4 bei 40° u. 1std. Kochen; 62%. — *5-tert.-Butyl-2-jod-*, $C_{10}H_{13}JO$, F. 48—49° (Pentan), durch Zugabe von alkal. J_2-Lsg. zu I in wss. KOH bei pH 12,3, Zugabe von Methylendichlorid u. Versetzen mit verd. H_2SO_4 bis pH 8,0; 48% W. HAMPEL. 1060□

Molekülumlagerungen. 5. Mitt. **Der Verlauf der thermischen Umlagerung von Benzylphenyläther.** F. M. Elkobaisi und W. J. Hickinbottom. (J. chem. Soc. [London] **1960.** 1286—92. März. London, Univ., Queen Mary Coll.; engl.) — 4. vgl. C. **1961.** 13883. — Durch therm. Umlagerung von Benzylphenyläther (I) in geeigneten Lsgm. werden neben den normalen Umlagerungs-Prodd. *o-* (**II**) u. *p-Benzylphenol* u. a. in β-Naphthol (**III**) *1-Benzylnaphthol-(2)*, *9-Phenylxanthen* (**IV**), *Toluol* (**V**), *9-Phenyl-7.8-benzo-* u. *9-Phenyl-1.2;7.8-dibenzoxanthen*, in α-Naphthol (**VI**), *2-* u. *4-Benzylnaphthol-(1)*, **IV**, **V** u. *9-Phenyl-5.6-benzoxanthen* (**VII**), in Chinolin (**VIII**), *2-* (**IX**) u. *4-Benzyl-* (**X**), *2-[o-Hydroxyphenyl]-* (**X**) u. *2-[p-Hydroxyphenyl]-chinolin*(**XII**), **IV**, **V** u. *2.2'-Bichinolyl* u. in Isochinolin (**XIII**) *1-Benzyl-*, *1-[o-Hydroxyphenyl]-isochinolin*, **IV** u. **V** gebildet. Vff. nehmen wegen der Bldg. von **IX** sowie **XI** u. **XII** therm. Spaltung von I in Phenoxy- u. Benzylradikale an. Hierfür spricht auch die Bldg. von *Dibenzyl* (**XIV**) aus Benzyl-2.4.6-trimethylphenyläther (**XV**) bei 270°. Analog wird bei der Pyrolyse von Diphenylmethylphenyläther u. a. *1.1.2.2-Tetraphenyläthan* erhalten. Das Auftreten von **IV** u. **V** deuten Vff. durch Rk. von **II** mit einem Benzylradikal, Umsetzung des neben **V** gebildeten *Phenyl-[o-hydroxyphenyl]-methylradikals* mit einem Hydroxyphenylradikal unter Bldg. von *Bis-[o-hydroxyphenyl]-phenylmethan* u. H_2O-Abspaltung zu **IV**. Die direkte Umsetzung von 2 Mol **II** zu **IV** + **V** gelingt unter den Bedingungen der Rk. nicht. Ebenso kommt Benzaldehyd, der durch mehrstd. Kochen von **I** gebildet wird, wegen der geringen gebildeten Mengen nicht als Vorstufe für **IV** in Frage. Eine weitere, bei der Spaltung von **XV** gebildete Verb. ist wahrscheinlich *2.4-Dimethyl-6-phenäthylphenol*.

Versuche: *9-Phenylxanthen* (**IV**), $C_{19}H_{14}O$, F. 145° (A.), a) durch 12tägiges Erhitzen von 40 g **I** u. 15 g **VI** im Rohr auf 260°, Dest. bis 200° [Abdest. von 1 g W., 5,8 g **V**, 10,0 g Phenol (**XVII**)] Abtrennen der phenol. Prodd. mit methanol. KOH, Dest. u. Kristallisation der 1. Fraktion (Kp.$_{14}$ 230—240°) unter A.; b) analog a) aus 40 g **I** u. 15 g **III**; 5,5 g (Ausbeute); c) durch 14tägiges Erhitzen von 70 g **I** u. 60 g redest. **VIII** im Rohr auf 270°, Dest. bis 140°/15 Torr (Abdestillieren von 16,6 g **V**, 1,0 g **XVII**, 28 g **VIII**) Verdünnen mit Ae., Abtrennen der phenol. Verbb. mit methanol. KOH, Schütteln mit HCl; 10 g; d) durch 15tägiges Erhitzen von 70 g **I** u. 60 g **XIII** im Rohr auf 270°, Aufarbeiten wie bei c) (12 g **V**, 17 g **XVII**, 33 g **XIII**, 25 g **I**); 7,5 g. — *9-Phenyl-5.6-benzoxanthen* (**VII**), $C_{23}H_{16}O$, F. 182°, a) neben **IV** nach a) aus der 2. Fraktion (Kp.$_{14}$ 250 bis 260°); aus A. Prismen. — *o-Benzylphenol* (**II**), Kp.$_{13}$ 175—185°, $C_{13}H_{12}O$, a) neben **IV** nach a) durch Dest. der phenol. Fraktion bei 175—185°/13 Torr; 4,0 g (daneben 7,5 g **VI**); b) neben **IV** nach b); 3,6 g; c) neben **IV** nach c) durch Einengen des phenol. Extrakts, Ansäuern mit HCl u. Dest.; 4,5 g; d) neben **IV** nach d); 6 g. *Phenylurethan*, F. 117°. — *p-Benzylphenol*, F. 84° (PAe.), Kp.$_{17}$ 200—210°, a) neben **II** nach a); 6,5 g; b) neben **II** nach b); 5,5 g; c) neben **II** nach c); d) neben **IV** nach d); 4,2 g. *Benzoat*, F. 87°. — *2-Benzylnaphthol-(1)*, $C_{17}H_{14}O$, F. 74°, Kp.$_{12}$ 233°, a) neben **II** nach a) durch Kristallisation aus $CH_3COOH/HCOOH$ (3:17) nach Dest. bei Kp.$_{13}$ 235—245°; ca. 3,5 g; b) durch Rk. von Na-α-Naphtholat (aus 42 g **VI** u. NaH) mit Benzylchlorid (**XVIII**) in **V**; 52 g. — *2.4-Dibenzylphenol*, Kp.$_{17}$ 235—245°, a) neben vorst. Verb. nach a) aus den Mutterlaugen; ca. 3,5 g; b) neben **II** nach b) durch Kristallisation der Dest.-Fraktion vom Kp.$_{12}$ 230 bis 240°; ca. 2,5 g; c) neIn **IV** nach c); 0,8 g); d) neben **IV** nach d); 2,0 g. *α-Naphthylurethan* F. 145°, *4-Benzylnaphthol-(1)*, $C_{17}H_{14}O$, F. 126° (Bzl.) Kp.$_{13}$ 255—265°, a) neben **II** nach a); 0,8 g; b) durch Rk. von 30 g **VI** mit Benzylalkohol (**XIX**) in PAe. bei 35—40° in Ggw. von $AlCl_3$; 38 g. *Benzoat*, F. 103°. — *1-Benzylnaphthol-(2)*, F. 112° (Bzn.), Kp.$_{12}$ 220—230°, a) neben **II** nach b); 3,1 g. *Acetat*, F. 65°. *Benzoat*, F. 97°. — *9-Phenyl-1.2;7.8-dibenzoxanthen*, $C_{27}H_{18}O$, F. 190°, neben **IV** nach b); 0,8 g. — *9-Phenyl-7.8-benzoxanthen*, $C_{23}H_{16}O$, F. 163—164° (A. oder PAe.), neben **IV** nach b); 5,5 g. — *2-[o-Hydroxyphenyl]-chinolin*, (**XI**), $C_{15}H_{11}NO$, F. 116°, a) neben **II** nach c); gelbe Nadeln aus CH_3OH; 12 g. *Pikrat*, $C_{15}H_{11}NO \cdot C_6H_3N_3O_7$, F. 185°, Nadeln. *Hydrochlorid, Dihydrat*, $C_{15}H_{11}NO \cdot HCl \cdot 2\,H_2O$, hellgelbe Nadeln aus verd. HCl. *Hydrobromid, Hydrat*, $C_{15}H_{11}NO \cdot HBr \cdot H_2O$, bronzefarbene Nadeln aus verd. HBr. *O-Benzoat*, $C_{22}H_{15} \cdot NO_2$, F. 86—87°, derbe Kristalle aus wss. A.; *Pikrat*, $C_{22}H_{15}NO_2 \cdot C_6H_3N_3O_7$, F. 167°. *O-Acetat*, F. 78—79°, aus PAe. lange Nadeln. — *2-p-Hydroxyphenylchinolin* (**XII**), F. 236 bis 237°, aus wss. A. dünne Tafeln. *Hydrochlorid*, $C_{15}H_{11}NO \cdot HCl$. *Acetyl-Deriv.*, $C_{17}H_{13} \cdot NO_2$, F. 123—124°; *Pikrat*, $C_{17}H_{13}NO_2 \cdot C_6H_3N_3O_7$, F. 196—197°, Nadeln aus Aceton. — *4-Benzylchinolin* (**X**), $C_{16}H_{13}N$, Kp.$_{17}$ 230°, neben **IV** nach c) durch Freisetzen der Amine aus dem HCl-Extrakt, Dest. u. Trennung der 1. Fraktion (Kp.$_{17}$ 220—230°) durch Kristallisation der Pikrate aus Äthanol. *Pikrat*, $C_{16}H_{13}N \cdot C_6H_3N_3O_7$, F. 178—179°, Täfelchen. *Methojodid*, $C_{17}H_{16}JN$, F. 224—228° (Zers.) orangefarbene Prismen. — *2-Benzylchinolin* (**IX**), Kp.$_{14}$ 230°, neben **X** über das *Pikrat*, F. 158—159°. *Methojodid*, F. 218—219° (Zers.), gelbe Nadeln (aus Aceton). — *1-Benzylisochinolin*, $C_{16}H_{13}N$, F. 55,5 bis 56°, Kp.$_{15}$ 212—215°, neben **IV** nach d); 15 g. *Pikrat*, $C_{16}H_{13}N \cdot C_6H_3N_3O_7$, F. 182°. *Methojodid*, $C_{17}H_{16}JN$, F. 247—247,5°, gelbe Nadeln. — *1-[o-Hydroxyphenyl]-isochinolin*, $C_{15}H_{11}NO$, F. 166°, Kp.$_{15}$ 240—250°, neben **IV** nach d); Prismen; 10,5 g. *Pikrat*, $C_{15}H_{11} \cdot NO \cdot C_6H_3N_3O_7$, F. 183°, aus Chlf. hellgelb. *Phenylurethan*, F. 173—174°. — *Benzyl-2.4.6-trimethylphenyläther* (**XV**), $C_{16}H_{18}O$, Kp.$_{14}$ 180—182°, durch 35std. Kochen von **XVIII**, **XVI** u. K_2CO_3 in Aceton; n_D^{20} 1,5555. — *2.4-Dimethyl-6-phenäthylphenol*, $C_{16}H_{18}O$, F. 87°, durch 10tägiges Erhitzen von **XV** Rohr auf 280°, Dest. u. Trennen mit wss. KOH 7 g. *Phenylurethan*, F. 145,5°. *p-Nitrobenzoat*, F. 142°. — *Mesitol* (**XVI**), F. 92°, neben vorst. Verb.; 11,2 g; daneben 7,4 g **V**, 3,5 g *Dibenzyl* (**XIV**), F. 52° (Zers.) u. 2 g **II**. — *3-Benzyl-2.4.6-trimethylphenol*, $C_{16}H_{18}O$, F. 59—59,5° (PAe.), Kp.$_{15}$ 200—210°, a) durch Zugabe von $AlCl_3$-Pulver zu **XX** u. 25 g **XIX** in PAe. unter Rühren bei 35°, Stehen über

Nacht, Ansäuern u. Dest. der phenol. Fraktion; 23 g; b) durch Rk. von **XVIII** u. **XVI** in Ggw. von $AlCl_3$. *Phenylurethan*, F. 138—139°. — *3.5-Dibenzyl-2.4.6-trimethylphenol*, $C_{23}H_{24}O$, F. 111° (PAe.), $Kp._{15}$ 290—295°, a) neben vorst. Verb. nach a); 10 g; b) neben vorst. Verb. nach b). *Phenylurethan*, F. 129°. — *2.2'-Bichinolyl*, F. 195°, durch 17tägiges Erhitzen 50 g **XV** u. 20 g **VIII** im Rohr auf 270°, Dest. (12 g **V** u. 13,5 g **XX**), Waschen der höher sd. Fraktion mit Claisen-Lsg., Extraktion mit Säure, Freisetzen der Basen u. Dest.; 4,5 g; daneben 8 g **VIII**; 7,8 g **IX** + **X** u. 3,0 g **XIV**, F. 52° (aus der neutralen Lsg.). — *Diphenylmethylphenyläther*, $C_{19}H_{16}O$, F. 54° (PAe.), $Kp._{14}$ 210°, durch Zugabe von Diphenylmethylbromid in Ae. zu. Na-Phenolat in überschüssigem **XVII** 1½ std. Erwärmen auf dem Dampfbad, Zugabe von W., Extraktion mit Ae., Waschen mit wss. Lauge, Verdünnen mit PAe., Extraktion mit Claisen-Lsg. u. Destillation. — *1.1.2.2-Tetraphenyläthan*, $C_{26}H_{22}$, F. 210°, a) durch 3std. Kochen von 30 g vorst. Verb.; 10,5 g; daneben 7 g **XVII**; b) durch 20std. Erhitzen vorst. Verb. auf 250°; 13 g. — *Diphenylmethan*, F. 26°, neben vorst. Verb. nach b); 1,5 g. L. Lamza. 1060□

Über Sulfinsäureamidine. 3. Mitt. Iminierung von N-p-Nitrobenzolsulfenylcarbonsäureamiden mit N-Brombenzamidin. Joachim Goerdeler und Klaus Doerk. (Chem. Ber. **95**. 389—93. 1962. Bonn, Univ., Chem. Inst.; dt.) — 2. vgl. C. **1962**. 10841. — Bei der Umsetzung von p-Nitrobenzolsulfenylchlorid (**I**) mit aliphat. u. aromat. Carbonsäureamiden in Dimethylformamid (DMF) in Ggw. einer stöchiometr. Menge Base werden *N-p-Nitrobenzolsulfenylcarbonsäureamide* erhalten, die sich in die roten *Na-Salze* überführen lassen. Bei Einw. von N-Brombenzamidin (**II**) in Ggw. von tert. Basen auf die Sulfenylcarbonsäureamide entstehen *N-Actyl-N'-benzimidoyl-p-nitrobenzolsulfinsäureamidine*, die *N-Benzoyl-Verb.* wird auch aus N-p-Nitrobenzolsulfenylbenzamidin (**III**) u. N-Chlorbenzamid (**IV**) gebildet.

Versuche: N-p-Nitrobenzolsulfenylcarbonsäureamide, durch Zugabe von 1 Mol **I** in DMF zu 1 Mol Carbonsäureamid in DMF in Ggw. von 1 Mol Kollidin oder Pyridin; Na-Salze aus der aceton. Lsg. durch Zugabe von methanol. Na-Methylat-Lsg.; *-acetamid* (**V**), F. 159—160° (Zers.; Bzl.); 55% (Ausbeute). *Na-Salz*, $C_8H_7N_2NaO_3S$; 72%. — *-propionamid*, $C_9H_{10}N_2O_3S$, F. 137—138° (Zers.; Bzl.); 59%. *Na-Salz*, $C_9H_9N_2NaO_3S$; 91%. — *-n-buttersäureamid*, $C_{10}H_{12}N_2O_3S$, F. 119—120° (Zers.; Bzl.), 55%. *Na-Salz*, $C_{10}H_{11}N_2NaO_3$; 79%. — *-benzamid*, $C_{13}H_{10}N_2O_3S$, F. 157—158° (Zers.; Bzl.); 57%. — *-phenylacetamid*, $C_{14}H_{12}N_2O_3S$, F. 144—146° (Zers.; Bzl.); 60%. — N-Acyl-N'-benzimidoyl-p-nitrobenzolsulfinsäureamidine, durch Zugabe von 1 Mol **II** in Aceton zu der Lsg. von 1 Mol der vorst. Verbb. in Aceton: *N-Acetyl-*, $C_{15}H_{14}N_4O_3S$, F. 214° (Zers.); 35%; beim Verhältnis **V**:**II** = 1:2 72%. — *N-Propionyl-*, $C_{16}H_{16}N_4O_3S$, F. 197° (Zers.); 46%. — *N-n-Butyryl-*, $C_{17}H_{18}N_4O_3S$, F. 175° (Zers.); 14%. — *N-Benzoyl-*, $C_{20}H_{16}N_4O_3S$, F. 203° (Zers.); 41%; auch durch Zugabe von 1 Mol Triäthylamin u. 1 Mol **IV** in Aceton zu 1 Mol **III** in Aceton; 55%. *Hydrochlorid*, $C_{20}H_{16}N_4O_3S \cdot HCl \cdot CH_3COCH_3$, F. 156° (Zers. 65%. — *N-Phenylacetyl-*, $C_{21}H_{18}N_4O_3S$, F. 180° (Zers.); 40%. A. Trede. 1090□

Über Sulfinsäureamidine. 4. Mitt. Iminierung von N-Sulfenylcarbonsäureamiden und -carbamid-Derivaten mit N-Halogencarbonsäureamiden. Joachim Goerdeler und Wilhelm Roose. (Chem. Ber. **95**. 394—402. 1962; dt.) — 3. vgl. vorst. Referat. — Bei der Umsetzung von Äthylurethan, Harnstoff (**II**), Acetylharnstoff bzw. Hydantoin mit p-Nitrobenzolsulfenylchlorid (**I**) in Dimethylformamid (DMF) werden die entsprechenden *N-p-Nitrobenzolsulfenyl-Derivv.* erhalten, aus **II** wird im 3fachen Überschuß von **I** zusätzlich das *symm. Bis-sulfenyl-Prod.* gebildet. Die Einw. von N-Chlorcarbonsäureamiden auf N-p-Nitrobenzolsulfenylcarbonsäureamide oder -carbamide führt in Ggw. von starken Basen zu *N.N'-Diacyl-p-nitrobenzolsulfinsäureamidinen*, die bei 2 verschiedenen Acylgruppen im allg. auf den beiden inversen Wegen erhältlich sind. Teilweise wird eine anomale Sulfinsäureamidin-Bldg., z. B. unter Einfl. des Lsgm., beobachtet wobei durch Spaltung zwischen dem N- u. S-Atom ein neuer Substituent herantritt. Dieser Substituent kann sowohl aus der Chlor- als auch aus der Sulfenylkomponente stammen. Die Sulfinsäureamidine lassen sich durch rauchende HCl zu *p-Nitrobenzolthiolsulfonsäure-p-nitrophenylester* [F. 183° (Bzl.)] spalten u. mit HJ zu *Bis-[p-nitrophenyl]-disulfid* reduzieren. Gegen Oxydationsmittel sind sie beständig.

Versuche: N-p-Nitrobenzolsulfenyl-Verbb., durch Zugabe von 1 Mol **I** in DMF zur Lsg. von 1 Mol Amid u. 1 Mol Kollidin in DMF: *-äthylurethan* (**III**). $C_9H_{10}N_2O_4S$, F. 105—107° (Zers.; Bzl.); 94% (Ausbeute). — *-harnstoff* (**IV**), $C_7H_7N_3O_3S$, F. 194—196° (Zers.; Nitromethan); 86%. — *N-acetylharnstoff*, $C_9H_9N_3O_4S$, F. 212—215° (Zers.; Bzl.); 76%. — *-hydantoin* (**V**), $C_9H_7N_3O_4S$, F. 169—172° (Zers.; Nitromethan); 74%. — *N.N'-Bis-[p-nitrobenzolsulfenyl]-harnstoff*, $C_{13}H_{10}N_4O_5S_2$, F. 217—219° (Zers.; Aceton), aus 3 Mol **I** u. 1 Mol **II**; 82%. — N.N'-Diacyl-p-nitrobenzolsulfinsäureamidine, durch Zugabe von 1 Mol N-Chlorcarbonsäureamid zu der Lsg. von 1 Mol N-p-Nitrobenzolsulfenylcarbonsäureamid in Methanol–Methylenchlorid in Ggw. von Triäthylamin oder Na-Methylat: *N.N'-Bis-[phenylacetyl]-*, $C_{22}H_{19}N_3O_4S$, F. 133—138° (Zers.; Nitromethan), aus N-p-Nitrobenzolsulfenylphenylacetamid (**VI**) u. N-Chlorphenylacetamid (**VII**); 72%. — *N-Phenylacetyl-N'-benzoyl-* (**VIII**), $C_{21}H_{17}N_3O_4S$, F. 122—126° (Zers.; Nitromethan), a) aus **VI** u. N-Chlorbenzamid (**IX**); 80%; b) aus N-p-Nitrobenzolsulfenylbenzamid (**X**) u. **VII**; 69%. — *N.N'-Dibenzoyl-*, $C_{20}H_{15}N_3O_4S$, F. 160—165° (Zers.; Nitromethan), a) aus **X** u. **IX**; 71%; b) aus N-p-Nitrobenzolsulfenyl-N-methylbenzamid (**XI**) u. **IX**; 72%; c) aus **VI** u. **IX** in Aceton; 50%. — *N-Phenylacetyl-N'-acetyl-*, $C_{16}H_{15}N_3O_4S$, F. 127—130° (Zers.; Nitromethan), a) aus **VI** u. N-Chloracetamid (**XII**); 67%; b) aus N-p-Nitrobenzolsulfenylacetamid (**XIII**) u. **VII**; 77%. — *N-Benzoyl-N'-acetyl-*, $C_{15}H_{13}\cdot N_3O_4S$, F. 123—125° (Zers.; Nitromethan), a) aus **X** u. **XII**; 66%; b) aus **XIII** u. **IX**; 67%. — *N-Benzoyl-N'-propionyl-*, $C_{16}H_{15}N_3O_4S$, F. 120—123° (Zers.; Nitromethan), a) aus **X** u. N-Chlorpropionamid; 67%; b) aus N-p-Nitrobenzolsulfenylpropionamid u. **IX**; 80%. — *N-Benzoyl-N'-n-butyryl-*, $C_{17}H_{17}N_3O_4S$, F. 111—116° (Zers.; Nitromethan), aus N-p-Nitrobenzolsulfenyl-n-buttersäureamid u. **IX**; 73%. — *N.N'-Diacetyl-*, $C_{10}H_{11}N_3O_4S$, F. 125 130° (Zers.; Nitromethan), a) aus **XIII** u. **XII**; 82%; b) aus **XI** u. **XII**; 69%; c) aus N-p-Nitrobenzolsulfenyl-N-äthylbenzamid u. **XII**; 65%; d) aus **X** u. **XII** in Aceton; 24%; e) aus **V** u. **XII**; 65%; f) aus **III** u. **XII**; 75%; g) aus **XIII** u. N-Chlor-N-äthylbenzamid; 51%; h) aus **XIII** u. N-Chlorsuccinimid; 47%; i) aus **XIII** u. N-Chlorphthalimid; 58%; k) aus **XIII** u. 1-Chlor-5.5-dimethylhydantoin; 56%. — *N-Phenylacetyl-N'-acetylcarbamoyl-*, $C_{17}H_{16}N_4O_5S$, F. 156—160° (Zers.; Nitromethan), a) aus **VI** u. N-Chlor-N'-acetylharnstoff (**XV**); 64%; b) aus N-p-Nitrobenzolsulfenyl-N'-acetylharnstoff (**XVI**) u. **VII**; 74%. — *N-Benzoyl-N'-acetylcarbamoyl-*, $C_{16}H_{14}N_4O_5S$, F. 145—147° (Zers.; Nitromethan), a) aus **X** u. **XV**; 63%; b) aus **XVI** u. **IX**; 70%. — *N-Acetyl-N'-acetylcarbamoyl-*, $C_{11}H_{12}N_4O_5S$, F. 123—126° (Zers.; Nitromethan), a) aus **XIII** u. **XV**; 68%; aus **XVI** u. **XII**; 71%. — *N.N'-Bis-[acetylcarbamoyl]-*, $C_{12}H_{13}N_5O_6S$, F. 183—186° (Zers.; Nitromethan), aus **XVI** u. **XV**; 67%. — *N-Benzoyl-N'-carbamoyl-*, $C_{14}H_{12}N_4O_4S$, F. 157—161° (Zers.; Nitromethan), aus **IV** u. **IX**; 64%. — *N-p-Nitrobenzolsulfinylhydantoin, Benzoylimid*, $C_{16}H_{12}N_4O_5S$, F. 160—162° (Zers.; Nitromethan), aus N-Chlorhydantoin (**XIV**) u. **X**; 76%. *Acetylimid*, $C_{11}H_{10}N_4O_5S$, F. 144—147° (Zers.; Nitromethan), aus **XIII** u. **XIV**; 72%. — Die IR-Spektren von **III** u. **VII** sind ausgebildet. A. TREDE. 1090□

Aromatische Ester der 4-Chlorbenzolsulfonsäure. O. A. Prib und N. I. Gritzai. (Украинский Химический Журнал [Ukrain. chem. J.] **25.** 758—59. 1959. Lwow, Univ.; russ.) — Aus verschiedenen Chlornitrophenolen u. 4-Chlorbenzolsulfochlorid (I) wird eine Reihe von *4-Chlorbenzolsulfonsäureestern* synthetisiert, wobei die Anzahl der NO_2-Gruppen im Mol. deren Hydrolysierbarkeit durch Säuren erhöht. Durch Red. der in den Estern enthaltenden NO_2-Gruppen lassen sich die entsprechenden Amino-Verbb. erhalten.

Versuche: 4-Chlorbenzolsulfonsäureester: **I** u. das entsprechende Phenol werden auf dem Wasserbad unter Erwärmen bis zum Verschwinden der Färbung mit kleinen Portionen Soda + W. versetzt; die erhaltene feste Masse verrührt man mit 1% ig. NaOH: *2-Nitro-4-chlorphenylester* (**II**), $C_{12}H_7Cl_2NO_5S$, F. 91—92° (A.), aus 2-Nitro-4-chlorphenol u. **I**; 70% (Ausbeute). — *2-Chlor-4-nitrophenylester*, $C_{12}H_7Cl_2NO_5S$, F. 101,5 bis 103° (A.), aus 2-Chlor-4-nitrophenol u. **I**; 44%. — *2-Chlor-3-nitrophenylester*, $C_{12}H_7Cl_2\cdot NO_5S$, F. 124,5—126° (A.); 65%. — *2.6-Dinitrophenylester*, $C_{12}H_7ClN_2O_7S$, F. 150° (A.); 66%. — *2.5-Dinitrophenylester*, $C_{12}H_7ClN_2O_7S$, F. 126° (A.); 77%. — *3.4-Dinitrophenylester*, $C_{12}H_7ClN_2O_7S$, F. 126° (A.); 76%. — *4-Jodphenylester* (**III**), $C_{12}H_8ClJO_3S$, F. 99—100° (A.), durch Erwärmen von 4-Jodphenol u. **I** mit 4%ig. wss. NaOH bis zum Verschwinden des Geruches nach **I**; 80%. — *4-Bromphenylester*, $C_{12}H_8BrClO_3S$, F. 95 bis 97° (A.), analog **III** aus 4-Bromphenol u. **I**; 82%. — *2.4-Dichlornaphthyl-(1)-ester*, $C_{16}H_9\cdot Cl_3O_3S$, F. 126° (A.), analog **III** aus 2.4-Dichlor-α-naphthol u. **I**; 80%. — *4-Aminophenylester*, $C_{12}H_{10}ClNO_3S$, F. 125—126° (A.), durch Red. von 4-Nitrophenyl-4-chlorbenzolsulfonat mit $SnCl_2$. — *2-Amino-4-chlorphenylester*, $C_{12}H_9Cl_2NO_3S$, F. 139—140° (A.), durch Red. von **II** mit $SnCl_2$; 60%. G. HEY. 1090□

Über die Acylierung von organischen Verbindungen mit Carbonsäurechloriden in Gegenwart von Perchlorsäure. G. N. Dorofejenko und W. I. Dulenko. (Журнал Общей Химии [J. allg. Chem.] **31 (93).** 3145. Sept. 1961; russ.) — Für die katalyt. Acylierung organ. Verbb. in Ggw. von $HClO_4$ können die leicht zugänglichen Carbonsäurechloride eingesetzt werden. Acylierendes Agens ist das entsprechende Acylperchlorat $[RCO]^+ClO_4^-$. Durch Kochen der Komponenten in Ggw. katalyt. Mengen $HClO_4$ wurden erhalten: *2.4.6-Trimethylacetophenon*; 25% (Ausbeute). — *p-Methoxyacetophenon*; 17%. — *p-Methoxybutyrophenon*; 54%. — *p-Äthoxypropiophenon*; 36%. — *2-Acetothienon*; 52%. HELMUT SCHÄFER. 1160

Untersuchungen über die Beckmann-Umlagerung. 1. Mitt. **Dehydratisierungen von Aldoximen mit Methylketendiäthylacetal.** Teruaki Mukaiyama, Kazuyoshi Tonooka und Kenji Inoue. (J. org. Chemistry **26**. 2202—06. Juli 1961. Tokyo, Inst. of Technol., Labor. of Organ. Chem.; engl.) — Die bei der Rk. von aromat. syn-Aldoximen u. Methylketendiäthylacetal (I) gebildeten *Addukte* zerfallen in Ggw. einer katalyt. Menge BF_3–HgO in die entsprechenden *Arylisonitrile*, *Propionsäureäthylester* (II) u. *A.*, während die aus aromat. anti- sowie aus aliphat. Aldoximen u. I gebildeten *Addukte* unter gleichen Bedingungen in *Aryl-* bzw. *Alkylnitrile*, II u. *A.* zerlegt werden. Lediglich *p-Anis-syn-aldoxim* (III) reagiert mit I zu *Monoäthyldi-p-anisaldoximinoorthopropionat.* Die katalyt. Wrkg. von LEWIS-Säuren, Hg-Salzen u. HCl wird untersucht, das Gemisch BF_3–HgO besitzt den stärksten Einfl. auf die Dehydratisierung. Die Addukte besitzen die Struktur von *Diäthylmonoaldoximinoorthopropionaten*, die unter A.-Abspaltung in *Methylketenmonoaldoximinomonoäthylacetale* übergehen (beim p-Toluol-syn-aldoxim isoliert). Diese vermögen unter Aufspaltung der N—O-Bindung entweder durch Wanderung des Phenylrestes in *Isonitrile* oder durch Protonabspaltung in *Nitrile* zu zerfallen.

Versuche: Monoaldoximinodiäthylorthopropionate, durch 4std. Kochen des entsprechenden Aldoxims mit I in Ae., Einengen u. Dest. (IR-Spektren angegeben): *trans-Benzaldoximino-* (**IV**), $C_{14}H_{21}NO_3$, Kp.$_{4,8}$ 123°, aus Benz-syn-aldoxim; n_D^{25} 1,4890; 83% (Ausbeute). — *trans-p-Tolualdoximino-* (**V**), $C_{15}H_{23}NO_3$, Kp.$_{0,55}$ 122—123°, aus p-Tolu-syn-aldoxim (**X**; F. 78°, Kp.$_{0,5}$ 89—90°; n_D^{25} 1,4825; 95%. — *trans-p-Nitrobenzaldoximino-* (**VI**), $C_{14}H_{20}N_2O_5$, F. 89—90,5°, aus p-Nitrobenz-syn-aldoxim; 52%. — *cis-Benzaldoximino-* (**VII**), Kp.$_2$ 117—118°, aus Benz-anti-aldoxim, n_D 1,4850; 61%. — *cis-p-Tolualdoximino-* (**VIII**), Kp.$_{0,4}$ 113°, aus p-Tolu-anti-aldoxim, n_D^{25} 1,4865; 61%. — *Heptanaldoximino-* (**IX**), $C_{14}H_{29}NO_3$, Kp.$_4$ 107—108°, aus Heptanaldoxim, n_D^{25} 1,4338; 74%. — *Monoäthyldi-p-anisaldoximinoorthopropionat*, $C_{21}H_{26}N_2O_5$, Kp.$_1$ 122—125°, aus 2,5 g **III** u. **I** in 15 Std.; 2,2 g. — Durch 3std. Kochen der Addukte mit BF_3–HgO in Ae.; *Phenylisonitril*, Kp.$_{22}$ 64°, aus **IV**; 50%. — *Benzonitril*, Kp.$_{0,9}$ 70°, Kp.$_{35}$ 95—96°, a) aus **IV**; 45%; b) aus **VII**; 60%. — *p-Toluisonitril* (**XI**), Kp.$_8$ 62°, F. 20—21°, aus **V**; 73 %. — *p-Tolunitril*, Kp.$_2$ 60°, F. 27—28°, a) aus **IV**; 23%; b) aus **VIII**; 80%. — *p-Nitrophenylisonitril*, F. 119—120°, aus **VI**; 70%. — *Heptansäurenitril*, Kp.$_{21}$ 59—60°, aus **IX**; 67%. — *Methylketenmonotolualdoximinomonoäthylacetal* (**XII**), durch 3std. Rühren von 5 g **V** in Ggw. von BF_3 in Ae. bei 0°; 4,5 g. 5 Min. langes Erhitzen von **XII** auf 120° u. Dest. → 45% *Äthylpropionat* (**XIII**), 41% **XI** u. 40% **X**. 12std. Stehen von **XII** in wss. Lsg. bei Zimmer-Temp. → **XIII** u. 80% **X**. — *Monoäthyldi-p-tolualdoximinoorthopropionat*, $C_{21}H_{26}N_2O_3$, F. 111,5—113° (PAe.), durch 5std. Stehen von vorst. Verb. u. **X** in Ae. bei Zimmer-Temp. u. Einengen; 85%. A. TREDE. 1210 □

Untersuchung synthetischer Wege zu monosubstituierten Diimiden. 2. Mitt. **Synthese von Aryl- und Acylazocarbonsäure-tert.-butylestern. Säureinduzierte Spaltung der tert.-Butoxythiocarbonylgruppe.** Louis A. Carpino, Paul H. Terry und Paul J. Crowley. (J. org. Chemistry **26**. 4336—40. Nov. 1961. Amherst, Mass., Univ. of Massachusetts, Dep. of Chem.; engl.) — Die Rk. von Azidocarbonsäure-tert.-butylester (I) mit p-Bromphenylhydrazin führt zu *N'-[p-Bromphenyl]-hydrazin-N-carbonsäure-tert.-butylester* (II), der mit N-Bromsuccinimid (III) in Ggw. von Pyridin zu *p-Bromphenylazocarbonsäure-tert.-butylester* dehydriert wird. *N'-Acylhydrazin-N-carbonsäure-tert.-butylester* werden durch Acylieren von Hydrazin-N-carbonsäure-tert.-butylester (IV) dargestellt. Hydrazodicarbonsäuredi-tert.-butylester (V) wird durch III zu *Azodicarbonsäuredi-tert.-butylester* (VI) oxydiert, der mit tert.-Butyl-MgCl unter Bldg. von *N-tert.-Butylhydrazin-N.N'-dicarbonsäuredi-tert.-butylester* reagiert u. mit Cyclopentadien ein *Dienaddukt* liefert. Die Spaltung einer Reihe neu dargestellter *Arylazocarbonsäure-tert.-butylester* mittels Trifluoressigsäure, HF oder $HClO_4$ verläuft wesentlich langsamer als bei den analogen *Carbaminsäureestern.* Phenylcarbaminsäure-tert.-butylester wird durch HCl in Nitromethan bei Raum-Temp. relativ rasch, Phenylthionocarbaminsäure-tert.-butylester sofort zu Anilinhydrochlorid gespalten. Phenylthiolcarbaminsäure- u. Phenyldithiocarbaminsäure-tert.-butylester werden dagegen durch HBr oder HCl unter diesen Bedingungen nicht angegriffen. Auch Phenylthionocarbaminsäuremethyl-, -äthyl- u. -benzylester werden durch HBr rasch zersetzt. Die tert.-Butoxythiocarbonylgruppe erscheint zur Blockierung von N-Funktionen bes. geeignet, doch scheitert ihre Anwendung an der Schwierigkeit ihrer Einführung. K-tert.-Butylat reagiert mit CS_2 zum *K-tert.-Butylxanthogenat* (**VII**), doch ließ sich dieses ebenso wie der durch Umsetzen mit CH_3J dargestellte *tert.-Butylxanthogensäuremethylester* (**VIII**) wegen seiner Instabilität nicht rein isolieren. **VIII** zersetzt sich bereits bei 70—80° unter Bldg. von *Isobutylen*; mit Hydrazinhydrat wird neben wenig *Thiocarbohydrazid* eine zersetzliche Verb. erhalten, die vermutlich *Hydrazin-N-thionocarbonsäure-tert.-butylester* darstellt u. ein entsprechendes *Benzal-Deriv.* liefert. K-Isopropylxanthogenat (**IX**) läßt sich mit Chlorkohlensäureäthylester zu *Monothionothiodiameisensäureisopropylesteräthylester* umsetzen; die gleiche Rk., ausgehend von **VII**, gelang nicht.

Versuche: Hydrazin-N-carbonsäure-tert.-butylester: *N'-[p-Bromphenyl]-* (**II**), $C_{11}H_{15}BrN_2O_2$, F. 126,5—127,5° (Ligroin/Bzl.), durch 14tägiges Stehen von **I** mit p-Bromphenylhydrazin u. Verdünnen mit W.; 70,4% (Ausbeute). — *N'-[p-Nitrophenyl]-*, $C_{11}H_{15}N_3O_4$, F. 130—131° (Bzl./PAe.), analog **II**; 33%. — *N'-[p-Tolyl]-*, $C_{12}H_{18}N_2O_2$, F. 85,5—86,5° (Ligroin); 20%. — *N'-[o-Methoxyphenyl]-*, $C_{12}H_{18}N_2O_3$, F. 130—131,5° (Bzl./Ligroin); 67%. — *N'-Benzoyl-*, $C_{12}H_{16}N_2O_3$, F. 156—157° (wss. A.), durch Zugeben von Benzoylchlorid in CH_2Cl_2 zu **IV** in Pyridin/CH_2Cl_2 unter Kühlung u. Stehen über Nacht; 78%. — *N'-[p-Nitrobenzoyl]-*, $C_{12}H_{15}N_3O_5$, F. 175,5—178,5° (Bzl.), analog vorst. Verb.; 68%. — *N'-Acetyl-*, $C_7H_{14}N_2O_3$, F. 117—117,5° (Bzl./PAe.); 100%. — Azocarbonsäure-tert.-butylester: *p-Bromphenyl-*, $C_{11}H_{13}BrN_2O_2$, F. 66—67° (wss. Methanol), durch anteilweises Zugeben von **III** zu **I** in Pyridin/CH_2Cl_2 u. 2—3std. Stehen; gelborangefarben; 86%. — *Phenyl-*, $C_{11}H_{14}N_2O_2$, F. 25—26° (Ae.-PAe.), analog vorst. Verb.; 94%. — *p-Nitrophenyl-*, $C_{11}H_{13}N_3O_4$, F. 134—136° (Zers.; A.); 91%. — *o-Methoxyphenyl-*, $C_{12}H_{16}N_2O_3$, F. 67,5—69,5° (wss. A.); 100%. — *Benzoyl-*, rotes Öl, analog vorst. Verbb. in 5—10 Min.; 74,4%; wird durch $LiAlH_4$ zu **I** reduziert. — *Azodicarbonsäuredi-tert.-butylester* (**VI**), $C_{10}H_{18}N_2O_4$, F. 90—92°, durch Zugeben von **III** zu **V** in Pyridin/CH_2Cl_2 u. 5—10 Min. langes Stehen; gelb; 88—90%. — *Phenylthionocarbaminsäure, Neopentylester*, $C_{12}H_{17}NOS$, F. 114—114,5° (Ligroin), durch Zugeben von Phenylisothiocyanat zu Na u. Neopentylalkohol in Toluol, 2std. Stehen, Eindampfen u. Verdünnen mit W.; 67%. *Isopropylester*, F. 84—85° (Ligroin), durch Zugeben von Chlorkohlensäureäthylester zu **IX** in Aceton, 5std. Rühren, Verdünnen mit W., Ausziehen mit CH_2Cl_2, Eindampfen, $^1/_2$std. Stehen des erhaltenen rohen gelbroten *Monothionodiameisensäureisopropylesteräthylesters* mit Anilin, Verdünnen mit W. u. Ansäuern mit HCl; 74,5%. — *Hydrazodithionodicarbonsäuredibenzylester*, F. 116—118,5° (Ligroin), durch Zugeben von Hydrazinhydrat zu O-Benzyl-S-carbäthoxyxanthogenat, 5std. Rühren u. Ansäuern mit HCl; 61%. — *tert.-Butylxanthogensäuremethylester* (**VIII**), gelbes, instabiles Öl, durch Zugeben von CS_2 zu K u. tert.-Butanol, 10 Min. langes Rühren, Stehen über Nacht, 15std. Rühren des erhaltenen instabilen orangefarbenen *K-tert.-Butylxanthogenats* (**VII**; 89%) mit CH_3J in Ae. u. Zers. mit W.; 58,7%; zersetzt sich bei 70—80° zu *Isobutylen* (gibt mit Acetonitril/H_2SO_4 *N-tert.-Butylacetamid*, F. 99 bis 100,5°). — *Thiocarbohydrazid*, F. 166—170° (Zers.), durch 12std. Rühren von **VIII** mit Hydrazinhydrat u. Zugeben von CH_2Cl_2; daneben *Hydrazin-N-thionocarbonsäure-tert.-butylester* (?), ölig [*Benzal-Deriv.*, $C_{12}H_{16}N_2OS$, F. 106—107° (A.)]. — *N-tert.-Butyl-hydrazin-N.N'-dicarbonsäuredi-tert.-butylester*, $C_{14}H_{28}N_2O_4$, F. 136—137° (Nitromethan), durch 10std. Rühren von **VI** mit tert.-Butyl-MgCl in Ae. u. Zers. mit wss. NH_4Cl; 26%. — *tert.-Butylhydrazin, Hydrochlorid*, F. 191—194° (Zers.; A./Ae.), durch 3—5 Min. langes Einleiten von HCl in die Lsg. vorst. Verb. in Nitromethan; 92%. — *2.3-Diazabicyclo-[2.2.1]-hepten-(5)-dicarbonsäure-(2.3)-di-tert.-butylester*, $C_{15}H_{24}N_2O_4$, F. 104—105,5° (Ligroin), durch 9std. Stehen von **VI** mit Cyclopentadien in Bzl.; 91,3%.

H.-E. TOUSSAINT. 1280 □

Entbenzylierung und intramolekulare Umlagerung von Phosphorsäuredibenzylesteramiden. Irene Dilaris. (Chem. Ber. **91**. 833—38. 30/4. 1958. Athen, Univ., Labor. für Organ. Chem.; dt.) — Phosphorsäuredibenzylesteramide bzw. p-substituierte -dibenzylesteramide werden bei 80° durch NaJ bzw. BaJ_2 partiell entbenzyliert, wobei die entsprechenden *Monoester* u. *Benzyl-* bzw. *p-substituiertes Benzyljodid* entstehen. Bis-[p-nitrobenzyl]-esteramide verhalten sich im Prinzip ähnlich, jedoch nur, wenn die Temp. der Entbenzylierung 56° nicht wesentlich übersteigt, da sich sonst *tert. Basen* (*N.N-Bis-[p-nitrobenzyl]-p-toluidin* bzw. *-anilin*) u. vermutlich HPO_3 bilden. Für die Bldg. dieser Basen wird ein Rk.-Verlauf entworfen.

Versuche: *Phosphorsäure-bis-[p-nitrobenzylester]-anilid* (**II**), $C_{20}H_{18}N_3O_7P$, F. 151 bis 152° (A.), nach ZERVAS u. DILARIS (vgl. C. **1956**. 9423); 65% (Ausbeute). — *Phosphorsäure-bis-[p-jodbenzylester]-anilid* (**I**), $C_{20}H_{18}J_2NO_3P$, F. 160—162° (A.), analog vorst. Verb.; 65%. — *Phosphorsäuremonobenzylesteranilid, Ba-Salz*, $Ba(C_{13}H_{13}NO_3P)_2$, aus Phosphorsäuredibenzylesteranilid u. BaJ_2 durch 3std. Kochen in Methyläthylketon (MÄ); 75%. — *Phosphorsäuremono-[p-jodbenzylester]-anilid, Ba-Salz*, $Ba(C_{13}H_{12}JNO_3P)_2$, aus **I** u. NaJ analog vorst. Verb. u. anschließende Zugabe von $BaCl_2$; 50%. — *Phosphorsäuremono-[p-jodbenzylester]-p-toluidid, Ba-Salz*, $Ba(C_{14}H_{14}JNO_3P)_2$, aus dem entsprechenden Diestertoluidid u. NaJ u. nachfolgender Zugabe von $BaCl_2$; 75%. — *N-[Methoxycarbonylmethyl]-phosphorsäuremono-[p-jodbenzylester]-amid, Ba-Salz*, $Ba(C_{10}H_{12}JNO_5P)_2$, aus dem entsprechenden Diesteramid u. BaJ_2; 50%. — *Phosphorsäuremono-[p-nitrobenzylester]-*

anilid, Ba-Salz, Ba($C_{13}H_{12}N_2O_5P)_2$, aus Phosphorsäure-bis-[p-nitrobenzylester]-anilid (II) u. NaJ durch 5std. Kochen in Aceton u. anschließende Zugabe von $BaCl_2$; 55%. — *Phosphorsäuremono-[p-nitrobenzylester]-p-toluidid, Ba-Salz,* Ba($C_{14}H_{14}N_2O_5P)_2$, aus Phosphorsäure-bis-[p-nitrobenzylester]-p-toluidid (III) u. NaJ in Aceton u. Zugabe von $BaCl_2$; 60%. — *N-[Methoxycarbonylmethyl]-phosphorsäuremono-[p-nitrobenzylester]-amid Ba-Salz,* Ba($C_{10}H_{12}N_2O_7P)_2$, aus dem entsprechenden Diesteramid u. NaJ in Aceton u. Zugabe von $BaCl_2$; 50%. — *N.N-Bis-[p-nitrobenzyl]-p-toluidin,* $C_{21}H_{19}N_3O_4$, F. 192 bis 194° (Bzl. oder Eisessig), aus III u. NaJ durch 3std. Kochen in MÄ; 70%. Hydrierung an Pd-Schwarz in A./HCl → 78% *p-Toluidin,* F. 43—44°. Hydrierung an Pd-Schwarz in Eisessig → 60% *cis-4-Amino-1-methylcyclohexan* (*N-Benzoyl-Deriv.*, F. 115—116°). — *N.N-Bis-[p-nitrobenzyl]-anilin,* F. 165—167°, analog vorst. Verb. aus II; 30%.

J. BUDDRUS. 1310□

Die Mannich-Reaktion phenolischer Ketone. Sae-Lee (Ts'ui-Li) Chu. (Acta chim. sinica 25. 210—13. Aug. 1959; chin., Auszug: engl.) — *p-Hydroxyacetophenon* (I) u. *p-Hydroxydesoxybenzoin* (II) reagieren in saurem Medium mit den Hydrochloriden von $(CH_3)_2NH$ (III) bzw. Piperidin (IV) nach MANNICH in der α-Stellung zur CO-Gruppe. $CH_2[N(CH_3)_2]_2$ (V) reagiert dagegen mit I unter Substitution in o-Stellung zum phenol. OH; Bis-[piperidino]-methan (VI) reagiert nach beiden obigen Weisen; bei längerer Rk.-Dauer überwiegt die Substitution am Kern.

Versuche: *p-Hydroxy-β-dimethylaminopropionylbenzolhydrochlorid,* F. 190—191°, analog nachst. Verb. (1 Std. Rückfluß). *α-Phenyl-Deriv.*, $C_{17}H_{20}ClNO_2$, F. 185—186°, aus 2,2 g II, 0,82 g III-Hydrochlorid u. 0,6 g Paraformaldehyd in 15 ml abs. A. u. einigen Tropfen alkohol. HCl (lackmussauer), durch 3std. Erwärmen auf dem Wasserbad u. Abkühlen; 70,2% (Ausbeute). — *p-Hydroxy-m-dimethylaminomethylacetophenon,* $Kp._7$ 162 bis 164°, aus 6,8 g I u. 5,6 g V in 20 ml abs. A. nach 3 Std. Rückfluß, Eindampfen im Vakuum u. Destillation. *Hydrochlorid,* $C_{11}H_{16}ClNO_2$, F. 172—173°. — *p-Hydroxy-α-phenyl-β-piperidinopropionylbenzol,* $C_{20}H_{23}NO_2$, F. 147—148°, a) aus je 0,02 Mol II, IV-Hydrochlorid u. 0,04 Mol Paraformaldehyd in 15 ml abs. A. analog vorvorst. Verb.; 42,3%; b) aus 4,2 g II u. 4 g VI in abs. A. nach 1 Std. Rückfluß; 2,9—3,2 g; c) durch Spalten des Methyläthers. *Methyläther,* F. 117—118°, aus 2,2 g p-Methoxydesoxybenzoin u. 1,9 g VI nach 2 Std. Rückfluß; 70,5%. — *[m-Piperidinomethyl-p-hydroxyphenyl]-benzylketon,* $C_{20}H_{23}NO_2$, F. 88—89° (PAe.), neben vorst. Verb.; 1,2—1,6 g.

L. SCHULER. 1340□

Über die Anlagerung aromatischer Verbindungen an Vinylmethyldichlorsilan. K. A. Andrianow, A. A. Shdanow und W. A. Odinetz. (Журнал Общей Химии [J. allg. Chem.] 31 (93). 4033—38. Dez. 1961; russ.) — Aus Methylvinyldichlorsilan (I) u. aromat. KW-Stoffen werden in Ggw. von $AlCl_3$ in 60—65%ig. Ausbeute die entsprechenden *β-Aryläthylmethyldichlorsilane* neben *Bis-[2-(methyldichlorsilyl)-äthyl]-benzolen* erhalten. Aus den β-Aryläthylmethyldichlorsilanen werden durch Rk. mit K-Acetat die entsprechenden *Diacetoxysilane* u. daraus durch Hydrolyse *Methylarylsilandiole* dargestellt. Von letzteren werden IR-Spektren aufgenommen.

Versuche: Silane: *β-Phenyläthylmethyldichlor-* (II), $C_9H_{12}Cl_2Si$, $Kp._5$ 90—92°, durch 1½—2std. Erhitzen von 70,5 g I in 78 g Bzl. in Ggw. von 5 g $AlCl_3$ auf 75—80°; n_D^{20} 1,5120, $D._4^{20}$ 1,1270; 55,6% (Ausbeute). — *β-[p-Tolyl]-äthylmethyldichlor-* (III), $C_{10}H_{14}Cl_2Si$, $Kp._2$ 103—105°, analog aus I u. Toluol in Ggw. von $AlCl_3$ bei 90—95°; n_D^{20} 1,5119, $D._4^{20}$ 1,1093; 62,6%. — *β-[p-Chlorphenyl]-äthylmethyldichlor-*, $C_9H_{11}Cl_3Si$, $Kp._2$ 124—126°, aus I u. Chlorbenzol in Ggw. von $AlCl_3$ (4 Std. bei 90—95°); n_D^{20} 1,5254, $D._4^{20}$ 1,2306; 52,2%. — *β-[p-Diphenylyl]-äthylmethyldichlor-*, $C_{15}H_{16}Cl_2Si$, $Kp._7$ 180 bis 183°, aus I u. Diphenyl in PAe. in Ggw. von $AlCl_3$ (3 Std. bei 60—70°); n_D^{20} 1,5770, $D._4^{20}$ 1,1602; 50%. — *β-Phenyläthylmethyldiacetoxy-* (IV), aus 2,2 Mol II u. 0,4 Mol K-Acetat durch 8—10std. Erhitzen auf 100—110° in Toluol; 88—90%. — *β-[p-Tolyl]-äthylmethyldiacetoxy-*, analog aus III; 88—90%. — *β-[p-Chlorphenyl]-äthylmethyldiacetoxy-*, analog; 88—90%. — *β-[p-Diphenylyl]-äthylmethyldiacetoxy-*; 88—90%. — *1.4-Bis-[2-(methyldichlorsilyl)-äthyl]-benzol,* $C_{12}H_{18}Cl_4Si_2$, $Kp._3$ 176—180°, aus 146 g II u. 94 g I in Ggw. von 6,6 g $AlCl_3$ (2½—3 Std. bei 100—120°); n_D^{20} 1,5205, $D._4^{20}$ 1,2102; 84 g. — *β-Phenyläthylmethylsilandiol,* $C_9H_{14}O_2Si$, F. 80—81°, durch Hydrolyse von IV mit wss. Na_2SO_3-Lsg. u. wss. NH_3-Lsg. in der Kälte. — *β-[p-Tolyl]-äthylmethylsilandiol,* $C_{10}H_{16}O_2Si$, F. 70°. — *β-[p-Chlorphenyl]-äthylmethylsilandiol,* $C_9H_{13}ClO_2Si$, F. 89—91°. — *β-[p-Diphenylyl]-äthylmethylsilandiol,* $C_{15}H_{18}O_2Si$, F. 132—134°. B. CELMS. 1380

Darstellung und Reaktionen von symm.-Tetraphenyldisilan. Hans J. S. Winkler und Henry Gilman. (J. org. Chemistry 26. 1265—71. April 1961. Ames, Iowa, Iowa State Univ., Chem. Labor.; engl.) — *symm.-Tetraphenyldisilan* (I) läßt sich durch Kuppeln von Diphenylchlorsilan mittels Mg darstellen, wobei vermutlich die Silyl-

*

GRIGNARD-Verb. als Zwischenprod. auftritt. Kurze Rk.-Zeiten sind vorteilhaft, auch wird zweckmäßig wie bei anderen GRIGNARD-Rkk. mit Äthyljodid initiiert. I ließ sich nicht direkt zu *symm.-Tetraphenyldisilandiol* (II) hydrolysieren; entsprechende Verss. mit verschiedenen Agentien führten allein zu *Diphenylsilandiol* oder zu *Oktaphenylcyclotetrasiloxan* u. *Hexaphenylcyclotrisiloxan.* Man stellte daher durch Bromieren mit Br_2 in CCl_4 oder mit N-Bromsuccinimid *symm.-Dibromtetraphenyldisilan* (III) oder durch Chlorieren in CCl_4–Ae. *symm.-Dichlortetraphenyldisilan* (IV) dar, die beide unter schwach sauren Bedingungen in II umgewandelt werden konnten. II unterscheidet sich von dem strukturanalogen Benzpinakon dadurch, daß es keine Pinakolinumlagerung eingeht u. sich nicht in ein Epoxid überführen ließ. Die Dehydratisierung nach verschiedenen Verff. gab allein ein *Oktaphenyltetrasiladioxan.* III u. IV ließen sich nicht durch Umsetzen der Dihalogendiphenylsilane mit Alkalimetallen im Verhältnis 2 : 1 Mol darstellen, da hierbei stets Red. zu Si-KW-Stoffen eintrat. Ein modifiziertes Verf. zur Best. des „H-Wertes“ von Si—H-Bindungen enthaltenden Verbb. (Hydrolyse mit feuchtem Piperidin unter definierten Bedingungen) wird eingehend beschrieben. Enthalten die Verbb. Si—Si-Bindungen, die mit in Rk. treten, so kann durch Differenz-Bldg. mit den nach schonendem Halogenieren gefundenen Werten die Zahl der Si—H-Bindungen neben der der Si—Si-Bindungen errechnet werden. In Disilanen (z. B. symm.-Tetra-o-tolyldisilandiol) scheint die Analyse nicht durch ster. Hinderung (wie z. B. bei Tri-o-tolylsilan) gestört zu werden.

Versuche: *symm.-Tetraphenyldisilan* (I), $C_{24}H_{22}Si_2$, F. 79—80° (PAe.–Bzl.), $Kp._{0,05}$ 175—177°, durch Zutropfen von Tetrahydrofuran zu Diphenylchlorsilan u. Mg (1 : 2 Mol) bei 70° unter Initiieren mit einigen Tropfen C_2H_5J u. 20std. Stehen; 74% (Ausbeute). — *Diphenylsilandiol*, $C_{12}H_{12}O_2Si$, F. 159,5—160°, durch langsames Zutropfen von 0,5m $NaOC_2H_5$ zu I in A. bei 0°, Zugeben von wss. NH_4Cl u. Ausäthern; 70%. — *Oktaphenylcyclotetrasiloxan*, F. 186—187°, durch Versetzen von I in Piperidin mit W. bei 0°; 62%; daneben *Hexaphenylcyclotrisiloxan.* — *symm.-Dichlortetraphenyldisilan* (IV), $C_{24}H_{20}Cl_2Si_2$, F. 114,5—115° (Bzl.–PAe.), durch 4std. Einleiten von Cl_2 in die Lsg. von I in CCl_4–Ae., 3std. Durchleiten von N_2 zur Entfernung von HCl u. Einengen; 86%. — *symm.-Dibromtetraphenyldisilan* (III), F. 154,5—155,5° (Bzl.–PAe.), a) durch Zutropfen von Br_2 zu I in CCl_4 bei 0°, 16std. Rühren unter Kühlung u. Zugeben von Pentan; 87%; b) durch 2std. Kochen von I mit N-Bromsuccinimid in Bzl. in Ggw. von Dibenzoylperoxid; 68%. — *symm.-Di-p-tolyltetraphenyldisilan*, F. 248—249° (Bzl.–Chlf.), durch 24std. Rühren von IV mit p-Tolyl-Li in Ae. u. Zugeben von gesätt. NH_4Cl-Lsg.; 70%. — *symm.-Tetraphenyldisilandiol* (II), $C_{24}H_{22}O_2Si_2$, F. 139—140° (Bzl.–PAe.), durch Zugeben von IV in Toluol zu einer stark gerührten Emulsion von W. in tert.-Amylalkohol (7 : 2), 1std. Rühren bei Raum-Temp. u. 3 Std. bei 0°; 83%. — *1.5-Dihydroxy-1.1.2.2.4.4.5.5-oktaphenyl-3-oxatetrasilapentan*, $C_{48}H_{42}O_3Si_4$, F. 118—119°, durch 1std. Rühren von 2 g IV mit $(NH_4)_2CO_3 \cdot H_2O$ in Aceton bei 50° u. 1 std. Kochen; 1,1 g; daneben 0,3 g II. — *Oktaphenyltetrasila-1.4-dioxacyclohexan*, $C_{48}H_{40}O_2Si_4$, F. 219 bis 220° (Bzl.–PAe.), a) durch ½std. Kochen von II in 88%ig. Ameisensäure; 95%; b) durch 44std. Stehen von 0,4 g II mit p-Toluolsulfochlorid in Pyridin u. ½std. Erhitzen; 0,38 g; c) durch ½std. Kochen von II mit Oxalsäure in Dimethylformamid; 68%; d) durch Dehydratisieren von Chloralhydrat durch 3std. Kochen mit Bzl. unter azeotropem Abdestillieren von W. u. Bzl., Zugeben von 2 g II u. etwas p-Toluolsulfonsäure u. 20std. Kochen; 1 g. H.-E. TOUSSAINT. 1380 □

Untersuchung der Umwandlungen von Pinakonen mit substituierten Acetylenresten. 19. Mitt. Über die Reaktion von Dimethylbenzoylcarbinol mit Vinylacetylen in Gegenwart von Natriumamid in flüssigem Ammoniak. A. A. Antonowa und E. D. Venus-Danilowa. (Журнал Общей Химии [J. allg. Chem.] **30** (**92**). 3263—67. Okt. 1960. Leningrad, Technol. Lensowjet-Inst.; russ.) — 18. vgl. C. **1962.** 10820. — Bei der Rk. von Dimethylbenzoylcarbinol (I) mit Vinylacetylen (II) in Ggw. von $NaNH_2$ entsteht primär *2-Methyl-3-phenylhepten-(6)-in-(4)-diol-(2.3)*, das unter Ketonspaltung *Aceton* u. einen *Eninalkohol* [III; wahrscheinlich *1-Phenylpenten-(4)-in-(2)-ol-(1)* oder *1-Phenylpenten-(2)-in-(4)-ol-(1)*] liefert. Zwischen beiden Verbb. kann auch IR-analyt. nicht entschieden werden. Das gebildete Aceton reagiert mit II weiter unter Bldg. von *Dimethyl-[vinylacetylenyl]-carbinol* (IV). IV wird zu *Dimethyl-n-butylcarbinol* hydriert. Die $KMnO_4$-Oxydation von IV liefert *Aceton, Ameisensäure* u. *Oxalsäure.*

Versuche: Man löst 9 g Na in 800 ml fl. NH_3 in Ggw. von etwas $Fe(NO_3)_2$, leitet 50 ml II ein, rührt ½ Std. lang, gibt tropfenweise 20 g I zu (I : II = 1 : 5,5) u. dest. am nächsten Tag nach entsprechender Aufarbeitung: *Dimethyl-[vinylacetylenyl]-carbinol* (IV), $C_7H_{10}O$, $Kp._1$ 37°, $Kp._2$ 55°; $D._{20}^{20}$ 0,8895, n_D^{20} 1,4758; 5,7 g (Ausbeute). Daneben 2,17 g III, $Kp._2$ 120—124°. Die $KMnO_4$-Oxydation von IV liefert *Aceton* (*2.4-Dinitrophenyl-*

hydrazon, $C_9H_{10}N_4O_4$, F. 123—124°), *Ameisensäure* u. *Oxalsäure* (F. 100—101°). — *Dimethyl-n-butylcarbinol*, $C_7H_{16}O$, Kp.$_{22}$ 63°, durch Hydrierung von 4,6 g **IV** in Methanol an 0,7 g Pd/$CaCO_3$; D.$_{20}^{20}$ 0,8184, n_D^{20} 1,4174. HELMUT SCHÄFER. 1470□

Die Darstellung substituierter Ferrocene aus Fulvenoidverbindungen. William F. Little und Robert C. Koestler. (J. org. Chemistry **26.** 3245—47. Sept. 1961. Chapel Hill, N.C., Univ., Venable Chem. Labor.; engl.) — 1.2-Dibenzoylcyclopentadien (I) u. seine am Benzolkern methyl- oder halogensubstituierten Derivv. (**A**) neigen zur Enolisierung (vgl. LINN u. SHARKEY, C. **1958.** 3293) u. bilden mit Basen Anionen, doch mißlangen Verss., diese Verbb. mit $FeCl_2$ zu benzoylsubstituierten Ferrocenen umzusetzen. Dagegen konnten nach Red. der Carbonylgruppe der **A** mit $LiAlH_4$ *1.1'.2.2'-Tetrabenzylferrocene* erhalten werden.

Versuche: *1.2-Bis-[p-fluorbenzoyl]-cyclopentadien*, $C_{19}H_{12}F_2O_2$, F. 174—175°, durch Zutropfen zu einer äquivalenten Menge p-Fluorbenzoylchlorid zu äquimol. Mengen Phenyl-Li u. Cyclopentadien in trockenem Ae.; gelbe Kristalle aus PAe.; 75% (Ausbeute). — Analog aus den entsprechend substituierten Benzoylchloriden: *1.2-Bis-[m-brombenzoyl]-cyclopentadien*, $C_{19}H_{12}Br_2O_2$, F. 139,5—140,5°; 74%. — *1.2-Bis-[p-brombenzoyl]-cyclopentadien*, $C_{19}H_{12}Br_2O_2$, F. 172—174°; 15%. — *1.2-Bis-[p-jodbenzoyl]-cyclopentadien*, $C_{19}H_{12}J_2O_2$, F. 192—193°; 65%. — *1.1'.2.2'-Tetrabenzylferrocen*, $C_{38}H_{34}Fe$, F. 154,5 bis 155,5°, aus **I** durch Red. mit $LiAlH_4$ in Ae., Zugabe des Rk.-Prod. unter N_2 zu $FeCl_2$ in Tetrahydrofuran u. 2std. Kochen; gelbe Kristalle aus Aceton; 13%. — Analog mit den entsprechenden **A**: *1.1'.2.2'-Tetrakis-[p-methylbenzyl]-ferrocen*, $C_{42}H_{42}Fe$, F. 101—102° bzw. (nach Erstarren) 117—118° (A.); 25,5%. — *1.1'.2.2'-Tetrakis-[o-chlorbenzyl]-ferrocen*, $C_{38}H_{30}Cl_4Fe$, F. 163,5—164,5° (Essigester); 10,7%. — *1.1'.2.2'-Tetrakis-[p-chlorbenzyl]-ferrocen*, $C_{38}H_{30}Cl_4Fe$, F. 169—171° (Aceton); 25,7%. — *1.1'.2.2'-Tetrakis-[p-fluorbenzyl]-ferrocen*, $C_{38}H_{30}F_4Fe$, F. 142—143° (Aceton/W.); 30,5%. — *1.1'.2.2'-Tetrakis-[m-brombenzyl)-ferrocen*, $C_{38}H_{30}Br_4Fe$, F. 117,5—118° (Aceton); 24,4%. — *1.1'.2.2'-Tetrakis-[p-brombenzyl]-ferrocen*, $C_{38}H_{30}Br_4Fe$, F. 207—208° (Bzl.); 9,5°. W. BETCKE. 1810□

Die Darstellung heteroanular disubstituierter Ferrocene aus Fulvenen. William F. Little und Robert C. Koestler. (J. org. Chemistry **26.** 3247—50. Sept. 1961; engl.) — Vgl. vorst. Referat. — Die Addition von $LiAlH_4$ bzw. Phenyl-Li an Dimethylfulven (**I**) u. Diphenylfulven (**II**) u. nachfolgende Umsetzung mit $FeCl_2$ führt zu 1.1'-disubstituierten Ferrocenen, 1.1'-Bis-[triphenylmethyl]-ferrocen (**III**) konnte aus **II** u. Phenyl-Li nicht erhalten werden. Es bildet sich ein Prod. von noch unbekannter Struktur. **III** entsteht dagegen aus Triphenylmethylcyclopentadien (**IV**) über die Li-Verb. u. $FeCl_2$.

Versuche: *1.1'-Diisopropylferrocen*, $C_{16}H_{22}Fe$, Kp.$_3$ 124—125°, durch Addition von $LiAlH_4$ an **I** in Ae. u. Zugabe des Prod. unter N_2 zu $FeCl_2$ in Tetrahydrofuran (THF); rotes, zersetzliches Öl; 24% (Ausbeute). Bessere Ausbeute (35%) bei Verw. der $FeCl_2$–THF Additionsverbindung. — *1.1'-Dibenzhydrylferrocen*, F. 162—163,5°, durch 2std. Kochen von **II** unter N_2 mit $LiAlH_4$ in Ae., Abziehen des Lsgm., Aufnehmen des Prod. in THF, Zugeben zu $FeCl_2$–THF-Lsg. u. 45 Min. langes Kochen; gelbe Kristalle aus Aceton; 45%. — *1.1'-Bis-[α.α-dimethylbenzyl]-ferrocen*, $C_{28}H_{32}Fe$, F. 133,5—136°, aus **I** u. Phenyl-Li in Ae. durch Umsetzung mit $FeCl_2$ in THF; orangefarbene Kristalle aus Aceton; 73%. — *1.1'-Bis-[triphenylmethyl]-ferrocen* (**III**), $C_{48}H_{38}Fe$, F. 279—281°, aus **IV** u. Phenyl-Li in Ae. durch Umsetzung mit $FeCl_2$ in THF; gelbe Kristalle aus Bzl.; 18%. — Behandeln von **II** mit Phenyl-Li u. $FeCl_2$ führte zu einem teerigen Prod., aus dem durch Extraktion mit Aceton ein amorphes, gelbes Pulver, F. 150—155°, lösl. in Bzl. u. Methylenchlorid, erhalten wurde, das beim Umkristallisieren aus Aceton gelbe Kristalle, F. 174—175°, ergab. W. BETCKE. 1810□

Hydrierung und Hydrogenolyse. 2. Mitt. Selektive Hydrierung von Benzylalkohol, Methylphenylcarbinol und Benzhydrol zu den entsprechenden gesättigten Carbinolen. Shigeo Nishimura. (Bull. chem. Soc. Japan **32.** 1155—57. Okt. 1959. Tokyo, Univ., Fac. of Sci., Dep. of Chem.; engl.) — 1. vgl. C. **1960.** 16439. — Benzylalkohol wird durch H_2 an PtO_2/Pt-Schwarz in A. nicht hydriert; in Ggw. sehr geringer Mengen Essigsäure entsteht dagegen in hoher Ausbeute *Cyclohexylcarbinol* (**I**). Bei Anwendung von mehr Essigsäure oder in Ggw. geringer Mengen HCl wird ebenso wie bei der Hydrierung an platiniertem RANEY-Ni vorwiegend Toluol gebildet. Analog **I** werden *Methylcyclohexyl-* u. *Dicyclohexylcarbinol* erhalten, während Triphenylcarbinol nur unvollständig hydriert wird.

Versuche: *Cyclohexylcarbinol* (**I**), Kp.$_{52}$ 106—107°, durch $^1/_2$std. Schütteln von 1 g PtO_2 in 30 cm³ A. u. 0,05 cm³ Essigsäure unter H_2, Zugeben von 3,24 g Benzylalkohol u. 7std. Schütteln unter H_2; n_D^{25} 1,4622; 88% (Ausbeute). — *Methylcyclohexylcarbinol*, Kp.$_{21}$ 91—92°, analog **I** aus Methylphenylcarbinol (6 Std.); n_D^{20} 1,4656; 86%. — *Dicyclohexylcarbinol*, F. 62—63°, Kp.$_{22}$ 160—161°, analog **I** aus Benzhydrol (9 Std.); 89%. F. HELLER. 1870□

Cyclisierung des 3-Isopropyl-6-oxoheptanals. Robert Lalande, Jean Moulines und Jean Duboudin. (C. R. hebd. Séances Acad. Sci. **254.** 1087—89. 5/2. 1962. Bordeaux, Fac. des Sci., Chim. appl., Inst. du Pin.; franz.) — Aus p-Menthandiol-(1.2) (F. 88—89°) durch Einw. einer wss. Lsg. von $NaJO_4$ hergestelltes *3-Isopropyl-6-oxoheptanal* (I; $Kp._{0,5}$ 83—85°; n_D^{20} 1,4489, $D._4^{20}$ 0,9438, $[\alpha]_D^{20}$ —7,07°) cyclisiert sich in sd. Bzl. in Ggw. von Piperidin u. Essigsäure bei gleichzeitiger Entfernung des Rk.-Wassers zu *1-Formyl-2-methyl-5-isopropylcyclopenten-(1)* [II; $C_{10}H_{16}O$, $Kp._{0,5}$ 59—60°; n_D^{20} 1,4877, $D._4^{20}$ 0,9351; *Semicarbazon*, F. 168° (40%ig. wss. A.); *2.4-Dinitrophenylhydrazon*, F. 176° (Essigester)]. Wird I 2 Std. lang in Ae. bei Raum-Temp. mit 10%ig. wss. K_2CO_3-Lsg. gerührt, so entstehen neben 1 Teil II 2 Teile *1-Acetyl-4-isopropylcyclopenten-(1)* [III; $C_{10}H_{16}O$, F. 19°, $Kp._{0,5}$ 56—57°, n_D^{20} 1,4717, $D._4^{20}$ 0,9165; *Semicarbazon*, F. 226° (A.); *2.4-Dinitrophenylhydrazon*, F. 176° (Essigester)] u. ein Gemisch von vermutlich *1-Acetyl-2-hydroxy-4-isopropylcyclopentan* ($C_{10}H_{18}O_2$; *Semicarbazon*, F. 192°) u. *1-Formyl-2-hydroxy-2-methyl-5-isopropylcyclopentan*, das bei K_2CO_3-Einw. II u. III liefert. UV- u. IR-Banden sind angegeben. Gisela Schreiber. 1900□

2.2-Dimethylcyclopentanon. S. V. Kessar und K. P. Mahajan. (J. Indian chem. Soc. **39.** 147—48. Febr. 1962. Chandigarh, Panjab Univ., Dep. of Chem.; engl.) — *2.2-Dimethylcyclopentanon* wurde in 35%ig. Gesamtausbeute aus 2-Methylcyclohexanon (I) hergestellt.

Versuch: 2.2-Dimethylcyclohexanon, Kp. 169—171°, durch Eintragen von 78 g CH_3J in ein Gemisch von 56 g I, 18,5 g K u. 400 ml Butanol unter Rühren im Eisbad, 3 std. Stehen bei 0—5°, 2 std. Kochen, Einengen, Zugabe von 300 ml W., Extraktion mit Bzl., Waschen mit gesätt. $NaHSO_3$-Lsg., Abdestillieren, Eintragen des in 55 g Ameisensäureäthylester gelösten Rückstandes innerhalb 2 Std. in 54 g $NaOCH_3$ in 0,5 Liter Bzl., 12 std. Stehen, Zers. mit Eis, Extraktion mit 5%ig. NaOH, Ansäuern der wss. Phase mit HCl, Aufnehmen des Nd. in Ae., Einengen, Aufnehmen in 1,6 Liter 7%ig. NaOH, 4 std. Dest., Ausäthern der 0,5 Liter Destillat, Einengen u. Dest.; 55% (Ausbeute). *2.4-Dinitrophenylhydrazon*, F. 125—126° (A.). *Semicarbazon*, F. 196—198° (Zers.; Essigester). — *1.1-Dimethyladipinsäure*, F. 86—88°, durch Zutropfen von 25 g vorst. Verb. unter Rühren zu 150 ml sd. konz. HNO_3 in $1^1/_2$ Std., Einengen u. Verreiben mit W.; 85%. — *2.2-Dimethylcyclopentanon*, Kp. 142—144°, durch 3 std. Erhitzen von 10 g vorst. Verb. u. 1,5 g $Ba(OH)_2$ auf 270—290°, Ausäthern des Destillats, Waschen mit Soda-Lsg., Einengen u. Dest.; n_D^{19} 1,4314; 75%. *2.4-Dinitrophenylhydrazon*, F. 140—141° (A.). *Semicarbazon*, F. 190—191° (A.). Gisela Schreiber. 1960□

Darstellung von 1.2-[α-Ketotetramethylen]-ferrocen. J. W. Huffman und D. J. Rabb. (J. org. Chemistry **26.** 3588—89. Sept. 1961. Atlanta, Ga., Inst. of Technol., School of Chem.; Clemson, S.C., Clemson Coll., Dep. of Chem. and Geol.; engl.) — Es wird eine verbesserte Synth. für das bereits bekannte *1.2-[α-Ketotetramethylen]-ferrocen* (I) (vgl. Rinehart u. Curby, C. **1957.** 13597; Rinehart, Curby u. Sokol, C. **1958.** 5316) angegeben, die I in höherer Ausbeute ergibt. Ferrocen u. Bernsteinsäureanhydrid werden nach Friedel-Crafts zu *β-Ferrocenoylpropionsäure* (II) umgesetzt, die über *γ-Ferrocenylbutyrolacton* (III) u. *γ-Ferrocenylbuttersäure* (IV) in I übergeführt wird.

Versuche: *β-Ferrocenoylpropionsäure* (II), F. 167—169°, nach Rinehart u. Mitarbeitern (l. c.) aus Ferrocen u. Bernsteinsäureanhydrid durch Rk. mit $AlCl_3$; 91% (Ausbeute, roh). — *γ-Ferrocenylbutyrolacton* (III), $C_{14}H_{14}FeO_2$, F. 132—133°, aus II durch 2 std. Kochen mit $NaBH_4$ in Isopropanol; gelbe Kristalle aus Cyclohexan/Essigester; 77%. — *γ-Ferrocenylbuttersäure* (IV), F. 115—117°, aus III durch 16 std. Hydrieren in Eisessig über PtO_2; 92%. — *1.2-[α-Ketotetramethylen]-ferrocen* (I), F. 83—85°, aus IV durch Cyclisierung mittels Polyphosphorsäure; rote Kristalle aus Hexan; 44%. — Von I u. III wurden IR-Spektren aufgenommen. W. Betcke. 1960□

Eine neue Methode zur Synthese makrocyclischer Ketone mit Moschusgeruch. L. I. Belenki, Ss. S. Taitz und Ja. L. Goldfarb. (Доклады Академии Наук СССР [Ber. Akad. Wiss. UdSSR] **139.** 1356—58. 21/8. 1961. Zelinsky-Inst. für org. Chem. der Akad. der Wiss. der UdSSR; russ.) — Durch innermol. Acylierung von ω-[Tienyl-(2)]-alkansäurechloriden wurden *2.5-Endothia-$\Delta^{2.4}$-cyclotetradecadienon-(1)* (I), *-pentadecadienon-(1)*, *-hexadecadienon-(1)* u. *-heptadecadienon-(1)* dargestellt. Die Ausbeute konnte stark gesteigert werden, indem an Stelle von $AlCl_3$ als Katalysator teilhydrolysiertes $AlCl_3$-Ätherat als Suspension in Chlf. verwendet wurde. Die Desulfurierung der Verbb. an Raney-Ni lieferte in hohen Ausbeuten *Cyclotetradecanon*, *Exalton*, *Cyclohexadecanon* u. *Dihydrozibeton*.

Versuche: ω-[Thienyl-(2)]-alkansäurechloride: *-decansäurechlorid*, $Kp._1$ 157 bis 160°; 92% (Ausbeute). — *-undecansäurechlorid*, $Kp._{0,2}$ 154—155°; 91%. — *-dodecansäurechlorid*, $Kp._{0,7}$ 175—180°; 76%. — *-tridecansäurechlorid*, zersetzt sich bei der Dest.

bei 0,2 mm. — *$AlCl_3$-Ätherat*, $Kp._{0,5}$ 100—103°, $Kp._1$ 108—110°, $Kp._3$ 124—125°, $Kp._4$ 128 bis 129°, $Kp._{12}$ ca. 150° (Zers.), F. ca. 35°, aus techn. $AlCl_3$; 85%. — 2.5-Endothia-$\Delta^{2.4}$-cycloalkadienone: Man extrahiert mit 0,3 Mol $AlCl_3$-Ätherat in 300 ml Ae. 0,3 Mol W., gibt zu dem teilhydrolysierten $AlCl_3$-Ätherat 1,5 Liter Chlf. zu u. dest. fl. Prodd. (bis 60—61°) ab; zu der erhaltenen Suspension gibt man 0,03 Mol der vorst. Chloride ($8 \cdot 10^{-4}$ Mol/h) u. reinigt durch Dest. oder Sublimation: *-cyclotetradecadienon-(1)* (**I**), $Kp._1$ 149—152°, F. 40—41°; 53,6%. *Semicarbazon*, $C_{15}H_{23}N_3OS$, F. 188,5—189,5°. — *-cyclopentadecadienon-(1)*, $Kp._{0,05}$ 128—132°, F. 44,5—46,5°; 63,5%. *Semicarbazon*, F. 194—196°. — *-cyclohexadecadienon*, $C_{16}H_{24}OS$, $Kp._{0,5}$ 162—165°, F. 31—32°; 62,5%. *Semicarbazon*, $C_{17}H_{27}N_3OS$, F. 214—215°. — *-cycloheptadecadienon*, $C_{17}H_{26}OS$, $Kp._{0,005}$ 157°; $D._4^{20}$ 1,0480; n_D^{20} 1,5448; 60%. *Semicarbazon*, $C_{18}H_{29}N_3OS$, F. 225—226,5°. — *Cyclotetradecanon*, man rührt 1 g **I** in 70 ml A., der 15—20% Aceton enthält, bei 25—35° mit der 3—5fachen Gew.-Menge RANEY-Ni ca. 2 Std., filtriert u. dampft das Filtrat ein; 85%. — *Exalton*; 75%. — *Cyclohexadecanon*, $C_{16}H_{30}O$, F. 62,5—64°; 86%. *Semicarbazon*, $C_{17}H_{33}N_3O$, F. 178—180,5°. — *Dihydrozibeton*, $C_{17}H_{32}O$, F. 61—63°; 90%. *Semicarbazon*, $C_{18}H_{35}N_3O$, F. 189,5—190°. HELMUT SCHÄFER. 1960□

Chemie des Dihydroresorcins. 7. Mitt. Reaktion cyclischer β-Dicarbonylverbindungen mit Wasserstoffperoxid im alkalischen Medium. Ss. I. Sawjalow, A. F. Wassiljew und L. P. Winogradowa. (Известия Академии Наук СССР, Отделение Химических Наук [Nachr. Akad. Wiss. UdSSR, Abt. chem. Wiss.] **1961.** 849—53. Mai. Zelinsky-Inst. für org. Chem. der Akad. der Wiss. der UdSSR; russ.) — 6. vgl. C. **1962.** 10440. — Cyclohexandion-(1.3) (**I**), 2-Formylcyclopentanon (**II**) u. 2-Formylcyclohexanon (**III**) werden durch H_2O_2 im alkal. Medium entsprechend zu *Glutar-*, *Adipin-* u. *Pimelinsäure* oxydiert. 2-Methyldimedon [**IV**; 2.5.5-Trimethylcyclohexandion-(1.3)] liefert *2-Hydroxy-2-methyldimedon*, das beim Erhitzen mit H_2O_2 *β.β-Dimethylglutarsäure* (**V**) liefert. Dimedon (**VI**) liefert **V** u. *2-[2-Hydroxydimedonyl-(2)]-5.5-dimethylcyclohexen-(1)-ol-(1)-on-(3)* (**VII**), das wahrscheinlich in der tricycl. Struktur des *2.2.7.7-Tetramethyl-12.13-dihydroxy-4.5-diketo-1.2.3.4.5.6.7.8.12.13-dekahydrodiphenylenoxids* vorliegt. **VII** reagiert mit CH_2N_2 unter Bldg. von *2-[2-Hydroxydimedonyl-(2)]-5.5-dimethyl-1-methoxycyclohexen-(1)-on-(3)* (**VIII**), mit Br_2 zu *2-[2-Hydroxydimedonyl-(2)]-5.5-dimethyl-2.3-dibromcyclohexanol-(3)-on-(1)* (**IX**). Die Oxydation von **VII** liefert **V**, die Hydrolyse von **VIII** gibt wieder **VII**, bei der hydrolyt. Spaltung von **IX** entstehen unter HBr-Abspaltung *2-Bromdimedon* u. ein Öl, bei dem es sich wahrscheinlich um *2.2-Dihydroxydimedon* [*5.5-Dimethylcyclohexantrion-(1.2.3)-hydrat*] handelt. Die Struktur der Verbb. wurde IR- u. UV-analyt. untersucht.

Versuche: *Glutarsäure*, F. 95—96°, man gibt zu 2 g **I** u. 2,5 g Soda in 20 ml W. bei 20—25° in 20 Min. 12 ml Perhydrol, säuert an u. extrahiert mit Ae.; 54 % (Ausbeute). — *Adipinsäure*, F. 149—151°, durch Oxydation von 2,9 g **II** mit 15 ml Perhydrol; 98%. — *Pimelinsäure*, F. 98—100°, aus 3,6 g **III** mit 14 ml Perhydrol; 40%. Daneben *Cyclohexanon* (*2.4-Dinitrophenylhydrazon*, F. 160—162°). — *2-Hydroxy-2-methyldimedon*, $C_9H_{14}O_3$, F. 101—102° (Bzl.–Heptan), man gibt zu 2 g **IV** u. 1,5 g Soda in 15 ml W. u. 15 ml Chlf. bei 20—25° unter starkem Rühren in 10 Min. 8 ml Perhydrol; 52%. Daneben **V**. — *2-[2-Hydroxydimedonyl-(2)]-5.5-dimethylcyclohexen-(1)-ol-(1)-on-(3)* (**VII**), $C_{16}H_{22}O_5$, F. 138—139° (W.–Methanol), aus 2,8 g **VI** mit 12 ml Perhydrol; 75%. — *2-[2-Hydroxydimedonyl-(2)]-5.5-dimethyl-1-methoxycyclohexen-(1)-on-(3)* (**VIII**), $C_{17}H_{24}O_5$, F. 177 bis 178° (Bzl.), aus **VII** mit CH_2N_2; fast 100%. Liefert beim Erwärmen mit verd. HCl (1:1) **VII** zurück. — *2-[2-Hydroxydimedonyl-(2)]-5.5-dimethyl-2.3-dibromcyclohexanol-(3)-on-(1)* (**IX**), $C_{16}H_{22}Br_2O_5$, F. 101—102° (Zers.), aus 2 g **VII** in 25 ml Chlf. mit 2,5 g Br_2 bei 10—15°; 2 g. — *2-Bromdimedon*, F. 185—186°, durch 10 Min. langes Erhitzen von 0,4 g **IX**, 0,1 g Soda u. 5 ml W. auf 50—60°; 80 mg. Daneben 20 mg eines Öls (*2.2-Dihydroxydimedon?*). HELMUT SCHÄFER. 1970□

Synthesen mit Enaminen. 7. Mitt. Addition von Isocyanaten und Isothiocyanaten an Enamine. Siegfried Hünig, Klaus Hübner und Erhard Benzing. (Chem. Ber. **95.** 926—36. 19/4. 1962. Marburg/Lahn, Univ., Chem. Inst.; dt.) — 6. vgl. C. **1961.** 11327; 8. vgl. C. **1962.** 14491. — Die Addition mehrerer Enamine an verschieden substituierte Isocyanate u. Isothiocyanate wird beschrieben. Die erhaltenen Addukte lassen sich glatt zu *β-Carbonyl-(thio)-carbonsäureamiden* hydrolysieren.

Versuche (FF. korr.): *1-Pyrrolidinobuten-(1)*, $C_8H_{15}N$, $Kp._{12}$ 57—59°, durch Zugabe von Butyraldehyd zu Pyrrolidin u. K_2CO_3 bei < 0°, $^1/_2$std. Rühren bei Raum-Temp., Filtrieren u. Dest.; 54% (Ausbeute). — *1-Morpholino-1-phenyläthylen*, $C_{12}H_{15}NO$, $Kp._{0,1}$ 86—89°, durch 70std. Kochen von Acetophenon u. Morpholin in Toluol am Wasserabscheider; 54%. — *Cyclopentanon-(2)-carbonsäure-n-butylamid*, $C_{10}H_{17}NO_2$, $Kp._{0,05}$ 103 bis 105°, durch 2std. Erhitzen von 1-Morpholinocyclopenten-(1) u. Butylisocyanat in Bzl. unter N_2 auf 60°, $^1/_2$std. Rühren mit 2 n HCl, Neutralisieren der wss. Phase mit

Na_2CO_3, Sättigen mit NaCl, Ausschütteln mit Bzl. u. Dest. der Bzl.-Phasen; 57%. *Semicarbazon*, F. 206—209° (A.). — *Cyclohexanon-(2)-carbonsäure-n-butylamid*, $C_{11}H_{19}$·NO_2, Kp.$_{0,15}$ 118—121°, durch 4std. Erhitzen von 1-Morpholino-cyclohexen-(1) u. Butylisocyanat unter N_2 auf dem sd. Wasserbad, Lösen in Chlf., Hydrolyse mit 2 n HCl, Extrahieren mit Chlf. u. Dest.; 61—65%. *Semicarbazon*, F. 164—166°. — *2-Morpholinocyclopenten-(1)-carbonsäureanilid*, $C_{16}H_{20}N_2O_2$, F. 122—127° (Zers.), durch 1std. Zutropfen von Phenylisocyanat in Aceton zu 1-Morpholinocyclopenten-(1) in Aceton bei 40—45° unter kräftigem Rühren, 1std. Stehen bei Raum-Temp. u. 3std. Stehen in Eiswasser; 66—73%. — *Cyclopentanon-(2)-carbonsäureanilid*, $C_{12}H_{13}NO_2$, F. 90—92°, durch 2std. Stehen vorst. Verb. in 2 n HCl; aus Cyclohexan/Essigester (4 : 3) Blättchen, die sich durch 1std. Tempern bei 95° in Prismen vom F. 102—104° umwandeln; 76%. — *2-Morpholinocyclohexen-(1)-carbonsäureanilid*, $C_{17}H_{22}N_2O_2$, F. 120—125°, durch 20 Min. langes Zutropfen von Phenylisocyanat zu 1-Morpholinocyclohexen-(1) in Aceton bei 45—50° u. 2—3std. Stehen in Eiswasser; 72—78%. — *Cyclohexanon-(2)-carbonsäureanilid*, F. 106—108° (Cyclohexan/Essigester 3 : 1), durch Lösen vorst. Verb. in sd. Methanol, Zutropfen von 2 n HCl bis zur völligen Lsg., Filtrieren, weitere Zugabe von HCl u. 2std. Stehen im Eisbad; Blättchen; 92—96%. — *Benzoylacetanilid*, $C_{15}H_{13}NO_2$, F. 105—107°, durch $^1/_4$std. Zutropfen von Phenylisocyanat in Cyclohexan zu 1-Morpholino-1-phenyläthylen in Cyclohexan, $^1/_2$std. Erhitzen auf 80°, Filtrieren, Kochen des *β-Phenyl-β-morpholinoacrylsäureanilids* (79%) in Methanol, Zutropfen von 2 n HCl bis zur sauren Rk., Filtrieren, Versetzen des Filtrats mit W. bis zur Trübung u. mehrstd. Stehen im Kühlschrank; Blättchen; 71—74%. — *1-Pyrrolidino-n-buten-(1)-carbonsäure-(2)-anilid*, $C_{15}H_{20}N_2O$, F. 117—123° (Zers.), durch Zutropfen von Phenylisocyanat zu 1-Pyrrolidinobuten-(1) in abs. Essigester in 45 Min. bei — 30°, mehrstd. Stehen im Kühlschrank u. Filtrieren; aus Essigester/PAe. Prismen; 43%. — *α-Formylbuttersäureanilidäthylhalbacetal*, $C_{13}H_{19}NO_3$, F. ~ 95—100°, durch Lösen vorst. Verb. in A./2 n HCl (1 : 1); aus A./PAe. (1 : 2) Nadeln; 41%. — *N-[p-Toluolsulfonyl]-cyclohexanon-(2)-carbonsäureamid*, $C_{14}H_{17}NO_4S$, F. 125—127° (Bzl.), durch 1std. Zutropfen von p-Toluolsulfonylisocyanat in Chlf. zu 1-Morpholinocyclohexen-(1) in Chlf. bei 30—35°, $^1/_2$std. Rühren bei Raum-Temp., Zutropfen von 2 n HCl, $^1/_2$std. Rühren, Abdest. des Chlf., $^1/_2$std. Kochen mit Bzl./A.-Kohle u. mehrstd. Stehen der filtrierten Lsg. im Eisschrank; 61%. — *2-Morpholinocyclopenten-(1)-thiocarbonsäureanilid*, $C_{16}H_{20}N_2OS$, F. 115—119° (Zers.), durch $^1/_2$std. Zutropfen von Phenylsenföl in Methanol zu 1-Morpholinocyclopenten-(1) in Methanol bei 45°, 1std. Kochen u. mehrstd. Stehen im Kühlschrank; aus Methanol gelbe Kristalle; 83—86%. — *Cyclopentanon-(2)-thiocarbonsäureanilid*, $C_{12}H_{13}$·NOS, F. 96—97°, durch Kochen vorst. Verb. in A. u. Eintropfen von 2 n HCl bis zum Neutralpunkt; aus Cyclohexan/A. gelbe Blättchen; 85%. — *2-Morpholinocyclohexen-(1)-thiocarbonsäureanilid*, $C_{17}H_{22}N_2OS$, F. 125—129° (Zers., Methanol), durch 1$^1/_2$std. Kochen von 1-Morpholinocyclohexen-(1) u. Phenylsenföl in Methanol, mehrstd. Stehen im Kühlschrank u. Filtrieren; gelbe Kristalle; 76—83%. — *Cyclohexanon-(2)-thiocarbonsäureanilid*, $C_{13}H_{15}NOS$, F. 84—89° (Zers.), durch Zutropfen von 2 n HCl zu der sd. Lsg. vorst. Verb. in A., Versetzen mit W. u. mehrstd. Stehen; aus Cyclohexan/Essigester gelbgrüne Nadeln; 62%. — *β-Morpholinothiozimtsäureanilid*, $C_{19}H_{20}N_2OS$, F. 157—158°, durch 1std. Kochen von 1-Morpholino-1-phenyläthylen u. Phenylsenföl in Essigester u. mehrstd. Stehen im Eisbad; aus Essigester gelbe Prismen; 77%. — *Benzoylthioessigsäureanilid*, $C_{15}N_{13}NOS$, F. 79—83°, durch Zutropfen von 2 n HCl zu der sd. Lsg. vorst. Verb. in A., Versetzen mit W. u. mehrstd. Stehen im Eisschrank; aus 50%ig. wss. A. gelbe Nadeln; 94%. — *1-Pyrrolidino-n-buten-(1)-thiocarbonsäure-(2)-anilid*, $C_{15}H_{20}N_2S$, F. 106—109° (Zers.), durch 20 Min. langes Zutropfen von Phenylsenföl zu 1-Pyrrolidino-n-buten-(1) in Essigester bei 35—40°, $^1/_2$std. Kochen u. mehrstd. Stehen im Eisschrank; aus A. gelbe Tafeln; 68%. — *N-Benzoyl-β-morpholinothiozimtsäureamid*, $C_{20}H_{20}N_2O_2S$, F. 161—164°, durch $^3/_4$std. Zutropfen von Benzoylisothiocyanat in Cyclohexan zu 1-Morpholino-1-phenyläthylen in Cyclohexan bei 30—35° u. 1std. Stehen; rote Kristalle; 75%. — *N.α-Dibenzoylthioacetamid*, $C_{16}H_{13}NO_2S$, F. 140—142°, durch Zugabe von konz. HCl zu der sd. Lsg. vorst. Verb. in A. u. 10 Min. langes Kochen; gelbe Nadeln aus Aceton; 87%. — *N.α-Dibenzoylacetamid*, $C_{16}H_{13}NO_3$, F. 168—169° (Dimethylformamid/W.), durch 1std. Kochen vorst. Verb. in A. mit konz. NH_3, Filtrieren, Fällen mit W., Kühlen, Filtrieren u. Kochen der entsprechenden Iminoverb. mit 2 n HCl; 66%. — *N-Benzoyl-2-morpholinocyclopenten-(1)-thiocarbonsäureamid*, durch $^3/_4$std. Zutropfen von Benzoylisothiocyanat in Ligroin zu 1-Morpholinocyclopenten-(1) in Ligroin bei 35—40° u. $^1/_2$std. Rühren bei Raum-Temp.; rote Kristalle in 94%ig. Reinheit; 83%. — *N-Benzoylcyclopentanon-(2)-thiocarbonsäureamid*, $C_{13}H_{13}NO_2S$, F. 91,5—92,5°, durch Zutropfen von konz. HCl zu der sd. Lsg. vorst. Verb. in A./W. (1 : 1), Aufkochen u. mehrstd. Stehen im Kühlschrank; aus wss. Methanol gelbe Nadeln; 66%. P. Golinske. 2070□

Ferrocen-Derivate. Bernard Loev und Minerva Flores. (J. org. Chemistry **26.** 3595. Sept. 1961. Philadelphia, Pa., Smith Kline and French Labor., Res. and Developm. Div.; engl.) — Durch Red. des Kondens.-Prod. aus *Ferrocenaldehyd* (I) u. Nitroäthan (II) wurde *[2-Aminopropyl]-ferrocen* (III) u. durch Erwärmen von I mit $(NH_4)_2CO_3$ u. KCN unter Druck *5-Ferrocenylhydantoin* dargestellt. III ist physiolog. wirksam.

Versuche: *2-Aminoferrocenylpropanhydrobromid* (III), $C_{13}H_{18}BrFeN$, F. 198—200° (Zers.), aus I u. II durch 2std. Kochen mit CH_3COONH_4 in Eisessig u. Red. des erhaltenen *1-Ferrocenyl-2-nitropropens* [dunkelrotes Öl; 79% (Ausbeute)] mit $LiAlH_4$ in Ae. durch 5std. Kochen u. Isolierung als Hydrobromid; Kristalle aus Methanol–Ae.–Essigester. — *5-Ferrocenylhydantoin,* $C_{13}H_{12}FeN_2O_2$, F. 250—252°, aus I KCN u. $(NH_4)_2CO_3$ durch 68std. Erwärmen mit 50%ig. A. auf 110° im Druckgefäß; gelbe Kristalle aus A.; 58%. W. Betcke. 2110□

Nebenreaktionen während der Hydrogenolyse von 2.4-Dinitrophenylhydrazonen aromatischer Ketosäuren. John H. Menkes. (Nature [London] **191.** 285—86. 15/7. 1961. Baltimore, Md., Johns Hopkins Hosp., Dep. of Pediatrics; engl.) — Hydrogenolyse von Phenylbrenztraubensäure-2.4-dinitrophenylhydrazon (12std. Hydrierung in dest. W. bei 25° u. 30 lb./sq. in.) gibt neben dem erwarteten *Phenylalanin Cyclohexylalanin.* p-Hydroxyphenylbrenztraubensäure-2.4-dinitrophenylhydrazon wird zu etwa gleichen Mengen zu *4-Hydroxycyclohexylalanin* u. *Cyclohexylalanin* hydriert; das erwartete *Tyrosin* entsteht nur in kleiner Menge. K. Maier. 2150□

Ein neuer Weg zu Biphenylverbindungen. Jean Colonge und Jean-Claude Brunie. (C.R. hebd. Séances Acad. Sci. **253.** 2709—10. 4/12. 1961. Lyon, Fac. des Sci., Chim. org.; franz.) — Durch Einw. von Vinyl-HgCl auf Arylalkylketone erhaltene Alkylvinylarylcarbinole reagieren mit Acetessigester zu Methylarylalkenylketonen mit γ-ständiger Doppelbindung, die bei Einw. von Polyphosphorsäure unter Wasserabspaltung zu einem schwer trennbaren Gemisch von *2.3.4'-Trialkyl-2.5(4.5)-dihydrobiphenylen* cyclisiert werden. Isobutyrophenon liefert nur *2.2.3-Trimethyl-2.5-dihydrobiphenyl.* Der Konstit.-Beweis erfolgte durch Aromatisierung mit S u. Oxydation zu entsprechenden Carbonsäuren.

Versuche: *3-Phenylbuten-(1)-ol-(3),* $C_{10}H_{12}O$, Kp.$_{10}$ 95°, $D._4^{25}$ 0,998, n_D^{25} 1,530; 65% (Ausbeute). — *3-p-Tolylbuten-(1)-ol-(3),* $C_{11}H_{14}O$, Kp.$_{15}$ 117°, $D._4^{25}$ 0,980, n_D^{25} 1,5260; 70%. — *3-Phenylpenten-(1)-ol-(3),* $C_{11}H_{14}O$, Kp.$_{18}$ 111°, $D._4^{25}$ 0,995, n_D^{25} 1,5262; 75%. — *3-Phenyl-4-methylpenten-(1)-ol-(3),* $C_{12}H_{16}O$, Kp.$_{18}$ 119°, $D._4^{25}$ 0,978, n_D^{25} 1,5212; 84%. — *6-Phenylhepten-(5)-on-(2),* $C_{13}H_{16}O$, Kp.$_1$ 117°; $D._4^{25}$ 0,985, n_D^{25} 1,536; 66%. *Semicarbazon,* F. 159°. — *6-p-Tolylhepten-(5)-on-(2),* $C_{14}H_{18}O$, Kp.$_7$ 155°, $D._4^{25}$ 0,974, n_D^{25} 1,5365; 50%. *Semicarbazon,* F. 167°. — *6-Phenylocten-(5)-on-(2),* $C_{14}H_{18}O$, Kp.$_{0,2}$ 100°, $D._4^{25}$ 0,965, n_D^{25} 1,5231; 61%. *Semicarbazon,* F. 108°. — *6-Phenyl-7-methylocten-(5)-on-(2),* $C_{15}H_{20}O$, Kp.$_{0,4}$ 101°, $D._4^{25}$ 0,947, n_D^{25} 1,5100; 79%. *Semicarbazon,* F. 139°. — *3-Methyl-2.5 (u. 4.5)-dihydrobiphenyl,* $C_{13}H_{14}$, Kp.$_{14}$ 126—130°, $D._4^{25}$ 0,995, n_D^{25} 1,584; 70%; Dehydrierung → *3-Methylbiphenyl,* Kp.$_4$ 104—105°, $D._4^{25}$ 1,010, n_D^{25} 1,5916; 93%; Oxydation mit $KMnO_4$ → *Biphenyl-3-carbonsäure,* F. 161°. — *3.4'-Dimethyl-2.5 (u. 4.5)-dihydrobiphenyl,* $C_{14}H_{16}$, Kp.$_4$ 119—125°, $D._4^{25}$ 0,981; n_D^{25} 1,5740; 63%; Dehydrierung → *3.4'-Dimethylbiphenyl*; $KMnO_4$-Einw. → *Biphenyl-3.4'-dicarbonsäure,* F. 330°. — *2.3-Dimethyl-2.5 (u. 4.5)-dihydrobiphenyl,* $C_{14}H_{16}$, Kp.$_{20}$ 135—142°, $D._4^{25}$ 0,994; n_D^{25} 1,5747; 56%; Dehydrierung → *2.3-Dimethylbiphenyl,* F. 41°. — *2.2.3-Trimethyl-2.5-dihydrobiphenyl,* $C_{15}H_{18}$, Kp.$_{18}$ 153—154°; $D._4^{25}$ 0,993, n_D^{25} 1,560; 69%.
Gisela Schreiber. 2210□

Über die Einwirkung von wasserfreiem Kobalt(II)-chlorid auf Grignard-Verbindungen in Gegenwart eines aliphatischen Halogenderivats. Molekülverdoppelungsreaktion. Jean-Pierre Morizur und Robert Pallaud. (C.R. hebd. Séances Acad. Sci. **254.** 1093—94. 5/2. 1962. Paris, École Nat. Supér. de Chim.; franz.) — Durch Einw. von $CoCl_2$ in Ggw. von Butylbromid (I) wurden 5 aromat. Grignard-Verbb. dimerisiert.

Versuche: *4.4'-Diisopropyldiphenyl* (II), $C_{18}H_{22}$, F. 65°, durch Zutropfen von p-Isopropylphenyl-MgBr zu I u. wasserfreiem $CoCl_2$ in Ae. unter Rühren unter N_2, 2std. Kochen u. Zers. mit wss. Essigsäure; 50% (Ausbeute). — *2.3-Dibenzylbutan,* $C_{18}H_{22}$, Kp.$_{0,7}$ 110°, analog II aus 1-Phenylpropyl-(2)-MgBr; 53%. — *2.5-Diphenylhexan,* $C_{18}H_{22}$, Kp.$_3$ 140°, analog II aus 2-Phenylpropyl-(1)-MgBr; 55%. — *4.4'-Di-tert.-butyldiphenyl,* $C_{20}H_{26}$, F. 127°, analog II aus p-tert.-Butylphenyl-MgBr; 60%. — *2.2'-Dithienyl,* $C_8H_6S_2$, F. 33—34°, Kp.$_{12}$ 125°, analog II aus Thienyl-(2)-MgBr; 25%.
Gisela Schreiber. 2210□

Untersuchungen in der Reihe der α.α-disubstituierten Disäuren und ihrer Derivate. 11. Mitt. **α.α-Diphenyl-α'-alkylbernsteinsäuren und ihre Derivate.** François Salmon-Legagneur und Cécile Neveu. (Bull. Soc. chim. France [5] **1959.** 1958—63. Nov./Dez. Rennes, Fac. des Sci. et Ecole Nat. Supérieure de Chim., Labor. de Chim. Gén.; franz.) — 10. vgl. Bull. soc. chim. France [5] **1957.** 1463; 7. vgl. C. **1958.** 8319; vgl. auch C. **1958.** 7449. — Vff. beschreiben die Darst. von *α.α-Diphenyl-α'-alkylbernsteinsäuren* (**A**), wie *α.α-Diphenyl-α'-methylbernsteinsäure* (**VI**), *α.α-Diphenyl-α'-äthylbernsteinsäure*, *α.α-Diphenyl-α'-propylbernsteinsäure* u. *α.α-Diphenyl-α'-butylbernsteinsäure*, sowie eine größere Anzahl ihrer Derivate. Läßt man auf Diphenylacetonitril (**I**) in Ggw. von $NaNH_2$ α-Bromfettsäureester einwirken, so erhält man die *α.α-Diphenyl-α'-alkylbernsteinsäureester-α-nitrile* (*α-Alkyl-β.β-diphenyl-β-cyanpropionsäureester*), die durch alkohol. KOH zu den entsprechenden *Nitrilsäuren* (**B**) verseift werden, von denen die *α-Äthyl-β.β-diphenyl-β-cyanpropionsäure*(**VII**) durch ein schwer lösl. *Na-Salz* ausgezeichnet ist. Die **B** liefern bei der Einw. von konz. HCl nicht die **A**, sonderen deren *Anhydride*. Letztere können aber in einigen Fällen durch Umsetzung mit NaOH u. Ansäuern in die **A** umgewandelt werden. Beim Erhitzen der **B** mit H_2SO_4 oder HCl in CH_3OH erhält man die *α.α-Diphenyl-α'-alkylbernsteinsäureimide*. Die *Dimethylester* der **A** sind aus den neutralen Na-Salzen mit $(CH_3)_2SO_4$ leicht zugänglich.

Versuche: *α.α-Diphenyl-α'-methylbernsteinsäureäthylester-α-nitril* (*α-Methyl-β.β-diphenyl-β-cyanpropionsäureäthylester*, **II**), $C_{19}H_{19}NO_2$, F. 58—59° (A.), Kp.$_1$ 175—181°, durch Erhitzen äquimol. Mengen **I** u. $NaNH_2$ in Bzl., portionsweise Zugabe der berechneten Menge α-Brompropionsäureäthylester, 2std. Kochen, Eingießen in W.; Ae.-Extraktion u. Aufarbeitung der organ. Phase; 87% (Ausbeute). — *α.α-Diphenyl-α'-methylbernsteinsäure-α-nitril* (*α-Methyl-β.β-diphenyl-β-cyanpropionsäure*, **III**), $C_{17}H_{15}NO_2 \cdot C_2H_5OH$, F. 94—95° (wss. A.; $C_{17}H_{15}NO_2$, F. 143—144°), durch 6std. Kochen von **II** mit wss.-äthanol. KOH u. Ansäuern mit HCl; 73%. — *α.α-Diphenyl-α'-methylbernsteinsäureanhydrid* (**IV**), $C_{17}H_{14}O_3$, F. 112—113° (wss. A.), a) durch 6std. Kochen von **III** mit konz. HCl oder HCl-Essigsäure (2 : 1), Eingießen in Eiswasser, 24std. Aufbewahren u. Absaugen; 90%; b) durch 24std. Aufbewahren von **III** mit 80%ig. H_2SO_4 in der Kälte. — *α.α-Diphenyl-α'-methylbernsteinsäure* (**VI**), $C_{17}H_{16}O_4$, F. 230° (wss. A.), durch $^1/_4$std. Erhitzen von **IV** mit 20%ig. NaOH, Ansäuern durch tropfenweise Zugabe von verd. HCl unter Rühren u. Absaugen; 100%. *α'-Monomethylester* (*α-Methyl-β.β-diphenyl-β-carboxypropionsäuremethylester* (**V**), $C_{18}H_{18}O_4$, F. 153—154° (wss. CH_3OH), durch 4std. Erhitzen von **IV** mit CH_3OH in Ggw. von wenig konz. H_2SO_4; 90%; daneben *Dimethylester*; 10%. *Dimethylester*, $C_{19}H_{20}O_4$, F. 92—93° (CH_3OH), durch Behandeln von **V** mit Säure, Zugabe von Na_2CO_3 u. Aufkochen des **VI**-*Di-Na-Salzes* mit $(CH_3)_2SO_4$. *α-Monomethylester* (*α.α-Diphenyl-β-methyl-β-carboxypropionsäuremethylester*), $C_{18}H_{18}O_4$, F. 140—142° (wss. CH_3OH), durch partielle Verseifung vorst. Verb. mit NaOH in wss. CH_3OH innerhalb von 24 Std. bei 35—40°. *Imid* (**IX**), $C_{17}H_{15}NO_2$, F. 146—147° (wss. A.), durch 8std. Erhitzen von **III** mit CH_3OH u. H_2SO_4 auf dem Wasserbad, Eingießen in W., Ae.-Extraktion, Ausziehen der mit Na_2CO_3-Lsg. gewaschenen Ae.-Schicht mit verd. NaOH u. Ansäuern; 60%. — *α.α-Diphenyl-α'-äthylbernsteinsäureäthylester-α-nitril* (*α-Äthyl-β.β-diphenyl-β-cyanpropionsäureäthylester*), $C_{20}H_{21}NO_2$, F. 83° (A.), aus **I**, $NaNH_2$ u. α-Brombuttersäureäthylester analog **II**; 83%. — *α.α-Diphenyl-α'-äthylbernsteinsäure-α-nitril* (*α-Äthyl-β.β-diphenyl-β-cyanpropionsäure*, **VII**), $C_{18}H_{17}NO_2 \cdot C_2H_5OH$, F. 89—90° (wss. A.; $C_{18}H_{17}NO_2$, F. 154—155°), aus vorst. Verb. analog **III**; 100%. *K-Salz*, $C_{18}H_{16}KNO_2 \cdot H_2O$, durch Einengen einer mit KOH neutralisierten wss. Lsg. von **VII**. *Na-Salz*, $C_{18}H_{16} \cdot NNaO_2 \cdot H_2O$, durch Ausfällen aus der wss. Lsg. des *K-Salzes*; wird aus alkohol. Lsg. ohne Kristallwasser erhalten. *Li-Salz*, $C_{18}H_{16}LiNO_2$, aus der wss. Lsg. des *K-Salzes* mit LiCl. *NH_4-Salz*, $C_{18}H_{20}N_2O_2$, aus der wss. Lsg. des *K-Salzes* mit NH_4Cl. — *α.α-Diphenyl-α'-äthylbernsteinsäureanhydrid* (**VIII**), $C_{18}H_{16}O_3$, F. 115—116° (A.), aus **VII** analog **IV** nach a); 95%. — *α.α-Diphenyl-α'-äthylbernsteinsäure*, $C_{18}H_{18}O_4$, F. 173—175° (A.), aus **VIII** analog **VI**. *Dimethylester*, $C_{20}H_{22}O_4$, F. 81—82° (wss. CH_3OH), durch Neutralisation des bei der Rk. von **VIII** mit CH_3OH u. H_2SO_4 erhaltenen öligen Prod. mit 1 n NaOH in A. u. Schütteln mit $(CH_3)_2SO_4$. *Imid*, $C_{18}H_{17}NO_2$, F. 145—146° (A.), a) aus **VII** analog **IX**; b) neben **VIII** aus **VII** u. konz. HCl-Essigsäure. — *α.α-Diphenyl-α'-propylbernsteinsäureäthylester-α-nitril* (*α-Propyl-β.β-diphenyl-β-cyanpropionsäureäthylester*), $C_{21}H_{23}NO_2$, F. 97° (A.), aus **I**, $NaNH_2$ u. α-Bromvaleriansäureäthylester analog **II**; 90—95%. — *α.α-Diphenyl-α'-propylbernsteinsäure-α-nitril* (*α-Propyl-β.β-diphenyl-β-cyanpropionsäure* (**X**), $C_{19}H_{19}NO_2$, F. 180—181° (A.), durch 8std. Kochen von vorst. Verb. mit wss.-äthanol. KOH u. Aufarbeitung analog **III**. — *α.α-Diphenyl-α'-propylbernsteinsäureanhydrid* (**XI**), $C_{19}H_{18}O_3$, F. 69—70° (A.), aus **X** analog **IV** nach a). — *α.α-Diphenyl-α'-propylbernsteinsäure. Imid*, $C_{19}H_{19}NO_2$, F. 133—134° (A.), aus **X** analog **IX**. *Dimethylester*, $C_{21}H_{24}O_4$, F. 72° (CH_3OH), durch Rk. des aus **XI** u. NaOH resultierenden *Di-Na-*

Salzes mit $(CH_3)_2SO_4$. — *α.α-Diphenyl-α'-butylbernsteinsäureäthylester-α-nitril* (*α-Butyl-β.β-diphenyl-β-cyanpropionsäureäthylester*), $C_{22}H_{25}NO_2$, F. 55—56° (A.), aus **I**, $NaNH_2$ u. α-Bromcapronsäureäthylester analog **II**; 90%. — *α.α-Diphenyl-α'-butylbernsteinsäure-α-nitril* (*α-Butyl-β.β-diphenyl-β-cyanpropionsäure* (**XII**), $C_{20}H_{21}NO_2$, F. 163—164° (wss. A.), aus vorst. Verb. analog **III**; 80%. — *α.α-Diphenyl-α'-butylbernsteinsäureanhydrid*, $C_{20}H_{20}O_3$, F. 57—58° (wss. A.), aus **XII** analog **IV** nach a). — *α.α-Diphenyl-α'-butylbernsteinsäure. Dimethylester*, $C_{22}H_{26}O_4$, F. 52° (A.), durch Umwandlung vorst. Verb. in das *Di-Na-Salz* der *α.α-Diphenyl-α'-butylbernsteinsäure* u. Rk. mit $(CH_3)_2SO_4$. *Imid*, $C_{20}H_{21}NO_2$, F. 121—122° (CH_3OH), aus **XII** analog **IX**. G. Marquard. 2420

Untersuchungen in der Reihe der α.α-disubstituierten Disäuren und ihrer Derivate. 12. Mitt. **2.2-Diphenyl-3-alkyl-butandiole-(1.4) und β.β-Diphenyl-β'-alkyltetrahydrofurane.** François Salmon-Legagneur und Cécile Neveu. (Bull. Soc. chim. France **1959**. 1963—66. Nov./Dez.; franz.) — 11. vgl. vorst. Ref.; vgl. auch C. **1958**. 7110. — α.α-Diphenyl-α'-methylbernsteinsäureanhydrid (**I**), α.α-Diphenyl-α'-äthylbernsteinsäureanhydrid (**II**), α.α-Diphenyl-α'-propylbernsteinsäureanhydrid (**III**) u. α.α-Diphenyl-α' butylbernsteinsäureanhydrid (**IV**) lassen sich durch $LiAlH_4$ in Ae. oder in Dioxan zu *2.2-Diphenyl-3-methylbutandiol-(1.4)* (**V**), *2.2-Diphenyl-3-äthylbutandiol-(1.4)* (**VI**), *2.2-Diphenyl-3-propylbutandiol-(1.4)* (**VII**) u. *2.2-Diphenyl-3-butylbutandiol-(1.4)* (**VIII**) reduzieren, die als *Diacetate* u. als *Bis-[phenylurethane]* charakterisiert werden. Durch Einw. von 50%ig. H_2SO_4 entstehen aus den *Butandiolen-(1.4)* entsprechend substituierte *Tetrahydrofurane*.

Versuche: *2.2-Diphenylbutandiol-(1.4)* (**IX**), F. 134°, durch Einrühren von α.α-Diphenylbernsteinsäureanhydrid in Ae. zu $LiAlH_4$ in Ae., $^1/_2$std. Kochen, Eingießen in W. u. verd. H_2SO_4 u. Einengen der Ae.-Schicht; 85—90% (Ausbeute). *Diacetat*, $C_{20}H_{22}O_4$, F. 83° (A.–W.), durch $^1/_2$std. Kochen von **IX** mit Acetanhydrid. *Bis-[phenylurethan]*, $C_{30}H_{28}N_2O_4$, F. 107—109° (Zers.; A.), durch kurzes Erwärmen gleicher Mengen **IX** u. Phenylisocyanat (**X**), Aufnehmen des Rk.-Prod. in Ae., Zugabe von PAe. u. Filtration. — *β.β-Diphenyltetrahydrofuran*, $C_{16}H_{16}O$, F. 56° (A.; Prismen), durch Rk. von **IX** mit 50%ig. H_2SO_4. — *2.2-Diphenyl-3-methylbutandiol-(1.4)* (**V**), $C_{17}H_{20}O_2$, F. 143—144° (A.), aus **I** analog **IX**; 75%. *Diacetat*, $C_{21}H_{24}O_4$, Kp.$_1$ 196—198°, durch Kochen von **V** mit CH_3COCl. *Bis-[phenylurethan]*, $C_{31}H_{30}N_2O_4$, F. 170—172° (A.), aus **V** u. **X** durch längeres Kochen. — *β.β-Diphenyl-β'-methyltetrahydrofuran*, $C_{17}H_{18}O$, F. 40° (A.), aus **V** u. 50%ig. H_2SO_4. — *2.2-Diphenyl-3-äthylbutandiol-(1.4)* (**VI**), $C_{18}H_{22}O_2$, F. 87—88° (A.), Kp.$_1$ 206°, aus **II** analog **IX**; 75%. *Diacetat*, $C_{22}H_{26}O_4$, Kp.$_1$ 195—205°, durch Kochen von **VI** mit Acetanhydrid, Gießen in W., Ae.-Extraktion u. Destillation. *Bis-[phenylurethan]*, $C_{32}H_{32}N_2O_4$, F. 150—152°. — *β.β-Diphenyl-β'-äthyltetrahydrofuran*, $C_{18}H_{20}O$, F. 81° (A.; Prismen), aus **VI** u. 50%ig. H_2SO_4 in der Wärme. — *2.2-Diphenyl-3-propylbutandiol-(1.4)* (**VII**), $C_{19}H_{24}O_2$, F. 90°, aus **III** u. $LiAlH_4$ in abs. Äther. *Diacetat*, $C_{23}H_{28}O_4$, F. 77° (A.), aus **VII** u. CH_3COCl. *Bis-[phenylurethan]*, $C_{33}H_{34}N_2O_4$, F. 153°. — *β.β-Diphenyl-β'-propyltetrahydrofuran*, $C_{19}H_{22}O$, F. 68—69° (A.), aus **VI** u. 50%ig. H_2SO_4. — *2.2-Diphenyl-3-butylbutandiol-(1.4)* (**VIII**), $C_{20}H_{26}O_2$, Kp.$_1$ 220°, aus **IV** analog **IX**. *Diacetat*, $C_{24}H_{30}O_4$, Kp.$_1$ 210—220°, durch Kochen von **VIII** mit Acetanhydrid, Eingießen in W., Ae.-Extraktion u. Dest. der Ae.-Phase. *Bis-[phenylurethan]*, $C_{34}H_{36}N_2O_4$, F. 124°. — *β.β-Diphenyl-β'-butyltetrahydrofuran*, $C_{20}H_{24}O$, Kp.$_1$ 170°. G. Marquard. 2420

Untersuchungen in der Reihe der α.α-disubstituierten Disäuren und ihrer Derivate. 13. Mitt. **Kondensation von Organomagnesiumverbindungen mit den Estersäuren der α.α-Diphenylbernsteinsäure: Disubstituierte 2.2-Diphenylbutanolide-(4 → 1) und die ihnen entsprechenden Diole.** François Salmon-Legagneur und Françine Salmon-Legagneur. (Bull. Soc. chim. France [5] **1960**. 1923—39. Nov./Dez.; franz.) — 12. vgl. vorst. Ref.; vgl. auch C. **1959**. 15333. — Bei der Umsetzung der beiden sauren Methylester der α.α-Diphenylbernsteinsäure [β.β-Diphenyl-β-carboxypropionsäuremethylester (**I**; F. 141—143°) bzw. α.α-Diphenyl-β-carboxypropionsäuremethylester (**II**; F. 183—184°; vgl. C. **1950/54**. 7356S)] mit C_2H_5MgBr, C_6H_5MgBr u. $C_6H_5CH_2MgCl$ werden aus **I** u. aus **II** jeweils die gleichen am $C_{(2)}$ u. $C_{(4)}$ disubstituierten Olide (**A**) erhalten, lediglich bei der Rk. von CH_3MgJ mit **II** kann man das entsprechende *3.3-Diphenyl-4.4-dimethylbutanolid-(4 → 1)* (**IV**) isolieren. Da die **A** auch bei der Umsetzung von α.α-Diphenylbernsteinsäureanhydrid (**III**) mit den gleichen Grignard-Verbb. entstehen, wird angenommen, daß die Rk. von **I** u. **II** mit C_2H_5MgBr, C_6H_5MgBr u. $C_6H_5CH_2MgBr$ über **III** verläuft. Die **A** liefern mit $LiAlH_4$ unter Öffnung des Lactonringes 4.4-disubstituierte *2.2-Diphenylbutandiole-(1.4)*. Während die **A** gegen Alkali stabil sind, reagiert **IV** unter den gleichen Bedingungen unter Bldg. von *β.β-Diphenylpropionsäure* u. Aceton. Die Rk. von metallorgan. Verbb. mit *α.α-Diphenylbernsteinsäurechlorid-α-nitril* (*β.β-Diphenyl-β-cyanpropionylchlorid*, **V**) u. mit α.α-Diphenylbernsteinsäureäthylester-α-nitril (β.β-Diphenyl-β-cyanpropionsäureäthylester) (**VI**; l. c.) wird beschrieben. Während bei der

Umsetzung von **VI** mit CH_3MgJ kein definiertes Rk.-Prod. isoliert werden kann, liefert die Rk. von **VI** mit C_6H_5MgBr eine Verb., in der offensichtlich das *1.1.3.3-Tetraphenylpropanol-(1)* vorliegt. Dieses bildet mit Phenylisocyanat kein Urethan, sondern unter Dehydratisierung *1.1.3.3-Tetraphenylpropen-(1)*. Aus **V** bildet sich mit $Cd(C_6H_5)_2$ *2.2.4-Triphenylbutanon-(4)-nitril-(1)*; daneben entsteht eine Verb. $C_{38}H_{28}N_2O_2$, der die Struktur des *Bis-[p-(2.2-diphenyl-2-cyanäthylcarbonyl)]-benzols* zugeschrieben wird.

Versuche: *α.α-Diphenylbernsteinsäurechlorid-α-nitril* (*β.β-Diphenyl-β-cyanpropionylchlorid*, **V**), $C_{16}H_{12}ClNO$, F. 98—98,5° (Ae.–PAe.), durch 1std. Erhitzen von β.β-Diphenyl-β-cyanpropionsäure mit dem doppelten Vol. $SOCl_2$ auf 60—70° u. Abdest. des $SOCl_2$; 100% (Ausbeute). — 2.2-Diphenylbutanolide-(4 → 1): *4.4-Diphenyl-* (**VII**), $C_{28}H_{22}O_2$, F. 196—198° (A.; Nadeln), a) durch 2std. Kochen von 7 g **I** mit überschüssigem C_6H_5MgBr in Ae., Gießen auf Eis u. HCl u. Aufarbeitung der Ae.-Phase nach Auswaschen mit Na_2CO_3-Lsg.; 5,3 g (daneben nicht umgesetztes **I** durch Ansäuern der Na_2CO_3-Lsg.; 2,5 g); b) analog a) aus 7 g **II** u. C_6H_5MgBr in Bzl.–Ae.; 6 g (daneben **II**; 3,6 g); c) analog a) aus **III**. — *4.4-Diäthyl-* (**VIII**), $C_{20}H_{22}O_2$, F. 83—84° (A.), a) durch 1½std. Kochen von 7 g **I** mit überschüssigem C_2H_5MgBr in Ae. u. Aufarbeitung analog **VII** nach a); 3,2 g; b) analog a) aus 3,5 g **II** u. C_2H_5MgBr; 1,8 g (daneben **II**; 1,5 g); c) analog a) aus 4,2 g **III**; 2 g. — *4.4-Dibenzyl-* (**IX**), $C_{30}H_{26}O_2$, F. 127—128° (A.; Prismen), a) aus 6 g **I** u. $C_6H_5CH_2MgCl$ in Ae.–Bzl. analog **VII** nach a); 2 g; b) analog a) aus 6 g **II**; 5 g; c) analog a) aus 5 g **III**; 3 g. — *4.4-Dimethyl-*, $C_{18}H_{18}O_2$, F. 105° (A.), a) aus **I** u. CH_3MgJ analog **VII** nach a) (daneben **IV** aus der Na_2CO_3-Lsg.; 1 g); b) aus 6,3 g **III**; 2 g. — *3.3-Diphenyl-4.4-dimethylbutanolid-(4 → 1)* (**IV**), $C_{18}H_{18}O_2$, F. 123—125° (A.), a) aus 7 g **II** u. CH_3MgJ analog **VII** nach a); 1 g. — *β.β-Diphenylpropionsäure*, F. 152 bis 154° (W.–A.), durch 1std. Kochen von **IV** mit wss. oder äthanol. KOH u. Ansäuern. — 2.2-Diphenylbutandiole-(1.4): *4.4-Diäthyl-*, $C_{20}H_{26}O_2$, F. 99—100° (A.), durch Zutropfen von 2 g **VIII** in Dioxan zu 0,5 g $LiAlH_4$ in sd. Dioxan, ½std. Kochen, Zugabe von W. u. H_2SO_4 bis zur kongosauren Rk. u. Aufbewahren in der Kälte bis zu Kristallisation des ausgeschiedenen Öls; 2 g. — *4.4-Dibenzyl-*, $C_{30}H_{30}O_2$, F. 168° (A.), analog vorst. Verb. aus 1,5 g **IX**; 1,5 g. — *4.4-Diphenyl-*, $C_{28}H_{26}O_2 \cdot C_2H_5OH$, F. 88—90° (A.), analog vorst. Verb. aus 2,5 g **VII**; 2,6 g. — *1.1.3.3-Tetraphenylpropanol-(1)*, $C_{27}H_{24}O$, F. 135—136° (A.; Ae.–PAe.), durch Zugabe von 14 g **VI** in Bzl. zu überschüssigem C_6H_5MgBr in Ae., 1std. Kochen, Zers., Eindampfen der Ae.–Bzl.-Lsg. u. Kristallisation des öligen Rückstandes (23 g) aus CH_3OH; 7 g. — *1.1.3.3-Tetraphenylpropen-(1)*, $C_{27}H_{22}$, F. 160°, aus vorst. Verb. u. Phenylisocyanat. — *2.2.4-Triphenylbutanon-(4)-nitril-(1)*, $C_{22}H_{17}NO$, F. 140° (A.), durch Zugabe von 8 g **V** in Bzl. zu dem aus C_6H_5MgBr u. $CdCl_2$ bereiteten $(C_6H_5)_2Cd$ in Bzl., 2std. Kochen, Zers. mit W. u. HCl, Eindampfen der mit Na_2CO_3-Lsg. gewaschenen Bzl.-Lsg., Verreiben des Rückstandes mit Ae., Abfiltrieren vom auskristallisierten Nd. u. Zusatz von PAe. zum Filtrat; ca. 1 g; daneben *p-Bis-[3.3-diphenyl-3-cyanpropionyl]-benzol*, $C_{38}H_{28}N_2O_2$, F. 236° (Aceton–A.); 1 g.

G. MARQUARD. 2420

Studien über Herstellung und Konstitution synthetischer Gerbstoffe. 3. Mitt. **Formaldehydkondensationsprodukte von 2-Naphthol mit 2-Naphthol-6-sulfonsäure und 2-Naphthol-3.6-disulfonsäure.** G. Reich und L. Müller. (J. prakt. Chem. [4] **16** (**287**). 196—200. April 1962. Freiberg (Sa.), Dtsch. Lederinst.; dt.) — 2. vgl. C. **1962.** 11171. — Vff. beschreiben die Darst. unsymm. CH_2O-Kondens.-Prodd. von β-Naphthol (**I**) mit Naphthol-(2)-sulfonsäure-(6) (**II**) bzw. -disulfonsäure-(3.6) (**III**) als typ. Bestandteile synthet. Gerbstoffe u. stellen fest, daß diese Verbb. im Gegensatz zu symm. Eigenkondensations-Prodd. von **II** bzw. **III** in wss. Lsg. aggregieren, worauf ihre gegenüber den letzteren gesteigerte Gerbwrkg. zurückgeführt wird. R_F-Werte s. Original.

Versuche: *2.2'-Dihydroxydinaphthyl-(1)-methan-6-sulfonsäure*, *Na-Salz*, durch 6std. Erhitzen einer Suspension des **II**-Na-Salzes, **I** u. CH_2O in W. auf 100°; 15% (Ausbeute). Geht beim Erhitzen in saurer Lsg. in *Dinaphtho-[2'.1':2.3;1''.2'':5.6]-pyran-6'-sulfonsäure* über. *Toluidinsalz*, F. 223°. *Dimethyläther*; 90%. — *2.2'-Dihydroxydinaphthyl-(1)-methan-3.6-disulfonsäure*, *Di-Na-Salz*, analog aus dem **III**-*Di-Na-Salz*; 10%. *p-Toluidinsalz*, F. 191°.

GERHARD MÜLLER/Bitterfeld. 2700□

Polycyclische Verbindungen mit Stickstoff. 3. Mitt. **Die Diels-Alder-Reaktion von Nitroäthylen.** Nathan L. Drake und Charlotte M. Kraebel. (J. org. Chemistry **26.** 41—45. Jan. 1961. College Park, Md., Univ., Dep. of Chem.; engl.) — 2. vgl. C. **1959.** 11552. — Durch DIELS-ALDER-Rk. entsteht aus Nitroäthylen u. Bis-[cyclohexen-(1)-yl-(1)] (**III**) *1.2.3.4.5.6.7.8.9.10.11.14-Dodekahydro-9-nitrophenanthren* (**I**), das durch H_2/Pd in *1.2.3.4.5.6.7.8.9.10.11.14-Dodekahydro-9-aminophenanthren* (**II**) übergeführt werden kann. Die Hydrierung zur entsprechenden Perhydroverb. gelang nicht. **II** wurde mit Chloressigsäure in *N-Carboxymethyl-1.2.3.4.5.6.7.8.9.10.11.14-dodekahydro-9-aminophenanthren* (**IV**) übergeführt, das mit Cu^{2+} ein bas. u. mit Benedictscher Lsg. das normale Kupfersalz gibt. Durch Ozonolyse konnte **I** in *1-Nitro-1.2-bis-[2-ketocyclohexyl]-äthan* übergeführt werden, aus dem durch Nef-Rk. *1-Keto-1.2-bis-[2-ketocyclohexyl]-äthan* entstand. Ebenfalls durch Nef-Rk. erhielten Vff. aus dem Na-Salz von **I** die isomeren Verbb. *1.2.3.4.5.6.7.8.9.10.11.14-Dodekahydro-9-ketophenanthren* u. *1.2.3.4-5.6.7.8.9.10.11.12-Dodekahydro-9-ketophenanthren.* Von allen Verbb. werden die Hauptbanden der IR-Spektren mitgeteilt.

Versuche (FF. korr.): *1.2.3.4.5.6.7.8.9.10.11.14-Dodekahydro-9-nitrophenanthren* (**I**) $C_{14}H_{21}NO_2$, F. 74,0—74,8° (W./A.), durch Zutropfen von Nitroäthylen (aus 2-Nitroäthanol u. Phthalsäureanhydrid) in Essigsäureanhydrid zu **III** unter Rühren u. Einleiten von N_2, wobei die Temp. 120° nicht übersteigen soll, anschließend 24std. Rühren bei Raum-Temp.; 61% (Ausbeute). — *1.2.3.4.5.6.7.8.9.10.11.14-Dodekahydro-9.9.10.10-tetracyanphenanthren* $C_{18}H_{18}N_4$, F. 146,3—148,8° (W./A.), aus **III** u. Tetracyanäthylen in Bzl., 2 Tage bei Raum-Temp.; grüne Färbung, die nach 24 Std. nach Gelb-orange umschlägt. — *1.2.3.4.5.6.7.8.9.10.11.14-Dodekahydro-9-aminophenanthren* (**II**), *Hydrochlorid,* $C_{14}H_{24}ClN$, F. 271,8—272,3 (Zers.), durch 13std. Red. von **I** in 95%ig. A. mit H_2 in Ggw. von 10%ig. Pd-Kohle; 77%. *Benzoyl*-Deriv., $C_{21}H_{27}NO$, F. 218,4—219,2° (W./A.). — *N-Carboxymethyl-1.2.3.4.5.6.7.8.9.10.11.14-dodekahydro-9-aminophenanthren* (**IV**), $C_{16}H_{25}NO_2$, durch 18std. Erhitzen auf dem Wasserbad von **II**, Chloressigsäure u. NaOH in W.; 49%. *Na-Salz,* F. 225,7—226,5° (Zers.). *Bas. Kupfersalz* $C_{16}H_{27}CuNO_4$, F. 186,7—187,7°, aus 0,25 g **IV** in 10 ml 0,1 n NaOH u. 0,25 g $CuSO_4 \cdot 5\,H_2O$ in 5 ml H_2O; blau; nach mehrstd. Stehen auf dem Wasserbad in NH_4OH-Lsg. blau-grau, Zers. bei 187,0—195,0°, nach Trocknung im Vakuum Zers. bei 190—200° grau. *Normales Kupfersalz,* $C_{32}H_{48}CuN_2O_4$, F. 180—181° (Zers.), aus 0,25 g **IV** in 5 ml 0,24 n NaOH u. 5 ml Benedictscher Lsg.; blau-grün. — *1-Nitro-1.2-bis-[2-ketocyclohexyl]-äthan,* $C_{14}H_{21}NO_4$, F. 107,5—108,1° (W./Aceton), durch Ozonisierung von **I** in Äthylacetat unter Kühlung (Eis-Kochsalz); 89%. *Bis-phenylhydrazon,* $C_{26}H_{33}N_5O_2$, F. 151,8—154,8°. *Bis-2.4-dinitrophenylhydrazon,* $C_{26}H_{29}N_9O_{10}$, F. 117,5—119,5°, orange-rot. — *1-Keto-1.2-bis-[2-ketocyclohexyl]-äthan,* durch Zugabe von $NaOC_2H_5$ in A. zur gekühlten Suspension vorst. Verb. in abs. A. unter N_2 u. Rühren während 30 Min., 1std. Rühren der gelben Lsg., Zugabe zu verd. HCl in A. unter Kühlung, 1std. Rühren, Verdünnen mit W. u. Ae.-Extraktion; gelbes, nicht kristallisierbares Öl. — *1.2.3.4.5.6.7.8.9.10.11.14-Dodekahydro-9-ketophenanthren,* analog vorst. Verb. aus **I**; λ_{max} 265—290 mμ (ε = 147). *2.4-Dinitrophenylhydrazon,* $C_{20}H_{24}N_4O_4$, F. 158,0—158,6° (Äthylacetat, A.), gelb. — *1.2.3.4-5.6.7.8.9.10.11.12-Dodekahydro-9-ketophenanthren,* durch Eintragen einer gekühlten Lsg. von **I** u. NaOH in A. in kalte HCl (1 : 6), 1½std. Rühren unter Kühlung, Erwärmenlassen über Nacht auf Raum-Temp. u. Ae.-Extraktion; braunes Öl; λ_{max} 235 u. 280 mμ (ε = 3880 u. 940). *2.4-Dinitrophenylhydrazon,* $C_{20}H_{24}N_4O_4$, F. 233,5—234,1° (Äthylacetat/A; 1 : 1); rot. U. Uhlich. 2850□

Die Struktur der Gibberellsäure. B. E. Cross, John Frederick Grove, J. MacMillan, T. P. C. Mulholland und N. Sheppard. (Proc. chem. Soc. [London] **1958.** 221—22. Aug. Cambridge, Univ., Chem. Labor.; engl.) — Vgl. C. **1958.** 999. — Für die *Gibberellsäure* (**I**, $C_{19}H_{22}O_6$) wird nebenst. Struktur angegeben. *α-Dihydrogibberellsäure* (**II**) besitzt einen gesätt. Ring A. Zur Aufklärung der Struktur werden folgende Rkk. durchgeführt: Der *Dimethylester* (**III**, $C_{21}H_{28}O_7$, F. 138—139°, nach Öffnen des Lactonringes in **I**) aus der amorphen *Säure $C_{19}H_{24}O_7 \cdot H_2O$* (**IV**) wird durch HJO_4 zu einer *Verb. $C_{21}H_{26}O_7$*, F. 138 bis 139°, u. diese durch MnO_2 in Chlf. zu einem *Ketol* [**V**, $C_{21}H_{26}O_7 H_2O$, F. 105—120° (Zers.)] oxydiert. Red. von **V** ergibt **III**.

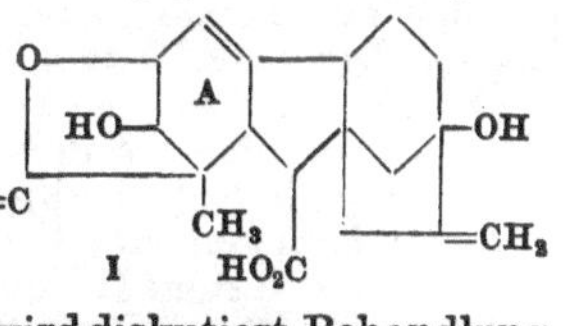

I

Das kernmagnet. Resonanzspektrum des **I**-*Methylesters* (**VI**) wird diskutiert. Behandlung von **II**-Methylester (**VIII**, F. 235°, $[\alpha]_D$ +46°) mit Säuren führt zu einer *Ketosäure* (**VII**), die mit CrO_3/H_2SO_4 in Aceton zu einer *Diketosäure $C_{19}H_{22}O_6$* [F. 281—283° (Zers.)] oxydiert werden kann; deren Dehydrierung mit Se liefert *2-Hydroxy-1.7-dimethylfluoren.* **VIII** wird durch 0,01 n NaOH in ein *Epimeres* (F. 193°, $[\alpha]_D$ +84°) übergeführt, das mit Säuren einen *Ketoester $C_{20}H_{28}O_6$* (F. 238°) ergibt, der mit **VII**-Methylester epimer ist. Beide Ester gehen bei der Oxydation in den gleichen *Diketoester $C_{20}H_{24}O_6$* (F. 219°) über. Ebenso wird **VI** durch Alkali in ein *Epimeres* (F. 174°, $[\alpha]_D$ +122°) umgewandelt, das auch aus **IV** durch Relactonisierung u. Methylierung entsteht. Red. von **VI** mit $LiAlH_4$ ergibt einen *cycl. Äther $C_{19}H_{26}O_4$*, der gegen Perjodat beständig ist. Red. von **VIII** liefert eine *Verb. $C_{19}H_{30}O_5$*, die eine Äthylenbindung enthält; sie ist ebenfalls gegen Perjodat stabil. Die Beständigkeit erklärt sich aus der trans-Stellung der O-Funktionen im Ring A von **VIII**; Red. führt zu einem diaxialen *trans-1.2-Diol.* Wolfgang Werner. 2950□

Über den Bau des Benzocycloheptens. J. Suszko und W. Hahn. (Bull. Acad. polon. Sci., Sér. Sci. chim., géol. géogr. **7.** 279—83. 1959. Poznań, A.-Mickiewicz-Univ., Labor. für organ. Chem.; dt.) — Zur Unters. der stereochem. Eigg. von Cycloheptan-Derivv. wurde *1.2-Benzocyclohepten-4.6-dicarbonsäure* (I; *cis-Form,* F. 270—272°. *trans-Form,* F. 197—198°) dargestellt. Durch Kondens. von Phthalsäurediäthylester u. Glutarsäurediäthylester nach DIECKMANN [1899] gelangt man zum *3.7-Dioxo-1.2-benzocyclohepten-4.6-dicarbonsäurediäthylester,* der durch 2%ig. Na-Amalgam in A./Essigester bei Zimmer-Temp. zum *3.7-Dihydroxy-1.2-benzocyclohepten-4.6-dicarbonsäurediäthylester* (II, F. 160—161°) red. wird. Unter dem Einfl. von P_4O_{10} in trocknem Bzl. wird II dehydratisiert u. gibt *1.2-Benzocycloheptatrien-(1.3.6)-dicarbonsäure-(4.6)-diäthylester* (III, F. 59—60°. *Freie Säure,* F. 340—341°). Aus III wurde durch katalyt. Hydrierung mit RANEY-Ni I erhalten, die durch mehrfache Kristallisation aus A. in *cis-* u. *trans-*I aufgespalten wurde. cis-I bildet leicht das *Anhydrid* (F. 168—169°), das auch durch Kochen von trans-I mit Essigsäureanhydrid erhalten wird. trans-I konnte mit Chinin in die reine *rechtsdrehende Form* (F. 208—210°; $[\alpha]_D^{16}$ +49,1°) u. die weniger reine *linksdrehende Form* (F. 207—209°; $[\alpha]_D^{14}$ —46,7°) übergeführt werden. Während cis-I äußerst stabil ist u. erst durch Erhitzen auf 240—250° bzw. Aufkochen der Chinolin-Lsg. in *trans-*I umgelagert werden konnte, ist trans-I sehr labil u. geht leicht in cis-I über. Aus den Eigg. der stereomeren I schließen Vff., daß cis-I die äquatoriale Konformation aufweist, die bei der Anhydrid-Bldg. eine axiale Konformation annimmt. Für trans-I wird eine gemischte Konformation angenommen, woraus sich die geringere Stabilität ergibt. W. HAMPEL. 2950□

Bis-[anthracen-9.10-dimethylen] (Tetrabenzo-[2.2]-paracyclophan). J. H. Golden. (J. chem. Soc. [London] **1961.** 3741—48. Sept. Waltham Abbey, Essex, Min. of Aviat., Explos. Res. and Dev. Establ., Materials Res. Labor.; engl.) — Die von TARDIEU (vgl. C. **1960.** 13677) als $(C_{16}H_{12})_n$ formulierte polymere Verb. sowie die von RIO (vgl. C. **1956.** 14341) aus 9.10-Bis-[chlormethyl]-anthracen (II) u. NaJ in Aceton erhaltene gelbe, amorphe Verb. wurde als *Bis-[anthracen-9.10-dimethylen]* (I; *9.9';10.10'-Diäthylendianthracen*) identifiziert. Zum Strukturbeweis wurde I mit CrO_3 in Essigsäure behandelt. Milde Oxydation ergab *1.2-Bis-[9-hydroxy-10-oxo-9.10-dihydroanthryl-(9)]-äthan,* das sich mit H_2SO_4/Essigsäure zu *1.2-Bis-[10-oxo-9.10-dihydroanthryliden-(9)]-äthan* dehydratisieren läßt, starke Oxydation gibt *Anthrachinon* (V). Durch Erhitzen des kristallinen I über 100° entsteht eine gelbe, amorphe *polymere Verb.* der Zus. $(C_{16}H_{12})_n$ unter starker Wärme-Entw. (Δ H = 47,1 ± 5 kcal/Mol). Durch Einw. von Sonnenlicht auf I (monoklin, Raumgruppe P 2_1/c) entsteht ein farbloses *Photoisomeres* (IV; monoklin, P 2_1/a), dessen IR-Spektrum dem des „Paraanthracens" sehr ähnlich ist. IV geht beim Stehen im Dunkeln oder beim Erhitzen in eine polymorphe Form (β-I) von I über. Die Gitterparameter von α- u. β-I sowie von IV sind angegeben. Verss. zur Dimerisierung von 2.6-Bis-[brommethyl]-naphthalin (VII) waren erfolglos. Hierbei entstehen nur *polymere Verbindungen.* Die IR-Spektren der Verbb. werden diskutiert.

Versuche: *9.10-Bis-[chlormethyl]-anthracen* (II), F. 255—260° (Zers.), nach MILLER u. Mitarbeitern (C. **1955.** 8840); aus Toluol gelbe Nadeln; 44% (Ausbeute). — *9.10-Bis-[brommethyl]-anthracen* (III), $C_{16}H_{12}Br_2$, Zers. >300°, durch Kochen von II u. NaBr in Aceton; aus Toluol gelbe Nadeln; 82%. — *9.9';10.10'-Diäthylendianthracen* (*Tetrabenzo-[2.2]-paracyclophan*) (I), $C_{32}H_{24}$, *α-Form,* a) durch Kochen von II mit NaJ in Aceton; aus Chlf. orangefarbene Platten; 63%; b) analog a) aus III; 40%; *Pikrat,* $C_{38}H_{27}\cdot N_3O_7$, F. >360°. — *Polymeres* I, $[C_{16}H_{12}]_n$, F. >360° (Zers.), a) durch 3std. Erhitzen von 156 mg I in Naphthalin im Rohr auf 150°; citronengelbes, amorphes Pulver; 153 mg; b) durch Erhitzen von I in Nitrobenzol, Anilin oder Xylol auf 180—185°; c) durch Erhitzen von festem I. — *Polymere Verb.,* $[C_{16}H_{12}]_{31}Cl_2$ (VI), Zers. >360°, durch 2std. Kochen von 27,5 g II u. Phenyl-Li in Ae./Toluol unter N_2, Filtrieren, Eindampfen, Zers. mit W., Ansäuern u. 8std. Kochen des Nd. mit Dioxan/konz. HCl (3 : 1); gelbes Pulver; 6,4 g. — *Photoisomeres* (IV), $C_{32}H_{24}$, durch Einw. von Sonnenlicht auf α- oder β-I. — *1.2-Bis-[9-hydroxy-10-oxo-9.10-dihydroanthryl-(9)]-äthan,* $C_{30}H_{22}O_4$, F. 288°, durch Zugabe von CrO_3 in Essigsäure zu α-I in sd. Essigsäure, 5 Min. langes Kochen u. Verdünnen mit W.; aus Bzl. Stäbchen; 82%; daneben durch Sublimation bei 200°/10^{-6} Torr 0,2 g V. — *Anthrachinon* (V), $C_{14}H_8O_2$, F. 284°, analog vorst. Verb. durch 12std. Kochen; 90%. — *1.2-Bis-[10-oxo-9.10-dihydroanthryliden-(9)]-äthan,* $C_{30}H_{18}O_2$, F. 287—288°, durch 10 Min. langes Kochen von α-I mit Essigsäure/H_2SO_4; aus Essigsäure orangefarbene Rhomben; 70%. — *Verb.* $C_{24}H_{16}O_6$, F. 365° (Zers.), durch 16std. Kochen von 1 g α-I mit Maleinsäureanhydrid in Bzl.; aus Bzl. cremefarbene Nadeln; 1,15 g. — *2.6-Bis-[brommethyl]-naphthalin* (VII), F. 182—183°, durch 40 Min. langes Kochen von 2.6-Dimethylnaphthalin mit N-Bromsuccinimid in Bzl. in Ggw.

von wenig Dibenzoylperoxid; aus Toluol Stäbchen; 49%. — *2.6-Bis-[jodmethyl]-naphthalin*, $C_{12}H_{10}J_2$, Zers. bei 109°, durch 3std. Kochen von **VII** mit NaJ in Aceton; aus PAe./Chlf. hellgelbe Nadeln; 85%. — *Polymere Verb.*, $(C_{12}H_{10})_{81}Br_2$, aus **VII** analog **VI**; 85%. W. Hampel. 2950 □

Synthesen mit Enaminen. 8. Mitt. **Heterocyclen aus Enamin-Isothiocyanat-Addukten.** Siegfried Hünig und Klaus Hübner. (Chem. Ber. **95**. 937—43. 19/4. 1962. Marburg/Lahn, Univ., Chem. Inst.; dt.) — 7. vgl. C. **1962**. 14483. — Die Addukte aus Enaminen u. Isothiocyanaten sowie deren Hydrolyse-Prodd., die *β-Carbonylthiocarbonsäureamide* sind vorzügliche Ausgangsstoffe für den Aufbau von Heterocyclen. Es lassen sich damit substituierte Aminogruppen in sonst schwer zugängliche Stellungen einführen, wie Beispiele aus der Pyrazol- u. Pyrimidinreihe zeigen. In einem Ausnahmefall entsteht an Stelle des üblichen Addukts ein Deriv. des bisher unbekannten 3-Aza-thiopyrons-(4).

Versuche (FF. korr.): *2-Phenyl-5.6.7.8-tetrahydro-1.3-benzoxazinthion-(4)*, $C_{14}H_{13}$·NOS, F. 198—199°, durch $^3/_4$std. Zutropfen von 1-Morpholinocyclohexen-(1) in Chlf. zu Benzoylisothiocyanat in Chlf. unter Kühlung mit Eiswasser, 1std. Stehen, ½std. Kochen u. mehrstd. Stehen im Kühlschrank; aus Dimethylformamid (DMF) orangefarbene Nadeln; 40—45% (Ausbeute); daneben *N-Benzoyl-N-[morpholinothiocarbonyl]-amin*, F. 144—145°. — *4-Methylmercapto-2-phenyl-5.6-tetramethylen-3-azapyrylium-jodid* (I), $C_{15}H_{16}$JNOS, allmähliche Zers. oberhalb 150°, durch Zutropfen von CH_3J in Aceton zu vorst. Verb. in sd. Aceton u. ½std. Kochen; aus Eisessig, Acetonitril oder Nitromethan tiefrote Nadeln; 94%; zersetzt sich an feuchter Luft u. spaltet *Methylmercaptan* ab. — *Cyclohexanon-(2)-carbonsäurebenzoylamid*, $C_{14}H_{15}NO_3$, F. 150—151,5°, durch 5 Min. langes Zutropfen von 2n HCl zu I in sd. A. u. 10 Min. langes Kochen unter Durchleiten von Luft; aus Methanol/W. Nadeln; 76%. — *4-Hydroxy-2-phenyl-5.6-tetramethylenpyrimidin*, $C_{14}H_{14}N_2O$, F. 238—239°, durch ½std. Kochen vorst. Verb. mit konz. NH_4OH in A.; aus DMF/W. Nadeln; 59%. — *4-Methylmercapto-2-phenyl-5.6-tetramethylenpyrimidin*, $C_{15}H_{16}N_2S$, F. 118—119° (DMF/W.), durch 5 Min. langes Zutropfen von konz. NH_4OH zu I in sd. Methanol, ½std. Kochen, Versetzen mit W. bis zur Trübung u. mehrstd. Stehen im Kühlschrank; 71%. — *3-Anilino-4-äthylpyrazol*, $C_{11}H_{13}N_3$, F. 113°, durch 2std. Kochen von α-Äthyl-β-pyrrolidinothioacrylsäureanilid u. 90%ig. $N_2H_4 \cdot H_2O$ in A., Versetzen mit W.; aus Bzl./Ligroin rhomb. Kristalle; 85%. — *3-Anilino-5-phenylpyrazol*, $C_{15}H_{13}N_3$, F. 152,5—153,5°, durch 1½std. Kochen von β-Morpholinothiozimtsäureanilid (II) u. 90%ig. $N_2H_4 \cdot H_2O$ in A., Filtrieren, Versetzen mit W.; aus A./W. sechseckige Platten; 73%. *Hydrochlorid*, F. 167—168°. — *1.5-Diphenyl-3-anilinopyrazol*, $C_{21}H_{17}N_3$, F. 154,5—155,5° (wss. Methanol), a) durch 1½std. Kochen von Benzoylthioessigsäureanilid u. Phenylhydrazin in A.; Prismen; 77%; b) analog a) aus **II**; 79%. — *3-Anilino-4.5-tetramethylenpyrazol*, $C_{13}H_{15}N_3$, F. 169 bis 170°, a) durch $2^1/_4$std. Kochen von 2-Morpholinocyclohexen-(1)-thiocarbonsäureanilid u. 90%ig. $N_2H_4 \cdot H_2O$ in A.; aus Toluol Nadeln; 69,5%; b) analog a) aus Cyclohexanon-(2)-thiocarbonsäureanilid u. $N_2H_4 \cdot H_2O$ in A.; 65%. — *3-Anilino-4.5-trimethylenpyrazol*, $C_{12}H_{13}N_3$, F. 163—164° (Toluol), a) analog vorst. Verb. nach a) aus 2-Morpholinocyclopenten-(1)-thiocarbonsäureanilid u. 90%ig. $N_2H_4 \cdot H_2O$ in A., nach 2 Std. Filtrieren, Versetzen mit W. u. mehrstd. Stehen im Kühlschrank; 69%; b) analog a) aus Cyclopentanon-(2)-thiocarbonsäureanilid; 76%. — *3-Benzamido-5-phenylpyrazol*, F. 189 bis 191° (Methanol), durch 1std. Kochen von β-Morpholinothiozimtsäurebenzoylamid u. 90%ig. $N_2H_4 \cdot H_2O$ in A. u. Versetzen mit W. bis zur Trübung; 69%. — *4-Anilino-2-phenyl-5.6-tetramethylenpyrimidin*, $C_{20}H_{19}N_3$, F. 150,5—151,5° (Ligroin), a) durch 3std. Kochen von 2-Morpholinocyclohexen-(1)-thiocarbonsäureanilid u. Benzamidinhydrochlorid in A.; 49%; b) analog a) aus Cyclohexanon-(2)-thiocarbonsäureanilid in Ggw. von etwas Na-Äthylat; 45%. P. Golinske. 3000 □

Reaktionen von Ketenen. 3. Mitt. **Die Einwirkung von Phenylisocyanat auf Phenylketendimethylacetal und Ketendiäthylacetal.** Rachele Scarpati. (Rend. Accad. Sci. fisiche mat., Napoli [4] **25** (**97**). 223—29. 1958, herausgeg. Febr. 1959. Napoli, Univ., Ist. di Chim. Organ.; ital.) — 2. vgl. C. **1960**. 13682. — Phenylketendimethylacetal gibt mit Phenylisocyanat (**I**) bei ca. 90° ein *1 : 1-Addukt* (**II**), das durch Kochen in feuchtem Bzl. in das *Methylesteranilid* (**III a**) der *Phenylmalonsäure* (**III**) u. mit kalter konz. HCl in **III**-*Monoanilid* (**III b**) übergeführt wird. Bei der Hydrierung an Raney-Ni nimmt **II** ein Mol H_2 auf unter Bldg. von *α-Formylphenylacetaniliddimethylacetal* (**IV**), das mit konz. HCl zu *2-Hydroxy-3-phenylchinolin*, mit Phenylhydrazinhydrochlorid zu *1.4-Diphenylpyrazolon-(5)* cyclisiert wird. Für **II** wird die Konstit. als *1.3-Diphenyl-2-oxo-4.4-dimethoxy-azetidin* oder die offene Struktur als *Anilid des Carboxyphenylketendimethylacetals* in Betracht gezogen. Mit Ketendiäthylacetal reagiert **I** unter Bldg. von *1.3-Diphenyl-*

6.6-diäthoxy-2.4-dioxohexahydropyrimidin, dessen Konstit. durch Hydrolyse zu *1.3-Diphenylbarbitursäure* (**V**) festgestellt wird. — UV-Spektrum von **V** s. Original.

Versuche: *1.3-Diphenyl-2-oxo-4.4-dimethoxyazetidin* (II), $C_{17}H_{17}NO_3$, F. 133—138°, durch 3std. Erhitzen von je 1 Mol Phenylketendimethylacetal u. I auf 85—95° u. mehrstd. Stehen bei Raum-Temp.; aus abs. Bzl. Nadeln; 75% (Ausbeute). — *Phenylmalonsäure* (III), *Monoanilid* (IIIb), $C_{15}H_{13}NO_3$, F. 120—122° (Zers.), a) durch 2—3tägiges Stehen von 2 g II mit konz. HCl; 0,5 g; b) analog a) aus III**a**; aus Äthylacetat/Bzn. Nadeln. *Methylesteranilid* (III**a**), F. 109°, a) durch 5std. Kochen von II mit feuchtem Bzl., Dioxan oder CH_3OH; 100%; b) aus III**b** u. CH_2N_2. — *Phenylessigsäure*, neben CO_2 u. *Anilin* durch Erhitzen von II mit konz. HCl oder 50%ig. H_2SO_4 auf dem Wasserbad. *Anilid*, durch ¹/₄std. Erhitzen von III**b** auf 120—130°. — *α-Formylphenylacetaniliddimethylacetal* (IV), $C_{17}H_{19}NO_3$, F. 157—160°, aus II u. H_2 an RANEY-Ni in abs. CH_3OH bei Raum-Temp. u. Normaldruck; aus CCl_4 Nadeln; 80%. — *2-Hydroxy-3-phenylchinolin*, F. 227—228°, aus IV u. konz. HCl bei Raum-Temp.; 100%. — *1.4-Diphenylpyrazolon-(5)*, F. 194—195°, durch längeres Kochen von IV u. Phenylhydrazinhydrochlorid in verd. Alkohol. — *1.3-Diphenyl-6.6-diäthoxy-2.4-dioxohexahydropyrimidin*, $C_{20}H_{22}N_2O_4$, F. 147—149°, wie II aus 2 Mol I u. 1 Mol Ketendiäthylacetal; aus Bzl. Nadeln; 60%. — *1.3-Diphenylbarbitursäure* (V), F. 237—238°, a) aus vorst. Verb. u. 15%ig. HCl bei Raum-Temp. (24 Std.); 90%; b) aus N.N'-Diphenylharnstoff u. Malonsäure. F. HELLER. 3040 □

Über die Sulfurierung von Thionaphthen und Methylthionaphthenen. M. Pailer und Elfriede Romberger. (Mh. Chem. **92.** 677—83. 19/7. 1961. Wien, Univ., Organ.-chem. Inst.; dt.) — Die Sulfonierung von Thionaphthen, 2-, 3-, 5-Methyl- u. 2.3-Dimethylthionaphthen mit H_2SO_4/Acetanhydrid bei 5—20° ergibt neben den *Sulfonsäuren* (**A**) die entsprechenden *Acetylderivate* (**B**). Während die **B** durch Extraktion mit Ae. abgetrennt u. durch Dest. gereinigt werden, erfolgt die Abscheidung der **A** als *K-Salze*, aus denen die *Sulfochloride* gewonnen werden. Zur Identifizierung der **A** werden die *Amide* u. *Anilide* dargestellt. Aus den Ca-Salzen der **A** wird durch Erhitzen mit 85%ig. H_3PO_4 auf 160° das entsprechende Thionaphthen zurückgewonnen.

Versuche: Thionaphthene: *3-Acetyl-*, $C_{10}H_8OS$, F. 64—64,5° (PAe.), $Kp._7$ 156 bis 162°; 10% (Ausbeute). — *2-Methyl-3-acetyl-*, $C_{11}H_{10}OS$, F. 71—72° (PAe.), $Kp._{10}$ 145 bis 160°. — *3-Methyl-2-acetyl-*, $C_{11}H_{10}OS$, F. 77—78°, $Kp._{14}$ 164—170°. — *5-Methyl-3*(oder *2*)*-acetyl-*, $C_{11}H_{10}OS$, F. 109—111°, $Kp._9$ 155—170°. — *Thionaphthen-3*(oder *2*)*-sulfonsäure* (I), *Chlorid*, F. 88—90°, $Kp._{0,05}$ 110°; 84%. *Amid*, F. 159—161°, $Kp._{0,001}$ 135 bis 145°; 78%. *Anilid*, F. 130—132°, $Kp._{0,01}$ 160—165°; 80%. — *2-Methylthionaphthen-3-sulfonsäure, Chlorid*, F. 117—118°, $Kp._{0,05}$ 95—105°; 75%. *Amid*, F. 149—151°, $Kp._{0,1}$ 160—165°; 88%. *Anilid*, F. 158—160°, $Kp._{0,1}$ 192—197°; 80%. — *3-Methylthionaphthen-2-sulfonsäure, Chlorid*, F. 137—139°, $Kp._{0,01}$ 140°; 82%. *Amid*, F. 202—204°, $Kp._{0,07}$ 150 bis 165°; 86%. *Anilid*, F. 153—155°, $Kp._{0,07}$ 165—175°; 75%. — *5-Methylthionaphthen-3*(oder *2*)*-sulfonsäure, Chlorid*, F. 96—97°, $Kp._{0,05}$ 110—120°; 79%. *Amid*, F. 173—175°, $Kp._{0,04}$ 130—140°; 99%. *Anilid*, F. 158—160°, $Kp._{0,05}$ 175—180°; 96%. — *2.3-Dimethylthionaphthen-5*(oder *6*)*-sulfonsäure, Chlorid*, F. 130—132°, $Kp._{0,05}$ 125°; 85%. *Amid*, F. 228—230°, $Kp._{0,1}$ 170—180°; 71%. *Anilid*, F. 169—171°, $Kp._{0,1}$ 194—200°; 70%. — Thionaphthene: *Unsubstituiert*, a) durch Erhitzen des I-K-Salzes mit 85%ig. H_3PO_4 auf 160°; 94%; b) aus dem Ca-Salz; 93%. — *2-Methyl-*; 80%. — *5-Methyl-*; 86%. — *3-Methyl-*; 89%. — *2.3-Dimethyl-*; 66%. W. HAMPEL. 3071 □

Untersuchungen auf dem Gebiet der thioindigoiden Farbstoffe. 5. Mitt. **Einwirkung von Methylgruppen und Halogen auf die Farbe von Thioindigo.** N. Ss. Dokunichin und Ju. Je. Gerassimenko. (Журнал Общей Химии [J. allg. Chem.] **30 (92).** 1987—89. Juni 1960. Moskau, Woroschilow-Forschungsinst. für organ. Zwischenprodd. u. Farbstoffe; russ.) — 4. vgl. C. **1962.** 8239. — Es wird die Synth. von *7.7'-Dijodthioindigo* beschrieben. Die Absorptionsmaxima (AM) von *5.5'-Dimethyl-*, *5.5'-Dichlor-*, *5.5'-Dibrom-*, *5.5'-Dijod-*, *7.7'-Dimethyl-*, *7.7'-Dichlor-*, *7.7'-Dibrom-* u. *7.7'-Dijodthioindigo* sowie von *Thioindigo* werden in Bzl. bestimmt. Die Einführung von Methyl u. Halogen bedingt in allen Fällen eine Verschiebung des AM nach größeren Wellenlängen. Dabei vertieft die Methylgruppe in 5-Stellung die Farbe schwächer, in 7-Stellung stärker als die Halogene.

Versuche: *S-[o-Jodphenyl]-thioglykolsäure*, $C_8H_7JO_2S$, F. 96—102° (Bzl.), man löst 4,38 g o-Jodanilin in der Siedehitze in 7,5 ml konz. HCl u. 25 ml W., diazotiert mit 5,5 ml 4m $NaNO_2$ u. gießt die Diazonium-Lsg. langsam in die auf 70° erhitzte Lsg. von 3,8 g Kaliumäthylxanthogenat u. 7,5 g Soda in 25 ml W.; das Öl extrahiert man mit Ae., dampft ein, kocht den Rückstand 3 Std. mit 3 g NaOH in 25 ml A., versetzt mit 4,5 g Chloressigsäure in 15 ml W. u. kocht 10 Min.; 79,5% (Ausbeute). — *7-Jod-3-hydroxy-*

thionaphthen, C_8H_5JOS, F. 151—152,5° (Bzl.–n-Hexan), man erhitzt 3,0 g vorst. Verb., 20 ml Chlorbenzol u. 1,0 ml PCl_3 ½ Std. auf 70°, gibt bei 20° 2 g $AlCl_3$ zu u. läßt 4½ Std. lang stehen; gelb; 37,5%. — *7.7'-Dijodthioindigo*, $C_{16}H_6J_2O_2S_2$, man löst 0,5 g vorst. Verb. in 30 ml 1%ig. NaOH, gibt 1,5 g K-Ferricyanid zu u. erhitzt zum Sieden; aus Nitrobenzol rote Nadeln; 70%. HELMUT SCHÄFER. 3071 □

Über einen neuen Umlagerungstyp beim Ringschluß. Salo Gronowitz und Pinchas Moses. (Acta chem. scand. **16.** 155—58. 1962. Uppsala, Univ., Chem. Inst.; engl.) — Die Cyclisierung von [Thienyl-(3)-mercapto]-essigsäure mit konz. H_2SO_4 liefert in geringer Ausbeute (maximal 14%) als einziges Keton *3-Keto-2.3-dihydrothieno-[3.2:b]-thiophen* (I) (vgl. CHALLENGER u. HOLMES, C. **1954.** 7642); Cyclisierung der Säure mit Polyphosphorsäure oder HF oder des Säurechlorids mit $SnCl_4$ gelang nicht. Die isomere [Thienyl-(2)-mercapto]-essigsäure liefert unter den gleichen Bedingungen in einer Ausbeute von 9—11% ein Gemisch aus I u. einem unbekannten *Keton* $C_{10}H_8O_2S_3$ (II) im Verhältnis 9 : 1; die Umlagerung, die hier bevorzugt I entstehen läßt, wird auf die im Vgl. zur β-Stellung weit höhere Reaktivität der α-Stellung im Thiophen gegenüber einer elektrophilen Substitution (Carbonyl-C) zurückgeführt.

Versuche: *[Thienyl-(2)-mercapto]-essigsäure*, $C_6H_6O_2S_2$, F. 47—48° (Ae./PAe.), durch Zutropfen von 1400 ml 1,35n n-Butyl-Li unter Rühren zu 190 g Thiophen in 250 ml abs. Ae. im 4-Hals-App. (N_2-Atmosphäre), 2std. Kochen, Kühlen auf —70°, Zugeben von 57,6 g S, 1std. Rühren bei —70°, Gießen in W., Abtrennen der wss. Schicht, Eingießen in eine neutrale Lsg. von 170 g Chloressigsäure u. 124 g K_2CO_3, Stehen über Nacht, Ansäuern der wss. Schicht mit verd. HCl unter Kühlung, Aufnehmen des Öls in Ae., Behandeln mit Na_2SO_4 u. mit A-Kohle, Eindampfen, Kühlen mit Eis/NaCl u. Digerieren des Kristallkuchens mit Ae./PAe. (1 : 9); 80% (Ausbeute). — *3-Keto-2.3-dihydro-thieno-[3.2:b]-thiophen* (I), F. 96,5—97,5° (A.), durch Zugeben von 1 Gew.-Teil vorst. Verb. unter Rühren bei 100° zu 10 Vol.-Teilen konz. H_2SO_4, ¾std. Rühren, Kühlen, Gießen auf Eis, Extrahieren mit $CHCl_3$, Trocknen, Eindampfen im Vakuum unter N_2, Kühlen u. fraktionierte Kristallisation des Rückstandes (9—11%) aus A.; 1,1 g aus 7,5 g Gemisch; daneben 0,1 g des *Ketons* $C_{10}H_8O_2S_3$ (II), F. 111—112,5° (A.). Nach dem IR-Spektrum enthält das Gemisch I u. II im Verhältnis 9 : 1. Ohne Rühren erhält man das Gemisch in einer Ausbeute von 3—6% u. einem I/II-Verhältnis von 1 : 2.

G. FISCHER. 3071 □

Pyrrolderivate. 9. Mitt. Reaktion von Glykosylaminen mit β-Dicarbonylverbindungen. A. Gómez Sánchez und J. Gasch Gómez. (An. Real Soc. españ. Física Quím., Ser. B **54.** 753—60. Dez. 1958. Sevilla, Univ., Inst. de Quím. „Alonso Barba", Labor. de Quím. Organ.; span.) — 8. vgl. An. Real Soc. españ. Física Quím., Ser. B **54.** [1958.] 519. — D-Glucosylamin (I) reagiert mit Acetessigessigsäureäthylester (II) in Ggw. katalyt. Mengen Piperidin unter Bldg. von *2-Methyl-4-[D-arabo-tetrahydroxy-butyl]-pyrrol-3-carbonsäureäthylester*; die gleiche Verb. wird auch aus D-Mannosylamin (III) u. II gebildet, da der Konfigurationsunterschied am $C_{(2)}$ bei der Bldg. des Pyrrolkerns verschwindet. Mit Acetylaceton (IV) gibt I *2-Methyl-3-acetyl-4-[D-arabo-tetrahydroxy-butyl]-pyrrol*, das ebenfalls aus III u. IV zugänglich ist. Aus D-Fructosylamin (V) u. II bildet sich *2-Methyl-5-[D-arabo-tetrahydroxybutyl]-pyrrol-3-carbonsäureäthylester.* Es wird angenommen, daß die Rk. zunächst über eine AMADORI-Umlagerung der Glykosylamine zu *1-Amino-1-desoxyketosen* (im Falle von V zur *2-Amino-2-desoxyaldose*) verläuft, worauf eine KNORR-Kondens. mit der β-Dicarbonyl-Verb. erfolgt. Diese Annahme wird dadurch gestützt, daß bei der Rk. von N-Aryl-D-glucosylaminen (VI) mit II neben den *1-Aryl-2-methyl-4-[D-arabo-tetrahydroxybutyl]-pyrrol-3-carbonsäureäthylestern* auch in geringer Menge die *1-Arylamino-1-desoxyfructosen* isoliert werden; offenbar wirkt II bei der Umlagerung der VI katalysierend.

Versuche: *2-Methyl-4-[D-arabo-tetrahydroxybutyl]-pyrrol-3-carbonsäureäthylester*, $C_{12}H_{19}NO_6$, F. 139—140°, aus Essigester–A. Nadeln, a) durch 15std. Stehen von I mit II (1 : 4 Mol) in Methanol in Ggw. einiger Tropfen Piperidin; b) durch 28std. Kochen von 6 g I mit 18 ml II u. wenig Piperidin in Methanol, Verdünnen mit W., Einengen u. Ausziehen mit Essigester; 0,4 g (Ausbeute); c) durch 48std. Erhitzen von III (aus D-Mannose durch 20std. Einleiten von NH_3 in die Lsg. in abs. A.) u. II in Methanol in Ggw. von Piperidin auf 75—80°. — *2-Methyl-3-acetyl-4-[D-arabo-tetrahydroxybutyl]-pyrrol* (identifiziert durch Papierchromatographie), analog vorst. Verb. nach b) aus I u. IV sowie aus III u. IV. — *2-Methyl-5-[D-arabo-tetrahydroxybutyl]-pyrrol-3-carbonsäure-äthylester*, $C_{12}H_{19}NO_6$, F. 145—146°, durch 30std. Kochen von 5,4 g V u. 15,6 ml II in Methanol in Ggw. von Piperidin; aus W. Nadeln; 0,15 g. — *2-Methyl-3-acetyl-5-[D-arabo-tetrahydroxybutyl]-pyrrol*, $C_{11}H_{17}NO_5$, F. 105—107°, durch 24std. Kochen von 3,3 g V mit 6 ml IV in Methanol in Ggw. von Piperidin; 0,31 g. — 1-Aryl-2-methyl-

4-[D-arabo-tetrahydroxybutyl]-pyrrol-3-carbonsäureäthylester, durch 2std. Erhitzen der **VI** mit **II** auf dem Wasserbad: *1-[p-Tolyl]-*, F. 159—160°; 13% (wird durch $NaJO_4$ oxydiert zu *1-[p-Tolyl]-2-methyl-4-formylpyrrol-3-carbonsäureäthylester*, F. 90—92°); daneben *1-[p-Tolylamino]-1-desoxy-D-fructose*, F. 152—154°; 14%. — *1-[p-Methoxyphenyl]-*, F. 152—154°; 24% (wird durch Pb-Tetraacetat oxydiert zu *1-[p-Methoxyphenyl]-2-methyl-4-formylpyrrol-3-carbonsäureäthylester*, F. 103—105°); daneben *1-[p-Methoxyphenylamino]-1-desoxy-D-fructose*, F. 140—141°; 5,4%. — *1-[p-Äthoxyphenyl]-*, F. 171—172°; 30%; *Tetra-O-acetyl-Deriv.*, F. 102—104°; daneben *1-[p-Äthoxyphenylamino]-1-desoxy-D-fructose*, F. 154—155°; 4%. — 1-Aryl-2-methyl-3-acetyl-4-[D-arabo-tetrahydroxybutyl]-pyrrole, durch 70std. Kochen der **VI** mit **IV** in Methanol in Ggw. von Piperidin: *1-[p-Tolyl]-*, F. 182—184°; 4%. *Tetra-O-acetyl-Deriv.*, F. 116—117°. — *1-[p-Methoxyphenyl]-*, F. 192—194°; 1,6%. *Tetra-O-acetyl-Deriv.*, F. 149—150°. — *1-[p-Äthoxyphenyl]-*, F. 183—184°; 4,5%. *Tetra-O-acetyl-Deriv.*, F. 116—117°. H.-E. Toussaint. 3081 □

Oxydation von Lysergsäurederivaten in 2.3-Stellung. F. Troxler. (Planta med. [Stuttgart] **6**. 399—401. Dez. 1958. Basel, Sandoz Akt.-Ges., Pharmazeut.-chem. Labor.; dt.) — Lysergsäure-Derivv. sind durch Hypochlorit zu *Dioxindol-Derivv.* oxydierbar. Die reduktive Entfernung der β-Hydroxylgruppe gelingt durch Kochen mit Zinkstaub u. verd. CH_3COOH. Aus der Dioxindol-Verb. von Dihydrolysergsäuremethylester (I) entstehen dabei 3 Rk.-Prodd.: die entsprechende *Oxindol-Verb.*, etwas I u. *4-N-Acetylmethylamino-5-[2-carbomethoxypropyl]-naphthostyril*. Aus der Dioxindol-Verb. des Lysergsäurediäthylamids entsteht nur *2-Oxo-2.3-dihydrolysergsäurediäthylamid*, F. 225—229°, Platten aus Bzl.; $[\alpha]_D$ +4° (Pyridin); UV-Maximum 256 mμ; IR-Bande bei 1720 cm^{-1}. Die Struktur der Dioxindol-Derivv. wird durch folgende Rkk. gestützt: Das Dioxindol-Deriv. von 1-Methyllysergsäurediäthylamid wird durch Erhitzen mit Acetanhydrid in *4-N-Acetylmethylamino-5-[2-diäthylcarbamoylpropyl]-naphthostyril* übergeführt, das von Dihydrolysergsäuremethylester (I) liefert beim Erhitzen mit Benzolsulfonsäure in Toluol *9-Carbomethoxy-7-methyl-7.8.9.10-tetrahydropyrido-[2.3:e]-naphthostyril*. M. W. Görlich. 3081 □

Einige Derivate des 5.6-Dibenzyloxyindols. R. M. Acheson, A. R. Hands und L. J. King. (J. chem. Soc. [London] **1962**. 1134—36. März. Oxford, Univ., Dep. of Biochem.; engl.) — 5.6-Dibenzyloxyindol (I) reagiert mit Formaldehyd u. Dimethylamin zu *5.6-Dibenzyloxygramin* (II), das mit NaOH u. Zn-Staub zu *5.6-Dibenzyloxyskatol* (III) red. wird u. mit Dimethylsulfat u. NaCN zu *5.6-Dibenzyloxyindolyl-(3)-acetonitril* (IV) reagiert. **IV** wird zu einem Harz hydrolysiert, aus dem *5.6-Dibenzyloxyindolyl-(3)-essigsäure* als *Methylester* (V) isoliert wird. Der Vers., **V** zu hydrolysieren, ergibt nur Teere. Die Hydrolyse u. Decarboxylierung des Prod. aus **II**-Methojodid (**VI**) u. Na-Acetamidomalonester führen zu *N-Acetyl-5.6-dibenzyloxytryptophan*. **I** reagiert mit Nitroäthylen zu *5.6-Dibenzyloxy-3-[2-nitroäthyl]-indol* (**VII**). Die Hydrierung von **VII** an Raney-Ni u. Pd-Kohle ergibt weder 5.6-Dibenzyloxy- noch 5.6-Dihydroxytryptamin. Verss. zur Entbenzylierung von **III** u. **V** mit H_2 bei 5 atm über Pd-Kohle hatten keinen Erfolg.

Versuche: *5.6-Dibenzyloxygramin* (II), $C_{25}H_{26}N_2O_2$, F. 124°, durch Zufügen von Eisessig, 40%ig. Formalin u. I (F. 114°) zu 33%ig. alkohol. Dimethylamin bei 0° u. 12std. Stehenlassen bei Raum-Temp.; Prismen; 84% (Ausbeute). *Methojodid* (**VI**), $C_{26}H_{29}JN_2O_2$, F. 178—180°, aus **II** u. Methyljodid, 15 Min. am Rückfluß; 95%. — *5.6-Dibenzyloxyskatol* (III), $C_{23}H_{21}NO_2$, F. 123°, durch Kochen von **II** in wss.-methanol. NaOH unter Zugabe von Zn-Staub unter häufigem Schütteln innerhalb von 2 Std. u. weiteres 12std. Kochen; aus PAe. Nadeln; 18%. — *5.6-Dibenzyloxyindolyl-(3)-acetonitril* (IV), $C_{24}H_{20}N_2O_2$, F. 113°, aus **II** u. Dimethylsulfat in Tetrahydrofuran u. Eisessig bei 10—15°, 3std. Stehenlassen bei Raum-Temp., Zufügen von Ae., Abziehen des Lsgm. nach 12 Std. u. Zugabe von wss. NaCN, 1std. Erhitzen auf 65—70°, Abkühlen u. Extrahieren mit Chlf.; aus Ae. rhomb. Platten; 46%. — *5.6-Dibenzyloxyindolyl-(3)-essigsäuremethylester* (V), $C_{25}H_{23}NO_4$, F. 100°, durch 15std. Kochen von **IV** in alkohol. KOH, Abkühlen, Ansäuern mit Eisessig, Abgießen des Lsgm. vom braunen, teerähnlichen Rückstand, mehrmaliges Dekantieren mit W., Lösen in Methanol, Versetzen mit 3%ig. Lsg. von Diazomethan in Ae. bis zur bleibenden Gelbfärbung u. Zugabe von 10%ig. methanol. Essigsäure bis zur Entfärbung; Prismen; 64%. — *α-Acetamido-β-[5.6-dibenzyloxyindolyl-(3)]-α-äthoxycarbonylpropionsäureäthylester*, $C_{32}H_{34}N_2O_7$, F. 147°, durch 14std. Erhitzen von Acetamidomalonsäurediäthylester mit Na in Dioxan auf 92°, Zugabe von **VI**, 19std. Erhitzen auf 108° u. 3 Std. auf 125°; aus Essigester–PAe. Prismen; 15%. — *N-Acetyl-5.6-dibenzyloxytryptophan*, $C_{27}H_{26}N_2O_5$, F. 192°, durch 4std. Kochen vorst. Verb. mit NaOH, Abkühlen auf 0°, Ansäuern mit konz. HCl, Abfiltrieren, Suspendieren in W. u. 3std. Kochen; aus Methanol Prismen; 78%. — *5.6-Dibenzyloxy-3-[2-nitroäthyl]-indol* (**VII**), $C_{24}H_{22}N_2O_4$, F. 108°, durch tropfenweise Zugabe von Nitroäthylen zu I bei 114° innerhalb von 30 Min., 30 Min. bei 114°, Abkühlen, Lösen in Bzl. u. chromatograph. Trennung über Al_2O_3; aus Ae. Nadeln; 20%. J. PFIRSCHKE. 3081□

Darstellung von 1.3-Divinylparabansäure-4-imid und 1.3-Divinylparabansäure. Rolf C. Schulz und H. Hartmann. (Angew. Chem. **74.** 250—51. 7/4. 1962. Mainz, Univ., Organ.-chem. Inst.; dt.) — Vff. stellen fest, daß bei der Rk. von Vinylisocyanat mit fl. HCN in indifferenten Lsgm. (Bzl. oder PAe.) bei 0° in Ggw. von Pyridin nicht das 1 : 1-Additions-Prod. N-Vinylcyanamid gebildet wird, sondern *1.3-Divinylparabansäure-4-imid* (I), $Kp._{0,3-0,4}$ 87—89°, F. 36° (nach Sublimation); 79% (Ausbeute). Hydrolyse von I mit verd. wss. Säuren führt zu *1.3-Divinylparabansäure*, F. 116—117° (nach Sublimation). Die UV-Banden sind angegeben. J. PFIRSCHKE. 3122□

Vergleichende Untersuchung über einige Methoden der Synthese von Sulfisoxazol. S. Oeriu, M. Voinescu, E. Lupu und E. Gloter. (Studii Cercetări Chim. [București] **5.** 507—15. 1957. Acad. R.P.R., Sect. de chimioterapie; rum.) — Vff. beschreiben die Darst. von *Sulfisoxazol* (*3.4-Dimethyl-5-[p-aminobenzolsulfonylamino]-isoxazol*) durch Umsetzung von 3.4-Dimethyl-5-aminoisoxazol (I) mit p-Acetylaminobenzolsulfochlorid (V) u. nachfolgende Desacetylierung. I wird aus α-Acetylpropionitril (II) u. H_2NOH gewonnen. II kann durch Isomerisierung von 4.5-Dimethylisoxazol oder durch Dimerisierung von Acetonitril (III), Methylierung zu α-Methyl-β-iminobutyronitril u. Hydrolyse erhalten werden. Am besten stellt man es jedoch durch Rk. von Methyl-α-chloräthylketon mit NaCN her.

Versuche: *α-Acetylpropionitril* (II), $Kp._{10}$ 75—77°, a) durch Rühren von Methyläthylketon (IV) u. Ameisensäureäthylester mit Na in Ae. bei —10 bis 0°, Kochen der intermediären *Na-Verb.* des *Methyl-α-[hydroxymethylen]-äthylketons* mit $H_2NOH \cdot HCl$ in W., Extraktion des Rk.-Prod. mit Ae., fraktionierte Dest. des Ae.-Rückstandes, Auffangen der das *4.5-Dimethylisoxazol* enthaltenden Fraktion vom Kp. 135—141°, Behandeln letzterer Verb. mit C_2H_5ONa in A., Einstellen der Lsg. mit H_2SO_4 auf pH 3 u. Dest.; 9,2% (Ausbeute); b) durch 24std. Aufbewahren von III in Bzl. mit Na bei Raum-Temp., ½std. Kochen, Zugabe von CH_3J zur abgekühlten Lsg., Rk. des Na-Salzes des *α-Methyl-β-iminobutyronitrils* mit 5n H_2SO_4, Ae.-Extraktion u. Dest.; 17,7%; c) durch Einleiten von Cl_2 in das Gemisch von IV u. 10%ig. HCl bei 10—15°, Verdünnen mit W., Abtrennen u. Dest. der das *Methyl-α-chloräthylketon* enthaltenden organ. Phase, Eintropfen von letzterem in die sd. Lsg. von NaCN in CH_3OH, 45 Min. langes Rühren, Ansäuern, Ae.-Extraktion u. Dest.; 33%. — *3.4-Dimethyl-5-aminoisoxazol* (I), F. 123—125° (W.), durch ½std. Erhitzen von 1,2 Mol $H_2NOH \cdot HCl$, 1,2 Mol K-Acetat u. 1 Mol II in wss. A. auf dem Wasserbad u. Einengen; 55—60%. — *Sulfisoxazol* (*3.4-Dimethyl-5-[p-aminobenzolsulfonylamino]-isoxazol*), F. 192—194° (wss. CH_3OH), durch 1std. Rühren von 1 Mol I u. 2,3 Mol V in Aceton–W. (2 : 3) bei 5—10°, Zugabe der berechneten Menge $NaHCO_3$, 3std. Rühren bei 30°, 2std. Erwärmen des abfiltrierten *Acetyl-Deriv.* mit 10%ig. NaOH auf dem Wasserbad, Abfiltrieren des auskrist. Rk.-Prod., Lösen in W. u. Ansäuern mit 5n HCl; 65%. R. K. MÜLLER. 3132□

Synthese eines optisch aktiven 4-Alkyl-Δ^2-thiazolins. Jean Roggero und Jacques Metzger. (C. R. hebd. Séances Acad. Sci. **253.** 2704—05. 4/12. 1961. Marseille, Fac. des Sci., Labor. de Chim. organ.; franz.) — Durch Spaltung als saures Tartrat erhaltenes (—)-*2-Aminobutanol-(1)* [(—)-I] wurde nach Formylierung mit P_2S_5 zu (+)-*4-Äthyl-Δ^2-thiazolin* cyclisiert.

Versuche: (—)-*2-Aminobutanol-(1)* [(—)-I], $Kp._{40}$ 91—92°, durch Wasserdampf-Dest. seines (+)-Tartrats in Ggw. von K_2CO_3; α^{21} —4,65° im 5-cm-Rohr; 45% (Ausbeute). *L(+)-Tartrat*, durch Lösen von je 1 Mol rac. I u. L-Weinsäure in 1 Liter A., 48std. Stehen bei Raum-Temp. u. fraktionierte Kristallisation aus A.; $[\alpha]^{22}$ +10,5°. *N-Benzoyl-Deriv.*; $[\alpha]^{23}$ +37,5° (5%ig in A.). (+)-I; $[\alpha]_D^{21}$ +25,2°. *N-Benzoyl-Verb.*; $[\alpha]^{23}$ —32,6° (5%ig in A.). — (+)-*4-Äthyl-Δ^2-thiazolin*, Kp. 157—159°; α_D^{19} +70,8° im 5-cm-Rohr. GISELA SCHREIBER. 3142□

Untersuchungen in der Thiazolreihe. 4. Mitt. **Darstellung einiger 2-Bromthiazole.** N. K. Ralhan, Gurmit Sarjit Sandhu, H. S. Sachdev und K. S. Narang. (J. Indian chem. Soc. **37.** 773—74. Dez. 1960. Chandigarh, Panjab Univ., Chem. Dep.; engl.) — 3. vgl. J. sci. ind. Res. [New Dehli], Sect. C **19.** [1960.] 9; 2. vgl. C. **1960.** 3218. — Durch Versetzen von ω-Thiocyanacetophenonen mit HBr-Gas in abs. Ae. entstehen *4-Aryl-2-bromthiazole.*

Versuche: 2-Bromthiazole: *4-Phenyl-*, C_9H_6BrNS, F. 55° (verd. A.), durch 2std. Einleiten von trocknem HBr in eine Lsg. von 10 g ω-Thiocyanacetophenon in abs. Ae. unter Eiskühlung, 3std. Stehen u. Eindampfen; 8 g (Ausbeute). — *4-[p-Chlorphenyl]-*, $C_9H_5BrClNS$, F. 110°, analog vorst. Verb.; 70,8%. — *4-[p-Äthoxyphenyl]-*, $C_{11}H_{10}BrNOS$, F. 105°; 60,8%. — *4-[p-Bromphenyl]-*, $C_9H_5Br_2NS$, F. 120°; 86,6%. —

4-[p-Methoxyphenyl]-, $C_{10}H_8BrNOS$, F. 135°; 50,6%. — *4-[p-Äthylphenyl]-*, $C_{11}H_{10}BrNS$, F. 60—61°; 61%. — *4-[p-Methylphenyl]-*, $C_{10}H_8BrNS$, F. 89—90°; 80%. — *4-[4-Methyl-6-hydroxyphenyl]-*, $C_{10}H_8BrNOS$, F. 165°; 60,1%. P. Golinske. 3142□

Über Thiazole. 40. Mitt. Synthesen von Thiazolyl-(2)-guanidinen. Hans Beyer und Heinrich Hantschel. (Chem. Ber. **95.** 893—901. 19/4. 1962. Greifswald, Univ., Inst. für organ. Chem.; dt.) — 39. vgl. C. **1960.** 8864. — Die Kondens. von α-Halogenketo-Verbb. mit Guanylthioharnstoff (I) führt in sehr guter Ausbeute zu *Thiazolyl-(2)-guanidinen,* deren Konstit. auch auf anderen Wegen bewiesen wurde. Es werden einige Rkk. dieser neuen Stoffklasse sowie eine Meth. zur Darst. von *Thiazolyl-(2)-harnstoffen* beschrieben.

Versuche: *4-Methylthiazolyl-(2)-guanidin,* $C_5H_8N_4S$, F. 132—133°, durch Eingießen des Hydrochlorids in W. in konz. NaOH bei —5° u. 20 Min. langes Stehen; aus W. Rhomben. *Hydrochlorid,* $C_5H_8N_4S \cdot HCl$, F. 195°, durch 40—50 Min. langes Kochen von I mit Chloraceton; aus A. Blättchen; 88% (Ausbeute). *Dibenzoyl-Deriv.*, $C_{19}H_{16}\cdot N_4O_2S$, F. 178—179°, durch Erwärmen der Base mit Benzoylchlorid in Pyridin auf 80° u. Zers. mit W.; aus Pyridin oder Dimethylformamid (DMF) Nadelbüschel; ca. 100%. — *Bis-[4-methylthiazolyl-(2)-guanidino]-kupfer(II)-nitrat,* $C_{10}H_{16}N_8S_2 \cdot Cu(NO_3)_2$, F. 226 bis 228°, durch Zugabe vorst. Base in Methanol zu $Cu(NO_3)_2$ in Methanol; violette Nadeln. — Thiazolyl-(2)-guanidine: *5-Methyl-*, $C_5H_8N_4S$, F. 172—173°, durch ½std. Kochen von I u. α-Brompropanalhydrat, Kühlen auf 0° u. Gießen in konz. NaOH von —5°; aus W. Blättchen; 51—56%. *Dibenzoyl-Deriv.*, $C_{19}H_{16}N_4O_2S$, F. 174—175°; aus DMF Stäbchen. — *4.5-Dimethyl-*, $C_6H_{10}N_4S$, F. 155—156°, durch Eingießen des Hydrobromids oder -chlorids in W. in konz. NaOH bei —5°; aus W. oder Toluol rhomb. Blättchen. *Hydrobromid,* $C_6H_{10}N_4S \cdot HBr$, F. 260—261°, durch 1std. Kochen von I u. 3-Brombutanon-(2) in W. oder A.; aus Methanol unter Zusatz von etwas konz. HBr Nadeln; 80—90%. *Hydrochlorid,* $C_6H_{10}N_4S \cdot HCl$, F. 263—264°, durch ½std. Erhitzen von 2-Amino-4.5-dimethylthiazol u. S-Methylisothiuroniumchlorid auf 120—150° unter Abspaltung von *Methylmercaptan*; aus W. Nadeln; 24%. *Dibenzoyl-Deriv.*, $C_{20}H_{18}N_4O_2S$, F. 177—179°; aus A. Nadeln. — *4-Methyl-5-carbäthoxy-*, $C_8H_{12}N_4O_2S$, F. 265—267°, a) durch ½std. Kochen von I u. α-Chloracetessigester in A.; aus DMF unter Zusatz von etwas methanol. NH_3 Blättchen; 85—88%; b) durch Lösen von 2-Brom-4-methyl-5-carbäthoxythiazol in Phenol, langsame Zugabe von Guanidincarbonat, Erhitzen bis zum Ende der CO_2-Entw. u. Gießen in eisgekühlte NaOH; ca. 100%. *Hydrochlorid,* $C_8H_{12}N_4O_2S \cdot HCl$, F. 230°, durch Lösen der Base in verd. HCl; Nadeln. *Dibenzoyl-Deriv.*, $C_{22}H_{20}N_4O_4S$, F. 195°; aus DMF-Stäbchen. — *4-Phenyl-*, $C_{10}H_{10}N_4S$, F. 228°, aus dem Hydrobromid in Pyridin/Methanol mit NH_4OH; aus DMF rhomb. Blättchen. *Hydrobromid,* $C_{10}H_{10}N_4S \cdot HBr$, F. 203—205°, durch 40 Min. langes Kochen von I u. ω-Bromacetophenon in Methanol; aus Methanol Nadeln; 80—87%. *Dibenzoyl-Deriv.*, $C_{24}H_{18}\cdot N_4O_2S$, F. 222°; aus DMF/A. Spieße. — *4-[p-Chlorphenyl]-*, $C_{10}H_9ClN_4S$, F. 253° (DMF), aus dem Hydrobromid mit NH_4OH; 97—99%. *Hydrobromid,* $C_{10}H_9ClN_4S \cdot HBr$, F. 267 bis 268°, durch ½std. Kochen von I u. p-Chlor-ω-bromacetophenon in Methanol; aus Methanol unter Zusatz von etwas konz. HBr Nadeln oder rhomb. Blättchen; 75%. *Diacetyl-Deriv.*, $C_{14}H_{13}ClN_4O_2S$, F. 198—200°, mit Acetanhydrid; Nadeln. *Dibenzoyl-Deriv.*, $C_{24}H_{17}ClN_4O_2S$, F. 222°; aus DMF Nadeln. — *4-[p-Bromphenyl]-*, $C_{10}H_9BrN_4S$, F. 256°, aus der Mutterlauge des Hydrobromids mit NH_4OH; umkrist. aus DMF unter Zusatz von etwas methanol. NH_3; 18%. *Hydrobromid,* $C_{10}H_9BrN_4S \cdot HBr$, F. 276°, durch ½std. Kochen von I u. p.ω-Dibromacetophenon in Methanol; aus Methanol rhomb. Blättchen; 78%. *Dibenzoyl-Deriv.*, $C_{24}H_{17}BrN_4O_2S$, F. 223—224°; aus DMF Nadeln. — *4-[p-Bromphenyl]-5-methyl-*, $C_{11}H_{11}BrN_4S$, F. 184—186°, aus der Mutterlauge des Hydrobromids mit NH_4OH; aus Pyridin/Methanol mit NH_4OH rhomb. Blättchen; ca. 90% (Gesamtausbeute mit Hydrobromid). *Hydrobromid,* $C_{11}H_{11}BrN_4S \cdot HBr$, F. 248—249°, durch ½std. Kochen von I u. p.α-Dibrompropiophenon in Methanol u. 24std. Stehen in der Kälte; aus Methanol Nadeln. *Dibenzoyl-Deriv.*, $C_{25}H_{19}BrN_4O_2S$, F. 210—212°; aus DMF Stäbchen. — *4.5-Diphenyl-*, $C_{16}H_{14}N_4S$, F. 231°, aus dem Hydrochlorid in heißem Pyridin mit methanol. NH_3; aus DMF Blättchen. *Hydrochlorid,* $C_{16}H_{14}N_4S \cdot HCl$, F. 272—273°, durch 10—15 Min. langes Kochen von I u. Desylchlorid in A.; rhomb. Prismen; 70%. *Diacetyl-Deriv.*, $C_{20}H_{18}N_4O_2S$, F. 210—211°; aus DMF sechseckige Blättchen. *Dibenzoyl-Deriv.*, $C_{30}H_{22}N_4O_2S$, F. 208—209°; aus DMF blaßgelbe Stäbchen. — *4-[p-Methoxyphenyl]-*, $C_{11}H_{12}N_4OS$, F. 235°, aus der Mutterlauge des Hydrobromids mit NH_4OH; aus Pyridin/methanol. NH_3 mit wenig W. Blättchen; ca. 100% (Gesamtausbeute). *Hydrobromid,* $C_{11}H_{12}N_4OS \cdot HBr$, F. 222°, durch ½std. Kochen von I u. p-Methoxy-ω-bromacetophenon in Methanol u. konz. HBr; aus Methanol mit konz. HBr Blättchen. *Dibenzoyl-Deriv.*, $C_{25}H_{20}N_4O_3S$, F. 202—204°; aus DMF blaßgelbe

Nadeln. — *Bis-[4-(p-chlorphenyl)-thiazolyl-(2)]-amin*, $C_{18}H_{11}Cl_2N_3S_2$, F. 199—200° (Pyridin), a) durch 45—50 Min. langes Erhitzen von 2-Amino-4-[p-chlorphenyl]-thiazol mit dem entsprechenden Hydrobromid auf 190°; ca. 100%; b) durch ½std. Erhitzen von 4-[p-Chlorphenyl]-thiazolyl-(2)-thioharnstoff (II) mit p-Chlor-ω-bromacetophenon in Alkohol. — *4-[p-Chlorphenyl]-thiazolyl-(2)-cyanamid*, F. 179—180°, durch 10std. Erhitzen von II mit gesätt. methanol. NH_3 u. HgO auf 80°; Nadeln. — *4-[p-Chlorphenyl]-thiazolyl-(2)-S-methylisothioharnstoff*, $C_{11}H_{10}ClN_3S_2$, F. 112°, durch Erhitzen von II mit Dimethylsulfat in A. bis zur Lsg., 24std. Stehen bei Raum-Temp., Filtrieren u. Versetzen der methanol. Lsg. des Rückstandes mit NH_4OH. — *4.5-Dimethylthiazolyl-(2)-thioharnstoff*, $C_6H_9N_3S_2$, F. 208°, aus der methanol. Lsg. des Hydrobromids mit methanol. NH_3; aus DMF Würfel. *Hydrobromid*, $C_6H_9N_3S_2 \cdot HBr$, F. 213—215°, durch 20 Min. langes Kochen von Dithiobiuret mit 3-Brombutanon-(2) in Methanol u. 24std. Stehen; aus A. Nadeln; 86%. — *4.5-Dimethylthiazolyl-(2)-cyanamid*, $C_6H_7N_3S$, F. 195—196°, durch Erhitzen vorst. Hydrobromids mit HgO in gesätt. methanol. NH_3, Filtrieren, Einengen, Versetzen mit W. u. Abdestillieren des Methanols; Nadeln; ca. 100%. — *4.5-Dimethylthiazolyl-(2)-harnstoff*, $C_6H_9N_3OS$, F. 272—274°, durch 1std. Kochen von Thiobiuret u. 3-Brombutanon-(2) in A., mehrstd. Stehen, Lösen des Nd. in heißem W. u. Zugabe von konz. NH_4OH; 85%. P. GOLINSKE. 3142□

Über Thiazole. 41. Mitt. Thiazolyl-(2)-pyrimidyl-(2)-amine. Hans Beyer und Heinrich Hantschel. (Chem. Ber. **95**. 902—06. 19/4. 1962; dt.) — 40. vgl. vorst. Referat. — Thiazolyl-(2)-guanidine lassen sich mit β-Dicarbonyl-Verbb. in guter Ausbeute zu *Thiazolyl-(2)-pyrimidyl-(2)-aminen* (**A**) kondensieren. Ein Einfl. der Substituenten am Thiazolkern auf die Rk.-Fähigkeit der Guanidinogruppe war nicht erkennbar. Umgekehrt kann man die β-Dicarbonyl-Verbb. erst mit Guanylthioharnstoff zu *Pyrimidyl-(2)-thioharnstoffen* kondensieren u. diese dann mit α-Halogenketo-Verbb. zu den **A** umsetzen.

Versuche: [Thiazolyl-(2)]-[4'.6'-dimethylpyrimidyl-(2')]-amine, durch Erhitzen des Thiazolyl-(2)-guanidins mit Acetylaceton bis zur beginnenden Kristallabscheidung, Zugabe von Methanol oder Butanol nach 10—20 Min., 30—40 Min. langes Kochen, Filtrieren u. Umkristallisieren aus Dimethylformamid (DMF) oder Butanol; 60—80% (Ausbeute): *[4-Methyl-*, $C_{10}H_{12}N_4S$, F. 156—158°; aus DMF Blättchen. — *[5-Methyl-*, $C_{10}H_{12}N_4S$, F. 230°; aus DMF Stäbchen. — *[4.5-Dimethyl-*, $C_{11}H_{14}N_4S$, F. 193—194°; aus DMF Stäbchen. — *[4-Methyl-5-carbäthoxy-*, $C_{13}H_{16}N_4O_2S$, F. 176—178°; aus DMF Stäbchen. — *[4-Phenyl-*, $C_{15}H_{14}N_4S$, F. 201—203°, a) nach der allg. Vorschrift; b) durch 1std. Kochen von I (s. unten) u. ω-Bromacetophenon in Dioxan; aus Butanol Nadeln. — *[4-(p-Chlorphenyl)-*, $C_{15}H_{13}ClN_4S$, F. 212—214°; aus Butanol Nadeln. — *[4-(p-Bromphenyl)-*, $C_{15}H_{13}BrN_4S$, F. 223—224°; aus Butanol Nadeln. — *[4-(p-Bromphenyl)-5-methyl-*, $C_{16}H_{15}BrN_4S$, F. 193—194°; aus Methanol Lanzetten. — *[4.5-Diphenyl-*, $C_{21}H_{18}N_4S$, F. 195—197°; aus Butanol Nadeln. — [Thiazolyl-(2)]-[4'-methyl-6'-hydroxypyrimidyl-(2')]-amine, analog mit Acetessigester: *[4-Methyl-*, $C_9H_{10}N_4OS$, F. 326—327° (Zers.); aus DMF Nadeln. — *[5-Methyl-*, $C_9H_{10}N_4OS$, F. 310—312° (Zers.); aus DMF Nadeln. — *[4.5-Dimethyl-*, $C_{10}H_{12}N_4OS$, F. 346—347° (Zers.); aus DMF Nadeln. — *[4-Methyl-5-carbäthoxy-*, $C_{12}H_{14}N_4O_3S$, F. 306—307°; aus DMF Nadeln. — *[4-Phenyl-*, $C_{14}H_{12}N_4OS$, F. 324—325° (Zers.); aus DMF Stäbchen. — *[4-(p-Chlorphenyl)-*, $C_{14}H_{11}ClN_4OS$, F. 311—312°; aus DMF Nadeln. — *[4-(p-Bromphenyl)-*, $C_{14}H_{11}BrN_4OS$, F. 333° (Zers.); aus DMF Nadeln. — *[4-(p-Bromphenyl)-5-methyl-*, $C_{15}H_{13}BrN_4OS$, F. 327° (Zers.); aus DMF Nadeln. — *[4.5-Diphenyl-*, $C_{20}H_{16}N_4OS$, F. 314—315° (Zers.); aus DMF Nadeln. — *[4.5-Dimethylthiazolyl-(2)]-[4.6-dihydroxypyrimidyl-(2)]-amin*, $C_9H_{10}N_4O_2S$, F. >330°, durch 4std. Kochen von 4.5-Dimethylthiazolyl-(2)-guanidin mit Na in abs. A. u. Malonsäurediäthylester, Einengen, Einrühren in W. u. Neutralisieren mit verd. Säuren. — *[4.5-Dimethylthiazolyl-(2)]-[4-methyl-6-phenylpyrimidyl-(2)]-amin*, $C_{16}H_{16}N_4S$, F. 174—175°, durch Kochen von 4.5-Dimethylthiazolyl-(2)-guanidin mit überschüssigem Benzoylaceton in Methanol; aus DMF Stäbchen. — *[4.5-Dimethylthiazolyl-(2)]-[4-amino-6-hydroxypyrimidyl-(2)]-amin*, $C_9H_{11}N_5OS$, F. 313° (Zers.), durch 4std. Kochen von 4.5-Dimethylthiazolyl-(2)-guanidin mit Na u. Cyanessigsäureäthylester in abs. A.; Blättchen. — *4.6-Dimethylpyrimidyl-(2)-thioharnstoff* (I), $C_7H_{10}N_4S$, F. 262—264°, durch 1std. Kochen von Guanylthioharnstoff u. Acetylaceton in W.; aus Pyridin Stäbchen. P. GOLINSKE. 3142□

Jodderivate von 5-Methyl-1-phenyl-1.2.3-triazolcarbonsäure. H. N. Bojarska-Dahlig. (Recueil Trav. chim. Pays-Bas **80**. 1348—56. Nov. 1961. Warsaw, Inst. of Pharmacy; engl.) — *1-[3-Jodphenyl]-5-methyl-1.2.3-triazol-4-carbonsäure*, *1-[4-Jodphenyl]-5-methyl-1.2.3-triazol-4-carbonsäure* u. *1-[3.4-Dijodphenyl]-5-methyl-1.2.3-triazol-4-carbonsäure* werden durch Rk. der entsprechenden 1-Azidojodbenzole mit Acetessigsäureäthylester dargestellt. 5-Methyl-1-phenyl-1.2.3-triazol-4-carbonsäurechlorid u. 1-[4-Jodphenyl]-5-methyl-1.2.3-triazol-4-carbonsäurechlorid werden mit 3-Amino-2.4.6-trijodbenzoesäure (I), α-Äthyl-3-amino-2.4.6-trijodhydrozimtsäure (II) u. α-Äthyl-3-amino-2.4.6-trijodzimtsäure (III) kondensiert.

Versuche: *3-Jodphenylhydrazin, Hydrochlorid*, $C_6H_7JN_2 \cdot HCl$, F. 206—207° (Zers., verd. HCl), durch Überführen des entsprechenden Anilins in das Diazoniumchlorid u. Hydrieren mit $SnCl_2$ in HCl. — *4-Jodphenylhydrazinhydrochlorid*, $C_6H_7JN_2 \cdot HCl$, F. 192—193° (W.), analog vorst. Verbindung. — *3.4-Dijodphenylhydrazinhydrochlorid*, $C_6H_6J_2N_2 \cdot HCl$, F. 162—163° (50%ig. wss. A. mit etwas HCl). — *1-Azido-3-jodbenzol*, durch Zutropfen von $NaNO_2$ in W. zu dem entsprechenden Jodphenylhydrazinhydrochlorid in verd. HCl bei 0—5°, 2std. Rühren, Extrahieren mit Ae. u. Dest.; Öl; 40% (Ausbeute). — *1-Azido-4-jodbenzol*, F. ca. 38°, analog vorst. Verb.; 63%. — *1-Azido-3.4-dijodbenzol*, analog vorst. Verb.; Öl, das zu Nadeln erstarrt; 23,4%. — 5-Methyl-1.2.3-triazol-4-carbonsäuren: *1-[3-Jodphenyl]-*, $C_{10}H_8JN_3O_2$, F. 183,5—184° (Zers., wss. A.), durch Zugabe des 1-Azidojodbenzols zu Acetessigsäureäthylester u. Na in A., 1std. Kochen, Zugabe von W., Einstellen auf pH ca. 8 mit NaOH-Lsg., 1std. Kochen u. Ansäuern; 88%. — *1-[4-Jodphenyl]-*, $C_{10}H_8JN_3O_2$, F. 197—197,5° (Zers.), analog vorst. Verb.; 94%. — *1-[3.4-Dijodphenyl]-*, $C_{10}H_7J_2N_3O_2$, F. 193—194° (Zers.); 99%. — *1-[2(?)-Jodphenyl]-*, $C_{10}H_8JN_3O_2$, F. 177,5—178° (wss. A.), durch Zugabe von konz. H_2SO_4 u. $NaJO_3$ zu 5-Methyl-1-phenyl-1.2.3-triazol-4-carbonsäure in konz. Essigsäure bei 60°, Erhitzen auf 85°, Zutropfen von NaJ in Essigsäure (1 Std.), 1std. Stehen bei 85° u. Versetzen mit W. u. $NaHSO_3$; 38%. — *3-{N-[5-Methyl-1-phenyl-1.2.3-triazolyl-(4)-carbonyl]-amino}-2.4.6-trijodbenzoesäure*, $C_{17}H_{11}J_3N_4O_3$, F. 253—255°, durch Erhitzen des entsprechenden Triazolcarbonylchlorids mit I in Chlorbenzol, Extrahieren mit $NaHCO_3$, Fällen mit HCl u. Umkristallisieren aus A./Aceton/W.; 83,3%. — *α-Äthyl-3-{N-[1-phenyl-5-methyl-1.2.3-triazolyl-(4)-carbonyl]-amino}-2.4.6-trijodhydrozimtsäure*, $C_{21}H_{19}J_3N_4O_3$, F. 139—142° (wss. A.), analog vorst. Verb. mit II; 90,8%. — *α-Äthyl-3-{N-[1-phenyl-5-methyl-1.2.3-triazolyl-(4)-carbonyl]-amino}-2.4.6-trijodzimtsäure*, $C_{21}H_{17}J_3N_4O_3$, F. 146—148°, analog vorst. Verb. mit III; 89%. — *3-{N-[1-(4-Jodphenyl)-5-methyl-1.2.3-triazolyl-(4)-carbonyl]-amino}-2.4.6-trijodbenzoesäure*, $C_{17}H_{10}J_4N_4O_3$, F. 255 bis 257° (Zers., A./Aceton/W.); 63%. — *α-Äthyl-3-{N-[1-(4-jodphenyl)-5-methyl-1.2.3-triazolyl-(4)-carbonyl]-amino}-2.4.6-trijodhydrozimtsäure*, $C_{21}H_{18}J_4N_4O_3$, F. 124,5—125,5° (wss. A.); 76,3%. — *α-Äthyl-3-{N-[1-(4-jodphenyl)-5-methyl-1.2.3-triazolyl-(4)-carbonyl]-amino}-2.4.6-trijodzimtsäure*, $C_{21}H_{16}J_4N_4O_3$, F. 164—166° (A./Aceton/W.); 40,8%. — *N-[1-(4-Jodphenyl)-5-methyl-1.2.3-triazolyl-(4)-carbonyl]-2.4.6-trijodanilin*, $C_{16}H_{10}J_4N_4O$, F. 288—290° (Bzl.); 98,2%. P. GOLINSKE. 3153□

Suche nach neuen Filariciden. A. B. Sen und Kirpa Shanker. (J. Indian chem. Soc. **37**. 488—90. Aug. 1960. Lucknow, Univ., Chem. Labor.; engl.) — Sechzehn substituierte *N-Piperidino-* u. *N-Morpholinoäthyl-N-alkoxypropylamine* (Analoga von Hetrazan) werden dargestellt, um ihre antifilar. Aktivität zu prüfen.

Versuche: *Piperidinoäthanol*, Kp. 199°, nach LANDENBERG [1881] aus 32 g Piperidin u. 15 g Äthylenchlorhydrin (I); 19 g (Ausbeute). — *Morpholinoäthanol*, Kp. 220°, aus 34 g Morpholin u. 15,5 g I; 20 g. — *β-Piperidinoäthylchloridhydrochlorid*, F. 226°, aus 12 g vorvorst. Verb. mit $SOCl_2$; 14 g. — *β-Morpholinoäthylchloridhydrochlorid*, F. 180°, aus 8 g vorvorst. Verb. u. $SOCl_2$; 10 g. — *β-Äthoxypropionitril*, $Kp._{25}$ 76°, nach UTERMOHLEN (J. Amer. chem. Soc. **67**. [1945.] 1505) aus A. u. 33 ml Acrylonitril; 34 ml. — *β-Methoxypropionitril*, $Kp._{20}$ 84°, analog vorst. Verb. aus Methanol u. 3 ml Acrylonitril; 34 ml. — *γ-Äthoxypropylamin*, Kp. 133°, durch 3std. Hydrieren von 30 g vorvorst. Verb. in mit NH_3 gesätt. Methanol an RANEY-Ni bei 100°/100 at; 13 g. — *γ-Methoxypropylamin*, Kp. 113—114°, analog vorst. Verb. aus 30 g vorvorst. Verb.; 12 g. — *N-[γ-Äthoxypropyl]-N-[β-piperidinoäthyl]-amin*, $Kp._5$ 155°, durch Zugabe vorvorst. Verb. zu β-Piperidinoäthylchloridhydrochlorid u. wasserfreiem K_2CO_3 in abs. A., 6std. Kochen, Verdünnen mit W., Einengen, Sättigen mit NaCl u. Extrahieren mit Ae.; 60%. — *N-[γ-Methoxypropyl]-N-[β-piperidinoäthyl]-amin*, $Kp._{10}$ 150°, analog vorst. Verb.; 66%. — *N-[γ-Äthoxypropyl]-N-[β-morpholinoäthyl]-amin*, $Kp._5$ 170°; 49%. — *N-[γ-Methoxypropyl]-N-[β-morpholinoäthyl]-amin*, $Kp._8$ 165°; 62%. — N-Carbäthoxyamine: *N-[γ-Äthoxypropyl]-N-[β-piperidinoäthyl]-*, $Kp._5$ 140°, durch 2std. Zutropfen von Chlorameisensäureäthylester zu dem entsprechenden Amin u. Na_2CO_3 in abs. A., 3std. Kochen, Eindampfen u. Aufnehmen in abs. Ae.; 35%. — *N-[γ-Methoxypropyl]-N-[β-piperidinoäthyl]-*, $Kp._8$ 115°, analog vorst. Verb.; 39%. — *N-[γ-Äthoxypropyl]-N-[β-morpholinoäthyl]-*, $Kp._5$ 127°; 37%. — *N-[γ-Methoxypropyl]-N-[β-morpholinoäthyl]-*, $Kp._{10}$ 135°; 48%. — N-[Anilinocarbonyl]-amine: *N-[γ-Äthoxypropyl]-N-[β-piperidinoäthyl]-*, F. 196°, durch 3std. Kochen des entsprechenden Amins mit

Phenylisocyanat in abs. Bzl., Eindampfen u. Umkristallisieren aus abs. A./PAe.; 55%. — *N-[γ-Methoxypropyl]-N-[β-piperidinoäthyl]-*, F. 213°, analog vorst. Verb.; 65%. — *N-[γ-Äthoxypropyl]-N-[β-morpholinoäthyl]-*, F. 118°; 58%. — *N-[γ-Methoxypropyl]-N-[β-morpholinoäthyl]-*, F. 220°; 65%. — N-[Anilinothiocarbonyl]-amine: *N-[γ-Äthoxypropyl]-N-[β-piperidinoäthyl]-*, F. 71—72°, durch 5std. Kochen von Phenylisothiocyanat mit dem entsprechenden Amin in Bzl., Eindampfen u. Umkristallisieren aus abs. A./PAe.; 44%. — *N-[γ-Methoxypropyl]-N-[β-piperidinoäthyl]-*, F. 82—83°, analog vorst. Verb.; 49%. — *N-[γ-Äthoxypropyl]-N-[β-morpholinoäthyl]-*, F. 125°; 65%. — *N-[γ-Methoxypropyl]-N-[β-morpholinoäthyl]-*, F. 114—115°; 64%.

P. GOLINSKE. 3200□

Pyryliumsalze und verwandte Verbindungen. 1. Mitt. Die Reaktion zwischen Olefinen und Acyliumperchloraten. P. F. G. Praill und A. L. Whitear. (J. chem. Soc. [London] **1961**. 3573—79. Sept. London, Queen Elizabeth Coll.; engl.) — Tert.-Butylalkohol (I) u. tert.-Pentylalkohol (II) reagieren mit einem Gemisch aus Acetanhydrid u. $HClO_4$ unter Bldg. von *Estern*, die je nach den Bedingungen *Olefine* oder *Pyryliumperchlorate* ergeben. Dabei verläuft die Rk. über die Bldg. von β,γ-ungesätt. Ketonen. Die Pyryliumsalze werden durch Umwandlung in *Alkylpyridine* charakterisiert. Die Unters. der Olefine erfolgt durch Gaschromatographie.

Versuche: *tert.-Butylacetat* (**V**), Kp. 97,5—98°, a) durch Zugabe von 0,3 Mol **I** zu Acetanhydrid/70%ig. $HClO_4$ unter Kühlung, Gießen in W. nach 2 Std., Extraktion mit Ae. u. Dest.; 90,3% (Ausbeute); daneben 3,9 g *Isobuten* (**IV**) u. 5,1% *Diisobuten* (**III**); b) analog a) u. 3tägiges Stehen; 82,8% neben 10% **III**; c) durch Rk. von 0,3 Mol **I** mit Acetanhydrid in Ggw. einiger 2.4.6-Trimethylpyryliumperchlorat (**VI**)-Kristalle; 4,5 g; daneben 7,9 g **III** (Kp. 100—104°) u. 1,1 g *Triisobuten* (Kp. 172—176°); d) durch 5½std. Kochen von 0,5 Mol **I** mit Acetanhydrid; 22,2 g neben **IV**. — *Diisobuten* (**III**), durch Zugabe von **V** zu 0,2n $HClO_4$ in Eisessig u. 5tägiges Stehen; daneben unverändertes **V** u. **IV**. — *2.4.6-Trimethylpyryliumperchlorat* (**VI**), F. 250° (Zers.; Essigsäure), a) durch Zufügen von 72%ig. $HClO_4$ zu 0,6 Mol **I** u. 3,0 Mol Acetanhydrid bei 0° u. Stehen über Nacht; 0,09 Mol; b) durch Zugabe von **IV** in Acetanhydrid zu einem Gemisch aus Acetanhydrid/$HClO_4$ bei 0°, Überschichten mit Ae. u. Stehen über Nacht bei 0°; 78%; c) analog aus 0,05 Mol 4-Methylpenten-(4)-on-(2); 0,043 Mol; d) analog aus 0,037 Mol Mesityloxid; 0,022 Mol; e) analog aus Diacetonalkohol. — *Mesityloxid-2.4-dinitrophenylhydrazon*, durch Zugabe von 2.4-Dinitrophenylhydrazin in Essigsäure zum Rk.-Gemisch von **VI** nach a); daneben 11% **VI**. — *2.4.6-Trimethyl-p-tolylpyridiniumperchlorat*, $C_{15}H_{18}ClNO_4$, F. 145—146°, durch Zugabe von **VI** zu p-Toluidin in A.; aus A. hellgelbe Platten. — *2.4.6-Trimethylpyridin*, a) aus **VI** u. NH_4OH; 57%; b) durch Zugabe von NH_4OH zu **VI** in 10%ig. Essigsäure u. 1½std. Kochen; 76%. *Pikrat*, $C_{14}H_{14}N_4O_7$, F. 157°. — *tert.-Pentylacetat*, Kp. 116—124°, durch Zugabe von 72%ig. $HClO_4$ zu einem Gemisch aus 0,51 Mol **II** u. Acetanhydrid; 9 g; daneben *2-Methylbuten-(1)* (**VII**) (Kp. 31 bis 32°; n_D^{20} 1,3887) u. *2-Methylbuten-(2)* (**VIII**) (Kp. 38,4—38,7°; n_D^{20} 1,3874). — *2.6-Diäthyl-4-methylpyryliumperchlorat*, $C_{10}H_{15}ClO_5$, F. 192°, analog **VI** nach b) mit Propionsäureanhydrid; aus Essigsäure Platten; 55%. — *2.6-Diäthyl-4-methylpyridin*, Kp. 180—182°, aus vorst. Salz u. NH_4OH; $n_D^{20,5}$ 1,4922. *Pikrat*, $C_{16}H_{18}N_4O_7$, F. 140°, aus W. Nadeln. — *2.6-Diäthyl-4-methyl-1-p-tolylpyridiniumperchlorat*, $C_{17}H_{22}ClNO_4$, F. 144°, aus W. Platten. — *4-Äthyl-2.6-dimethylpyryliumperchlorat* (**IX**), $C_9H_{13}ClO_5$, F. 189°, a) analog **VI** nach b) aus **VIII** (Kp. 38,4—38,7°; n_D^{20} 1,3874); aus Äthylacetat/Essigsäure (4 : 1) Nadeln; daneben *2.3.4.6-Tetramethylpyryliumperchlorat* (**X**); b) analog aus **VII** (Kp. 31—32°; n_D^{20} 1,3887) neben **X**; 70% Gemisch. — *2.3.4.6-Tetramethylpyridin*, Kp. 199—200°, aus dem **IX**/**X**-Gemisch nach a) u. b) u. dampfphasenchromatograph. Trennung; n_D^{25} 1,5068; 67 bzw. 85%. *Pikrat*, $C_{15}H_{16}N_4O_7$, F. 107°, aus A. Nadeln. — *4-Äthyl-2.6-dimethylpyridin*; 33 bzw. 15%. *Pikrat*, $C_{15}H_{16}N_4O_7$, F. 121—122°, aus A. Nadeln. — *2.4.6-Triäthylpyryliumperchlorat*, analog **VI** nach b) aus **VII** u. Propionsäureanhydrid; 74% eines Gemisches mit *2.6-Diäthyl-3.4-dimethylpyryliumperchlorat*. — *3-Äthyl-2.6-dimethylpyridin* (**XI**), $Kp._{17}$ 91—93°, analog **VI** nach b) aus Penten-(1) u. Umsetzen mit NH_4OH; n_D^{25} 1,5002; 14%. *Pikrat*, $C_{15}H_{16}N_4O_7$, F. 122°, aus A. Nadeln. — *2.3.5.6-Tetramethylpyryliumperchlorat*, F. 82,5—83,5°, analog **VI** nach b) aus Penten-(2); aus n-Butanol rosa Nadeln. — *2.3.5.6-Tetramethylpyridin*, $C_9H_{13}N$, F. 76—77°, $Kp._{17}$ 94 bis 96°, aus vorst. Verb. mit NH_4OH; aus A. Flocken; 21% [bezogen auf Penten-(2)]. *Pikrat*, $C_{15}H_{16}N_4O_7$, F. 177,5°, aus A. Rhomboeder. — *3-Isopropyl-2.6-dimethylpyridin*, $Kp._{751}$ 196°, $Kp._{13}$ 90—93°, aus 4-Methylpenten-(1) analog **XI**; n_D^{25} 1,4975; 17%. *Pikrat*, $C_{16}H_{18}N_4O_7$, F. 168°, aus A./W. (1 : 10) ambrafarbene Plättchen. — *4-Äthyl-2.3.5.6-tetramethylpyryliumperchlorat*, $C_{11}H_{17}ClO_5$, F. 108°, aus 3-Äthylpenten-(2) analog **VI** nach b); aus Äthylacetat/Essigsäure (4 : 1) Nadeln; 69%. — *4-Äthyl-2.3.5.6-tetramethylpyridin*,

F. 20—21°, $Kp._{17}$ 130,5—131°, aus vorst. Verb. u. NH_4OH; n_D^{25} 1,5167; 75%. *Pikrat*, $C_{17}H_{20}N_4O_7$, F. 168°, aus A. Nadeln. — *2.6-Dimethyl-4-phenylpyridin*, F. 58,5—59,5°, aus α-Methylstyrol analog **VI** nach b), Absaugen des Pyryliumsalzes [*Perchlorat*, F. 220° (Zers), aus W. orangefarbene Stäbchen; 28%. *Pikrat*, F. 190° (Zers.), aus W. Nadeln] u. Umsetzen mit NH_4OH; aus Ae. Prismen. *Pikrat*, F. 254° (Zers.), aus A. Nadeln. — *5.6.7.8-Tetrahydro-1.3-dimethylbenzo [c]-pyryliumperchlorat*, $C_{11}H_{15}ClO_5$, F. 81°, aus 1-Methylcyclohexen analog **VI** nach b); aus n-Butanol Prismen; 30%. — *5.6.7.8-Tetrahydro-1.3-dimethylisochinolin*, $Kp._{12}$ 129°, aus vorst. Verb. u. NH_4OH; n_D^{25} 1,5350; 84%. *Pikrat*, $C_{17}H_{18}N_4O_7$, F. 124—125°, aus A. Nadeln. — *6-Äthyl-2.4-dimethylpyryliumperchlorat*, $C_9H_{13}ClO_5$, F. 201—202°, a) aus 4-Methylpenten-(4)-on-(2) analog **VI** nach b) mit Propionsäureanhydrid; b) analog a) aus Mesityloxid. — *6-Äthyl-2.4-dimethylpyridin*, Kp. 181,5 bis 182°, aus vorst. Verb. u. NH_4OH; n_D^{25} 1,4944. *Pikrat*, $C_{15}H_{16}N_4O_7$, F. 114°, aus A. Nadeln. W. Hampel. 3211□

Synthese von Chromonen aus Nitrohydroxyacetophenonen. C. B. Thanawalla, S. Seshadri und P. L. Trived. (J. Indian chem. Soc. **36**. 674—76. Sept. 1959. Bombay, Inst. of Sci., Organ. Chem. Labor.; engl.) — Nitrohydroxyacetophenone geben mit Na-Acetat/Acetanhydrid die entsprechenden *3-Acetylchromone*, die durch sd. verd. H_2SO_4 zu *Chromonen* entacyliert werden. Die Darst. von *β-Diketonen* durch Kondens. von Nitro-o-methoxyacetophenonen u. Äthylacetat in Ggw. von Na gelang nicht; die mit BF_3/Acetanhydrid erhaltenen *β-Diketone* ließen sich nicht reinigen, können jedoch mit HBr/Eisessig oder 80%ig. H_2SO_4 zu *Chromonen* cyclisiert werden.

Versuche: *2.6-Dimethyl-8-nitro-3-acetylchromon* (**I**), F. 145—145,5°, aus 2-Hydroxy-3-nitro-5-methylacetophenon (**II**) nach Wittig, Bangert u. Richter [1925]. *2.4-Dinitrophenylhydrazon*, $C_{19}H_{15}N_5O_8$, F. 243—244° (Eisessig). — *2-Methoxy-3-nitro-5-methylacetophenon* (**III**), $C_{10}H_{11}NO_4$, F. 41—42°, $Kp._{20}$ 192—194°, durch 48std. Kochen von **II**, Dimethylsulfat u. K_2CO_3 in Aceton. — *2.6-Dimethyl-8-nitrochromon* (**IV**), $C_{11}H_9NO_4$, F. 182—183° (A.), a) durch 24std. Kochen von **I** u. 10%ig. H_2SO_4; b) durch Sättigen von 2,5 g **III** u. Acetanhydrid in Äthylenchlorid bei 0° mit BF_3, $^1/_2$std. Stehen bei 0°, Kochen mit 13%ig. Na-Acetat-Lsg. (20 Min.), Extrahieren mit Ae., Eindampfen im Vakuum, mehrstd. Stehen des öligen Diketons mit 35%ig. HBr/Eisessig oder 80%ig. H_2SO_4 u. Gießen in W.; 0,4 g (Ausbeute). — *2.8-Dimethyl-6-nitro-3-acetylchromon* (**V**), $C_{13}H_{11}NO_5$, F. 139—140° (A.), aus 2 g 2-Hydroxy-3-methyl-5-nitroacetophenon (**VI**), Na-Acetat u. Acetanhydrid (160—170°; 6 Std.); 1 g. *2.4-Dinitrophenylhydrazon*, $C_{19}H_{15}$·N_5O_8, F. 259—260° (Eisessig). — *2-Methoxy-3-methyl-5-nitroacetophenon*, $C_{10}H_{11}NO_4$, F. 65°, $Kp._1$ 162—164°, analog **III** aus **VI**. — *2.8-Dimethyl-6-nitrochromon*, $C_{11}H_9NO_4$, F. 170°, a) aus 0,5 g **V** wie **IV** nach a); 0,08 g; b) aus vorst. Verb. wie **IV** nach b); aus Äthylacetat Nadeln. — *2-Methyl-6-nitro-3-acetylchromon*, $C_{12}H_9NO_5$, aus 2 g 2-Hydroxy-5-nitroacetophenon (**VII**) wie **V** (160—170°; 3 Std.); aus A. hellorangefarbene Schuppen; 1,25 g. *2.4-Dinitrophenylhydrazon*, $C_{18}H_{13}N_5O_8$, F. 235° (Eisessig). — *2-Methoxy-5-nitroacetophenon*, $C_9H_9NO_4$, F. 96°, analog **III** aus **VII**; aus A. Nadeln. — *2-Methyl-6-nitrochromon*, $C_{10}H_7NO_4$, F. 173°, a) aus vorvorst. Verb. wie **IV** nach a); b) aus vorst. Verb. wie **IV** nach b); aus Äthylacetat Nadeln. — *2-Methyl-7-hydroxy-8-nitro-3-acetylchromon*, $C_{12}H_9NO_6$, F. 262°, aus 6 g 3-Nitroresacetophenon wie **V** (140—150°; 6 Std.) u. mehrstd. Stehen des Prod. mit 80%ig. H_2SO_4 bei Raum-Temp.; aus Eisessig hellbraune Nadeln; 1,2 g. *2.4-Dinitrophenylhydrazon*, $C_{18}H_{13}N_5O_9$, F. 254° (Eisessig). — *2-Methyl-7-hydroxy-8-nitrochromon*, F. 272°, a) aus 0,5 g vorst. Verb. wie **IV** nach a); 0,25 g; b) durch Nitrieren von 7-Hydroxy-2-methylchromon; aus Eisessig hellgelbe Platten. F. Heller. 3211□

Chalkone. 4. Mitt. **Synthese von Chlor- und Nitrochalkonen.** Durga Nath Dhar. (J. org. Chemistry **25**. 1247—49. Juli 1960. Kanpur, India, Harcourt Butler Technol. Inst., Gen. Res. and Chem. Technol. Sect.; engl.) — 3. vgl. J. Indian chem. Soc. **37**. [1960.] 363; 2. vgl. C. **1959**. 4145. — Durch Kondens. von Resacetophenon (**I**) u. o-Hydroxyacetophenon mit 2-, 3- u. 4-Chlorbenzaldehyd sowie m-Nitrobenzaldehyd (**II**) wurden die entsprechenden *Chalkone* dargestellt u. z. T. zu *Flavanonen* cyclisiert. o- u. p-Nitrobenzaldehyd gaben mit **I** keine Chalkone.

Versuche: *2'-Hydroxy-3-nitrochalkon*, $C_{15}H_{11}NO_4$, F. 153—154°, wie nachst. Verb.; aus A. gelbes mikrokristallines Pulver. — 2'.4'-Dihydroxychalkone: *3-Nitro-*, $C_{15}H_{11}NO_5$, F. 214—215°, aus **I** u. **II** nach Schreufstätter u. Deutsch (Chem. Ber. **81**. [1948.] 489) bei 60° (45 Min.); aus A.-Eisessig citronengelbe Mikronadeln; 14% (Ausbeute). — *2-Chlor-*, $C_{15}H_{11}ClO_3$, F. 166—167°, wie vorst. aus **I** u. 2-Chlorbenzaldehyd bei Raum-Temp. (8 Tage); 58,7%; oder bei 60° (3 Std.), dann bei Raum-Temp. (22 Std.); 55%; aus Chlf. gelbe Mikronadeln. *2.4-Dinitrophenylhydrazon*, $C_{21}H_{15}ClN_4O_6$, F. 253 bis 254,5°, aus Äthylacetat orangerote Mikronadeln. *Dimethyläther*, $C_{17}H_{15}ClO_3$, F. 107 bis

107,5°, aus dem I-Dimethyläther; aus A. blaßgelbe seidige Nadeln. — *3-Chlor-*, $C_{15}H_{11}$·ClO_3, F. 161—162°, aus I u. 3-Chlorbenzaldehyd; aus W.-CH_3OH gelbe Mikronadeln; 17,8%. *2.4-Dinitrophenylhydrazon*, $C_{21}H_{15}ClN_4O_6$, F. 263° (Zers.), aus Äthylacetat rote Mikronadeln. — *4-Chlor-*, $C_{15}H_{11}ClO_3$, F. 190—191°, aus I u. 4-Chlorbenzaldehyd; aus Aceton gelbe rhomb. Platten; 19,4%; wird beim Erhitzen orangefarben. *2.4-Dinitrophenylhydrazon*, $C_{21}H_{15}ClN_4O_6$, F. 245—247°, aus A. tiefrote Mikronadeln. *Dimethyläther*, $C_{17}H_{15}ClO_3$, F. 117,5°, aus dem I-Dimethyläther; aus A. blaßgelbe seidige Nadeln. — 7-Hydroxyflavanone, aus vorst. Chalkonen durch Cyclisierung mit Säure: *2'-Chlor-*, $C_{15}H_{11}ClO_3$, F. 208—209°, aus Bzl.-PAe. rosafarbene Platten. — *3'-Chlor-*, $C_{15}H_{11}ClO_3$, F. 184—185°, aus Bzl. flache Mikronadeln. — *4'-Chlor-*, $C_{15}H_{11}ClO_3$, F. 209—210°, aus Aceton hexagonale Prismen; mit Mg u. HCl tiefrot. — *3'-Nitro-*, $C_{15}H_{11}NO_5$, F. 240 bis 241°, aus A. gelblichweiße Mikroplatten. F. HELLER. 3211□

Synthese von 5'-Benzoyl-3'-chlor-2'-hydroxychalkonen. S. H. Mehta und G. C. Amin. (Current Sci. **28.** 109. März 1959. Ahmedabad, Gujarat Coll., M. R. Sci. Inst.; engl.) — Durch Kondens. von 5-Benzoyl-3-chlor-2-hydroxyacetophenon mit aromat. Aldehyden werden die entsprechenden, im Styrylteil substituierten *Chalkone* dargestellt.

Versuche: 5'-Benzoyl-3'-chlor-2'-hydroxychalkone, Farb-Rk. mit konz. H_2SO_4 tiefrot, mit $FeCl_3$ in A. braunrot: *Unsubstituiert* (I), $C_{22}H_{15}ClO_3$, F. 142°. — *2-Hydroxy-*, $C_{22}H_{15}ClO_4$, F. 199°. — *3-Hydroxy-*, $C_{22}H_{15}ClO_4$, F. 160°. — *4-Hydroxy-*, $C_{22}H_{15}ClO_4$, F. 220°. — *4-Methoxy-*, $C_{23}H_{17}ClO_4$, F. 164°. — *3-Methoxy-4-hydroxy-*, $C_{23}H_{17}ClO_5$, F. 167°. — *3.4-Methylendioxy-*, $C_{23}H_{15}ClO_5$, F. 195°. — *3-Nitro-*, $C_{22}H_{14}$·$ClNO_5$, F. 155°. — *3-Chlor-4-methoxy-*, $C_{23}H_{16}Cl_2O_4$, F. 195°. — *6-Benzoyl-8-chlorflavanon*, $C_{22}H_{15}ClO_3$, F. 131°, aus I u. alkohol. H_2SO_4. — *6-Benzoyl-8-chlorflavon*, $C_{22}H_{13}ClO_3$, F. 197°—198°, aus I u. SeO_2 in Amylalkohol. — *6-Benzoyl-8-chlorflavonol*, $C_{22}H_{13}ClO_4$, F. 265°, aus I u. alkal. H_2O_2. F. HELLER. 3211□

Synthese von 8- und 3'-Jodflavonen und verwandten Verbindungen. F. C. Chen, C. T. Chang und T. S. Chen. (J. org. Chemistry **27.** 85—87. 18/1. 1962. Taipei, Nat. Taiwan Univ., Res. Inst. of Chem.; engl.) — Das durch Jodieren von 2-Hydroxy-4.6-dimethoxyacetophenon (I) zugängliche 2-Hydroxy-3-jod-4.6-dimethoxyacetophenon (II) wird mit p-Methoxybenzaldehyd zu *2'-Hydroxy-3'-jod-4.4'.6'-trimethoxychalkon* (**III**) kondensiert, dessen Oxydation mit SeO_2 *8-Jod-5.7.4'-trimethoxyflavon* (**IV**) liefert; alkal. H_2O_2 führt **III** dagegen in *8-Jod-5.7.4'-trimethoxyauron* (**V**) über. Aus 2'-Hydroxy-3-jod-4.4'.6'-trimethoxychalkon (**VI**) werden analog *3'-Jod-5.7.4'-trimethoxyflavon* bzw. *-auron* erhalten. **VI** erfährt in Ggw. von Säure nur in mäßiger Ausbeute Isomerisierung zu *3'-Jod-5.7.4'-trimethoxyflavanon* (**VII**). **III** konnte nicht zu einem Flavanon isomerisiert werden, während 2'-Hydroxy-3'-jod-4'.6'-dimethoxychalkon (**VIII**) unter sauren oder alkal. Bedingungen glatt *8-Jod-5.7-dimethoxyflavanon* liefert. Durch N-Bromsuccinimid wird **VII** zur 8-Bromverb. halogeniert, aus der man mit alkohol. NaOH *2'-Hydroxy-'-brom-3-jod-4.4'.6'-trimethoxychalkon* (**IX**) erhält.

Versuche: *2-Hydroxy-3-jod-4.6-dimethoxyacetophenon* (II), $C_{10}H_{11}JO_4$, F. 199,5 bis 200,5°, durch 5std. Rühren von 1,5 g I mit J_2/HJO_4 in A.; aus Aceton grünliche Prismen; 2 g (Ausbeute). — *2'-Hydroxy-3'-jod-4.4'.6'-trimethoxychalkon* (**III**), $C_{18}H_{17}JO_5$, F. 178—179° (Zers.), aus Aceton gelbrötliche Nadeln, a) analog **II** aus 150 mg 2'-Hydroxy-4.4'.6'-trimethoxychalkon; 215 mg; b) durch 20 Min. langes Rühren von 0,7 g **II** mit 0,5 g p-Methoxybenzaldehyd in wss.-alkohol. KOH, 3tägiges Stehen, Verdünnen mit W. u. Ansäuern; 0,85 g. — *8-Jod-5.7.4'-trimethoxyflavon* (**IV**), $C_{18}H_{15}JO_5$, F. 236—237°, aus wss. Dioxan Nadeln, a) durch 24std. Kochen von 1 g **III** mit SeO_2 in Dioxan; 0,55 g; b) durch 12std. Kochen von 0,2 g **III** mit H_3PO_4 in A.; 0,04 g; gibt mit konz. HCl in Aceton eine tiefgelbe *Verb. vom F. 150—151°* (Zers.), Nadeln. — *8-Jod-5.7.4'-trimethoxyauron* (**V**), $C_{18}H_{15}JO_5$, F. 229—230°, durch Zutropfen von 15%ig. H_2O_2 zu 0,15 g **III** in wss.-methanol. KOH; gelbe Nadeln; 80 mg. — *2'-Hydroxy-3'-jod-4'.6'-dimethoxychalkon* (**VIII**), $C_{17}H_{15}$·JO_4, F. 184,5—185°, analog **III**; aus A. gelbe Nadeln; 80%. — *8-Jod-5.7-dimethoxyflavon*, $C_{17}H_{13}JO_4$, F. 239—240°, analog **IV** aus **VIII**; aus A. Nadeln; 40%. — *8-Jod-5.7-dimethoxyauron*, $C_{17}H_{13}JO_4$, F. 225—226°, analog **V** aus **VIII**; aus A. gelbe Nadeln; 65%. — *8-Jod-5.7-dimethoxyflavanon*, $C_{17}H_{15}JO_4$, F. 186—188°, durch Behandeln von **VIII** mit methanol. $NaHCO_3$; aus A. Nadeln; 85%. — *2'-Hydroxy-3-jod-4.4'.6'-trimethoxychalkon* (**VI**), $C_{18}H_{17}JO_5$, F. 154—155°, analog **III** nach b) aus 1,45 g 3-Jod-4-methoxybenzaldehyd u. 1,2 g **I**; aus A. gelbe Nadeln; 1,9 g. — *3'-Jod-5.7.4'-trimethoxyflavon*, $C_{18}H_{15}JO_5$, F. 206—207° u. 221—222°, analog **IV** nach a) aus 0,1 g **VI**; aus A. Nadeln; 80 mg; gibt mit konz. HCl in Aceton eine gelbe *Verb. vom F. 171—172°*, Nadeln. — *3'-Jod-5.7.4'-trimethoxyauron*, $C_{18}H_{15}JO_5$, F. 218,5—219,5°, analog **V** aus 0,2 g **VI**; aus A. grünlichgelbe Nadeln; 0,1 g. — *3'-Jod-5.7.4'-trimethoxyflavanon* (**VII**), $C_{18}H_{17}JO_5$,

F. 176—177°, durch 10tägiges Kochen von 0,5 g **VI** mit 10 g $H_4P_2O_7$ in A.; aus A. Nadeln; 0,15 g. — *8-Brom-3'-jod-5.7.4'-trimethoxyflavanon*, $C_{18}H_{16}BrJO_5$, F. 219—220°, durch $^1/_4$std. Kochen von 0,2 g **VII** mit N-Bromsuccinimid in CCl_4; aus A. Nadeln; 0,15 g. — *2'-Hydroxy-3'-brom-3-jod-4.4'.6'-trimethoxychalkon* (**IX**), $C_{18}H_{16}BrJO_5$, F. 224—225°, aus A. gelbe Nadeln, a) durch Behandeln vorst. Verb. mit alkohol. NaOH u. Ansäuern; b) analog **III** nach b) aus 3-Jod-4-methoxybenzaldehyd u. 2-Hydroxy-3-brom-4.6-dimethoxyacetophenon. — *2-Hydroxy-3.α.β-tribrom-4.6-dimethoxy-β-[3-jod-4-methoxyphenyl]-propiophenon*, $C_{18}H_{16}Br_3JO_5$, F. 190—191°, durch Bromieren von **VI** in CS_2 bei 0°. — *8-Brom-3'-jod-5-hydroxy-7.4'-dimethoxyflavon*, $C_{17}H_{12}BrJO_5$, F. 275°, durch Erhitzen vorst. Verb. über den F.; aus A. gelbe Nadeln. — *8-Brom-3'-jod-5.7.4'-trimethoxyflavon*, $C_{18}H_{14}BrJO_5$, F. 257—258° (aus A. Nadeln), a) durch Oxydation von **IX** mit SeO_2; b) aus vorst. Verb. mit alkal. Dimethylsulfat in Aceton. H.-E. Toussaint. 3211 □

Untersuchungen über Flavonoide aus Blättern von Coniferen und verwandten Pflanzen. 8. Mitt. **Untersuchungen über die Struktur des Sciadopitysins, eines Flavonoids aus den Blättern von Sciadopitys verticillata Sieb. et Zucc.** Nobusuke Kawano. (Chem. pharmac. Bull. [Tokyo] **7.** 821—22. Okt. 1959. Nagasaki, Univ., Pharmac. Fac.; engl.) — 7. vgl. C. **1962.** 2352. — Die Struktur des *Sciadopitysins* (**I**) als *5.5''.7''-Trihydroxy-7.4'.4'''-trimethoxybiflavonyl-(3'.8'')* wird durch Spaltung des I-Triäthyläthers mit methanol. $Ba(OH)_2$ zu *Anissäure*, *2-Hydroxy-4-methoxy-6-äthoxyacetophenon* u. *2-Hydroxy-3-acetyl-4.6-diäthoxy-2'-methoxybiphenyl-5'-carbonsäure* (**II**) u. Oxydation von **II** zu *4-Methoxyisophthalsäure* gesichert.

Versuche: *Sciadopitysintriäthyläther, Monohydrat*, $C_{39}H_{36}O_{10} \cdot H_2O$, F. 253—254°, durch Zutropfen von 30%ig. KOH zu 1 g **I** in Diäthylsulfat; aus A. blaßgelbe Prismen; 0,6 g (Ausbeute). — *2-Hydroxy-3-acetyl-4.6-diäthoxy-2'-methoxybiphenyl-5'-carbonsäure* (**II**), $C_{20}H_{22}O_7$, F. 258—259°, durch 20std. Kochen von 0,68 g vorst. Verb. u. n-methanol. $Ba(OH)_2$, Zugeben von W., Einengen im Vakuum u. Ansäuern des Filtrats mit HCl; aus Aceton Nadeln; 260 mg. — *Anissäure*, F. 180—182°, neben **II**; aus W. Nadeln; 120 mg. — *2-Hydroxy-4-methoxy-6-äthoxyacetophenon*, $C_{11}H_{14}O_4$, F. 132—133°, neben **II**; aus A. cremefarbene Nadeln; 170 mg. — *4-Methoxyisophthalsäure*, F. 263—264°, durch Zugeben von $KMnO_4$ zu 190 mg **II** in 1%ig. NaOH bei 70—80°; aus Äthylacetat Prismen; 20 mg. F. Heller. 3211 □

Synthese für Isoflavone. 3. Mitt. **Caviunin.** S. F. Dyke, W. D. Ollis und M. Sainsbury. (J. org. Chemistry **26.** 2453—55. Juli 1961. Bristol, Coll. of Sci. and Technol., Dep. of Chem.; Univ., Dep. of Organ. Chem.; engl.) — 2. vgl. Baker u. Mitarbeiter, C. **1954.** 10233. — Die Hoesch-Kondens. von Iretol mit 2.4.5-Trimethoxybenzylcyanid (**I**) führt zu *2.4.5-Trimethoxybenzyl-2.4.6-trihydroxy-3-methoxyphenylketon*, aus dem man durch Äthoxalylieren, Verseifen u. Decarboxylieren *5.7-Dihydroxy-2'.4'.5'.6-tetramethoxyisoflavon* (**II**; *Caviunin*) erhält. Im Gegensatz zu den Verhältnissen bei den analogen Synth. von Irigenin u. Tectorigenin fällt bei der letzten Stufe allein **II** ohne Verunreinigung durch eine isomere Verb. an.

Versuche: *2.4.5-Trimethoxybenzyl-2.4.6-trihydroxy-3-methoxyphenylketon*, $C_{18}H_{20}O_8$, F. 211—212°, durch 5std. Einleiten von HCl in die Lsg. von **I**, Iretol u. $ZnCl_2$ in Ae. bei 0°, 7tägiges Stehen unter Kühlung u. Erhitzen der abgeschiedenen öligen Phase unter N_2 mit O_2-freiem W. auf dem Dampfbad; aus wss. A. Rhomben; 60% (Ausbeute). — *5.7-Dihydroxy-2'.4'.5'.6-tetramethoxyisoflavon* (**II**; *Caviunin*), $C_{19}H_{18}O_8$, F. 191—192°, durch Zutropfen von Oxalsäureäthylesterchlorid zu vorst. Verb. in Pyridin bei 0°, 3tägiges Stehen unter Kühlung, Gießen in W., Ausziehen mit Chlf., Eindampfen, Zugeben des erhaltenen öligen 2-Carbäthoxy-Deriv. in Aceton zu O_2-freier verd. NaOH, 12std. Stehen, Ansäuern, Ausziehen mit Chlf., 3—$3^1/_2$ Min. langes Erhitzen der erhaltenen rohen 2-Carbonsäure in kleinen Anteilen auf 295°, Chromatographieren in A. u. Chlf. an Kieselsäure u. Papierchromatographie; aus A. Nadeln. *Diacetat*, $C_{23}H_{22}O_{10}$, F. 197,5° (A.). H.-E. Toussaint. 3211 □

Zentraldepressoren. Phosphorsäureesteramide von α.α-disubstituierten Piperidyl-(4)-methanolen. Frederick J. McCarty, Charles Tilford und M. G. Van Campen jun. (J. org. Chemistry **26.** 4084—88. Okt. 1961. Cincinnati, Ohio, Wm. S. Merrell Co., Div. of Richardson-Merrell, Inc., Sci. Labor., Dep. of Organ. Res.; engl.) — Eine Reihe von α.α-disubstituierten *Pyridyl-(4)-methanolen* wird dargestellt u. zu den entsprechenden *Piperidyl-(4)-methanolen* (**P**) hydriert. *1-[O.O-Dialkylphosphoryl]-Derivv.* (*Phosphorsäureesterpiperidide*) werden aus den **P** dargestellt. Eine Anzahl dieser Verbb. besitzt möglicherweise zentraldepressor. Aktivität.

Versuche (FF. korr.): *4-[2-Methylbenzoyl]-pyridin*, $C_{13}H_{11}NO$, F. 41—42° (unkorr.; Ae./PAe.), durch 1std. Zutropfen von o-Bromtoluol zu Li in abs. Ae., 1std. Kochen, 20 Min. langes Zutropfen von 4-Cyanpyridin in Toluol bei —20°, Zers. mit

20%ig. HCl, Alkalisieren mit KOH, Abtrennen der organ. Phase u. Dest. bei 170—172°/14 Torr; 65% (Ausbeute). — α-Phenyl-α-pyridyl-(4)-methanole: *α-Benzyl-*, $C_{19}H_{17}$·NO, F. 188—189° (Essigester), durch 1std. Zutropfen von 4-Benzoylpyridin in abs. Toluol zu der Grignard-Lsg. aus Mg u. Benzylchlorid in abs. Ae. bei —20°, 1std. Kochen, Zers. mit NH_4Cl-Lsg. u. Filtrieren (Meth. **A**); 86%. *Hydrochlorid*, $C_{19}H_{18}$ClNO, F. 267—269° (Zers.; Methanol/Ae.), durch Lösen der Base in Methanol, Kühlen, Ansäuern mit alkohol. HCl, Zugabe von Ae. oder Essigester u. Kühlen auf 12° (Meth. **E**). — *α-[o-Methylbenzyl]-*, $C_{20}H_{19}$NO, F. 173—175° (PAe.), nach **A**; 30%. *Hydrochlorid*, $C_{20}H_{20}$·ClNO, F. 234—236° (Zers.; Methanol/Ae.), nach **E**. — *α-Cyclohexyl-*, $C_{18}H_{21}$NO, F. 193 bis 194° (Methanol), nach **A**.; 80%. *Hydrochlorid*, $C_{18}H_{22}$ClNO, F. 205—207° (Zers.; Methanol/Ae.), nach **E**. — *α-[p-Chlorphenyl]-*, $C_{18}H_{14}$ClNO, F. 202—204° (A.), nach **A**; 54%. *Hydrochlorid*, $C_{18}H_{15}Cl_2$NO, F. 207—209° (Zers.; A./Ae.), nach **E**. — *α-[p-Methoxyphenyl]-*, $C_{19}H_{17}NO_2$, F. 200—204° (A.), nach **A**; 68%. — *α-[p-Äthoxyphenyl]-*, $C_{20}H_{19}NO_2$, F. 187—189° (Methanol), durch 1¹/₂std. Zugabe von p-Bromphenetol in abs. Ae. zu einer sd. Lsg. von Li in abs. Ae., ¹/₂std. Zugabe von 4-Benzoylpyridin bei —25°, 1std. Rühren unter Ansteigen der Temp. auf 25° u. Zers. mit NH_4Cl-Lsg. (Meth. **B**); 70%. — *α-[o-Tolyl]-*, $C_{19}H_{17}$NO, F. 229—231° (Methanol/W.), nach **B**; 75%. *Hydrochlorid*, $C_{19}H_{18}$ClNO, F. 214—215° (Zers.; Methanol/Essigester), nach **E**. — *α-Mesityl-*, $C_{21}H_{21}$NO, F. 185—187° (Bzl./PAe.), nach **B**; 24%. *Hydrochlorid*, $C_{21}H_{22}$ClNO, F. 180—182° (Zers.; Methanol/Ae.), nach **E**. — α-Pyridyl-(4)-methanole: *α-Benzyl-α-[o-tolyl]-*, $C_{20}H_{19}$NO, F. 237—238° (A./Bzl.), nach **A**; 60%. *Hydrochlorid*, $C_{20}H_{20}$ClNO, F. 244—246° (Zers.; Methanol/Ae.), nach **E**. — *α.α-Bis-[p-methoxyphenyl]-*, $C_{20}H_{19}NO_3$, F. 168—170° (Ae./PAe.), durch 1¹/₂std. Zutropfen von p-Bromanisol in abs. Ae. zu Mg in abs. Ae., ³/₄std. Zutropfen von Isonicotinsäureäthylester in Ae. bei —20°, 1std. Kochen u. Zers. mit NH_4Cl-Lsg. (Meth. **C**); 31%. — *α.α-Dibenzyl-*, $C_{20}H_{19}$·NO, F. 145—146° (PAe.), nach **C**; 12%. *Hydrochlorid*, $C_{20}H_{20}$ClNO, F. 237—238° (Zers.; Methanol/Ae.), nach **E**. — *α.α-Bis-[o-tolyl]-*, $C_{20}H_{19}$NO, F. 185—186° (PAe.), durch 1std. Zutropfen von o-Bromtoluol in abs. Ae. zu einer sd. Lsg. von Li in abs. Ae., Kühlen auf —20°, ¹/₂std. Zugabe von Isonicotinsäureäthylester in abs. A., 1std. Kochen, Zers. mit NH_4Cl-Lsg. u. Filtrieren (Meth. **D**); 82%. *Hydrochlorid*, $C_{20}H_{20}$ClNO, F. 208—210° (Zers.; Methanol/Ae.), nach **E**. — *α.α-Bis-[p-tolyl]-*, $C_{20}H_{19}$NO, F. 154—156° (Methanol/Essigester), nach **D**; 34%. — α-Phenyl-α-piperidyl-(4)-methanole: *α-Benzyl-, Hydrochlorid*, $C_{19}H_{24}$ClNO, F. 239—241° (Methanol/Essigester), durch Hydrieren des Pyridyl-(4)-methanols in Methanol an PtO_2 bei 3—4 at, Filtrieren, Einengen, Zugabe von Essigester oder Ae. u. Kühlen auf —12° (Meth. **F**); 68%. *Freie Base*, $C_{19}H_{23}$NO, F. 121 bis 123° (PAe.), durch 1std. Rühren des Hydrochlorids mit 5%ig. NaOH in heißem Bzl. (Meth. **G**). — *α-[o-Methylbenzyl]-, Hydrochlorid*, $C_{20}H_{26}$ClNO, F. 245—246° (A./W.), nach **F**; 96%. — *α-Cyclohexyl-, Hydrochlorid*, $C_{18}H_{28}$ClNO, F. 280—281° (A./Ae.), nach **F**; 98%. — *α-[p-Chlorphenyl]-, Hydrochlorid*, $C_{18}H_{21}Cl_2$NO, F. 263—264° (A./W.), nach **F**; 71%. — *α-[p-Methoxyphenyl]-, Hydrochlorid*, $C_{19}H_{24}ClNO_2$, F. 226—227° (Methanol/Ae.), nach **F**; 70%. — *α-[o-Tolyl]-, Hydrochlorid*, $C_{19}H_{24}$ClNO, F. 256—257° (Methanol), nach **F**; 61%. — *α-Mesityl-, Hydrochlorid*, $C_{21}H_{28}$ClNO, F. 258—259° (A.), nach **F**; 10%. — *α-[p-Äthoxyphenyl]-, Hydrochlorid*, $C_{20}H_{26}ClNO_2$, F. 198—199° (Methanol), nach **F**; 34%. — α-Piperidyl-(4)-methanole: *α.α-Dibenzyl-, Hydrochlorid*, $C_{20}H_{26}$·ClNO, F. 258—259° (A./Ae.), nach **F**; 97%. — *α.α-Di-o-tolyl-, Hydrochlorid*, $C_{20}H_{26}$·ClNO, F. 286—287° (A./W.), nach **F**; 64%. — *α.α-Di-p-tolyl-, Hydrochlorid*, $C_{20}H_{26}$·ClNO, F. 188—190° (A.), nach **F**; 40%. — *α-Benzyl-α-[o-tolyl]-, Hydrochlorid*, $C_{20}H_{26}$·ClNO, F. 255—257° (A./Ae.), nach **F**; 88%. *Freie Base*, $C_{20}H_{25}$NO, F. 106—108° (Ae./PAe.), nach **G**. — Phosphorsäurediäthylesterpiperidide: *-[4-(di-o-tolylhydroxymethyl)-piperidid]*, $C_{24}H_{34}NO_4P$, F. 130—131° (Methanol/Essigester), durch 1std. Kochen des entsprechenden Piperidyl-(4)-methanols mit Triäthylamin in abs. Bzl., 20 Min. lange Zugabe des Phosphorsäuredialkylesterchlorids bei 45—50°, 6std. Kochen, Filtrieren u. Einengen (Meth. **H**); 91%. — *-[4-(diphenylhydroxymethyl)-piperidid]*, $C_{22}H_{30}NO_4P$, F. 223—224° (Methanol), analog vorst. Verb. (16std. Kochen u. Fällen des eingeengten Filtrats mit der 6fachen Menge PAe.) (Meth. **J**); 67%. — *-[4-(phenylbenzylhydroxymethyl)-piperidid]*, $C_{23}H_{32}NO_4P$, F. 109—112° (Methanol/W.), nach **J**; 87%. — *-[4-(phenylcyclohexylhydroxymethyl)-piperidid]*, $C_{22}H_{36}NO_4P$, F. 113—114° (Methanol/W.), nach **J**; 62%. — *-[4-(phenyl-p-chlorphenylhydroxymethyl)-piperidid]*, $C_{22}H_{29}ClNO_4P$, F. 150 bis 151° (Essigester), nach **H**; 61%. — *-[4-(phenyl-p-methoxyphenylhydroxymethyl)-piperidid]*, $C_{23}H_{32}NO_5P$, F. 143—145° (W./Methanol), nach **J**; 48%. — *-[4-(phenyl-p-äthoxyphenylhydroxymethyl)-piperidid]*, $C_{24}H_{34}NO_5P$, F. 149—151° (PAe.), nach **H**; 11%. — *-[4-(phenyl-o-tolylhydroxymethyl)-piperidid]*, $C_{23}H_{32}NO_4P$, F. 179—180° (Methanol/Essigester), nach **H**; 82%. — *-[4-(benzyl-o-tolylhydroxymethyl)-piperidid]*, $C_{24}H_{34}NO_4P$, F. 146—147° (Bzl./PAe.), nach **H**; 95%. — *Phosphorsäuredibutylester-[4-(diphenylhydroxymethyl)-*

piperidid], $C_{26}H_{38}NO_4P$, F. 162—163° (Methanol), nach **H**; 71%. — *Phosphorsäure-dioctylester-[4-(diphenylhydroxymethyl)-piperidid]*, $C_{34}H_{54}NO_4P$, F. 89—91° (Essigester), nach **H**; 17%. — *Phosphorsäurediäthylester-[2-(diphenylhydroxymethyl)-piperidid]*, $C_{22}H_{30}NO_4P$, F. 171—172° (Methanol), durch 1 std. Kochen von α.α-Diphenyl-α-piperidyl-(2)-methanolhydrochlorid mit Triäthylamin in abs. Bzl., $^1/_4$ std. Zugabe von Phosphorsäurediäthylesterchlorid bei 40°, 15 std. Kochen, Filtrieren, Einengen, Ansäuern mit alkohol. HCl, Filtrieren u. Einengen im Vakuum; 11%. — *α.α-Diphenyl-α-pyridyl-(3)-methanol* (**I**), F. 115—117° (Methanol), durch Rk. von Butylbromid u. Li in abs. Ae. bei —10° unter N_2, $1^1/_2$ std. Rühren, Kühlen auf —60°, 20 Min. lange Zugabe von 3-Brompyridin in abs. Ae. bei —60 bis —40°, Kühlen auf —60°, $^1/_2$ std. Zugabe von Benzophenon in abs. Ae., 2 std. Rühren bei —40°, Erwärmen auf 20° u. Zers. mit NH_4Cl-Lsg.; 64%. *Hydrochlorid*, $C_{18}H_{16}ClNO$, F. 227—232° (Zers.; Methanol), nach **E**. — *α.α-Diphenyl-α-piperidyl-(3)-methanolhydrochlorid*, $C_{18}H_{22}ClNO$, F. 184—186° (Methanol/Ae.), aus **I** nach **F**; 78%. *Freie Base*, $C_{18}H_{21}NO$, F. 158—160° (Methanol/W.), durch Alkalisieren der neben dem Hydrochlorid erhaltenen Kristalle in Methanol mit 10%ig. NaOH. — *4.4-Diphenyl-3-oxa-1-azabicyclo-[3.3.1]-nonan*, $C_{19}H_{21}NO$, F. 118—121° (50%ig. Methanol), durch 20 std. Kochen vorst. Verb. mit Formalin in Methanol. Zugabe von W. u. Kühlen; 54%. *Saures Maleat*, $C_{23}H_{25}NO_5$, F. 202—203° (A./Ae.), durch Lösen der Base in A., der Maleinsäure enthält, u. Verdünnen mit Äther. — *α.α-Bis-[p-methoxyphenyl]-α-pyridyl-(3)-methanol*, $C_{20}H_{19}NO_3$, F. 74—80° (Methanol), analog **I**; 27%. *Hydrochlorid*, $C_{20}H_{20}ClNO_3$, F. 176—178° (Isopropanol/PAe.), nach **E**. — *α.α-Bis-[p-methoxyphenyl]-α-piperidyl-(3)-methanol*, $C_{20}H_{25}NO_3$, F. 169—171° (Methanol), aus vorst. Verb. nach **F**; 39%. *Hydrochlorid*, $C_{20}H_{26}ClNO_3$, F. 166—168° (Methanol/Ae.), nach **E**. P. Golinske. 3231 □

Über Umsetzungen des α-Vinylpyridins und des β-[Pyridyl-(2)]-allylalkohols mit H-aktiven Verbindungen. Elmar Profft und Gerd Busse. (Wiss. Z. Techn. Hochschule Chem. Leuna-Merseburg **3**. 181—83. 1960/61. Leuna-Merseburg, TH für Chem., Inst. für Organ. Chem.; dt.) — Zusammenfassende Beschreibung über die Rkk. von Pyridyläthylaminen mit Formaldehyd, die Darst. von *β-[Pyridyl-(2)]-allylalkohol* (**I**), die Anlagerung von wasserstoffakt. Verbb. an **I** u. Umsetzungen von α-Vinylpyridin mit Mercaptanen sowie mit H_2S. P. Golinske. 3231 □

Darstellung einiger heterocyclischer Ketole durch Katalyse mittels Ionenaustauscherharz. Werner R. Boehme und John Koo. (J. org. Chemistry **26**. 3589—91. 12/9. 1961. Somerville, N.J., Ethicon Inc., Res. Div.; engl.) — Die Kondens. von Pyridin-3-aldehyd (**I**) mit o-Hydroxyacetophenon (**II**) führt in Ggw. von Amberlite IRA-400 (OH^-) in guter Ausbeute zu einem Gemisch aus *2.β-Dihydroxy-β-[pyridyl-(3)]-propiophenon* (**III**) u. *2-Hydroxy-β-[pyridyl-(3)]-acrylophenon*; letzteres entsteht bereits beim Umkristallisieren von **III**. Aus Pyridin-4- (**IV**) u. -2-aldehyd (**V**) werden unter gleichen Bedingungen allein *2.β-Dihydroxy-β-[pyridyl-(4)]*- bzw. *-β-[pyridyl-(2)]-propiophenon* erhalten. Bei der Kondens. von **I** mit 2-Hydroxy-3.6-dimethoxyacetophenon (**VI**) bildet dagegen über eintretende Dehydratisierung *2-Hydroxy-3.6-dimethoxy-β-[pyridyl-(3)]-acrylophenon* das Hauptprod.; längere Rk.-Zeiten führen zur verstärkten Bldg. von dessen Cyclisierungs-Prod. *2-[Pyridyl-(3)]-5.8-dimethoxychromanon-(4)*. Aus Aceton u. **V** wird mit hoher Ausbeute *4-[Pyridyl-(2)]-butanol-(4)-on-(2)* gewonnen. Das genannte stark bas. Austauscherharz erwies sich für zahlreiche weitere Rkk. als geeignetes Kondens.-Mittel; die Ausbeuten an Kondens.-Prodd. liegen allg. wesentlich höher als bei Anwendung schwächer bas. Austauscherharze [z. B. Dowex-3 (OH^-)] oder mit alkal. Substanzen (NaOH, $NaOCH_3$) im homogenen System.

Versuche: *2.β-Dihydroxy-β-[pyridyl-(3)]-propiophenon* (**III**), *Hydrochlorid*, $C_{14}H_{14}\cdot ClNO_3$, F. 181—182° (Zers.), durch 24 std. Rühren von 10,7 g **I** mit 15 g **II** u. 20 g Amberlite IRA-400 (OH^-) [hergestellt durch 1 std. Rühren von käuflichem Amberlite IRA-400 (Cl^-) in überschüssiger 5%ig. KOH u. Neutralwaschen] in A., Eindampfen bei 50° u. Aufnehmen mit 1,5n HCl; cremefarben; 12,1 g (Ausbeute); daneben *2-Hydroxy-β-[pyridyl-(3)]-acrylophenon*, $C_{14}H_{11}NO_2$, F. 149—150° (wss. A.), gelb; 7,4 g. — *2.β-Dihydroxy-β-[pyridyl-(2)]-propiophenon*, F. 109—110° (Heptan), analog **III** aus **V** u. **II** unter anfänglicher Eiskühlung; cremefarben; 41%. *Hydrochlorid*, F. 170—171° (Zers.). — *2-Hydroxy-β-[pyridyl-(2)]-acrylophenon*, F. 99—100°, durch 3 Min. langes Kochen vorst. Verb. in konz. HCl; aus wss. Methanol gelbe Nadeln; 76%. — *2.β-Dihydroxy-β-[pyridyl-(4)]-propiophenon*, F. 148—149° (A.), analog **III** aus **IV** u. **II**; 45%. *Hydrochlorid*, F. 206—207° (Zers.; A.). — *2-Hydroxy-β-[pyridyl-(4)]-acrylophenon*, $C_{14}H_{11}NO_2$, F. 124—125°, aus wss. A. gelbe Nadeln, a) durch 5 Min. langes Erhitzen von 1 g vorst. Verb. mit Polyphosphorsäure auf 100°; 0,25 g; b) durch 3 Min. langes Kochen von 2 g vorst. Verb. in konz. HCl; 1,1 g. — *2.β-Dihydroxy-3-methoxy-β-[pyridyl-(3)]-pro-*

piophenon, $C_{15}H_{15}NO_4$, F. 173—175° (Zers.), analog III aus 3,6 g I u. 5,5 g 2-Hydroxy-3-methoxyacetophenon; aus wss. A. Nadeln; 1,8 g. — *2-[Pyridyl-(3)]-8-methoxychromanon-(4), Hydrochlorid*, $C_{15}H_{14}ClNO_3$, F. 235—236° (Zers.; A.), durch 1 Min. langes Kochen vorst. Verb. in konz. HCl. — *2-Hydroxy-3.6-dimethoxy-β-[pyridyl-(3)]-acrylophenon, Hydrochlorid*, $C_{16}H_{16}ClNO_4$, F. 233—234° (Zers.; A.), analog III aus 0,65 g I u. 1 g VI; 0,99 g; daneben bei längerer Rk.-Dauer (72 Std.) *2-[Pyridyl-(3)]-5.8-dimethoxychromanon-(4)*, $C_{16}H_{15}NO_4$, F. 173—174° (Zers.; Ae.). — *2.β-Dihydroxy-3.6-dimethoxy-β-[pyridyl-(4)]-propiophenon*, $C_{16}H_{17}NO_5$, F. 124—125° (A.), analog III aus 2,6 g IV u. 4,9 g VI; 0,5 g. — *4-[Pyridyl-(2)]-butanol-(4)-on-(2)*, F. 75—76° (Heptan), durch Zugeben von Amberlite IRA-400 (OH^-) zu 5,2 g V in Aceton unter Kühlen mit Trockeneis, 24std. Rühren, Erwärmen auf Raum-Temp. u. Einengen; 70%. *Hydrochlorid*, $C_9H_{12}ClNO_2$, F. 120—121° (A.–Essigester). H.-E. TOUSSAINT. 3231 □

Über β-Piperidino-p-alkylpropiophenonhydrochloride und β-[4-n-Propylpiperidino]-p-alkylpropiophenonhydrochloride. Elmar Profft und Klaus Kretschmann. (Wiss. Z. Techn. Hochschule Chem. Leuna-Merseburg **3.** 173—76. 1960/61. Leuna-Merseburg, TH für Chem., Inst. für Organ. Chem.; dt.) — Durch Kondens. von 4-Alkylacetophenonen mit Piperidin sowie mit 4-Propylpiperidin u. Formaldehyd konnten in ca. 50—65%ig. Ausbeute Ketobasen dargestellt werden, die nach ihrem Bau u. ihrer anästhet. Wirksamkeit Verwandtschaft zu der Klasse der Falicaine besitzen. Die Kondens.-Prodd. mit Piperidin sind lösl. in W. u. in Lsg. gut beständig u. nicht hygroskopisch. Die freien Basen zeichnen sich durch Beständigkeit bei der Dest. aus. Erwartungsgemäß lassen sie sich auf die übliche Weise in Vinylketon u. Aminhydrochlorid spalten. Die Verbb. bewirken gute Oberflächenanästhesie. Die Intensität erreicht andererseits nicht die der entsprechenden Falicaine. Die Wrkg.-Dauer gleicht der des Falicains. Die Höchstwrkg. liegt bei der n-Butylverbindung. Damit konnte gezeigt werden, daß auch in der Benzolreihe alkylierte Acetophenone, statt Alkoxyacetophenone, bei genügend langem Alkylrest Substanzen mit guter anästhet. Wrkg. erbringen. Die Hydrochloride der 4-Propylpiperidino-Verbb. sind wasserunlösl., wodurch eine Anästhesieprüfung nicht möglich wird. Die freien Basen sind gelblich gefärbt u. lassen sich destillieren. Sie zeigen unter Bedingungen, unter welchen die Piperidino-Verbb. beständig sind, leichte Zersetzung.

Versuche: 4-Alkyl-β-piperidinopropiophenone: *4-Methyl-, Hydrochlorid*, $C_{15}H_{22}ClNO$, F. 167,5° (Chlf./Ae.), a) durch Lösen von Piperidin in 96%ig. A./konz. HCl (pH 1—2), Zugabe von Paraformaldehyd u. p-Methylacetophenon, 4std. Kochen, Eindampfen im Vakuum, Versetzen mit Ae., Lösen in W., Alkalisieren der wss. Phase, Ausäthern u. Versetzen mit äther. HCl; 62,5% (Ausbeute); b) analog a) in abs. A.; 18%; c) analog a) in 80%ig. A.; 16%; liefert durch Überleiten von überhitztem Wasserdampf (220—230°) *4-Methylphenylvinylketon* ($Kp._{12}$ 68°; schwach gelb; gibt mit 2.4-Dinitrophenylhydrazin *1-[2.4-Dinitrophenyl]-3-[4-methylphenyl]-Δ^2-pyrazolin*, $C_{16}H_{14}N_4O_4$, F. 114—120°; rote Kristalle). *Oxim*, F. 151°. *2.4-Dinitrophenylhydrazonhydrochlorid*, F. 201°. — *4-Äthyl-, Hydrochlorid*, F. 160°, analog vorst. Verb.; 63,4%. *Oxim*, F. 137°. *2.4-Dinitrophenylhydrazonhydrochlorid*, F. 190,5°. — *4-Propyl-, Hydrochlorid*, F. 163,5°; 60,6%. *2.4-Dinitrophenylhydrazonhydrochlorid*, F. 185,5°. — *4-Isopropyl-, Hydrochlorid*, F. 173°; 53,5%. *Oxim*, F. 182°. *2.4-Dinitrophenylhydrazonhydrochlorid*, F. 188°. — *4-Butyl-, Hydrochlorid*, F. 159°; 58%. *Oxim*, F. 129,5°. *2.4-Dinitrophenylhydrazonhydrochlorid*, F. 189,5°. — *4-Isobutyl-, Hydrochlorid*, F. 162°; 50,5%. *2.4-Dinitrophenylhydrazonhydrochlorid*, F. 187°. — *4-Pentyl-, Hydrochlorid*, F. 150°; 57,6%. *2.4-Dinitrophenylhydrazonhydrochlorid*, F. 184°. — *4-Isopentyl-, Hydrochlorid*, F. 159,5°; 43,4%. *2.4-Dinitrophenylhydrazonhydrochlorid*, F. 196,5°. — *4-Hexyl-, Hydrochlorid*, F. 154,5°; 48%. *2.4-Dinitrophenylhydrazonhydrochlorid*, F. 190°. — 4-Alkyl-β-[4-propylpiperidino]-propiophenone: *4-Propyl-, Hydrochlorid*, F. 186,5°, analog den β-Piperidino-Verbb.; 61%. *2.4-Dinitrophenylhydrazonhydrochlorid*, F. 194°. — *4-Isopropyl-, Hydrochlorid*, F. 199°; 55,2%. *2.4-Dinitrophenylhydrazonhydrochlorid*, F. 193°. — *4-Butyl-, Hydrochlorid*, F. 182°; 66%. *2.4-Dinitrophenylhydrazonhydrochlorid*, F. 190,5°. — *4-Isobutyl-, Hydrochlorid*, F. 194,5°; 57,1%. *2.4-Dinitrophenylhydrazonhydrochlorid*, F. 187°. — *4-Hexyl-, Hydrochlorid*, F. 170,5°; 49,4%. *2.4-Dinitrophenylhydrazonhydrochlorid*, F. 175,5°. P. GOLINSKE. 3231 □

Synthese und Untersuchung heterocyclischer Derivate mit potentieller Antigeschwulstaktivität. 1. Mitt. Einige Derivate von m-Phenanthrolin. S. W. Puschkarewa und W. N. Konjuchow. (Журнал Общей Химии [J. allg. Chem.] **31** (**93**). 2914—18. Sept. 1961. Uraler Polytechn. Kirow-Inst.; russ.) — 6-Methyl-1.7-phenanthrolin wird durch N-Bromsuccinimid in die *6-Brommethyl-Verb.* (I) übergeführt, die mit Diäthanolamin unter Bldg. von *6-[Bis-(β-hydroxyäthyl)-aminomethyl]-1.7-phenanthrolin* reagiert; das *6-[Bis-(β-chloräthyl)-aminomethyl]-Deriv.* (II) wird aus diesem mittels $SOCl_2$ erhalten. Mit α-Acetamidomalonsäurediäthylester kondensiert I zu *α-[1.7-Phenanthrolinyl-(6)-methyl]-acetamidomalonsäurediäthylester*, der durch Säure zu *β-[1.7-Phenanthrolinyl-(6)]-α-alanin* (III) hydrolysiert wird. Die Verbb. II u. III sind zur Unters. ihrer Antitumor-Wrkg. von Interesse.

Versuche: 1.7-Phenanthroline: *6-Brommethyl-* (I), $C_{13}H_9BrN_2$, F. 127,5 bis 128,5° (PAe.), durch 2std. Kochen von 6-Methyl-1.7-phenanthrolin mit N-Bromsuccinimid u. Dibenzoylperoxid in CCl_4; 50,5% (Ausbeute). — *6-[Bis-(β-hydroxyäthyl)-aminomethyl]-, Hydrobromid*, $C_{17}H_{19}N_3O_2 \cdot HBr$, F. 203—203,5° (Butanol), durch 1std. Kochen von I mit Diäthanolamin in Butanol; 75%. — *6-[Bis-(β-chloräthyl)-aminomethyl]-* (II), $C_{17}H_{17}Cl_2N_3$, F. 85—85,5° (abs. A.–PAe.), durch Alkalisieren der wss. Lsg. des vorst. Hydrobromids mit 40%ig. NaOH, Ausziehen mit Chlf., 2std. Kochen mit $SOCl_2$ u. Behandeln des Nd. mit wss. Alkali; 45%. *Dihydrochlorid*, $C_{17}H_{17}Cl_2N_3 \cdot 2\,HCl$, F. 250 bis 251° (Zers.). — *α-[1.7-Phenanthrolinyl-(6)-methyl]-α-acetamidomalonsäurediäthylester*, $C_{22}H_{23}N_3O_5$, F. 146,5—147,5° (wss. A.), durch $^1/_4$std. Kochen von I mit α-Acetamidomalonsäurediäthylester in Ggw. von Na in abs. A.; 34,4%. — *β-[1.7-Phenanthrolinyl-(6)]-α-alanin* (III), $C_{15}H_{13}N_3O_2$, F. 263,5—264,5° (W.), durch 3std. Kochen vorst. Verb. mit 20%ig. HCl u. Neutralisieren mit NH_4OH auf pH 7; 16,3%.

H.-E. TOUSSAINT. 3231 □

Heterocyclische Verbindungen. 9. Mitt. Sauerstoffhaltige Pyrroline durch reduktive Cyclisierung von aliphatischen γ-Nitroketonen. Milton C. Kloetzel, Francis L. Chubb, Ramsis Gobran und Jack L. Pinkus. (J. Amer. chem. Soc. **83.** 1128—32. 5/3. 1961. Los Angeles, Calif., Univ. of Southern California, Dep. of Chem.; engl.) — 8. vgl. C. **1961.** 14639. — Die partielle Red. von 1.3-Diphenyl-3-[1-nitrocyclohexyl]-propanon-(1) (I) u. von 4-Methyl-4-nitro-3-phenyl-1-[pyridyl-(3)]-pentanon-(1) (II) ergibt sauerstoffhaltige *Pyrrolinderivate*. Die Rk. von 5.5-Dimethyl-4-phenyl-2-[pyridyl-(3)]-Δ^1-pyrrolin-1-oxid (III) mit PCl_3, Acetanhydrid oder einem Gemisch aus Benzoylchlorid u. wss. Alkali ergibt unter Dehydrierung *2.2-Dimethyl-3-phenyl-5-[pyridyl-(3)]-2H-pyrrolenin*. Die Maxima der IR- u. UV-Spektren sind angegeben u. die chem. Eigg. werden diskutiert.

Versuche: *1.3-Diphenyl-3-[1-nitrocyclohexyl]-propanon-(1)* (I), $C_{21}H_{23}NO_3$, F. 166 bis 167° (Methanol), durch 6wöchiges Stehen von Benzalacetophenon, Nitrocyclohexan u. Diäthylamin in Methanol bei Raum-Temp.; 96% (Ausbeute). — *2.4-Diphenyl-1-azaspiro-[4.5]-Δ^1-decen-1-oxid*, $C_{21}H_{23}NO$, F. 134—135°, durch Red. von I mit Zn in verd. Methanol in Ggw. von NH_4Cl bei 5—10° u. fraktionierte Kristallisation des Ae.-Extrakts aus Ae.; aus Äthylacetat Nadeln; 28%. Daneben 23% *2.4-Diphenyl-1-azaspiro-[4.5]-decen-(1)*, $C_{21}H_{23}N$, F. 87—88°, aus Äthylacetat hexagonale Platten; *Hydrochlorid*, F. 100—105°; *Perchlorat*, $C_{21}H_{24}ClNO_4$, F. 153,5—155° (Isopropanol/Ae.). — *5.5-Dimethyl-4-phenyl-2-[pyridyl-(3)]-Δ^1-pyrrolin-1-oxid* (III), $C_{17}H_{18}N_2O$, F. 143—144°, a) durch 12std. Hydrieren von II in A. in Ggw. von RANEY-Ni bei 50 lbs./sq.in.; aus Äthylacetat Nadeln; 45%; daneben 39% **IV** ($Kp._{1-2}$ 155—170°); b) durch Red. von **II** mit Zn in verd. Methanol in Ggw. von NH_4Cl bei 10—15°; 9 %; aus dem in Ae. gelösten Rückstand mit HCl → *Hydrochlorid*, F. 221—222°, Nadeln; 55%; c) durch Red. von **II** mit Hydrazinhydrat in Methanol in Ggw. von RANEY-Ni bei 55°; 75%. *Pikrat*, $C_{23}H_{21}N_5O_8$, F. 187—187,5°, aus A. gelbe Nadeln. *Methojodid*, $C_{18}H_{21}JN_2O$, F. 215—216°, aus A. gelbe Platten. *Hydrochinon (2:1)-Addukt*, $C_{40}H_{42}N_4O_4$, F. 162—163°. — *Nicotinsäure*, F. 229—231° (A.), durch Hydrolyse von 2 g ihres Hydrochlorids in heißem W. mit 30%ig. $NaHCO_3$-Lsg.; 1,2 g. *Nitrat*, F. 189—191°, durch Erwärmen von 6 g **III** mit konz. HNO_3 auf 70°; 3,4 g. *Hydrochlorid*, F. 262—263° (verd. A.), durch 12std. Kochen von 3 g Nitrat mit konz. HCl; 2,3 g. — *Verb.* $C_{17}H_{18}N_2O_2$, a) F. 216—217° (Chlf./Ae.), durch 5tägiges Stehen von 1 g **III** mit Benzopersäure in Chlf.; 813 mg. — *Isomere Verb.* $C_{17}H_{18}N_2O_2$, F. 173—173,5° (Äthylacetat), durch Oxydation von 400 mg **IV** mit Monoperphthalsäure in Ae.; 280 mg. — *5.5-Dimethyl-4-phenyl-2-[pyridyl-(3)]-Δ^1-pyrrolin* (**IV**), neben **III**. *Dipikrat* (V), F. 177—178°, durch Dest. von 5 g **III** mit Zn bei 280—300°/ 20 Torr, Lösen in Ae. u. Zugabe von Pikrinsäure; 1,3 g. — *1-Hydroxy-2.2-dimethyl-3-phenyl-5-[pyridyl-(3)]-tetrahydropyrrol*, $C_{17}H_{20}N_2O$, F. 216—217° (A.), durch Zugabe von $LiAlH_4$ zu einer äther. Lsg. von 1,2 g **III** u. 17std. Kochen; 1,05 g. — *2.2-Dimethyl-3-phenyl-5-[pyridyl-(3)]-2H-pyrrolenin*, $C_{17}H_{16}N_2$, F. 93—94°, durch Schütteln des Monopikrats mit 2%ig. wss. Äthanolamin-Lsg. in Ae.; aus Heptan hellgelbe Kristalle. *Monopikrat*, $C_{23}H_{19}N_5O_7$, F. 208—209°, a) durch ½std. Erwärmen von **III** mit Acetanhydrid, auf 100°, Zugabe von 10%ig. NaOH, Extrahieren mit Ae. u. Versetzen mit Pikrinsäure; aus A. gelbe Nadeln; 63%; b) durch Schütteln von 1 g **III** mit Benzoylchlorid u. 10%ig. NaOH u. weiter wie nach a); 700 mg. *Dipikrat*, F. 186—187°, gelbe Nadeln; c) durch

Zugabe von PBr_3 zu 1,08 g **III** in abs. Bzl. unter N_2, 1std. Stehen, 2std. Kochen u. weiter wie nach a); 875 mg; daneben 474 mg **V**; d) durch Erhitzen von 500 mg **IV** mit S auf 200—290° u. Aufnehmen in A. u. Pikrinsäure; 400 mg. W. Hampel. 3231 □

Reaktion der Pseudobase 2-Hydroxy-1.2.3-triphenyl-1.2-dihydrochinoxalin mit Alkoholen. Paul M. Mader. (J. org. Chemistry **26.** 3605—06. 12/9. 1961. Rochester, N.Y., Eastman Kodak Co., Res. Labor.; engl.) — 2-Hydroxy-1.2.3-triphenyl-1.2-dihydrochinoxalin (**I**) setzt sich mit Methanol, A. u. n-Butanol rasch zu *2-Methoxy-* (**II**), *2-Äthoxy-* (**III**) bzw. *2-n-Butoxy-1.2.3-triphenyl-1.2-dihydrochinoxalin* (**IV**) um, deren Struktur bes. durch die spektroskop. Unters. bestätigt wird. Durch Säure werden die Äther **II**—**IV** zu den *Alkoholen* u. *1.2.3-Triphenylchinoxaliniumsalzen* gespalten. Die Verbb. sind gegenseitig ineinander umwandelbar; so gehen **III** u. **IV** beim Erhitzen in Methanol in **II** über, u. aus **II** wird in heißem A. **III** erhalten. Die rasche Bldg. der Äther macht vorsichtiges u. bes. rasches Arbeiten beim Umkristallisieren der Pseudobase **I** aus Alkoholen erforderlich. Es wird angenommen, daß frühere Autoren (z. B. Jacobson [1895 u. später]) die Verb. stets mit ihren Äthern verunreinigt in Händen hatten. Da sich **II**, **III** u. **IV** beim Erhitzen zersetzen, werden je nach der Art u. Geschw. des Erhitzens unterschiedliche FF. gemessen. Im Gegensatz zur Pseudobase **I** zeigen die Äther **II**—**IV** eine intensive Fluorescenz.

Versuche (FF. im Fisher-Johns-App., Erhitzungs-Geschw. 5°/min bis 5° unterhalb des F., dann 1°/min): 1.2.3-Triphenyl-1.2-dihydrochinoxaline: *2-Hydroxy-* (**I**), $C_{26}H_{20}N_2O$, F. 143—147° (Bzl.-Cyclohexan), nach Kehrmann u. Messinger [1891], jedoch Ausfällen mit KOH; gelb. — *2-Methoxy-* (**II**), $C_{27}H_{22}N_2O$, F. 143—147° (Methanol), durch 5 Min. langes Kochen von **I** oder **III** oder **IV** in Methanol; blaßgelb. — *2-Äthoxy-* (**III**), $C_{28}H_{24}N_2O$, F. 126—129° (A.), durch 7 Min. langes Kochen von **I** in A.; blaßgelb. — *2-n-Butoxy-* (**IV**), $C_{30}H_{28}N_2O$, F. 118—121° (n-Butanol), durch 10 Min. langes Kochen von **I** in n-Butanol; hellgelb. H.-E. Toussaint. 3272 □

Pyrazolo-[1.5:c]-chinazolin, ein neuer Heterocyclus. G. de Stevens und H. M. Blatter. (Angew. Chem. **74.** 249. 7/4. 1962. Summit, N.J., Ciba Pharmaceut. Co., Chem. Res. Div.; dt.) — 2-Methyl-4-hydroxychinolin bzw. 4-Hydroxychinolin reagieren mit Hydrazin zu *3-Methyl-5-[o-aminophenyl]-pyrazol* (**I**) bzw. *5-[o-Aminophenyl]-pyrazol* (**II**). **I** u. **II** kondensieren sich mit Säurechloriden (in Dioxan mit 1 Val NaOH), Säureanhydriden u. Orthoformiaten zu *Pyrazolo-[1.5:c]-chinazolinen* u. mit Aldehyden (Kochen in A.) u. Ketonen zu *5.6-Dihydropyrazolo-[1.5:c]-chinazolinen.* Die UV-Banden sind angegeben.

Versuche: Pyrazolo-[1.5:c]-chinazoline: *unsubstituiert,* F. 83—84°; 78% (Ausbeute). — *2-Methyl-,* F. 93—94°; 68%. — *5-Methyl-,* F. 91°; 70%. — *5-Phenyl-,* F. 125—127°; 72%. — 5.6-Dihydropyrazolo-[1.5:c]-chinazoline: *unsubstituiert,* F. 150°; 15%. — *5.5-Dimethyl-,* F. 116°; 42%. — *5-Phenyl-,* F. 105—106°; 40%. J. Pfirschke. 3272 □

Über einige Eigenschaften des 2-Amino-5-[β-phthalimidoäthyl]-1.3.4-thiodiazins. H. Hadáček und J. Slotová. (Spisy přérodovědecki Fak. Univ. Brně **1960.** 389—94. Brno, Univ., naturwiss. Fak., Inst. für organ. Chem.; dt.) — Vgl. C. **1962.** 4170. — *3-Amino-4-[β-phthalimidoäthyl]-thiazolon-(2)-iminhydrochlorid* [**II**; F. 181—183°; aus 2-Amino-5-[β-phthalimidoäthyl]-1.3.4-thiodiazin (**I**)] bildet mit Formamid *4′-[β-Phthalmidoäthyl]-thiazolo-[2′.3′:3.2]-1.2.4-triazol,* mit ω-Bromacetophenon *4′-[β-Phthalimidoäthyl]-6-phenylthiazolo-[2′.3′:3.2]-2.5-dihydro-1.2.4-triazin.* Die Einw. von Br_2 auf **I** liefert ein *Tribrom-Deriv.* $C_{13}H_{12}Br_3N_4O_2S$. Durch Rk. von **I** mit Benzaldehyd entsteht *Benzaldehyd-4-[β-phthalimidoäthyl]-thiazolyl-(2)-hydrazon,* das mit 2-Benzalamino-5-[β-phthalimidoäthyl]-1.3.4-thiodiazin isomer ist.

Versuche: *4′-[β-Phthalimidoäthyl]-thiazolo-[2′.3′:3.2]-1.2.4-triazol,* $C_{14}H_{10}N_4O_2S$, F. 258° (Methanol), durch 1std. Kochen von **II** u. Formamid u. Einengen im Vakuum; 80,6% (Ausbeute). — *4′-[β-Phthalimidoäthyl]-6-phenylthiazolo-[2′.3′:3.2]-2.5-dihydro-1.2.4-triazin,* $C_{21}H_{16}N_4O_2S$, F. 163°, durch 2std. Kochen von **II** u. ω-Bromacetophenon in wenig Methanol u. Einengen im Vakuum; aus Methanol orangefarbene Kristalle; 76,9%. — *Tribrom-Verb.* $C_{13}H_{12}Br_3N_4O_2S$, F. 153° (Methanol), durch Zugabe von Br_2 zu **I** in Chlf./CCl_4 u. 2tägiges Stehen bei Raum-Temp.; 64,8%. — *Benzaldehyd-4-[β-phthalimidoäthyl]-thiazolyl-(2)-hydrazon,* $C_{20}H_{16}N_4O_2S$, F. 209—211° (Methanol), durch Kochen von **I** mit Benzaldehyd in wenig Methanol u. Eindampfen im Vakuum; 84,6%. P. Golinske. 3333 □

Zwei neue Umlagerungsreaktionen. E. Bullock, B. Gregory, A. W. Johnson, P. J. Brignell, Ulli Eisner und H. Williams. (Proc. chem. Soc. [London] **1962.**

122—23. März. London, Sir John Cass Coll., Dep. of Chem.; Nottingham, Univ., Dep. of Chem.; engl.) — Vff. wiederholten Verss. von BENARY [1920] u. fanden, daß die Behandlung von 2.6-Dimethyl-3.5-dicarbäthoxy-4-chlormethyl-1.4-dihydropyridin (I) mit KCN in sd. wss. A. quant. zu *2.7-Dimethyl-3.6-dicarbäthoxy-5-cyan-4.5-dihydro-1H-azepin* (**II**; UV-Maxima) führt. **II** geht mit Alkali in *2.5-Dimethyl-3-cyan-4-carbäthoxypyrrol* (**III**; Abbau zu *2.5-Dimethyl-3-cyanpyrrol*) u. Äthylacrylat über. Spektroskop. Unterss. zeigen, daß die Rkk. von I mit N_3^-, OH^-, CH_3COO^-, CH_3O^- (aber nicht mit J^- oder $C_6H_5SO_3^-$) wahrscheinlich von ähnlichen Umlagerungen begleitet sind. Von BENARY wurden **II** u. **III** irrtümlich als *2.6-Dimethyl-3.5-dicarbäthoxy-4-cyanmethyl-1.4-dihydropyridin* (jetzt dargestellt aus dem K-Salz von Cyanacetaldehyd u. β-Aminocrotonsäureäthylester in Essigsäure, F. 141—143°, UV-Maxima) bzw. 2-Methyl-4-cyanmethyl-5-carbäthoxypyrrol angesehen. Das Homologe von **I**, 2.6-Dimethyl-3.5-dicarbäthoxy-4-β-chloräthyl-1.4-dihydropyridin (F. 136—137° UV-Maxima) reagiert mit KCN nur unter schärferen Bedingungen (Zusatz von Acetamid, 7½ std. Erhitzen auf 90°) unter Bldg. von *2.6-Dimethyl-3.5-dicarbäthoxy-4-β-cyanäthyl-1.4-dihydropyridin* (F. 114—115°; UV-Maxima). W. SCHRAMM. 3370□

Kohlenstoff und zwei Schwefelatome enthaltende sieben- und achtgliedrige Ringe. Marshall Kulka. (Canad. J. Chem. **36**. 750—54. Mai 1958. Guelph, Ontario, Canada, Dominion Rubber Co. Ltd., Res. Labor.; engl.) — *7-Chlor-2.3-dihydrobenzo-[f]-1.4-dithiepin* kann aus *2-[2-Chloräthylmercapto]-5-chlorbenzylchlorid* (**II**) über die Stufe des *S-[2-(2-Chloräthylmercapto)-5-chlorbenzyl]-isothiuroniumchlorids* durch Einw. von Alkali synthetisiert werden, während Ring-Syst. mit mehr als 7 Ringgliedern auf diesem Wege nicht zugänglich sind, weil die den **II** entsprechenden Verbb. nicht mehr stabil sind. Bei der Rk. von p-Chlorthiophenol (**III**) mit Paraformaldehyd (**V**) u. HCl entsteht eine tricycl., im Vakuum sublimierbare Verb., die einen 8gliedrigen Ring mit 2 S-Atomen enthält, u. die durch Synth. auf anderem Wege als *2.8-Dichlor-6H.12H-dibenzo-[b;f]-[1.5]-dithiecin* (**I**) identifiziert wird. Ein Mechanismus für die Bldg. von **I** aus **III** wird diskutiert.

Versuche: *2-[2-Chloräthylmercapto]-5-chlorbenzylchlorid* (**II**), $Kp._{12}$ 185—190°, durch Sättigen des Gemisches aus 300 ml Essigsäure, 10 g **V**, 15 g $ZnCl_2$ u. 60 g 2-Chloräthyl-p-chlorphenylsulfid (vgl. KULKA u. STRYK, C. **1960**. 6116) mit HCl, 3tägiges Erhitzen auf 85—90°, Einengen im Vakuum auf die Hälfte des Vol., Verdünnen mit verd. HCl, Aufnehmen des ausgeschiedenen Öls in Bzl., fraktionierte Dest. im Vakuum u. Isolierung der Fraktion vom $Kp._{12}$ 185—190°; 25 g (Ausbeute). — *S-[2-(2-Chloräthyl-, mercapto)-5-chlorbenzyl]-isothiuroniumchlorid*, $C_{10}H_{13}Cl_3N_2S_2$, F. 143—145° (W.; Prismen), durch 3std. Kochen von 20 g **II**, 10 g Thioharnstoff (**IV**) u. 120 ml A., Einengen im Vakuum, Aufnehmen des Rückstandes in heißem W. u. Aufbewahren in der Kälte; 15 g. — *7-Chlor-2.3-dihydrobenzo-[f]-1.4-dithiepin*, $C_9H_9ClS_2$, F. 91—92° (CH_3OH; gelbe Prismen), durch Einrühren von 8 g vorst. Verb. in wss. CH_3OH in 500 ml 1%ig. NaOH bei 100° innerhalb von ½ Std., weiteres 30 Min. langes Rühren, Aufnehmen des ausgeschiedenen Öls in Bzl. u. Dest.; 1,9 g. — *p-Chlorphenyl-4-chlorbutylsulfid*, $C_{10}H_{12}Cl_2S$, $Kp._{12}$ 180°, durch Zugabe von 73 g **III** u. 300 ml 1.4-Dichlorbutan zu 30 g KOH in 100 ml CH_3OH, ½ std. Erhitzen auf dem Wasserbad, Zugabe von W., Abtrennen der organ. Schicht u. Dest. im Vakuum; n_D^{20} 1,5793; 92 g; daneben *1.4-Bis-[p-chlorphenylmercapto]-butan* (**VI**), $C_{16}H_{16}Cl_2S_2$, F. 73—74° (CH_3OH; Prismen), aus dem Dest.-Rückstand; 6 g. — *2.8-Dichlor-6H.12H-dibenzo-[b;f]-[1.5]-dithiecin* (**I**), $C_{14}H_{10}Cl_2S_2$, F. 254 bis 255° (Bzl.), a) durch Sättigen des Gemisches aus 50 g **III**, 40 g $ZnCl_2$, 20 g **V** u. 350 ml Essigsäure mit HCl, 16std. Erhitzen auf dem Wasserbad u. Abfiltrieren des in der Kälte ausgeschiedenen Nd.; 35 g; b) analog a) aus Bis-[p-chlorphenylmercapto]-methan (vgl. FAITH, C. **1954**. 7635), 1.2-Bis-[p-chlorphenylmercapto]-äthan (vgl. KULKA u. STRYK, l. c.) oder aus **VI** an Stelle von **III**; c) durch 2tägiges Erhitzen von p-Chlorphenylchlormethylsulfid mit $ZnCl_2$ in Essigsäure auf dem Wasserbad u. Absaugen in der Kälte; 86%. — *p-Chlorphenyläthylsulfid* (**IX**), C_8H_9ClS, $Kp._{18}$ 123°, aus **III**, $(C_2H_5)_2SO_4$ u. Alkali in der Hitze; n_D^{20} 1,5800; 100%. — *2-Äthylmercapto-5-chlorbenzylchlorid* (**VII**), $C_9H_{10}Cl_2S$, $Kp._{11}$ 150—152°, durch Sättigen des Gemisches aus 45 g **IX**, 10 g **V**, 10 g $ZnCl_2$ u. 200 ml Essigsäure mit HCl, 20std. Erwärmen auf dem Wasserbad, Einengen im Vakuum auf die Hälfte des Vol., Behandeln des Rückstandes mit W., Bzl.-Extraktion, Einengen der Bzl.-Lsg., fraktionierte Dest., Abtrennen der Fraktion vom $Kp._{11}$ 135 bis 170° u. erneute Dest. im Vakuum; n_D^{20} 1,5933; 20 g; daneben **I**, durch Stehenlassen der bei $Kp._{11}$ 200—250° destillierenden Fraktion; 0,7 g; daneben **VIII**; 1 g. — *S-[2-Äthylmercapto-5-chlorbenzyl]-isothiuroniumchlorid*, $C_{10}H_{14}Cl_2N_2S_2$, F. 204—206° (Nadeln), durch 3std. Kochen von 16 g **VII** u. 5 g **IV** in 100 ml A., Eindampfen im Vakuum, Aufnehmen in W., Waschen mit Bzl. u. Einengen; 12 g. — *2.2'-Bis-[äthylmercapto]-5.5'-di-*

chlordiphenylmethan (VIII), $C_{17}H_{18}Cl_2S_2$, F. 95—97°(CH_3OH; Prismen), Kp.$_{0,5}$ 175—190°, durch 1 std. Erhitzen von 5 g **VII**, 5 g **IX**, 12 g $ZnCl_2$ u. 25 ml Essigsäure, Eingießen in verd. HCl, Extraktion mit Bzl. u. Dest.; 3,5 g. A. GUDE. 3370□

Methyläther der 3-Desoxy-D-mannose. Gerhard Rembarz. (Chem. Ber. **95.** 825—29. 19/4. 1962. Rostock, Univ., Inst. für Organ. Chem.; dt.) — Vgl. C. **1961.** 17575. — Die Darst. von *2-O-Methyl-*, *4.6-Di-O-methyl-* u. *2.4.6-Tri-O-methyl-3-desoxy-D-mannose* wird beschrieben.

Versuche: *Methyl-2-O-methyl-3-desoxy-α-D-mannosid*, $C_8H_{16}O_5$, Kp.$_{10^{-4}}$ 95° (Bad), durch 1 std. Erwärmen von Methyl-2-O-methyl-4.6-O-benzyliden-3-desoxy-α-D-mannosid in 80%ig. Essigsäure auf 80°, Eindampfen im Vakuum, Versetzen mit W., Eindampfen u. 2maliges Abdampfen mit abs. A.; $[\alpha]_D^{20}$ +93,5° (c = 2,36; Methanol); 73% (Ausbeute). — *2-O-Methyl-3-desoxy-D-mannose*, $C_7H_{14}O_5$, Kp.$_{10^{-4}}$ 100° (Bad), durch 3 std. Erhitzen vorst. Verb. mit 1n HCl auf 100° u. Filtrieren durch Wofatit L 150; $[\alpha]_D^{20}$ +12,8° (c = 3; Methanol); 56%. — *Methyl-2-O-benzoyl-3-desoxy-4.6-O-benzyliden-α-D-mannosid*, $C_{21}H_{22}O_6$, F. 142° (Methanol), durch Versetzen von Methyl-4.6-O-benzyliden-3-desoxy-α-D-mannosid in Pyridin mit Benzoylchlorid in Pyridin bei 0°, 16 std. Stehen, Gießen in Eiswasser u. 1tägiges Stehen; $[\alpha]_D^{20}$ −3,76° (c = 1,7; Chlf.); 74%. — *Methyl-2-O-benzoyl-3-desoxy-α-D-mannosid*, $C_{14}H_{18}O_6$, F. 109° (Ae./PAe. 1:1), durch 1 std. Erwärmen vorst. Verb. in 80%ig. Essigsäure, Eindampfen im Vakuum u. mehrstd. Stehen in Methanol im Kühlschrank; $[\alpha]_D^{20}$ +52,2° (c = 1,06; Chlf.); 71%. — *Methyl-2-O-benzoyl-4.6-di-O-methyl-3-desoxy-α-D-mannosid*, $C_{16}H_{22}O_6$, Kp.$_{10^{-3}}$ 135° (Bad), a) durch 5 std. Kochen vorst. Verb. mit CH_3J unter Zugabe von Ag_2O, Versetzen mit Ae. u. Dest. im Vakuum; $[\alpha]_D^{20}$ +49,5° (c = 2,05; Chlf.); 64%; b) durch 20 std. Schütteln vorst. Verb. in Dimethylformamid mit CH_3J u. Ag_2O, Filtrieren, Gießen in 1%ig. wss. KCN u. Extrahieren mit Chlf.; 67%. — *2-O-Benzoyl-4.6-di-O-methyl-3-desoxy-D-mannose*, $C_{15}H_{20}O_6$, Kp.$_{5\cdot10^{-4}}$ 135° (Bad), durch 3 std. Erwärmen vorst. Verb. in 1n H_2SO_4 auf 100°, Extrahieren mit Chlf. u. Dest. im Hochvakuum; $[\alpha]_D^{20}$ +54,2° (c = 1,56; Chlf.); 84%. — *Methyl-4.6-di-O-methyl-3-desoxy-α-D-mannosid*, $C_9H_{18}O_5$, Kp.$_{10^{-6}}$ 65° (Bad), durch Lösen vorvorst. Verb. in abs. Methanol, Versetzen mit 0,01n Ba-Methylat in Methanol, 4 std. Erwärmen auf 60°, mehrstd. Stehen bei Raum-Temp., Neutralisieren mit 0,1n H_2SO_4, Filtrieren durch Kieselgur, Eindampfen im Vakuum, Dampf-Dest. u. Dest. im Hochvakuum; $[\alpha]_D^{20}$ +153,2° (c = 1,4; Chlf.); 49%. — *4.6-Di-O-methyl-3-desoxy-D-mannose*, $C_8H_{16}O_5$, Kp.$_{10^{-4}}$ 110° (Bad), a) durch 2 std. Erhitzen vorst. Verb. mit 1n HCl auf 100° u. Filtrieren durch Wofatit L 150; $[\alpha]_D^{20}$ +105,0° (c = 2,78; Methanol); 78%; b) durch 23 std. Kochen von **I** (s. unten) mit $LiAlH_4$ in abs. Ae., Zers. mit W., Neutralisieren mit konz. HCl, Eindampfen, 1 std. Erhitzen mit 1n HCl auf 100° u. Entsäuern mit Wofatit L 150. *4-Nitrobiphenyl-4'-sulfonylhydrazon*, $C_{20}H_{25}N_3O_8S$, F. 150° (Acetonitril), durch ¼ std. Erhitzen mit 4-Nitrobiphenyl-4'-sulfonylhydrazin in Acetonitril u. mehrstd. Stehen im Kühlschrank; $[\alpha]_D^{20}$ +53,6° (c = 1,05; Pyridin); 86%. — *Methyl-2-O-tosyl-3-desoxy-α-D-mannosid*, $C_{14}H_{20}O_7S$, F. 109° (Essigester/PAe. 1:1), durch 1 std. Erwärmen von Methyl-2-O-tosyl-4.6-O-benzyliden-3-desoxy-α-D-mannosid in 80%ig. Essigsäure auf 80° u. Eindampfen im Vakuum; $[\alpha]_D^{20}$ +46,5° (c = 3,12; Chlf.); 66%. — *Methyl-2-O-tosyl-3-desoxy-4.6-di-O-methyl-α-D-mannosid* (**I**), durch 5 std. Kochen von 1,6 g vorst. Verb. mit CH_3J unter Zugabe von Ag_2O, Filtrieren u. Eindampfen im Vakuum; 1,6 g. — *Methyl-2.4.6-tri-O-methyl-3-desoxy-α-D-mannosid*, $C_{10}H_{20}O_5$, Kp.$_1$ 75°, durch 1 std. Erwärmen von Methyl-4.6-O-benzyliden-3-desoxy-α-D-mannosid in 80%ig. Essigsäure auf 80°, Eindampfen im Vakuum, Aufnehmen in W., Ausschütteln mit Bzl., Eindampfen, Lösen in Dimethylformamid, 20 std. Schütteln mit CH_3J/Ag_2O, Aufarbeiten u. 6 std. Nachmethylieren mit CH_3J/Ag_2O durch Kochen; $[\alpha]_D^{20}$ +112,8° (c = 2,06; Methanol); 68%. — *2.4.6-Tri-O-methyl-3-desoxy-D-mannose*, $C_9H_{18}O_5$, Kp.$_1$ 140°, durch 2 std. Erhitzen vorst. Verb. mit 1n HCl auf 100°, Sättigen mit Na_2SO_4, Extrahieren mit Chlf. u. Dest. im Vakuum; $[\alpha]_D^{20}$ +99,2° (c = 3,54; Methanol); 50%. *4-Nitrobiphenyl-4'-sulfonylhydrazon*, $C_{21}H_{27}N_3O_8S$, F. 125° (A.), durch ¼ std. Erhitzen mit 4-Nitrobiphenyl-4'-sulfonylhydrazin auf 80°, mehrstd. Stehen bei Raum-Temp. u. Eindampfen im Vakuum; $[\alpha]_D^{20}$ +59,9° (c = 1,25; Pyridin); 83%.

P. GOLINSKE. 3400□

Derivate der Zuckermercaptale. 27. Mitt. **Eine Synthese der 3.6-Didesoxy-D-galaktose.** Helmut Zinner, Bruno Ernst und Fred Kreienbring. (Chem. Ber. **95.** 821—24. 19/4. 1962. Rostock, Univ., Inst. für Organ. Chem.; dt.) — 26. vgl. C. **1962.** 4926. — Aus 3-Desoxy-D-galaktose wird über die Zwischenstufen *3-Desoxy-D-galaktosedimethylmercaptal*, dessen *6-Tosylat* u. *3.6-Didesoxy-D-galaktosedimethylmercaptal* *3.6-Didesoxy-D-galaktose* dargestellt.

Versuche: *3-Desoxy-D-galaktose, Dimethylmercaptal*, $C_8H_{18}O_4S_2$, F. 49—50°, durch Schütteln von 3-Desoxy-D-galaktose mit konz. HCl u. dem entsprechenden

Mercaptan bis zur Lsg. des Zuckers, 3/4std. Stehen bei 20°, Verdünnen mit Methanol, Filtrieren durch Wofatit L 150 u. Eindampfen des Filtrats im Vakuum; aus Chlf. Blättchen; $[\alpha]_D^{20}$ +34,7° (c = 2,56; Methanol); 71% (Ausbeute). *Diäthylmercaptal*, $C_{10}H_{22}O_4S_2$; $[\alpha]_D^{20}$ +21,1° (c = 2,48; Methanol); 51%. *Diisopropylmercaptal*, $C_{12}H_{26}O_4S_2$; $[\alpha]_D^{20}$ +21,3° (c = 4,06; Methanol); 60%. *Dibutylmercaptal*, $C_{14}H_{30}O_4S_2$; $[\alpha]_D^{20}$ +17,3° (c = 3,90; Methanol); 56%. — *6-O-Tosyl-3-desoxy-D-galaktosedimethylmercaptal*, $C_{15}H_{24}$·O_6S_3, F. 87—88°, durch Zutropfen von Tosylchlorid in Pyridin zu vorst. Dimethylmercaptal in Pyridin bei —15°, 16std. Stehen bei 20°, Versetzen mit W. u. Extrahieren mit Chlf.; aus Methanol/W. Nadeln; $[\alpha]_D^{20}$ +23,2° (c = 1,86; Methanol); 52%. — *3.6-Didesoxy-D-galaktose*, durch Zugabe von $LiAlH_4$ zu vorst. Verb. in Dioxan, 10std. Rühren bei 60°, Versetzen mit W., Filtrieren, Rühren des Filtrats mit Wofatit F u. Wofatit L 150, Filtrieren, Eindampfen im Vakuum, 2std. Rühren des entstandenen *3.6-Didesoxy-D-galaktosedimethylmercaptals* in Aceton/W. (10:1) mit $HgCl_2$ u. HgO bei 20°, 4std. Rühren bei 60°, Filtrieren, Eindampfen, Extrahieren mit heißem W., je 10 Min. langes Rühren mit Wofatit F u. Wofatit L 150, Filtrieren, Eindampfen u. Chromatographie an Cellulose; $[\alpha]_D^{22}$ —2,7° (c = 2,13; W.); 18%. *4-Nitrobiphenyl-4'-sulfonylhydrazon*, F. 140°. — *Methyl-3-desoxy-α-D-galaktopyranosid*, $C_7H_{14}O_5$, F. 138°, durch 1std. Kochen von 3-Desoxy-D-galaktose in 1%ig. methanol. HCl, Filtrieren durch Wofatit L 150, Eindampfen, 3tägiges Stehen des *Gemisches der Methyl-3-desoxy-D-galaktoside* [$[\alpha]_D^{20}$ —38,5° (c = 2,27; W.)] im Eisschrank, Verreiben mit Methanol u. Filtrieren; $[\alpha]_D^{20}$ +55,8° (c = 2,02; W.); 61%. — *Methyl-3.6-didesoxy-D-galaktosid*, durch Versetzen von Methyl-6-O-tosyl-3-desoxy-D-galaktosid in Ae. mit $LiAlH_4$ in Ae., 5std. Kochen, Zers. mit W., Abtrennen der äther. Schicht, Extrahieren des Rückstandes mit Methanol, je 10 Min. langes Schütteln der organ. Lsgg. mit Wofatit F u. Wofatit L 150, Filtrieren u. Eindampfen im Vakuum; 58%. P. GOLINSKE. 3400□

Untersuchungen über den Bildungsmechanismus der Polysaccharide. 20. Mitt. **Synthese von Glucose-6-phosphat.** 1. Mitt. Yoshiyuki Inouye, Kônoshin Onodera und Tatsuro Itô. (J. agric. chem. Soc. Japan [Nippon Nôgeikagaku Kaishi] **30.** 59—62. 1956. Kyoto, Univ., Biochem. Labor., Coll. of Agricult.; jap., Auszug: engl.) — 13. vgl. C. **1950/54.** 4036 S. — *Glucose-6-phosphat* (I) wurde aus Glucose u. Tetraphosphorsäure nach SEEGMILLER u. HORECKER (C. **1950/54.** 240 S) sowie durch gemeinsame Einw. von Kartoffelphosphorylase u. Phosphoglucomutase der Puffbohne auf anorgan. Phosphat u. lösl. Stärke in Ggw. von $MgCl_2$ bei pH 7,5 u. 30° dargestellt. Synthet. dargestelltes I war schwieriger zu reinigen als enzymat. dargestelltes. C.-E. DÖRING. 3400□

Osondithioacetale. S. Bayne. (Proc. chem. Soc. [London] **1958.** 170. Juni. St. Andrews, St. Salvator's Coll., Biochem. Dep.; engl.) — Aus den entsprechenden Osonen werden mit guten Ausbeuten *D-Galaktosondiäthyldithioacetal*, F. 116—167° (?; Ae.), $[\alpha]_D$ +136° (W.), *D-Glucosondibenzyldithioacetal* (I), F. 151—152° (Isopropanol), $[\alpha]_D$ +50,0° (A.), *D-Glucosondiäthyldithioacetal*, F. 101—103° (Ae.), $[\alpha]_D$ —6,3° (W.), *L-Gulosondibenzyldithioacetal*, F. 136—137° (Isopropanol), $[\alpha]_D$ +66,5° (A.), u. *L-Gulosondiäthyldithioacetal*, F. 117—118° (Ae.), $[\alpha]_D$ +69,0° (W.), dargestellt. Die Thioacetalgruppe befindet sich am $C_{(1)}$, denn I wird mit $NaJO_4$ zu *Bis-[benzylmercapto]-acetaldehyd* gespalten. Die Verbb. zeigen Mutarotation u. reagieren positiv beim SELIWANOW-Test auf Ketosen. H. SMALLA. 3400

Derivate des 3.6-Anhydro-D-glucosamins. Wolfgang Meyer zu Reckendorf und William A. Bonner. (Chem. Ber. **95.** 996—99. 19/4. 1962. Stanford, Calif., Stanford Univ., Dep. of Chem.; dt.) — Durch Ringschluß von Methyl-2-benzamido-2-desoxy-3-O-mesyl-β-D-glucopyranosid wird *Methyl-2-benzamido-2-desoxy-3.6-anhydro-β-D-glucopyranosid* erhalten. Die Vff. nehmen an, daß die Rk. über das Oxazolin-Deriv. I verläuft.

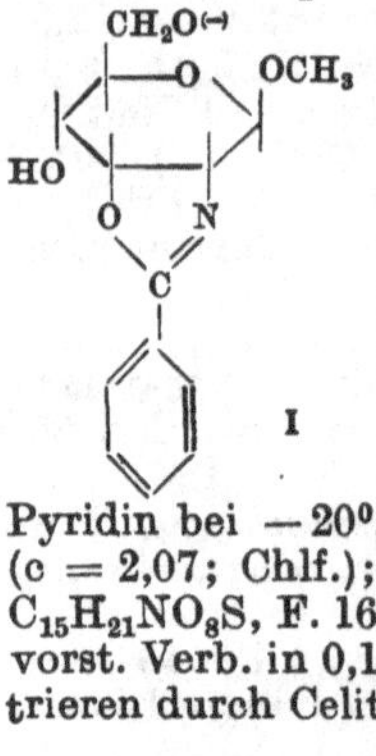

I

Versuche (FF. korr.): *2-Phenyl-4.5-[5.6-O-isopropyliden-D-glucofurano]-Δ^2-oxazolin*, durch Zugabe der nach KONSTAS u. Mitarbeitern (C. **1960.** 5810) dargestellten Aceton-Lsg. des Oxazolinhydrochlorids zu überschüssigem mit Aceton verdünntem konz. NH_4OH, Filtrieren, Eindampfen im Vakuum, Aufnehmen in Essigester u. Versetzen mit PAe.; ca. 60% (Ausbeute). — *2-Phenyl-4.5-[3-O-mesyl-5.6-O-isopropyliden-D-glucofurano]-Δ^2-oxazolin*, $C_{17}H_{21}NO_7S$, F. 141 bis 142° (A.), durch Zutropfen von Mesylchlorid zu vorst. Verb. in Pyridin bei —20°, mehrstd. Stehen bei —5° u. Einrühren in Eiswasser; $[\alpha]_D^{25}$ +8,2° (c = 2,07; Chlf.); 80%. — *Methyl-3-O-mesyl-2-benzamido-2-desoxy-β-D-glucopyranosid*, $C_{15}H_{21}NO_8S$, F. 160—161° (Zers. auf vorgeheiztem Bad, abs. A.), durch mehrstd. Stehen vorst. Verb. in 0,1n methanol. HCl bei Raum-Temp., Neutralisieren mit Ag_2CO_3 u. Filtrieren durch Celite; $[\alpha]_D^{25}$ +6,2° [c = 1,29; Dimethylsulfoxid (DMSO)]; 100%. *4.6-Di-*

O-acetyl-Deriv., $C_{19}H_{25}NO_{10}S$, F. 187—188° (A.), mit Acetanhydrid in Pyridin; $[\alpha]_D^{25}$ +17,0° (c = 1,18; DMSO); 68%. *6-O-Trityl-Deriv.*, $C_{34}H_{35}NO_8S$, F. 175—176° (Zers.; Essigester/PAe.); $[\alpha]_D^{25}$ +3,8° (c = 1,04; DMSO); 81%. — *Methyl-3-O-mesyl-4.6-O-benzal-2-benzamido-2-desoxy-β-D-glucopyranosid*, $C_{22}H_{25}NO_8S$, F. 203—204° (Zers.; A.), durch mehrstd. Rühren vorst. Verb. mit wasserfreiem $ZnCl_2$ in Benzaldehyd; $[\alpha]_D^{25}$ —21,7° (c = 1,15; DMSO); 89%. — *Methyl-2-benzamido-2-desoxy-3.6-anhydro-β-D-glucopyranosid*, $C_{14}H_{17}NO_5$, F. 208—209° (abs. A.), durch mehrstd. Stehen vorvorst. Verb. in 0,1n Na-Methylat in abs. Methanol bei Raum-Temp., Filtrieren durch Amberlite MB 1 u. Eindampfen im Vakuum; $[\alpha]_D^{25}$ —161,5° (c = 0,8; DMSO); 94%. *Acetyl-Deriv.* $C_{16}H_{19}NO_6$, F. 192—193° (A.); $[\alpha]_D^{25}$ —125,7° (c = 0,82; Chlf.); 87%. *Tosyl-Deriv.*, $C_{21}H_{23}NO_7S$, F. 166—167° (A.); $[\alpha]_D^{25}$ —108,4° (c = 0,82; DMSO); 76%.

P. GOLINSKE. 3400□

Chemotherapeutische Untersuchungen über Schistosomiasis. 5. Mitt. **Einige N-Mercaptoacylderivate des d-Glucosamins.** Sing Chang und Zu-Yoong Kyi. (Scientia sinica **8.** 429—33. April 1959. Schanghai, Acad. Sinica, Inst. of Materia Medica; engl.) — 4. vgl. Scientia sinica **7.** [1958.] 529; 1. vgl. C. **1960.** 1510. — Vff. kondensieren Tetra-O-acetyl-D-glucosamin mit Bromacetylchloriden in Ggw. von $NaHCO_3$ u. erhalten verschiedene *N-Bromacylglucosamine*, die mit K-Thiolacetat in *N-Acetylmercaptoacyl-Derivv.* verwandelt werden. Durch Verseifen mit CH_3ONa werden so *Glucosamide von Mercaptosäuren* erhalten. Die Verss. zur Darst. von N-α.β-Diacetylmercaptopropionyl- u. von N-α.β-Dimercaptopropionylglucosamin lieferten nur unreine Sirupe.

Versuche: 1.3.4.6-Tetra-O-acetyl-2-desoxy-2-amino-D-glucopyranosen: *N-Bromacetyl-* (I), $C_{16}H_{22}BrNO_{10}$, F. 158°; durch Eintragen 20 g von 1.3.4.6-Tetra-O-acetylglucosamin in eine Lsg. aus 10,4 g $CH_3COONa \cdot 3\,H_2O$ in 50 ml W., Extraktion mit 3mal 80 ml Chlf., Trocknen mit Na_2SO_4, Zugabe von 5,6 g $NaHCO_3$, Zutropfen von 9 g Bromacetylchlorid bei 0 bis —5° unter Rühren, 1std. Rühren bei Raum-Temp., Waschen mit verd. $NaHCO_3$-Lsg. u. Eindampfen; aus A. Nadeln; 73% (Ausbeute). — Analog: *N-β-Brompropionyl-*, $C_{17}H_{24}BrNO_{10}$, F. 131—133°; aus A. Schuppen; 45%. — *N-α.β-Dibrompropionyl-*, $C_{17}H_{23}Br_2NO_{10}$, F. 155—156°, aus A. Nadeln; 49%. — *N.N'-[α.α'-Dibromadipoyl]-bis-*, $C_{34}H_{46}Br_2N_2O_{20}$, Zers. bei 245°, faserige Nadeln aus Essigsäure; 34%. — *N-Acetylmercaptoacetyl-* (II), $C_{18}H_{25}NO_{11}S$, F. 190—191°, durch Neutralisieren von 3 g Thiolessigsäure in 10 ml A. mit 2,2 g KOH in 10 ml A., Zugabe von 10 g I in 30 ml A., ½std. Erwärmen auf dem Wasserbad, Abtrennen vom KBr-Nd., Abkühlen, Abfiltrieren u. Waschen mit W.; aus A. Nadeln; 84%. — Analog: *N-α-Acetylmercaptopropionyl-*, $C_{19}H_{27}NO_{11}S$, F. 183—184°, aus A. Nadeln; 50%. — *N-β-Acetylmercaptopropionyl-*, $C_{19}H_{27}NO_{11}S$, F. 151—152°, aus A. Nadeln; 69%. — *N.N'-[α.α'-Diacetylmercaptoadipoyl]-bis-*, $C_{38}H_{52}N_2O_{22}S_2$, Zers. bei 205°, aus Essigsäure Pulver; 80%. — *2-Desoxy-2-amino-D-glucopyranosen*: *N-Mercaptoacetyl-*, $C_8H_{15}NO_6S$, F. 179—181° (CH_3OH), durch Zutropfen von 0,9 g CH_3ONa in 20 ml CH_3OH zu 4 g II in 15 ml CH_3OH bei 0 bis —5°, Rühren bei Raum-Temp., Neutralisieren mit methanol. HCl unter Kühlen, Filtrieren, Zugabe von 2,4 g $HgCl_2$ in 50 ml CH_3OH, Abfiltrieren, Suspendieren des *Mercaptids* in CH_3OH, Einleiten von H_2S, Filtrieren, Einleiten von CO_2 u. Eindampfen im Vakuum; 33%. — Analog: *N-α-Mercaptopropionyl-*, $C_9H_{17}NO_6S$, F. 210° (Zers.; CH_3OH); 49%. — *N-β-Mercaptopropionyl-*, $C_9H_{17}NO_6S$, F. 194—196° (Zers.; CH_3OH); 24%. — *N.N'-[α.α'-Dimercaptoadipoyl]-bis-*, $C_{18}H_{32}N_2O_{12}S_2$, Zers. bei 220° (wss. CH_3OH); 41%.

P. GREGORZEWSKI. 3400□

Tetrahydro-1.3-thiazin-Derivate von Monosacchariden. R. Mani, Wolfgang Meyer zu Reckendorf und William A. Bonner. (Chem. Ber. **95.** 1000—02. 19/4. 1962. Stanford, Calif., Stanford Univ., Dep. of Chem.; dt.) — Umsetzung von D-Glucose, D-Galaktose, D-Mannose u. L-Arabinose mit 3-Mercaptopropylamin ergab substituierte *Tetrahydro-1.3-thiazine*. Die Konstit. der Verb. aus D-Glucose wurde durch RANEY-Ni-Desulfurierung zu einem auf unabhängigem Wege erhaltenen D-Sorbit-Deriv. bewiesen.

Versuche (FF. korr.): *2-[D-gluco-Pentahydroxypentyl-(1)]-tetrahydro-1.3-thiazin*, $C_9H_{19}NO_5S$, F. 160° (Zers.; Methanol), durch 2std. Kochen von 3-Mercaptopropylamin, D-Glucose u. Triäthylamin in Methanol; $[\alpha]_D^{25}$ —6,8° (c = 1,35; W.); 70% (Ausbeute). *N-Acetylpenta-O-acetyl-Deriv.*, $C_{21}H_{31}O_{11}S$, F. 148° (Methanol), mit Acetanhydrid/Pyridin; $[\alpha]_D^{25}$ +67,6° (c = 5,64; Chlf.); 60%. — *1-[N-Propylacetamido]-2.3.4.5.6-penta-O-acetyl-1-desoxy-D-sorbit*, $C_{21}H_{33}NO_{11}$, F. 94—95° (Essigester/PAe.) a) durch 3std. Kochen des vorst. Acetyl-Deriv. mit RANEY-Ni in abs. A., Filtrieren u. Eindampfen im Vakuum; $[\alpha]_D^{25}$ —1,7° (c = 5,89; Chlf.); 52%; b) durch ¼std. Erhitzen von 2 g nachst. Verb. in 70%ig. A. mit RANEY-Ni, Filtrieren, Eindampfen im Vakuum, Acetylieren mit Acetanhydrid/Pyridin, Lösen in Essigester, Fällen mit PAe., Verwerfen des Öls u. mehrstd. Stehen der Mutterlauge im Eisschrank; Nadeln; 130 mg. — *1-Propylamino-1-desoxy-*

D-glucose, $C_9H_{19}NO_5$, F. 85—87° (A./Aceton), durch 20 Min. langes Kochen von D-Glucose mit Propylamin in abs. Methanol; $[\alpha]_D^{25}$ —23,0° (5 Min.); —6,5° (3/4 Std.; c = 1,75; A.); 54%. — *2-[D-galakto-Pentahydroxypentyl-(1)]-tetrahydro-1.3-thiazin*, $C_9H_{19}NO_5S$, F. 142° (Zers.; Methanol), analog der entsprechenden Gluco-Verb.; $[\alpha]_D^{25}$ —7,2° (c = 0,76; W.); 65%. — *2-[D-manno-Pentahydroxypentyl-(1)]-tetrahydro-1.3-thiazin*, $C_9H_{19}NO_5S$, F. 148° (Zers.; W.); $[\alpha]_D^{25}$ +10,2° (c = 3,81; 10%ig. HCl); 68%. — *2-[L-arabo-Tetrahydroxybutyl-(1)]-tetrahydro-1.3-thiazin*, $C_8H_{17}NO_4S$, F. 140° (Zers.; Methanol); $[\alpha]_D^{25}$ +4,0° (c = 1,42; W.); 64%. P. GOLINSKE. 3400□

N-p-Tolyllactosylamin und sein Amadori-Umlagerungsprodukt. Susumu Adachi. (Chem. and Ind. **1957.** 956. 6/7. Sendai, Tohoku Univ., Fac. of Agric., Labor. of Animal Prod. Technol.; engl.) — Festes N-p-Tolyllactosylamin (II; $C_{19}H_{29}NO_{10}$, F. 133°) wird innerhalb weniger Monate bei 37° u. 80% relativer Luftfeuchtigkeit in *p-Tolylisolactosylamin* (I; $C_{19}H_{29}NO_{10}$, F. 168°, $[\alpha]_D^{24}$ —3,1°) umgewandelt. I liefert mit o-Dinitrobenzol eine violette Verb. (UV-Maximum bei 540 mμ). I kann aus p-Toluidin u. Lactose analog der Meth. von KUHN u. WEYGAND [1937] gewonnen werden. I u. II liefern bei der Hydrolyse mit HCl *Lactulose*. G. MARQUARD. 3400

Über Ranunculin. 1. Mitt. **Die Glucosidbindung und ihre Stabilität.** Nils Hellström. (Kungl. Lantbrukshögskolans Ann. **25.** 171—84. 1959. Inst. of Organ. Chem.; engl.) — Die Stabilität der Glucosidbindung in *Ranunculin* [I; *2-Hydroxymethyl-5-keto-Δ^3-dihydrofuranglucosid*] wird chromatograph., IR- u. UV-spektroskop. untersucht. I wird bei pH 4—8 sowie bei Einw. von 0,1n NaOH unter Bldg. von *Glucose* u. *Protoanemonin* [II; *2-Methylen-5-keto-Δ^3- dihydrofuran*] gespalten. II geht beim Ansäuern über ein *Intermediär-Prod.* (λ_{max} 240 mμ) in *β-Acetylacrylsäure* über. Im Bereich von pH 4—8 ist die Spaltung eine Rk. 1. Ordnung, die Geschw. nimmt mit steigendem pH des Puffers zu u. ist auch von der Puffer-Konz. abhängig. In Ggw. von NaOH finden außerdem Neben-Rkk. statt. Auf Grund der opt. Drehung [$[\alpha]_D$ —80°] des IR-Spektrums u. der Spaltung durch β-Glucosidase wird für I β-Konfiguration angenommen. Bei UV-spektroskop. u. polarimetr. Unters. der Einw. von HCl auf I scheint die Stabilität von I gegen HCl nach ersterer gering, nach letzterer dagegen hoch zu sein. Das *Aglucon* von I ist opt.-akt. u. neutral, sein Red.-Potential gegen ammoniakal. $AgNO_3$-Lsg. ist größer als das von I. L. LAMZA. 3450

Blütenpigmente. Flavonoide von Argemone mexicana Linn. W. Rahman und Mohd. Ilyas. (J. org. Chemistry **27.** 153—55. 18/1. 1962. Aligarh, India, Muslim. Univ.; engl.) — Aus den gelben Blüten von *Argemone mexicana* Linn. werden *4'.5.7-Trihydroxy-3'-methoxyflavonol* (I; *Isorhamnetin*), I-*3-Glucosid* (II) u. I-*7-Diglucosid* (III) isoliert. Die Konstit. der Verbb. wird durch Abbau, direkten Vgl. mit autent. Präpp. sowie UV-, IR-Spektren u. Farb-Rkk. festgestellt.

Versuche (FF. korr.): *Isorhamnetin* (I), $C_{16}H_{12}O_7$, F. 304—306°, a) durch Extrahieren von 500 g getrockneten Blüten mit PAe. u. A., Einengen des A.-Extraktes im Vakuum, Lösen in W., Extrahieren mit Butanol, fraktionierte Fällung mit Pb-Acetat u. Chromatographie der Flavonoide an Mg-Trisilicat u. an Papier WHATMAN Nr. 3; aus CH_3OH gelbe Nadeln; 150 mg (Ausbeute); b) aus 100 mg Tetraacetyl-Deriv. u. wss.-alkohol. HCl auf dem Wasserbad (2 Std.); 40 mg; c) durch 2std. Kochen von II mit 0,6n HCl u. mehrstd. Stehen neben 1 Mol *Glucose* (**IV**; *Osazon*, F. 204—205°); d) analog c aus III neben 2 Mol **IV**. *Tetraacetyl-Deriv.*, $C_{24}H_{20}O_{11}$, F. 202—204°, durch 2std. Kochen von 150 mg I mit Na-Acetat/Acetanhydrid; aus A. Nadeln; 140 mg. — *Isorhamnetin-3-glucosid* (II), *Dihydrat*, $C_{22}H_{22}O_{12} \cdot 2\,H_2O$, F. 165—167°, neben I nach a); 300 mg; b) aus dem Heptaacetyl-Deriv. nach ZEMPLÉN; aus CH_3OH gelblichbraune Platten. *Heptaacetyl-Deriv.*, F. 135—136°, aus II u. Acetanhydrid/Pyridin bei 85—95° (3 Std.); aus verd. A. Nadeln. — *Isorhamnetin-7-diglucosid* (III), $C_{28}H_{32}O_{17}$, F. 208—210°, a) neben I; b) aus dem Dekaacetyl-Deriv. nach ZEMPLÉN; aus CH_3OH gelbe Nadeln. *Dekaacetyl-Deriv.*, F. 148—150°, Nadeln. — *Quercetin, Pentamethyläther*, $C_{20}H_{20}O_7$, F. 152°, durch 30std. Kochen von I, K_2CO_3 u. Dimethylsulfat in Aceton; aus Äthylacetat Nadeln. *3'.4'.5.7-Tetramethyläther*, F. 193°, durch Hydrolyse von permethyliertem I mit sd. 7%ig. H_2SO_4; aus A. strohgelbe Nadeln. *Acetyl-Deriv. des 3'.4'.5.7-Tetramethyläthers*, F. 160 bis 162°. *3.3'.4'.5-Tetramethyläther*, F. 284—285°, durch Hydrolyse von permethyliertem III; aus A. strohgelbe Nadeln. *Acetyl-Deriv. des 3.3'.4'.5-Tetramethyläthers*, F. 174°.
F. HELLER. 3450□

Purinnucleoside. 1. Mitt. **Synthese einiger 6-substituierter 9-[Tetrahydropyranyl-(2)]-purine als Modellsubstanzen für Purindesoxynucleoside.** Roland K. Robins, Erik F. Godefroi, Edward C. Taylor, Leland R. Lewis und Alvin Jackson.

(J. Amer. chem. Soc. 83. 2574—80. 5/6. 1961. Temple, Ariz., Arizona State Univ., Dep. of Chem.; Detroit, Mich., Parke, Davis & Co., Res. Labor.; Princeton, N.J., Univ., Frick Chem. Labor.; engl.) — 6-Chlorpurin (II) reagiert mit 2.3-Dihydro-4H-pyran (III) in Ggw. katalyt. Mengen p-Toluolsulfonsäure unter Bldg. von *6-Chlor-9-[tetrahydropyranyl-(2)]-purin* (I); die 9-Stellung des Tetrahydropyranyl-Substituenten wird durch spektroskop. Vgl. mit anderen 9-substituierten Purinen sichergestellt. 6-Jod-, 6-Methoxypurin u. 6-Alkylmercaptopurine setzen sich ebenfalls glatt mit III um; bei Purin, Adenin, 6-Mercaptopurin u. Hypoxanthin tritt dagegen keine Rk. ein. *6-Mercapto-9-[tetrahydropyranyl-(2)]-purin* wird durch Umsetzen von I mit NaSH erhalten; analog stellt man durch Behandeln von I mit methanol. NH_3 *6-Amino-9-[tetrahydropyranyl- (2)]-purin* (*9-[Tetrahydropyranyl-(2)]-adenin*) dar. Im Gegensatz zu II konnte I auch glatt mit Äthylenimin umgesetzt werden, womit die blockierende Eignung des Tetrahydropyranylrestes bestätigt wird. Ebenso wie III treten auch 2-Methoxy- u. 2-Äthoxy-2.3-dihydro-4H-pyran mit II in Rk.; dabei sollten Gemische von jeweils 4 opt.-akt. Isomeren anfallen, doch wurde bisher nicht versucht, die erhaltenen Prodd. in opt. Antipoden zu trennen. Während 2-Hydroxymethyl-2.3-dihydro-4 H-pyran unter den üblichen Bedingungen bevorzugt Selbst-Kondens. eingeht u. sich keine Rk.-Prodd. mit II isolieren ließ, liefert 2-Acetoxymethyl-2.3-dihydro-4 H-pyran (IV) in hoher Ausbeute das erwartete *6-Chlor-9-[6-acetoxymethyltetrahydropyranyl-(2)]-purin* (V). Dieses ließ sich mit methanol. NH_3 bei 0° selektiv desacetylieren, während bei 25° auch Aminolyse des 6-ständigen Cl im Purin-Syst. eintritt; ähnlich wird aus V mit NaSH direkt *6-Mercapto-9-[6-hydroxymethyltetrahydropyranyl-(2)]-purin* erhalten. Zahlreiche der neuen Purin-Derivv., die als Modellsubstanzen für Desoxynucleoside aufgefaßt werden können, zeigen eine ausgeprägte Antitumor-Wrkg. gegen Adenocarcinom 755 an Mäusen.

Versuche: 9-[Tetrahydropyranyl-(2)]-purine: *6-Chlor-* (I), $C_{10}H_{11}ClN_4O$, F. 69—71°, durch Zutropfen von 40 ml III zu 60 g II u. 1 g p-Toluolsulfonsäure in Essigester bei 55—60°, weiteres 1std. Rühren unter allmählichem Abkühlen auf Raum-Temp., Zugeben von konz. NH_4OH, 5 Min. langes Rühren, Ausziehen mit W. u. Dest. der organ. Phase; aus PAe. Nadeln; 69,3 g (Ausbeute). — *6-Amino-*, $C_{10}H_{13}N_5O$, F. 186—188°, durch 2std. Erhitzen von 10 g I mit bei 0° mit NH_3 gesätt. abs. A. im Autoklaven auf 100°, Zugeben von 3 g KOH, Eindampfen u. Ausziehen mit Essigester; aus Essigester Nadeln; 4,9 g. — *6-Methylmercapto-*, $C_{11}H_{14}N_4OS$, F. 93—94° (PAe.), analog I aus 6-Methylmercaptopurin; 78%. — Analog: *6-[p-Chlorbenzylmercapto]-*, F. 94—95° (PAe.); 68%. — *6-[o-Chlorbenzylmercapto]-*, F. 84—86° (PAe.); 50%. — *6-[o-Fluorbenzylmercapto]-*, F. 100° (PAe.); 72%. — *6-[m-Fluorbenzylmercapto]-*, F. 89—90° (PAe.); 78%. — *6-[p-Fluorbenzylmercapto]-*, F. 106—107° (Bzl.–Heptan); 87%. — *6-Benzylmercapto-*, F. 104° (Bzl.–Heptan); 85%. — *6-Isobutylmercapto-*, F. 101—102° (PAe.); 63%. — *6-n-Butylmercapto-*, F. 107—108° (PAe.); 57%. — *6-n-Propylmercapto-*, F. 94° (PAe.); 66%. — *6-Mercapto-*, $C_{10}H_{12}N_4OS$, Zers. ab 225°, durch 20 Min. langes Kochen von 7 g I mit NaSH in abs. Methanol u. Neutralisieren mit Eisessig; aus Dimethylformamid Nadeln; 5,3 g. — *6-Äthylenimino-*, $C_{12}H_{15}N_5O$, F. 88—89° (PAe.), durch 2std. Rühren von 10 g I mit 10 ml Äthylenimin u. 20 ml Triäthylamin in Bzl. bei 45—50°, 5 Min. langes Kochen, Stehen über Nacht u. Einengen; 5,3 g. — *6-Dimethylamino-*, $C_{12}H_{17}N_5O$, F. 127—128° (n-Heptan), durch 8std. Erhitzen von 7 g I mit 25%ig. wss. Dimethylamin auf dem Dampfbad unter Einengen, Schichtentrennung, Entwässern der schwereren öligen Phase durch azeotrope Dest. mit Bzl. u. Zugeben von PAe.; 4,3 g. — *6-Methylamino-*, $C_{11}H_{15}N_5O$, F. 167—169° (Bzl.), durch Eindampfen von 7 g I mit 40%ig. wss. Methylamin auf dem Dampfbad; 3,4 g. — *6-Furfurylamino-*, $C_{15}H_{17}N_5O_2$, F. 138—139°, durch 25 Min. langes Erhitzen von 1 g I mit 3 ml Furfurylamin auf 90°; aus abs. A. Würfel; 1,3 g. — *6-Jod-*, $C_{10}H_{11}JN_4O$, F. 98—100°, analog I aus 53 g 6-Jodpurin; aus PAe. Nadeln; 62 g. — 6-Alkylmercapto-7-methylpurine, durch 2std. Rühren von 1,7 g 6-Mercapto-7-methylpurin mit dem Alkylhalogenid in wss. KOH: *6-n-Butylmercapto-*, $C_{10}H_{14}N_4S$, F. 118—119°, aus W. Nadeln; 0,9 g. — *6-Benzylmercapto-*, $C_{13}H_{12}N_4S$, F. 155—157° (W.); 2,1 g. — *6-[p-Fluorbenzylmercapto]-*, $C_{13}H_{11}FN_4S$, F. 163—165°, aus Bzl.–Heptan Nadeln; 55%. — *6-Benzylmercapto-9-methylpurin*, $C_{13}H_{12}N_4S$, F. 121—123° (A.), durch Zutropfen von 45,6 g Benzylchlorid in Dioxan zu 7,2 g 6-Mercapto-9-methylpurin in wss. KOH bei 80°, 1std. Rühren bei 75° u. Stehen über Nacht; 4,2 g. — *6-Chlor-9-[6-acetoxymethyltetrahydropyranyl-(2)]-purin* (V), $C_{13}H_{15}ClN_4O_3$, F. 139—140° (Essigester/n-Heptan), analog I aus 30 g II u. 60 g IV bei 70°; 46 g. — 9-[6-Hydroxymethyltetrahydropyranyl-(2)]-purine: *6-Chlor-*, $C_{11}H_{14}ClN_4O_2$, F. 139—140° (Bzl.–PAe.), durch 8std. Rühren von V mit bei 0° mit NH_3 gesätt. Methanol bei 0° u. Eindampfen im Vakuum; 4,5 g. — *6-Mercapto-*, $C_{11}H_{14}N_4O_2S$, Zers. ab 200° (wss. Dimethylformamid), durch ½std. Erhitzen von 8 g V mit NaSH in abs. Methanol auf dem Dampfbad u. Neutralisieren mit Eisessig; 6 g. — *6-Amino-*, $C_{11}H_{15}N_5O_2$, F. 200—201°, durch 48std. Stehen von 25 g V mit bei 0°

mit NH_3 gesätt. A. bei Raum-Temp.; aus abs. A. Blättchen; 18,7 g. — 9-[6-Methoxytetrahydropyranyl-(2)]-purine, analog den entsprechenden 9-[Tetrahydropyranyl-(2)]-Verbb.: *6-Chlor-*, F. 116—117° (PAe.); 35%. — *6-Mercapto-*, F. 221° (Zers.; wss. Dimethylformamid); 72%. — *6-Methylmercapto-*, F. 112—113° (PAe.); 40%. — 9-[6-Äthoxytetrahydropyranyl-(2)]-purine: *6-Chlor-*, F. 107—109° (PAe.); 63%. — 6-Jod-, F. 165—166° (Bzl.); 66%. — *6-Mercapto-*, F. 225—226° (wss. Dimethylformamid); 49%. — *6-Dimethylamino-*, F. 97—97,5° (n-Heptan); 67%.

H.-E. Toussaint. 3450□

Synthese P-N-aminosaurer (peptidischer) Derivate der Adenylsäure und Untersuchung ihrer Eigenschaften. L. G. Andronowa, S. A. Schabarowa, T. Ss. Rjabowa und M. A. Prokofjew. (Журнал Общей Химии [J. allg. Chem.] **31** (**93**). 3243—50. Okt. 1961. Moskau, Lomonossow-Univ.; russ.) — 2'.3'-Isopropylidenadenosin-5'-benzylphosphit (I) reagiert mit Aminosäureestern (II) in CCl_4 bei Raum-Temp. unter Bldg. von *N-[2'.3'-Isopropylidenadenosin-5'-benzylphosphoryl]-aminosäureestern* (III), die durch Alkali relativ schwierig, durch Säure leichter hydrolysiert werden. Durch katalyt. Hydrierung läßt sich in den III der Benzylrest abspalten; die erhaltenen *N-[2'.3'-Isopropylidenadenosin-5'-phosphoryl]-aminosäureester* werden durch Säure bei 37°, durch Alkali erst in der Siedehitze zu *Adenylsäure* u. den II verseift. Phosphomonoesterase, Chymotrypsin u. Ribonuclease spalten die P–N-Bindung dagegen nicht. Beim Kochen von N-[2'.3'-Isopropylidenadenosin-5'-phosphoryl]-phenylalaninmethylester (IV) mit Carbobenzoxy (Cbo)-glycin, -valin oder -tyrosin werden, wie der papierchromatograph. Nachw. zeigt, die entsprechenden *Dipeptide* gebildet. Die analoge Benzylphosphoryl-Verb. (V) reagiert nicht. IV-Triäthylammoniumsalz reagiert mit $H_3PO_4/H_4P_2O_7$-Gemisch zu *Adenosindi-* u. *-triphosphat*; mit Oleum in Pyridin entsteht *Adenosinphosphorylsulfat*. Die P–N-aminosauren Adenylsäure-Derivv. sind auch zur Gewinnung von Coferment-Syst. geeignet. Läßt man IV-Triäthylammoniumsalz mehrere Tage mit Ribose-5-phosphattributylammoniumsalz stehen, so kann papierchromatograph. die Bldg. von *2'.3'-Isopropylidenadenosin-5'-diphosphorylribose* nachgewiesen werden; mit Phosphoglucose wird die entsprechende *5'-Diphosphorylglucose* erhalten.

Versuche: N-[2'.3'-Isopropylidenadenosin-5'-benzylphosphoryl]-aminosäureester (III), durch 12std. Stehen von I mit den II in abs. CCl_4 u. Eindampfen im Vakuum bei 40°: *-phenylalaninmethylester* (V), $C_{30}H_{35}N_6O_8P$, F. 79—81° (Zers.); 65% (Ausbeute). — *-phenylalaninäthylester, Trihydrat*, $C_{31}H_{37}N_6O_8P \cdot 3\,H_2O$, F. 88—90° (Zers.); 62,5%. — *-glycinmethylester, Trihydrat*, $C_{23}H_{29}N_6O_8P \cdot 3\,H_2O$, F. 60 bis 63° (Zers.); 52%. — *-leucinmethylester, Trihydrat*, $C_{27}H_{37}N_6O_8P \cdot 3\,H_2O$, F. 68—72° (Zers.); 44%. — *-ε-N-Cbo-lysinmethylester*, $C_{35}H_{44}N_7O_{10}P$, F. 50—55° (Zers.); 54%. — *-glutaminsäurediäthylester*, $C_{29}H_{39}N_6O_{10}P$, F. 70—76° (Zers.); 62%. — *-phenylalanylglycinmethylester*, $C_{32}H_{38}N_7O_9P$, F. 60—65° (Zers.); 45%. — *N-[2'.3'-Isopropylidenadenosin-5'-phosphoryl]-phenylalaninmethylester* (IV), *Trihydrat*, $C_{23}H_{29}N_6O_8P \cdot 3\,H_2O$, F. 116 bis 118° (Zers.), durch Hydrieren von V in 50%ig. Methanol über PdO; 67%. *Triäthylammoniumsalz, Trihydrat*, $C_{29}H_{44}N_7O_8P \cdot 3\,H_2O$, F. 85—90° (Zers.), durch Hydrieren von V in 96%ig. A. in Ggw. von Triäthylamin über Pd-Schwarz; 78%

H.-E. Toussaint. 3450□

Neue Glucoside aus Digitalis thapsi L. A. Lorenz Gil, A. Casas Carramiñana und E. Primo Yúfera. (An .Real Soc. españ. Física Quím., Ser B **54**. 761—74. Dez. 1958. Valencia, Fac. de Ci., Dep. de Quím. Vegetal.; span.) — Aus den Blättern der in Spanien beheimateten *Digitalis thapsi* L. wurde ein neues Glykosid „*Thapsifolein*" (I) isoliert, dessen Hydrolyse ein Genin „*Thapsifoligenin*" u. *D-Digitalose* liefert. Durch Papierchromatographie wurden in den Extrakten ferner *Digitoxin, Acetyldigitoxin, Acetylgitoxin, Digoxin, Lanafolein* u. *Digifolein* (II) sowie weitere, nicht identifizierte Glykoside nachgewiesen. II konnte ebenfalls krist. isoliert werden.

Versuche: *Thapsifolein* (I), $C_{28}H_{40}O_9$, F. 240—241° (Chlf.-Ae.), $[\alpha]_D^{20}$ —40,9° (c = 0,075; Chlf.), durch mehrfaches Ausziehen der mit PAe. extrahierten, fein verriebenen Blätter mit A. bei 75°, Einengen, Verdünnen mit W., Ausäthern, anschließend Ausziehen mit Chlf. u. Chromatographieren an Al_2O_3; daneben *Digifolein* (II), $C_{28}H_{40}O_8$, F. 196—199°, $[\alpha]_D^{20}$ — 187 ± 5° (c = 0,087; Chlf.), aus Chlf.-Ae. Prismen; ferner durch Chromatographieren des Ae.-Extraktes „*Verb. AE*", $C_{14}H_{28}O_3$, F. 134,5°, $[\alpha]_D^{20}$ —45,5° (c = 0,0625; Chlf.); *Verb. vom F. 240°* (*Acetyldigitoxin?*), aus Methanol-Ae. Nadeln; u. *Verb. vom F. 140°*, aus Methanol-Ae. Nadeln. — *Thapsifoligenin*, $C_{21}H_{28}O_5$, F. 249°, durch 1std. Kochen von I mit 2n H_2SO_4/Methanol (1:1); $[\alpha]_D^{20}$ — 74,2 ± 8° (c = 0,0185; Chlf.); aus Chlf.-Bzl. Prismen; daneben (papierchromatograph. nachgewiesen) *D-Digitalose*.

H.-E. Toussaint. 3450□

Alkaloiduntersuchungen. 32. Mitt. **Untersuchungen an Skytanthus acutus Meyen. Die Struktur des Monoterpenalkaloids Skytanthin.** Carl Djerassi, J. P. Kutney und M. Shamma. (Tetrahedron [London] **18.** 183—88. Jan. 1962. Stanford, Calif., Stanford Univ., Dep. of Chem.; Vancouver, Univ. of British Columbia, Dep. of Chem.; University Park, Pa., Pennsylvania State Univ., Dep. of Chem.; engl.) — 31. vgl. MOSETTIG u. Mitarbeiter, J. Amer. chem. Soc. **83.** [1961.] 3163; vgl. auch C. **1962.** 12660. — Aus dem methanol. Extrakt der Wurzelrinde von *Skytanthus acutus* Meyen wird ein neues Monoterpenalkaloid $C_{11}H_{21}N$, *Skytanthin* (I), isoliert. Seine Konstit. als *rac. N-Methylhexahydroactinidin* wird durch Abbau-Rkk. sowie Dehydrierung zu *rac.-Actinidin* (*5.5'-Dimethylcyclopenteno-[1'.2':3.4]-pyridin*) u. Unters. der UV-, IR- u. kernmagnet. Resonanzspektren bewiesen.

Versuche: *Skytanthin* (I), $C_{11}H_{21}N$, Kp.$_{1,5}$ 54°, Kp.$_{4}$ 100°, durch Extrahieren von 5 kg trockener, gemahlener Wurzelrinde mit CH_3OH, Einengen im Vakuum, Zugeben von verd. Essigsäure, Ausschütteln mit Hexan u. Bzl., Alkalisieren mit NaOH u. Extrahieren mit Chlf.; n_D^{27} 1,4762; $[\alpha]_D$ +42° (Chlf.); 12,8 g (Ausbeute). *Pikrat*, $C_{17}H_{24}N_4O_7$, F. 135—136°, aus CH_3OH gelbe Kristalle. *Methojodid*, $C_{12}H_{24}JN$, F. 296—298° (Zers.; A.). — *1-Dimethylaminomethyl-2-isopropenyl-5-methylcyclopentan*, $C_{12}H_{23}N$, Kp. 170°, durch HOFMANN-Abbau von I-Methojodid; $[\alpha]_D$ +30° (CH_3OH). *Methojodid*, $C_{13}H_{26}JN$, F. 145—147° (Aceton); $[\alpha]_D$ +29° (A.). — *1-Dimethylaminomethyl-2-acetyl-5-methylcyclopentan*, $C_{11}H_{21}NO$, Kp.$_{4,5}$ 100°, neben CH_2O (*2.4-Dinitrophenylhydrazon*, F. 162—165°; 40 mg) aus 150 mg vorst. Verb. u. O_3 in Eisessig bei Raum-Temp. u. Red. des Ozonids mit $FeSO_4$; $[\alpha]_D$ +34° (CH_3OH); gelbliches Öl; 112 mg. *Methojodid*, $C_{12}H_{24}JNO$, F. 151 bis 152° (A.). — *2-Dimethylaminomethyl-3-methylcyclopentanol*, $C_9H_{19}NO$, Kp.$_7$ 100°, durch ½ std. Kochen von 50 mg Acetyl-Deriv. u. 20%ig. NaOH; $[\alpha]_D$ +18° (CH_3OH); 25 mg. *Acetyl-Deriv.*, $C_{11}H_{21}NO_2$, Kp.$_7$ 110°, durch Zugeben von CF_3COOOH in CH_2Cl_2 zu 100 mg vorst. Keton u. NaH_2PO_4 in CH_2Cl_2 bei Raum-Temp., Rühren für 20 Min. u. Kochen (20 Min.); $[\alpha]_D$ +20° (CH_3OH); 73 mg. — *2-Dimethylaminomethyl-3-methylcyclopentanon*, $C_9H_{17}NO$, Kp.$_8$ 100°, aus 60 mg vorst. Alkohol u. CrO_3 in Aceton; $[\alpha]_D$ —9° (CH_3OH); 48 mg. — *rac.-Actinidin*, aus 500 mg Pikrat u. LiOH in W.; 175 mg. *Pikrat*, $C_{16}H_{16}N_4O_7$, F. 139—140° (CH_3OH), aus 0,5 g I u. Pd-Schwarz bei 280° (³/₄ Std.) u. Rk. des Prod. mit Pikrinsäure in A.; 500 mg. F. HELLER. 3500 □

Die absolute Konfiguration von Valeroidin. G. Fodor, I. Vincze und J. Tóth. (Experientia [Basel] **13.** 183. 15/5. 1957. Szeged, Hungary, Univ., Inst. of Organ. Chem.; engl.) — (—)3α.6β-Dihydroxytropan, das Desisovaleroyl-Deriv. von Valeroidin (I), wird mit Jodessigsäureäthylester in *N-Carbäthoxymethyl-3α.6β-dihydroxytropaniumjodid*, $C_{12}H_{22}JNO_4$, F. 154°, $[\alpha]_D^{20}$ —23,7°, übergeführt, das sich zum *6-Lacton* von *N-Carboxymethyl-3α.6β-dihydroxytropaniumjodid*, $C_{10}H_{16}JNO_3$, F. 264° (Zers.; korr.), $[\alpha]_D^{20}$ +37,5°, cyclisieren läßt. Anwendung der Lactonregel von HUDSON ergibt für I die Konfiguration (*3R:6 S*)-*3α.6β-Dihydroxytropan-3-isovalerat.* B. MEHLIS. 3500

Eine Untersuchung der Rutaceen von Hongkong. 8. Mitt. **Die Synthese des Alkaloids Graveolin.** H. R. Arthur und Lucy Y. S. Loh. (J. chem. Soc. [London] **1961.** 4360—61. Okt. Hongkong, Univ. of Hongkong, Dep. of Chem.; engl.) — 7. vgl. C. **1962.** 10303. — Durch Kondens. von N-Phenylpiperonylimidchlorid u. Na-Malonester in sd. Toluol wird *2-[3.4-Methylendioxyphenyl]-4-oxo-1.4-dihydrochinolin-3-carbonsäureäthylester* erhalten u. zu der Säure (I) verseift. Decarboxylierung von I u. Methylieren mit Dimethylsulfat u. KOH liefert *1-Methyl-2-[3.4-methylendioxyphenyl]-chinolon-(4)* (*Graveolin*).

Versuche: *N-Phenylpiperonylamid*, $C_{14}H_{11}NO_3$, F. 144—145° (Bzl.), durch Rk. von 10,0 g Piperonylsäure u. sd. $SOCl_2$ u. Umsetzen des Säurechlorids mit Anilin auf dem Wasserbad (½ Std.); 15,1 g (Ausbeute). — *2-[3.4-Methylendioxyphenyl]-4-oxo-1.4-dihydrochinolin-3-carbonsäure* (I), $C_{17}H_{11}NO_5$, F. 291—292°, aus 1,5 g Äthylester u. sd. wss.-alkohol. KOH (7 Std.); aus 2-Methoxyäthanol Nadeln; 0,9 g. *Äthylester*, $C_{19}H_{15}NO_5$, F. 228°, durch Rk. von 15,0 g vorst. Amids mit PCl_5 bei 110—115° (1 Std.), Abdestillieren des $POCl_3$ im Vakuum, Zugeben einer Suspension von Na-Malonester in Toluol, 3½ std. Kochen, Abdest. bis 190° im Vakuum u. Chromatographie in Bzl. an Al_2O_3; aus A. Nadeln; 3,4 g. — *2-[3.4-Methylendioxyphenyl]-chinolon-(4)*, $C_{16}H_{11}NO_3$, F. 290—291°, durch Decarboxylieren von 0,9 g I mit Cu-Pulver in Chinolin bei 175—180° (10 Min.); aus A. Nadeln; 0,7 g. — *1-Methyl-2-[3.4-methylendioxyphenyl]-chinolon-(4)* (*Graveolin*), $C_{17}H_{13}NO_3$, F. 204—205°, durch abwechselndes Zugeben von Dimethylsulfat u. KOH zu vorst. Verb. in CH_3OH bei 60°; aus A. Nadeln. F. HELLER. 3500 □

Synthese von Derivaten der Cinchona-Alkaloide. 27. Mitt. **Ableitung von Dihydrocinchonamin aus Cinchonin.** Eiji Ochiai und Masayuki Ishikawa. (Chem.

pharmac. Bull. [Tokyo] **6.** 208—13. April 1958. Tokyo, Univ., Med. Fak., Pharm. Inst.; dt.) — 26. vgl. Chem. pharmac. Bull. [Tokyo] **6.** [1958.] 71; **24.** vgl. C. **1950/54.** 4624 S; vgl. auch C. **1961.** 13192. — Dihydrocinchonin (I) wurde analog dem l. c. beschriebenen Rk.-Weg über *2'-Hydroxydihydro-* u. *2'-Oxohexahydrocinchonin* in *Dihydrocinchonamin* übergeführt. UV- u. IR-Spektren sind angegeben.

Versuche: *Dihydrocinchonin-ar-N-oxid*, $C_{19}H_{24}N_2O_2$, F. 237—238,5°, a) durch 6½ std. Erwärmen von I in Eisessig mit 30%ig. H_2O_2 auf 63° u. anschließendes Einleiten von SO_2; 43% (Ausbeute); b) analog aus 2 g I ohne SO_2-Einw.; ca. 0,6 g; aus Methanol Prismen. — *2'-Chlordihydrocinchonin*, $C_{19}H_{23}ClN_2O$, F. 230—231°, durch Sättigen der Chlf.-Lsg. von 10 g vorst. Verb. mit HCl u. 1std. Erwärmen mit $POCl_3$ auf 70—75°; aus Chlf. Nadeln; 10 g. — *2'-Hydroxydihydrocinchonin*, $C_{19}H_{24}N_2O_2$, F. 261—262°, aus 10 g vorst. Verb. durch 3std. Kochen in 15%ig. HCl; aus Methanol Prismen; 9,5 g. — *2'-Oxohexahydrocinchonin*, $C_{19}H_{26}N_2O_2$ (II), F. 189—190,5°, aus 22 g vorst. Verb. durch Hydrieren an RANEY-Ni in Methanol bei 90 at u. 80°; $[\alpha]_D^{25}$ +148° (c = 1,55; A.); aus Essigester Nadeln; 5,1 g. *Acetat*, $C_{19}H_{25}N_2O_2 \cdot COCH_3$, F. 154—156° (Ae./PAe.), $[\alpha]_D^{26}$ +113° (c = 2,13; A.). Neben II sirupösen *Allo-2'-oxohexahydrocinchonin* [II **a**. *Acetat* (III), $C_{19}H_{25} \cdot N_2O_2 \cdot COCH_3$, F. 227—228°, $[\alpha]_D^{25}$ +12° (c = 1,16; A.); aus Methanol Prismen; 4,9 g. *Pikrat*, $C_{19}H_{26}N_2O_2 \cdot C_6H_3N_3O_7$, F. 225—226°, aus Methanol Prismen] u. 1,1 g *2'-Hydroxy-3¹.3².5'.6'.7'.8'-hexahydrocinchoninhemihydrat* ($C_{19}H_{28}N_2O_2 \cdot$ ½ H_2O, F. 246—247°, aus der Mutterlauge von III nach Verseifen mit 5%ig. KOH in A.; aus Methanol/Essigester Nadeln. *Hydrojodid*, $C_{19}H_{28}N_2O_2 \cdot HJ \cdot$ ½ H_2O, F. 320—325° (Zers.); aus Methanol Prismen). — *2-[3-Äthylchinuclidyl-(6)]-3-[carbäthoxymethyl]-indol* (IV), $C_{21}H_{28}N_2O_2$, F. 79 bis 80°, a) durch 30std. Kochen von 2,7 g II in 10%ig. alkohol. KOH, Sättigen mit CO_2, Filtrieren, Eindampfen, Aufnehmen in Chlf., Extrahieren mit W., Zusatz von NaOH zur wss. Lsg., Eindampfen, Trocknen durch azeotrope Dest. mit Bzl., 70std. Rk. mit 16 g Benzophenon u. 2 g Li-tert.-Butylat in Bzl. bei 115—120°, Extrahieren mit W., Sättigen mit CO_2, Eindampfen, 3std. Kochen mit äthanol. HCl u. Chromatographie in Ae. an Al_2O_3; b) analog aus II **a**; aus PAe. Prismen; $[\alpha]_D^{25}$ +57° (c = 1,07; A.); 150 mg. Daneben 400 mg *6-[2-Oxo-1.2.3.4-tetrahydrocinchoninoyl]-3-äthylchinuclidin*, $C_{19}H_{24}N_2O_2$, F. 172—173°, aus der mit W. extrahierten Benzol-Lsg. durch Chromatographie in Bzl.-Chlf. an Al_2O_3; $[\alpha]_D^{25}$ +78°; c = 2,64; A., aus Aceton Prismen]. — *Dihydrocinchonamin*, $C_{19}H_{26}N_2O$, F. 162—163°, durch ½ std. Kochen von 200 mg IV mit $LiAlH_4$ in Ae.; $[\alpha]_D^{27,5}$ +106° (c = 1,33; A.) aus Methanol/Ae. Nadeln; 160 mg. *Hydrochlorid*, $C_{19}H_{26}N_2O \cdot HCl$, F. 225—227°, aus Methanol/Essigester Nadeln. *Nitrat*, $C_{19}H_{26}ON_2 \cdot HNO_3$, F. 232—234°, aus Methanol/Essigester Prismen. B. MEHLIS. 3500

Molekülasymmetrie bei Naturstoffen. F. v. Bruchhausen und C. Schäfer. (Arch. Pharmaz. **294/66.** 373—87. Juni 1961. Braunschweig, TH, Inst. für Pharmaz. Chem. u. Lebensmittelchem.; dt.) — Übersicht. — 45 Literaturangaben. — Isotetrandrin (I) [Phäanthin (II), O-Methyloxyacanthin (III)] wird in 2%ig. Essigsäure zu Hg(II)-Acetat u. Äthylendiamintetraessigsäure in 1,5%ig. Essigsäure gegeben, 45 Min. auf dem sd. Wasserbad erhitzt, gekühlt, filtriert u. mit HgCl-Lsg. versetzt. Durch Suspendieren des Nd. in abs. A., ½ std. Einleiten von H_2S, Filtrieren, Einengen, Ansäuern mit HCl, Red. mit $NaBH_4$ bei Raum-Temp., 1std. Stehen, Alkalisieren mit NH_4OH, Schütteln des Nd. in Ae. u. Eindampfen hinterbleibt ein bräunliches Öl, das im Vakuum amorph erstarrt. Die Substanz wird ohne weitere Reinigung zur Best. der opt. Aktivität verwendet: *dehydriertes* **I**, $[\alpha]_D^{23}$ +18,5° (c = 2,73; Chlf.), +4° (c = 1,12; Chlf.); *dehydriertes* **II**, $[\alpha]_D^{21}$ —90,3° (c = 3,30; Chlf.); *dehydriertes* **III**, $[\alpha]_D^{20}$ +44,8° (c = 2,63; Chlf.). 0,5 g des dehydrierten **II** werden in abs. Toluol gelöst u. zu einer Lsg. von Na in fl. NH_3, 45 Min. gerührt, mehrere Std. offen stehengelassen, mit W. versetzt, mit Ae. extrahiert u. eingedampft. Dabei werden 180 mg eines braunen Öls erhalten: $[\alpha]_D^{24}$ —24° (c = 1,80; Chlf.). Aus der wss.-alkal. Lsg. werden durch Ansäuern mit HCl, Alkalisieren mit NH_4OH, Ausäthern u. Eindampfen 240 mg eines braunen Öls erhalten: $[\alpha]_D^{22}$ —37° (c = 2,40; Chlf.). Verglichen mit den nach TOMITAS Hypothese zu erwartenden Drehbeträgen für die Molekülasymmetrie, zeigen **I** u. **III** nach der Dehydrierung u. Red. mit $NaBH_4$ einen starken Abfall der spez. Drehung. P. GOLINSKE. 3500 □

Sophora-Alkaloide. 7. Mitt. **Die Alkaloide aus Sophora tomentosa.** R. C. Cambie. (New Zealand J. Sci. **4.** 13—15. März 1961. Auckland, Univ., Dep. of Chem.; engl.) — 6. vgl. C. **1961.** 4350. — Blätter u. Samen von *Sophora tomentosa* (**S**) enthalten *α-Matrin* (**I**) *Cytisin* (**II**), *Methylcytisin* (**III**) u. eine nichtidentifizierte *Base* **IV. I, II** u. **III** werden durch Extraktion der Samen von **S** u. Chromatographie in reiner Form isoliert; die Ggw. von **IV** wird papierchromatograph. nachgewiesen. Die Ggw. der vier Alkaloide in dem Extrakt der Blätter von **S** wird papierchromatograph. nachgewiesen.

Versuche: *α-Matrin* (I), F. 76—77°, durch SOXHLET-Extraktion von 600 g Samen von S mit CH_3OH, Eindampfen, Ausziehen mit 2n wss. HCl, Filtrieren, Alkalisieren mit konz. NH_4OH, Extrahieren mit Chlf., Eindampfen (→ braunes, viscoses Öl, 19,2 g), Dest. bei 163—185°/0,01 Torr, SOXHLET-Extraktion mit PAe. u. fraktionierte Kristallisation aus PAe.; Nadeln; 402 mg (Ausbeute). *Aurichlorid*, F. 196—197° (Zers.); aus W. Nadeln. *Perchlorat*, F. 267—268° (Sintern ab 200° u. langsame Zers. ab 251°); aus Chlf./60%ig. $HClO_4$ Prismen. — *Cytisin* (II), F. 152—153° (n-Butanol), durch Verteilungschromatographie des unlösl. Rückstandes vorst. PAe.-Extraktion an Cellulosepulver/Phosphatpuffer (pH 7,4) u. Eluieren mit n-Butanol/W. (10:3); 326 mg. *Benzolsulfonat*, F. 261—262°, aus den n-Butanolmutterlaugen; aus A. Platten; 230 mg. *Perchlorat*, F. 308° (langsame Zers. ab 295°); aus A. Nadeln. — *Methylcytisin* (III), *Pikrat*, F. 222 bis 224° (Zers.), aus den ersten Fraktionen vorst. Chromatographie mit Pikrinsäure; aus W. Nadeln; 86 mg. G. TEEGE. 3500 □

Ein neues, aus der Rinde von Ochrosia oppositifolia (Apocynaceae) extrahiertes Alkaloid. André Buzas, Michsislaw Osowiecki und Othman Schindler. (C. R. hebd. Séances Acad. Sci. **247**. 1390—91. 27/10. 1958; franz.) — Aus 300 g Rinde von *O. oppositifolia* wurde durch Extraktion mit sd. A., Umlösen aus CH_3COOH–W., Filtrieren, Einengen, Alkalisieren mit NH_4OH auf pH 8, Extraktion mit Chlf.–A. (10:1) u. Al_2O_3-Chromatographie der 1. Kristallfraktion (880 mg) ein *Alkaloid* $C_{18}H_{16}N_2O$, F. 282 bis 284° (Umwandlung bei 240°; Aceton), erhalten, das auf Grund des IR-Spektrums OCH_3-, C–N- u. NH^-- oder N^+- u. trisubstituierte Benzolgruppierungen enthält, u. vielleicht mit *Methoxyellipticin* aus *O. elliptica* ident. ist. $[\alpha]_D$ 0°; λ_{max} 335, 290, 275 u. 242 mμ (log ε = 3,71, 4,66, 4,59 bzw. 4,35). *Hydrochlorid*, $C_{18}H_{16}N_2O \cdot HCl \cdot H_2O$, F. 282—290° (Umwandlung bei 260°), orangefarbene Nadeln aus A.; *Pikrat*, $C_{24}H_{19}N_5O_8$, F. 268—272° Zers.), rotorangefarbene Kristalle aus wss. Aceton. K. MAIER. 3500 □

Alkaloide der Pereiro-Rinde. 6. Mitt. **Die Konstitution von Pereirin.** Alfred Bertho und Max Koll. (Chem. Ber. **94**. 2737—46. 1961. München, Univ., Inst. für Org. Chem.; dt.) — 5. vgl. Naturwissenschaften **48**. [1961.] 49; 4. vgl. C. **1961**. **9043**. — *Pereirin* (I) kommt in der Pereiro-Rinde als genunies Alkaloid sowie als Paarling im Alkaloid Geissospermin (II) vor. I liefert *Monohalogenmethylate*, was auf das Vorliegen eines tert. N hindeutet. *Diacetylpereirin* (III) stellt ein N.O-Diacyl-Deriv. dar. Die $LiAlH_4$-Red. von III liefert neben wenig I ein *N-Äthylpereirin*. I zeigt im UV ein Indolinspektrum; III entspricht in der UV-Absorption weitgehend dem N-Acetylcarbazolin u. Strychnin. Bei der Zn-Staub-Dest. geht I in *3-Äthylpyridin*, ein vermutlich die *3-Methyl-* u. *3-Äthyl-Verb.* enthaltendes *Indolgemisch*, u. *Carbazol-Verbb.* über; Prodd. von HARMAN-Typ ließen sich nicht nachweisen. Durch OPPENAUER-Oxydation mit K-tert.-Butylat/Benzophenon wird I in eine um 4 H-Atome ärmere Base übergeführt. Die Oxydation mit CrO_3/Pyridin liefert ein „*Dehydropereirin*", das sich als ident. mit einem früher aus II isolierten Alkaloid erwies. Beim Kochen von I mit $POCl_3$ wird das auch durch Zn-Staub-Dest. von III zugängliche Anhydropereirin erhalten. Nach dem Gesamtergebnis der Unterss. ist für I die unabhängig auch von PUISIEUX u. Mitarbeitern (Ann. pharmac. franç. **17**. [1959.] 626) vorgeschlagene Struktur sichergestellt.

Versuche: *Pereirin* (I), $C_{19}H_{26}N_2O$, F. 142,5—143° (abs. Aceton). *Jodmethylat*, $C_{19}H_{26}N_2O \cdot CH_3J$, F. 252° (Methanol). *Chlormethylat*, $C_{19}H_{26}N_2O \cdot CH_3Cl$, F. 297° (Methanol), durch 1std. Behandeln des Jodmethylats mit AgCl in W. auf dem Wasserbad. *Methylperchlorat*, $C_{19}H_{26}N_2O \cdot CH_3ClO_4$, F. 253°, durch Fällen von 115 mg I-Jodmethylat in 2n Essigsäure mit wss. $NaClO_4$; aus W. fächerartige Kristalle; 80 mg (Ausbeute). *Methylenchlorid-Verb.*, $C_{19}H_{26}N_2O \cdot CH_2Cl_2$, F. 307° (Methanol), durch kurzes Erhitzen von I mit CH_2Cl_2 u. Zusetzen von Aceton. — *N-Acetylpereirin*, $C_{21}H_{28}N_2O_2$. — *N-Äthylpereirin*, $C_{21}H_{30}N_2O$, F. 181—182° (Ae.), durch Eintragen von 0,5 g $LiAlH_4$ in die sd. Lsg. von 1 g III in Ae., 3std. Erwärmen u. Zers. mit 2n NaOH; $[\alpha]_D^{22}$ —10 ± 1° (c = 1; A.); 470 mg [daneben sehr wenig I]. *Hydrojodidhydrat*, $C_{21}H_{30}N_2O \cdot HJ \cdot H_2O$, F. 193,5—194° aus W. vierkantige Säulen. *Hydroperchlorat*, $C_{21}H_{30}N_2O \cdot HClO_4$, F. 217,5°; aus verd. Essigsäure viereckige Säulen. *Methylperchloratsesquihydrat*, $C_{21}H_{30}N_2O \cdot CH_3ClO_4 \cdot 1{,}5H_2O$, F. 181—183° (Methanol). — *Verb.* $C_{19}H_{22}N_2O \cdot {}^1/_4\, H_2O$, F. 208°, durch 15std. Erhitzen von 950 mg I mit K-tert.-Butylat u. Benzophenon in Bzl. unter N_2, Gießen auf Eis, mehrfaches Ausziehen mit 10%ig. HCl, Alkalisieren mit NH_4OH/Eis, Ausäthern u. Chromatographie in Chlf. an Al_2O_3; aus Aceton Plättchen; 15 mg [*Methylperchlorathemihydrat*, $C_{19}H_{22}N_2O \cdot CH_3ClO_4 \cdot 0{,}5\, H_2O$, F. 286°; aus W. blaßgelbe Säulen]; daneben *Verb. vom F. 145,5°* [*Methylperchlorat*, F. 232—234°]. — *3-Äthylpyridin*, durch Zn-Staub-Dest. von I, Aufnehmen mit n-HCl, Alkalisieren mit KOH u. Ausäthern [*Pikrat*, F. 128—130°; aus Methanol Nadeln]; daneben in sehr geringer Menge *Verb. vom Kp.*$_{12}$ *ca. 200°* [*Pikrat*, F. 261—262° (Zers.; Methanol/Aceton)], sowie *Gemisch aus Skatol* u. *3-Äthylindol* (?)

[liefert ein *Pikrat*-Gemisch, F. 119—150°]. — *Dehydropereirin*, $C_{19}H_{24}N_2O$, F. 158—160° (Aceton), durch Stehen von I mit CrO_3/Pyridin über Nacht, Gießen auf Eis u. Ausäthern. — *Anhydropereirin*, $C_{19}H_{24}N_2$, F. 114—114.5° (Aceton), durch 4½ std. Kochen von I mit $POCl_3$ in Bzl. ,Einengen, Zugeben von Eis, Alkalisieren mit 2n NaOH u. Ausziehen mit Chlf.; aus Ae. Tafeln; 50%. *Bis-[jodmethylathydrat]*, $C_{19}H_{24}N_2 \cdot 2\,CH_3J \cdot 2\,H_2O$, F. 245° (Zers.; Methanol). *Bis-[methylperchlorat]*, $C_{19}H_{24}N_2 \cdot 2\,CH_3ClO_4$, F. 253—257° (W.)
H.-E. TOUSSAINT. 3500□

Die Chemie der Mutterkornalkaloide. A. Hofmann. (Planta med. [Stuttgart] **6.** 381—94. Dez. 1958; dt.) — Übersicht über die Chemie der Mutterkornalkaloide (Derivv. der Lyserg- u. Isolysergsäure u. Derivv. der Clavingruppe). — 27 Literaturangaben.
M. W. GÖRLICH. 3500□

Alkaloide als schmerzstillende Mittel. R. L. Ray. (J. chem. Educat. **37.** 451 bis 454. Sept. 1960. Baton Rouge, La., Div. of Humble Oil & Refining Co., Esso Standard, Esso Res. Labor.; engl.) — Vf. erörtert die Definition des Begriffes *Alkaloid* u. behandelt in einem Überblick Geschichte, Bedeutung, Gewinnung, Reinigung, Vork. u. Eigg. der Alkaloide. *Morphin*, *Strychnin* u. *Curare* werden eingehender besprochen, einschließlich ihrer spezif. Verwendung. — 18 Literaturangaben.
GERHARD SCHULZE. 3500□

Ajaconin: Verwandtschaft mit Atisin. D. Dvornik und O. E. Edwards. (Chem. and Ind. **1957.** 952—53. 6/7. Ottawa, Nat. Res. Council of Canada, Div. of Pure Chem.; engl.) — Vgl. C. **1959.** 10582. — Das Delphiniumalkaloid Ajaconin (I) ist ein Monohydroxy-Deriv. des Aconitumalkaloids Atisin (VI). I enthält daher ein Oxazolidin-Syst., worauf auch der pK-Wert von 11,3, die Bldg. eines Anhydroniumchlorides, das IR-Maximum bei 1683 cm⁻¹, seine leichte Reduzierbarkeit mit $NaBH_4$ zum *Dihydro-Deriv.* [*Hydrat*, $C_{22}H_{35}NO_3 \cdot H_2O$, F. 99—101°, $[\alpha]_D^{20}$ —39° (c = 1,04; abs. A.), pK 7,7; *Triacetat* (II), $C_{28}H_{41}NO_6$, F. 133—135°, $[\alpha]_D^{20}$ —92° (c = 1,11; abs. A.)] u. die leichte Abspaltung einer Acetoxyäthylgruppe aus **II** analog der Spaltung von **VI**-Diacetat C. **1960.** 9566) unter Bldg. von *Acetaldehyd* u. einem *Diacetat* [**III**; $C_{24}H_{33}NO_4$, F. 152—154°, $[\alpha]_D^{23}$ —76,5° (c = 1,06; abs. A.)] hinweisen. **III** liefert bei alkal. Hydrolyse ein *Diol* [**IV**; $C_{20}H_{29}NO_2$, F. 207—209°, $[\alpha]_D^{22}$ —18° (c = 1,80; abs. A.)], das mit 2-Chloräthanol wieder in **I** übergeführt wird. Die Ggw. einer exocycl. CH_2-Gruppe wird IR-spektroskop. nachgewiesen. Das Dihydro-Deriv. von **I** wird mit p-Toluolsulfonsäure in Dioxan bei 80° zu einem 6- oder mehrgliedrigen ringförmigen *Keton* (**V**) umgelagert. **I** u. **VI** lassen sich durch folgende Rkk. zum gleichen *Azomethin* (**XII**) abbauen: Spaltung von **III** mit OsO_4/$NaJO_4$ zu einem *Ketoldiacetat* [**VII**; $C_{23}H_{31}NO_5$, F. 249—250°, $[\alpha]_D^{21}$ —129° (c = 0,82; Chlf.)], WOLFF-KISHNER-Red. zum entsprechenden *Diol* [**VIII**; $C_{19}H_{29}NO_2$, F. 224,5—225,5, $[\alpha]_D^{21}$ —42° (c = 0,95; abs. A.)], Oxydation mit CrO_3 in 90%ig. CH_3COOH zu einem *Ketol* (**IX**; $C_{19}H_{27}NO_2$, F. 221,5—222,5°), Red. nach WOLFF-KISHNER zum *Monohydroxy-Deriv.* (**X**, $C_{19}H_{29}$·NO, F. 249,5—251°), Oxydation mit $Na_2Cr_2O_7$ in CH_3COOH zum *Keton* (**XI**) u. WOLFF-KISHNER-Red. zum *Azomethin* **XII** [$C_{19}H_{29}N$, F. 110,5—113°, $[\alpha]_D^{25}$ —28 ± 2° (c = 0,71; abs. A.)], das ident. ist mit der analog aus **VI** erhaltenen Verbindung. Die Stereochemie von **I** u. **VI** scheint gleich zu sein. **I** wird daher die angegebene zugeschrieben. Die IR-Maxima von **I, III, IV, V, VII, VIII, IX, X, XI** u. **XII** sind angegeben.

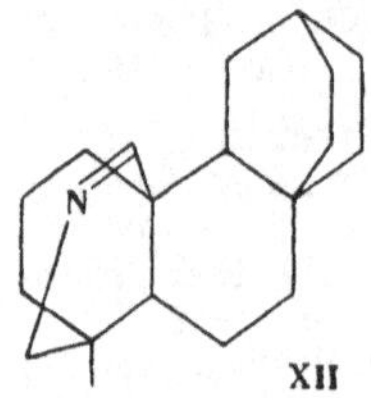

XII

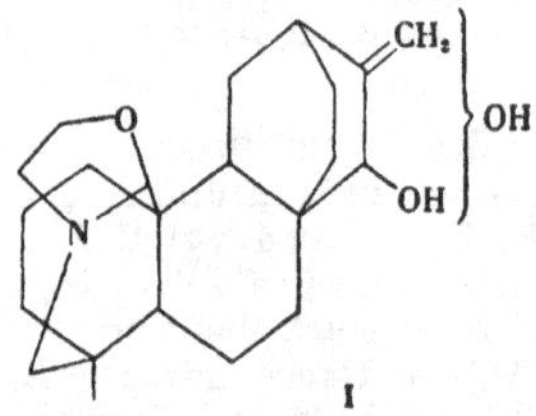

I

G. MARQUARD. 3500

Über Alkaloide in der chinesischen Droge Tzu-Tsao-Wu, Aconitum spp. 3. Mitt. **Isolierung von Anhweiaconitin, einem neuen Alkaloid.** Jen-Hung Chu und Shang-Yi Lo. (Acta chim. sinica **25.** 214—17. Aug. 1959. Shanghai, Acad. Sinica, Inst. of Material Med.; chin., Auszug: engl.) — 2. vgl. Acta chim. sinica **23.** [1957.] 130. — *Anhweiaconitin* (I), $C_{30}H_{41}NO_9$, F. 199°, wird durch 1wöchige Extraktion der gepulverten u. mit 10%ig. NH_4OH befeuchteten Wurzeln von *Aconitum chinensis* mit kaltem Bzl., Extraktion des Bzl. mit 2% HCl, Alkalisieren mit NH_4OH u. Ausschütteln mit Chlf. isoliert; $[\alpha]_D^{11}$ +25,2° (c = 1; Chlf.); Ausbeute 0,38%. *Nitrat*, $C_{30}H_{41}NO_9 \cdot HNO_3$, F. 188°, prismat. Nadeln. *Perchlorat*, $C_{30}H_{41}NO_9 \cdot HClO_4$. F. 226°, feine Prismen. *Chloroaurat*, $C_{30}H_{41}O_9N \cdot HAuCl_4$, F. 222°, goldgelbe Prismen. *Methojodid*, $C_{30}H_{41}O_9N \cdot CH_3J$, F. 210—213°, Tafeln. *Tetraacetyl-Deriv.*, $C_{30}H_{37}NO_9(CH_3CO)_4$, F. 181—183°, aus 240 mg I mit 2 ml CH_3COCl in 1 Std. bei 110° im Rohr. — *Benzoesäure*, F. 122°, aus I in 2 Std. mit 2%ig.

methanol. KOH auf dem Wasserbad, Ansäuern u. Dampfdestillation. Daneben wird ein amorpher Aminoalkohol erhalten. Mit $KMnO_4$ wird 1 Val CH_2O aus I abgespalten. — Als Partialstrukturformel wird $C_{19}H_{20}(OH)_4(OCH_3)_3(NCH_3) \cdot (C_6H_5COO)$ vorgeschlagen.
L. SCHULER. 3500□

Die Struktur der Toxiferine. (Vorl. Mitt.) 47. Mitt. **über Calebassen-Alkaloide.** W. Arnold, M. Hesse, M. Hiltebrand, A. Melera, W. von Philipsborn, H. Schmid und P. Karrer. (Helv. chim. Acta **44.** 620—24. 15/3. 1961. Zürich, Univ., Organ. chem. Inst.; dt.) — 46. vgl. C. **1962.** 5303. — Durch frühere Unterss. (Ozonolyse) u. erneute Analyse der Kernresonanzspektren wird für die Curare-Alkaloide vom Toxiferintypus die Formel I gesichert.
G. TEEGE. 3500□

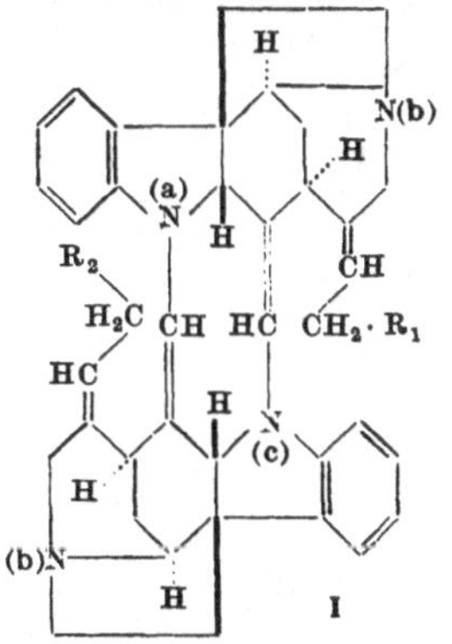

I

Über aus Taxus baccata L. isolierte Flavonoidkomponenten. 2. Mitt. Gaetano Di Modica, Pier Filippo Rossi und Anna Maria Rivero. (Atti Accad. naz. Lincei, Rend., Cl. Sci. fisiche, mat. natur. [8] **27.** 127—30. Sept./Okt. 1959. Torino, Univ., Ist. di Chim.; ital.) — 1. vgl. Atti Accad. naz. Lincei, Rend., Cl. Sci. fisiche, mat. natur. [8] **26.** [1959.] 785. — Aus Ae.-Extrakten von *Taxus baccata* L. werden mit geringen Ausbeuten nach Reinigung an einer Cellulosesäule u. fraktionierter Kristallisation aus CH_3OH 2 *Verbb.* [**A**, F. 310° (Zers.), u. **B**, F. 212° (Zers.)] isoliert, in denen ebenso wie im Sciadoptisin (**I**), das in den gleichen Taxusarten in größerer Menge vorkommt, u. dem BAKER u. Mitarbeiter (vgl. C. **1959.** 14423) die Struktur des 7.4'.4'''-Trimethoxy-5.5''.7''-trihydroxybiflavanyl-(3'.8'') zuschreiben, jeweils 2 Flavonringe vorliegen, die in 3'.8''-Stellung verknüpft sind. **A** sowie auch **B** geben bei der Rk. mit HJ das gleiche *Entmethylierungs-Prod.*, das zudem mit dem *Entmethylierungs-Prod.* von **I** ident. ist. Die *Entmethylierungs-Prodd.* von **A**, **B** u. **I** liefern erwartungsgemäß ein ident. *Hexaacetylderivat.* Wie aus der Analyse der Acetyl-Derivv. von **A** u. **B** folgt, müssen in **A** 5 u. in **B** 3 nicht substituierte OH-Gruppen vorhanden sein, so daß **B** sich von **I** nur in der Stellung der CH_3O-Gruppen unterscheidet. Für **A**, eine *Monomethoxypentahydroxy-Verb.*, wird eine Strukturformel vorgeschlagen, die sich aus je 1 Hälfte **I** u. 1 Hälfte Ginkgetin aufbaut. Die UV-Maxima sind für **A**, **B** u. **I** angegeben.

Versuche: *Verb.* **A**, F. 310° (Zers.), aus dem Ae.-Extrakt von 5 kg *Taxus baccata L.* (vgl. 1. Mitt.) u. fraktionierte Kristallisation aus CH_3OH; 200 mg [Ausbeute. *Acetyl-Deriv.*, F. 270° (Zers.; A.)]; daneben als in CH_3OH leichter lösl. Fraktion *Verb.* **B**, F. 212°; 50 mg. *Acetyl-Deriv.*, F. 165—168° (A.). — *Desmethylierungs-Prod.*, $C_{30}H_{18}O_{10} \cdot 3\,H_2O$, F. 260—262°, durch Rk. von *Verb.* **A** oder *Verb.* **B** mit HJ. *Hexaacetyl-Deriv.*, $C_{42}H_{30}O_{16} \cdot H_2O$, F. 234—235°; Verb. ist ident. mit den *Hexaacetyl-Deriv.* des *Desmethyl-I.*
G. PLATZER. 3550□

Fossile Chlorine in einem triassischen Sediment. Max Blumer und Gilbert Omenn. (Nature [London] **191.** 161—62. 8/7. 1961. Woods Hole, Mass., Oceanographic Inst.; engl.) — Es wird die Charakterisierung der für die Absorptionsbande bei ca. 640 mμ verantwortlichen Pigmente aus den Extrakten der porphyrinreichen triass. Ölschiefer von Serpiano (Schweiz) als Gemisch von *Dihydrodesoxophyllerythroätioporphyrin* (I, *Desoxomesoätiopyrophäophorbid a*) u. *Dihydromesoätioporphyrin* (*Ätiochlorin III*) beschrieben. Die Isolierung aus den Extrakten erfolgt durch Fällung der Asphaltene mit Isooctan, Extraktion der äther. Lsg. des Pigment-Konzentrats mit 6n HCl u. Verteilung zwischen Ae. u. HCl steigender Konz., wodurch Desoxophyllerythroätioporphyrin (II) u. Mesoätioporphyrin (III) entfernt werden. Die Endreinigung des grünen Pigments erfolgt durch wiederholte Chromatographie an Al_2O_3. Das Spektrum des reinen Pigments ist abgebildet. Das Pigment kann durch Dehydrierung mit überschüssigem Chloranil in sd. Xylol in das entsprechende Porphingemisch umgewandelt werden, dessen Spektrum mit dem einer II–III-Mischung aus dem gleichen Sediment ident. ist, u. das durch Chromatographie in II u. III getrennt werden kann. Das Spektrum des Hydrierungs-Prod. eines aus dem Ölschiefer isolierten II-Konzentrats ist mit dem des fossilen I identisch.
E. FRITZSCHE. 3550□

Extrakte aus neuseeländischen Myrtaceae. 5. Mitt. **Das flüchtige Öl von Leptospermum ericoides.** R. E. Corbett und M. G. C. Gibson. (J. Sci. Food Agric. **10.** 198—200. März 1959. Dunedin, New Zealand, Univ. of Otago, Chem. Dep.; engl.) — 4. vgl. J. Sci. Food Agric. **10.** [1959.] 29; 3. vgl. C. **1959.** 9251. — Das flüchtige Öl aus *Leptospermum ericoides* [$D._4^{20}$ 0,8671, n_D^{20} 1,4714; $[\alpha]_D^{20}$ +27,14°] wird durch Dest. in 12 Fraktionen u. Rückstand zerlegt. Die Fraktionen sind: 1. (+)-*α-Pinen,* $Kp._{19}$ 49°; $D._4^{20}$ 0,8563; n_D^{20} 1,4660; $[\alpha]_D^{20}$ +47,92°; 52,4% (Ausbeute); gibt durch Oxydation mit alkal. $KMnO_4$ (+)-*Pinonsäure* (F. 68°). — 2. (+)-*β-Pinen,* $Kp._{19}$ 60°; $D._4^{20}$ 0,8684; n_D^{20} 1,4746; $[\alpha]_D^{20}$ +11,6°; 0,3%; gibt mit alkal. $KMnO_4$ (+)-*Nopinsäure* (F. 127°). — 3. *1.8-Cineol,* $Kp._{17,5}$ 65°; $D._4^{20}$ 0,8966; n_D^{20} 1,4726; $[\alpha]_D^{20}$ +4°; 3,8%. *Komplex mit Resorcin,* F. 81° (95%ig. A.). — 4. *Dipenten,* $Kp._{17,5}$ 66°; $D._4^{20}$ 0,8612; n_D^{20} 1,4774; $[\alpha]_D^{20}$ +3°; 0,6%, gibt mit Br_2 das *Tetrabromid* (F. 121°). — 5. *β-Terpinen,* $Kp._{17,5}$ 72°, $D._4^{20}$ 0,8519; n_D^{20} 1,4733; $[\alpha]_D^{20}$ 0,4°; 0,7%; gibt mit Br_2 in Pentylalkohol/Ae. das *Tetrabromid* (F. 151—152°). — 6. *Carbonyl-Verbb.* vom $Kp._5$ 70°; $D._4^{20}$ 0,8750; n_D^{20} 1,4572; $[\alpha]_D^{20}$ 0°; 0,4%. — 7. (+)-*Linalool,* $Kp._5$ 74°, $D._4^{20}$ 0,8755; n_D^{20} 1,4616; $[\alpha]_D^{20}$ +6°; 0,9%. *α-Naphthylurethan,* F. 52°, durch Abtrennung der Carbonyl-Verbb. aus Fraktion 7 durch 1std. Kochen mit GIRARD-T-Reagens in Methanol u. 90%ig. Essigsäure, Gießen in Soda-Lsg., Extraktion mit Ae., Dest. u. Umsetzung des reinen *Alkohols* mit α-Naphthylisocyanat. — 8. *Terpenalkohol* vom $Kp._5$ 95°; $D._4^{20}$ 0,9246; n_D^{20} 1,4720; $[\alpha]_D^{20}$ 12,1°; 0,7%. *p-Phenylazophenylurethan,* $C_{23}H_{23}N_3O_2$, F. 125°, analog vorst. Urethans mit p-Phenylazophenylisocyanat aus Fraktion 8: orangegelbe Kristalle. — 9. (+)-*α-Terpineol,* $Kp._5$ 89°; $D._4^{20}$ 0,9221; n_D^{20} 1,4835; $[\alpha]_D^{20}$ +36°; 0,8%. *p-Phenylazophenylurethan,* F. 160—161° (wss. A.), analog vorst. Urethan; aus wss. A. orangegelbe Kristalle. — 10. (+)-*Aromadendren,* $Kp._5$ 111°; $D._4^{20}$ 0,9160; n_D^{20} 1,4988; $[\alpha]_D^{20}$ +12°; 2,5%; gibt bei der Ozonolyse *Aromadendron* [F. 83—84° (wss. A.), $Kp._{3,5}$ 144—152°)]. — 11. *Sesquiterpen* vom $Kp._5$ 119°; $D._4^{20}$ 0,9202; n_D^{20} 1,5092; $[\alpha]_D^{20}$ 17°; 10,6%; gibt durch Dehydrierung mit SeO_2 *Cadalen* [$Kp._{11}$ 140°; n_D^{20} 1,550. *Pikrat,* F. 115°] u. ein *Azulen vom* $Kp._{11}$ *148—160°* [*Pikrat,* F. 122°]. 12. *gesätt. Sesquiterpenalkohol* $C_{15}H_{26}O$, $Kp._5$ 124°, F. 95,5—96°, durch Chromatographie der Rohfraktion an Al_2O_3, Eluieren mit Ae. u. mehrfache Kristallisation des öligen Eluats aus 70%ig. wss. A.; $[\alpha]_D^{20}$ +137,5°; IR-Absorptionsbanden bei 3310 u. 1154 cm^{-1}; geringe Ausbeute.

L. LAMZA. 3600

Die Chemie der Cadinene und Cadinole. V. Herout und V. Sýkora. (Tetrahedron [London] **4.** 246—55. Nov. 1958. Prague, Czechosl. Acad. of Sci., Dep. of Natural Products; engl.) — Übersicht über die in den letzten Jahren dargestellten *Cadinene* (*β-, γ-, γ₁-, δ-* u. *ε-Cadinen*) u. *Cadinole* (α- u. *δ-Cadinol, Cadinol unbekannter Konstit., Sesquigoyol*). — 53 Literaturangaben. L. LAMZA. 3600

Über die Nopinolessigsäuren. Michel Vilkas und Nedumparambil A. Abraham. (C. R. hebd. Séances Acad. Sci. **246.** 1434—36. 3/3. 1958. Paris, École Norm. Supér., Labor. de Chim.; franz.) — Es werden Verss. zur Darst. von Ausgangs-Prodd. für die Synth. von *trans-Nopinol-2-essigsäure* (trans-I; OH trans zur Brücke) beschrieben. — Nopinon, das mit Triphenylphosphinmethylen in 25%ig. Ausbeute zu Nopinen reagiert, läßt sich nicht mit Triphenylphosphincarbäthoxymethylen zu β-Pinen-10-carbonsäureäthylester umsetzen. — cis-I wird durch 1std. Rk. mit $POCl_3$/Pyridin bei 95° zu einem Gemisch zweier ungesätt. Ester dehydratisiert, von denen der eine als *7.7-Dimethyl-2-carbäthoxymethylennorcamphan,* $C_{13}H_{20}O_2$, $Kp._{0,5}$ 80°, n_D^{20} 1,4990, $[\alpha]_D$ +118,24°, λ_{max} 230 mμ (ε = 16,14; A.), durch folgende Rkk. identifiziert wurde: p-Nitrobenzopersäure → *Epoxy-Deriv.,* $C_{13}H_{20}O_3$, $Kp._{0,2}$ 90—91°, n_D^{28} 1,475, $[\alpha]_D$ +34,66°, Red. mit $LiAlH_4$ → *1.3-Diol,* alkal. $KMnO_4$ → *β-Hydroxysäure,* $C_{11}H_{18}O_3$, F. 138—140°, $[\alpha]_D$ +23,24° (c = 9; A.), $POCl_3$/Pyridin → *ungesätt. Säure* (**II**), $C_{11}H_{16}O_2$, F. 174—175°, $[\alpha]_D$ +195,70° (c = 9; Chlf.), λ_{max} 223 mμ (ε = 14060; A.), O_3 → *α-Fenchocamphoron* (*7.7-Dimethylnorcampher*). **II** wird auch durch Verseifen des Esters erhalten. Die Dehydratation von cis-I ist also z. T. mit einer Umlagerung verbunden. — β-Pinenepoxid (**III**) reagiert mit Divinyl-Mg nicht zu 10-Vinylpinanol-(2), sondern zu einem isomeren *Alkohol* $C_{12}H_{20}O$, $Kp._{0,1}$ 60°, $D._4^{18}$ 0,9788, n_D^{18} 1,499, $[\alpha]_D$ −27,64° (c = 10; Chlf.), der sich mit CrO_3 zu einem *Enon* λ_{max} 246 mμ, ε = 5,69 in A.) oxydieren läßt. — Mit Na-Malonester reagiert **III** zum *Lacton von 2-Hydroxypinan-10-malonsäure* (**IV**)-*Äthylester* (IR-Maxima bei 1740 u. 1780 cm^{-1}), das zum *Lacton von* **IV**, $C_{13}H_{18}O_4$, F. 140—142°, $[\alpha]_D$ −12,8° (c = 2,5; A.) in 5%ig. Ausbeute verseift wird.

GISELA SCHREIBER. 3600□

Die Camphoketendimeren. Peter Yates und E. A. Chandross. (Tetrahedron Letters [London] **1959.** Nr. 20. 1—6. Dez. Cambridge, Mass., Harvard Univ., Dep. of Chem.; engl.) — Durch Dimerisierung von d-Campher-3-carbonylchlorid mit Chinolin oder Triäthylamin entstehen zwei isomere *Verbb.* $C_{22}H_{28}O_4$ (F. 147,5—149,5° u. F. 150

bis 151°), denen auf Grund von UV- u. IR-spektroskop. Befunden die Struktur I zugeordnet wird. Für die spektroskop. Unterss. dienten 2.4-Dioxo-3.3-dimethyldihydropyran u. die Verbb. II u. III als Vgl.-Substanzen. Die Hydrolyse der beiden Isomeren I mit HCl in Essigsäure liefert bei Raum-Temp. die *Säure* IV [$C_{22}H_{30}O_5$, F. 258—258,5° (Zers.)], deren Struktur durch Vgl. der IR- u. UV-Spektren mit denen von V bestätigt wird. Die weitere Hydrolyse von IV mit heißem wss. KOH gibt eine Säure VI ($C_{21}H_{32}O_4$, F. 188—188,5°), deren IR- u. UV-Spektren denen des *3-Isobutyryl-d-camphers* ähneln. VI gibt mit Phenylhydrazin ein *N-Phenylpyrazol-Deriv.* $C_{27}H_{36}N_2O_2$ (F. 216—217°). Die Oxydation von VI mit alkal. $KMnO_4$ liefert ein Gemisch aus *d-Campher-* u. *d-Homocamphersäure*. Alkal. Hydrolyse des Isomeren I mit wss. Pyridin ergibt das *Triketon* VII ($C_{21}H_{30}O_3$, F. 183—185°), das mit heißer H_2SO_4 das *γ-Pyron-Deriv.* VIII ($C_{21}H_{28}O_2$, F. 167—168°) liefert. Die Strukturen werden durch IR- u. UV-Spektren bestätigt. Wenn I auf 180° erhitzt wird, entsteht *Verb.* IX ($C_{22}H_{28}O_4$, F. 197—198°), die auch beim

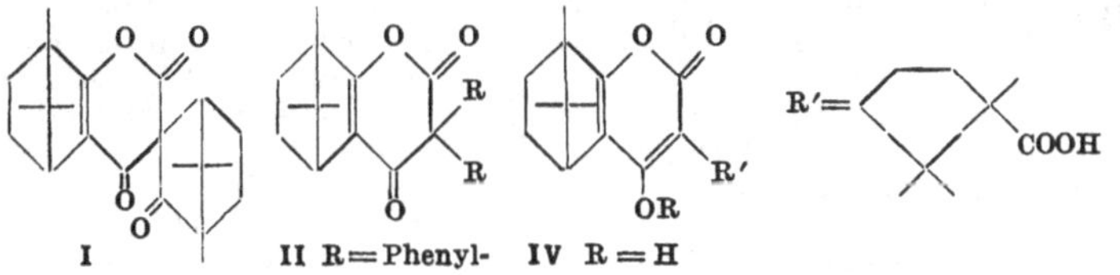

I II R = Phenyl- III R = Methyl- IV R = H

V R = H, R′ = CH_3
X R = $COCH_3$, R′ = CH_3

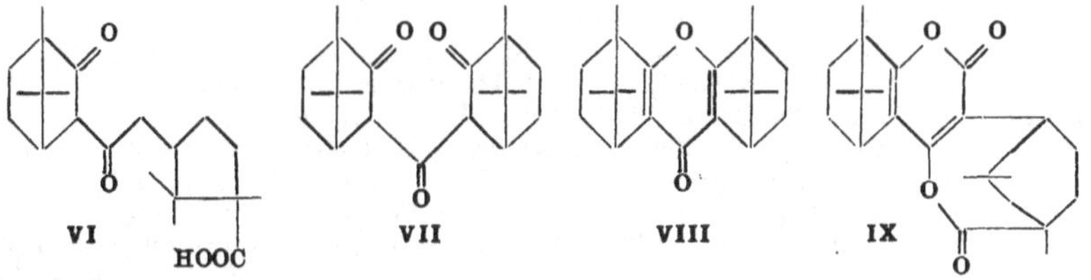

VI VII VIII IX

Erhitzen von d-Campher-3-carbonylchlorid auf 160—170° entsteht. Die IR- u. UV-Spektren sind denen der Modellsubstanz X sehr ähnlich u. bestätigen die Struktur von IX. Versetzen von IX mit konz. HCl in der Kälte liefert ein Gemisch aus IV u. VI. Wenn die Rk. auf dem Dampfbad ausgeführt wird, entsteht nur VI. Beim Erhitzen von IV im

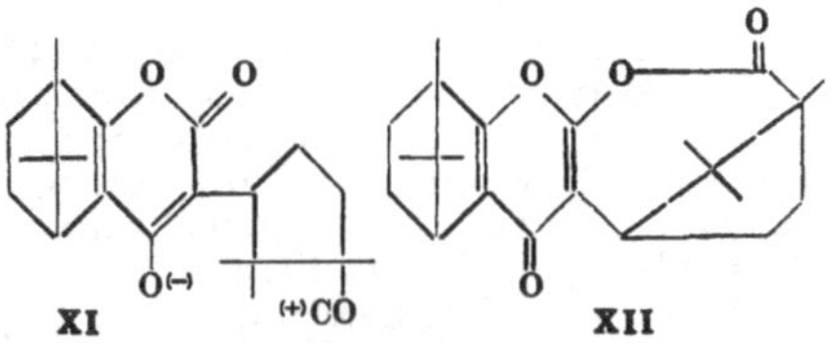

XI XII

Vakuum wird IX zurückgebildet. Bei der Pyrolyse von I erfolgt die Spaltung einer Bindung unter Bldg. des Zwitterions XI, das sich nur zu IX cyclisieren kann u. nicht dagegen zu der Verb. mit der Struktur XII, die auf Grund spektroskop. Daten ausgeschlossen wird. P. GOLINSKE. 3600□

Klärung der Struktur von Abienol. G. W. Pigulewski, W. G. Kosstenko und L. D. Kosstenko. (Журнал Общей Химии [J. allg. Chem.] **31** (93). 3143. Sept. 1961. Leningrad, Shdanow-Univ.; russ.) — Vgl. C. **1961**. 7959. — Es wird *Tetrahydroabienol* ($C_{20}H_{38}O$, F. 48,5—49,5°; $[\alpha]_D$ —10,28°) dargestellt u. durch Dehydratisierung in *Anhydrotetrahydroabienol* ($C_{20}H_{36}$) übergeführt. Letzteres liefert bei der Dehydrierung mit Se *1.5.6-Trimethylnaphthalin* (*Pikrat*, F. 137—139°), das auch aus Sclareol u. Manooloxid erhalten wird. Für *Abienol* (I; $C_{20}H_{34}O$) wird die nebenst. Formel vorgeschlagen, die die konjugierten Doppelbindungen, die Vinylgruppe u. das tert.-Hydroxyl berücksichtigt. HELMUT SCHÄFER. 3600

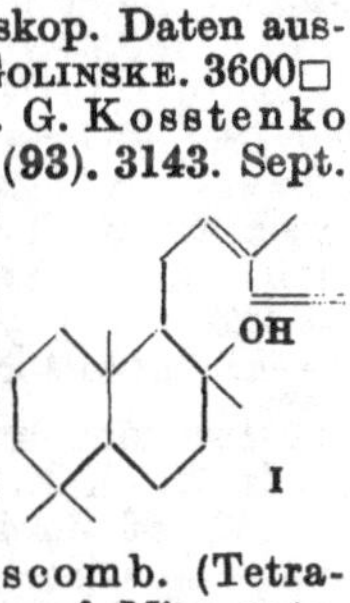

I

Das Sesquiterpenoid Iresin. M. G. Rossmann und W. N. Lipscomb. (Tetrahedron [London] **4**. 275—93. Nov. 1958. Minneapolis, Minn., Univ. of Minnesota, School of Chem.; engl.) — Durch Röntgenbeugungs-Unters. des aus Iresin (I, $C_{15}H_{22}O_4$) durch Einw. von p-Brombenzoylchlorid in Pyridin erhaltenen *Bis-[p-brombenzoats]* [F. 211,5—212° (korr.; Bzl.-Cyclohexan)] werden von durch 4wöchiges Kristallisieren aus Bzl. erhaltenen monoklinen Kristallen, Konformation u. Daten der Elementarzelle bestimmt. Für I ergibt sich nebenst. dreidimensionale Struktur. L. LAMZA. 3600

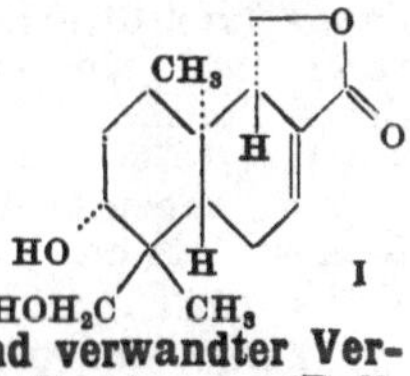

I

Stereochemie der Verengung des Ringes A der Triterpene und verwandter Verbindungen. (Vorl. Mitt.) Jean-François Biellmann und Guy Ourisson. (Bull.

Soc. chim. France **1960.** 348—50. Febr. Strasbourg, Inst. de Chim.; franz.) — Durch Umlagerung des Ringes A des vom Dipterocarpol abgeleiteten Trinorlactons **I**, des 4.4-Dimethylcholestanols (**II**) u. des Allobetulins mit PCl_5 in Bzl.-Toluol bei 0° unter B_2 dargestellte 3-Isopropyliden-A-nor-Derivv. (**B**) werden durch Ozonolyse bei −70° in CH_2Cl_2/CH_3OH u. anschließende Red. mit KBH_4 in CH_3OH in die entsprechenden *A-Nor-3β-alkohole* (**A**) $C_{24}H_{38}O_3$, F. 146 bzw. 163°, $[\alpha]_{600}$ +44°, $[\alpha]_{578}$ +48°, $[\alpha]_{250}$ +158°; $C_{26}H_{46}O$, F. 131°, $[\alpha]_{600}$ +27°, $[\alpha]_{250}$ +95°; bzw. $C_{27}H_{44}O_2$, F. 215°, $[\alpha]_{600}$ +58°, $[\alpha]_{350}$ +214°, übergeführt. Die hieraus mit $Na_2Cr_2O_7$ in CH_3COOH in Ggw. von CH_3COONa dargestellten *5α-A-nor-3-keto-Verbb.* $C_{24}H_{36}O_3$, F. 155°, $[\alpha]_{600}$ ±0°, $[\alpha]_{305}$ −2260°, $[\alpha]_{270}$ +2370°; $C_{26}H_{44}O$, F. 106°, $[\alpha]_{600}$ −7°, $[\alpha]_{307.5}$ −2560°, $[\alpha]_{275}$ +2700°; bzw. $C_{27}H_{42}O_2$, F. 230°, $[\alpha]_{600}$ +9°, $[\alpha]_{305}$ −2290°, $[\alpha]_{275}$ +2480°, lassen sich mit KBH_4 in CH_3OH wieder zu den **A** reduzieren u. durch Basen oder Säuren zu den *5β-3-Keto-Verbb.* isomerisieren. — Die Mesyl- bzw. Tosylester von **I** u. **II** geben bei der Solvolyse, z. B. in wss. Aceton in Ggw. von $CaCO_3$, ebenfalls **B** im Gemisch mit den entsprechenden *3-Isopropyl-Δ³-olefinen* u. den *3β-[α-Hydroxyisopropyl]-Derivv.* (**C**) $C_{27}H_{44}O_3$, F. 189°, $[\alpha]_{578}$ % 59°, bzw. $C_{29}H_{52}O$, F. 102°, $[\alpha]_{600}$ +27°, $[\alpha]_{400}$ + 69° (Ausbeuten an **C** ca. 20%). *3β-[α-Hydroxyisopropyl]-A-norcholestan* (**III**) wird zum Vgl. durch folgende Rkk. dargestellt: 3-Methyl-Δ²-cholesten + O_3 → *3-Acetyl-Δ²-A-norcholesten,* $C_{28}H_{46}O$, F. 122°, $[\alpha]_{589}$ +29°, $[\alpha]_{450}$ +40°, $[\alpha]_{355}$ −425°, $[\alpha]_{304}$ +1400°, $[\alpha]_{295}$ +1210°, λ_{max} 245 u. 314 mμ (ε = 9600 bzw. 74; A.), IR-Maxima bei 1675 u. 1600 cm^{-1}, + Zn in CH_3COOH → *3β-Acetyl-A-norcholestan* (3β-**IV**), $C_{28}H_{48}O$, F. 88°, $[\alpha]_{600}$ +43°, $[\alpha]_{307.5}$ +863°, $[\alpha]_{275}$ −870°, IR-Maximum 1710 cm^{-1}, CH_3MgJ → **III**. **IV** wird durch KOH in CH_3OH oder HCl in CH_3COOH in *3α*-**IV**, $C_{28}H_{48}O$, F. 81°, $[\alpha]_{600}$ −47°, $[\alpha]_{310}$ +67°, $[\alpha]_{290}$ −68°, IR-Maximum 1720 cm^{-1}, übergeführt. Die Konfiguration am $C_{(3)}$ von **IV** wird aus der Art der Darst., der Stabilität der Verbb. u. den Rotationsdispersionen gefolgert. Damit ist auch die Konfiguration an $C_{(2)}$ u. $C_{(5)}$ von **C** bewiesen. Die Ringverengung verläuft demnach als WAGNER-MEERWEIN-Umlagerung mit Inversion am $C_{(3)}$. H. J. KÖTZSCH. 3600 □

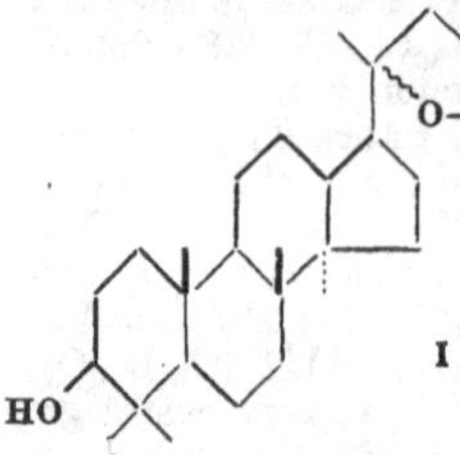

I

Bestandteile der Rinde von Balanops australiana F. Muell. C. W. Shoppee, M. E. H. Howden und G. A. R. Johnston. (J. chem. Soc. [London] **1962.** 498—501. Febr. Sydney, Univ., Chem. Dep.; engl.) — Durch Extraktion der Rinde von *Balanops australiana* F. Muell. mit PAe., Ae. u. Aceton werden *Friedelin* (**I**), *Friedelan-3α-ol, Friedelan-3β-ol, Cerin* u. *Betulinsäure* erhalten. Der CH_3OH-Extrakt enthält vorwiegend *Tannine.* Die Isolierung der sternutator. wirkenden Komponente gelang nicht.

Versuche (FF. korr.; opt. Drehung in Chlf. bei 20°): *Friedelin* (**I**), F. 258—262° (Äthylacetat), durch Extraktion von getrockneter, gemahlener Rinde mit PAe., Ae., Aceton u. CH_3OH, Einengen der Extrakte im Vakuum, Ausschütteln mit verd. HCl, Na_2CO_3-Lsg. u. 2%ig. NaOH u. Chromatographie der Neutralstoffe an Al_2O_3; $[\alpha]_D$ −24° (c = 1,8); 0,65% (Ausbeute). — *Friedelan-3α-ol,* F. 292—301° (Bzl.), neben **I**; $[\alpha]_D$ +18° (c = 1,0); 0,107%. — *Friedelan-3β-ol,* F. 283—285° (Bzl.), neben **I**; $[\alpha]_D$ +24° (c = 1,0); 0,047%. — *Cerin,* F. 249—252° (Bzl.), neben **I**; $[\alpha]_D$ −44° (c = 0,62); 0,022%. *Acetyl-Deriv.,* F. 263—265° (CH_3OH), $[\alpha]_D$ −36° (c = 1,31); gibt bei der Red. mit Zn-Staub in sd. Eisessig **I**. — *Betulinsäure,* F. 310—314° (CH_3OH), durch Verseifen des Methylesters mit sd. 5%ig. alkohol. KOH; $[\alpha]_D$ +9° (c = 2,0); 0,09%. *Methylester,* F. 221 bis 224° (CH_2Cl_2/CH_3OH), durch Rk. der sauren Anteile des Extrakts mit CH_2N_2 in Ae. u. Chromatographie an Al_2O_3; $[\alpha]_D$ +7° (c = 2,6). F. HELLER. 3600 □

Saponine und Sapogenine. 5. Mitt. **Die Saponine und Sapogenine von Acacia intsia Willd.** M. O. Farooq, I. P. Varshney und Z. Naim. (Ann. pharmac. franç. **17.** 442—46. Juni 1959; franz. — 4. vgl. J. Amer. pharmac. Assoc. sci. Edit. **48.** [1959.] **466.** — Aus der entfetteten Rinde von *Acacia intsia* Willd. wird ein saures *Triterpensapogenin vom F. 255—257°* sowie zwei neutrale Sapogenine isoliert, von denen eines als *Lupeol* durch direkten Vgl. identifiziert wird. — *Saures Triterpensapogenin,* F. 255—257°, durch 1 std. Kochen des Acetyl-Deriv. mit methanol. KOH; aus CH_3OH Nadeln. *Acetyl-Deriv.,* F. 235—236°, aus CH_3OH Nadeln. — *Lupeol,* F. 214—215°, durch Verseifen des Acetyl-Deriv. mit methanol. KOH; $[\alpha]_D$ +26,6°; aus CH_3OH Nadeln. *Acetyl-Deriv.,* F. 218°, neben nachst. Acetyl-Deriv. durch fraktionierte Kristallisation der neutralen Geninacetate aus Aceton; $[\alpha]_D$ +42°. — *Acetyl-Deriv. vom F. 187—189°,* neben vorst. Verbindung. F. HELLER. 3650 □

Einige neuere Fortschritte auf dem Gebiet der Steroide. Roger E. Beyler. (J. chem. Educat. **37.** 491—94. Sept. 1960. Carbondale, Ill., Southern Illinois Univ.;

engl.) — Übersicht über die Fortschritte der Steroidchemie seit dem Jahre 1955. — 12 Literaturangaben. Gerhard Schulze. 3700□

Technische Synthesen von Vitamin A und Carotinoiden. A. Businger, O. Isler, R. Rüegg und P. Zeller. (J. sci. ind. Res. [New Delhi], Sect. A **17.** 502—10. Dez. 1958. Basel, F. Hoffmann-La Roche & Co. Ltd., Res. Dep.; Bombay, Roche Products Private Ltd.; engl.) — Übersicht. Glycidester-Synth., Kondens. von Acetylen-Verbb. mit labilen Ketonen, Addition von Acetalen an Enoläther, Wittig-Rk., katalyt. Red. (Lindlar-Katalysator), cis-trans-Isomerisierung, Dehydratationen; Vitamin A, β-Carotin, β-Apo-2-carotenal, Lycopin, Isozeaxanthin u. Canthaxanthin. — 18 Literaturangaben. K. Maier. 3800□

Überblick über Chemie und Untersuchungsmaterial des Öls aus Simmondsia chinensis (Jojoba). Nestor B. Knoepfler und H. L. E. Vix. (J. agric. Food Chem. **6.** 118—21. Febr. 1958. New Orleans, La., U.S. Dep. of Agric., Southern Regional Res. Labor.; engl.) — 22 Literaturangaben. P. Golinske. 3950□

Über die Giftstoffe des grünen Knollenblätterpilzes. 19. Mitt. **Umwandlung von β-Amanitin in α-Amanitin.** Theodor Wieland und Wilhelm Boehringer. (Liebigs Ann. Chem. **635.** 178—81. 20/9. 1960. Frankfurt/M., Univ., Inst. für organ. Chem.; dt.) — 18. vgl. C. **1961.** 10957. — β-Amanitin (I) wird durch Rk. mit Äthylkohlensäurechlorid (**V**) in einem Gemisch aus tert.-Butanol (**II**) u. Tetrahydrofuran (THF) in Ggw. von Triäthylamin (**III**) in *β-Amanitrinäthylkohlensäureanhydrid* (**IV**) umgewandelt, das sich mit NH_3 in das *Amid* von **I**, *α-Amanitin* (**VI**), überführen läßt. In analoger Weise werden aus **IV** das *Anilid*, das *Dodecylamid* u. der *Thiophenylester* von **I** krist. erhalten.

Versuche: *β-Amanitin* (**I**), durch Aufarbeitung der Pilze wie bereits früher beschrieben (vgl. C. **1959.** 14117), jedoch mit anschließender Elektrodialyse des Rohprod. gegen fließendes W., Eindampfen der dialysierten Lsg. im Vakuum, mehrtägiges Aufbewahren des Rückstandes mit CH_3OH bei -20^0 u. Chromatographie des erhaltenen Stoffgemisches (**A**) an Cellulosepulver mit Butanon/Aceton/W. (20:6:5); aus 100 g **A** 1,5 g (Ausbeute). — *β-Amanitinäthylkohlensäureanhydrid* (**IV**), durch Lösen von **I** in **II** u. THF, Zugabe von **III** u. 2std. Rk. mit **V** in THF bei -18^0; 100%. — *β-Amanitinamid* (*α-Amanitin* **VI**) durch ½std. Einleiten von NH_3 in die kalte Lsg. von **IV**, 12std. Stehenlassen in der Kälte u. Chromatographie an Cellulosepulver mit Butanon/Aceton/W. (30:3:5). — *β-Amanitinanilid*, durch 12std. Stehenlassen einer Lsg. von **IV** mit Anilin bei 0^0, Aufnehmen in CH_3OH u. Ausfällen mit Wasser. — *β-Amanitindodecylamid*, wie vorst. aus **IV** u. Dodecylamin. — *β-Amanitinthiophenylester*, wie vorst. aus **IV** u. Thiophenol; liefert nach mehrstd. Rk. mit methanol. NH_3 **VI** u. mit H_2NOH eine *Hydroxamsäure*. — *β-Amanitinmethylester*, durch Eintropfen einer äther. Lsg. von CH_2N_2 zu 40 mg **I** in abs. CH_3OH; 25 mg. P. Scharner. 3950□

D. Makromolekulare Chemie

Phasentrennung in Polymerlösungen. M. J. Voorn. (Fortschr. Hochpolymeren-Forsch. **1.** 192—233. 1959. Leiden, Univ., Labor. of Inorgan. and Phys. Chem.; engl.) — Übersicht über die Thermodynamik der Phasentrennung, der Freien Energie von Lsgg. nichtion. Polymerer in Zwei-, Drei- u. Multikomponenten-Syst., Fraktionierungs-Verff., Freie Energie der Lsgg. von Polyelektrolyten u. die Phasentrennung in Lsgg. von Polyelektrolyten von Zwei- u. Mehrkomponentensystemen. — 78 Literaturangaben. E. Anton. 4000□

Gang des scheinbaren Quellungsgleichgewichtes in organischen Gläsern. Bernard Rosen. (J. Polymer Sci. **47.** 525—26. Nov. 1960. Pittsburgh, Pa., Westinghouse Electric Corp., Central Labor.; engl.) — Im Rahmen einer theoret. Betrachtung wird vermutet, daß die Zeitabhängigkeit des scheinbaren Quellungsgleichgewichtes in organ. Gläsern nicht auf eine anomale Diffusionsbehinderung des Quellmittels zurückzuführen ist, sondern darauf, daß der zu quellende Körper dem durch das Quellmittel erzeugten osmot. Druck in seinem Inneren zunächst seine Formstabilität entgegensetzt, die nur langsam in einen Relaxationsvorgang verschwindet. W. Schmieder. 4000□

Kristallinität der Hochpolymeren in den Kunststoffen. Franz Runge. (Forsch. u. Fortschr. **35.** 294—96. Okt. 1961. Halle/Saale; dt.) — Kurze Übersicht. A. Blaschette. 4000□

Kinetik der Emulsionspolymerisation. H. Gerrens. (Fortschr. Hochpolymeren-Forsch. **1.** 234—328. 1959. Ludwigshafen/Rh., BASF, Ammoniak-Labor.; dt.) — Zusammenfassender Überblick über die Kinetik der Emulsionspolymerisation, die qual.

Theorie von HARKINS, die quant. Theorie von SMITH u. EWART, Zusammenhänge zwischen der Brutto-Rk.-Geschw. u. Teilchenzahl sowie Größe der Teilchenzahl, die Gültigkeitsgrenzen der Theorie, die Meth. zur Best. der kinet. Meßgrößen wie Brutto-Rk.-Geschw., Monomer-Konz. in den Latexteilchen, Teilchenzahl, Polymerisationsgrad u. Größenverteilung der Latexteilchen, den Einfl. verschiedener Variabler wie Radikal-Bldg.-Geschw., Initiatoren, Emulgatoren, Flottenverhältnis (Gew.-Verhältnis des Monomeren zu H_2O), Temp., Inhibitoren u. Rühr-Geschw., die abs. Wachstums-Konst., die Emulsionscopolymerisation mit Radikal-Bldg. in der organ. Phase sowie Übergänge der Emulsions- zur Suspensionspolymerisation u. Fällungspolymerisation. — 270 Literaturhinweise. E. ANTON. 4000□

Der Einfluß der Volumenänderung auf die Kinetik des Abbaus von Polymeren in Substanz. Richard H. Boyd. (J. Polymer Sci. **49.** S1—S2. Febr. 1961. Wilmington, Del., E. I. du Pont de Nemours & Co., Exp. Stat., Central Res. Dep.; engl.) — Die Gleichungen der Abbaukinetik von SIMHA, WALL u. BLATZ (vgl. C. **1953.** 8880) für in Substanz polymerisierte Prodd., die die Vol.-Änderung durch entweichende Abbau-Prodd. nicht berücksichtigt, werden vom Vf. (vgl. C. **1960.** 5829) für den Fall der Vol.-Änderung gelöst. Hier wird die Ableitung der Gleichungen für diesen Fall genauer beschrieben. W. SCHMIEDER. 4000□

Diffusion und Permeation von Gasen in Hochpolymeren in Abhängigkeit vom Kristallisationsgrad und von der Temperatur. D. Jeschke und H. A. Stuart. (Z. Naturforsch. **16a.** 37—50. Jan. 1961. Mainz, Univ., Inst. für physikal. Chem., Labor. für Phys. der Hochpolymeren; dt.) — Mit Hilfe der „Time-lag"-Meth. nach BARRER („Diffusion in and through Solids", Univ. Press, Cambridge 1951) werden die Permeations-, Diffusions- u. Löslichkeits-Koeff. permanenter Gase (He, H_2) in *Terylen* u. *Polypropylen* verschiedenen Kristallisationsgrades bestimmt. Die drei Größen sind bei den kristallinen Stoffen gegenüber den entsprechenden amorphen erheblich niedriger. Ebenso verhält es sich mit den nach einer Sorptions-Meth. bestimmten Diffusions- u. Löslichkeits-Koeff. von Wasserdampf in Terylen. Die Erniedrigung der Koeff. infolge der Kristallisation der Polymeren ist eine Funktion der Gasart u. der Temperatur. Daraus wird gefolgert, daß sich das teilkristalline Polymere für die Diffusion u. Sorption der Gase nicht wie ein Zweiphasen-Syst. mit einer durchdringlichen (amorphen) u. einer undurchdringlichen (kristallinen) Phase verhält. Die aus der Temp.-Abhängigkeit des Gastransportes bestimmten Aktivierungsenergien der Diffusion u. Permeation werden infolge der Kristallisation der Polymeren ebenfalls etwas erniedrigt. Hieraus wird gefolgert, daß durch die Kristallisation die Transportphase nicht nur verringert, sondern auch physikal. verändert wird. Für die modellmäßige Deutung wird angenommen, daß in morpholog. durchkrist. Polymeren die Diffusion in Fehlstellen u. Fehlordnungsbereichen oder auch Korngrenzen erfolgt, in denen die Kettenbeweglichkeit geringer als im reinen amorphen Stoff ist. A. BLASCHETTE. 4010□

Einfluß von γ-Strahlen auf die Fadenbildung von isotaktischem Polypropylen. Ichiro Sakurada und Fujiko Kimura. (Bull. Inst. chem. Res., Kyoto Univ. **39.** 226—35. Mai 1961. Sakurada Labor.; engl.) — Es werden Unterss. beschrieben, die den Einfl. von γ-Strahlen auf die physikal. u. mechan. Eigg. von isotakt. *Polypropylen* zeigen. Die Bestrahlung erfolgte in Ggw. von Luft oder im Vakuum bei Zimmertemperatur. Von den erhaltenen Proben wurden die Dichten bestimmt. Die Änderung der Dichte wurde als Funktion der Bestrahlungsdosis aufgetragen. Die Dichten der im Vakuum bestrahlten Proben bleiben unverändert, während die Bestrahlung an der Luft einen Anstieg hervorruft. Die Schrumpfung der bestrahlten Fäden bei der Fließ-Temp. fällt mit steigender Dosis. Die Zugfestigkeit u. Bruchdehnung nehmen bei der Bestrahlung in beiden Medien ab. Der YOUNG-Modul u. die elast. Erholung ändern sich nicht mit der Bestrahlungsdosis. Der Einfl. von O_2 auf die Änderung der Eigg. wird vermutet. E. ANTON. 4010□

Über zwei kristalline Modifikationen von trans-1.4-Polybutadien. W. N. Nikitin, L. A. Wolkowa, N. W. Michailowa und Ju. G. Baklagina. (Высокомолекулярные Соединения [Hochmolekulare Verbind.] **1.** 1094—99. Juli 1959. Inst. für hochmol. Verbb. der Akad. der Wiss. der UdSSR; russ., Auszug: engl.) — *trans-1.4-Polybutadien* wurde röntgenograph. u. IR-spektroskop. bei 20—150° untersucht. Bei ca. 70° wandelt sich im Polymeren die eine kristalline Form (**A**) vollständig in eine zweite kristalline Form (**B**) um. Der Kristallinitätsgrad wurde in Abhängigkeit von der Temp. bestimmt. Er nimmt mit zunehmender Temp. ab. Von den beiden kristallinen Formen ist der Kristallinitätsgrad von **A** größer als der von **B**. Bei 55—70° sind beide Modifikationen nebeneinander beständig. Bei 20° ist **A** die beständigere Form. Die Werte der Streuungswinkel 2 ϑ sind beim Erhitzen u. Abkühlen der Probe unterschiedlich. Die Vergrößerung dieser Winkel beim Abkühlen beruht wahrscheinlich auf einer besseren Packung der Mol.-Ketten im Kristallgitter. Helmut Schäfer. 4010

Der Mechanismus der Stabilisierung von Polyvinylchlorid durch Carboxylate des Bariums, Cadmiums und Zinks. 1. Mitt. **Infrarotuntersuchungen.** Alfred H. Frye und Raymond W. Horst. (J. Polymer Sci. **40.** 419—31. Nov. 1959. Cincinnati, Ohio, Cincinnati Milling Comp.; New Brunswick, N.J., Carlisle Chem. Works, Advance Solvents and Chem. Div.; engl.) — 2. vgl. C. **1961.** 15408. — Die Stabilität von *Polyvinylchlorid* (I) bei höheren Temp. wird durch den Zusatz verschiedener Verbb., wozu *Ba-*, *Cd-* u. *Zn-Salze* bestimmter Carbonsäuren gehören, verbessert. Um einen Einblick in die Art u. Weise, in der diese Verbb. die Schädigung verzögern, zu gewinnen, wurden die IR-Spektren einer Reihe von I-Filmen, die teils mit u. teils ohne Zusatz von *Ba-*, *Cd-* u. *Zn-2-äthylhexanoat* hergestellt wurden, nach Erhitzen auf 180° bzw. 160° untersucht. Diese Unterss. zeigen das Auftreten einer Bande bei 5,75 μ in den Spektren der Filme, die die Salze enthielten, jedoch ihre Abwesenheit in den Spektren der ungemischten Komponenten. Die Bandenintensität hängt von der Art des Salzes, von der Temp. u. von der Dauer der Hitzebehandlung ab. Die Absorption bei 5,75 μ wird der Carbonylvalenzfrequenz eines aliphat. Esters zugeschrieben. Die Spektren von *Vinylacetat*-I-*Copolymeren* zeigen solche Banden. Es wird angenommen, daß die stabilisierende Wrkg. der Salze z. T. durch eine Verschiebung der labilen Chloratome durch Veresterung zustande kommt. G. Pfleiderer. 4010□

Optische Eigenschaften von orientiertem Polystyrol. Richard S. Stein. (J. appl. Physics **32.** 1280—86. Juli 1961. Amherst, Mass., Univ., Dep. of Chem.; engl.) — Die Gleichungen, die die opt. Eigg. von orientiertem *Polystyrol* definieren, werden für die Doppelbrechung u. den IR-Dichroismus dreidimensional orientierter Filme aufgestellt. Die Orientierung einer Monomereinheit wird in Form von 7 Orientierungsfunktionen angegeben, von denen 5 im allg. Fall unabhängig sind. Die Doppelbrechung u. der IR-Dichroismus werden mittels dieser Orientierungsfunktionen ausgedrückt. Der Ausdruck für den IR-Dichroismus hängt vom Winkel ab, den die Richtung der Dipolmomentänderung für die betreffende normale Schwingungsart mit den Mol.-Achsen bildet. Experimentelle Möglichkeiten für die Best. dieser Orientierungsfunktionen werden erörtert. R. Schäff. 4010□

Die Verteilung von Partikeln in einer verdünnten, gerührten Suspension. Thomas Gillespie. (J. Colloid Sci. **17.** 290—91. März 1962. Midland, Mich., Dow Chem. Co., Phys. Res. Labor.; engl.) — Die Gleichung für die Sedimentation von Partikeln gleicher Größe bei isotroper Turbulenz, $\ln(n/n_0) = -\alpha \cdot z$ ($\alpha = v_s/D_T$, v_s = Sedimentations-Geschw., D_T = Wirbeldiffusions-Konst., n = Partikelanzahl/cm³) wurde an 4 Größenfraktionen vernetzter *Polystyrol-Divinylbenzol*-Kügelchen (325, 320, 105 u. 60 μ ∅) in einem mit Leitblechen versehenen Tank unter Verw. verschiedener, großer Schaufeln zum Rühren geprüft. Die experimentell bestimmte Verteilung stimmt mit der Gleichung gut überein. D_T ist der Umdrehungs-Geschw. der Schaufeln direkt proportional. Durch die Verw. von Leitblechen u. großen Schaufeln kann viel von der Kompliziertheit in gerührten Syst. vermieden werden. P. Scharner. 4010□

Kinetik der Inhibierung der Styrolpolymerisation durch Nitroverbindungen. F. Tüdös, I. Kende und M. Azori. (J. Polymer Sci. **53.** 17—25. Aug. 1961. Ungarn; engl.) — Kinet. Unterss. der Inhibitor-Wrkg. von symm.-Trinitrobenzol (I) u. seinen Substitutions-Prodd. (Pikrinsäure, Pikrylchlorid, Pikramid, 2.4.6-Trinitroanisol, -Trinitrotoluol u. -Trinitrobenzoesäureäthylester) auf den Start der *Styrol*-Polymerisation wurden durchgeführt. Der Einfl. der NH_2-, OH-, OCH_3-, CH_3-, Cl- u. $COOC_2H_5$-Gruppe in I wurde untersucht. Die Polymerisationen wurden bei 50° in Ggw. von Azo-bis-isobutyronitril als Initiator durchgeführt. Die Nitro-Verbb. erwiesen sich als schwache Inhibitoren. Die Polymerisations-Geschw. nimmt während der Inhibitionsperiode allmählich zu, die stationäre Polymerisations-Geschw. ist jedoch etwas geringer als während des nichtgehemmten Prozesses. Möglicherweise wandelt sich der zugesetzte Inhibitor in einen Verzögerer um, der ungefähr 20mal schwächer ist. Aus diesem Grunde wurden Gleichungen für die Inhibierung mit darauffolgender Verzögerung abgeleitet. Bes. wurden Gleichungen für die Geschw. der Polymerisationsinhibierung, für die Kinetik des Inhibitorverbrauches u. auch für die Dauer der Inhibitionsperiode auf Grund dilatometr. Daten aufgestellt. Die Inhibierungs- u. Verzögerungs-Konst. sowie der stöchiometr. Koeff. für die Zahl der durch ein Mol. Inhibitor desaktivierten Radikale wurden bestimmt. Die beiden ersteren befolgen bei Substituenten mit kleinem Vol. (H, CH_3, OCH_3, Cl) die Hammet-Regel. Das Inhibierungsvermögen der Verbb. ist um so größer, je stärker der Substituent als Elektronenacceptor wirkt. Bei der $COOC_2H_5$-Gruppe ist die Aktivität geringer als nach der Hammet-Regel erwartet, was offenbar auf eine Abnahme der Konjugation zurückzuführen ist. Im Falle der OH- u. NH_2-Gruppe ist die Aktivität weitaus höher als nach der Regel zu erwarten ist, weil die Wasserstoffbindung einen zusätzlichen Elektronenacceptoreffekt auf die Nitrogruppe bewirkt. E. Weber. 4010□

Innere Rotation in polymeren Ketten und ihre physikalischen Eigenschaften. 12. Mitt. **Dipolmomente von Copolymeren.** T. M. Birstein, L. L. Burstein und O. B. Ptitzyn. (Журнал Технической Физики [J. techn. Physik] **29.** 896—905. Juli 1959. Inst. für hochmol. Verbb. der Akad. der Wiss. der UdSSR; russ.) — 11. vgl. Журнал Технической Физики [J. techn. Physik] **28.** [1958.] 2493; 13. vgl. C. **1960.** 16778. — Das Dipolmoment μ der Kette eines Copolymeren (CP) wird mit der mittleren Zahl $\bar{n}_1$ u. $\bar{n}_2$ der monomeren Einheiten (Index 1 u. 2) u. ihren μ-Werten m_{01} u. m_{02}, also den μ der polaren Gruppen, der Zus. des CP, ferner den Bedingungen der inneren Rotation in der Kette u. den relativen Rk.-Fähigkeiten (r_1, r_2) der Monomeren in Beziehung gesetzt u. in Gleichungen wiedergegeben. Die Theorie behandelt den Fall der Unabhängigkeit der inneren Rotation von der Zus. des CP. Experimentell ergeben sich für die dielektr. Durchlässigkeit ε der CP von *p-Chlorstyrol* (x%) u. *Styrol* bei x = 10,3% 2,68, 31,3% 3,03, 60,5% 3,45, 100% 3,80. Wenn $N = n_1 + n_2$ ist, gilt $\overline{\mu}^2/N = -0{,}70\,x^2 + 1{,}77\,x + 0{,}10$; $m_{01} = 1{,}6$ D, $m_{02} = 0{,}5$ D, $g = \overline{\mu}^2/N m_{02} = 0{,}46$. R. K. Müller. 4010□

Polymerisation phenylsubstituierter Butadiene mit Metallalkylkatalysatoren. J. K. Stille und Eugene D. Vessel. (J. Polymer Sci. **49.** 419—25. Febr. 1961. Iowa City, Iowa, State Univ. of Iowa, Dep. of Chem; engl.) — Die Polymerisation substituierter Butadiene u. die Struktur der resultierenden Polymeren wurde untersucht. Das mol. Verhältnis Katalysator-Konz./Monomeren-Konz. betrug stets 0,06/1,0, die Polymerisationszeit 72 Std. bei Raumtemperatur. *2-Phenylbutadien-(1.3)* gibt bei einem Mol-Verhältnis des Katalysators Triisobutyl-Al/$TiCl_4$ von 3 : 1 *Polymerisate* mit 80—90% *cis-1.4*-Einheiten; bei einem Verhältnis von 1 : 1 entstehen 60—70% *cis-1.4*-Strukturen (IR-Unterss. u. titrimetr. Best.). In keiner der Polymerproben wurden trans-1.4- oder 3.4-Einheiten gefunden, u. der verbleibende ungesätt. Charakter wird einer *1.2*-Polymerisation zugeschrieben. Sowohl Ziegler-Katalysatoren als auch Butyl-Li sind für die Polymerisation von *2.3-Diphenylbutadien-(1.3)* unwirksam; es entstehen nur sehr niedermol. Polymerisate in 1—5%ig. Ausbeute. E. Weber. 4010

Polymerisation von Acetylen und Phenylacetylen unter dem Einfluß von Komplexkatalysatoren auf der Basis von Organomagnesiumverbindungen und Metallhalogeniden. Georges Champetier und Modeste Martynoff. (Bull. Soc. chim. France **1961.** 2083—87. Nov. Sorbonne, Labor. de Chim. Macromol.; franz.) — C_2H_2 polymerisiert in äther. Lsg. in Ggw. von $FeCl_3$ u. Phenyl- oder Äthyl-MgBr oder $(C_2H_5)_2Mg$ bei 5—8° u. langsamer in Ggw. von $TiCl_4$ u. C_6H_5MgBr in einem sd. Bzl./Ae.-Gemisch. Die dunkelbraunen bis schwarzen Polymerisate sind unlösl. in W. u. organ. Lsgm., luftempfindlich u. lassen sich nicht an PtO_2 in Essigsäure bei 70° hydrieren. Halogenieren mit Cl_2 oder Br_2 führt zu ebenfalls unlösl. Produkten. *Phenylacetylen* polymerisiert in Ggw. von $FeCl_3$ u. C_6H_5MgBr oder $(C_2H_5)_2Mg$ kaum, mit $TiCl_4$ u. C_6H_5MgBr zu einem prakt. unlösl. orangefarbenen Pulver u. mit $TiCl_4$ u. $(C_2H_5)_2Mg$ zu wechselnden Mengen von unlösl., orangefarbenem u. in sd. Bzl. lösl. gelbem Polymerisat (Molgew. ca. 1400). Die *Polyphenylacetylene* sind weniger luftempfindlich als die *Polyacetylene.* M. Hagedorn. 4010□

Thioglykol-Polymere. 1. Mitt. **Durch Chlorwasserstoffsäure katalysierte Autokondensation von Thiodiglykol.** F. N. Woodward. (J. Polymer Sci. **41.** 219—23. Dez. 1959. Inveresk, Midlothian, Scotland, Arthur D. Little Res. Inst.; engl.) — HCl u. H_2SO_4 sind wirksame Dehydratisierungskatalysatoren zur Auslösung einer Selbstkondens. von *Thiodiglykol* (I). In Ggw. von 0,5—3,0% HCl liefert I bei 50—200° niedrigmol., wachsartige, wasserlösl., feste Polymere vom Typus $HO(C_2H_4SC_2H_4O)_nC_2H_4SC_2H_4OH$ in Ausbeuten bis zu 67%, wobei *p-Thioxan* als Nebenprod. auftritt. Das *Dimere* von I (n = 1) wurde in reiner Form u. 5 weitere Polymere von I mit n = 2, 3, 4, 5 u. 6 wurden in unreiner Form isoliert. Verbb. mit Molgew. bis ungefähr 1300 (n = 11) wurden nachgewiesen. H. Vilcsek. 4010□

Thioglykol-Polymere. 2. Mitt. **Durch Phosphorpentoxyd katalysierte Autokondensation von Thiodiglykol und 2.2′-Dihydroxydiäthyldisulfid.** J. T. Abrams, K. J. M. Andrews und F. N. Woodward. (J. Polymer Sci. **41.** 225—230. Dez. 1959; engl.) — 1. vgl. vorst. Referat. — Von 27 Verbb., deren katalyt. Wirksamkeit hinsichtlich der Bldg. möglichst hochmol. Polymerer aus *Thiodiglykol* (I) untersucht wurde, wurde P_2O_5 für eingehendere Verss. ausgewählt, wobei es gelang, Prodd. mit mittleren Molgew. von 3300 durch 12std. Erhitzen von I mit 2,0% P_2O_5 auf 120°/760 mm u. anschließendes längeres Nachreagieren bei 150°/40 mm zu erhalten: viscose Fll. vom Molgew. 2500 bis kautschukartige, braune Wachse vom Molgew. 6500. Die Löslichkeit der Prodd. in Bzl.,

Chlf. u. $\beta.\beta'$-Dichlordiäthyläther nimmt mit steigendem Molgew. ab. Die Wirksamkeit des Katalysators nimmt mit der Zeit ab, vermutlich wegen der Ausbildung chem. Bindungen. Unter ähnlichen Rk.-Bedingungen unterliegt auch *2.2'-Dihydroxydiäthyldisulfid* (II) der Autokondens.; II liefert ein Polymeres, das vermutlich aus $C_2H_4OC_2H_4S_2$-Einheiten aufgebaut ist u. das eine gewisse Tendenz zum kalten Fließen zeigt.
H. Vilcsek. 4010□

Thioglykol-Polymere. 3. Mitt. **Copolymerisation von Thiodiglykol und ähnlichen Thioglykolen mit aliphatischen hydroxylgruppenhaltigen Verbindungen.** K. J. M. Andrews, R. J. Rosser und F. N. Woodward. (J. Polymer Sci. **41.** 231–39. Dez. 1959; engl.) — 2. vgl. vorst. Referat. — *Thiodiglykol* (I) gibt mit P_2O_5, H_2SO_4 oder $KHSO_4$ bei 50–500° nicht nur Selbstkondens., sondern bildet in Ggw. von Di- u. Trihydroxy-Verbb. u. mit *2-Hydroxyäthanthiol-(1)* (II) auch geradkettige u. vernetzte *Copolymere*. Bei der Rk. von I mit II, *Tricarballylsäure*, *2.2'-Dihydroxydiäthyldisulfid* (IV) u. *Glycerin* (III) werden feste Polymerisate erhalten. Die Rkk. von I mit II, III u. IV wurden genauer untersucht; mit II tritt rasche Kondens. unter Bldg. spröder Festkörper ein. Ähnliche Polymere entstehen in ca. 70%ig. Ausbeute auch noch bei geringen Anfangskonzz. von I in der Mischung. Steigt die Anfangskonz. von I, entstehen wachsartige Festkörper, deren Eigg. den aus I allein erhältlichen Homopolymerisaten immer ähnlicher werden. In Gemischen aus I u. III werden bei stöchiometr. Überschuß von I, d. h. bis zu einem Geh. von 40% III im Gemisch, vernetzte Prodd. erhalten, die bröcklige Gele bis spröde Festkörper darstellen u. deren Entstehung durch Vernetzung an allen 3 OH-Gruppen von III erklärt wird; bei stöchiometr. III-Überschuß hingegen erhält man lediglich unvernetzte, viscose, fl. Prodd., die offensichtlich linear gebaut sind. Aus I, II u. III im Verhältnis 50 : 45 : 5 wird in 6½ Std. bei 154° ein weißer elast. Festkörper erhalten, der schwer zu schneiden oder zu brechen ist, der jedoch gemahlen u. verpreßt werden kann. Verss. zur Copolymerisation von I mit *1.3-Bis-[2-hydroxyäthylmercapto]-2-hydroxypropan*, *2-Hydroxyäthyl-2'-hydroxyisopropylsulfid* u. *2.2'-Bis-[2-hydroxyäthylmercapto]-diäthyläther* verliefen ergebnislos. H. Vilcsek. 4010□

Cyclische Polymerisation und Copolymerisation von Divinylacetalen. Ss. G. Matzojan. (J. Polymer Sci. **52.** 189–97. Juli 1961. Yerevan, Armenia, USSR, Acad. of Sci., Inst. of Organ. Chem.; engl.) — Vgl. C. **1961.** 15773 u. 16850. — Zur Unters. der Fähigkeit von Divinylacetalen (**A**), cycl. Polymerisation u. Copolymerisation mit anderen Monomeren einzugehen, wurden verschiedene **A** durch Rk. von Aldehyden mit Äthylenchlorhydrin u. anschließende Abspaltung von HCl aus den erhaltenen *$\beta.\beta'$-Dichlordiäthylacetalen* (**B**) dargestellt. Die HCl-Abspaltung gelingt durch Erhitzen der **B** in einem Kupferreaktor. Nach dieser Meth. wurden folgende **A** synthetisiert: *Divinylformal* (I), Kp. 87–89°, $D._4^{20}$ 0,9077, n_D^{20} 1,4215. — *Divinyläthanal* (II), Kp. 100–102°, $D._4^{20}$ 0,8960, n_D^{20} 1,4180. — *Divinylpropanal*, Kp. 117–119°, $D._4^{20}$ 0,8966, n_D^{20} 1,4245. — *Divinylbutyral* (III), Kp. 138–139°, Kp.$_{13}$ 44–45°, $D._4^{20}$ 0,8708, n_D^{20} 1,4220. — *Divinylisobutyral*, Kp.$_{13}$ 33–35°, $D._4^{20}$ 0,8755, n_D^{20} 1,4220. — *Divinylisopentanal*, Kp.$_{12}$ 45 bis 46°, $D._4^{20}$ 0,8733, n_D^{20} 1,4264. — *Benzaldehyddivinylacetal*, Kp.$_2$ 60–62°, $D._4^{20}$ 1,0180, n_D^{20} 1,5130. Die Struktur der **A** wurde durch Hydrierung zu den entsprechenden *Diäthylacetalen* u. durch Hydrolyse mit verd. H_2SO_4, die zu jeweils 2 Mol *Acetaldehyd* u. 1 Mol des *Ausgangsaldehyds* führte, nachgewiesen. Die **A** mit ihren beiden isolierten Doppelbindungen können unter Bldg. von linearen cycl. Polymeren u. von verzweigten Polymeren polymerisiert werden, je nach dem Charakter des Katalysators. In Ggw. von ion. Katalysatoren, wie $SnCl_4$, $AlCl_3$, $FeCl_3$, tritt, bes. in Abwesenheit eines Lsgm., rasche Polymerisation unter Bldg. dreidimensionaler Polymerer ein, die gelatinös u. unlösl. sind. In Ggw. von Radikalinitiatoren dagegen erfolgt ausschließlich eine cycl. Polymerisation unter Bldg. von *Polydivinylacetalen* (**C**; *Poly-O.O'-alkylidenvinylalkoholen*), wie *Polydivinylformal* (IV), *Polydivinyläthanal* (V), *Polydivinylpropanal*, *Polydivinylbutyral* (VI), *Polydivinylisobutyral*, *Polydivinylisopentanal* sowie *Polybenzaldehyddivinylacetal*. In allen Fällen wurden diese Polymerisationen unter optimalen Bedingungen in Substanz in Ggw. von Dibenzoylperoxid (VII) oder $\alpha.\alpha'$-Azodiisobutyronitril (VIII) durchgeführt u. die Polymeren durch Wasserdampf-Dest. u. Fällung aus Bzl. mit A. von den Monomeren getrennt. Die Polymerisation von III in Ggw. von maximal 2,0 Mol-% VII bzw. VIII bei 80° ergab einen VI-Umsatz von 25 bzw. 80%. Die Polymerisation von I mit jeweils 1 Mol-% VII, II mit VIII u. III mit VII bzw. VIII bei 80° ergab nach 5 Std. Umsätze von 32% IV, 60% V, 18 bzw. 75% VI, wobei die Umsätze bis zu 25 Std. Polymerisationsdauer prakt. konst. bleiben. Der Grad der Acetalisierung betrug bei V u. VI maximal 99,8 bzw. 99,4%. Alle erhaltenen **C** sind weiße Pulver oder kautschukähnliche Thermoplaste, die sich in den meisten organ. Lsgm. leicht lösen u. starkes Adhäsionsvermögen besitzen. Ferner wurden *cycl. Copolymere* aus III u. *Styrol* in verschiedenen Verhältnissen (30/70 bis 90/10) in Ggw. von 1 Mol-% **VIII** hergestellt, deren FF. mit zunehmendem **III**-Geh. von 115—120° auf 56—58° abnehmen. Das Mol-Verhältnis der in den *Copolymeren* aus **III** u. *Vinylacetat* vorhandenen Komponenten stimmt mit dem Mol-Verhältnis der Ausgangsmonomeren überein. Schließlich wurden *dicycl. Copolymere* aus **I** u. **II** sowie aus **II** u. **III** dargestellt. H_2 u. Br_2 werden von den **C** nicht aufgenommen (Beweis des Fehlens von Doppelbindungen). Die Struktur der durch Cyclopolymerisation der **A** erhaltenen **C** wurde durch Hydrolyse bestimmt. Es wurde *Polyvinylalkohol* gebildet, dessen Glykolstruktur anschließend durch Oxydation zu Oxalsäure sichergestellt wurde. Es reagieren daher zwei Vinylgruppen der **A** während der intra-intermol. Polymerisation nach dem Kopf–Schwanz-Mechanismus unter Bldg. der **C** mit 6gliedriger cycl. Struktur. E. Weber. 4010□

Nachweis der Endgruppen von Polyacrylonitrilen durch Infrarot-Spektroskopie. Reizo Yamadera. (J. Polymer Sci. **50.** S4—S7. März 1961. Katata, Shiga, Japan, Toyo Spinning Co. Ltd., Textile Res. Inst.; engl.) — Es wird gefunden, daß *Polyacrylonitril* (**I**), das mit dem Redox-Syst. $NaClO_4$–$NaHSO_3$ polymerisiert wurde, im IR-Spektrum eine Schulter bei 9,59 μ zeigt, die dem Polymerisationsgrad umgekehrt proportional ist u. die bei **I**, das in Ggw. von Azo-bis-isobutyronitril, Dibenzoylperoxid oder durch γ-Strahlung hergestellt wurde, fehlt. Dies wird durch die Aufnahme von Differenzspektren belegt, die außerdem eine Absorption bei 8,3 μ zeigen, deren Intensität mit der der Bande bei 9,59 μ symbat geht. Bei Zugabe von Isopropanol oder Dodecylmercaptan als Kettenüberträger werden Abweichungen gefunden. Die beiden Banden werden der SO_3H-Endgruppe zugeschrieben. Diese Annahme wird dadurch belegt, daß mit Alkan-1-sulfonsäuren die gleichen Banden gefunden werden, u. daß bei Verw. von $^{22}NaHSO_3$ die Intensität der Banden der Aktivität linear proportional ist. W. Schmieder. 4010□

Potentialänderungen während der Polymerisation in Redoxsystemen. E. Turska und J. Wisniewski. (J. Polymer Sci. **52.** 39—44. Juli 1961. Łódź, Poland, Łódź Polytechnic Inst., Inst. of Phys. Chem. of Macromol.; engl.) — Die Änderung des elektrochem. Potentials in Abhängigkeit vom Umsatz wird verfolgt: 1. bei der Redox-Emulsionspolymerisation von *Methacrylsäuremethylester* als Beispiel für ein Syst., bei dem Dibenzoylperoxid als Oxydationsmittel in der dispersen Phase u. das Fe^{2+}-Salz als Red.-Mittel in W. lösl. sind; 2. bei der Redox-Lösungspolymerisation von *Acrylonitril* als Beispiel für ein Syst., bei dem das Monomere, $(NH_4)_2S_2O_8$ als Oxydationsmittel u. das Fe^{2+}-Salz in der wss. Phase lösl. sind. In beiden Fällen wird ein prakt. linearer Zusammenhang zwischen Potential u. Umsatz gefunden. Es wird gezeigt, daß im 2. Syst. die Potentialänderung nur durch die Redox-Rk. bewirkt wird u. vom Monomeren unabhängig ist. W. Schmieder. 4010□

Bruchvorgänge in polymeren Materialien. Die Oberflächenenergie von Polymethacrylsäuremethylester. J. P. Berry. (J. Polymer Sci. **50.** 107—15. März 1961. Schenectady, N.Y., General Electric Res. Labor.; engl.) — Die Zugfestigkeit von Stäben aus *Polymethacrylsäuremethylester*, denen definierte Risse beigebracht wurden, kann über einen weiten Bereich der Rißgröße durch die Fehlstellentheorie von Griffith [1921] beschrieben werden. Die spez. Oberflächenenergie wird zu $3 \cdot 10^5$ erg/cm² gefunden, während aus dem mol. Bau 450 erg/cm² berechnet werden. Der Differenzbetrag wird dem Energieverbrauch eines viscosen Fließvorganges an der Bruchoberfläche zugeschrieben. W. Schmieder. 4010□

Polymerisation mit Redox-Initiatoren. 4. Mitt. **Eine Erklärung der Verzögererwirkung von Dimethylanilin.** Kenneth F. O'Driscoll. (J. Polymer Sci. **47.** 520—21. Nov. 1960. Villanova, Pa., Villanova Univ.; engl.). — 3. vgl. C. **1961.** 12484. — Es wird gezeigt, daß der Grenzumsatz einer Polymerisation mit begrenztem Umsatz (Kopf–Schwanz-Polymerisation) mit steigendem Verhältnis Dimethylanilin/Dibenzoylperoxid abnimmt, u. daß sich Ergebnisse von Imoto u. Seuckon (vgl. C. **1950/54.** 7937 S) an *Methacrylsäuremethylester* durch die Kopf–Schwanz-Kinetik gut beschreiben lassen. W. Schmieder. 4010□

C-Kettenpolymere und -copolymere. 10. Mitt. **Polymerisation von Methylmethacrylat in Substanz in Gegenwart von Tri-n-butylbor.** G. Ss. Kolessnikow und N. W. Klimentowa. (Высокомолекулярные Соединения [Hochmolekulare Verbind.] **1.** 362—66. März 1959. Inst. für Metallorg. Verbb. der Akad. der Wiss. der UdSSR; russ., Auszug: engl.) — 9. vgl. C. **1961.** 5460; 12. vgl. C. **1962.** 146. — Es wurde die Polymerisation von *Methylmethacrylat* (**I**) in Substanz bei 30—70° bei verschiedener Rk.-Dauer u. wechselnden Mengen Tri-n-butylbor (**II**) als Katalysator untersucht. Die berechneten Geschw.-Konst. der Polymerisation, die Ausbeuten u. das Molgew. der Polymeren sind in Abhängigkeit von den Rk.-Bedingungen tabellar. angegeben. Die

Geschw.-Konst. u. Ausbeuten erhöhen sich mit der Temp. u. II-Konz. (0,05—0,20 Mol-%). Das Molgew. u. die Viscosität der Polymeren erniedrigen sich mit zunehmender Temp. u. II-Konz., d. h. mit zunehmender Polymerisationsgeschwindigkeit. II katalysiert die Polymerisation von I wesentlich stärker als Dibenzoylperoxid.

Helmut Schäfer. 4010

C-Kettenpolymere und -copolymere. 11. Mitt. **Synthese, Polymerisation und Copolymerisation von Vinylphosphonsäureestern.** G. Ss. Kolessnikow, Je. F. Rodionowa und L. Ss. Fedorowa. (Высокомолекулярные Соединения [Hochmolekulare Verbind.] **1.** 367—72. März 1959; russ., Auszug: engl.) — 10. vgl. vorst. Referat. — Durch Rk. von *β*-Chloräthylphosphonsäuredichlorid (I) mit Alkoholen oder durch Rk. von PCl_3 mit 1.2-Dichloräthan (II) u. anschließende Umsetzung des Rk.-Prod. mit ehtsprechenden Alkoholen in Ggw. von $AlCl_3$ wurden *β-Chloräthylphosphonsäure* (III)-*dimethyl-*, *-diäthyl-*, *di-n-butyl-*, *-diisobutyl-* u. *-dibenzylester* dargestellt. Diese wurden durch Erhitzen mit Triäthylamin (IV) zu den entsprechenden *Vinylphosphonsäure* (V)-*estern* dehydrochloriert. — Die Polymerisation der V-Ester in Ggw. von Dibenzoylperoxid bei 50° lieferte nach Abtrennen der unveränderten Monomeren mit Wasserdampf u. Reinigen der Polymeren durch Extrahieren mit II *polymere* V-*Ester* mit folgenden Glas-Temp.: *Dimethylester* 50°; *Diäthylester* —7°; *Di-n-butylester* —30°; *Diisobutylester* 5°. — Die Copolymerisation der V-Ester mit *Acrylonitril* in Emulsion [5 (Gew.-Teile) W., 0,2 Neutralseife, 0,4 $K_2S_2O_8$, 6 Mol des Monomerengemisches je 1000 ml der wss. Phase; 8—10 Std. bei 50°; Abtrennen der Monomeren mit Wasserdampf u. Waschen der Copolymeren mit A.] lieferte *Copolymere* mit Glas-Temp. zwischen 90 u. 100°, in denen Acrylonitril gegenüber dem Monomerengemisch stark angereichert ist. Die Ausbeute an den Copolymeren u. deren spezif. Viscosität in Dimethylformamid nehmen mit sinkendem Acrylonitril-Geh. im Ausgangsgemisch ab.

Versuche: *β-Chloräthylphosphonsäure* (III), *Dimethylester*, $Kp._4$ 78—79°, man gibt zu 67 ml Methanol, 150 ml IV u. 580 ml Ae. bei 0° in 5 Std. 100 g I in 100 ml Ae., rührt 3 Std. lang, läßt über Nacht bei 20° stehen u. rührt noch 2 Std. bei 40°; n_D^{20} 1,4482; 54% (Ausbeute). *Diäthylester*, $Kp._3$ 87,5—88°, man rührt 134 g $AlCl_3$, 138 g PCl_3 u. 50 g II 5—6 Std. bei 70—75°, läßt über Nacht stehen, verd. mit 350—400 ml Methylenchlorid, gibt bei $< -20°$ tropfenweise 200 ml A. zu u. rührt 3 Std. bei 40—45°; n_D^{20} 1,4423; 45%. *Di-n-butylester*, $C_{10}H_{22}ClO_3P$, $Kp._2$ 106,5—107°, aus 138 g PCl_3 u. 50 g II in Ggw. von 134 g $AlCl_3$ in 300 ml n-Butanol; $D._4^{20}$ 1,0596, n_D^{20} 1,4459; 55%. *Diisobutylester*, $C_{10}H_{22}ClO_3P$, $Kp._{2,5}$ 108,5—109,5°, aus PCl_3, II u. Isobutanol in Ggw. von $AlCl_3$; $D._4^{20}$ 1,0442, n_D^{20} 1,4413; 66%. *Dibenzylester*, $C_{16}H_{18}ClO_3P$, F. 41,5—42,5° (CCl_4-PAe. 1 : 1), man gibt zu 170 ml Benzylalkohol, 90 ml Pyridin u. 580 ml Ae. bei 0° in 5 Std. tropfenweise 100 g I in 100 ml Ae., rührt 3 Std., läßt über Nacht stehen u. rührt 2 Std. bei 40°; 17%. — *Vinylphosphonsäure* (V), *Dimethylester*, $C_4H_9O_3P$, $Kp._4$ 53,5 bis 54°, durch 160 Std. langes Stehen gleicher Gew.-Mengen III-Dimethylester u. IV bei 20°; 60%. *Diäthylester*, $Kp._2$ 59—60,5°, man erhitzt 0,25 Mol III-Diäthylester u. 0,4 bis 0,5 Mol IV 5—6 Std. auf 80—100° u. läßt über Nacht bei 20° stehen; $D._4^{20}$ 1,0569; n_D^{20} 1,4300; 60%. *Di-n-butylester*, $C_{10}H_{21}O_3P$, $Kp._2$ 77,5—79°; $D._4^{20}$ 0,9816; n_D^{20} 1,4390; 40%. *Diisobutylester*, $C_{10}H_{21}O_3P$, $Kp._3$ 78—78,5°; $D._4^{20}$ 0,9730; n_D^{20} 1,4356; 50%. *Dibenzylester*, $C_{16}H_{17}O_3P$, Kp. $<_{0,001}$ 62°; $D._4^{20}$ 1,1647; n_D^{20} 1,5519; 35%.

Helmut Schäfer. 4010

Copolymerisatzusammensetzung von Polyesterharzen. W. G. P. Robertson und D. J. Shepherd. (Chem. and Ind. **1958.** 126—27. 1/2. Salisbury, South Australia, Weapons Res. Establ.; engl.) — Die Copolymerisatgleichung von Wycherley (vgl. C. **1961.** 3674) wird auf die Härtung von *Polyfumarsäureestern* mit *Vinylacetat* (I), *Styrol* (II), *Methacrylsäuremethylester* (III), *Acrylonitril* (IV) u. *Acrylsäuremethylester* (V) im Mol-Verhältnis 70 : 30 zur Best. der durchschnittlichen Anzahl der Monomereneinheiten angewendet. Durch Messung der Dehnung am Zerreißpunkt, Zugfestigkeit, Biegesteifigkeit u. Schlagfestigkeit wird gezeigt, daß die mit I u. II erhaltenen Harze fester u. zäher als die mit III u. IV erhaltenen sind. Die größere Festigkeit dieser Harze steht im Einklang mit den für sie erhaltenen dM/dF-Werten (M u. F = Konz. von Monomerem bzw. Polymerem) von 0,78 bzw. 1,3, wonach sie stark vernetzte Struktur haben, während die dM/dF-Werte für die mit III u. IV erhaltenen Harze (23 bzw. 21) einer geringeren Anzahl vernetzender Monomereneinheiten entsprechen. Die hohe Festigkeit des mit V erhaltenen Harzes entspricht dagegen nicht den ermittelten Werten von 13—30. Als Ursache wird das hochakt. V-Radikal genannt, dessen Rk.-Weise nicht mehr der vereinfachten Polymerisationsvorstellung, die der Wycherleyschen Gleichung zugrunde liegt, entspricht.

L. Lamza. 4010

Kernmagnetische Resonanzuntersuchungen an orientierten Dacron-Fasern. D. Hyndman und G. F. Origlio. (J. Polymer Sci. **46.** 259—61. Sept. 1960. Marcus Hook, Pa., American Viscose Corp.; engl.) — Mit einem Varian V-4300-2-Spektrometewerden kernmagnet. Resonanz-Unterss. an Bündeln von *Dacron*-Fasern hoher Zähr festigkeit ausgeführt. Die Fasern sind in einer Teflonhaltung angebracht u. der Winkel zwischen ihrer Achse u. dem magnet. Feld kann variiert werden. Um sicherzustellen, daß sich die Kristallinität während der Messung nicht ändert, werden die Fasern bei 465° K getempert u. dann die Linienbreite, die Linienform u. die zweiten Momente bei Temp. von 180—400° K bei Winkeln zwischen Feld u. Faser von 0, 45 u. 90° gemessen. Bei 0° wird eine Dublettbande gefunden, die einem isolierten Protonenpaar in der Methylenkette zugeschrieben wird. Bei anderen Winkeln wird dieses Dublett nicht beobachtet.

W. SCHMIEDER. 4010 □

Chemische Umwandlungen von Polymeren. 2. Mitt. **Polyhydroxyäthylierung von Polyamiden.** Ss. R. Rafikow, G. N. Tschelnokowa und P. N. Gribkowa. (Высокомолекулярные Соединения [Hochmolekulare Verbind.] **1.** 378—86. März 1959. Inst. für Metallorg. Verbb. der Akad. der Wiss. der UdSSR; russ., Auszug: engl.) — 1. vgl. C. **1959.** 7151. — Filme, Späne, Pulver oder Fäden mit verschiedenem Orientierungsgrad aus *Polycaprolactam, Polyamid „Anid G-669“* (Copolymeres aus *Caprolactam, Hexamethylendiamin, Adipin-* u. *Azelainsäure*) u. aus einem *Polyamid aus Thiodivaleriansäure* u. *Hexamethylendiamin* wurden der Hydroxyäthylierung mit Äthylenoxid unterworfen, indem die Komponenten 15—17 Std. lang im Rohr auf 80° erhitzt wurden. Der Geh. an Polyäthylenoxid, Vol.-Vergrößerung, Gew.-Zunahme, Löslichkeit in Ae. u. W., Polymerisationsgrad der Polyäthylenoxidketten (bis 13), Substitutionsgrad der NH-Gruppen (bis ca. 50%), Deformierbarkeit, thermomechan. Eigg. u. Quellbarkeit der behandelten Polymeren werden tabellar. u. graph. angegeben. — Die Polyhydroxyäthylierung erfolgt nicht nur an der Oberfläche, sondern auch in der Masse der Polymeren. Bei freien endständigen Carboxylgruppen können auch Vernetzungen durch Ester-Bldg. aus den Carboxylgruppen u. den Hydroxylgruppen der Polyäthylenoxidseitenketten erfolgen. Die Quellbarkeit der polyhydroxyäthylierten Polyamide in W. ist größer als die der ursprünglichen Polyamide. Die hydrophilen Eigg. erhöhen sich mit zunehmendem Polyhydroxyäthylierungsgrad. HELMUT SCHÄFER. 4010

Untersuchungen über Polykondensationsreaktionen von Nylon-Salz. 1. Mitt. **Das Gleichgewicht im System Polyhexamethylenadipinsäurediamid–Wasser.** Naoya Ogata. (Makromolekulare Chem. **42.** 52—67. 1960. Minato-ku, Nagoya, Japan, Nylon Labor., Toyo Rayon Co. Ltd.; engl.) — Nach ausführlichen Unterss. läuft die Polymerisation von *ε-Caprolactam* (I) in Ggw. von H_2O als Polyaddition ab, wobei sich I an das Polymere unter gleichzeitig stattfindender Polykondens.-Rk. zwischen linearen Polymer-Moll. addiert. Nunmehr wurde die Polykondens.-Rk. von *Nylon-Salz* (II) in Ggw. von H_2O näher untersucht. Üblicherweise wird aber gerade die Polykondens. von II in Ggw. von H_2O bei Temp. oberhalb von 220° u. bei Drucken von 15—18 kg/cm² ausgeführt. Da es sich hierbei um eine Gleichgewichts-Rk. nach dem Schema $-COOH + -NH_2 \rightleftharpoons -CONH- + H_2O$ handelt, muß H_2O einen erheblichen Einfl. auf den Umsatz u. den Polymerisationsgrad des Polymeren ausüben. Es wurde die Löslichkeit n_W von H_2O (Mol H_2O pro Monomereinheit) in geschmolzenem *Nylon 66* unter Druck gemessen u. gefunden, daß das HENRYsche Gesetz für Ansätze mit einem H_2O-Geh. unter 0,1% Gültigkeit besitzt. Es gilt hierfür die Gleichung $\log n_W/p = 3050/T - 10{,}09$. Bei konst. H_2O-Dampfdruck nimmt mit steigender Temp. die Zahl der freien NH_2-Gruppen im Polymeren merklich zu, während gleichzeitig die Zahl der COOH-Gruppen abnimmt. Die Gleichgewichts-Konst. K der Kondens.-Rk. zwischen den Ketten-Moll. kann nach folgender Gleichung berechnet werden: $\log K = 5800/T - 8{,}32$. Die Abhängigkeit des mittleren Polymerisationsgrades (Zahlenmittel) $\overline{P}_n$ von p wird durch die Beziehung $\log \overline{P}_n = 0{,}73 + 1375/T - {}^1/_2 \log p$ wiedergegeben. H. VILCSEK. 4010 □

Die Chromatographie von Phenolen an Polyamiden. Wolfgang Grassmann, Helmut Hörmann und Alfons Hartl. (Makromolekulare Chem. **21.** 37—49. Okt. 1956. Regensburg, Max-Planck-Inst. für Eiweiß- u. Lederforsch.; dt.) — Auf Grund der Affinität von Phenolen zu Polyamiden wurde ein chromatograph. Verf. zur Trennung verschiedener Phenole ausgearbeitet. Dabei übertrifft die Kapazität der *Perlon* (I)-Säule die Beladungsfähigkeit anderer Absorptionsmittel um das 100fache, da die H-Brückenbindung nicht nur an der Oberfläche wirksam ist. Die Phenolaufnahme ist reversibel, I nimmt nach dem Auswaschen mit W. seine harte Konsistenz wieder an, auch bei längerer Phenoleinlagerung. Schneller wird mit 20%ig. Aceton (II), 50%ig. A. oder Hiag A (techn. Gemisch von Methylacetat, II u. Methanol) eluiert. Die R_F-Werte verschiedener Phenole an I-Pulver betragen: Pyrogallol: 0,36 (eluiert mit W.), 0,53 (mit

20%ig. II), 0,66 (mit 50%ig. A.); Brenzcatechin: 0,3, 0,46, 0,62; Phenol: 0,21, 0,39, 0,66; Resorcin (III): 0,19, 0,40, 0,62; o-Nitrophenol: 0,16, 0,36, 0,50; p-Kresol: 0,11, 0,26, 0,62; m-Kresol: 0,115, 0,25, 0,61. Gallussäure: 0,086, 0,28, 0,55; p-Nitrophenol (IV): 0,016, 0,10, 0,13; Tannin (V): 0,00, 0,03, 0,45. Sämtliche Phenole wandern demnach mit W. als Lsgm. am langsamsten. V bleibt prakt. irreversibel adsorbiert, mit A. läßt es sich nur z. T. eluieren. III bildet in W. u. IV in II eine Schleppe. n/10 HCl u. 10%ig. Essigsäure als Lsgm. ergeben dieselben R_F-Werte wie W. bei verringerter Zonenbreite, Phenol mit R_F 0,27 wird in Essigsäure schneller u. mit n/10 NaOH schnell u. vollkommen desorbiert. Auf Grund seines Zwitterionencharakters besteht bei Tyrosin keine Affinität zu I, es wandert in wss. oder HCl-Lsg. mit der Lsgm.-Front. Diskutiert werden die Zusammenhänge zwischen der Bindungsenergie der H-Brücken u. der Sorptionsaffinität von verschiedenen Phenolen u. Polyamiden auf Grund der stereomeren Unterschiede der funktionellen OH-Gruppen. Auch der Einfl. des Lsgm. als Protonendonator (A., Essigsäure, W.) u. Protonenacceptor (II) auf die Geschw. der Desorption wird untersucht.
I. Zoeke. 4010□

Abdrücke aus hochmolekularen Polyamiden von Kristallgitterflächen als Matrizen. J. Willems. (Experientia [Basel] **17.** 344—45. 15/8. 1961. Krefeld; dt.) — Mit Hilfe des neuentwickelten Abdruck-Verf. gelang es, orientierende Aufwachsungen hochmol. Stoffe, wie *Poly-ε-aminocapronsäure*, *Nylon 66* sowie *Nylon 6.10*, auf der (1 0 0)-Fläche von KCl, KBr u. Rohrzucker nachzuweisen, auch dann, wenn diese unterhalb der Sichtbarkeitsgrenze des Lichtmikroskops liegen. Das Polyamid wird als dünner Film auf die Trägerfläche gebracht. Meist nach dem Ablösen des Trägers kann nach den Aufwachsungs-Verss. mit geeigneten Gastsubstanzen, z. B. Pentachlorphenol, festgestellt werden, ob bzw. wie eine Orientierung verläuft. Die elektronenmkr. Unters. ergab, daß die Orientierung der Polyamide an der Kristallfläche in Form eines Netzes von Fibrillen erfolgt, bei der Strukturanalogie zwischen Verwachsungsfläche von Wirtskristall u. Polyamidfibrille maßgebend ist. Die charakterist. netzförmigen Polyamidabdrücke atomarer oder mol. Anordnungen könnten somit als Modell einer Antikörper-Bldg. betrachtet werden. E. Anton. 4010□

Grenzflächenpolykondensation der Hydrochloride von Dicarbonsäuren und Diaminen beim Vorgang der Faserbildung. N. W. Michailow, W. I. Maiboroda und S. S. Nikolajewa. (J. Polymer Sci. **52.** 245—50. Juli 1961. Moskau, Allunions-Forsch.-Inst. für Kunstfasern; engl.) — Verss. zur Verw. der Grenzflächenpolykondens. zur Bldg. von Fasern u. Filmen direkt während des Polykondens.-Prozesses wurden für das Monomerenpaar *Sebacoyldichlorid/Hexamethylendiamin* angestellt. Die Polykondens. verläuft bei dem Faser-Bldg.-Prozeß in einer von der unter stationären Bedingungen oder unter Mischung der Monomeren vorhandenen, verschiedenen Weise. Fasern wurden bei aufwärtsgerichtetem Fließen der Monomeren-Lsgg. gesponnen. Das Schema u. die Parameter der Polykondens.-Rk. u. der Faser-Herst. werden beschrieben. Vers.-Daten für die Ausbeuten u. Molgew. der Polyamide wurden in Abhängigkeit von der Monomeren-Konz. u. Fließcharakteristik bei der Grenzflächenpolykondens. im Faser-Bldg.-Prozeß erhalten. Die Daten wurden mit den unter stationären Bedingungen erhaltenen Ergebnissen verglichen. Es wurde gezeigt, daß zwischen den beiden Rk.-Arten sowohl in Hinblick auf die Ausbeute als auch auf die spezif. Viscosität der erhaltenen Polymeren beträchtliche Unterschiede bestehen. Eine Meth. zum Faserspinnen beim Polykondens.-Prozeß wurde entwickelt u. die Eigg. der gebildeten Fäden untersucht. Fasern mit einer spezif. Viscosität von 1,23 wurden in 87%ig. Ausbeute erhalten. Die Fasern können auf ihre 4fache Länge gereckt werden u. besitzen kristalline Struktur. E. Weber. 4010□

Lineare und cyclische Oligomere. 7. Mitt. **Cyclische Peptide.** 8. Mitt. M. Rothe. (Makromolekulare Chem. **35.** 183—99. Jan. 1960. Berlin-Teltow, Inst. für Faserstoff-Forsch. der dt. Akad. der Wiss. zu Berlin; Halle/Saale, Univ., Inst. für Organ. Chem.; dt.) — 6. vgl. Makromolekulare Chem. **71.** [1959.] 700; 7. vgl. C. **1960.** 10203. — An Hand eigener Arbeiten u. zahlreicher Literaturstellen wird über die Grundlagen der Oligomerenchemie u. deren Bedeutung für die makromol. Chemie berichtet. Bei der Synth. chromatograph. einheitlicher Oligomerer u. der Reingewinnung polymerhomologer Ringoligomerer aus Polykondensaten wurden in letzter Zeit Fortschritte erzielt. Nach dem Duplikations-Verf. konnten einheitliche Polymere mit Molgew. über 1000 hergestellt werden. Bei gleichzeitiger Anwendung des Verdünnungsprinzips u. neuer, peptidsynthet. Verff. gelang die Synth. von ringförmigen Amiden. Eine polymerhomologe Reihe von cycl. Amiden in *Nylon 6* (*Cyclo-bis-* bis *-nonakis-capronamid*) u. in *Nylon 66* (Cyclo-*mono*-bis *-tetrakis-*[*N.N'-hexamethylenadipindiamid*]) konnten mit Hilfe von synthetisierten Vgl.-Substanzen papierchromatograph. nachgewiesen u. präparativ u. durch Säulenchromatographie hergestellt werden. H. Vilcsek. 4010□

Synthese und Polymerisation der Glycidylurethane. A. A. Berlin und A. K. Dabagowa. (Высокомолекулярные Соединения [Hochmolekulare Verbind.] **1.** 946—50. Juli 1959. Allunions-Forschungsinst. für Aviationsmaterialien; russ., Auszug: engl.) — Durch Anlagerung von Toluylendiisocyanat (I; Gemisch des 2.4- u. 2.6-Isomeren) bzw Hexamethylendiisocyanat (II) an Glycid (III; 1-Hydroxy-2.3-oxidopropan) werden *N.N'-Toluylen-* (**IV**) bzw. *N.N'-Hexamethylen-bis-carbaminsäureglycidylester* (**V**) erhalten. Die Polymerisation von **IV** u **V**, die Urethan- u Epoxidgruppen enthalten, liefert Polymere mit Eigg., die zwischen denen der Urethan- u. Epoxidharze liegen. — **IV** u. **V** gehen beim Stehen oder schneller beim Erhitzen in Abwesenheit von Initiatoren in räumliche, nichtschm. u. unlösl. glasartige Polymere über. Die Copolymerisation mit Verbb., die reaktionsfähige H-Atome besitzen (organ. Säuren, Basen, Alkohole, Phenole), gibt feste, haltbare, benzol- u. ölbeständige Überzüge mit hoher Adhäsion gegenüber Glas u. Metallen. — **IV** u. **V** verzögern in Mengen von 3% die Dehydrochlorierung von chloriertem *PVC* u. erhöhen auch die Beständigkeit von *Copolymeren* aus *Vinylchlorid* u. *Vinylidenchlorid* beim Erhitzen auf 150—160° oder beim Bestrahlen mit UV-Licht.

Versuche: *N.N'-Toluylen-bis-carbaminsäureglycidester* (**IV**), *2.4-* u. *2.6-Isomeres*, FF. 78 bzw. 127°, man vermischt 0,2 Mol **I** (40% 2.4- u. 60% 2.6-Isomeres) u. 0,4 Mol **III**, hält nach dem Einsetzen der Rk. durch Kühlen bei 30°, erwärmt noch ½ Std. auf 40° u. trennt durch Kristallisation; 95—98% (Ausbeute). — *N.N'-Hexamethylen-bis-carbaminsäureglycidylester* (**V**), F. 68—69° (Aceton), man läßt 1 Mol **II** u. 4 Mol **III** 3 Tage lang stehen u. wäscht den Überschuß an **III** mit abs. Ae. aus; 95—97%. — Polymerisation: a) Man erhitzt **IV** 1 Std. auf 125—130° oder **V** 12 Std. auf 80° u. erhält durchsichtige, feste, nichtschm. u. in den üblichen organ. Lsgm. unlösl. glasartige Polymere; b) durch Erhitzen dünner Schichten **IV** oder **V** auf Glas oder Metall werden durchsichtige, nichtschm. u. unlösl. Filme erhalten. Die Filme aus **V** sind fest u. haften gut auf Glas u. Aluminium. — Durch 10—20 Min. langes Erhitzen von 1,25 Mol **IV** u. 1 Mol 2.2-Bis-[p-hydroxyphenyl]-propan, Pentaerythrit oder Sebacinsäure auf 115—140° erhält man Copolymere, die bei 73, 94 bzw. 100° erweichen. Mit Benzidin wird ein nichtschm. Copolymeres erhalten, mit Phenol ein fl. Copolymeres, das nach mehrwöchigem Stehen bei 20° erstarrt. — Durch 25 Min. langes Erhitzen von je 1 Mol **V** u. **III** mit 10% Benzidin auf 80° erhält man ein sirupöses Copolymeres, das durch zusätzliches Erhitzen (12 Std., 50°; 1 Std., 100°) oder Zusetzen von 3—15% Diäthylentriamin, Triäthylentetramin oder Benzidin (1—36 Std. bei 20°) gehärtet wird.

Helmut Schäfer. 4010

Untersuchungen mit Polyätherharzen. Masahiro Hatano. (Bull. Tokyo Inst. Technol., Ser. B **1959.** 133—36; engl.) — Der Einfl. von Lsgm. auf die durch BF_3-Ätherat katalysierte Polymerisation von 3.3-Bis-[chlormethyl]-1-oxacyclobutan (**III**) wird untersucht. Dabei zeigen übliche Lsgm. unterschiedlicher DK keinen merklichen Einfl. auf den Rk.-Verlauf, die Rkk. in aliphat. Halogeniden, bes. Äthylbromid, führen dagegen zu Polymeren mit höherem Molgewicht. *Poly-[3.3-bis-(chlormethyl)-1-oxacyclobutan]* wird beim langsamen Abkühlen seiner Schmelze in der α-Form, bei starker Unterkühlung (—80°) dagegen in einer β-Form erhalten. Beide zeigen unterschiedliche Röntgenstrahlenbeugungsdiagramme u. IR-Spektren. Weiterhin wurde die Polymerisation von Propylenoxid (**I**) mit Triäthyl-Al (**II**) in n-Hexan allein sowie unter Zusatz von $FeCl_3$, $ZnCl_2$ u. $TiCl_4$ u. von Oxacyclobutan, 2-Methyloxacyclobutan u. Tetrahydrofuran (**IV**) mit **II** untersucht. Die optimalen Rk.-Bedingungen für **I** wurden bei 60° mit **II** u. **II**-$FeCl_3$ gefunden. Die aus den 4gliedrigen Äthern erhaltenen Polymeren haben im Vgl. zum polymeren **I** niedrige Molgewichte. **IV** polymerisiert unter diesen Bedingungen nicht. Die **II**-katalysierte Polymerisation von **III** gelingt am besten in o-Dichlorbenzol bei 90—120°. — Poly-[3.3-dialkyl-1-oxacyclobutane]: *-dimethyl-*, F. 45°. — *-bis-fluormethyl-*, F. 118—120°. — *-bis-chlormethyl-*, F. 168—170,5°. — *-bis-brommethyl-*, F. 224—228°. — *-bis-jodmethyl-*, F. 275—278°. L. Lamza. 4010

Molekülkonfiguration von Poly-(m-methylstyrol) und Poly-(p-trimethylsilylstyrol). Isamu Nitta, Yōzō Chatani und Yoshiaki Sakata. (Bull. chem. Soc. Japan **33.** 125—26. Jan. 1960. Osaka, Univ., Fac. of Sci., Dep. of Chem.; engl.) — Vff. nehmen Bezug auf die Synth. u. IR-Unterss. von Murahashi u. Mitarbeitern (vgl. C. **1961.** 8320) von *Poly-(m-methylstyrol)* (**I**) u. *Poly-(p-trimethylsilylstyrol)* (**II**) u. untersuchten an Hand von Röntgen-Meth. die Mol.-Konfiguration der beiden polymeren Verbindungen. Aus den Schichtlinienabständen ergab sich für **I** eine Faserperiode von 57,1 u. für **II** von 60,6 Å. Aufnahmen an um 23° gegen die Vertikalachse gedrehten Proben ließen ein axiales Intensitätsmaximum auf der 29. Schichtlinie erkennen. Der Abstand aufeinanderfolgender monomerer Einheiten entlang der Faserachse ist mit

1,97 für I u. 2,09 Å für II viel kürzer als der Abstand einer voll gestreckten Kette einfach verbundener C-Atome mit 2,53 Å. Es wird hieraus geschlossen, daß die Polymeren gleichmäßige Schrauben in ihren kristallinen Bereichen enthalten, was auf einen isotakt. Charakter hinweist. Zur genaueren Analyse der Schraubenstruktur verwendeten Vff. die von Cochran u. Mitarbeitern (vgl. C. **1953.** 4881) beschriebene Methode. Es wird ein Schraubenmodell für I u. II vorgeschlagen. C. Gottfried. 4010

Zerreißen stationärer, flüssiger Fäden. F. D. Rumscheidt und S. G. Mason. (J. Colloid Sci. **17.** 260—69. März 1962. Montreal, Quebec, Canada, Pulp and Paper Res. Inst. of Canada; McGill Univ., Dep. of Chem.; engl.) — Vff. beschreiben das Zerreißen von langen, gleichförmigen, in nichtmischbaren, viscosen Fll. suspendierten Fl.-Fäden durch die Entw. stationärer, symm. Capillarwellen. Es wurden die Syst. *Siliconöl 5000* (I)-*Oronite*, I-*Pale 4* (II), I-*Glycerin* (III), I-*Teresso*, I-III-*Tween 20*, I-II-*Span 85* u. *Maissirup-Siliconöl 10000* untersucht; die Werte für das Viscositätsverhältnis Faden-Fl.-suspendierende Fl. reichen von 0,03—6,7. Die Wellenlängen u. die Ausbreitungs-Geschw. der Störungen zeigen gute Übereinstimmung mit der Theorie von Tomotika (Proc. Roy. Soc. [London], Ser. A **150.** [1935.] 322). In Ggw. oberflächenakt. Stoffe treten einige Abweichungen von der Theorie auf, vermutlich auf Grund der Entw. eines viscoelast. Grenzflächenfilms. P. Scharner. 4010 □

Thermodynamik der Reaktion von Polyhydroxyverbindungen mit Kupferammoniakbasen. 4. Mitt. Die Bestimmung der Reaktionswärme der Reaktion von Cellulose mit der Kupferammoniakbase auf calorimetrischem Wege. M. I. Archipow. (Известия Высших Учебных Заведений (Иваново), Химия и Химическая Технология [Hochschulnachr. (Iwanowo), Chem. u. chem. Technol.] **4.** 123—27. 1961. Iwanowo, Chem.-Technol. Inst.; russ.) — 3. vgl. Известия Высших Учебных Заведений (Иваново), Химия и Химическая Технология [Hochschulnachr. (Iwanowo), Chem. u. chem. Technol.] **3.** [1960.] 1082. — Die unter besonderen Vorsichtsmaßnahmen durchgeführte direkte calorimetr. Best. der Wärmetönung der Rk. von *Cellulose* mit *Kupferoxidammoniak* ergab einen Wert von 10,5 kcal/Mol. Bei Berechnung dieser Rk.-Wärme aus den Gleichgewichts-Konst. erhalt man nur 4,5 kcal/Mol. Vf. nimmt an, daß man es bei dem calorimetr. bestimmtem Wert mit der Wärmesumme von 2 Rkk. zu tun hat. Entsprechende Effekte hatte Vf. schon früher (l. c.) bei der Rk. von Äthylenglykol u. α-Methylglucosid mit Ammoniumbasen gefunden. M. Ulmann. 4050 □

Peptidstruktur und ihre Bedeutung für katalytische und biochemische Vorgänge. 34. Mitt. W. Lautsch, R. Pasedag, I. Sommer, H. J. Julius und E. Boedefeld. (Chimia [Aarau, Schweiz] **13.** 129—55. 15/5. 1959. Berlin, Freie Univ., Inst. für Organ. Chem.; dt.) — 33. vgl. Kolloid-Z. **161.** [1958.] 1. — Übersicht über die Bedeutung der Peptidkonfiguration für katalyt. u. photochem. Vorgänge, über Oberflächenstruktur u. Einschluß-Syst. u. über Oberflächenstruktur u. ster. Spezifität. — 81 Literaturangaben. P. Golinske. 4070 □

Lichtstreuung und Viscosität von Proteinen in wasserfreier Ameisensäure. B. S. Harrap und E. F. Woods. (J. Polymer Sci. **49.** 353—67. Febr. 1961. Parkville [Melbourne], Victoria, Australia, C.S.I.R.O. Wool Res. Labor., Div. of Protein Chem.; engl.) — An 5 Proteinen mit bekanntem Molgew., *Rinderserumalbumin* (I), *Ovalbumin* (II), *Lysozym*, *β-Lactoglobulin* (III) u. *Insulin* (IV) werden Lichtstreuungs- u. Viscositätsmessungen in wasserfreier Ameisensäure durchgeführt, um zu prüfen, ob Proteine, die in W. aggregiert oder unlösl. sind, in diesen Lsgm. gemessen werden können. I u. II zeigen zeitabhängige Viscositätsänderungen, welche die Auswertung der Viscositätsmessungen sehr erschweren. Die Abhängigkeit der Viscosität von der Zeit wird nicht durch Hydrolyse oder Aggregation der Proteine verursacht. Die in Ameisensäure in Ggw. von NaCl oder KCl bestimmten Molgew. zeigen, daß III u. IV weitgehend zur monomeren Form dissoziiert sind; die übrigen Proteine geben in Ameisensäure etwas höhere Molgew. als in wss. Lösung. In Abwesenheit von Salz ist die Konz.-Abhängigkeit beider gemessenen Größen typ. für Polyelektrolyte mit hoher Ladung. Die (η_{sp}/C, C)-Kurven von I, II u. IV besitzen bei Konzz. zwischen 0,1 u. 0,2% Maxima. Die Unterschiede im Polyelektrolyt-Verh. zwischen den Proteinen werden auf unterschiedliche Molgew., auf verschiedenen Vernetzungsgrad durch Disulfidbindungen u. verschiedene Verteilung positiv geladener Seitenketten entlang der Polypeptidkette zurückgeführt. Messungen der opt. Drehung weisen auf eine Denaturierung der Proteine in Ameisensäure hin. W. Schmieder. 4070 □

Protein-Protein-Wechselwirkung an der Luft-Wasser-Grenzfläche. John D. Arnold und Charles Y. C. Pak. (J. Colloid Sci. **17.** 348—62. April 1962. Chicago, Ill., Univ., Dep. of Med.; engl.) — Die Beeinflussung der monomol. Oberflächenschicht eines lösl. Proteins durch Moll. des gleichen oder eines anderen Proteins in der Lsg.

wird untersucht. Von einer bestimmten Konz. der Lsg. an dringen die gelösten Moll. in ihren eigenen monomol. Film bzw. den von Fremd-Moll. gebildeten ein u. dehnen ihn aus. Dabei kommt es zur Wechselwrkg. zwischen den Moll., die charakterist. Unterschiede (Art der Druckabhängigkeit des Prozesses, pH-Abhängigkeit) zwischen dieser Art der Ausdehnung des monomol. Films u. der prim. Bldg. einer Monoschicht bedingen. Die Expansion folgt einem Gesetz 1. Ordnung. Die isotherme Monoschichtausdehnung wurde für *Insulin*, *α-Globulin* u. *Albumin* u. deren Gemische bei verschiedenen pH-Werten gemessen. W. Betcke. 4070 □

Über Besonderheiten der Elektronenstruktur der Nucleinsäuren und ihrer Komplexe mit Proteinen. L. A. Bljumenfeld, A. E. Kalmansson und Pei-gen Schen. (Доклады Академии Наук СССР [Ber. Akad. Wiss. UdSSR] **124.** 1144–46. 11/2. 1959. Akad. der Wiss. der UdSSR, Labor. für anisotrope Strukturen; russ.) — Aus Hefe-*Ribonucleinsäure*, *Serumalbumin* u. *Eialbumin* in n-Acetatpuffer (pH 4,0) erhaltene Komplexe werden auf ihre paramagnet. Elektronenresonanz (ER)-Spektren untersucht. Analoge Absorptionslinien wurden bei nativen lyophilisierten Geweben, die eine große Menge *Nucleoproteide* enthalten, beobachtet. 5–10 Min. langes Kochen der Komplex-Lsgg. ruft keine sichtliche Änderung der Form, Intensität u. Lage der ER-Linien hervor. Die erhaltenen Daten zeigen, daß in nativen *Nucleinsäuren*, bes. in ihren Komplexen mit Proteinen, bei gewöhnlicher Temp. eine hohe Anzahl stark untereinander reagierender freier ungepaarter Elektronen vorhanden sind, die als Elektronenwolke vollkommen neue Eigg. in solchen Strukturen verursachen. Nach Vff. spielen die gefundenen Erscheinungen eine wesentliche Rolle bei der Einw. der biolog. Strukturen auf ihre spezif. Eigg. (Synth.). Ch. Zimmer. 4090 □

E. Biologische Chemie. Physiologie. Medizin

E_1. Allgemeine Biologie und Biochemie

Metallionen in biologischen Systemen. Eine Bestimmung von pM durch Spektrophotometrie von Metallindicatoren bei zwei Wellenlängen. J. Ettori und S. M. Scoggan. (Arch. Biochem. Biophysics **78.** 213–20. Nov. 1958. Ottawa, Ontario, Canada, Univ. of Ottawa, Fac. of Med., Dep. of Biochem.; engl.) — Vff. geben eine Meth. für die Best. von Metallionen-Konzz. mit pM-Indicatoren an (pM = negativer log der Metallionen-Konz.), die auf der Additivität des Absorptionsvermögens des Indicators Ca-Murexid in seiner freien u. seiner gebundenen Form, die sich im Massen-Wrkg.-Gleichgewicht befinden, beruht. Die Best. ist unabhängig von Vol. u. Alter der Indicatorlösung. Ersteres ist für nicht exakt definierte Lsgm.-Vol. sehr wertvoll. R. Lenschau. 4100 □

Über den Einfluß des Sauerstoffs auf die Spektren der paramagnetischen Elektronenresonanz von lyophilisierten Geweben. G. K. Morosowa und L. A. Bljumenfeld. (Биофизика [Biophysik] **5.** 235–38. 1960. Moskau, Inst. für Physikal. Chem. der Akad. der Wiss. der UdSSR; russ.) — Es werden die Elektronenresonanz (ER)-Signale an durch Gefrieren lyophilisierten Geweben bestimmt u. miteinander verglichen. Dabei wird der Einfl. des Luft-O_2 auf die ER-Spektren u. -Signale diskutiert. In den meisten Proben tritt nur bei der Gefriertrocknung im Vakuum eine Verminderung der ER-Signale ein; bei genügend langer Aufbewahrung an der Luft wird eine Tendenz zur Verringerung der Intensität der ER-Signale beobachtet. Die bei schnellem Einfrieren der hochmol. Präpp. möglicherweise gebildeten freien Radikale werden durch Luft-O_2 beeinflußt u. rufen breite ER-Linien hervor. Ch. Zimmer. 4100 □

Grundlagen der Radiobiologie. H. Laser. (Int. J. appl. Radiat. Isotopes **6.** 96–99. Okt. 1959. Cambridge, Molteno Inst., Med. Res. Council; engl.) — Übersicht. Vf. bespricht den Einfl. von Röntgenbestrahlung auf Bakterien, Enzyme, Cytochrom c, u. Hämoglobin. — 15 Literaturzitate. C. Gottfried. 4102

Die Veränderung der Strahlungseffekte bei Bakterien durch Stickstoffoxid. W. M. Dale, J. V. Davies und C. Russell. (Biochem. J. **82.** 9P–10P. Jan. 1962. Manchester, Christie Hosp. and Holt Radium Inst., Dep. of Biochem.; engl.) — Wss. Suspensionen von *Shigella flexneri* wurden mit verschiedenen *N-Oxid*-Konzz. verschieden lange behandelt u. nachfolgend mit Röntgenstrahlen nach Entfernung des N-Oxids in Ggw. von N_2 bestrahlt. Gegenüber Kontroll-Verss. zeigten die N-Oxid-behandelten Zellen eine von der Vorbehandlung abhängige Änderung der Strahlensensibilität. Die Sensibilisierung der Zellen erreichte bei Behandlung mit 10% N-Oxid ein Maximum, fiel dann bis zu einer Konz. von 40% N-Oxid ab u. blieb schließlich bei höheren Konzz. konstant. J. Boelter. 4102 □

Mechanismen der Reorganisation und Repopulation der Zellen in Wurzelmeristemen von Vicia faba nach Bestrahlung und Colchicin-Behandlung. D. Davidson. (Chromosoma [Berlin] **12.** 484—504. 1961. Oak Ridge, Tenn., Oak Ridge Nat. Labor., Biol. Div.; engl.) — Es werden cytolog. Veränderungen der Meristemzellen von Wickenwurzeln nach Röntgenbestrahlung u. unter Einfl. von *Colchicin* (I) ausführlich beschrieben. I kann unter geeigneten Bedingungen in großer Zahl tetra- u. oktoploide Zellen hervorbringen. Es wird angenommen, daß bei der Reorganisation des Gewebes aus Primordiumzellen *Auxin* abgegeben wird u. daß in den apicalen Zellen der Wurzeln Wachstumsstimulantien gebildet werden. U. MOTHES. 4102□

Nachweis von Heterozygoten für Phenylketonurie. George A. Jervis. (Clin. chim. Acta [Amsterdam] **5.** 471—76. Juli 1960. Thiels, N.Y., New York State Dep. of Mental Hygiene, Letchworth Village, Res. Dep.; engl.) — Die Meth. zum Nachw. von Heterozygoten für Phenylketonurie beruht auf der Messung der Umwandlung von *L-Phenylalanin* (I) in *Tyrosin*. Nach I-Gabe waren die Geh. an *Phenylbrenztraubensäure* u. *o-Hydroxyphenylessigsäure* im Urin erhöht. *Indol-3-essigsäure* u. *-milchsäure* zeigten gegenüber Kontrollen keine Veränderung. K. F. MÜLLER. 4130□

Nicht-enzymatische Synthese von Polysacchariden, Nucleosiden und Nucleinsäuren und die Entstehung selbst-vermehrungsfähiger Systeme. G. Schramm, H. Grötsch und W. Pollmann. (Angew. Chem. **74.** 53—59. 21/1. 1962. Tübingen, Max-Planck-Inst. für Virusforschung; dt.) — Vgl. C. **1959.** 3786. — Vff. stellten fest, daß sich durch Umsetzung mit *Polyphosphorsäureester* (I) Verbb. mit freier NH_2-, *OH*- oder *CO*-Funktion aktivieren lassen. Enthalten die Verbb. noch eine 2. funktionelle Gruppe, so werden Polykondens. möglich (*Aminosäuren* → *Polypeptide*; *Kohlenhydrate* → *Polysaccharide*; *Nucleotide* → *Polynucleotide*). *Polyadenylsäure* beschleunigt die Polykondens. von *Uridylsäure* auf das mehr als 10fache. Diese gegenseitige Beeinflussung komplementärer Nucleotidstränge bildet die experimentelle Grundlage für eine von Vff. dargelegte Theorie über die Entstehung selbstvermehrungsfähiger Syst. im Laufe der Erdgeschichte. Diese Theorie wird ausführlich besprochen u. diskutiert. Versuche: *Polyphosphorsäureester* (I), aus 150 g analysenreinem P_2O_5 in einem Lsgm.-Gemisch aus 150 ml Chlf. u. 300 ml Ae. unter Kochen am Rückfluß, bis eine klare Lsg. entstanden ist; Abziehen des Lsgm. u. Verw. des zähfl., farblosen Rückstandes zur Synthese. — *Phosphatfreies Polyglucosid*, aus 5 g Glucose·H_2O u. 10 g I in 50 ml Formamid unter 6std. Rühren bei 50—60°; nach dem Erkalten die Lsg. mit dem gleichen Vol. W. versetzen, 48 Std. dialysieren, die im Dialysierschlauch befindliche Fl. im Rotationsverdampfer zur Trockne eindampfen, den Rückstand mit Methanol verreiben, mit Ae. waschen, den pulverförmigen Rückstand in wenig W. aufnehmen u. auf eine mit Ameisensäure vorbehandelte Dowex-1X10-Kolonne geben; mit W. eluieren; 15% (Ausbeute). — *Adenosin*, durch Zugabe von 3—4 g I zu einer Lsg. von 1 g Adenin u. 0,5 ml konz. HCl in 100 ml Dimethylformamid (Wasser-Geh. ca. 0,2%); zu dieser Mischung werden langsam unter Rühren 200 mg D-Ribose, gelöst in 50 ml Dimethylformamid, hinzugetropft; nach ca. 22 Std. im Glycerinbad (50°) das Dimethylformamid im Wasserstrahlvakuum abdest., den noch feuchten Rückstand in wenig W. aufnehmen u. auf pH 7 einstellen; nach 3std. Stehen im Kühlschrank fällt meistens schon ein Teil des nicht umgesetzten Adenins aus, von dem abfiltriert wird; das Filtrat mit Ammoniak auf pH 11 einstellen, auf eine Dowex 1-Formiat-X-10-Säule geben u. Adenosin, Adenin u. Adenylsäure nach der Meth. von COHN (J. Amer. chem. Soc. **72.** [1950.] 1471) voneinander trennen. — *Polyadenylsäure*, durch Mischen von 350 mg Adenylsäure mit 8 g I unter 18std. Erwärmen im rotierenden Kolben (der in ein Ölbad von 55° eintaucht); nach dem Abkühlen das Gemisch in 50 ml W. lösen u. 4 Tage gegen $NaHCO_3$-haltiges W. dialysieren; die im Dialysierschlauch verbleibende Lsg. der Gefriertrocknung unterwerfen; 20%. H. KOCKERT. 4150□

Nucleotidzwischenstufen bei der Biosynthese von Heteropolymeren. Jack L. Strominger. (Bull. Soc. Chim. biol. **42.** 1815—23. 1960. St. Louis, Mo., Washington Univ., School of Med., Dep. of Pharmacol.; engl.) — Übersicht. Biosynth. von *Chondroitinsulfat*, Biosynth. von Bakterienzellwänden u. ein Mechanismus der antibiot. Wrkg., Thymidindiphosphozuckerverbindungen. — 25 Literaturangaben. K. MAIER. 4150□

Die Verwertung von Glucose zur Ribonucleinsäuresynthese bei Candida utilis. G. R. Barker, R. C. Hignett, B. H. Nicholson und J. S. Thompson. (Biochem. J. **82.** 15P. Jan. 1962. Manchester, Univ., Dep. of Chem.; engl.) — *Ribonucleinsäure* (I) wurde aus *Candida utilis* isoliert, die in einem Medium gezüchtet wurde, welches ^{14}*C-Glucose* (II) als einzige C-Quelle sowie z. T. *Adenin* (III) enthielt. Die spezif. Aktivitäten der aus I freigesetzten *Ribose* war nach III-Zusatz erniedrigt. Das Verhältnis der spezif. Aktivitäten von CO_2 aus $^{14}C_{(1)}$-II zu dem aus $^{14}C_{(6)}$-II betrug normal 3,26 u. nach III-Zusatz 2,12. III scheint den über *6-Phosphogluconsäure* verlaufenden II-Stoffwechsel zu vermindern. H. Lohschelder. 4150□

Nucleinsäurestoffwechsel in einem Schleimpilz mit synchroner Mitose. Oddvar F. Nygaard, Sophia Güttes und Harold P. Rusch. (Biochim. biophysica Acta [Amsterdam] **38.** 298—306. 26/2. 1960. Madison, Wis., Univ. of Wisconsin, School of Med., McArdle Mem. Labor. for Cancer Res.; engl.) — Der Myxomycet *Physarium polycephalum* baut ^{14}C aus *$^{14}C_{(6)}$-Orotsäure* (I) sofort nach beendeter Kernteilung in das *Thymin* (II) der *Desoxyribonucleinsäure* (*DNS*) ein. Diese Periode dauert 1—2 Stunden. Während der Interphase (12—20 Std.) wird keine weitere DNS markiert. Der Pilz ist aber in der Lage, in dieser Periode bereits I in II-Nucleotide umzuwandeln. Die Synth. der *Ribonucleinsäure* verläuft stetig u. wird höchstens während der Kernteilung u. DNS-Synth. etwas vermindert. U. Mothes. 4150□

Der Gehalt an Nucleinsäuren und einigen anderen Phosphorverbindungen im früh- und spätreifenden Sommerweizen. G. I. Ssemenenko, L. O. Krassilnikowa und Ju. P. Korshenko. (Український Біохімічний Журнал [Ukrain. biochem. J.] **34.** 275—85. 1962. Charkow, Gorki-Univ., Lehrstuhl für Physiol. der Pflanzen; ukrain., Auszug: engl.) — In Verss. mit früh- (a) bzw. spätreifenden (b) Sommerweizensorten (Hart- bzw. Weichweizen) wurde der Geh. an *Ribonucleinsäure* (I), *Desoxyribonucleinsäure* (II), *säurelösl. P* u. *Lipiden* in Stengel, Blatt u. Ähre untersucht. Danach ist der Blatt- u. Halm-Geh. an I u. II im Frühstadium des Wachstums am höchsten, auch während der Ähren-Bldg. u. Blüte. Bei den Hartweizen ist der Geh. an I u. II höher als bei Weichweizen. Es besteht eine Beziehung zwischen dem Geh. an I, II, der Eiweiß-Synth. u. der Anreicherung der Trockensubstanz in den verschiedenen Entw.-Stadien von a u. b. Mit zunehmendem Alter wird ^{32}P in I u. II der Blätter, Halme u. Ähren weniger intensiv eingebaut. Während der gesamten Vegetationsperiode wird der Geh. an II viel weniger verändert als der Geh. an I. O. Lebtag. 4150□

Die Abhängigkeit der Ribonucleinsäuresynthese vom Kern bei Acanthamoeba sp. D. M. Prescott. (Exp. Cell Res. **19.** 29—34. Febr. 1960. Los Angeles, Calif., Univ. of California, School of Med., Dep. of Anat.; engl.) — *Acanthamoeba* (sp.)-Zellen wurden in einen kernhaltigen u. kernfreien Teil zerlegt u. in einem vollständigen Nährmedium mit *^{14}C-Uracil*, *^{14}C-Orotsäure*, *^{14}C-Adenin* oder einer Mischung der 3 Verbb. unter asept. Bedingungen inkubiert u. nach 3 Tagen der Autoradiographie unterworfen. Kernhaltige Fragmente wachsen, teilen sich u. bauen große Mengen aller 3 Vorstufen in *Ribonucleinsäure* (I) ein, während kernlose geringfügig in der Größe abnehmen u. keinen *^{14}C* inkorporieren, aber mindestens mehrere Wochen in der Nährlsg. überleben. Die I-Synth. ist demnach offensichtlich ausschließlich eine Funktion des Kerns. K. Maier. 4150□

Basenzusammensetzung der Ribonucleinsäure von Milchdrüsen der Ratte während der Trächtigkeit und der späten Säugeperiode. D. Y. Wang, T. F. Slater und A. L. Greenbaum. (Nature [London] **188.** 320—21. 22/10. 1960. London, Univ. Coll., Dep. of Biochem.; engl.) — Vgl. Biochem. J. **77.** [1960.] 552. — Von Rattenmilchdrüsen wurde die Basen-Zus. der *RNS* während der Trächtigkeit u. der Säugeperiode untersucht. Als Unters.-Material dienten die Drüsen von 3 Perioden: Periode a (14.—15. Tag der Trächtigkeit), Periode b (17.—20. Tag der Trächtigkeit), Periode c (17.—19. Tag der Säugeperiode). Die Basen-Zus. der RNS zeigte in allen untersuchten Perioden (a—c) keine signifikanten Unterschiede. Das gleiche gilt auch für das *Purin/Pyrimidin*-Verhältnis verschiedener Zentrifugationsfraktionen der Milchdrüsen-RNS während der Periode c. E.-R. Lochmann. 4150□

Die Nucleoproteide des virulenten Stammes der Pestmikrobe. A. A. Kantschuch, Ss. I. Saplatina und N. N. Bassowa. (Український Біохімічний Журнал [Ukrain. biochem. J.] **34.** 176—86. 1962. Rostow/Don, Inst. für Pestforsch.; russ., Auszug: engl.) — Die Verss. ergaben, daß durch wiederholte Extraktion der Pestbakterienzellen (Stamm 773) mit NaCl-Lsg. Extrakte erhalten werden, die eine verschiedene chem. Zus. aufweisen. Durch aufeinanderfolgende Anwendung von 1- u. 2m NaCl-Lsg. können *Ribonucleoproteide* erhalten werden, die keine *Desoxyribonucleoproteide* enthalten. Ein Teil der *Ribo-* (I) u. *Desoxyribonucleinsäure* (II) ist fest an die Zelle gebunden u. kann nur mit NaOH ausgezogen werden. Die Fraktionierung des mit 0,14m NaCl-Lsg. erhaltenen Extraktes durch Fällung mit $(NH_4)_2SO_4$ führt zur Fällung der freien Proteine u. eines Teils der I. Ein Teil der I u. II des NaCl-Extraktes wird mit der tox. Fraktion ausgefällt; der größere Teil von I u. II verbleibt in der überstehenden Flüssigkeit. Die an I u. II reichen Fraktionen zeigen eine schwache Komplementbindungs-Rk. u. eine schwache Präcipitation. Am reichsten an I u. II sind die mit 0,14m NaCl erhaltenen ersten 2 Fraktionen. Die 1. Fraktion enthält 63,9% des Gesamt-II-Geh. u. 54,7% der Gesamt-I. O. LEBTAG. 4150□

Physikalisch-chemische Eigenschaften von Desoxyribonucleinsäurepräparaten aus Rattenniere. Saul Kit. (Biochim. biophysica Acta [Amsterdam] **51.** 198—200. 22/7. 1961. Houston, Tex., Univ. of Texas, Dep. of Biochem., Sect. of Nucleoprotein Metabolism.; engl.) — Nach der modifizierten p-Aminosalicylat–Phenol-Meth. (KIRBY, C. **1958.** 1054) wurden *Desoxyribonucleinsäure* (*DNS*)-Präpp. aus Nieren u. Gehirn von Ratten gewonnen. Untersucht wurden die Sedimentations-Konst., die Extinktions-Koeff., die Temp.-Abhängigkeit der Absorption bei 268 mμ, die Hyperchromizität u. das Verh. bei Zentrifugation im CsCl-Dichtegradienten. Die bei beiden DNS-Präpp. erhaltenen Werte unterscheiden sich voneinander nicht stark.
S. DITTMANN-MITZSCHERLICH. 4150□

Ribonucleinsäure-Synthese in Kern-Extrakten von in Suspensionskultur gewachsenen Säugetierzellen; die Einflüsse von Ionenstärke und oberflächenaktiven Substanzen. Irving H. Goldberg. (Biochim. biophysica Acta [Amsterdam] **51.** 201—04. 22/7. 1961. Chicago, Ill., Univ. of Chicago, Dep. of Med. and Biochem.; engl.) — *HeLa-* u. *L*-Zellen wurden in Suspensionskultur gezüchtet; aus den Zellkernen wurden Homogenate hergestellt, die in Ggw. von Cofaktoren den Einbau von ^{32}P aus ^{32}*P-Cytidintriphosphat* oder ^{32}*P-Adenosintriphosphat* in *Ribonucleinsäure* katalysieren. (Es ist Ggw. aller 4 Nucleotide, also auch von *Guanosintriphosphat* u. *Uridintriphosphat*, notwendig.) 3mm Mn^{2+} katalysiert ca. 4mal so stark wie 6mm Mg^{2+}. Zugabe von oberflächenakt. Substanzen (*Na-Dodecylsulfat*, *Na-Desoxycholat*) steigert den ^{32}P-Einbau. Noch stärker wirkt Erhöhung der Ionenstärke [KCl, NH_4Cl oder $(NH_4)_2SO_4$]. Alle Konz.-Wrkg.-Kurven haben Maxima. S. DITTMANN-MITZSCHERLICH. 4150□

Desoxyribonucleinsäureabhängiger Nucleotideinbau in lösliche Ribonucleinsäuren. Guido Hartmann und Ursel Coy. (Biochim. biophysica Acta [Amsterdam] **51.** 205—06. 22/7. 1961. München, Univ., Inst. für Biochem.; dt.) — ^{32}*P-Uridintriphosphat* wurde in Ggw. von *Adenosin-*, *Guanosin-* u. *Cytidintriphosphat* mit Enzym-Präpp. aus *Escherichia coli B* inkubiert: ^{32}P wird in lösl. *Ribonucleinsäure* (*RNS*) eingebaut. Sehr wenig *Desoxyribonuclease* hemmt den Einbau völlig. Steigende Mengen *Desoxyribonucleinsäure* (*DNS*) stimulieren den ^{32}P-Einbau. RNS ersetzt DNS nicht, größere Mengen RNS hemmen den ^{32}P-Einbau. Nach Fraktionierung der markierten cytoplasmat. RNS an Hydroxylapatit zeigte sich, daß der ^{32}P-Einbau in die einzelnen Fraktionen verschieden ist. Entscheidend für die Stärke des Einbaues ist auch die Herkunft der zugesetzten DNS (Coli- bzw. Thymus-DNS). S. DITTMANN-MITZSCHERLICH. 4150□

Energieübertragung in bestrahlter Desoxyribonucleinsäure und Nucleoprotein. P. Alexander, J. T. Lett und M. G. Ormerod. (Biochim. biophysica Acta [Amsterdam] **51.** 207—09. 22/7. 1961. London, Royal Cancer Hosp., Chester Beatty Res. Inst.; Shrivenham, Berks, Great Britain, Royal Military Coll. of Sci.; engl.) — Aus Samen des Lachses wurde *Desoxyribonucleinsäure* (*DNS*) isoliert (weniger als 0,05% Protein, Molgew. $9 \cdot 10^6$). Durch Plasmolyse der Samen wurden Samenköpfe gewonnen. Sie bestehen aus 65% DNS u. 35% *Salmin* (**I**). Schließlich wurde eine mechan. Mischung von 65% DNS u. 35% **I** hergestellt. — Bei -196^0 u. bei Raum-Temp. wurden mit γ-Strahlen aus ^{60}Co bestrahlt: *Desoxyguanylsäure* (**II**), *Desoxyadenylsäure* (**III**), *Desoxycytidylsäure* (**IV**), *Thymidylsäure* (**V**), die DNS, ein Gemisch von **II** + **III** + **IV** + **V**, Samenköpfe sowie die Mischung aus 65% DNS+ 35% **I**. Die Ausbeute an freien Radikalen wurde aus den Kurven der Elektronenspinresonanzspektren berechnet. Di- Kurven selbst sind abgebildet. — Aus den Ergebnissen wird gefolgert, daß Energieübertragung vor Radikal-Bldg. stattfindet, so daß bestimmte Teile des Syst. bevorzugt geschädigt werden können. Bei Erwärmen finden Rkk. zwischen den Radikalen statt, die die Elektronenspinresonanzspektren quant. u. qual. verändern. Deshalb können nach Bestrahlung bei Raum-Temp. aufgenommene Spektren nicht immer Information über die ursprünglich gebildeten Radikale verschaffen. S. DITTMANN-MITZSCHERLICH. 4150□

Pyrimidinnucleotid-Folgen in Desoxyribonucleinsäuren. John H. Spencer und Erwin Chargaff. (Biochim. biophysica Acta [Amsterdam] **51.** 209—11. 22/7. 1961. New York, N.Y., Columbia Univ., Coll. of Physic. and Surg., Dep. of Biochem., Cell. Chem. Labor.; engl.) — Kalbsthymus-*Desoxyribonucleinsäure* (*DNS*) wurde in 0,1m H_2SO_4 30 Min. bei 100^0 hydrolysiert. Trennung der Oligonucleotide an Diäthylaminoäthylcellulose (Elution mit linear zunehmendem LiCl-Gradienten in Li-Acetatpuffer), Konz.-Best. in Fraktionen durch Messung der Extinktion bei 260 mμ. Isolierung u. Identifizierung durch zweidimensionale Papierchromatographie, Spektroskopie u. Analyse der Hydrolysenprodukte. — So wurden 14 Fragmente von Pyrimidinnucleotiden erhalten [die meisten der möglichen Kombinationen bis zum Tetranucleotid (***Thymi-***

din)$_4$·(Phosphat)$_5$]. Es wurde allerdings kein *(Cytidin)$_4$·(Phosphat)$_5$* gefunden, obwohl *5-Methyldesoxycytidin-3'.5'-diphosphat* nachgewiesen wurde. — Allg. Zus. aller gefundenen Oligonucleotide: *(Pyrimidyl)$_n$·(Phosphat)$_{n+1}$*.
S. DITTMANN-MITZSCHERLICH. 4150 □

Die Trennung aus Desoxyribonucleinsäure erhaltener Pyrimidinoligonucleotide. G. B. Petersen. (Biochim. biophysica Acta [Amsterdam] **51.** 212—14. 22/7. 1961. Palmerston North, New Zealand, Private Bag, Plant Chem. Div., Dep. of Sci. and Ind. Res.; engl.) — *Desoxyribonucleinsäure* aus Kalbsthymus wurde mit 66%ig. Ameisensäure (mit 2% Diphenylamin) teilweise abgebaut. Das erhaltene Präp. ist frei von Purinen. Es wurde durch Papierelektrophorese u. dazu senkrechte Papierchromatographie fraktioniert (Schwanz-Bldg. Richtung Anfang des Chromatogramms sehr schwach). Es wurden ca. 30 Flecke erhalten, von denen durch Phosphat („P")-Best., Papierchromatographie u. Messung der Extinktionen bei 260 u. 280 mμ 25 Substanzen identifiziert werden konnten („C" = Desoxycytidyl; „T" = Thymidylyl): C; C_2P; C_3P_2; C_4P_3; T; CTP; C_2TP_2; C_3TP_3; C_4TP_4; T_2P; CT_2P_2; $C_2T_2P_3$; $C_3T_2P_4$; $C_4T_2P_5$; (noch unsicher); T_3P_2; CT_3P_3; $C_2T_3P_4$; $C_3T_3P_5$; $C_4T_3P_6$; $T_4P_3 + T_5P_4$ + evtl. höheren Homologen; CT_4P_4; $C_2T_4P_5$; $C_3T_4P_6$; $C_4T_4P_7$; CT_5P_5.
S. DITTMANN-MITZSCHERLICH. 4150 □

Desoxyribonucleaseaktivität und Desoxyribonucleinsäuresynthese in normaler, regenerierender, präcancerogener und cancerogener Rattenleber. Sam Brody. (Nature [London] **182.** 1386—87. 15/11. 1958. New York, N.Y., Cornell Univ., Med. Coll., Labor. of the Sloan-Kettering Div.; engl.) — Der Tumor wurde durch Fütterung einer Reisdiät mit 0,06% *p-Dimethylaminoazobenzol* (I) erzeugt. In der Rattenleber ist während des nicht bösartigen Wachstums eine erhöhte Geschw. der *Desoxyribonucleinsäure* (II)-Synth. mit einer zunehmenden *Desoxyribonuclease* (III)-Aktivität gekoppelt. Die bösartige Zelle ist charakterisiert durch steigende II-Synth. u. unternormale III-Aktivität. Während der durch I erzeugten carcinogenen Prozesse ist in den frühen Stadien eine Steigerung der III-Aktivität festzustellen, die in den späteren Stadien wieder abnimmt.
W. HILLER. 4160 □

Radioautographische Untersuchungen über die Synthese der Desoxyribonucleinsäure in Knochenmarkszellen. 4. Mitt. Einbau von ^{14}C-Formiat in die Desoxyribonucleinsäure von Knochenmarkszellen in vivo. Hayao Tanaka. (Jap. Arch. intern. Med. **7.** 876—80. 1960. Kyoto, Univ., Fac. of Med., Dep. of Intern. Med., 1. Div.; jap., Auszug: engl.) — 3. vgl. C. **1962.** 2398. — Mit Hilfe der Radioautographie einzelner Zellen des Oberschenkelknochenmarks wurde der Einbau von *^{14}C-Formiat* (I) in die *Desoxyribonucleinsäure* (*DNS*) von Mäuseknochenmarkszellen in vivo nach Injektion von 0,5—0,26 μc I/g unter Einfl. von Röntgenbestrahlung oder Antileukämiestoffen, wie *Cortison* (II; 10 mg/kg); *Thio-TEPA* (III; 0,3 mg/kg), *6-Mercaptopurin* (3 mg/kg), *Myleran* (0,1 mg/kg) u. *Nitromin* (3 mg/kg), jeweils intraperitoneal verabreicht, untersucht. Eine Hemmung des I-Einbaus in die DNS der Knochenmarkszellen kam nur durch II u. III zustande.
U. TAUSENDFREUND. 4160 □

Eine Untersuchung über die Entstehung und das Wachstum von Tumormetastasen mit tritiiertem Thymidin. Renato Baserga, Walter E. Kisieleski und Karen Halvorsen. (Cancer Res. **20.** 910—17. Juli 1960. Chicago, Ill., Northwestern Univ. Med. School, Dep. of Pathol.; Lemont, Ill., Argonne Nat. Labor., Div. of Biol. and Med. Res.; engl.) — Mit Hilfe von tritiiertem *Thymidin* wurde die Entw. von i.v. injizierten Ascitestumorzellen in der Lunge von Mäusen verfolgt. Nur ein kleiner Teil der Zellen erreicht die Lungencapillaren. Die überlebenden Zellen beginnen bereits nach 2 Std. mit der Synth. von *T-Desoxyribonucleinsäure.* 3 Tage nach der Injektion entwickeln sich die Metastasen mit konst. Wachstums-Geschw. von 100% Zellteilungen in 18—20 Stunden.
U. MOTHES. 4160 □

Über die Wirkung wasserlöslicher Lipidhydroperoxide auf Tumorzellen. 1. Mitt. **Atmungs- und Gärungshemmung bei Ehrlich-Ascites-Tumorzellen und Hefe.** E. Schauenstein, G. Schatz und M. Taufer. (Z. Krebsforsch. **64.** 465—72. Graz, Univ., Inst. für physikal. Chem.; dt.) — Aus *Linolsäureäthylester* wurde ein in W. lösl. *Hydroperoxid*-Präp. (I) hergestellt. I ist durch Katalase nicht spaltbar. I hemmt in geeigneten Konzz. Atmung (in Phosphatpuffer), aerobe u. anaerobe Glykolyse (in HCO_3^--Glucose-Lsg.) von EHRLICH-Ascitestumorzellen in vitro u. auch die Gärung von Hefezellen völlig. Die Wirksamkeit von I wird durch aerobe Vorinkubation mit den Asciteszellen bei 37° etwa vervierfacht. Die *Diphosphopyridinnucleotid*-Konz. in den Zellen wird durch I nur unwesentlich verringert. Zusatz von *Nicotinamid* hebt die Hemmwrkg. von I nicht auf. Nach Red. von I mit $SnCl_2$ bleiben nur unspezif. u. geringe Hemmfähigkeiten übrig, der Effekt der C_{18}-Ketten selbst ist so gering. Halbwerts-Konzz. (nach

Vorinkubation der Zellen mit I): 0,08 g I pro Liter für aerobe u. anaerobe Glykolyse, 0,25 g I pro Liter für Atmung, weniger als $4 \cdot 10^{-4}$m für Hefegärung. *Ascorbinsäure* u. *Cystein* werden durch I rasch oxydiert. Vff. nehmen daher an, daß I SH-Enzyme der Gärung oxydiert u. die Atmung vielleicht durch Oxydation von Coenzym A beeinträchtigt oder die Cytochrome schädigt. Modell-Verss. bestätigten diese Hypothese, denn ca. 0,01 g I pro Liter hemmen die Aktivität von *Glycerinaldehydphosphatdehydrogenase* in vitro vollständig.

Versuche: *C_{18}-Hydroperoxid* (chem. Konstit. von der der bisher bekannten Linolhydroperoxide verschieden), 16 g *9.12-Linolsäureäthylester* in 800 ml bidest. W. bei 40° in Glasgefäßen aerob dispergiert, nach 240 Std. grobdispersen Ölanteil abgetrennt, feindisperse Emulsion Öl/W. filtriert, mit $NaHCO_3$ neutralisiert, mit Chlf. extrahiert, eingedampft, über Nacht mit 100 ml bidest. W. geschüttelt, filtriert, erhaltene Lsg. für Verss. verwendet, Molgew. 340 ± 10, durchschnittlich 23 γ akt. O_2 pro mg I, sehr labil, im Polarogramm Hydroperoxidstufe mit Halbwellenpotential von −1,0 V, Isolierung schwierig, aber über Chinolin-Deriv. möglich. S. DITTMANN-MITZSCHERLICH. 4160☐

Vergleichende Untersuchungen über die in vivo-Wirkung von 6-Chlorpurin, 6-Chlorpurinribonucleosid und 6-Chlor-9-äthylpurin gegenüber Sarkom 180-Ascites-Zellen. Alan C. Sartorelli und Barbara A. Booth. (J. Pharmacol. exp. Therapeut. **134.** 123—28. Okt. 1961. Ardmore, Okla., Samuel Roberts Noble Found., Inc., Biomed. Div.; engl.) — Verwendet werden *6-Chlorpurin* (I), *6-Chlorpurinribonucleosid* (II), *6-Chlor-9-äthylpurin* (III) u. *Azaserin* (IV). 6—11 Wochen alte ♀ Mäuse erhielten intraperitoneale Injektionen 7 Tage in anderen Mäusen gewachsener Zellen der Ascitesform von Sarkom 180. — Geprüft wurden: Die Beeinflussung des ^{14}C-Einbaues aus *$^{14}C_{(2)}$-Glycin* in *Nucleinsäure* (NA)*-guanin* (V), *NA-Adenin* (VI) u. *säurelösl.* VI (bei II auch zeitliche Abhängigkeit der Wrkg. ermittelt) durch I, II u. III; die Beeinflussung des ^{14}C-Einbaues aus *^{14}C-Formiat* in *NA*-V, *NA*-VI u. säurelösl. VI durch I u. II sowie die Beeinflussung des ^{14}C-Einbaues aus $^{14}C_{(8)}$-V u. $^{14}C_{(8)}$-VI in *NA*-V. *NA*-VI u. *säurelösl.* VI durch I, II u. III (Ergebnisse in Tabellen). — Außerdem wurde die Beeinflussung der mittleren Überlebensdauer, der Rückgänge von Tumoren u. des Gew. der Tiere in Abhängigkeit von folgenden Anwendungen untersucht: Zweimalige Gabe von I, II, III, IV, I + IV, II + IV, III + IV; an 6 aufeinanderfolgenden Tagen je einmalige Gabe von IV, IV + I, IV + II, IV + I + II. Die Wrkg. von IV allein konnte wesentlich nur übertroffen werden bei Gabe von IV + I: entweder 2mal 0,2 mg IV/kg + 20—40 mg I/kg oder 6mal 0,2 mg IV/kg + 20—40 mg I/kg. S. DITTMANN-MITZSCHERLICH. 4160☐

E-73: Eine Antitumorsubstanz. 1. Mitt. **Isolierung und Charakterisierung.** Koppaka V. Rao und Walter P. Cullen. (J. Amer. chem. Soc. **82.** 1127—28. 5/3. 1960. Maywood, N.J., John L. Smith Mem. for Cancer Res.; engl.) — Die Kulturbrühe des Bodenactinomyceten *Streptomyces albulus* zeigt eine wachstumshemmende Wrkg. gegen Nagetiertumoren S-180, HS # 1 u. HEp # 3 sowie gegen *Pilze* u. *Hefen*. Bei der Extraktion mit n-Butanol wird eine *Fungicidin* (I)-haltige Fraktion „A-73", bei der Extraktion mit Äthylacetat eine *Cycloheximid* (II)-haltige Fraktion erhalten, die jedoch mit einer Antitumor-Wrkg. von 0,5—2,0 mg/kg gegen S-180 die Aktivität von II (30 bis 80 mg/kg) übersteigt. Es wird daher eine Fraktionierung der Äthylacetatextrakte durch Verteilungschromatographie an Silicagel mit wss. CH_3OH u. Diisopropyläther unter gravimetr. u. mikrobiolog. (mit *Saccharomyces cerevisiae*) Kontrolle durchgeführt. Die ersten beiden Eluate (10—15 bzw. 5—10% der gesamten festen Bestandteile) enthalten gar keine bzw. zwei krist. („*B-73*" u. „*C-73*") Bestandteile, die prakt. keine Antitumor-Wrkg. zeigen. Die nächste Fraktion (40—50%) enthält zwei krist. Anteile „*D-73-1*" u. „*D-73-2*", die zwei stereoisomere Formen von II darstellen u. gegen Sarkom 180 in Dosen von 30—80 mg/kg u. gegen Transplantate menschlicher Tumoren bei Ratten in Dosen von 0,5—1,0 mg/kg wirksam sind. Die letzte Fraktion (15—20%) „*E-73*" enthält eine krist. Verb., die gegen Hefe 20—30%, gegen S-180 jedoch das 200—400fache der Wrkg. von II besitzt. E-73 bewirkt bei Anwendung als Pulver oder 1%ig. Lsg. starke Reizwrkg. auf normaler Haut.

Versuche: „*A-73*" (*Fungicidin*), F. 150—160°, aus der Kulturbrühe von Streptomyces albulus durch Extraktion mit n-Butanol; aus mit W. gesätt. n-Butanol Nadeln. — „*B-73*", $C_{15}H_{16}N_2O_2$, F. 275—276°, aus Äthylacetat flache, rechteckige Tafeln. — „*C-73*", $C_{15}H_{17}NO_4$, F. 198—199°, aus den Mutterlaugen von B-73; aus CH_3OH–CH_2Cl_2 blaßgelbe, lange Nadeln. — „*D-73-1*", $C_{15}H_{23}NO_4$, F. 100—105°, aus A.–Ae. federartige Tafeln. — „*D-73-2*", $C_{15}H_{23}NO_4$, F. 118—119°, aus A.–Ae. rechteckige Prismen. — „*E-73*", $C_{17}H_{25}NO_6$, F. 141—142°, aus A.–Ae. flache, rechteckige Tafeln; $[\alpha]_D^{25}$ −8,8° (1% in CH_3OH); λ_{max} 285 mμ (ε = 20), die IR-Maxima sind angegeben.

H.-J. KOCH/Berlin. 4160☐

E-73: Eine Antitumorsubstanz. 2. Mitt. **Struktur.** Koppaka V. Rao. (J. Amer. chem. Soc. **82.** 1129—32. 5/3. 1960; engl.) — 1. vgl. vorst. Referat. — Die aus der Kultur-Fl. von *Streptomyces albulus* isolierte krist. Antitumorsubstanz „*E-73*" (I) wird als *4-Acetoxycycloheximid* (*β-[2-{2.4-Dimethyl-4-acetoxy-1-oxocyclohexyl-(6)}-2-hydroxyäthyl]-glutarimid*) erkannt. I liefert ein *Monoacetat*, ein *Mono-p-nitrobenzoat* u. ein *Monosemicarbazon*, bei der alkal. Hydrolyse entsteht je 1 Mol NH_3 u. *Essigsäure* jedoch im Gegensatz zur Hydrolyse von *Cycloheximid* (II) kein flüchtiges Keton. Die stufenweise saure Hydrolyse von I führt zunächst zu *Desacetyl-E-73* (III), das ebenso wie I bei der weiteren Hydrolyse *Desacetyldehydro-E-73* (IV; *β-[2-(3.5-Dimethyl-2-hydroxyphenyl)-äthyl]-glutarimid*) gibt. I, III u. IV liefern schließlich bei der erschöpfenden Hydrolyse die entsprechende *freie Glutarsäure* (V). Zum Vgl. wird II unter analogen Bedingungen in *Anhydrocycloheximid* u. weiter in die entsprechende *Dicarbonsäure* übergeführt, doch enthalten diese Verbb. im Gegensatz zu IV bzw. V ein α.β-ungesätt. Ketongruppierung. Dagegen läßt sich II durch Bromierung mit N-Bromsuccinimid u. anschließende gleichzeitige Dehydrobromierung, Dehydratisierung u. Umlagerung des instabilen Zwischenprod. in IV verwandeln. Zur Lokalisierung der Acetoxygruppe von I wird das bei der alkal. Hydrolyse erhaltene nicht flüchtige Keton isoliert u. durch Vgl. der quant. CrO_3-Oxydation mit ähnlichen Verbb. als *2.4-Dimethyl-4-hydroxycyclohexanon* (VI) erkannt. VI wird von JO_4^- nicht angegriffen, es läßt sich glatt zu einem auch aus 2.4-Dimethylcyclohexanon erhältlichen *α.β-ungesätt. Keton* dehydratisieren.

Versuche: *E-73* (I; *4-Acetoxycycloheximid, β-[2-{2.4-Dimethyl-4-acetoxy-1-oxocyclohexyl-(6)}-2-hydroxyäthyl]-glutarimid*), $C_{17}H_{25}NO_6$, F. 141—142° (A.–Ae.) bzw. F. 65—67° (A.), aus A. Nadeln, die bei 5° stabil sind, bei Zimmer-Temp. in 1—2 Tagen in die höherschm. Form übergehen; $[\alpha]_D$ —8,8° (1% in CH_3OH). *Acetat*, $C_{19}H_{27}NO_7$, F. 177—178°, aus CH_2Cl_2–Ae. Nadeln. *p-Nitrobenzoat*, $C_{24}H_{28}N_2O_9$, F. 167—168°, aus CH_2Cl_2–Ae. rechteckige Tafeln. *Semicarbazon*, $C_{18}H_{28}N_4O_6$, F. 214—215°, aus CH_3OH rechteckige Prismen. — *Desacetyl-E-73* (III; *β-[2-{2.4-Dimethyl-4-hydroxy-1-oxocyclohexyl-(6)}-2-hydroxyäthyl]-glutarimid*), $C_{15}H_{23}NO_5$, F. 164—165°, aus 0,5 g I mit 6n HCl (30 Min. bei Zimmer-Temp.); aus CH_2Cl_2 Nadeln; 0,15 g (Ausbeute). III gibt bei der Acetylierung Acetyl-I. — *Desacetyldehydro-E-73* (IV; *β-[2-(3.5-Dimethyl-2-hydroxyphenyl)-äthyl]-glutarimid*), $C_{15}H_{19}NO_3$, F. 147—148° (wss. CH_3OH), a) aus 1 g I mit 6n HCl (3—5 Min. bei 80—90°); 0,5 g; b) aus I in Isopropanol mit 48%ig. HBr (3 Std.); c) aus 1,4 g II in sd. CH_2Cl_2 mit N-Bromsuccinimid unter Belichtung (20—30 Min.) u. Behandlung des Prod. mit sd. Pyridin (2 Std.); 0,6 g. *Acetyl-Deriv.*, $C_{17}H_{21}NO_4$, F. 130 bis 132° (Ae.). — *β-[2-(3.5-Dimethyl-2-hydroxyphenyl)-äthyl]-glutarsäure* (V), $C_{15}H_{20}O_5$, F. 140—141°, aus 4 g I mit sd. 6n HCl (4 Std.); aus wss. CH_3OH rechteckige Tafeln; 2,6 g; daneben *Essigsäure* (*p-Bromphenacylester*, F. 85—86°) u. *NH_4Cl*. *Acetyl-Deriv.*, $C_{17}H_{22}O_6$, F. 124—126°. *Methyläther*, $C_{16}H_{22}O_5$, F. 116—117° (wss. CH_3OH). — *2.4-Dimethyl-4-hydroxycyclohexanon* (VI), $C_8H_{14}O_2$, $Kp._{0,3}$ 130—135° (Bad-Temp.), aus I mit 10%ig. wss. NaOH (über Nacht bei Zimmer-Temp.); $[\alpha]_D$ +7,1° (1% in CH_3OH); n_D^{25} 1,4656. *2.4-Dinitrophenylhydrazon*, $C_{14}H_{18}N_4O_5$, F. 130—132° aus Ae. u. Isopropyläther citronengelbe rechteckige Tafeln. — *2.4-Dimethylcyclohexenon, 2.4-Dinitrophenylhydrazon*, $C_{14}H_{16}N_4O_4$, F. 178—180°, a) aus VI durch Dest. mit 6n HCl u. Rk. des Destillats mit 2.4-Dinitrophenylhydrazin; aus CH_2Cl_2–Ae. rote Nadeln; b) aus 2.4-Dimethylcyclohexanon analog IV nach c). — *Anhydrocycloheximid*, $C_{15}H_{21}NO_3$, F. 133—135°, aus II analog IV nach a); aus wss. CH_3OH rechteckige Tafeln. — *Anhydrocycloheximidsäure*, aus vorst. Verb. mit sd. 6n HCl (1 Std.); glasige Masse. *Benzylaminsalz*, $C_{29}H_{40}\cdot N_2O_5$, F. 153—154°, aus Aceton–Äthylacetat rechteckige Prismen. *Ba-Salz*, $C_{15}H_{20}BaO_5$, Zers. bei 275—280°, aus wss. CH_3OH Tafeln. H.-J. Koch/Berlin. 4160 □

Frank C. Ferguson jun., Drug therapy. Philadelphia: Lea & Febiger. 1962. (411 S.) $ 7,50.

Marcel Florkin, ed., Comparative biochemistry; vol. 3. New York: Academic P. 1962. (XIX + 959 S. m. Abb.) $ 30,—.

E₂. Enzymologie. Gärung

Über den Mechanismus der Fermentaktivierung bei der Wechselwirkung der gereinigten Proteine. M. F. Guly, P. D. Dwornikowa, O. Ja. Fedortschenko und T. M. Petschenowa. (Український Біохімічний Журнал [Ukrain. biochem. J.] **34.** 187—98. 1962. Kiew, Inst. für Biochem. der Akad. der Wiss. der UkrainSSR; ukrain., Auszug: engl.) — In früheren Unterss. von Guly u. Mitarbeitern (vgl. C. **1958.** 8662) war gezeigt worden, daß hochgereinigte Fermentproteine durch andere Proteine aktiviert werden können. Um den Mechanismus dieser Rk. zu klären, wurden Molgew. u. Trübungsgrad τ von *Myogen A* (I), *α-Glycerinaldehydphosphorsäure* (II), *Enolase* (III) des Kaninchenmuskels sowie der jeweiligen Eiweißpaare untersucht. Es wurde festgestellt, daß beim Vermischen von I, II u. III Molgew. u. τ, je nach den Vers.-Bedingungen, um 11—22% erhöht werden. I u. II zeigen ein verschiedenes Molgew.; sie liegen als Mono-, Di- u. Trimere vor. Das Molgew. von II hängt von der Dauer der Aufbewahrung des krist. Präp. ab. Zwischen dem Aktivierungsgrad u. der Komplex-Bldg. besteht eine Parallele. Die Präpp. von I, II u. III liegen in der Lsg. als umkehrbar dissoziierende Komplexe oder als Assoziate vor. Das Gleichgewicht der Aldolase-Rk. wird in Ggw. der Aktivatoren (II u. III) nicht gestört. Vff. sehen in den Ergebnissen eine Bestätigung dafür, daß die Aktivierung eines Proteins durch andere Proteine hauptsächlich auf einer Erhöhung der Dispersität des zu aktivierenden Eiweißes beruht. O. LEBTAG. 4200□

Die Struktur von Cytochrom c. 3. Mitt. Die Guanidierung der Cytochrom c-biologisch aktiven Derivate von Cytochrom c. Kenji Takahashi, Koiti Titani, Kyoko Furuno, Hisayuki Ishikura und Shigeki Minakami. (J. Biochemistry [Tokyo] **45.** 375—78. Juni 1958. Tokyo, Univ. of Tokyo, Fac. of Sci., Dep. of Chem.; Fac. of Med., Dep. of Physiol. Chem. and Nutrit.; engl.) — 2. vgl. C. **1960.** 520. — Es wird das *Guanidino-Deriv. von Cytochrom c* (I) hergestellt. Hierzu werden 670 mg O-Methylisoharnstoff-Bisulfat in 5 ml W. bei 0° gelöst, mittels $Ba(OH)_2$ die Base frei gemacht u. die vom Nd. befreite Lsg. auf ein Vol. von 25 ml bei pH 10,9—11,0 gebracht; nach Zusatz von 100 mg (7,1 μm) lyophilisiertem *Cytochrom c* (II) wird 66 Std. bei 0° gehalten, bis 80% der NH_2-Gruppen guanidiert waren. Die Zahl der in der Proteinhälfte reagierenden NH_2-Gruppen wird nach SANGER bzw. SAKAGUCHI laufend ermittelt. — I zeigt im *Bernsteinsäureoxydase*-Syst. die gleiche biolog. Aktivität u. das gleiche Absorptionsspektrum wie II u. reagiert ebenso wie II nicht mit CO. Der einzige beobachtete Unterschied liegt darin, daß II-Protein eine größere Stabilität als I-Protein hat. — Bei Vgl. mit Acetyl-II (l. c.) zeigt sich hier die Wichtigkeit der kation. Gruppen für die II-Funktion, da Blockierung dieser Gruppen zu der verminderten Wrkg. von Acetyl-II führt u. Acetyl-II autoxydabel macht. A. HESSE. 4210□

Endoxydationssystem in Bakterien. 5. Mitt. Vorläufige Untersuchung über die physiologische Funktion der Atmungskomponenten von Pseudomonas aeruginosa. Tateo Yamanaka. (J. Biochemistry [Tokyo] **46.** 1289—1301. Okt. 1959. Osaka, Univ. of Osaka, Fac. of Sci., Dep. of Biol.; engl.) — In nach verschiedenen Meth. hergestellten Präpp. aus *Pseudomonas aeruginosa* werden folgende Befunde über das Atmungs-Syst. erhalten. Neben *P-Cytochromoxydase*, *P-Cytochrom*$_{(551)}$, *P-Cytochrom*$_{(554)}$ (I) u. *P-Blauprotein*, welche lösl. gemacht u. hoch gereinigt wurden, hat dieses Bacterium noch ein weiteres Pigment vom Typ Cytochrom b_1, das *P-Cytochrom*$_{(560)}$ (II). II ist ebenso wie die anderen Cytochrome (III) direkt oder indirekt an der O_2- u. Nitrat (IV)-Atmung beteiligt; anscheinend nimmt II als erstes III Elektronen aus Succinat auf. I kann das erste III sein, welches Elektronen aus red. Diphosphopyridinnucleotid aufnimmt. — II kann sehr nahe Beziehungen zur Red. von IV haben. — Ein auf diesen Befunden beruhendes Rk.-Schema wird entwickelt. A. HESSE. 4210□

Beziehungen zwischen Gewebe-Eosinophilie und Peroxydaseaktivität. Tapio Rytömaa und Harald Teir. (Nature [London] **192.** 271—72. 21/10. 1961. Helsinki, Univ., Dep. of Pathol., Sect. II; engl.) — Unter Berücksichtigung der Tatsache, daß die Konz. an *Peroxydase* (I) parallel der Zahl der eosinophilen Granulocyten (EG) im Rattenuterus nach *Östrogen*-Stimulation anstieg u. daß I im Verh. der *Lactoperoxydase* (II) u. nicht der *Myeloperoxydase* entsprach, wird angenommen, daß die hohe I-Konz. in Verdauungstrakt, Herz, Milz u. Lunge durch die in den EG enthaltene II verursacht wurde. J. BOELTER. 4210□

Verhalten der Tryptophanperoxydase-Oxydase der Leber der Ratte unter verschiedenen Stress-Bedingungen. A. Maffei-Faccioli, A. Mortari, A. Ornesi und T. Scamazzo. (Boll. Soc. ital. Biol. sperim. **37.** 1258—61. 31/12. 1961. Mailand, Univ., Ist. di Farmacol.; ital.) — Die Stress-Bedingungen werden bei Albinoratten durch Kälte (60—150 Min.), *Adrenalin* (I; 100 u. 200), *Pitressin* (0,05 u. 0,15 E./100 g) u. *Morphin* (2—100 mg/kg) induziert. Es zeigt sich, daß alle Pharmaca die *Tryptophanperoxydase-Oxydase* (II) der Leber erhöhen, merklich aber erst bei hohen Dosen, wozu auch eine längere Einw. von Kälte gehört, u. der Test ist viel weniger empfindlich als der klass. von SAYER zum Beweis der Stimulierung der Nebenniere. Lang dauernde Behandlung mit *Diphenylhydantoin* (10 Tage 100 mg/kg intraperitoneal vor der Stress-Auslösung), das die Abnahme der Ascorbinsäure der Nebenniere durch I hemmt, verhindert nicht die adaptive II-Zunahme, die durch I induziert wird. F. KREN. 4210□

Untersuchungen über die Induktion der Tryptophan-Peroxydase-Oxydase der Leber bei der Ratte durch Reserpin. A. Maffei-Faccioli, A. Mortari und T. Scamazzo. (Boll. Soc. ital. Biol. sperim. **37.** 1261—64. 31/12. 1961. Mailand, Univ., Ist. di Farmacol.; ital.) — Vgl. auch vorst. Referat. — Um zu sehen, ob die Wrkg. von *Reserpin* (I; 5 mg/kg) auf die *Tryptophanperoxydase-Oxydase* (II) parallel mit der sedativen u. hypotensiven geht, wird an Albinoratten untersucht, ob eine Vorbehandlung mit *Imipramin*, das den sedativen Effekt von I antagonisiert (15 u. 25 mg), oder *Hydrochlorothiazid* (III; 20 mg/kg), das die hypotensiven I-Effekte potenziert, die Wrkg. von I auf II verändern. Es zeigt sich, daß Imipramin u. III in dieser Richtung unwirksam sind. Ferner wird bewiesen, daß sympatholyt. Pharmaca (1 mg *Ergotamin*; 10 mg *Regitin* bzw. *Dibenamin*, Dosen, die eine vollständige Blockierung der adrenerg. Wrkg. provozieren) nicht die II-Bldg. durch I inhibieren können. F. KREN. 4210□

Hemmung von Äthylalkoholoxydation durch Fuselöle. J.-P. von Wartburg, M. Röthlisberger und H. M. Eppenberger. (Helv. med. Acta **28.** 696—704. Nov. 1961. Bern, Univ., Medizin.-chem. Inst.; dt.) — Die Oxydation von A. wurde im WARBURG-App. an Leberschnitten von ♂ Albinoratten festgestellt, indem das aus $^{14}C_{(1)}$-A. entstehende $^{14}CO_2$ gemessen wurde. *n-Propanol, n-Butanol, n-Pentanol, n-Hexanol* u. *Kernobstfuselöl* hemmen die O_2-Aufnahme der Leberschnitte. Die Hemmung steigt mit zunehmender Kettenlänge an. Die Inhibitor-Konz. für eine 50%ig. Hemmung der $^{14}C_{(1)}$-A.-Oxydation liegt bei 0,5—1 μMol/ml. Eine Hemmung der Acetaldehyd-Bldg. am Reinferment tritt erst bei 30mal höherer Konz. auf (15—35 μMol/ml).
W. HILLER. 4210□

Die Wirkung von Dinitrophenol und Amytal auf die Reduktion von Acetoacetat in Gegenwart von Succinat. H. A. Krebs und L. V. Eggleston. (Biochem. J. **82.** 134—43. Jan. 1962. Oxford, Univ., Dep. of Biochem., Med. Res. Council Unit for Res. in Cell Metabol.; engl.) — Die O_2-Aufnahme durch Rattenleberhomogenat (A) mit *Acetoacetat* (I) oder *Succinat* (II) als Substrat wurde durch 0,05m *2.4-Dinitrophenol* (III) um 37% stimuliert; 0,5m III hemmte zu 15%. Die Umsetzung von II zu *Fumarat* u. *Malat* wurde durch 0,5m III um 43% erhöht. Die Erniedrigung des Quotienten umgesetztes II/O_2-Aufnahme läßt auf eine bevorzugte Oxydation anderer Substrate schließen. Die I-Red. wurde durch beide III-Konzz. herabgesetzt. *Amytal* (IV) allein zeigte wenig Wrkg.; in Ggw. von III verhinderte es die Stimulierung der Atmung mit 0,05m III, die Hemmung durch 0,5m III, die Hemmung der I-Red. durch beide III-Konzz. u. die Hemmung der II-Oxydation durch 0,5m III. Die durch IV + 0,5m III stimulierte O_2-Aufnahme wurde durch *ATP* gehemmt, nicht aber in Abwesenheit von III u. IV. Die durch 0,5 mm III bewirkte Hemmung der oxydativen Phosphorylierung wurde nicht durch IV aufgehoben. Die O_2-Aufnahme in Ggw. anderer Substrate als II wurde durch IV um 70—80% gehemmt. Die Stimulierung der O_2-Aufnahme durch 0,5 mm III mit *Citrat, Glutamat* oder *α-Ketoglutarat* als Substrat wurde durch IV verhindert. Lebermitochondrien in isoosmot. Rohrzucker-Lsg. isoliert, zeigten gegenüber III u. IV ein A-ähnliches Verhalten. Einfrieren u. Auftauen oder Waschen mit isoton. Salz-Lsg. setzte die O_2-Aufnahme u. den II-Umsatz herab. III u. IV hemmten einzeln die I-Red. durch die Mitochondrien; simultan zeigten sie wenig Wirkung. Die Hemmung der O_2-Aufnahme durch *Dicumarin* wurde durch IV rückgängig gemacht. Homogenate aus Taubenbrustmuskel u. Schafsherz gaben ähnliche Ergebnisse.
J. BOELTER. 4210□

Das isolierte Glomerulum der Rattenniere. 2. Mitt. Enzymmuster des Energiestoffwechsels (C-Raum). R. Richterich und H. E. Franz. (Biochem. Z. **334.** 149—67. 1961. Bern, Univ., Medizin.-chem. Inst.; Kinderklinik; Freiburg/Br., Univ., Medizin. Poliklinik; dt.) — Durch Kombination einer Siebung durch Nylongewebe mit bekannter Maschenweite u. einer Zentrifugierung gegen einen Konz.-Gradienten (Saccharose) gelang es, eine einfache u. rasche Meth. zur Isolierung von Glomerula aus der Rattenniere zu entwickeln. Dadurch wird es möglich, vergleichend die Enzymverteilung des inneren Nierenmarks, der Glomerula, der Rinde u. des äußeren Marks zu vergleichen; im Rahmen dieser größeren Aufgabe wird hier über einige Enzyme des Energiestoffwechsels des cytoplasmat. Raumes (C-Raum) berichtet, wonach die *glykolyt. Enzyme* (*Milchsäuredehydrogenase, Aldolase*) in der glomerulären u. in der Markfraktion überwiegen; *Äpfelsäuredehydrogenase* u. *Isocitronensäuredehydrogenase* erscheinen besonders konz. in den Nierentubuli; *Glucose-6-phosphatdehydrogenase* überwiegt in der Tubulusfraktion u. fehlt in den Glomerula völlig.
U. TAUSENDFREUND. 4210□

Über einige Eigenschaften der kristallinen α-Glycerophosphatdehydrogenase der Kaninchenmuskeln. F. P. Martinenko. (Український Біохімічний Журнал

[Ukrain. biochem. J.] **34**. 199–207. 1962. Kiew, Inst. für Biochem. der Akad. der Wiss. der UkrainSSR; ukrain., Auszug: engl.) — Vgl. C. **1962**. **3496**. **3847**. — Durch Unterss. der physikal.-chem. u. katalyt. Eigg. hochgereinigter Präpp. von *α-Glycerophosphatdehydrogenase* (**I**) aus Kaninchenmuskeln wird gezeigt, daß der I.P. von **I** im Gebiet pH 6,2–6,4 liegt. Die verd. wss. **I**-Lsg. ist bei 0–2° relativ beständig; die **I**-Aktivität bleibt mehr als 24 Std. erhalten. Bei Zimmer-Temp. geht die **I**-Aktivität fast zur Hälfte verloren. Die spezif. **I**-Aktivität bei pH 7,5 u. 22° ist gleich der Hydrierung von 9600 Mol Dihydroxyacetonphosphat in 1 Min., bezogen auf 100 kg. Fructosediphosphat u. 3-Phosphoglycerinaldehyd in der Konz. des Substrats unterdrücken die **I**-Aktivität nicht. Durch Harnstoff wird **I** zu 20–50% inaktiviert. Vf. diskutiert den Mechanismus der aktivierenden Wrkg. des Harnstoffs auf die Fermente, die auf dessen Fähigkeit beruht, die Mol.-Assoziate des Eiweißes zu dissoziieren. O. LEBTAG. 4210☐

Untersuchungen über Essigsäurebakterien. 2. Mitt. **Intracelluläre Verteilung von mit der Essigsäurefermentation in Beziehung stehende Enzyme und einige Eigenschaften einer hochgereinigten Triphosphopyridinnucleotid-abhängigen Aldehyddehydrogenase.** Takeyoshi Nakayama. (J. Biochemistry [Tokyo] **48**. 812–30. Dez. 1960. Higashi-Nada, Kobe; Sasada Co. Ltd.; Inst. of the Vinegar Ind. Factory; engl.) — Die in *Acetobacter sp.* gefundene *Aldehyddehydrogenase* kann nach Extraktion aus Acetonpulver durch Behandlung mit Rivanol u. Chromatographie 200fach gereinigt werden. Die Enzymaktivität ist von Tri- nicht aber von Diphosphopyridinnucleotid abhängig, sie erfordert nicht Coenzym A. Das durch Dialyse vorübergehend inaktivierte Enzym kann durch Co^{2+}, Mg^{2+}, Mn^{2+} u. PO_4^{3-} nicht jedoch durch Zn^{2+} u. Fe^{3+} wieder reaktiviert werden. Das Enzym dehydriert Acet-, Propion-, n-Butyl-, n-Valer-, n-Capron-, n-Önanth- u. n-Caprylaldehyd, nicht jedoch Glyceraldehyd. Die MICHAELIS-Konst. werden gegeben. Die Aktivität wird durch Äthylendiamintetraessigsäure, Pyrophosphat u. Azid leicht, durch Cyanid, Semicarbazid, p-Chlormercuribenzoat, Monojodacetat, $NaHSO_3$ u. Arsenat stark gehemmt. Keine Hemmung zeigten o-Phenanthrolin u. γ-Hydroxychinolin. Herzmuskelcytochrom c, Ferricyanid u. Methylenblau sind keine Elektronenacceptoren. W. HILLER. 4210☐

Verhalten des Diphosphopyridinnucleotids der Leber bei der Ratte nach Anwendung von Nicotinsäure und von Inosit-Nicotinsäure-Hexaester. P. Chiarini und F. Melani. (Sperimentale **112**. 74–79. Jan./Febr. 1962. Firenze, Univ., Ist. di Semeiot. Med.; ital.) — *Nicotinsäure* (**I**) u., in geringerem Grade, *Inosithexanicotinat* (**II**) bewirkten nach i.v. Injektion bei Ratten eine deutliche Zunahme von oxydiertem *Diphosphopyridinnucleotid* (**III**) in der Leber. **I** u. **II** bewirkten auch eine, allerdings geringere Zunahme von red. **III**; bei dieser Wrkg. bestand kein Unterschied zwischen **I** u. **II**. K. ZINGRAF. 4210☐

Xanthinoxydase. 5. Mitt. **Differentialhemmung der Reduktion verschiedener Elektronenacceptoren.** Irwin Fridovich und Philip Handler. (J. biol. Chemistry **237**. 916–21. März 1962. Durham, N.C., Duke Univ., School of Med., Dep. of Biochem.; engl.) — 4. vgl. J. biol. Chemistry **233**. [1958.] 1581. — *Xanthinoxydase* (**I**) der Milch verliert in einem Puffer, der frei von *Äthylendiamintetraessigsäure* (**II**) ist, in 4 Min. 80% ihrer Wrkg. gegen *Xanthin* (**III**) u. noch rascher ihre Wrkg. gegen *Cytochrom c* (**IV**). Zum vollständigen Schutz gegen diese Verluste ist Ggw. von 10^{-5}m **II** erforderlich, auch wenn **I** in **II**-freiem Puffer aufbewahrt u. **II** erst kurz vor der Best. zugesetzt wird. Diese, von der Aktivität der **I** abhängige irreversible Hemmung kann auch durch α.α'-Dipyridyl (10^{-4}m), o-Phenanthrolin (10^{-4}m), 8-Hydroxychinolin (10^{-4}m), Pyrophosphat (0,01 m), Citrat (0,01 m) oder Rinderserumalbumin (0,4 mg/Liter) verhindert werden. Es wird gezeigt, daß die Hemmung auf Ggw. von Schwermetallen beruht. — Für die Red. von **IV** besteht eine abs. Abhängigkeit von Ggw. von O_2. — *Tiron* (**V**; *1.2-Dihydroxybenzol-3.5-disulfonsäure*), ein Chelatbildner für Titan, Fe^{3+} u. Mo^{6+}, ist ohne Einfl. auf die Red. von O_2 oder Farbstoffen durch **I** in Ggw. von Aldehyd- oder Purinsubstraten. **V** hemmt jedoch die Red. von **II** kompetitiv in bezug auf **II**; die Hemmung ist nicht kompetitiv in bezug auf **III**, Salicylaldehyd oder O_2. Mo^{6+} hemmt auch bei Zusatz eines 10fachen mol. Überschusses gegenüber **V** die **I**-Wrkg. nicht. Dagegen verhindert Ggw. von 1 Atom Fe (in Form von citriertem Ferripyrophosphat) die die Wrkg. der **I** gegen **IV** hemmende Wrkg. von **V**. — Überschüssiges Ni^{2+} oder Mg^{2+} sind ohne Einfl. auf die **V**-Hemmung der **I**-Wrkg. gegen **III**. — $3 \cdot 10^{-4}$m **V** hemmt nicht die Wrkg. der *DPNH-Cytochrom-c-Reduktase* u. der *Sulfit-Cytochrom-c-Reduktase*. — *Tris-(hydroxymethyl)-aminoäthan* (**VI**) hemmt kompetitiv die durch **IV** bewirkte Hemmung der **I**-Wrkg. gegen alle üblichen Substrate. — *Myoglobin* oder dessen Globinhälfte (aus Schweine- oder Pferdeherz) hemmen kompetitiv die Wrkg. von **I** gegen **III**, sind aber ohne Einfl. auf die **I**-Wrkg. gegen O_2 oder gegen Farbstoffe. — **II** ist in mittels Dithizon metallfrei gemachten Lsgg. ohne Einfl. auf die durch **V** bewirkte Hemmung der **I**-Red. von **III** oder **IV**. Jedoch wird von **II** die durch **VI** bewirkte Hemmung der **I** stark beeinflußt; 10^{-4}m **II** hebt die durch **VI** bewirkte Hemmung sogar völlig auf. — In allen Unters.-Syst. wird **I** durch *2.4-Dinitrophenol* in ihrer Wrkg. gegen O_2, **IV** oder Methylenblau reversibel gehemmt. — Aus den Ergebnissen schließen Vff., daß **I** mindestens 3 Bezirke der Elektronenabgabe hat u. daß O_2 an zwei von diesen Bezirken unterschiedlich wirkt, indem es an einem Bezirk zu H_2O_2 red. wird u. am anderen Bezirk als Brücke zu anderen Elektronenacceptoren (z. B. **IV**) wirkt. A. HESSE. 4210□

Enzymatische Synthese von Ribonucleinsäuren. M. Van Montagu. (Meded. vlaamse chem. Veren. **23.** 186—206. Nov./Dez. 1961. Gent, Rijksuniv., Labor. voor Fysiol. Chem.; fläm.) — Übersicht über die Polynucleotidphosphorylasen u. die Synth. von Ribonucleotiden mit Nucleosidtriphosphaten als Vorläufer. — 139 Literaturangaben. W. WESLY. 4210□

2'-Desoxyribosyl-4-aminopyrimidino-5'-phosphatdesaminase in Geweben von Säugetieren. Versuche an Extrakten der Leber des menschlichen Foetus. M. Talarico, S. Cutillo und E. Scarano. (Boll. Soc. ital. Biol. sperim. **37.** 1284—87. 31/12. 1961. Neapel, Univ., Ist. di Fisiol. Umana e Clin. Pediatr.; ital.) — Die in der Leber des Menschen, Affen u. Kaninchen vorhandene *2'-Desoxyribosyl-4-aminopyrimidino-5'-phosphatdesaminase* (**I**) katalysiert *5'-Desoxycytidylsäure* zu *5'-Desoxyuridylsäure*. Bei Verss. an Föten von 5—9 Monaten u. bei der Geburt wurde spektrophotometr. in allen Fällen in der Leber eine je nach Entw. unterschiedliche **I**-Aktivität nachgewiesen, die aber immer größer ist als bei den anderen Säugetieren. **I** findet sich fast ausschließlich in der Proteinfraktion, die von 35—55%ig. $(NH_4)_2SO_4$ gefällt wird. F. KREN. 4210□

Hemmung von Orotidylsäuredecarboxylase durch Uridin-5'-phosphat. Donald G. R. Blair und Van R. Potter. (J. biol. Chemistry **236.** 2503—06. Sept. 1961. Madison, Wis., Univ. of Wisconsin, Med. School, Mc-Ardle Mem. Labor.; engl.) — *Uridin-5'-phosphat* (**I**) ist ein kompetitiver Hemmstoff für *Orotidylsäuredecarboxylase* (**II**) aus Rattenleber (RL) u. Hefe (H). Die Hemmung ist abhängig von der **I**-Konz., ist ihr aber nicht proportional. $K_i = 6{,}9 \cdot 10^{-3}$ für RL-**II**, $2{,}8 \cdot 10^{-3}$ für H-**II**. Eine Hemmung durch evtl. in **I** vorhandene Kationen wurde durch Behandlung am Kationenaustauscher ausgeschlossen. Die Umwandlung von **I** in *Uracil, Uridin, Uridindi-* u. *-triphosphat* (*UTP*) war gering (1,9—0,04%). Eine Hemmung durch UTP findet nicht statt, jedoch zeitweilig in nicht reproduzierbarer Weise bei RL-**II** durch *UDP*, die aber auf Bldg. von **I** zurückzuführen ist. Bei H-**II** fand keine Hemmung durch UDP statt. Die Unterss. wurden mit Hilfe von $^{14}C_{(7)}$-*Orotidylsäure* durchgeführt, die wiederum aus $^{14}C_{(7)}$- oder $^{14}C_{(6)}$-*Orotsäure* erhalten wurde. S. VIERKÖTTER. 4210□

Vorhandensein einer Adenosindesaminase-Aktivität im cerebrospinalen Liquor. G. Zotti. (Boll. Soc. ital. Biol. sperim. **37.** 1073—74. 31/10. 1961. Padua, Univ., Ist. di Neurochirurg.; ital.) — Es wurden 22 Patienten untersucht. Der Liquor wird 2—3 Tage bei —30° aufbewahrt u. vor der Best. der *Adenosindesaminase* aufgetaut. Es zeigt sich, daß die Enzymaktivität in den meisten Fällen vorhanden ist, u. zwar in größerer Menge bei Gehirntumoren als bei neurolog. Krankheiten. F. KREN. 4210□

Untersuchungen über die Biosynthese von Guanosindiphospho-L-fucose. Victor Ginsburg. (J. biol. Chemistry **236.** 2389—93. Sept. 1961. Bethesda, Md., U. S. Public Health Serv., Nat. Inst. of Arthritis and Metabol. Diseases, Nat. Inst. of Health; engl.) — Die Umwandlung von *Guanosin-5'-diphospho-D-mannose* (**I**) durch ein aus *Aerobacter aerogenes* durch $(NH_4)_2SO_4$-Fraktionierung erhaltenes *Enzym*-Präp. in *Guanosin-5'-diphospho-L-fucose* (**II**) erforderte die Ggw. von *TPNH*. Die katalyt. Red. des inkubierten Gemisches mit H_2 an *Rh*-Katalysator ergab nach Hydrolyse im wesentlichen *6-Desoxytalose* (**III**), daneben *6-Desoxymannose* (**IV**) u. teilweise noch Spuren von zwei weiteren Zuckern. Das **III**/**IV**-Verhältnis wurde durch die Inkubationszeit nicht beeinflußt. Das Absorptionsspektrum deutete auf die Umwandlung von **I** in eine Keto-Verb. als Zwischenprod. hin. Die Inkubation von **I** mit TPN^3H ergab markierte **II**, wobei $C_{(5)}$ u. $C_{(6)}$ in *L-Fucose* (**V**) nicht markiert waren. Weiterhin erfolgte Markierung von **V** bei Inkubation mit ^3H_2O u. inakt. TPNH. Die Stimulierung der Umwandlung von **I** in **II** durch *DPN* ohne Beeinflussung der Verzögerungsperiode läßt die Beteiligung von DPN an der Bldg. von *Guanosin-5'-diphospho-4-keto-6-desoxy-D-mannose* als Zwischenprod. der **II**-Bldg. als möglich erscheinen. Ein möglicher Rk.-Mechanismus wird diskutiert. J. BOELTER. 4210□

Die Enzymologie von virusinfizierten Bakterien. 3. Mitt. Nachweis der Bildung einer trifunktionalen Desoxynucleotidkinase. Maurice J. Bessman und Leonard J. Bello. (J. biol. Chemistry **236.** PC72—PC73. Okt. 1961. Baltimore, Md., Johns Hopkins Univ., McCollum-Pratt Inst.; engl.) — 2. vgl. J. biol. Chemistry **53.** [1961.]

194. — Vff. erbringen den Nachw., daß die aus mit Bakteriophagen T 2 infizierter *Escherichia coli* erhaltene *d GMP*-Kinase (I; *Desoxyguanosinmonophosphatkinase*), *d TMP-Kinase* (II; *Desoxythymidinmonophosphatkinase*) u. *5-Hydroxymethyldesoxycytidylatkinase* (III) offenbar entweder an dasselbe Protein oder an 3 einander sehr ähnliche Proteine gebunden sind: Bei ca. 100facher Reinigung bleiben die verhältnismäßigen Wrkg. von I/II bzw. I/III prakt. unverändert; I, II u. III zeigen einander sehr ähnliche Kurven der Hitzeinaktivierung; die 3 Substrate sind für einander kompetitive Inhibitoren; die Wrkg. gegen die 3 Substrate zusammen erweisen sich nicht als additiv. — Hingewiesen wird, daß I u. II von nichtinfizierter *E. coli* leicht in individuelle Enzyme aufgespalten werden sowie darauf, daß III nur in der infizierten *E. coli* vorkommt.
A. HESSE. 4210□

Latente Acetylphosphatase-Aktivität der Mitochondrien. A. Zanobini, G. Ramponi und A. Guerritore. (Boll. Soc. ital. Biol. sperim. **37.** 1266—67. 31/12. 1961. Florenz, Univ., Ist. di Chim. Biol.; ital.) — Die Unterss. werden an Mitochondrien von Muskel u. Leber durchgeführt; die *Acetylphosphatase* (I) wird nach der Hydroxylamin-Meth. bestimmt. Es zeigt sich, daß sich die I-Aktivitäten deutlich durch das Verh. gegen Wärme in saurem Medium unterscheiden. Auch Ionen wirken gegenüber Leber u. Muskel unterschiedlich: Mg^{2+} u. Ca^{2+} verhalten sich nur bei der Leber als Aktivatoren; dagegen ist Phosphat in beiden Fällen ein starker Inhibitor. Beide I-Aktivitäten haben ein pH-Optimum bei 5,3. F. KREN. 4210□

Verteilung und Charakteristica der Carbamylphosphatase-Aktivität. F. Melani, G. Ramponi und A. Guerritore. (Boll. Soc. ital. Biol. sperim. **37.** 1268—70. 31/12. 1961. Florenz, Univ., Ist. di Chim. Biol.; ital.) — Vgl. auch vorst. Referat. — Aus der Wrkg. der thermostabilen *Acetylphosphatase* (I) auf *Carbamylphosphat* (II) schloß man auf ein Enzym, das imstande ist, die Hydrolyse des *Acetylphosphats* (III) u. des II zu katalysieren. Um diesen Schluß zu klären u. das Verh. der labilen I in dieser Richtung zu klären, wird das Verhältnis Aktivität gegenüber II/Aktivität gegenüber III im Überstand u. den Mitochondrien von Muskel u. Leber bestimmt, da im Muskel nur das thermostabile, in der Leber auch das labile Enzym vorkommt. Es ergibt sich eine analoge intracelluläre Verteilung der Acetyl- u. Carbamylphosphatase u. das gleiche Verhältnis Aktivität gegenüber II/Aktivität gegenüber III zwischen Überstand u. Extrakt eines Organs, so daß Vff. schließen, daß auch die labile Aktivität gegenüber III u. gegenüber II von einem einzigen Enzym stammen. F. KREN. 4210□

Die photosynthetische Phosphorylierung und ihre Beziehung zu anderen Reaktionen der Photosynthese. S. M. Eidelman. (Успехи Современной Биологии [Fortschr. gegenwärt. Biol.] **53.** 54—68. Jan./Febr. 1962; russ.) — Übersicht an Hand der Literatur. — 88 Literaturangaben. O. LEBTAG. 4210□

Die Beziehung der photosynthetischen Phosphorylierung zur Hill-Reaktion. M. Avron, D. W. Krogmann und A. T. Jagendorf. (Biochim. biophysica Acta [Amsterdam] **30.** 144—53. Okt. 1958. Baltimore, Md., Johns Hopkins Univ., McCollum-Pratt Inst. and Biol. Dep.; engl.) — Vgl. C. **1959.** **14448.** — Vff. untersuchen an isolierten Chloroplasten den Einfl. phosphorylierender Reagentien, wie *Mg*, *Adenosindiphosphat* (*ADP*) u. *anorgan. Phosphat* auf die HILL-Reaktion. Zur Messung der HILL-Rk. werden als Elektronenacceptoren *Ferricyanid* (I) u. *Trichlorphenolindophenol* (II) verwendet, deren Red. spektrophotometr. gemessen wird. Bei Zugabe von Mg, ADP u. Phosphat werden die Red. von I bzw. II u. die damit verbundene Phosphorylierung wesentlich erhöht. Bei gleichzeitiger Anwesenheit aller drei Komponenten wird die Red. von I auf 300%, die Red. von II auf 35% gesteigert. Zu entsprechenden Ergebnissen kommt man auch mit der Verdünnungsmethode. Bei Zugabe von Mg, ADP u. Phosphat zu Chloroplastensuspensionen, die mit NaCl-Lsg. verd. u. dadurch aktiviert sind, ist keine Steigerung der Red. zu beobachten. Die Wrkg. der phosphorylierenden Stoffe ist in der lichtunabhängigen Stufe der HILL-Rk. besonders groß. *Adenosintriphosphat* wirkt bei der HILL-Rk. als Hemmstoff. D. GROSS. 4210□

Einige Beobachtungen über Synthese und Funktion des photosynthetischen Apparats bei Rhodospirillum rubrum. Germaine Cohen-Bazire und Riyo Kunisawa. (Proc. nat. Acad. Sci. USA **46.** 1543—53. Dez. 1960. Berkeley, Calif., Univ. of California, Dep. of Bacteriol.; engl.) — Gereinigte Chromatophoren anaerob bei hohen u. niedrigen Lichtintensitäten gezüchteter *R. rubrum*-Zellen weisen stark verschiedenen *Chlorophyll* (I)-Geh. auf, wobei die Unterschiede mit denen des I-Geh. der Zellen in enger Beziehung stehen. In Chromatophoren unter photosynthet. konst. Bedingungen gezüchteter Zellen ist die auf I-Geh. bezogene Phosphorylierungs-Geschw. der Menge des Chromatophoren-I umgekehrt proportional, bezogen auf Protein-Geh. in Chromatophoren mit sehr differierendem I-Geh. jedoch annähernd konstant. Das Photophosphorylierungsvermögen wird demnach nicht durch die I-Menge des Photosynth.-App., sondern mehr durch eine Enzymkomponente beschränkt. Wenn anfänglich pigmentlose, unter strikt aeroben Bedingungen gebildete Zellen im Dunkeln einer O_2-Beschränkung unterworfen werden, erfolgt eine schnelle I-Synthese. Die I-Synth. unter halbaeroben Bedingungen im Dunkeln ist von der Bldg. photochem. akt. Chromatophoren begleitet. Die Geschw. der Photophosphorylierung durch solche Chromatophoren nimmt, bezogen auf Protein-Geh., mit dem I-Geh. der Zellen zu u. kann einen erheblich höheren Wert als den für Chromatophoren aus Zellen, die unter Photosynth.-Bedingungen gewachsen sind, charakterist. erreichen. K. MAIER. 4210□

Ausmaß und Art der Anpassung der Enzymaktivitäten in Lebern normaler Ratten nach Glucose- und Fructose-reicher Nahrung. Walter M. Fitch und I. L. Chaikoff. (J. biol. Chemistry **235.** 554—57. März 1960. Berkeley, Calif., Univ. of California, Dep. of Physiol.; engl.) — Vgl. C. **1960.** 864. — In 3 ml Lebercytoplasmasuspension in 0,25m Glycylglycinpuffer vom pH 7,6 von jeweils 6 Tieren mit keine Hexose enthaltender Standarddiät, Tieren nach 7tägiger Fütterung mit einer zu 60% aus *Glucose* (I) bzw. *Fructose* (II) bestehenden Diät werden nach Zugabe von 50 μl 0,012m TPN bzw. 30 μl 0,02m DPNH u. Substrat die Aktivitäten von 17 Enzymen des EMBDEN-MEYERHOF-Cyclus, des oxydativen Hexosemonophosphatabbaus, des Tricarbonsäurecyclus u. des Aminosäurenstoffwechsels bestimmt. Nach I- oder II-reicher Kost sind die Aktivitäten der *Glucose-6-phosphatdehydrogenase, Gluconsäure-6-phosphatdehydrogenase* (III), *Phosphoglucomutase, α-Glycerophosphatdehydrogenase, Phosphoglyceraldehyddehydrogenase, 3-Phosphoglycerinsäurekinase, Lactatdehydrogenase, Nicotinamidadenindinucleotid (NAD)*-abhängigen *Malatdehydrogenase* (IV), *NAD-Phosphat*-abhängigen *Malatdehydrogenase* u. der *Glutamat–Asparagat-Transaminase* erhöht. Nach II-Kost sind gegenüber nach I-Kost die Aktivitäten der *Glucose-6-phosphatase*, III, *Aldolase, Fructokinase* u. der IV erhöht. KLAUS BECKER. 4210□

Einige enzymatische Übertragungsreaktionen unter Beteiligung von 2-Acetamido-2-desoxy-D-glucose. S. A. Barker, A. B. Foster, L. I. Khmelnitski und J. M. Webber. (Bull. Soc. Chim. biol. **42.** 1799—1803. 1960. Birmingham, Univ., Chem. Dep.; engl.) — Die Fähigkeit verschiedener Schimmelpilze zur Katalyse der Rk.: Di-N-acetylchitobiose + Di-N-acetylchitobiose → Trisaccharid + N-Acetylglucosamin (I) wurde nachgewiesen. Das von *Myrothecium verrucaria* synthetisierte Trisaccharid wird vorläufig als *6-O-β-[2-Acetamido-2-desoxy-D-glucosyl]-di-N-acetylchitobiose*; $[\alpha]_D^{20}$ +6,1° → +1,5 ± 1,5° (W.), angesprochen. Die enzymat. Synth. einer *O-β-[2-Acetamido-2-desoxy-D-glucosyl]-D-glucuronsäure* (II) wurde in der Kultur-Fl. von *Penicillium viridicatum, Fusarium roseum, Chaetonium globosum, P. funiculosum* u. *P. lilacinum* beobachtet: Di-N-acetylchitobiose + Glucuronsäure (III) → II + I. Die II-Synth. aus I u. III verläuft anscheinend ebenfalls über eine Zuckernucleotidzwischenstufe. K. MAIER. 4210□

Desaminierung von Aminosäuren als Wirkungsort der Glucosehemmung der endogenen Atmung. S. Rapoport und L. Ababei. (Naturwissenschaften **48.** 646—47. 2. Okt.-H. 1961. Berlin, Humboldt-Univ., Physiolog.-chem. Inst.; dt.) — Vff. sind der Meinung, daß man die Atmungshemmung nicht durch Konkurrenz um anorgan. *P* oder *ADP* erklären kann. Bei Unterss. über den Einfl. von Atmungssubstraten in Ggw. von *2.4-Dinitrophenol* (I) hat sich gezeigt, daß durch Teilnehmer des Citronensäurecyclus (*Pyruvat, Acetat, Glutamin* u., in geringerem Ausmaß, durch *Glutamat*) Atmungssteigerung über den endogenen I-Wert eintritt. Zusatz von *Glucose* (II) erhöht diese Atmungssteigerung mit allen N-freien Substraten, am stärksten mit *Oxalacetat*, aber auch mit *α-Ketoglutarat*. II hemmt jedoch sowohl Atmung als auch NH_3-Bldg. aus Glutamin. Es ist anzunehmen, daß der Einfl. von II auf Desaminierungsvorgänge ausgeübt wird, durch die Substrate des Citronensäurecyclus angeliefert werden. J. SPINKA. 4210□

Biochemische Umsetzungen der Saccharose. Rudolf Weidenhagen. (Zucker **14.** 456—62. 15/9. 1961. Braunschweig, TH; dt.) — Habilatationsvorlesung. Zusammenfassende Darst. über das Transglykosylierungsproblem bei der enzymat. Spaltung von *Saccharose* (I) durch *α-Glucosidase* u. *β-N-Fructosidase* u. deren Unters. mit Hilfe der Papier- u. Säulenchromatographie. Ferner wird die vom Vf. u. LORENZ (vgl. C. **1958.** 14056) entdeckte innere Umglucosidierung von I zu krist. *Isomaltulose* (II; *Palatinose*) durch ein Bakterienenzym erläutert, u. es werden die Beziehungen von II zu experimentell dargestellten, verwandten Kohlenhydraten aufgezeigt. — 8 Literaturangaben. P. FAHRNLAENDER. 4210□

Dextransaccharase. H. M. Tsuchiya. (Bull. Soc. Chim. biol. **42.** 1777—88. 1960. Minneapolis, Minn., Univ. of Minnesota, Dep. of Chem. Engng.; engl.) — Übersicht. Glykosyldonator- u. Acceptorsubstrate, Enzym-Konz. u. Temp., pH. — 46 Literaturangaben. K. MAIER. 4210□

Über den Mechanismus der Synthese von Amylase. F. B. Straub und Á. Ullmann. (Biochim. biophysica Acta [Amsterdam] **23.** 665. März 1957. Budapest, Univ., Inst. of Med. Chem.; engl.) — Vorläufige Mitt. zu der C. **1958.** 10394 referierten Arbeit. — Vgl. auch C. **1959.** 11291. A. HESSE. 4210□

Die Strukur der aus Taka-Amylase A erhaltenen Glykopeptide. Akira Tsugita und Shiro Akabori. (J. Biochemistry [Tokyo] **46.** 695—704. Juni 1959. Osaka, Univ., Fac. of Sci., Labor. of Biochem.; engl.) — 2std. Kochen mit 2n HCl bewirkte nur die Hydrolyse der Glykosidbindung der *Glykopeptide.* Hydrolyse der Peptide wurde durch 16std. Kochen mit 6n HCl erreicht. Die Zus. der beiden erhaltenen Fraktionen war nach chromatograph. Befunden folgende: 1. 7—8 Moll. *Mannose,* 1 Mol. *Xylose* u. je 1 Mol. *Serin, Asparagin* u. *Glutaminsäure.* 2. enthält außer den in 1. genannten Stoffen noch 1 Mol. *Glycin,* 0,6 Mol. *Alanin* u. 0,4 Mol. *Threonin.* Hexoseamine wurden keine gefunden. Der endständige Carboxylrest ist bei 1 Asparaginsäure u. bei 2 Threonin. Es ergeben sich folgende Peptidstrukturen: 1. Seryl–Glutamyl–Asparaginsäure u. 2. Seryl–Glutamyl–Asparagyl–Glycyl–(Alanin, Threonin). Die Zucker waren an die Hydroxylgruppe des Serins gebunden. W. HILLER. 4210□

Die Amylase von Clostridium acetobutylicum. 2. Mitt. **Adsorption.** D. Scott und L. Hedrick. (Appl. Microbiol. **7.** 135—38. Mai 1959. Chicago, Ill., Fermco Labors., Inc.; Illinois Inst. of Technol.) — 1. vgl. C. **1953.** 2778. — *Amylase*-Präpp. aus *Clostridium acetobutylicum* lassen sich am besten an mit Alkali gekochtem Lignin adsorbieren u. mit 0,04 m Phosphatpuffer bei pH 6,5 eluieren. P. GREGORZEWSKI. 4210□

Die Fermentaktivität einiger aerober, aus natürlichen Formen gezüchteter Sporenbakterien. 2. Mitt. **Die amylolytischen Eigenschaften der Bouillonkulturen von B. subtilis, B. mesentericus, B. aerosporus, B. polymyxa.** I. D. Koltschinska, L. Ju. Medwinska und A. P. Lyssogor. (Мікробіологічний Журнал [Київ] [Mikrobiol. J. (Kiew)] **22.** Nr. 6. 26—31. 1960. Inst. für Mikrobiol. der Akad. der Wiss. der UkrainSSR; ukrain., Auszug: russ.) — 1. vgl. C. **1961.** 11371. — Unter den 175 aus Böden, Pflanzenresten u. der Rhizosphäre höherer Pflanzen erhaltenen sporentragenden aeroben Bakterien zeigten 32 Stämme eine hohe *Amylase* (**I**)-Aktivität. Die 11 zu B. subtilis, B. mesentericus, B. polymyxa u. B. aerosporus gehörenden Stämme wurden eingehend auf ihre I-Aktivität untersucht. Die höchste I-Aktivität, gemessen am Lysevermögen gegenüber 3%ig. Stärkekleister, u. die höchste Zahl an gebildeten Kohlenhydraten (bis zu 7) wiesen die Stämme Nr. 10 u. Nr. 33 von B. mesentericus auf. Bei Zimmer-Temp. erfolgte eine vollständige Verflüssigung des Stärkekleisters innerhalb 1—2 Minuten. Am schwächsten war dieses Vermögen bei B. aerosporus Nr. 14/5 u. bei B. polymyxa Nr. 1 u. Nr. 13/6. Unter den bei der Zers. von Stärke auftretenden Kohlenhydraten (R_F 0,09—0,37) konnten nur Glucose u. Maltose identifiziert werden. O. LEBTAG. 4210□

Zur Bestimmung der Aktivität der für therapeutische Zwecke bestimmten Cellulasen. H. Desarménien und C. Bastien. (Pharmac. Acta Helvetiae **33.** 583—601. Aug./Sept./Okt. 1958. Beilage zu: Schweiz. Apotheker-Ztg. Champigny-sur-Marne, Seine, Labor. Wander; franz., Auszüge: dt., ital., engl.) — Beim Vgl. der für die Best. von *Cellulase* (**I**) bekannten Meth. ergibt sich, daß diese Meth. infolge Verw. verschiedener Substrate auch verschiedene Erscheinungen erfassen. — Die viscosimetr. Meth. mit *Methylcellulose* (**II**) als Substrat bei pH 4,5 u. 20° ist nur für verhältnismäßig reine **I** geeignet; diese Messung der Depolymerisation von **II** scheint nur in den Anfangsphasen befriedigende Werte zu liefern. — Die reduktometr. Meth. (**II** als Substrat; pH 4,5; 37°) gibt für klin. Zwecke befriedigende Werte, obwohl sie den grundsätzlichen Fehler hat, daß die Berechnung auf Glucose erfolgt, obwohl tatsächlich das Abbaugemisch Di-, Tri-, Tetra-... holoside enthält. — *Cellophan* (**III**) kann auch als Substrat dienen, wenn das unverdaute **III** zurückgewogen wird; die Meth. erscheint einfach, ist aber ungenau. — Angaben über die Herkunft der verwendeten **I** fehlen. A. HESSE. 4210□

Untersuchungen über β-Glucoside und Cellulose spaltende Enzyme aus Polyporus annosus Fr. Birgitta Norkrans. (Physiol. Plantarum [Copenhagen] **10.** 198—214. 1957. Uppsala, Schweden, Univ., Inst. of Physiol. Bot.; engl.) — Aus *Polyporus annosus* FR. (NORKRANS, RÅNBY, Physiol. Plantarum [Copenhagen] **9.** [1956.] 198) erhaltene Enzym-Präpp. enthalten eine gegen Cellulose (**V**)-Sol (turbidimetr. Messung) wirksame extracellulare *Cellulase* (**I**) u. eine (gegen p-Nitrophenyl-β-glucosid gemessene) *β-Glucosidase* (**II**). — **I** wirkt zwischen pH 3,2 u. 7,4; die Best. werden bei pH 5,0—5,5 durchgeführt. **I** verträgt Erhitzen auf 80°. In Kulturen auf Glucose (**III**) fehlt **I**, wogegen Kulturen auf Cellobiose (**IV**) eine erhebliche Menge **I**, Kulturen auf **V** viel **I** enthalten. — **II** wirkt optimal bei pH 4,0; bei pH 2,5, 6,5 bzw. 7,0 findet sich nur geringe **II**-Wirkung. Stehenlassen der **II**-Lsg. bei pH 3,0—7,4 ist nur ein geringer Einfl. auf **II**-Wrkg.; bei pH 2,0 u. pH 8,25 erfolgt mehr oder weniger starke Inaktivierung. — II wird in 5 Min. bei 80° vollständig inaktiviert. — Bei Kulturen auf IV oder V findet sich nur extracellulare II; bei Kulturen auf III finden sich etwa gleiche Mengen von intracellularer u. extracellularer II. — II ist offenbar am Gesamtabbau von V beteiligt.

A. HESSE. 4210□

Esteraseverteilung in Mäuseleber. C. Carruthers und A. Baumler. (Arch. Biochem. Biophysics **94**. 351—57. Sept. 1961. Buffalo, N.Y., Roswell Park Memorial Inst., Dep. of Biochem.; engl.) — In Homogenaten der Mäuseleber finden sich 80% der *Esterase*-Aktivität in den Mikrosomen. Nicht ihre Verteilung, jedoch die Stabilität ist von der zur Isolierung verwendeten Saccharose-Konz. abhängig. Die größte Stabilität liegt bei 0,88m. Die Esteraseaktivität der Mikrosomen ist an die Membranen gebunden. Geringe Konzz. von *Diäthyl-p-nitrophenylphosphat* u. *Tetraäthylpyrophosphat* hemmen die Esteraseaktivität der Mikrosomen völlig.

W. HILLER. 4210□

Cholinacetylase in den Kiemenplatten von Mytilus edulis. A. S. Milton. (Proc. Roy. Soc. [London], Ser. B **150**. 240—44. 17/3. 1959. Oxford, Univ., Dep. of Pharmacol.; engl.) — Vgl. C. **1960**. 7884. — Das die Cilienbewegung der Kiemenplatten von *M. edulis* steuernde *Acetylcholin* (I) findet sich zusammen mit „echter" *Cholinesterase* in diesem Organ. Die Wrkg. von I, *Eserin*, *Atropin* u. *d-Tubocurarin* stimmt mit der Annahme überein, daß natürlich gebildetes I den Ciliarrhythmus aufrechterhält. Die Ggw. eines *Cholinacetylase*-Syst. (II), das bei 20° relativ beständig ist, bei 37° aber rasch inaktiviert wird, wird nachgewiesen. II bildet bis zu 300 μg I/g/Stunde.

K. MAIER. 4210□

Cholinesteraseaktivität. Leonard S. Rubin. (Science [Washington] **128**. 1176. 14/11. 1958. Philadelphia, Eastern Pennsylvania Psychiatr. Inst.; engl.) — Polemik gegen Befunde von KRECH, die von Befunden des Vf. (vgl. C. **1960**. 12054) abweichen.

A. HESSE. 4210□

Die hydrolytische Aktivität von Cholinesterasen bei niedrigen Substratkonzentrationen in Beziehung zur biologischen Wirksamkeit von Cholinestern. Menachem Wurzel. (Bull. Res. Council Israel, Sect. A **9**. 5—14. April 1960. Jerusalem, Hebrew Univ., Hadassah Med. School, Dep. of Pharmacol.; engl.) — Unter Verw. gegen *Cholinester* (I) empfindlicher isolierter Organe (Froschrectusmuskel, Meerschweinchendarm) wurden die „Hydrolyse-Geschw.-Substrat-Konz."-Kurven für I-spaltende *echte* (elektr. Organ von *Torpedo marmorata, Electrophorus electricus*) u. *Pseudocholinesterase* (Humanplasma) auf niedrige Substrat-Konzz., die für den biolog. Bereich in Betracht kommen, ausgedehnt. Es wird gezeigt, daß zwischen den enzymat. Hydrolyse-Geschw. u. biolog. Aktivität ein enger Zusammenhang besteht u. deshalb angenommen wird, daß der I-Receptor eines Organs möglicherweise mit echter oder Pseudocholinesterase ident. ist.

K. MAIER. 4210□

Reaktivierung phosphorylierter Acetylcholinesterasen durch Pyridiniumaldoxime und verwandte Verbindungen. F. Hobbiger, Mary Pitman und P. W. Sadler. (Biochem. J. **75**. 363—72. Mai 1960. London, Inst. of Biochem., Dep. of Pharmacol. and Courtauld; Middlesex Hosp. Med. School; engl.) — Die durch organ. Phosphat-Verbb. erzeugte Hemmung der *Acetylcholinesterase* (I) durch Phosphorylierung läßt sich durch Oxime aufheben. Eine Reihe von Pyridiniumaldoximen, deren Synth. z. T. angegeben ist, werden in dreierlei Hinsicht getestet: (a) auf ihre Reaktivität gegenüber Tetraäthylpyrophosphat, (b) auf die reaktivierende Wrkg., die sie auf Diäthylphosphat gehemmte Acetylcholinesterase ausüben u. (c) auf ihre die Acetylcholinesterase hemmende Wirkung. — Pyridin-2-aldoxime: *Methojodid*, 1 (a); 1 (b); 1 (c), alle Werte sind relative Aktivitäten; *Äthojodid*, 1; 0,54; 2,1; *Propyljodid*, 0,94; 0,63; 5,6; *Isobutyljodid*, 1,10; 0,87; 64; *Isopropyljodid*, 0,95; 0,46; 1,6; *Pyridin-3-aldoximmethojodid*, 0,09; 0,0003; 1,2; Pyridin-4-aldoxime: *Methojodid*, 0,36; 0,06; 0,75; *Äthojodid*, 0,34; 0,03; 0,53; *γ-Brompropylbromid*, 0,44; 1,9; 17; *β-Bromisopropylbromid*, 0,36; 0,25; 22; *ε-Bromamylbromid*, 0,27; 0,94; 6; *N.N'-Methylen-bis-[p-hydroxyiminomethylpyridiumbromid]*, 2,6; 2,8; <0,1; *N.N'-Äthylen-*, 1,50; 17; 0,78; *N.N'-Trimethylen-*, 1,10; 22; 0,90; die analoge *Monohydroxyiminomethyl-Verb.*, 0,56; 8; 0,75; *N.N'-Tetramethylen-*, 0,99; 18; 1,0; *Monohydroxyiminomethyl-Verb.*, 0,53; 6,7; 0,40; *N.N'-Pentamethylen-*, 0,91; 16; 8,1; *Monohydroxyiminomethyl-Verb.*, 0,56; 8; 0,75. — *4-[Hydroxyiminomethyl]-chinolinmethojodid*, 0,78; 0,035; 10; *2-Hydroxyiminomethyl-3.3-dimethylindolmethojodid*, 0,63; 0,004; <0,1; *1-[β-Hydroxyiminoäthyl]-pyridiniumchlorid*, 0,04; <0,0004; <0,1; *1-[β-Hydroxyiminoäthyl]-2-[hydroxyiminomethyl]-pyridiniumchlorid*, 0,83; 0,2; 2,8.

G. KIEFER. 4210□

Bildung von Glutaminsäure aus Glucose mittels Bakterien. 1. Mitt. Enzyme des Embden-Meyerhof-Parnas-Reaktionsweges, des Krebs-Cyclus und des Glyoxalat-Nebenweges in Zellextrakten aus Bacterium flavum Nr. 2247. Isamu Shiio, Shin-

Ichiro Otsuka und Toshinao Tsunoda. (J. Biochemistry [Tokyo] **46.** 1303—11. Okt. 1959. Kawasaki, Ajinomoto Co., Inc., Central Res. Labor.; engl.) — In zellfreien Extrakten von *Brevibacterium flavum* Nr. 2247 wurden nachgewiesen: *Hexokinase, Phosphohexokinase, Aldolase, Diphosphopyridinnucleotid-verbundene Glycerinaldehyd-3-phosphatdehydrogenase, Triphosphopyridinnucleotid (TPN)-verbundene Glucose-6-phosphatdehydrogenase, Aconitase, TPN-verbundene Äpfelsäuredehydrogenase, Oxalessigsäurecarboxylase* sowie *Isocitritase*, deren Rk.-Prodd. *Glyoxylsäure* u. *Bernsteinsäure* ebenfalls nachgewiesen wurden. A. HESSE. 4210□

Der Aminosäurestoffwechsel wachsender Gewebe. 1. Mitt. **Die Alanin–Glutaminsäure-Transaminaseaktivität in Regeneration befindlicher Rattenleber.** J. K. Pollak. (Exp. Cell Res. **19.** 156—63. Febr. 1960. Sydney, Univ., Dep. of Biochem.; engl.) — Die Unters. der Hin- u. Rück-Rk. der Alanin–Glutaminsäure-Transaminierung in normaler erwachsener u. in sich regenerierender Rattenleber zeigte, daß nach 24 Std. Regeneration (nach partieller Hepatektomie) die *Transaminase* (I)-Aktivität auf 150% des normalen Wertes von QT_N (μMol gebildete Aminosäure/mg N/Std.) nach 60 Min. anstieg. $QT_{N_{Naßgew.}}$ änderte sich nicht signifikant. 48 Std. nach Hepatektomie (60—70%) war der QT_N-Wert noch signifikant höher als QT_N normaler erwachsener Leber, während $QT_{N_{Naßgew.}}$ keine signifikante Veränderung aufwies. In 2 Std. nach Hepatektomie fiel QT_N auf das Niveau normalen ausgewachsenen Gewebes ab. Der Zusammenhang zwischen I-Aktivität u. Protein-Synth. wird besprochen. K. MAIER. 4210□

Glutaminsynthetase und Glutamotranspherase in Schafleberenzympräparaten. Jacob Greenberg und N. Lichtenstein. (Bull. Res. Council Israel, Sect. A **9.** 125—29. April 1960. Jerusalem. Hebrew Univ., Dep. of Biol. Chem.; engl.) — Schafleber-Präpp., die ein *Glutamotranspherase* (I)-Syst. enthalten, besitzen auch ein Glutaminsynthetisierendes System. Beide sind durch Mn^{2+} aktivierbar. Das pH-Optimum ist bei kleinen Mn^{2+}-Konzz. höher u. umgekehrt. Es schwankt für *Glutaminsynthetase* (II) zwischen pH 4,5 u. 6,5, für I von 5,5—7,2. Ähnlich wie Schafhirn-II ist Schafleber-II mittels Mg^{2+} aktivierbar, wobei das pH-Optimum bei größeren u. kleineren Mg^{2+}-Konzz. zwischen 6,6 u. 8 schwankt. Mg^{2+}-aktivierte Leber-I hat ein pH-Optimum bei ca. 7,2. K. MAIER. 4210□

Untersuchungen über den Stoffwechsel von Kynureninsäure. 1. Mitt. **Die Bildung von L-Glutaminsäure, D- und L-Alanin sowie Essigsäure aus Kynureninsäure durch Pseudomonas-Extrakte.** Osamu Hayaishi, Hiroshi Taniuchi, Minoru Tashiro und Sigeru Kuno. (J. biol. Chemistry **236.** 2492—97. Sept. 1961. Kyoto, Kyoto Univ., Fac. of Med., Dep. of Med. Chem.; engl.) — *Pseudomonas fluorescens*-Kulturen (Stamm ATCC 11299B) setzten in Abwesenheit von *DL-Tryptophan* (*DL*-I) *Kynureninsäure* (II) ohne Verzögerungsperiode um, wobei 5 Mol O_2 pro Mol II verbraucht u. 4,5 Mol CO_2 freigesetzt wurden. *7.8-Dihydroxykynureninsäure* (III) wurde mit der gleichen Geschw. bei Verbrauch von 4 Mol O_2 pro Mol III umgesetzt. *7-* bzw. *8-Hydroxykynureninsäure* (IV bzw. V) wurden mit nur $^1/_{12}$ bzw. $^1/_4$ der Geschw. von II umgesetzt, *Chinaldinsäure* (VI) nur mit $^1/_{20}$ der II-Geschw. abgebaut. Zellfreie Extrakte von Pseudomonas waren bzgl. des II-Stoffwechsels inakt.; ein Zusatz von *DPN, TPN, DPNH* oder *TPNH* war wirkungslos. Der durch Zentrifugieren des rohen Extraktes erhaltene Überstand setzte II (2,5 Mol O_2/Mol II) um; NH_3 wurde prakt. nicht gebildet. IV u. V wurden in gleicher Geschw. wie II umgesetzt, dagegen III ca. 3mal so schnell. VI wurde nicht abgebaut. Zusatz des beim Zentrifugieren erhaltenen Sediments zur Inkubationsmischung bewirkte vollständige Hemmung, nicht jedoch nach vorherigem Erhitzen (5 Min. auf 100°). *Cyanid* u. *Azid* als *Cytochrom*-Syst.-Inhibitoren stimulierten die Aktivität des rohen Extraktes, nicht aber die des Überstandes. Inkubation von $^{14}C_{(3)}$-II (aus DL-$^{14}C_{(1)}$-I durch Inkubation mit Pseudomonas erhalten) ergab nach Auftrennung am Ionenaustauscher *L-Glutaminsäure* als Abbau-Prodd. von II mit 6—8facher Aktivitätsverdünnung. Daneben konnten durch Verteilungs- bzw. durch Papierchromatographie *Essigsäure* sowie *D-* u. *L-Alanin* als Abbau-Prodd. bei 2—4facher Verdünnung gegenüber II identifiziert werden. Auf Grund der Isotopenverdünnung wird eine Aufspaltung von II in C_3-Stücke u. nachfolgend eine Resynth. zu C_5-Einheiten angenommen. J. BOELTER. 4210□

Biosynthese von Valin und Isoleucin in Pflanzen. T. Satyanarayana und A. N. Radhakrishnan. (Biochim. biophysica Acta [Amsterdam] **56.** 197—99. 1/1. 1962. Bangalore, Ind., Inst. of Sci., Dep. of Biochem.; engl.) — Der aus 24 Std. alten Sämlingen von *Phaseolus radiatus* durch Mörsern u. Zentrifugieren mit 1200·*g* (15 Min.) erhaltene Überstand dient als Rohextrakt zum Nachw. eines Enzym-Syst. für die Umwandlung *Brenztraubensäure* (I) → *α-Acetomilchsäure* (II) → *α.β-Dihydroxyisovaleriansäure* (III) → *α-Ketoisovaleriansäure* (IV) → *Valin* (V). — Das I → II-katalysierende Enzym wird durch fraktionierte $(NH_4)_2SO_4$-Fällung u. Ca-Phosphat-Gel-Behandlung 20fach gereinigt. Da es sehr labil ist, muß während der Aufarbeitung dafür gesorgt werden, daß ständig $5 \cdot 10^{-4}$m Mn^{2+} u. $5 \cdot 10^{-4}$m Cystein oder β-Mercaptoäthanol anwesend sind. Durch Inkubation dieses Enzyms mit **I** in Ggw. von Thiaminpyrophosphat u. Mn^{2+} oder Mg^{2+} bildet sich außer **II** auch Acetaldehyd u. Acetoin. Die MICHAELIS-Konst. beträgt $5 \cdot 10^{-5}$molar. — Zum Nachw. der weiteren Rk.-Folge wird der Rohextrakt mit Glucose-6-phosphat, Nicotinamidadenindinucleotidphosphat bebrütet. Es bildet sich unter Mitwirkung von im Rohextrakt enthaltener Glucose-6-phosphatdehydrogenase **III** u. α.β-Dihydroxy-β-methylvaleriansäure (**VI**). — Unter Verw. eines aus dem Rohextrakt durch $(NH_4)_2SO_4$-Fällung u. Dialyse erhaltenen Präp. wird **III** bzw. **VI** in **VI** oder α-Keto-β-methylvaleriansäure (**VII**) umgewandelt. — Dasselbe Enzym-Präp. bildet aus **VI** oder **VII** u. L-Glutaminsäure durch Transaminierung **V** oder Isoleucin. W. HILLER. 4210□

Die Bildung von Acetat aus dem Benzolring von Tryptophan. R. K. Gholson und L. M. Henderson. (Biochim. biophysica Acta [Amsterdam] **30.** 424—25. Nov. 1958. Stillwater, Okla., Oklahoma State Univ., Dep. of Biochem.; engl.) — $^{14}C_{(7a)}$-*DL-Tryptophan* (**I**) u. *L-Cyclohexylalanin* wurden an Ratten verfüttert. Im Urin fand sich *N-Acetylcyclohexylalanin*, aus dessen Unters. sich ergab, daß das $C_{(7a)}$ von **I** zum $C_{(1)}$ des Acetates (**II**) u. das $C_{(7)}$ oder $C_{(3a)}$ von **I** zum $C_{(2)}$ von **II** führt. Es ist wahrscheinlicher, daß das $C_{(3a)}$ von **I** an der **II**-Bldg. beteiligt ist, da es bekannt ist, daß der **I**-Stoffwechsel über 3-Hydroxyanthranilsäure führt. A. HESSE. 4210□

Mangan als Modifikator der Leber-Tryptophanpyrrolaseaktivität. F. Chytil und J. Skrivanová. (Nature [London] **193.** 377—78. 27/1. 1962. Prague, Czechoslovak. Acad. of Sci., Inst. of Physiol.. Dep. of Physiol. and Pathophysiol. of Metabol.; engl.) — Leberhomogenat von ♀ WISTAR-Ratten in 0,0025n NaOH u. 0,0003m *DL-Tryptophan* wurde zentrifugiert u. der Überstand in Ggw. von Phosphat- oder Tris-Puffer auf *Tryptophanpyrrolase* (**I**)-Aktivität untersucht. *Mn-II-Sulfat* stimulierte in geringen Konzz. die **I**-Aktivität, hemmte aber in höheren Konzz., wobei ein Maximum an Stimulierung (85%) bei einer Mn^{2+}-Konz. von $3 \cdot 10^{-6}$Mol/4 ml erhalten wurde. *Äthylendiamintetraessigsäure* ($3 \cdot 10^{-6}$Mol/4 ml) hemmte die **I**-Aktivität zu 42%. Mn^{2+} stimulierte auch die **I**-Aktivität im Leberzellsaft von Tieren, die 5 Std. nach Induktion von **I** durch eine intraperitoneale Injektion von *Cortisonacetat* (5 mg/100 g) getötet worden waren. J. BOELTER. 4210□

Die Biosynthese des Harnstoffs. 9. Mitt. **Weitere Untersuchungen über den Mechanismus der Argininosuccinatsynthetasereaktion.** Olga Rochovansky und S. Ratner. (J. biol. Chemistry **236.** 2254—60. Aug. 1961. New York, N.Y., Publ. Health Res. Inst. of the City of New York, Inc., Div. of Nutrit. and Physiol.; engl.) — 8. vgl. C. **1962.** 4960. — *Argininosuccinatsynthetase* (**I**) wurde aus Stierleberacetonpulverextrakt durch $(NH_4)_2SO_4$-Fraktionierung, fraktionierte Elution von C_8-Gel, $(NH_4)_2SO_4$-Fällung, Bentonitbehandlung, Hitzebehandlung des Überstandes u. Chromatographie an DEAE-Cellulose ca. 80fach angereichert u. frei von Adenylkinase sowie anorgan. Pyrophosphatase erhalten. Verw. von ^{18}O-markiertem *Citrullin* (**II**) ergab, daß während der **I**-katalysierten Rk. der Ureido-O von **II** auf die Adenylsäurehälfte von Adenosintriphosphat (**III**) übertragen wird. Diese Wechselwrkg. zwischen **II** u. **III** deutet auf Adenylocitrullin als mögliche Zwischenstufe eines 2-Schritt-Mechanismus hin. In Ggw. von Adenosinphosphat wurde ein **II**-aktivierter Austausch von anorgan. ^{32}P-Pyrophosphat (**IV**) mit **III** beobachtet, in Ggw. von **IV** ein **II**-aktivierter Austausch zwischen ^{14}C-Adenylsäure u. **III**. Der Isotopeneinbau in **III** beruhte in beiden Fällen auf der Ggw. fest an **I** gebundener kleiner Mengen von Argininosuccinat (**V**). Eine Teil-Rk. durch Austausch von ^{14}C-Asparaginsäure mit **V** war nicht feststellbar. K. MAIER. 4210□

Untersuchungen mit Histidindecarboxylase. J. M. Telford und G. B. West. (J. Physiology **155.** 16 P. Jan. 1961. Univ. of London, School of Pharm., Dep. of Pharmacol.; engl.) — Die größte *Histidindecarboxylase*-Aktivität enthält der Pylorus der Ratte (8 μg Histamin/g Gewebe/Std.), die Leber (5,1), das Duodenum (3.3) u. die Nieren (1,6). Diese hohe Aktivität tritt nur bei pH 8 in Ggw. von Spuren Bzl. auf. Die fötale Rattenleber zeigt eine Aktivität von 500—1250 u. wird durch Bzl. nicht stimuliert. P. GREGORZEWSKI. 4210□

Der Mechanismus der Histidasewirkung: Amino-Enzymbildung und Teilreaktionen. Alan Peterkofsky. (J. biol. Chemistry **237.** 787—95. März 1962. Bethesda, Md., U.S. Public Health Serv., Nat. Inst. of Health, Nat. Inst. of Arthritis and Metabol. Dis.; engl.) — *Histidase* (**I**), welche die nichtoxydative Desaminierung von *Histidin* (**II**) zu *Urocaninsäure* (**III**) katalysiert, wurde aus *Pseudomonas fluorescens* nach Wachstum auf II erhalten u. durch Hitzebehandlung des Extraktes, Fällen mit $(NH_4)_2SO_4$, Lösen des Nd. in Pyrophosphat-Lsg. (pH 9,2) u. Fraktionieren an DEAE-Cellulose hoch gereinigt. K_m für II variiert (pH 8,5 → 9,0) zwischen $9 \cdot 10^{-3}$m u. $2{,}4 \cdot 10^{-2}$m; K_m für III beträgt bei pH 9,0: $7 \cdot 10^{-3}$m. — Aus Verss. mit $^{14}C_{(2)}$-III ergibt sich, daß die gereinigte I neben der irreversiblen Desaminierung zwei Partial-Rkk. katalysiert: H^+-Austausch u. III-Austausch in II. Andere Aminosäuren als II sind zu diesem H^+-Austausch nicht befähigt; andere ungesätt. Säuren als III können die NH_2-Gruppe von II nicht aufnehmen. — Aus Verss. mit II, das am β-C-Atom mit Tritium markiert ist, ergibt sich, daß das labile H am β-C-Atom von II sitzt. — Die Rkk. verlaufen wahrscheinlich nach folgenden Gleichungen: I + II ⇌ III + H^+ + NH_2-I; H^+ + NH_2-I → I + NH_3, d. h. das gebildete NH_2-I kann entweder reversibel wieder II bilden oder kann irreversibel NH_3 + freie I liefern. A. HESSE. 4210□

Aminopeptidasen im menschlichen Organismus. 1. Mitt. Biochemische Eigenschaften von Aminopeptidasen in Körperflüssigkeiten und Formelementen des Blutes. Dieter Klaus. (Ärztl. Forsch. **15.** I/548—53. 10/12. 1961. Tübingen, Med. Univ.-Klinik u. Poliklinik.; dt.) — Bei Unters. von *Serum-Leucin-Aminopeptidase* (I) u. *Leucin-Aminopeptidase aus Schweinenieren* (II) wurde festgestellt, daß I einer geringeren Metallaktivierung als II bedarf. Als Substrat wurde *l*-Leucyl-β-naphthylamid + HCl verwandt. Das pH-Optimum liegt für I zwischen 5,8 u. 7, für II bei 9,0. I u. II sind gleichartig durch CN^- u. EDTA hemmbar, diese Hemmung ist durch Zusatz von Metallionen partiell aufhebbar. Zur Aktivierung von *Leucin-Aminopeptidase im Erythrocyt* (III) u. Leukocyt sind Metallionen nicht unbedingt erforderlich, im Stroma von Erythrocyten ist III nicht nachweisbar, bei Leukocyten macht sie 30% der Gesamtaktivität aus. Zwischen den extra- u. intracellulären Leucin-Aminopeptidasen bestehen Unterschiede im pH-Optimum, in der Substrataffinität (K_m), dem Temp.-Quotienten Q_{10}, der Hemmbarkeit durch EDTA u. der therm. Inaktivierung. S. GROITZSCH. 4210□

Untersuchungen über den Abbau von menschlichem Hämoglobin durch Carboxypeptidase. Eraldo Antonini, Jeffries Wyman, Romano Zito, Alessandro Rossi-Fanelli und Antonio Caputo. (J. biol. Chemistry **236.** PC 60—PC 63. Sept. Berichtigung: 2825. Nov. 1961. Rom, „Regina Elena" Inst. for Cancer Res.; Univ. of Rome, Inst. of Biol. Chem.; engl.) — *Carboxypeptidase A* (**Ia**) setzte aus menschlichem *Hämoglobin* (II) kein *Arginin* (III), die OH-haltige Endaminosäure der α-Kette frei. Ebensowenig wirkte *Carboxypeptidase B* (**Ib**) bzgl. des *Histidins* (IV), der entsprechenden Endaminosäure der β-Kette. Offenbar setzte **Ia** die letzten beiden Aminosäuren (AS) der β-Kette: IV u. *Tyrosin* (V) frei, wonach die Rk. abstoppte. Ebenso spaltete **Ib** nur die endständigen AS der α-Kette: III, V u. *Lysin* ab. **Ia** baute speziell die β-Kette, **Ib** entsprechend nur die α-Kette ab. Die gleichzeitige Einw. von **Ia** u. **Ib** führte zu unterschiedlichen Ergebnissen. Die Einw. von **Ia**, **Ib** u. **Ia** + **Ib** auf II führte zu 3 Präpp. (**IIa**, **IIb** bzw. **IIab**) mit einem in der Ultrazentrifuge monodispersen Verh. u. einer dem II gleichen Sedimentationskonstanten. Spektrophotometr. Messungen ergaben bei **IIa**, **IIb** u. **IIab** ein dem II gleiches Spektrum. Die Elektrophorese bei pH 8,6 erbrachte in allen Fällen eine einheitliche Komponente. Die O_2-Affinität war gegenüber II in allen Fällen herabgesetzt u. voneinander verschieden. Die Dissoziationswärme (der O_2-gebundene Protonen) war gleichfalls verschieden. Die Zahl der SH-Gruppen wurde in allen Fällen, auch in II, zu 2 pro Mol. gefunden. Säure-, Alkali- u. Hitzedenaturierung ergaben keine unterschiedlichen Werte. Verss. mit menschlichem *Myoglobin* führten bei I-Einw. zu geringeren Unterschieden in der O_2-Affinität. J. BOELTER. 4210□

Untersuchungen über den Mechanismus der Proteinsynthese: Über eine Äthionin enthaltende α-Amylase aus Bakterien. Akira Yoshida. (Biochim. biophysica Acta [Amsterdam] **29.** 213—14. Juli 1958. Tokyo, Fac. of Gen. Educat., Dep. of Chem., Labor. of Biochem.; engl.) — Eine *L-Methionin* (I)-heterotrophe Mutante von *Bacillus subtilis* (Stamm K-Met) baut I in *α-Amylase* ein, wenn sie auf einer Nährlsg. kultiviert wird, die neben I 7% lösl. Stärke; 0,9% Na-Citrat; 1,3% $(NH_4)_2HPO_4$; 0,1% KCl; 0,05% $MgSO_4 \cdot 7\,H_2O$ enthält. Für ein optimales Wachstum werden 20 mg I/Liter benötigt. I kann auch durch 5 mg I/Liter u. 20 mg *DL-Äthionin* (II)/Liter ersetzt werden. Es zeigt sich, daß II zusammen mit I in die α-Amylase im Verhältnis 2 : 1 eingebaut wird (Papierchromatographie des Amylase-Hydrolysats in n-Butanol-Essigsäure-W. 4 : 1 : 5). Die Eigg. einer solchen Amylase stimmen mit einer nur I-enthaltenden hinsichtlich des elektrophoret. Verh., der Aktivität u. des Schwefel-Geh. überein. M. LORENZ. 4210□

Die durch Pepsin katalysierte Hydrolyse der α-Helix-Form von Poly-α-L-glutaminsäure. E. R. Simons, G. D. Fasman und E. R. Blout. (J. biol. Chemistry **236.**

PC 64—PC 65. Sept. 1961. Boston, Mass., Labor. of the Children's Cancer Res. Found and Harvard Med. School; engl.) — *Pepsin* hydrolysierte die α-Helixform von *Poly-α-L-glutaminsäure* (**I**) mit einem ungefähren Molgew. von 51000, entsprechend einem Polymerisationsgrad von ca. 400; ebenso bei einem von 50. Die Hydrolyse schien nicht endständig zu verlaufen, da die Viscosität innerhalb 20 Min. stark abnahm. Als Hydrolyse-Prodd. innerhalb dieser Periode konnten papierchromatograph. *Glutaminsäure* u. ihr *Dimeres* nachgewiesen werden. Bei längerer Inkubation entstanden daneben wahrscheinlich *Tri-* u. *Tetramere* sowie höhere Fragmente. Die Hydrolyserate war der Enzym-Konz. u. ungefähr der Substrat-Konz. proportional u. nahm mit steigender Puffer-Konz. ab. *Poly-α-D-glutaminsäure* sowie **I** sehr niedrigen Polymerisationsgrades wurden nicht hydrolysiert. J. BOELTER. 4210□

Elektrophoretischer Nachweis eines spezifischen Enzym/Substrat-Komplexes zwischen Pepsin und Serumalbumin. 2. Mitt. **Hemmung der Komplexbildung durch Acetyl-L-tryptophan und Fettsäuren.** John R. Cann. (J. biol. Chemistry **237.** 707—11. März 1962. Denver, Colo., Univ. of Colorado, Florence R. Sabin Labor., Dep. of Biophysics.; engl.) — 1. vgl. J. biol. Chemistry **236.** [1961.] 2446. — Die l. c. beschriebene Bldg. eines Komplexes zwischen *Pepsin* (**I**) u. *Serumalbumin* (Rind) (**II**) während der enzymat. Spaltung von **II** erfolgt bei verschiedenen **II** in verschiedenem Ausmaß. Die Komplex-Bldg. wird durch *Acetyl-L-tryptophan* (**III**) u. *Fettsäuren* (z. B. *Natriumcaprylat*; **IV**) gehemmt. Die hemmende Wrkg. von **III** kann durch Dialyse aufgehoben werden. Dagegen ist die Wrkg. von **IV** nicht leicht aufzuheben. Nach GOODMAN hergestelltes „fettsäurefreies" **II** (**II A**) sowie mit HCl oder Harnstoff behandeltes **II** führten zu einer verstärkten Bldg. des Komplexes. Diese Wrkg. wird aber durch Behandlung von **II A** mit **IV** wieder aufgehoben. — Diese Befunde lassen sich in Übereinstimmung mit LINDERSTROM-LANG, HOTCHKISS, JOHANNSEN (Nature [London] **142.** [1938.] 996) dahin erklären, daß bei Proteolyse nicht das native Protein-Mol., sondern eine denaturierte Form angegriffen wird. A. HESSE. 4210□

Die spektrophotometrische Bestimmung der wirksamen Normalität einer α-Chymotrypsin-Lösung. Gregory R. Schonbaum, Burt Zerner und Myron L. Bender. (J. biol. Chemistry **236.** 2930—35. Nov. 1961. Chicago, Ill., Illinois Inst. of Technol., Dep. of Chem. and Evanston, Ill., North Western Univ., Dep. of Chem.; engl.) — Vff. beschreiben ein Verf. der direkten spektrophotometr. Titration, das es erlaubt, einfach, schnell u. genau die wirksame Normalität einer *α-Chymotrypsin* (**I**)-Lsg. zu bestimmen. Die Meth. beruht auf der Bldg. einer stabilen Acyl-**I**-Verb., dem *trans-Cinnamoyl-***I**, bei pH 5 durch *N-trans-Cinnamoylimidazol* als Reagens, wobei die Änderung der Absorption bei **310** oder **335** mμ gemessen wird. Die Titration ist unabhängig von der Reinheit, dem Molgew. u. der Anzahl der akt. Zentren pro Molekül. Inakt. Protein u. *Trypsin* stören nicht. S. VIERKÖTTER. 4210□

Isolierung und Reinigung der Proteinase des Gehirns. N. M. Poljakowa und W. K. Lischko. (Український Біохімічний Журнал [Ukrain. biochem. J.] **34.** 208—16. 1962; ukrain., Auszug: engl.) — POLJAKOWA u. Mitarbeiter (vgl. C. **1961.** 12132) hatten festgestellt, daß die *Proteinase* (**I**) des Hirngewebes zu mindestens 80% in den Mitochondrien vorkommt u. leicht mit dest. W. extrahiert werden kann. Es wurden nun folgende Reinigungs-Verff. für **I** untersucht: fraktionierte Aussalzung der Proteine des wss. Extraktes mit $(NH_4)_2SO_4$; Reinigung durch Ionenaustauschchromatographie in Säulen mit Diäthylaminoäthylcellulose (**II**); Fraktionierung der aus dem Acetonpulver erhaltenen Eiweiß-Lsg. mit Aceton. Es zeigt sich, daß die **I**-Aktivität 160mal verstärkt werden kann, wenn als Ausgangs-Prod. das mit Aceton gewonnene Hirngewebepulver angewandt wird, die weitere Trennung der Proteine durch Fraktionierung mit Aceton erfolgt u. die Reinigung mit **I** vorgenommen wird. O. LEBTAG. 4210□

Staphylokokken-Toxine. 3. Mitt. **Die teilweise Reinigung des δ-Lysins und einige seiner Eigenschaften.** A. W. Jackson und R. M. Little. (Canad. J. Microbiol. **4.** 453—61. Okt. 1958. Ottawa, Canada, Dep. of Nat. Health and Welfare, Lab. of Hyg.; engl.) — 2. vgl. C. **1962.** 11976. — Aus einem rohen Extrakt von *Staphylococcus aureus* wird mit 75% A. in Phosphatpuffer pH 6,8 *δ-Lysin* (**I**), eine Protease, gewonnen. Es besteht aus einer hitzelabilen u. einer hitzestabilen (40 Min. 60°) Fraktion. Bei dieser kann durch Hitzebehandlung *α-Lysin* (**II**) zerstört werden. **I** läßt sich durch eine ultrafeine Glasfritte nicht filtrieren, kann aber so von **II** befreit werden. Methode: **II** durch 5 Min. 60° u. Zugabe von α-Antitoxin inaktivieren, gefriertrocknen u. Extraktion mit 75%ig. Alkohol. Der A. wird bei 25—30° abgedampft; noch nassen Rückstand mit Phosphatpuffer pH 6,8 aufnehmen u. gegen dest. W. dialysieren. H. FRANK. 4210□

Staphylokokken-Toxine. 4. Mitt. **Faktoren, die die Hämolyse von β-Lysin beeinflussen.** A. W. Jackson und David Mayman. (Canad. J. Microbiol. **4.** 477—86.

Okt. 1958. Ottawa, Canada, Dep. of Nat. Health and Welfare, Lab. of Hyg.; engl.) — 3. vgl. vorst. Referat. — *β-Lysin* (I), das bes. auf Erythrocyten von Ziegen wirkt, ist ident. mit dem „heiß-kalt" Lysin von BIGGER, BOLAND u. O'MERARA [1927]. Es wird aus gekühlten *Staphylococcus aureus* Nr. J 32 a-Kulturen angereichert gewonnen u. verliert durch Dialyse sehr viel seiner Aktivität. In 0,01 m $MgSO_4$ wird die Aktivität des dialysierten I um das 35fache erhöht, $MnSO_4$ wirkt ähnlich. Maximale Aktivität wird bei pH 7,0 erhalten, bei pH 6,8 beträgt sie noch 83%, bei pH 6,2 noch 5% u. bei pH 7,8 noch 83%. Gelatine oder Albumin fördern die Aktivität durch Schutz gegen spontanen Abbau in Lösung. Bei Variation der Konz. von I werden bei pH 7,0 von 10—80% der vorgegebenen Erythrocyten lysiert. H. FRANK. 4210□

Stickstoffbindung durch zellfreie Extrakte von Mikroorganismen. P. W. Wilson und R. H. Burris. (Science [Washington] **131.** 1321. 29/4. 1960. Univ. of Wisconsin; engl.) — Durch Ultraschall zerkleinerte Zellen von *Rhodospirillum rubrum* liefern einen zellfreien Extrakt, der nach 2std. Inkubation mit N_2 einen ^{15}N-Überschuß von 0,54 bis 3,08 Atom-% im Gesamt-N enthält. Für eine andere Blaugrün-Alge, *Mastigocladus laminosus*, beträgt die N-Fixierung nach 90 Min. 0,017—0,247 Atom-%. Ein Präp. von *Clostridium pasteurianum* ergibt NH_3 mit 52 Atom-% ^{15}N-Überschuß nach 3 Stunden. P. GREGORZEWSKI. 4210□

Untersuchungen über die biologische Fixierung des Stickstoffs. 11. Mitt. **Die Reduktion der Azo- und anderer ungesättigter Bindungen durch Hydrogenase.** S. E. Callander und E. R. Roberts. (Biochim. biophysica Acta [Amsterdam] **54.** 92—101. 25/11. 1961. London, Imp. Coll. of Science and Technol.; engl.) — Vgl. C. **1961.** 12519. — Vff. prüften an 17 aromat. Azoverbb. u. an 16 weiteren N-Verbb. u. 2 Chinonen die Fähigkeit der zellfreien *Hydrogenase* von *Azotobacter vinelandii* u. *Desulphovibrio desulphuricans* ungesätt. Bindungen zu hydrieren. Es wurde nur die Azobindung in den Azopyridinen hydriert. Einige der anderen Verbb. wurden indirekt red. in Ggw. einer katalyt. Menge (2 mm) von Benzylviologen. Ggw. von Metallionen (Fe^{2+}, Co^{2+}, Cr^{3+}, Hg^{2+}) beschleunigte nur die Red. von 2.2'-Azopyridin auf das 2—7fache. W. HILLER. 4210□

Wirkung schilddrüsenaktiver Stoffe auf die Betain–Homocystein–Transmethylase-Aktivität aus Rattenleber. A. E. Harper, L.-E. Ericson, R. E. Boldt und C. A. Elvehjem. (Amer. J. Physiol. **184.** 457—60. März 1956. Madison, Wis., Univ. of Wisconsin, Coll. of Agri., Dep. of Biochem.; engl.) — Zufüttern von *jodiertem Casein* (I), *L-Thyroxin* (II) oder getrocknetem *Schilddrüsenmaterial* (Sm) zu einer Mais/Sojamehl-Nahrung mit u. ohne Vitamin B_{12} oder subkutane Injektion von II verursachten bei Ratten eine beträchtliche Verminderung der *Betain-Homocystein-Transmethylase*-Aktivität in der Leber. Zusatz von getrocknetem, entfettetem Schweinefleisch zur Nahrung wirkt dem I-Effekt bei niedrigen I-Gaben entgegen, ist jedoch auf die Wrkg. von II oder Sm ohne Einfluß. G. KIRSTEN. 4210□

Einige Eigenschaften eines Thyroxin entjodierenden Faktors von Leber und Niere. J. B. Stanbury. (Sonderbände zur Strahlentherapie **45 (4).** 295—300. 1960. Boston, Mass., Harvard Med. School, Dep. of Med., and Massachusetts General Hospital, Med. Serv., Thyroid Labor.; dt.) — Der in Leber (u. Niere) (Ratte, Schaf) enthaltene *Thyroxin* (II) katalyt. entjodierende Faktor (I) wird im Gesamthomogenat durch Erhitzen auf 100° aktiviert. Nach Dialyse des Homogenats wird I hitzelabil, durch Fe^{2+}-Zusatz wieder hitzestabil. Fe^{2+} aktiviert nichterhitztes Gesamthomogenat. Brenzcatechin, p-Hydroxymercuribenzoat, Versene, Penicillamin, CN^- u. anaerobe Bedingungen hemmen die II-Entjodierung durch das Lebersystem. Trijodthyronin hemmt kompetitiv. Tetrajodthyroessigsäure, Monojodtyrosin u. Dijodtyrosin werden prakt. nicht entjodiert. I geht bei Ultrabeschallung in Lsg., ist nicht dialysabel u. ist mit $HClO_4$ irreversibel fällbar. Möglicherweise ist die Entjodierung von einer Sprengung des phenol. Ringes von II begleitet. K. MAIER. 4210□

Enzymatische Entjodierung der Schilddrüsenhormone; Eigenschaften der Thyroxindejodase und physiologische Bedeutung. S. Lissitzky, M. Roques und M.-Th. Benevant. (Sonderbände zur Strahlentherapie **45(4).** 301—17. 1960. Boston, Mass., Harvard Med. School, Dep. of Med., and Massachusetts General Hospital, Med. Services, Thyroid Labor.; dt.) — Vgl. auch vorst. Referat. — Die Unters. der Entjodierung von *^{131}J-L-Thyroxin* (I) u. *-3.5.3'-Trijod-L-thyronin* (II) durch Schnitte, Homogenate u. gereinigte Präpp. von I-*Dejodase* (III) zeigte, daß die entjodierende Aktivität von Muskel u. Leber (Ratte, Kaninchen) enzymat. Charakter hat. III hat ein pH-Optimum von 5,5—6,4, Michaeliskonstante 2,0—10^{-7} m (aus Kaninchenmuskel). Aktivatoren sind Flavinmononucleotid u. Fe^{2+}, Inhibitoren Brenzcatechin, 3.4-Dihydroxyphenylalanin, Diäthylstilböstrol. **III** findet sich in den Mitochondrien u. der lösl. Fraktion des Muskels lokalisiert u. wirkt nur auf freies **I** u. **II**. Bindung an Zellproteine schützt die Hormone gegen Entjodierung. Die Entjodierung stellt einen Mechanismus zum Abbau überschüssiger freier Schilddrüsenhormone der Gewebe dar.

K. MAIER. 4210□

Kinetische Untersuchungen mit Ascorbinsäureoxydase. Bestimmung des Sauerstoffverbrauchs mit der polarographischen Methode. K. A. Sack, H. J. Staudinger und Z. J. Zubrzycki. (Biochem. Z. **335**. 177—86. 1961. Gießen, Justus-Liebig-Univ., Physiol.-chem. Inst.; dt.) — Zur Anreicherung der *Ascorbinsäureoxydase* (I) wurde der Saft von Gurken (cucumis spec.) mit Na-Tetraborat·10 H_2O auf pH 7,6 gebracht u. nach Zusatz von 1 m Ba-Acetat (100 ml auf 10 Liter Saft) über Nacht bei 2° aufbewahrt. Der Überstand wurde abdekantiert, mit $(NH_4)_2SO_4$ (II; 210 g/Liter) versetzt, der Nd. abzentrifugiert (12000·g; 15 Min.), der Überstand wieder mit II versetzt u. nach 2 Std. zentrifugiert u. der Nd. in m/15 Na_2HPO_4 mit 10^{-3} m Versene gelöst. In der Lsg. wurden 450 g $MgSO_4$ gelöst, nach 1—2 Std. der Nd. über eine Schicht von Celite 535 abgesaugt. Aus dem Filtrat wurde eine I-reiche Fraktion mit 360 g $MgSO_4$ gefällt u. der abgesaugte Nd. in Phosphat/Versene gelöst. Die nach der WARBURG-Meth. von LOVETT-JANISON u. NELSON (J. Amer. chem. Soc. **62**. [1940.] 1409) bestimmte spezif. Aktivität des I-Präp. betrug 51,5 Einheiten/mg. Vff. beschreiben eine Meth. zur polarograph. O_2-Best. an einer blanken Eindraht-Pt-Elektrode, womit die Kinetik des Präp. sowie die eines weiter gereinigten Präp. aus Kürbis verfolgt wurde. Im Bereich von 0,00024—0,0072 mg *Protein*/ml war der O_2-Verbrauch der Proteinmenge proportional. Es fand sich (auch nach der WARBURG-Meth.) ein breites pH-Optimum zwischen pH 5,5 u. 6,8. Für das I-Präp. aus Kürbis ergab sich eine Wechselzahl von 290000, als MICHAELIS-Konst. (für Ascorbinsäure): $K_M = 3{,}2 \cdot 10^{-4}$ m, (für O_2): $K_M = 5{,}9 \cdot 10^{-4}$ m.

H. LOHSCHELDER. 4210□

Enzymatische Thiaminsynthese. 1. Mitt. **Enzymatische Thiaminsynthese aus den Pyrimidin- und Thiazolhälften durch einen zellfreien Hefeextrakt.** Yoshitsugu Nose, Kiyoshi Ueda und Takashi Kawasaki. (J. Vitaminol. [Kyoto] **7**. 92—97. 10/6. 1961. Kawaramachi, Nishijin, Kyoto, Kyoto Pref. Univ. of Med., Biochem. Inst.; engl.) — Das aus Hefe durch Extraktion mit Na_2HPO_4 u. durch $(NH_4)_2SO_4$-Fällung erhaltene Enzym-Präp. ist bei tiefen Temp. recht beständig u. hat ein pH-Optimum bei 7 (Tris-Maleat-Puffer) bzw. 7,5 (McILVAINE-Puffer). Cofaktoren sind Adenosintriphosphat u. Mg^{2+}, auch Mn^{2+} wirkt als 2-valentes Ion aktivierend. — Unter den optimalen Vers.-Bedingungen werden die Substrate *2-Methyl-4-amino-5-hydroxymethylpyrimidin* (I) u. *Pyrimidin* zu 35% ausgenutzt. Setzt man die Aktivität gegen I gleich 100, so haben die Aktivitäten gegen folgende 2-Methyl-4- aminopyrimidine die nachstehenden Werte: *5-Formylamino-* 66,6, *5-Aminomethyl-* 66,6, *5-Carboxy-* 22,6, *5-Formyl-* 7,8 u. *-5-methylsulfonsäure* 27,4. P. GREGORZEWSKI. 4210□

Die manometrische Bestimmung von Cocarboxylase im Blut. Susumu Yamashita. (Vitamins [Kyoto] **9**. 487—94. 1955. Kanazawa Univ.; jap., Auszug: engl.) — Mit den in Japan verfügbaren Hefen zeigen die bisher bekannten Verff. nur unbefriedigende Ergebnisse. Gute werden nur erzielt, wenn die gemischte Lsg. von $MgCl_2$, $MnCl_2$, Thiaminphosphat-Puffer u. die Blutprobe direkt zum zentrifugierten Rückstand der Brauerhefe gegeben werden. Diese war im wesentlichen nach dem Verf. von LOHMANN u. SCHUSTER gewaschen worden. Die manometr. *CO_2*-Best. erfolgt wie üblich u. ergibt im Mittel $9{,}7 \pm 0{,}7\,\gamma$ *Cocarboxylase* je 100 ml gesunden menschlichen Bluts (mit einer Zuverlässigkeitsgrenze von 95%). L. SCHULER. 4210□

Enzymatische Transaminierung von Pyridoxamin. 1. Mitt. **Mit Oxalacetat und α-Ketoglutarat.** Hiroshi Wada und Esmond E. Snell. (J. biol. Chemistry **237**. 127—32. Jan. 1962. Berkeley, Univ. of California, Dep. of Biochem.; engl.) — In *Escherichia coli* u. in Kaninchenleber wurden schwach akt. *Transaminasen* (I) nachgewiesen, welche durch reversible Transaminierung zwischen *Pyridoxamin* (II) u. *Oxalessigsäure* (III) *Pyridoxal* (IV) u. *Asparaginsäure* bilden; sie werden als *Pyridoxamin–Oxalessigsäure-Transaminasen* bezeichnet. Beide **I** konnten 170fach bzw. 800fach gereinigt werden. — **III** kann nicht durch andere Ketosäuren ersetzt werden. **I** haben optimale Wrkg. bei pH 8,5, benötigen anorgan. Phosphat, werden durch **IV**-Phosphat oder **II**-Phosphat stark gehemmt u. zeigen zu **II** eine geringere Affinität als zu **III**. Im Gegensatz zu anderen Transaminasen werden die **I** nicht durch 1 mm Phenylhydrazin (**VI**) gehemmt. Für Ggw. von **IV**-Phosphat als prosthet. Gruppe bestehen keine Anhaltspunkte. — Die *Glutaminsäure–Oxalessigsäure-Transaminase* (**V**) des Schweineherzens kann durch Fällen aus sauren Lsgg. mittels $(NH_4)_2SO_4$ „aufgespalten“ werden; die **I**-Phosphat-Form von **V** dissoziiert bei wesentlich höheren pH-Werten (vollständig bei pH 5,0) als die **IV**-Phosphat-Form (vollständig bei pH 3,3). Die *Apotransaminase* (**Va**), nicht jedoch das Holoenzym, katalysiert die reversible Transaminierung zwischen **II** u. entweder **III** oder *α-Ketoglutarsäure* (**VII**) u. liefert damit einen Nachweis der 2 Halb-Rkk. der Transaminierung. **Va** ähnelt der **I** aus *E. coli* u. Kaninchenleber in der Affinität zu **II** u. **III** sowie hinsichtlich der Tatsache, daß seine Wrkg. bei der **II**–**III**-Transaminierung durch **IV**-Phosphat oder **II**-Phosphat, nicht aber durch **VI** gehemmt wird. Im Gegensatz zu den beiden **I** wird durch **Va** auch **VII** als Aminogruppenacceptor verwertet; **Va** wird durch anorgan. Phosphat gehemmt. — Hiernach können die **I** die Apoenzyme einer noch nicht erkannten Transaminase sein, welche während der Reinigung leicht „aufgespalten" wird. A. HESSE. 4210□

Enzymatische Transaminierung von Pyridoxamin. 2. Mitt. **Kristallisierte Pyridoxaminpyruvattransaminase.** Hiroshi Wada und Esmond E. Snell. (J. biol. Chemistry **237**. 133—37. Jan. 1962.; engl.) — 1. vgl. vorst. Referat. — Zellfreie Extrakte einer aus dem Erdboden isolierten *Pseudomonas*-Species (MA-1), die mit *Pyridoxamin* (**I**) oder *Pyridoxin* (**II**) als Haupt-C-Quelle gezüchtet wurde, bilden *Pyridoxal* (**V**) u. *Alanin* (**VI**) aus **I** u. *Brenztraubensäure* (**III**) oder *Oxalessigsäure* (**VII**). Nach teilweiser Reinigung des Enzyms [Fällen von Verunreinigungen mittels Protaminsulfat; 10 Min. lange Behandlung des Filtrates bei 70°; Fraktionieren mit $(NH_4)_2SO_4$] wird die Rk. spezif. für **III**. Diese *Pyridoxamin–Brenztraubensäure-Transaminase* (**IV**) ist in Ggw. von **II** gegen 10 Min. langes Erwärmen auf 70° beständig. Die nach Fällen mit Aceton erhaltenen krist. Präpp. erweisen sich in der Ultrazentrifuge u. bei Elektrophorese als einheitlich. **IV** entspricht bis zu 2% des extrahierbaren Proteins der auf **I** gewachsenen Zellen; auf Hefeextrakt + Glucose als C-Quelle gewachsene Zellen sind jedoch frei von **IV**. — Gereinigte **IV** enthält weder **I**-Phosphat noch **II**-Phosphat; die Aktivität von **IV** wird auch nicht durch Zusatz dieser Verbb. gehemmt oder gefördert. — Isolierte **IV** zeigt eine durch gebundenes **V** verursachte Absorptionsbande bei 410 mμ. Diese Bande verschwindet sofort nach Zusatz von L-**VI**; das gebildete **I** kann durch Dialyse entfernt werden. Bei Zusatz von **I** u. **III** erscheint die Bande sofort wieder. Dies kann zum Nachweis u. Vgl. der Wrkg. der verschiedenen NH_2-Gruppen-Donatoren dienen. — D-**VI** ist in dieser Beziehung unwirksam. — Die Wechselzahl der **IV** ist zwar kleiner als die der *Glutaminsäure–Oxalessigsäure-Holotransaminase* aus Schweineherz, jedoch viel größer als die der *Glutaminsäure–Oxalessigsäure-Apotransaminase*, welche eine analoge reversible Transaminierung zwischen **I** u. **VII** katalysiert. A. HESSE. 4210□

Die Biosynthese der Folsäure. 1. Mitt. **Substrat- und Cofaktorerfordernisse für die enzymatische Synthese durch zellfreie Extrakte von Escherichia coli.** Gene M. Brown, Robert A. Weisman und Donna A. Molnar. (J. biol. Chemistry **236**. 2534—43. Sept. 1961. Cambridge, Mass., Massachusetts Inst. of Technol., Dep. of Biol., Div. of Biochem.; engl.) — Zellfreie Extrakte von *Escherichia coli* (T_1-resistenter Stamm) benötigten in Ggw. von *p-Aminobenzoylglutaminsäure* (**I**) keine anderen Substrate oder Cofaktoren zur Bldg. von *Folsäure* (**II**) u. anderen **II**-Verbb. mit Aktivität im Wachstumstest mit *Streptococcus faecalis*. Verschiedene *Pteridin* (**III**)-Derivv. zeigten dabei hemmende Wirkung. Für maximale **II**-Synth. sind Zusatz von *Mercaptoäthanol* oder anderer Antioxydantien u. anaerobe Bedingungen wichtig. Zu zellfreien Extrakten, denen *p-Aminobenzoesäure* (**IV**) als Schutzsubstanz zugesetzt war, wurde neutrale gesätt. $(NH_4)_2SO_4$-Lsg. bis zu 90%ig. Sättigung gegeben, der Protein-Nd. abzentrifugiert, in **IV**-haltigem Phosphat-Puffer (0,05 m, pH 7,0) gelöst u. bei 4° gegen Puffer dialysiert. Die **IV**-Konz. wurde 2 mm eingestellt, 200 mg Aktivkohle (Darco G-60) pro 10 ml Enzym-Präp. (Protein-Geh. ca. 30 mg/ml) zugesetzt, 10 Min. bei 4° gerührt u. zentrifugiert. Der Überstand benötigte zur Synth. von **II**-Verbb. *Adenosintriphosphat* (*ATP*) u. Mg^{2+} als Cofaktoren sowie eine **III**-Quelle. **IV** erwies sich bei der **II**-Synth. wirksamer als **I**. Sehr hohe **IV**-Konzz. bewirkten jedoch Hemmung. Mit **IV** als Substrat bildete sich *Dihydropteroinsäure* (**V**), mit **I** *Dihydrofolsäure* (**VI**). Als Vorstufen für **V** oder **VI** waren *2-Amino-4-hydroxy-6-formylpteridin* (**VII**), *2-Amino-4-hydroxy-6-formyltetrahydropteridin* (**VIII**) u. *2-Amino-4-hydroxy-6-hydroxymethyltetrahydropteridin* (**IX**) gut wirksam. Mit **VII** als Substrat waren für maximale Synth. noch *red. Diphosphopyridinnucleotid*, *Triphosphopyridinnucleotid* (*TPN*). *Flavinadeninnucleotid*, *Thiaminpyrophosphat* u. *Pyruvat* notwendig; in Ggw. von **VIII** oder **IX** war nur TPN erforderlich. Nach Dialyse der rohen Zellextrakte wurde eine vom Zusatz von *Glutamat* (**X**) abhängige Rk. beobachtet, bei der red. Formen von *Pteroinsäure* in **II**-Verbb. übergeführt wurden. Vff. schlagen die Annahme folgenden Synth.-Weges für **VI** vor: Bldg. von **V** aus *2-Amino-4-hydroxy-6-hydroxymethyldihydropteridin*, *ATP* u. **IV** in Ggw. von Mg^{2+}, Bldg. von **VI** aus **V** u. **X**. H. LOHSCHELDER. 4210□

Eine Untersuchung über die Gewebeatmung und über Atmungsenzyme der Meerschweinchenleber bei experimenteller Bagassosis. Vishwa Nath Singh, T. A.

Venkitasubramanian und R. Viswanathan. (J. sci. ind. Res. [New Delhi], Sect. C **21.** 39—41. Febr. 1962. Delhi, Delhi Univ., Vallabhbhai Patel Chest. Inst.; engl.) — Vff. stellten fest, daß bei experimenteller Bagassosis bei Meerschweinchen der Feuchtigkeits- u. *Protein*-Geh., die Gewebeatmung u. die Aktivität der Atmungsenzyme (*Aconitase, Bernsteinsäuredehydrogenase*) des Lebergewebes im Vgl. zu Kontrollen nicht verändert sind. H. KOCKERT. 4210□

Die Abhängigkeit der Atmung der Hirnrinde vom aktiven Kationentransport. R. Whittam. (Biochem. J. **82.** 205—12. Jan. 1962. Oxford, Univ., Dep. of Biochem.; engl.) — Die K^+-Konz. in den Hirnrindenschnitten von Kaninchen wurde bei Inkubation (1 Std. bei 37° in einem *NaCl*-haltigen Medium) mit *Ouabain* (**I**) herabgesetzt (um 50% bei 0,4 μm **I**). Zusatz von *Glutamat* konnte die **I**-Wrkg. nicht verhindern. Die Inkubation in einem *Na*-freien Medium (Na-Ionen durch *Cholin* ersetzt) führte zu einem Abfall der K^+-Aufnahme sowie des Q_{O_2}-Wertes, wobei ein **I**-Zusatz keine weitere Wrkg. hervorbrachte. Der Q_{O_2}-Wert in einem Na-haltigen Medium wurde durch **I** herabgesetzt (J_{50} ca. 5 μm **I**). Der Ersatz von Na im Medium durch *Glucose* setzte den Q_{O_2}-Wert stark herab. Dieser wurde durch **I** nicht weiter beeinflußt. Verss. mit Hirnhomogenat ergaben eine **I**-Wrkg. ebenfalls nur in einem Na-haltigen Medium. Der Ersatz von Na^+ durch K^+, **II** oder *Rohrzucker* setzte Q_{O_2} stark herab. Der Zusatz von Na^+ zum Homogenat bewirkte eine Stimulierung des Q_{O_2}-Wertes. J. BOELTER. 4210□

Bildung von aktivem Sulfat in Rattenhirn. A. S. Balasubramanian und B. K. Bachhawat. (J. sci. ind. Res. [New Delhi], Sect. C **20.** 202—04. Juli 1961. Vellore, Christian Med. Coll. and Hosp., Dep. of Neurolog. and Neurosurgery, Neurochem. Labor.; engl.) — Im Rattenhirn kann ein Enzym nachgewiesen werden, das „*akt. Sulfat*", *Adenosin-3'-phosphat-5'-phosphosulfat*, synthetisiert. Das pH-Optimum beträgt 7,0. 2wertige Metallionen erhöhen die Aktivität. P. GREGORZEWSKI. 4210□

Einige den Stoffwechsel von Acetoacetyl-Coenzym A in Athiorhodaceae betreffende, enzymatische Reaktionen. N. G. Carr und J. Lascelles. (Biochem. J. **80.** 70—77. 1961. Oxford, Univ., Dep. of Biochem., Microbiol. Unit.; engl.) — Die Konz. von *Bakteriochlorophyll* (**I**) in *Rhodopseudomonas spheroides* (A) u. *R. palustris* (B), anaerob im Dunkeln gezüchtet, betrug nur 1% der photosynthet. gewachsener. *R. capsulata* (C) wies entsprechend 4% **I** im Vgl. zu normal gewachsenen Kulturen auf. Zellfreie Extrakte von A, B u. C bildeten bei Inkubation mit *Acetyl-Coenzym A* (**II**; aus *Acetylphosphat* [**III**] u. *Phosphotransacetylase* [**IV**]) u. *Succinat* (**V**) das *Acetoacetat* (**VI**). Dabei waren die Extrakte anaerob gewachsener Kulturen 2—3mal wirksamer. Die **VI**-Bldg. im kompletten Medium (Tris-Puffer, **III**, **IV**, **V**, *CoA* u. Na_2S) verlief über eine Zeitspanne von 30 Min. linear. Das pH-Optimum lag bei 8,5. Das Fehlen von **III** verhinderte die **VI**-Bldg. vollständig, das von **V** red. sie auf 20%. CoA u. **IV** waren für die Synth. notwendig. *Adenosindi-* oder *-triphosphat* stimulierten die Synth. nicht. Die zur **VI**-Bldg. notwendigen Fermente *Coenzym-A-transpherase* (*Succinyl-β-oxoacyl-S-coenzym-A-transpherase*) u. *β-Ketothiolase* konnten in A-, B- u. C-Extrakten nachgewiesen werden. Daneben wurde *β-Hydroxy-β-methylglutaryl-coenzym A* (**VII**) spaltendes Enzym gefunden, doch konnte weder die Bldg. von **VII** aus *Acetoacetyl-Coenzym A* u. **II** noch die Red. zu *Mevalonsäure* durch *red. TPN* nachgewiesen werden. Inkubation des Extraktes aerob gewachsener C mit $^{14}C_{(1)}$-*Glyoxylat* ergab in Ggw. von **VII** einen wesentlichen ^{14}C-Einbau in *Malat* u. *Citrat*. A, B u. C red. *DPN* in Ggw. von *DL-β-Hydroxybutyrat* (*DL*-**VIII**), wobei die Aktivität der **VIII**-*Dehydrogenase* sowie auch der *β-Hydroxybutyryl-coenzym A-dehydrogenase* in pigmentierten u. nichtpigmentierten Organismen fast gleich war. J. BOELTER. 4210□

Struktur und biologische Funktionen des Coenzyms der Acetylierung. A. A. Mjulberg. (Успехи Современной Биологии [Fortschr. gegenwärt. Biol.] **53.** 33—53. Jan./Febr. 1962.; russ.) — Übersicht an Hand der Literatur. — 104 Literaturangaben. O. LEBTAG. 4210□

Die Biogenese von Galaktocarolose durch Penicillium charlesii. 1. Mitt. **Der Einbau von ^{14}C aus ^{14}C-Glucose und $^{14}C_{(1,4)}$-DL-Tartrat in Polygalaktose.** J. E. Gander. (Arch. Biochem. Biophysics **91.** 307—09. Dez. 1960. Columbus, Ohio, Ohio State Univ., Dep. of Agric. Biochem.; engl.) — In Ggw. von ^{14}C-Glucose (**I**) u. $^{14}C_{(1,4)}$-*DL*-Tartrat (**II**) gezüchtete *P. charlesii*-Zellen (Stamm A.T.C.C. 1887) bauen ^{14}C in eine säurelabile, in die Kultur-Lsg. ausgeschiedene Polygalaktose, *Galaktocarolose* (**III**), ein. Die spezif. Aktivität der aus **III** isolierten Galaktose betrug ca. 1/2 der spezif. Anfangsaktivität von $^{14}C_{(2)}$-**I** u. ca. 1/3 der von $^{14}C_{(1-6)}$-*D*-**I**. Beim Einbau des ^{14}C von $^{14}C_{(1)}$-Acetat werden ca. 1,2 C-Atome/Galaktose (**IV**)-Mol. eingebaut. Anscheinend wird **I** zu 2 ident. C_2-Verbb. abgebaut, u. anschließend erfolgt Kombination mit einer C_4-Verb. aus **II** zu einem **IV**-Derivat. Bei Ersatz von **I** der Nähr-Lsg. durch **IV** findet keine **III**-Synth. statt. K. MAIER. 4210□

Zellgebundene Penicillinase und Exopenicillinase im γ-Zustand. N. Citri. (Bull. Res. Council Israel, Sect. A **9.** 28—34. April 1960. Jerusalem, Hebrew Univ., Hadassah Med. School, Dep. of Bacteriol.; engl.) — Die von *Bacillus cereus* gebildete zellgebundene *γ-Penicillinase* (I) unterscheidet sich durch die *Exopenicillinase* (II) dieses Bacillus in den antigenen Eigg. u. der Jodempfindlichkeit. Harnstoff-Einw. verleiht II ähnliche Eigg., wie sie zellgebundene I aufweist (Übergang in den γ-Zustand). I wurde aus Ultraschallextraktüberstand durch Dialyse, Protaminsulfatbehandlung u. Fraktionierung des resultierenden Überstands u. bis zu 2500 E./mg Protein angereichert. Ein Vgl. der J_2-Empfindlichkeit von gereinigter I u. harnstoffmodifizierter II ergab in beiden Fällen in verschiedenem Maße abnehmende Rk.-Fähigkeit nach Kontakt mit Substrat. Der Übergang von II vom α- in den γ-Zustand wird durch m NaCl verhindert oder rückgängig gemacht. Die Irreversibilität von I beruht offensichtlich auf der Bindung an eine Zellkomponente, vielleicht durch H-Bindungen. K. MAIER. 4210□

E₃. Mikrobiologie. Bakteriologie. Immunologie

Dimethylsulfoxid, eine Alternative zu Glycerin, für Präservierung von Trypanosomen bei niedriger Temperatur. P. J. Walker und M. J. Ashwood-Smith. (Ann. trop. Med. Parasitol. **55.** 93—96. April 1961. London, Mill Hill, Nat. Inst. for Med. Res.; engl.) — *Trypanosoma congolense*, die in Ggw. von 5% *Dimethylsulfoxid* (I) eingefroren wurden, zeigten ein früheres Ansteigen in der Infektion. 10% I waren dagegen nur wenig besser als *Glycerin.* Bei Einfrieren in RINGER-Lsg. allein geschah keine Infektion mehr. Einfrieren in 20% u. 30% I ergab auch keine Infektionsfähigkeit. W. HILLER. 4300□

Feuchtigkeitsansprüche der Bakterien. 2. Mitt. **Einfluß von Temperatur, pH und Äpfelsäurekonzentration auf die Ansprüche von Aeretobacter aerogenes.** R. J. Wodzinski und W. C. Frazier. (J. Bacteriol. **81.** 353—58. März 1961. Madison, Wis., Univ. of Wisconsin, Dep. of Bacteriol.; engl.) — 1. vgl. J. Bacteriol. **79.** [1959.] 572. — Wird die Wasseraktivität (Dampfdruck der Lsg./Dampfdruck des Lsgm.) durch Zusatz von KCl gesenkt, so wird die Zeit der Generationsfolge unter allen Temp. progressiv verlängert. Wird die Temp. unter 37° (optimale Temp.) gesenkt, so wird die untere Grenze der für das Wachstum erforderlichen Wasseraktivität progressiv erhöht. Bei sauren pH-Werten ist die Toleranz gegenüber niedrigen Wasseraktivitäten gering, bei alkal. Werten höher. In Ggw. von Äpfelsäure benötigt *A. aerogenes* weniger W. für das Wachstum als in deren Abwesenheit. W. HILLER. 4310□

Eine Prüfungsmethode und eine teilweise Charakterisierung eines Faktors in Hefeautolysat, der für das Wachstum von Acetobacter gluconicum Stamm 2 G essentiell ist. C. L. Goldman, W. Litsky, M. Mandel und H. N. Little. (Canad. J. Microbiol. **4.** 463—68. Okt. 1958. Amherst, Mass., Univ. of Mass., Dep. of Bact. and Chem.; engl.) — Im autoklavierten (15 Min., 121°) *Hefeautolysat* wurde ein *Wachstumsfaktor* (Wf.) für den oben genannten Stamm von *Acetobacter* gefunden. Wf. wurde an dem anionenakt. Harz JRA-45 quantitativ zurückgehalten, den Kationen-Austauscher JRC-50 passierte er dagegen ohne Aktivitätsverlust. Wf. war gegen saure u. alkal. Hydrolyse resistent u. in A. u. Aceton besser lösl. als in Chloroform. Mit A. ließ er sich bei pH 2 gut extrahieren, bei pH 10 dagegen nicht. Vff. nehmen auf Grund der Ergebnisse an, daß Wf. sauren Charakter hat oder mit einem sauren Stoff assoziiert ist.
H. FRANK. 4310□

Chitin und Cellulose in der Zellwand von Rhizidiomyces sp. Melvin S. Fuller und Isaac Barshad. (Amer. J. Bot. **47.** 105—09. Febr. 1960. Providence, Rhode Island, Brown Univ., Dep. of Bot.; Berkeley, Calif., Univ. of California, Dep. of Soils and Plant Nutrition.; engl.) — Röntgenstrahlenrefraktions-Unterss. von isolierten Zellwänden von der Phycomyces-Art *Rhizidiomyces sp.* ergeben Maxima, die denen von *Chitin* (I) u. von mercerisierter *Cellulose* (II) entsprechen. Dieses Ergebnis wird unter Berücksichtigung der Theorie von VON WETTSTEIN diskutiert, nach der Wasserphycomyceten in 2 Gruppen geteilt werden können, je nach dem ob ihre Zellwände I oder II enthalten.
P. GREGORZEWSKI. 4315□

Der Einfluß von Ribonuclease auf den Phosphatstoffwechsel von Mycobacterium phlei. G. Drews. (Mber. dtsch. Akad. Wiss. Berlin **1.** 607—09. 1959. Jena, Deutsche Akad. der Wiss., Forschungsgemeinsch., Inst. für Mikrobiol. u. exp. Therapie; dt.) — Wird *Mycobacterium phlei* in Ggw. von *Ribonuclease* (I) in SAUTON-Nähr-Lsg. bei 37° inkubiert, so ist die Bldg. der metachromat. Granula im Vgl. zu den Kontrollen um ca. 30% gehemmt. Der Einbau von $^{32}PO_4^{3-}$ wurde durch I in allen Fraktionen gehemmt. Es zeigte sich, daß I sowohl die Bldg. der Polyphosphate hemmt als auch deren Abbau fördert. W. HILLER. 4320□

Weitere Versuche über die Kaliumaufnahme durch Alcaligenes faecalis. R. Hems und H. A. Krebs. (Biochem. J. **82.** 80—90. Jan. 1962. Oxford, Univ., Dep. of Biochem., Med. Res. Council Unit for Res. in Cell Metabol.; engl.) — *Alcaligenes faecalis*, Stämme *323, 324, 325* u. *326*, zeigten den gleichen charakterist. Verlust an K^+-Ionen beim Waschen mit W. u. K^+-Wiederaufnahme bei Inkubation in einer *KCl*-Lösung. Verss. mit ^{42}KCl führten zu einem Austausch von 75% des intracellulären K^+ innerhalb von 53 Sek.; ca. 20% blieben intracellulär. Die Zellen zeigten nach abwechselndem Waschen u. Inkubieren in KCl eine schnelle Abgabe sowie Aufnahme von K^+ aus dem Medium. Die Zellen zeigten beim Waschen mit W. eine starke Vol.-Zunahme, verbunden mit einer Farbänderung, die auf die Oxydation einer *red. Fe-Porphyrin*-Verb. zurückgeführt wurde. Waschen mit einer isoosmot. *Rohrzucker* (I)-Lsg. erniedrigte gleichfalls den K^+-Geh. der Zellen; die Vol.-Zunahme blieb gering. Der O_2-Verbrauch von I-gewaschenen Zellen war 4mal höher als der wassergewaschener Zellen, konnte aber in letzten durch Zusatz von *Glutamat* erhöht werden. *Octanol-(2)* verhinderte den akt., nicht jedoch den passiven Ionentransport. Verss. mit $^{42}K^{36}Cl$ ergaben keine entsprechende Wanderung von Cl-Ionen in die Zellen. Die Aufnahme von K^+ war unter bestimmten Bedingungen mit einem Ersatz der K^+- durch H^+-Ionen im Medium (etwa zur Hälfte) kompensiert, die andere Hälfte durch gleichzeitige Aufnahme von *Bicarbonat* (II) oder *Phosphat* (III) aus dem Medium. II u. III wurden sowohl durch Wasser- als auch durch I-gewaschene Zellen in erheblichem Maße aufgenommen. Verss. mit ^{42}K ließen nur eine geringe Bindung von K^+ durch die Zellipide erkennen. Die intakte Zellstruktur war für die K^+-Aufnahme nicht erforderlich, da auch mechan. sowie durch Ultraschall zerstörte Zellen K^+ aufzunehmen vermochten. J. Boelter. 4320 □

Verwertung von Essigsäure, Brenztraubensäure und CO_2 durch Penicillium digitatum. E. P. Noble, D. R. Reed und C. H. Wang. (Canad. J. Microbiol. **4.** 469—76. Okt. 1958. Cornvallis, Oregon, Oreg. State Coll., Dep. of Chem., and Sci. Res. Inst.; engl.) — Mit der Isotopen-Meth. wird der Stoffwechsel von *Penicillium digitatum* untersucht. Es wird festgestellt, daß $C_{(1)}$ von *Brenztraubensäure* (I) zu 87 % veratmet u. zu 7% in Zellbestandteile eingebaut sowie zu 8% in der Nährlösung als Stoffwechsel-Prodd. wiedergefunden wird. Die entsprechenden Werte für $C_{(2)}$ von I sind 69, 29, 6 u. für $C_{(3)}$ 46, 40 u. 10. Für $C_{(1)}$ ($C_{(2)}$) von *Essigsäure* werden gefunden: 48 (35), 20 (37) u. 2 (2). — Aus $^{14}C_{(1)}$-*Acetat* wird die Aktivität in folgende Aminosäuren eingebaut (Reihenfolge in abnehmender Aktivität) Asparaginsäure, Glutaminsäure, Prolin, Glycin + Serin, Alanin (I), Valin (III), Arginin, Threonin, Phenylalanin (II), Tyrosin, Leucin (IV), Isoleucin u. Lysin. Ähnlich sind die Ergebnisse mit $^{14}CO_2$. Hier ist jedoch zu vermerken, daß I—IV inakt. bleiben. Die mit $^{14}CO_2$ ($^{14}C_{(1)}$-Acetat) gebotene Aktivität verteilt sich in der Asparaginsäure zu 24 (25)% auf $C_{(1)}$, zu 18 (36)% auf $C_{(2)}$, zu 0 (0) % auf $C_{(3)}$ u. zu 58 (40)% auf $C_{(4)}$. In der Glutaminsäure werden gefunden: 85 (28)% im $C_{(1)}$, 13 (38)% im $C_{(2)}$, $C_{(3)}$ u. $C_{(4)}$ u. 2 (33)% im $C_{(5)}$. — Diskussion der Ergebnisse. H. Frank. 4320 □

Die Bildung von Heptanon-(2) aus Caprylsäure durch Sporen verschiedener Fadenpilze. R. F. Gehrig und S. G. Knight. (Nature [London] **192.** 1185. 23/12. 1961. Madison, Wis., Univ. of Wisconsin, Dep. of Bacteriol.; engl.) — *Penicillium roqueforti*-Kulturen wurden auf Tomatensaft gezüchtet. Die Sporen wurden vom Wachstumsmedium u. den Zellen abgetrennt u. deren Keton-bildende Aktivität durch Inkubation (3—5 Std.) in Phosphatpuffer mit *Na-Caprylat* (I) im Warburg-App. untersucht. Das gebildete Keton wurde durch Wasserdampf-Dest. abgetrennt, in das 2.4-Dinitrophenylhydrazon übergeführt. Es konnte papierchromatograph. als *Heptanon-(2)* (II) identifiziert werden. Die Sporen der Mehrzahl der *Aspergillus*- (9 von 11) u. der *Penicillium*-Arten (9 von 12) sowie von *Paecilomyces varioti* u. *Scaputariopsis brevicqulis* wandelten I rasch in II um. Keine der Sporen von *Mucor hiemalis, M. mucedo, Phycomyces blakesleanus, Rhizopus stolonifer, Thamnidium elegans* u. a. waren der Umwandlung von I in II fähig. Die Sporen von Penicillium roqueforti u. *Aspergillus ochraceus* bildeten gleiche Mengen II. In vielen Fällen waren die produzierten II-Mengen pH-abhängig.
J. Boelter. 4320 □

Stoffwechsel von Glycerin bei einem Acrolein-bildenden Lactobacillus. M. Sobolov und K. L. Smiley. (J. Bacteriol. **79.** 261—66. Febr. 1960. Peoria, Ill., Hiram Walker and Sons, Res. Dep.; engl.) — In Nährlsgg. mit *Glycerin* (I) u. *Glucose* (II) wurde *Acrolein* durch wachsende Zellen des Lactobacillus 208-A nur dann gebildet, wenn das mol. Verhältnis I zu II gleich 4:1 oder höher war. Bei der Vergärung von II durch wachsende Zellen trat neben *Milchsäure* als hauptsächliche 2 C-Verb. *A.* auf. Bei I + II als Substrat trat an Stelle von A. *Acetat* als Hauptprod. auf. Nur 60% des Gesamt-C konnten unter diesen Bedingungen wiedergefunden werden. — Bei der Vergärung von $^{14}C_{(1)}$-I durch ruhende Zellen in Ggw. von II traten neben Acetat u. *Lactat* vor allem *Trimethylen*-

glykol (III) u. außerdem geringe Mengen *β-Hydroxypropionsäure* (IV) auf. Nur III u. IV waren radioaktiv. Bei der Verarbeitung von $^{14}C_{(1)}$-I in Abwesenheit von II wurden nur III u. IV (in äquimol. Mengen) gebildet. Acrolein konnte weder als Endprod. noch als Zwischenprod. des I-Abbaus festgestellt werden. Vermutlich entsteht es durch Dehydrierung von *β-Hydroxypropionaldehyd.* Diese Dehydrierung wird durch Hitze-Einw. oder saure Bedingungen gefördert. D. CLAUS. 4320□

Beiträge zur Kenntnis der physiologischen Eigenschaften der Rhizobium-Bakterien der Akazie. Mihály Kecskés, Ernő Manninger und Tivadar Soós. (Agrokém. és Talajtan [Agrochem. u. Bodenkunde] **10.** 523—28. Dez. 1961. Budapest, Forsch.-Inst. Bodenkunde u. Agrochemie u. Phylaxia staatl. Impfstoffprod. Inst.; ung.) — Das Verh. von aus den Wurzelknollen der Akazie isolierter gramnegativer, stäbchenförmiger Rhizobiumarten gegenüber Mono-, Di- u. Polysacchariden, Alkoholen, Na-Salzen von organ. Säuren, Aminosäuren u. Antibioticis wurde untersucht. Die Stämme verbrauchen zur Entw. allg. die Mono- u. Disaccharide, von den Polysacchariden nur Raffinose, Na-Salze organ. Säuren u. einwertige Alkohole selten. Aminosäuren dienen als N-Quelle. Von den Antibioticis waren Tetracyclin, Kanacyn u. Neomycin die wirksamsten. G. CSAJÁGHY. 4320

Der Einbau von molekularem Sauerstoff während der mikrobiellen Umsetzung von Olefinen. Tomoyuki Ishikura und J. W. Foster. (Nature [London] **192.** 892—93. 2/12. 1961. Austin, Tex., Univ. of Texas, Dep. of Microbiol.; engl.) — Hefe (*Candida lypolytica A.T.C.C. 8661*) wurde 4 Tage bei 30° in einem Mineralsalzmedium unter Zusatz von *Hexadecen-(1)* (I) oder *Octadecen-(1)* (II) u. 80 % $^{18}O_2$ in der Gasphase inkubiert. Die aus I u. II entstandenen Diole [*Hexadecandiol-(1.2), Octadecandiol-(1.2)*] wurden mit Ae. u. Chlf. extrahiert, durch Kolonnenchromatographie getrennt u. auf Radioaktivität untersucht. Es konnte nicht mit Sicherheit festgestellt werden, ob eines oder beide O-Atome der Diole der Gasphase entnommen worden waren. Bei Zusatz von 10% *Äthylen* (III) zur Gasphase wurde gegenüber Verss. bei mit *Na-Acetat* gewachsenen Kulturen eine 15—35fache O_2-Anreicherung in der Bakterienzelle gefunden, so daß möglicherweise III durch mol. O_2 angegriffen wird u. die Oxydation über *Äthylenglykol* verläuft. J. BOELTER. 4320□

Bakterielle Oxydation von p-Aminobenzoesäure durch Pseudomonas fluorescens. Norman N. Durham. (J. Bacteriol. **72.** 333—36. Sept. 1956. Stillwater, Okla., Oklahoma Agricult. and Mechan. Coll., Dep. of Bacteriol.; engl.) — An *p-Aminobenzoesäure* (I) adaptierte *Pseudomonas fluorescens*-Kulturen sind gleichermaßen in der Lage, *p-Hydroxybenzoesäure* (II) u. *Protocatechusäure* (III) zu oxydieren. Auf II gewachsene Kulturen oxydieren nur III, während auf III gewachsene weder I noch II angreifen. III wird teilweise bis zur *β-Ketoadipinsäure* (IV) oxydiert. Es liegt nahe, daß II, III u. IV Intermediär-Prodd. der I-Oxydation sind. P. GREGORZEWSKI. 4320□

Vitaminsynthetisierende Fähigkeit einiger in der Wurzeloberflächenzone von Weizen und Mais vorkommenden Bacteriumarten. György Pántos. (Agrokém. és Talajtan [Agrochem. u. Bodenkunde] **10.** 511—22. Dez. 1961. Sopron, Forsting. Hochsch.; ung.) — Aus der Rhizosphäre von Weizen u. Mais isolierte einzelne Bacteriumarten synthetisieren bedeutende Mengen der Vitamin B-Gruppe angehörende Verbindungen. *Riboflavin* erzeugt in größter Menge *Pseudomas radiobacter, Pyridoxin* das *Bacterium candidans, Nicotinsäure* das *Pseudomonas pictorum, Pseudomonas chrysea* u. bes. *Pseudomonas fluorescens, Biotin* das *Pseudomonas radiobacter* u. *Pseudomonas fluorescens..* G. CSAJÁGHY. 4320

Biosynthese von Riboflavin durch Darmbakterien und dessen Versorgungsquellen. 2. Mitt. Über Stickstoffquellen. Kazuo Hotta, Munetaka Morishita, Takeo Masukawa, Yoshiko Aoyama und Fuijo Hayashi. (Vitamins [Kyoto] **9.** 546—48. 1955. Nagoya Univ.; jap., Auszug: engl.) — 1. vgl. Vitamins [Kyoto] **8.** [1955.] 383. — Für die Bldg. von *Riboflavin* (I) durch *Escherichia coli communior* ergeben die Verss. der Vff., daß *Pepton* u. *Glycin* die Bldg. fördern, während *Cystin* u. *Uracil* eher negativ wirken. Aminosäuren mit einem Bzl.-Ring sind im allg. wirkungslos für die I-Synthese. Das Verhältnis von FAD/Ges.-I ist hoch bei Zufuhr von *Alanin* u. *Glutaminsäure,* niedrig bei *Leucin* oder *Arginin,* obwohl das Verhältnis zwischen FMN u. FAD (außer für Xanthin) gewöhnlich konst. blieb. L. SCHULER. 4320□

Analoge der Folsäure und die Aktivität von Dihydrofolsäuren bei der Methioninsynthese durch Escherichia coli. J. R. Guest und D. D. Woods. (Biochem. J. **82.** 26—35. Jan. 1962. Oxford, Univ., Dep. of Biochem., Microbiol. Unit.; engl.) — *Dihydropteroylglutaminsäure* (I) bzw. *Dihydropteroyltriglutaminsäure* (II) als Cofaktoren förderten die *Methionin* (III)-Synth. aus Ultraschallextrakten (A) von *Escherichia coli* in ähnlichem Maße wie *Tetrahydropteroylglutaminsäure* (III) u. *Tetrahydropteroyltriglutaminsäure* (V).

Dabei war bei den Monoglutamaten, nicht jedoch bei den Triglutamaten die Ggw. von *Cobalamin* (**VI**) für die **III**-Synth. erforderlich. Die Triglutamate waren ca. 10mal aktiver als die Monoglutamate. **I** u. **IV**, in Form eines erhitzten E. coli Extrakt (B) der Inkubationsmischung zugesetzt, hemmten in Abwesenheit von **VI** die **III**-Synth.; **II** u. **V** hemmten nicht. *Aminopterin* (**VII**) oder *Amethopterin* besaßen keinen Einfl. auf die **III**-Synth., hemmten aber in Ggw. von B oder **IV** fast vollständig. **VII** hemmte in Ggw. von **II** die **III**-Synth. zu 95%, nicht aber in Ggw. von **V**. Die Hemmung erwies sich als nichtkompetitiv. *Folat* als Cofaktor zeigte eine katalyt. Wirkung. Die zellfreien Extrakte enthielten eine an Pyridinnucleotid gebundene *Dihydrofolatreduktase*, die durch **VII** gehemmt wurde. *Serin* (**VIII**) als Lieferant der C_1-Einheit konnte bei der **III**-Synth. durch N^5N^{10}-*Methylentetrayhdropteroylglutamat* ersetzt werden, während mit *Formaldehyd* (**IX**) auch in Abwesenheit von **VII** keine **III**-Bldg. erfolgte, so daß für die CH_3-Übertragung das Tetrahydroderiv. notwendig ist. Für die Bldg. von **VIII** aus *Glycin* u. **IX** durch A war die Ggw. von Cofaktoren erforderlich, wobei die Wrkg. von **I**, nicht die von **IV**, durch **VII** gehemmt wurde u. von der Ggw. von *TPN* u. einem glykolyt. Syst. abhängig war. Ein mögliches Rk.-Schema für die **III**-Synth. wird angegeben. J. BOELTER. 4320 □

Die Verwertung von Purinen bei der Biosynthese der Folsäure. Enio Vieira und Elliott Shaw. (J. biol. Chemistry **236**. 2507—10. Sept. 1961. New Orleans, La., Tulane Univ., School of Med., Dep. of Biochem.; engl.) — Nach Zusatz von $^{14}C_{(2)}$-*Adenin* ($^{14}C_{(2)}$-I) zu wachsenden Kulturen von *Corynebacterium sp.* konnte aus dem Überstand chromatograph. u. elektrophoret. eine radioakt. *Folsäure* (**II**; *Teropterin*) isoliert werden. Ein Vers. mit $^{14}C_{(2)}$-*Hypoxanthin* gab ein ähnliches Ergebnis. Verss. mit $^{14}C_{(8)}$-I als **II**-Vorläufer führten ebenfalls zur Bldg. von **II**, die jedoch keine Radioaktivität aufwies. Der Organismus war in der Lage, **I** in *Guanin* umzuwandeln. Es wird angenommen, daß die Purine unter Ringöffnung u. Verlust des $C_{(8)}$-Atoms zur Bldg. des Pteridinrings verwendet werden. J. BOELTER. 4320 □

Die Biosynthese und der Stoffwechsel von einheitlich mit ^{14}C-markiertem Ubichinon-50. D. Threlfall und J. Glover. (Biochem. J. **82**. 14P. Jan. 1962. Liverpool, Univ., Biochem. Dep.; engl.) — Kulturen von *Rhodospirillum rubrum* wurden in einem $^{14}C_{(COOH)}$-*Acetat* (I)-haltigen Medium gezüchtet. Das gebildete ^{14}*C-Ubichinon-50* (**II**) wurde chromatograph. an Kieselsäurecelite isoliert. Der Abbau von **II** durch Ozonolyse hatte über 20% der Radioaktivität im substituierten Chinonring zur Folge. Ratten erhielten **II** peroral verabreicht u. wurden 3½ bzw. 24 Std. später getötet. Radioaktivität wurde nur in der Leber u. in der Ubichinonfraktion des Darms gefunden. In der Leber der 3½-Std.-Gruppe entfielen **94%** der Aktivität auf **II**, 6% auf *Ubichinon-45* (**III**). Nach 24 Std. war der **III**-Geh. auf 11% gestiegen. Im Darm wurden nach 24 Std. nur 2% der Aktivität gefunden. Offenbar wurden **II**-Fragmente zur **III**-Synth. benutzt. In den Sterinen der untersuchten Organe wurde keine Aktivität gefunden. Das Fehlen von Aktivität in den Ubichinonen des Harns u. der Niere deuteten auf einen geringen Austausch zwischen Plasma u. Gewebe hin. 60% der Aktivität, davon 60% unverändertes **II**, wurden innerhalb von 24 Std. im Harn ausgeschieden. ^{14}C-**III** wurde nicht gefunden. **I**, mit Darmstücken inkubiert, führte nicht zur Markierung des C_{100}-Polyisoprenoides *Dolichol*, so daß dieses nicht in vivo aus der C_{50}-Seitenkette von **II** entstanden sein kann. J. BOELTER. 4320 □

Der Hydrierungsverlauf bei 17-Ketosteroiden mit Darmbakterien unter anaeroben Bedingungen. Kurt Schubert, Josef Schlegel und Cläre Hörhold. (Z. Naturforsch. **17 b**. 84—86. Febr. 1962. Jena, Dtsch. Akad. der Wiss. zu Berlin, Inst. für Mikrobiol. u. exp. Therapie; dt.) — Die Umwandlung verschiedener 17-Ketosteroide durch Mischkulturen aus den Faeces 9 gesunder Personen unter anaeroben Bedingungen wird untersucht. Mit *Dehydroepiandrosteron* (**I**) tritt in 3—4 Tagen eine Oxydation der 3-OH-Gruppe u. eine Verschiebung der Doppelbindung von Δ^5 nach Δ^4 unter Bldg. von *Androstendion* (**II**) ein. Bei Einsatz von **II** läßt sich schon nach 12 Std. *Testosteron* (**III**) nachweisen, das ebenso wie **II**, nach 3 Tagen in *Ätiocholandion* (**IV**), *Ätiocholanolon* (**V**) u. *Epiätiocholanolon* (**VI**) umgewandelt wird. In 10 Tagen bildet sich ein Gleichgewichtsverhältnis **VI**:**V** von 1:3 bis 1:4 aus, das auch ausgehend von **V** oder **VI** erreicht wird. Daraus läßt sich eine selektive Hydrierung der Δ^4-Doppelbindung unter der Einw. der Darmflora unter Bldg. von 5β-Steroiden erkennen, gesätt. *3-Hydroxy-17-ketosteroide* werden über die Stufe der Diketone unter Ausbildung eines Konfigurationsverhältnisses des $C_{(3)}$-OH von axial zu äquatorial wie 1:3 bis 1:4 epimerisiert. Die Bldg. von *3.17-Diolen* wird auf 20—30% geschätzt. Aus den Mischkulturen läßt sich neben inakt. *Clostridium bifermentans* u. *Cl. sporogenes* eine nicht identifizierte *Bacillus sp.* isolieren, die **I** in **II** u. **III** sowie **II** in **III** verwandelt. *Cl. paraputrificum* bildet innerhalb 18 Std. **V** aus **II**, daneben etwas **IV**, jedoch kein **VI**; **I** u. Androsteron werden nicht verändert. *Escherichia coli* wandelt **I** in **II** um. H.-J. KOCH/Berlin. 4320 □

Pelargonaldehyd als ein endogener Keimstimulator von Weizenrostsporen. Richard C. Frech und Robert L. Weintraub. (Arch. Biochem. Biophysics **72.** 235—37. Nov. 1957. Frederick, Md.; Fort Detrick; Biol. Warfare Labor.; engl.) — Vff. isolieren aus Medosporen des Weizenstengelrostes *Pelargonaldehyd* (I) nach folgender Meth.: Dest. einer wss. Sporensuspension. Das Destillat kam zusammen mit einer Schale, die 2% Semicarbazid·HCl u. 3% Na-Acetat enthält, in ein geschlossenes Gefäß. Es scheidet sich I-Semicarbazon, $C_{10}H_{21}N_3O$, F. 90—93° ab. Nach derselben Meth. wurde I-Thiosemicarbazon, F. 75—77° u. I-2.4-Dinitrophenylhydrazon, F. 104—105,5°, erhalten. Für die Keim-Verss. wurde in A. gelöstes I-Semicarbazid mit W. verd., dem H_3PO_4 zugesetzt wurde, um den Aldehyd wieder zu regenerieren. Das Keimoptimum der Sporen liegt zwischen 10^{-1} u. 10^{-2} m Semicarbazid. Die Keimung der Sporen kann durch das Sporendestillat u. durch I (2,5 u. $1 \cdot 10^{-4}$ m) gegenüber W. von 6 auf 72—79% gesteigert werden. W. HILLER. 4325□

Keimung von Bakterienendosporen mit Calcium und Dipicolinsäure. Hans Riemann und Z. John Ordal. (Science [Washington] **133.** 1703—04. 26/5. 1961. Roskilde, Dänemark, Danish Meat Res. Inst.; Urbana, Ill., Univ. of Illinois, Dep. of Food Technol.; engl.) — Bakterienendosporen können zur Keimung gebracht werden, wenn zu gut gewaschenen Suspensionen $CaCl_2$ u. *Dipicolinsäure* (Pyridin-2.6-dicarbonsäure) im Verhältnis von mindestens 1:1 gegeben werden. Ca^{2+} konnte nicht durch Na^+, K^+, Mg^{2+}, Mn^{2+}, Ba^{2+}, Co^{2+}, Zn^{2+}, Cu^{2+}, Ni^{2+} u. Fe^{3+} ersetzt werden. Vff. sehen das zwischen Ca u. Dipicolinsäure gebildete Chelat als keimungsförderndes Agens an. Die Keimung fand statt zwischen pH 5—9 mit einem Optimum bei pH 7. Die optimale Konz. von Ca u. Dipicolinsäure lag zwischen 20 u. 40 mm, die optimale Temp. bei 45°. W. HILLER. 4325□

Untersuchungen über die fungicide Wirkung des elementaren Schwefels auf Conidien von Fusarium decemcellulare (Brick). Helmut Meyer. (Arch. Mikrobiol. **39.** 139—57. 1961. Jena, Friedrich-Schiller-Univ., Inst. für allgem. Bot.; dt.) — Elementarer Schwefel wirkt nur in koll. Form auf Conidien von *Fusarium decemcellulare* toxisch. *S* wird durch die Conidien zu H_2S red., mit Hitze u. $CuSO_4$ behandelte Conidien zeigen diese Red. nicht. $KMnO_4$ u. S wirken als Fungicide synergist., $MnSO_4$ u. S antagonist., $KMnO_4$ verhindert die H_2S-Bildung. W. HILLER. 4330□

Vergleich der Toxizitäten von Germiciden für Bakteriengemische und für einzelne suspendierte Gewebezellen. A. J. Salle. (Arch. Mikrobiol. **39.** 116—22. 1961. Delft, Techn. Hogeschool, Labor. voor Microbiol.; Los Angeles, Calif., Univ. of California, Dep. of Bacteriol.; engl.) — An Stelle von Gewebefragmenten verwendet Vf. einzelne Zellen (HeLa) in Suspension. Ein keimtötendes Mittel ist um so besser für den klin. Gebrauch zu verwenden, je kleiner das Verhältnis der für die Abtötung der Gewebezellen notwendigen höchsten Verdünnung zur für die Abtötung von Bakterien notwendigen höchsten Verdünnung ist. Dieses Verhältnis liegt z. B. für *Jod* bei 2,56 u. für *Phenol* bei 3,33. W. HILLER. 4330□

Die Umkehrung der Toxizität von 5-Fluoruracil und 5-Fluordesoxyuridin für Candida albicans durch Pyridoxin und Pyridoxamin. M. L. Littman und T. Miwatani. (Nature [London] **192.** 1155—59. 23/12. 1961. Osaka, Univ., Med. School; New York, N.Y., Mount Sinai Hosp., Dep. of Microbiol.; engl.) — Ansteigende Konzz. von *5-Fluoruracil* (I) bzw. von *5-Fluordesoxyuridin* (II) führten zu einer mit der Inkubationszeit ansteigenden Wachstumshemmung von *Candida albicans* in einem fl. Medium. I war in der Lage, das Wachstum 100%ig. zu hemmen (ID_{50} 31—37 μg/ml). II vermochte 60—70% Hemmung (ID_{50} 3,9—1,86 μg/ml; ca. 10fache Wirksamkeit von II im Vgl. zu I) zu bewirken. Zusatz von *Pyridoxin* (III) bzw. *Pyridoxamin* (IV) zu durch I gehemmte Kulturen führte zur Aufhebung der Hemmung, wobei IV (1000 μg/ml) vor allem bei höheren I-Konzz. (50—250 μg/ml) wirksam war. Bei höheren I- u. IV-Konzz. bildete C. albicans ein gefärbtes Stoffwechsel-Prod. (V), das nicht bei Ersatz von IV durch III oder Schütteln von I u. IV in dest. W. gebildet wurde. I konnte dabei aber durch II ersetzt werden. V war weder wachstumshemmend noch -steigernd. Die Reihenfolge der Zugabe von Metabolit u. Antimetabolit war ohne Bedeutung. IV hob die Hemmung von C. albicans auch nach 7tägiger Inkubation mit I auf; die Verzögerungsperiode (3 Tage) konnte durch *Biotin* eliminiert werden. I-behandelte Zellen zeigten bei erneutem Kontakt mit I nach 6—7 Tagen, wahrscheinlich durch Bldg. I-adaptierter oder I-resistenter Zellen, eine Überwindung der Wachstumshemmung. Die nichtkompetitive Hemmung von I u. II durch III u. IV läßt auf eine Konkurrenz um mehrere Zentren im Mol. schließen. Die Hemmwrkg. von I u. II u. die antagonist. Wrkg. von III u. IV bzgl. des Stoffwechsels normaler sowie EHRLICHscher Ascitestumorzellen werden diskutiert. J. BOELTER. 4330□

Einfluß des Herbicids 2.4-D auf das Wachstum einiger Mikroorganismen. A. A. Malama. (Известия Академии Наук Белорусской ССР, Серия Биологических Наук [Nachr. Akad. Wiss. BelorussSSR, Ser. biol. Wiss.] **1962.** Nr. 1. 110—11; russ.) — In der Verdünnung 1:40 bis 1:1000000 zeigt *2.4-Dichlorphenoxyessigsäure* (2.4-D) keine stimulierende Wrkg. auf das Wachstum von *Bact. coli, Bact. antracis* u. *Candida albicans.* In hoher Konz. wirkt 2.4-D bakterieid, in geringer Konz. bakteriostatisch. Die Empfindlichkeit gegenüber der inhibierenden Wrkg. von 2.4-D ist am höchsten bei Bact. antracis (Vaccinestamm STI), geringer bei Bact. coli, am geringsten bei Candida albicans. O. LEBTAG. 4330 □

Einfluß von Vitaminen auf die Sulfothiazolresistenz von Shigella dysenteriae. Kozo Yamada und Takeyoshi Tabata. (Vitamins [Kyoto] **9.** 494—96. 1955. Nagoya Univ.; jap., Auszug: engl.) — 1—100 γ *Pyridoxamin*/ml ergeben in 20 Generationen eine Minderung der Resistenz von *Shigella dysenteriae* (BIII, Ewing 40) auf $^1/_{100}$ gegenüber Kontrollen, zugleich ist auch die Toxizität vermindert. *Pyridoxin, Pyridoxal, Riboflavin, Vitamin B_{12}, Ascorbinsäure, Vitamin K, Inosit, Ca-Pantothenat* u. *p-Aminobenzoesäure* sind ohne Einfl. auf die Erwerbung von Resistenz. L. SCHULER. 4330 □

Das biologische Spektrum einiger neuer tuberkulostatischer 1.3.4-Oxadiazolone unter besonderer Berücksichtigung der Kreuzresistenz und der Zeit bis zum Auftreten von Resistenzerscheinungen. A. E. Wilder Smith und Hans Brodhage. (Nature [London] **192.** 1195. 23/12. 1961. Lucerne, Cantonal Gen. Hosp., Dep. of Pathol.; Norway, Univ. of Bergen, School of Med., Dep. of Pharmacol.; engl.) — Die Umwandlung der freien COOH-Gruppe in der *Salicylsäure* (I) bzw. der *p-Aminosalicylsäure* (II) zu den entsprechenden *1.3.4-Oxadiazolonen* führte zu einer geringeren Toxizität u. zu verminderten lokalen Reizungen. *5-[2-Hydroxyphenyl]-1.3.4-oxadiazolon* (III) erwies sich als antientzündliches sowie antipyret. u. analget. Agens. *5-[2-Hydroxy-4-aminophenyl]-1.3.4-oxadiazolon* (IV) zeigte ein dem III ähnliches tuberkulostat. Spektrum bei größerer chem. Stabilität. Ebenso wurde eine vollständige Kreuzresistenz gegenüber II-resistenten Stämmen von *Mycobacterium tuberculosis* beobachtet. Bei Kulturen von *H 37 Rv* war in Ggw. von II u. IV die Zeit bis zum Erscheinen der Resistenz im Vgl. zu II oder IV, einzeln angewandt, vermindert. Gleiche Ergebnisse wurden bei entsprechender Anwendung von II u. *5-[2-Hydroxy-4-aminophenyl]-1.3.4-oxadiazol-2-thion* erhalten. J. BOELTER. 4330 □

In vitro-Aktivität von Isonicotinsäurehydrazonen gegen Mycobacterium tuberculosis. S. K. Gupta. (J. sci. ind. Res. [New Delhi], Sect. C **20.** 207—09. Juli 1961. Lucknow, Central Drug Res. Inst.; engl.) — *Symm. Triazin,* aus CH_2O u. Isonicotinsäure, *Crotonaldehydisonicotinoylhydrazon, Mesityloxidisonicotinoylhydrazon* u. *Cyclohexanonisonicotinoylhydrazon* zeigen ähnliche Aktivität wie Isonicotinsäurehydrazid. P. GREGORZEWSKI. 4330 □

Die Verwendung von Chloramphenicol für die Untersuchung der Stickstoff-Fixierung. J. H. Bruemmer und A. P. Rinfret. (Biochim. biophysica Acta [Amsterdam] **37.** 154—55. 1/1. 1960. Tonawanda, N.Y., Linde Comp., Div. of Union Carbide Corp.; engl.) — Kulturen von *Azotobacter vinelandii* wurden mit *Chloramphenicol* (I) inkubiert (100 μg/ml) u. einem $^{15}N_2$–O_2–He (2:2:6)-Gasgemisch ausgesetzt. I unterdrückt den ^{15}N-Einbau in das Protein u. erhöht den Einbau in die säurelösl. Nichtproteinfraktion. Bei einer 3std. Inkubation findet sich bei den mit I behandelten Kulturen 35% des N_2 in der säurelösl. Fraktion, bei den Kontrollen 15%. Der totale N-Geh. der I-Kulturen betrug gegenüber den Kontrollen 65%. I unterdrückt die N-Fixierung. W. HILLER. 4340

Die Anwendung von Pottwaltran als einzige Quelle der Kohlenstoffernährung bei der Fermentation von Streptomycin. Je. I. Ssurikowa und A. M. Nenaschewa. (Микробиология [Mikrobiologie] **28.** 598—604. Juli/Aug. 1959. Moskau, Allunions-Forschungsinst. für Antibiotica; russ.) — *Pottwaltran* (0,9%) kann im Sojabohnenmedium als einzige C-Quelle benutzt werden. Die Ausbeute ist um 10% höher als mit Glucose. Dieses Ergebnis wurde im Labor. u. bei der Fermentation von 100 Liter erreicht. Bei nochmaligem Zusatz von 0,2% Tran stieg nicht nur die Biosynth., sondern auch das Gew. des Mycels. Das Studium der *Lipase* (I)-Aktivität im tranhaltigen Nährboden zeigte, daß sie sich während der Fermentation erhöht u. ihr Maximum am Ende der Wachstumsphase (4. Tag) erreicht. Fehlt der Tran, so ist die I-Aktivität sehr gering. Die I von *Actinomyces streptomycini* ist als ein anpassungsfähiges Enzym zu betrachten. CH. HEESE. 4340

Untersuchungen über Antibiotica. 16. Mitt. **Isolierung und Identifizierung von Dihydrostreptomycin von einer neuen Streptomycesart, Streptomyces humidus nov. sp.** Sueo Tatsuoka, Tsunaharu Kusaka, Akira Miyake, Michitaka Inoue, Hiromu

Hitomi, Yutaka Shiraishi, Hidesuke Iwasaki und Masahiko Imanishi. (Pharmac. Bull. [Tokyo] **5.** 343—49. Aug. 1957. Osaka, Takeda Pharm. Ind. Ltd.; engl.) — 17. vgl. C. **1961.** 18737. — Das von NAKAZAWA u. SHIBATA isolierte Antibioticum *Nr. 23572* wird als *Dihydrostreptomycinsulfat* identifiziert. P. GREGORZEWSKI. 4340 □

Die Erythromycinwirkung auf die Flagellaten Euglena gracilis Klebs. Libor Ebringer. (Naturwissenschaften **48.** 606—07. 2. Sept.-H. 1961. Bratislava, Tschechoslowakei, Komensky-Univ., Mikrobiolog. Abteilung; dt.) — *Erythromycin* wirkt ähnlich wie *Streptomycin* auf die Flagellaten von *Eu. gracilis* durch Depigmentation. Dauernder Verlust der grünen Farbe (7 Monate lang kultiviert) kann durch mehrere Passagen oder höhere Dosen (700 E. *Erythromycin*/ml) erreicht werden. Es wurde keine Abnahme von *Karotin* beobachtet. Der Verlust des *Chlorophylls* wird offenbar durch Stoffwechselveränderungen bewirkt. L. HOLZHEY. 4340 □

Kloeckera brevis als Testkeim für das Antibioticum Fungicidin. G. Bradler. (Mber. dtsch. Akad. Wiss. Berlin **1.** 609—13. 1959. Jena, Dtsch. Akad. der Wiss., Forschungsgemeinsch., Inst. für Mikrobiol. u. exp. Therapie; dt.) — Vf. prüfte 33 Hefestämme u. fand darunter einen gegen *Action* resistenten Stamm von *Kloeckera brevis*, der gegen Konzz. von 1000 γ/ml resistent u. nicht pathogen ist. Gegenüber *Fungicidin* werden bei der Agardiffusionsmethode klare Hemmhöfe mit scharfen Randbegrenzungen gebildet. Die Arbeitsweise der Testung wird mitgeteilt. W. HILLER. 4340 □

Untersuchungen über Ayamycin, ein neues Antitumorantibioticum. 2. Mitt. **Über Isolierung und physikochemische Eigenschaften von Ayamycin A_2.** Kosaburō Satō. (J. Antibiotics [Tokyo], Ser. A. **13.** 321—26. Sept. 1960. Amagasaki, Shionagi & Co. Ltd., Res. Lab., Dep. of Bacteriol.; engl.) — Aus der Kultur-Fl. von *Streptomyces* Nr. 0-80 wurde ein Antibioticumkomplex, *Ayamycin* (I), mit antibakterieller u. Antitumor-Wrkg. in vitro u. in vivo isoliert u. durch Al_2O_3-Chromatographie in 3 Fraktionen, A_1, rötlichviolettes Pulver, A_3, rötlichgelbes Pulver, u. A_2, $C_{28}H_{38}O_{10}$, F. 202—204°, orangegelbe Nadeln, $[\alpha]_D^{23}$ $-39{,}8^0 \pm 2$ (c = 0,835°, Dioxan), zerlegt. I A_2 ist bei pH 7,0 hitzestabil, während bei pH 2,0 oder 9,0 die Aktivität absinkt. Sonnenbelichtung einer methanol. Lsg. bei Raum-Temp. zerstört A_2 innerhalb 24 Std., wobei eine biolog. inakt. *Verb.* $C_{11}H_{16}O_4$, F. 226—231°, gelbe Nadeln, entsteht. K. MAIER. 4340 □

Veränderungen der Darmmikroflora bei mit Terramycin gefütterten Ratten. M. S. Netrawali, D. V. Rege und A. Sreenivasan. (J. sci. ind. Res. [New Delhi], Sect. C **21.** 31—33. Febr. 1962. Mysore, Central Food Technol. Res. Inst.; engl.) — Vff. untersuchten die morpholog. Charakteristica u. den Stoffwechsel von aus den Faeces von eine längere Zeit mit *Terramycin* (I) gefütterten Ratten isolierten coliformen Bakterien (a). — Es wurde festgestellt, daß I in einer Konz. von 1 μg/ml vollständig das Wachstum von a aus den Faeces der nur mit einer Grunddiät gefütterten Ratten hemmt. Die a der mit I + Grunddiät gefütterten Ratten sind jedoch gegenüber I resistent. a von Ratten mit Vitaminzulagen [*Vitamin B_{12}* (II) + *Folsäure* (III)] zur Diät vertragen ebenfalls I, jedoch in geringerem Grade. — In vitro wird das Bakterienwachstum durch II + III (a von Kontrollen u. von mit I behandelten Ratten) nicht merklich beeinflußt. — Die a von mit I gefütterten Ratten zeigen eine geringere Fähigkeit zur Verwertung von *Pyruvat* (IV) u. *Glucose* (V); die Bakterien von mit I, II + III gefütterten Ratten zeigen eine erhöhte Fähigkeit zur O_2-Aufnahme, wobei gleichzeitig die Oxydation verschiedener Zwischenprodd. des Carbonsäurecyclus (*α-Ketoglutarat, Fumarat, Malat*, **IV**, *Succinat*) u. von **V** erhöht ist. Ob dieser Effekt für die Vitamine spezif. ist, läßt sich schwer sagen, da II u. III die Wachstumshemmung der a durch I nicht beeinflussen. H. KOCKERT. 4340 □

Bakterielles Polyglycerophosphat. F. S. Stewart. (Nature [London] **190.** 464. 29/4. 1961. Dublin, Trinity Coll., Dep. of Bacteriol.; engl.) — Zwei synthet. *Polyglycerophosphat*-Proben mit einer Kettenlänge von 6 (I) bzw. 10—15 Einheiten als Hämagglutinationsinhibitoren zeigten in einer Konz. von 30 μg/ml gegenüber dem Überstand der bei Inkubation (2 Std. bei 37°) von menschlichen Erythrocyten der Gruppe Null mit dem HICKEY-Stamm von *Streptococcus pyogenes* erhaltenen Inkubations-Lsg. eine erhebliche Hemmwirkung. Es wurde keine Hemmung der für die Sensibilisierung der anderen Streptokokken-Antigene (durch I) spezif. Antisera beobachtet. Eine allerdings sehr viel schwächere Hemmung wurde durch α- u. β- bzw. *β-Glycerophosphat* allein gefunden. J. BOELTER. 4370 □

Die Bedeutung der Lipoid-Komponente (Lipoid A) für die biologischen Wirkungen bakterieller Endotoxine (Lipopolysaccharide). O. Westphal, A. Nowotny, O. Lüderitz, H. Hurni, E. Eichenberger und G. Schönholzer. (Pharmac. Acta Helvetiae **33.** 401—11. Aug./Sept./Okt. 1958. Beilage zu: Schweiz. Apotheker-Ztg. Freiburg/Br. u. Bern, Dr. A. Wander Forschungsinst. G. m. b. H.; dt.) — Die *Endotoxine* (I) bewirken schon in Dosen von 0,001 μg/kg am höheren Tier charakterist. Effekte. Die hochmol. I-Komplexe bestehen aus *Lipoid A–Polysaccharid*, Protein u. *Lipoid B*, von denen die *Lipoid A* (II)-Komponente für die endotox. Wrkg. wesentlich u. Träger endotox. Wirkgruppen ist. Gereinigtes *E. coli 08*-II enthält lipoide Komponenten u. 18 bis 20% fest gebundenes *Hexosamin*. II ist in koll. wss. Lsg. endotox. akt. (minimale pyrogene Dosis, Kaninchen, 0,02 μg/kg, Pferd, 0,004 μg/kg, i.v.). Bis 30 μg II steigern bei Mäusen die unspezif. Infektresistenz ohne negative Vorphase signifikant.

K. Maier. 4370 □

Die Wirksamkeit von Lipiden und lipidophilen Substanzen als Adjuvantien. D. W. Dresser. (Nature [London] **191.** 1169—71. 16/8. 1961. Edinburgh, Univ., Dep. of Zoology; engl.) — Die Eignung von gepulverten *Mycobakterien* (I), fl. *Paraffin*, *Crill 16* (ein handelsübliches *Sorbitmonooleat*, mit anderen Sorbitestern verunreinigt; II), *Tween 60* (*Polyoxyäthylensorbitstearat*), *Span 20* (*Sorbitmonolaurat*) u. *Ölsäure* (III) als Adjuvantien wird mit dem Adjuvans von Freund verglichen. Als Antigen dient gereinigtes Rinder-*γ-Globulin* (IV). Vers.-Tiere sind CBA-Mäuse. Gemessen wird die Adjuvans-Wrkg. auf die Immunisierung durch 2 mg ^{131}J-IV 2 Monate nach der Immunisierung. II wirkt in gleicher Stärke wie das Adjuvans von Freund, während I u. III deutlich schwächer wirken.

D. Ziebarth. 4370 □

Serologische Tests für Toxoplasmose. D. G. Fleck. (Nature [London] **190.** 1018—19. 10/6. 1961. Swansea, Public Health Labor.; engl.) — Es wird gezeigt, daß die Antikörper der Hämagglutination von denen der Komplementbindungsrk. u. des Farbstofftests verschieden sind.

D. Ziebarth. 4370 □

Wirkungen von schwerem Wasser auf die Poliovirusvermehrung: Ergebnisse und Betrachtungen über den Mechanismus. David Kritchevsky, Richard I. Carp und Hilary Koprowski. (Nature [London] **191.** 250—51. 15/7. 1961. Philadelphia, Pa., Wistar Inst. of Anatomy and Biol.; engl.) — In Zellkulturen wurde bei verschiedenen Konzz. von D_2O (zwischen 20 u. 40%) u. einer Inkubations-Temp. von 37° (u. noch stärker bei 40°) eine gegenüber H_2O-Medium gesteigerte Poliovirusvermehrung beobachtet. Es wurden weiter Verss. an den Nachkommen der in D_2O gewachsenen Polioviren unternommen sowie die Wrkg. von D_2O mit der von Röntgenstrahlen verglichen. Vff. führten die erhöhte Virusvermehrung in D_2O auf eine durch Deuterierung verursachte Verfestigung der Wasserstoffbindung der Proteine zurück.

L. Heinisch. 4374 □

Reinigung, Eigenschaften und Serologie des Gurkenmosaikvirus. J. A. Tomlinson, R. J. Shepherd und J. C. Walker. (Phytopathology **49.** 293—99. Mai 1959. Warwick, England, Nat. Vegetable Res. Stat.; Madison, Wis., Univ. of Wisconsin, Dep. of Plant Pathol.; engl.) — Vff. entwickelten nachstehendes Reinigungsverfahren: Homogenisieren in 0,5m Phosphatpuffer + 0,1% Thioglykolsäure, das Filtrat wird mit 8,5% Butanol 30 M n. lang gerührt u. 10 Min. bei 5000 Upm zentrifugiert, das Überstehende wird bei 30000 Upm 2 Std. zentrifugiert, der Niederschlag wird resuspendiert in 0,05m Phosphatpuffer. Anschließend wird wieder zentrifugiert. Der Resuspendierungs- u. Zentrifugierungsvorgang wiederholt sich noch weitere zwei Male. Es wird eine klare Virus-Lsg. erhalten, die ein Nucleoprotein mit einer Sedimentations-Konst. von 101 S enthält. An der Luft eingetrocknete Lsgg. zeigten sphär. Partikel mit 40 mμ Ø. Aus der nur teilweise gereinigten Virus-Lsg. konnte ein Antiserum erhalten werden.

W. Hiller. 4374 □

Weitere Untersuchungen über die Adenylsäurewirkung auf die Virulenz des Virus der Ranikhet-Krankheit. O. P. Babbar. (J. sci. ind. Res. [New Delhi], Sect. C **20.** 216—18. Juli 1961. Lucknow, Central Drug Res. Inst.; engl.) — *Adenylsäure* verringert die Virulenz des Virus in vitro u. in vivo, ohne die Vermehrungsfähigkeit zu beeinflussen. Diese Wrkg. nimmt mit fallender Anzahl der infizierenden Viren im Embryo zu, tritt aber überhaupt nur innerhalb 3 Std. nach der Infektion auf.

P. Gregorzewski. 4374 □

Einwirkung einiger Carbonylreagentien auf das Virus der Maul- und Klauenseuche (MKS). V. Spuhler und K. Meyer. (Experientia [Basel] **16.** 509—10. 15/11. 1960. Basel, Pharmaceut. Anstalt der Univ. u. Eidgenöss. Vakzine-Inst.; dt.) — *Hydroxylamin* nicht aber *Hydrazin* (I) u. *Semicarbazid* (II) machte nach 15 Min. Einw. die Virussuspension des *Maul- u. Klauenseuchevirus* zum größten Teil apathogen. Bei Einw. von 26—40 Std. wurde auch mit I u. II völlige Inaktivierung erzielt. Die mit derart inaktiviertem Virus immunisierten Meerschweinchen waren geschützt, wenn sie mit dem homologen Virustyp infiziert wurden. Zweimalige subkutane Injektion mit inaktiviertem Virus erzeugte Immunität. Vff. nehmen an, daß der Angriffspunkt der Carbonylreagentien im R bonucleinsäureanteil zu suchen ist.

W. Hiller. 4374 □

Die Reaktion von Formaldehyd mit Desoxyribonucleinsäure von T1-Phagen. Walter Sauerbier. (Nature [London] **188.** 327—29. 22/10. 1960. Köln, Univ., Inst. für

Genetik, Abt. Strahlenbiol.; engl.) — *Formaldehyd* (I)-behandelte (A) u. UV-bestrahlte (B) *Phagen T1* wurden sowohl auf unbestrahlte wie auch auf UV-bestrahlte Wirtsbakterien (*E. coli B*) gebracht. — Auf unbestrahlten Bakterien ist — wenn ein *DNS*-Schaden im Phagen vorliegt — eine Reaktivierung durch die Wirts-DNS möglich.— Bei den vorliegenden Unterss. konnte gezeigt werden, daß das Verhältnis der gesamten Treffer zu den nichtreaktivierbaren Treffern bei A u. B gleich ist (ungefähr 7 : 2). Die Ähnlichkeit dieses Verhältnisses bei A u. B u. andere Schlußfolgerungen, die aus den Ergebnissen gezogen werden, machen es wahrscheinlich, daß die Inaktivierung der Tl-Phagen mit I hauptsächlich durch Rk. von I mit der Phagen-DNS u. nicht mit dem Phagen-*Protein* hervorgerufen wird. Da diese Rk. jedoch nur mit freien NH_2-Gruppen erfolgen kann, zeigt sich, daß nicht alle Aminogruppen der Tl-DNS durch H-Brückenbindung festgelegt sind. E.-R. LOCHMANN. 4374□

Die Wirkung von UV-Strahlen auf die Wasserstoffbrücken in der Desoxyribonucleinsäure von T1-Phagen. Walter Sauerbier. (Nature [London] **188.** 329—30. 22/10. 1960; engl.). — Vgl. vorst. Referat. — Durch UV-Bestrahlung (253,7 mμ) von *T1-Phagen* bei Ggw. von 0,9% *Formaldehyd* (I) in Phosphatpuffer (pH 6,7) konnte im Vgl. zu Kontrollen (1. UV-bestrahlt, I-unbehandelt; 2. I-behandelt, anschließend nach Entfernung von I UV-bestrahlt) gezeigt werden, daß die Inaktivierungsrate (IR) von Tl-Phagen durch UV-Bestrahlung bei Behandlung mit I ansteigt. Eine ansteigende IR jedoch beweist, daß die Rk. von *DNS* mit I ansteigt. Da I aber nur mit freien NH_2-Gruppen reagiert, müssen die H-Brücken in der DNS durch die Bestrahlung teilweise gespalten werden. In einem weiteren Vers. wurde gezeigt, daß noch nach 24 Std. (in Phosphatpuffer bei 5°) Zwischenzeit zwischen UV-Bestrahlung u. I-Inaktivierung die IR sich nicht ändert, d. h. daß die Brüche der H-Brücken nicht reparabel sind. Vf. nimmt daher eine chem. Veränderung der in Frage kommenden Gruppen an, z. B. eine Veränderung der Ketogruppe von *Thymin*, *Cytosin* u. *Guanin* in eine stabile Enolkonfiguration, die eine Wiedervereinigung der beiden DNS-Stränge verhindern würde. — In einem 3. Vers. wurden Tl-Phagen (die zweisträngige DNS besitzen) u. *Phagen φ X 174* (mit einsträngiger DNS) bei An- u. Abwesenheit von I bestrahlt. Während sich bei Tl-Phagen der obenbeschriebene Unterschied zeigt, fehlt er bei dem Phagen φ X 174. Dies ist ein Beweis dafür, daß die obigen Verss. richtig gedeutet worden sind. Außerdem ist es auch ein weiterer Beweis dafür, daß I nicht mit dem *Protein*, sondern mit der *DNS* des Phagens reagiert. E.-R. LOCHMANN. 4374□

Das Verhalten von Protozoen unter dem Einfluß der synergetischen Einwirkung von Polyäthylenglykol und Farbstoffen. Leopold Rejniak und Ludvik Komczyński. [Nature [London] **192.** 1203—04. 23/12. 1961. Poland, Med. Acad. of Byalystok, Dep. of Pathol. Anat.; engl.) — Kulturen von *Trichomonas vaginalis* u. *Paramecium caudatum* wurden mit einer Lsg. von *Polyäthylenglykol* (I; Molgew. 4000) verschiedener Konz. (1 bis 30%), *Gentianviolett* (0,01 bzw. 0,1%) bzw. *Diamantgrün* (0,01—0,1%) zusammengebracht. Die synerget. Wrkg. von I wurde durch die Farbstoffe vor allem bei den geringeren I-Konzz. (1—20%) verstärkt. I besaß eine stärkere Wrkg. bzgl. P. caudatum als bzgl. T. vaginalis. J. BOELTER. 4380□

S. Lambin et **A. German**, Guide de travaux, pratiques de microbiologie. 2e édit. Paris: Vigot Frères. 1962. (200 S. m. Abb.) 16 NF.

E₄. Pflanzenchemie. Pflanzenphysiologie. Pflanzenpathologie

Bestimmung aromatischer Säuren in Pflanzenextrakten durch die Ultraviolettabsorption ihrer Ionen. Leonard Jurd. (Arch. Biochem. Biophysics **66.** 284—88. Febr. 1957. Los Angeles, Calif., Univ. of California, Dep. of Chem.; engl.) — Es wird ein Verf. zur Unterscheidung der Phenole von ihren Estern aus alkohol. pflanzlichen Extrakten angegeben. Ein Zusatz von Na-Acetat bewirkt im Gegensatz zu ihren Estern bei allen Säuren, deren Carboxylgruppen am aromat. Kern sitzen oder mit diesem durch ein konjugiertes Syst. verbunden sind, eine Verschiebung des Absorptionsmaximums zu kürzeren Wellenlängen. Bei Zusatz von Na-Äthylat wird dagegen ein bathochromer Effekt beobachtet, der bei Estern stärker als bei den entsprechenden Säuren ist. R. LENSCHAU. 4400

Kohlenwasserstoffverbindungen der Wachsüberzüge der Pflanzenblätter: Eine taxonomische Untersuchung. G. Eglinton, R. J. Hamilton, R. A. Raphael und A. G. Gonzalez. (Nature [London] **193.** 739—42. 24/2. 1962. Glasgow, Univ., Chem. Dep.; Tenerife, Canarias, Univ. de la Lagune, Fac. de Ciencias; engl.) — Vff. sammelten von *Aeonium*, *Aichryson*, *Greenovia* u. *Monanthes* die Blattwachse. Die KW-Stoffe wurden durch Verseifung, Chromatographie an Al_2O_3 u. Gaschromatographie bestimmt. KW-Stoffe unter C_{25} u. über C_{35} sind nicht in nachweisbaren Konzz. vorhanden. Es handelt sich um normale u. Isoalkane. Die ungeradzahligen Alkane liegen in höheren Konzz. vor. Die untersuchten Species zeigten charakterist. Verteilungen, so daß diese Analyse zur taxonom. Charakterisierung geeignet ist. W. HILLER. 4420□

Untersuchungen über die Bestandteile der Osmanthus-fragrans-Blüten. 1. Mitt. Takeo Ishiguro, Naofumi Koga, Kyoji Takamura und Tetsuo Maruyama. (J. pharmac. Soc. Japan [Yakugakuyasshi] **75.** 781—85. Juli 1955. Kyoto, Univ., Med. Fac., Pharm. Inst.; jap., Auszug: engl.) — 2. vgl. C. **1961.** 12813. — Der PAe.-Extrakt enthält *Triakontan*, $C_{30}H_{62}$, die Ae.-Lsg. nach chromatograph. Reinigung *p-Hydroxyphenäthylalkohol*, $C_8H_{10}O_2$, der A.-lösl. Teil *D-Mannit* (I) u. der wasserlösl. Anteil I, *D-Glucose*, *D-Fructose* u. *Bernsteinsäure*. P. GREGORZEWSKI. 4420□

Untersuchung der Zusammensetzung von Wurzelzellexkretionen bei einigen afrikanischen Gemüsesorten. Charles Dehay und Michel Care. (C. R. hebd. Séances Acad. Sci. **247.** 336—38. 21/7. 1958; franz.) — Bei der chromatograph. Best. der Wurzelausscheidungen von 17 afrikan. Leguminosenarten werden folgende Substanzen identifiziert: *Asparaginsäure, Asparagin, Glutaminsäure, Glutamin, Serin, Alanin, Tryptophan, Valin, Leucin, Phenylalanin, Lysin, Tyrosin, Threonin, Glykokoll, Citronensäure* u. *Äpfelsäure*. Es wird auf die physiolog. Wrkg. der pflanzlichen Aminosäureausscheidung auf Mikroorganismen hingewiesen. R. LENSCHAU. 4420□

Der Aminosäuregehalt der Bananen. H. N. Bhagavan und R. Rajagopalan. (Current Sci. **25.** 223. Juli 1956. Bangalore, Indian Inst. of Sci., Dep. of Biochem.; engl.) — Vff. untersuchten 3 Lokalsorten. Der Gesamtprotein-Geh. in Bananen ist gering. Alle Aminosäuren außer Threonin u. Glutaminsäure sind gleich oder höher im Vgl. zu Casein. Die Aminosäuren verteilen sich im Gesamtprotein wie folgt (Werte für Casein in Klammern): *Cystin* 1,4—2,3 (0,3), *Lysin* 5,8—6,6 (6,0), *Histidin* 7,1—10,3 (2,5), *Arginin* 5,1—6,1 (3,8), *Serin, Glycin* u. *Asparaginsäure* 12,9—15,6 (9,6), *Threonin* u. *Glutaminsäure* 14,8—17,4 (25,4), *Alanin* 5,6—6,8 (1,9), *γ-Aminobuttersäure* 4,3—6,2 (—), *Tyrosin* 5,3—8,5 (6,6), *Methionin* u. *Valin* 6,8—10,7 (11,3), *Phenylalanin* 2,4—4,8 (3,9), *Leucin* u. *Isoleucin* 6,7—10,3 (9,7). W. HILLER. 4420□

Aminosäuren in den Endospermen der Palmen im Amazonas. Kimiyo Takeuchi. (Experientia [Basel] **17.** 171. 15/4. 1961. Manaus, Brasilien, Inst. Nacion. de Pesquisas da Amazônia; engl.) — Vf. untersuchte das Endosperm von 10 Palmenspecies. Die sauren Hydrolysate wurden chromatographiert. 26 Substanzen wurden gefunden, von denen 7 nicht identifiziert werden konnten. *Asparaginsäure, Glutaminsäure, α-Alanin, Arginin, Valin, Leucin, Isoleucin, Serin, Lysin, Glycin, Methionin* u. *Hydroxyprolin* waren in dem Endosperm aller Species enthalten. Die ersten 4 Aminosäuren waren in größerer Menge vorhanden. In Spuren waren *Methioninsulfoxid, Methioninsulfon* vorhanden, *γ-* u. *α-Aminobuttersäure* waren in Spuren in allen Species vorhanden. W. HILLER. 4420□

Papierchromatographische Untersuchung des Aminosäuregehaltes einiger höherer Pilze. A. Das Gupta und P. N. Nandi. (Sci. and Cult. **21.** 385—87. Jan. 1956. Calcutta, Bose Inst., Microbiol. Labor.; engl.) — Der Aminosäure-Geh. von *Daldalea flavida, Polyporus ostreiformis* u. *Polystictus hirsutus* wurde papierchromatograph. (zweidimensional, Phenol/W. u. n-Butanol/Essigsäure/W.) untersucht. Es wurden insgesamt *Asparaginsäure, Glutaminsäure, Serin, Lysin, Glycin, Asparagin, Threonin, Glutamin, α-Alanin, Ornithin, Arginin, Valin, Methionin, Leucin* u. *Phenylalanin* sowie vier nicht identifizierte, ninhydrinpositive Substanzen nachgewiesen. E. MOISAR. 4420□

Zusammensetzung und Bedeutung der Getreidefette. M. Rothe. (Getreide u. Mehl **11.** 138—41. Dez. 1961. Beil. zu: Mühle, Potsdam-Rehbrücke, Inst. für Ernährung; dt.) — Vf. diskutiert die Bedeutung der *Getreidefette* hinsichtlich ihres Einfl. auf die Backfähigkeit von Mehlen u. der durch enzymat. oder oxydative Rkk. der Fette möglichen wertmindernden Veränderungen von Getreide-Prodd. bei der Lagerung. Die Fett-Zus. (PAe.-Extrakte) einer Reihe von Roggen- u. Weizenmehlen verschiedener Ausmahlung sowie von Kleie u. Keimen, deren Geh. an Unverseifbarem bzw. an Phosphatiden, der Polyensäuren-Geh. von PAe.-Extrakten u. der Anteil an freiem u. gebundenem Fett in verschiedenen Samenmustern werden angegeben. G. KIRSTEN. 4420□

Chemische Untersuchung des Samenfettes von indischen Cheiranthus cheiri. A. Rahman und M. Sami Khan. (Fette, Seifen, Anstrichmittel **63.** 344—48. April 1961. Aligarh, Indien, Aligarh Univ., Dep. of Chem.; Bahia Blanca, Argentinien, Univ. Nacion. del Sur, Dep. de Quim.; dt.) — Vff. untersuchen das Samenöl von *Cheiranthus cheiri L.* u. vergleichen es mit dem Öl anderer Arten. Das Öl enthält 10,4% feste *Säuren*, 14,8% *Erucasäure* u. 74,7% fl. Säuren. Die Säuren liegen nicht als Lactone oder Anhydride vor. Die Fettsäuren des Samenöls zeigten folgende Zus.: *Myristinsäure* 1,66%, *Palmitinsäure* 3,73%, *Stearinsäure* 2,43%, *Arachinsäure* 2,64%, *Erucasäure* 14,82%, *Ölsäure*

32,99%, *Linolsäure* 25,47%, *Linolensäure* 16,26%. Das Unverseifbare scheint *α-Sitosterin* zu sein. Die Zus. des untersuchten Öles weicht von dem anderer Cruciferenarten ab.
W. HILLER. 4420□

Die Elektrophorese der Pigmente der Roten Rübe. Gösta Lindstedt. (Acta chem. scand. **10.** 698—99. 1956. Tomteboda, Schweden, Nat. Inst. of Public Health, Food Chem. Labor.; engl.) — Die Pigmente können durch Papierelektrophorese getrennt werden. Innerhalb pH 2—7 bilden sie relativ stabile negativ geladene Ionen. Bei 0,1 m Citratpuffer (pH 5,5, Streifen 5×35 cm, 220 V) wird in 3—4 Std. eine gute Trennung erzielt. Vf. erhielt 7 Farbzonen, wobei eine hellgelbe u. eine rote am stärksten ausgeprägt waren. Die Pigmente der Roten Rübe unterscheiden sich von den gewöhnlichen Anthocyanen bei der Elektrophorese, letztere bilden positiv geladene Ionen mit Ausnahme in alkal. Lösung. Eine Elektrophorese an Cellulosesäulen war teilweise erfolgreich.
W. HILLER. 4420□

Die Struktur des Phloraspins. Aneri Penttilä und Jacobus Sundman. (Acta chem. scand. **15.** 1777—79. 1961. Helsinki, Medica Ltd., Res. Labor.; engl.) — Vgl. C. **1962.** 9706. — Die Konstit. des aus dem „Rohaspidin" aus *Dryopteris austriaca* isolierten *Phloraspins* (I) als *2.4.6.2'.4'-Pentahydroxy-5-methyl-6'-methoxy-3.3'-dibutyryl-diphenylmethan* wird durch Vgl. mit einem aus Desaspidin, Methylphlorbutyrophenon u. CH_2O in verd. KOH erhaltenen Präp. festgestellt.

Versuche: *Phloraspin* (I), $C_{23}H_{28}O_8$, F. 212—213°, a) aus dem Rohaspidin nach Abtrennen von Flavaspidsäure, Aspidin u. Albaspidin; b) aus Methylphlorbutyrophenon, Desaspidin u. 40%ig. CH_2O-Lsg. in 1%ig. KOH bei Raum-Temp. (15 Min.) u. Ansäuern mit HCl; aus CH_3OH gelbe Kristalle. F. HELLER. 4420□

Gerbstoffe in Birnenblättern. Aleksandra Polak. (Dissert. pharmac. [Warszawa] **13.** 159—66. 1961. Kraków, Akad. Med., Zakł. Farmakogn.; pol.) — Die Gerbstoffe der Birnenblätter wurden chem. u. biolog. bestimmt. Angewandt wurde die Meth. der Agglutinierung von Blut mit wss. 1%ig. Extrakt der Blätter sowie die Best. der Wrkg. des Extraktes auf Enchytreus albidus. Getrocknete Blätter enthalten keine Gerbstoffe, frische enthalten nur geringe Mengen. — 20 Literaturangaben.
F. URBAN. 4420□

Das Sapogenin der Samen von Achyranthes aspera Linn. Hari Narayan Khastgir, S. K. Sengupta und P. Sengupta. (J. Indian chem. Soc. **35.** 693—94. Sept. 1958. Calcutta, East India Pharmac. Works Ltd.; engl.) — Aus 500 g trockenen Samen von *Achyranthes aspera* Linn. erhaltenes Rohsapogenin gibt ein nicht kristallisierendes neutrales Harz (0,85 g); aus den sauren Anteilen wird das schwerlösl. K-Salz der *Oleanolsäure* (5,6 g) isoliert. Die aus den leichtlösl. K-Salzen erhaltenen Säuren (0,52 g) konnten nicht krist. werden. — *Oleanolsäure*, F. 303—305° (Chlf./CH_3OH); $[\alpha]_D^{31}$ +79° (Chlf.). *Acetyl-Deriv.*, F. 262—265° (Aceton); $[\alpha]_D^{31}$ +77,5° (Chlf.). *Methylester*, F. 197—198° (Aceton), aus der Säure u. CH_2N_2; $[\alpha]_D^{30}$ +77° (Chlf.). *Acetyl-Deriv. des Methylesters*, $C_{33}H_{52}O_4$, F. 215—216° (Aceton); $[\alpha]_D^{31}$ +71° (Chlf.). F. HELLER. 4420□

Hecogenin aus Agave sisalana durch mikrobielle Hydrolyse. C. H. Hassall und B. S. W. Smith. (Chem. and Ind. **1957.** 1570. 30/11. Jamaica, Univ. Coll. of the West Indies, Chem. Dep.; engl.) — Blattpreßsäfte von *Agave sisalana* geben beim Stehen einen Nd., der überwiegend aus amorphen *Glykosiden* besteht. *Hecogenin* kann daraus durch Hydrolyse mit verd. H_2SO_4 oder durch Einw. von Mikroorganismen (*Corynespora casaiicola, Alternaria, Cladosporium, Aspergillus, Bakterien*) gewonnen werden.
F. RADLER. 4420□

Untersuchung von Machilus macrantha Nees. 2. Mitt. Pharmakologische Wirkung und chemische Konstitution des Machilins. K. N. Gaind und S. K. Baveja. (J. Amer. pharmac. Assoc., sci. Edit. **49.** 663—65. Okt. 1960. Chandigarh, Indien, Panjab Univ., Dep. of Pharmacy; engl.) — 1. vgl. C. **1962.** 14237. — Das in der Wurzel von *Machilus macrantha* Nees gefundene Alkaloid *Machilin* (I) erwies sich im Tier-Vers. als blutdrucksenkend. I gibt keine Fällungen mit den üblichen Alkaloidreagentien, keine Purin-Rk. mit Murexid u. wird durch konz. HCl nicht gespalten. Es entfärbt Br-Lsgg. u. $KMnO_4$, red. ammoniakal. $AgNO_3$-Lsg., aber nicht FEHLINGsche-Lsg. u. reagiert weder mit SCHIFFs Reagens noch mit 2.4-Dinitrophenylhydrazin. I reagiert nicht mit $NaHCO_3$, löst sich in NaOH u. NH_4OH u. gibt mit $FeCl_3$, Gallussäurereagens u. Phloroglucin-H_2SO_4 nach GAEBEL keine Farbreaktionen. Aus I-Hydrochlorid, $C_{16}H_{17}NO_3 \cdot HCl$, wurde I-Pikrat, $C_{16}H_{17}NO_3 \cdot C_6H_2(OH)(NO_2)_3$, F. 205—207° (Zers.) u. I $C_{16}H_{17}NO_3$, F. 210 bis 211° (Zers.) gewonnen. I enthält eine $-OCH_3$-Gruppe. An Derivv. wurden dargestellt: Acetyl-I, $C_{16}H_{15}NO_3(CH_3CO)_2$, F. 197—199°; Benzoyl-I, $C_{16}H_{15}NO_3(C_6H_5CO)_2$, F. 214 bis 216°; I-Methyljodid, $C_{16}H_{17}NO_3 \cdot CH_3J$, F. 184—187°. Aus den analyt. Daten sowie den UV- u. IR-Spektren schließen Vff. auf das Vorhandensein von mindestens 2 phenol.

OH-Gruppen in maskierter Stellung u. von heterocycl. tert. N. Es werden zwei mögliche Formeln für **I** diskutiert, bei denen ein Phenylrest über ein tert. N-Atom an ein Tetrahydrochinolin- oder Tetrahydroisochinolingerüst gebunden ist u. die Stellung der OH- u. OCH_3-Gruppen noch fraglich bleibt. F. v. GIZYCKI. 4420□

Die Wirkung der Anzapfung auf die Konstitution des Holzes von Pinus maritima. Roger David und Claudette Ponchet. (C. R. hebd. Séances Acad. Sci. **247.** 347—48. 21/7. 1958; franz.) — Vgl. C. **1959.** 8931. — Die Anzapfung bewirkt im Weißholz folgende Veränderungen: Verringerung der Lipoideinschlüsse bes. in den Lipoidzellen des Parenchyms, Durchströmung von Oleoresin durch das Lumen verschiedener Trachëiden u. Verschwinden von Stärke. Die Verteilung von Phloroglucinen u. Catechinen bleibt unverändert. R. LENSCHAU. 4420□

Resorption von ^{14}C-markierter Saccharose durch Alfalfa-Nektarien. M. W. Pedersen, Cecil W. LeFevre und H. H. Wiebe. (Science [Washington] **127.** 758—59. 4/4. 1958. Logan, Utah, U.S. Dep. of Agric., Agric. Res. Serv.; Utah State Univ., Agric. Exp. Stat., Dep. of Botany.; engl.) — Alle Nektarien einer Inflorescenz von *Alfalfa* wurden mit *^{14}C-Saccarose* behandelt u. dessen Resorption u. Verteilung in der Pflanze autoradiograph. untersucht. Alle Teile der Pflanze waren nach 6 Tagen radioakt., selbst die Wurzeln. Nur in Blättern, die im Zeitpunkt der Behandlung bereits voll entwickelt waren, wurde keine, in Blütenständen, die zu diesem Zeitpunkt schon aufgeblüht waren, nur wenig Aktivität gefunden. Die Reabsorption des Nektars beginnt bereits $^1/_2$ Std. nach der Behandlung. U. MOTHES. 4450□

Zur Frage des Einflusses herzwirksamer Glykoside auf die Pflanze. Heinz Fahrenkamp. (Arzneimittel-Forsch. **7.** 694—97. Nov. 1957. Hohenheim, Landw. Hochsch., Bot. Inst.; dt.) — Reinglykoside aus Blättern von *Digitalis lanata* u. Samen von *Strophantus kombé* haben keinen Einfl. auf die Permeabilität bei Zwiebelwurzeln in Konzz. von 1 : 10000 bis 1 : 1000000. Der Kressewurzeltest zeigt nach Anwendung von Tinkturen von *Digitalis*, *Convallaria* u. *Scilla* keinen Wachstums-Einfl. u. auch die Keimung von Weizen wurde durch diese nicht beeinflußt. Digitalis-, Convallaria-, Adonis- u. Scilla-Tinktur zum W. bei Schnittblumen gegeben verlängern weder die Haltbarkeit noch erhöhen sie den Wasserverbrauch der Blumen. W. HILLER. 4450□

Über die Entwicklung nichtflüchtiger organischer Säuren während des Wachstums und der Reife von Samen. Robert Dupéron. (C. R. hebd. Séances Acad. Sci. **247.** 342—44. 21/7. 1958; franz.) — Nachdem die mit sd. 50%ig. A. aus reifen u. unreifen Kastanien, Bohnen u. Mais erhaltenen Extrakte mittels Säulenchromatographie (Dowex-50, dann Amberlite IR·4-B) gereinigt worden sind, werden sie an SiO_2-Gel getrennt. — Es zeigt sich, daß die *Äpfelsäure* während der Reife ansteigt; bei Kastanien von 8,3 (mVal/100 g Trockensubstanz) im Juli u. 0,99 im September auf 0,88 im November, während der *Citronensäure*-Geh. steigt: 1,8 u. 6 auf 9,2. In Bohnen betragen die Werte in 3 Reifestadien 19,00—6,00—0,54 für Äpfelsäure u. von Spuren auf 5,8—9,1 für Citronensäure. — Bei Mais werden analoge Tendenzen beobachtet — im Verlauf der Reifung verschwindet die *Aconitsäure*. R. LENSCHAU. 4450□

Mitteilung über die Kenntnis des Einflusses der Unterlage auf die Akkumulation der Reservestoffe bei Vitis vinifera cv. „Regina“. Caterina Caldarola. (Ann. Sperimentaz. agrar. [N.S.] **13.** 1097—1110. 1959. Bari, Staz. Agrar. Sper.; ital.) — Während der Winterruhe wurden die Geh. an N, P u. K in den Schossen bestimmt. Die Unterlage zeigte keinen signifikanten Einfl. auf die Akkumulation von N, P u. K im Edelreis. W. HILLER. 4450□

Der Einfluß von Alterungsprozessen auf die Verteilung von Calcium und Strontium im Erbsenblatt. G. Schilling. (Biol. Zbl. **80.** 33—36. Jan./Febr. 1961. Jena, Friedrich-Schiller-Univ., Landw.-Chem. Inst.; dt.) — Erbsenblätter mit gleichem *Ca*- u. *Sr*-Geh. wurden einmal sofort getrocknet, zum anderen im vergilbten Zustand getrocknet. Die Verteilung von Ca u. Sr wurde durch Autoradiographie ermittelt. Bei Ca waren keine Unterschiede in der Verteilung zwischen dem sofort u. dem erst nach Alterung getrockneten Blatt zu erkennen. Bei Sr zeigten sich nach Alterung in den Randzonen Punkte hoher Konz., die auf ein auskrist. Sr-Salz zurückzuführen sind, vermutlich $SrSO_4$, das aus den Abbauprozessen entstanden ist. W. HILLER. 4450□

Chemische Untersuchungen über die Bitterstellen der Äpfel. 1. Mitt. Physikalische und chemische Unterschiede in den Blättern und Früchten einer Cox's Orangen-Rasse während der Saison. H. O. Askew, E. T. Chittenden, R. J. Monk und Joyce Watson. (New Zealand J. agric. Res. **2.** 1167—86. Dez. 1959. Nelson, Cawthron Inst.; engl.) — Während des Fruchtwachstums wird stetig *N*, *Ca*, *Mg*, *K*, *Na* u. *P* akkumuliert. Bezogen auf Frisch- u. Trockengew. nehmen die Prozentsätze allerdings ab. Die Blätter reichern mit zunehm ndem Alter Ca, Mg u. andere Aschebestandteile an u. verlieren K,

Na, P u. N. Bezogen auf Frischgew. ist der Geh. an diesen Elementen vor allem in der 2. Hälfte des Sommers in Blättern höher als in Früchten. In den Früchten nehmen *Fructose* u. *Saccharose* zu, *Glucose* bleibt etwa konstant. U. MOTHES. 4450□

Die Bildung markierter Zucker aus ^{14}C-L-Tyrosin in einigen höheren Pflanzen. R. K. Ibrahim, Sara G. Lawson und G. H. N. Towers. (Canad. J. Biochem. Physiol. **39.** 873—80. Mai 1961. Montreal, Quebec, McGill Univ., Botany Dep.; engl.) — Uniform markiertes *^{14}C-L-Tyrosin* wurde an Blattscheiben bzw. Blattsektionen von *Pyrus communis* L., *Pelargonium hortorum* L. H. Bailey, *Grevillea robusta* A. Cunn., *Gaultheria procumbens* L. u. *Triticum vulgare* verfüttert. Dabei wurden im Licht radioakt. markierte *Zucker* u. *organ. Säuren* erhalten. Im Dunkeln fand kein Einbau der Aktivität in Kohlenhydrate statt. Bei P. communis wurden in 3 verschiedenen Verss. in nichtaromat. Verbb. (*Glutaminsäure, Asparaginsäure, Äpfelsäure*) 28, 36 bzw. 46% der Aktivität des verwertbaren I gefunden. *Tyrosin* ist damit für höhere Pflanzen eine glucogene Aminosäure. Die Einbauraten beweisen, daß mindestens 3 Kohlenstoffatome von Tyrosin eingebaut werden. H. W. LIEBISCH. 4460□

Veränderungen der Abbaureaktionen in reifenden Tomatenfrüchten. John C. Ramsey und Chih H. Wang. (Nature [London] **193.** 800—01. 24/2. 1962. Corvallis, Oreg., Oregon State Univ., Dep. of Chem. and Sci. Res. Inst.; engl.) — Tomaten verschiedener Reifezustände wurden mehrere Tage hindurch mit einem Luftstrom u. einem solchen, der 0,1 Vol.-% *Äthylen* enthielt, beblasen. Gleichmäßige Früchte wurden dann mit *^{14}C*-markierter *Glucose* (I; $^{14}C_{(1)}$-, $^{14}C_{(2)}$-, $^{14}C_{(3,4)}$-, $^{14}C_{(6)}$- u. $^{14}C_6$-I) behandelt. Die Abgabe von radioakt. CO_2 in Abhängigkeit von der Zeit wurde untersucht. Vf. stellte fest, daß der Abbau von I bei den natürlich u. in äthylenhaltiger Luft gereiften Tomaten im wesentlichen gleich war. Die Unterschiede in der Atmung der verschieden reifen Früchte werden diskutiert. H. BUSSE. 4460□

Über die Biosynthese der Alkaloide der Lupine in Beziehung zum Aminosäureumsatz. A. W. Mironenka. (Известия Академии Наук Белорусской ССР, Серия Биологических Наук [Nachr. Akad. Wiss. BelorussSSR, Ser. biol. Wiss.] **1962.** Nr. 1. 38—47; beloruss., Auszug: russ.) — Auf Grund des Literaturmaterials u. der Ergebnisse eigener Verss. zeigt Vf. die Beziehungen zwischen der Bldg. u. Anreicherung der *Alkaloide* in der Lupinenpflanze u. dem Stoffwechsel einiger Aminosäuren auf. Die Unterss. an 2 Lupinensorten zeigen, daß zwischen dem Geh. an *Arginin* (I), *Lysin* (II) u. *Glutaminsäure* (III) u. dem Alkaloid-Geh. eine Abhängigkeit besteht. Der Geh. an I, II u. III ist in der alkaloidreichen Pflanze geringer als in der alkaloidfreien. Vf. nimmt an, daß I, II u. III an der Alkaloid-Synth. beteiligt sind. O. LEBTAG. 4460□

Untersuchungen über die Kohlendioxidfixierung durch Chloroplasten. Die Wirkung von Arsenit und anderen Faktoren. Martin Gibbs und Nona Calo. (Biochim. biophysica Acta [Amsterdam] **44.** 341—47. 4/11. 1960. Ithaca, N.Y., Cornell Univ., Dep. of Biochem. and Nutr.; engl.) — Ein Vgl. der Geschw. der photochem. CO_2-Red. durch intakte u. fragmentierte Chloroplasten-Präpp. (Chloroplastenextrakt + -fragmente) ergab in beiden Fällen gleich starke Hemmung durch *Arsenit* (I), *p-Chlormercuribenzoat* u. *Jodacetamid*, während *Arsenat* (III) u. *Phosphat* (II) unterschiedlich wirkten. Die Unters. des Ortes der I-Hemmung zeigte, daß die photochem. Rk. nicht betroffen u. keines der mit dem photosynthet. Kohlenstoffcyclus zusammenhängenden Enzyme gehemmt war. 10^{-2}m II steigerte die CO_2-Fixierung des rekonstituierten Chloroplasten-Syst. ca. 14fach, III verstärkte die von II bewirkte Hemmung. $2 \cdot 10^{-3}$m II hemmte das intakte Syst. 60%ig., 10^{-3} bis $5 \cdot 10^{-4}$m II aktivierte es. K. MAIER. 4460□

Die Reduktion von Verbindungen mit niedrigem Potential durch belichtete Blatthomogenate und Chloroplasten. Leo P. Vernon und M. O. Hobbs. (Arch. Biochem. Biophysics **72.** 25—36. Nov. 1957. Provo, Utah, Brigham Young Univ., Dep. of Chem. and Chem. Engng. Sci.; engl.) — Werden Blatthomogenate von Zuckerrüben belichtet, so reduzieren sie in Ggw. von *Dichlorphenolindophenol* (III) u. *Ascorbinsäure* (I) *Indigocarmin* (II) u. *Riboflavin-5-phosphat*. Ein Mol. I wird oxydiert für ein red. II-Molekül. Zuckerrübenchloroplasten sind in der Lage, *Diphosphopyridinnucleotid* in Ggw. von Licht zu reduzieren, wenn sie in größeren Konzz. vorliegen u. längere Zeit belichtet werden. Für diese Photored. ist I u. III nicht erforderlich. W. HILLER. 4460□

Hill-Aktivität der isolierten Fraktionen von zerbrochenen Chloroplasten. Milton J. Becker, Alan M. Shefner und J. A. Gross. (Nature [London] **193.** 92—93. 6/1. 1962. Chicago, Ill.; Armour Res. Found.; engl.) — Zerkleinerte Spinatchloroplasten werden fraktioniert zentrifugiert. Die stärkste Aktivität zeigte die bei 1—50000·*g* erhaltene Fraktion (132%) gegenüber den zerkleinerten u. nichtzentrifugierten (100%) Chloroplasten. Die Aktivität sank bis auf 30% bei dem 145000·*g*-Überstehenden.
W. HILLER. 4460□

Asparagintest in Beziehung zum Stickstoff-Ernährungszustand von Getreidepflanzen. 5. Mitt. Reis. Mahatim Singh, Kikuo Kumazawa und Shingo Mitsui. (Soil Plant Food [Tokyo] **6.** 86—90. Nov. 1960. Tokyo, Univ., Fac. of Agric.; engl.) — 4. vgl. C. **1962.** 7578. — Die Pflanzen erhielten unterschiedliche Düngung an $NaNO_3$, $(NH_4)_2SO_4$ u. NH_4NO_3. Durch Zumischen von Cellulose u. Stärke zur Erde wurden reduzierende Bedingungen geschaffen. NO_3^- kann unter nichtreduzierenden Bedingungen in der höchsten Konz. nachgewiesen werden. In überschwemmten Böden hängt die Menge des nachweisbaren NO_3^- von der Reduktionskraft des Bodens u. der Oxydationskraft der Wurzeln ab. Der Nachw. von NO_3^- bei ausschließlicher NH_4^+-Gabe hing von der Fähigkeit der lebenden Reiswurzeln zur Oxydation ab. Der NO_3^--Geh. in den Blättern nimmt vom unteren zum oberen Blatt zu. Am Erscheinen des *Asparagins* kann der Entw.-Zustand der Reispflanze u. die Verfügbarkeit des N im Boden festgestellt werden.
W. Hiller. 4470☐

Über die Translokation mineralischer Nährstoffe in höheren Pflanzen. 2. Mitt. Die Verteilung von Phosphor in den einzelnen Wachstumsphasen von Raps und Sesam. Zenzaburo Kasai und Azuma Okuda. (J. Sci. Soil Manure, Japan [Nippon Dozyô-Hiryô-Gaku Zasshi] **26.** 263—68. Nov. 1955. Kyoto Univ., Res. Inst. for Food Sci.; japan., Auszug: engl.) — 1. vgl. C. **1957.** 10311. — Mittels der Isotopen-Meth. wird der Geh. an ^{32}P in Wurzel, Stengel, Blatt, Spitze u. Samen im Verlauf der Vegetationsperiode bestimmt.
P. Loch. 4470☐

Einige Wirkungen verschiedener Calcium-, Kalium-, Magnesium- und Natriumkonzentrationen auf in Nährlösungen gewachsene Süßkartoffelpflanzen. J. K. Greig und F. W. Smith. (Proc. Amer. Soc. horticult. Sci. **75.** 561—69. 1960. Manhattan, Kansas State Univ., Kansas Agric. Exp. Stat., Dep. of Agronomy, Dep. of Horticult.; engl.) — Süße Kartoffeln wurden in einer Hoagland-Nährlsg. gezüchtet. Der Zusatz von *Ca-*, *K-*, *Mg-* oder *Na-Chlorid* in Konzz. von 250, 500, 1000 bzw. 2000 ppm zur Nährlsg. führte vor allem bei den höheren Konzz. zum Absterben der unteren Blätter u. z. T. zum Tod der ganzen Pflanze, zu einem gehemmten Wachstum u. teilweise zu Chlorosen. Das Trockengew. von Stamm u. Blättern wurde nicht erhöht, z. T. herabgesetzt. Verss. mit Mischungen der Chloride führten zu ähnlichen Ergebnissen. Ca wurde in höheren Konzz. von der Pflanze aufgenommen, der K-Geh. dabei erniedrigt. Ebenso wurde Mg unter Herabsetzung des Ca- u. K-Geh. aufgenommen. Die Aufnahme von K setzte den Geh. an Ca u. Mg herab, wie auch die Na-Aufnahme von einer Erniedrigung des K- u. Mg-Geh. begleitet war. Die Aufnahme der Kationen war etwa ihren Konzz. in der Nährlsg. proportional. Die Aufnahme der Kationen von der Pflanze über bestimmte Werte hinaus führte zu den beschriebenen Schäden.
J. Boelter. 4470☐

Die Aufnahme von Calcium durch Pflanzen in Verbindung mit einer Kalkung und der Einfluß von ^{45}Ca-Bestrahlung auf das Wachstum von landwirtschaftlichen Pflanzen. O. K. Kedrov-Zikhman. (Verh. int. bodenkundl. Ges., Hamburg **2.** 230—34. 24/31. 8. 1958. All Union Res. Inst. of Fertilizers and Soil Sci.; engl.) — Der Geh. von durch Pflanzen aufnehmbarem *Ca* in Podsolen hängt ab von der Adsorption, der Kalkdüngung u. vom Mg-Gehalt. Die Aufnahme durch die Kulturen hängt außer von diesen Faktoren noch von der Pflanzenart ab. Der Ca-Geh. in den einzelnen Pflanzenteilen wird erwähnt. ^{45}Ca-Strahlung wirkt sich teils fördernd, teils hemmend auf das Wachstum aus.
W. Hiller. 4470☐

Jodbedarf bei Meeresalgen. H. A. v. Stosch. (Naturwissenschaften **49.** 42—43. 2. Jan.-H. 1962. Marburg/Lahn, Univ., Botan. Inst.; dt.) — Die Rotalgen *Asparagopsis* u. *Falkenbergia* reagieren auf *J*-Mangel mit Wachstumshemmungen u. J-reversiblen Morphosen. Ähnliche Erscheinungen wurden bei der Rotalge *Antithamnion sarniense*, den Braunalgen *Ectocarpus confervoides*, *E. elegans* u. *Styphocaulon*, nicht aber bei verschiedenen Grünalgen u. Diatomeen beobachtet.
U. Mothes. 4470☐

Biochemische Untersuchungen über Spurenelemente in grünen Pflanzen. 1. Mitt. Symptome des Spurenelementmangels bei Gerste und die Indolylessigsäureoxydaseaktivität. Akio Fujiwara und Michio Tsutsumi. (J. Sci. Soil Manure, Japan [Nippon Dozyô-Hiryô-Gaku Zasshi] **26.** 259—62. Nov. 1955. Tohoku Univ., Fac. of Agric.; japan., Auszug: engl.) — Durch Mangel an Fe, Mn, Zn u. B wird die Aktivität der *Indolylessigsäureoxydase* nicht verändert. *Cu*-Mangel senkt sie reversibel, *Mo* irreversibel.
P. Loch. 4470☐

Veränderung des Pigmentsystems und des Plastidenapparates von Zuckerrüben unter dem Einfluß von Bor, Mangan und Kupfer in der Wasserkultur. G. A. Lipskaja und Z. M. Godnew. (Известия Академии Наук Белорусской ССР, Серия Биологических Наук [Nachr. Akad. Wiss. BelorussSSR, Ser. biol. Wiss.] **1962.** Nr. 1. 18—24; beloruss.) — Aus den Unterss. über den Einfl. von 0,25, 0,5 u. 1,0 mg *Cu*, *Mn* der *B*/Liter, angewandt als $CuSO_4$(I), $MnSO_4$(II) u. H_3BO_3(III), auf den Geh. an *Chloro-*

phyll a (**IV a**), *Chlorophyll b* (**IV b**) u. *Carotinoiden* (**V**) in den Chloroplasten der Zuckerrübe geht hervor, daß durch 0,25 mg **I** der Geh. an **IV a, IV b** u. **V** verdoppelt wird. Eine weitere Erhöhung der **I**-Konz. auf 0,50 mg ist von weniger günstiger Wrkg.; 1 mg **I** senkt den Geh. an **IV a** u. **IV b** unter den Wert der Kontrolle. Eine Erhöhung der **III**-Konz. auf 0,50 mg senkt den Geh. an **IV a** u. **IV b**; eine Erhöhung der **III**-Konz. auf 1 mg beeinflußt deren Geh. nicht mehr. Beim Anstieg der **II**-Konz. von 0,25 auf 0,50 mg nehmen **IV a, IV b** u. **V** zu. Deren Geh. bleibt bei weiterem Anstieg der **II**-Konz. auf 1 mg unverändert. Gaben von mehr als 0,25 mg **I** hemmen die Entw. des Wurzel-Syst. u. vermindern die Anreicherung von Trockensubstanz. O. LEBTAG. 4470□

Wechselwirkungen zwischen Saccharose, Thiamin und Auxin auf das Verhalten der Kotyledonknospen von Cicer arietinum L. untereinander. Éliane Hugon. (C. R. hebd. Séances Acad. Sci. **247.** 339—41. 21/7. 1958; franz.) — Aus unverletztem Kotyledon von decapitierten *Cicer arietinum* entstehen allg. 2 Sprosse, die wahrscheinlich durch eine noch unbekannte Substanz aus dem Kotyledon gefördert werden. Ein Zusatz von 20 mg *Saccharose* (**I**)/Liter u. 1 mg *Thiamin* (**II**)/Liter hemmt den Einfl. des Kotyledons, während *Auxin* (**III**) die Wrkg. von **I** u. **II** aufhebt. Die Sproß-Entw. ist demnach abhängig von der Wechselwrkg. zwischen einem stimulierenden Faktor aus dem Kotyledon, **III** u. Inhibitoren. R. LENSCHAU. 4485□

Die indirekte Inaktivierung des Auxins im Kreislauf von Nectaria galligena Bres. durch Kupfer. Jeanne Berducou. (C. R. hebd. Séances Acad. Sci. **247.** 344—46. 21/7. 1958. Toulouse, École Nat. Supér. Agronomique, Labor. d'Agronomie gén.; franz.) — Vgl. C. **1960. 7897.** — *Nectaria galligena Bres.* wird in KNOPschem Medium unter Zusatz von 100 oder 300 mg *β-Indolylessigsäure* (**I**) u. 1,4 oder 10 mg *$CuSO_4$* gezüchtet. Nach 15 Tagen wurde in allen $CuSO_4$-haltigen Kulturen mit 100 mg **I** Mycel-Bldg. beobachtet u. *Tyrosinase* identifiziert. Vermutlich fördert $CuSO_4$ die Tyrosinase-Bldg., u. diese inaktiviert **I**. R. LENSCHAU. 4485□

Der Einfluß von 2.4-Dichlorphenoxyessigsäure auf die Respiration der Sämlinge von Mais T, 41. S. K. Sinha und I. M. Rao. (Agra Univ. J. Res. **10.** Nr. 2. 91—97. Juli 1961. Tirupati Univ.; engl.) — *2.4-Dichlorphenoxyessigsäure* in Konzz. von 0,1 ppm stimuliert die Respiration bis zum 2. Tag u. hemmt sie am 3. Tag, in Konzz. von 10 ppm wird sie nur für 1 Tag stimuliert, danach erfolgt Hemmung. 100 ppm hemmen die Atmung vom Beginn der Anwendung. W. HILLER. 4485□

Die Bildung und Auxinaktivität von Indolyl-(3)-glykolsäure. J. B. Greenberg, A. W. Galston, K. N. F. Shaw und M. D. Armstrong. (Science [Washington] **125.** 992—93. 17/5. 1957. New Haven, Conn., Yale Univ., Dep. of Bot.; Josiah Willard Gibbs Res. Labor; Salt Lake City, Utah, Univ. of Utah, Coll. of Med., Labor. for the Study of Hereditary and Metabol. Disorders.; engl.) — Inkubation von *Indol* (**I**) u. *Na-Glyoxylat* (**II**) bei 30° für 2 Std. ergibt *Na-Indolyl-(3)-glykolat* (**III**), $C_{10}H_8NO_3Na$, F. 360° (Zers. aus Methanol–Ae.). Sowohl **III** als auch Gemische von **I** + **II** zeigen Wuchsstoffaktivität. **I** u. **III** zeigen synergist. Wrkg. in bezug auf Streckungswachstum. Für maximales Streckungswachstum sind größere Mengen an **III** als an Indolyl-(3)-essigsäure erforderlich. Vff. nehmen an, daß die Kupplung von **I** u. **II** zu **III** in der Pflanze stattfindet u. daß **III** ein Wuchsstoff per se oder auch eine Vorstufe für Indolyl-(3)-essigsäure ist. W. HILLER. 4485□

Der Einfluß von Gibberellsäure auf die Resorption und den Transport von ^{32}P bei Bohnenpflanzen. A. J. Linck und Theodore W. Sudia. (Amer. J. Bot. **47.** 101—05. Febr. 1960. St. Paul, Minn., Univ. of Minnesota, Inst. of Agric., Dep. of Plant Pathol. and Bot.; engl.) — Durch 4std. Behandlung der Wurzeln von Bohnenkeimlingen, *Phaseolus vulgaris*, mit 1 ppm *Gibberellsäure* wird die *^{32}P*-Aufnahme stimuliert. Erhöhte Feuchtigkeit verstärkt diese Wrkg. noch. P. GREGORZEWSKI. 4485□

Der Einfluß der Gibberellsäure auf die Entwicklung und den Stoffwechsel von Ficaria verna Huds. H. Augsten. (Ber. dtsch. bot. Ges. **74.** 149—63. 3/7. 1961. Potsdam-Sanssouci, Botan. Inst.; dt.) — Knollenkeimung u. Keimlingswachstum von *Ficaria verna* werden durch *Gibberellsäure* gefördert u. deren Wrkg. durch gleichzeitige Kältebehandlung verstärkt. Die *Katalase*-Aktivität ist etwas erhöht. P. GREGORZEWSKI. 4485□

Die durch Gibberellin induzierte Parthenokarpie bei Prunus. Julian C. Crane, Paul E. Primer und Robert C. Campbell. (Proc. Amer. Soc. horticult. Sci. **75.** 129 bis 137. 1960. Davis, Calif., Univ. of California; engl.) — Jeweils ein Ast verschiedener *Prunus*-Arten wurde mit einer wss. Lsg. besprüht, die 50, 250 bzw. 500 ppm *Gibberellin-K* (**I**) enthielt. Ein Teil wurde nach 8 Tagen erneut **I**-behandelt. Keine der Behandlungsarten wirkte auf die Parthenokarpie (P) in der Kirsche oder Pflaume fördernd. **I** (500 ppm) bewirkte eine Begünstigung der P zu 11,8% im Mandelbaum u. zu 15,4% in der Aprikose, während die P im Pfirsich in jedem Falle durch **I** gefördert wurde (63—73% Fruchtansätze im Vgl. zu 42% in offen bestäubten Blüten). Parthenokarp. Früchte von I-behandelten (500 ppm) Zweigen zeigten gegenüber normalen Früchten keine Unterschiede, so daß die Zellteilung u. die Vergrößerung der Früchte normal zu verlaufen schien. Die I-behandelten Früchte reiften ca. 10 Tage früher als normal. Außer bei Pfirsich bewirkte I eine Verlängerung der Triebe. I hemmte die Differentiation der Blütenknopsen u. bewirkte in hoher Konz. z. T. völliges Fehlen der Blütenknospen mit Ausnahme des Pfirsichs. J. BOELTER. 4485☐

Beweis für „Gibberellin-ähnliche" Substanzen in Blütenpflanzen. Bernard O. Phinney, Charles A. West, Mary Ritzel und Peter M. Neely. (Proc. nat. Acad. Sci. USA **43**. 398—404. Mai 1957. Los Angeles, Calif., Univ. of California, Dep. of Bot. and Dep. of Chem; engl.) — In Extrakten aus den Samen u. Früchten verschiedener Blütenpflanzen wurden Stoffe mit *Gibberellin*-Eigg. gefunden. Sie wurden an 10 Zwergmutanten von *Zea mays* getestet u. hatten unterschiedliche Wirkung. Durch Vgl. der R_F-Werte wurde festgestellt, daß diese Substanzen mit den aus *Gibberella fujikuroi* isolierten *Gibberellinen* nicht ident. sind. U. MOTHES. 4485☐

Die Wirkung der chemischen Struktur von Benzimidazolen und verwandten Verbindungen auf die Wachstumshemmung von Pflanzen. Theodore L. Rebstock, Charles L. Hamner und Harold M. Sell. (Michigan State Univ., Agric. appl. Sci., Agric. Exp. Stat., quart. Bull. **40**. 728—33. Mai 1958. Dep. of Agric. Chem. and Horticulture; engl.) — Die nachst. Verbb. werden an *Phaseolus vulgaris* (Ph. v.)-Sämlingen auf Wachstumshemmung u. an Gurkensämlingen (Gu.) auf Hemmung des Wurzelwachstums geprüft. Die Angaben beziehen sich auf Verabfolgung von 0,005m Lösungen. *Benzimidazolyl-(2)-mercaptoessigsäure*, +++ (Hemmung bei Ph. v.); 74 (Wurzellänge von Gu., Kontroll-Vers. = 100); — *Benzoxazolyl-(2)-mercaptoessigsäure* (I), 0; 64; — *Benzothiazolyl-(2)-mercaptoessigsäure*; +; 46; — *β-[Benzothiazolyl-(2)]-mercaptopropionsäure*, +; 28; — *Purinyl-(8)-mercaptoessigsäure*, 0; 151; — *4-Hydroxypyrimidyl-(2)-mercaptoessigsäure* (II), 0; 85; — *β-[Benzimidazolyl-(2)]-propionsäure*, +; 77; — *Isothioureidoessigsäure*, 0; 72; — *Imidazol*, +, 7.

Versuche: *Benzoxazolyl-(2)-mercaptoessigsäure* (I), $C_9H_7NO_3S$, F. 132—163°, durch 8std. Kochen von 3,02 g Benzoxazolthiol-(2) in 40 ml Aceton mit 2,8 g K_2CO_3, 3 g NaJ u. 3 g Chloressigsäureäthylester, nach Entfernung des Acetons u. Zusatz von 50 ml W. u. 3,5 ml 6n NaOH ½ Std. lang weiterkochen. Aus der gekühlten u. filtrierten Lsg. scheiden sich bei kongosaurer Rk. (HCl) 2,3 g Kristalle aus. — *4-Hydroxypyrimidyl-(2)-mercaptoessigsäure*, $C_6H_6N_2O_3S$, F. 168—169°, durch 1std. Kochen von 1,3 g Thiouracil in 20 ml 2n NaOH nach Zusatz von 1 g Chloressigsäure in 10 ml W.; bei kongosaurer Rk. scheiden sich nach Tiefkühlung Kristalle ab, 1,3 g nach Umkristallisieren aus kochendem Wasser. WILFRIED WERNER. 4485☐

E₅. Tierchemie. Tierphysiologie. Tierpathologie

Quantitative Färbung der Eiweißfraktionen bei der Papierelektrophorese. J. Masopust und J. Homolka. (Clin. chim. Acta [Amsterdam] **5**. 464—70. Juli 1960. Prag, Karls-Univ., Forschungsinst. für Kindesentw. u. Zentrallabor. der Poliklinik; dt.) — Der Einfl. einzelner Faktoren (Eiweißmenge u. Flächengröße, Denaturierung durch Wärme, pH, Konz. u. Temp. des Färbbades, Färbungszeit, pH des Auswaschbades u. Auswaschzeit, Elution) auf die quant. Färbung der Eiweißfraktionen mit *Bromphenolblau* wird beschrieben. Eine prakt. Meth. zur quant. Färbung von Elektropherogrammen wird vorgeschlagen. K.-F. MÜLLER. 4500☐

Messung der Oberfläche des menschlichen Körpers. E. C. Halliday und T. J. Hugo. (Nature [London] **193**. 584. 10/2. 1962. Pretoria, Council for Sci. and Ind. Res., Nat. Phys. Res. Labor.; engl.) — Vff. beschreiben eine Meth. zur Best. der Absorptionsoberfläche schwarzer, 95% Licht absorbierender Körper, die bei Fehlern von $<1\%$ Oberflächenmessungen bis zu 15000 cm² zuläßt. Durch Aufsprühen eines schwarzen Farbstoffs läßt sich die Meth. auch zur raschen Best. bei Menschen anwenden. Die gemessene Oberfläche entspricht ca. 95% der tatsächlichen geometr. Oberfläche.
G. KIRSTEN. 4500☐

Wirkung von Reserpin-freiem Extrakt von Rauwolfia serpentina auf die Wirkung von ACTH und Hydrocortison beim Menschen. N. J. Kothari, T. H. Rindani und M. G. Naik. (Arch. int. Pharmacodynam. Thérap. **111**. 293—95. 1/8. 1957. Bombay, Topiwala National Med. Coll., Dep. of Psychiatry and Physiol.; engl.) — Bei 24 freiwilligen Personen hatte die Verabreichung von *Reserpin*-freiem Extrakt von *Rauwolfia serpentina* (50 mg) keinen deutlichen Effekt auf die durch Injektion von *ACTH* (25 mg) oder *Hydrocortison* (75 mg) bedingte prozentuale Verminderung der Eosinophilen im

Blut. — Die stressverhütende Wrkg. des Extraktes muß daher vor der Stimulation der Hypophyse in die Rk.-Folge eingreifen. G. KIMMERLE. 4508

Die mineralischen Bestandteile der verkalkten Gewebe. 5. Mitt. **Isolierung und Identifizierung von Pyrophosphaten im Knochengewebe.** Pierre Cartier. (Bull. Soc. Chim. biol. **39.** 169—80. 20/2. 1957. Paris, Fac. de Méd., Labor. d'Étude de l'Os de la Croissance; franz.) — 4. vgl. C. **1950/54.** 6932 S. Eine zweite 5. vgl. C. **1950/54.** 6932 S. — Vf. chromatographiert an Anionenaustauscherharz die Pyrophosphatfraktion des Knochens. Die hydrolysierbare Phosphorfraktion besteht aus *Pyrophosphaten*; denn sie enthält keine Orthophosphate u. wird durch Erhitzen auf 100° während 20 Min. in N-salzsaurem Milieu gänzlich hydrolysiert. Elektrophorese u. Chromatographie identifizieren sie ebenfalls als Pyrophosphate. Das Mangansalz ist bei pH 5 unlöslich. Die Markierung mit ^{32}P zeigt, daß es mit als dem als Kristallbildner zugesetzten Na-Pyrophosphat ganz ausgefällt wird. Durch Hefe-Pyrophosphatase ist die Fraktion vollständig hydrolysierbar. S. GROITZSCH. 4510 □

Der Stoffwechsel von Inosit beim Lachs. 3. Mitt. **Die biochemischen Reaktionen von $^{14}C_{(2)}$-Myoinosit in der Coho-Leber.** H. Tsuyuki und D. R. Idler. (Canad. J. Biochem. Physiol. **39.** 1037—42. Juni 1961. Vancouver, British Columbia, Canada, Fish. Res. Board of Canada, Technol. Station, Chem. Section; engl.) — 2. vgl. C. **1962.** 205. — 7 Std. nach intraperitonealer Injektion von 22 μc $^{14}C_{(2)}$-*Myoinosit* (entsprechend 3,89 mg) in einen 2340 g schweren ♂ Coho-Lachs (*Oncorhynchus kisutch*) konnte in der Leber des Tieres eine außerordentlich starke spezif. Aktivität des Inositmonophosphat nachgewiesen werden; die spezif. Aktivität der Glucuronsäure betrug weniger als die Hälfte des Glucuronsäureanteils von Uridin-5'-diphosphatglucuronsäure; Glucose, Galaktose, Glucose-1-phosphat u. Glucose-6-phosphat enthielten sehr wenig Radioaktivität. U. TAUSENDFREUND. 4520 □

Die Isolierung eines Cystinderivats aus Seide. C. Earland und D. J. Raven. (Nature [London] **192.** 1185—86. 23/12. 1961. Bradford, Inst. of Technol., Dep. of Textile Ind.; engl.) — Seidenfibroin (aus *Bombyx mori*) wurde nach Entfernung des Gummis 8 Std. lang mit HCl hydrolysiert. Die Lsg. wurde eingedampft, der Rückstand mit 2.4-Dinitrofluorbenzol behandelt u. die Dinitrophenyl-Derivv. nach Reinigung papierelektrophoret. aufgetrennt. Neben einer zur Kathode wandernden Verb. wurde eine zur Anode wandernde Verb. gefunden u. als Dinitrophenyl-Deriv. der *Cysteinsäure* identifiziert. J. BOELTER. 4520 □

Das Vorkommen von ungeradzahligen, einfach ungesättigten Fettsäuren im Leberöl des Haifisches der Neuseeland-Schule (Galeorhinus australis MacLeay). Isobel M. Morice und F. B. Shorland. (Nature [London] **190.** 443. 29/4. 1961. Wellington, New Zealand, Fats Res. Labor., Dep. of Sci. and Ind. Res.; engl.) — Im Leberöl des Haifisches konnten durch Esterfraktionierung u. Tieftemp.-Kristallisation Konzentrate der einfach ungesätt. C_{15}-, C_{17}- u. C_{19}-Säuren hergestellt werden, aus denen *Heptadecen-(9)-carbonsäure* (I) sowie *Nonadecen-(11)-carbonsäure*, (II) verunreinigt mit *Nonadecen-(10)-carbonsäure* u. *Nonadecen-(12)-carbonsäure*, isoliert werden konnten. Aus dem Gew. der Konzentrate sowie gaschromatograph. wurde der Anteil von *Pentadecensäure* im Leberöl zu 0,018%, der von I zu 0,073 u. der von II zu 0,042% bestimmt. J. BOELTER. 4520 □

Fettsäurezusammensetzung der Depotfette des Kiwi (Apteryx australis Mantelli). F. B. Shorland und Joan P. Gass. (J. Sci. Food Agric. **12.** 174—77. März 1961. Wellington, New Zealand, Dep. of Scientific and Industrial Res., Fats Res. Labor.; engl.) — Es wird eine Unters. des Fettes des nichtfliegenden austral. Kiwi (weibliche erwachsene Tiere) nach den üblichen analyt. Verff. durchgeführt. Aufteilung des Körpers in 1. Muskel: Fett-Geh. 5,1 %; JZ. 99,1; Verseifungsäquivalent 29,02; freie Fettsäuren 18,1 %; Diene 10,4%; Triene 5,9%; Tetraene 4,1%; Pentaene 2,2%; konjugierte Diene 0,8%; Triene 0,2%. 2. Haut: Fett-Geh. 29,4%; JZ. 98,8; Verseifungsäquivalent 292,6; freie Fettsäuren 2,9%; Diene 10,5%; Triene 8,4%; Tetraene 0,9%; Pentaene 1,2%; konjugierte Diene 0,6%; Triene 0,1%. 3. Sonstiger Körper: Fett-Geh. 11,1%; JZ. 92,8; Verseifungsäquivalent 294,7; freie Fettsäuren 11,3%; Diene 8,7; Triene 5,4%; Tetraene 1,6%; Pentaene 1,5%; konjugierte Diene 1,1%; Triene 0,3%. Die gaschromatograph. Prüfung — ihr wird das Ergebnis der Esterfraktionierung an die Seite gestellt — ergibt: *Laurin-* (0,1%), *Myristin-* (0,8), *n-Pentadecan-* (0,6), *Palmitin-* (20,8), *n-Heptadecan-* (0,4), verzweigte C_{17}- (0,7), *Stearin* (u. darüber)- (5,6), ungesätt. C_{16}- (2,4), *Öl-* (44,9), *Linol-* (10,5), *Linolen-* (5,3) u. ungesätt. C_{20}-Säure (6,8). Unter Gegenüberstellung der erzielten Ergebnisse mit denen bei anderen Vögeln wird auswertend festgestellt, daß das Depotfett des Kiwi eine ähnliche Zus. aufweist wie das anderer Landvögel; ein Unterschied aber manifestiert sich in dem relativ hohen Geh. an höhermol. höherungesätt. Fettsäuren, deren Herkunft nicht sichergestellt werden konnte. K. TÄUFEL. 4520 □

Chromatographie der Phospholipide aus Kaninchenhaut. H. P. Schwarz, L. Dreisbach, R. Stambaugh, A. Kleschick und M. Barrionuevo. (Arch. Biochem. Biophysics **87.** 171–78. April 1960. Philadelphia, Pa., Gen. Hosp., Div. of Biochem.; engl.) — Vgl. C. **1961.** 16548. — Die *Lipide* aus Kaninchenhaut werden an einer Kieselgelsäule in ihre *Phospholipid*-Komponenten aufgetrennt. Durch Gradientenelution mit einem $CHCl_3/CH_3OH$-Gemisch u. reinem CH_3OH wird eine ausreichende Trennung erzielt. 91% des P werden wiedergefunden. Zur Analyse werden die Komponenten papierchromatograph., chem. u. durch ihr IR-Spektrum charakterisiert. Die Hauptkomponenten sind *Lecithin, Phosphatidyläthanolamin* u. *Phosphatidylserin.* Als nächste folgen in abnehmender Konz. *Polyglycerinphosphatide, Lysolecithin* u. *Sphingomyelin. Plasmalogen* u. zwei unbekannte Lipide, von denen das eine vielleicht „*Lysocephalin*" darstellt, kommen nur in geringen Mengen vor. Die Lecithinfraktionen enthielten (in abnehmender Konz.) Dien-, Tetraen- Pentaen- u. Trienfettsäuren in wenig veränderter Konz., ohne Rücksicht, ob die Haut vorher mit 4000–8000 r bestrahlt worden war.

J. STRUCK. 4520 □

Vorkommen eines organspezifischen Antigens in Verbindung mit der Mikrosomenfraktion von Pflanzenzellen und seine mögliche Bedeutung im Prozeß der Zelldifferenzierung. S. T. C. Wright. (Nature [London] **185.** 82–85. 9/1. 1960. Birmingham, Univ., Med. School, Dep. of Exp. Pathol.; engl.) — Mit Hilfe serolog. Rkk. mit spezif. Kaninchenantiserum wird nachgewiesen, daß in der Mikrosomenfraktion von Weizenkoleoptilen zur Zeit der Zelldifferenzierung ein *Antigen* auftritt, das wahrscheinlich diese Differenzierung hervorruft. H.-J. KOCH/Berlin. 4551 □

Chemische und histochemische Folgeerscheinungen bei der normalen Wundheilung. J. Englebert Dunphy und K. N. Udupa. (New England J. Med. **253.** 847–51. 17/11. 1955. Boston, City Hosp.; engl.) — Es wird der Ablauf der normalen Wundheilung, der mit der produktiven oder Substratphase beginnt, beschrieben. In dieser werden z. B. die für die in der 2. Phase stattfindenden Kollagen-Bldg. notwendigen Mucopolysaccharide u. lösl. Proteine gebildet. — 24 Literaturangaben. P. LOCH. 4552 □

Glucosamin- und Hydroxyprolin-Gehalt von Granulationsgewebe an verschiedenen Tagen der Wundheilung bei Albinoratten. M. Ahmad. (Ann. Biochem. exp. Med. [Calcutta] **21.** 295–306. Calcutta, Indian Inst. for Biochem. and Experim. Med.; engl.) — Der *Glucosamin* (**I**)-Geh. in der normalen Haut u. im Granulationsgewebe der Albinoratte nimmt bis zum 3. Tage der Wundheilung zu u. sinkt dann allmählich bis zum 12. Tage ab. Der *Kollagen* (**II**)-Geh. verhält sich umgekehrt. Bei dem anfänglichen Anstieg von **I** scheint es sich um eine Vorbereitungsphase für die Ablagerung von **II**-Fasern zu handeln. Im Schorf wurden **I** u. *Hydroxyprolin* (**III**) nachgewiesen. **I** im Schorf stammt wahrscheinlich aus dem Serum, kann aber z. T. auch im Granulationsgewebe gebildet worden sein. Die Ggw. von **III** im Schorf bestätigt die Ggw. von lösl. **II.**

K. ZINGRAF. 4552 □

Beweis für adrenergische und cholinergische Komponenten beim Milchsekretionsreflex der lactierenden Ratte. Clark E. Grosvenor und Charles W. Turner. (Proc. Soc. exp. Biol. Med. **95.** 719–22. Aug./Sept. 1957. Columbia, Mo., Univ. of Missouri, Dep. of Dairy Husbandry; engl.) — *Methylergonovintartrat* (*Methergin*) u. *Dihydroergotaminmethansulfonat* (*DHE 45*) sowie *Hydergin* (eine Mischung aus *Dihydroergocorninmethansulfonat* + *Dihydroergocristinmethansulfonat*) blockierten den Milchsekretionsreflex (MSR) lactierender Ratten. *Dibenaminhydrochlorid* bewirkte eine zentrale Erregung von 30–45 Min. Dauer, blockierte MSR jedoch nicht, wenn die Tiere während dieser Periode säugten; dagegen wurde MSR deutlich blockiert, wenn die Injektion 2 Std. vor dem Säugen erfolgte. *Atropinsulfat* blockierte MSR bei Anwendung 150–200 Min. lang, nicht jedoch 15–60 Min. lang vor dem Säugen. Alle Wrkg. auf MSR wurden durch *Oxytocin* aufgehoben. K. ZINGRAF. 4555 □

Die Steroidhormone in der Frühentwicklung. E. Witschi und E. Dale. (Успехи Современной Биологии [Fortschr. gegenwärt. Biol.] **53.** 124–29. Jan./Febr. 1962; russ.) — Übersicht über den neueren Stand der Frage. — 21 Literaturangaben (nichtsowjet.). O. LEBTAG. 4558 □

Enzymatische Analyse von Steroidhormonen. Paul Talalay. (Methods biochem. Analysis **8.** 119–43. 1960. Chicago, Ill., Univ. of Chicago; engl.) — Vgl. C. **1960.** 9597. — Zur enzymat. Best. von Steroiden im opt. Test mit *DPN*-abhängigen Rkk. stehen die *3-α-Hydroxysteroiddehydrogenase* (**I**), deren Substrate die 3-α-Hydroxy- u. 3-α-Ketosteroide der C_{19}-, C_{21}- u. C_{24}-Gruppe sind, die *β-Hydroxysteroiddehydrogenase* (**II**), deren Substrate die 3-β-Hydroxy- u. -Ketosteroide der C_{19}-, C_{21}-Gruppe u. 17-β-Hydroxy- u. -Ketosteroide der C_{18}- u. C_{21}-Gruppe sind, aus *Pseudomonas testoveroni,* sowie eine DPN- u. *TPN*-abhängige *17-β-Hydroxysteroiddehydrogenase* aus menschlicher Placenta u. eine

20-β-Hydroxysteroiddehydrogenase aus *Streptomyces hydrogenans* zur Verfügung. Aus auf *Testosteron*-haltigen Nährböden gezüchteten Ps. testoveroni wird **II** nach Zerstörung durch Ultraschall durch mehrmalige fraktionierte Fällung mit $(NH_4)_2SO_4$ u. Protaminsulfat unter Zusatz von 0,001 m Äthylendiamintetraacetat (EDTA zwischen 30 u. 40% u. **I** zwischen 45 u. 55% Sättigung abgetrennt. Die oxydativen Best. erfolgen in 3 ml mit 100 μm Na-Pyrophosphatpuffer von pH 9,5 mit 0,5 μm DPN, 1 mm Hydrazin, 0,1 ml Probe in CH_3OH nach Zugabe von **I** oder **II**. Mit Hilfe der gegenläufigen Rk. erfolgen die Best. in Phosphatpuffer von pH 5,5 mit 0,12 μm DPNH, 200 Einheiten Nicotinamidadenindinucleotidase aus Neurospora u. 0,1 ml Probe. Bei Best. im Urin werden nach Inkubation von 25 ml in Na-Acetatpuffer von pH 4,5, mit Glucuronidase die Steroide mit CH_2Cl_2 extrahiert, getrocknet, in CH_3OH gelöst, nach Passage über Amberlite MB-1 mit n-Hexan extrahiert, mit 70%ig. CH_3OH zurückgewaschen, getrocknet u. in 0,5 ml CH_3OH wieder gelöst. — 40 Literaturangaben. KLAUS BECKER. 4558□

Versagen adrenergisch und cholinergisch blockierend wirkender Stoffe bei der Blockierung der Ovulation der Ratte. Ward W. Moore. (Amer. J. Physiol. **200.** 1293—95. Juni 1961. Indianapolis, Ind., Indiana Univ., School of Med., Dep. of Physiol.; engl.) — Es werden Resultate vorgelegt, nach denen offenbar an der spontanen Freisetzung von *ovulationsinduzierendem Hormon* (LH) bei der Ratte keine adrenerg. oder cholinerg. Vermittlersubstanz beteiligt ist; die hypothet. aus dem Hypothalamus freigesetzte Substanz scheint demnach nicht adrenerg. oder cholinerg. Natur zu sein. Mit Hilfe von *Dibenamin* (*N.N-Dibenzyl-β-chloräthylamin*; 30 mg/kg), *Dibenzylin* (*N-Phenoxyisopropyl-N-benzyl-β-chloräthylamin*; 10 mg/kg) u. *Pathilon* (*3-Diäthylamino-1-cyclohexyl-1-phenyl-1-propanoläthojodid*; 35 mg/kg) ließ sich zwar die Freisetzung von LH wirksam blockieren, wenn die subkutanen Injektionen vor der „krit. Periode" am Tag des Proöstrus erfolgten; am Tage des Proöstrus injiziert, konnte mit diesen Substanzen jedoch keine Blockierung der LH-Freisetzung mehr ausgeübt werden. Bei täglicher, nachmittags erfolgender Injektion der Substanzen kam es zur Unterbrechung der vaginalen Cyclen, die jedoch dann nach 12—16tägiger Behandlung zur Norm zurückkehrten. Wurde nach einer derartigen Vorbehandlung eine der Substanzen am Tage des Proöstrus 2mal injiziert, so kam es zur Freisetzung von LH in 80% der Fälle mit normaler Ovulation. An Hand von Unterss. des Nebennierenascorbinsäure-Geh. zeigte sich, daß die Tiere innerhalb von 9 Tagen eine Anpassung an die verabreichten Medikamente bzgl. deren unspezif. Stress-Wrkg. vollzogen. Die 3 Substanzen verhüten die LH-Freisetzung im 1. Vers. nicht auf Grund ihrer spezif. Blockierungs-Wrkg., sondern auf indirekte Weise. Zwischen der LH-Freisetzung u. der von adrenocorticotropem Hormon besteht eine Beziehung. U. TAUSENDFREUND. 4559□

Über den Einfluß der Östrogene im Organismus von ovarektomierten Tieren auf einige Fermente des Kohlenhydratumsatzes. L. M. Makarewitsch-Galperin und Ss. N. Uschenko. (Український Біохімічний Журнал [Ukrain. biochem. J.] **34.** 245—52. 1962. Charkow, Ukrain. Inst. für exper. Endokrinol.; ukrain., Auszug: engl.) — Die Unterss. über die Aktivität von *Amylase* (**I**), *Phosphorylase* (**II**) u. *Phosphoglucomutase* (**III**) in der Leber der Ratte bei Zufuhr von *Östron* (**IV**), *Synöstrol* (**V**) oder *Octöstrol* (**VI**) bei Ovarektomie ergaben, daß die **I**-Aktivität durch **V** u. **VI** herabgesetzt wird. Durch **IV** wird sie etwas erhöht. Die Aktivitäten der spaltenden **II** u. **III** werden durch **V** u. **VI** stark herabgesetzt. Die Aktivität der synthetisierenden **II** wird durch **IV**, **V** u. **VI** nicht verändert. Die **III**-Aktivität wird durch **IV** nicht verändert. Auf Grund der Vers.-Ergebnisse nehmen Vff. an, daß die Verschiedenheit der Wrkg. von **IV** bzw. **V** u. **VI** auf das Glykogen der Leber darauf beruht, daß **V** u. **VI** eine stärkere Glykogenanreicherung in der Leber bewirken als **IV**, weil sie die Amylolyse u. Phosphorolyse herabsetzen. O. LEBTAG. 4559□

Wirkung des Nortestosterons auf die Entwicklung der Embryonen des Huhns. P. De Franciscis und F. Mattaceraso. (Boll. Soc. ital. Biol. sperim. **37.** 1030—32. 31/10. 1961. Neapel, Univ., Ist. di Fisiol. Umana; ital.) — Am 4. Tag der Inkubation Hühnereiern injiziertes *17-Methyl-19-nortestosteron* führt schon bei Dosen von 0,625 mg zu einer Mortalität von 46,6% (bei 1 mg Progestosteron sind es 11,6%); bei 1,25 mg sind 93,3%. F. KREN. 4559□

Ultrastrukturelle Veränderungen und Ansammlung von Glykogen in den Zylinderzellen der Mucosa des menschlichen Uterus durch Einwirkung von Östradiol und Progesteron bei der ovarektomierten Frau. R. Moricard, F. Moricard, S. Gothié, R. Cartier und J. Hugon. (C. R. Séances Soc. Biol. Filiales **155.** 1831—36. 1961. Paris, Hôp. Broca, École pratique des Hautes Études, Labor. d'Hormonol. et de Cytol. exp. Consultation d'Endocrinol. de la clin. Gynécol.; franz.) — Vff. stellten zwischen dem 10. u. 15. Tage nach Injektion von *Östradioldipropionat* (**I**; Dosis: einmalig 20 mg) bzw. nach

Injektion von *Östradiolbenzoat* (Gesamtdosis: 30 mg; Einzeldosis: 5 mg; 6malige Injektion innerhalb von 15 Tagen) eine Proliferation der Zylinderzellen des Uterus ovarektomierter Frauen u. am basalen Pol der Zellen ein Anwachsen des endoplasmat. Reticulums sowie andere Zellveränderungen fest. Werden I (Dosis wie vorst.) u. 10 Tage danach 150 mg *Progesteron* verabfolgt, so macht sich neben ultrastrukturellen Veränderungen eine Ansammlung von *Glykogen* im basalen Teil der Zylinderzellen bemerkbar. — Die histolog. Befunde werden ausführlich dargelegt. — 4 Mikrophotos. H. KOCKERT. 4559□

Stoffwechsel von Östrogenen in durch Perfusion in vitro künstlich überlebenden menschlichen Placenten. Lise Cedard, Jayques Varangot und Sylvain Yannotti. (C. R. hebd. Séances Acad. Sci. **254.** 1870—71. 5/3. 1962. Paris, Maternité de Port-Royal, Fac. de Méd., Clinique Obstétric. et Gynécol.; franz.) — Es werden 36 menschliche Placenten nach asept. Isolierung in einem geschlossenen Syst. bei 37° mit einer Glucose, Papaverinhydrochlorid u. Citratblut enthaltenden RINGER-Lsg. (pH 7,5) perfundiert u. nach 1 Std. in der Perfusions-Fl. der Geh. an freien u. konjugierten *Östrogenen* bestimmt. Die Placenten geben in dieser Zeit 12,0 ± 7,2 [μg] freies u. 3,5 ± 4,6 konjugiertes *Östron* (I), 3,1±2,1 freies u. 1,4±2,6 konjugiertes *Östradiol* (II) sowie 29,7 ± 18,8 freies u. 5,6 ± 4,1 konjugiertes *Östriol* (III) an die Perfusions-Lsg. ab. Danach werden in der perfundierten Placenta beträchtliche Menge an Östrogenen freigesetzt, wobei die freien Verbb. gegenüber den konjugierten überwiegen. Die überlebende Placenta ist weiterhin in der Lage, Östrogene ineinander umzuwandeln, wie an der Bldg. von III aus zugesetztem II bei gleichzeitiger Zugabe von Choriongonadotropin gezeigt wird. In diesem Fall überschreitet der III-Geh. der Lsg. jedoch nicht 5% des Gesamtöstrogengehalts. Da andererseits ohne Östrogenzusatz der III-Geh. nach längerer Perfusionszeit progressiv auf wenigstens 90% des Gesamtöstrogen-Geh. ansteigt, wird angenommen, daß die Umwandlung von I u. II nicht der einzige Weg der Synth. von III ist. H.-J. KOCH/Berlin. 4559□

Transaminasenaktivität nach Methyltestosteron-, Testosteronpropionat-, Chlorpromazin- und Methylthiouracilbehandlung. V. Petera und V. Lahn. (Experientia [Basel] **16.** 453—54. 15/10. 1960. Plzeň, Med. Univ.-Klin.; dt.) — *Methyltestosteron* ruft im Vgl. zu *Chlorpromazin* wesentlich öfter einen Aktivitätsanstieg der Serum-*Transaminasen* hervor. *Testosteronpropionat* u. *Methylthiouracil* zeigen keine Wirkung. P. GREGORZEWSKI. 4559□

Ein neuer Metabolit von Testosteron. David K. Fukushima und H. Leon Bradlow. (J. biol. Chemistry **237.** PC 975—PC 976. März 1962. New York, N.Y., Sloan-Kettering-Inst. for Cancer Res.; engl.) — Bei verschiedenen Patienten wird nach Verabfolgung von *^{14}C-Testosteron* aus dem Urin neben *Androsteron* u. *Ätiocholanolon* in einer zwischen 1—3 u. 10—15% schwankenden Ausbeute eine höher polare radioakt. Verb. isoliert, die auf Grund ihrer chem. u. physikal. Eigg. als *3α.18-Dihydroxy-5β-androstan-17-on*(I), $C_{19}H_{30}O_3$, Doppel-F. 206—208/214,5°, $[\alpha]_D^{29}$ +93,5° (A.), erkannt wird. I liefert bei der Alkalibehandlung unter Bldg. von *CH_2O* *3α-Hydroxy-18-nor-5β.13α-androstan-17-on*, F. 152—154°. H.-J. KOCH/Berlin. 4559□

Histologische Veränderungen in den Nebennieren infolge längerer Verabreichung von Östrogenen. M. D. Podilchak und P. P. Kalynyuk. (Folia biol. [Praha] **6.** 365—69. Okt. 1960. Lvov, Med. Inst., Dep. of Morbid Anat.; engl.) — Nach länger dauernder parenteraler Anwendung des Östrogens *Synöstrol* war bei ♀ Kaninchen eine Vergrößerung der Nebennieren (diffuse u. adenomatöse Hyperplasie, Adenom-Bldg. u. Prolaps-artige Konstriktion der Rinde) u. eine Zunahme der Lipide im Protoplasma der Rindenzellen zu beobachten. K. ZINGRAF. 4559□

Luteinisierungshormon bei andauerndem vaginalen Östrus. G. P. van Rees und J. J. van der Werff ten Bosch. (Nature [London] **192.** 876—77. 2/12. 1961. Leyden, Univ. Hosp., Dep. of Clin. Endocrinol. and Diseases of Metabolic; Univ. of Leyden, Dep. of Pharmacol.; engl.) — Hypophysektomierten jungen ♂ Ratten wurde täglich 2mal 0,5 ml Hypophysenhomogenat (H) über 6 Tage subkutan injiziert. Das Gew. der Prostata diente als Index für die Aktivität des *Luteinisierungshormones* (I) der Hypophyse. Ratten mit permanentem Östrus (A) wiesen einen hohen Geh. an I, vergleichbar mit dem normaler Tiere in der späten Diöstrusphase (B), auf. Das Gew. der Prostata wie auch der Hoden war bei A u. B erheblich höher als das von Ratten, die mit H aus Tieren im Östrus oder frühem Diöstrus behandelt wurden. Ein permanenten Östrus verursachender Hypothalamusschaden blockierte demnach nicht unbedingt die I-Bldg. in der Hypophyse. Der hohe I-Geh. in H beruhte möglicherweise auf einer erhöhten Bldg. oder einer blockierten Freisetzung durch Basalschaden des vorderen Teils des Hypothalamus einschließlich des dorsalen u. kaudalen Endes des Chiasmas. Der I-Geh. im Serum war bei Ratten in B hoch, während in A nur sehr geringe Mengen gefunden wurden. J. BOELTER. 4560□

Wirkung von Wachstumshormon auf den Ribonucleinsäurestoffwechsel. 1. Mitt. **Einbau von radioaktivem Phosphat in Ribonucleinsäurefraktionen von Rattenleber.** G. P. Talwar, N. C. Panda, G. S. Sarin und Ambika J. Tolani. (Biochem. J. **82.** 173—75. Jan. 1962. New Delhi, India, All-India Inst. of Med. Sci., Dep. of Biochem.; engl.) — Ratten erhielten intraperitoneal *Wachstumshormon* (I; *Antuitrin-G*, PARKE, DAVIS AND CO., LTD.; 6 Einheiten/100 g Körper-Gew.) u. nach 5 Std. 100 μc $Na_2H^{32}PO_4$. Nach 1 Std. wurde die Leber isoliert u. in verschiedenen subcellulären Fraktionen die spezif. Aktivität von ^{32}P in der *Ribonucleinsäure* (II) bestimmt. I steigerte den ^{32}P-Einbau in II von Nucleolen u. Mikrosomen, weniger stark bei lösl. II von Kernen u. Cytoplasma. Nach teilweiser Hepatektomie 25 Std. vor ^{32}P-Injektion war die Aktivitätszunahme in allen Fraktionen ähnlich. I steigerte den Geh. an II nur in der Nucleolenfraktion, während er in den Mikrosomen abnahm. In regenerierender Leber stieg der II-Geh. in der Nucleolen- > lösl. Kern > lösl. Cytoplasmafraktion.
H. LOHSCHELDER. 4560 □

Wirkung von Wachstumshormon auf den Ribonucleinsäurestoffwechsel. 2. Mitt. **Wirkung von Wachstumshormonverabreichung auf die Aktivitäten der 5'-Nucleotidase, Adenase, Guanase und Xanthinoxydase.** N. C. Panda, B. K. Goel, M. Mansoor und G. P. Talwar. (Biochem. J. **82.** 176—79. Jan. 1962; engl.) — 1. vgl. vorst. Referat. — Ratten erhielten intraperitoneal täglich 0,5 Einheiten *Wachstumshormon* (I) für 3 Wochen bzw. 1 Einheit für 2 Wochen. I bewirkte Steigerung der Aktivitäten der *5'-Nucleotidase* u. der *Guanase* (II) u. Verminderung der *Xanthinoxydase* in der Leber. 6 Std. nach Injektion von 6 Einheiten I/100 g Körper-Gew. wurde gesteigerte II-Aktivität beobachtet. H. LOHSCHELDER. 4560 □

Wirkung von Melanophorenhormonen (MSH) auf die Schilddrüsenfunktion des Meerschweinchens. Georges Čehović. (C. R. hebd. Séances Acad. Sci. **254.** 1872—74. 5/3. 1962. Paris, Coll. de France, Labor. d'Endocrinol.; franz.) — Vf. stellte fest, daß synthet. u. natürliches *α-Melanophorenhormon* (*α-MSH*) auf die Schilddrüsenfunktion beim Meerschweinchen stimulierend wirkt. — 4 Mikrophotos. H. KOCKERT. 4560 □

Vergleich des Hydrocortisonstoffwechsels bei zwei Varianten von Fibroblastenkulturen. B. I. Grosser, M. L. Sweat, D. L. Berliner und T. F. Dougherty. (Arch. Biochem. Biophysics **96.** 259—64. Febr. 1962. Salt Lake City, Utah, Univ. Coll. of Med., Dep. of Anatomy, Obstetrics and Gynecol.; engl.) — Mit ^{14}C markiertes *Hydrocortison* (I; *Δ⁴-Pregnen-11β.17α.21-triol-3.20-dion*) wird in Konzz. von 0,3 μg/ml durch Fibroblastenkulturen, Stamm U 12—79, in REICHENSTEINs *Verb. E* (*Δ⁴-Pregnen-11β.-17α.20β.21-tetrol-3-on*), *Cortison* (*Δ⁴-Pregnen-17α.21-diol-3.11.20-trion*), *Corticosteron* (*Δ⁴-Pregnen-11β.21-diol-3.20-dion*), *Δ⁴-Androsten-11β-ol-3.17-dion* u. eine nicht identifizierbare Verb. verwandelt, bei höheren Konzz. (0,9 μg/ml) entsteht außerdem *Δ⁴-Pregnen-11β.17α.20α.21-tetrol-3-on* (REICHSTEINs *Verb. E-20α*). Ein aus U 12—79 isolierter Stamm U 12—35, der gegen die wachstumshemmende Wrkg. von I 250mal resistenter ist als der Ausgangsstamm, wandelt I mindestens zweimal so schnell in die gleichen Prodd. um. Wahrscheinlich ist der erhöhte I-Stoffwechsel im Zusammenhang mit der geringeren Toxizität der Prodd. nicht allein für die erhöhte I-Resistenz verantwortlich zu machen.
H.-J. KOCH/Berlin. 4561 □

Plasmafreie Corticosteroidreaktion auf Elektroschock bei während der Infantilität stimulierten Ratten. Seymour Levine. (Science [Washington] **135.** 795—96. 9/3. 1962. Palo Alto, Calif., Stanford Univ., Dep. of Psychiatry.; engl.) — Während der Säugeperiode durch Injektion von hyperton. Glucose-Lsg. stimulierte Ratten reagieren im Alter von 70 Tagen auf Elektroschock mit einer Erhöhung der zirkulierenden *Corticosteroide* (I) innerhalb 15—30 Sek., während nicht vorbehandelte Tiere erst nach ca. 5 Min. in der gleichen Weise reagieren. Der I-Spiegel der vorbehandelten Tiere ist bis 15 Min. nach der Schockbehandlung signifikant höher als der der unbehandelten. Danach reagieren die vorbehandelten Tiere nicht schwächer, sondern „zweckmäßiger" auf Stressbedingungen, wobei vermutlich auch die Reizschwelle für die Noxen erhöht ist.
H.-J. KOCH/Berlin. 4561 □

Beschleunigung der Hydroxylierung von Steroiden in Nebennierenrindenhomogenaten durch Noradrenalin. David Y. Cooper und Otto Rosenthal. (Arch. Biochem. Biophysics **96.** 327—30. Febr. 1962. Philadelphia, Pa., Univ., School of Med., Harrison Dep. of Surgical Res.; engl.) — Die Hydroxylierung von *Progesteron* (I), *17α-Hydroxyprogesteron* (II), *Cortexon* (III) u. *17α-Hydroxycortexon* (REICHSTEINs *Verb. S*; IV) durch Rindernebennierenrindenhomogenat ein Ggw. von 0,3—0,4 mm *Noradrenalin* (V) wird unter Verw. von ^{14}C-markierten Substraten untersucht. Ohne Zusatz von V sind die hauptsächlichen Umwandlungs-Prodd. aus I *Cortisol* (VI) u. *Corticosteron* (VII), aus II werden VI u. IV gebildet, aus III entstehen VII u. 3 nichtidentifizierte Verbb. u. aus IV zu 95—98% **VI** u. 2 der unbekannten Verbindungen. In Ggw. von **V** wird ausschließlich die 21-Hydroxylierung, jedoch nicht die 11β-Hydroxylierung beschleunigt. Möglicherweise beschleunigt **V** auch die 17-Hydroxylierung. H.-J. KOCH/Berlin. 4561 □

Wirkung von Noradrenalin und Ascorbinsäure auf die $C_{(21)}$-Hydroxylierung von Steroiden durch Nebennierenrindenmikrosomen. David Y. Cooper und Otto Rosenthal. (Arch. Biochem. Biophysics **96**. 331—35. Febr. 1962; engl.) — Vgl. vorst. Referat. — Die Hydroxylierung von *17α-Hydroxyprogesteron* am $C_{(21)}$ zu *17α-Hydroxycortexon* (REICHSTEINS *Verb. S*) durch isolierte Mikrosomen aus Rindernebennieren wird durch *D-Adrenalin* (**I**) u. *D-Noradrenalin* (**II**) in Konzz. von ca. 10 mm um 30—60% erhöht, durch *Ascorbinsäure* (**III**) in ca. der gleichen Konz. um 30—60% gehemmt. Höhere Konzz. haben meist keinen entsprechenden weiteren Effekt zur Folge. Bei einem Verhältnis von **I** bzw. **II** zu **III** von 0,5—2,0 heben sich die Wrkg. bei verschiedenen Mikrosomen-Präpp. auf. Das Optimum der *$C_{(21)}$-Hydroxylase* (**IV**) liegt bei pH 7,0 (6,9—7,4); **II** stimuliert nur bei pH 6,9—7,4, **III** hemmt über den ganzen pH-Bereich. **III** erhöht die O_2-Aufnahme u. die Oxydations-Geschw. von red. *Triphosphopyridinnucleotid* (**V**) in den Mikrosomen, **II** hemmt diese Reaktionen. Vermutlich beeinflussen Brenzcatechinamine u. **III** antagonist. die Geschw. von Neben-Rkk., die mit der **IV** bei der Oxydation von **V** konkurrieren. H.-J. KOCH/Berlin. 4561 □

Die Verteilung der Brenzcatechinamine in Homogenaten des Nebennierenmarkes des Rindes. N. R. Eade. (J. Physiology **141**. 183—92. 3/4. 1958. Oxford, Univ., Dep. of Pharmacol.; engl.) — Die „Großgranula"-Fraktion von Rindernebennierenmark wird in Saccharose-Lsg. mit 142000·g zentrifugiert. Das erhaltene Sediment enthält mehr *Noradrenalin* u. weniger *Adrenalin* als die Großgranula. — Das *Dopamin* wird in der partikelfreien Fraktion (25%) der Großgranulafraktion (71,4%) u. in der Mikrosomenfraktion (3,6%) gefunden. A. SCHMIDT. 4561

Einfluß der Brenzcatechinamine auf die Oxydationsprozesse in der Norm und bei experimenteller Hypertonie. M. Ju. Gaissinska und A. M. Utjewski. (Український Біохімічний Журнал [Ukrain. biochem. J.] **34**. 237—44. 1962. Charkow, Med. Inst., Lehrst. für Biochem.; ukrain., Auszug: engl.) — Untersucht wurde der Einfl. von *Adrenalin* (**I**), *Noradrenalin* (**II**), *Adrenochrom* (**III**) u. *Adrenoxyl* (**IV**) auf die Gewebeatmung des Kaninchenherzens in der Norm u. bei experimenteller Hypertonie (a bzw. b). Danach ist bei a u. b das Vol. der spontanen Atmung sehr gering. Zufuhr von 40 γ **I** intensiviert sowohl bei a als auch bei b etwas die Atmung. Zusatz von 80 γ **II** ist fast ohne Einfluß. In Ggw. von *Na-Succinat* (**V**; 5 γ) ist der O_2-Verbrauch bei a u. bei b stark erhöht. Durch 5 γ **I** u. **II** in Ggw. von **V** wird die Gewebeatmung bei a u. b intensiviert. Durch 8 γ **III** wird der O_2-Verbrauch bei a u. b vermindert. Durch Zusatz von 30 γ **I** u. **IV** wird die Atmungsintensität in Ggw. von **V** bei a erhöht. Dieser Effekt wird nur in einem Zeitraum von 15 Min. beobachtet. O. LEBTAG. 4561 □

Der Einfluß der Schilddrüse bei Reaktionen auf O_2 unter Atmosphärendruck. Charles W. Smith, John W. Bean und Robert Bauer. (Amer. J. Physiol. **199**. 883—88. Nov. 1960. Ann Arbor, Mich., Univ. of Michigan, Dep. of Physiol.; engl.) — Es wurde der Einfl. vergrößerter Schilddrüse auf die Rk. bei normalen u. hypophysektomierten Ratten durch ständige O_2-Einw. unter Atmosphärendruck untersucht. Verfüttern getrockneter Schilddrüse oder Injektion von *Thyroxin* steigerten die schädlichen O_2-Wirkungen. Der Schutz, den Hypophysektomie gegen die O_2-Toxizität verleiht, beruht teilweise auf Eliminierung von Thyrotropin u. die dadurch bedingte Verminderung der Schilddrüsensekretion. Möglicherweise erleichtert bei längerer O_2-Exposition ein direkter zentraler Einfl. des O_2 die Abgabe von neurogenen u. Hormonfaktoren, die die Lungenschädigung verstärken. K. MAIER. 4562 □

Schilddrüsenfunktion und peripherer Thyroxinstoffwechsel nach Blutung bei der Ratte. Stanley Lang. (Amer. J. Physiol. **200**. 1335—39. Juni 1961. St. Louis, Mo., Jewish Hosp. of St. Louis, Surg. Sect. of the Res. Inst.; Washington Univ., School of Med., Dep. of Physiol.; engl.) — Nach akuter, massiver Blutung (fast 50% des Gesamt-Blut-Vol.) war bei der Ratte nur eine geringe, wenn auch signifikante Verminderung des Serum-Geh. an *proteingebundenem J* festzustellen; diese Verminderung ging nicht mit einer zusätzlichen *Thyreotropin*-Freisetzung einher. Außerdem wurde eine Steigerung des *Schilddrüsem—J/Serum-J*-Quotienten beobachtet sowie eine Verminderung der *J*-Ausscheidung in der Gallen-Fl., die sich aber bald wieder normalisierte. Die periphere *Thyroxin*-Verwertung war vermutlich gehemmt, da keinerlei Veränderung der Thyroxin-Abbau-Geschw. (Eliminierung aus dem Kreislauf) nach der Blutung auftrat. U. TAUSENDFREUND. 4562 □

Der Jodstoffwechsel in der Schilddrüse der Ratte. Rosalind Pitt-Rivers. (Biochem. J. **82**. 108—11. Jan. 1962. London, Nat. Inst. for Med. Res.; engl.) — ♂ Ratten wurde $Na^{131}J$ (10—50 μc) intraperitoneal bzw. subkutan injiziert. Nach der Tötung wurden die Schilddrüsen (Sch) entnommen u. die Aktivität bestimmt. Nach Hydrolyse mit Pankreatin wurden die ^{131}J-Verbb. papierchromatograph. aufgetrennt u. die Aktivität gemessen. Die ^{131}J-Aufnahme durch Sch erreichte nach 16 Std. ihr Maximum mit 16—20% der applizierten Aktivität u. war nach 48 Std. auf 6% abgefallen. *Monojodtyrosin* (I) erreichte 30 Min. nach Injektion seine höchste Aktivität mit 40% der Gesamtaktivität. Die Aktivität fiel danach stark ab; nach 8 Std. in geringerem Tempo (nach 50 Std. 15%). ^{131}J in *Dijodtyrosin* (II) besaß nach 2—4 Std. mit 45% der eingesetzten Aktivität das Maximum u. behielt die Aktivität über 48 Stunden. *Trijodthyronin* (III) u. *Thyroxin* (IV) erreichten mit 2,8 bzw. 14% 6 bzw. 14 Std. nach Injektion ein über die Vers.-Dauer konst. Maximum. Auf Grund der relativen spezif. Aktivitäten wird angenommen, daß I der Vorläufer von II ist, während III u. IV durch einen Kupplungsmechanismus aus I bzw. II gebildet werden. J. BOELTER. 4562□

Die Bestimmung des Thyroxins im Plasma des Menschens auf elektrophoretischem Wege. R. P. Ekins. (Clin. chim. Acta [Amsterdam] **5.** 453—59. Juli 1960. London, Middlesex Hosp. Med. School, Physics Dep.; engl.) — Die Meth. zur Best. von *Thyroxin* (I) im Blut beruht auf der quant. Abhängigkeit der Verteilung des I zwischen *Albumin* u. I-bindendem Protein, wenn exogenes ^{131}J-I dem Serum in vitro zugesetzt wird. Die Genauigkeit der Meth. beträgt ca. 5—10%. K.-F. MÜLLER. 4562□

Untersuchungen über kropfverursachende Bestandteile in der Nahrung. 3. Mitt. **Kropfbildende Wirkung einiger aus eßbaren Nüssen isolierter Glykoside.** N. R. Moudgal, E. Raghupathy und P. S. Sarma. (J. Nutrit. **66.** 291—303. 10/10. 1958. Madras, Univ., Biochem. Labor.; engl.) — 2. vgl. C. **1961.** 1618. — *Arachidosid* (aus Erdnuß), *Anacardiosid* (aus *Anacardium occidentale*), *Almond-Anthocyanin* (aus *Prunus amygdalus*) u. *Arecacatechin* (aus *Areca catechu*) führen bei Ratten nach 7wöchiger täglicher Fütterung von 20 mg zur Bldg. von Kropf u. zu einer Verringerung des *J*-Geh. der Schilddrüse. Die Pigmente reagieren in vitro an der organ. J-Bindung u. inhibieren dadurch die Bldg. von *Dijodtyrosin* u. *Thyroxin.* Gleichzeitige KJ-Fütterung an Ratten hebt die Wrkg. der Pigmente teilweise auf. P. GREGORZEWSKI. 4562□

Die Wirkung des gebundenen Insulins auf die Respirationsgeschwindigkeit und Elektrolyte des intakten Froschmuskels. J. F. Manery, K. E. O'Niell, J. W. Meakin, E. E. Dryden und J. C. Duffield. (Canad. J. Biochem. Physiol. **38.** 1281 bis 1294. Nov. 1960. Toronto, Univ. of Toronto, Dep. of Biochem. and Zoology; engl.) — In RINGER-Lsg. sich befindende Froschmuskel erhielten *Insulin*-Gaben für verschiedene Zeiten (5—40 Min.), danach wurden sie mit Insulin-freier RINGER-Lsg. gewaschen. Im Anschluß wurde in WARBURG-Gefäßen in Ggw. von Lactat die Respiration u. die K^+-, Na^+- u. PO_4^{3-}-Aufnahme gemessen. Insulin stimulierte die Respiration u. die K^+- u. PO_4^{3-}-Aufnahme, es bewirkte einen Verlust an Na^+. Durch Waschen mit RINGER-Lsg. ist nicht alles Insulin aus dem Muskel zu entfernen. Die Wrkg. war die gleiche, wenn die Bindung bei pH 7,6 oder 6,0 erfolgte. W. HILLER. 4564□

Steigerung der Insulinwirkung auf den extrahepatischen Galaktosetransport durch Hypophysektomie. Norio Kokka und Leslie L. Bennett. (Amer. J. Physiol. **200.** 1311—14. Juni 1961. San Francisco, Calif., Univ. of California, Med. School, Dep. of Physiol.; engl.) — Bei Prüfung der *Insulin* (I)-Wrkg. auf den durch entsprechende Injektionen bei eviscerierten u. nephrektomierten Ratten im Gleichgewicht gehaltenen *Galaktose* (II)-Spiegel erwiesen sich hypophysektomierte Tiere als empfindlicher gegenüber der I-Wirkung. So wurde der II-Spiegel im Blut bei hypophysektomierten Tieren bereits durch 0,01 Einheiten I/kg gesenkt, während nichthypophysektomierte Kontrolltiere auf diese geringe I-Menge noch gar nicht reagierten; 0,02 Einheiten I/kg bewirkten stärkere Veränderungen im Blut-II-Spiegel als bei den Kontrollen. Die Verteilungs-Voll. von II wurden durch Hypophysektomie nicht verändert. Vorherige *Wachstumshormon*-Verabreichung war auf die Ergebnisse ohne Einfluß.
U. TAUSENDFREUND. 4564□

Wirkung von Insulin auf den Kaliumtransport in der isolierten Rattenleber. Glenn E. Mortimore. (Amer. J. Physiol. **200.** 1315—19. Juni 1961. Bethesda, Md., Nat. Inst. of Health, Nat. Inst. of Arthritis and Metabol. Dis., Clin. Endocrinol. Branch; engl.) — An der isolierten (von kurzzeitig gefasteten Ratten stammenden), cycl. durchströmten Leber konnte ein *Insulin* (I)-Phänomen nachgewiesen werden, dessen stoffwechselmäßige Bedeutung zwar noch nicht erkannt ist, bei welchem I jedoch in niedrigen Konzz. eine Rolle bei der Erhaltung des Leber-Wasser- u. K-$^+$-Geh. spielt. So zeigte sich bei der Durchströmung der Leber mit Rattenblut innerhalb von 60 Min. ein Verlust von 7,5% der Leber-K^+ an das Serum; durch geringe Konz. von I konnte diese K^+-Abgabe gehemmt werden, u. zwar maximal durch $1{,}2 \cdot 10^{-9}$m I u. mehr; da gleichzeitig das Leber-Gew. ohne I geringer wurde als mit I, wird auf eine mit dem K^+-Verlust einhergehende *Wasser*-Abgabe geschlossen (die Leber-K^+-Konz./Gew.-Einheit war gleich geblieben). U. TAUSENDFREUND. 4564□

Trennung der Insulinwirkungen auf K-Gehalt und O_2-Verbrauch des Froschmuskels mit Herzglykosiden. D. R. H. Gourley. (Amer. J. Physiol. **200.** 1320—26. Juni 1961. Charlottesville, Va., Univ. of Virginia, School of Med., Dep. of Pharmacol.; engl.) — *Digoxin* (I), *Deslanosid* (II) u. *Ouabain* (III) verursachten in Konzz. von 10^{-9} bis 10^{-4}m einen *K*-Verlust des isolierten intakten Froschskelettmuskels in Ggw. von *Lactat* als Substrat. Die 10^{-7} bis 10^{-4}m Konzz. der Glykoside hatten kaum Einfl. auf den O_2-Verbrauch; die Anregung des O_2-Verbrauchs durch *Insulin* (IV) wurde durch Zufügung von 1 μm jedes dieser Glykoside nicht verändert. Jedoch konnte die durch IV ausgeübte Stimulierung der K-Aufnahme durch die Muskulatur vollständig durch I u. fast völlig durch II blockiert werden; IV u. III zusammen bewirkten einen größeren K-Verlust als er durch III allein zustande kommt. Die Mechanismen dieser Wrkg. auf den Muskel-K-Geh. durch IV-Glykosid-Kombinationen sind zur Zeit noch nicht voll erklärbar; möglicherweise wirkt IV auf wenigstens zwei unterschiedliche Stellen der Muskulatur: Das K-Transportsyst., welches auch durch die Glykoside beeinflußt wird, u. den Lactatoxydationsmechanismus. U. TAUSENDFREUND. 4564□

Immunochemische Untersuchungen mit Insulin. 2. Mitt. **Die Spezifität des Insulin neutralisierenden Antikörpers und experimentelle Diabetes.** Masayasu Kitagawa, Kaoru Onoue, Yutaka Okamura, Motoaki Anai und Yuichi Yamamura. (J. Biochemistry [Tokyo] **48.** 483—89. Okt. 1960. Fukuoka, Kyushu Univ., Fac. of Med., Dep. of Biochem.; engl.) — 1. vgl. J. Biochemistry [Tokyo] **48.** [1961.] 43.— Meerschweinchenimmunserum (MS) gegen Ochsen-*Insulin* (I) neutralisierte Ochsen-, Schweine-, Wal-, Hunde-, Kaninchen- u. Bonito-I, nicht aber Meerschweinchen-I. Ebenso wurden endogenes Mäuse- u. Kaninchen-I neutralisiert. MS-Injektionen riefen bei Mäusen ein auf I-Mangel beruhendes diabet. Syndrom hervor. Immunisierte Meerschweinchen gaben gegen Ochsen-, Schweine- u. Wal-I eine Hautreaktion. K. MAIER. 4564□

Einfluß von Arylsulfonylharnstoffen auf die Aktivität der Monoaminooxydase. Ryszard Gryglewski und Krzysztof Kądzielawa. (Dissertat. pharmac. [Warszawa] **13.** 111—16. 1961. Kraków, PAN, Zakł. Farmakol.; pol.) — *Orinase* (I; *N-[p-Toluolsulfonyl]-N'-butylharnstoff*) ist ein schwacher Inhibitor für die *Monoaminooxydase* (MAO), es hemmt in vitro MaO der Rattenleber in 10^{-2}m Konz. zu 20%, während N-[p-Fluorbenzolsulfonyl]-N'-isopropylharnstoff (II) unter denselben Bedingungen zu 30% wirksam ist. Marsilid hemmt im Vgl. dazu die Aktivität von MaO in 10^{-3}m Konz. zu 70%. Sulfathiazol hat auf MAO keine Wirkung. In vitro verstärken I u. II in Mengen von 50—100 mg/kg die Wrkg. von gleichzeitig appliziertem Tyramin (30—50 γ/kg) auf den Blutdruck u. das 3. Augenlid von Katzen. — 46 Literaturangaben. F. URBAN. 4564□

Wirkungen von Hormonen und hypoglykämisch wirkenden Substanzen auf das Hodenfett der Ratte. T. C. Smith, L. Will, J. Oleson, K.-F. Benitz, J. Perrine und I. Ringler. (Amer. J. Physiol. **200.** 1277—84. Juni 1961. Pearl River, N.Y., Lederle Labor., Exp. Therapeut. Res.; engl.) — Es wurden Unterss. über den Einfl. einer Reihe von Substanzen auf den Fettstoffwechsel unter Prüfung der Lipoidveränderungen am *Hodenfett*-Körper, in situ oder nach Homotransplantation, bei der Ratte angestellt. Durch 4 Einheiten *Protamininsulin*/Tag, subkutan, für 2 Wochen, kam es zur Steigerung des Fett-Geh. im Hodenfettkörper, zusammen mit einer Erhöhung der Futteraufnahme in 3 von 5 Fällen. *Hydrocortisonacetat* (625—10000 μg/Tag), *Triamcinolondiacetat* (62,5—1000 μg/Tag), *Diäthylstilböstrol* (1 μg/Tag) verursachten Verminderungen des Fett-Geh. mit unveränderter oder verminderter Nahrungsaufnahme. *Epinephrinhydrochlorid* (10 μg/100 g, 2mal täglich) u. *Wachstumshormon* (250 μg/100 g/Tag) bewirkten Verminderung des Fett-Geh. ohne Einfl. auf die Nahrungsaufnahme oder das Körpergewicht. In allen genannten Fällen war der transplantierte Fettkörper empfindlicher gegenüber den Wrkg. der Substanzen als der in situ belassene Fettkörper. Durch *Tolbutamid* (10 mg/kg/Tag) u. *Hypoglycin A* (5 mg/kg/Tag) kam es zu einer Verringerung der Lipoide nur im transplantierten Fettkörper; Nahrungsaufnahme, Körper-Gew. u. Blutzucker blieben unverändert. U. TAUSENDFREUND. 4564□

Die hormonale Kontrolle der Entwicklung des Thymus im Kaninchenfoetus. J. G. Bearn. (Nature [London] **192.** 875—76. 2/12. 1961. London, Middlesex Hosp. Med. School, Dep. of Anat.; engl.) — Kaninchenfoeten wurden am 21—22. Tag ihrer Entw. die Köpfe zur Entfernung der Hypophyse nach JOST (vgl. Arch. Anat. Micro. Morphol. Exper. **40.** [1951.] 247) abgetrennt u. die Foeten nach Injektion von 0,2 ml *Acthar*-Gel (I) subkutan in die interskapulare Region in den Uterus zurückgegeben. Die Föten wurden nach weiteren 7 Tagen durch Kaiserschnitt entbunden; Thymus u. Nebenniere wurden entfernt u. gewogen. Es wurden keine signifikanten Unterschiede zwischen dem Gew. der mit *adrenocorticotropem Hormon* behandelten u. dem der Kontrolltiere gefunden. Die Nebenniere war in den I-behandelten, enthaupteten Föten etwas, jedoch nicht signifikant größer als bei den Kontrolltieren, während die Thymusdrüsen der Föten keine wesentlichen Gew.-Unterschiede aufwiesen. J. Boelter. 4566□

Die Hemmung der Aufnahme von 5-Hydroxytryptamin durch Blutplättchen in vitro und in vivo. R. F. Long und A. W. Lessin. (Biochem. J. **82.** 4P—5P. Jan. 1962. Welwyn Garden City, Herts., Roche Prod. Ltd., Res. Dep.; engl.) — Die Aufnahme von *Serotonin* (I) durch Blutplättchen (A) in vitro (an A angereichertes Ochsenplasma) wurde durch *Chlorpromazin, Chlorprothixen, Imipramin* (II), *Cocain, Ibogain, α-Methyltryptamin* (III), *Harmalin, Amphetamin, Benzylhydrazin* u. *Phenylisopropylhydrazin* kompetitiv gehemmt. *Benactyzin, Caffein, Mezcalin, Salicylsäure, N-Benzyl-N-methylpropin, Pentobarbital,* einfache aliphat. Amine, *Dimethylanilin* u. *Marsilid* waren nur wenig oder nicht wirksam. Die Hemmung wurde durch Waschen von A rückgängig gemacht. In A konnten die Hemmstoffe chromatograph. nicht nachgewiesen werden. *5-Hydroxy-α-methyltryptamin* wurde auf gleiche Weise wie I aufgenommen u. durch III in der Aufnahme gehemmt. Die 50%ig. Hemmung von II für menschliche A betrug $8 \cdot 10^{-7}$ m, die für Rinder-A $4 \cdot 10^{-5}$ m; die von III für Katzen-A wurde zu $3 \cdot 10^{-6}$ m, für Meerschweinchen-A dagegen zu $> 10^{-4}$ m gefunden. Die in vivo-Wrkg. einiger Verbb. auf die I-Aufnahme wurde untersucht. J. Boelter. 4569□

Vasoaktive Substanzen im Portalblut beim hämorrhagischen Schock. Carl F. Rothe und Ewald E. Selkurt. (Amer. J. Physiol. **200.** 1177—84. Juni 1961. Indianapolis, Ind., Indiana Univ., School of Med., Dep. of Physiol.; engl.) — An denervierten Präpp. (isolierte Ileumschlinge u. isolierter Gracilismuskel) wurde unter physiolog. Druckdurchströmungsbedingungen das Vork. *vasoakt. Substanzen* beim hämorrhag. Schock im vermuteten Ursprungsgebiet (Intestinum) durch Blutentnahmen an der Portalvene untersucht. Nach Hypotension bis zu 40 mm Hg finden sich im Portalvenenblut Vasodilatatoren. Nach der Retransfusion werden Vasokonstriktoren durch Vasodilatatoren überlagert oder ersetzt; nach zwischenzeitlicher Normalisierung des Gefäßtonus treten oft Vasodilatatoren im Portalblut u. im arteriellen Blut auf. U. Tausendfreund. 4569□

Störungen der Reninbildung bei den mit Aminosäuremangeldiät gefütterten Ratten. T. Gáti, F. Gelencsér und J. Sós. (Naturwissenschaften **48.** 646. 2. Okt.-H. 1961. Budapest, Med. Univ., Pathophysiol. Inst.; dt.) — Vff. haben eine Gruppe von ♂ Albinoratten mit Normalkost, eine zweite mit *Tryptophan*-Mangeldiät u. eine dritte mit *Methionin*-Mangeldiät gefüttert u. während des Vers. ihren Blutdruck kontrolliert. Nach 30 Tagen wurden die Ratten getötet. Aus ihren Nieren wurde ein Extrakt bereitet, der dann an einer 24 Std. vorher nephrektomierten Katze ausprobiert wurde. Es wurde festgestellt, daß der Blutdruck der nephrektomierten Katze durch Nierenextrakt der Kontrolltiere bedeutend erhöht wird, während der Extrakt aus Nieren der Mangelratten nur sehr wenig wirksam war. J. Spinka. 4569□

Die Fettsäuren des Blutes. G. A. Garton. (J. Sci. Food Agric. **10.** 12—19. Jan. 1959. Bucksburn, Aberdeenshire, Rowett Res. Inst.; engl.) — Zusammenfassende Darst. über Art u. Menge der Lipide (Glyceride, Cholesterin, Cholesterinester, Phospholipide) sowie über die Gesamtfettsäuren im Blutplasma, in Erythro- u. in Leukocyten sowie in den Blutplättchen. Weiterhin werden die derzeitigen Vorstellungen über die Stoffwechselprozesse an den Blutfettsäuren nach Verdauung u. Resorption der Nahrungsfette, über den Transport der endogenen u. der exogenen Fettsäuren unter Hinweis auf die Beteiligung des Cholesterins sowie auf die besondere metabol. Rolle der nichtveresterten Fettsäuren krit. auswertend zusammengestellt.
K. Täufel. 4572□

Untersuchungen über die Reaktionsfähigkeit der Histidinreste in Hämoproteinen. 1. Mitt. **Carboxymethylierung von Hämoglobin mittels Bromessigsäure.** Misako Nakatani. (J. Biochemistry [Tokyo] **48.** 469—75. Okt. 1960. Fukuoka, Kyushu Univ., Fac. of Agric., Dep. of Agric. Chem.; engl.) — Bei Carboxymethylierung von nativem, lyophilisiertem u. Harnstoff-denaturiertem *Hämoglobin* (I) mit *Bromessigsäure* (II) in Ggw. von MgO reagierten bei pH 9 maximal die *Histidin* (III)-Gruppen. Tyrosinreste nur geringfügig. Innerhalb 10 Std. setzten sich bei 30° ca. 60% des Gesamt-III um. Nach Behandeln mit 2—8 m Harnstoff reagierten zusätzlich weitere 7—22% des Gesamt-III mit II, während lyophil getrocknetes I sich wie natives verhielt. Das Absorptionsspektrum im Soretgebiet wurde durch Carboxymethylierung beträchtlich vermindert, wobei eine besonders auffallende Änderung bei I nach Denaturierung mit 2m Harnstoff eintrat. K. MAIER. 4572□

Untersuchungen über die Reaktionsfähigkeit der Histidinreste in Hämoproteinen. 2. Mitt. Carboxymethylierung von Katalase mit Bromessigsäure. Misako Nakatani. (J. Biochemistry [Tokyo] **48.** 476—82. Okt. 1960; engl.) — 1. vgl. vorst. Referat. — Bei Einw. von *Bromessigsäure* (I) auf krist. *Katalase* (II; aus Rinderleber) in Ggw. von MgO bei pH 9 reagierten 35% der gesamten der Diazokupplung unterliegenden Gruppen unter ca. 20%ig. Abnahme der Enzymaktivität. Nach Carboxymethylierung nativer II war das Absorptionsspektrum geringfügig verändert, während nach Denaturierung mit 2m Harnstoff (III) die Rk. eine starke Absorptionsabnahme hervorrief. Nach II-Behandlung mit 2, 6 u. 8m III reagierten zusätzlich 11—20% der *Histidin* (IV)-Gruppen (10—19 Mol/l Mol II) mit I. Anscheinend sind die durch III aktivierbaren IV-Reste im nativen Zustand maskiert. K. MAIER. 4572□

Die Wirkung von Erythropoietin auf das Knochenmark polycythämischer Mäuse. Jennifer Wildy und P. Mary Cotes. (Biochem. J. **82.** 6P—7P. Jan. 1962. London, Univ. Coll. Hosp. Med. School, Dep. of Chem. Pathol. and Med. Unit; engl.) — Zur Unters. der *Häm* (I)-Biosynth. wurden das Knochenmark aus Mäusefemur in HANKSscher Lsg. homogenisiert, die Zellsuspension mit $^{14}C_{(2)}$-Glycin inkubiert (6 Std., 37°) u. die Radioaktivität des krist. Hämins bestimmt. Die I-Synth. im Knochenmark cythäm. gemachter Tiere betrug nur 18% der normalen u. blieb nur 3 Tage auf diesem Niveau. Nach i.v. Einzelinjektion von *Erythropoietin* (aus Plasma anäm. Kaninchen) traten im Knochenmark von Mäusen mit verringerter Erythropoiese folgende Veränderungen ein: Nach 12 Std. Zunahme der Pronormoblasten, nach 24 Std. Zunahme der Normoblasten, fast Normalisierung der in vitro-I-Synth. zwischen 12 u. 24 Std., Erhöhung derselben nach 36 Std. u. Maximum nach 72 Stunden. K. MAIER. 4573□

Oxydation des Triosephosphats in Hämolysaten von Erythrocyten normaler Personen und an Favus Erkrankter. G. Fornaini, G. Leoncini, L. Luzzatto und G. Segni. (Boll. Soc. ital. Biol. sperim. **37.** 1048—50. 31/10. 1961. Genua, Univ., Ist. di Chim. Biol. e di Clin. Pediatr. G. Gaslini; ital.) — Es wird die Wrkg. von *Methylenblau* (I) auf die Oxydation der *Triosephosphate* in Ggw. von Na_3AsO_4 durch Erythrocytenhämolysate (EH) untersucht. In den EH Favuskranker ist gegenüber Kontrollen die Umwandlung der *Triosephosphate* zu Milchsäure leicht verringert; I aktiviert die Oxydation, u. zwar stärker bei normalen Personen als bei Favus-Kranken. Den abgebauten Phosphatmengen entsprechen nicht äquimol., sondern geringere Milchsäuremengen. F. KREN. 4573□

Verbrauch von Glucose in den Erythrocyten normaler Personen und Favus-Kranker. G. Fornaini, G. Leoncini, L. Luzzatto und G. Segni. (Boll. Soc. ital. Biol. sperim. **37.** 1046—48. 31/10. 1961. Genua, Univ., Ist. di Chim. Biol. e di Clin. Pediatr. G. Gaslini; ital.) — Vgl. vorst. Referat. — Bei 9 Favus-Kranken wird der *Glucose*-Verbrauch in vitro mit u. ohne *Methylenblau* (I) untersucht. Während der Verbrauch durch die Erythrocyten ohne I gegenüber dem normalen nur etwas verringert ist, führt I bei den Erythrocyten der Patienten zu einer leichten Hemmung, wogegen I bei den normalen stark aktivierend wirkt. F. KREN. 4573□

Der Kobaltumsatz bei Leukosen von Kindern. L. Ss. Nalimawa. (Известия Академии Наук Белорусской ССР, Серия Биологических Наук [Nachr. Akad. Wiss. BelorussSSR, Ser. biol. Wiss.] **1962.** Nr. 1. 95—99; beloruss.) — Die Unterss. ergaben, daß während der patholog. Entw. der Leukose von Kindern der *Co*-Umsatz gestört ist. Der Co-Geh. des Blutes nimmt dabei ab. Vf. nimmt an, daß in der Pathogenese der Leukose die Synth. der Co-haltigen Verbb. gestört u. die Verwertung des Co durch die blutbildenden Organe vermindert wird. Durch Unters. der Bilanz lassen sich Störungen des Co-Umsatzes noch vor der Abnahme des Blut-Geh. an Co feststellen. O. LEBTAG. 4573□

Untersuchung der enzymatischen Aktivität in den Blutplättchen. Adenosintriphosphatase-Aktivität und Gehalt an Adenosintriphosphat in den Blutplättchen normaler Kinder. M. Berni Canani, F. Rea, L. Di Francesco und F. Schettini. (Boll. Soc. ital. Biol. sperim. **37.** 1013—15. 31/10. 1961. Neapel, Univ., Ist. di Clin. Pediatr.; ital.) — Die Unterss. wurden an 15 Kindern von 8 Monaten bis 11 Jahren durchgeführt. Die *Adenosintriphosphatase*, durch Ca^{2+} aktiviert, ist in den Blutplättchen normaler Kinder vorhanden; bzgl. 10^9 Plättchen sind es 264,4 μg P, die in 1 Std. frei gemacht werden. Der Geh. an *Adenosintriphosphat* je 10^9 Plättchen beträgt 231 μg (von 65—677 μg). F. KREN. 4573□

Fibrinolytischer Effekt des intraarteriell verabfolgten Acetylcholins. L. Andreotti, G. Nuzzaci und A. Panerai. (Boll. Soc. ital. Biol. sperim. **37.** 1273—74. 31/12.

1961. Florenz, Univ., Ist. di Patol. Spec. Med. e Metodol.; ital.) — Die Unterss. werden an 15 Patienten mit obliterierender Arteriosklerose durchgeführt, denen man in die Femoralarterie *Acetylcholin* injizierte. Eine einmalige Dosis von 100—200 mg führt zu einer fast momentanen deutlichen Zunahme der Fibrinolyse in der Femur-Vene; auch in der Arterie äußert sich diese Wrkg. noch deutlich, während sie im venösen Blut des Kreislaufs gering ist. F. KREN. 4574□

Synergismus und Antagonismus der gereinigten Phospholipid-Fraktionen bei der Thromboplastinogenese. R. Turpini, P. L. Cipolli und A. Mossa. (Boll. Soc. ital. Biol. sperim. **37.** 1320—22. 31/12. 1961. Pavia, Univ., Ist. di Clin. Med. Gener. e Terap. Med.; ital.) — An folgenden in dest. W. (1/5000) suspendierten reinen Phospholipidfraktionen wird untersucht, welches die mit dem größten thromboplast. Vermögen ausgestatteten Kombinationen sind: *Glycerinphosphatid* (I); *Phosphatidylserin* (II); *Phosphatidyläthanolamin* (III); *Phosphatidylinosit* (IV); *Phosphatidylcholin* (V). Bei der Prüfung aller zwischen 2 Phospholipiden möglichen Kombinationen zeigt sich, daß I mit III bei einigen optimalen Relationen koagulierende Wrkg. aufweist, die imstande sind, die Recalcifizierungsdauer vollständig zu korrigieren. Gute koagulierende Wrkg. haben II + V; III + IV u. III + V; gering ist sie bei I + IV; I + V u. II + V. Dagegen sind die reinen Phospholipide frei von thromboplast. Wirkung. F. KREN. 4574□

Eine Beziehung zwischen der Oberflächenladung und der koagulierenden Wirkung von Phospholipiden. A. D. Bangham. (Nature [London] **192.** 1197—98. 23/12. 1961. Babraham, Cambridge, Agric. Res. Council, Inst. of Animal Physiol.; engl.) — Durch Chromatographie an Al_2O_3 u. Kieselsäure gereinigtes Ei-*Lecithin* (I) wurde mit verschiedenen Mengen synthet. *Dicetylphosphorsäure* (II) versetzt u. in Tris-NaCl-Puffer emulgiert der Elektrophorese unterworfen. Die nach Zusatz von menschlichem Citratplasma, RUSSEL-Schlangengift u. $CaCl_2$ gemessene Koagulationszeit stand zur elektrophoret. Beweglichkeit in Beziehung, wobei mit steigender negativer Ladung die Koagulations-Geschw. gesteigert wurde. Eine I-*Phosphatidyläthanolamin*-Mischung verhielt sich ähnlich. Die Herabsetzung der Ladung des I–II-Gemisches durch Zugabe von C_{22}-*Pyridiniumbromid* (III) oder Umkehr der Ladung durch einen III-Überschuß führte zu teilweise stark verlängerten Koagulationszeiten. J. BOELTER. 4574□

Die antikoagulierende Wirkung von Chlor-, Brom- und Nitroderivaten des 2-Phenylindandions-(1.3) und des 2-α-Naphthylindandions-(1.3). Maria Gumińska und Marian Eckstein. (Dissertat. pharmac. [Warszawa] **13.** 89—96. 1961. Kraków, Akad. Med., Zakl. Chem. fizjol.; Kat. Chem. farmac.; pol.) — Die antikoagulierende Wrkg. von 2-Arylindandion-(1.3)-Derivv. (Aryl = Phenyl u. α-Naphthyl) wurde an Kaninchen (per os) untersucht. Alle im Arylrest mit Halogen substituierten Verbb. haben eine stärkere Wrkg. als die unsubstituierten Verbindungen. Am stärksten ist die Wrkg. bei Br-Verbindungen. Die Aktivität nimmt in der Reihe p- > o- > m-Halogen ab. Verbb. mit einer Nitrogruppe im Arylrest (bes. die p-Verb.) haben daneben noch eine kurz andauernde Prothrombinwirkung. Untersuchte Verbb.: *2-Phenylindandion-(1.3)*, *2-o-*, *2-m-* u. *2-p-Chlorphenyl-*, *2-o-*, *2-m-* u. *2-p-Bromphenyl-*, *2-p-Nitrophenylindandion-(1.3)*; *2-Naphthyl-(1')-indandion-(1.3)*, *2-[p-Bromnaphthyl-(1')]-* u. *2-[p-Nitronaphthyl-(1')]-indandion-(1.3)*. — 19 Literaturangaben. F. URBAN. 4574□

Einige pharmakologische Eigenschaften des Antikoagulans aus Cavica papaya Linn. N. Chandrasekhar, C. S. Vaidyanathan und M. Sirsi. (J. sci. ind. Res. [New Delhi], Sect. C **20.** 213—15. Juli 1961. Bangalore, Indian Inst. of Sci., Dep. of Biochem.; Pharmacol. Labor.; engl.) — Ein aus dem Latex von *Cavica papaya* gewonnenes Antikoagulans erhöht bei Hunden, Kaninchen, Ratten u. Mäusen die Prothrombin- u. Koagulationszeit. Maximalwrkg. tritt 30 Min. nach i.v. Injektion auf. Intramuskuläre Applikation verursacht schmerzhafte Schwellungen u. Hämatome u. nur geringe Antigerinnungswirkung. Orale Gaben sind wirkungslos. P. GREGORZEWSKI. 4574□

Die Glykoproteide des Blutserums. A. Z. Anassaschwili. (Успехи Современной Биологии [Fortschr. gegenwärt. Biol.] **53.** 14—32. Jan./Febr. 1962; russ.) — Übersicht an Hand der Literatur. — 139 Literaturangaben. O. LEBTAG. 4574□

Der Stoffwechsel der Serumproteine. 3. Mitt. **Die Kinetik des Serumproteinstoffwechsels während des Wachstums.** Henry Jeffay. (J. biol. Chemistry **235.** 2352—56. Aug. 1960. Chicago, Ill., Univ. of Illinois, Coll. of Med., Dep. of Biochem.; engl.) — 2. vgl. J. biol. Chemistry **231.** [1958.] 111. — Vf. untersuchte das Verh. von ^{35}S-*Serumproteinen* im Stoffwechsel der HOLTZMAN-Ratte. Während der Wachstumsperiode konnte eine stärkere Abnahme der *Albumin-* u. *γ-Globulin*-spezif. Aktivität festgestellt werden als in der darauf folgenden Periode. R. HEINRICH. 4574□

Präparative vertikale Elektrophorese auf Stärke-Gel. 2. Mitt. **Analyse des normalen menschlichen Serums.** L. A. Cioffi und C. Di Benedetto. (Boll. Soc. ital.

Biol. sperim. **37.** 1322—26. 31/12. 1961. Neapel, Univ., Ist. di Fisiol. Umana; ital.) — Am menschlichen Serum wird gezeigt, daß sich durch vertikale Elektrophorese auf Stärke-Gel *Albumine* von *γ-Globulinen* deutlich trennen lassen, wobei auf engem Raum eine gute Konz. beider beobachtet wird, so daß sie sich als präparative Meth. eignen dürfte. F. Kren. 4574 □

Immunoelektrophoretische Untersuchung der Agammaglobulinämie. Fred Rosen, Charles A. Janeway und David Gitlin. (Nature [London] **191.** 1109—10. 9/9. 1961. Boston, Mass., Children's Hosp. Med. Center, Harvard Med. School, Dep. of Pediatrics; engl.) — Mittels Mikroimmunoelektrophorese nach Scheidegger (vgl. Internat. Arch. Allergy App. Immunol **7.** [1955.] 103) wird gezeigt, daß in den Seren von Patienten mit Agammaglobulinämie keine *Globuline* enthalten sind, die nicht auch in Normalseren vorhanden sind. D. Ziebarth. 4574 □

Die Bestimmung spezifischer Proteine in Serum und anderen Gemischen. D. A. Darcy. (Nature [London] **191.** 1163—65. 16/9. 1961. London, Royal Cancer Hosp., Inst. of Cancer Res., Chester Beatty Res. Inst.; engl.) — Beschrieben sind Modifizierungen der quant. Agargel-Immunpräcipitations-Meth. (vgl. J. Immunology **3.** [1960.] 325) nach Ouchterlony (vgl. Ark. Kem., Mineralog. Geol. **10.** [1948.] 228), die den normalerweise auftretenden Fehler von 14% auf 5% herabdrücken.
D. Ziebarth. 4574 □

Überträgergruppen von fötalem Kälberserum. H. Buschmann und D. O. Schmid. (Nature [London] **190.** 1209—10. 24/6. 1961. München, Univ., Inst. für Tierhyg. u. Inst. für Blutgruppenforsch. der Tierzuchtforsch.; engl.) — Die fötalen u. adulten Seren vom Rind werden mit Hilfe der Stärkegelelektrophorese mit einer Puffermischung von tris-Hydroxymethylaminomethan, Äthylendinitrotetraessigsäure (Dinatriumsalz) u. Borsäure in 3—5 Std. bei 7—8 V/cm getrennt. Fötales Serum zeigt einen kleineren Geh. an *β-Globulinen* u. einen höheren an *α-Globulinen* als adultes Serum. Außerdem wird bei fötalem Serum zwischen α-Globulinen u. der Postalbuminregion eine Bande beobachtet, die bei adultem Serum nicht auftritt u. wahrscheinlich zur *Fetuin*-Fraktion gehört, wie der Vgl. mit aus Kälberserum durch Fällung gewonnenem Fetuin zeigt. Die Überträgergruppen beider Serumarten sind identisch. Die Gruppe E/E wurde nicht beobachtet. G. Ziebarth. 4574 □

Verhalten der nichtveresterten Fettsäuren bei der Gestose. E. Magri, S. Lombardi und G. Renda. (Boll. Soc. ital. Biol. sperim. **37.** 1288—89. 31/12. 1961. Neapel, Univ., Ist. di Fisiol. Umana e Divis. Ostetr.-ginecol. dell'Ospedale Incurab.; ital.) — Die Unterss. werden an 12 schwangeren Frauen im 9. Monat mit verschiedenen Gestosen durchgeführt. Es zeigt sich, daß der Wert der *nichtveresterten Fettsäuren* in diesen Fällen stark verringert ist (im Mittel 87,5 μg gegenüber 320 μg bei Kontrollen).
F. Kren. 4574 □

Der Transport von Cholesterin im Blutserum und die Wirkung von Salzen der Gallensäuren. J. Glover und C. N. Joo. (Biochem. J. **82.** 10P. Jan. 1962. Liverpool, Univ., Biochem. Dep.; engl.) — Menschliches Blutserum wurde nach Verdünnung mit Boratpuffer u. Zusatz von 2% *Taurodesoxycholat* (I) der Papierelektrophorese unterworfen. Das gesamte „freie" *Cholesterin* (II), aus gleichen Teilen I u. II bestehend, zusammen mit einigen Kohlenhydraten, wanderte getrennt von den α- u. β-Lipoproteinen u. *Albumin* in einer kompakten Zone bei gleicher charakterist. Färbung u. elektrophoret. Beweglichkeit wie der Gallensäurekomplex. Die II-Ester blieben mit ihren entsprechenden α- u. *β-Globulinen* zusammen. Die geringsten erforderlichen Konzz. an I bzw. *Taurocholat* (III) im Serum zur vollständigen Abtrennung freien II von den Lipoproteinen betrugen entweder 1% I oder 0,5% I + 1% III. Bei geringerer I- bzw. III-Konz. wird eine Bldg. von Lipoprotein-I- bzw. -III-Komplexen angenommen, die vom Gewebe besser aufgenommen werden können als freies Lipoprotein. J. Boelter. 4574 □

Phosphorsäureester von Dextran. Antonello Gallo und Alberto Vercellone. (Chim. e Ind. [Milano] **39.** 1—15. Jan. 1957. Milano, S. A. Farmaceutici Italia, Labor. di Ric.; ital.) — Aus *Dextran*-Fraktionen mit Molgew. von 6000—200000 wurden Phosphorsäureester dargestellt, welche die Blutgerinnung nicht beeinflussen, aber eine Klärwrkg. gegenüber lipäm. Plasma besitzen; die Wrkg. ist abhängig vom Molgew. u. vom Verzweigungsgrad. K. Zingraf. 4576 □

Wirkung von L-Glutaminsäure auf das Gewicht embryonaler, in vitro kultivierter Fußwurzelknochen von Küken. J. D. Biggers. (Nature [London] **192.** 664—65. 18/11. 1961. Philadelphia, Pa., The Wistar Inst.; engl.) — Vf. stellte fest, daß bei Zulagen von *L-Glutaminsäure* zu einem definierten Nährmedium (das 12 essentielle *Aminosäuren* u. *L-Glutamin* enthält) das Gew. der Fußwurzelknochen von Küken zunimmt. Die Zunahme beträgt 27% des Feuchtgew. u. 30% des Trockengewichts. H. Kockert. 4583 □

Der Einfluß des Wachstums auf die Zusammensetzung eines langen Knochens des Schweines, der Ratte und des Huhnes. J. W. T. Dickerson. (Biochem. J. **82.** 47—55. Jan. 1962. Cambridge, Univ., Med. Res. Council, Dep. of Exp. Med.; engl.) — Die Änderung der Knochen-Zus. im Schwein (Fetus bis ein Jahr nach Geburt), der Ratte (Geburt bis 150. Tag nach Geburt) u. des Huhnes (2½—42 Wochen nach dem Ausschlüpfen) wurde untersucht. Der Geh. an Gesamt-*N* in den Röhrenknochen des Schweines, der Ratte u. des Huhnes fiel mit steigendem Alter ab; der *Ca*- u. *P*-Geh. stieg an. Der *Kollagen* (I)-Geh. der Säugetierknochen stieg anfangs an unter Ersatz anderer N-Verbb., fiel später jedoch wieder ab. Der Gesamt-N-Geh. fiel während der Fetalzeit ab, erreichte vor oder bei der Geburt wieder ein Maximum u. fiel postnatal ab. Der Anteil der Epiphysen (E) am Gesamtgew. der Knochen des Schweines u. der Ratte nahm mit dem Wachstum ab. Der I-Geh. in E des Schweines stieg stark an, der Ca- u. P-Geh. nur wenig. I in E der Ratte stieg bis zum 58. Tag an, fiel dann ab, während der Ca-Geh. sowie das Ca/P-Verhältnis weiter anstiegen. Der Fett-Geh. im gesamten Femur des Schweines stieg nach 20—45 Tagen, der des Huhnes nach 4 Wochen stark an, der der Ratte blieb unverändert. Das Verhältnis Gesamt-N/N-Geh. in I stieg in allen Arten an. Der *Wasser*-Geh. in den Knochen fiel mit steigender Mineralisierung ab. J. BOELTER. 4584□

Die Änderungen in der Zusammensetzung des menschlichen Femurs während des Wachstums. J. W. T. Dickerson. (Biochem. J. **82.** 56—61. Jan. 1962. Cambridge, Univ., Med. Res. Council, Dep. of Exp. Med.; engl.) — Vgl. vorst. Referat. — Die Röhrenknochen (A) sowie die Epiphysen (B) des menschlichen Oberschenkels von Feten (ab 12. Woche) sowie Personen beiderlei Geschlechts bis zum 35. Lebensjahr wurden auf ihre Zus. untersucht. Der Gesamt-*N*-Geh. in A fiel ab; der *Kollagen* (I)-Geh. stieg vor der Geburt an. Nach 25—28 Wochen waren die Änderungen im wesentlichen abgeschlossen. Der *Ca*-Geh. des Gewebes stieg während des Wachstums weiter an, ebenso das Ca/N-Verhältnis. Das Ca/I- oder das Ca/*P*-Verhältnis änderte sich kaum. Das Verhältnis Ca/N u. Ca/I sowie der Ca-Geh. in A erreichte in 32 Wochen alten Feten bis zur Geburt ein Maximum u. stieg dann ab 12. Lebensjahr wieder an. Der Anteil von B am Rohgew. des Knochens sank bis zum 12. Jahr von 73 auf 31%. Ebenso fiel der *Wasser*-Geh. der fettfreien B; der Gesamt-N stieg bis ca. 2—4,5 Monate nach Geburt an. Der I-Geh. stieg stark an, der Mineral-Geh. weniger. 24 Monate nach Geburt fielen der Gesamt-N u. der I-Geh. ab. Ca- u. P-Geh. stiegen nach der Geburt an. *Fett* wurde in den Knochen der Feten kaum gefunden. Der Fett-Geh. stieg nach der Geburt stark an. Es wurden keine Unterschiede bzgl. der Geschlechter gefunden. J. BOELTER. 4584□

Elektronenoptische und chemische Untersuchungen des postnatalen Herzwachstums. W. Schulze, E.-G. Krause und A. Wollenberger. (Mber. dtsch. Akad. Wiss. Berlin **1.** 603—06. 1959. Dtsch. Akad. der Wiss., Forschungsgemeinschaft, Arbeitsstelle für Kreislaufforsch.; dt.) — Es wurde Herzgewebe von 0—2 Jahre alten Schäferhunden untersucht. Das Verhältnis von Sarkoplasmamasse zu Kernmasse steigt nach der Geburt stark an (Geburt 1:3, nach 12 Wochen 1:1 nach 2 Jahren 5:1). Der Wasser-Geh. steigt von 61—73%, der K-Geh. sinkt jedoch ab. Das Phosphorylkreatin nimmt von 2,2 auf 13,0 μMol pro g Herzgewebe zu u. das Gesamtkreatin von 4,6 auf 26,0 μMol/g, d. h., daß der Phosphorylierungsgrad von der Geburt an konst. ist u. bei 50% liegt. W. HILLER. 4584□

Ein Mechanismus für die Kupfer–Molybdän-Beziehungen. 3. Mitt. **Ablehnung von molybdänhaltigem Futter durch die Ratte.** Kenneth J. Monty und Ellen M. Click. (J. Nutrit. **75.** 303—08. Nov. 1961. Baltimore, Md., Johns Hopkins Univ., McCollum-Pratt Inst.; engl.) — 1. vgl. C. **1961.** 17643. — Ratten entwickeln allmählich die Fähigkeit, mit Hilfe des Geruchssinnes *Mo*-haltiges Futter zu erkennen, u. verzehren dann kein Futter, welches tox. Mo-Mengen enthält. Der typ. Mo-Geruch scheint durch Rk. von Molybdat mit anderen Nahrungsbestandteilen zustande zu kommen K. ZINGRAF. 4585□

Bedeutung des Aminosäure-Gehaltes von Nahrungsproteinen für die Ernährung. Gino Secchi. (Boll. Lab. chim. provinc. **10.** 64—72. Jan./März 1959. Bologna, Univ., Ist. die Merceologia; ital.) — Übersicht über die wichtigsten den Nährwert der Proteine beeinflussenden Faktoren bzgl. des Geh. an Aminosäuren u. Diskussion der Ergebnisse. — 15 Literaturangaben. G. PLATZER. 4585□

Bedeutung entbehrlicher Aminosäuren für das normale Wachstum von Küken. W. P. Stucki und A. E. Harper. (J. Nutrit. **74.** 377—83. Aug. 1961. Madison, Wis., Univ. of Wisconsin, Dep. of Biochem.; engl.) — Das Wachstum von Küken wurde am stärksten durch ein Futter gefördert, bei welchem 33% des N der Nahrung durch entbehrliche *Aminosäuren* (I) geliefert wurden. Eine Wachstumsförderung erfolgt auch durch den Zusatz von Gelatine (II) zu bestimmten I-Gemischen, wahrscheinlich infolge des hohen Beitrages von entbehrlichen I durch II. K. ZINGRAF. 4585□

Chemische und histologische Veränderungen im Femur von Küken nach Verfütterung von Lysin-Mangelfutter. J. E. Braham, C. Tejada, M. A. Guzman und R. Bressani. (J. Nutrit. **74.** 363—75. Aug. 1961. Guatemala, Inst. of Nutr. of Central America and Panama [INCAP]; engl.) — Bei Abnahme des *Lysin*-Geh. im Futter von New Hampshire-Küken bewirkte eine Zunahme im Fett-Geh. des Femurs, eine Verringerung des Wasser- u. Gesamteiweiß-Geh. des Femurs, des Körper-Gew. sowie des Hämoglobin- u. Hämatokrit-Wertes. Histolog. wurde bei den Mangeltieren eine Zunahme des Fettgewebes u. eine Abnahme des Myeloid-Gewebes des Knochenmarks beobachtet. K. ZINGRAF. 4585 □

Aminosäurebedarf von Kindern: Minimaler Lysin- und Methionin-Bedarf auf Grund der Stickstoffbilanzmethode. Itsiro Nakagawa, Tetsuzo Takahashi und Takeshi Suzuki. (J. Nutrit. **74.** 401—07. Aug. 1961. Tokyo, Japan, Inst. of Publ. Health, Dep. of Nutr. and Biochem.; engl.) — Bei Kindern im Schulalter beträgt der zur Aufrechterhaltung einer positiven N-Bilanz erforderliche tägliche Normalbedarf an *Lysin* (I) 1,6 g (60 mg/kg) u. an *Methionin* (II) ohne Cystin) 0,8 g (27 mg/kg). Wenn Kinder an Stelle normaler Nahrung ein Gemisch aus 13 Aminosäuren erhielten, schieden sie mehr *Kreatin* aus. Bei I- oder II-Mangel war die Ausscheidung von *Riboflavin* (III) u. *N^1-Methylnicotinamid* (IV) verringert; nach Anwendung von I oder II nahm die Ausscheidung von IV ab, die von III dagegen blieb unverändert. K. ZINGRAF. 4585 □

Wirkungen eines Kalium- und Lysin-Zusatzes zu Weizenmehl im Rattenfutter. Jan Zaleski und Robert S. Harris. (J. Nutrit. **74.** 485—89. Aug. 1961. Cambridge, Mass., Massachusetts Inst. of Technol., Dep. of Nutr., Food Sci. and Technol.; engl.) — Zusatz von *L-Lysin* (I), nicht aber von *K*, zu Futter, welches 8% Weizenmehl als einzige Protein (II)-Quelle enthielt, erhöhte das Verhältnis zwischen dem II-Geh. des ausgeschlachteten Körpers u. dem zugeführten II. Bei Tieren mit I-Mangelfutter, nicht jedoch nach Zusatz von I, wurde Fettleber festgestellt. Der Geh. von K im ausgeschlachteten Körper war beim Fehlen von I im Futter um 10%, beim Fehlen von K um 35% u. beim Fehlen von I + K um 40% geringer als bei ausreichenden Mengen I u. K im Futter. K. ZINGRAF. 4585 □

Wirkungen der langdauernden Verfütterung von fettfreiem Futter an Cebus-Affen. Oscar W. Portman, Stephen B. Andrus, David Pollard und Dorothy Bruno. (J. Nutrit. **74.** 429—40. Aug. 1961. Boston, Mass., Harvard School of Publ. Health, Dep. of Nutr.; engl.) — Im Vgl. zu Tieren, deren Futter 8% Maisöl enthielt, bewirkte eine 8—22 Monate lange Verfütterung von fettfreiem Futter bei Cebus-Affen Veränderungen in der Fettsäuren-Zus. u. in der *Cholesterin* (I)-Konz. in verschiedenen Geweben sowie histolog. Veränderungen (Haut, Knochenmark, Reticuloendothelial-Syst., Gonaden), welche z. T. den charakterist. Veränderungen infolge Fettmangels bei Ratten entsprachen, jedoch wurde keine Konz.-Zunahme von I-Estern in Leber u. Nebennieren beobachtet. K. ZINGRAF. 4585 □

Einfluß des Eiweißgehaltes im Futter auf die Eiweißkomponenten und den Cholesterin-Gehalt im Serum beim Küken. G. A. Leveille und H. E. Sauberlich. (J. Nutrit. **74.** 500—04. Aug. 1961. Denver, Colo., Fitzsimons Gen. Hosp., U. S. Army Med. Res. and Nutr. Labor.; engl.) — Vgl. C. **1961.** 18758. — Bei ♂ Küken betrug der *Eiweiß* (I)-Bedarf für maximales Wachstum 20,5% des Futters. Bei einem I-Geh. des Futters von 10% betrug der Gesamt-I-Geh. des Serums 2,33 g%, bei 25% dagegen 3,06 g%; es handelt sich dabei ausschließlich um eine Zunahme des Albumin-Geh., während der Globulin-Geh. konst. blieb. Bei 10% I im Futter betrug der *Cholesterin*-Geh. des Serums 297 mg%, bei 25% dagegen 185 mg%. Das Plasma-Vol. blieb bei Verfütterung von 15, 20 u. 25% I konstant. K. ZINGRAF. 4585 □

Der Gehalt verschiedener Nahrungsmittel an freien und veresterten Sterinen. David Kritchevsky und Shirley A. Tepper. (J. Nutrit. **74.** 441—44. Aug. 1961. Philadelphia, Pa., Wistar Inst. of Anat. and Biol.; engl.) — Der Anteil des *Cholesterins* (I), welcher in veresterter Form vorliegt, beträgt für Fleisch ca. 50—70%, Fisch u. andere Meerestiere 5—45%, Eier u. Käse $<$ 20%. In Butter u. Sahne sind die Anteile des freien u. veresterten I etwa gleich. Pflanzliche Fette enthalten ca. 80—100% der Gesamtsterine in freier Form, Margarinesorten dagegen nur ca. 40—50%. K. ZINGRAF. 4585 □

Der Einfluß der Kettenlänge der gesättigten Fettsäuren auf ihre Wirkung auf die Cholesterin-Konzentration des Serums beim Menschen. Francisco Grande, Joseph T. Anderson und Ancel Keys. (J. Nutrit. **74.** 420—28. Aug. 1961. Minneapolis, Univ. of Minnesota, Labor. of Physiol. Hyg.; Hastings State Hosp.; engl.) — Bei einer 3000 kcal-Ernährung mit 140 g Gesamtfett u. gleichen Verhältnissen von gesätt., Monoen- u.

Polyenfettsäuren wurde die *Cholesterin*-Konz. im Serum gesunder Männer stärker erhöht durch eine Diät, die einen höheren Anteil an Laurinsäure u. Myristinsäure enthielt, als durch eine Diät, die einen höheren Anteil an Palmitinsäure u. Stearinsäure enthielt. K. ZINGRAF. 4585 □

Thiaminbedarf von Jünglingen. Bestimmung durch Messung der Thiaminausscheidung mit dem Urin. Edna C. Dick, Shih Dzung Chen, Mark Bert und Janice M. Smith. (J. Nutrit. **66**. 173—88. 10/10. 1958. Urbana, Ill., Univ. of Illinois, Coll. of Agricult., Dep. of Home Economics; engl.) — Der tägliche *Thiamin*-Bedarf beträgt 1,41 ± 0,200 mg oder 0,38 ± 0,059 mg/kcal. P. GREGORZEWSKI. 4587 □

Über den Thiaminstoffwechsel bei cerebralen Lähmungen. Tsuyoshi Iwasaki, Masamichi Hogaku und Yasuhiko Egusa. (Vitamins [Kyoto] **9**. 541—45. 1955. Okayama Univ.; japan.; Auszug: engl.) — Hinsichtlich des *Thiamin*-Stoffwechsels (Thiamin-Geh. in Blut, Harn usw.) ist kein Unterschied zwischen gesunden Kindern u. solchen mit cerebralen Lähmungen nachweisbar. L. SCHULER. 4587 □

Übergang von Thiamin in das Rückenmark im Gefolge einer intraspinalen Injektion. Nobuo Watarai, Jun Maki und Akira Kitada. (Vitamins [Kyoto] **9**. 508—09. 1955. Osaka, Univ.; japan.; Auszug: engl.) — Kaninchen wird intrathecal *Thiamin* injiziert, das 30 Min. danach deutlich im Rückenmark nachweisbar ist, aber nicht mehr nach 48 Std.; chem. u. histochem. Nachweis. L. SCHULER. 4587 □

Überführung von zugeführtem Thiamin in die Milch. 1. Mitt. **Thiamingehalt der Milch nach Verabreichung von Thiamin.** Tsuyoshi Iwasaki. (Vitamins [Kyoto] **9**. 517—24. 1955. Okayama, Univ.; japan.; Auszug: engl.) — Durch Verss. an Frauen u. Ziegen ergibt sich, daß nach i.v. oder subkutaner Injektion (nicht bei oralen Gaben) von 5—200 mg *Thiamin* (I) in 1—12 Std. ein deutlicher Anstieg des Geh. der Milch an I auf das 1,2—2,5fache eintritt (maximal 26,2 γ% I). L. SCHULER. 4587 □

Überführung von zugeführtem Thiamin in die Milch. 2. Mitt. **Thiamingehalte in der Milch bei Zufuhr von Thiaminallyldisulfid oder -propyldisulfid.** Tsuyoshi Iwasaki. (Vitamins [Kyoto] **9**. 525—31. 1955; japan., Auszug: engl.) — 1. vgl. vorst. Referat. — Die i.v. oder subkutane Injektion, wie l. c., von *Thiaminallyldisulfid* oder *-propyldisulfid* veranlaßt eine stärkere Überführung von *Thiamin* (I) in die Milch u. die Aufrechterhaltung einer höheren I-Konz. in der Milch als bei Injektion von I allein. Bei oraler Verabreichung steigt die übergeführte I-Menge mit Zunahme der verabreichten Gaben der obigen Kombinationen. L. SCHULER. 4587 □

Überführung von zugeführtem Thiamin in die Milch. 3. Mitt. **Thiamingehalte in der Milch bei Verabreichung von Diacetyl- oder Dibenzoylthiamin.** Tsuyoshi Iwasaki. (Vitamins [Kyoto] **9**. 532—40. 1955; japan., Auszug: engl.) — 2. vgl. vorst. Referat — In Verss. wie l. c. erfolgt nach i.v. oder subkutaner Injektion von *Diacetylthiamin* der Anstieg des *Thiamin* (I)-Geh. in der Milch u. der nachfolgende Abfall rascher als bei Injektion von I bzw. I-*Allyl*- u. -*Propyldisulfid*. Beim Vers. mit *Dibenzoylthiamin* wird nur wenig I in die Milch übergeführt, doch bleibt die I-Konz. dort für längere Zeit auf gleicher Höhe. Bei oraler Verabreichung steigt bei beiden Stoffen der I-Geh. in der Milch proportional den verabreichten Mengen. L. SCHULER. 4587 □

Glyoxalase-Aktivität in der Leber und im Blut von Thiamin-Mangelratten. George I. Drummond. (J. Nutrit. **74**. 357—62. Aug. 1961. Vancouver, Canada, Univ. of Brit. Columbia, School of Med., Dep. of Pharmacol.; engl.) — Bei *Thiamin* (I)-Mangelratten war die *Glyoxalase*-Aktivität in der Leber [auf Grund verringerter *Glyoxalase* I-Werte u. wahrscheinlich auch einer Abnahme von Glutathion (II)] u. im Blut (lediglich auf Grund verringerter II-Werte) herabgesetzt. Brenztraubenaldehyd konnte im Harn von I-Mangeltieren nicht nachgewiesen werden. K. ZINGRAF. 4587 □

Wirkungen von körperlicher Betätigung und Reserpin-Behandlung auf die Herzfrequenz während eines Thiaminmangels bei der Ratte. G. W. Mainwood. (J. Nutrit. **74**. 477—84. Aug. 1961. Ottawa, Ontario, Univ. of Ottawa, Physiol. Dep.; engl.) — Die Schwankungsbreite der Herzfrequenz bei der Ratte wird durch Ae., Manipulation oder Spontanbewegungen vergrößert u. auf diese Weise wird die Bradycardie infolge von *Thiamin* (I)-Mangel larviert. Die Schwankungsbreite der Herzfrequenz in „Ruhe" ist klein u. kann zum Nachw. eines I-Mangels bereits im Frühstadium dienen. Die Beschleunigungsfähigkeit des Herzens war im Frühstadium der Bradycardie infolge von I-Mangel nicht beeinträchtigt; zur gleichen Zeit bewirkte *Reserpin* eine weitere Verringerung der Herzfrequenz; bei nicht narkotisierten Tieren mit I-Mangel löste es jedoch zunächst eine Tachycardiephase aus, die bei normalen Tieren nicht beobachtet wurde.
K. ZINGRAF. 4587 □

Über die industrielle Erzeugung von Riboflavinkristallen. 8. Mitt. **Reduktives Fällungsverfahren mit Titan(III)-Salz.** Shoichi Shimizu und Shuzo Ohara. (Vitamins [Kyoto] **9**. 497—502. 1955. Kyoto Univ.; japan., Auszug: engl.) — Für die umkehrbar-reduktive Fällung von *Vitamin B_2* (I), aus *Eremothecium ashbyii*-Nährlsg. erwies sich nur reine elektrolyt. gewonnene *$TiCl_3$*-Lsg. (II) als geeignet (nicht aber Fe^{2+} oder Sn^{2+}-Lsgg.), u. zwar optimal bei einem End-pH von 2—3. Für einen Auszug mit 500 γ I/ml werden 2 Äquivalente II zugegeben, wodurch 85% des ursprünglichen I mit 63% Reinheit gewonnen werden. Das Verf. scheint dem mit $Na_2S_2O_4$ überlegen zu sein. L. SCHULER. 4587 □

Die biologische Wirksamkeit von 6-Methyl-7-chlor-9-[D-ribityl-(1')]-isoalloxazin und von Dichlorriboflavin. J. P. Lambooy, R. A. Scala und E. E. Haley. (J. Nutrit. **74.** 466—72. Aug. 1961. Rochester, N.Y., Univ. of Rochester, School of Med. and Dentistry, Dep. of Physiol.; engl.) — *6-Methyl-7-chlor-9-[D-ribityl-(1')]-isoalloxazin* (I), nicht jedoch *Dichlorriboflavin* (II), besitzt in der Ernährung von *Lactobacillus casei* eine starke *Riboflavin* (III)-Hemmwirkung. I beeinflußte das Wachstum oder den Stoffwechsel von *Candida albicans, Haemophilus pertussis, Mycobacterium tuberculosis, Bacillus subtilis, Aerobacter aerogenes, Staphylococcus aureus, Salmonella paratyphosa A* u. *Escherichia coli* nicht. Bei der III-Mangelratte bewirkt I, nicht aber II, eine geringe Wachstumsförderung; zusammen mit III im Futter verabreicht, wirkt I, nicht aber II, der Verwertung von III entgegen, jedoch ist seine Hemmwrkg. relativ schwach. K. ZINGRAF. 4587 □

Stoffwechselbilder bei Kindern im Schulalter. 5. Mitt. **Zufuhr und Harnausscheidung von Pantothensäure und Folsäure.** June K. Pace, Larue B. Stier, Doris D. Taylor und Patricia S. Goodman. (J. Nutrit. **74.** 345—51. Aug. 1961. Washington, D.C., U.S. Dep. of Agric., Human Nutr. Res. Div.; engl.) — Mädchen von 7—9 Jahren, die täglich insgesamt 4,49 bzw. 5,00 bzw. 2,79 mg *Pantothensäure* (I) aufnahmen, schieden 2,85 bzw. 1,71 bzw. 1,31 mg im Harn aus. Die Ausscheidung von I stand nicht in Beziehung zur Körpergröße. Bei einer mittleren täglichen Zufuhr von 98 bzw. 80 bzw. 52 μg *Folsäure* (II) wurden 1,24 bzw. 1,13 bzw. 1,41 μg im Harn ausgeschieden, also weniger als 3%. Eine Diät aus Nahrungsmitteln für 7—9jährige Kinder, die den Empfehlungen des NATIONAL RESEARCH COUNCIL entsprachen, lieferte täglich 4—5 mg I u. 80—100 μg II. K. ZINGRAF. 4587 □

Einfluß der Alkalibehandlung auf die Verwertbarkeit von Niacin und Aminosäuren des Mais. A. E. Harper, B. D. Punekar und C. A. Elvehjem. (J. Nutrit. **66.** 163—72. 10/10. 1958. Madison, Univ. of Wisconsin, Dep. of Biochem.; engl.) — Wenn Ratten ein *Niacin* (I)-Mangelfutter erhalten, in dem unbehandelter Mais durch alkalibehandelten ersetzt ist, entstehen keine I-Mangelsymptome. Auch durch längeres Kochen in W. wird ein Teil des im Mais enthaltenen I verfügbar. Auf die ungünstige Aminosäure-Zus. des Mais haben die verschiedenen Behandlungen keinen Einfluß. P. GREGORZEWSKI. 4587 □

Der Einfluß von Nahrungsfett auf den Niacinbedarf der Maus. William N. Pearson, J. Salvador Valenzuela und Jan van Eys. (J. Nutrit. **66.** 277—90. 10/10. 1958. Nashville, Tenn., Vanderbilt Univ., School of Med., Dep. of Biochem. and Med. Div. of Nutrition; engl.) — Albinomäuse brauchen *Niacin* (I), wenn sie eine 9%ig. Caseindiät erhalten. Der I-Bedarf sinkt, wenn sie 2—5% Fett bekommen. 9% Baumwollsaatöl ist dagegen schädlich, kann aber durch 2 mg% I ausgeglichen werden. Eine mit Alkali–Chlf. extrahierbare Anti-I-Verb. konnte in Mais nicht bestätigt werden. P. GREGORZEWSKI. 4587 □

Die Bildung des Citrovorumfaktors bei der Entwicklung des Hühnereies und die Wirkung injizierter Folsäureantagonisten. Marian E. Swendseid, Ruth Jackson und Eva M. Benson. (Arch. Biochem. Biophysics **78.** 221—26. Nov. 1958. Los Angeles, Calif., Univ. of California, Dep. of Home Economics and Physiol. Chem.; engl.) — Der Anteil des *Citrovorumfaktors* (CF) nimmt im Hühnerei während der Brutzeit zu. Gleichzeitig erfolgt eine Verringerung der *Folsäure*-Menge. In Homogenaten von Dottersack u. embryonaler Leber wird die CF-Synth. aus Pteroylglutaminsäure untersucht. Nach *Methotrexate* (*4-Amino-N^{10}-methylpteroylglutaminsäure*) oder *Aminopterin*-Injektionen am 8. Inkubationstag wird die CF-Synth. in Dotter u. Leber verzögert. Durch eine anhaltende Hemmung mit Antagonisten wird die Gesamtmenge des CF im Ei verringert. — 20 Literaturangaben. R. LENSCHAU. 4587 □

Über die Bewertung von Hydroxocobalamin bei der Behandlung einer HCN-Intoxikation. Jean Delga, Jacques Mizoule und Bernard Veverka. (C. R. Séances Soc. Biol. Filiales **155.** 1016—19. 1961. Paris, Val-de-Grâce, Labor. de Chim.; franz.) — Vff. konnten nachweisen, daß *Hydroxocobalamin* (I) in äquimol. Mengen in der Lage ist, die durch *KCN* oder *NaCN* verursachte Hemmung der aeroben Zellatmung (Hirn- u. Lebergewebe u. andere Gewebearten) aufzuheben. Diese antitox. Wrkg. von I konnte auch im Tier-Vers. (Kaninchen) bestätigt werden: bei cyanidvergifteten Tieren, bei denen Atmungs- u. Kreislauffunktionen bereits weitgehend gestört oder gehemmt waren, verursachte I eine völlige Wiederherstellung. Die antitox. Wrkg. von I wird durch gleichzeitige Verabfolgung von *Na-Hyposulfit* noch verstärkt. H. KOCKERT. 4587 □

Untersuchung über Tierwachstumsfaktoren. 1. Mitt. **Orotsäure als Wachstumsfaktor.** Ken-ichi Torigoe. (Vitamins [Kyoto] **9.** 463—58. 1955. Kumamoto Univ.; japan., Auszug: engl.) — Mäusen u. Albinoratten mit einer gereinigten Grundkost, die alle B-Vitamine enthält, werden steigende Mengen *Orotsäure* (I) in der Kost verabreicht. Bei 100—150 γ I/Tag je Tier ergibt sich bei beiden Tiergruppen eine wachstumssteigernde Wrkg., die bei 10—15 γ I eine untere Grenze hat. Höhere Gaben (1,5—15 mg I) ergeben eine Neigung zur Wachstumshemmung. Durch *Vitamin-*B_1-Mangel hervorgerufene Wachstumshemmung wird durch I (100—150 γ) gemildert oder aufgehoben. Bei fortgesetzter Injektion von I (3—8 Tage je 1,5 mg) als Na-Salz erfolgt bei Kaninchen ein Reticulocytenanstieg bis 125‰ im Blut. L. SCHULER. 4587 □

Untersuchung über Tierwachstumsfaktoren. 2. Mitt. **Wachstumsanregende Wirkung von „β-Säure" und 4.6-Dihydroxychinolincarbonsäure.** Ken-ichi Torigoe. (Vitamins [Kyoto] **9.** 469—72. 1955; japan., Auszug: engl.) — 1. vgl. vorst. Referat. — Bei Zugabe von 500—750 γ *„β-Säure"* (*2.6-Dihydroxychinolincarbonsäure*; I)/Tag u. Tier zu einer synthet. Grundkost (l. c.) wird das Wachstum von Mäusen gefördert, das von Albinoratten (bis zur unteren Grenze von 100—150 γ I) gehemmt. *4.6-Dihydroxychinolincarbonsäure* ergibt gerade die umgekehrte Erscheinung (untere Grenze 20 bis 30 γ/Maus). L. SCHULER. 4587 □

Untersuchung über Tierwachstumsfaktoren. 3. Mitt. **Abtrennung von Vitamin B_{13} aus Reiskleie und dem „getrockneten Löslichen" der Destillatoren (distillers).** Ken-ichi Torigoe. (Vitamins [Kyoto] **9.** 472—76. 1955; japan., Auszug: engl.) — 2. vgl. vorst. Referat. — Aus 700 g Reiskleie wird mit verd. H_2SO_4 (pH 4,5) ein Auszug bereitet, mit Säureton behandelt, das Filtrat mit Phosphorwolframsäure gefällt, der Nd. mit $Ba(OH)_2$ zerlegt u. das Filtrat mit Chlf. ausgezogen. Das zur Trockne gebrachte Konzentrat (120 mg) verhält sich nach UV-Absorption u. Papierchromatographie wie *Vitamin* B_{13} (nach HAUGE). Bei Verabreichung an Mäuse tritt keine Wachstumsförderung ein. Das „getrocknete Lösliche" aus der Dest. dagegen fördert das Wachstum, nicht jedoch das daraus nach HAUGE bereitete sog. *Vitamin* B_{13}. L. SCHULER. 4587 □

Untersuchung über Tierwachstumsfaktoren. 4. Mitt. **Wachstumsfaktoren im „getrockneten Löslichen" der Destillatoren (distillers).** Ken-ichi Torigoe. (Vitamins [Kyoto] **9.** 477—83. 1955; japan., Auszug: engl.) — 3. vgl. vorst. Referat. — Der A.-Auszug aus dem „getrockneten Löslichen" („Distillers Dried Solubles") zeigt wachstumsfördernde Wirkung. Eine nicht an Säureton u. Aktivkohle adsorbierte u. Ae.-unlösl. Fraktion daraus zeigt diese Wrkg. verstärkt. Ein gewisser Effekt dieser Art zeigt sich, wenn auch schwächer, in dem mit Phosphorwolframsäure fällbaren, im an Permutit adsorbierbaren u. in den in Chlf. lösl. Fraktionen. L. SCHULER. 4587 □

Über die Wechselwirkung zwischen einigen Spurenelementen (Mangan, Molybdän, Kobalt) und der Ascorbinsäure im Organismus weißer Ratten. A. M. Birenbaum. (Український Біохімічний Журнал [Ukrain. biochem. J.] **34.** 253—61. 1962. Rostow/Don, Med. Inst., Lehrstuhl für Biochemie; ukrain., Auszug: engl.) — In Verss. mit weißen Ratten wurde der Einfl. von $MnCl_2 \cdot 4\,H_2O$, $Na_3MoO_4 \cdot 2\,H_2O$ u. $CoCl_2 \cdot 6\,H_2O$ auf den *Ascorbinsäure* (I)-Geh. der Leber bei deren Zusatz zum Futter u. deren Einfl. auf die I-Ausscheidung mit dem Harn bei parenteraler Zufuhr untersucht u. festgestellt, daß bei Verfütterung von 4,0 mg Mo bzw. 0,30 mg Co täglich der I-Geh. in der Leber im Mittel um 23,6 bzw. 15,1% erhöht wird. Bei täglicher Zufuhr von 0,07 bzw. 0,14 mg Mn wird die tägliche I-Ausscheidung mit dem Harn um 23,6 bzw. 20,9% erhöht. Bei Mo ist die Dosis 1,0 mg am wirksamsten: Erhöhung der I-Ausscheidung um 17,1%. Durch Zufuhr von 0,01 mg Co täglich erhöht sich die I-Ausscheidung mit dem Harn im Durchschnitt um 9,4%. Höhere Co-Dosen sind unwirksam. O. LEBTAG. 4587 □

Verhalten der Ascorbinsäure in den Nebennieren von hepatektomierten und mit adrenocorticotropem Hormon behandelten Tieren. Angelo Bendandi. (Arch. Science med. **101 (81).** 77—86. Febr. 1956. Modena, Univ., Ist. di Clin. Med. Generale e Terap. Med.; ital.) — Der Geh. der Nebenniere an *Ascorbinsäure* (I) wird bei Ratten durch Hypophysektomie kaum verändert. Bei Hepatektomie u. Verabfolgung von *adrenocorticotropem Hormon* (*ACTH*) sinkt der I-Geh. bedeutend ab. Dagegen wird bei hypophysektomierten Ratten der nach ACTH-Gabe beobachtete I-Geh. gesteigert, wenn gleichzeitig eine Hepatektomie vorgenommen wird. K. ZINGRAF. 4587 □

Gingivitis-Ascorbinsäuremangel bei den Navajos. 1. Mitt. **Ascorbinsäure in der Leukocyten-Thrombocyten-Fraktion des Blutes.** Ethelwyn B. Wilcox und Marian Grimes. (J. Nutrit. **74.** 352—56. Aug. 1961. Logan, Utah, Utah State Univ., Dep. of

Food and Nutr.; engl.) — Bei unvorbehandelten Navajos lagen die *Ascorbinsäure* (I)-Werte in der Leukocytenfraktion des Blutes bei Personen mit haemorrhag. hyperplast. Gingivitis wesentlich niedriger als bei Gesunden. Nach 3 Wochen langer Verabreichung von täglich 300 mg I zeigten die meisten Personen Normalwerte (26—71% I-Sättigung). Die Zunahme war am geringsten bei Gesunden (49%), am höchsten bei den Gingivitis-Patienten, die zunächst 3 Wochen lang Cafeteria-Ernährung ohne I-Zusatz u. dann erst 3 Wochen lang I erhielten (91%). K. ZINGRAF. 4587□

Die modernen Vorstellungen über die Rolle des Biotins im Stoffwechsel. Die Teilnahme des Biotins an der Fixierung der Kohlensäure. A. A. Posnanskaja und W. S. Gorkin. (Вопросы Медицинской Химии [Fragen med. Chem.] **8.** 115—30. März/April 1962. Moskau, Inst. für biolog. u. med. Chemie der Akad. der Wiss. der UdSSR; russ.) — Überblick an Hand der Literatur. — 59 Literaturangaben. O. LEBTAG. 4587□

Schilddrüsenüber- und -unterfunktion und lipotrope Wirkung von Diäthylstilböstrol bei Cholin-Mangelratten. Glenn J. Miller, William W. Ellis und Irene Rosenfeld. (J. Nutrit. **74.** 408—12. Aug. 1961. Laramie, Wyoming, Univ. of Wyoming, Div. of Agric. Biochem.; engl.) — Die lipotrope Wrkg. von *Diäthylstilböstrol* (I) bei ♂ u. ♀ Ratten, welche ein Methionin-armes *Cholin* (II)-Mangelfutter erhielten, wurde weder durch die durch orales *Thiouracil* (III) ausgelöste Schilddrüsen (Sd)-Unterfunktion noch durch die durch ein orales Sd-Präp. ausgelöste Sd-Überfunktion beeinflußt. III, nicht jedoch Sd-Präp. im Futter, bewirkte eine Lipidanreicherung in der Leber, wenn das Futter kein I enthielt. I, II-Mangelfutter oder mit II ergänztem Futter zugesetzt, bewirkte eine Zunahme der „Gesamtsterine" in der Leber, auch wenn das Futter III oder Sd-Präp. enthielt. K. ZINGRAF. 4587□

Messung und Verteilung von Carnosin in der Ratte. William J. Reddy und D. Mark Hegsted. (J. biol. Chemistry **237.** 705—06. März 1962. Boston, Mass., Harvard School of Public Health, Dep. of Nutrit.; Harvard Med. School and Peter Bent Brigham Hosp., Dep. of Med.; engl.) — Durch 2maliges Extrahieren von Muskelgewebe ♂ Ratten mit W. (100°, 10 Min.) u. Papierchromatographie der Extrakte mit Butanol–Propanol–20%ig. NH_4OH 2 : 2 : 1 werden *Carnosin* (I), *Histidin* (II), *Anserin* u. *Methylhistidin* getrennt u. colorimetr. bestimmt. Bei Best. von I in Skelettmuskelhomogenaten werden in der Zellfraktion, im Überstand bzw. den Mitochondrien (Mt) 23,9, 71,5 bzw. 15,3 μg I/mg N gefunden, entsprechend ca. 400—600 μg I/g Muskelgewebe. Muskelgewebe enthält <5 μg freies II/g. I läßt sich auch durch Resuspendieren der Mt in 0,88 oder 0,25 m Saccharose-Lsg. nicht aus den Mt entfernen, was auf eine feste Bindung von I an die Mt schließen läßt. Der I-Geh. von Magenwand, Leber bzw. Zwerchfell beträgt 0—50, 5—10 bzw. 200—300 μg/g Gewebe, wogegen in Gehirn, Herz, Lunge u. Niere kein I (<1 μg/g) nachweisbar ist. G. KIRSTEN. 4587□

Mikrobiologische Bestimmung von Vitaminen. Heiichi Sakai. (Vitamins [Kyoto] **9.** 549—58. 1955. Tokyo, Univ.; jap.) — Vgl. C. **1950/54.** 1900 S. — Übersicht über die bes. für die *B-Vitamine* verwendeten Mikroorganismen, Einzelheiten der Ausführungstechnik u. der Wahl der Reinsubstanzen u. Auswertung. — 10 Literaturangaben. L. SCHULER. 4587□

Vitamin A in der Ernährung unserer Bevölkerung. M. Bohdal. (Nahrung **6.** 317—31. 1962. Prag-Krč, Inst. für Ernährungsforsch.; dt.) — Erhebungen in ausgewählten Familien zeigen *Vitamin-A*-Aufnahmen von 2294—4233 I.E. in 24 Stunden. Der Geh. im Blut beträgt $29 \cdot 10^{-6}$% (Januar), $38 \cdot 10^{-6}$% (Juni) u. $29 \cdot 10^{-6}$% (August). In der Leber von Unfalltoten werden 287,7 I.E./g Frischleber gefunden. — 46 Literaturangaben. P. LOCH. 4587□

Die Wirkung von überschüssigem Vitamin A auf die Aufnahme markierter Verbindungen durch die embryonale Haut in Organkultur. S. R. Pelc und Honor B. Fell. (Exp. Cell Res. **19.** 99—113. Febr. 1960. London, King's Coll., Med. Res. Council's Biophys. Res. Unit; Cambridge, Strangeways Res. Labor.; engl.) — Die autoradiograph. Unters. des Einbaus von ^{35}*S-DL-Cystin* (I) u. *-Methionin* (II), ^{14}*C-Leucin* (III) u. *-Tyrosin* (IV), ^{3}*H-Thymidin*, ^{14}*C-Adenin* u. ^{35}*S-Sulfat* bei Hautexplantaten des Unterschenkels 13 Tage alter Hühnerembryonen in normalem u. in überschüssiges *Vitamin A* (V) enthaltendem Kulturmedium zeigte, daß in beiden Fällen alle Aminosäuren in epidermale Kerne wie in Cytoplasma aufgenommen wurden, d. h. anscheinend sind Kern u. Cytoplasma an der Protein-Synth. beteiligt. V beeinflußte die III- u. II-Aufnahme der Epidermis nicht signifikant, verminderte aber den IV-Einbau in die oberflächlichen Schichten u. besonders stark den von I in das gesamte Epithel. V aktivierte den Einbau von Adenin u. Thymidin u. wahrscheinlich auch die Synth. von Desoxyribonucleinsäure in den differenzierten (oberflächlichen) Epidermisschichten. In den tieferen Epidermisschichten war die $^{35}SO_4^{2-}$-Aufnahme in beiden Medien gleich. Es wird angenommen, daß basale

u. frühzeitig differenzierte Zellen keratinisierenden Epithels einen Mechanismus zur Bldg. sulfatierter Mucopolysaccharide besitzen, der durch Keratinisierung blockiert wird, nicht aber, wenn letztere durch überschüssiges **V** gehemmt wird. 2tägige Einw. eines **V**-Überschusses ändert die Zus. der von der Epidermis gebildeten Proteine, aber nur unwesentlich deren Gesamtmenge. K. Maier. 4587□

Hämolyse und Reagensreinheit als Fehlerquellen bei der Vitamin-A- und Carotinbestimmung in Serum nach der Bessey-Lowry-Methode. Margaret H. Utley, Eileen R. Brodovsky und William N. Pearson. (J. Nutrit. **66.** 205—15. 10/10. 1958. Nashville, Tenn., Vanderbilt Univ., School of Med., Dep. of Biochem. and Med., Div. of Nutrit.; engl.) — Hämolyse verursacht Fehler bei der *Vitamin-A*-Best. nach Bessey u. Lowry, die durch Anwendung eines frisch bereiteten reinen *Kerosin–Xylol*-Gemisches vermieden werden. P. Gregorzewski. 4587□

Aktiver Transport von Calcium durch die Darmwandung: Wirkung und biologische Prüfung von Vitamin D. David Schachter, Daniel V. Kimberg und Harris Schenker. (Amer. J. Physiol. **200.** 1263—71. Juni 1961. New York, N.Y., Columbia Univ., Coll. of Phys. and Surg., Dep. of Med.; Presbyterian Hosp.; engl.) — Vgl. auch vorst. Referat. — Für den akt. Transport von Ca^{2+} ist die Ggw. von *Vitamin D* (**I**) erforderlich. Da bei **I**-verarmten Ratten durch bereits geringe Dosen von *Vitamin* D_2 oder D_3 (0,006—0,5 μg = 0,25—20 Einheiten), die durch Magensonde verabreicht werden, ein 2 Tage später durchgeführter in vitro-Test mit ^{45}Ca eine Wiederherstellung des akt. Ca^{2+}-Transports anzeigt, ist damit eine biolog. Prüfung für **I** außerhalb der antirachit. Wrkg. möglich. **I** beeinflußt den Ca-Transport in allen Dünndarmsegmenten, am stärksten jedoch im Duodenum; **I** beeinflußt den Ca-Transport vermutlich durch Angriff am akt. Mechanismus u. nicht durch Diffusion; an dem akt. Transportmechanismus sind offenbar 2 verschiedene Stufen beteiligt; für beide ist **I** erforderlich.
U. Tausendfreund. 4587□

Die Wirkung von Vitamin D in vivo und in vitro auf die Freisetzung von Calcium aus Nierenmitochondrien. G. W. Engstrom und H. F. DeLuca. (J. biol. Chemistry **237.** PC974—PC975. März 1962. Madison, Wis., Univ. of Wisconsin, Dep. of Biochem.; engl.) — Aufnahme u. Abgabe von *Ca* durch die Mitochondrienfraktion (MF) aus Nierenhomogenaten junger ♂ Ratten, die bei ausreichender Ca- u. P-Zufuhr mit u. ohne *Vitamin-D* (**I**)-Gaben ernährt wurden, werden untersucht. In Bestätigung früherer Befunde hat **I** keinen Einfl. auf die Ca-Aufnahme. Nach Zugabe von Hexokinase u. Glucose wird Ca aus der MF **I**-ernährter Tiere rasch, aus der MF **I**-mangelkranker erst nach 60 Min. in Ggw. von anorgan. Phosphat, nach 45 Min. in phosphatfreiem Medium freigesetzt (Kurven). Die Adenosintriphosphataseaktivität in der MF ist dagegen bei **I**-mangelkranken Tieren wesentlich höher als bei **I**-ernährten u. somit nicht für die Ca-Freisetzung verantwortlich. In vitro führt Zugabe von *Vitamin* D_2 zur MF zu rascher Ca-Freisetzung (Kurven). *Vitamin* D_3 zeigt analoge Wrkg., jedoch sind *Ergosterin, 7-Dehydrocholesterin,* Δ^7*-Cholestenol* u. *Cholesterin* ohne Wirkung. Bei Ersatz von Ca^{2+} durch Sr^{2+} wird kein **I**-Einfl. beobachtet. Die Rolle von **I** im Ca-Stoffwechsel wird diskutiert. G. Kirsten. 4587□

Wirkung von Vitamin D auf die Verwertung von Beryllium, Magnesium, Calcium, Strontium u. Barium beim Küken. N. A. Worker und B. B. Migicovsky. (J. Nutrit. **74.** 490—94. Aug. 1961. Ottawa, Ontario, Canada, Dep. of Agric., Res. Branch, Animal Res. Inst.; engl.) — *Vitamin D* (**I**) förderte beim Küken den Einbau oral, nicht jedoch subkutan, zugeführter Erdalkalien in die Knochen, es hemmte dagegen den Einbau von subkutan zugeführtem *Mg*. Quant. Unterschiede im Einbau der einzelnen Elemente wurden bei oraler Verabreichung derselben durch **I** z. T. verstärkt, bei subkutaner Verabreichung jedoch nicht beeinflußt. K. Zingraf. 4587□

Einbau markierter Aminosäuren in Gewebeproteine von Vitamin-E-Mangel- und Kontrollkaninchen. J. F. Diehl. (Arch. Biochem. Biophysics **87.** 339—40. April 1960. Little Rock, Ark., Univ. of Arkansas, Med. Center, Dep. of Biochem.; engl.) — Bei *Vitamin-E*-Mangelkaninchen wurde 4mal soviel $^{14}C_{(1)}$*-Glycin* in das Protein des Skelettmuskels, nicht aber der Leber, der Niere u. des Dünndarms, eingebaut wie bei Kontrolltieren. Im Einbau von $^{14}C_{(1)}$*-Leucin* u. $^{14}C_{(1)}$*-Lysin* bestand kein Unterschied zwischen Mangeltieren u. Kontrollen. K. Zingraf. 4587□

Vitamin-E-Sättigungstest bei mit Coccidiose infizierten Kaninchen. J. F. Diehl und Bill G. Kistler. (J. Nutrit. **74.** 495—99. Aug. 1961. Little Rock, Ark., Univ. of Arkansas, Med. Center, Dep. of Biochem.; engl.) — Der *Vitamin-E* (**I**)-Sättigungstest nach wiederholter oraler oder parenteraler Verabreichung von **I** an Kaninchen, welche mit *Eimeria stiedae* infiziert wurden, zeigte, daß Lebercoccidiose eine Verringerung der **I**-Reserven des Wirts bewirkt. Eine verringerte **I**-Resorption aus dem Darm konnte als Ursache hierfür ausgeschlossen werden. K. Zingraf. 4587□

Ein in Hefe vorhandenes Lipoid mit gewissen Eigenschaften, die denen von Tocopherol ähneln. B. Cowlishaw und Inge Prange. (Biochim. biophysica Acta [Amsterdam] **23.** 663—64. März 1957. Copenhagen, Dänemark, Polytechn. Inst., Dep. of Biochem. and Nutrit.; engl.) — Die unverseifbaren Fraktionen (I) der aus FLEISCHMANN-*Hefe 50 B* oder aus *Torulahefe* erhaltenen Lipide enthalten eine Substanz, welche den EMMERIE-ENGEL-Test gibt u. sich beim Chromatographieren auf mit $ZnCO_3$ beschichtetem Papier wie die *Tocopherole* verhält. Zur Isolierung von I dienten folgende Meth.: 1. 1—2 Std. langes Erhitzen mit methanol. KOH (in Ggw. von Pyrogallol u. in N_2-Atmosphäre) ergibt ein spärlich in Bzl. lösl. I. — 2. 24std. Extraktion in SOXHLET-App. mit abs. A. (2% trockene HCl u. 2% Ascorbinsäure enthaltend), verd. mit dem gleichen Vol. W., Extraktion mit PAe., Verseifen mit äthanol. Alkali (in Ggw. von Pyrogallol), Extraktion der I mit Äther. A. HESSE. 4587□

Untersuchungen über den Stoffwechsel Tryptophan–Nicotinsäure bei der Lebercirrhose des Menschen. I. Ragno und R. Pinto. (Boll. Soc. ital. Biol. sperim. **37.** 1296—97. 31/12. 1961. Neapel, Univ., Ist. di Chim. Biol.; ital.) — Bei 9 Lebercirrhosekranken wird chromatograph. die Eliminierung der intermediären Metaboliten des Stoffwechsels *Tryptophan–Nicotinsäure* untersucht. In 7 Fällen konnten *3-Hydroxyanthranilsäure*, in 6 Fällen *3-Hydroxykynurenin* u. einmal *Kynurenin* gefunden werden. Selten werden *Anthranilsäure, Acetylkynurenin* u. *Kynurenin-* sowie *Xanthurensäure* angetroffen. F. KREN. 4587□

Aktiver Transport von Calcium durch die Darmwandung: Wirkungen von eingenommenem Calcium. Daniel V. Kimberg, David Schachter und Harris Schenker. (Amer. J. Physiol. **200.** 1256—62. Juni 1961. New York, N.Y., Columbia Univ., Coll. of Phys. and Surg., Dep. of Med.; Presbyterian Hosp.; engl.) — Bei Prüfung des unter *Ca*-armer Kost (0,02% Ca) zu beobachtenden gesteigerten Transports von Ca^{2+} durch die Darmwandung wurden Unterss. an abgeteilten Darmsegmenten durchgeführt. Ca-Verarmung durch die Kost stellt einen Reiz zum Transport für Ca^{2+} von der Schleimhaut in Richtung Serosa gegen einen Konz.-Gradienten im Bereich des gesamten Dünndarms der jungen Ratte dar; dabei läßt sich im Duodenalbereich die stärkste akt. Ca^{2+}-Bewegung feststellen, sie ist schwächer im Ileum u. am schwächsten im mittleren Dünndarmbereich. Nach Ca-armer Kost wird von Duodenalsegmenten auch ^{89}Sr gegen einen Konz.-Gradienten transportiert, wenn Sr auch weniger leicht als Ca transportiert wird. Für die Anpassungs-Rk. des akt. Transports in Duodenum u. Ileum ist *Vitamin D* erforderlich. Jüngere Ratten reagieren auf Ca-arme Kost schneller u. ausgeprägter als ältere Tiere. Weder Thyreoid–Parathyreoidektomie noch Hypophysektomie oder Adrenalektomie verhindern die Rk. auf die Ca-arme Kost, wenn auch der akt. Transportmechanismus der Ratten durch diese Maßnahmen beeinflußt wird.
U. TAUSENDFREUND. 4594□

Die proteolytische Aktivität von Hühnerdärmen. Zafrira Nitsan und Eugenia Alumot (Olomucki). (Bull. Res. Council Israel, Sect. A **9.** 23—27. April 1960. Beit-Dagon-Rehovoth, Agric. Res. Stat., Dep. of Animal Nutrit.; engl.) — Die proteolyt. Aktivität des Darminhalts von Hühnern (2—7 Wochen) wurde modifiziert nach KUNITZ (COLOWICK u. KAPLAN, Methods in Enzymol. **2.** [1955.] 33) bestimmt. Die Gesamtenzymaktivität hängt von der Menge des Inhalts ab u. war pro Gew.-Einheit in allen Präpp. annähernd gleich. Es bestand keine Beziehung zu Alter u. Zeitabstand nach dem Fressen. K. MAIER. 4594□

Beziehung zwischen der Pankreas-Fermentsekretion und der Wachstumshemmung bei Ratten bei Verfütterung von Sojabohnentrypsinhemmstoff. Phyllis C. Haines und R. L. Lyman. (J. Nutrit. **74.** 445—52. Aug. 1961. Berkeley, Calif., Univ. of California, Dep. of Nutrit. Sci.; engl.) — Ein Futter aus rohen Sojabohnen hemmte bei Ratten infolge verringerter Futteraufnahme das Wachstum wesentlich stärker als ein Futter aus erhitzten Sojabohnen, welchem *Sojabohnentrypsinhemmstoff* zugesetzt wurde. Bei beiden Gruppen wurde eine hohe Proteaseaktivität im Darm festgestellt, aber die N-Resorption war bei den Tieren verringert. K. ZINGRAF. 4594□

Endogene Stickstoff-Sekretion in den Verdauungstrakt. Jean Twombly und J. H. Meyer. (J. Nutrit. **74.** 453—60. Aug. 1961; engl.) — Nach Verfütterung von Eiereiweiß u. Cr_2O_3 als Indicator trat bei Ratten ein Maximum im *N*-Geh. des Dünndarminhalts nach 1 Std. (aus der Nahrung stammender N) u. nach 8 Std. (aus endogener N-Sekretion stammend) auf. Die endogene N-Sekretion nahm mit steigendem Protein (I)-Geh. im Futter zu. Bei Verfütterung eines I-freien Futters wurden innerhalb von 4 Tagen 563 ± 147 mg N in den Verdauungstrakt sezerniert; das entspricht dem N-Verbrauch bei 8 Fütterungen bei einem I-Geh. von 10% im Futter. K. ZINGRAF. 4594□

Mischung von endogenem und exogenem Protein im Verdauungstrakt. E. S. Nasset und Jin Soon Ju. (J. Nutrit. **74.** 461—65. Aug. 1961. Rochester, N.Y.,

Univ. of Rochester, School of Med. and Dent., Dep. of Physiol.; engl.) — Bei Hunden u. Ratten war nach Verfütterung von ^{14}*C-Casein* (I) der im Dünndarm auftretende, auf I zurückzuführende N mit der 4—7fachen Menge von endogenem N verd. u. das Mol-Verhältnis der freien Aminosäuren im Darminhalt war wesentlich verschieden von dem im zugeführten I. K. ZINGRAF. 4594□

Untersuchungen über die Passage von Harnstoff und Ammoniak durch die Pansenwand von Ziegen. K. Gärtner, P. Decker und H. Hill. (Pflügers Arch. ges. Physiol. Menschen Tiere **274.** 281—88. 1961. Hannover, Tierärztl. Hochsch., Physiolog. Inst.; dt.) — Mit Hilfe von ^{14}*C-Harnstoff* wird an Ziegen laufend die Passage von Blutharnstoff in den Pansen u. die Neubildung von Körperharnstoff gemessen. Die Abhängigkeit dieser Größen von Veränderungen des Blutharnstoffspiegels u. der Pansenammoniak-Konz. wird untersucht. Erhöhung der Blutharnstoff-Konz. bis auf das Doppelte hat keinen Einfl. auf die Größe des Harnstofftransports durch die Pansenwand. Erhöhung der *Ammoniak*-Konz. im Pansen steigert die Passage von Ammoniak durch die Pansenwand. Die Permeabilität der Pansenwand für Ammoniak ist veränderlich. In der Oligurie ist sie vergrößert u. in der Polyurie vermindert. S. GROITZSCH. 4594□

Fortlaufende Messung von Harnstoffbildung und Harnstoffrückfluß in den Pansen in Abhängigkeit vom Harnfluß mit Hilfe von ^{14}C-Harnstoff bei Ziegen. P. Decker, K. Gärtner, H. Hörnicke und H. Hill. (Pfügers Arch. ges. Physiol. Menschen Tiere **274.** 289—94. 1961. Hannover, Tierärztl. Hochsch., Physiolog. Inst.; dt.) — Vgl. vorst. Referat. — Unter normalen Bedingungen liegt die Pansenclearance für *Harnstoff* zwischen 40 u. 80 ml/min, Extremwerte sind 100 ml/min u. 0 ml/min. Es wurde ein gegenläufiges Verh. der Pansenclearance zur Nierenclearance u. zum Harnfluß gefunden: Einem niedrigen Harnfluß entsprechen hohe Pansenclearancewerte u. umgekehrt.
S. GROITZSCH. 4594□

Bildung und Resorption von flüchtigen Fettsäuren in dem gefüllten Pansen. R. E. Brown, C. L. Davis, J. R. Staubus und O. Nelson. (J. Dairy Sci. **43.** 1788 bis 1795. Dez. 1960. Urbana, Ill., Univ. of Illinois, Dep. of Dairy Sci.; engl.) — Die Pansen von 3 erwachsenen Ziegen wurden mit gleichartigem, aber heparinisiertem Blut gefüllt, um die Bldg. u. Resorption von *flüchtigen Fettsäuren* (I) zu messen. Die Resorption von I war niedriger, die Bldg. größer als erwartet, z. B. betrug die Bldg. von *Essigsäure* 2,61 g/Std., *Propionsäure* 1,16 g/Std., *Buttersäure* 0,89 g/Stunde. Glucose wurde durch das Pansengewebe zu 6—10 mg% ausgenutzt. Im venösen Blut wurden geringe Mengen von Ketonkörpern gefunden. Änderungen in der Zus. der I im Pansen verursachten drast. Änderungen im venösen Blut. Zugabe von *Buttersäure* zum Pansen bewirkte eine Steigerung der Ketonkörper im venösen Blut. P. NACHTWEY. 4594□

Untersuchung der Resorption und des Stoffwechsels von Propylenglykoldistearat. C. L. Long, F. J. Domingues, V. Studer, J. R. Lowry, B. R. Zeitlin, R. R. Baldwin und R. Thiessen jun. (Arch. Biochem. Biophysics **77.** 428—39. Okt. 1958. Tarrytown, N.Y., General Foods Corp., Res. Center.; engl.) — Der Stoffwechsel von *Propylenglykoldistearat* (I), markiert mit $^{14}C_{(1)}$-Propylenglykol u. $^{14}C_{(COOH)}$-Stearinsäure, wurde in vitro u. in vivo bei Ratten untersucht. In vitro wird I durch *Steapsin* hydrolysiert. Der Resorptionsbetrag von I u. Propylenglykol–Stearinsäure-Gemisch war gleich einer $^{14}C_{(COOH)}$–Stearinsäure-Mischung von Glycerinestern (Best. durch kontinuierliche CO_2-Messungen für 72 Std.). Diese Ergebnisse zeigen, daß I in ähnlicher Weise hydrolysiert u. resorbiert wird wie Glycerinester der Stearinsäure. G. KIMMERLE. 4594

Eine Untersuchung der in vitro-Hydrolyse und Resorption von Propylenglykoldistearat. C. L. Long, B. R. Zeitlin und R. Thiessen jun. (Arch. Biochem. Biophysics **77.** 440—53. Okt. 1958. Tarrytown, N.Y., General Food Corp., Res. Center.; engl.) — Vgl. vorst. Referat. — Markiertes *Propylenglykoldistearat* (I) wird nach oraler Verabreichung bei Ratten im Gastrointestinaltrakt zu *Propylenglykolmonostearat, Propylenglykol* u. *Stearinsäure* hydrolysiert. I kann in der Darmlymphe nachgewiesen werden [ähnlich bei Fütterung von Glycerylstearaten (II)]. Während des Resorptionsprozesses wird I aus seinen Hydrolyse-Prodd. resynthetisiert u. wird durch die Lymphe transportiert. Freie Stearinsäure u. Propylenglykol konnten in der Lymphe nicht nachgewiesen werden. Somit ist der Resorptionsmechanismus für I ähnlich dem von II.
G. KIMMERLE. 4594

Stoffwechsel bei chronischer Urämie. 1. Mitt. **Eliminierung des Stickstoffs des Harns und der Faeces.** C. Giordano. (Boll. Soc. ital. Biol. sperim. **37.** 1292—94. 31/12. 1961. Neapel, Univ., Ist. di Patol. Spec. Med. e Metodol. Clin.; ital.) — Bei 6 Urämiekranken übersteigt die *N*-Menge in 5 Fällen den täglichen Minimalwert von 3,5 g im Harn, der zur Aufrechterhaltung der N-Bilanz beim normalen Menschen nötig ist. Die Ausscheidung von N durch die Fäkalien ergibt sowohl bei Patienten mit negativer als auch mit positiver N-Bilanz (tägliche Gaben von 20 g Aminosäure per os) normale Werte. F. KREN. 4596□

Stoffwechsel bei chronischer Urämie. 2. Mitt. Ausscheidung organischer Säuren beim normalen Menschen und beim Urämie-Kranken durch den Harn. C. Giordano und A. Crescenzi. (Boll. Soc. ital. Biol. sperim. **37.** 1294—95. 31/12. 1961. Neapel, Univ., Ist. di Patol. Spec. Med. e Metodol. Clin.; ital.) — 1. vgl. vorst. Referat. — Die Unterss. werden an 2 Urämiekranken durchgeführt. Während das Chromatogramm des Harns einer gesunden Person auf erhebliche Mengen *Citronen-*, *Malon-*, *Bernstein-*, *Aconit-* u. *Fumarsäure* hinwies (Entw. in Bromkresolgrün, 0,25%ig. in A.), waren diese Säuren bei den Kranken kaum vertreten. In beiden Gruppen sind jedoch andere nicht identifizierbare Verbb. vorhanden. F. KREN. 4596□

Stoffwechsel bei chronischer Urämie. 3. Mitt. Die Utilisation des endogenen Harnstoffs bei Patienten mit schwerer Niereninsuffizienz. C. Giordano. (Boll. Soc. ital. Biol. sperim. **37.** 1296. 31/12. 1961. Neapel, Univ., Ist. di Patol. Spec. Med. e Metodol. Clin.; ital.) — 2. vgl. vorst. Referat. — Die Unterss. werden an 2 Patienten mit schwerer Niereninsuffizienz durchgeführt, die über 1 Monat lang in ungenügender Menge N_2 in Form essentieller Aminosäuren in der Diät erhielten. Die Menge des eliminierten N_2 ist geringer als die dem Organismus verlorengegangene *Harnstoff*-Menge, so daß bei diesen Kranken der in den Geweben enthaltene Harnstoff für die Synth. der nicht essentiellen Aminosäuren verwertbar ist. F. KREN. 4596□

Pathogenese des urämischen Syndroms. Pharmakologische Untersuchungen über Acetoin und 2.3-Butylenglykol. 3. Mitt. H. Thölen, F. Bigler und H. Staub. (Experientia [Basel] **17.** 359—60. 15/8. 1961. Basel, Univ., Medizin. Klinik; engl.) — 2. vgl. Helv. physiol. pharmacol. Acta **19.** [1961.] 611. — Die bei uräm. Kranken erhöhte Brenztraubensäure im Blut wird z. T. über Acetaldehyd zu *Acetoin* (**I**) u. *2.3-Butylenglykol* (**II**) umgewandelt. **I** u. **II** erzeugen bei der Maus Narkose, wobei **I** 4mal so wirksam ist wie **II**. Blutdruck, Puls u. Atmung werden geringer (BEZOLD-JARISCH-Reflex). **II** zeigt außerdem Capillardilatation an der Schwimmhaut des Frosches. Die Beteiligung von **I** u. **II** am uräm. u. hepat. Coma wird diskutiert. W. HOLLAND. 4596□

Quantitative Bedeutung der Plasmaglucose für die Synthese des Milchfettglycerins. Jack R. Luick und Max Kleiber. (Amer. J. Physiol. **200.** 1327—29. Juni 1961. Davis, Calif., Univ. of California, Dep. of Animal Husbandry; engl.) — Es wird gezeigt, daß (nach Injektion von $^{14}C_6$-Glucose) mehr als 70% des für die *Glycerin*-Synth. in der Milch der Kuh erforderlichen C aus der Plasma-*Glucose* stammt. Bzgl. der relativen Bedeutung der beiden hauptsächlichen Stoffwechselwege, Synth. in der Brustdrüse oder Synth. von Plasmaglycerin in der Leber, kann noch kein Schluß aus diesem Ergebnis gezogen werden. U. TAUSENDFREUND. 4596□

Cholesterinstoffwechsel. 7. Mitt. **Cholesterinaufnahme und -ausscheidung beim Menschen.** R. P. Cook, D. C. Edwards und Christine Riddell. (Biochem. J. **62.** 225—34. Febr. 1956. Dundee, Irland, Univ. of St. Andrews, Queen's Coll., Dep. of Biochem.; engl.) — 6. vgl. C. **1959.** 16713. — Vff. untersuchten am Menschen über einen Zeitraum von 3 bzw. 4 Tagen das Ausmaß der Aufnahme von *Cholesterin* (**I**) in Form von krist. **I** u. Ei-**I** durch mehrfache Adsorptionschromatographie der Ae./A.-Extrakte von Faeces an Al_2O_3 u. nachfolgende Elution mit wss. Methanol, PAe./Bzl., Bzl./Ae., Ae./A. u. Alkoholen verschiedener Zusammensetzung. Es wurden die Geh. an Unverseifbarem, freien, Gesamt- u. gesätt. Steroiden, wasserdampfflüchtigen u. Ae.-extrahierbaren Säuren bestimmt. Vff. fanden nach Verabreichung von **I** eine zunehmende Ausscheidung von Unverseifbarem, das hauptsächlich aus *Sterinen* bestand, wobei gesätt. Verbb. mit fortschreitender Dauer des Vers. in steigendem Maße auftraten, bis ihre Menge der der ungesätt. Verbb. gleich war. Bei Gabe von Eiern wurde der entgegengesetzte Fall beobachtet. Das scheint auf eine anfänglich intestinale Umwandlung von **I** in *Koprostan* (**II**) hinzuweisen, verbunden mit einer Ausscheidung von unverändertem **I** u. danach Reexkretion von absorbiertem **I** über die Gallenwege mit nachfolgender intestinaler Umwandlung von **I** in **II**. Der Unterschied zwischen Unverseifbarem u. Gesamtsterinen resultiert aus anderen Verbb., so z. B. KW-Stoffen u. aliphat. Alkoholen, doch wird wahrscheinlich auch die Menge von „3-α-Stanolen" u. die mengenmäßig kleine Fraktion der sog. „fast-acting"-Sterine erhöht. In der PAe.-Fraktion wurde eine Mischung lösl. Fettsäuren, u. a. *Essig-* u. *Buttersäure*, gefunden; der in PAe. unlösl. Anteil enthielt Ketogallensäuren. Für die Aufnahme von **I** wurden bei krist. **I** bis zu 8 mg/kg Körper-Gew./Tag, bei **I** aus Ei 15 mg/kg/Tag gefunden, wobei mit dem letzten Fall eine vorübergehende Erhöhung des **I**-Spiegels im Blutplasma verbunden war. R. LESCHBER. 4596□

Änderungen im Brenztraubensäure- und Glutaminsäurestoffwechsel bei Poliomyelitis und der Übergang von Glutaminsäure in das Rückenmark. Sadao Kojima. (Vitamins [Kyoto] **9.** 503—07. 1955. Osaka Univ.; jap., Auszug: engl.) — Bei Kindern mit Poliomyelitis (Pm) zeigt sich bis zu 1 Monat nach Beginn der Erkrankung in der Spinal-Fl. eine Zunahme des Geh. an *Brenztraubensäure*, der nach Heilung wieder auf die Norm zurückgeht, was durch Verss. an infizierten Affen bestätigt wird. Bei Mäusen mit Pm ist der Geh. des Rückenmarks an *Glucose* u. *Glutaminsäure* (I) stark herabgesetzt; das Gehirn zeigte keine Veränderung. Wird in die Rückenmarkshöhle *Glutamylcholin* (II) injiziert, so wandert I in das Rückenmark. Bei Affen, die mit Vitamin B_1 u. II behandelt wurden, ist der I-Geh. im Rückenmark gegenüber nicht behandelten erheblich erhöht u. höher als bei normalen Affen. L. SCHULER. 4596□

Arginase und experimentelle Hyperammonämie. 1. Mitt. Die Wirkung der Arginase auf die bei der Ratte durch Aminosäurelösungen hervorgerufene Hyperammonämie. G. Aimard und D. Duffrene. (Presse méd. **70.** 1203—04. 19/5. 1962. Lyon, Hôpital Edouard Herriot; Fac. de Méd., Labor. de Méd. exp.; franz.) — Durch intraperitoneale Injektion einer Aminosäuren-Lsg. wird bei Ratten eine Hyperammonämie hervorgerufen, deren Maximum ½—2 Std. nach der Injektion liegt. Eine zweite Gruppe von Tieren erhält außer der Aminosäuren-Lsg. *Arginase* injiziert. Hier verläuft die Hyperammonämie bis zur 4. Std. ganz ähnlich wie bei der 1. Gruppe. Statt eines Abfalls tritt nun ein Plateau u. danach (ab 6. Std.) ein erneuter Anstieg auf. P. LOCH. 4596□

Arginase und experimentelle Hyperammonämie. 2. Mitt. Die Wirkung von Arginase auf experimentelle portocavale Encephalopathie von Hunden. G. Aimard, P. Maillet, J. Villaros und D. Duffrene. (Presse méd. **70.** 1204—06. 19/5. 1962; franz.) — 1. vgl. vorst. Referat. — Hunde mit portocavaler Ableitung erhalten intragastr. Blut verabfolgt. Die auftretende Ammonämie führt nur dann zu neurolog. Erscheinungen u. schließlich im Koma zum Tode, wenn außerdem parenteral *Arginase* gegeben wird. Zusammen mit den Ergebnissen der 1. Mitt. (l. c.) kommen die Autoren zu der Überzeugung, daß die Arginase zur Blockade des KREBS-Cyclus führt u. die Encephalopathie nur auf die Hyperammonämie zurückgeführt werden muß. P. LOCH. 4596□

Stoffwechsel von Norleucin bei der intakten Kuh. M. Alice Brown, Arthur L. Black, Jiro J. Kaneko und Max Kleiber. (J. of Nutrit. **74.** 384—88. Aug. 1961. Davis, Calif., Univ. of California, School of Vet. Med.; Coll. of Agric.; engl.) — Der Abbau von *Norleucin* (I) bei der Kuh erfolgt über eine Desaminierung, Decarboxylierung u. β-Oxydation des gebildeten Valerats. Bei 90 Tage langer Verfütterung von steigenden Dosen I trat bei der Kuh eine Anpassung auf, die sich durch eine stärkere Verwertung von I zur Synth. von Glutaminsäure, Asparaginsäure, Serin, Glycin u. vielleicht auch Alanin äußerte. K. ZINGRAF. 4596□

Über die chemische Zusammensetzung der Gewebe verschieden alter Küken von Kreuzungen und Ausgangsrassen. O. W. Tschetschotkin. (Український Біохімічний Журнал [Ukrain. biochem. J.] **34.** 262—69. 1962. Charkow, Zooveterinär-Inst., Lehrstuhl für Biochem.; ukrain., Auszug: engl.) — In Verss. mit Küken der Rassen New Hampshire (H) u. Plymouth Rock (P) sowie deren Kreuzungen im Alter von 15 bis 90 Tagen wurde festgestellt, daß Synth. u. Umwandlungen der *Proteine* (I), *Nucleinsäuren* (II), *Phosphatide* (III) u. *säurelösl. Phosphate* (IV) bei den Kreuzungen viel intensiver verlaufen als bei den reinen Rassen. In Leber u. Muskel der Kreuzung erreicht der Geh. an I, II u. III im Alter von 60 Tagen ein Maximum u. sinkt dann stark ab. Bei H u. P wird dies Maximum nach 90 Tagen erreicht. Bei P ist der Geh. an I, II u. III höher als bei H. In den ersten 15 Tagen der Entw. enthalten Leber u. Brustmuskel mehr Trockensubstanz als später, bedingt durch einen hohen Geh. an Lipiden. O. LEBTAG. 4596□

Mechanismus der Calcifizierung: Rolle von Kollagen, Polyphosphaten und Phosphatase. Herbert Fleish und William F. Neuman. (Amer. J. Physiol. **200.** 1296—1300. Juni 1961. Rochester, N.Y., Univ. of Rochester, School of Med., Dep. of Radiol. Biol.; engl.) — Es wird gezeigt, daß die Bldg. von *Ca-Phosphat*-Kristallen in Kollagenfasern nicht nur von einem entsprechenden Verhältnis der zur Kristall-Bldg. benötigten anorgan. Faktoren abhängt, sondern daß infolge des Vorliegens eines Hemmstoffes bei verschiedenen Konzz. Kristall-Bldg. möglich sind. So können die *Polyphosphate* (anorgan. u. organ. Natur) aus dem Plasma hemmend auf die Ca-Phosphatfällung u. -Kristall-Bldg. wirken; *Phosphatase* muß die Rolle des Abbaus von Hemmstoffen übernehmen. Für Verkalkungen sind demnach mindestens 2 Mechanismen erforderlich: die Bldg. von Kollagen, in dem die Calcifizierung vor sich gehen kann, u. die örtliche Zerstörung von Hemmstoffen durch Phosphatase. U. TAUSENDFREUND. 4596□

Kollagenstoffwechsel der Ratte unter verschiedenen hormonalen und ernährungsmäßigen Bedingungen. Q. T. Smith und W. D. Armstrong. (Amer. J. Physiol. **200.** 1330—34. Juni 1961. Minneapolis, Minn., Univ. of Minnesota, Med. School, Dep. of

Physiol. Chem.; engl.) — Mit Unterss. unter Einw. von $^{14}C_{(2)}$-*Glycin* konnte gezeigt werden, daß im Femur der Ratte ein sehr langsamer Ersatz von *Kollagen* vor sich geht. In der Schwanzsehne kommt es im Gegensatz dazu anfänglich zu einem starken Anstieg an spezif. Aktivität. Bei Kostrestriktion kommt es zu einem geringeren Einbau spezif. Aktivität. Auf Hypophysektomie reagiert das Femurkollagen mit Anzeichen eines Turnover, während am Schwanzsehnenkollagen keinerlei Aktivität nachweisbar ist. Durch Nebenschilddrüsenextrakt wird der Kollagen-Geh. erhöht.

U. Tausendfreund. 4596□

Citrat in der Nahrung und Hypomagnesämie beim Wiederkäuer. A. W. A. Burt und D. C. Thomas. (Nature [London] **192.** 1193. 23/12. 1961. Sharnbrook, Bedford, Unilever Res. Labor.; engl.) — Junge Airshire-Kälber erhielten neben ihrem Futter täglich 30 g *NaCl* oder 50 g *Citrat* (**I**). Futteraufnahme u. Gew.-Zunahme blieben bei Verabreichung von NaCl oder I über die Vers.-Dauer (8 Wochen) gleich. Blutproben, 8 Wochen nach Verabreichung von I entnommen, zeigten einen erheblich niedrigeren *Mg*- u. einen etwas erniedrigten Geh. an *anorgan. Phosphat*, die offenbar durch die I-Aufnahme verursacht worden waren. Der Serum-*Ca*-Geh. schien unbeeinflußt. Die tägliche Aufnahme von I im Futter (ca. 1% des Futtertrockengew.) könnte mit dem Auftreten der Hypomagnesämie in Verbindung stehen. J. Boelter. 4596□

^{28}Mg-Untersuchungen an Lämmern. D. M. McAleese, M. C. Bell und R. M. Forbes. (J. Nutrit. **74.** 505—14. Aug. 1961. Oak Ridge, Tenn., Univ. of Tennessee, Atomic Energy Comm., Agric. Res. Labor.; Urbana, Ill., Univ. of Illinois, Dep. of Animal Sci.; engl.) — Vgl. C. **1961.** 8735. — Die Ausscheidung von i.v. verabreichtem ^{28}*Mg* erfolgte bei Lämmern in den ersten 2 Std. sehr rasch, darauf jedoch wesentlich langsamer; nach ca. 8—10 Std. war im Blut nur noch geringe Radioaktivität vorhanden. Die Aufnahme von ^{28}Mg durch die Erythrocyten war bei normalen u. Mg-Mangeltieren sehr gering. Die Kurven der Mg-Ausscheidung aus dem Blut zeigten bei beiden Gruppen dieselbe Gestalt, jedoch lagen die ^{28}Mg-Werte im Blut von Mangeltieren niedriger. Nach oraler Zufuhr von ^{28}Mg wurde ein maximaler ^{28}Mg-Geh. im Plasma innerhalb von 12—14 Std. erreicht. Bei Mangeltieren war die Konz. von ^{28}Mg in den Geweben höher als bei den Kontrollen. Die Zähne nahmen ^{28}Mg besonders stark auf. Bei den Normaltieren wurde die höchste ^{28}Mg-Aktivität in den langen Knochen gemessen. Bei Mangeltieren war die Resorption von ^{28}Mg gesteigert u. seine Ausscheidung im Harn verringert. K. Zingraf. 4596□

Glucose- und Milchsäurekonzentration an der Spitze des vasculären Gegenstromsystems im Nierenmark. A. Ruiz-Guinazu, G. Pehling, G. Rumrich und K. J. Ullrich. (Pflügers Arch. ges. Physiol. Menschen Tiere **274.** 311—17. 1961. Göttingen, Univ., Physiolog. Inst.; dt.) — Die Konzz. von *Milchsäure* (**I**) u. *Glucose* (**II**) wurden in Plasmaproben gemessen, die den Vasa recta von Goldhamstern entnommen wurden. Ein Vgl. der Konzz. von I u. II in Plasma von Nierenarterie u. -vene ergab, daß die Konzz. von I im Plasma der Vasa recta im Mittel um 57 mg% niedriger, die Konzz. von II um 21 mg% höher als im Plasma der Nierenarterie sind. Zwischen Nierenarterie u. -vene bestehen keine eindeutigen Konz.-Differenzen. Bei Beachtung der für die Gegenstromdiffusion geltenden Bedingungen läßt sich abschätzen, daß von der im Gegenstrom-Syst. umgesetzten I ca. 25% als II erscheinen. S. Groitzsch. 4597□

Calciumaufnahme und Abgabe am Darmmuskel des Meerschweinchens. H. J. Schatzmann. (Pflügers Arch. ges. Physiol. Menschen Tiere **274.** 295—310. 1961. Bern, Univ., Pharmakolog. Inst.; dt.) — Gemessen wurde die gesamte u. die bei niedrigster Ionenstärke mit W. extrahierbare Ca-Menge/kg Muskel an der Taenia coli des Meerschweinchens bei verschiedenen Ca-Konzz. des Außenmediums. Mit Hilfe von ^{45}Ca wurden die Geschw.-Konst. des Ca-Austausches im Gleichgewichtszustand bestimmt. Das Muskel-Ca besteht aus einer fest gebundenen Fraktion von 2,8 mMol/kg u. einer austauschbaren Fraktion, welche mit der Außenkonz. im Bereich von 0—7,5 mMol linear ansteigt. Je nach der Halbwertszeit wird das austauschbare Ca entweder dem extracellulären Wasserraum, dem Bindegewebe, der Zelloberfläche oder dem intracellulären Wasserraum zugeteilt. Das intracelluläre Ca beträgt $^1/_7$ des austauschbaren Muskel-Ca u. seine Konz. im Zellwasser 0,28 der Außenkonzentration. Danach liegt ein akt. Mechanismus (Ca-Pumpe) vor. Bei Erregung der Zelle mit 10^{-5} Acetylcholin oder 100 mMol KCl wurde dieser beschleunigt. S. Groitzsch. 4597□

Die Lebensdauer des Myoglobins. Åke Åkeson, G. v. Ehrenstein, G. Hevesy und Hugo Theorell. (Arch. Biochem. Biophysics **91.** 310—18. Dez. 1960. Stockholm, Nobel Med. Inst., Biochem Dep., and Univ., Inst. for Res. in Org. Chem.; engl.) — Der *Myoglobin*-(**I**)-Geh. der Rattenskelettmuskeln schwankte zwischen 0,7 u. 1,2 mg/g Frischmuskel, der mit W. extrahierbare Cytochrom c-(**II**)-Geh. zwischen 0,0122 u.

0,0187 mg/g, die sauer extrahierbare II-Fraktion zwischen 0,0141 u. 0,0174. Längere UV-Bestrahlung (3 Std./Tag, 30—60 Tage) der Tiere beeinflußte I- u. II-Geh. nicht. Der ^{14}C-Einbau bei Injektion von $^{14}C_{(2)}$-Glycin (III) in I-*I* u. -*II* unterschied sich nicht signifikant. Die Aktivität von 1 Millimol III im Globin von I war bei $^{14}C_{(2)}$-III-injizierten Tieren viel größer als die entsprechende des Hämins. Der zeitliche Aktivitätsabfall deutete auf Ggw. von 2 Typen von I-Moll. unterschiedlicher Lebensdauer hin: Halbwertzeit 20 u. 80—90 Tage. Bestrahlung mit 300-rad-^{60}Co-Röntgenstrahlen beeinflußte den ^{14}C-Einbau in I-Hämin signifikant, den in Globin nicht. K. MAIER. 4597 □

Wirkung der Reizung des exzidierten Tibialis-anterior-Muskels der Maus auf dessen Phosphorylasegehalt. R. R. Rulon, D. D. Schottelius und B. A. Schottelius. (Amer. J. Physiol. **200.** 1236—38. Juni 1961. Iowa City, Iowa, State Univ. of Iowa, Coll. of Med., Dep. of Physiol.; engl.) — Unterss. über den Geh. des exzidierten Mäusemuskels an *Phosphorylase*, der nach bereits $1^1/_2$ Sek. dauernder elektr. Reizung des Muskels ansteigt, zeigen, daß die Phosphorylase mit gewisser Priorität akt. wird, damit gesteigerte Glykogenolyse-Geschw. ziemlich bald während der tetan. Kontraktion des Skelettmuskels möglich wird. U. TAUSENDFREUND. 4597 □

Einfluß der Muskeltätigkeit auf den Cholesteringehalt in der Leber. N. K. Popowa. (Український Біохімічний Журнал [Ukrain. biochem. J.] **34.** 270—74. 1962. Leningrad, Forschungsinst. für Körperkultur.; russ., Auszug: engl.) — In Verss. mit weißen Ratten, die ohne (a) bzw. nach einem 45 Tage langem Training (b) nach verschieden langer Schwimmarbeit (15 Min. bis 10 Std. in W. von 28—30°) auf den *Cholesterin* (I)-Geh. der Leber untersucht wurden, wurde der I-Geh. sowohl bei a wie bei b beim Schwimmen bis zu 1 Std. nicht verändert. Bei längerer Schwimmarbeit nahm der I-Geh. etwas zu, bes. bei a. Im Ruhezustand war der I-Geh. der Leber bei a höher als bei b. Die I-Spaltung zeigt sich bei b deutlicher als bei a. O. LEBTAG. 4597 □

Synthese und Abbau von Glykogen in Leberzellen mit vakuolärer Degeneration infolge von Hypoxie. A. Bernelli-Zazzera und G. Gaja. (Sperimentale **112.** 47—60. Jan./Febr. 1962. Milano, Univ., Ist. di Patol. Gen.; ital.) — Das in Leberschnitten von Ratten in vitro synthetisierte *Glykogen* (I) gehört zum größten Teil zur Fraktion des freien I. Schnitte von vakuolarisierter Leber synthetisieren I sowohl in Ggw. von *Glucose* (II) als auch von Fructose in gleicher Weise wie Schnitte von normaler Leber. Auch die Phosphorylaseaktivität in Homogenaten von vakuolarisierter Leber in Ggw. u. bei Fehlen von Adenosin-5'-phosphat war normal. Die Glykolyse von Leberschnitten wird durch Inkubation in O_2 in Ggw. von II aktiviert. K. ZINGRAF. 4597 □

Quantitative Beziehung zwischen Zellproliferation und Fibrogenese in der Leber. Ferenc Hutterer, Emanuel Rubin, Edward J. Singer und Hans Popper. (Cancer Res. **21.** 206—15. Febr. 1961. New York, N.Y., Mount Sinai-Hosp., Dep. of Pathol.; engl.) — Bei ♀ SPRAGUE-DAWLEY-Ratten wurde jeweils mittels *Äthionin* (I), Gallengangunterbindung, *α-Naphthylisothiocyanat*-Applikation u. fettarmer *Protein*-Nahrung Fibrosis der Leber erzeugt. Bei den mit I behandelten Tieren bewirkte *Methionin* (II)-Behandlung Rückbldg. der Fibrose. Simultane II-Behandlung sowie *Cortison* hemmten die Fibrose. *Protein, RNS, DNS* u. *Hydroxyprolin* (III) (als Maß für den *Kollagen*-Geh.) wurden bestimmt u. mit den histolog. Veränderungen verglichen. Nach 7wöchiger I-Behandlung stiegen Kollagen- u. DNS-Geh. auf das 4- bis 5fache an, während sich Lebergewicht u. Protein-Geh. nur verdoppelten. Gleichzeitig stieg die Anzahl der Ductuszellen auf das 50fache u. die der Mesenchymzellen auf das Doppelte an. Nach II-Behandlung erfolgte Verminderung der Zellzahl. Das III/DNS-Verhältnis blieb während der Fibrogenese konst., jedoch verminderte sich die DNS bei der Genesung von der I-Behandlung schneller als III. W. GUTSCHE. 4597 □

Mechanismus der renalen Kaliumsekretion, untersucht mit modifizierter stop-flow-Technik. W. Gordon Walker, C. Robert Cooke, John W. Payne, C. Richard F. Baker und David J. Andrew. (Amer. J. Physiol. **200.** 1133—38. Juni 1961. Baltimore, Md., Johns Hopkins Univ., School of Med., Dep. of Med.; engl.) — Die bei Anwendung der Original-„stop-flow"-Technik zuerst aufgefangenen 3 ml enthalten maximale *K*-Sekretionswerte; in den oberhalb liegenden Fl.-Anteilen gehen die *Na*- u. K-Konzz. zu einem Minimum zurück; die „stop-flow"-Technik wurde deshalb dahingehend modifiziert, daß nach dem 1. Verschluß nur 3 ml eingefangen wurden, worauf erneuter Verschluß erfolgt. Auf diese Weise wird der Anteil mit der maximalen K-Konz. entfernt u. der Anteil mit niedrigem Na- u. K-Geh. an die Stelle der K-Sekretion befördert. Danach aufgefangene Proben zeigen keine distale K-Spitze mehr; es wird also die 2. Spitze, die bei Sammlung von ca. 8 ml nach dem 1. Verschluß (durch welchen Vorgang hohe Na-Konz. an die Stelle der K-Sekretion befördert werden) auftritt, vermieden. Diese Befunde bestätigen die Vermutung eines K–Na-Ionenaustauschmechanismus als Ursache der distalen K-Sekretion; es lassen sich somit gleichzeitig vorliegende Na- u. K-Minima erklären. U. Tausendfreund. 4597 □

Struktur und Konzentrierungsmechanismus in der Säugerniere. Bodil Schmidt-Nielsen und Roberta O'Dell. (Amer. J. Physiol. **200.** 1119—24. Juni 1961. Durham, N.C., Duke Univ., Dep. of Zool.; Salisbury Cove, Maine, Mount Desert Island, Biol. Labor.; engl.) — Bei Unterss. an Biber, Kaninchen, Schwein u. dem Wüstennagetier Psammomys fand sich eine enge Beziehung zwischen der Dicke des Nierenmarkes u. der Fähigkeit zur Elektrolytkonzentrierung im Harn; die äußere u. die innere Zone des Markes arbeiten offenbar als Gegenstrommultiplikationssystem. Beim Biber (mit 100% kurzschleifigen Nephren), beim Kaninchen (mit 44% langschleifigen Nephren) u. bei Psammomys (mit 100% langschleifigen Nephren) stiegen die Na- u. Harnstoff-Konzz. in der äußeren Markzone zur gleichen Höhe an; beim Kaninchen u. Psammomys kam es zur beträchtlichen Steigerung der Na-Konz. im Bereich der inneren Markzone. Die Na-Pumpe, die in dem dicken ascendierenden Schenkel der Henle-Schleife nachweisbar ist, arbeitet vermutlich in gleicher Weise im dünnen Schenkel.
U. Tausendfreund. 4597 □

Gegenseitige Abhängigkeit von Harnstoff und Elektrolyten bei der Bildung eines konzentrierten Harns. Bodil Schmidt-Nielsen, Roberta O'Dell und Humio Osaki. (Amer. J. Physiol. **200.** 1125—32. Juni 1961. Durham, N.C., Duke Univ., Dep. of Zool.; Salisbury Cove, Maine, Mount Desert Island Biol. Labor.; engl.) — Zur Erklärung der umgekehrt reziproken Beziehung von *Harnstoff* (I) u. *Elektrolyt*-Konzz. im Harn kann eine Veränderung der Permeabilität der Sammelkanälchen gegenüber I mit steigender Belastung mit löslichen Substanzen dienen. Beim Biber, Schwein u. dem Wüstennagetier Psammomys, die nicht wie andere Säuger I stärker konzentrieren als Elektrolyten, kann bei Wasserentzug unter Pitressin-, I- u. Salz-Belastung eine konst. bleibende osmot. Konz. des Harns, unabhängig davon, welche Substanz im Harn überwiegt, festgestellt werden; bei hoher I-Konz. ist die Elektrolyt-Konz. niedrig u. umgekehrt. Unter Salzbelastung sind die I- u. Elektrolyt-Konzz. in der Papille etwa den I- u. Elektrolyt-Konzz. im Harn gleich, während nach I-Belastung die I-Konzz. in der Papille deutlich niedriger als im Harn sind bei gleichzeitig höheren Elektrolyt-Konzz., so daß der osmot. Wert des Gewebes immer etwa dem des Harns entspricht.
U. Tausendfreund. 4597 □

Mikropunktionsuntersuchungen der transtubulären Nettobewegung von Wasser und Harnstoff in der nichtdiuretischen Säugerniere. William E. Lassiter, Carl W. Gottschalk und Margaret Mylle. (Amer. J. Physiol. **200.** 1139—46. Juni 1961. Chapel Hill, N.C., Univ. of North Carolina, School of Med., Dep. of Med.; engl.) — Es werden Resultate vorgelegt, die die Gegenstromtheorie der Harnkonzentrierung unterstützen u. die zeigen, daß der osmot. Gradient im Nierenmark durch akt. Transport lösl. Substanz aus dem ascendierenden Schenkel der Henle-Schleife zustande kommt; *W.* u. *Harnstoff* (I) werden offenbar passiv befördert (wenn auch die Möglichkeit eines akt. Transportes von I nicht ausgeschlossen ist). So konnte an nichtdiuret. Ratten u. Hamstern nach ^{14}*C-Inulincarbonsäure* oder ^{14}*C*-I mit Hilfe von Mikropunktionen (nach Anlegung von Mikroeinschnitten) in allen Segmenten ein Verlust an W. u. lösl. Substanz konstatiert werden; der Wasserverlust kam im descendierenden Schenkel der Henle-Schleife zustande, der an lösl. Substanz in der ascendierenden Schleife; I wurde von den proximalen u. distalen Konvoluten sowie den Sammelkanälchen rückresorbiert, im descendierenden Schenkel der Henle-Schleife jedoch der Tubulus-Fl. hinzugefügt.
U. Tausendfreund. 4597 □

Wirkung des Kaliummangels auf die renale Reaktion gegenüber respiratorischer Acidose. Howard Levitin und Franklin H. Epstein. (Amer. J. Physiol. **200.** 1148—50. Juni 1961. New Haven, Conn., Yale Univ., School of Med., Dep. of Int. Med.; engl.) — Es wird gezeigt, daß *K*-Mangeltiere (Ratten) auf respirator. Acidose in normaler Weise mit gesteigerter *Cl*-Ausscheidung im Harn reagieren, daß jedoch statt normalerweise gleichzeitiger gesteigerter K-Ausscheidung eine vermehrte *Na*-Ausscheidung zu beobachten ist. Bei K-Mangeltieren konnten so während 24std. Einatmung von 8% CO_2 gesteigerte Ausscheidung u. die Entw. einer negativen Cl-Bilanz (auch verringerte Cl-Konz. im Serum) nachgewiesen werden. Eine Beziehung zwischen Cl-Ausscheidung u. der gesteigerten von NH_3 u. Na bestand nicht. Es ist anzunehmen, daß respirator. Acidose direkt die Rückresorption von Cl in den Nierentubuli verzögert.
U. Tausendfreund. 4597 □

Stoffwechsel von Purinderivaten im isolierten Katzenherzen. Miriam J. Jacob und Robert M. Berne. (Amer. J. Physiol. **198.** 322—26. Febr. 1960. Cleveland, Ohio, Western Reserve Univ. School of Med., Dep. of Physiol.; engl.) — Zusatz von *Ade*-

nosin (I), $^{14}C_{(8)}$-I oder *Adenosintriphosphat* zur Durchströmungs-Fl. (TYRODE-Lsg.) des isolierten Katzenherzens bewirkte eine Zunahme der Coronardurchblutung u. der *Inosin* (II)- u. *Hypoxanthin* (III)-Menge in der Durchströmungsflüssigkeit. Durchströmung mit II bewirkte keine Erweiterung der Coronarien. *Adenosindesaminase* u. *Nucleosidphosphorylase* wurden während der Durchströmung aus dem Präp. herausgewaschen. I, welches der Durchströmungs-Fl. nach einem Durchgang zugesetzt wurde, wurde in II u. III umgewandelt. Bei Durchströmung des Herzens mit ^{14}C-I gelangten ca. 50% von I in die Myocardzellen u. verblieben in diesen in Form von *Adeninnucleotid*; der Rest konnte aus dem Perfusat in Form von II u. III wiedergewonnen werden. Durchströmung mit *Dinitrophenol* bewirkte Coronarerweiterung u. Zunahme der wiedergewonnenen Menge von II u. III. K. ZINGRAF. 4597 □

Chemische Konstitution der Polyoside des Bindegewebes (Mucopolysaccharide). Roger W. Jeanloz. (Bull. Soc. Chim. biol. **42.** 1829—31. 1960. Boston, Mass., Massachusetts Gen. Hosp., Harvard Med. School.; franz.) — *Hyaluronsäure, Chondroitin-4-* u. *-6-sulfat* u. *Dermatansulfat* (*Chondoitinsulfat B, β-Heparin, Dermatoidinsulfat*) haben einen an die 4-Stellung der Uronsäure gebundenen *Hexosamin*(I)-Rest u. einen an die 3-Stellung von I gebundenen Uronosylrest. Während das *Glucosamin* des ersten Polyosids nicht mit Schwefelsäure verestert ist, trägt das *Galaktosamin* der 3 übrigen in 4- oder 6-Stellung Sulfatgruppen. K. MAIER. 4597 □

Stoffwechsel und klinische Bedeutung der Kohlenhydratkomponenten des Bindegewebes. Evan Calkins, Morris Soodak und Walter Bauer. (New England J. Med. **253.** 865—72. 17/11. 1955. Boston, Mass.; engl.) — Die Übersicht behandelt Hyaluronsäure, sulfatierte Mucopolysaccharide, Mucoproteine, Mucine u. Blutgruppensubstanzen. — 85 Literaturangaben. P. LOCH. 4597 □

Durch eine spezifische chemische Reaktion hervorgerufene elektrische Aktivität. Ladislav P. Hinterbuchner und David Nachmansohn. (Biochim. biophysica Acta [Amsterdam] **44.** 554—60. 18/11. 1960. New York, N.Y., Columbia Univ., Coll. of Physic. and Surg., Dep. of Neurol. and Biochem.; New York, N.Y., Columbia Univ., Coll. of Physic. and Surg., Dep. of Neurol. and Biochem.; engl.) — 2 Streifen von Froschsartoriusmuskel wurden bis zur irreversiblen Blockierung der elektr. Aktivität der Einw. von *Paraoxon* (I) ausgesetzt. *Pyridin-2-aldoximmethojodid* (*2-PAM*), ein wirksamer Reaktivator phosphorylierter *Acetylcholinesterase*, u. einige stärker lipidlösl. Derivv., wie *Pyridin-2-aldoximdodecyljodid* u. *Benzoyl-PAM*, stellten weder in normalem noch in denerviertem Muskel die elektr. Aktivität wieder her. *Benzoyl-2-* u. *-4-PAM* riefen in Streifen mit fast erloschener elektr. Aktivität diese wieder hervor. Häufig waren bei Eserin- oder I-Einw. Spitzenhöhe u. Amplitude des Muskels erheblich vergrößert, bevor die Abnahme einsetzte. Möglicherweise läßt sich mit anderen Organophosphorinhibitoren u. anderen Präpp. besser zeigen, daß die elektr. Aktivität durch eine spezif. Rk. hervorgerufen werden kann. K. MAIER. 4598 □

Ammoniak, Glutaminsäure und Glutamin im Gehirn in der Ontogenese unter der Einwirkung von Sauerstoff unter Druck auf den Organismus. W. A. Cheruwimowa. (Український Біохімічний Журнал [Ukrain. biochem. J.] **34.** 230—36. 1962. Rostow/Don, Univ., Lehrstuhl für Biochem.; russ., Auszug: engl.) — Zur Klärung der Beziehungen zwischen *Ammoniak* (I), *Glutamin* (II) u. *Glutaminsäure* (III) wurde deren Geh. im Gehirn von Kaninchen u. Meerschweinchen im Alter von 1—30 Tagen untersucht. Es zeigte sich, daß während der Ontogenese der Kaninchen I-bindende Syst. ausgebildet werden, erkennbar an der I-Abnahme im Gehirn. Der Geh. an II u. III nimmt bei beiden Tieren mit steigendem Alter zu: Bei Kaninchen vom 1. bis zum 30. Tag, bei Meerschweinchen vom 7. Tag an. Unter der Einw. eines O_2-Druckes von 4 at nimmt der I-Geh. des Gehirns stark zu: Beim 1 Tage alten Kaninchen um 145%, beim 14 Tage alten um 324%, beim 30 Tage alten Kaninchen um 545%. Der II-Geh. im Gehirn des Kaninchens wird bei O_2-Intoxikation im Alter von 1 u. 7 Tagen auf die Hälfte gesenkt, im Alter von 30 Tagen um 77%. Der III-Geh. wird bei der O_2-Intoxikation des Kaninchens im Alter von 1 bzw. 30 Tagen von 56,14 auf 94,3 bzw. von 146,43 auf 228,0 mg % erhöht. Der I-Geh. im Gehirn des Meerschweinchens wird bei der O_2-Intoxikation im Alter von 14 Tagen um 74% gesenkt. Der III-Geh. wird beim Meerschweinchen durch O_2 im Alter von 1 bzw. 30 Tagen von 120,4 auf 193,3 bzw. von 150,2 auf 247,5 mg % erhöht. Aus den Ergebnissen schließt Vf., daß unter der Einw. von O_2-Druck vor allem die phylogenet. jungen Stoffwechselprozesse gehemmt werden, während die älteren Mechanismen, darunter die I-Verwertung, aktiviert werden. O. LEBTAG. 4598 □

Untersuchungen an bei tiefer Temperatur belichtetem Rhodopsin. Tôru Yoshizawa und Yûji Kitô. (Annu. Rep. sci. Works, Fac. Sci., Osaka Univ. **6.** 27—41. 1958. Osaka Univ., Fac. of Sci., Dep. of Biol.; engl.) — *Rhodopsin* (I) aus Kröten- u.

Rindernetzhaut wird bei Belichtung bei tiefen Temp. (-78^0, -183^0) proportional der Belichtungsdauer gebleicht, die Bleichung erreicht jedoch auch bei längerer Belichtung nicht mehr als 50%. Ungebleichtes I bildet sich aber nicht aus Retinen u. Opsin zurück, da auch in Ggw. von Regenerationsinhibitoren (Hydroxylamin, p-Chlormercuribenzoesäure) die Menge des ungebleichten I nicht beeinflußt wird. Bei Blitzlichtbelichtung wird die Menge des ungebleichten I größer, bei 2 Blitzen im Abstand von 15 Min. mit äquivalenter Energie wird sie geringer. Es wird gefolgert, daß *Lumirhodopsin* nicht nur spontan zerfällt, sondern auch I bildet. Bei tiefen Temp. wird ein metastabiler Status zwischen I u. Lumirhodopsin angenommen. P. GREGORZEWSKI. 4598□

Die spektrale Augenempfindlichkeit der Mutante „chalky" von Calliphora erythrocephala. Christian Hoffmann und Helmut Langer. (Naturwissenschaften **48.** 605. 2. Sept.-H. 1961. München, Univ., Zool. Inst.; dt.) — Die Mutante „*chalky*" (*c*) von *C. erythrocephala* besitzt in beiden Geschlechtern *ommochrom*- u. *pteridin*-freie Komplexaugen (LANGER u. PATAT, Verh. Dtsch. Zool. Ges., Saarbrücken 1961, im Druck). Das Maximum liegt im sichtbaren Licht für Mutante *w* bei 514 mμ u. für Mutante *c* bei 498 mμ (P = 0,001). Das UV-Maximum hat bei beiden Mutanten die gleiche Lage. Hohe Wirksamkeit des UV-Lichtes schließt die Möglichkeit aus, daß die *Pteridine* durch Transformation von UV in sichtbares Licht eine Funktion für die Erregungsbildung haben. Es wird vermutet, daß die *Pteridine* die einzelnen Ommatidien opt. gegeneinander isolieren, ähnlich den *Ommochromen*, jedoch in einem anderen Spektralbereich. Die Wirksamkeitskurve kommt der Absorptionskurve des Sehfarbstoffes näher als die aus dem ERG ermittelten Kurven der Normalform u. der Mutante *w*.

L. HOLZHEY. 4598□

Aubrey Gorbman, A textbook of comparative endocrinology. New York: Wiley. 1962. (468 S. m. Abb.) $ 12,50.

L. G. Leibsson, Die Regulierung des Zuckergehaltes im Blut von Tier und Mensch. Moskau: Verl. der Akad. der Wiss. der UdSSR. 1962. (25 Bogen.) 1 Rbl. 75 Kop. [Russ.]

I. N. Werchowskaja, Brom im tierischen Organismus und Mechanismus seiner Wirkung. Moskau: Verl. der Akad. der Wiss. der UdSSR. 1962. (307 S. m. Abb.) 2 Rbl. 15 Kop. [Russ.]

—, The adrenocortical hormones. Part 1. Berlin, Göttingen, Heidelberg: Springer. 1962. (XXIII + 738 S. m. 224 Abb.) 4⁰ = Handbuch der experimentellen Pharmakologie. Erg.-Werk, Bd. 14. Part. 1. DM 236,—.

E₆. Pharmakologie. Therapie. Toxikologie. Hygiene

Radioaktivierungsanalyse von Strontium in Rattenknochenasche. Yoshihiro Matsumura und Reiko Fujino. (J. Biochemistry [Tokyo] **49.** 561—65. Juni 1961. Tokyo, Tokyo Women's Med. Coll., Dep. of Biochem.; engl.) — Beschreibung der Anwendung der Neutronenaktivierungsanalyse (Neutronenstrom von 10^{11} Neutronen/cm²/s) auf die quant. Best. von stabilem *Sr* in Knochenasche. Sr konnte zu 76—86% wiedergewonnen werden; *Ca* u. andere zugleich auftretende Elemente wurden vollständig beseitigt. Der Sr-Geh. von Rattenknochenasche betrug 120—180 μg/g. K. ZINGRAF. 4601□

Verteilungs- und Ausscheidungs-Untersuchungen an Hunden, die einem Polonium-210 enthaltenden Aerosol ausgesetzt waren. F. A. Smith, P. E. Morrow, F. R. Gibb, R. J. Della Rosa, L. J. Casarett, J. K. Scott, D. A. Morken und J. N. Stannard. (Amer. ind. Hyg. Assoc. J. **22.** 201—08. Juni 1961. Rochester 20, New York, Univ. of Rochester, School of Med. and Dent., Dep. of Radiation Biol.; engl.) — Bei Hunden scheiden sich 64% des inhalierten ^{210}Po in den Organen der Tiere ab. Die Ausscheidung des ^{210}Po erfolgt in 2 Phasen. In den ersten 3 Tagen werden 50% des aufgenommenen ^{210}Po wieder ausgeschieden, in der Hauptsache mit den Faeces. Der Rest wird mit einer Halbwertszeit von 37 Tagen ausgeschieden. Durch Analyse des Blutes u. der Ausscheidungs-Prodd. nach bestimmten Zeiten kann man die aufgenommene Menge ^{210}Po bestimmen. W. GÖDICKE. 4601□

Die Veränderungen des Nucleinsäuregehaltes in den Organen von Ratten unter dem Einfluß der Röntgenbestrahlung und der prophylaktischen Wirkung von Propylgallat. M. F. Lipkan, W. A. Baraboi und R. G. Lukaschowa. (Український Біохімічний Журнал [Ukrain. biochem. J.] **34.** 167—75. 1962. Kiew, Inst. für Ärztefortbildung, Lehrstuhl für Radiol.; Bogomoletz-Inst. für Physiol. der Akad. der Wiss. der UkrainSSR, Labor. für Biophysik; ukrain., Auszug: engl.) — In Verss. mit Ratten wurde der Einfl. der Zufuhr von 60 mg/kg einer 0,75%ig. Lsg. von *Propylgallat* (I) in der 15 m Phosphatpuffer-Lsg. vom pH 7,2 30 Min. vor der Röntgenbestrahlung mit 750r auf den Geh. an *Ribonucleinsäure* (II) u. *Desoxyribonucleinsäure* (III) in den verschiedenen Organen untersucht. Die Tiere wurden nur bestrahlt (a), nur mit I versorgt (b) oder bestrahlt u. mit I versorgt (c). Die Verss. ergaben, daß bei a) kurz nach der Bestrahlung der Geh. an II u. III in Leber, Milz, Dünndarmschleimhaut u. Testikeln ständig abnimmt, wodurch hauptsächlich der Tod der Tiere erklärt werden kann. Der Geh. an II nimmt bei a) früher ab als der Geh. an III. Die Wiederherst. des ursprünglichen Geh. beginnt ebenfalls bei II früher. Die Kurve der III-Abnahme entspricht der Kurve der letalen Wirkung. Bei b) ist der Geh. an II u. III zunächst vermindert, dann wieder normal. Die Veränderungen des II-Geh. treten früher auf als die des III. Bei c) ist der Geh. an II u. III geringer als bei a) u. b). I stimuliert den Umsatz von II u. III 7—30 Tage nach der Bestrahlung. Der normale Geh. an II u. III wird dabei rasch wieder erreicht. Diese I-Wrkg. erklärt z. T. den Schutzeffekt von I bei der akuten Strahlenkrankheit.

O. LEBTAG. 4601 □

Wirkung von Chlorpromazin auf das Überleben von bestrahlten Mäusen bezüglich der hervorgerufenen Hypothermie. Suzanne Liébecq-Hutter, D. J. Mewissen und Z. M. Bacq. (Arch. int. Physiol. Biochim. **66.** 546—51. Nov. 1958. Lüttich, Univ., Labor. de Pathol. générale et Labor. de Recherches pour la Protection des Populations civiles; franz.) — *Chlorpromazin* übt in einer Dosis von 6 mg/kg i. p. bei Mäusen eine Schutzwrkg. gegen tödliche Röntgenstrahlen aus, wenn es $4^1/_2$ Std. vor der Bestrahlung appliziert wird. Hyopthermie u. Schutzeffekt gehen dabei parallel. G. KIMMERLE. 4601

Stoffwechsel von Zink-65. M. E. Rubini, G. Montalvo, C. P. Lockhart und C. R. Johnson. (Amer. J. Physiol. **200.** 1345—48. Juni 1961. San Juan, Puerto Rico, US.-Army Tropical Res. Med. Labor.; Univ. of Puerto Rico, School of Med., Dep. of Med.; engl.) — Als bes. bemerkenswert wird bei den Unterss. über Resorption, Deponierung u. Ausscheidung von ^{65}*Zn* (an Maus, Ratte u. Hund) die lang dauernde Retention von Zn im Organismus, die zusammen mit der langen Halbwertszeit u. vorzugsweisen Lokalisierung in krit. Organen die Gefahr bei durch Ingestion bedingten Zwischenfällen erhöht; als Gegenmaßnahme wird die perorale Verabreichung von reichlich nicht-radioakt. Zn vorgeschlagen, da auf diese Weise die ^{65}Zn-Resorption vermindert werden kann. Einmal deponiertes ^{65}Zn ist schwer wieder zu eliminieren. Die Deponierung erfolgt vorwiegend in Pankreas, Leber u. Milz, in geringer Menge auch in Muskulatur u. Hirn, erst später kommt es zur Weiterleitung an das Skelett. Die Hauptausscheidung von ^{65}Zn geht über den Darm vor sich, u. zwar über das Pankreas (eine erneute Resorption ließe sich hier wieder durch nichtmarkiertes Zn in größeren Mengen verhüten). Durch Injektion von nichtmarkiertem Zn oder durch Behandlung mit 2.3-Dimercaptopropanol (BAL), Versene (Äthylendiamintetraessigsäure) oder Cd^{2+} läßt sich die Deponierung nicht aufhalten, durch Cd kommt es zu einer Bevorzugung der Skelettdeponierung. Nach Injektion von ^{65}Zn sinkt die Aktivität im Blut rasch ab, nur 0,01% davon sind nach 1 Tag noch nachweisbar; die renale Ausscheidung steigt während des Abfalls der Plasma-Konz.; es kommt zu Clearance-Geschw. über 1,0 (Sekretionszeichen).

U. TAUSENDFREUND. 4606 □

Ein Doppeleffekt des CO_2 neben Sauerstoff bei der Insektenvergiftung. Mary Helen M. Goldsmith und Howard A. Schneiderman. (Biol. Bull. **121.** 151—61. Aug. 1961. New Haven, Conn., Yale Univ., Botany Dep.,; Cleveland, Ohio, Western Reserve Univ., Dep. of Biol.; engl.) — Vff. untersuchten das Verh. der Wespe *Mormoniella vitripennis* (M. v.) u. der Fliege *Drosophila melanogaster* (D. m.) nach Behandlung mit *CO_2-O_2*-Gemischen (10 atm O_2 mit 0,1, 0,2 u. 0,5 atm CO_2). Zusatz von $>$0,2 at anästhetisiert M. v., u. zwar noch rascher, wenn N_2 an Stelle von O_2 genommen wird. Die bei $2^1/_2$std. Aufenthalt in O_2 von 10 atm für M. v. tödliche Wrkg. wird durch Zusatz von 0,5 atm CO_2 aufgehoben. — Ähnliche Ergebnisse werden mit D. m. erhalten.

W. KAPITZA. 4606 □

Hepatotoxische Wirkung von Tri- und Tetrachloräthylen auf Mäuse. B. Kylin, H. Reichard, I. Sümegi und S. Yllner. (Nature [London] **193.** 395. 27/1. 1962. Stockholm, Nat. Inst. of Public Health; engl.) — Albinomäuse wurden einer Atmosphäre mit verschiedenen *Trichloräthylen* (I)- u. *Tetrachloräthylen* (II)-Konzz. 4 Std. lang ausgesetzt. I erzeugte keine bzw. nur eine leichte histolog. nachweisbare *Fett*-Infiltration (FI) der Leber bei 6400 ppm I (DL_{50} 8450 ppm). II bewirkte bereits bei 400 ppm eine FI, jedoch keine Nekrose der Leberzellen. *Chlf.* bewirkte bereits bei 200 ppm eine FI u. eine Nekrose bei 800 ppm. I erhöhte kaum den Geh. an extrahierbarem Leberfett, während der Geh. mit steigenden II- bzw. Chlf.-Konzz. anstieg. Eine Erhöhung der *Ornithincarbamyltransferase*-Aktivität im Serum wurde nur bei Chlf.-Einw. gefunden. I schien ein schwächeres Lebergift als II zu sein. J. BOELTER. 4607 □

Ketobasen der nicht kondensierten Benzolkerne und solche kondensierter Systeme und ihre pharmakologischen Eigenschaften. E. Profft. (Mber. dtsch. Akad. Wiss. Berlin **2.** 741—48. 1960. Leuna-Merseburg, Techn. Hochsch. für Chem., Inst. für org.

Chem.; dt.) — Vortrag. — Überblick über eine Reihe durch Kondens. von höheren 4-Alkoxyacetophenonen mit sek. Basen, bes. Piperidin, erhaltener Substanzen mit interessanten pharmakolog. Wirkungen. Für die anästhet. u. spasmolyt. Wrkg. sind sowohl die Alkoxygruppierung als auch die aliphat.-heterocycl. Seitenkette notwendig. Es war überraschend, daß Ketobasen des Thiophens sich ganz anders verhielten u. regte zu Unterss. an, wie sich wohl Ketobasen von nicht kondensierten Benzolkernen u. solche von kondensierten Syst. verhalten würden. Die Ausgangs-*KW* wurden mit *Acetylchlorid* in einer FRIEDEL-CRAFTS-Rk. in die Methylketone übergeführt. Diese wurden sodann mit *Paraformaldehyd* u. *Piperidinhydrochlorid* in absol. äthanol. Lsg. nach MANNICH zu den entsprechenden Hydrochloriden der Ketobasen umgesetzt, wobei die Ausbeuten mit 24—82% recht unterschiedlich waren. Die Darst. der Ketobasen des Diphenyls, des Diphenylmethans, des Diphenyläthans (= Dibenzyl), des Naphthalins u. des Anthracens, die beiden letzten als Beispiele für die Umsetzung von kondensierten Syst., wurden realisiert; die 0,5%ig. Lsgg. wurden vergleichend in bezug auf ihre anästhet. Wrkg. untersucht. *Talicain* (*β-Piperidino-4-propoxypropiophenon-hydrochlorid*; I) war 10mal stärker als *Cocain* (II) u. 30mal stärker als *Pantocain* oberflächenanästhet. wirksam. Bzgl. der lokalanästhet. Wirksamkeit war I 10mal stärker als *Novocain* (*Procain*). In 0,5%ig. Lsg. wirkten I u. *β-Piperidinoäthyldiphenyl-keton-(4)-hydrochlorid* etwa gleich u. viel stärker als II oder das ganz schwach wirksame [*β-Piperidinoäthyl*]*-2-n-propoxydiphenyl-keton-*(*4*)*-hydrochlorid*. Bei den Diphenylmethan-Derivv. (1%ig. Lsgg.) stieg die Wirksamkeit in nachst. Reihenfolge an: *n-Propoxy-*, *Methyl-*, *Methoxy-*, *Isoamyloxy-*, *β-Piperidinoäthyldiphenylmethylketon-hydrochlorid*. Ferner war *Piperidinoäthyl-1-naphthyl-keton-hydrochlorid* wirksamer als *1-Methoxy-4-acetonaphthalin*. Fast unwirksam war *β-Piperidinoäthylanthrylketon-hydrochlorid*. F. O. W. MEYER. 4607 □

Die trübe Schwellung infolge von 6-Aminonicotinamid im Herzen und in der Leber der Ratte. F. M. Baccino. (Sperimentale **112.** 61—73. Jan./Febr. 1962. Genova, Univ., Ist. di Patol. Gen.; ital.) — Bei akuter Vergiftung der Ratte mit *6-Aminonicotinamid* (I) zeigt die Leber eine trübe Schwellung, ihr Geh. an Glykogen u. W. ist jedoch nicht wesentlich verändert. Bei subakuter Vergiftung mit I bildet sich im Herzen u. in der Leber der Tiere eine trübe Schwellung aus (mit Vermehrung der Mitochondrien in der Leber). Die Adenosintriphosphataseaktivität war in den Mitochondrien von Herz u. Leber verringert; eine Entkoppelung der oxydativen Phosphorylierung erfolgte dagegen nur in den Lebermitochondrien. K. ZINGRAF. 4607 □

Antimetabolische Aktivität von Aminoalkylsulfonsäuren und deren Derivaten. P. Moses, J. Mager und M. Frankel. (Bull. Res. Council Israel, Sect. A **9.** 46—48. April 1960. Jerusalem, Hebrew Univ., Dep. of org. Chem., and Hadassah Med. School, Dep. of Biochem.; engl.) — Verschiedene *α-Aminoalkylsulfonsäuren* u. deren peptidähnlichen Derivv. bewirkten eine vorübergehende Hemmung des Wachstums von *Escherichia coli* oder *Proteus vulgaris*. Die spontane Aufhebung der Hemmung am Ende der verlängerten Latenzphase beruht anscheinend auf der langsamen Bldg. von Stoffwechsel-Prodd., vermutlich Aminosäuren. Die von den Sulfonsäureanalogen bewirkte Wachstumsverlangsamung wird durch Zusatz eines Aminosäuregemischs zum Kulturmedium aufgehoben. Geprüfte Verbb.: *Phenylbenzylaminomethansulfonsäure*, *Phenylaminomethan-*, *α-Aminoisovaleryl-*, *Aminomethan-*, *o-Aminohethan-*, *Phthalyltaurylglycylglycinäthylester*, *Anisylbenzylaminomethansulfonsäure*, *Phthalyltaurylglycinäthylester*, *Hippurylaminomethan-*, *Acetylaminomethan-*, *Carbobenzoxyaminomethan-*, *Carbobenzoxyglycylaminomethansulfonsäure*. K. MAIER. 4607 □

Der Einfluß von Uracin (5-Dimethylamino-3-cyclohexyl-1.6-dimethyluracil) auf das Blutbild des Kaninchens. Masaichi Fukase, Yutaka Nakano, Saburo Takeuchi, Hiroshi Tajima, Hiroshi Suzuka, Kazuhiko Kanagawa, Kiyomi Watanabe, Akira Sugano, Chizuko Kumura und Yoshiharu Noro. (Jap. Arch. intern. Med. **7.** 906—11. 1960. Kyoto, Univ., Fac. of Med., Dep. of Intern. Med., 2. Div; jap., Auszug: engl.) — *Uracin* (NIPPON SHINYAKU; *5-Dimethylamino-3-cyclohexyl-1.6-dimethyluracil*; I) wurde auf mögliche tox. Wrkg. gegenüber dem hämatopoet. Gewebe untersucht, da es dem hämatotox. wirkenden Thiouracil verwandt ist. Wiederholte Injektionen von 10—20 mg I/kg/Tag hatten keinen Einfl. auf das Blutbild des Kaninchens. Wiederholte Injektionen von 60—120 mg I/kg/Tag führten zur Vermehrung von Erythrocyten u. Leucocyten, vorwiegend der Neutrophilen. Nach wiederholten Injektionen von 30 mg I kam es zum leichten Rückgang der Erythrocyten u. des Hämoglobins sowie zu einem vorübergehenden Anstieg der Neutrophilen u. Monocyten bei Verringerung der relativen Lymphocytenzahlen. U. TAUSENDFREUND. 4607 □

Der Stoffwechsel des mit ^{14}C-markierten DDT in Larven, Puppen und Imagines von Drosophila melanogaster. Daniel B. Menzel, S. M. Smitz. Raymond Miskus und W. M. Hoskins. (J. econ. Entomol. **54.** 9—12. Febr. 1961. Berkeley, Univ. of California, Dep. of Entomology and Parasitol., Labor. of Insect Physiol. and Toxicol.; engl.) — In Bestätigung der Befunde von TSUKAMOTO (C. **1960.** 15477) wurde nach Verfütterung eines Kürbisnährsubstrats mit 10 ppm *^{14}C-DDT* an Larven sowie nach lokaler Applikation von ^{14}C-DDT bei Imagines des Stammes Oregon Rc *2.2.2-Trichlor-1.1-bis-[p-chlorphenyl]-äthanol* (*Kelthane*) als Stoffwechsel-Prod. gefunden, nicht dagegen bei Stamm Oregon R. Als Lsgm.-Syst. für die Chromatographie dienten Diisopropyläther/β-Methoxypropionitril, Cyclopentan/β-Methoxypropionitril oder Diisopropyläther/Glutarnitril. Über die Resultate von TSUKAMOTO hinausgehend wurden 3 neue Stoffwechsel-Prodd. gefunden: In den Larvenextrakten ein Stoff, der gleiche chromatograph. Mobilität wie p.p'-Dichlorbenzophenon hat, ein sehr polares Stoffwechsel-Prod. u. im Extrakt von Organgewebe adulter Fliegen nach lokaler Applikation von ^{14}C-DDT ein Stoff gleicher Mobilität wie 2.2-Dichlor-1.1-bis-[p-chlorphenyl]-äthanol.

H. G. W. GLEISS. 4607 □

Rückstände in Geweben und Eiern von Geflügel, das mit Co-Ral (Bayer 21/199) bestäubt wurde. H. W. Dorough, U. E. Brady jun., J. A. Timmerman jun. und B. W. Arthur. (J. econ. Entomol. **54.** 25—30. Febr. 1961. Auburn, Ala., Auburn Univ., Dep. of Zool.-Entomol.; engl.) — 20 $1^1/_2$ Jahre alte Weiße Leghornhennen wurden einmal, weitere 10 zweimal im Abstand einer Woche mit 50 mg *^{32}P-markiertem Co-Ral (O.O-Diäthyl-O-[3-chlor-4-methylumbelliferonyl]-thiophosphat, Bayer 21/199;* I)/kg bestäubt. 3 Tiere blieben als Kontrollen unbehandelt. Nach 1, 3, 7, 10, 14, 21 u. 28 Tagen wurde der ^{32}P-Geh. der Organe in CCl_4-Lsg. IR-analyt., nach Oxydation mit Perchlorsäure als Phosphomolybdat colorimetr. u. chromatograph. bestimmt. An Federn u. Haut war I noch 28 Tage nach Applikation nachweisbar. Leber, Nieren u. Knochen enthielten mehr ^{32}P als Blut, Gehirn, Herz, Magen u. Fett. Nach minimal 3 Tagen war in den inneren Geweben acetonitrillösl. Material (AlM) nachweisbar. Das Eidotter enthielt nach 6—9 Tagen mehr ^{32}P als Eiweiß u. -schale, u. zwar maximal 0,036 ppm AlM, nicht aber I oder dessen O-Analogon. In den Faeces wurde radioakt. I, sein O-Analogon, O.O-Diäthylphosphorsäure u. O.O-Diäthylthiophosphorsäure ausgeschieden. Aus Leber u. Faeces wurden radioakt. Phospholipoide, Ribonucleinsäure, Desoxyribonucleinsäure u. säurelösl. P-Verbb. isoliert. Intoxikationssymptome wurden nicht beobachtet.

H. G. W. GLEISS. 4607 □

Rückstände in Geweben und Eiern von Geflügel, dem im Futter Co-Ral (Bayer 21/199) verabreicht wurde. H. W. Dorough, U. E. Brady jun., J. A. Timmerman und B. W. Arthur. (J. econ. Entomol. **54.** 97—100. Febr. 1961. Auburn, Ala., Auburn Univ., Dep. of Zoology-Entomology.; engl.) — Vgl. vorst. Referat. — 21 eierlegenden Rhode-Island-Hennen wurde über maximal 7 Tage ein Futter verabreicht, das mit einer Lsg. von 1 g *^{32}P-markiertem Co-Ral (O.O-Diäthyl-O-[3-chlor-4-methylumbelliferonyl]-thiophosphat, Bayer 21/199;* I) in 500 ml Aceton bis zu einer Konz. von 100 ppm übersprüht war. 1—28 Tage nach Applikation von I wurden die Tiere abgetötet u. untersucht. Leber u. Nieren zeigten maximale Konz. der radioakt. Reste. Die Ablagerung von I u. dessen Stoffwechsel-Prodd. im Fett war gering. Leber, Nieren u. Magen enthielten die größte Menge an in Acetonitril-lösl. Material (AlM). 7 Tage nach Rückkehr zu Normalfutter war AlM in keinem Gewebe nachweisbar. Das Eidotter enthielt 11—15 Tage nach Applikation noch AlM, das Albumin jedoch nicht. Etwa 79% des verfütterten radioakt. Materials war am 28. Tag mit den Faeces ausgeschieden, davon waren >85% hydrolyt. Produkte. Die Faeces enthielten I, O.O-Diäthylphosphorsäure u. O.O-Diäthylthiophosphorsäure.

H. G. W. GLEISS. 4607 □

Bewertung der therapeutischen Wirkung von Dryopteris filix-mas (L.) Schott polnischer Provenienz und daraus hergestellter Präparate. 2. Mitt. **Präparate.** Maria Kostołowska. (Dissertat. pharmac. [Warszawa] **13.** 193—204. 1961; pol.) — 1. vgl. C. **1959.** 15442. — Die chem. u. biolog. Bewertung der Extrakte u. Präpp. aus *Dryopteris filix-mas* (L.) SCHOTT ist nicht vergleichbar, da der Filicin-Geh. u. die biolog. Aktivität keinen Zusammenhang haben. Der therapeut. Wert der Präpp. muß deshalb biolog. geprüft werden. Geeignet dazu ist die Meth. mit *Enchytreus albidus.* Die Extraktion der Wirkstoffe (Rohfilicin) erfolgt am besten mit Ae., doch ist auch die Extraktion mit W. ausreichend. Bei der Bereitung von Extractum Filicis nimmt die biolog. Aktivität des Präp. um 50% ab. Zwischen dem „Ba-Filicin" u. dem „Mg-Filicin" besteht kein Unterschied in der biolog. Wirkung. Pulverisierte Rhizome sind therapeut. ebenfalls gut wirksam. Ihre Wirkstoffe können durch Granulieren des Präp. mit einer alkohol. Lsg. von Polyäthylenglykol (Carbowax 4000) stabilisiert werden. — 27 Literaturangaben.

F. URBAN. 4608 □

Struktur und Wirkung des Muscarins, des Muscarons und ihrer Stereoisomeren. P. G. Waser. (Experientia [Basel] **14.** 356—58. 15/10. 1958. Zürich, Univ., Pharmakolog.

Inst.; dt.) — Die pharmakolog. Wrkg. des natürlichen *Muscarins* (I) oder seines Racemats wurde im Vgl. zu Verbb. ähnlicher Struktur u. Stereoisomeren auf Blutdruck, Atmung, Kontraktionsvermögen motor. Nerven u. Nickhautkontraktion nach entsprechender vorheriger Sympathicusreizung bei Katzen (i.v.) sowie isolierten Froschorganen untersucht. Wesentlich geringere Wirksamkeit zeigten (+)-*Nor-Muscarinhydrochlorid, dl-Epi-, dl-Allo-* u. *dl-Epiallomuscarinjodid,* während (—)- u. *dl-Muscaronjodid, dl-Allomuscaronjodid* u. *dl-Dehydromuscaronjodid* das I an Wirksamkeit übertrafen, wofür deren strukturelle Ähnlichkeit mit *Acetylcholin* eine Erklärung bietet. Aus den Unterss. kann auf den räumlichen Bau des cholinerg. Receptors geschlossen werden. E. MOISAR. 4608□

Beobachtungen über den Effekt von Bufotenin und Serotonin auf einige vegetative Reflexe des Kreislaufs und die peristaltische Aktivität des Darmes. Tadeusz Marczyński und Jerzy Vetulani. (Dissertat. pharmac. [Warszawa] **13.** 11—25. 1961. Kraków, PAN, Zakł. Farmakol.; Akad. Med., Zakł. Farmakol.; engl.) — *5-Hydroxytryptamin* (*5-HT*) (10^{-6} g/ml) stimuliert die Entleerungsphase der peristalt. Darmbewegung stark, aber nur kurzzeitig. *Bufotenin* (I) paralysiert in derselben Konz. zusätzlich noch den longitudinalen Muskel. Außerhalb des Darmes appliziert, verringern 5-HT u. I die Muskelkontraktion, 5-HT vorübergehend, I lang andauernd. 5-HT u. I haben bei i. v. Injektion (1 mg/kg) entgegengesetzte Wrkg. auf den hypertensiven Reflex, der durch Abklemmen der Arterien bei Katzen hervorgerufen wird. Durch Acetylcholin verursachte Hypertension wird durch 5-HT u. I nicht beeinflußt. 5-HT sensibilisiert die Bewegung des 3. Augenlids bei Katzen, die Tyramin i.v. erhalten haben. Die beschriebenen Rkk. beweisen die antagonist. Wrkg. beider Präparate. — 22 Literaturangaben.
F. URBAN. 4608□

Chemotherapie der Tuberkulose. 7. Mitt. **Synthese einiger neuer N-Thiazolyl-(2)-N′-alkoxyphenylthioharnstoffe.** B. S. Kulkarni. (J. sci. ind. Res. [New Delhi], Sect. C **20.** 205—07. Juli 1961. Bombay, Haffkine Inst., Dep. of Chemotherap.; engl.) — Durch Kondens. von p-Alkoxyphenylisothiocyanaten u. 2-Aminothiazolen werden potentielle Tuberkulostatica synthetisiert. *N-[4-Methylthiazolyl-(2)]-N′-p-isopropoxyphenylthioharnstoff* hemmt das Wachstum von *Mycobacterium tuberculosis* var. *hominis* in YOUMAN-Medium bei einer Konz. von 4 μg/ml.

Versuche: N-Thiazolyl-(2)-N′-p-alkoxyphenylthioharnstoffe, durch Erhitzen der entsprechenden 2-Aminothiazole mit den notwendigen Alkoxyphenylisothiocyanaten in Benzol. Folgende Verbb. werden dargestellt: N-Thiazolyl-(2)-N′-p-alkoxyphenylthioharnstoffe: *-N′-p-methoxy-*, $C_{11}H_{11}N_3OS_2$, F. 212°; *-N′-p-äthoxy-*, $C_{12}H_{13}N_3OS_2$, F. 203°; *-N′-p-n-propoxy-*, $C_{13}H_{15}N_3OS_2$, F. 157—168°; *-N′-p-isopropoxy-*, $C_{13}H_{15}N_3OS_2$, F. 165—167°; *-N′-p-n-butoxy-*, $C_{14}H_{17}N_3OS_2$, F. 147°; *-N′-p-isobutoxy-*, $C_{14}H_{17}N_3OS_2$, F. 182°; *-N′-p-sek.-butoxy-*, $C_{14}H_{17}N_3OS_2$, F. 162°; N-[4-Methylthiazolyl-(2)]-N′-p-alkoxyphenylthioharnstoffe: *-N′-p-methoxy-*, $C_{12}H_{13}N_3OS_2$, F. 189°; *-N′-p-äthoxy-*, $C_{13}H_{15}N_3OS_2$, F. 181°; *-N′-p-isopropoxy-*, $C_{14}H_{17}N_3OS_2$, F. 162°; *-N′-p-isobutoxy-*, $C_{15}H_{19}N_3OS_2$, F. 155—168°; *-N′-p-sek.-butoxy-*, F. 132°; N-[4-Phenylthiazolyl-(2)]-N′-p-alkoxyphenylthioharnstoffe: *-N′-p-methoxy-*, $C_{17}H_{15}N_3OS_2$, F. 213°; *-N′-p-äthoxy-*, $C_{18}H_{17}N_3OS_2$, F. 212°; *-N′-n-p-propoxy-*, $C_{19}H_{19}N_3OS_2$, F. 213°; *-N′-p-isopropoxy-*, $C_{19}H_{19}N_3OS_2$, F. 208°; *-N′-p-n-butoxy-*, $C_{20}H_{21}N_3OS_2$, F. 212°; *-N′-p-isobutoxy-*, $C_{20}H_{21}N_3OS_2$, F. 215°; *-N′-p-sek.-butoxy-*, $C_{20}H_{21}N_3OS_2$, F. 211°; N′-[5-Äthylthiazolyl-(2)]-N′-p-alkoxyphenylthioharnstoffe: *-N′-p-äthoxy-*, $C_{14}H_{17}N_3OS$, F. 148°; *-N′-p-n-propoxy-*, $C_{15}H_{19}N_3OS_2$, F. 140—141°; *-N′-p-isopropoxy-*, $C_{15}H_{19}N_3OS_2$, F. 151°; *-N′-p-n-butoxy-*, $C_{16}H_{21}N_3OS_2$, F. 125—126°; *-N′-p-isobutoxy-*, $C_{16}H_{21}N_3OS_2$, F. 154—155°; *-N′-p-sek.-butoxy-*, $C_{16}H_{21}N_3OS_2$, F. 238—240°.
P. GREGORZEWSKI. 4610□

Einfluß von Natriumsalicylat auf den Futter- und Sauerstoffverbrauch von Ratten. Eugene J. Becker. (J. of Nutrit. **66.** 237—44. 10/10. 1958. Hanover, N.H., Dartmouth Med. School, Dep. of Physiol. Sci.; engl.) — 0,1 u. 0,25% *Na-Salicylat*-Zusatz zum Futter sind ohne Einfl., 0,5% bewirken eine Verringerung des Wachstums u. einen erhöhten O_2-Verbrauch. P. GREGORZEWSKI. 4615□

Die Einwirkung von Diäthylaminoäthyldiphenylpropylacetat (SKF 525 A) auf die Substanz „P". P. Stern und V. Dobrić. (Bull. sci. [Yougoslavie] **4.** 5. März 1958. Sarajevo, Med. Fak., Pharmakol. Inst.; dt.) — *Diphenylpropylessigsäurediäthylaminoäthylester* (*SKF 525 A*) erhöht die sedative Wrkg. der *Substanz P* bei Mäusen. Man nimmt an, daß es Ferment-Syst. hemmt, die Substanz P zerstören. — Im übrigen deuten auch diese Verss. auf die neurotrope Wrkg. der Substanz P hin. P. GREGORZEWSKI. 4620□

Beitrag zur klinischen und experimentellen Untersuchung des Nialamids (1-Pyridyl-(4)-8-phenyl-1.6-dioxo-2.3.7-triazaoctan). M. Mouquin und J.-B. Milovanovich (unter Mitarb. v. Francisque Sevaux, Maria Lucia Paino Blanco und Milan Dvojakovic). (Presse méd. **70.** 1189—92. 19/5. 1962. Paris, Fac. de Méd., Clinique cardiol.; franz.) — Das als Monoaminoxydase-Hemmer bekannte *Nialamid* (CHAS, PFIZER & Co., Groton, Conn.) wird an 127 Patienten mit Angina pectoris geprüft. Es zeigt gute prophylakt. Wrkg. bei Anginaanfällen emotionellen Ursprungs. — In Verss. am Kaninchenherzohr wird festgestellt, daß Nialamid inotrop negativ wirkt, indem es die Amplitude u. die Kontraktionskraft verringert. Gleichzeitig tritt ein durch Frequenzverlängerung gekennzeichneter chromotrop negativer Effekt auf. Außerdem wird die Adrenalin-Wrkg. durch Nialamid verringert. — Diese Ergebnisse werden zur Erklärung des klin. Erfolgs herangezogen. P. LOCH. 4620 □

Experimentelle Katatonie durch neuroleptische Pharmaka. 1. Mitt. **Wirkung der Derivate des Phenothiazins.** G. Alemà, G. Gianniotti und G. Rosadini. (Boll. Soc. ital. Biol. sperim. **37.** 1037—40. 31/10. 1961. Genua, Divis. Neurolog. dell Ospedale S. Martino; ital.) — Die Unterss. werden an Albinoratten mit *Thioproperazin, Levopromazin, Perphenazin, Chloropromazin, Mepazin, Promazin* u. *Prochlorperazin* durchgeführt. Alle subkutan injizierten Verbb. führen zur Katatonie u. unterscheiden sich nur in den dazu erforderlichen Dosen (1—40 mg/kg). F. KREN. 4620 □

Experimentelle Katatonie durch neuroleptische Pharmaca. 2. Mitt. **Wirkung von Haloperidol.** G. Alemà, G. Gianniotti und G. Rosadini. (Boll. Soc. ital. Biol. sperim. **37.** 1040—43. 31/10. 1961. Genua, Divis. Neurolog. dell Ospedale S. Martino; ital.) — 1. vgl. vorst. Referat. — Die Unterss. werden an Albinoratten durchgeführt, die subkutan verschiedene Dosen von *γ-Fluor-4-[4'-(p-chlorphenyl)-4'-hydroxypiperidino]-butyrophenon* erhalten. Die optimalen kataton. Wrkg. ergeben sich bei Dosen von 6—8 mg/kg u. stellen sich nach 60—90 Min. ein. F. KREN. 4620 □

Untersuchung der pharmakologischen Eigenschaften von 3-Cyan-10-[3-dimethylamino-2-methylpropyl]-phenothiazin oder Cyamepromazin (RP 7204). L. Julou, R. Ducrot, J. Fournel, O. Leau, M. C. Bardone und J. Myon. (C. R. Séances Soc. Biol. Filiales **155.** 1029—34. 1961. Vitry-sur-Seine, Soc. des Usines Rhône-Poulene, Labors. de Rech.; franz.) — Vff. stellten in umfangreichen Unterss. fest, daß *Cyamepromazin* (I; *3-Cyan-10-[3-dimethylamino-2-methylpropyl]-phenothiazin*; *RP 7204*) die polyvalente Aktionsfähigkeit des *Chlorpromazins* (II) hat (Potenzierung der *Ae.*- u. *Hexobarbital*-Narkose, der *Morphin*-Analgesie usw. bei der Maus); bei parenteraler Verabfolgung ist die sedative Wrkg. von I jedoch ca. 2—3mal größer als die von II u. liegt damit in der Nähe der von *Levomepromazin* (III). — Die Anti-*Apomorphin*-Wirksamkeit von I (Hund) ist ca. 4mal größer als die von II u. III u. liegt ca. so hoch wie die von *Prochlorpemazin*. — Die katalept. Wirksamkeit von I (Ratte) ist ziemlich schwach u. nur wenig mehr ausgeprägt als die von II u. III. — Im Gegensatz zu II, das nur schwache Anti-*Histamin*-Wrkg. aufweist, besitzt I eine merkliche Anti-Histamin-Wrkg. (Meerschweinchen; Test nach BOVET-STAUB, nach SCHAUMANN u. anaphylakt. Schock), die jedoch 5—10mal schwächer als die von III ist. — Die Anti-*Serotonin*-Wirksamkeit von I in vitro u. seine antiödematöse Wrkg. gegenüber *Dextran* bei der Ratte sind sehr ausgeprägt u. liegen 1,5—3mal bzw. 3—15mal höher als die entsprechenden Wrkg. von II u. III. — Die akute Toxizität von I bei der Maus liegt etwas niedriger als die von II u. III. — Die allg. Verträglichkeit von I nach chron. Verabfolgung an Ratten u. Hunde während eines Monats ist ausgezeichnet. H. KOCKERT. 4620 □

Eine verbesserte colorimetrische Methode zur Bestimmung von Meprobamat in biologischen Flüssigkeiten. Allan J. Hoffman und B. J. Ludwig. (J. Amer. pharmac. Assoc., sci. Edit. **48.** 740—42. Dez. 1959. New Brunswick, N.J., Wallace Labor., Div. of Carter Prod.; engl.) — *Meprobamat* (I) reagiert mit *p-Dimethylaminobenzaldehyd* u. $SbCl_3$ in Ggw. von Essigsäureanhydrid unter Bldg. eines rotvioletten Farbstoffes mit einem Absorptionsmaximum bei 550 mμ. Aus dieser Farb-Rk. entwickelten Vff. eine Meth. zur colorimetr. Mikro-Best., wobei I vorher aus Plasma oder Serum mit einer Chlf.-CCl_4-Mischung extrahiert wird. Zur Best. im Urin ist ein modifiziertes Extraktions-Verf. erforderlich. Blut-Unterss. ergaben, daß die Spitzen-Konz. ca. 2 Std. nach der oralen Verabreichung auftritt. W. WAGNER. 4620 □

Veränderungen bei den Druck-Reaktionen durch Reserpin nach Pharmacis, die zur Hemmung oder Freimachung und des Stoffwechsels der Brenzcatechinamine fähig sind. E. Chiesara, A. Mortari und G. Sioli. (Boll. Soc. ital. Biol. sperim. **37.** 1253—56. 31/12. 1961. Mailand, Univ., Ist. di Farmacol.; ital.) — Die Unterss. werden an Ratten durchgeführt, die 6 Std. vor der i. v. Gabe von 2,5 mg *Reserpin*/kg 100 mg 1-*Isonicotinoyl-2-isopropylhydrazinphosphat* (I)/kg erhalten. Es ergibt sich eine Zunahme des arteriellen Drucks um 50 mm Hg; die gleiche Wrkg. ergibt die Kombination I + 10 mg *Guanethidin* (2 bzw. 8 Std. vor Reserpin-Gabe). Wenn dagegen I einige Std. nach Guanethidin gegebenwird, ist die pressor. Wrkg. viel geringer; 10 mg *N.N-Diisopropyl-N'-isoamyl-N'-diäthylaminoäthylharnstoff* (II)/kg blockieren spezif. die Sekretion des Nebennierenmarks. Durch Verabfolgung von Reserpin, nachdem Guanethidin die Brenzcatechinamine der verschiedenen Gewebe frei gemacht hat u. II blockierend auf die Mobilisierung der Nebennieren wirkte, wird nichterreicht, den arteriellen Druck signifikant zu verändern. F. KREN. 4620□

Weitere Untersuchungen über die Hypertension durch Reserpin. Ratten mit Blockierung der Monoaminooxydase. A. Mortari, F. Marcucci und L. Lamesta. (Boll. Soc. ital. Biol. sperim. **37.** 1256—58. 31/12. 1961. Mailand, Univ., Ist. di Farmacol.; ital.) — Vgl. auch vorst. Referat. — Die Unterss. werden an Ratten durchgeführt, die 6 Std. vor der Anästhesie mit Äthylurethan u. der i. v. Gabe von 500 µg bzw. 1 mg *Tyramin*/kg intraperitoneal 100 mg *1-Isonicotinoyl-2-isopropylhydrazinphosphat* (I)/kg erhielten. Wenn 10 Min. nach Beendigung der Hypertension durch Tyramin i.v. 2,5 mg *Reserpin* gegeben werden, dann verliert es von seiner hypertensiven Wrkg.; bei adrenalektomierten Tieren ist der Tyramin-Effekt geringer. Durch Tyramin kommt es schnell zu einer Tachyphylaxie. Durch I wird der Geh. an Noradrenalin in Herz u. Nebenniere erhöht, u. Reserpin behält auch bei mit I behandelten Tieren die Fähigkeit, Noradrenalin frei zu machen. F. KREN. 4620□

Faktoren, die die Pentobarbital-Schlafzeit bei Mäusen beeinflussen. Joseph F. Borzelleca und R. W. Manthei. (Arch. int. Pharmacodynam. Thérap. **111.** 296 bis 307. 1/8. 1957. Philadelphia, Pa., Jefferson Med. Coll., Dep. of Pharmacol.; engl.) — Bei normalen u. mit *Ascorbat* (I) behandelten Mäusen nahm die Schlafzeit von *Pentobarbital* (II) bei Steigerung der Umgebungs-Temp. von 22—32° zu. Die größten Veränderungen kamen bei Erhöhung der Temp. von 26° auf 28° vor. Bei eintägigem Wasserentzug nahm die Dauer der II-Hypnose ab, bei längerem Entzug fortlaufend zu. Durch NaCl-Gaben wurde die II-Hypnose bei normalen u. dehydratisierten u. mit I behandelten Mäusen verlängert. *Vasopressin-* u. *Wasser-*Injektionen verlängerten ebenfalls die II-Hypnose. Die Verlängerung der II-Hypnose durch Dehydratation, hyperton. NaCl-Lsg. u. Vasopressin scheint durch eine celluläre Dehydratation bedingt zu sein. G. KIMMERLE. 4627

Cytochromoxydase-System und Barbitursäure-Anästhesie langer Dauer bei der Ratte. P. Abbondanza, L. Negro und G. Renda. (Boll. Soc. ital. Biol. sperim. **37.** 1244—47. 31/12. 1961. Neapel, Univ., Ist. di Fisiol. Umana; ital.) — Die *Cytochromoxydase* (I)-Aktivität wird an Ratten untersucht, die intraperitoneal in 24 Std. 24,07/100 g *Pentothal* erhielten. In allen untersuchten Organen kommt es zu einer Hemmung der I-Aktivität (Hirn 35%, Myocard 46%; Leber 37%; Nieren 40%; Milz 29% u. Testes 34%). F. KREN. 4627□

Neue Lokalanästhetica. 1. Mitt. **Derivate von 5-Diäthylaminoacetylamino-2-arylimino-3-arylthiazolidon-(4).** P. N. Bhargava und P. R. Singh. (J. sci. ind. Res. [New Delhi] Sect. C **20** 209—12. Juli 1961. Varanasi, Banaras Hindu Univ., Chem. Dep.; engl.) — Eine Reihe von 5-Dialkylaminoacetylamino-2-arylimino-3-arylthiazolidon-(4)-hydrochloride werden dargestellt. Die als Ausgangssubstanzen benötigten 5-Aminothiazolidone werden durch Kondens. von Diarylthioharnstoff mit Chloressigsäure, Kupplung mit Benzoldiazoniumchlorid u. Red. dargestellt. Die wirksamsten Lokalanästhetica sind *5-Diäthylaminoacetylamino-2-p-chlorphenylimino-3-p-chlorphenyl-* u. *5-Diäthylaminoacetylamino-2-p-tolylimino-3-p-tolylthiazolidon-(4)-hydrochlorid.*

Versuche: *5-Benzolazo-2-phenylimino-3-phenylthiazolidon-(4)*, $C_{21}H_{16}N_4OS$, F. 159°, aus Thiazolidon u. Benzoldiazoniumchlorid in Eisessig bei 0°, 50% (Ausbeute). Ebenso: 5-Benzolazothiazolidone-(4): *2-p-Chlorphenylimino-3-p-chlorphenyl-*, $C_{21}H_{14}Cl_2N_4OS$, F. 145°, 49%; *2-o-Tolylimino-3-o-tolyl-*, $C_{23}H_{20}N_4OS$, F. 150°, 54%; *2-m-Tolylimino-3-m-tolyl-*, $C_{23}H_{20}N_4OS$, F. 156°, 51%; *2-p-Tolylimino-3-p-tolyl-*, $C_{23}H_{20}N_4OS$, F. 122°, 60%; *2-o-Anisylimino-3-o-anisyl-*, $C_{23}H_{20}N_4O_3S$, F. 185°, 48%; *2-p-Anisylimino-3-p-anisyl-*, $C_{23}H_{20}N_4O_3S$, F. 158°, 66,5%; *2-o-Phenetylimino-3-o-phenetyl-*, $C_{25}H_{24}N_4O_3S$, F. 123°, 45%; *2-α-Naphthylimino-3-α-naphthyl-*, $C_{29}H_{20}N_4OS$, F. 183°, 67%; *2-β-Naphthylimino-3-β-naphthyl-*, $C_{29}H_{20}N_4OS$, F. 181°, 65%. — *5-Amino-2-phenylimino-3-phenylthiazolidon-(4)*, $C_{15}H_{13}N_3OS$, F. 174°, aus der entsprechenden Azo-Verb. durch Erhitzen mit $NaHSO_3$ in A., 75% (Ausbeute). Ebenso: 5-Aminothiazolidone-(4): *2-p-Chlorphenylimino-3-p-chlorphenyl-*, $C_{15}H_{11}Cl_2N_3OS$, F. 169°, 73%; *2-o-Tolylimino-3-o-tolyl-*, $C_{17}H_{17}N_3OS$, F. 156°, 80%; *2-m-Tolylimino-3-m-tolyl-*, $C_{17}H_{17}N_3OS$, F. 142°, 70%; *2-p-Tolylimino-3-p-tolyl-*, $C_{17}H_{17}N_3OS$, F. 131°, 80%; *2-o-Anisylimino-3-o-anisyl-*, $C_{17}H_{17}N_3 \cdot O_3S$, F. 195°, 84%; *2-p-Anisylimino-3-p-anisyl-*, $C_{17}H_{17}N_3O_3S$, F. 123°, 74%; *2-o-Phenetylimino-3-o-phenetyl-*, $C_{19}H_{21}N_3O_3S$, F. 118°, 70%; *2-α-Naphthylimino-3-α naphthyl-*, $C_{23} \cdot H_{17}N_3OS$, F. 179°, 90%; *2-β-Naphthylimino-3-β-naphthyl-*, $C_{23}H_{17}N_3OS$, F. 193°, 87%. —

5-Chloracetylamino-2-phenylimino-3-phenylthiazolidon-(4), $C_{17}H_{14}ClN_3O_2S$, F. 176°, 60%, aus der entsprechenden 5-Amino-Verb. u. Chloracetylchlorid in Bzl. durch 2std. Erhitzen auf 70°. Ebenso: 5-Chloracetylaminothiazolidone-(4): *2-p-Chlorphenylimino-3-p-chlorphenyl-*, $C_{17}H_{12}Cl_3N_3O_2S$, F. 165°, 50%; *2-o-Tolylimino-3-o-tolyl-*, $C_{19}H_{18}ClN_3O_2S$, F. 179°, 50%; *2-m-Tolylimino-3-m-tolyl-*, $C_{19}H_{18}ClN_3O_2S$, F. 159°, 45%; *2-p-Tolylimino-3-p-tolyl-*, $C_{19}H_{18}ClN_3O_2S$, F. 126°, 39%; *2-o-Anisylimino-3-o-anisyl-*, $C_{19}H_{18}ClN_3O_4S$, F. 197°, 68%; *2-p-Anisylimino-3-p-anisyl-*, $C_{19}H_{18}ClN_3O_4S$, F. 107°, 70%; *2-o-Phenetylimino-3-o-phenetyl-*, $C_{21}H_{22}ClN_3O_4S$, F. 101°, 50%; *2-α-Naphthylimino-3-α-naphthyl-*, $C_{25}H_{18}ClN_3O_2S$, F. 157°, 65%; *2-β-Naphthylimino-3-β-naphthyl-*, $C_{25}H_{18}ClN_3O_2S$, F. 171°, 54%. — *5-Diäthylaminoacetylamino-2-phenylimino-3-phenylthiazolidon-(4)*, $C_{21}H_{24}N_4O_2S$, F. 172°, *Hydrochlorid*, F. 175°, aus der entsprechenden Chloracetylamino-Verb. u. Diäthylamin in abs. A. durch 4std. Erhitzen auf 45°. Hydrochlorid aus der Base in Ae. durch Sättigen mit HCl. Ebenso: 5-Diäthylaminoacetylaminothiazolidone-(4): *2-p-Chlorphenylimino-3-p-chlorphenyl-*, $C_{21}H_{22}Cl_2N_4O_2S$, F. 170°, *Hydrochlorid*, F. 166°; *2-o-Tolylimino-3-o-tolyl-*, $C_{23}H_{28}N_4O_2S$, F. 175°, *Hydrochlorid*, 164°; *2-m-Tolylimino-3-m-tolyl-*, $C_{23}H_{28}N_4O_2S$, F. 225°, *Hydrochlorid*, F. 176°; *2-p-Tolylimino-3-p-tolyl-*, $C_{23}H_{28}N_4O_2S$, F. 122°, *Hydrochlorid*, F. 129°; *2-o-Anisylimino-3-o-anisyl-*, $C_{23}H_{28}N_4O_4S$, F. 194°, *Hydrochlorid*, F. 190°; *2-p-Anisylimino-3-p-anisyl-*, $C_{23}H_{28}N_4O_4S$, F. 122°, *Hydrochlorid*, F. 120°; *2-o-Phenetylimino-3-o-phenetyl-*, $C_{25}H_{32}N_4O_4S$, F. 123°, *Hydrochlorid*, F. 120°; *2-α-Naphthylimino-3-α-naphthyl-*, $C_{29}H_{28}N_4O_2S$, F. 168°, *Hydrochlorid*, F. 165°; *2-β-Naphthylimino-3-β-naphthyl-*, $C_{29}H_{28}N_4O_2S$, F. 151°, *Hydrochlorid*, F. 145°.

P. GREGORZEWSKI. 4627 □

Die mydriatische Wirkung von Analgeticis bei der Maus. P. A. J. Janssen und A. Jageneau. (Experientia [Basel] **12.** 293—94. 15/8. 1956. Turnhout, Belgium Pharmaceut. Labors. Dr. J. C. Janssen, Res. Labor. Eupharma.; engl.) — Es wurde gefunden, daß die analget. Wrkg., ermittelt durch die hot-plate-Meth. an der Maus von EDDY u. Mitarbeitern (C. **1950. II.** 2218), der mydriat. Wrkg. parallel geht. Die letzte wurde bestimmt wie früher beschrieben (vgl. C. **1956.** 13192). Es wurden folgende Verbb. geprüft: *Heroinhydrochlorid*, *dl-Phenadoxonhydrobromid*, *3-Hydroxy-N-methyl-morphinan-d-tartrat*, *dl-Amidonhydrochlorid*, *4.4-Diphenyl-6-morpholino-hexanon-(3)*, *3-Piperidino-1.1-di-2'-thienylpropen-(1)-hydrochlorid*, *dl-4.4-Diphenyl-5-methyl-6-morpholino-3-acetylimino-hexan-hydrochlorid*, *4.4-Diphenyl-6-dimethylamino-hexanon-(3)-hydrochlorid*, *Morphinhydrochlorid*, *4.4-Diphenyl-6-pyrrolidino-hexanon-(3)-hydrochlorid*, *4.4-Diphenyl-6-piperidino-hexanon-(3)-hydrochlorid*, *dl-4.4-Diphenyl-5-methyl-6-morpholino-3-iminohexan-hydrochlorid*, *2.2-Diphenyl-4-morpholino-buttersäure-äthylester*, *Pethidinhydrochlorid*, *3.3-Diphenyl-5-morpholino-pentanon-(3)-hydrochlorid*, *2.2-Diphenyl-4-piperidino-buttersäure-äthylester-oxalat*, *Codeinphosphat*, *Dioninhydrochlorid*, *dl-4-Dimethylamino-3-methyl-2-propoxybutanhydrochlorid*, *dl-4.4-Diphenyl-5-methyl-6-morpholino-hexanon-(3)*.

E. CARSTENS. 4627 □

Neuromuskulär blockierende Wirkung von Mescalin. Robert T. Schopp, William F. Kreutter und Steven V. Guzak. (Amer. J. Physiol. **200.** 1226—28. Juni 1961. Denver, Colo., Univ. of Colorado, School of Med., Dep. of Physiol.; engl.) — *Mescalin* (*3.4.5-Trimethoxyphenyläthylamin*) führt zu einer Hemmung der muskulären Kontraktion gegenüber indirekter Reizung; die Wrkg. verhält sich zu der von *Curare* additiv. Da nach völliger Blockierung (mit Hilfe intraarterieller Injektion) der betreffende Muskel durch direkte Reizung zur Kontraktion gebracht werden kann u. *Adrenalin*, *KCl* sowie *Prostigmin* der lähmenden Wrkg. entgegenwirken, ist der Sitz der Wrkg. in den Bereich des neuromuskulären Übergangs zu denken.

U. TAUSENDFREUND. 4628 □

Synthese von ganglienblockierenden Bis-Ammoniumsalzen, Derivaten des m- und p-Bis-[2-aminopropyl]-benzols. 1. Mitt. Bogusław Bobrański und Mieczysław Konieczny. (Dissertat. pharmac. [Warszawa] **13.** 131—41. 1961. Wrocław, Akad. Med., Zakł. Chem. farmac.; engl.) — Dargestellt wurden Bis-Ammoniumsalze des m- u. p-Bis-(2-dimethylaminopropyl)-benzols. Alle Verbb. sind bei i.v. Applizierung bei Mäusen toxischer als Hexamethonium u. Pendiomid. Sie unterdrücken in Gaben von 1—1,5 mg/kg die Atmung, 5—100 γ/kg wirken stark hypotensiv. Sie haben eine selektive ganglienblockierende Aktivität: Bei Gaben von 0,5 mg/kg i.v. werden nur parasympathet., nicht sympathet. Ganglien blockiert.

Versuche: *m-Bis-[2-dimethylaminopropyl]-benzol*, $C_{16}H_{28}N_2$, Kp.₃ 142°, durch 14std. Erhitzen von 5,7 g m-Di-[2-aminopropyl]-benzol mit 15,2 g 90%ig. Ameisensäure u. 11,2 g 35%ig. CH_2O am Rückfluß, Zusatz von HCl, Eindampfen zur Trockene, Aufnehmen des Rückstandes mit W., Extraktion mit Ae. u. fraktionierte Vakuum-Dest. des äther. Extraktes; 85% (Ausbeute). *Dipikrat*, $C_{28}H_{34}N_8O_{14}$, F. 179—180° (A.). — *Bis-[äthylammoniumbromid]*, $C_{20}H_{38}Br_2N_2$, F. 259° (Zers.); 85%. — *Bis-[methylammoniumjodid]*, $C_{18}H_{34}J_2N_2$, F. 249° (Zers.). — *Bis-[methylammoniumbromid]*, $C_{18}H_{34}Br_2N_2$, F. 273° (Zers.). — *Bis-[benzylammoniumchlorid]*, $C_{30}H_{42}Cl_2N_2$, F. 216° (aus A. nach Zusatz von Ae.). — *p-Bis-[chlormethyl]-benzol*, F. 99—100°, aus 1 Mol Benzylchlorid, 1 Mol symm. Dichlormethyläther, 0,67 Mol wasserfreiem $ZnCl_2$ u. 1 Mol abs. H_3PO_4 bei 40° unter Durchleiten von trockenem HCl-Gas, Kühlen, Aufnehmen des auskrist. Nd. mit W. u. Bzl., Abtrennen der benzol. Phase, Waschen mit W., 10%ig. Na_2CO_3-Lsg. u. wieder W., Trocknen der Lsg. mit $CaCl_2$ u. fraktionierte Vakuum-Dest., wobei die Fraktion $Kp._{10}$ 100—170° gesammelt wird, Kristalle aus Methanol; 40%. — *p-Bis-[cyanmethyl]-benzol*, F. 97—99°, aus 14 g vorst. Verb. u. 12 g KCN in wss. A., Kristalle aus A.; 80%. — *p-Bis-[2-aminopropyl]-benzol*, aus vorst. Verb. über das *p-Di-[acetonyl]-benzol* bei Umsetzung mit Ameisensäure u. Formamid bei 185° nach LEUCKART-WALLACH; 20%. — *p-Bis-[2-dimethylaminopropyl]-benzol*, $C_{16}H_{28}N_2$, $Kp._3$ 148°, analog der m-Verb. aus vorst. Verb. mit Ameisensäure u. CH_2O. *Dipikrat*, $C_{28}H_{34}N_{18}O_{14}$, F. 226° (A. + Aceton). — *Bis-äthylammoniumbromid*, $C_{20}H_{38}Br_2N_2$, F. 269° (Zers.). — *Bis-methylammoniumjodid*, $C_{18}H_{34}J_2N_2$, F. 286° (Methanol; Zers.). — *Bis-methylammoniumbromid*, $C_{18}H_{34}Br_2N_2$, F. 283° (Zers.). — *Bis-benzylammoniumchlorid*, $C_{30}H_{42}Cl_2N_2$, F. 225° (Zers.). — 18 Literaturangaben. F. URBAN. 4628 □

Einige anticonvulsive, Skelettmuskel-erschlaffende und toxische Eigenschaften einer Reihe substituierter Cyclohexanone. Donald C. Brodie, Alain C. Huitric und W. D. Kumler. (J. Amer. pharmac. Assoc., sci. Edit. **47.** 240—44. April 1958. San Francisco; Calif., Univ., School of Pharmacy; School of Med., Dep. of Pharmacol.; engl.) — Vff. untersuchten nachst. Verbb. auf ihre Toxizität sowie ihre Wrkg. als Anticonvulsiva u. Skelettmuskel-Relaxantien an weißen Mäusen (DEHSTO): *Cyclohexanon* (**I**), *2-[o-Methylphenyl]-* (**II**), *2-[m-Methylphenyl]-*, *2-[p-Methylphenyl]-*, *2-[o-Chlorphenyl]-*, *2-[m-Chlorphenyl]-*, *2-[p-Chlorphenyl]-*, *2-[p-Bromphenyl]-*, *2-[p-Hydroxyphenyl]-*, *2-[p-Isopropylphenyl]-*, *2-[α-Hydroxy-p-brombenzyl]-*, *2-[α-Hydroxy-p-jodbenzyl]-*, *2-[p-Brombenzyliden]-*, *2-[p-Brombenzyl]-*, *2.6-Bis-[p-Chlorbenzyliden]-*, *2.6-Bis-[p-chlorbenzyl]-cyclohexanon*, *6-p-Nitrophenylcyclohexen-(3)-on-(1)*, *2-[p-Aminophenyl]-cyclohexanon-hydrochlorid* (**III**), *2-[α-Hydroxy-p-chlorbenzyl]-*, *2-[p-Chlorbenzyl]-cyclohexanon*, *α-Cyclohexyl-p-chlorbenzylalkohol*, *α-Cyclohexyl-p-brombenzylalkohol*, *Phenobarbital-Na*, *Mephenesin*. **II** war bes. wirksam, **III** bes. toxisch. Die m- u. p-Isomeren waren weniger akt. als die entsprechenden o-Isomeren. Die Wrkg. des Chlorphenylisomeren war im Vgl. zur Methylphenyl-Serie anfangs schwächer, besaß aber größere Dauerwirkung. R. HEINRICH. 4628

Erste Erfahrungen über die Wirkungen der intracarotidalen Verabfolgung des Natriumsalzes von Amytal bei den Parkinson-Syndromen. G. Alemà, G. Rosadini und G. F. Rossi. (Boll. Soc. ital. Biol. sperim. **37.** 1036—37. 31/10. 1961. Genua, Univ., Clin. Neurochirurg. e Divisione Neurolog. e Neurochirurg. degli Ospedali Civili; ital.) — 11 Patienten werden in die Arteria carotis Dosen von 5—100 mg *Amytal* (*Na-Salz*) injiziert. Bei hohen Dosen ergeben sich eine deutliche Verringerung der motor. Kraft u. Fähigkeit u. einseitiger Verlust des Tremors; während bei geringeren Dosen die Wrkg. auf den Tremor bestehenbleibt, verringert sie sich schnell gegenüber den motor. Symptomen. F. KREN. 4628 □

Metabolische Desäthylierung von 5.5-Dimethyl-3-äthyl-2.4-oxazolidindion (Dimedion). Thomas C. Butler und William J. Waddell. (Arch. int. Pharmacodynam. Thérap. **111.** 308—13. 1/8. 1957. Chapel Hill, N.C., Univ. of North Carolina School of Med., Dep. of Pharmacol.) — Vgl. C. **1960.** 4271. — Das Antiepilepticum *Dimedion* [**I**, *5.5-Dimethyl-3-äthyloxazolidindion-(2.4)*] wird bei Mensch u. Hund im Organismus ähnlich wie *Trimethadion* [**II**, *Tridion-3.5.5-Trimethyloxazolidindion-(2.4)*] abgebaut. Beim Hund werden **I** u. **II** mit der gleichen Geschw. zu *5.5-Dimethyloxazolidindion-(2.4)* (**III**) desalkyliert. Nach Verabreichung einer **I**-Dosis steigt der **III**-Geh. im Plasma für 2—3 Tage an. Wiederholte **I**-Gaben verursachen beim Menschen eine bedeutende Akkumulation von **III**. Die Bedeutung von **III** im Hinblick auf die antiepilept. Wrkg. von **I** wird diskutiert. G. KIMMERLE. 4628

Klinische Prüfung einer neuen, oral anwendbaren, salidiuretischen Verbindung, des Kaliumsalzes von Trichlormethylhydrochlorthiazide, bei Herzkrankheit. P. Kartun und E. Azerad. (Presse méd. **70.** 1197—98. 19/5. 1962. Paris, Hôp. Beaujon, Coll. de Méd. des Hôp. de Paris; franz.) — Das Diureticum *PS 207* (*3-Trichlormethyl-6-chlor-7-aminosulfonylbenzo-1.2.4-thiadiazol* zeigt bei 33 Patienten folgende Eigenschaften: Es hat eine kräftige, gleichbleibende diuret. Wrkg., die sich vorzugsweise audie Ausscheidung von W. u. Na erstreckt, die geringe K-Ausscheidung läßt es niemals zur Hypokaliämie kommen, u. es ist gut verträglich. P. Loch. 4634□

Klinische Prüfung eines neuen Sulfonamiddiureticums. L. Dettli und P. Spring. (Dtsch. med. Wschr. **86.** 2327—32. 1/12. 1961. Basel, Med. Univ.-Klinik; dt.) — Es wurde das neue Sulfonamiddiureticum *Cyclopenthiazid* (**I**; *3-[Cyclopentylmethyl]-6-chlor-7-aminosulfonyl-3.4-dihydro-2H-1.2.4-benzothiadiazin-1.1-dioxid*) klin. bei Patienten mit verschiedenen Ödemen geprüft. Man fand keine Hemmung der Carboanhydratase, eine geringe Steigerung der Kaliumdiurese, bei längerer Verabreichung eine hypochloräm. Alkalose u. gelegentliche leichte Hypokaliämie. Klin. Erscheinungen wurden nicht festgestellt. Bei den meisten Ödemformen wirkt **I** in Tagesdosen von 0,5 mg zuverlässig. S. Groitzsch. 4634□

Schutz gegen letale Dosen von Tetrachlorkohlenstoff durch Antioxydantien. C. H. Gallagher. (Nature [London] **192.** 881—82. 2/12. 1961. New South Wales, McMaster Labor., Div. of Animal Health, Commonwealth Sci. and Ind. Res. Org.; engl.) — Die Injektion von 95 I.E. *Vitamin E* (**I**), 40 Std. vor der Applikation von 4 ml *Tetrachlorkohlenstoff* (**II**)/kg durch eine Magensonde, setzte die Letalitätsrate (LR) von ♀ Wistar-Ratten durch **II** von 98% auf Null herab. Dieselbe **I**-Dosis 5 Std. nach oder simultan mit **II** gegeben, bot kaum gegen die **II**-Vergiftung Schutz. 19 I.E. **I**, täglich über 3 Tage vor der **II**-Applikation gegeben, red. die LR auf 72%. Die intraperitoneale Injektion von 0,5 mg *Na-Selenit* (**III**)/72 Std. bzw. 0,25 mg **III** 48, 24 bzw. 6 Std. vor Applikation von 2,7 ml **II**/kg red. die LR von 89 auf 51%. 3 intraperitoneale Injektionen von 100 mg *N.N'-Diphenyl-p-phenylendiamin* (**IV**) 48, 24 u. 0 Std. vor der **II**-Applikation schützte vollständig gegen **II**. 100 mg **IV** 48 Std. vor oder gleichzeitig mit **II** gegeben, red. LR von 100 auf 55—59%. Ebenso wurde die LR durch 3 Injektionen von 50 oder 10 mg **IV** in den 48 Std. vor **II**-Applikation herabgesetzt. Histolog. Unterss. der Leber ergaben bei den **II**-vergifteten Tieren centrilobulare Nekrosen u. Fettänderungen, während bei **IV**-Schutz ein normales Leberbild gefunden wurde. Der Schutz gegen **II** durch Antioxydantien beruht möglicherweise auf einem generellen Permeabilitätsmechanismus durch einen Schutz gegen Verluste an mitochondrialen oder cellulären Pyridinnucleotiden. J. Boelter. 4675□

Thomas J. Haley and Ray S. Snider, eds., Response of the nervous system to ionizing radiation. New York: Academic. 1962. (XVII + 783 S. m. Abb.) $ 18,—.

W. M. Koslow und W. D. Turowski, Beryllium. Toxikologie, Klinik der Schäden, Arbeitshygiene. Moskau: Gossatomisdat. 1962. (119 S. m. Abb.) 37 Kop. [Russ.]

G. Yiannaracos, Internal Pathology and contemporary Therapeutics. Ist vol. Athens: General Direction of Press Research and Cultural Relations Division. 1959. (832 S.)

—, Enzymes and drug action. London: Churchill. 1962. (XV + 556 S. m. 3 Taf., Tab. u. Diagr.) 65 s.

F. Pharmazeutische Chemie. Desinfektion

Synthetische Arzneimittel und Naturstoffe als Arzneimittel. Fortschritte im Jahre 1960. V. Hach. (Pharmazie **16.** 489—504. Okt. 1961. Prag; dt.) — Übersicht. — 366 Literaturangaben. B. Schobess. 4750□

Über den Tropfpunkt. Eine Studie zur Frage Glasnippel oder Metallnippel. W. Mohrschulz. (Arch. Pharmaz. Ber. dtsch. pharmaz. Ges. **293/65.** Nr. 10. Mitt. dtsch. pharmaz. Ges. **30.** 173—79. Okt. 1960. München, Dtsch. Arzneiprüfungs-Inst.; dt.) — Umfassende Unterss. lassen erkennen, daß für die Best. des Tropfpunktes unter Verw. des Tropfpunktthermometers nach Ubbelohde sowohl ein Glas- als auch ein Metallnippel verwendet werden kann, wenngleich der Metallnippel aus verschiedenen Gründen dem Glasnippel vorzuziehen ist (z. B. zu lockerer Sitz des letzteren bei höheren Temp.). H. P. Fiedler. 4758□

Pharmazeutische Gesichtspunkte bei der Mischung fester Stoffe. David Train. (Pharmac. J. **185** ([4] **131**). 129—34. 6/8. 1960; engl.) — Die Mischung fester Stoffe ist in Abhängigkeit von den Eigg. der zu mischenden Stoffe u. der Arbeitsweise der zum Mischen verwendeten App. von verschiedenen Faktoren abhängig, die auch z. B. die Verteilung eines oder mehrerer Wirkstoffe in Tabletten maßgeblich beeinflussen können, weshalb die theoret. Voraussetzungen für das Mischen fester Stoffe u. deren mögliche Verteilung, die hier ausführlich diskutiert werden, auch bei der Tablettenfertigung Berücksichtigung finden sollte. — 18 Literaturhinweise. H. P. Fiedler. 4766□

Ein neuer Apparat zum Messen der Tablettenfestigkeit und die damit erworbenen Erfahrungen. Tibor Bánó. (Gyógyszerészet [Pharmazie] **5.** 454—55. Dez. 1961. Budapest, Med. Univ., Pharm. Inst.; ung.) — Vf. beschreibt einen App., welcher die genaue Messung der Festigkeit von Tabletten ermöglicht. Im Prinzip ist es ein Einarmhebel, auf welchen ein motor. vorgeschobenes Gew. (bis 11 kg) den auf die Tabletten entfalteten Druck anzeigt. G. LIGETI. 4766

Über die Anwendbarkeit einiger Polyoxyäthylen-Derivate als Pillenbindestoff. Kálmán Katona. (Gyógyszerészet [Pharmazie] **5.** 456—58. Dez. 1961. Budapest, Ges. Min., Pharm.-Techn. Abt.; ung.) — Vgl. C. **1962.** 2821. — Vf. stellte fest, daß Polyoxyäthylenstearat als Bindemittel zur Herst. von Pillenmassen mit Amidopyrin, Phenacetin, Chininsalzen, Fe-Pulver, Coffein, Antipyrin, Theobromin-Na-Salicylat, Baldrianpulver, Luminal, Papaverin, Aspirin u. Migränin geeignet ist. Als Füllstoff dient Saccharose bzw. Lactose. Bei Verw. von Mischbindestoffen werden mehrere Inkompatibilitäten beobachtet. G. LIGETI. 4766

Herstellung von Überzugstabletten STADA. Gerhard Westerburg. (Pharmaz. Ztg. verein. Apotheker-Ztg. **105.** 592—94. 2/6. 1960; dt.) — Vf. beschreibt ein Schnellverf. zur Herst. von Überzugtabletten, daß im wesentlichen eine Verbesserung der Meth. von WINTERS u. DEARDORFF [1958] darstellt. An Stelle von Isopropanol zum Lösen des Zeins als Überzugsfilm für Tabletten wird 70%ig. Sorbit-Lsg. verwendet. J. SEIDEMANN. 4766 □

Verdrängungsfaktor und Räumigkeit von Zäpfchen und Zäpfchenmassen. M. Lüdde und K. H. Lüdde. (Pharmazie **16.** Nr. 10. Beil.: Pharmaz. Prax. 171—77. Okt. 1961. Weimar, Löwen-Apotheke; dt.) — Vff. untersuchen die Zusammenhänge zwischen Verdrängungsfaktor u. Räumigkeit. Durch die Verdrängungsfaktoren von Arzneistoffen, die bei jeder Zäpfchenmasse verschieden sind, wird es möglich, Zäpfchen bei besserer Dosierungsgenauigkeit schnell gewichtsmäßig zu rezeptieren. Die in der Zäpfchenrezeptur geübte Empirie wird durch eine einfache Berechnung ersetzt u. so ein wissenschaftlich begründetes Arbeiten garantiert. — Zahlreiche Tabellen u. Beispiele. G. MEWS. 4766 □

Zur rectalen Resorption des Atropins. L. Tardos, L. J. Weimann und I. Ellö. (Pharmazie **14.** 526—29. Sept. 1959. Budapest, Gesundheitsmin., pharmak. u. pharmaz.-technol. Labor.; dt.) — Vff. untersuchten die mydriat. Wrkg. von Atropinsulfat an Ratten nach rectaler Resorption (Rs) des Atropinsulfates aus verschiedenen Suppositorienmassen mit der Meth. von PULEWKA. *Oleum Cacao* erwies sich quant. u. auch in der Geschw. der Rs als die beste Grundlage. Durch Zusatz von F/W-Emulgatoren wird die Rs quant. erhöht u. beschleunigt. Eine weitere Steigerung der Rs kann noch durch Zugabe von Vasodilatatoren in entsprechender Konz. erreicht werden. G. MEWS. 4766 □

Chemische Untersuchung des neuen Herzglucosids aus Erysimum cheiranthoides L. I. F. Makarewitsch, M. Ja. Tropp und D. G. Kolessnikow. (Доклады Академии Наук СССР [Ber. Akad. Wiss. UdSSR] **136.** 617—20. 21/1. 1961. Charkow, Wiss. chem.-pharmazeut. Forschungsinst.; russ.) — Vgl. C. **1961.** 11419. — Aus *Erysimum cheiranthoides L.* (E) wurden durch Extraktion mit A., Reinigen durch Behandeln mit Ae., W., $Pb(OH)_2$, Chromatographieren an Al_2O_3 aus Chlf.: A. (2 : 1) u. Eluieren mit Chlf., Chlf.-A., dann A. nacheinander erhalten: *Strophantidin* (I), $C_{23}H_{32}O_5$, F. 232—233°; $[\alpha]_D$ +46° (A.); *Erysimotoxin* (II), $C_{29}H_{42}O_9$, F. 194—195°; $[\alpha]_D$ + 28,6° (A.); *Glycosid-J* (III), $C_{34}H_{50}O_{13} \cdot H_2O$, F. 229—230°; $[\alpha]_D$ +17,1° (A.); *Glykosid-L*, F. 189—190°; $[\alpha]_D$ —25,3° (A.). III wurde als *Strophanthidin-β-d-digitoxose-β-d-xylosid* identifiziert. Der Vgl. der Drehwerte zeigt, daß Digitoxose u. Xylose β-glykosid. gebunden sind. — III wird aus E zu ca. 0,025 bis 0,03% isoliert. Mit dem KELLER-KILIANI-Reagens gibt es eine dunkelgrüne Färbung. In 84%ig. H_2SO_4 wird III über Grün u. Orange nach 2 Std. gelb. Bei der Einw. von Pankreassaft liefert III *d-Xylose*, F. 145—147° (aus A. Prismen), $[\alpha]_D^{22}$ +18,4° (W.); *Osazon*, F. 162—163° (gelbe Nadeln) u. das *Monoglykosid* II [*Erysimotoxin*, $C_{29}H_{42}O_9$, F. 194—195° (aus Methanol lange, spießförmige Platten), $[\alpha]_D^{22}$ +28,2° (A.), wird in 84%ig. H_2SO_4 erst braun, dann über Grün blau]. Die saure Hydrolyse von II (0,2n H_2SO_4, 20°) liefert *Strophantidin* (I), $C_{23}H_{32}O_6$, F. 232—233° (aus A., dann Chlf.-Bzl. rhomb. Prismen), $[\alpha]_D^{20}$ +46,1° (A.), löst sich in 84%ig. H_2SO_4 gelbgrün u. wird dann über Orange grün; *Monoacetyl-Deriv.*, $C_{25}H_{34}O_7$, F. 242—243° (aus Methanol Prismen), $[\alpha]_D^{20}$ +53,2° (A.). Nach der Abtrennung von I wird aus der Mutterlauge *d-Digitoxose* (F. 109—110°) erhalten. HELMUT SCHÄFER. 4782 □

Zur Existenz von Verbindungen zwischen Xanthin-Derivaten und Lösungsvermittlern. R. Reiss. (Arzneimittel-Forsch. **11.** 669—71. Juli 1961. Konstanz, Firma Byk-Gulden Lomberg G. m. b. H.; dt.) — Durch Best. des Verteilungsgleichgewichtes von *Xanthin*-Derivv. zwischen Chlf. u. W. u. durch kryoskop. Unterss. wird gezeigt, daß in wss. Lsg. Verbb. zwischen *Theophyllin* (I) u. *Coffein* einerseits u. den Lsg.-Vermittlern *Sulfosalicylsäure*, *d-Camphersulfonsäure*, *Na-α-Naphthylacetat*, *Na-β-*

Naphthylacetat u. *Benzylalkohol* andererseits existieren. Weiter konnten Verbb. von I mit *NaOH*, *Na-Nicotinat* u. *Nicotinamid* sowie zwischen *Theobromin* u. *NaOH* nachgewiesen werden. P. GREGORZEWSKI. 4786 □

Zur Herstellung von Tinkturen durch Wirbelextraktion. U. Bogs und K. Damm. (Pharmazie **17.** Nr. 1. Beil.: Pharmaz. Prax. 1—5. 1962. Halle/Saale, Pharmazeut. Inst.; dt.) — Ausgehend von unrationellen Verff. der Tinkturen-Herst. stellen Vff. durch Verss. fest, daß bei dem Verf. der Wirbelextraktion der Konz.-Ausgleich durch das intensive Wirbeln der Droge u. des Menstruums bei gleichzeitiger Zerkleinerung der Droge durch das Schlagmesser in wenigen Min. erfolgt. U. FÖRSTER. 4790 □

Pharmazeutische Dispersionen von Feststoffen in Flüssigkeiten. Hinweise für deren Herstellung. David Jack. (Manufact. Chemist **30.** 151—53. April 1959; engl.) — Die Faktoren, die die Herst. pharmazeut. Suspensionen beeinflussen können, werden aufgeführt u. diskutiert. Verschiedene prakt. Hinweise sollen die Herst. von Suspensionen erleichtern. — 9 Literaturhinweise. H. P. FIEDLER. 4790 □

Untersuchung über die Stabilität einer Modellösung von Ergotamintartrat. Magda Sprung. (Pharmazie **16.** 515—19. Okt. 1961. Budapest; dt.) — Es werden Modell-Verss. zur Stabilitäts-Best. von *Ergotamintartrat* in wss.-weinsaurer Lsg. durchgeführt. Die beschleunigten Verss. bei höherer Temp. erlauben auf Grund der ARRHENIUSschen Gleichung Schlußfolgerungen auf das Verh. des untersuchten Stoffes bei niederer Lager-Temp. unter Vermeidung langer Lagerzeit. Als Maß der Zers. dient die Änderung des Minimums der UV-Absorption bei 270 mμ. Der Temp.-Koeff. der Rk.-Geschw. u. der Wert der Aktivierungswärme werden berechnet. G. ZESSIN. 4790 □.

Präparation von biologisch hochaktivem follikelstimulierendem Hormon. G. Schäfer. (Pharmazie **16.** 508—10. Okt. 1961. Dresden-Radebeul, VEB Arzneimittelwerk; dt.) — Eine einfache Darst. des *follikelstimulierenden Hormons* (FSH) aus tier. u. menschlichen Hypophysen wird beschrieben. Die acetongetrockneten bzw. tiefgefrorenen u. lyophilisierten Hypophysen werden mit Aceton extrahiert, im Hochvakuum getrocknet u. mit CaO-Lsg. bei pH 9,5—10 extrahiert. Aus dem Extrakt werden durch Sättigung mit $(NH_4)_2SO_4$-Lsg. auf 55% die Nebenhormone ausgefällt. Die überstehende Lsg. wird mit festem $(NH_4)_2SO_4$ auf 75% gesättigt. Der jetzt ausgefällte Nd. wird in wenig H_2O gelöst u. dialysiert. Diese Lsg. wird bei pH 6,8—7 mit wss. 1%ig. 2-Äthoxy-6.9-Diaminoacridinlactat-Lsg. versetzt, der Nd. verworfen u. die Fl. auf 85—90 Vol.-% Aceton-Konz. gebracht. Der Nd. ergibt nach Reinigung ein biolog. hochwirksames FSH-Präparat. Die Herst. erfolgt in der Kälte. G. ZESSIN. 4808 □

Kurze Charakterisierung einiger Antibiotica. U. Förster. (Pharmazie **17.** Nr. 1. Beil.: Pharmaz. Prax. 8—12. 1962. Cottbus, Staatl. Marien-Apotheke; dt.) — Übersicht über Synonyma, Spektren, Applikationsarten u. Toxikologie einiger klin. wichtiger Antibiotica. U. FÖRSTER. 4810 □

Rektale Resorption der Antibiotica. Barna Kelentey und Ernö Stenszky. (Gyógyszerészet [Pharmazie] **5.** 458—61. Dez. 1961. Debrecen, Med. Univ., Pharmakol. Inst.; ung.) — Vff. untersuchten die rektale Resorption von 14 Antibiotica mit bzw. ohne Hyaluronidase (I) u. stellten fest, daß die Penicillinsalze DBED u. V-Penicillin im Vgl. zu Penicillin G schon ursprünglich eine höhere Blut-Konz. ergaben. Bei Einw. von I erhöhte sich bei allen Penicillinsalzen die Blut-Konz. um 30—40%, ebenfalls bei Streptomycin. Unter den Antibiotica mit breitem Spektrum beeinflußte I die Resorption des Chloramphenicols u. des Primicin R günstig. G. LIGETI. 4810

Über die Methodik der in vitro-Testung des Antibioticums Brevicid. G. Bärwald. (Pharmazie **14.** 501—09. Sept. 1959. Dresden, VEB Arzneimittelwerk, Forsch.-Abt.) — Auf Grund des nachgewiesenen Diffusionsvermögens von *Brevicid* (I) in halbfesten Medien werden 2 Brevicid-Diffusionsplatten-Verff. sowie ein Agarverdünnungstest beschrieben, wodurch die bisher vertretene Ansicht, daß I wegen seiner geringen Wasserlöslichkeit nur mit der Röhrchenverdünnungs-Meth. zu testen ist, widerlegt wird. Vf. diskutiert den Röhrchenverdünnungstest u. weist auf die Nachteile der Meth. hin. Abs. reproduzierbare Werte sind nur innerhalb eines Bouillonansatzes möglich, da durch verschiedene Qualität des verwendeten Fleisches, der Peptoncharge u. des $Ca(OH)_2$ Schwankungen der Testergebnisse hervorgerufen werden können. Für die vom Vf. beschriebenen Test-Verff. wird I in carbonatfreier 0,05n NaOH gelöst.
W. SCHMOLLACK. 4810 □

Die chemische Sterilisation und die Wertbestimmung sporozid wirkender Stoffe. István Vitéz. (Gyógyszerészet [Pharmazie] **5.** 443—50. Dez. 1961. Budapest, Hyg. Inst.; ung.) — Vf. präzisiert die Begriffe Desinfektion, Sanation, Sterilisation u. erörtert die modernen Sterilisationsmethoden. Auf Grund eigener Verss. mit sporozid wirkenden Lsgg. werden 4 Lsgg. empfohlen, welche Instrumente binnen 90 Min. sterilisieren:

1. 20%ig. Formaldehyd (I); 2. 5%ig. I, 0,3% Monochlorxylenol (II), 0,8% Hexachlorophen (III); 3. 10 (%) I, 0,3 II u. 0,3 III in Seifen-Lsg.; 4. 15 (%) I, 0,3 II u. 0,6 III. Eine zur Wert-Best. sporozider chem. Stoffe geeignete Meth. ist angegeben. — 40 Literaturangaben. G. Ligeti. 4832

Über die Verwendung des Grindometers zur Bestimmung der Teilchengröße von Feststoffen in Salben. 1. Mitt. U. Schneidewind, A. Därr und E. Glauch. (Pharmazie **16.** Nr. 10. Beil.: Pharmaz. Prax. 177—78. Okt. 1961. Leipzig, Fachschule für Pharmazie; dt.) — Vff. benutzten mit gutem Erfolg ein Grindometer, das in der Lack- u. Farbenindustrie zur Best. der Teilchengröße von Feststoffen in Lacken u. Farben Verw. findet, zur raschen Ermittlung der Korngröße incorporierter Feststoffe in Salben u. Pasten. Das Grindometer gestattet die Messung der Teilchengröße zwischen 0 u. 100 μ. Das einfache Gerät wird an Hand einer Skizze beschrieben. G. Mews. 4880 □

Die radiometrische Bestimmung des Kaliums in pharmazeutischen Präparaten. J. Tölgyessy, M. Šaršúnová und J. Majer. (Pharmazie **14.** 524—26. Sept. 1959. Bratislava; dt.) — Durch die konst. Isotopen-Zus. des K ist es möglich, den K-Geh. in den zu analysierenden Salzen durch Messung ihrer natürlichen Radioaktivität zu bestimmen. Bei der Best. des K mittels Aktivitätsmessung von $^{40}_{19}$K liest man den K-Geh. aus einer Eichkurve ab, in der die Abhängigkeit der Aktivität vom prozentualen Geh. des K aufgetragen ist. Da der Anteil von $^{40}_{19}$K im natürlichen K klein u. die Strahlungsintensität nicht sehr groß ist, kann man nur mit großen Einwaagen arbeiten, wobei die Aktivität des Präp. in einer dicken Schicht der Probe zu messen ist. Die Genauigkeit der Ergebnisse entspricht der mit der Gew.-Analyse zu erzielenden. Die radiometr. Best. des K eignet sich für die routinemäßige Arzneimittelkontrolle. W. Schmollack. 4880 □

Zur komplexometrischen Wismutbestimmung im Noviform (Erg. B. 6). Ch. Bachmann. (Pharmazie **16.** Nr. 10. Beil.: Pharmaz. Prax. 178—80. 1961. Freital, Stadt-Apotheke; dt.) — Die Geh.-Best. erfolgt durch Titration gegen Xylenorange. 0,500 g Noviform werden im 200-ml-Erlenmeyer-Kolben mit 10 ml W., 10 ml HNO_3 (65%ig.) u. 0,5 g zerriebenem K-Chlorat versetzt. Nach kurzem Umschwenken wird unter dem Abzug bis zum beginnenden Sieden erhitzt u. die Fl. 5 Min. im schwachen Sieden gehalten. Nach Zusatz von 20 ml W. wird erneut 5 Min. gekocht. Die Lsg. wird auf 100 ml aufgefüllt. 20 ml Lsg. werden mit 150 ml W. u. 5—8 Tropfen einer 0,1%ig. wss. Lsg. von Xylenorange versetzt u. mit 0,01 m Chelaplex-III-Lsg. bis zum Umschlag von Cyclamenrot nach Gelb titriert. G. Bormann. 4880 □

Volumetrische Gehaltsbestimmungsmethode für anionaktive Detergenten. Béla Láng und Eva Tolnay-Vajda. (Gyógyszerészet [Pharmazie] **5.** 414—17. Nov. 1961. Budapest, Chinoin A.G.; ung.) — Vff. verwendeten die modifizierte Meth. von Carkhuff u. Boyd (C. **1954.** 11244) für die quant. Best. oberflächenakt. Stoffe (I) in Arzneimitteln. I geben in wss. Lsgg. in Ggw. von H_2SO_4 u. Chlf. mit Methylgelb (II) einen roten Komplex, welcher in W. lösl. ist. Am Titrations-Endpunkt löst sich das nicht mehr im Komplex gebundene überschüssige II in Chlf. als citronengelber Farbstoff. Als Maß-Lsg. dient 0,01 m Cetyltrimethylammoniumbromid. So kann man Na-Laurylsulfat (III), Na-Dioctylsulfosuccinat (Diotilan R), sowie III in Ung. emulsificans anion. u. Pulvis dentrificius albus mit einem Fehler von 0,02—1,6% bestimmen. G. Ligeti. 4880

Die Bestimmung des Novamidazophens mit Hilfe der UV-Spektrophotometrie. A. Végh, Gy. Szász und Piroska Kertész. (Pharmazie **16.** 512—14. Okt. 1961. Budapest, Med. Univ., Pharmazeut. u. Chem. Inst.; dt.) — *Novamidazophen* (I) zeigt im UV-Spektrum bei 250 mμ ein ausgeprägtes Absorptionsmaximum. Diese Eig. läßt sich zur Konz.-Best. von I benutzen. Zur Best. werden wss. Lsgg. von 5—20 μg I in einem Spektrophotometer „Optica-Milano" gemessen. Die Absorption ist bei dieser Konz. der Extinktion proportional. *Azophen, Amidazophen* u. *Melubrin* liefern im UV-Spektrum dem I nahezu ident. Absorptionskurven u. stören daher die Bestimmung. Die Best.-Meth. ist auch für I-Zubereitungen, wie Tabletten u. Injektions-Lsgg., anwendbar. H. Kala. 4880 □

Über die Bestimmung des Naphthazolinnitrats in Medikamenten durch Absorptionsspektrophotometrie im Ultravioletten und Sichtbaren. D. Halot. (Ann. pharmac. franç. **19.** 483—93. Juli/Aug. 1961. Labor. Nat. de la Santé publ., Sect. des Medicaments; franz.) — *Naphthazolinnitrat* (I; *Privin*) wird in Suppositorien nach Entfernung der Kakaobutter mit PAe. bei 281 mμ in A. bestimmt. Liegt I in wss. Lsg. vor, wird eingedampft u. ebenso in A. gemessen oder mit Chlf. extrahiert. I kann auch titrimetr. bestimmt werden, indem die Base mit Chlf. extrahiert, mit n/20 HCl-Lsg. versetzt u. der Säureüberschuß mit n/20 NaOH-Lsg. zurücktitriert wird (Methylrot als Indicator). Liegt I im Gemisch mit Chloramphenicol u. p-Hydroxybenzoesäuremethylester (II) vor, werden diese Begleiter mit Äthylacetat abgetrennt, oder II wird durch Sublimation entfernt. I läßt sich in solchem Gemisch auch nach Versetzen mit Na-Nitroprussiat bei 565 mμ messen. W. Holland. 4880 □

Die Bestimmung der Natriumsalze der Barbiturspuren durch Titration im nichtwässerigen Medium. C. A. Mainville, L. G. Chatten und M. Pernarowski. (J. Pharmac. Belgique [N. S.] **16** (**43**). 301—06. Juli/Aug. 1961. Ottawa, Ontario, Canada, Food and Drug Direct., Pharm. Chem. Sect.; engl.) — Bei reinen Barbituratsalzen (I) wird die Best. wie folgt durchgeführt: In ein Becherglas werden ca. 100 mg Salz genau eingewogen u. mit 20 ml W. versetzt. Nach 15 Min. langem Rühren wird die Lsg. quant. in einen Scheidetrichter übergeführt u. die Lsg. mit 10 ml verd. HCl angesäuert, anschließend wird die freie Barbitursäure 5mal mit je 20 ml Chlf. extrahiert. Die vereinigten Chlf.-Extrakte werden mit 10 ml W. gewaschen; über ein Whatman-Filter Nr. 2 filtriert, auf einem Wasserbad auf 50 ml eingeengt, mit 1 ml wasserfreiem Methanol versetzt u. in Ggw. von 4—5 Tropfen Thymolblauindicator mit 0,1n KOH in Methanol auf purpurrot titriert. Ein Blind-Vers. ist in gleicher Weise anzusetzen. Soll die I-Best. in Tabletten oder Kapseln vorgenommen werden, werden 20 Tabletten gewogen u. pulverisiert oder wird der Inhalt von 20 Kapseln eingewogen. Von dem anfallenden Material wird eine ca. 100 mg I enthaltende Menge in einem 150-ml-Becherglas 15 Min. mit 20 ml W. gerührt; die Lsg. wird über Whatman-Filter Nr. 2 abgesaugt, quant. in einen Scheidetrichter überführt u. wie oben weiterbehandelt. Die offiziellen Meth. liefern etwas höhere Werte als die hier vorgeschlagene Meth.; die mögliche Ursache hierfür wird diskutiert. H. P. Fiedler. 4880 □

Vorschriften zur quantitativen, analytischen Untersuchung von Arzneimitteln in Spezialitäten. 2. Mitt. **Hypnotica und Sedativa, allein und in Analgetica-Kombinationen.** A. W. M. Indemans und G. J. Mulder. (Pharmac. Weekbl. **96**. 1009—19. 22/12. 1961. Utrecht, Labor. der Nederl. Apothekers; niederl.) — 1. vgl. C. **1962**. 567. — Zur Trennung der Komponenten dient das chromatograph. Verf. von Levine. *Barbiturate* (I) werden durch Eluieren einer Celit–H_2SO_4-Säule mit Chlf. oder Ae. isoliert, worauf man die (I) nach Verdampfen des Lsgm. acidimetr. mit Thymolphthalein oder (in Ggw. ungesätt. Substituenten am $C_{(5)}$) bromometr. titriert. *Methylpentynol, Acetylcarbromol, Bromisoval* u. *Carbromal* werden argentometr. bestimmt. *Glutethimid* bestimmt man acidimetr., *Methylprylon* jodometr. u. *Pyrithyldion* bromometrisch. W. Wesly. 4880 □

Eine Farbreaktion des Sulfadiazins. H. Wachsmuth und L. van Koeckhoven. (J. Pharmac. Belgique [N. S.] **16** (**43**). 342—44. Sept./Okt. 1961. Anvers, Hôp. Stuivenberg, Labor. de Chim. et de Biochim.; franz.) — Zum trockenen Rückstand der Lsg. von *Sulfadiazin* (I) in Aceton werden nacheinander 50 mg Diphenylamin u. 60 mg feste Monochloressigsäure gegeben. Nach dem Erhitzen auf dem Wasserbad (30 Min.) werden 10 ml Essigsäureanhydrid hinzugefügt u. bei 530 mμ colorimetr. gegen einen Blindwert gemessen. Bei Proben < 20 mg I sind die erhaltenen Werte nicht linear. Alle übrigen Sulfonamide, bes. Sulfamerazin u. Sulfadimerazin, stören nicht, da es bei der Rk. darauf ankommt, daß am Pyrimidinring die 4—5—6 Stellungen frei sind. Nicht substituiertes Pyrimidin reagiert auch. E. H. Goeckel. 4880 □

Zur Analytik einiger pharmazeutisch verwendeter Purinderivate. H. Kala, H. Moldenhauer und K. Wolff. (Pharmazie **14**. 519—24. Sept. 1959. Halle-Wittenberg, Univ., Pharmaz. Inst.; dt.) — Vff. weisen nach, daß Alloxanthin für die Murexid-Bldg. nicht verantwortlich ist. Theoret. Vorstellungen von Schreiber werden experimentell untermauert. Zur Identifizierung angeführter Purin-Derivv. werden vorgeschlagen: für *Coffein* die Bldg. des Coffein-Alkali-Wismuttetrajodid-Komplexes nach Martini, für *Theophyllin* u. *Harnsäure* die Nachw. mit Gibbs Reagens u. mit $CHCl_3$ u. KOH, für *Theobromin* die Papierchromatographie. G. Zessin. 4880 □

Hochfrequenztitration heterocyclischer Basen mit Pikrinsäure. E. Nebe. (Pharmazie **14**. 510—11. Sept. 1959. Weilheim/Obb., Inst. zur Entw. chem.-physikal. Analysen-Meth.; dt.) — Die beschriebene Meth. erlaubt die stufenweise Erfassung der durch Rk. von heterocycl. Basen mit Pikrinsäure gebildeten Pikrate bzw. Additionsverbindungen. Titrationskurven von *Pyridin, Chinolin, Nicotin, Strychnin* u. *Indol* veranschaulichen auf Grund scharfer Äquivalenzpunkte die Verwendbarkeit dieser Methode. B. Schobess. 4880 □

Untersuchung der mit dem vorgeschriebenen Mayer-Reagens ausgeführten Reaktionen bei den im Arzneibuch offiziellen Solanacea-Drogen. József Váradi. (Gyógyszerészet [Pharmazie] **5**. 421—25. Nov. 1961. Budapest, Pharmakolog. Inst. der Med. Univ.; ung.) — Vf. stellte fest, daß die Empfindlichkeit des Mayer-Reagens (I) auf Atropin 1:7000 ist, entgegen den Literaturangaben 1:150000, außerdem wird die Rk. von den im wss. Extrakt vorhandenen Ballaststoffen gestört. Zum Alkaloid-Nachw.

in den Solanacea-Drogen wird die vom Vf. modifizierte Meth. von RÓZSA [1953] empfohlen. Man läßt 1 g Drogenpulver mit ammonikal. A. (1 + 9) quellen, schüttelt 10 ml mit Chlf. 1—2 Min., filtriert über Na_2SO_4 u. wäscht mit 10 ml Chlf. nach. Das Filtrat wird mit 5 ml 0,2n HCl versetzt, Chlf. verdampft, der Rückstand nach Erkalten filtriert u. mit dem Alkaloidreagens versetzt. Statt I werden die Reagentien von WAGNER (B. P. 1958) bzw. SCHEIBLER (Pharm. Helv. V.) bevorzugt. G. LIGETI. 4880

Bemerkungen zum schnellen Nachweis von Hyoscyamin in Belladonnazäpfchen mit Hilfe der Papierchromatographie. H. Irmscher. (Pharmazie **16**. Nr. 11. Beil.: Pharmaz. Prax. 184. Nov. 1961. Dresden, Apotheke der Kliniken u. Inst. der Med. Akad. „Carl Gustav Carus"; dt.) — Vf. extrahierte zur papierchromatograph. Best. des *Hyoscyamins* (I) geschmolzene Belladonna-Zäpfchen im alkal. Milieu erschöpfend mit Äther. Nach Verdunsten des Lsgm. auf dem Wasserbad wurde der in wenig A. aufgenommene Rückstand nach der aufsteigenden Meth. mit n-Butanol–Essigsäure–W. (4:1:Sättigung) chromatographiert. Als Vgl. diente eine äther. alkal. Ausschüttelung einer Lsg. von *Extr. Belladonnae* mit bekanntem Gehalt. Zur Sichtbarmachung des I wurden die Chromatogramme mit DRAGENDORFFS-Reagens nach THIES u. REUTHER besprüht. Der Geh. konnte visuell durch Vgl. der Fleckengröße bestimmt werden. Außerdem konnten nach Herauslösen der Farbflecke mit wasserfreier Essigsäure die Extinktionen der Farb-Lsgg. im PULFRICH-Photometer verglichen werden.
H. KALA. 4880 □

Bewertung von Morphin in Mohnkapseln durch Chromatographie oder Papierelektrophorese. Anwendung für deren Auswahl. R. Paris, G. Faugeras, L. Balard und M. Capmal. (Ann. pharmac. franç. **19**. 494—500. Juli/Aug. 1961. Paris, Fac. de Pharm., Labor. de Matière méd.; franz.) — 5 g gepulverte trockene Mohnkapseln werden mit 40 ml Methanol (I) u. 2,5 ml Essigsäure (II) auf dem Wasserbad bis zur Benetzung erwärmt u. dann mit weiteren 250 ml I u. 2,5 ml II ausgelaugt. Der Extrakt wird eingedampft. Chromatographie erfolgt absteigend an WHATMAN-Papier Nr. 1 mit wassergesätt. Butanol u. 1% II. Entwickelt wird mit DRAGENDORFF Reagens (III). Die Flecken werden densitometr. ausgemessen. Der R_F-Wert von *Morphin* beträgt 0,43. Mit dem auf gleiche Weise hergestellten Extrakt kann auch eine Elektrophorese (12 V/cm) auf mit 5%ig. NH_4OH getränktem Papier durchgeführt werden, Entw. erfolgt ebenfalls mit III. Jedoch ist hierbei eine vorherige Reinigung des Extraktes angebracht.
W. HOLLAND. 4880 □

Vitamin-A-Bestimmung in öligen, bivitaminisierten, Vitamine AD_2—AD_3 enthaltenden Ampullen. J. L. Leurquin und J. R. Banken. (J. Pharmac. Belgique [N. S.] **16** (**43**). 307—09. Juli/Aug. 1961; franz.) — Vff. beschreiben eine leicht auszuführende, colorimetr. Meth. zur Best. von *Vitamin A* in öliger Lsg. in Ggw. von *Vitamin D*. H. P. FIEDLER. 4880 □

Beitrag zur Analyse von Gemischen der Vitamine B_{12} und B_1. J. Oslet-Conter. (J. Pharmac. Belgique [N. S.] **16** (**43**). 255—85. Juli/Aug. 1961. Liège, Univ., Labor. de Chim. Pharm., u. Labor. de Pharm. prat. u. Serv. de Contrôle des Méd. de l'Assoc. Pharm. Belge; franz.) — Inhaltlich ident. mit der C. **1961**. 17663 referierten Arbeit.
H. P. FIEDLER. 4880 □

Bestimmung von Chloramphenicol in einigen pharmazeutischen Zubereitungen durch Ultraviolett-Absorptionsspektrophotometrie. D. Halot. (Ann. pharmac. franç. **19**. 477—82. Juli/Aug. 1961. Labor. Nat. de la Santé publ., Sect. des Médicaments; franz.) — *Chloramphenicol* (I) wird nach Isolierung bestimmt. Suppositorien u. Salben werden mit I-gesätt. Bzn. extrahiert, wobei I zurückbleibt, aus Lsgg. wird I mit Äthylacetat ausgezogen. Das isolierte I wird in A. gelöst u. die Absorption bei 275 mμ bestimmt. Die Genauigkeit beträgt $\pm 4\%$. Das Verf. wird mit anderen verglichen.
W. HOLLAND. 4880 □

Über Nystatin und seine Identitätsprüfung in Tabletten. Ottoné Szücs. (Gyógyszerészet [Pharmazie] **5**. 469—71. Dez. 1961. Budapest, Med. Univ., Pharmaz. Inst.; ung.) — Übersicht. — 33 Literaturangaben. G. LIGETI. 4880

Spofa, Sdružení Podniků pro Zdravotnickou Výrobu (Erfinder: Jiri Komrska und Antonin Vosatka), Prag, Tschechoslowakei, **Herstellung von Kupferoxid-Silicat-Zahnzementen.** Einem Zahnzementpulver aus Cu-Oxid u. Zn-Phosphat werden 0,001—1% eines höhermol. quart. NH_4-Salzes, bes. Dimethyllaurylbenzylammoniumchlorid, als 10%ig. wss. Lsg. zugesetzt. (**D. P.** [**DDR**] **21 787** Kl. 30h vom 12/2. 1959, ausg. 15/8. 1961 [Wirtschaftspatent]. Tschech. Prior. 24/2. 1958.) M. F. MÜLLER. 4799

Richter Gedeon Vegyészeti Gyár R. T. (Erfinder: Miklós Jancsó, Sándor Görög, László Szporny, József Tóth und Zoltán Tuba), Budapest, Ungarn, **Herstellung von wasserlöslichen Komplexverbindungen der Seltenen Erden** (Ce, Pr, Nd, Tb, Yb, Sm, Eu, Tm, Lu, Ho, Dy) durch Rk. der wss. Suspension der Metalloxidhydroxide oder Salze (Carbonate, Chloride, Acetate, Formiate) mit gleichmol. oder 2—3fach mol. Mengen aromat. Verbb., die z. B. 3 OH-Gruppen oder Sulfonsäuregruppen enthalten (jedoch keine bas. Gruppen), oder deren Na-Salze. — *Antikoagulantica* u. *Antiphlogistica*. (**Ung. P. 149 562** vom 15/4. 1961, ausg. 20/12. 1961.)
F. LANDSBERGER. 4807

May & Baker Ltd., Dagenham (Erfinder: Raymond Frederick Collins, Harold-Wood, und Michael Davis, Upminster), Essex, England, **Herstellung von Aminophenoxyalkanen** der allg. Formel I [R_1 u. R_2 (gleich oder verschieden) = H, niedrigmol. Alkyl- oder Hydroxyalkylgruppe; R_3 = Hydroxyacetoxygruppe, niedrigmol. Alkoxy-, niedrigmol. Hydroxyalkoxygruppe oder X—Y-Gruppe, wobei X = S, —SO— oder —SO_2—, Y = niedrigmol. Alkylgruppe, Acylamidophenyl-, Benzyl- oder niedrigmol. Hydroxyalkylgruppe; R_4 = Alkyl-, Aralkyl- oder Phthalimidoalkylgruppe] sowie deren *Salzen*, u., falls R_1 u. R_2 = H, deren *Formaldehydbisulfit-Verbb.*, indem p-Nitrophenoxyalkan-Derivv. der allg. Formel II mit H_2 u. RANEY-Ni red. werden. Ggf. wird die prim. NH_2-Gruppe zur sek. oder tert. Aminogruppe umgewandelt. — *Heilmittel*. (**Ung. P. 149 615** vom 17/9. 1960, ausg. 20/12. 1961.)
F. LANDSBERGER. 4807

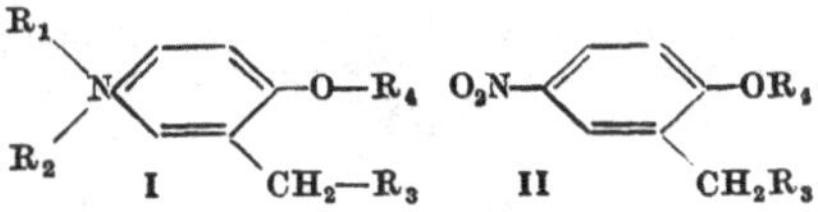

Ravensberg G. m. b. H., Chemische Fabrik (Erfinder: Harm Siemer), Konstanz, **Herstellung von threo-2-Benzylamino-1-phenylpropanol-(1)**. 2.5-Dimethyl-2.5-dimethoxy-3.6-diphenyl-1.4-dioxan wird mit kochender wss. HCl-Lsg. zu 1-Phenylpropanol-(1)-on-(2) gespalten, das sich ölig abscheidende Rk.-Prod. mit W. gewaschen u. in alkohol. Lsg. in Ggw. von Benzylamin u. RANEY-Ni bei 60—80° u. einem H_2-Druck von 100 at aminierend hydriert, bis kein H_2 mehr aufgenommen wird. Dann wird die Lsg. eingedampft u. durch Zugabe von Aceton *threo-2-Benzylamino-1-phenylpropanol-(1)*, *F. 99—100°*, *Hydrochlorid*, *F. 179°*, ausgefällt. Verw. als *Zwischenprod.* u. zur *Kreislaufregelung*. (**D. A. S. 1 120 462** Kl. 12q vom 6/3. 1958, ausg. 28/12. 1961.)
A. KALIX. 4807

Farbenfabriken Bayer Akt.-Ges., Deutschland, **Herstellung von Bis-[halogenacetamido]-Verbindungen**, dad. gek., daß man einen aliphat., araliphat., alicycl., aromat. oder heterocycl. Aldehyd oder ein Deriv. davon mit einem Halogenacetamid oder eine Bis-[chloracetamido]-Verb. mit einem Salz von HF, HBr oder HJ umsetzt. — 27,9 (g) Chloracetamid, 8 Paraldehyd u. 1 cm^3 10%ig. H_2SO_4 werden im Wasserbad 30 Min. erwärmt, 200 W. zugesetzt, es wird abgekühlt u. filtriert: *Äthylen-bis-[chloracetamid]*, F. 178°. — *Propyliden-*, F. 166°, *n-Butyliden-*, F. 173°, *Önanthyliden-*, F. 158°, *Crotonyliden-*, F. 185°, *β-Methylmercaptopropyliden-*, F. 156° (Zers.), *2.5-Endomethylen-1.2.5.6-tetrahydrobenzyliden-*, F. 193°, *p-Chlorbenzyliden-*, F. 230°, *p-Methoxybenzyliden-*, F. 215°, *p-Nitrobenzyliden-*, F. 232°, *3-Chlor-4-methylbenzyliden-*, F. 220°, *Cinnamyliden-*, F. 197°, *p-Acetamidobenzyliden-*, F. 229°, *2-Acetoxybenzyliden-*, F. 170°, *2-[Carboxymethoxy]-benzyliden-*, F. 192°, *2-Methoxybenzyliden-*, F. 195°, *2-Chlorbenzyliden-* F. 208°, *4-Dimethylaminobenzyliden-*, F. 210° (Zers.), *3-Chlorbenzyliden-*, F. 200°, *4-Acetoxybenzyliden-*, F. 201°, *2-Cyanbenzyliden-*, F. 204°, *2-Nitrobenzyliden-*, F. 198°, *2.4-Dichlorbenzyliden-*, F. 226°, *2.6-Dichlorbenzyliden-*, F. 172°, *Phenyläthyliden-*, F. 200°, *Thenyliden-*, F. 205°, *5-Nitrofurfuryliden-bis-[chloracetamid]*, F. 185°, *2-Chlorbenzyliden-bis-[jodacetamid]*, F. 204° (Zers.), u. -*[bromacetamid]*, F. 200° (Zers.), aus Propion-, n-Butyr-, Önanth-, Isobutyr-, Methyläthylacet-, β-Methylmercaptopropion-, Hexahydrobenz-, 2.5-Endomethylen-1.2.5.6-tetrahydrobenz-, Benz-, 4-Chlorbenz-, p-Methoxybenz-, p-Nitrobenz-, 3-Chlor-4-methylbenz-, Zimt-, p-Acetaminobenz-, 2-Acetoxybenz-, 2-[Carboxymethoxy]-benz-, 2-Methoxybenz-, 2-Chlorbenz-, 4-Dimethylaminobenz-, 3-Chlorbenz-, 4-Acetoxybenz-, 2-Cyanbenz-, 2-Nitrobenz-, 2.4-Dichlorbenz-, 2.6-Dichlorbenz-, Phenylacet-, Thiophen-2-aldehyd bzw. 5-Nitrofurfurol. — *Pharmazeutica*. (**F. P. 1 223 221** vom 13/4. 1956, ausg. 15/6. 1960. D. Prior. 15/4. 1955.)
S. BÖTTCHER. 4807

Farbenfabriken Bayer Akt.-Ges., Deutschland (Erfinder: Rudolf Hiltmann, Fritz Mietzsch und Wolfgang Wirth), **Herstellung von 2-Methyl-6-carbalkoxy-N-[alkylaminoacyl]-aniliden** der allg. Formel I (R = CH_3 oder C_2H_5; R_1 = Alkylenrest mit 1—3 C-Atomen; R_2 = Alkylrest, R_3 = H oder Alkylrest; R_2 u. R_3 können gemeinsam mit N einen heterocycl. Rest bilden). — 3-Methyl-2-aminobenzoe-

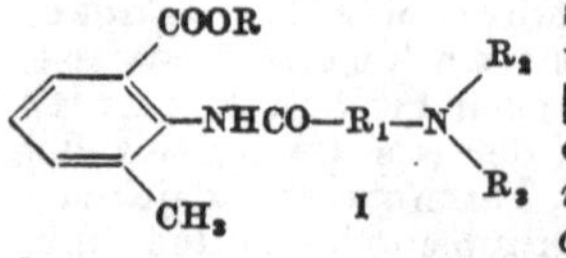

säuremethylester wird in Eisessig mit Chloracetylchlorid umgesetzt unter Bldg. von 2-Carbomethoxy-6-methyl-N-[chloracet]-anilid, F. 86—87,5°; dieses wird in Bzl. suspendiert u. mit Diäthylamin umgesetzt zu *2-Methyl-6-carbomethoxy-N-[diäthylaminoacet]-anilid*, Kp.$_5$ 190—192°. *Hydrochlorid*, F. 139—140,5°. — *2-Methyl-6-carbomethoxy-N-[piperidino-*, Kp.$_5$ 215—217° (*Hydrochlorid*, F. 182—184°), *-[pyrrolidino-*, Kp.$_5$ 203—205° (*Hydrochlorid*, F. 164—165°), *-[n-butylaminoacet]-anilid*, Kp.$_5$ 210—212° (*Diphosphat*, F. 148—149,5°), *-N-[β-diäthylamino-* (*Hydrochlorid*, F. 90—92°), *-[α- diäthylaminopropion]-anilid*, Kp.$_{0,2}$ 172—174° (*Hydrochlorid*, F. 166—167°), *-[α-diäthylaminobutyr]-anilid*, Kp.$_{0,6}$ 172° (*Hydrochlorid*, F. 181°), *2-Methyl-6-carbäthoxy-N-[chlor-*, Kp.$_5$ 178 bis 180°, F. 65—67°, u. *-N-[diäthylaminoacet]-anilid*, Kp.$_5$ 176—178° (*Hydrochlorid*, F. 142—143,5°), aus 2-Methyl-6-carbomethoxy-N-[chloracet]-anilid u. Piperidin, Pyrrolidin, n-Butylamin bzw. aus Diäthylaminoessigsäureäthylester, β-Chlorpropionylchlorid, α-Brompropionylchlorid, α-Brombuttersäurechlorid bzw. 2-Amino-3-methylbenzoesäureäthylester. — *Pharmazeutica*. (**F. P. 1 223 232** vom 24/9. 1956, ausg. 15/6. 1960. D. Prior. 26/9. 1955.) S. Böttcher. 4807

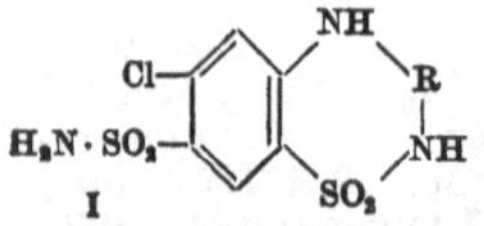

I

Chinoin Gyógyszer és Vegyészeti Termékek Gyára (Erfinder: Zoltán Földi, Frau János Heidt, Dorottya Lányi und Rezsö König), Budapest, Ungarn, **Herstellung eines neuen Diureticums.** Ein Orthanilsäureamid der allg. Formel I (R = 2 H- Atome oder CH_2) wird mit Hexamethylentetramin durch Erwärmen in W. oder konz. NH_4OH bei Zimmer-Temp. umgesetzt. (**Ung. P. 149 373** vom 1/10. 1959, ausg. 20/9. 1961.) F. Landsberger. 4807

Sandoz Akt.-Ges., Basel (Erfinder: Ernst Jucker, Binningen, Anton Ebnöther und Adolf Lindemann, Basel, und Roy Steiner, Pfeffingen, Basel-Land), Schweiz, **Herstellung von Hydrazinverbindungen** der allg. Formel $R_1R_2N \cdot A \cdot NR_3R_4$ (A = ungesätt. Alkylenkette; R_1 = prim. Amino- oder Isopropylidenaminogruppe; R_2 = Acylrest; R_3 u. R_4 = niedermol. Alkylgruppen; A, R_3 u. R_4 enthalten zusammen wenigstens 5 C-Atome), indem man Hydrazinabkömmlinge der allg. Formel $H_2NNH—A—NR_3R_4$ mit Aceton reagieren läßt, die entstandenen Isopropylidenamino-Verbb. acyliert u. ggf. die Isopropylidengruppe abspaltet. Die neuen Verbb. bilden mit organ. oder anorgan. Säuren stabile, bei Zimmer-Temp. krist. Verbb., die mit mono- oder disubstituierten Malonsäuren bei $R_1 = NH_2$ *1-Amino-2.4-dioxoacetidine* geben, die ihrerseits wirksame *antirheumat. Heilmittel* sind. (**Ung. P. 149 503** vom 6/8. 1959, ausg. 20/9. 1961. Schwz. Prior. 8/8. 1958.) F. Landsberger. 4807

Farbenfabriken Bayer Akt.-Ges., Leverkusen (Erfinder: Heinrich Hellmann, Helmut Piechota, Tübingen, Hans Henecka und Helmut Timmler, Wuppertal), **α-Amino-β-hydroxycarbonsäuren** erhält man, wenn man Acylaminomalonsäuremonoester in alkal. Medium mit Aldehyden umsetzt u. die hierbei entstehenden α-Acylamino-β-hydroxycarbonsäureester in üblicher Weise in α-Amino-β-hydroxycarbonsäuren überführt. Die Rk. verläuft nach dem Schema: Acyl·NH·CH·(COOR)·COOH + R'CHO $\xrightarrow{\text{(Alkali)}}$ Acyl·NH·CH(COOR)·CH(OH)·R' → H_2N·CH·(COOH)·CH(OH)·R' (wobei R = CH_3 oder C_2H_5; R' = H oder Alkyl, Cycloalkyl, Aryl, Aralkyl oder ein heterocycl. Rest). — Man versetzt z. B. eine Suspension von 17,5 g Acetylaminomalonsäuremonomethylester (I) in 20 g einer 40%ig. wss. HCHO-Lsg. portionsweise mit 10 g Triäthylamin, läßt 24 Std. bei Raum-Temp. stehen, dampft die Lsg. zu einem klaren Sirup ein, löst diesen in 50 ml konz. HCl, kocht 1 Std. unter Rückfluß, dampft auf dem Wasserbad ein, löst in wenig W., versetzt mit konz. Ammoniak bis pH 8—9, dampft im Vakuum ein, löst die hellbraune Kristallmasse in wenig W., kocht nach Zusatz von Tierkohle 20 Min., filtriert, spritzt das warme Filtrat vorsichtig mit A. bis zur Abscheidung eines bräunlichgelben Nd. an, kühlt 30 Min. auf —20°, saugt ab, wäscht mit wenig kaltem W., dann mit viel abs. A. u. Äther. Man erhält *DL-Serin* in 72% Ausbeute. Aus I u. Acetaldehyd erhält man analog ein Threonin-Prod., das zu 95% aus *DL-Allothreonin* u. zu 5% aus *DL-Threonin* besteht. Analog erhält man: *2-Hydroxynorvalin*, F. 231° (Zers.) aus I u. Propionaldehyd; *2-Hydroxynorleucin*, F. 228°, aus I u. Butyraldehyd; *N-Acetylphenylserinäthylester*, F. 134—136°; *N-Acetyl-p-nitrophenylserinäthylester*, F. 147,5—148°, aus Acetylaminomalonsäuremonoäthylester u. p-Nitrobenzaldehyd (II); *DL-threo-N-Acetyl-p-nitrophenylserin*, F. 190 bis 191° (Zers.), aus Acetylaminomalonsäuredimethylester u. II; *N-Acetyl-β-[pyridyl-(4)]-*

serinäthylester, F. 130°, aus I u. Pyridin-4-aldehyd. — *Heilmittel* u. *Zwischenprodd.* zur Herst. von Heilmitteln. (**D. A. S. 1 081 896** Kl. 12q vom 28/3. 1959, ausg. 19/5. 1960.)
A. Mohr. 4807

Henry Morren, Brüssel, Belgien, **Ester** der allg. Formel $C_6H_5-C-COOCH_2\cdot$

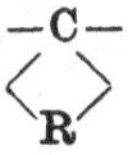

$CH_2-S-CH_2-CH_2-N(C_2H_5)_2$ (R = Äthylen, Propylen, Butylen, Amylen u. $-CH_2\cdot CH_2OCH_2CH_2-$) erhält man durch Rk. von 2-[2-Diäthylaminoäthylmercapto]-äthanol mit einer Verb. der allg. Formel $C_6H_5-C-COR'$ (R' = Cl, OH, OR''; R'' = Alkyl

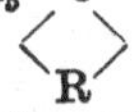

mit 1—3 C-Atomen), ggf. in Ggw. eines säurebindenden Mittels. — Aus 0,5 Mol 1-Phenylcyclopentan-1-carbonsäurechlorid u. 0,5 Mol 2-[2-Diäthylaminoäthylmercapto]-äthanol in 300 ml Toluol unter Rückfluß nach 20 Std. → *1-Phenylcyclopentan-1-carbonsäure-2-[2-diäthylaminoäthylmercapto]-äthylester*, $Kp._{0,05}$ 190—193°; 95% (Ausbeute); *Citrat*, F. 98°. — *1-Phenylcyclopropan-1-carbonsäure-*, $Kp._{0,01}$ 150—155°; *1-Phenylcyclobutan-1-carbonsäure-*, $Kp._{0,005}$ 150—155°; *4-Phenyltetrahydropyran-4-carbonsäure-*, $Kp._{0,005}$ 185—190°; *1-Phenylcyclohexan-1-carbonsäure-2-[2-diäthylaminoäthylmercapto]-äthylester*, $Kp._{0,1}$ 190—195°. — *Hustenmittel*. (**E. P. 805 704** vom 21/2. 1956, ausg. 10/12. 1958. Belg. Prior. 26/2. 1955. **Belg. P. 536 034** vom 26/2. 1955, ausg. 2/1. 1959.)
G. Krauss. 4807

N. V. Koninklijke Pharmazeutische Fabrieken v/h Brocades-Stheeman & Pharmacia (Erfinder: August Franciscus Harms, Amsterdam), Meppel, Holland, **Herstellung von Dibenzocycloheptanderivaten** der allg. Formel **I** (X = $-CH_2-CH_2-$ oder $-CH{=}CH-$; R_1, R_2 = Halogen, H, Alkylgruppe mit höch-

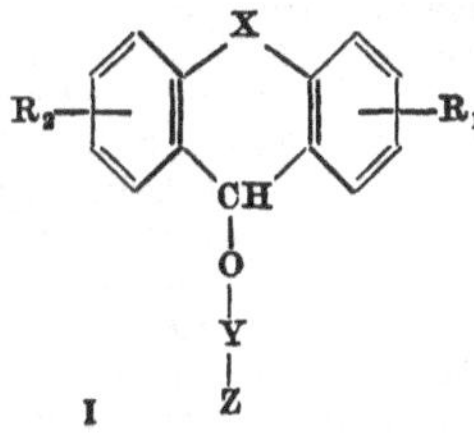

I

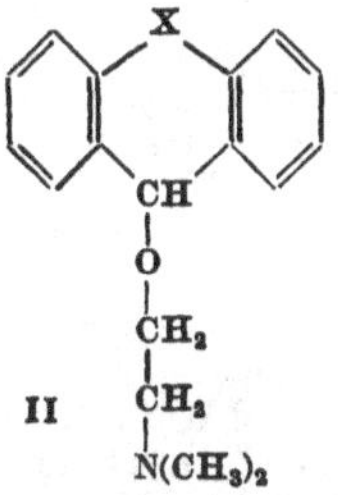

II

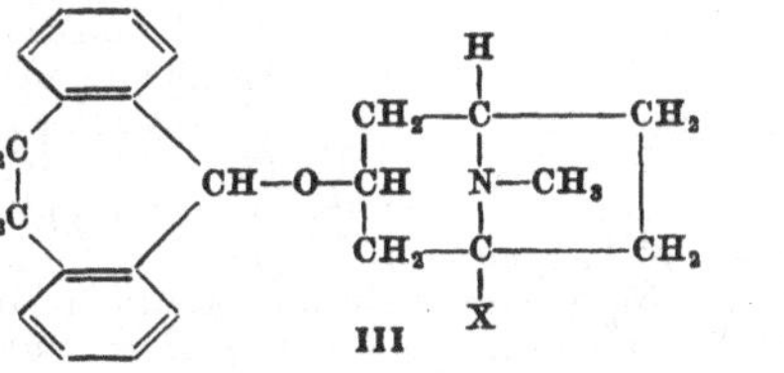

III

stens 4 C-Atomen; Y = gerade oder verzweigte, ggf. durch ein O-Atom unterbrochene C-Kette mit höchstens 6 C-Atomen; Z = Dialkylaminogruppe, in der eine oder beide Alkylgruppen mit dem N-Atom oder mit der C-Kette Y einen oder mehrere heterocycl. Ringe bilden können) sowie deren *Salze* u. *quart. Ammonium-Verbb.*, bes. **II** u. **III**, indem man Verbb. der allg. Formel **IV** mit einer Verb. B—Y—Z erhitzt (A oder B = Halogenatom, das andere = O-Metall, oder A = Halogen u. B = OH) oder Verbb. der allg. Formel **IV** mit A = OH in Ggw. eines W. entziehenden Mittels mit einer Verb. OH—Y—Z erhitzt. — Die Verbb. werden mit geeigneten Trägern zu *therapeut. Präpp.* verarbeitet. (**Ung. P. 149 609** vom 31/3. 1960, ausg. 20/12. 1961. Holl. Prior. 1/4. 1959.)

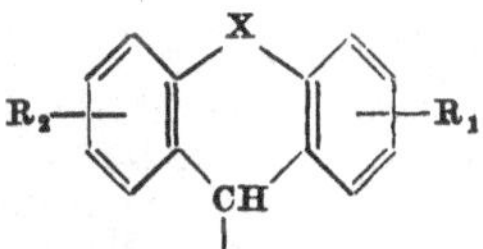

IV

F. Landsberger. 4807

Farmaceutici Italia Soc. An., Mailand, Italien, **Herstellung von 1.4-Dicaffeylchinasäure.** Inhaltlich ident. mit D. A. S. 1 030 514; C. **1959.** 3231. (**E. P. 802 669** vom 26/5. 1955, ausg. 8/10. 1958. It. Prior. 28/5. 1954.)
H.-J. Nitzschke. 4807

Farmaceutici Italia Soc. An., Mailand, Italien, **1.4-Dicaffeylchinasäure,** die nach E. P. 802 669 aus Pflanzen der Gattung *Cyanara cardunculus* u. *Cyanara scolymus* erhältlich ist, kann auch aus solchen der Gattung *Cynareae* u. *Foeniculum* in gleicher Weise dargestellt werden. Bes. sind die Pflanzen: *Onopordon illyricum, Scolymus hispanicus, Lupsia galactites, Foeniculum vulgare* u. *Foeniculum piperitum* genannt worden. — *Dicaffeylchinasäure*, F. 227—228°, α_D $-68\pm1°$ (2 Gew.-% in A.). (**E. P. 815 213** vom 5/9. 1957, ausg. 17/6. 1959. It. Prior. 6/9. 1956. **Zusatz zu E. P. 802 669; s. vorst. Referat.**)
K. Gäbelein. 4807

Imperial Chemical Industries Ltd., London, England (Erfinder: George William Driver), **4.4'-Diaminodiphenylsulfoxidderivate** der allg. Formel I (R u. R' = H oder KW-Stoffrest mit wenigstens einer SO_3H- oder COOH-Gruppe, oder ein Acylrest mit wenigstens einer COOH-Gruppe bzw. ein Glucoserest mit wenigstens einer SO_3H-Gruppe mit der Maßgabe, daß R' nicht H oder den β-Carboxypropionylrest bzw. ein Salz dieses Restes bedeutet, falls R für H steht) dienen als therapeut. *Mittel zur Behandlung der Lepra.*

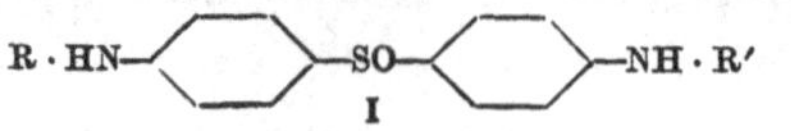
I

Man erhält sie durch Rk. von 4.4'-Diaminodiphenylsulfoxid (II) mit einem gesätt. oder ungesätt. aliphat. oder aromat. Aldehyd in Ggw. von H_2SO_3 bzw. eines Alkalibisulfits oder -metabisulfits. — Zu einer Lsg. von 4,64 (Gew.-Teilen) II in 50 warmem 95%ig. A. gibt man 7,2 Glucose u. 4,16 $NaHSO_3$, gelöst in 60 W., erhitzt 4 Std. unter Rückfluß, filtriert u. gießt nach Abkühlen in 160 95 %ig. Alkohol. Durch Auswaschen des festen Rückstands mit A. u. Trocknen erhält man das *Di-Na-4.4'-bis-[glucosylamino]-diphenylsulfoxid-α.α'-disulfonat.* Analog erhält man: *Di-Na-4.4'-bis-[äthylamino]-diphenylsulfoxid-α.α'-disulfonat,* hellcremefarbener Feststoff, aus II u. CH_3CHO in Ggw. von $NaHSO_3$; *4-Carboxymethylamino-4'-aminodiphenylsulfoxid,* F. 100°, aus II u. Monochloressigsäure in Ggw. von 2n NaOH; *Di-Na-4-amino-4'-[γ-phenyl-n-propylamino]-diphenylsulfoxid-α.β-disulfonat,* hell cremefarbener Feststoff, aus II u. Zimtaldehyd in Ggw. von SO_2; *K-4.4'-Bis-[γ-phenyl-n-propylamino]-diphenylsulfoxid-α.β.α'.β'-tetrasulfonat,* hellcremefarbener Feststoff, aus II u. Zimtaldehyd in Ggw. von K-Metabisulfit; *4.4'-Bis-[β-carboxypropionylamino]-diphenylsulfoxid,* F. 198°, aus II u. Bernsteinsäureanhydrid. (**E. P. 841 701** vom 5/4. 1957, ausg. 20/7. 1960.)

A. Mohr. 4807

Chemische Fabrik Promonta G. m. b. H. (Erfinder: Rolf Kallischnigg), Hamburg, **Herstellung von neuen, basisch substituierten Carbazolen** der Formel I worin R = Alkyl u. X = 0, 1 oder 2 bedeutet, wobei, wenn X = 0 ist, der Piperidylrest in der 3- oder 4-Stellung, u. wenn X = 1 oder 2 ist, in der 2-, 3- oder 4-Stellung verbunden ist, oder in den Benzolkernen durch niedere Alkyl-, Hydroxyalkoxygruppen oder durch Halogen substituierter Derivv. davon, dad. gek., daß man N-alkylierte Piperidyl-(3)- oder -(4)-halogenide bzw. Piperidyl-(2)-, -(3)- oder -(4)-methyl- oder -äthylhalogenide oder deren Salze mit ggf. C-substituierten Carbazolen in Ggw. alkal. Kondens.-Mittel oder mit N-Metall-Verbb. der Carbazole in einem indifferenten organ. Lsgm. unter Bldg. von Metallhalogeniden kondensiert.

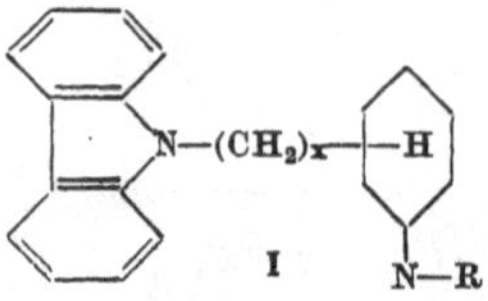
I

— Aus N-Methylpiperidyl-(4)-bromid in Xylol u. dem Umsetzungs-Prod. von Carbazol u. Li-Hydrid in Xylol → *9-[N-Methylpiperidyl-(4')]-carbazol,* F. 151—152°; aus N-Methylpiperidyl-(3)-methylbromidhydrobromid u. dem Umsetzungs-Prod. aus Carbazol u. Na_2O → *9-[N-Methylpiperidyl-(3')-methyl]-carbazol, Hydrochlorid,* F. 250—251°; *9-[N-Äthylpiperidyl-(3')-methyl]-carbazol, Hydrochlorid,* F. 218°, *Hydrobromid,* F. 238°; *9-[N-n-Propylpiperidyl-(3')-methyl]-carbazol, Hydrochlorid,* F. 227—228°; *9-[N-Methylpiperidyl-(4')-methyl]-carbazol, Hydrochlorid,* F. 85°; *9-[N-Äthylpiperidyl-(4')-methyl]-carbazol, Hydrochlorid,* F. 167—169°; *9-[N-Methylpiperidyl-(2')-methyl]-carbazol,* F. 106—107°, *Hydrochlorid,* F. 237—239°; *9-[N-Methylpiperidyl-(2')-äthyl]-carbazol,* F. 123—124°; *9-[N-Methylpiperidyl-(2')-methyl]-3-methylcarbazol,* F. 112—113°; *9-[N-Methylpiperidyl-(2')-methyl]-3-methoxycarbazol,* F. 90—92°; *9-[N-Methylpiperidyl-(2')-methyl]-2-chlorcarbazol,* F. 124—126° u. *9-[N-Methylpiperidyl-(3')]-carbazol,* F. 79—80°. — *Therapeutica.* — Vgl. auch E. P. 809 488; C. **1960.** 7608. (**Schwz. P. 354 780** vom 18/1. 1957, ausg. 31/7. 1961. D. Prior. 1/2. 1956.)

W. Heyer. 4807

Chinoin Gyógyszer és Vegyészeti Termékek Gyára (Erfinder: Zoltán Ecsery und Frau des Miklós Müller), Budapest, Ungarn, **Herstellung von 1-Phenyl-1-cyclohexyl-3-piperidinopropanol** aus β-Piperidinopropiophenon u. Cyclohexylmagnesiumchlorid (Mol-Verhältnis 1:2,4—4) in Ggw. von Dibutyläther oder Tetrahydrofuran bei 50—140°. — *Heilmittel.* (**Ung. P. 149 527** vom 12/1. 1961, ausg. 20/11. 1961.)

F. Landsberger. 4807

Farbwerke Hoechst Akt.-Ges., vormals Meister Lucius & Brüning, übert. von: Heinrich Leditschke, Frankfurt/M., Heinrich Rolly, Kelkheim, und Heinz Schmidt-Ruppin, Bad Soden, **Herstellung von Isonicotinsäure-N-oxidamiden** der allg. Formel I, worin n = 1 oder 2 u. X = H, Halogen oder eine CH_3-Gruppe ist, dad. gek., daß man entweder Isonicotinsäure-N-oxid oder ein Deriv. mit einem entsprechend substituierten Alkylamin umsetzt oder von dem Isonicotinsäureamid ausgeht u. dieses mit einer organ. Persäure am N oxydiert. — Aus Isonicotinsäure-N-oxidhydrochlorid u. 3.3-Bis-[p-chlorphenyl]-propylamin unter Eiskühlung bei <20° u. anschließendem Erhitzen unter Durchleiten von Wasserdampf erhält man aus dem Rückstand nach dem Abtrennen der Verunreinigungen durch Behandeln mit Aceton bei 70° → *Isonicotinsäure-N-oxid-[3.3-bis-(p-chlorphenyl)-propyl-(1)]-amid* (II), F. 128—129° (Zers.); aus Isonicotinsäure-3.3-bis-[p-chlorphenyl]-propyl-(1)-amid u. 30%ig. H_2O_2 in Eisessig unter Erwärmen auf 90° → II. *Isonicotinsäure-N-oxid-[3-(3'.4'-dichlorphenyl)-3-(4'-chlorphenyl)-propyl-(1)]-amid*, F. 116 bis 117°. Als reakt. Derivv. des Isonicotinsäure-N-oxids kommen auch Ester, Azide oder Hydrochloridsalze in Betracht. Als Alkylamine werden weiter genannt: 3-[p-Fluorphenyl]-3-[p-chlorphenyl]-propylamin, 3-[o-Chlorphenyl]-3-[p-chlorphenyl]-propylamin, 3-[m-Chlorphenyl]-3-[p-chlorphenyl]-propylamin oder 3-[2'.4'-Dichlorphenyl]-3-[p-chlorphenyl]-propylamin. — *Arzneimittel.* (**A. P. 2 945 040** vom 2/12. 1958, ausg. 12/7. 1960. D. Prior. 6/12. 1957.) W. Heyer. 4807

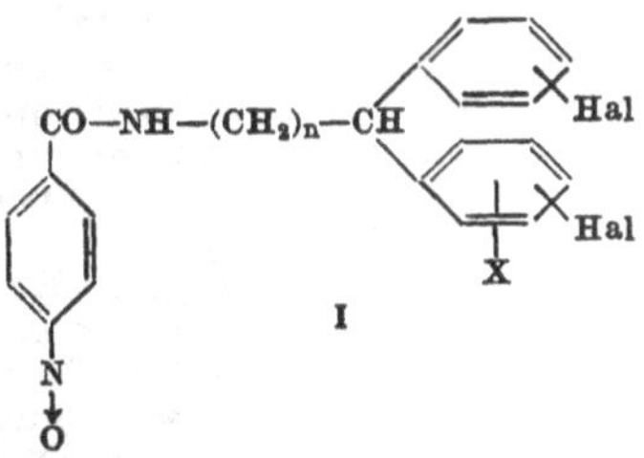

I

Egyesült Gyógyszer és Tápszergyár (Erfinder: Gábor Fazekas und József Rákóczi), Budapest, Ungarn, **Herstellung von Isonicotinoylhydrazinderivaten,** bes. des *β-Isonicotinoylhydrazinopropionsäureamids,* aus β-Brompropionsäurebenzylamid durch Kondens. mit Isonicotinsäurehydrazid in Ggw. von polaren, organ. bas. Katalysatoren. — *Antituberkulosemittel.* (**Ung. P. 149 532** vom 3/3. 1961, ausg. 20/11. 1961.) F. Landsberger. 4807

Sterling Drug, Inc., New York, N.Y., V.St.A., **Herstellung von 6-Methoxy-8-[5-n-propylaminopentylamino]-chinolin,** durch Rk. von 6-Methoxy-8-aminochinolin (I) mit 5-n-Propylaminopentylchloridhydrochlorid in W. bei ca. 80° unter ca. 20std. Rühren. Man erhitzt weitere 4 Std. auf 99—102°, verd. das Gemisch mit W., stellt pH mit NaOH auf 4,5 u. mit Na-Acetat auf 5,1, erhitzt auf 65°, extrahiert mit Bzl. das nicht umgesetzte I u. isoliert *6-Methoxy-8-[5-n-propylaminopentylamino]-chinolin, Monophosphat,* F. 82—88°. — *Malariamittel.* (**E. P. 826 811** vom 31/12. 1957, ausg. 20/1. 1960. A. Prior. 9/1. 1957.) W. Heyer. 4807

Knud Abildgaard und Løvens Kemiske Fabrik ved A. Kongsted, Ballerup (Erfinder: Frantz Lund, Kongens Lyngby und Wagn Ole Godtfrensen, Kopenhagen), Dänemark, **Herstellung von 6-Trifluormethyl-7-sulfamyl-3.4-dihydro-1.2.4-thiadiazindioxiden** der allg. Formel I (R = durch Arylgruppen substituierter ungesätt. aliphat. KW-Stoffrest, oder eine oder mehrere Halogenatome u./oder eine oder mehrere O- oder S-haltige oder NO_2-Gruppen oder substituierte Arylgruppen enthaltende gesätt. aliphat. Gruppe oder Cycloalkyl-, Furyl- oder Pyridingruppe) durch Rk. von 5-Trifluormethyl-2.4-disulfamylanilin mit Verbb. der allg. Formel RCHO oder statt der Aldehydgruppe aldehydartig reagierenden Substituenten oder solchen Verbb., die unter den Rk.-Bedingungen aldehydartig reagierende Verbb. liefern, in Ggw. einer Säure (p-Toluolsulfosäure). Ggf. wird die NO_2-Gruppe zu NH_2 reduziert. (**Ung. P. 149 612** vom 12/8. 1959, ausg. 20/12. 1961.) F. Landsberger. 4807

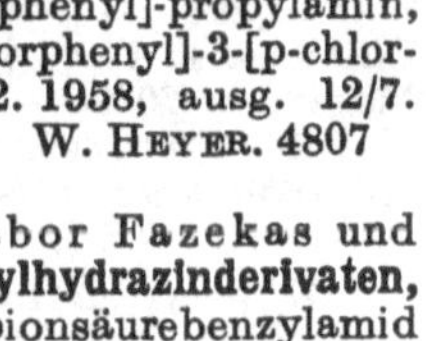

I

Egyesült Gyógyszer és Tápszergyár (Erfinder: Károly Nádor), Budapest, Ungarn, **Herstellung von N-Acylderivaten des Nortropan-3α-ols (Nortropin) beziehungsweise -3β-ols und deren Derivaten,** dad. gek., daß man die Nortropan Derivv. in Ggw. von säurebindenden Mitteln (Alkalihydroxide, Erdalkalioxide, Carbonate) mit Kohlensäurehalbesterchloriden der allg. Formel R_1—X—COCl reagieren läßt [R_1 = aliphat. oder aromat. Gruppe (Allyl-, Butyl-, Benzyl-), auch substituiert; X = O oder S]. Das säurebindende Mittel u. das Säurehalogenid werden gleichzeitig unter Schütteln dem Nortropan-Deriv. zugefügt, dabei soll der pH-Wert 10 nicht überschreiten. (**Ung. P. 149 486** vom 9/10. 1960, ausg. 20/10. 1961.) F. Landsberger. 4807

C. H. Boehringer Sohn (Erfinder: Karl Zeile und Kurt Freter), Ingelheim/Rh., **Antagonistisch gegen Morphin und schmerzstillend wirkende quartäre Salze des Normorphins und deren Acylderivate** der allg. Formel I (R = H, niedermol. Alkyl; X = Cl, Br, J; R_1 u. R_2 = Allyl, Propyl oder Propargyl, jedoch nicht gleichzeitig Allyl oder Propyl) erhält man dadurch, daß man entweder 1 Mol N-Allyl-

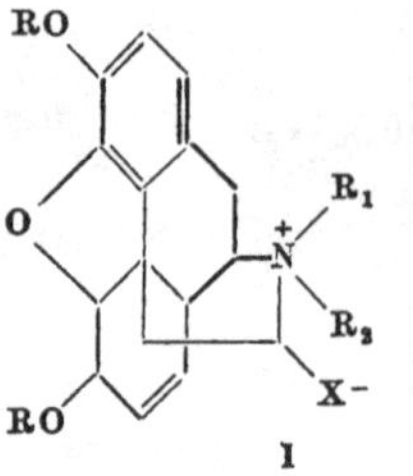

I

normorphin oder seine an den O-Atomen durch niedermol. Acylreste substituierten Derivv. mit >1 Mol Propyl- oder Propargylchlorid, -bromid oder -jodid oder 1 Mol N-Propargyl- bzw. 1-Propylnormorphin oder deren Acyl-Derivv. mit >1 Mol Allyl-, Propyl- oder Propargyl- bzw. Allyl- oder Propargylchlorid, -bromid oder -jodid bei Raum-Temp. oder dem Kp. der Lsg., ggf. in Ggw. eines Lsgm. (Halogenwasserstoffe) umsetzt. — Aus N-Propargylnormorphin u. der 10fachen Menge Allylbromid nach 12std. Erhitzen unter Rückfluß u. Abkühlen → *N-Propargyl-N-allylnormorphiniumbromid*, $C_{22}H_{24}BrNO_3$, F. 185—186° (Zers.); $[\alpha]_D^{26}$ $-99 \pm 1°$ (c = 1, Methanol); 60—70% (Ausbeute); auch erhältlich aus N-Allylnormophin u. der 8fachen Menge Propargylbromid in 15facher Menge Aceton. — *N-Dipropargylnormorphiniumbromid*, aus W. F. 128°; 60%. — Diacetyl-N-propylnormorphin → *3.6-Diacetyl-N-propyl-N-allylnormorphiniumbromid*, $C_{26}H_{32}BrNO_5$, aus Chlf.-Ae. F. 170°; 80%. — *N-Propargyl-N-propylnormorphiniumbromid*, aus W. F. 190 bis 193°; 60%. — *3.6-Diacetyl-N-propyl-N-propargylnormorphiniumbromid*, aus W. F. 160—165° (Zers.); 60%. — Wrkg. vgl. Tabelle. (**D. A. S. 1 119 284** Kl. 12p vom 2/9. 1959, ausg. 14/12. 1961. **Zusatz zu D. A. S. 1 114 199; C. 1962. 6143.**)

G. Krauss. 4807

Magyar Állam mint a Magyar Tudományos Akadémia jogutódja (Erfinder: Károly Nádor und László Gyermek), Budapest, Ungarn, **Herstellung von p-Phenylbenzyl-dl-tropyltropiniumsalzen** durch Rk. von dl-Tropyltropein mit p-Phenylbenzylhalogeniden ohne oder in Ggw. von Lsgm.; oder man läßt Tropanol mit p-Phenylbenzylhalogeniden u. das erhaltene p-Phenylbenzyltropiniumhalogenid mit O-Acyl-dl-tropasäurehalogenid reagieren. Zuletzt wird in bekannter Weise die O-Acylgruppe abgespalten. Es können auch beliebig substituierte Tropan-Derivv. verwendet werden. (**Ung. P. 144 335** vom 6/6. 1955, ausg. 15/9. 1958.)

F. Landsberger. 4807

Egyesült Gyógyszer és Tápszergyár (Erfinder: Károly Nádor und László Decsi), Budapest, Ungarn, **p-Alkylbenzyltropiniumderivate** der allg. Formel

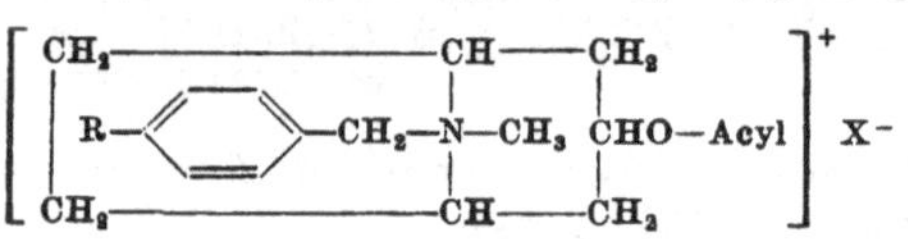

I

I (R = KW-Stoffrest mit 2—8 C-Atomen; Acyl = Carbonsäuregruppe; X = anorgan. Anion oder Sulfonsäuregruppe) werden erhalten, indem man entsprechende Tropan-3α- oder -3β-olester mit Benzylestern p-R·C_6H_4·CH_2X in Ggw. eines polaren Lsgm. (Aceton, Acetonitril, Dimethylsulfoxid) bei 20—120° reagieren läßt. Tropan-3α- oder -3β-ol kann auch zuerst quaterniert u. dann O-acyliert werden. — Die Verbb. sind *ganglienblockierend* mit schwach parasympath. Wirkung. Die perorale u. intraperitoneale Verw. ist günstiger als die der Verbb., die nach dem Ung. P. 144 335; s. vorst. Ref., hergestellt werden. (**Ung. P. 149 379** vom 18/10. 1960, ausg. 20/8. 1961.) F. Landsberger. 4807

Richter Gedeon Vegyészeti Gyár R. T. (Erfinder: János Fári, György Kesey und Béla Molnár), Budapest, Ungarn, **Herstellung von Heparin aus Tierorganen.** Gekühlt lagernde Rinderlunge wird grob gemahlen, mit W. vermischt mit 1—6% Alkali-, Erdalkalichlorid oder NH_4Cl auf pH 8—12 eingestellt u. mit peroxid. Verbb. (0,4—1‰ H_2O_2) bis zur Koagulation bei 35—70° erwärmt. Aus der abgesonderten fl. Phase wird *Heparin* nach bekannten Verff. gewonnen. (**Ung. P. 148 776** vom 22/6. 1960, ausg. 31/12. 1961.) F. Landsberger. 4807

Richter Gedeon Vegyészeti Gyár R. T. (Erfinder: György Kerey und Béla Molnár), Budapest, Ungarn, **Gewinnung von Heparin** (I) aus wss. Auszügen welche aus verschiedenen Organen nach dem im Ung. P. 148 776; s. vorst. Ref. beschriebenen Verf. gewonnen wurden. Die Auszüge werden durch Kochen im alkal. Medium in Ggw. von Ca-Ionen von koll. Verunreinigungen befreit. Die I-haltige Lsg. wird vom Koagulat, welches die Verunreinigungen enthält, getrennt, u. I wird aus dem Auszug mit Metallsalzen der III. Gruppe, bes. des Al, bei pH 2—4 in Form eines Eiweiß-Metall-Komplexes abgeschieden. Den Nd. läßt man absitzen; aus ihm wird I nach üblichem Verf. gewonnen. (**Ung. P. 149 282** vom 6/8. 1960, ausg. 20/7. 1961.)

F. Landsberger. 4807

Gyógyszeripari Kutató Intézet und Chinoin Gyógyszer és Vegyészeti Termékek Gyára (Erfinder: Agoston Simon, Frau Agnes Kelemen-Mertha, József Borsy und Endre Csányi), Budapest, Ungarn, **Herstellung von Cyancobalaminmonocarbonsäure (I).** Durch Fermentation des Propionibacteriums

Shermanii Nr. PBS 77 (beim ungar. Gesundheitsamt unter Nr. 601013 deponiert) wird eine Cyancobalaminmonocarbonsäure (I) aus der konz. Fermentbrühe erhalten u. vom Vitamin B_{12} getrennt. Der Nährboden enthält Pantothensäure, Biotin, Eiweißhydrolysate tier. u. pflanzlichen Ursprungs, bes. Maisquellwasser oder Stärkehydrolysat. Die aerobe Fermentation wird bei 25—30° in alkal. Medium bei pH 7,5—8,5 durchgeführt. B_{12} wird durch Extraktion mit apolaren organ. Lsgm. (Phenol, aliphat. KW-Stoffe oder deren Halogen-Derivv., Chlf., Tetrachlormethan oder deren Gemisch) extrahiert u. aus dieser Lsg. I isoliert. Die Trennung von I u. B_{12} in der konz. Fermentbrühe kann auch durch Chromatographie mit Ionenaustauschercellulosesäule erfolgen. Die Isolierung von I aus der apolaren Lsg. kann auch durch Zufügen eines wss. polaren Lsgm. erreicht werden. Die wss. Phase wird mit akt. Kohle adsorbiert, mit wss. A. eluiert u. I aus wss. Aceton kristallisiert. (**Ung. P. 149 538** vom 29/3. 1960, ausg. 20/10. 1961.) F. LANDSBERGER. 4809

Olin Mathieson Chemical Corp., New York, N.Y., V.St.A., **12α-Halogensteroide der Pregnanreihe.** Man enthalogeniert z. B. 12α-Chlor-16β-jodallopregnan-3β.17α-diol-11.20-dion-3-acetat mit RANEY-Ni in Dioxan → *12α-Chlorallopregnan-3β.17α-diol-11.20-dion-3-acetat*, F. 220—224°; $[\alpha]_D^{23}$ —35°, verseift mit 70%ig. $HClO_4$ → *12α-Chlorallopregnan-3β.17α-diol-11.20-dion*, F. 221—222°; $[\alpha]_D^{23}$ —34°, u. bromiert mit Br_2 in Chlf. → *12α-Chlor-21-bromallopregnan-3β.17α-diol-11.20-dion*, F. 195—196°; $[\alpha]_D^{23}$ —37°; daraus durch Rk. mit K-Acetat in Eisessig → *12α-Chlorallopregnan-3β.17α.21-triol-11.20-dion-21-acetat*, F. 158—160°, welches sich mit CrO_3 oxydieren läßt → *12α-Chlorallopregnan-17α-ol-3.11.20-trion.* Durch übliche Bromierung, Überführung des 2α.4α-Dibromids in die 2α-Jod-Verb. u. Enthalogenierung mit $CrCl_2$ erhält man *12α-Chlorcortison-21-acetat*, F. 195—196°; $[\alpha]_D^{23}$ 82°. — *Heilmittel.* (**E. P. 864 346** vom 3/4. 1957, ausg. 6/4. 1961. A. Prior. 5/4. 1956.) U. SIEVERS. 4809

G. D. Searle & Co., Skokie, Ill., V.St.A. (Erfinder: Clarence G. Bergstrom und Raymond M. Dodson), **9α-Halogenverbindungen der Pregnan- und Androstanreihe** erhält man durch Rk. einer entsprechenden 11β-Hydroxy-9.11-dehydro- oder 9α-Hydroxy-Verb. mit einem Halogenwasserstoff in Ggw. einer LEWIS-Base. — Man setzt z. B. 11β.17α-Dihydroxy-21-acetoxy-Δ^4-pregnen-3.20-dion mit HF–Pyridin-Reagens um u. trennt die als Nebenprod. gebildete 9,11-Dehydro-Verb. durch Rk. mit N-Bromacetamid u. Abspaltung von HBr aus dem erhaltenen 9.11-Bromhydrin sowie chromatograph. Trennung der sodann im Rk.-Gemisch vorhandenen 9α-Fluor-Verb. u. des 9.11-Epoxids → *9α-Fluor-17α-hydroxy-21-acetoxy-Δ^4-pregnen-3.20-dion*, F. 264 bis 267°; *freier Alkohol*, F. 235—238°; α_D 105,5°. Analog: Hydrocortisonacetat + HCl in Dioxan → *9α-Chlor-21-acetoxy-17α-hydroxy-Δ^4-pregnen-3.20-dion*, F. 203—205°. — *9α-Fluor-17α-hydroxy-Δ^4-pregnen-3.20-dion*, F. 278° (Zers.); *17-Acetat*, F. 242—243°. — *9α-Fluor-17α-hydroxy-21-acetoxy-$\Delta^{1.4}$-pregnadien-3.20-dion*, F. 247—249°. — *9α-Fluor-Δ^4-androsten-3.17-dion*, F. 227—228°. — *9α-Fluortestosteronacetat*, F. 197,5—198,5°; α_D 71°. — *9α-Fluorprogesteron*, F. 196—200°; α_D 161°. — *9α.21-Difluor-17α-acetoxy-Δ^4-pregnen-3.20-dion*, F. 232—233,5°. — *9α-Fluortestosteron*, F. 206—207°. — *9α-Fluor-17β-propionyloxy-Δ^4-androsten-3-on*, F. 163—165°; α_D 6,19°. — *Heilmittel.* (**E. P. 864 307** vom 24/12. 1957, ausg. 29/3. 1961.) U. SIEVERS. 4809

Merck & Co., Inc., Rahway (Erfinder: Thomas Henry Stoudt, Westfield), N.J., V.St.A., **Δ^1-Dehydrosteroide** erhält man durch Bebrütung der entsprechenden 1.2-Dihydro-Verbb. mit einer Kultur eines Organismus der Art *Nocardia* unter üblichen submersen u. aeroben Bedingungen. — Hydrocortison $\xrightarrow{\text{Nocardia asteroides}}$ *$\Delta^{1.4}$-Pregnadien-11β.17α.21-triol-3.20-dion.* — In analoger Weise können auch im Ring A gesätt. Verbb. der Pregnanreihe in die entsprechenden 3-Oxo-$\Delta^{1.4}$-diene übergeführt werden. — *Heilmittel* sowie Zwischenprodd. zu deren Herstellung. (**Schwz. P. 355 778** vom 15/10. 1956, ausg. 15/9. 1961. **E. P. 824 348** vom 3/10. 1956, ausg. 25/11. 1959. Beide A. Prior. 14/10. 1955.) U. SIEVERS. 4809

Bristol-Myers Co., New York, übert. von: Bernard Chertow, Syracuse, N.Y., V.St.A., **Herstellung einer chloridfreien Nährlösung für die biologische Tetracyclingewinnung** mittels eines Chlortetracyclin (I) erzeugenden Streptomycesstammes unter gleichzeitiger Unterdrückung der I-Bldg. durch Behandeln der als N-Quelle dienenden Maisquell-Fl. mit 125—200% $AgNO_3$-Lsg. über der stöchiometr. Chloridionenmenge. Zuvor werden die Feststoffe aus der Fl. entfernt u. nach Abfiltrieren des Nd. wieder zugegeben. Die weiteren üblichen Zusätze zur Nähr-Fl. müssen prakt. chloridfrei sein. — Beispiel. Tabellen. Ausbeuteerhöhung. (**A. P. 2 970 946** vom 5/2. 1960, ausg. 7/2. 1961.) H. SCHINDLER. 4811

Abbott Laboratories, Chicago, Ill., V.St.A., **Antibioticum Ristocetin B** (I) wird erhalten durch übliche Fermentation mittels Nocardia lurida NRRL 2430 u. Adsorption der filtrierten Nähr-Fl. an A-Kohle, woraus mit wss. schwefelsaurem Aceton eluiert wird. Weitere Reinigung auf chromatograph. Wege, wobei bes. auf die Bldg. von kristallinem I-Sulfat Wert gelegt wird. Fermentations- u. Reinigungsbeispiele. IR-Spektrum, R_F-Werte. — Zeichnungen. Antibakterielles Spektrum. (**E.P. 843 560** vom 20/11. 1957, ausg. 4/8. 1960. A. Prior. 21/11. 1956.) H. Schindler. 4811

William Herbert Langwell, Epsom, England, **Zahnpflegemittel**, bestehend aus einer wss. Lsg., die NaOCl, NaOH, Na-Silicate, Phosphate oder Stearate enthält u. die durch Zusatz von feinteiligen Füllstoffen in Pastenform gebracht worden ist; es soll frei von Cu, Ni u. Co sein u. einen pH-Wert von wenigstens 8 haben. — Beispiel: 9 (kg) Kaolin, 1 Na_3PO_4, 5 Liter einer Lsg. von NaOCl, die 15% wirksames Cl enthält, 0,5 Liter 10%ig. NaOH-Lsg.; 4,5 Liter Wasser. (**E. P. 868 466** vom 14/8. 1958, ausg. 17/5. 1961.) E. Petersen. 4823

Monsanto Canada Ltd., Ville La Salle (Erfinder: Arthur Ferguson McKay, Beaconsfield West, und David Lyon Garmaise, Montreal), Quebec, Canada, **Bakteriostatisch wirksame, aliphatische Cyanisothiocyanate** der allg. Formel NC—A—N=C=S (A = gerad- oder verzweigtkettiges Alkyl mit 2—14 C-Atomen). Cyanalkylamin der allg. Formel NC—A—NH_2 wird mit CS_2 in Ggw. eines Lsgm. (Chlf., Methylenchlorid) bei —10 bis ca. +25° u. eines Trialkylamins der allg. Formel $(R)_3N$ (R = Alkyl mit 1—15 C-Atomen) umgesetzt; das entstandene Cyanalkyldithiocarbamatsalz wird dann mit einem Chlorameisensäurealkylester mit 1—5 C-Atomen im Alkyl bei —10 bis ca. 0° in das Carbalkoxycyanalkyldithiocarbamat übergeführt, das dann entweder durch Pyrolyse oder durch Oxydation mit NaOCl bei pH 8—9 u. 3—8° in Methylenchlorid oder durch Disproportionierung in Ggw. eines tert.-Amins, bes. vorst. Trialkylamins zersetzt wird. — Aus 7 (Teilen) β-Aminopropionitril, in 45 Chlf. u. 7,8 CS_2 in 30 Chlf. in Ggw. von 10,1 Triäthylamin zuerst bei —10, dann bei 25°, Abkühlen auf 0° u. Zusatz von 10,9 Chlorameisensäureäthylester, dann Zugabe von 10,1 Triäthylamin in 45 Chlf. bei 70°, Verdünnen der Lsg. mit 150 Chlf., Waschen mit 5%ig. HCl u. W. → *2-Cyanäthylisothiocyanat*, $C_4H_4N_2S$, $Kp._{0,07}$ 84°; n_D^{25} 1,5400; $D._4^{20}$ 1,166; 77% (Ausbeute). — 3-Aminobutyronitril → *1-Methyl-2-cyanäthylisothiocyanat*, $C_5H_6N_2S$, $Kp._{0,035}$ 67—69°; n_D^{25} 1,5180; $D._4^{20}$ 1,120; 79,5%. — 2-Methyl-3-aminopropionitril → *2-Cyanpropylisothiocyanat*, $C_5H_6N_2S$, $Kp._{0,09}$ 71—72°; n_D^{25} 1,5235; 79,5%. — 4-Aminobutyronitril → *3-Cyanpropylisothiocyanat*, $C_5H_6N_2S$, $Kp._{0,05}$ 106°; n_D^{25} 1,5262; 70,5%. — 5-Aminovaleronitril → *4-Cyanbutylisothiocyanat*, $Kp._{0,07}$ 110—112°; n_D^{25} 1,5098; 73,5%. — 6-Aminovaleronitril → *5-Cyanpentylisothiocyanat*, $C_7H_{10}N_2S$, $Kp._{0,27}$ 123—125°; n_D^{25} 1,5159; 74%. — 7-Aminoheptannitril → *6-Cyanhexylisothiocyanat*, $C_8H_{12}N_2S$, $Kp._{0,32}$ 132—133°; n_D^{25} 1,5090; 73%. — 11-Aminoundecannitril → *10-Cyandecylisothiocyanat*, $Kp._{0,1}$ 155—156°; n_D^{25} 1,4970; 75,3%. — 15-Aminopentadecannitril → *14-Cyantetradecylisothiocyanat*, $Kp._{0,15}$ 215—220°. — Die Verbb. sind wirksam gegen penicillinempfindlichen *Staphylococcus pyogenes S*, oder *R*, *Streptococcus faecalis*, *Salmonella lutes*, *Escherichia coli*, *Aerobacter aerogenes*, *Salmonella pullorum*, *Pseudomonas aeruginosa*, *Proteus vulgaris* u. *mirabilis*, vgl. Tabelle. (**D. A. S. 1 121 606** Kl. 12o vom 10/2. 1959, ausg. 11/1. 1962.) G. Krauss. 4833

Joh. A. Benckiser G. m. b. H., Chemische Fabrik, Deutschland, **Verminderung der Giftigkeit gewisser organischer Verbindungen sowie Erhöhung ihrer therapeutischen Wirksamkeit** erreicht man durch Rk. mit Aminoaldehyden u./oder -ketonen, bes. Glucosamin (II) oder Galaktosamin, unter den Bedingungen einer Kondens., nachdem ggf. andere reaktionsfähige Gruppen geschützt wurden. — Man erwärmt im Wasserbad 4,2 (g) Isonicotinsäurehydrazid (I) in 50 cm³ A., 10 W. u. 4 cm³ Eisessig mit 7,8 Succinoglucosamid (aus II u. Bernsteinsäureanhydrid), engt ein u. vermischt den öligen Rückstand mit Aceton; nach Umkristallisation aus A. erhält man ein Rk.-Prod. mit 1 H_2O, F. 170—172° (Zers.), aus W.-Aceton-Gemisch, F. 130° (Zers.). — Ferner Rk.-Prodd. aus Pyridin-4-carbonsäurehydrazid u. N-Formylglucosamin, F. 116° (Zers.), N-Carbäthoxyglucosamin, F. 182° (Zers.), N-Benzoylglucosamin, F. 209—210° (Zers.). — *α-Isobutyl-α-acetamidoacetonisonicotinoylhydrazon*, F. 182—183°, — *Acetamidoacetophenonisonicotinoylhydrazon*, F. 179—180°. — *Benzoylglucosaminylbenzhydrazid*, F. 107 bis 110° (Zers.). — *Formylglucosaminyl-p-hydroxybenzhydrazid*, F. 181° (Zers.). — *N-Acetylglucosaminoxim*, F. 107°. — *Formylglucosamithiosemicarbazon*, F. 186° (Zers.), u. *-semicarbazon*, F. 158° (Zers.). — Rk.-Prod. aus 6-Sulfanilamido-2.4-dimethylpyridin u. N-Acetylglucosamin, F. 145° (Zers.). — *N-Butyroylglucosamin-*, F. 194° (Zers.), *N-Stearoylglucosamin-*, F. 180° (Zers.), *N-[α-Bromcaprinoyl]-glucosamin-* (·½ H_2O), F. 175° (Zers.), *N-Chloracetylglucosamin-*, *N-Phenylacetylglucosamin-*, F. 215° (Zers.),

N-Oleylglucosamin- (·½ H_2O), F. 188° (Zers.), *N-Undecylenoylglucosamin-* (·½ H_2O), F. 180—185° (Zers.), *N-Phthaloylglucosamin-* (·1 H_2O), F. 141° (Zers.), *N-[β-Phenylacryl]-glucosamin-*, F. 200° (Zers.), *N-Acetyl-3.4.6-triacetylglucosamin-*, *N-Heptoylglucosamin-*, F. 204° (Zers.), *N-Acetylisoglucosamin-*, *N-[p-Tolyl]-isoglucosamin-*, *N-Acetylsorbosylamin-*, *N-Acetyllactosamin-*, *N-Maleinoylglucosamin-* u. *[α-Glucosaminylisonicotinoylhydrazidaceton]-isonicotinoylhydrazon*, F. 207—208°. — *1-Isonicotinoyl-4-tetracetylglucosaminylthiosemicarbazid.* — Rk.-Prodd. aus **I**, **II**-Hydrochlorid u. NH_4SCN, **I** u. Tetracetylglucosamin-1-isothiocyanat, **I** u. N-Acetylsalicylglucosamin, F. 207° (Zers.), 3.5-Dijodsalicylaldehyd u. **II**, F. 178° (Zers.), 3.5-Dibromsalicylaldehyd u. **II**, F. 185° (Zers.). — *3-Nitro-5-chlorsalicylidenglucosamin*, F. 192° (Zers.), aus 3-Nitro-5-chlorsalicylaldehyd u. **II**. — Prod. aus Phenylsenevol u. **II**, F. 211°, NH_4SCN, Benzoylchlorid u. **II**, F. 185° (Zers.). — *N-Acetylglucosaminyl-2-sulfanilamido-4.6-dimethylpyrimidin*, F. 144°, *-N¹-sulfanilyl-N²-[n-butyl]-harnstoff*, F. 177—178°, *-aminoantipyrin* u. *-phenylhydrazin*, Verkohlung bei ca. 170°. — *2.3.4.6-Tetraacetyl-D-glucosaminyl-1-[N⁴-thiosemicarbazid]* u. *-thiocarbaminsäure*, F. 175° (Zers.). — *5-Bromsalicylidenglucosamin*, F. 188° (Zers.); *Semicarbazon*, F. 213° (Zers.). — *Isopropyl-*, F. 196°, *Cyclooctyl-*, F. 177°, *Phenyläthyl-*, F. 199°, u. *Methylthiolglucimidazol*, F. 189°. — *p-Phenetidinglucosamin* (·1 H_2O), F. 194° (Zers.). — *p-Phenetidinformylglucosaminid*, F. 179° (Zers.). — *Sorbosylamin-p-aminosalicylat*, F. 167°. — Ausgangsstoffe sind α-Isobutyl-α-acetamidoaceton, Acetamidoacetophenon, Benzhydrazid, p-Hydroxybenzhydrazid, Hydroxylaminhydrochlorid, Thiosemicarbazid, Semicarbazid, N-Butyroyl-, N-Stearoyl-, N-[α-Bromcaprinoyl]-, N-Chloracetyl-, N-Phenylacetyl-, N-Oleyl-, N-Undecylenoyl-, N-Phthaloyl-, N-[β-Phenylacryl]-, Tetracetylbrom-, N-Heptoyl-, N-Acetyliso-, N-[p-Tolyl]-isoglucosamin, N-Acetylsorbosylamin, N-Acetyllactosamin, Acetylsalicylglucosamin, N-Maleinoylglucosamin, N-[2-Desoxyglucose]-aminoaceton, 2-Sulfanilamido-4.6-dimethylpyrimidin, N'-Sulfanilyl-N²-[n-butyl]-harnstoff, Aminoantipyrin, Phenylhydrazin, Phenylsenevol, 2.3.4.6-Tetraacetyl-D-glucosamin-1-isothiocyanat, 5-Bromsalicylaldehyd, Glucosaminsemicarbazon, Isopropylsenevol, Cyclooctylsenevol, Phenyläthyl- u. Methylsenevol, p-Phenetidin u. p-Aminosalicylsäure. — *Bakteride, Fungicide.* (**F. P. 1 223 265** vom 19/12. 1957, ausg. 16/6. 1960. D. Prior. 19/12. 1956, 14/3. u. 29/3. 1957.)

S. Böttcher. 4833

Farbwerke Hoechst Akt.-Ges., vormals Meister Lucius & Brüning, Frankfurt/M., *Herstellung von 1.1.1-Trifluor-2-chlor-2-bromäthan.* (**E. P. 873 212** vom 18/7. 1958, ausg. 19/7. 1961. D. Prior. 18/7. 1957. — **C. 1959.** 7886 [D. A. S. 1 041 937].)

Mallinckrodt Chemical Works, St. Louis, Mo., V.St.A., *Herstellung von wasserfreiem Eisenfumarat.* (**Ind. P. 64 658** vom 15/7. 1958, ausg. 20/5. 1960. — **C. 1961.** 936 [D. A. S. 1 087 126].)

Farbwerke Hoechst Akt.-Ges., vormals Meister Lucius & Brüning, Frankfurt/M., übert. von: **Heinrich Ruschig**, Bad Soden, **Gerhard Korger** und **Georg Nesemann**, Frankfurt/M., *Gegen Mycose wirksame Halogensalicylsäureamide.* (**A. P. 2 923 737** vom 19/12. 1958, ausg. 2/2. 1960. D. Prior. 26/1. 1956. — **C. 1959.** 11345 [D. A. S. 1 026 301].)

Ciba Akt.-Ges., Basel (Erfinder: **Max Matter**, Worb, **Albert Kobler**, **Max Kuhn** und **Karl Michel**, Gümligen), Schweiz, *Herstellung von Aminohydroxybenzoesäureestern.* (**D. A. S. 1 118 798** Kl. 12q vom 24/8. 1956, ausg. 7/12. 1961. Schwz. Prior. 30/8. 1955. — **C. 1960.** 3633 [F. P. 1 166 447].)

May & Baker Ltd., Dagenham, England (Erfinder: **Glyn Evan Lee** und **William Robert Wragg**), *N-substituierte 6-Aminobicyclo-[2.2.1]-heptane und -heptene.* (**E. P. 827 832** vom 22/5. 1956, ausg. 10/2. 1960. **Belg. P. 557 667** vom 20/5. 1957, ausg. 11/3. 1960. E. Prior. 22/5. 1956. — **C. 1961.** 15122 [F. P. 1 187 719].)

May & Baker Ltd., Dagenham, Essex, England, *6-Aminobicyclo-[2.2.1]-heptene und -heptane.* (**Belg. P. 557 666** vom 20/5. 1957, ausg. 11/3. 1960. E. Prior. 22/5. 1956. — **C. 1961.** 15122 [F. P. 1 187 718].)

Imperial Chemical Industries Ltd., London, England (Erfinder: **Thomas Leigh**), *Herstellung von Ferrocenderivaten.* (**E. P. 870 949** vom 17/12. 1958, ausg. 21/6. 1961. — **C. 1962.** 6507 [D. A. S. 1 116 225].)

Ciba Ltd., Basel, Schweiz, übert. von: **Charles F. Huebner**, Chatham, N.J., V.St.A., *Herstellung von Tetrachlorisoindolin-Derivaten.* (**Can. P. 556 249** vom 5/8. 1955, ausg. 22/4. 1958. A. Prior. 5/8., 6/12. 1954 u. 4/3. 1955. — **C. 1959.** 565 [Oe. P. 191 887].)

Knoll Akt.-Ges., Chemische Fabriken, Ludwigshafen/Rh., *Herstellung von heterocyclischen Verbindungen.* (**Belg. P. 557 686** vom 21/5. 1957, ausg. 11/3. 1960. D. Prior. 27/7. 1956. — **C. 1961.** 18794 [Aust. P. 221 606].)

Ciba Ltd., Basel, übert. von: **Jean Druey**, Riehen, **Konrad Meyer** und **Alexander Staehelin**, Basel, Schweiz, *Herstellung von Aminopyridazon-(6)-Verbindungen.* (**Can. P. 558 918** vom 4/3. 1957, ausg. 17/6. 1958. Schwz. Prior. 29/4. 1954. — **C. 1957.** 12550 [A. P. 2 786 840].)

Sandoz Soc. An., Basel, Schweiz, *Phenthiazine.* (**Belg. P. 569 606** vom 19/7. 1958, ausg. 2/6. 1961. Schwz. Prior. 31/7. 1957. — **C. 1962.** 951 [Oe. P. 205 980].)

Établissements Clin-Byla Soc. An., Paris (Erfinder: **Josef Schmitt**, L'Hay-les-Roses), Frankreich, *Phenthiazinderivate.* (**Schwz. P. 349 265** vom 24/6. 1957, ausg. 30/11. 1960. F. Prior. 6/7. 1956. — **C. 1961.** 18048 [F. P. 71 342].)

Soc. des Usines Chimiques Rhône-Poulenc, Paris, übert. von: **Robert Michel Jacob**, Ablon-sur-Seine, und **Jacques Georges Robert**, Gentilly, Frankreich, *Phenthiazinderivate.* (**A. P. 2 975 175** vom 20/12. 1957, ausg. 14/3. 1961. F. Prior. 27/12. 1956. — **C. 1961.** 231 [E. P. 819 852] u. **C. 1961.** 12933 [Oe. P. 203 009].)

Soc. des Usines Chimiques Rhône-Poulenc, Paris, Frankreich, *Phenthiazinderivate.* (**Belg. P. 567 165** vom 26/4. 1958, ausg. 12/8. 1960. F. Prior. 29/4. 1957. — C. **1961.** 11433 [F. P. 1 190 529].)

Scherico Ltd., Luzern, Schweiz, *Phenthiazinderivate.* (**E. P. 833 473** vom 18/12. 1956, ausg. 27/4. 1960. A. Prior. 3/1. u. 18/9. 1956. — C. **1961.** 17670 [Holl. P. 95 713].)

Imperial Chemical Industries Ltd., London, übert. von: **Albert F. Crowther** und **Alfred Spinks**, Manchester, Lancashire, England, *Diuretische Triazine.* (**Can. P. 559 000** vom 20/12. 1955, ausg. 17/6. 1958. E. Prior. 24/12. 1954. — C. **1960.** 2625 [D. A. S. 1 050 340].)

Hoffmann-La Roche Ltd., Montreal, Quebec, Canada, übert. von: **Joseph Hellerbach** und **Otto Schnider**, Basel, Schweiz, *Herstellung von Morphinanderivaten.* (**Can. P. 558 996** vom 29/10. 1954, ausg. 17/6. 1958. Schwz. Prior. 12/11. 1953. — C. **1958.** 11024 [Schwz. P. 319 784].)

Merck & Co., Inc., Rahway, N.J., V.St.A., übert. von: **Konrad Bernhauer**, Aschaffenburg, und **Hans-Werner Dellweg**, Stockstadt, *Neuer Vitamin-B_1-Faktor.* (**A. P. 2 982 766** vom 22/7. 1957, ausg. 2/5. 1961. D. Prior. 21/7. 1956. — C. **1958.** 12481 [D. A. S. 1 020 440].)

Glaxo Laboratories Ltd., Greenford (Erfinder: **Raj Kumar Razdan**, Greenford, und **Lewis Aubrey Wetherill**, Harrow), England, *Reinigung von rohem Trijodthyronin.* (**D. A. S. 1 115 265** Kl. 12q vom 15/1. 1958, ausg. 19/10. 1961. E. Prior. 15/1. 1957. **E. P. 814 689** vom 15/1. 1957, ausg. 10/6. 1959. — C. **1961.** 17673 [F. P. 1 197 922].)

Merck & Co., Inc., Rahway, N.J., übert. von: **Karl H. Beyer jun.**, Bala Cynwyd, und **James M. Sprague**, Drexel Hill, Pa., V.St.A., *Herstellung von Penicillin mit gesteigerter Wirkung.* (**Can. P. 557 044** vom 4/9. 1947, ausg. 6/5. 1958. A. Prior. 5/9. 1946. — C. **1958.** 5457 [Holl. P. 77 147].)

Commercial Solvents Corp., New York, N.Y., übert. von: **Roger L. Harned**, Terre Haute, Ind., V.St.A., *Gewinnung von Cycloserin.* (**Can. P. 556 916** vom 25/7. 1955, ausg. 6/5. 1958. A. Prior. 3/8. 1954. — C. **1959.** 11669 [D. A. S. 1 022 430].)

Commercial Solvents Corp., New York, N.Y., übert. von: **Roger L. Harned**, Terre Haute, Ind., V.St.A., *Herstellung von Erdalkalisalzen des Cycloserins.* (**Can. P. 556 917** vom 15/8. 1955, ausg. 6/5. 1958. A. Prior. 24/8. 1954. — C. **1959.** 11669 [D. A. S. 1 016 711].)

American Cyanamid Co., New York, N.Y., übert. von: **Albert P. Doerschuk**, Westwood, N.J., **Barbara A. Bitler**, Army Chemical Center, Md., **Jerry R. D. McCormick**, New City, und **Pasquale P. Minieri**, Brooklyn, N.Y., V.St.A., *Quatrimycine.* (**Can. P. 557 878** vom 21/10. 1955, ausg. 27/5. 1958. A. Prior. 22/10. 1954 u. 4/10. 1955. — C. **1960.** 4291 [D. A. S. 1 043 321].)

Macleans Ltd., Brentford, England, *Zahnpflegemittel.* (**Ind. P. 64 984** vom 18/8. 1958, ausg. 7/11. 1960. E. Prior. 19/8. 1957. — C. **1961.** 1661 [E. P. 822 778].)

Monsanto Chemical Co., St. Louis, Mo., übert. von: **David J. Beaver**, Richmond Heights, und **Paul J. Stoffel**, Florissant, Mo., V.St.A., *Halogenierte Carbanilide.* (**Can. P. 559 341** vom 19/8. 1954, ausg. 24/6. 1958. A. Prior. 16/4. 1954. — C. **1957.** 10828 [E. P. 769 273].)

G. Analyse. Laboratorium

Membranventil aus Kunststoff für Büretten. Kenneth A. Allen. (Analytic. Chem. **31.** 322. Febr. 1959. Oak Ridge, Tenn., Oak Ridge Nat. Labor.; engl.) — Ein Membranventil, dessen leicht auswechselbare Membran aus Teflon oder Polyäthylen besteht, wird beschrieben. HANSJOACHIM THIELE. 5014□

Eine Pipette mit automatischer Wiederauffüllung für schnelles Arbeiten bei großer Genauigkeit. H. V. Malmstadt und H. L. Pardue. (Analytic. Chem. **34.** 299—301. Febr. 1962. Urbana, Ill., Univ. of Illinois, Dep. of Chem. and Chem. Engng.; engl.) — Eine automat. betriebene Spritzpipette wird beschrieben, die das serienmäßige Abfüllen von gleichen Reagensanteilen bei automat. Wiederauffüllung gestattet. Zum Beispiel können 1 ml-Mengen mit einer Abweichung von nur 0,002 ml in 0,4 s/ml abgegeben werden. Mechanismus u. Schaltschemata sind skizziert. W. BETCKE. 5014□

Ein einfaches Manometer zur Druckmessung in einem begrenzten Zwischenraum. R. Galun und S. Dickstein. (Lab. Pract. **9.** 862. Dez. 1960. Ness-Ziona, Israel Inst. for Biol. Res.; engl.) — Eine Gummimembran (Neopren) schließt gegen den zu messenden Druck ab. Durch Wölben, proportional dem Drucke, wird ein Zeiger betätigt, der den Druck anzeigt. H.-G. MOSLÉ. 5016□

Halter für Dewar-Gefäße. Charles W. Urmy jun. (Chemist-Analyst **49.** 53—54. Juni 1960. Pasadena, Calif., Olin Mathieson Chem. Co.; engl.) — Zum Handhaben von Dewar-Gefäßen mit einem Gabelhalter mit einer Hand werden winkelförmige Eisen an den Seiten des Gefäßes durch Umwickeln mit Band befestigt. W. BETCKE. 5048□

Eine einfache Vorrichtung zur aufsteigenden Papierchromatographie für schnelle Übersichtsversuche. G. J. Miller und R. J. McColloch. (Analytic. Chem. **31.** 320—21. Febr. 1959. Laramie, Wyo., Univ. of Wyoming, Dep. of Agricult. Res. Chem.; engl.) — Die beschriebene Chromatographierkammer besteht aus einem unten geschlossenen, oben mit einem Schliff versehenen Glasrohr. Am Schliffstopfen befindet sich ein Glashaken, an dem der gelochte Papierstreifen aufgehängt wird; am unteren Ende wird der Streifen mit einem angehängten Gewicht beschwert, der ein Berühren der Wand durch den Streifen verhindert. HANSJOACHIM THIELE. 5062□

Papierchromatographie mit Einphasensystemen. 3. Mitt. Einfluß von Elektrolytlösungen auf das chromatographische Verhalten der Substanzen. I. Jakubec. (Collect. czechoslov. chem. Commun. **26.** 1072—81. April 1961. Kolín, Werk Lučební,

Východočeské chemické závody Synthesia.; dt.) — 2. vgl. C. **1961.** 12570. — Es wurde das chromatograph. Verh. von folgenden Substanzen bei der Chromatographie in wss. Elektrolyt-Lsgg. untersucht: p-Aminosalicylsäure, Salicylsäure, p-Aminobenzoesäure, p-Hydroxybenzoesäure, Benzocain, Phenacetin, Salicylamid, Antipyrin, Sulfanilamid, Chinin, Strychnin, Procain, Kodein, Morphin. Der Einfl. der gewählten Elektrolyten wurde bei 1n Lsgg. der Chloride von Li^+, Na^+, K^+, NH_4^+, Ca^{2+}, Ba^{2+}, Mg^{2+}, Al^{3+}, H^+ u. der Sulfate von Li^+, Na^+, K^+, NH_4^+, Mg^{2+}, Al^{3+}, H^+ verfolgt. Das Kation des verwendeten Elektrolyten beeinflußt bei Ionen mit niedrigerer Wertigkeit die Fleckenlage prakt. nicht. Auf einen gewissen Einfl. kann man lediglich bei den organ. Basen schließen. Beträchtlich ist der Einfl. der mehrwertigen Kationen, z. B. von Al^{3+}, bes. bei der Chromatographie von Substanzen, die befähigt sind, mit dem betreffenden Ion einen Komplex zu bilden. Die R-Werte der Säuren sind beim Entwickeln mit $MgSO_4$-Lsg. höher als beim Entwickeln mit Lsgg. der übrigen Sulfate. Beim Entwickeln mit Säure-Lsgg. kommt es zur Ausbldg. einer zweiten Front. Der Einfl. der Elektrolyt-Konz. auf die Fleckenlage wurde beim $(NH_4)_2SO_4$ bis zu einer Konz. von 6n untersucht. Eine Erhöhung der Elektrolyt-Konz. verursacht im allg. eine Herabsetzung des R_F-Wertes der Flecken. Diese Abhängigkeit gilt bei Konzz. $>$ 1n prakt. für sämtliche Substanzen, bei niedrigeren Konzz. treten beträchtliche Anomalien auf. Es wird die Gleichung $R_{M_0} = R_{M_1} + kc$ vorgeschlagen (R_{M_0} ist der R_M-Wert beim Entwickeln mit einer Lsg. der Konz. c in Val/Liter, R_{M_1} u. k sind Konst.), die bei höheren Elektrolyt-Konzz. (c $>$ 1—2n allg. gilt, während beim Entwickeln mit verd. Lsgg. ihre Gültigkeit auf Substanzen bestimmter Typen beschränkt ist. Deshalb wurde das Entwickeln mit verd. Lsgg. (0,04, 0,2 u. 1,0n LiCl-, KCl-, $MgCl_2$-, $BaCl_2$-, Li_2SO_4-, K_2SO_4- u. $MgSO_4$-Lsgg.) ausführlich untersucht. Bei der Diskussion werden 3 Gesichtspunkte zur Geltung gebracht: die Beeinflussung der Eigg. der mobilen Phase u. des Papiers, u. des Übergangs der chromatographierten Substanzen aus der mobilen Phase in die gebundene Form durch die Ggw. des Elektrolyten.
I. FRIČ/Prag. 5062

Weitere Untersuchungen über die Zonenstreifen-Methode. Ibrahim R. Shimi, Gamal M. Imam und Ahmed Dewedar. (Analyst **86.** 744—47. Nov. 1961. Cairo, Abbassiah, Ain Shams Univ., Fac. of Sci., Biochem. Dep.; Cairo, Nat. Res. Centre; engl.) — Es wurde eine Beziehung zwischen der Länge u. dem Substanzinhalt einer Zone auf dem Papierchromatogramm u. der Strecke, die das Laufmittel zurückgelegt hat, aufgestellt. Zur absteigenden Papierchromatographie mit 0,5 cm breiten Streifen wurde das Laufmittel von oben mit 25 ml Pipetten in Intervallen von 1 Std. zugeführt. Die Gesamt-Entw.-Zeit betrug 10 Stunden. Die Laufmittelfront wurde markiert, die Streifen wurden getrocknet u. die Zonen identifiziert. Diese Meth. wurde zur Best. unterschiedlicher Konzz. verschiedener Stoffe u. auf Lsgg. unbekannter Konz. angewandt. Im letzteren Falle ließ man einen Leitstreifen mit einer bekannten Menge des zu bestimmenden Stoffes mitlaufen. Daneben wurden die Proben nach Standard-Meth. analysiert. Die Beziehung zwischen der Länge der Zone l [cm], der vom Laufmittel zurückgelegten Strecke d [cm]: u. dem Substanzinhalt der Zone c [μg] lautet: $l = K \cdot \lg c \cdot \lg d$. K ist unter bestimmten Bedingungen eine Konstante. K wurde für einige organ. Substanzen u. verschiedene Laufmittel bestimmt. Mit Hilfe von K u. der Gleichung kann man aus dem Abstand der Laufmittelfront vom Streifenanfang u. der Zonenbreite die Konz. der Lsg. berechnen.
R. KRÄMER. 5062□

Ein Monochromator für Vakuum-Ultraviolett. L. D. Isaacs, W. C. Price und R. G. Ridley. (Optica Acta [London] **7.** 263—70. Juli 1960. London, King's Coll., Wheatstone Labor.; engl.) — Es werden Aufbau u. Konstruktion eines UV-Vakuum-Monochromators für elektr. Spektralphotometrie u. zur Unters. der Photoionisation bei kurzen Wellenlängen (500—3000 Å) beschrieben. Der Austrittsspalt kann zur Fokussierung bei gedrehtem Gitter längs des Strahles verschoben werden. Das Gehäuse ist so unterteilt, daß der Teil, in dem sich das Gitter befindet, unter Einhaltung der Gitterhöhe abgeschoben werden kann. Durch ein spezielles Blenden-Syst. wird das Streulicht sehr niedrig gehalten. Zusätze am Austrittsspalt erlauben die Unters. fester, fl. u. gasförmiger Proben.
H. LINDBERG. 5063□

Ein Mikro-Spektrophotometer für das Ultraviolett und Sichtbare. Antonio Catino, Arturo Ceruti und Pompeo Colombino. (Atti Accad. Sci. Torino, Cl. Sci. fisiche, mat. natur. **93** (**1**). 39—61. 1959. Torino, Univ., Ist. di Chim. gen. e di Chim. fis., di Bot. e die Fis. sperim.; ital.) — Es wird ein neues Mikro-Spektrophotometer für das UV u. Sichtbare beschrieben. Es besteht aus einer Zusammenstellung eines Mikroskops mit Reflektionsobjektiven u. eines Gitter-Monochromators, mit dem die Spektren von sehr kleinen Proben erhalten u. die erforderliche Materialmenge um den Faktor von ca. 10^4 im Vgl. zu den gewöhnlichen Spektrophotometern herabgesetzt werden können.

Der App. vermag unter günstigen Bedingungen die Absorptionsspektren von $\cong 1\ \mu^2$ Flächeninhalt von einzelnen Zellen wie von anderen Proben zu bestimmen. Die Entw. erfolgt sowohl auf photograph. Wege als auch unter Verw. von geeigneten, zweckmäßig gespeisten u. stabilisierten Photomultiplikatoren. Der App. ist außerdem mit einem Speisegerät für die verschiedenen Lichtquellen ausgestattet u. auf einer Horizontalachse montiert. — Abb. u. Diagramme. — 34 Literaturangaben. G. PLATZER. 5063□

Beiträge zur jodometrischen Endpunktindikation. L. Erdey und L. Pólos. (Periodica polytechn. [Budapest] Elektrotechn. **4.** 157—61. 1960. Budapest, TH, Inst. für Allg. Chem.; dt.) — Es wurde die Bldg. des roten Jod–Stärke- Komplexes als Funktion der KJ-Konz. untersucht. Der Endpunkt ist bei jodometr. Titrationen bei KJ-Konzz. $<0{,}1$ Mol/Liter gut erkennbar. Bei höheren KJ-Konzz. bleibt die titrierte Lsg. nach Überschreiten des Äquivalenzpunktes violettrot. Dieser rote Komplex reagiert mit $Na_2S_2O_3$ nur sehr langsam, weshalb die Lsg. nicht übertitriert werden darf. Der Fehler selbst kann 0,1—0,2 ml betragen, läßt sich aber durch Verdünnen der Lsg. verringern. Gut geeignet für die Endpunkts-Best. ist eine 1%ig. Lsg. des folgenden Amylose-Präp.: Man extrahiert Stärke mit Methanol u. erwärmt den Rückstand im Autoklaven auf 109°. Beim Abkühlen scheidet sich Amylose als butanol. Brei aus. H. PLUSKAL. 5066□

Verdrängungstitrationen mit Hochfrequenz-Endpunktanzeige. I. Krausz und A. Endröi-Havas. (Ann. Univ. Sci. Budapestinensis Rolando Eötvös nominatae, Sect. Chim. **2.** 325—27. 1960. Budapest, Eötvös-Univ., Inst. für anorg. u. analyt. Chem.; dt.) — Zur Best. der Kationen hydrolysierender Salze wird die Verdrängungstitration mit Hochfrequenz-Endpunktanzeige vorgeschlagen. Best. des Alkali-Geh. von Na-Acetat, -Benzoat u. Seignettesalz mit 0,1n HCl zeigen, daß die Unterss. im Verhältnis zu den früheren Meth. innerhalb bedeutend kürzerer Zeit durchgeführt werden können. Die Hochfrequenztitration des Na-Salicylates u. K-Guajakolsulfonates gelingt nicht, da keine auswertbaren Titrationskurven entstehen. Unterss. einiger Na-Acetat-Essigsäurepuffer ergeben, daß die Meth. bei einem pK $<10^{-4}$ anwendbar ist. Geringe negative Fehler sind auf die Leitfähigkeit der verdrängten schwachen Säure, welche die der ganzen Lsg. etwas erhöht, zurückzuführen. H. P. PIETSCH. 5066□

Hochfrequenz-Titrationen. 1. Mitt. **Säure-, Basen- und Niederschlagstitration mit besonderer Rücksicht auf die untere Grenze der Konzentrationsbestimmungen.** E. Pungor und L. Balazs. (Ann. Univ. Sci. Budapestinensis Rolando Eötvös nominatae, Sect. Chim. **2.** 305—13. 1960. Budapest, Eötvös-Univ., Inst. für anorg. u. analyt. Chem.; dt.) — Es werden die unteren Konz.-Grenzen der mit einem Hochfrequenztitrimeter durchgeführten Säure–Basen- sowie Nd.-Titrationen festgelegt. Bei der mit 0,01n NaOH-Lsg. titrierten HCl liegt die Erfassungsgrenze bei 1 μg/ml. Für mit 0,1n Ammoniak titrierte CH_3COOH liegt sie bei 20 μg/ml, da bei sehr geringen Konzz. ein Maximum auftritt. Die untere Konz.Grenze der Cl-Best. mit $AgNO_3$-Lsg. liegt bei 2 μg/ml, die der SO_4^{2-}-Best. mit $Ba(CH_3COO)_2$ bei 10—15 μg/ml. Weiterhin werden die Titrationskurven von Oxalsäure, Malonsäure, Weinsäure u. Citronensäure mit 0,1n Ammoniak aufgenommen. Es sollten Reagentien als Maß-Lsg. verwendet werden, die eine Vorzeichenänderung der Richtungstangente beim Endpunkt der Titration verursachen. H. P. PIETSCH. 5066□

Analytische Methoden zur Bestimmung von Aerosolen unter Verwendung von Membranultrafiltern. 2. Mitt. **Messen der elektrischen Ladung an der Oberfläche von Membranultrafiltern beim Filtrieren.** K. Spurný und M. Polydorová. (Collect. czechoslov. chem. Commun. **26.** 921—31. April 1961. Prag, Tschechoslov. Akad. Wiss., Inst. für phys. Chem.; dt.) — 1. vgl. C. **1957.** 7126. — Eine App. zur Unters. der Größe u. Veränderung der elektr. Ladung an der Oberfläche von dielektr. Filtern beim Filtrieren fester Aerosole u. beim Zurückhalten von Gasionen wird beschrieben. Vff. haben festgestellt, daß im Bereich der gewählten Durchflußmengen u. der Empfindlichkeit des Unters.-Verf. keine meßbare Ladung an der Oberfläche der Membranfilter entsteht, wenn reines Gas durch das Filter strömt. Eine elektrostat. Ladung an der Oberfläche von Membranfiltern kann ihren Ursprung in der Herst. der Filter haben oder kann auf die Oberfläche durch die Gasionen oder geladenen Aerosolteilchen aufgebracht werden. Die Art der Wechselwrkg. zwischen den Aerosolteilchen u. den Fasern der Filter wird diskutiert. L. MATOUŠEK/Prag. 5088

Analytische Methoden zur Bestimmung von Aerosolen unter Verwendung von Membranultrafiltern. 3. Mitt. **Elektrische Festigkeit von Membranultrafiltern.** V. Havlíček, M. Polydorová und K. Spurný. (Collect. czechoslov. chem. Commun. **26.** 932—36. April 1961; dt.) — 2. vgl. vorst. Referat. — Beschreibung einer Meth. zur Best. der elektr. Festigkeit von Dinitrocellulosemembranfiltern. Die Meßergebnisse werden diskutiert, u. es wird gezeigt, daß die Durchschlagsfestigkeit vom mittleren Porendurchmesser abhängt u. bei Nitrocellulosefiltern bis zu 120 kV/cm erreichen kann. Bis zu einer relativen Luftfeuchtigkeit von R = 80% sind die Filter prakt. beständig, erst bei höheren R-Werten tritt eine Senkung der Durchschlagsfestigkeit ein (bei R = 100% um 12,7%). Die Meßergebnisse zeigen, daß die elektr. Festigkeit der aus Dinitrocellulose hergestellten Ultrafilter genügend groß ist, um den Einfl. des elektr. Feldes auf die Abscheidungsfähigkeit untersuchen zu können. L. Matoušek/Prag. 5088

Analytische Methoden zur Bestimmung von Aerosolen unter Verwendung von Membranultrafiltern. 4. Mitt. Eindringen der Aerosolteilchen in die Filter. G. Kubie, Č. Jech und K. Spurný. (Collect. czechoslov. chem. Commun. **26.** 1065—71. April 1961. Prag, Tschechoslowak. Akad. Wiss., Inst. für Bergbau u. Inst. für phys. Chem.; engl.) — 3. vgl. vorst. Referat. — Vff. haben das Eindringen der Aerosolteilchen in die Membranfilter eingehend untersucht. Durch mikroskop. Unters. der Querschnitte von Membranfiltern, durch Autoradiographie solcher Schnitte u. durch Best. der Ausbeute der Rückstoßatome von ThC wurde gefunden, daß feste Aerosolteilchen nur sehr wenig in das Innere des Filtermaterials eindringen. Auf Grund der verallgemeinerten Gleichung von Darcy für Gasströmung durch poröse Medien, wurde unter der Voraussetzung, daß die Poren der Membranfilter durch die Aerosolteilchen nicht verstopft werden, sondern daß nur die Oberflächenschicht der Aerosolteilchen anwächst, eine Gleichung für das Filtrieren durch Membranultrafilter abgeleitet u. experimentell bestätigt.
L. Matoušek/Prag. 5088

a) Elemente und anorganische Verbindungen

Deuteriumanalyse mit Hilfe der Infrarotspektrophotometrie. R. N. Jones und Marjory A. MacKenzie. (Talanta [London] **7.** 124—26. Nov./Dez. 1960. Ottawa, Canada, Nat. Res. Council of Canada, Div. of Pure Chem.; engl.) — Vff. verbessern u. vereinfachen ihre früher (Talanta [London] **3.** [1960.] 356) beschriebene Meth. zur D-Bestimmung. Die Analyse läßt sich auch mit dem Perkin-Elmer-Modell **137** durchführen, wenn ein bes. beschriebener Probenhalter verwendet wird. Meth. zur Handhabung flüchtiger u. hygroskop. Proben werden beschrieben. H.-G. Moslé. G 238□

Eine Tüpfelprobe und spektrophotometrische Bestimmung von Nitrit mit p-Phenylazoanilin. Eugene Sawicki, T. W. Stanley und W. C. Elbert. (Analytic. Chem. **34.** 297—98. Febr. 1962. Cincinnati, Ohio, Robert A. Taft San. Engng. Center, Labor. of Engng. and Phys. Sci.; engl.) — p-Phenylazoanilin (I) reagiert mit NO_2^- in folgenden Stufen: NO_2^- reagiert mit I zum Diazoniumsalz; durch Rk. des Diazoniumsalzes mit einem weiteren Mol. I ergibt sich ein Triazen, das dann in alkal. Lsg. ein blaues Anion bildet. Zur photometr. Best. des NO_2^- gibt man zu 1 ml der Probe-Lsg. 2 ml I-Lsg. (1%ig. in Dimethylformamid, das 3% Eisessig enthält), erhitzt 3 Min. lang in siedendem W., kühlt ab, fügt 2 ml Tetraäthylammoniumhydroxyd (29%ig. in Methanol) hinzu, füllt mit Dimethylformamid zu 10 ml auf u. ermittelt die Extinktion bei 595 nm. Als Tüpfelprobe auf NO_2^- gibt mit zu einem Tropfen der wss. Lsg. 1 Tropfen I-Lsg., wartet 5 Min. lang u. fügt 1 Tropfen der alkal. Lsg. hinzu. In Ggw. von NO_2^- erhält man eine blaue bis grüne Farbe (die Reagens-Lsg. ist gelb). Auf der Tüpfelplatte können noch 0,2 μg NO_2^-, auf dem Tüpfelpapier noch 0,02 μg NO_2^- nachgewiesen werden. SO_3^{2-}-Ionen stören; Cl^-, SO_4^{2-}, CN^-, J^-, NO_3^-, Ca, Mg, Na, K u. Li stören bis zu einem 30fachen Überschuß nicht. J. Peters. G 243□

Eine Bestimmung von Halogenen mit dem Reagens Chrom(VI)-starke Phosphorsäure. Toshiyasu Kiba und Ikuko Akaza. (J. chem. Soc. Japan, pure Chem. Sect. [Nippon Kagaku Zasshi] **81.** 449—51. März 1960. Kanazawa-Daigaku, Rigakubu; jap., Auszug: engl. S. A 31.) — *Starke Phosphorsäure* (I) wird aus H_3PO_4 durch Erhitzen auf 300° hergestellt; 10 g $K_2Cr_2O_7$ bzw. 10 g $K_2Cr_2O_7$ u. 0,5 g $Ag_2Cr_2O_7$ werden in 100 g I gelöst (Chrom (VI)–starke Phosphorsäure, Reagens (A), bzw. Chrom (VI)–Ag (I)–starke Phosphorsäure, Reagens (B)]. Anorgan. Cl-Verbb. werden mit dem Reagens B erhitzt, das entwickelte Cl_2 in einer $^1/_{30}$n Lsg. von As_2O_3 absorbiert u. jodometr. bestimmt. Anorgan. Br-Verbb. können auch ähnlich, jedoch mit dem Reagens A bestimmt werden. Anorgan. J-Verbb. werden durch das Reagens A zu HJO_3 oxydiert u. das Rk.-Gemisch mit Aktivkohle zur Entw. des freien J_2 erhitzt. E. Maekawa. G 245□

Eine Methode zur Bestimmung von Carbonat in Gegenwart von Sulfid. B. N. Samaddar und D. Lahiri. (Indian J. appl. Chem. **23.** 98—100. 1960. Calcutta, Univ. Coll. of Sci. and Technol., appl. chem. Dep.; engl.) — Die seitlichen Ansätze von 2 Saugröhrchen werden durch Schlauchstücke miteinander verbunden. Röhrchen I enthält die Probe u. 4 ml 2%ig. K_2CrO_4-Lsg. u. wird durch einen Tropftrichter abgeschlossen. Röhrchen II wird mit 0,1n $Ba(OH)_2$-Lsg. beschickt. Nach dem Evakuieren werden in I 5 ml

2,5n HCl gegeben u. die App. im Lauf der folgenden 30 Min. ab u. zu geschüttelt. Dann wird II in Eiswasser gekühlt, belüftet u. die $Ba(OH)_2$-Lsg. mit n/20 HCl gegen Phenolphthalein titriert. Die Meth. liefert gute Ergebnisse. S^{2-} wird quant. in I oxydiert. Das freigesetzte CO_2 enthält kein Cl_2. K. Ross. G 260 □

Schnelle gaschromatographische Bestimmung von Carbonat in kleinen Mengen. Frank G. Carpenter. (Analytic. Chem. **34.** 66—67. Jan. 1962. Washington, D.C., Nat. Bur. of Stand.; engl.) — In einem abgeschlossenen Syst. wird Carbonat mit Säure zersetzt, eine bekannte Menge des entwickelten CO_2 in eine Gasbürette übergeführt u. mit He als Trägergas (Durchfluß-Geschw. 4 cm/s) in einer 30 cm langen Silicagelsäule chromatographiert. Bei Verw. eines Wärmeleitfähigkeitsdetektors können noch 5 μm oder 0,2 ppm erfaßt werden. Luft stört nicht, Wasserdampf wird mit $Mg(ClO_4)_2$ entfernt. Die Best. dauert ca. 10 Minuten. Hansjoachim Thiele. G 260 □

Hochfrequenz-Titrationen. 2. Mitt. **Die Bestimmung von Natriumcarbonat und Natriumhydrocarbonat nebeneinander mit Hilfe der Hochfrequenz-Endpunktanzeige.** E. Pungor und L. Balazs. (Ann. Univ. Sci. Budapestinensis Rolando Eötvös nominatae, Sect. Chim. **2.** 315—17. 1960. Budapest, Eötvös-Univ., Inst. für anorg. u. analyt. Chem.; dt.) — 1. vgl. C. **1962. 14626.** — Die Best. von Carbonat (I) u. Hydrogencarbonat (II) nebeneinander wird mit einem bei ca. 130 MHz arbeitenden Hochfrequenztitrimeter durchgeführt. I wird mit 0,1n CH_3COOH-Lsg. titriert. Anschließend erfolgt die Best. der Gesamtmenge von I u. II durch Versetzen mit überschüssiger 0,1n HCl, Auskochen der Lsg. u. Rücktitration des HCl-Überschusses mit 0,1n NaOH unter Verw. der Hochfrequenz-Endpunktanzeige. Das Verf. zeichnet sich gegenüber der Titration mit Farbindicatoren bes. durch die objektive Endpunktsanzeige aus. H.-P. Pietsch. G 260 □

Bestimmung von kleinen Natriumgehalten in Siluminen mit Flammenphotometer. Jan Weiss und Boleslav Bieber. (Hutnické Listy **14.** 247—48. März 1959. Brno, Státní výzk. úst. mater. a technol., slév. výzk.; tschech.) — Die Siluminprobe wird in HCl gelöst, die Lsg. im 100 ml-Meßkolben bis zur Marke aufgefüllt u. im Vgl. mit einer gesätt. Lsg. von Na-freiem $AlCl_3$ mit Zusätzen bestimmter Mengen NaCl (Eichkurve) flammenphotometr. untersucht (Zeiss-Modell III mit Filter Na 59). Die Best. erfordert 20—30 Min. u. ihre Genauigkeit beträgt 0,002% Na bei Na-Geh. von 10^{-2} bis 10^{-3}% u. 2 g Einwaage. R. K. Müller. G 274 □

Die Bestimmung von Kalium als Tetraphenylborat bei der systematischen Analyse von Gesteinen. Agostino Venturini. (Boll. Lab. chim. provinc. **9.** 425—29. Okt./Dez. 1958. Ferrara, Univ., Ist. di Miner., Labor. chim. prov.; ital.) — Es wird eine gravimetr. Meth. zur Best. von K bei der systemat. Analyse von Gesteinen unter Verw. von $NaB(C_6H_5)_4$ (3,75 g in 200 ml dest. W.) mit einem mittleren Fehler von ± 1% beschrieben. Die Trennung der Alkalien erfolgt nach der klass. Meth. von Smith [1871]. Diese mühevolle Vorbereitungen erfordernde Best. ist momentan trotz der verschiedenen vorgeschlagenen raschen Meth. die brauchbarste. G. Platzer. G 275 □

Analyse von Cäsium- und Rubidium-Salzen und -Metallen. M. C. Farquhar und J. A. Hill. (Analytic. Chem. **34.** 222—24. Febr. 1962. Trona, Calif., Amer. Potash & Chem. Corp., Res. Labor.; engl.) — Die Flammenphotometrie ist die beste Meth. zur Best. von Verunreinigungen durch Alkalimetalle in Rb u. Cs. Die Emissionsintensitäten der Alkalimetalle werden jedoch durch den Hauptbestandteil Rb bzw. Cs um den Faktor 4—5 erhöht. Dieser Faktor schwankt um 20—30%, je nach der Konzentration. Diese Störungen werden durch Anwendung der sog. „simulated standards"-Meth. beseitigt. Die Best. der Verunreinigungen wurde bei der 95%-Vertrauensgrenze auf $\pm$ 2,8% genau durchgeführt. Der „simulated standard„ wird hergestellt, indem zu einem Standard mit der theoret. Menge der Hauptkomponente die geschätzte Menge der Verunreinigung gegeben wird. Stimmen die Ablesungen bei diesem Standard u. bei der Probe nicht innerhalb zweier Skalenteile überein, wird das gleiche mit einer entsprechend korr. Menge der Verunreinigung wiederholt. P. Kurzmann. G 277 □

Neue Farbreaktionen zum Nachweis und zur Bestimmung von Beryllium mit Chromblau K. L. P. Kalintschenko, N. P. Strachow und I. I. Kalinitschenko. (Заводская Лаборатория [Betriebs-Lab.] **24.** 22—23. 1958. Swerdlowsk, med. Inst.; Uraler polytechn. Kirow-Inst.; russ.) — Die Erfassungsgrenze auf dem Papier beträgt $5 \cdot 10^{-7}$ g/ml, im Tropfen der Lsg. $5 \cdot 10^{-8}$ g. Nachw. auf dem Filtrierpapier: Lsg. auftragen, danach werden ammoniakal. Puffer-Lsg., 0,1n Trilon B-Lsg., 0,25%ig. wss. Lsg. von Säurechromblau K zugegeben. Nach dem Trocknen erscheint in der Mitte des rosa oder rotviolett gefärbten Flecks ein blauer oder hellblauer Fleck. Nachw. im Reagensglas wie oben: Be-Konz. $> 10^{-7}$ g/ml: blau–hellblau Färbung; Be-Konz. $3 \cdot 10^{-8}$ bis 10^{-7} g/ml: blau–violett-Färbung. Die quant. Best. des Be in Ggw. anderer Ionen erfolgt durch colorimetr. Titration. Best. des Be in Bronzen mittels Standardserien: Standard-Lsg.

aus $BeSO_4$, $CuSO_4$, Trilon B, Säurechromblau, K u. ammoniakal. Puffer-Lsg. u. H_2O. Probe wird in HNO_3 gelöst u. mit H_2O verd. u. mit den Chemikalien, die bei der Zubereitung der Standard-Lsg. verwendet wurden, versetzt. H. Leune. G 281 □

Eine rasche und genaue Magnesiumbestimmung. Vorbehandlung und komplexometrische Titration. W. A. C. Campen und A. M. J. Sledsens. (Chem. Weekbl. **57.** 606—08. 25/11. 1961. Maastricht, Rijkslandbouwproefstat.; niederl.) — Zur Best. von Mg in Dünge- u. Futtermitteln oxydiert man $MnCl_2$ mit $KMnO_4$ zu MnO_2, fällt PO_4^{3-} als $FePO_4$, red. den $KMnO_4$-Überschuß mit Benzoesäure zu MnO_2, fällt überschüssiges $FeCl_3$ als Hydroxid. Ca als $CaWO_4$ u. titriert Mg^{2+} nach Maskierung noch vorhandener Metallionen (Cu^{2+} u. Zn^{2+} mit KCN, Co^{2+} u. V mit NH_2OH, Bi^{3+} mit Triäthanolamin) mit Komplexon. Cr^{3+}, das nicht beseitigt werden kann, erzeugt eine grüne anstatt einer blauen Endfärbung. W. Wesly. G 282 □

Säurechromdunkelblau und Säurechromblau K als Indicatoren bei der trilonometrischen Calcium-Bestimmung. T. B. Stjunkel und Je. M. Jakimetz. (Заводская Лаборатория [Betriebs-Lab.] **24.** 23—25. 1958. Uraler polytechn. Kirow-Inst.; russ.) — 0,1 g der Probe (Kalkstein, Magnesit, Dolomit) löst, man unter Erwärmen in möglichst wenig HCl (1:1), neutralisiert mit Lauge, gibt 5 ml 2n Alkali-Lsg. zu u. füllt mit dest. W. auf 100 ml auf. Nach 1—2 Min. gibt man einige Tropfen Indicator zu u. titriert mit 0,1 oder 0,01n Trilon-Lsg. bis zum Farbumschlag von Rot nach Blauflieder-farben. Der Verbrauch an Trilon ist dem Ca-Geh. äquivalent. Ist viel Mg anwesend u. der Umschlagspunkt nicht deutlich genug, gibt man 2 ml 2%ig. Zucker-Lsg. zu. Nach der Ca-Titration notiert man den Verbrauch an Trilon u. bestimmt den Mg-Geh., indem man in die Probe 5 ml 2n HCl zugibt; der Indicator schlägt nach Rosa um. Nach Zugabe von 5—6 ml ammoniakal. Puffer-Lsg. titriert man mit Trilon-Lsg. weiter.
H. Leune. G 283 □

Schnelle Analyse von Erdalkalien. 1. Mitt. Eine neue Methode zur Trennung von Strontium und Calcium mit Dihydroxyäthylglycin als Maskierungsreagens. Susumu Takamoto. (J. chem. Soc. Japan, pure Chem. Sect. [Nippon Kagaku Zassi] **81.** 915—18. Juni 1960. Tôkyô-Tosimaku, Gakusyûin-Daigaku, Rigakubu; jap., Auszug: engl. S. A 66.) — Dihydroxyäthylglycin (I) bildet mit Erdalkalien in alkal. Medien schwache Komplexe, wobei der Sr-Komplex schwächer als der Ca-Komplex ist. Wenn die gemischten Lsgg. beider Komplexe unter Zusatz von $(NH_4)_2SO_4$ erhitzt werden, fällt nur $SrSO_4$ aus, dessen Löslichkeit durch Zusatz von A. u. durch Eiskühlung des Gemisches stark erniedrigt werden kann. Zur Analyse wird der Nd. zentrifugiert, in der bas. Lsg. von überschüssigem EDTA (Di-Na-Salz) gelöst u. die Lsg. mit $Mg(NO_3)_2$ titriert. Auf diese Weise können 0,02—0,2 mMol Sr in Ggw. von bis 0,2 mMol Ca leicht bestimmt werden. Die Trennung u. die Best. werden nicht durch Mg^{2+} (< 0,2 mMol), K^+(< 0,2 mMol), Na^+ (< 1 mMol), NH_4^+ (< 3 mMol), NO_3^- (< 1 mMol), ClO_4^- (< 1 mMol), Cl^- (< 1 mMol), Br^- (< 1 mMol), J^- (< 1 mMol), SCN^- (< 1 mMol) u. CH_3COO^- (< 1 mMol) gestört, jedoch durch Anionen, welche in alkal. Lsgg. mit Ca^{2+} unlösl. Nd. bilden, stark gehindert. E. Maekawa. G 284 □

Die konduktometrische Bestimmung von Calcium und Barium als Selenite. G. S. Deshmukh, A. L. J. Rao und R. R. Swamy. (J. sci. ind. Res. [New Delhi], Sect. B **20.** 608—10. Dez. 1961. Varanasi, Banaras Hindu Univ., Analyt. Chem. Div.; engl.) — Ca u. Ba werden konduktometr. gegen H_2SeO_3 titriert. In beiden Fällen wird ein Knickpunkt beim mol. Verhältnis Ca:Se bzw. Ba:Se = 1:1 beobachtet, dessen Lage auch bei Verw. alkohol. Lsgg. unverändert bleibt, in wss. Lsg. aber schärfer ist.
W. Betcke. G 285 □

Hochfrequenz-Untersuchung aluminiumhaltiger Lösungen. E. Pungor und E. E. Zapp. (Ann. Univ. Sci. Budapestinensis Rolando Eötvös nominatae, Sect. Chim. **2.** 329—40. 1960. Budapest, Eötvös-Univ., Inst. für anorg. u. analyt. Chem.; dt.) — Es wird die Hochfrequenztitration von $AlBr_3$- u. $Al_2(SO_4)_3$-Lsgg. untersucht. Als Maß-Lsgg. werden carbonatfreie 0,1n Lsgg. von $Ba(OH)_2$, NaOH u. $(C_2H_5)_3N$ angewandt. Die mit starken Basen erhaltenen Titrationskurven geben schlecht auswertbare Knickpunkte. Mit $(C_2H_5)_3N$ kann die Auswertbarkeit verbessert werden, die Titration ist jedoch ziemlich zeitraubend, da eine größere Zahl von Meßpunkten aufgenommen werden muß. Zur Vermeidung dieser Schwierigkeiten arbeiten Vff. ein auf Rücktitration beruhendes Hochfrequenz-Verf. aus, bei dem Al im Endpunkt als Aluminat vorliegt u. mit dem Al schnell u. hinreichend genau bestimmt werden kann. H.- P. Pietsch. G 294 □

Die Bestimmung von Aluminiumoxid in Aluminium und dessen Legierungen. G. Matelli und E. Attini. (Ist. sperim. Metalli leggeri, Mem. Rapp. [9] Nr. **218.** 2—4. 1958. Alluminio **28.** 61—63. 1959. Ist. sperim. Metalli Leggeri, Div. Ric.; ital.) — Nach Prüfung der Analysen-Meth. zur Best. von Al_2O_3 in Al u. dessen Legg. werden einige an der Original-Meth. von Urech (C. **1951.** I. 1200) vorgenommene Modifikationen beschrieben u. die photometr. Best. von Al in Al_2O_3 mit Eryochromcyanin (pH 1,8—2,2) erörtert. G. Platzer. G 294 □

Schnelltrennungsmethoden für Lanthan aus Gemischen von Lanthaniden. H. P. Malan. (J. South African chem. Inst. **12.** 50—56. Okt. 1959. Stellenbosch, Univ., Chem. Dep.; afrikaans.) — Meth. zur schnellen Abtrennung von La aus Gemischen von ^{235}U-Spalt-Prodd. mit Ordnungszahlen zwischen 30 u. 66 werden untersucht, wobei der zeitraubendste Schritt die Abtrennung kurzlebiger La-Isotope von anderen 3wertigen Lanthaniden (I), bes. Y, ist. Durch wiederholte Fl.-Fl.-Extraktion mit Di-[2-äthylhexyl]-orthophosphorsäure (D. 0,975) in Toluol oder n-Heptan gelingt bei pH 1 eine teilweise Trennung von La u. Pr aus wss. Lösung. Die Trennung von La-Komplexen u. I an Anionenaustauschern (Dowex 1-X 2) mit 2m NH_4SCN-Lsg. gelingt, wenn Ce vorher durch Oxydation u. Extraktion aus dem Gemisch abgetrennt wird, die übrigen I nur in trägerfreien Mengen anwesend sind u. La in Mengen von <1 mg vorliegt. La kann aus dem Eluat als $La_2(C_2O_4)_3$ gefällt u. nach bekannten Meth. bestimmt werden. Vf. diskutiert bekannte Meth. zur La-Trennung mittels Kationenaustausch u. gibt eine Zerfallskurve für aus neutronenbestrahltem $UO_2(NO_3)_2 \cdot 6\,H_2O$ isoliertem ^{141}La u. ^{142}La an. — 32 Literaturhinweise. G. Kirsten. G 301 □

Grundlagen der Makrotrennung benachbarter Seltenerdmetalle voneinander durch Ionenaustausch. J. E. Powell und F. H. Spedding. (Chem. Engng. Progr., Sympos. Ser. **55.** Nr. 24. 101—13. 1959; engl.) — Für die Trennung der Seltenerdmetalle (SE) an Kationaustauschersäulen durch Elution mit Äthylendiamintetraacetat (I) oder N-Hydroxyäthyläthylendiamintriacetat (II) mit H^+, Cu^{2+} oder Fe^{3+} als verzögernde Ionen (Spedding, Powell u, Wheelwright, C. **1955.** 4291) wird eine einfache Theorie für die Gegenstromtrennung entwickelt. Danach lassen sich die Trennungsfaktoren zweier jeweils benachbarter SE aus dem Verhältnis der Stabilitäts-Konst. ihrer Chelate mit I bzw. II in wss. Lsg. (bekannte Daten) näherungsweise errechnen. Daraus erhält man die zur Trennung beider Komponenten bei der Elution mindestens zu erzeugende Verlagerung des adsorbierten Bandes. Die Trennungsfaktoren für Ho bis Lu sind für II zwar kleiner als für I, jedoch ergibt die Trennung von Lu, Yb u. Tm mit II günstigere stationäre Bedingungen. Die Theorie wird zur Abschätzung des Verh. von Mehrkomponentengemischen verwendet u. zur Durchführung folgender Verf. benutzt: 1. rasche Anreicherung der schweren SE u. Gruppen leichter SE aus Gadolinit-Konzentrat, 2. Trennung der Dy-, Y- u. Tb-Gruppe, 3. Isolation von Y aus einem Xenotim-Rohkonzentrat, 4. Trennung einiger angereicherter SE-Gemische. Die Ergebnisse (Elutionskurven u. a.) stimmen sehr gut mit der Theorie überein. Die Verff. gestatten, in Säulen von 30 in. Ø gleichmäßige Fronten zu erzeugen u. bei entsprechender Säulenlänge die Gewinnung großer Mengen SE mit 99,9%ig. Reinheit bei mittelmäßigen Kosten nach einem Durchlauf zu erreichen. II wird zur Rückgewinnung an H^+-Kationenaustauschern aus den SE-Abfall-Lsgg. oder aus den Filtraten der SE-Fällungen (gleichzeitig Trennung von Oxalsäure) sorbiert u. durch Elution mit NH_4-II-Salz-Lsg. eluiert. R. Junge. G 303 □

Trennung von Uran und Seltenen Erden. D. Purushottam. (Current Sci. **29.** 308—09. Aug. 1960. Waltair, Andhra Univ., Inorg. Chem. Labor.; engl.) — Zur Trennung von 0,01—0,03 g U u. 0,01—0,1 g Seltenen Erden wäscht man eine 10 cm hohe Säule von Amberlite IR-120 von 1 cm^2 Querschnitt mit 100 ml 2%ig. NaCl-Lsg., säuert mit 200 ml 5%ig. HCl an u. wäscht mit 300 ml W. nach. Dann läßt man die Substanzmischung in Nitratform u. in 100 ml Lsg. die Säule mit einer Geschw. von 3 ml/Min. passieren u. eluiert U mit 350 ml 1n HCl. Zur Elution der Seltenen Erden dienen anschließend 600 ml 1,68n HCl. Bei sehr hohen Konzz. an Seltenen Erden eluiert man U besser mit 0,5n HCl braucht davon allerdings das 4—5fache Volumen. H. Pluskal. G 339 □

Anorganische Dünnschicht-Chromatographie. 2. Mitt. **Nachweis von U(VI) und Ga(III) in Kationen-Gemischen.** H. und M. Seiler. (Helv. chim. Acta **44.** 939—41. 15/6. 1961. Basel, Univ., Inst. für anorgan. Chem.; dt.) — 1. vgl. C. **1961.** 7681. — UO_2^{2+} wird mit Hilfe der Dünnschicht-Chromatographie an einem Kieselgel-Gips-Gemisch u. Essigester/W.-gesätt. Ae. u. 2% Tri-n-butylphosphat als Laufmittel aus dem Elementgemisch des natürlichen Urangesteins abgetrennt. Als Nachw.-Reagens dient eine 0,25%ig. Lsg. von Pyridylazonaphthol in Äthanol. Die Trennung von Ga^{3+} u. Al^{3+} gelingt mit Aceton/konz. HCl (100:0,5) als Laufmittel (Al bleibt am Startpunkt zurück). Zum Nachw. dient alkohol.-wss. Hydroxychinolin-Lsg. u. Betrachtung im UV-Licht. W. Betcke. G 339 □

Analyse von gemischten Uran- und Thoriumerzen durch Messung der γ-Strahlung. A. M. Baptista und J. Palacios. (Proc. int. Conf. peaceful Uses of Atomic Energy, Geneva **8.** 241—45. 1956. Lisboa, Centre de Estud. da Energ. Nucl., Labor. de Fis.; engl.) — Vff. beschreiben ein Verf. zur gleichzeitigen U- u. Th-Best. in Mineralien nach der Emaniermethode. W. Hein. G 339 □

Bestimmung von Uran in Zirkonium-Erzen. Eine Modifikation der Zinn(II)-chlorid-Methode. K. Bril und S. Holzer. (Analytic. Chem. **33.** 55—58. Jan. 1961. São Paulo, Orquima S/A, Res. Labor.; engl.) — U(VI) läßt sich auch in Ggw. von Zr cerimetr. nach Main bestimmen, wenn die Red. zu U(IV) mit $SnCl_2$ in Ggw. von NaF an Stelle von H_3PO_4 vorgenommen wird. Die Probe-Lsg. (SO_4^{2-} oder Cl^--Lsg.) wird zur Trockne eingedampft, der Rückstand in 2 ml konz. HCl aufgenommen u. mit 1 ml 4%ig. NaF-Lsg. u. 1 ml 0,002n $FeCl_3$-Lsg. fast zum Sieden erhitzt. Die Lsg. wird 5 Min. lang mit 1,5 ml $SnCl_2$-Lsg. (1 g $SnCl_2 \cdot 2\,H_2O$ in 100 ml 1n HCl) u. nach Zusatz weiterer 0,5 ml $SnCl_2$-Lsg. nochmals 5 Min. lang auf dem siedenden Wasserbad erwärmt. Diese Operation wird wiederholt. Nach dem Erkalten unter CO_2 wird die Lsg. mit 2 ml gesätt. $HgCl_2$-Lsg. u. nach 2 Min. mit 1 ml 8%ig. $FeCl_3$-Lsg. (in 5%ig. H_2SO_4) versetzt u. unter CO_2 durch eine Glasfritte filtriert. Das Filtrat wird mit 0,1 ml 0,1% ig. o-Phenanthrolinhydrochlorid-Lsg., die $2{,}5 \cdot 10^{-3}$m an Fe^{2+} ist, versetzt u. das U(IV) gegen 0,1n $Ce(SO_4)_2$-Lsg. titriert. Zur Abtrennung störender Elemente wird bei der Analyse von Mineralien U aus der Lsg. des alkal. Aufschlusses, die 2,5m an $NaNO_3$ u. 1n an HNO_3 sein soll, mit einer 1:1-Mischung von Tributylphosphat u. Heptan extrahiert. Nach Reextraktion mit W. u. 0,02%ig. Na_2CO_3-Lsg. wird mit $HClO_4$ abgeraucht, ClO_4^- mit H_2SO_4 vertrieben u. die Lsg. nach dem Verdünnen wie oben weiter behandelt. W. Betcke. G 339□

Untersuchungen auf dem Gebiet der analytischen Chemie des Urans. 3. Mitt. **Photometrische Bestimmung von Uran in Erzen und ihren Aufarbeitungsprodukten mit Arsenazo I.** W. F. Lukjanow, L. M. Moissejewa und N. M. Kusnetzowa. (Журнал Аналитической Химии [J. analyt. Chem.] **16.** 448—51. Juli/Aug. 1961; russ., Auszug: engl.) — 2. vgl. Журнал Аналитической Химии [J. analyt. Chem.] **16.** [1961.] 60. — Vff. benutzen zum U-Nachw. den bekannten blauen Komplex, den Arsenazo I im p-Bereich 4—8 mit Uranylionen bildet. Da das Reagens im gleichen pH-Bereich mit zahlreichen weiteren Ionen Farb-Rkk. gibt, muß einer opt. Best. des U seine Abtrennung von den anderen Elementen vorangehen. Vff. machen die Abtrennung verteilungschromatograph. oder auf dem Wege des Ionenaustausches in Ggw. von Komplexon III. E. Asmus. G 339□

Spektrographische Bestimmung von Uran in Erzen und Laugen-Rückständen mit Hilfe der Pulver-Sieb-Methode im Wechselstrombogen. J. Czakow, Z. Radwan und B. Strzyzewska. (Progr. nuclear Energy, Ser. IX **1.** 203—10. 1959. Warsaw, Polish Acad. of Sci., Inst. of Nucl. Res., Dep. of Anal. Chem.; engl.) — Zur Best. von U in Ggw. größerer Mengen SiO_2 u. anderer Elemente wird die gepulverte Probe in Mischung mit drei Teilen Graphitpulver im Bogen zwischen einer oberen Cu-Siebelektrode u. einer unteren Cu-Stabelektrode in N_2-freier Ar/O_2-Atmosphäre angeregt. Verwendet wird die Linie $\lambda = 4090{,}14$ Å unter Benutzung von Mo ($\lambda = 4086{,}03$ Å) als innerem Standard. W. Betcke. G 339□

Einfluß verschiedener Ionen auf die Bestimmung von Mangan. Eine Untersuchung der Lingane-Karplus-Methode. William G. Scribner und Richard A. Anduze. (Analytic. Chem. **33.** 770—73. März 1961. Dayton, Ohio, Monsanto Chem. Co., Res. and Engng. Div.; engl.) — Vff. untersuchen den Einfl. einer Vielzahl von Ionen auf die Mn-Best. nach Lingane u. Karplus (vgl. Ind. Engng. Chem., analytic. Edit. **18.** [1946.] 191), die auf der Oxydation des Mn(II) zu Mn(III) durch MnO_4^- in neutralem, pyrophosphathaltigem Medium unter Verw. einer potentiometr. Endpunktsanzeige beruht. Die Ergebnisse werden, nach den Gruppen des Perioden-Syst. geordnet, zusammengestellt. Gerhard Schulze. G 350□

Vergleichende Untersuchungen über die Mangan-Bestimmung im Stahl, Eisen und Ferro-Mangan. Heinz Pohl. (Materialprüfung **1.** 54—57. 20/2. 1959. Berlin-Dahlem, Bundesanst. für Mater.-Prüfung; dt.) — Genauer als nach Volhard-Wolff u. mittels des Wismutat-Verf. läßt sich Mn in Fe potentiometr. mit $KMnO_4$ in Ggw. von $Na_4P_2O_7$ bestimmen: $4\,Mn^{2+} + MnO_4^- + 8\,H^+ + 15\,[H_2P_2O_7]^{2-} = 5\,[Mn^{3+}(H_2P_2O_7)_3]^{3-} + 4\,H_2O$. W. Wesly. G 354□

Schnelle gleichzeitige potentiometrische Bestimmung von Chrom, Vanadin und Eisen in Carbiden mit Titantrichlorid. O. Dufek und H. Tůma. (Hutnické Listy **14.** 246—47. März 1959. Praha, SVUMT; tschech.) — Beim Zusatz von 0,05n $TiCl_3$-Lsg. zu Lsgg. von Carbiden treten nacheinander Spannungsmaxima auf, die den Geh. an Cr + V, Fe, Mo u. V entsprechen. Man löst 10—50 mg isoliertes Carbid in 3—5 ml 60%ig. HCl, gibt einige Tropfen konz. HCl zu, dampft bis zum Auftreten von Nebel ein, erhitzt 30 Min. lang weiter, nimmt nach Erkalten mit 15 ml konz. HCl auf u. titriert unter Durchleiten von CO_2. Nach der Best. von Cr + V, Fe u. Mo werden der Lsg. 40 ml 40%ig. Na-Citrat-Lsg. zugegeben, bevor zur V-Best. weiter titriert wird. R. K. Müller. G 354□

Über die trilonometrische Bestimmung von Eisen in Erzen und Agglomeraten. N. G. Fessenko. (Заводская Лаборатория [Betriebs-Lab.] **24.** 25–26. 1958. Hydrotechn. Inst. der Akad. der Wiss. der UdSSR; russ.) — Man benetzt ca. 0,1 g Erz oder Agglomerat mit W. u. löst es in HCl (1 : 1). Nach Verdünnung mit W. gibt man bis zu einem pH-Wert von ca. 3 tropfenweise HCl (1 : 10) zu, da nur in diesem Bereich Fe(III) mit Trilon B einen stabilen Komplex gibt. Man erwärmt die Lsg. auf ca. 60° u. titriert nach Zugabe einiger Kristalle Sulfosalicylsäure (I) oder 2—3 Tropfen einer 20%ig. wss. Lsg. von I mit 0,01n Trilon-B-Lsg. bis zum Verschwinden der Violettfärbung (Kongopapier). Um Fe(II) zu bestimmen, läßt man die Lsg. erkalten, erhitzt dann wieder auf 60—70° u. gibt ca. 0,1 g Ammoniumpersulfat oder Natriumpersulfat zu. Ist Fe(II) vorhanden, so wird die Lsg. violett; bei Titration mit Trilon färbt sie sich gelb. H. Leune. G 354 □

Die Sauerstoffbestimmung im flüssigen Thomas-Stahl. Arbeitsweisen bei der Entnahme der flüssigen Probe sowie der Gasanalysen. J. Marot und I. Harveng. (Rev. Métallurgie **57.** 991—97. Nov. 1960. Hainant du C.N.R.M.; franz.) — Nach Verss. mit verschiedenen Arten der Probeentnahme wird festgestellt, daß die Swinden-Bombe sich am besten für O_2-Best. im Thomas-Stahlwerk eignet. Die fl. Stahlproben werden durch reduzierendes Schmelzen im Vakuum, nach dem Ester–Halogen-Verf. von Beegly sowie nach verschiedenen anderen chem. Verff. auf O_2 analysiert. Dieses Verf. ist zwar genauer, jedoch auch langwieriger. Dieser Nachteil läßt sich jedoch durch Verw. eines inerten Gases vermeiden. H. Hochstein. G 354 □

Potentiometrische Bestimmung von Bor in Stählen und Legierungen. P. Ja. Jakowlew und G. W. Kosina. (Заводская Лаборатория [Betriebs-Lab.] **26.** 1342 bis 1343. 1960. Zentrales Bardin-Forschungsinst. für Eisenmetallurg.; russ.) — Die potentiometr. Best. von B in Stählen erfolgt nach der von Martin u. Hayes (C. **1953.** 746) beschriebenen potentiometr. Titration von H_3BO_3. S. Baryschnikow G 354

Katalytische Analyse. 8. Mitt. **Bestimmung von Submikromengen Kobalt mit Hilfe der Diphenylcarbazon-H_2O_2- beziehungsweise Diphenylcarbazon–Tiron–H_2O_2-Reaktion im Pulfrich-Photometer.** János Bognár und Olga Jellinek. (Magyar Kémiai Folyóirat [Ung. Z. Chem.] **68.** 49—53. Febr. 1962. Miskolc, TU Schwerind.; ung.) — Vgl. C. **1962.** 2482. — Zur quant. Best. von 0,2—0,02 μg Co benützen Vff. die durch Co katalysierte Rk. von Diphenylcarbazon (I) mit H_2O_2. 2 ml Probe-Lsg. werden mit 2 ml einer 0,1%ig. alkohol. I-Lsg., 2 ml bidest. W., 1 ml Boratpuffer u. 2 ml 3%ig. H_2O_2 rasch gemischt, in eine 2-cm-Küvette gefüllt u. im Pulfrich-Photometer (Filter S 53) die Zeit vom Vermischen bis zur Entfärbung gemessen. Zur Best. von 0,02—0,002 μg Co wird die Diphenylcarbazon–Tiron–H_2O_2-Rk. herangezogen, indem statt 2 ml W. 2 ml einer 1%ig. wss. Tiron-Lsg. zugegeben werden. Trägt man die Reziprokwerte der Rk.-Zeit gegen die Konz. des Katalysators auf, so ergibt sich eine Gerade. Genauigkeit $\pm 10\%$. Der Einfl. der Fremdsalze ist derselbe wie beim Nachweis. J. Plank. G 355

Katalytische Analyse. 9. Mitt. **Nachweis von Submikromengen Osmium auf Grund der aktivierenden Wirkung auf Kaliumchlorat.** János Bognár und Szilvia Sárosi. (Magyar Kémiai Folyóirat [Ung. Z. Chem.] **68.** 53—54. Febr. 1962. Miskolc, TU der Schwerind., Lehrstuhl für Chem.; ung.) — 8. vgl. vorst. Referat. — Os(VIII)-Spuren aktivieren $KClO_3$, das Apomorphin (I) (optimal bei pH 1,7), p-Phenylendiamin (II) (optimal bei pH 2,3) oxydiert. In Ggw. von 0,1 μg OsO_4 wird die I-Lsg. binnen 30 Sek. braunrot, 0,0001 μg OsO_4 kann in 5 ml Lsg. im Vgl. gegen eine Blindprobe noch sicher erkannt werden. Die Lsg. von II geht bei der Oxydation über Gelb in Rotviolett über. In 5 ml Lsg. können mit dieser Rk. 0,005 μg OsO_4 nachgewiesen werden. Ti, Mo, W, V stören. J. Plank. G 366

Spurenelemente in Cyanit, Sillimanit und Andalusit. G. R. Pearson und D. M. Shaw. (Amer. Mineralogist **45.** 808—17. Juli/Aug. 1960. Edmonton, Canada, Res. Council of Alberta; Hamilton, Ontario, McMaster Univ., Dep. of Geol.; engl.) — 12 Cyanit-, 3 Sillimanit- u. 7 Andalusitproben wurden spektrograph. auf Spurenelemente untersucht. In den meisten Proben konnten Ga, Cr, Mg, Ti, Li, Cu, V, Zr u. Mn nachgewiesen werden, in einigen B, Be u. Ba. Es wurden keine erheblichen Unterschiede im Spurenelement-Geh. festgestellt. Andalusit enthält weniger Cr, wogegen B, Be u. Ba im Sillimanit konz. sind. Der Li- u. B-Geh. ist in manchen Proben ungewöhnlich hoch; er deutet auf pneumatolyt. Ursprung hin. Es ist unwahrscheinlich, daß die Spurenelemente Bedeutung für die polymorphen Beziehungen zwischen den Mineralien haben. Alkalimetalle sind in kleinen Geh. vorhanden, jedoch ist die Hypothese von Jakob, sie seien wesentliche Bestandteile, nicht haltbar. Die spektrograph. Analysendaten sind tabelliert angegeben, außerdem für jedes Mineral eine chem. Analyse. Ernst Schulte. 5292 □

b) Organische Verbindungen

Bewertung eines Apparates zur automatischen Stickstoffanalyse von Verbindungen geringer und hoher Hitzebeständigkeit. Paul D. Sternglanz und Heinz Kollig. (Analytic. Chem. **34**. 544—47. April 1962. Birmingham, Ala., Southern Res. Inst.; engl.) — Beschreibung der automat. N_2-Verbrennungsanalyse mit dem Coleman-App. sowie Wiedergabe zahlreicher Analysenergebnisse. W. Betcke. 5352□

Nachweis von Selen in organischen Verbindungen als Tüpfelprobe. Fritz Feigl. (Analytica chim. Acta [Amsterdam] **24**. 501—04. Juni 1961. Rio de Janeiro, Ministério da Agric., Labor. da Producão Mineral.; engl.) — Zum Nachw. von *Se* in organ. Verbb. wird ein Tropfen der Probe-Lsg. (Lsgm., W., Alkalihydroxid, Alkohol usw.) mit einem Tropfen einer konz. (70—72%) $HClO_4$-Lsg. versetzt u. die Mischung in einem Glycerinbad 3 Min. lang auf 205° erhitzt. Nach dem Abkühlen wird mit einem Tropfen einer gesätt. Hydrazoniumsulfat-Lsg. versetzt u. in einem sd. Wasserbad erwärmt. In Abhängigkeit von der Se-Konz. entsteht eine rosa Färbung oder ein roter Niederschlag. Folgende Verbb. hat Vf. untersucht: *Phenyl-[m-nitrophenyl]-selenid, Benzyl-[2-nitro-4-chlorphenyl]-diselenid, Phenyl-[2-nitro-4-methylphenyl]-diselenid, Phenyl-[2-nitro-4-chlorphenylthio]-selenid, Phenyl-[2.4-dinitrophenyl]-diselenid, 3-Benzoylbenzolselenigesäure, Benzyl-[2-nitro-4-methylphenyl]-diselenid, 2-Nitro-4-methyl-benzolselenigesäure, 3-Benzoylphenylselentribromid, Phenylthio-[2-nitro-4-methylphenyl]-selenid, 2-Nitro-4-methylphenylselenocyanat, 2-Nitro-p-toluolselenigesäure, 2-Nitrobenzolselenigesäure, Bis-[2-benzoylphenyl]-diselenid* u. *Bis-[2-naphthyl]-selenid.* J. Weiner. 5352□

Über den Magnesiumaufschluß organischer Substanzen. 9. Mitt. **Mikrobestimmung des Siliciums in organischen Verbindungen.** J. Jeník und M. Jureček. (Collect. czechoslov. chem. Commun. **26**. 967—73. April 1961. Pardubice, TH für Chem., Inst. für analyt. Chem.; dt.) — 8. vgl. C. **1961**. 7333. — Es wird über eine neue, einfache u. schnelle Universal-Mikrometh. zur Si-Best. in organ. Verbb. berichtet. Die Probe wird durch Glühen mit Mg-Pulver aufgeschlossen, das hierbei quant. gebildete Mg_2Si durch verd. H_2SO_4 in gasförmige Silane übergeführt u. nach deren Bromierung mit Bromwasser u. Hydrolyse zu H_2SiO_3 wird dieses als Molybdatokieselsäure durch $SnCl_2$ zu „Silicomolybdänblau" red. u. colorimetr. bestimmt. Analysendurchführung: In ein Aufschlußröhrchen (AR; Innendurchmesser 7 mm, Länge 5 cm) aus Sinterkorund (Alund), an dessem Boden sich eine 3—5 mm dicke Schicht von pulverförmigem Mg befindet, werden je nach dem Si-Geh. 2—4 mg Substanz eingewogen; feste Proben werden mit Mg vermischt. Die Einwaage von flüchtigen, an der Luft oxydierenden, hydrolysierenden oder rauchenden Fll. erfolgt mit der in C. **1962**. 5404 beschriebenen Technik; die hierbei verwendeten Polyäthylenhüllen werden beim Probenaufschluß ohne Einfl. auf die Analysenergebnisse carbonisiert. Der Bodenteil des AR mit der Probe wird mit feuchtem Filtrierpapier umwickelt u. die Probe mit Mg in einer Höhe von 40—45 mm überschichtet. Beim Aufschluß wird zuerst die oberste, ca. 5 mm dicke Mg-Schicht zur Dunkelrotglut gebracht, die während der ganzen Operation andauern muß. Nun wird das ganze AR von oben an in Richtung der Probe ca. 4 Min. lang zonenweise geglüht, so daß sich stets eine ca. 1 cm breite Zone des AR in Dunkelrotglut befindet. Die Nichteinhaltung dieses Verf. hat erhebliche Si-Verluste zur Folge. Das noch heiße AR wird in den Zers.-Kolben (ZK) der in C. **1958**. 8430 beschriebenen Zers.-App. eingeführt, das dazugehörige Absorptionsgefäß (AG) mit 10 ml gesätt. Bromwasser u. ca. 3 Tropfen überschüssigem Br_2 gefüllt u. durch die ganze App. trocknes N_2 ca. 5 Min. lang durchgeleitet. Nach Erkalten des AR wird der N_2-Strom auf ca. 1 Bläschen/s eingestellt u. aus dem Scheidetrichter werden mit Hilfe eines Gummiballons in den ZK 2mal je 5 ml 10n H_2SO_4 u., nachdem die lebhafte Gas-Entw. nachgelassen hat, noch weitere 10 ml tropfenweise zugelassen. Nach ca. 40 Min. wird die Rk.-Fl. im ZK ca. 5 Min. lang mäßig gekocht, wonach die App. noch 3 Min. lang mit N_2 durchgespült wird. Die Absorptions-Fl. im AG wird in einen 250-ml-Meßkolben abgelassen u. das ganze AG 3mal mit W. durchgespült. Zur Beseitigung des überschüssigen Br_2 wird das H_2SiO_3-Sol mit 0,1 g Na-Formiat versetzt; die Br_2-Reste über der Lsg. werden ausgeblasen. Dann werden der Lsg. 8 ml 5%ig. $(NH_4)_2MoO_4$-, 3 Tropfen 0,05%ig. Tropäolin 00-Lsg. u. 2n HCl bis zum Rotwerden des Indicators zugegeben; nach ca. 3 Min. werden 4 ml 3m Citronensäure-Lsg. hinzugefügt, die Fl. wird 3 Min. lang stehengelassen, auf ca. 240 ml verd., mit 3 ml der frisch hergestellten $SnCl_2$-Lsg. (filtrierte u. auf 12 ml verd. Lsg. von 0,1 g Sn in 2 ml konz. HCl + 1 Tropfen 5%ig. $CuSO_4$-Lsg.) versetzt u. zur Marke aufgefüllt. Der Si-Geh. in der blaugefärbten Lsg. wird colorimetr. unter Verw. eines Rotfilters (Durchlässigkeitsmaximum bei 700 mμ) ermittelt. Die dazu benötigte Eichkurve wird in gleicher Weise an Hand der Si-Eich-Lsg. (0,214 g reinstes SiO_2 werden mit 2 g Na_2CO_3 geschmolzen; die Schmelze in W. gelöst u. auf 1 Liter aufgefüllt. 1 ml Lsg. ≙ 100 μg Si) aufgestellt. Die Eichkurve verläuft bis zu 520 μg Si linear. Beim Blindvers. werden statt der Probe 5 mg Saccharose aufgeschlossen. Die Fehler der Meth. liegen in den Grenzen von $\pm$0,3%. Die Analyse dauert bei Serienarbeit ca. 1 Stunde. Ist in der Probe neben Si auch Cl (Br) zugegen, können die beiden Elemente in einer Einwaage derart bestimmt werden, daß nach Entfernung der Silane das im ZK ausgeschiedene C mit Al- bzw. Fe(III)-Salz desaktiviert, abfiltriert u. im Filtrat Cl^- (Br^-) nach Volhard titriert wird. Die Meth. wurde durch Analysen zahlreicher Test-Verbb. verschiedener Typen mit einem Geh. von 10—40% Si nachkontrolliert.

K. Kámen/Prag. 5352

Identifizierung von Mercaptanen und Disulfiden durch die Röntgenbeugung ihrer 2.4-Dinitrophenylthioäther. Robert Rittner, George Tilley, Albert Mayer jun. und Sidney Siggia. (Analytic. Chem. **34**. 237—40. Febr. 1962. New Haven, Conn., Olin Mathieson Chem. Corp.; engl.) — Es werden Werte für die Röntgenbeugung der 2.4-Dinitrophenylthioäther folgender aliphat. u. aromat. Mercaptane angegeben: *Methanthiol, Äthanthiol, 1-Propanthiol, 2-Propanthiol, 1-Butanthiol, 2-Methyl-1-propanthiol, 1.1-Dimethyläthanthiol, 1-Pentanthiol, 2-Methyl-1-butanthiol, 1-Hexanthiol, 1-Heptanthiol, 1-Octanthiol, 1-Nonanthiol, 1-Decanthiol, 1-Dodecanthiol, Thiophenol, Phenylmethanthiol, 2-Phenyläthanthiol, 2-Methylthiophenol, 3-Methylthiophenol, 4-Methylthiophenol.* Viele starke, charakterist. Linien machen eine qual. Analyse sehr leicht. Disulfide werden nach der Red. zu den betreffenden Mercaptanen charakterisiert.

P. Kurzmann. G 600 □

Flüchtigkeitseffekte bei der Papierchromatographie niederer Fettsäuren. Andrew A. Molloy und George N. Kowkabany. (Analytic. Chem. **34**. 491—93. April 1962. Washington, D.C., Catholic Univ. of America, Dep. of Chem.; engl.) — Vff. messen die Aktivitätsverluste der Na-Salze ^{14}C-markierter Butter-, Valerian-, Capron- u. Caprylsäure, die als 3—10-μg-Proben auf Chromatographierpapier aufgetragen u. in Exsiccatoren bei verschiedenen Temp. u. Luftfeuchtigkeits-Geh. aufbewahrt wurden. Der Aktivitätsverlust nimmt mit der Temp. u. dem Feuchtigkeits-Geh. zu, mit wachsender Kettenlänge der Säure ab; in Ggw. von NH_3-Dämpfen sinkt er von teilweise 90 auf $<$10%. Anfärbungen mit Bromkresolpurpur auf Papierproben mit 90%ig. Aktivitätsverlust zeigen jedoch keinerlei Verlust an Na^+-Ionen. Der Flüchtigkeitseffekt wird daher als Verdampfung der durch Hydrolyse auf dem Papier rückgebildeten freien Säuren erklärt.

F.-M. Friedrich-Anderseck. G 800 □

Analyse von kommerziellem Na-2.2-Dichlorpropionat (Dalapon Natriumsalz). D. C. Garratt. (Analyst **86**. 367—73. Juni 1961. Nottingham, Stand. Dep., Boots Pure Drug Co. Ltd.; engl.) — Angegeben wird ein gaschromatograph. Verf. (Tägergas Ar; stationäre Phase: 20% Apiezon M auf Celit; Säulen-Temp. 100°; Ar-Ionisationsdetektor) zur Best. der Na-Salze von 2.2-Dichlorpropionsäure, Chloressigsäure, 2-Chlorpropionsäure, Dichloressigsäure, Trichloressigsäure, 2.3-Dichlorpropionsäure, 2.2.3-Trichlorpropionsäure u. Pyruvsäure (I) in Form ihrer Methylester (Extraktion aus der wss. Phase mit Ae. u. Umsatz mit Diazomethan). Als innerer Standard für die quant. Best. dient o-Xylol. Die Ergebnisse werden mit denen aus chem. Best.-Meth. verglichen: Hydrolyse zu I u. Bldg. des 2.4-Dinitrophenylhydrazons, dessen Extinktion nach Ausschütteln mit Na_2CO_3 bei 370 mμ gemessen wird oder Bldg. des Hg-Komplexes von I, Rk. mit KJ u. Titration der entstandenen Base.

U. Uhlich. G 800 □

Trennung und Bestimmung der Mono- und Dinitrotoluolisomeren mit der Flüssig-Gaschromatographie. James S. Parsons, S. M. Tsang, M. P. DiGiaimo, Raymond Feinland und R. A. L. Paylor. (Analytic. Chem. **33**. 1858—59. Dez. 1961. Bound Brook, N.J., American Cyanamid Co., Res. Labor.; Stamford, Conn., American Cyanamid Co., Central Res. Labor.; engl.) — Die Trennung u. Best. der 3 Mononitrotoluole u. der 6 Dinitrotoluole wurde fl.-gaschromatograph. durchgeführt. Säulenfüllung: 5 g Apiezon-L-Öl wurden in 150 ml Bzl. gelöst, mit 45 g Chromosorb W (60 bis 80 mesh) gemischt, in einem Tiegel auf dem Dampfbad geschüttelt u. anschließend mit einem Drahtnetz gerührt, bis die Mischung trocken war. Das Pulver wurde im Vakuum bei 60° 2 Std. lang getrocknet u. in eine 12-ft.-Säule unter Vibration eingefüllt. Arbeitsbedingungen: Trägergas He mit 112 ml/min Durchfluß-Geschw.; Einlaßerhitzer-Temp. 260°; Säulen-Temp. 213°; Probe 2 μl oder weniger; Schreibervorschub 2 in./min; Podbielniak Chromacon Nr. 9580-Gerät mit Wärmeleitfähigkeitsdetektor u. 1-mV-Recorder. Retentionszeiten in bezug auf 2.6-Dinitrotoluol: *2-Nitrotoluol* (*-NT*) 0,34; 3-*NT* 0,42; *4-NT* 0,45; *2-Nitro-p-xylol* 0,57; *2.6-Dinitrotoluol* (*DNT*) 1,00; *2.3-DNT* 1,25; *2.5-DNT* 1,32; *2.4-DNT* 1,53; *3.4-DNT* 1,62; *3.5-DNT* 1,69. R. Krämer. G 1010 □

Tüpfeltest-Nachweis und Unterscheidung von o- und p-Nitrophenol. Fritz Feigl und D. Haguenauer. (Chemist-Analyst **49**. 43—44. Juni 1960. Rio de Janeiro,

Ministerio da Agric., Labor. da Prod. Mineral; engl.) — Zum Nachw. von o-Nitrophenol (o-I) wird die Probe in fester Form in einem mit NaOH- oder Na_2S getränkten Filtrierpapier überdeckten Probierglas im Glycerinbad auf 120° erhitzt. Gelb- bzw. Orangefärbung zeigt o-I an, während p-I die Rk. nicht gibt. Zum Nachw. von p-I wird die Probe bei 120° mit etwas $Na_2S_2O_3 \cdot 5\,H_2O$ verschmolzen. Die Schmelze wird in einigen Tropfen W. gelöst u. die Lsg. mit Bzl. ausgeschüttelt. Bei positivem Ausfall ist die wss. Phase gelb gefärbt; o-I reagiert nicht. — Die Nachw.-Grenze beträgt 1,5 bzw. 2,5 μg.

W. BETCKE. G 1060 □

Fluorescenz-Tüpfel-Teste auf Glyoxal, Brenztraubenaldehyd, Salicyladehyd und einiger anderer aromatischer Aldehyde. Eugene Sawicki und Thomas W. Stanley. (Chemist-Analyst **49.** 107. Dez. 1960. Cincinnati, Ohio, U. S. Dep. of Health, Educat. and Welfare, Robert A. Taft Sanit. Engng. Center; engl.) — Vff. berichten über 2 Meth. zum Nachw. einiger Aldehyde mittels *Salicylalhydrazon* (I), *2-Hydroxy-1-naphthalhydrazon* (II) u. HCl. I wird dargestellt durch Rk. einer warmen gesätt. Lsg. von Salicylaldehyd in A./W. 3 : 1 mit 4 Äquivalenten Hydrazinhydrat, Kristalle, F. 97 bis 98°, II analog I aus 2-Hydroxy-1-naphthaldehyd (IV) in Methanol, F. 154—156°. A) 1 Tropfen Reagens-Lsg. (1% I bzw. 0,1% II in Methanol) wird auf Papier mit 1 μl der wss.-methanol. Probe-Lsg. versetzt. Bei Verw. von I wird nach 5 Min. bei Raum-Temp., von II nach dem Trocknen auf einer durch ein Wasserbad erhitzten Metallplatte die entstandene Farbe im UV-Licht ermittelt. Für den Nachw. von *Glyoxal* (III) mit II bewirkt der Zusatz von 1 Tropfen einer 29%ig. methanol. Tetraäthylammoniumhydroxyd-Lsg. vor dem Trocknen eine brilliantgrün umsäumte, lebhaft rote Fluorescenz. B) 1 μl Aldehyd-Probe-Lsg. wird wie oben getrocknet u. im UV-Licht betrachtet, mit 1 Tropfen konz. HCl versetzt, erneut getrocknet u. im UV-Licht die Farbe festgestellt. Vff. geben die Unters.-Ergebnisse u. Nachw.-Grenzen folgender Verbb. an: A) III, *Brenztraubenaldehyd, Salicylaldehyd,* IV, *4-Dimethylaminobenzaldehyd, 4-Diäthylaminobenzaldehyd, 4-Dimethylaminozimtaldehyd* (V) u. B) *4-Acetaminobenzaldehyd,* V, *Piperonal, 3-Formylindol, 9-Formylphenanthren, 9-Formylanthracen, 1-Formylpyren, 7-Formylbenz-*[*a*]-*anthracen* u. *6-Formylbenzo-*[*a*]-*pyren.*

J. WEINER. G 1140 □

Eine inverse Isotopenverdünnungsanalyse für Salicylsäure. H. A. Swartz und J. E. Christian. (J. Amer. pharmac. Assoc., sci. Edit. **47.** 701—02. Okt. 1958. Lafayette, Ind., Purdue Univ., School of Pharm., Bionucleonics Res. Labor.; engl.) — Salicylsäure (I) wird mit ^{131}JCl in Eisessig bei 70—80° quant. zu 3.5-^{131}Dijodsalicylsäure (II) umgesetzt u. die Aktivität des Rk.-Prod. nach Umkristallisation aus wss. Aceton mit einem Scintillationszählrohr gemessen. Unbekannte Mengen I werden ebenso umgesetzt u. nach Versetzen mit einem Überschuß unmarkierter II als Träger die Aktivität gemessen. Aus den Nd.- u. Träger-Gew. kann die ursprüngliche I-Menge berechnet werden. Im Bereich von 0,2—20 mg beträgt die wiedergefundene I-Menge 95—114%. Die Meth. kann auch auf Acetylsalicylsäure nach Verseifung zu I angewendet werden.

WINFRIED KRÜGER. G 1250 □

Beiträge zum Nachweis von Adrenalin mit Dikaliumtetrarhodanomercurat (II). József Morvay, József Császár und Miksa Almásy. (Magyar Kémiai. Folyóirat [Ung. Z. Chem.] **64.** 181—82. Mai 1958. Szegedi Orvostudományi Egyetem Gyógyszerészi-Vegytani Intéz., Szegedi Tudományegyetem Általános és Fiz.-Kém. Intéz.; ung.) — Vgl. C. **1960.** 16545. — Das Spektrum der bei der Rk. von Adrenalin mit $K_2[Hg(SCN)_4]$ (I) entstehenden Verb. ist ident. mit dem Spektrum vor Adrenochrom u. an der Luft oxydierter Lsgg. der Adrenalinbase. Bei der aufsteigenden Papierchromatographie besitzen die bei der Rk. mit I erhaltene Verb. u. die adrenochrome Verb. den gleichen R_F-Wert (0,29).

G. HALMI. G 1320

Eine chromatographisch-spektrophotometrische Methode zur Abtrennung und Bestimmung von Colchicin. Stanislaus J. Smolenski, Frank A. Crane und Ralph F. Voigt. (J. Amer. pharmac. Assoc., sci. Edit. **47.** 359—62. Mai 1958. Chicago, Ill., Univ. of Illinois, Coll. of Pharm., Dep. of Pharmacognosy and Pharmacol.; engl.) — Colchicumsamen werden mit Bzn. entfettet u. mit einer Lsg. von 1% A. in wasserfreiem Äthylacetat extrahiert. Nach Verdampfen des Lsgm. nimmt man den Rückstand in Methanol (I) auf, unlösl. Anteile werden in Bzl. gelöst. Die vereinigten Extrakte passieren eine mit Al_2O_3 (80—200 mesh) gefüllte chromatograph. Säule, aus der die verschiedenen Alkaloide mit folgenden Lsgm. nacheinander eluiert werden: Chlf., 4% I in Chlf. u. 10% I in Chlf., wobei in der letzten Fraktion das Colchicin (II) erscheint. Diese Fraktion wird zur Entfernung restlichen A. u. Bzl. mit Chlf. mehrmals zur Trockne gebracht u. II in Chlf. an einer Silicagelsäule rechromatographiert. Noch vorhandene Verunreinigungen werden mit 1- bzw. 2%ig. Lsgg. von I in Chlf. entfernt. II wird schließlich mit einer 10%ig. I-Lsg. in Chlf. von der Säule gewaschen u. das Lsgm. entfernt. II kann nunmehr nach STRUVE [1873] durch Behandlung mit konz. HNO_3 u. verd. NaOH in einen gelben Farbstoff übergeführt werden, dessen Absorptionsmaximum bei 375 mμ spektrophotometr. ausgewertet wird. Die Farbintensität ist über 4 Std. konstant. In Beleganalysen schwankt die wiedergefundene II-Menge im Bereich von 5—0,2 mg von 96—109%.

WINFRIED KRÜGER. G 3500☐

Bestimmung von Campher. Yoshiharu Matsubara, Syôji Wakabayashi und Minoru Morita. (J. chem. Soc. Japan, ind. Chem. Sect. [Kōgyō Kagaku Zassi] **63**. 1250—51. Juli 1960. Kôbe-Hukiaiku, Saisei-Syônô KK.; jap., Auszug: engl. S. A68.) — 0,35—0,4 g Campher oder campherhaltige Prodd. werden mit 10 cm^3 0,7m äthanol. Lsg. von 2-Dimethylaminoäthanol (I) (6,4 g I in 100 cm^3 A.) u. 15 cm^3 1m äthanol. Lsg. von $NH_2OH \cdot HCl$ (II) (7 g II in 10 cm^3 W. u. mit A. auf 100 cm^3 verd.) 3 Std. lang auf 85° erhitzt, das überschüssige $NH_2OH \cdot HCl$ im Gemisch nach dem Abkühlen unter Zusatz einiger Tropfen Indicator-Lsg., welche aus 0,0667 g MARTIUS- Gelb u. 0,004 g Methylviolett durch Auflösung in 50 cm^3 A. vorbereitet wurde, mit 0,2m $HClO_4$ (20 cm^3 60%ig. $HClO_4$ mit Methylcellosolve auf 1 Liter verd.) titriert u. der Campher-Geh. indirekt berechnet: Fehlergrenze ±0,2%. E. MAEKAWA. G 3600☐

c) Bestandteile von Pflanzen und Tieren

Beitrag zum Problem der Substanzzerstörung auf nassem Wege. W. Eberhardt. (Landwirtsch. Forsch. **13**. 293—95. 1960. Berlin, TU, Inst. für Acker- u. Pflanzenbau; dt.) — Mit Trichloräthylen als Antischaummittel lassen sich 2 g Pflanzenstoffe mit HNO_3, $HClO_4$ u. H_2SO_4 in 50-ml-Kolben aufschließen. Bei der Unters. von 3 g muß das Kölbchen gut beobachtet u. notfalls kurzzeitig vom Sandbad genommen werden.

W. WESLY. 5664☐

Flammenphotometrische Bestimmung von Natrium, Kalium und Calcium in Pflanzenextrakten unter besonderer Berücksichtigung der Störeinflüsse. Gustav N. Havre. (Analytica chim. Acta [Amsterdam] **25**. 557—66. Dez. 1961. Oslo, Veter. Coll. of Norway, Dep. of Biochem.; engl.) — Die Störungen bei der flammenphotometr. Na-, K- u. Ca-Best. werden untersucht. Vf. benutzt das BECKMAN-Spektralphotometer DU mit Zusatzgerät für die Flammenphotometrie u. Zerstäuberbrenner. Na u. K bewirken gegenseitig einen Mehrbefund, der Fehler bis zu 25% hervorrufen kann. Dieser Fehler kann durch Zugabe des Störions zur Standard-Lsg. kompensiert werden. Da Na u. K die Ca-Best. stark stören, scheidet man Ca als Oxalat ab u. bestimmt darin den Ca-Gehalt. Im Filtrat können dann K u. Na ermittelt werden. J. PETERS. 5664☐

Einige neuere Gesichtspunkte zur Untersuchung von Metallspuren. E. Schulek, J. Laszlovszky und O. Szakacs. (Ann. Univ. Sci. Budapestininensis Rolando Eötvös nominatae, Sect. Chim. **2**. 567—71. 1960. Budapest, Eötvös Univ., Inst. für anorgan. u. analyt. Chem.; dt.) — Zur Best. von Metallspuren in biolog. Stoffen wird empfohllen, diese Stoffe naß aufzuschließen mit H_2SO_4–HNO_3–H_2O_2. Weiter wird vorgeschlagen, vor der Analyse eine Spektralanalyse zur Orientierung vorzunehmen. Als Anreicherungs-Verf. wird die Extraktion mit Dithizon der mit Ae. vorgezogen. CH. WEISKE. 5664☐

Zur Methodik der papierchromatographischen Bestimmung von Mono- und Oligosacchariden in grünen Pflanzen und Früchten. F. Scheffer, E. Welte und K. Müller. (Z. analyt. Chem. **165**. 321—37. 1959. Göttingen, Univ., Agrikulturchem. u. bodenkundl. Inst.; dt.) — Vff. diskutieren die Fehlerquellen bei der Probenahme u. der anschließenden Aufarbeitung bei papierchromatograph. Best. von Zuckern aus Pflanzenmaterial. Folgender Arbeitsgang wird empfohlen: Aufbereitung des Materials durch Homogenisierung in Ggw. von A. u. $MgCO_3$, durch Trocknung oder Gefriertrocknung, mehrfache Extraktion mit A. abnehmender Konz., Reinigung durch Aktivkohle, Chromatographie mit Eisessig/Essigester/W. (1 : 2 : 3) als Laufmittel u. Extraktion der ausgeschnittenen Substanzflecke mit W. in einer näher beschriebenen Apparatur. Die quant. Best. erfolgt im Eluat photometr. unter Verw. des Cu-Reagens nach SOMOGYI (J. biol. Chemistry **160**. [1945.] 61).

E. MOISAR. 5666☐

d) Medizinische und toxikologische Analyse

Automatische Titration von Eisen in Blut. T. P. Hadjiioannou und C. Vassiliades. (Analytica chim. Acta [Amsterdam] **25**. 516—19. Dez. 1961. Thessaloniki, Univ., Labor. of Inorg. Chem.; engl.) — Die Probe wird naß verascht u. mit einem Überschuß von EDTA-Lsg. versetzt. Der EDTA-Überschuß wird mit $Cu(NO_3)_2$-Lsg. bei pH 2,5 gegen Calcein W als Indicator zurücktitriert. Ca u. Mg stören bei diesem pH nicht; Cu stört, liegt aber im Blut nur spurenweise vor. Die erhaltenen Werte stimmen gut mit den bei Verw. von o-Phenanthrolin erhaltenen überein. P. KURZMANN. 5727☐

Eine spektrophotometrische Methode zur Bestimmung von Chlorpromazin und Chlopromazinsulfoxid in biologischen Flüssigkeiten. T. L. Flanagan, T. H. Lin, W. J. Novick, I. M. Rondish, C. A. Bocher und E. J. van Loon. (J. med. pharmac. Chem. **1.** 263—73. Juni 1959. Philadelphia, Pa., Smith, Kline and French Labor., Res. and Dev. Div.; engl.) — Zur Best. von freiem *Chlorpromazin* (I) u. *-sulfoxyd* (II) wird die zu untersuchende biolog. Fl. nach Versetzen mit 10n NaOH mit Ae. extrahiert; aus der äther. Lsg. werden I u. II in n-H_2SO_4 übergeführt. Gebundenes I u. II werden nach Hydrolyse der biolog. Fl., aus der die freien Verbb. entfernt wurden, mit 3%ig. NaOH ermittelt. Die erhaltenen H_2SO_4-sauren Lsgg. werden im UV-Spektrographen untersucht. I u. II lassen sich aus ein u. derselben Absorptionskurve durch Vgl. mit der von I- u. II-Standard-Lsgg. in 1n H_2SO_4 erhalten. Reines I besitzt ein UV-Absorptionsmaximum bei 254 mμ, II bei 234 u. 274 mμ u. I–II-Gemische liefern 2 Maxima bei 240 u./oder 255 sowie bei 274 u. 305 mμ. Durch papierchromatograph. Analyse (Lsgm.: Isoamylalkohol/A./Ameisensäure/W. 100 : 15 : 10 : 100) wird gezeigt, daß I u. II vollständig aus der alkal. biolog. Fl. mit Ae. extrahierbar sind. Vorst. spektrophotometr. Meth. ist auf Harn, Gallen-, Magen-, Darmsaft, Plasma, Spinal-Fl. u. Milch anwendbar.
P. Fahrnlaender. 5732 □

Amperometrische Bestimmung von freiem Cystamin in biologischen Flüssigkeiten. B. Mondovì, M. T. Costa und G. Ferro-Luzzi. (Ital. J. Biochem. **10.** 42—49. Jan./Febr. 1961. Roma, Univ., Ist. di Chim. Biol.; engl.) — Inhaltlich ident. mit der C. **1962.** 5418 referierten Arbeit. G. Kirsten. 5732 □

Zur papierchromatographischen Auftrennung von Phosphaten und Sphingolipiden. 2. Mitt. Hildebert Wagner und Ludwig Hörhammer. (Biochem. Z. **333.** 511—17. 1961. München, Univ., Inst. für pharmazeut. Arzneimittellehre; dt.) — 1. vgl. Biochem. Z. **334.** [1961.] 175. — Die Auftrennung einer *Sphingolipid*-Fraktion erfolgt nach Entfernung der Esterphosphatide durch Hydrolyse mit methanol. n-KOH chromatograph. auf CH_2O-Papier. Für Übersichtschromatogramme dienen als Laufmittel die Syst. a) Oberphase des Gemisches Butanol (I) : Eisessig : W. (4 : 1 : 5) u. b) Gemisch von 20 Teilen Pyridin/I/W. (7 : 25 : 25) (Oberphase) mit 5 Teilen Dibutyläther. Dabei erfolgt Auftrennung in *Cerebroside*- (II)–unverestert, II–H_2SO_4-Ester, *Sphingomyolin* u. 2 *Ganglioside*. Zu quant. Zwecken wird zweidimensional chromatographiert. Als Laufmittel dient in der 1. Richtung ein variiertes Gemisch b) mit einem Mischungsverhältnis 16 : 25 : 25 statt 7 : 25 : 25, in der 2. Richtung das Gemisch a). Die Reihenfolge des Färbens ist: Ninhydrin, Phosphormolybdänsäure, Rhodamin B.
Ph. Fresenius. 5750 □

Tranquillizer und verwandte Arzneimittel. Ponnusamy Rajeswaran und Paul L. Kirk. (Bull. on Narcotics **13.** Nr. 3. 15—37. Juli/Sept. 1961. Berkeley, Calif., Univ. of California, School of Criminol.; engl.) — Zu forens. Zwecken wird für 68 *Tranquillizer* eine Reihe von Farb-Rkk. mitgeteilt. P. Gregorzewski. 5762 □

Izaak Maurits Kolthoff, ed., Treatise on analytical chemistry. New York: Interscience. 1961. (567 S. m. Abb.) $ 20.75.

D. W. Radun, Messung der Temperatur flüssiger Metalle, der Feuchtigkeit von Stoffen und der Konzentration von Lösungen. Moskau: 1962. (111 S. m. Zeichng.) 21 Kop. [Russ.]

H. Angewandte Chemie

I. Allgemeine chemische Technologie

Entwicklung und Planung chemischer Prozesse. K. Schoenemann. (Chem. Process Engng. atomic Wld. **42.** 482—88. Nov. 1961. Darmstadt, Inst. für Chem. Technol.; engl.) — An den Beispielen der *Phenol*-Synth. nach Raschig u. der Darst. von *Furfurol* aus Xylose werden verfahrenstechn. Meth. zur Erstellung von Anlagen größter Wirtschaftlichkeit behandelt. Betrachtungen über Art u. Größe des Reaktors sowie Verff. sur Ermittlung der kinet. Grundlagen stehen im Vordergrund. W. Herfurt. 5800 □

Apparate für Destillation, Rektifikation, Absorption, Extraktion. K. Dieter. (Chemie-Ing.-Techn. **33.** 836—38. Dez. 1961. Karlsruhe; dt.) — Überblick über App. u. Bauelemente zur Stofftrennung, welche auf der Achema 1961 gezeigt wurden.
A. Knickenberg. 5802 □

Reaktionsgefäße für die Reinigung von Argon über Calcium. A. Knight. (Chem. Process Engng. atomic Wld. **42.** 494—500. Nov. 1961. Aldermaston, U.K.A.E.A., Atomic Weapons Research Establ.; engl.) — Die Befreiung des Ar von Spuren O u. N erfolgt durch Erhitzen über metall. Ca bei ca. 700°. Bei gelegentlich auftretenden Lufteinbrüchen steigt jedoch die Temp. wesentlich höher. Sowohl in der Praxis als auch im Labor-Vers. zeigte sich, daß Ni u. überwiegend nickelhaltige Legg. dem Angriff festen u. bes. geschmolzenen Ca nicht gewachsen sind. Gute Widerstandsfähigkeit zeigten chromlegierte Stähle, CrAl- u. SiAl-Stahl, kohlenstoffarmer (0,07%) unlegierter Stahl u. Weicheisen. W. HERFURT. 5802□

Werkstoffe zur Konstruktion chemischer Anlagen: Kautschuk. I. L. Hepner. (Chem. Process Engng. atomic Wld. **42.** 501—08. Nov. 1961; engl.) — Nach einem Rückblick auf die Entw. von Herst. u. Verw. natürlichen u. synthet. Kautschuks werden die chem. u. physikal. Eigg. von Naturkautschuk u. einigen gebräuchlichen Kunststoffen verglichen. Abschließend werden Beispiele für die Verw. im Apparatebau gegeben. W. HERFURT. 5804□

Werkstoffe — metallische und nichtmetallische. N. J. L. Megson. (J. Roy. aeronaut. Soc. **65.** 83—89. Febr. 1961; engl.) — Vgl. C. **1961.** 7046. — Es wird ein Überblick gegeben über die Werkstoffe u. deren Eigg., die beim Bau von Überschall-Geschw.-Flugzeugen Verw. finden können. Bes. wichtig ist hierbei die Temp.-Beständigkeit, u. zwar über Zeiträume von bis zu 30000 Stunden. Bis zu Geschw. von Mach 2,2 mit maximal auftretenden Temp. von 130° erscheinen Al-Legg. als ausreichend, während über Mach 2,7 mit 200° schon Stahl oder Ti-Legg. verwendet werden müssen. Al wird für diese hohen Anforderungen mit Mn u. Mg, mit Zn, Mg, Mn u. Cu oder mit Cu, Mg, Mn, Si u. Fe legiert. Für die einzelnen Legg. sind Festigkeitswerte angegeben. Der bisher beste Stahl für diese Zwecke ist mit 16% Cr, 6% Ni, 1,5% Cu, 1,5% Mo, 0,3% Ti u. 0,07% C legiert u. ist rostfrei. Ausgezeichnete Eigg. haben Ti-Legg. mit z. B. 15% Mo oder 4% Al, 3% Mo, 1% V oder 5% Al, 1,5% B. Bei den nichtmetall. Werkstoffen, die zumeist organ. Natur sind, treten bis zu Mach 2,2 keine Schwierigkeiten auf, über Mach 2,7 sind nur noch halborgan. Polymere, wie Teflon u. Siliconharze verwendbar. Für diesen Geschw.-Bereich ist die Entw. von neuen Gläsern u. keram. Werkstoffen von entscheidender Bedeutung. H. GIEHRING. 5804□

Wärmeübertragung von vorgemischten Gasflammen in einem gekühlten Rohr. Donald W. Sundstrom und Stuart W. Churchill. (Chem. Engng. Progr., Sympos. Ser. **56.** 65—73. 1960. Indianapolis, Ind., The Linde Comp.; engl.) — Zur Unters. der örtlichen Wärmeübergangs-Geschw. (WG) von einer Flamme auf eine umgebende Wandung wurden vorgemischte *Propan–Luft*-Gemische in einem wassergekühlten Rohr von 1 in. Ø verbrannt. Die Vers.-Anordnung u. -Durchführung wird beschrieben. Neben der Wärmeflußdichte wurden auch die Frequenzen u. Amplituden der durch den Verbrennungsprozeß im Rohr erzeugten longitudinalen Schwingungen gemessen u. durch Anwendung akust. Dämpfungen diese Schwingungen beeinflußt. Die örtliche WG geht unter allen Bedingungen durch ein Maximum. Die durch die Flamme erzeugten Schwingungen sowie die verschiedenen Variablen beeinflussen die Lage u. Höhe des Maximums beträchtlich. Die WG unterhalb des Maximums stehen mit denjenigen für einen gewöhnlichen Strom eines heißen Gases in befriedigender Übereinstimmung. WOLFGANG WAGNER. 5816□

Mischen. G. J. Jameson. (Chem. Process Engng. atomic Wld. **42.** 489—93. Nov. 1961. Cambridge, Univ., Dep. of Chem. Engng.; engl.) — Neben einem umfassenden Überblick über neuere Literatur zur theoret. Erfassung von Misch- u. Rührvorgängen werden einzelne Geräte unter Hinweisen auf ihre Anwendbarkeit gezeigt. Erwähnung finden auch Probleme aus dem Gebiet der hochviscosen, nicht-NEWTONschen Flüssigkeiten. W. HERFURT. 5822□

Emulsionen und Schäume. Bernard Wolnak, Leonard F. Barrington und Lucille Faller. (Advances Chem. Ser. Nr. **25.** 69—72. 1960. Franklin Park., Ill., Chemlab, Inc. and Decatur, Ill., A. E. Staley Mfg. Co., and Homewood, Ill.; engl.) — Allg. theoret. Überblick über grundlegende Probleme u. Technologie der Emulsions- u. Schaumchemie in der Industrie. H. GUISCHARD. 5824□

Über Dispersionen. Samuel Prussin, George Lieberman und J. Raymond Lindquist. (Advances Chem. Ser. Nr. **25.** 82—91. 1960. Bridgeport, Conn., Aerosol Techn., Inc.; Los Angeles, Calif., Rexall Drug Co.; New York, N.Y., Thayer Labor., Inc.; engl.) — Dispersionsphase, Flüssigphase, Interphase u. die Stabilisierung von Suspensionen werden an Hand einiger Beispiele erläutert. H. GUISCHARD. 5824□

Die physikalische Stabilität von Dispersionen. — Grundlegende Betrachtungen. Raymond R. Myers. (Advances Chem. Ser. Nr. **25.** 92—103. 1960. Bethlehem, Pa., Lehigh Univ.; engl.) — Die Abhängigkeit der Stabilität u. Nichtstabilität von äußeren Einfl., Temp., Vol., chem. Zus., Sedimentations-Vol. sowie Unters.-Meth. werden eingehend beschrieben. H. GUISCHARD. 5824□

Chemischer Leistungsabfall stark basischer Anionenaustauscher vom Typ I. A. L. Wilson. (J. appl. Chem. **11.** 151–56. April 1961. Leatherhead, Surrey, Central Electr. Res. Labor.; engl.) — Die während des Betriebes beobachtete zunächst starke, später schwächere Kapazitätsabnahme stark bas. Austauscherharze wird zurückgeführt auf die Umwandlung stark bas. quart. Ammoniumgruppen in schwächere, z. T. unwirksame Gruppierungen (hervorgerufen vermutlich durch Einw. von O_2) sowie auf eine allmähliche Änderung der Vernetzungsverhältnisse. Neben einem Abfall der stark bas. zeigt sich ein leichtes Ansteigen der schwach bas. Kapazität. Der totale Kapazitätsverlust. nach 2 Jahren beträgt ca. 20%. W. Herfurt. 5826□

Schaumschwimmaufbereitung. P. F. Whelan. (Res. appl. in Ind. **12.** 133. April 1959. Liverpool 23, Great Crosby; engl.) — Übersicht über die histor. Entw. bis zu den modernsten Anwendungsgebieten. — 64 Literaturangaben.
G. Meinhardt. 5828□

Zentrifugen und Kläreindicker. H. Trawinski. (Chemie-Ing.-Techn. **33.** 831–36. Dez. 1961. Wiesbaden; dt.) — Überblick über die auf der Achema 1961 gezeigte große Zahl an Dekantern, Schub- bzw. Schwingsiebzentrifugen, Schälzentrifugen u. Separatoren. Anwendungsgebiete von Hydrozyklonen u. Kläreindickern.
A. Knickenberg. 5828□

Diffusionsgesteuerte chemische Reaktionen. H. L. Toor und S. H. Chiang. (A.I.Ch.E. Journal **5.** 339–43. Sept. 1959. Pittsburgh, Pa., Carnegie Inst. of Technol.; engl.) — Aus der Theorie werden Transformationen gewonnen, die das Syst. der Differentialgleichungen für gewisse Typen diffusionsgesteuerter Rkk. zu Gleichungen für reine Diffusion reduzieren. Die einfachen Beziehungen zwischen den Rkk. werden für reversible monomolekulare Rkk., gewisse Typen reversibler zweimolekularer Rkk. u. irreversibler Rkk. zwischen Arten mit gleicher Diffusion werden aufgezeigt. Sie sind unabhängig von der Geometrie, Hydrodynamik oder den Bindungsbedingungen. Deshalb ist der Massenübertragungs-Koeff. während der Rk.-Zeit vom Koeff. außerhalb, der Rk.-Zeit ohne explizite Kenntnis des Massenübertragungsmechanismus zu ermitteln. Der Rk.-Faktor für irreversible Rkk. mit gleicher Diffusivität wird als ganz allg. Faktor ermittelt. Er ist im wesentlichen unabhängig vom Mechanismus. Einige Daten über die Absorption von SO_2 im laminaren Wasserstrahl werden erörtert. A. Kunze. 5848□

Flüssigphasiger Massenübergang in einer Scheibenkolonne. Haruo Hikita. (Bull. Univ. Osaka Prefect., Ser. A **7.** 145–54. 1959. Osaka, Univ., Coll. of Engng., Dep. of Chem. Engng.; engl.) — Zur Klärung des Mechanismus des Massenüberganges an einer fl. Phasengrenze in einer Scheibenkolonne wurden Verss. der Absorption von CO_2 in *W.*, *Methanol* u. *n-Butanol* durchgeführt. Die Werte für die Höhe einer Übergangseinheit (H_L-Wert) stimmten bei geringen Fließgeschw. mit den Erwartungen auf Grund theoret. Erwägungen überein. Die Variation der H_L-Werte mit der Anzahl der Scheiben konnte erklärt werden. Der Einfl. der Viscosität der Dichte u. der Diffusivität auf die H_L-Werte entsprach der Theorie über die Diffusion im unstetigen Zustand.
Gerhard Günther. 5848□

Einfluß der Flüssigkeits- und Gasvermischung auf die Stoffübergangszahl zwischen zwei Phasen im Kreuzstrom. Wataru Eguchi, Makoto Harada und Shinji Nagata. (Mem. Fac. Engng., Kyoto Univ. **22.** 326–42. Juli 1960. Kyoto, Japan, Univ., Dep. of Chem. Engng.; engl.) — Theoret. Unterss. des Einfl. der Rückvermischung auf den Stoffübergang in der Schaumzone von Sieb- u. Glockenböden unter einer Reihe von vereinfachenden Annahmen führten zu einer Beziehung für den Konz.-Verlauf beider Phasen. Die örtliche Austauschleistung ändert sich mit der NTU u. dem Grad der Gasdurchmischung (G), ist aber unabhängig vom Grad der Fl.-Durchmischung (F). Die Gesamtaustauschleistung des Bodens dagegen hängt von G u. F ab, wobei der Einfl. von F größer als der von G ist. Die Theorie wurde durch experimentelle Ergebnisse mit dem Syst. W./Luft bestätigt. J. Martins. 5848□

Leistungsfähigkeit von berieselten gepackten Türmen–Gasabsorption. Tsutao Otake und Eiichi Kunugita. (Technol. Rep. Osaka Univ. **9.** 199–207. März 1959. Dep. of Chem. Technol.; engl.) — Vff. untersuchten zunächst theoret. den Einfl. der Verweilzeitverteilungen von Fl. in Reaktoren auf den Grad einer in ihnen stattfindenden Rk., u. zwar für die allg. Fälle, daß viele chem. Komponenten bei den Rkk. beteiligt u. daß Massenübertragung zwischen einigen Phasen u. daß die Umkehrung eine Funktion der Zeit allein oder der Zeit u. der Lage ist. Experimentell wurde die Gasabsorption von CO_2 u. Cl_2 in mit Raschig-Ringen gepackten u. mit W. berieselten Türmen untersucht. Die Vers.-Ergebnisse sind graph. wiedergegeben. C. Gottfried. 5848

Einfluß der Säureaktivierung und der Elektrodialyse auf die Lyophilität von Montmorillonit. F. D. Owtscharenko und I. I. Marzin. (Доповіді Академії Наук Української PCP [Ber. Akad. Wiss. UkrainSSR] **1960.** 809—16. Inst. für allg. u. anorg. Chem. der Akad. der Wiss. der UkrainSSR; ukrain., Auszug: engl.) — *Montmorillonit* (I) wurde mit 25%ig. H_2SO_4 6 Std. bei 100° behandelt, bei einer Spannung von 600 V elektrodialysiert u. auf die Benetzungswärme Q gegenüber W. u. Bzl., die Menge A des gebundenen W., die spezif. Oberfläche S u. das Austauschvermögen T untersucht. Es wurden für natürlichen I, elektrodialysierten, mit H_2SO_4 aktivierten sowie für aktivierten u. zusätzlich elektrodialysierten I folgende Werte gefunden: A 21,6; 19,9; 17,1; 20,2%; S 810; 748; 637; 760 m^2/g (mit W.); T 94,4; 90,6; 58,6; 38,3 mg Val/100 g; Q_W. 22,5; 20,8; 17,8; 21,1 cal/g; Q_{Bzl}. 11,8, 12,2; 12,8; 9,2 cal/g. Die Zunahme von A, S u. Q nach der Elektrodialyse des aktivierten I erklärt sich aus der Bldg. von koll.-dispersem SiO_2. O. Lebtag. 5848 □

Über die Entstaubung von Kaltwindkupolöfen. Ekkehard Weber. (Giesserei **47.** 155—57. 24/3. 1960. Zweibrücken/Pfalz; dt.) — Beschrieben wird eine Entstäubungsanlage für Kaltwindkupolöfen. Die mit dieser Anlage erzielten Betriebsergebnisse (Gichtgas- u. Abgasmenge, Wasserverbrauch für die Entstaubung, staubtechn. Wirkungsgrad) sind befriedigend, wenn auch keine vollständige Entstaubung der Abgase, sondern ein Entstaubungsgrad mit über 70% erzielt wird. H. Hochstein. 5850 □

Eine neue Methode zur Bestimmung der Enthalpie und Entropie von Kälteaggregaten. I. Badylkess. (Холодильная Техника [Kälte-Techn.] **36.** Nr. 6. 6—12. Nov./Dez. 1959. Allunions- Forschungsinst. der Kälteind.; russ.) — Das Ähnlichkeitskriterium (dimensionslose Größen) wird zur Ermittlung der Enthalpie u. Entropie herangezogen. Sämtliche thermodynam. Werte lassen sich aus $K_1 = T_s/T_{krit.}$ u. $K_2 = 1/p_{krit.}$ oder lg $p_{krit.}$ ermitteln. Benötigt werden nur die experimentellen Daten für zwei Punkte auf der Dampfdruckkurve. Für eine Reihe von Kältemitteln, vor allem halogenierte KW-Stoffe, sind die Berechnungen durchgeführt. M. Wiedemann. 5858 □

Diffusion in verdünnten Lösungen — eine neue Beziehung. S. H. Ibrahim und N. R. Kuloor. (Brit. chem. Engng. **5.** 795—97. Nov. 1960. Karaikudi, Indien, Central Electrochem. Res. Inst.; engl.) — Eine vereinfachte Meth. zur Best. der Diffusion in verd. Lsgg. wird unter Verw. einer modifizierten Schmidt-Zahl angegeben. — 11 Literaturangaben. F. Rosendahl. 5862 □

Zur Berechnung des Extraktionsprozesses mit zwei Lösungsmitteln. A. F. Frolow. (Химическое Машиностроение [Chem. Maschinenbau] **1959.** Nr. 6. 29—32. Nov./Dez.; russ.) — Die graph. Berechnung der Zahl der theoret. Gleichgewichtsstufen bei der Extraktion eines Stoffgemisches mit 2 nicht miteinander mischbaren Lsgm. ohne Verw. des Phlegma wird erläutert. Als Beispiel wird die Extraktion eines Gemisches von *Isopren* u. *Isoamylenen* mit *Furfurol* u. *Kerosin* behandelt. R. K. Müller. 5862 □

Untersuchungen an Lochplattenextraktionstürmen von herkömmlichem Typ. Koretsune Ueyama und Hiroyuki Kobayashi. (Bull. Univ. Osaka Prefect., Ser. A. **7.** 113—32. 1959. Osaka, Univ., Coll. of Engng., Dep. of Chem. Engng.; engl.) — Vff. führten Extraktions-Verss. in Lochplattenkolonnen durch, bei denen die Lochplatten mit Steig- u. Fallrohr versehen waren. Durch W. als schwere Phase wurde *Essigsäure* aus *Benzol*- oder *Methylisobutylketon*-Lsg. als leichter Phase extrahiert. Auf Grund der Konzz. in der leichten Phase wurden Werte für die Höhe einer Übergangseinheit (HTU-Werte) ermittelt. Die Dicke der Sammelschichten über bzw. unter einer Platte wurde bei verschiedenen Betriebsbedingungen gemessen u. die Ergebnisse in Gleichungs-Syst. gefaßt. Des weiteren werden Ergebnisse von Verss. über die Abhängigkeit der HTU-Werte von den Fließbedingungen beider Phasen, den Lochdurchmessern, den Plattenabständen u. von anderen App.- u. Verf.-Bedingungen mitgeteilt.
Gerhard Günther. 5862 □

Untersuchungen an Lochplattenextraktionstürmen mit verändertem Fließverhalten. Koretsune Ueyama und Akira Katayama. (Bull. Univ. Osaka Prefect., Ser. A **7.** 133—44. 1959. Osaka, Univ., Coll. of Engng., Dep. of Chem. Engng.; engl.) — In gleicher Weise, wie im vorst. Ref. beschrieben, führten Vff. Extraktions-Verss. in Lochplattenextraktionskolonnen durch, bei denen die einzelnen Böden kein Fallrohr hatten. Die Ergebnisse werden mit Werten von den herkömmlichen Lochplattenkolonnen verglichen. Es wurden wesentlich tiefere HTU-Werte erreicht, was höhere Kolonnendurchsätze erlaubt. Gerhard Günther. 5862 □

Wirksamkeit von Füllkörperkolonnen. 5. Mitt. **Einfluß der Gaskonzentration auf den Stoffübergang der Gasphase.** H. L. Shulman und L. J. Delaney. (A. I. Ch. E. Journal **5.** 290—94. Sept. 1959. Potsdam, N.Y., Clarkson Coll. of Technol.; engl.) — 4. vgl. A. I. Ch. E. Journal **3.** [1957.] 157. — Stoffübergangs-Verss. mit dem Syst.

CCl_4/Luft (Gegenstrom) in einer Füllkörpersäule (4 in. ∅, 1,75 in. Höhe; RASCHIG-Ringe 0,5 in. ∅) ergaben eine modifizierte Form einer auf Grund früherer Arbeiten (SHULMAN u. Mitarbeiter, A. I. Ch. E. Journal **1.** [1955.] 247, 253, 259 u. **3.** [1957.] 157) gewonnenen Beziehung zur Berechnung der Stoffübergangszahl k_g. Während bei den damaligen Verss. die Konz. des übertragenen Stoffes im Gas so gering war, daß der Partialdruck P_{BM} des Inertgases prakt. gleich dem Gesamtdruck P_T war, wird in der vorliegenden Arbeit der Luft bereits vor Eintritt in die Säule CCl_4-Dampf zugemischt, so daß P_{BM} genügend groß wird u. sein Einfl. auf k_g bestimmt werden kann. Der neue Term geht in der Form $(P_{BM}/P_T)^{2/3}$ in die Gleichung ein. Die Sc-Zahl wird am günstigsten bei mittleren Filmbedingungen gebildet, d. h. die Konzz. von Eintritt, Austritt, Säulenkern u. Austauschfläche werden gemittelt. Mit der gewonnenen Gleichung ist es möglich, k_g für jedes Gas–Fl.-Syst. beliebiger Anfangs-Konz. (Gas/Fl.) zu berechnen. J. MARTINS. 5864 □

Eine neue Methode zur Analyse der Arbeit von Füllkörper-Rektifikationskolonnen. I. P. Slobodjanik. (Известия Высших Учебных Заведений (Краснодар), Пищевая Технология [Hochschulnachr. (Krasnodar), Nahrungsmittel-Technol.] **1960.** Nr. 1. 112 bis 116. Krasnodar, Inst. für Lebensmittelind., Lehrstuhl für Prozesse u. App.; russ.) — Eine Unters.-Meth. für die Arbeit der Füllkörper-Rektifikationskolonnen bei gleichen hydrodynam. Bedingungen ermöglicht die Ableitung einer kinet. Gleichung zur Berechnung der Dimensionen der Apparatur. Zwecks Berücksichtigung der physik.-chem. Bedingungen der Massenübertragung wird der Begriff „Äquivalenet-Koff. der akt. Massen" eingeführt. Der erhaltene Koeff. wird bei den Rektifikationsprozessen angewandt. Ein allg. Ausdruck für den Koeff. der Rektifikationsprozesse wird abgeleitet. Eine allg. Gleichung für die Analyse der Arbeit der Kolonnen bei gleichen hydrodynam. Bedingungen wird vorgeschlagen. S. BARYSCHNIKOW. 5864

Zur Bestimmung der Zusammensetzung der von den Aufgabeböden bei der Rektifikation von Mehrstoffgemischen abfließenden Gemische. B. N. Michailowski. (Известия Высших Учебных Заведений (Иваново), Химия и Химическая Технология [Hochschulnachr. (Iwanowo), Chem. chem. Technol.] **2.** 141—46. 1959. Moskau, Chem.-technol. Mendelejew-Inst.; russ.) — Vgl. C. **1955.** 7283. — Es werden Gleichungen entwickelt, nach denen aus der Zus. des Ausgangsgemischs (Index F), des Rektifikats (D) u. des Bodenablaufs (W) u. der Zahl u. Flüchtigkeit der Komponenten (Indexziffer mit der Flüchtigkeit ansteigend) die Konz. der Komponenten für die einzelnen Böden einer mehrbödigen Rektifizierkolonne berechnet werden kann. Als rechner. Beispiel wird ein Dreistoffgemisch (*Bzl.–Toluol–Xylol*) u. ein Fünfstoffgemisch (*Phenol-o-* u. *m-Kresol–Xylenol*-Rückstand) behandelt. R. K. MÜLLER. 5864 □

Trockner. W. Schnell. (Chemie-Ing.-Techn. **33.** 849—57. Dez. 1961. Dormagen; dt.) — Bei den auf der Achema 1961 gezeigten Industrietrocknern waren sowohl App. mit Gutüberstömung durch das Trockenmittel ausgestellt als auch Maschinen mit durchströmten oder verwirbelten Gutschichten. Die Entw. geht zu Trocknern für geschlossene kontinuierliche Arbeitsprozesse. Beschreibung von Wirbelschicht- u. Flugtrocknern sowie von App. für normales oder erhöhtes Vakuum. A. KNICKENBERG. 5874 □

Sprühtrocknung von Pigmentschlämmen. G. Király. (Brit. chem. Engng. **5.** 791—94. Nov. 1960. Budapest, Inst. Schwerchemikalien-Ind., Abt. für Automation.; engl.) — Vgl. C. **1960.** 8021. — Alle eingesetzten Pigmentschlämme konnten durch Sprühtrocknung getrocknet werden. Die Temp. u. die Verunreinigungen der Schlämme hatten keinen Einfl. auf die Güte des Trockenprodukts. Ein Sprühzerstäuber mit 6 at Druck gab gute Ergebnisse, so daß es bei geeigneten Arbeitsbedingungen manchmal möglich war, Trocken-Prodd. mit einer solchen Teilchengröße zu erhalten, daß eine nachträgliche Aufarbeitung nicht mehr nötig war. — 12 Literaturangaben. F. ROSENDAHL. 5874 □

Tritium in Industrie und Technik. K.-H. Segel. (Isotopentechnik **1.** 169—71. 1960/61. Berlin-Buch, Inst. für Med. u. Biol., Bereich Angewandte Isotopenforsch.; dt.) — Eigg. von ^3H als Tracer in organ. Verbb. im Vgl. mit ^{14}C; Markierungs-Meth., auch spezif. Markierung, in klass. Synth. u. im katalyt. Austausch mit ^3H-Wasser oder ^3H-Gas; Meß-Meth. durch Fl.-Scintillationszählung, Gaszählung u. Messen in der Ionisationskammer; Anwendungsbeispiele: aus der geolog. Forschung, Messen des Schmierölverbrauchs, H-Verteilung in Ti- u. Zr-Metall, ^3H an Ti-Folie als Antistatikum. M. HAGEDORN. 5888

Ein Zähler für feste Proben, die labiles Tritium enthalten. A. R. G. Lang und S. G. Mason. (Int. J. appl. Radiat. Isotopes **7.** 251—57. Jan. 1960. Montreal, Quebec, Canada, McGill Univ., Dep. of Chem., Pulp and Paper Res. Inst. of Canada, Phys. Chem. Divis.; engl.) — Konstruktion u. Arbeitsweise einer App. zur Unters. des T-Austausches zwischen Cellulose u. W. durch Messung der festen Proben werden besprochen

Die App. ermöglicht eine neuartige Manipulierung der Proben unter Hochvakuum in der Rk.-Kammer u. in einem Proportionalzähler. Zählcharakteristiken, Absorption im Gas u. im Fenster, die Rk.-Dauer u. die entstehende Verseuchung werden besprochen. L. Roth. 5888□

Die Gesamtimpulszählmethode: ein neues Prinzip für Strömungsmessungen. D. E. Hull. (Int. J. appl. Radiat. Isotopes **4.** 1–15. Dez. 1958. Richmond, Calif., California Res. Co.; engl.) — Das Auszählen einer bestimmten Menge eines der strömenden Fl. beigemischten Radioisotops während des Vorbeifließens an einem Zähler gestattet die Best. der Strömungs-Geschw. aus der Impulsrate. Anwendungsbereiche sind Strömungsmessungen in Rohrleitungen u. Messungen an Leckagen in Kühlern, Kondensatoren oder Wärmeaustauschern. W. Betcke. 5888□

Eine vorläufige Untersuchung von drei Cermets, basierend auf Uranoxid. L. S. Williams, D. T. Livey, E. Barnes und P. Murray. (J. nuclear Energy **4.** 164–78. Febr. 1957. Harwell, UKAEA Res. Group, Metallurgy Div.; engl.) — Vff. beschreiben Darst. u. Eigg. von Cermets auf UO_2-Basis. Die Herst. durch Heißpressen ist in Ggw. von Ar-Atmosphäre am günstigsten. Die Hitzebeständigkeit von UO_2 wird durch *Zr*-Zusatz nicht verbessert; dagegen zeigen das Syst. UO_2–*Th* bei höheren Metall-Geh. sowie in geringerem Maße das Syst. UO_2–*Si* (bis zu 60% Metall) Verbesserungen in dieser Hinsicht. Die schlechten Eigg. des Zr-Cermets beruhen wahrscheinlich auf einer oxydierenden Versprödung des Zr infolge Rk. mit der oxyd. Komponente. Die Verw. von Si als metall. Komponente verbessert bei 20 Vol.-% die Oxydationsbeständigkeit von UO_2 an der Luft bis zu Temp. von 900°; weiterer Si-Zusatz über 20% hinaus hat kaum Einfl. auf die Oxydationsgeschwindigkeit. G. Ruban. 5894□

Gasseitige Wärmeübertragungs-Untersuchungen. D. A. Barnard, N. Cherrett und G. D. Robinson. (Nuclear Engng. **4.** 394–99. Nov. 1959. Wrightson & Co. Ltd.; engl.) — Bei der Konstruktion von Kernenergie-Wärmekraftanlagen ist dem Problem der Wärmeaustauscher eine größere Beachtung zu schenken als bei konventionellen Anlagen. Hierfür fehlen jedoch weitgehend Unterlagen. Mit Hilfe von speziell angepaßten Modellanlagen ermittelten Vff. eine Reihe von wichtigen Daten, wie Reibungsfaktoren für den Wärmefluß über Rohraustauscher mit verschiedenartig vergrößerten Oberflächen sowie den Einfl. verschiedener Konstruktionsparameter auf die Erhitzerdimensionen. Wolfgang Wagner. 5894□

Herstellung von undurchlässigem Graphit. W. Watt, R. L. Bickerdike, A. R. G. Brown, W. Johnson und G. Hughes. (Nuclear Power **4.** 86–88. Febr. 1959. Farnborough, Royal Aircraft Establ.; engl.) — *Furfurylalkohol* (I)-Polymerisate („Harze“) werden bei der Verkohlung bei 1000° unter beträchtlichem Schrumpfen in ein „Kohleglas“ verwandelt. Durch Imprägnieren mit I u. dessen Polymerisation u. Carbonisierung können Graphitrohre gasundurchlässig für hohe Temp. gemacht werden. I-Harz läßt sich auch als Kitt verwenden u. gibt nach dem Carbonisieren dichte Verbb. zwischen Graphit- u. Kohleteilen. Durch Verw. von I an Stelle von Pech als Bindemittel für Kohle- oder Graphit-Pulver lassen sich hochgradig gasdichte Rohre herstellen. Weiter wird eine Meth. der Gasimprägnierung von feinkörnigem Graphit in einer Atmosphäre von benzoldampfhaltigem N_2 bei 750–800° beschrieben. Sie läßt sich mit der I-Imprägnierung kombinieren. W. Betcke. 5894□

Thermische Instabilität infolge der Graphitoxydation. P. J. Robinson und J. C. Taylor. (Nuclear Engng. **4.** 400–03. Nov. 1959. Windscale Works, UKAEA, D. &. E. Group; engl.) — Die Oxydation von Graphit durch Luft ist ein stark exothermer Vorgang, der einen hohen positiven Temp.-Koeff. bei allen prakt. vorkommenden Temp. aufweist. Wenn daher die durch Oxydation erzeugte Wärmemenge die Wärmeabgabe an die Umgebung überschreitet, erhöht sich die Graphit-Temp. mit wachsender Geschw., bis die Temp.-Steigerung durch einen neuen Weg der Wärmeabgabe aufgehalten wird. Zur Bestätigung der theoret. Überlegungen wurden experimentelle Unterss. mit einem Modell-Reaktor durchgeführt, wobei sich zeigte, daß unter bestimmten Bedingungen Temp. von weit über 1000° auftreten können. Wolfgang Wagner. 5894□

Über einige Probleme bei homogener Wirbelschicht von Kugelteilchen Ján Beňa, Ján Ilavský, Elemér Kossaczký und Ondrej Zákutný. (Chem. Zvesti **13.** 170–85. 1959. Bratislava, Slov. vys. škola techn.; slowak.) — Vgl. C. **1959.** 15153. — Bei niedrigen Werten der Archimedes-Zahl Ar (3,4–223) wird die Ausdehnung homogener Wirbelschichten gemessen, wobei der laminare Strömungsbereich in einen typ. laminaren u. einen pseudolaminaren Bereich unterteilt wird. Im typ. laminaren Bereich ist der Widerstand von der Dichte der Fl. unabhängig; dies gilt bei Ar $< 7{,}2$. Dagegen beeinflußt die Dichte der Fl. den Widerstand bei Ar $> 7{,}2$, auch wenn die Reynolds-Zahl Re $\ll 0{,}4-1$ ist, dies ist der pseudolaminare Bereich. In beiden Bereichen gilt die Beziehung 12,8 Re = Ar $(Ar + 19)^{-0,11} \varepsilon^{4,65}$ [$\varepsilon = (L - L_0)/L$ = spezif. Leer-Vol. einer gleichmäßigen Wirbelschicht, L = Wirbelschichthöhe, L_0 = Höhe der kompakten Schicht, wenn Re $\leqslant Re_k = [(Ar + 34)/199{,}6]^{1/1{,}747}$ ist (Re_k = krit. Wert von Re). R. K. MÜLLER. 5904□

Der Einfluß der Temperatur auf die Fluidisierung von Silber-Pulver. E. Echigoya und G. L. Osberg. (Canad. J. chem. Engng. **38**. 43—45. April 1960. Ottawa, Ontario, Canada, Nat. Res. Council, Div. of Appl. Chem.; engl.) — Bei Fließbett-Verss. mit pulverisiertem reinem Ag oder Ag-Katalysator (91,5% Ag; 8,5% Ca) in geheiztem Bett zeigten sich Agglomerationen, die schon bei verhältnismäßig niedrigen Temp. zum Zusammenbruch des Wirbelbettes führten. Diese Erscheinung wurde untersucht in einem Pyrexrohr, bei dem die Agglomeration sowohl direkt als auch durch plötzliches Absinken des Druckabfalles, verursacht durch Kanal-Bldg. zwischen den zusammenbackenden Teilchen, beobachtet werden konnte. Die Fluidisierung hört bei einer bestimmten, von der Siebfeinheit des Pulvers abhängigen Temp. auf. Die Agglomeration beginnt bei dieser Temp. nicht sofort, sondern erst nach einer Zeitspanne t. Der Ansatz $(1/t) = A\,e^{-\Delta E/RT}$ (A = experimentelle Konst., ΔE = Aktivierungsenergie für den Agglomerisationsvorgang) erlaubt, die letztere zu 18 kcal für reines Ag, zu 38—52 kcal für Silberkatalysator zu bestimmen. Die Agglomeration wird auf Sinterung zurückgeführt. W.-G. ACKERMANN. 5904□

Beschichten im Wirbelschichtbett. Joseph Gaynor. (Chem. Engng. Progr. **56**. Nr. 7. 75—78. Juli 1960; engl.) — Vgl. C. **1961**. 3163. — Seine neueste Anwendung findet das Wirbelschichtbett für das Beschichten von Gegenständen mit Kunststoffen, die bei niedrigeren Temp. schm. als der zu beschichtende Gegenstand, der vor dem Einhängen in die Wirbelschicht auf eine höhere Temp. als die des F. des pulvrigen Wirbelschichtmaterials erhitzt wird. Da die Kunststoffkörnchen an dem heißen Gegenstand schm., bleiben sie haften u. ergeben einen gleichmäßigen Überzug. Um ein Haften des Pulvers zu bewirken, kann der Gegenstand auch mit einer dünnen, klebrigen Unterschicht bedeckt oder elektrostat. aufgeladen werden. Vf. behandlt die theoret. Grundlagen für diese Meth. u. den Einfl. der verschiedenen Parameter auf Dicke, Gleichmäßigkeit u. Haftfähigkeit der Schicht. H. GIEHRING. 5904□

Heinrich Dohmen, Holland, **Agglomerieren von Mineralien.** Als Bindemittel werden 4—6% einer Mischung aus Ton u. Kalk (bes. Kalk-Mergel), $MgSO_4$, $FeSO_4$, Stärke, KOH, NaOH u. W. bei 50° verwendet. (**F. P. 1 232 918** vom 1/4. 1957, ausg. 12/10. 1960. D. Prior. 5/4. 1956.) O. KAYSER. 5821

VEB Farbenfabrik Wolfen (Erfinder: Heinrich Häder), Wolfen, **Herstellung von als Adsorptionsmittel dienenden Austauscherharzen** durch Kondens. von m-Phenylendiamin, CH_2O u. m-Aminophenol, Naphthylamin oder 2.2'-Diamino-1.1'-dinaphthyl. — Man kühlt eine Lsg. von 27 (Gew.-Teilen) m-Phenylendiamin u. 13,6 m-Aminophenol in 55 32%ig. HCl u. 150 W. auf 5° u. gibt 75 30%ig. Formalin zu. — Verw. der Harze für *Entfärbung von Zucker-Lsgg., Enteisenung u. Entchlorung von W., Reinigung von Metallsalzlösungen.* (**Oe. P. 211 750** vom 29/12. 1958, ausg. 25/10. 1960. D. Prior. 20/11. 1958.) M. PANKOW. 5827

National Aluminate Corp., Chicago, Ill. (Erfinder: Harry Paul Gregor, Hewlett, N.Y., und Harold Irvin Patzelt, Chicago, Ill.), V.St.A., **Herstellung einer selektiv ionendurchlässigen Membran,** dad. gek., daß man ein thermoplast., filmbildendes, säure- u. laugenbeständiges, wasserunlösl. u. im wesentlichen unvernetztes Vinylhomo- oder -mischpolymerisat u. einen wasserlösl., im wesentlichen unvernetzten Polyelektrolyt in einem organ. Lsgm. bzw. -gemisch löst, die Lsg. auf einer Unterlage in dünner Schicht ausbreitet, das Lsgm. bis zur Bldg. eines festen Films verdunsten läßt, den Film in ein polares Lsgm. legt u. ihn vor oder nach dem Einlegen in das Lsgm. von der Unterlage abzieht. Als Unterlage dient bes. eine nichtleitende poröse Schicht, auf der der Film belassen wird, als Filmbildner ein Vinylchlorid (I)–Acrylnitril (II)-Mischpolymerisat (45:55 bis 80:20) u. als Polyelektrolyt Polystyrolsulfonsäure oder ein Poly-(vinylbenzoltrialkylammoniumsalz), z. B. Poly-[styrol-o- oder -p-trimethylammoniumjodid], verwendet. — Man stellt z. B. eine Kationenaustauschermembran, die 77 (%) I-II-Mischpolymerisat („Dynel") u. 23 in W. quellbare freie Polystyrolsulfonsäure mit einem durchschnittlichen Molgew. von ca. 70000 enthält, dadurch her, daß man eine Lsg., die 3 einer Mischung vorst. Bestandteile, 67 Cyclohexanon u. 30 CH_3OH enthält, auf eine Glasplatte von 49° gießt, 17 Std. bei 49° trocknet, die 0,087 mm dicke Membran durch 1std. Weichen in entionisiertem W. entfernt u. in letzterem aufbewahrt. Entfernung von Ionen (Elektrolyten) aus Meer-, Moor- u. Abwässern (der Zuckerfabrik), Konzentrieren von verd. Salz-Lsgg. (radioakt. Abwässern),

Trennung von Ionen (NaCl-Elektrolyse, Spaltung von Ba_2SO_4, Reinigen von organ., aus Salzen hergestellten Säuren, deren Aminen u. Hydrochloriden, Herst. von Diaphragmen für elektr. Sammler, Rückgewinnen von H_2SO_4 u. Fe bzw. von Cl oder HCl aus Metallbeizen), Abtrennung von Elektrolyten aus Nichtelektrolyten in wss. Syst. (bei der Herst. von Kieselsäuresolen, Abtrennung von ionisierten Verunreinigungen aus Glycerin, künstlichen Körperorganen, bei der Isolierung von bestimmten Enzymen, Abtrennung von Nichtelektrolyten aus Elektrolyten durch Diffusion der ersteren durch die Membran), Entfernung von Elektrolyten von Nichtelektrolyten in nichtwss. Syst. (Entfernung von ionisierten Verunreinigungen aus Bzn. u. Öl), physikal. u. biolog. Forschungen (Best. der pK von Polyphosphaten u. der Struktur von Proteinen), Ionenaustausch durch Diffusion durch Membranen im Gegenstrom (Enthärten von W. durch Ersatz des Ca u. Mg durch Na) u. Salzspaltungen (H-Ionenaustausch durch Kationenmembran, OH-Ionenaustausch durch eine Anionenmembran). — Beispiele, Tabellen. (**D. A. S. 1 045 648** Kl. 39b vom 26/3. 1957, ausg. 4/12. 1958. **E. P. 835137** vom 25/2. 1957, ausg. 18/5. 1960.) G. Vogel. 5827

English Clays Lovering Pochin & Co. Ltd., St. Austell (Erfinder: William Windle, St. Austell), Cornwall, England, **Behandeln der Produkte von Schaumflotationsprozessen,** die Spuren eines Schaumflotationsmittels enthalten. Man erzeugt zunächst eine wss. Suspension des Produktes. Diese wird dann vorzugsweise in einer Flotationszelle bewegt u. belüftet. Der gebildete Schaum wird hierauf entfernt. (**D. A. S. 1 117 516** Kl. 1c vom 6/4. 1960, ausg. 23/11. 1961. E. Prior. 8/4. 1959.) W. Hauswald. 5829

Deutsche Gold- und Silber-Scheideanstalt vormals Roessler, Frankfurt/M. (Erfinder: Franz Koenig, Offenbach/M.), **Herstellung von Alkalisalzen von Monoalkyl- und Monocycloalkyldithiocarbaminsäuren** durch Rk. von prim. Aminen mit CS_2 u. Alkalihydroxid, dad. gek., daß ein Teil des für die Salz-Bldg. erforderlichen Alkalihydroxids durch eine Alkali-Verb. von 2wertigem S, bes. durch Alkalisulfid, ersetzt wird. — Man kühlt 1 (Mol) Cyclohexylamin, 1 $Na_2S \cdot 9\ H_2O$ u. 0,5 NaOH (20 g + 80 ml W.) auf 20° u. läßt 1 CS_2 innerhalb 60 Min. zutropfen. Es scheiden sich gelbgefärbte Kristalle von Na-Monocyclohexyldithiocarbamat ab. Ferner werden hergestellt: *Na-Isopropyldithiocarbamat*; *Na-N-cyclohexyldithiocarbamat*. — *Flotationsmittel*. (**D. A. S. 1 124 476** Kl. 12o vom 23/7. 1959, ausg. 1/3. 1962.) G. König. 5829

Kurt Bernhard, Dresden, **Klärung und Filtration von Feststoffsuspensionen.** Man verwendet hierfür mit H_2SO_4 hydrolysiertes Polyacrylnitril in wasserlösl. Form. (**D. A. S. 1 120 996** Kl. 1c vom 18/4. 1959, ausg. 4/1. 1962.) W. Hauswald. 5829

Commissariat à l'Énergie Atomique, Paris (Erfinder: Jean Goupil, Fontenay-aux-Roses, und André Roguin, Antony, Seine), Frankreich, **Selektive Feststellung von Spaltprodukten (I) in Gasen,** gek. durch eine von zumindest einem Teil des zu untersuchenden Gasstroms (II) durchflossene, in ihrer Zuführungs- u. Abgangsleitung mit gleichzeitig steuerbaren, den II unterbrechenden bzw. freigebenden Absperreinrichtungen versehene Kammer, die mit zur selektiven Best. der Radioaktivität der in ihr vorhandenen I dienenden Strahlungsdetektoren ausgerüstet ist, die den vor der Absperrung ermittelten Meßwert einer Speichereinrichtung zuführen, von wo aus er einer Vgl.-Einrichtung zusammen mit dem nach der Absperrung ermittelten Meßwert zugeführt wird. (**D. A. S. 1115956** Kl. 21 vom 3/12. 1958, ausg. 26/10. 1961. F. Prior. 5/12. 1957.) W. v. Huhn. 5889

United Coke & Chemicals Co. Ltd., Treeton, Rotherham, Yorkshire (Erfinder: Harry Lister Riley, Worksop, Nottinghamshire, und Andrzej Romanski, Sheffield, Yorkshire), England, **Herstellung von Katalysatoren im Wirbelbett.** Teilchen eines katalyt. Stoffes werden in ein Wirbelbett aus porösen Trägerteilchen bei einer Temp. eingetragen, bei welcher der Stoff schmilzt. (**D. A. S. 1 122 929** Kl. 12g vom 30/6. 1960, ausg. 1/2. 1962. E. Prior. 3/7. 1959.) H. Roos. 5905

Farbwerke Hoechst Akt.-Ges., vormals Meister Lucius & Brüning, Frankfurt/M., *Säure- und alkalibeständige Zemente.* (**Belg. P. 556 815** vom 18/4. 1957, ausg. 26/2. 1960. D. Prior. 11/9. 1956. — **C. 1958.** 2240 [D. A. S. 1 014 687].)

Zellstoffabrik Waldhof, Mannheim, *Fixierung von Dispersionen.* (**Belg. P. 565 848** vom 19/3. 1958, ausg. 29/7. 1960. D. Prior. 20/3. 1957. — **C. 1961.** 17328 [Oe. P. 209 316].)

Röhm & Haas G. m. b. H., Darmstadt, *Herstellung von Austauschharzen.* (**E. P. 845 950** vom 15/7. 1958, ausg. 24/8. 1960. D. Prior. 31/7. 1957. — **C. 1960.** 5931 [D. A. S. 1 041 250].)

Emscher Aufbereitung G. m. b. H., Mülheim/Ruhr (Erfinder: **Paul August Franz Bäumert**, Walsum, und **Hans Arbeit**, Düsseldorf), *Aufbereitung von Schlämmen, insbesondere Klärschlämmen.* (**E. P. 859 516** vom 21/7. 1958, ausg. 25/1. 1961. — **C. 1962.** 2491 [D. A. S. 1 094 201].)

Ernst Max Tischer, Augsburg, *Filtrieren von Flüssigkeiten.* (E. P. 858 519 vom 13/1. 1958, ausg. 11/1. 1961. D. Prior. 11/1. 1957. — C. 1962. 252 [D. A. S. 1 073 449].)

Carbonisation et Charbons Actifs, Paris, Frankreich, *Herstellung künstlicher zeolithischer Molekularsiebe.* (E. P. 873 883 vom 5/6. 1959, ausg. 2/8. 1961. F. Prior. 6/6. 1958. — C. 1961. 14413 [D. A. S. 1 103 904].)

Siegfried Buch, Einführung in die allgemeine Vakuumtechnik. Stuttgart: Wissenschaftliche Verl. Ges. 1962. (XII + 207 S. m. 186 Abb.) 8°. DM 38,—.

Wilfred Francis Coxon, Automatic process control. London: Heywood & Co. 1962. (X + 291 S. m. Abb., Taf., Tab. u. Diagr.) 55 s.

H. L. Eschbach, Praktikum der Hochvakuumtechnik. Leipzig: Akademische Verlagsgesellschaft Geest & Portig. 1962. (X + 243 S. m. 223 Abb. u. 26 Tab.) 8° = Technisch-Physikalische Monographien. Bd. 13. DM 28,50.

Henri Guérin, Chimie industrielle. La grande industrie chimique. Tome I: Les industries du soufre et de ses composés. Paris: Presses Universitaires de France. 1962. (XX + 416 S. m. Abb.) 32 NF.

II. Betriebsschutz. Feuerschutz

Rauchexplosionen in Fabriken: Untersuchungen über Entflammbarkeit und Beschreibung eines neuen Inflammators. R. H. Essenhigh. (Safety Mines Res. Establishment, Res. Rep. **1960.** Nr. 188. 1—21. Mai; engl.) — Allg. techn.-physikal. Betrachtungen u. Beschreibung eines App. zur Messung der Entflammbarkeit von Gasen u. Rauch, der von den äußeren Bedingungen (Konz. u. a.) weitgehend unabhängige Resultate liefert. W. BETCKE. 5936□

Explosionsgefahr bei Torfstaub. W. I. Wjunow und S. Je. Schimanowa. (Торфяная Промышленность [Torf-Ind.] **38.** Nr. 2. 20—22. 1961. Moskau, Brandschutzuntersuchungsstation des Gebietssowjets; russ.) — Vff. erörtern die Temp. der *Funken-Bldg.* (*FB*) u. *Selbstentzündung* (*SE*) sowie den *Flammpunkt* (*FP*) für 14 Arten von Torfstaub (TS). Es wird festgestellt, daß die Temp. der SE des TS 213—243° beträgt. Die FB-Temp. bzw. der FP liegen bei 320—520° bzw. 550 bis >1000°. Es wird bestätigt, daß TS mit Partikel-Ø von >0,15 mm nicht explosiv ist. Beschreibung u. Arbeitsweise einer Labor-App. zur Best. der SE-Temp. von TS im Luftstrom sowie einer Vorr. zur Best. der therm. Kennziffern der Feuergefährlichkeit von Aerosolen werden angegeben. S. BARYSCHNIKOW. 5936

Bestimmung von Trichloräthylen in Luft. V. Stack jun., D. E. Forrest und K. K. Wahl. (Amer. ind. Hyg. Assoc. J. **22.** 184—86. Juni 1961. Newtown Square, Pa., Roy F. Weston, Inc.; engl.) — Man extrahiert die zu untersuchende Luftprobe mit Toluol, versetzt den Extrakt mit Pyridin u. alkohol. KOH-Lsg., läßt 5 Min. stehen, versetzt mit W., läßt 15 Min. im Dunkeln stehen, versetzt mit Methanol u. bestimmt nach 30 Sek. die Farbstärke bei 537 mμ. W. WESLY. 5940□

Probensammeltechnik für Verbrennungsquellen — Benzopyren-Bestimmung. Robert L. Stenburg, Darryl J. von Lehmden und Robert P. Hangebrauck. (Amer. ind. Hyg. Assoc. J. **22.** 271—75. Aug. 1961. Cincinnati, Ohio, Public Health Service; engl.) — Es wird gezeigt, daß das Benzopyren aus dem Hochtemp.-Gasstrom durch Filtration nach dem Kühlen des Gases bis nahe Umgebungstemp. gesammelt werden kann. Eine Serie Wasserblasen u. Kondensatfallen, Anordnungen im Eiswasserbad haben sich als ausreichend dafür erwiesen. Ein hochwirksames Filter als Endkollektor ist notwendig, da durch den Waschprozeß nur ein kleiner Teil des Benzopyrens entfernt wird. Die Filterung bei niedriger Temp. gibt vernachlässigbare Verluste. A. KUNZE. 5940□

Bestimmung der Luftverunreinigung mittels der Korrosionsgeschwindigkeit von Prüfwerkstoffen. William C. Galegar und Roy O. McCaldin. (Amer. ind. Hyg. Assoc. J. **22.** 187—91. Juni 1961. Oklahoma City, Oklahoma State Health Dep.; engl.) — Man setzt (mit 10%ig. H_2SO_4 gesäuberte) Fe-Scheiben mehrere Wochen der Einw. der Atmosphäre aus u. bestimmt die Gew.-Zunahme der Scheiben, die ein Maß für korrosive Luftbestandteile darstellt. Das Verf. gibt keinen Aufschluß über die Art dieser Luftverunreinigungen, gestattet aber, die relativen Korrosions-Geschw. in verschiedenen Teilen einer Gemeinde oder den Verlauf der Korrosions-Geschw. in mehrjährigen Perioden zu ermitteln. W. WESLY. 5948□

Auergesellschaft G. m. b. H. (Erfinder: Günther Koh), Berlin, **CO-oxydierende Filtermasse** mit Indicator- (Warn-) schicht aus CaC_2, dad. gek., daß die geruchsbildenden Bestandteile der Indicatorschicht derart von einer Wasserdampf aufnehmenden Hülle umgeben sind, daß die Einw. des Wasserdampfes bis zum ersten Durchbruch des CO durch die katalyt. wirkende Filtermasse verzögert wird. — *Atemschutzfilter*. (**D. A. S. 1 125 283** Kl. 61 b vom 9/6. 1960, ausg. 8/9. 1962.) A. Gradl. 5937

Metallwerk Plansee G. m. b. H., Reutte/Tirol, Österreich (Erfinder: **Richard Kieffer** und **Karl Sedlatschek**), *Für die Abschirmung der Strahlung radioaktiver Elemente geeigneter Werkstoff und Verfahren zu dessen Herstellung*. (**Schwz. P. 353 533** vom 3/12. 1956, ausg. 31/5. 1961. Oe. Prior. 14/7. 1956. — C. **1959.** 4590 [Oe. P. 194 498].)

III. Elektrotechnik

Untersuchungen über kriechstromfeste Gießharze. Hans Stamm und Josef Schwarz. (Wiss. Z. Techn. Hochschule Dresden **10.** 733—39. 1961. Ilmenau, Hochschule für Elektrotechnik; dt.) — Die Unters. organ. Isolierstoffe in Freiluft unter trop. Bedingungen zeigt, daß das sehr ungünstige Kriechstrom-Verh. von Gießharz durch Beimischungen von anorgan. Füllstoffen verbessert wird. Bei Epoxidharz mit 200 (Gew.-%) Quarzmehl oder mit 130 $Al_2O_3 \cdot 3\ H_2O$ wurde nach dem Tropf-Verf. (VDE 0303) u. der Staubnebel- bzw. Salznebelprüfung eine Erhöhung der Kriechstromfestigkeit gemessen, wenn für eine sehr gute Durchmischung gesorgt wird. Dielektr. Verlustfaktor u. Durchschlagsfestigkeit erfahren keine Änderung. A. Kunze. 5956 □

Entladungsablauf in Gaseinschlüssen von Ölpapierdielektriken. Joachim Schmidt. (Wiss. Z. Techn. Hochschule Dresden **10.** 714—19. 1961. Berlin-Oberschöneweide, Transformatorenwerke „Karl Liebknecht"; dt.) — Unterss. an geschichteten Weichpapierprüflingen, die unter gleichen Bedingungen entfeuchtet, jedoch bei verschieden hohem Gasdruck getränkt worden waren, um die eingeschlossenen Gasmengen zu variieren, mit Prüfspannungen von 1 KV/Min. steigend bis zum Ionisationseinsatz u. Registrierung der Impulse, zeigen, daß der Entladungsablauf in Gaseinschlüssen von der Prüfspannung abhängt. Im Bereich der Einsatzspannung wird ein zeitweises oder völliges Aussetzen der Entladung durch Verteilung der Gaseinschlüsse u. Bldg. halbleitender Entladungsspuren u. bei hohen Prüfspannungen nach kurzer Zeit eine Zerstörung der Isolation durch Entstehung neuer Gase aus der Öl-Zers. beobachtet. A. Kunze. 5956 □

Meßmethoden für moderne weichmagnetische Werkstoffe. Hans Reiche. (Wiss. Z. Techn. Hochschule Dresden **10.** 619—30. 1961. Dresden, TH, Inst. für elektr. Maschinen u. Antriebe; dt.) — Es wird durch Unters. der Meß-Meth. an anisotropen Blechstreifen festgestellt, daß sich vom Längen–Breiten-Verhältnis abhängige Werte für den Leitwert u. den Verlust bestimmen lassen. Der Einfl. dieses Verhältnisses auf Leitwert u. Verlust wird für „ideal anisotrope" Stoffe angegeben u. die Annäherung für unendlich breite Streifen ermittelt. Die Anforderungen an die Meßjochschuhe werden diskutiert. A. Kunze. 5958 □

Beschreibung von Anordnungen zur Erhöhung der scheinbaren Lichtstärke von Quellen verschiedenen Typs. M. J. Vulmière und H. Vulmière. (J. Physique Radium **20.** 12 S—13 S. Aug./Sept. 1959. Paris, Inst. d'Opt.; franz.) — Bei Drähten mit polierter wie mit diffus reflektierender Oberfläche (*W* oder Oxide) kann die scheinbare Lichtstärke durch mehrfache Reflexion erhöht werden, unter Umständen um den Faktor 10. Auch bei Gasröhren ist eine Erhöhung der scheinbaren Lichtstärke möglich, wenn die Wände reflektierend gemacht werden u. der Röhre eine geeignete Form gegeben wird. M. Wiedemann. 5972 □

Aktiebolaget Kanthal (Erfinder: Nils Gustav Schrewelius), Hallstahammar, Schweden, **Sinterkörper (Widerstandselemente).** Eine feingemahlene Masse aus 850 (g) $MoSi_2$, 100 $TiSi_2$, 50 ZrO_2 u. 70 SiO_2-Fasern (< 2 mm lang) wird in Stahlformen zu vierkantigen Elementstäben von 500 mm Länge gepreßt, in H_2 bei 1250° vorgesintert u. bei 1600° in Luft fertiggesintert. Im Fertig-Prod. machen die Quarzfasern 15 Vol.-% aus. (**Oe. P. 212 575** vom 2/5. 1957, ausg. 27/12. 1960. Schwed. Prior. 11/5. 1956.) O. Kayser. 5955

N. V. Philips' Gloeilampenfabrieken, Eindhoven, Holland, **Herstellung von Einkristallen** hexagonaler, ferromagnet. Oxid-Verbb., z. B. $Ba \cdot Sr_2 \cdot Zn_{1,73} \cdot Fe^{II}_{9,27} \cdot Fe^{III}_{24} \cdot O_{41}$. In einem Edelmetallbecher wird eine homogene Schmelze des zu kristallisierenden Stoffes u. eines Flußmittels langsam abgekühlt u. die Oberfläche stellenweise mit Hilfe eines Gasstromes auf eine niedrigere Temp. als die der Schmelze gebracht, worauf der entstandene Einkristallkörper isoliert u. ggf. vom Flußmittel isoliert wird. (**Oe. P. 210 151** vom 19/6. 1958, ausg. 25/7. 1960. Holl. Prior. 22/6. 1957.) O. Kayser. 5959

N. V. Philips' Gloeilampenfabrieken (Erfinder: Egon Otto Michael Barónetzky, Aachen, und Johannes Hendrikus Nicolaas van Vucht), Eindhoven, Holland, **Herstellung eines Thorium enthaltenden Gasbinders für elektrische Entladungsröhren.** Man sintert ein Gemisch aus Th, Al u. E in einer der Formel $Th_{16}Al_mE_n$ entsprechenden Zus. (E = Ag, Au, Cu oder Pd; $m \geqq 1$; $n \geqq 1$; $m + n = 8$). Die erhaltenen Prodd. besitzen auch nach Aufnahme größerer Mengen O_2 eine gute Aufnahmefähigkeit für H_2 u. andere Gase. (**Holl. P. 98 133** vom 30/1.1958, ausg. 15/6. 1961.) F. BÖHM. 5975

N. V. Philips' Gloeilampenfabrieken (Erfinder: **Dirk de Nobel**), Eindhoven, Holland, *Halbleiter mit Edelmetallkontakt.* (**Holl. P. 99 205** vom 6/12. 1954, ausg. 16/10. 1961. — **C. 1960.** 17236 [F. P. 1 143 213].)

General Electric Co. Ltd. (Erfinder: **Brian Dale**), *Hitzebehandlung von Silicium.* (**Aust. P. 228 505** vom 4/12. 1958, ausg. 23/6. 1960. E. Prior. 30/1. 1958. — **C. 1961.** 16964 [E. P. 849 550].)

International Resistance Co. (Erfinder: **Benjamin Solow**), *Metallschichtwiderstand.* (**Aust. P. 228 566** vom 31/10. 1958, ausg. 30/6. 1960. — **C. 1961.** 11466 [D. A. S. 1 089 861].)

Anton Bopp, Meilen, Schweiz, *Akkumulator.* (**A. P. 2 988 583** vom 12/2. 1957, ausg. 13/6. 1961. Schwz. Prior. 20/2. 1956. — **C. 1960.** 10013 [Oe. P. 197 452].)

Hans Vogt, Erlau b. Passau, *Alkalischer Akkumulator.* (**A. P. 2 991 324** vom 18/3. 1954, ausg. 4/7. 1961. D. Prior. 21/3. 1953. — **C. 1959.** 5596 [D. A. S. 1 042 681].)

Accumulatoren-Fabrik Akt.-Ges., Frankfurt/M., übert. von: **Freimut Peters, Hagen/Westf.**, *Dicht verschlossener alkalischer Akkumulator.* (**A. P. 2 988 585** vom 21/3. 1958, ausg. 13/6. 1961. D. Prior. 23/6. 1952. — **C. 1957.** 521 [Oe. P. 182 765].)

Accumulatoren-Fabrik Akt.-Ges., Frankfurt/M., übert. von: **Freimut Peters**, Hagen/Westf., *Ständig gasdicht verschlossener alkalischer Akkumulator.* (**A. P. 2 988 584** vom 3/11. 1953, ausg. 13/6. 1961. D. Prior. 10/11. 1952. — **C. 1956.** 11816 [F. P. 1 085 631].)

Accumulatoren-Fabrik Akt.-Ges., Hagen/Westf., übert. von: **Freimut Peters**, *Dicht verschlossene Gegenzelle.* (**A. P. 2 980 745** vom 2/5. 1958, ausg. 18/4. 1961. — **C. 1958.** 12795 [D. A. S. 1 029 437].)

Aktiebolaget Tudor, Stockholm (Erfinder: **Hans Thore Paterson** und **Erik Gustav Sundberg**, Nol), Schweden, *Akkumulatorelektrode.* (**Schwz. P. 358 479** vom 2/12. 1957, ausg. 15/1. 1962. Schwed. Prior. 10/12. 1956. — **C. 1961.** 9551 [E. P. 839 145].)

Joseph B. Brennan, Cleveland, Ohio, V.St.A., *Elektroden für Akkumulatoren.* (**A. P. 2 985 701** vom 29/6. 1953, ausg. 23/5. 1961. — **C. 1960.** 9339 [E. P. 800 734].)

Electric Storage Battery Co., Philadelphia, Pa., V.St.A., *Alkalischer Elektrolyt für Akkumulatoren.* (**E. P. 870 697** vom 27/7. 1959, ausg. 14/6. 1961. A. Prior. 13/10. 1958. — **C. 1961.** 18823 [D. A. S. 1 108 286].)

United States of America, Secretary of Army, Washington, D.C., V.St.A., *Cadmium-Platte für Nickel-Cadmium-Akkumulatoren.* (**E. P. 865 894** vom 8/10. 1959, ausg. 19/4. 1961. A. Prior. 6/11. 1958. — **C. 1961.** 3439 [A. P. 2 899 480].)

Egyesült Izzólámpa és Villamossági R. T., Budapest, Ungarn (Erfinder: **Imre Gál, Ferenc Nágel** und **Endre Oldal**), *Vorratskathode für elektrische Entladungsröhren.* (**E. P. 818 113** vom 1/4. 1957, ausg. 12/8. 1959. — **C. 1959.** 3935 [D. A. S. 1 031 894].)

John Robert Collins, Electrochemical measuring instruments. New York: Rider. 1962. (121 S. m. Abb.) = Rider pubn. no. 292. $ 3.25.

IV. Wasser. Abwasser

Neue Anschauungen über Filtration. 1. Mitt. Einführung und allgemeine Grundlagen. K. J. Ives. (Water and Water Engng. **65.** 307—09. Juli 1961. London, Univ. Coll., Public Health Eng. Res.; engl.) — Behandelt werden Aufwärts- u. Zweiwegfiltration. In 2 Tabellen werden zahlreiche Betriebsdaten von 3 Filter-Syst. gegeben (Filter-Geschw., Rückspüldauer, Chemikalienverbrauch an Koagulationsmitteln, Kalk, Bakterienrückgang u. a.). H. DORSCH. 6016□

Behandlung einiger Anwendungsmöglichkeiten für Aktivkohle. Albert Y. Hyndshaw. (J. Amer. Water Works Assoc. **54.** 91—98. Jan. 1962. West Virginia Pulp & Paper Comp., Tyrone, Pa.; engl.) — Vf. gibt eine Übersicht über die Anwendungsmöglichkeiten von Aktivkohle (A-Kohle) zur Verbesserung der Trinkwasserqualität. Die zusätzliche Anwendung von A-Kohle führt zu einem weicheren W., unterstützt die Beseitigung von Geruchsstoffen nach dem Chlorieren des W., beseitigt Cl-verbrauchende Stoffe bis zu 60%, fördert die Koagulation u. das Absetzen der Flockungsmittel. Der Zusatz weniger ppm A-Kohle (ca. 20 ppm) genügt zur Beseitigung von geschmacksbeeinträchtigenden Insekticiden, Herbiciden u. Detergentien im ppm-Bereich. M. SCHROEDER. 6016□

Fluor in den Wässern der Wojewodschaft Olsztyn. 1. Mitt. Wasserleitungen. S. Szkultecka. (Roczniki państwowego Zakładu Hig. **11.** 447—454. 1960. Olsztyn, Woj. Stacja San.-Epid.; pol.) — Unterss. des Fluor-Geh. in Wasserproben aus 565 Wasserleitungen (ca. 30% der Wasserversorgung der Wojewodschaft) ergaben in 52 Wasserproben: 0—0,1 mg F/Liter; in 499 Wasserproben: 0,1—0,3 mg F/Liter; u. in 14 Wasserproben den Höchstgeh.: 0,3—0,5 mg F/Liter. M. SZMYTOWNA. 6018□

Die Desinfektion des Wassers. C. Gomella. (Techn. Sci. munic. **56.** 171—85. Mai. 239—51. Juni 1961; franz.) — Übersicht. — 1. *Chlorbehandlung*: Chemismus, Chloramin, Chlordioxid. Techn. Angaben über die Anwendung von Cl_2 (Lagerung, Behältermaße, automat. Dosierung, Unfallschutz), Anwendung von Hypochloriten u. Chlordioxid, wirtschaftliche Berechnungen; 2. *baktericide Wrkg. des Ozons*: Vgl. mit Cl_2 u. dessen Verbb., theoret. Betrachtungen über die Wirkungsweise, Zers. u. Löslichkeit, Herst. des Ozons, wirtschaftliche Betrachtungen, eingehende Vgl. der Anwendung von Cl_2 u. Ozon; 3. *Anwendung von UV-Strahlen*: Einfl. von Wellenlänge, Filmdicke, Tabellen über die Wrkg. nach dem Durchgang durch die App., Kosten; 4. *Oligodynam. Ag.* Baktericide Wrkg., Anwendungsart, Verfahrenspreis. H. DORSCH. 6018□

Das Hydrazin und die Behandlung von Kesselspeisewasser. G. Génin. (Chaleur et Ind. **40.** 219—25. Juli 1959; franz.) — Zur Verhinderung der inneren Korrosion von Dampfkesseln durch im W. vorhandenen O_2 wird das W. mit Hydrazin (I) versetzt, wobei durch Oxydation des I O_2 verbraucht wird. Vf. berichtet über eigene Erfahrungen mit diesem Verf. u. kritisiert Mitt. im Schrifttum. Die Best. des I in der Lsg. erfolgt durch Titration mit KJO_3. Andere Meth. werden besprochen. F. ROSENDAHL. 6030□

Wo steht die Forschung bei der Überwachung der Wasserverschmutzung heute? H. G. Hanson und Bernard B. Berger. (J. Water Pollut. Control Federat. **33.** 477 bis 484. Mai 1961. Cincinnati, Ohio, U. S. Publ. Health Serv. Robert A. Taft Sanitary Center; engl.) — Vff. behandeln den Stand der Forschung bei der Kontrolle der Wasserverschmutzung. H. SCHROEDER. 6036□

Versuche zur Lösung von Gerbereiabwässer-Problemen. Ferenc Tarcsay. (Bör-és Cipőtechn. [Leder- u. Schuhtechn.] **11.** 156—60. Sept. 1961; ung.) —Verw. von Chemikalien ist zur Reinigung von Gerbereiabwässern zu kostspielig. In Absetzbecken können in günstigen Fällen $^4/_5$ der Reinigung bei vertikalem Durchfluß während $^1/_2$ Std., bei horizontalem Durchfluß binnen 3 std. Aufenthalt geschehen, doch ist die 2. Art wirtschaftlicher. Bei der biolog. Reinigung muß das Abwasser mindestens mit der 9fachen Menge Haushaltsabwasser verd. werden. Die Anthraxgefahr ist geringer als vorausgesetzt wurde. Die Anthraxsporen sind gegen HCl u. Wärme sehr wenig widerstandsfähig, weniger als z. B. Clostridiumsporen. J. PLANK. 6036

Ist Hitze eine neue Art von Wasserverunreinigung? Charles B. Wurtz. (Wastes Engng. **32.** 684—86. 706. Dez. 1961; engl.) — Eine Unters. über die beobachtete Wrkg. von therm. Einfl. auf die Biologie von Strömen. Änderungen des biolog. Lebens in einem Fluß werden festgestellt durch Messung 1. der biolog. Depression (Red. der Anzahl der biolog. Arten), 2. des biolog. Wechsels der Arten, 3. des Wechsels in dem Mengenverhältnis der Arten (verborgene, seßhafte u. umherziehende Arten). Es wurde gefunden, daß bei 140° F zuerst die Fische, dann die Wirbellosen u. zuletzt die Mikroorganismen geschädigt werden. H. DORSCH. 6038□

Die Reinigung von Abfallwässern aus der Säureraffination von Mineralölen durch Klärung. Václav Kresta, Milan Koubík und Miloslav Vošahlík. (Chem. Průmysl **11 (36).** 241—43. Mai 1961. Praha, Výzkumný ústav vodohospodářský; tschech.) — Es wurde im Labor.-Maßstab die Reinigung von Abfallwasser aus der Säureraffination von Mineralölen durch Klärung mit $FeCl_3$ u. $FeClSO_4$ untersucht. Es wurde festgestellt, daß diese Klärung für stark saure Wässer nicht geeignet ist. Diese Reinigung eignet sich für W. mit maximal 8 g an äther. Extrakt/Liter = Glühverlust bis 5 g/Liter. Die Wirksamkeit der Klärung beträgt 75—80%. Es gibt keinen Unterschied zwischen der Verw. von $FeCl_3$ u. $FeClSO_4$. Optimale Bedingungen: pH 8,3 [8—9], 700 mg $FeCl_3$ oder $FeClSO_4$ pro Liter, Kalkverbrauch 1,2 bis 1,6 g $Ca(OH)_2$/Liter. Aus 1 Liter W. fallen 200 ml Schlamm aus. Um tox. Wrkg. zu vermeiden, ist es notwendig, das aufbereitete W. noch im Verhältnis 1:10 bis 20 zu verdünnen. J. SCHNEIDER. 6042□

Die Eigenschaften von Saponaten in toxikologischer und wasserwirtschaftlicher Hinsicht. Jan Švec und Bohuslav Pohl. (Chem. Průmysl **11 (36).** 244—45. Mai 1961. Gottwaldow, Okresní hyg.-epidemiol. stanice, Gottwaldow, Výzkumný ústav syntet. kaučuku; tschech.) — Es wurde gefunden, daß die photocolorimetr. Meth. für Best. von *Alkylarylsulfonaten* in Abwässern geeignet ist. Zur Best. der Gesamtverunreingung eignet sich die Chromatomethde. Das Minimum der Oberflächenspannung liegt bei 300 mg Saponat/Liter. Durch Vers.-Organismen (*Tubifex sp.*, *Limnodrilus sp.*, *Daphnia magna* u. *Lebistes reticulatus* wurde die große Toxizität dieser Abwässer festgestellt. Die Grenzen der Letalität, Toxizität u. der Unschädlichkeit wurden tabellar. mitgeteilt. J. SCHNEIDER. 6042□

Herkunft, Behandlung und Beseitigung der Abwässer aus den Nahrungsmittelkonservenindustrien. Denis Dickinson. 1. Mitt. (Food Technol. Australia **13.** 597—607. Nov. 1961. Chipping Campden; engl.) — Durch die industrielle Bereitung gebrauchsfertiger Nahrungsmittel ist ein großer Teil der Haushaltsabwässer auf Kosten eines höheren Anfalls an Fabrikabwässern in Fortfall gekommen. Vermutlich ist die Gesamtabwasserbelastung infolge geringerer Nahrungsmittelverluste gefallen. Die Abwasser der Nahrungsmittelindustrie sind den Küchenabwässern ähnlich. Vf. beschreibt die Beschaffenheit der Abwässer verschiedener Nahrungsmittelindustrien u. bringt Mengenangaben. Um die Abwasserbelastung gering zu halten, ist eine wirksame Trockenabtrennung (Absiebung) nicht verwertbarer Substanz anzustreben. Damit kann eine Aufbereitung des Abwassers vor dem Ablassen in die öffentliche Kanalisation meist vermieden werden. Gärprozesse können den BSB-Geh. des W. erhöhen, wenn sie suspendiertes Material angreifen; deswegen sollten die Abwässer so schnell wie möglich der Kanalisation zugeführt werden. Bei günstigem Nährstoffangebot, bes. im C/N-Verhältnis, sowie günstigen Bedingungen für Anaerobiose wächst *E. coli* unter Bldg. großer Indolmengen rasch zu. B. Franz. 6044□

Herkunft, Behandlung und Beseitigung der Abwässer aus der Nahrungsmittelkonservenindustrie. 2. Mitt. Denis Dickinson. (Food Technol. Australia **13.** 675—81. Dez. 1961. Chipping Campden; engl.) — 1. vgl. vorst. Referat. — Übersicht über die Verregnung von Abwässern aus Lebensmittelkonserven- u. -tiefkühlfabriken, Feststoff-Geh., biochem. O_2-Bedarf u. $KMnO_4$-Verbrauch der Abwässer vor u. nach Verregnung. — Schrifttumshinweise. — Diskussion. W. Wesly. 6044□

Der Kressewurzelwachstumstest als Mittel zur Prüfung des biologischen Wertes von Wasser. F. Beye. (Naturwissenschaften **28.** 697—98. 2. Nov.-H. 1961. Freiburg/Br., Univ., Pharmakol. Inst.; dt.) — Mittels eines Wuchstestes mit Kressewurzeln (*Lepidium sativum* L.) wird die Wrkg. von Detergentien in dest. u. entmineralisiertem W. untersucht. Die Wuchshemmung nimmt mit steigenden Durchlauf-Geschw. des verwandten W. durch den Ionenaustauscher zu u. erreicht kurz vor der Regenerierung des Austauschers einen Höchstwert, der etwa die halbe Wrkg. von normalem Leitungswasser zeigt. Gegenüber Kontroll-Verss. in quarzdest. W. fällt die Wuchsrate in 0,001 bis 0,1%ig. Pril-Lsg. auf 90 bzw. 50% ab. Der Test dient zur Eignungsprüfung von W. für bestimmte biolog. Versuchszwecke. G. Kirsten. 6044□

Bakterioplankton in einigen Oberflächenwässern der Wojewodschaft Bialystok berechnet nach der Membranfiltermethode. B. Czeczuga. (Roczniki państwowego Zakładu Hig. **11.** 455—460. 1960. Białystok, Zakład Biologii Ak. Medyczna.; pol.) — Mit der Membranfilter-Meth. wurde April 1959 das Bakterioplankton in einigen Seen u. Flüssen der Gegend von Rajgrod untersucht u. ergab: von 361100—1530800 Bakt/ml in den Seen, 1571000—4340000 Bakt/ml in den Flüssen. Die Meth. ist zur Best. des troph. Charakters der Wässer geeignet. M. Szmytówna. 6044□

Berechnung der zur Entcarbonisierung von Rohwasser nötigen Kalkmenge. János Irinyi. (Energia és Atomtechn. **15.** 75—83. März 1962. Győr, Kraftwerk.; ung.) — Vf. gibt Formeln zur Berechnung des Kalkbedarfes auf Grund der Titrationen des entcarbonisierten, Roh- u. Kalkwassers mit 0,02n HCl gegen Phenolphthalein bzw. Methylrot–Bromkresolgrün-Mischindicator. J. Plank. 6062

Einfluß von Alkylbenzolsulfonaten auf die Bewegung von Coli-Bakterien durch wassergesättigte Sandböden. G. G. Robeck, A. R. Bryant und R. L. Woodward. (J. Amer. Water Works Assoc. **54.** 75—82. Jan. 1962. R. A. Taft San. Eng. Center, Cincinnati, Ohio; engl.) — Vff. studierten den Einfl. von 10 ppm Alkylbenzolsulfonaten (**ABS**) auf die Bewegung von Coli-Bakterien durch wassergesätt. Sandböden an zwei Böden verschiedener Herkunft (reiner Sand: Korndurchmesser: 0,38 mm u. reiner Sand: Korndurchmesser: 0,18 mm) mittels Durchfluß-Verss. in Säulen (Durchmesser: 6 in., Höhe: 10 ft.). Folgende Ergebnisse wurden gefunden: a) Zusätze von 1—10 ppm **ABS** zum W. haben keinen erkennbaren Einfl. auf die Wanderung der Coli-Bakterien. b) Coli-Bakterien wandern erheblich langsamer als Salze oder **ABS**. Bei einer Durchfluß-Geschw. von 0,4 ft./Tag betrug die Wanderung der Coli-Bakterien in 417 Tagen nicht viel mehr als 6 ft.; c) Erhöhung der Durchfluß-Geschw. auf das Doppelte ergab für das Durchwandern einer Strecke von 4 ft. eine Zeit-Red. von 114 auf 82 Tage; d) Verdopplung der Korngröße des Sandes erbrachte keine Änderung der Wanderungs-Geschw.; e) mit ^{35}S-markierten **ABS** durchgeführte Verss. zeigten, daß die Anwesenheit u. Wrkg. von Coliorganismen keinen Einfl. auf die ABS-Konz. hatten. H. Schroeder. 6064□

Analyse synthetischer organischer Pesticide im Wasser. Ervin Hindin, Margie Jo Hatten, Don S. May jun., Rolf T. Skrinde und Gilbert H. Dunstan. (J. Amer. Water Works Assoc. **54.** 88—90. Jan. 1962. Washington State Univ., Pullman, Wash.; engl.) — Vff. geben einen Überblick über die Analysen-Meth. (Papierchromatographie, Gaschromatographie) zum Nachw. chlorierter u. phosphororgan. Pesticide im Grundwasser, Flußwasser u. W. für Bewässerungszwecke. H. Schroeder. 6068□

Gebrüder Sulzer Akt.-Ges., Winterthur, Schweiz, *Filteranlage zum Gewinnen von Trink- und Brauchwasser*. (**Schwz. P. 353 336** vom 19/8. 1957, ausg. 31/5. 1961. — **C. 1961.** 18459 [D. A. S. 1 090 638].)

Chlorator G. m. b. H. (Erfinder: **Günter Axt**), Karlsruhe, *Reinigen von Trinkwasser*. (**A. P. 2 970 821** vom 22/8. 1956, ausg. 7/2. 1961. — **C. 1959.** 10031 [F. P. 1 156 172].)

Dow Chemical Co., Midland, Mich., V.St.A., *Behandlung von Abwasser*. (**Belg. P. 553 157** vom 4/12. 1956, ausg. 15/1. 1960. A. Prior. 5/12. 1955. — **C. 1961.** 13679 [F. P. 1 168 959].)

Dorr-Oliver, Inc., Stamford, Conn., V.St.A., *Reinigung von Abwasser*. (**Holl. P. 99 275** vom 7/10. 1955, ausg. 16/10. 1961. — **C. 1958.** 11343 [E. P. 773 124].)

V. Anorganische Industrie

Die Herstellung konzentrierter Phosphorsäure durch ein abgewandeltes Naßverfahren unter Anwendung der Lösungsmittelextraktion. Tah-Ho Huang. (Ind. Engng. Chem., int. Edit. **53.** 31—32. Jan. 1961. Taipei, Formosa, Taiwan Fertilizer Co. Ltd.; engl.) — Das aus der Umsetzung von *Tripelsuperphosphat* u. H_2SO_4 gewonnene Rk.-Prod. wird mehrmals bei ca. 70° mit *n-Butanol* (**I**) extrahiert. Nach Abdestillieren von **I** erhält man *Naßphosphorsäure* mit 56,2 (%) P_2O_5, 0,2 SO_3, 1,0 Fe_2O_3 + Al_2O_3, 0,1 F. Das zurückgewonnene **I** wird wiederverwendet. Der Rückstand enthält Anhydrid mit 1,6 (%) P_2O_5, 53,0 SO_3, 37,4 CaO, 0,3 Fe_2O_3 + Al_2O_3, 0,3 F. W. WESLY. H 264□

Fällung von stöchiometrischem $CaHPO_4 \cdot 2\,H_2O$. M. A. Aia, R. L. Goldsmith und R. W. Mooney. (Ind. Engng. Chem., int. Edit. **53.** 55—57. Jan. 1961. Towanda, Pa., Sylvania Electr. Products, Inc.; engl.) — Zur Gewinnung von *$CaHPO_4 \cdot 2\,H_2O$* bei 30° dient die Rk. $NH_4H_2PO_4 + CaCl_2 + NH_4OH + H_2O = CaHPO_4 \cdot 2\,H_2O + 2\,NH_4Cl$. Durch Trocknen bei 190° erhält man wasserfreies $CaHPO_4$. Mit Hilfe der statist. Analyse werden die unveränderliche Zus. des Prod. nachgewiesen u. dessen Ausbeute u. physikal. Eigg. vorausgesagt. W. WESLY. H 264□

Comp. de Saint-Gobain, Neuilly-sur-Seine (Erfinder: Bernard Bigot, Grand-Quevilly), Frankreich, **Herstellung von Natriumtripolyphosphat** durch Calcinieren eines durch Eindampfen einer Lsg. von NaH_2PO_3 u. Na_2HPO_3 u. Trocknung hergestellten Phosphatgemisches, dad. gek., daß dem getrockneten Ausgangsgemisch vor der Calcinierung W. zugesetzt wird. (**D. A. S. 1 111 605** Kl. 12i vom 2/12. 1958, ausg. 27/7. 1961. F. Prior. 3/12. 1957.) A. GRADL. H 264

Imperial Chemical Industries Ltd., London (Erfinder: William Barclay und Peter Smith, Norton-on-Tees, Durham), England, **Herstellung organischer Aluminiumverbindungen,** z. B. *Methyl-* u. *Äthyl-Al-Sesquichlorid*, dad. gek., daß man eine Suspension von Al in Methyl- bzw. Äthyl-Al-Sesquichlorid bei 100—150° mit Methyl- bzw. Äthylchlorid umsetzt. (**F. P. 1 218 354** vom 9/3. 1959, ausg. 10/5. 1960. **D. A. S. 1 104 507** Kl. 12o vom 13/3. 1959, ausg. 13/4. 1961. Beide E. Prior. 17/3. 1958 u. 13/2. 1959. **E. P. 853 725** vom 17/3. 1958, ausg. 9/11. 1960.) S. BÖTTCHER. H 294

Imperial Chemical Industries Ltd., London (Erfinder: Peter Smith und William Barclay, Norton-on-Tees, Durham), England, **Herstellung organischer Aluminiumhalogenide,** wie *Diäthyl-Al-Chlorid*, dad. gek., daß man ein Alkyl-Al-Sesquihalogenid (Äthyl-Al-Sesquichlorid) mit Alkalimetall behandelt, um ein metall. Al enthaltendes Prod. zu erhalten, das man bei 100—150° in einem Paraffin oder alicycl. KW-Stoff mit Methyl- oder Äthylchlorid umsetzt. (**F. P. 1 233 319** vom 10/8. 1959, ausg. 12/10. 1960. **D. A. S. 1 108 218** Kl. 12o vom 29/7. 1959, ausg. 8/6. 1961. Beide E. Prior. 11/8. 1958 u. 13/7. 1959.) S. BÖTTCHER. H 294

Continental Oil Co., übert. von: Paul A. Lobo, Ponca City, Okla., V.St.A., **Herstellung von höheren Aluminiumtrialkylen.** Man führt 1 (Gew.-Teil) Aluminiumtrialkyl, dessen Alkylreste 2—10 C-Atome aufweisen, mit 0,25—12 Äthylen (**I**) bei 50 bis 200° u. Drücken von 10—300 at in ein längliches Rk.-Gefäß ein, dessen lichte Weite am einen Ende größer ist als am anderen u. bei dem der Einlaß sich am Ende mit der kleineren lichten Weite befindet; das Gefäß hat zwischen den beiden Öffnungen noch weitere Einlaßöffnungen, durch die die zusätzlich weiteres **I** eingeführt wird. Zweckmäßig wird mit einem Verhältnis der Raumström-Geschw. vom engeren zum weiteren Teil des Gefäßes von $<0{,}35:1$ gearbeitet. Das Verf. hat den Vorteil, daß die Rk.-Wärme gut geregelt werden kann u. die Aufbau-Rk. schnell verläuft. — Zeichnung. (**A. P. 2 971 969** vom 16/4. 1959, ausg. 14/2. 1961.) J. MÜHLEISEN. H 294

Esso Research and Engineering Co., Elizabeth, N. J., V.St.A. (Erfinder: Stanley B. Mirviss und Elroy J. Inchalik), **Herstellung von Aluminiumtrialkylen,** z. B. *Triisobutyl-*, *Triheptyl-* u. *Tridecyl-Al*, dad. gek., daß man 1 (Mol) Diisobutyl-Al-Hydrid bei 50—200° u. 0—210 kg/cm² mit einem α-Olefin, wie Buten-, Hepten- u.

Decen-(1), umsetzt. (**F. P. 1 220 690** vom 20/4. 1959, ausg. 27/5. 1960. **E. P. 844 590** vom 26/3. 1959, ausg. 17/8. 1960. Beide A. Prior. 20/5. 1958. **A. P. 2987535** vom 20/5. 1958, ausg. 6/6. 1961.) S. BÖTTCHER. H 294

Goodrich-Gulf Chemicals, Inc., Pittsburgh, Pa., übert. von: Max E. Roha, Brecksville, und Warren L. Beears, Cleveland, Ohio, V.St.A., **Höhere Aluminiumkohlenwasserstoffe,** die KW-Stoff-Reste mit 10—100 C-Atomen aufweisen, erhält man durch Aufbau-Rk., indem man in eine fl. Phase, bestehend aus a) einem niederen Al-KW-Stoff der allg. Formel R_mAlX_n (R = KW-Stoff-Rest mit 2—8 C-Atomen, X = H, Cl, Br, J, m + n = 3, wobei n, aber nicht m, 0 ist) b) $AlCl_3$ u. c) $TiCl_4$ ein α-Olefin mit 2—9 C-Atomen bei im wesentlichen normalem Druck langsam unter Feststellung der aufgenommenen Menge des Olefins einleitet, bis die zur Erzielung der gewünschten Verbb. erforderliche Menge aufgenommen worden ist. — In ein Rk.-Gefäß gibt man 8,1 g (0,06 Mol) $AlCl_3$ u. 200 cm³ Xylol, darauf 17,8 g (0,091 Mol) Al-triisobutyl u. leitet zu Entfernung von etwaigem Hydrid Äthylen (I) ein. Nach Erhitzen auf 80° gibt man 0,009 Mol $TiCl_4$ in 3,6 ml Bzl. zu u. leitet I ein, wobei man von Zeit zu Zeit die Menge des Eintritts- u. Austrittsgases mißt u. so die aufgenommene Menge I feststellt. Nach 155 Min. sind 41,3 Liter oder 17,8 Mol I aufgenommen u. das höhere Al-Alkyl hat eine durchschnittliche Kettenlänge von C_{20}. — Zeichnung. — *Zwischen-Prodd.* zur *Herstellung* von *höheren Alkoholen.* (**A. P. 2 977 381** vom 16/1. 1956, ausg. 28/3. 1961.) J. MÜHLEISEN. H 294

Kali-Chemie Akt.-Ges. (Erfinder: Herbert Jenkner), Hannover, **Herstellung von Natriumaluminiumdiäthylhydrid (I),** dad. gek., daß $Al(C_2H_5)_3$ mit Na u. H_2 unter Druck u. bei erhöhter Temp. umgesetzt wird. — Auf ein Gemisch von 24,6 g $Al(C_2H_5)_3$ u. 4,9 g Na wird in einem Autoklaven H_2 von 135 at aufgepreßt u. 4 Std. bei 200° geschüttelt. Man erhält 24 g farbloses I, das in organ. Lsgm. leichtlösl. ist. — *Reduktionsmittel* für anorgan. u. organ. Verbindungen. (**D. A. S. 1 116 664** Kl. 12o vom 19/12. 1955, ausg. 9/11. 1961.) J. MÜHLEISEN. H 294

Koppers Co., Inc., V.St.A. (Erfinder: Elmer Henry Dobratz), **Herstellung von Dialkylaluminiumhydriden,** z. B. *Diäthyl-*, *Diisobutyl-*, *Di-[n-butyl]-* u. *Di-[n-pentyl]-Al-Hydrid,* dad. gek., daß man eine Al-Suspension in fl. Dialkyl-Al-Hydrid mit H_2 aktiviert u. das aktivierte Al bei 60—250° u. 7—1050 kg/cm² in Ggw. von Li, Na, K, Pb, Cs, Ca oder Ba oder deren Aluminaten, Carbonaten, Bicarbonaten, Hydroxiden oder Acetaten mit H_2 u. einem α-Olefin [Äthen, Isobuten, Buten-(1), Penten-(1)] umsetzt. (**F. P. 1 220 205** vom 5/2. 1959, ausg. 23/5. 1960. A. Prior. 5/2. 1958.) S. BÖTTCHER. H 294

United Kingdom Atomic Energy Authority, London, England (Erfinder: **Peter Thomas Walker**), *Herstellung von schwerem Wasserstoff.* (**E. P. 864 768** vom 2/8. 1956, ausg. 6/4. 1961. — C. **1961.** 16238 [Aust. P. 219 379].)

Norsk Hydro-Elektrisk Kvaelstofaktieselskab, Oslo (Erfinder: **Trygve Björgum,** Glomfjord), Norwegen, *Anreichern von schwerem Wasser.* (**Schwz. P. 357 379** vom 2/10. 1956, ausg. 30/11. 1961. Norw. Prior. 6/10. 1955. — C. **1960.** 2654 [F. P. 1 158 105].)

Montecatini Soc. Gen. per l'Industria Mineraria e Chimica (Erfinder: **Luigi Merlo** und **Tommaso Cubeddu**), Mailand, Italien, *Herstellung von H_2O_2 mittels Alkylanthrachinonen.* (**D. P. [DDR] 22 047** Kl. 12i vom 8/1. 1958, ausg. 29/9. 1961. It. Prior. 9/1. u. 24/4. 1957 [Ausschließungspatent]. — C. **1960.** 13808 [D. A. S. 1 081 431].)

Deutsche Gold- und Silber-Scheideanstalt vormals Roessler, Frankfurt/M., *Herstellung von Wasserstoffperoxid.* (**Oe. P. 213 837** vom 14/5. 1959, ausg. 10/3. 1961. A. Prior. 16/5. 1958. — C. **1960.** 9684 [D. A. S. 1 072 228].)

Columbia-Southern Chemical Corp., Pittsburgh, Pa., V.St.A., *Stabilisieren von Wasserstoffperoxid.* (**E. P. 863 502** vom 31/3. 1959, ausg. 22/3. 1961. A. Prior. 1/4. 1958. — C. **1961.** 2748 [D. A. S. 1 083 789].)

Badische Anilin- & Soda-Fabrik Akt.-Ges., Ludwigshafen/Rh. (Erfinder: **W. Kunzer** und **F. Leutert**), *Herstellung von Chlorwasserstoff.* (**Belg. P. 569 953** vom 31/7. 1958, ausg. 14/7. 1961. — C. **1959.** 1574 [D. A. S. 1 035 626].)

Donald Edward Ferris, Town of Dartmouth, Nova Scotia, Canada, *Elektrolytische Herstellung von Natriumhypochlorit.* (**E. P. 867 790** vom 3/4. 1958, ausg. 10/5. 1961. — C. **1960.** 12803 [A. P. 2 873 236].)

Elfriede Bähr geb. Sehnadt, Herne, *Kühlen und Transportieren von flüssigem Schwefel.* (**Holl. P. 99 875** vom 7/2. 1956, ausg. 15/12. 1961. D. Prior. **14/2.** 1955. — C. **1958.** 3714 [D. A. S. 1 010 507].)

VEB Farbenfabrik Wolfen, Wolfen, Kr. Bitterfeld (Erfinder: **Friedrich Wolf,** Leipzig), *Stabilisieren von Schwefelsäureanhydrid.* (**D. A. S. 1 082 888** Kl. 12i vom 17/9. 1958, ausg. 9/6. 1960. — C. **1961.** 10328 [D. P. [DDR] 20 541].)

Kali-Chemie Akt.-Ges., Deutschland (Erfinder: **Herbert Jenkner** und **Hans Werner Schmidt**), *Herstellung von sehr reinem Silicium oder Germanium.* (**F. P. 1 204 724** vom 20/6. 1958, ausg. 27/1. 1960. D. Prior. 17/7. 1957. — C. **1959.** 10033 [D. A. S. 1 044 781].)

Montecatini Soc. Gen. per l'Industria Mineraria e Chimica, Italien (Erfinder: **Bruno Pescarolo** und **Sergio Ricci**), *Herstellung von Magnesiumsilicat mit großer Entfärbungskraft.* (**F. P. 1 216 645** vom 6/2. 1959, ausg. 26/4. 1960. It. Prior. 7/2. 1958. — C. **1960.** 16558 [D. A. S. 1 077 196].)

American Metal Climax, Inc., New York, N.Y., übert. von: **William Aubrey Smith,** Carlsbad, **Gene Meyer,** Carlsbad, N.Mex., **Vernon L. Mattson,** Denver, und **Robert A. Baxter,** Golden, Colo., V.St.A., *Aufbereitung von Sylvin enthaltenden Kalisalzen.* (**D. A. S. 1 113 431** Kl. 1c vom 13/9. 1952, ausg. 7/9. 1961. A. Prior. 19/9. 1951. — C. **1957.** 6251 [A. P. 2 724 499].)

Commissariat à l'Énergie Atomique, Paris (Erfinder: **Roger Caillat**, Sèvres, **Roger Pointud**, Paris, **Émile Pruvot**, Saint-Jean-de-Maurienne, und **Paul Baradez**, La Praz), Frankreich, *Herstellung von gesintertem Berylliumoxid.* (Holl. P. 99 807 vom 25/6. 1956, ausg. 15/12. 1961. F. Prior. 29/6. 1955. — C. 1960. 259 [D. A. S. 1 052 381].)

Kurt Peters, Wien, Österreich, *Trennung seltener Erden voneinander.* (E. P. 866 714 vom 26/4. 1957, ausg. 26/4. 1961. Oe. Prior. 27/4. 1956. — C. 1962. 1368 [F. P. 1 187 673].)

Ciba Ltd. (Erfinder: **Walter Scheller** und **Jean Renard**), *Reduktion der Doppelsalze der Niob- und/oder Tantalhalogenide.* (Aust. P. 225 952 vom 17/12. 1957, ausg. 21/1. 1960. Schwz. Prior. 21/12. 1956. — C. 1960. 10717 [Oe. P. 202 114].)

United States Atomic Energy Commission, Germantown, Md., V.St.A., *Herstellung von Urantrioxid.* (E. P. 861 191 vom 13/3. 1956, ausg. 15/2. 1961. A. Prior. 22/8. 1955. — C. 1960. 11072 [A. P. 2 903 334].)

VI. Silicatchemie. Baustoffe

Über Silicagel. H. W. Kohlschütter. (Chimia [Aarau, Schweiz] **14.** 285—92. 15/8. 1960. Darmstadt, TH., Eduard-Zintl-Inst. für anorg. u. phys. Chemie; dt.) — Ausgehend von einem durch Erhitzen im Hochvakuum bei 100, 400, 700 u. 1000° gewonnenen Xerogel wird die Bldg. von SiOH-Gruppen an der Porenoberfläche unter stufenweiser Aufnahme von H_2O u. die 1. Adsorptionsstufe für ein weiteres H_2O pro SiOH erörtert. Es wird bemerkt, daß das aufgenommene Adsorptionswasser mit 22 Å einen fast doppelt so großen Mol-Durchmesser beansprucht als das fl. Wasser. Die Best. des chem. u. des adsorptiv gebundenen H_2O erfolgt durch Rk. mit $ClSi(CH_3)_3$, wobei aus SiOH-Gruppen neue feste SiOSi-Brücken gebildet werden, mit H_2O aber nur flüchtige Rk.-Prodd. entstehen. Die Beweglichkeit des H-Atoms der SiOH-Gruppe wird deutlich bei der Überleitung von zur Hydrolyse neigenden Metallsalz-Lsgg. über eine Silicagel-Säule; die prim. sich bildenden Hydroxo-Komplexe werden abgefangen [z. B. bei $BeCl_2$-Lsgg. unter Bldg. des trimeren Komplexes $(BeOH)_3^{3+}$], während sek. Hydrolyse eine Verminderung des Adsorptionseffektes unter Bldg. von Kolloid-Prodd. zur Folge hat (z. B. bei Fe^{3+}-Lsgg. mit hochmol. Hydroxokomplexen). Das Verändern des pH-Wertes mit Puffer-Lsg. ermöglicht die stufenweise Elutionierung von Kationen. In gewissem Sinne läßt sich mit Kation beladenes Silicagel auch zur Differenzierung von Anionen verwenden. Auf die Nutzung des Silicagels als Oberflächenreagens bei der Reinigung radioakt. Abwässer wird hingewiesen. R. KAISER. 6160 □

Einfluß von Grenzflächenreaktionen auf die Verdichtung von Kristall-Glas-Systemen. Joseph A. Pask. (Trans. VIIth int. Ceramic Congr., London **1960.** 481—91. Berkeley, Calif., Univ., Dep. of Mineral Technol.; Ceramics Labor.; engl.) — Die Verdichtung wurde an Modellmischungen von Na-Disilicatglas (NS_2) u. Korund sowie NS_2-Glas u. Quarz beobachtet. Während die 1. Mischung bei gleichen Mengen beider Komponenten erst bei 1425° eine Vol.-Abnahme zeigte, genügten bei der 2. 775°. Das NS_2-Glas benetzt Korund besser als Quarz. Bei der Korundmischung tritt schon bei 750° *Nephelit* auf. Wenn sich große Mengen Nephelit bilden, nimmt die mechan. Festigkeit ab, da infolge der verschiedenen therm. Ausdehnungs-Koeff. innere Risse entstehen. Zwischen NS_2 u. SiO_2 entstehen keine Verbb., u. Mischungen aus gleichen Mengen zeigen bei der Erweichungs-Temp. des Glases Vol.-Abnahme. Wenn weniger Glas vorhanden ist u. sich keine zusammenhängende Glasphase bilden kann, so beobachtet man zunächst eine teilweise Verdichtung bei der Erweichungstemperatur. Bis 1450° findet dann aber keine weitere Verdichtung mehr statt, da die kristalline Phase ein starres Netzwerk bildet. G. BAUER. 6168 □

Gemengeanlagen in Glashütten. Achim von Petery. (Glastechn. Ber. **34.** 351—63. Juli 1961. Darmstadt.; dt.) — Vf. beschreibt Einrichtungen verschiedener Art u. zeigt am Vgl. derselben die Schwierigkeiten auf, die beim Mischen u. bei der Lagerung des fertigen Gemenges im Vorbunker u. bei der Entnahme daraus durch Entmischung auftreten. Durch kontinuierliche Gemenge-Herst. u. -aufgabe können bei geeigneter Einrichtung die Fehlermöglichkeiten vermieden werden. L. KÜHNERT. 6168 □

Wiegetechnische Probleme bei Glasgemengeanlagen. Karl Heinz Schulze. (Glastechn. Ber. **34.** 363—69. Juli 1961. Köln-Braunfeld, Toledo-Werk; dt.) — Es wird auf Vor- u. Nachteile verschiedener Waagenkonstruktionen hingewiesen u. die Neigungswaage mit Zeigerablesung als die günstigste bezeichnet, die jedoch den örtlichen Anforderungen bes. angepaßt werden muß. Erst durch die elektr. Steuerung ermöglicht das Wiegen im Herst.-Verf. die höchste Leistung auf dem Weg zur Automatisierung, da erst hierdurch Regelung u. Überwachung vollkommen einwandfrei durchgeführt werden können. L. KÜHNERT. 6168 □

Allgemeine geologisch-petrographische und physikalische Eigenschaften einiger Glasrohstoffe. Paul Emer. (Glastechn. Ber. **34.** 341—45. Juli 1961. Achern/Baden,

Glashütte Achern G. m. b. H.; dt.) — Vf. gibt ein Schema, wie die geolog. Bedingungen zur Beurteilung von Rohstoffvorkommen für die Glasindustrie herangezogen werden können. Beispiele für die Möglichkeiten von Störungen des Hüttenbetriebes durch Verunreinigungen oder Änderung der Zus., die durch Beachtung der geolog. Gegebenheiten vermieden werden können, werden angegeben. L. KÜHNERT. 6170 □

Anforderungen an die Sandqualität bei der Herstellung von Spiegelglas. Hans Geulen. (Glastechn. Ber. **34.** 345—48. Juli 1961. Stolberg/Rhld., Vereinigte Glaswerke; dt.) — Es werden Schlämmprobe, Siebanalyse u. chem. Analyse kurz behandelt. Zur Anreicherung von evtl. vorhandenen Schwermineralien wird der Sand mit W. auf einem Stoßherd behandelt, wobei Fraktionen in der Reihenfolge ihrer spez. Gew. anfallen u. eine Anreicherung an Schwermineralien auf das 300fache erreicht wird. Analysenwerte für verschiedene Sande werden gegeben. L. KÜHNERT. 6170 □

Über die Geschwindigkeit der zur Glasschmelze führenden Reaktionen. 8. Mitt. **Die Tonerdeumsetzung.** Carl Kröger und Jorge Campaña-Ros. (Glastechn. Ber. **34.** 408—12. Aug. 1961. Aachen, TH, Inst. für Brennstoffchemie; dt.) — 7. vgl. C. **1958.** **6940.** — Hydrargyllit u. Bauxit als Ton-, Limonit als Eisenoxidmineral wurden bei (750—900°) mit Na_2CO_3 umgesetzt u. aus den entwickelten CO_2-Mengen den jeweiligen Umsatz in Abhängigkeit von der Zeit ermittelt. Nach der modifizierten Formel von JANDER wurden die Konst. der Rk.-Geschw. u. die Aktivierungswärme berechnet u. mit den entsprechenden Werten von SiO_2 verglichen. Quarz ist in den tieferen Temp.-Lagen reaktionsfreudiger, die Tonerde in den höheren, während die Rk.-Fähigkeit des Fe_2O_3 niedriger wird, so daß die Umsetzungs-Temp. der Tonerde wesentlich herabgedrückt wird. Zusatz von Kalkstein steigert die anfängliche Umsetzungs-Geschw. erheblich. Es wird dabei festgestellt, daß sich in dem tern. Syst. Soda-Kalk-Tonerde neben den bin. Aluminaten $CaO \cdot Al_2O_3$, $3\,CaO \cdot 5\,Al_2O_3$ u. $Na_2O \cdot Al_2O_3$ auch tern. $2\,Na_2O \cdot 3\,CaO \cdot 5\,Al_2O_3$ bildet. L. KÜHNERT. 6174 □

Eine Untersuchung über die Farbe chromhaltiger Gläser. Teruo Sakaino und Taro Moriya. (J. ceram. Assoc. Japan [Yogyo Kyokai Shi] **70.** Nr. 793. 1—8. 1962. Tokyo, Tokyo Inst. of Technol.; jap., Auszug: engl.) — An über 100 Probescheibchen von in oxydierender u. reduzierender Atmosphäre erschmolzenen Cr_2O_3-haltigen Silicat-, Borat- u. Phosphatgläsern wurde das Linienspektrum, teilweise auch die Absorption bei 280 u. 300° gemessen, um Aufschluß über die Eigg. des Grundglases zu erhalten. Der Farbwechsel solcher Gläser wurde 2 Ursachen zugeschrieben; Einstellung des Gleichgewichtes zwischen Cr^{3+} u. Cr^{6+} u. die Ausbildung eines elektr. Feldes über 6 O^{2-} in Verb. mit Cr^{3+} unter Stützung auf die Unterss. von BATES u. DOUGLAS. R. KAISER. 6176 □

Die Festigkeit von Glas. D. G. Holloway. (Contemporary Physics **1.** 230—35. Febr. 1960. Univ. College of North Staffordshire.; engl.) — Vf. bespricht die von verschiedenen Seiten gemachten, aber unvollständigen Erklärungs-Verss. für die Tatsache, daß große Unterschiede bestehen zwischen den theoret. u. experimentellen Werten der mechan. Festigkeit von Glas. C. GOTTFRIED. 6200

Über den Einfluß der Gamma-Bestrahlung auf die elektrische Leitfähigkeit von Gläsern. Toshio Sugiura, Keiichi Murakami und Hirobumi Tanaka. (J. ceram. Assoc. Japan [Yogyo Kyokai Shi] **70.** Nr. 793. 28—31. 1962. Tōhoku Techn. Univ.; jap., Auszug: engl.) — Nach Unterss. von 10 verschiedenen Schwermetallgläsern über die Wrkg. von Bestrahlungen mit 10^7r γ-Strahlen einer ^{60}Co-Strahlenquellen konnte keine elektr. Leitfähigkeit von Bedeutung festgestellt werden, so daß eine solche Meth. für die Herst. von gläsernen Halbleitern oder Glasdosimetern nicht anwendbar ist. R. KAISER. 6200 □

Das Sintern von Gläsern als Auswirkung von Zähigkeit und Oberflächenspannung. Heribert J. Oel. (Trans. VIIth int. Ceramic Congr., London **1960.** 473—79. Würzburg, Max-Planck-Inst. für Silicatforsch.; engl.) — Vgl. C. **1961.** 12228. G. BAUER. 6200 □

Folgerungen aus den Theorien über das Sintern im Hinblick auf eine Beherrschung des Prozesses. W. D. Kingery. (Trans. VIIth. int. Ceramic Congr., London **1960.** 461—71. Mass. Inst. of Technol.; engl.) — Es wird gezeigt, daß der Mechanismus des Sinterns sich für die verschiedenen Syst. (Ton, Schamotte, reine Oxide, feuerfeste Stoffe u. Cermets) unterscheidet. Für die einzelnen Mechanismen lassen sich halbquant. Beziehungen ableiten. Je nachdem welcher Mechanismus vorliegt, ergibt sich eine andere Abhängigkeit von Temp., Atmosphäre, Zus., Temp.-Konstanz, Vorbehandlung u. Erwärmungs-Geschwindigkeit. An Hand von Beispielen wird gezeigt, wie theoret. Analyse u. Kenntnis der Kinetik eine Beherrschung der Abhängigkeit von diesen verschiedenen Variablen ermöglichen. — 17 Literaturangaben. G. BAUER. 6206 □

Reaktionssintern unter besonderer Berücksichtigung der nicht oxidischen Keramik. P. Popper. (Trans. VIIth int. Ceramic Congr., London **1960.** 451–60. Brit. Ceramic Res. Assoc.; engl.) — Vf. versteht im Rahmen dieser Arbeit unter Sintern die Verfestigung von Pulverpreßlingen durch Erwärmen. In Syst. aus 2 Komponenten (z. B. $Si + C \rightarrow SiC$) in denen eine Rk. abläuft, kann auch ohne Schrumpfung eine gewisse Festigkeit erreicht werden. Diese als „Rk.-Sintern" bezeichnete Meth. ist für nichtoxid. Keramik bes. wichtig, da solche Verbb. häufig schon dissoziieren, ehe ein merkliches Sintern stattgefunden hat. Um niedrigere Porosität zu erhalten, läßt man einen Pulverpreßkörper aus A mit gasförmigem B zu A_mB_n reagieren, z. B. Si_3N_4. Es lassen sich Dichten von 2,6 g/cm³ (theoret. 3,2 g/cm³ u. ein Bruchspannungsmodul von 20000 lbs./sq.in. erreichen. Die Vol.-Änderung während des Sinterns ist sehr gering. Die besten Ergebnisse wurden beim Rk.-Sintern einer Mischung von SiC u. Graphit im Si-Dampf erzielt. Die Oxydationsbeständigkeit u. Wärmeleitfähigkeit dieser so erhaltenen Körper sind hoch. Als weitere Anwendungsbeispiele werden *AlN* u. *BP* erwähnt. G. BAUER. 6206 □

Feststoffreaktionen und ihre Anwendung auf feuerfeste Materialien. G. R. Rigby. (Trans. VIIth int. Ceramic Congr., London **1960.** 153–61. Montreal, Canad. Refractories Ltd.; engl.) — Beschreibung von Rkk. am festen Zustand bes. für das Syst. CaO–MgO–SiO_2. Der Unterschied in der Kationendiffusion ist die Ursache für die beträchtlichen Vol.-Vergrößerungen. Wenn z. B. äquimol. Mengen CaO u. SiO_2 zusammen erhitzt werden, entsteht zunächst Dicalciumsilicat, während das Endprod. Wollastonit ist. — 11 Literaturangaben. G. BAUER. 6206 □

Beobachtungen über die Zusammensetzung und das Schmelzverhalten von Mullit. J. H. Welch. (Trans. VIIth int. Ceramic Congr., London **1960.** 197–206. Watford, Dep. of Sci. and Ind. Res., Building Res. Station.; engl.) — Vgl. C. **1960.** 14982. — Um die Diskrepanzen zwischen den Arbeiten zahlreicher Forscher über die Konstitution u. das Schmelz-Verh. von Mullit zu klären, wurden Unterss. an dem Syst. Al_2O_3–SiO_2 durchgeführt. Für eine Zus. von 3 Al_2O_3 u. 2 SiO_2 ist die Primärphase weder Korund der Zus. 3 $Al_2O_3 \cdot 2\ SiO_2$, wie verschiedentlich berichtet wurde, sondern hat etwa die Zus. 2 $Al_2O_3 \cdot SiO_2$ (I). I schmilzt inkongruent (Korund u. Schmelze), wobei der peritekt. Punkt bei 1880° u. 75% Al_2O_3 liegt. Obwohl bei abnehmender Temp. das I zunehmende Mengen von SiO_2 in fester Lsg. aufnimmt, scheint es unwahrscheinlich, daß die üblicherweise für Mullit angenommene Zus. von 3 $Al_2O_3 \cdot 2\ SiO_2$ oberhalb der Solidus-Temp. im Syst. Al_2O_3–SiO_2 erreicht wird. — 22 Literaturangaben. G. BAUER. 6206 □

Einige Gesichtspunkte der Hydrothermalchemie. R. M. Barrer. (Trans. VIIth int. Ceramic Congr., London **1960.** 379–91. London, Imperial College of Sci. and Technol., Dep. of Chem.; engl.) — Kennzeichnend für hydrothermale Rkk. ist das Vorhandensein erheblicher Wassermengen bei hohen Temp. (u. ebenfalls bei Druck) in einer Rk.-Mischung oder einem Magma von nichtflüchtigen Bestandteilen. Als Beispiele hydrothermaler Rkk. werden behandelt: die Synth. von *Na-Analcit* aus zahlreichen verwandten Mischungen u. Mineralien, die Umwandlung dieser Verbb. in andere Prodd., von denen einige keine natürlichen Gegenstücke haben, Veränderungen von *Muskovit-Glimmer* in verschiedene Minerale höherer Temp., Synth. von Tonmineralien, welche die Bedingungen zum Erhalt von Kaolinit, Pyrophyllit, Dickit, Beidellit, Montmarillonit u. Serizit definieren. Die bes. Rolle des W. wird eingehend erörtert. Nicht nur W., sondern auch anorgan. Salze oder andere flüchtige Mol. können als Gitter-Stabilisatoren fungieren. Ein Maß dieser Stabilisation ist die Änderung des chem. Potentials des porösen Kristalls. Solche Veränderungen, ebenso wie Veränderungen in der partiellen mol. Enthalpie u. Entropie des Kristalls wurden als Funktion der Höhe der stabilisierten „Füller" gemessen. Sogar Edelgase können die thermodynam. Eigg. poröser Kristalle ändern. — 71 Literaturangaben. G. BAUER. 6206 □

Beziehung zwischen Enteisenungsgrad und den Arbeitsbedingungen des Hydrozyklons. Tsuyoshi Arimori und Akio Konishi. (J. ceram. Assoc. Japan [Yogyo Kyokai Shi] **70.** Nr. 793. 23–28. 1962. Kyoto, Techn. Univ., Ceram. Dep.; jap., Auszug: engl.) — Die wirtschaftliche Nutzung eines Pyrit enthaltenden Tones gab Veranlassung zum versuchsweisen Einsatz eines Hydrozyklons (75 mm Ø, Konuslänge 173 mm) zur Schwermineralentfernung. Bei der Dichte einer 6 Std. in einer Kugelmühle aufbereiteten Schlempe von 10% Feststoff, einem Aufgabedruck von 1,0 kg/cm² u. einer Unterlaufdüse von 9 mm Ø wurde ein Überlauffeststoff mit 0,35% Fe_2O_3 entsprechend einem Reinigungsgrad von 48% erzielt. R. KAISER. 6208 □

Additionseffekte von Lithiumoxidfritten auf die Eigenschaften von Lithiumoxidemails. Megumi Tashiro und Toshio Maki. (J. ceram. Assoc. Japan [Yogyo

Kyokai Shi] **70.** Nr. 793. 8—16. 1962. Takatsuki City, Jap., Kyoto Univ., Inst. für chem. Forsch.; jap., Auszug: engl.) — Der Zusatz von gepulverter Fritte aus Li_2O-haltigem Glas zu Petalit ($Li_2O \cdot Al_2O_3 \cdot 8\ SiO_2$) führte bei der endlichen Zus. von 10,7 (%) Li_2O, 8,9 MgO, 8,9 Al_2O_3, 71,5 SiO_2 zu einem Glaskörper, welcher nicht nur 20° über der Sinter-Temp. seine Fließgrenze erreichte, sondern auch gegen wiederholtes Abschrecken bei 1000° in W. ohne Absplitterung widerstandsfähig blieb. Mit anderen Li-Mineralien gelangen derartige Verss. nicht. R. Kaiser. 6212 □

Vorbereitung und Eigenschaften einiger Zirkonium-Farbkörper. F. T. Booth, H. D. d'Assis Fonseca und G. N. Peel. (Trans. VIIth int. Ceramic Congr., London **1960.** 39—52; engl.) — Verw. von ZrO_2 zur Bldg. von blauen Farbtönen. Der Mechanismus der Bldg. von Blau wird durch Röntgen-Unterss. ermittelt. Um Farben im Bereich der Blau-, Grün-, Gelb- u. Orangetöne zu erhalten, wird die Zus. der Gemenge verändert. Ferner wird die Wrkg. von Brenntemp. u. verschiedenen Mengen von Alkalien, Al_2O_3, BaO, PbO, SiO_2 u. ZnO_2 auf Zirkoniumfarben in der Glasur-Zus. untersucht. G. Bauer. 6212 □

Untersuchung der ukrainischen Lehme und Kaoline als Rohstoff für hochdichte feuerfeste Materialien. N. F. Kosinski. (Доповіді Академії Наук Української PCP [Ber. Akad. Wiss. UkrainSSR] **1961.** 776—78. Kiew, Polytechn. Inst.; ukrain., Auszug: engl.) — Durch Unters. der physikal.-chem. Eigg. von Lehmen u. Kaolinen verschiedener Lagerstätten in der Ukraine u. der wichtigsten Kennzahlen der bei 1520° gebrannten Ziegel wurde festgestellt, daß durch Mischen von Tschasowjar-Lehm mit Kirowski-Kaolin ein schamottereicher Ziegel für die Ausmauerung von Hochöfen erhalten wird, der eine verstärkte Mullitisierung aufweist. O. Lebtag. 6218 □

Verwendung der Flugaschen in Zementen. Henri Lafuma. (Rev. Ind. minérale **42.** 790—92. Okt. 1960. Conserv. Nat. des Arts et Métiers; franz.) — Da viele Flugaschen (F) aus verschiedenen Kohlengebieten Frankreichs puzzolan. Natur sind, ist ihre Verw. in der Zementverarbeitungsindustrie bereits sehr verbreitet, kann aber noch gesteigert werden. Um die Eignung festzustellen, ist die Best. eines Faktors K nach Feret erforderlich, der die hydraul. Energie des Zements in bestimmtem Alter charakterisiert. Vf. vergleicht die franz. F mit den ital. altbekannten natürlichen Puzzolanen u. bespricht die Eigg. der erhaltenen Mischzemente bei steigendem Zusatz an F von 20—40% zu Portlandzement. O. Bär. 6222 □

Untersuchung des Drehofen-Flugstaubes und seine Verwendungsmöglichkeiten. M. Gregor, L. Híveš und A. Nutter. (Stavivo **40.** 75—79. März 1962. Bratislava, Slovenská vysoká škola technická.; tschech.) — Es wurden Durchschnittproben des Flugstaubs, der aus der Entstaubungseinrichtung stammte, chem. u. mineralog. untersucht. Als beste Verwertung wurde die Verarbeitung des Flugstaubes zu einem Mischbinder mit den Eigg. des hydraul. Kalks festgestellt. Die optimale Zus. beträgt 75 (%) Flugstaub, 20 Tuff u. 5 Gipsstein. Der ungünstige Einfl. des Flugstaubs bei der Zement-Herst. wurde bestimmt. J. Schneider. 6222 □

Der thermische Wirkungsgrad von Kühlern und der Einfluß auf den Wärmeverbrauch in Zement-Drehöfen. J. Šafář. (Stavivo **40.** 14—17. Jan. 1962. Přerov, Přerovské strojírny n. p.; tschech.) — Vgl. Šafář, Starivo. **11.** 366. 1960. — Vf. führt Kriterien für den Vgl. u. Entwurf von Kühlern an, erörtert Wärmebilanz, Wärmeverlust u. therm. Wrkg.-Grad einiger Kühlertypen u. die Verw. der Abwärme für Trocknungszwecke. J. Schneider. 6222 □

Zerstörungsfreie Druckfestigkeitsbestimmung von Beton. Masaichi Okushima und Yoshio Kosaka. (Technol. Rep. Osaka Univ. **10.** 713—22. Okt. 1960. Dep. of Structural Engng.; engl.) — Vff. untersuchten den Zusammenhang zwischen dynam. u. stat. Eigg. des Betons, um eine zerstörungsfreie Best.-Meth. für die Druckfestigkeit zu finden. Aus dem logarithm. Dekrement der Resonanzfrequenz wurde versucht, die charakterist. Konst. des Betons zu ermitteln. Die Abhängigkeit der Zug- u. Druckfestigkeiten werden graph. gegenübergestellt. H. Schumann. 6224 □

Der Einfluß der Dampfdurchwärmung bei normalem Druck auf die Festigkeitsentwicklung hydraulischer Kalke. F. Vavřín. (Stavivo **40.** 81—82. März 1962. Brno, Vysoké učení technické.; tschech.) — Es wurden die Möglichkeiten der Beschleunigung des Erhärtens von hydraul. Kalken untersucht. Der günstige Einfl. der Dampfdurchwärmung auf die Festigkeits-Entw. in Abhängigkeit von der Zeit wurde festgestellt. Die Verss. wurden mit hydraul. Kalk aus Tlumačov u. Řetenice oder im Gemisch mit Fe-Portlandzement aus Maloměřice durchgeführt. J. Schneider. 6226 □

Neue Herstellungsweise und deren Einfluß auf Ziegelfabrikation und Bauindustrie. L. Duben. (Stavivo **40.** 17—18. Jan. 1962. Žilina, Stredoslovenské tehelne, n. p.; tschech.) — Es wurden neue Formziegel (mit Hohlräumen) hergestellt u. ihre Verw. u.

Brauchbarkeit im Vgl. mit den traditionellen vollen Ziegelsteinen u. Querlochziegeln besprochen. J. SCHNEIDER. 6228 □

Eigenschaften abgeschliffener Körner beim Schleifen. Hideo Tsuwa. (Technol. Rep. Osaka Univ. **10.** 733—43. Okt. 1960. Osaka, Dep. of Appl. Phys. and Prec. Mach.; engl.) — Untersucht werden Schleifscheiben verschiedener Typen auf mehrmalige Verw., Zahl u. Größe der Schneidkanten, Kontinuität aufeinanderfolgender Kanten, Bruchfestigkeit u. Abnutzung des Kornmaterials. H. SCHUMANN. 6238 □

Schnellmethode zur Bestimmung der Hauptbestandteile in natürlichen Silicatgesteinen. A. Behr, M. L. Blanchet und L. Malaprade. (Chim. analytique **42.** 501—07. Okt. 557—61. Nov. 1960. Nancy, Univ., Labor. de Chimie du Centre de Rech. pétrograph. et géochim.; franz.) — Vff. beschreiben ausführlich einen Analysengang zur Best. von SiO_2, Al_2O_3, FeO, Fe_2O_3, MnO, TiO_2, CaO, MgO, P_2O_5, Na_2O, K_2O u. des Glühverlusts in natürlichen Silicatgesteinen. Alle Einzel-Best. geschehen entweder volumetr., kolorimetr. oder flammenphotometrisch. Die Arbeit enthält eine krit. Zusammenstellung der Ergebnisse von ca. 60 nach diesem Verf. ausgeführten Analysen. HEINZ SCHULTZ. 6240 □

Qualitätskontrolle des Fourcaultschen Glases. Wacław Tuszyński und Stanisław Siudyka. (Szkło i Ceram. **13.** 10—17. Jan. 1962.; pol.) — Ausführliche Beschreibung der Prüfungs-Meth. u. Bewertung des FOURCAULTschen Glases. Ausgehend von 10 cm breiten, aus den Tafeln geschnittenen Streifen werden die Schlieren mit dem Brechungsindex nach BECKE oder nach der Luminescenz-Meth. bestimmt. Die Welligkeit wird nach den UdSSR-Standard ermittelt, die Einschlüsse mittels des Polarisationsmikroskops u. Vgl. mit Standard-Abb. festgestellt. Die Gasblasen werden durch Absorption mit verschiedenen Absorbentien u. Best. des Vol. analysiert. J. TŮMOVÁ. 6242 □

Röntgen-Fluorescenzspektrometrie zur Bestimmung der sechs wichtigsten Komponenten im Portlandzement. Hiroshi Uchikawa und Yoshizo Inomata. (J. ceram. Assoc. Japan [Yogyo Kyokai Shi] **70.** Nr. 793. 16—22. 1962. Tokyo, Onoda Cement Co. Ltd.; jap., Auszug: engl.) — Die Best. der 6 wesentlichsten Komponenten eines Portlandzements, Fe_2O_3, CaO, MgO, SiO_2, Al_2O_3 u. SO_3, ist den Vff. unter Einhaltung bestimmter Arbeitsbedingungen mit Hilfe der Röntgen-Fluorescenzspektrometrie gelungen. Die Abweichungen von den Werten der klass. Naßanalyse waren in der Größenordnung von 0,27% für SiO_2 u. Al_2O_3 u. lagen niedriger bei den anderen Bestandteilen. Ebenso waren die Differenzen der aus den Analysen berechneten Zementmoduln gegenüber den empir. Werten gering. Als Analysatorkristall diente $NH_4H_2PO_4$. R. KAISER. 6252 □

Corning Glass Works, V.St.A. (Erfinder: Robert Hennah Dalton und George Bigelow Hares), **Glas** mit $> 1\ M\Omega$ bei 250° aus > 15 (%) SiO_2, 5 bis 60 PbO, 5—25 Alkalioxide, zusammen mindestens 80 der Mischung. Der Rest sind verträgliche Oxide (z. B. 0—15 Al_2O_3 u. 0—15 MgO, CaO u. BaO), deren Geh. an Rb_2O zum Gesamtalkali-Geh. 1/20—3/10 beträgt. — Zum Beispiel 39 SiO_2, 51,5 PbO, 0,2 Na_2O. 5,1 K_2O, 2 Rb_2O_3, 0,2 Cs_2O, 1,5 BaO u. 0,5 As_2O_3 (**F. P. 1 232 467** vom 22/4. 1959, ausg. 10/10. 1960. A. Prior. 23/4. 1958.) O. KAYSER. 6201

Jenaer Glaswerk Schott & Gen., Deutschland, **Kron-Glas** aus 0—80 (Mol.-%) La-Metaphosphat, 0—78 Ba- oder Sr-Pyrophosphat u. 10—90 B-Orthophosphat. — Diagramm des Syst. $La(PO_3)_3$—$Ba_2P_2O_7$—BPO_4. (**F. P. 1 234 935** vom 27/8. 1959, ausg. 8/11. 1960. D. Prior. 6/9. 1958.) O. KAYSER. 6201

Ernst Leitz G.m.b.H., Deutschland, **Optisches Glas** mit hohem Brechungsindex aus 45—70 (%) Pb-Phosphat oder -Borat, 10—30 Borsäure, 2—15 Ta_2O_5, 8—15 Al_2O_3, 15 ZnO oder CdO, 5 ZrO_2, 15 Erdalkalioxyd u. 7 Oxyde der seltenen Erdmetalle (La_2O_3). (**F. P. 1 233 263** vom 3/8. 1959, ausg. 12/10. 1960. D. Prior. 20/9. 1958.) O. KAYSER. 6201

Energie-Versorgung Schwaben Akt.-Ges., Stuttgart, **Poröse Schlacke** als *Zuschlag für Beton* usw. erhält man aus saurer Kesselschlacke durch mehrstufige, unter Berücksichtigung der Viscositätsverhältnisse vorgenommene Abkühlung der fl. Schlacke. Der Schlackenstrahl wird auf Temp. gebracht, bei denen die Gasentbindung der gelösten Gase erfolgt (700—1000°). Nach Erreichen der unteren Temp.-Grenze der Gasentbindung wird zwischen 700° u. 560° schnell abgekühlt, dann von 560—490° langsam abgekühlt, u. nach Unterschreitung der Transformations-Temp. des Glases (490°) wird das glasige, aufgeblähte Prod. mit beliebiger Geschw. weiter gekühlt. Zur Erleichterung der Gasblasen-Bldg. werden dem Schlackenstrahl bei 1300° 0,5% feinverteilter Stoffe zugesetzt, wie Kohlepulver oder eine Mischung ölhaltiger Stoffe mit Trägersubstanzen, wie Holz-

oder Ziegelmehl. — 3 Zeichnungen. (**Oe. P. 207 306** vom 3/5. 1957, ausg. 25/1. 1960. D. Prior. 19/5. 1956 u. 9/3. 1957.) O. KAYSER. 6225

Knapsack-Griesheim Akt.-Ges., Knapsack bei Köln (Erfinder: Franz Rodis, Arnulf Hinz und Friedrich Thomas), **Herstellung von hochporösen Massen aus Schlacke** durch Behandlung einer schmelzfl., vorzugsweise kurzen, Schlacke, die innerhalb eines engen Temp.-Intervalls erstarrt, mit W., Dampf u./oder mit Luft. Die fl. Schlacke wird über poröse Platten oder Sprührohre in 2 Stufen geleitet, wobei in der 1. Stufe die Schlacke in eine Kühlrinne vergossen u. dabei in eine breiartige Masse verwandelt wird u. in der 2. Stufe die mit Dampf- u./oder Luftblasen durchsetzte Schlacke auf einen kontinuierlich bewegten Schaumförderer verteilt u. mit einem schaumbildenden Mittel, vorzugsweise W., behandelt wird, bis die Verfestigung vollständig ist. — Abb. (**E. P. 867 061** vom 22/5. 1959, ausg. 3/5. 1961.) M. NECKERMANN. 6225

Union Chimique Belge Soc. An., Brüssel, Belgien, **Wasserabstoßendmachen von Baumaterialien** u. Zementformkörpern, welche freien Kalk enthalten, durch Auftragen einer wss. Polysiloxanemulsion (Alkyl-Phenylpolysiloxane), der eine Vinylharz- oder eine Chlorkautschukemulsion zugemischt wird. (**Oe. P. 207 308** vom 18/12. 1956, ausg. 25/1. 1960. Belg. Prior. 23/12. 1955.) O. KAYSER. 6229

Vereinigte Baustoffwerke Bodenwerder G. m. b. H., Bodenwerder/Weser, **Feuerhemmende Bauplatte** aus einer Gips-Fasermasse (Gipskartonplatte), die zum Ausgleich der bei Feuer-Einw. auftretenden Schrumpfung des Gipses 8—12% ungeblähten, sich unter Wärme-Einw. aufblähenden Vermiculit u. zur Aufrechterhaltung des Kristallwasser-Geh. des Gipses geblähten, bei Feuer-Einw. Feuchtigkeit abgebenden Perlit enthält. (**Oe. P. 211 525** vom 13/7. 1959, ausg. 25/10. 1960. D. Prior. 24/7. 1958.) O. KAYSER. 6229

Westerwerke, Fabriken Hochfeuerfester Erzeugnisse Jean Wester, Spich/Siegkreis, *Erzeugung von Mullit.* (**Belg. P. 559 200** vom 12/7. 1957, ausg. 8/4. 1960. D. Prior. 14/7. 1956. — C. **1960.** 10023 [Oe. P. 205 402].)

Pittsburgh Plate Glass Co., Pittsburgh, Pa., V.St.A., *Feuerfeste Gegenstände.* (**Belg. P. 556 806** vom 18/4. 1957, ausg. 26/2. 1960. A. Prior. 23/4. 1956. — C. **1960.** 15531 [A. P. 2 880 098 u. Aust. P. 217 660].)

R. P. Heuer, Philadelphia, Pa., V.St.A., *Basische feuerfeste Steine.* (**Belg. P. 557 157** vom 2/5. 1957, ausg. 11/3. 1960. A. Prior. 22/7. 1955. — C. **1960.** 15184 [D. A. S. 1 069 521].)

Österreichisch-Amerikanische Magnesit Akt.-Ges., Radenthein, Österreich, *Hydratationsbeständige, feuerfeste gebrannte Steine.* (**Belg. P. 554 693** vom 2/2. 1957, ausg. 29/1. 1960. Oe. Prior. 10/2. 1956. — C. **1959.** 3615 [Oe. P. 194 306].)

Carborundum Co., Niagara Falls, N.Y., V.St.A., *Gegossener Formkörper aus Zirkonium- und Aluminiumoxid.* (**Belg. P. 562 635** vom 23/11. 1957, ausg. 3/6. 1960. A. Prior. 30/11. 1956. — C. **1960.** 10022 [F. P. 1 186 624].)

S. G. Krapf, Beverly Hills, Calif., V.St.A., *Hochtemperaturbeständige Stoffe.* (**Belg. P. 557 070** vom 29/4. 1957, ausg. 11/3. 1960. A. Prior. 30/4. 1956. — C. **1959.** 6923 [D. A. S. 1 039 911].)

Westdeutsche Kalk- und Portlandzementwerke Akt.-Ges., Köln, *Gewinnung von gereinigtem Kalkhydrat.* (**Belg. P. 561 835** vom 22/10. 1957, ausg. 20/5. 1960. D. Prior. 22/10. u. 2/11. 1956. — C. **1958.** 236 [D. B. P. 965 688] u. C. **1961.** 7361 [D. A. S. 1 088 860].)

Christopher L. Wilson, Columbus, Ohio, übert. von: **George H. Schilling**, Benton Township, Mich., V.St.A., *Schwammförmiges Schleifmaterial.* (**Can. P. 552 129** vom 14/1. 1952, ausg. 21/1. 1958. A. Prior. 4/5. 1951. — C. **1954.** 6318 [A. P. 2 636 013].)

W. I. Panassjuk, Chemische Kontrolle der Glasproduktion (Lehrbuch für Technika der Glasindustrie). Moskau: Rosstechisdat. 1962. (196 S. m. Abb.) 54 Kop. [Russ.]

Ja. M. Ssyrkin und **M. B. Frenkel**, Chemie und Technologie des Schlackenportlandzementes. Kiew: Gosstroiisdat der UkrainSSR. 1962. (179 S. m. Abb.) 67 Kop. [Russ.]

VII. Agrikulturchemie. Schädlingsbekämpfung

Struktur des Calcium–Magnesium–Silicophosphat-Düngers in geschmolzenem Zustand. Takafumi Kanazawa. (J. chem. Soc. Japan, ind. Chem. Sect. [Kogyo Kagaku Zassi] **63.** 930—33. Juni 1960. Tôkyô-Setagaya, Toritu-Daigaku, Kôgakubu; jap., Auszug: engl. S. A50—A51.) — Vgl. C. **1962.** 3224. — Um die Struktur des Ca–Mg–Silicophosphat-Düngers in geschmolzenem Zustand aufzuklären, wird die Schmelze mit W. rasch abgekühlt u. sodann mittels Röntgenstrahlen untersucht. Phosphatglas mit geeigneter Zus. zeigt um den Winkel 2θ = 29—30° einen breiten niedrigen Hof (Spitze). Während des Erhitzens verschwindet zuerst die Kristallstruktur des MgO–SiO_2-Teils, dann wird der gesamte Teil glasig. Der Hof im Röntgenstrahlenbeugungsdiagramm tritt mit der Bldg. der Glasstruktur auf u. beruht offenbar auf β-Tricalciumphosphat. E. MAEKAWA. 6282□

Die Grundwasserabsenkungen im linksrheinischen Erftgebiet und ihr Einfluß auf die Ertragsfähigkeit der dortigen Lößlehmböden. Fr. Brüne. (Wasser u. Boden **12.** 347—60. Okt. 1960. Bremen; dt.) M. WINIKER. 6302□

Über Tonböden mit stabiler Permeabilität. Herman Flodkvist. (Kungl. Skogs-och Lantbruksakad. Tidskr. **99.** 121—41. 1960. Uppsala; schwed.) — Die Durchlässigkeit von Tonböden ist kein konst. Wert, sie hängt von der Riß-Bldg. ab u. kann bei Niederschlagsperioden durch Quellung von Mineralkoll. abnehmen oder ganz verschwinden. Eine stabile Durchlässigkeit zeigen Tonböden nur, wenn durch Gyttjaeinschlüsse die Quellung verhindert wird. An Beispielen wird gezeigt, daß auch bei solchen Böden Zonen mit geringerer Durchlässigkeit entstehen können. R. K. MÜLLER. 6302□

Beeinflussung der Strukturfestigkeit durch Bodenbearbeitung und Pflanzenbestand. G. Schaffer. (Z. Acker- u. Pflanzenbau **113.** 325—37. Okt. 1961. Hohenheim, Landw. Hochschule, Inst. für Bodenkunde; dt.) — Vf. zeigt an Hand der Ergebnisse eigener Verss., daß die Wrkg. der Bodenbearbeitung sich nicht nur auf eine mechan. Verschiebung u. Zerteilung der festen Bodensubstanz beschränkt, sondern außerdem Gefüge-Bldg.-Prozesse beeinflußt bzw. einleitet. Bes. die Wrkg. der exogenen Struktur-Bldg.-Faktoren, namentlich Temp.- u. Feuchtigkeitswechsel, können durch Bodenbearbeitungsmaßnahmen wesentlich beeinflußt werden. M. WINKIER. 6302□

Der Einfluß synthetischer strukturbildender Substanzen auf die physikalischen Eigenschaften der Böden und auf den Pflanzenertrag. Kazimierz Starzyński und Janina Kaźmierczak. (Zeszyty naukowe Szkoły głównej Gospodarstwa wiejskiego Warszawie, Rolnictwo **1959.** Nr. 3. 81—111. Warszawa, SGGW, Zakł. Chem. roln.; pol.) — Die Wrkg. von *NH_4-Polyacrylat* u. von *Krilium* auf die Bodenstruktur wurde in Topf-Verss. untersucht. Ein Effekt wurde bei beiden Präpp. nur bei schweren Böden festgestellt. Die Präpp. erschweren das Verkrusten der oberen Bodenschicht beim Trocknen u. behindern die Abgabe von Wasser. Die Wasserdurchlässigkeit des Bodens wird verbessert. Der Anteil von Bodenteilchen $<$0,1 mm wird verkleinert. Die Sedimentation von Bodensuspensionen in W. wird beschleunigt. Ein Einfl. der Präpp. auf den Pflanzenertrag wurde nicht beobachtet. Das Keimen von Hafer wird bei schwerem Boden erleichtert. — 35 Literaturangaben. F. URBAN. 6302□

Die hydraulische Leitfähigkeit von Unterböden im Lajas Valley. M. A. Lugo-López und R. Pérez-Escolar. (J. Agric. Univ. Puerto Rico **43.** 273—77. Okt. 1959. Gurabo, Substat. of Rio Piedras Agric. Exp. Stat.; engl.) — Proben aus dem Unterboden der wichtigsten Bodenserien im Lajas Valley (92 Proben aus 23 Profilen) wurden auf ihre hydraul. Leitfähigkeit untersucht. Die mittlere Wasserleitfähigkeit der 9 Bodenserien schwankte im Unterboden zwischen 0,032—0,220 in./Std., war also in allen Fällen sehr gering. Demgegenüber war die Leitfähigkeit im Oberboden in einigen Fällen sehr gut. Die Daten werden im Hinblick auf das geplante Bewässerungs-Drainage-Projekt des Gebietes diskutiert. WILFRIED WERNER. 6302□

Bewertung der Wirkungen von organischer Substanz und anderen Bodeneigenschaften auf die Aggregatstabilität einiger tropischer Böden. M. A. Lugo-López und J. Juárez jun. (J. Agric. Univ. Puerto Rico **43.** 268—72. Okt. 1959. Gurabo, Substat. of Rio Piedras Agric. Exp. Stat.; engl.) — Insgesamt 129 Proben von 23 Bodenprofilen aus dem Bewässerungsprojekt im Lajas Valley wurden hinsichtlich der zwischen der Aggregatstabilität einerseits u. dem Geh. an organ. Substanz, Schluff u. Ton andererseits bestehenden Beziehungen untersucht. Die statist. Auswertung ergab eine signifikante Korrelation zwischen der Aggregatstabilität u. dem Geh. der Böden an organ. Substanz. Dagegen lag keine Beziehug zum Ton- u. Schluff-Geh. vor. Die mittels einer linearen Regressionsgleichung aus dem Geh. an organ. Substanz berechnete Aggregatstabilität stimmte relativ gut mit der experimentell ermittelten überein.
WILFRIED WERNER. 6304□

Über die Formen und Bedingungen der Stoffwanderung im Bodenprofil. I. N. Antipow-Karatajew und I. G. Zjurupa. (Почвоведение [Bodenkunde] **1961.** Nr. 8. 1—12. Aug.; russ.) — Übersicht an Hand der nichtsowjet. Literatur. — 92 Literaturangaben. O. LEBTAG. 6304□

Vergleichende Untersuchungen an Bodenprofilen im Freiland und im Gewächshaus. Fritz Venter. (Gartenbauwissenschaft **26** (8). 150—74. 1961. Hannover, TH, Inst. für Gemüsebau; dt.) — Bei einem Vgl. von Gewächshaus- u. Freilandprofilen aus 11 Gemüsebaubetrieben Westdeutschlands wurden im wesentlichen folgende Feststellungen getroffen: Boden-Rk. u. Carbonat-Geh. wurden durch die Errichtung der Gewächshäuser nicht verändert. Infolge intensiverer Versorgung der Flächen mit organ. Substanz lag der Humus-Geh. im Gewächshaus im allg. beträchtlich höher als im Freiland. Weiter waren im Gewächshaus der Geh. der Böden an pflanzenverfügbaren Nährstoffen sowie die spezif. Leitfähigkeit u. der osmot. Druck der Böden größer als im Freiland.
M. WINIKER. 6304□

Die Wirkungen von P und N auf die chemischen Inhaltsstoffe von Weidepflanzen. Hans Lein. (Nord. Jordbrugsforskn. **42.** Suppl. II. 136—38. 1960. Kapp, Beiteforsöksgarden Apelsvoll; norw.) — Wiesengräser werden der N- u. N–P-Düngung unterworfen. Von den geernteten Gräsern werden Trockensubstanz, Asche-, N-, Ca-, P-, K- u. Rohfaser-Geh., teilweise auch Mg-, Na- u. S-Geh. bestimmt. Neben der Düngung spielen Boden- u. Wetterbedingungen u. die Zahl der jährlichen Abweidungen eine Rolle. R. K. MÜLLER. 6304□

Wirkungen der Feuchtigkeitsbedingungen des Bodens auf die Nährstoffaufnahme durch Gerste und den Nährstoffgehalt der Bodenlösung. S. Y. Metwally und A. G. Pollard. (J. Sci. Food Agric. **10.** 632—36. Nov. 1959. London, Imp. Coll. of Sci. and Technol. South Kensington, Agric. Chem. Dep.; engl.) — In einem Gefäß-Vers. wurde Gerste bei etwa 50 u. 35% der maximalen Wasserkapazität (WK) des Bodens u. unterschiedlichen Nährstoffgaben angezogen. Nach 5 Wochen wurden die Pflanzen geerntet u. analysiert. Desgleichen erfolgte eine Analyse der mit A. verdrängten Bodenlösung. Mit zunehmender prozentualer Wassersättigung des Bodens stiegen die Geh. der Boden-Lsg. (bezogen auf Gewichtseinheit Boden) an P, Ca, NO_3 u. K an. Der relative Anstieg war bei den einzelnen Nährstoffen unterschiedlich u. hing auch von der angewandten Düngung ab. Die Veränderungen in der wirklichen Nährstoff-Konz. der Boden-Lsg. (bezogen auf die Vol.-Einheit Boden-Lsg.) war im allg. nur gering. Die Nährstoffaufnahme durch Gerste u. die Trockenmasse-Bldg. stiegen mit zunehmender Bodenfeuchtigkeit an. Im Vgl. zu 35% WK lag die Nährstoffaufnahme bei 50% WK um 19—77% höher, wobei die proportionale Erhöhung bei Ca am größten war, gefolgt von K, Mg, P u. N. Bei niedriger prozentualer WK wurde die Nährstoffaufnahme stärker durch die angewandte Düngung beeinflußt als bei hoher. — Der pH-Wert der Boden-Lsg. veränderte sich nicht mit der Bodenfeuchtigkeit, wurde jedoch stark durch die verschiedenen Düngungsmaßnahmen beeinflußt. WILFRIED WERNER. 6304□

Die Ergebnisse ackerbaulicher Versuche mit Jowar in Indore. Sardar Singh. (Indian J. agric. Sci. **29.** 12—28. Dez. 1959. Indore, Inst. of Plant Ind.; engl.) — Mehrjährige Feld-Verss. mit 2 neuen Stämmen von Jowar-Hirse (Sorghum vulgare) wurden unter niederschlagreichen Bedingungen angelegt, um die Ertragslage unter dem Einfl. von mineral. *P* u. *N* in Verbindung mit Grün- u. Kompostdüngung, Saatmenge u. -zeit zu untersuchen. 20 lb. N/acre als Erdnußkuchen verabreicht, führte zu signifikanten Ertragssteigerungen an Korn u. Futter. Weitere 20 lb. N/acre zeigten nur noch geringe Effekte. Durch Kompost- oder Superphosphatdüngung (20 lb. P_2O_5/acre) wurde die Wrkg. der N-Gabe nicht verändert. Angesichts der geringeren Kosten von $(NH_4)_2SO_4$ wurde durch dieses gegenüber Erdnußkuchen bei gleicher Ertragsleistung je Einheit N eine höhere Rendite erzielt. Nach Gründungsfrüchten gebaut, erbrachte Jowarhirse signifikant höhere Erträge. Eine Supersphophatgabe von 30 lb. P_2O_5/acre zur Gründüngungsfrucht wirkte sich positiv im Jowarertrag aus. Weniger vorteilhaft wirkte in situ nach mehrwöchigem Wachstum untergepflügte Grünmasse. Günstigste Aussaatmenge für Jowar war 10 lb./acre in Verbindung mit einer $(NH_4)_2SO_4$-Düngung von 20 lb. N/acre. Die Saat erfolgt vor Monsumbeginn in den trockenen Boden.
WILFRIED WERNER. 6304□

Die Düngung von Wiesen im Licht polnischer Literatur und polnischer Untersuchungen aus der Zeit zwischen den Weltkriegen. Leon Doboszyński. (Zeszyty naukowe Szkoły głównej Gospodarstwa wiejskiego Warszawie, Rolnictwo **1959.** Nr. 3. 39—57. Warszawa, SGGW, Zakł. Uprawy Łąk i Pastwisk.; pol.) — Der Heuertrag von Torfwiesen wird durch K- u. P-Düngung stärker erhöht als durch N-Düngung. Bei gewöhnlichem „mineral." Boden ist die Wrkg. von K am stärksten, die von P am schwächsten. Im Folgejahr ist die K-Düngung am wirkungsvollsten. N-Düngung hat im 2. Jahr kaum noch einen Einfluß. Organ. Dünger (Kompost u. Stallmist) wirken im Durchschnitt besser, als mineral. Volldüngung. Die physikal. u. biolog. Eigg. des Bodens werden durch neutrale Rk. (um pH 6,5) am günstigsten beeinflußt. — 48 Literaturangaben. F. URBAN. 6304□

Der Einfluß der zeitlichen Unterteilung einer Gabe von Mineraldüngern auf den Pflanzenbestand der Dauerwiese. Eva Bartošová und Jaroslav Bartoš. (Sborník československ. Akad. zemědělských Věd, rostlinná Výroba **7** (**34**). 1661—80. 1961. Pohořelice u. Brna, ČSAZV, vyžk. úst. krm.; tschech.) — Höchster Heuertrag wird dann erreicht, wenn der Mineraldünger in 3 Gaben (50% Frühjahr, 30% nach dem 1. u. 20% nach dem 2. Schnitt) den Wiesen zugeführt wird. — 29 Literaturangaben.
E. VEVERA. 6304

Der Einfluß der Stickstoffdüngung auf die Geschwindigkeit des Verholzens von Gräsern. Helena Gawęda und Mieczysław Nowak. (Postępy Nauk rolniczych

8 (**13**). Nr. 6. 57—60. Nov./Dez. 1961; pol.) — Im Verlauf der Vegetation nimmt der Eiweiß-Geh. der Gräser ab u. der Cellulose-Geh. zu. Durch starke *N*-Gaben kann der Eiweiß-Geh. wieder angehoben werden. Der Ertrag erhöht sich dabei um 200—400%. Gleichzeitig erhöht sich der Geh. der Gräser an *Carotin*. F. URBAN. 6304□

Stickstoffdüngung von Gartenpflanzen. Reservestickstoff in Pflanzen. Kristian Oland. (Nord. Jordbrugsforskn. **42**. Suppl. I. 189—92. 1960. Lotthus, Hardanger, Ullensvang Forsöksgard.; norw.) — Der lösl. Reserve-N bei Apfelbäumen besteht vor allem aus Aminosäuren, bes. *Arginin* (I), u. Amiden, bes. *Asparagin* (II). II spielt als Reserve-N-Verb. keine so große Rolle wie früher angenommen, I dagegen ist die wichtigste Reserve-Verb. auch bei Rosaceen, Citrullin bei Betulaceen, Acetylornithin bei Fumaroideen, Prolin bei Papilionaceen, Allantoin u. Allantoinsäure bei Spitzahorn. Es kann ein starkes Wachstum von Pflanzen ohne andere N-Quelle als die Reserve stattfinden. Ihre Akkumulation erfolgt vor allem im Winter. In der Konkurrenz um die Kohlenhydrate stehen die Früchte an erster Stelle, es folgen Knospen u. Wurzeln. Getreidepflanzen haben 90% ihrer Gesamt-N-Menge gesammelt, bevor sie 25% ihre Endtrockengewichts erreicht haben. R. K. MÜLLER. 6304□

Wirkungen bestimmter Mineralstoffe auf Wachstum und Stickstoff-Fixierung von beimpften Bohnenpflanzen, Phaseolus vulgaris L. J. C. Burton, O. N. Allen und K. C. Berger. (J. agric. Food Chem. **9**. 187—90. Mai/Juni 1961. Madison, Univ. of Wisconsin, Coll. of Agric., Dep. of Bacteriol. and Soils; engl.) — In Sandkulturgefäß-Verss. wurden Bohnen bei unterschiedlichem N-, P-, K-, Ca- u. Mg-Gaben aus Samen angezogen, die entweder sterilisiert oder mit einem wirksamen bzw. einem unwirksamen Rhizobiumstamm beimpft waren. Wachstum, Ertrag u. N-Fixierung wurden bei den mit wirksamen Rhizobiumbakterien beimpften Pflanzen durch hohe Gaben an P, K, Ca u. Mg erheblich verbessert, bes. in solchen Fällen, in denen lediglich mäßige Gaben von anorgan. N verabreicht worden waren. Die symbiont. N-Bindung wurde auch durch geringe N-Gaben gefördert, durch hohe N-Gaben jedoch gehemmt. Bei Impfung mit unwirksamen Rhizobiumbakterien konnte kein Einfl. der Mineraldüngung auf die N-Fixierung nachgewiesen werden. WILFRIED WERNER. 6304□

Untersuchungen über den Nitrat- und Ammoniumgehalt des Bodens in Obstkulturen. Sven Dalbro. (Nord. Jordbrugsforskn. **42**. Suppl. I. 192—93. 1960. København, Kgl. Veter.-og Landbohøjskole, Havebrugsafd; dän.) — Die Nitratproduktion in Apfelbaumkulturen kann bei nichtbepflanztem Boden 50—60, bei Deckfrucht sogar 80—120 kg/ha jährlich erreichen, bei Grasboden aber ohne Zusatzdüngung 10 kg/ha nicht übersteigen. Der Geh. an NH_4-N übersteigt, bes. in den obersten 20 cm des Bodens, den Nitrat-N, trägt aber auch in tieferen Schichten wesentlich zur Ernährung der Bäume bei. Die Ergebnisse der N-Düngung von Obstbäumen müssen unter Berücksichtigung des Vorrats an mineralisiertem N im Boden berechnet werden. R. K. MÜLLER. 6304□

Einige Laboratoriumsbeobachtungen an Boden–Harnstoff-Mischungen. R. S. Gajendragad. (Mysore agric. J. **35**. 143—45. Juli/Sept. 1960. Bangalore; engl.) — *Harnstoff* (I) wurde in einer Menge äquivalent 30 lbs. N/acre zu einem typ. Roterdeboden bei 30 u. 50% der maximalen Wasserkapazität (WK) zugemischt. Die Mischungen wurden bei 26,9—28° u. 78—93% relativer Luftfeuchtigkeit im Labor. aufbewahrt u. im Verlauf einer Woche täglich auf die Zunahme im Geh. an NH_4-N untersucht. Bei 50% WK erreichte die Ammonifizierung von I schon nach 2 Tagen ein Maximum, bei 30% WK nach 5 Tagen. Der Anteil von I der in dieser Zeit als NH_4 vorlag, betrug 96,2 bzw. 100%. — An Hand dieser Ergebnisse erörtert Vf. die Möglichkeit, zur Beschleunigung der Ammonifizierung von I diesen Dünger auch in der Praxis zunächst mit Boden zu vermischen u. erst nach einer Woche auszubringen. Zudem könnten bei einem derartigen Verf. N-Verluste durch Auswaschung vermieden werden.

WILFRIED WERNER. 6304□

Die Adsorption von Harnstoff an Boden: 1. Mitt. **Über den Mechanismus der Harnstoffadsorption.** Shingo Mitsui, Hisao Namioka und Noboru Mukai. (Soil Plant Food [Tokyo] **6**. 25—29. Sept. 1960. Tokio, Univ., Fac. of Agric.; engl.) — 10 g-Proben von vulkan. Ascheböden wurden mit 100 ml einer Lsg., die *Harnstoff* (I) oder $(NH_4)_2SO_4$ (II) in steigenden Konzz. (0,0025—1,0 mol) enthielt, mit u. ohne Zusatz eines Ureaseinhibitors ($HgCl_2$ bzw. p-Chlormercuribenzoat) 30 Min. geschüttelt u. anschließend zentrifugiert. Im Zentrifugat wurde der nicht sorbierte NH_4-N bestimmt. — Es zeigte sich, daß I schwächer durch den Boden sorbiert wird als **II**. Zugabe von KCl verringerte ganz erheblich die Sorption von NH_4-N, jedoch kaum diejenige von I-N. Böden mit hohen Humus-Geh. sorbierten relativ hohe Mengen I-N. — In weiteren Verss. wurde die Sorption der I-Derivv. *Thio*-I, *Monomethyl*-I u. *1.3-Dimethyl*-I getestet. Ersatz der H-Atome durch Methylradikale oder des O-Atoms durch Schwefel verminderte die Sorption von I-N an den Boden, u. zwar bei Monomethyl-I um 50%, bei Dimethyl-I um 90% u. bei Thio-I um 20%. Daraus wird gefolgert, daß die I-Sorption im Boden möglicherweise auf H-Bindungen über den Amino-H u. teilweise über den Carbonyl-O zurückzuführen ist. WILFRIED WERNER. 6304□

Umsatz von Stroh im Boden, ein Verteilungsproblem. Sven L. Jansson. (Nord. Jordbrugsforskn. **42.** Suppl. I. 100—05. 1960; schwed.) — Der Abbau von Stroh im Boden ist ein mikrobieller Prozeß. Solange das Stroh trocken ist, findet kein Abbau statt. Ein Abbau erfolgt, wenn feinverteiltes (gehacktes, besser gemahlenes) Stroh mit feuchter Erde gemischt wird, wobei das sich zersetzende Stroh N bindet. Verss. zeigen, daß die physikal. Verteilung bei der Nutzbarmachung von Stroh eine wichtige Rolle spielt. R. K. MÜLLER. 6304□

Die Wirksamkeit von Gründüngungskulturen für die Erhaltung der Fruchtbarkeit einiger Bodenarten auf Madagaskar. P. Roche und J. Velly. (Agronom. tropicale **16.** 7—51. Jan./Febr. 1961; franz.) — M. WINIKER. 6304□

Wirkungen von Mulch, Stickstoff- und Kalidüngern auf Savannenboden und Tungbäume. B. G. Sitton, G. F. Potter, W. A. Lewis, M. Drosdoff, H. L. Barrows und W. W. Kilby. (Proc. Amer. Soc. horticult. Sci. **74.** 236—44. Dez. 1959. Bogalusa, La., U.S.Dep. of Agric., Agric. Res. Gen., Crops. Res. Div.; Gainesville, Fla., U-S-Dep. of Agric.; Poplarville, Miss., Exp. Stat.; engl.) — In einem 12jährigen Vers. wurde die Wrkg. unterschiedlicher *N*- u. *K*-Gaben (2 Stufen N u. 3 Stufen K in faktorieller Kombination) auf den Nährstoffstatus eines feinsandigen Lehmbodens u. die Nährstoffaufnahme von Tungbäumen untersucht, u. zwar jeweils bei Mulchkultur (Gras- u. Kleemulch) bzw. bei ständiger Bodenbearbeitung. Im Vgl. zur Bodenbearbeitung erhöhte Mulchung den Geh. an austauschbarem K in der Bodenschicht 0—45 cm u. den Geh. an austauschbarem Mg in 0—15 cm. Ebenso wurden der Fruchtertrag u. der Blatt-Geh. an N, P u. K erhöht. Durch eine gesteigerte N-Düngung wurde der Mg-Geh. der Blätter erhöht, der K-Geh. dagegen erniedrigt. Gesteigerte K-Gaben erhöhten das austauschbare Boden-K sowie das Blatt-K u. senkten das austauschbare Ca u. den Geh. der Blätter an Ca u. Mg. Von bes. Bedeutung ist der Befund, daß durch Mulchkultur die K-Aufnahme der Bäume beachtlich gesteigert wurde, ohne daß die Mg-Aufnahme abfiel. WILFRIED WERNER. 6304□

Die Wirkung von Düngern auf den Kaliumgehalt von Tungschalen. H. L. Crane, H. L. Barrows und B. G. Sitton. (Proc. Amer. Soc. horticult. Sci. **74.** 245—47. Dez. 1959. Gainesville, Fla., U.S.Dep. of Agric., Agric. Res. Gen., Crops Res. Div.; engl.) — Die Tungfrucht enthält 4—5 Samen, die von einer parenchymat. Schale (40—50% des Gesamtgewichts) eingeschlossen sind. Die Schale ist sehr K-reich u. dient nach der Ölgewinnung aus den Samen oft als Mulchmaterial oder nach Verbrennung als Dünger. Vff. fanden, daß der K-Geh. der Schalen mit steigender K-Düngung stark ansteigt (3,5—5,0%). Durch die Höhe der N-Düngung wurde der K-Geh. der Schale nicht gesichert beeinflußt. N-Düngung verringerte aber den Schalenanteil je Frucht u. damit auch den K-Ertrag je Frucht. Die Bedeutung des K-Ertrags über die Fruchtschalen für die späteren Düngungsmaßnahmen, bes. im Hinblick auf Fruchtertrag u. Öl-Geh. der Früchte wird diskutiert. WILFRIED WERNER. 6304□

Beziehungen zwischen der Art der Düngerausbringung und der Nährstoffaufnahme sowie dem Ertrag. 2. Mitt. **Die Wirkung des in Reihen ausgebrachten Kaliums, des Kaliumgehalts des Bodens und des Niederschlags.** Stanley A. Barber. (Agronomy J. **51.** 97—99. Febr. 1959. Lafayette, Ind., Purdue Univ., Dep. of Agron., Agric. Exp. Stat.; engl.) — 1. vgl. Agronomy J. **50.** [1958.] 535. — Bei Mais brachten Reihenanwendung u. breitwürfiges Ausstreuen des K keine unterschiedlichen Erträge. Bei Mais, Sojabohnen, Getreide u. Heu waren bei einem Boden-Geh. an austauschbarem K_2O von 150 lb/acre durch Reihenanwendung des K noch Ertragssteigerungen zu erzielen. Zwischen der relativen K-Wrkg. u. der Niederschlagsmenge wurde eine Korrelation gefunden. W. HILLER. 6304□

Beziehung der Kaliumernährung zur Größe und Qualität von Valencia-Orangen. Paul F. Smith und Gordon K. Rasmussen. (Proc. Amer. Soc. horticult. Sci. **74.** 261—65. Dez. 1959. Orlando, Fla., U.S.Dep. of Agric., Hortic. Field Stat.; engl.) — Junge Valencia-Orangenbäume wurden in Sandkultur in im Freiland eingegrabenen Gefäßen bei wechselndem K- u. etwa konstantem Ca-Angebot bzw. bei wechselndem Ca- u. konstantem K-Angebot bis zur Fruchtbildung angezogen. Das Mg-Angebot nahm mit steigender K- bzw. Ca-Konz. ab. Durch die Variation im Nährstoffangebot konnte bei konst. Ca-Geh. der K-Geh. der Blätter erheblich gesteigert werden bzw. umgekehrt. K u. Ca wirkten antagonist. hinsichtlich des Blatt-Mg. Ansteigender K-Spiegel in der Pflanze ging mit zunehmender Fruchtgröße einher. Gleichzeitig nahmen die Dicke der

Schale u. der Säure-Geh. des Saftes zu. Veränderungen in der Ca- oder Mg-Versorgung der Bäume beeinflußten dagegen Fruchtgröße u. -qualität überhaupt nicht oder nur geringfügig. WILFRIED WERNER. 6304□

Das Problem der Anwendung komplexer Düngemittel. Kryspina Śmierzchalska. (Postępy Nauk rolniczych 8 (13). Nr. 6. 3—14. Nov./Dez. 1961; poln.) — Übersicht über die Wrkg. von Misch-, Komplex- u. Einzeldüngern. — 34 Literaturangaben. F. URBAN. 6304□

Die Wirkungen der Bodenbewässerung beim vorgesehenen Shadehill-Projekt mit Wässern hoher Natrium- und Bicarbonatgehalte. C. R. Umback, L. O. Fine und Frank Wiersma. (Proc. South Dakota Acad. Sci. **38.** 88—95. 1959. Brookings, South Dakota State Coll., Soil and Water Conserv. Res. Div., Agric. Res. Serv., Agric. Exp. Stat.; engl.) — In einem 6jährigen Feld-Vers. wurde die Wrkg. künstlicher Bewässerung auf Ertrag u. Bodenversalzung untersucht. Die verwendeten Wässer hatten einen pH-Wert von 8,0—8,5; an Hand der Analysen wurde ein „Residual Na_2CO_3-Geh." von 1,28—4,34 meq./Liter errechnet aus der Summe von CO^{2-} + HCO_3^- minus der Summe von Ca^{2+} + Mg^{2+}. Bewässert wurde vergleichsweise optimal für das Pflanzenwachstum mit u. ohne Zusatz von Gips in äquivalenten Mengen zum Residual Na_2CO_3-Geh.; oder auf konstante Feldkapazität. Auf dem im Oberboden sandigen bis tonigen Lehm u. bei 42—60 in. Tiefe in Sand übergehenden Boden wurde durch die Bewässerung der Luzerneertrag um das 5fache gegenüber ohne Bewässerung (1 to/acre/Jahr) erhöht. Die Bodenversalzung erreichte im 3. Jahr ihren höchsten Wert mit einem Na-Anteil von 8—9% an der Kationengarnitur am Sorptionskomplex mit einem T-Wert von 22 bis 24 meq./100 g Boden. Bei Gipszusatz zum Bewässerungswasser überstieg das austauschbare Na nicht 7,5%. Infiltrations-Verss. ergaben einen Minimalwert im 3. Versuchsjahr. In den folgenden Jahren stieg die Eindringungs-Geschw. des W. in die Vers.-Böden wieder an. Feld- u. Labor.-Unterss. erbrachten dabei widerspruchsvolle Resultate. WILFRIED WERNER. 6304□

Blattdüngung von Tomaten mit Spurenelementen. Ss. P. Diki. (Консервная и Овощесушильная Промышленность [Konserven- u. Dörrgemüse-Ind.] **16.** Nr. 10. 34—36. Okt. 1961. Versuchs- u. Selektionsstation „Majak"; russ.) — Durch Blattdüngung von Tomaten mit einem Gemisch schwacher H_3BO_3- u. $MnSO_4$-Lsgg. konnte der Ernteertrag von 514 auf 556 dz/ha bzw. um 8,2% erhöht werden. Die Anwendung anderer Spurenelemente (Cu, Zn, Mo) erwies sich als weniger wirksam. S. BARYSCHNIKOW. 6304

Chemische Austrocknung von Samenleguminosen. W. A. Westgate. (Agric. Chemicals **14.** Nr. 6. 63—117. Juni 1959. Standard Agric. Chem., Inc.; engl.) — Vf. berichtet über die Möglichkeit zur chem. Abtötung von Blatt u. Stengeln in Samenleguminosenanbau. Diese wird dort mit Erfolg angewandt, wo eine ungleichmäßige Ausreife vorliegt, oder durch hohe Regenfälle das vegetative Wachstum noch einmal angeregt wurde. Bei Luzerne, Ladinoklee u. Rotklee werden gute Erfolge durch eine Versprühung von ca. 1 Liter *DNBP* in 10—15 gal. *Dieselöl*/acre mit dem Flugzeug. In 3—5 Tagen nach der Besprühung sind die Pflanzen gleichmäßig ausgetrocknet u. können mit dem Mähdrescher geerntet werden. Windstille Morgenstunden sind die günstigste Anwendungszeit. WILFRIED WERNER. 6312□

Verzögerung der Keimgeschwindigkeit von Samen von Cajanus cajan (Linn) Millsp. durch Colchicinbehandlung. Ved Pal Singh. (Agra Univ. J. Res. **8.** 35—38. Jan. 1959. Agra, B. R. Coll., Dep. of Botany; engl.) — Samen von Cajanus cajan wurden in W. eingeweicht, bis die Wurzelspitze erschien u. anschließend für 1—48 Std. in wss. *Colchicin* (I)-Lsg.g unterschiedlicher Konz. (0,05—0,8%) eingetaucht. Nach der I-Behandlung wurden die Samen sauber gewaschen u. ausgesät. Nach 4 Tagen wurden die aufgelaufenen Samen ausgezählt. Durch die I-Behandlung wurde die Keimzahl signifikant vermindert, wobei die Wrkg. von Konz. u. Behandlungszeit additiv waren. Es wird vermutet, daß I einen tox. Effekt auf den Stoffwechsel während des Keimungsvorganges ausübt. — Damit ist nachgewiesen, daß eine Samenbehandlung mit I zur Induktion von Polyploidie Keimverzögerungen zur Folge hat. WILFRIED WERNER. 6312□

Einfluß von die Wurzelbildung anregenden Substanzen und der Zeitabstände auf die Bewurzelung von Acerola-Stecklingen. Raúl Abrams und George C. Jackson. (J. Agric. Univ. Puerto Rico **43.** 152—58. Juli 1959. Rio Piedras, Univ. of Puerto Rico, Agric. Exp. Stat.; engl.) — 20 cm lange Acerolastecklinge wurden mit den angefeuchteten Basalenden in ein pulverförmiges Präp. von *Naphthalinessigsäure* (I) oder *Indolylbuttersäure* (II) getaucht u. in Sandkultur ausgepflanzt. Nach 6, 8 u. 10 Wochen wurde der Einfl. dieser Wuchsstoffbehandlung auf die Bewurzelung untersucht. Beide Wuchsstoffe stimulierten die Bewurzelung (Zahl der bewurzelten Stecklinge, Zahl der Wurzeln je Steckling). Jedoch wirkte **II** deutlich besser als **I**. Als optimaler Zeitraum für die Bewurzelung in Sandkultur erwies sich ein solcher von 8 Wochen.

WILFRIED WERNER. 6312□

Eine Bemerkung über „Luft-Ableger" bei Morus alba. O. S. Jauhari und V. N. Nigam. (Agra Univ. J. Res. **8**. 39—41. Jan. 1959. Kanpur, Governm. Agric. Coll., Dep. of Hortic.; engl.) — Vff. führten Unterss. über den Einfl. einer Wuchsstoffbehandlung auf die Bewurzelung von Maulbeerstecklingen durch. Die Behandlung erfolgte durch Auftragen einer Lanolinpaste, die die Wuchsstoffe *Naphthalinessigsäure* (I), *Indolylessigsäure* (II) oder *Indolylbuttersäure* (III) in Konz. von 5000—30000 ppm enthielt, in einer ringförmigen, von der Rinde befreiten Zone ca. $^1/_2$ cm unterhalb einer Knospe. Durch diese Wuchsstoffbehandlung wurde die Bewurzelung der Stecklinge in allen Fällen gefördert. Konzz. von 5000 u. 10000 ppm wirkten am besten. Zwischen I, II u. III bestanden in diesem Konz.-Bereich keine Wirkungsunterschiede.

WILFRIED WERNER. 6312□

Das Problem der Pflanzenschutzmittelrückstände in europäischer Sicht. Ferdinand Beran. (Pflanzenschutzberichte [Wien] **27**. 11—49. Nov. 1961. Wien, Bundesanst. für Pflanzenschutz; dt.) M. WINIKER. 6312□

Die Anwendung neuer Fungicide gegen den gedeckten Hirsebrand (Sphacelotheca sorghi Link) der Jowarhirse (Sorghum vulgare Pers.). M. H. Delvi. (Mysore agric. J. **34**. 127—31. Juli/Dez. 1959. Hebbal, Bangalore, Agric. Res. Stat.; engl.) — Eine Reihe von Beizmitteln wurde in ihrer Wrkg. gegen den gedeckten Hirsebrand der Jowarhirse untersucht. Das Saatgut wurde mit 0,2 Gew.-% der Mittel geschüttelt u. 1 Woche lang aufbewahrt. In 1 der insges. 5 Vers.-Jahre wurde das Saatgut künstlich infiziert, wodurch bei der Kontrolle eine Infektionsverdoppelung eintrat. Alle geprüften Hg-Mittel (Ceresan, Agrosan, Tillex dry), Thiurame (Arasan, Fernasan-A), Ferri-dimethyl-dithiocarbamat (Fermate), ein Hg-freies Beizmittel sowie S- u. Cu-Mittel verminderten die Infektion signifikant. Die beste Wrkg., wenn auch nicht signifikant, hatten Fermate, Fernasan-A u. Tillex dry. Die Samenkeimung wurde in keinem Fall beeinträchtigt.

WILFRIED WERNER. 6312□

Dreijährige Untersuchungen über den Birnenschorf (Venturia pirina Ad.). René Aerts und Albert Soenen. (Agricultura [Louvain] [2] **9**. 247—70. Juni 1961. Gorsem, Centre de Recherches; franz.) — Bei Verss. zur Bekämpfung des Birnenschorfs erwiesen sich *Tuzet, Netz-S, Captan* u. *TMTD* als prakt. gleichwertig. M. WINIKER. 6312□

Untersuchungen zur Bekämpfung von Tabakblattschädlingen (in den Jahren) 1949—1955. W. A. Smith. (Queensland J. agric. Sci. **18**. 33—56. März 1961; engl.) — Bei der Bekämpfung von Plusia argentifera Gn. bewährten sich *Endrin* (I) u. *Dieldrin* (II) am besten. Heliothis armigera Hb. u. H. punctifera Wallengr. sowie Prodenia litura F. wurden am zweckmäßigsten mit *DDT* bekämpft. Gegen Gnorimoschema operculella Zell. bewährten sich DDT, I u. II gleich gut. M. WINIKER. 6312□

Untersuchungen über die Bekämpfung der Pflaumensägewespe (Hoplocampa minuta Christ. und Hoplocampa flava L.) und über die gleichzeitige Spritzung gegen Metatetranychus ulmi Koch. Ryszard Łęski. (Roczniki Nauk rolniczych, Ser. A, **83**. 587—617. 1961; pol.) — Larven der Pflaumensägewespe sind in den späteren Entw.-Stadien resistenter gegen *DDT* u. *HCH* als in frühen Stadien. HCH wirkt auf die Larven schneller als DDT. Der günstigste Zeitpunkt für die Bekämpfung ist das Ende der Blüte. $Pb_3(AsO_4)_2$-Spritzungen sind wirkungslos. Auf Bäumen, die mit DDT gespritzt wurden, wird die Entw. von Metatetranychus ulmi Koch. begünstigt. Die stimulierende Wrkg. von DDT kann durch Zusatz von Schwefelkalkmilch behoben werden. — 55 Literaturangaben. F. URBAN. 6312□

Vergleich von Co-Ral-, Ronnel- und Ruelene-Staub zur Schraubwurmbekämpfung. M. J. Wrich. (J. econ. Entomol. **54**. 941—45. Okt. 1961. Kerrville, Tex., Entomol. Res. Div.; engl.) — Das Bestäuben von künstlich mit Larven der Callitroga hominivorax Coquerel besetzten Viehbeständen an Stelle des Sprühens war mit Hand- oder Kraftstäubern gleich wirksam. Am besten und längsten wirkte 5%ig. *Co-Ral*-Staub, 5%ig. *Ruelene* u. 10%ig. *Ronnel* fielen bzgl. der Dauer-Wrkg. dagegen ab.

FRITZ MÜLLER/Ludwigshafen. 6312□

Ein moskitoabweisendes Präparat aus Xylol. C. R. Raha. (Indian J. appl. Chem. **23**. 65—66. 1960. Calcutta, Gluconate, Ltd.; engl.) — Aus handelsüblichem Xylol (85% m-Xylol) wird *N.N-Diäthyl-m-toluamid* wie folgt dargestellt. Xylol wird zu Toluylsäure mit HNO_3 oxydiert, mit $SOCl_2$ chloriert u. mit Diäthylamin in das Amid umgewandelt. Auf die Haut gebracht, schützt **I** 14—18 Std. lang gegen den Angriff von Moskitos. P. GREGORZEWSKI. 6312□

Bestimmung von Guthion-Rückständen. William S. Cox. (J. Assoc. off. agric. Chemists **44.** 188—92. Mai 1961. Cincinnati, Ohio, Dep. of Health, Educat. and Welfare; engl.) — Die Nachprüfung des von MEAGHER u. Mitarbeitern (C. **1961.** 8089) angegebenen, colorimetr. Verf. zur Best. von *Guthion* (**I**) auf Ernte-Prodd. führt zu seiner Empfehlung. Die Unterss. über die papierchromatograph. **I**-Best. nach den von MENN u. Mitarbeitern (C. **1960.** 4648) u. von MILLS (C. **1961.** 7069) vorgeschlagenen Verff. werden fortgesetzt. W. WESLY. 6328□

Bestimmung von Nicotinrückständen in Nahrungsmitteln. George Schwartzman. (J. Assoc. off. agric. Chemists **44.** 177—80. Mai 1961. Boston, Mass., Dep. of Health, Educat. and Welfare, Food and Drug Admin.; engl.) — Eine Anwendung des von CUNDIFF u. MARKUNAS (C. **1959.** 4002) angegebenen Verf. zur Best. von *Nicotin* (**I.**) bei Ernte-Prodd. zeigt, daß die Extraktion mit NH_4OH enthaltendem Bzl. u. Chlf. sowie mit NH_4OH **I**-Ausbeuten von ca. 90% ergibt, so daß weitere Unterss. empfohlen werden. W. WESLY. 6328□

Farbwerke Hoechst Akt.-Ges., vormals Meister Lucius & Brüning (Erfinder: Helmut Schäfer und Wolfgang Röper), Frankfurt/M., **Herstellung von stickstoffhaltigen Mischdüngemitteln,** die gut granulierbar u. gegen atmosphär. Feuchtigkeit beständig sind sowie den N_2 sowohl in leicht- als auch in schwerlösl. Form enthalten, durch Umsetzen von $CO(NH_2)_2$ (**I**) mit Paraformaldehyd (**II**) in einem Mengenverhältnis von mindestens 1 Mol. **I** auf 1 Mol. **II** (bezogen auf **II**) unter Erhitzen auf ca. 80—200° u. in Abwesenheit eines Lsgm., dad. gek., daß den Ausgangsstoffen **I** u. **II**, vor der Kondens. die für die Mischdüngemittel erforderlichen Zusatzstoffe zugemischt u., ohne an der Rk. selbst teilzunehmen, auf diese Weise gleichmäßig in das Rk.-Prod. inkorporiert werden, worauf das Gemisch der Granulation unterworfen wird. Als Zusatzstoffe werden Pflanzennährstoffe u./oder Spurenelemente u./oder Pflanzenschutzmittel in fester zerkleinerter Form innig mit den Ausgangsstoffen vermischt, worauf das Gemisch der Kondens. unterworfen wird. Fester **II** kann mit den Zusatzstoffen innig vermischt u. das erhaltene Gemisch in eine Schmelze von **I** eingetragen werden. Das unter Austritt von Kondens.-Wasser entstehende Rk.-Prod. wird bereits vor dem Erhärten, während es sich noch in plast. verformbarem Zustand befindet, granuliert. Das erhaltene Rk.-Prod. kann auch erst nach dem Erhärten zerkleinert u., ggf. unter Zusatz von Granulierhilfsmitteln, granuliert werden. Als Zusatzstoffe kommen bes. $(NH_4)_2SO_4$, NH_4Cl, Kalisalze, Ammonphosphate, Superphosphat, Kalkstickstoff, Volldüngemittel, Mikronährstoffe, z. B. Mn-, B-, Cu-, Zn-, Co-, Mo-Verbb., Herbicide, Insekticide u. Fungicide in Betracht. Sie werden in das Kondens.-Prod. in einer Mikroporenstruktur eingelagert, so daß die eingelagerten Stoffe im Boden erst im Verlauf des Abbaues der Grundsubstanz freigegeben werden u. sie weder vorzeitig ausgewaschen, noch durch Rkk. mit Bodenbestandteilen unwirksam gemacht werden können. Auch nach Aufnahme von z. B. bis zu 60% ihres Eigengew. an W. bleiben die Düngemittel rieselfähig u. neigen weder zum Zerfließen, noch zum Verbacken. Beschädigungen der Verpackung werden vermieden. Der Geh. der Düngemittel an Gesamt-N_2 beträgt ca. 33 (%) bzw. an N, P_2O_5 u. K_2O ca. 24:18:18. (**D. A. S. 1 122 967** Kl. 16 vom 30/7. 1960, ausg. 1/2. 1962.) H. KARST. 6291

J. R. Geigy Akt.-Ges., Basel (Erfinder: Enrico Knüsli, Riehen, Walter Stambach und Hans Gysin, Basel), Schweiz, **Fluorierte symm.-Triazinderivate** der allg. Formel **I** (R_1, R_2 u. R_3 = H-Atome gleiche oder verschiedene niedrigmol. Alkyl-, Alkenyl-, Aralkyl- oder Alkoxyalkylreste, R_4 = niedrigmol. Alkyl-, Alkenyl-, Aralkyl- oder Alkoxyalkylrest; R_1 u. R_2 u. R_3 u. R_4 können unter sich auch direkt oder über ein O-Atom miteinander verbunden sein) erhält man durch Behandlung der entsprechenden Cl-Derivv. mit einem Äquivalent eines neutralen Fluorids, ggf. in Ggw. von inerten organ. Lösungsmitteln. Die Rk. wird bei 100—200° ausgeführt u. erfordert 12—100 Std., ihr Verlauf wird durch argentometr. Messung des abgespaltenen Cl überwacht. Als Lsgm. sind Dimethylformamid, Äthylenglykoldiäthyläther u. Diäthylenglykoldiäthyläther bes. geeignet. — Beispiele: *2.4-Bis-äthylamino-6-fluor-symm.-triazin*, F. 223—224°, ferner folgende *6-Fluor-symm.-triazine* (**II**): *2-Isopropylamino-4-diäthylamino*-**II**, F. 80—84°, Kp.$_{0,5}$ 108—111°; *2.4-Bis-isopropylamino*-**II**, F. 218—220°; *2-Isopropylamino-4-methylamino*-**II**, F. 166—168°; *2-Isopropylaminoäthylamino*-**II**, F. 186—187°; *2.4-Bis-diäthylamino*-**II**, Kp.$_{0,1}$ 104—106°; *2-Diäthylamino-4-äthylamino*-**II**, Kp.$_{0,06}$ 90°; *2-n-Propylamino-4-methylamino*-**II**, F. 180—182°; *2-(γ-Methoxypropylamino)-4-äthylamino*-**II**, F. 130—132°; *2-Morpholino-4-isopropylamino*-**II**, F. 130—132°; *2.4-Bis-piperidino*-**II**, F. 110—120°;

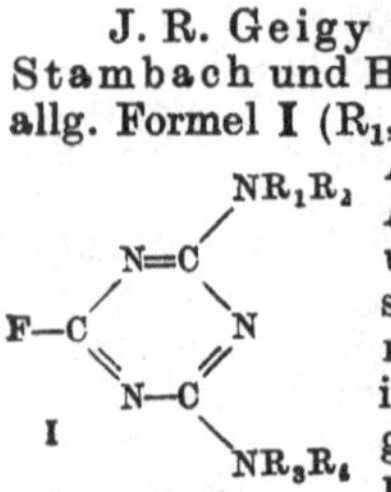

I

2-Benzylamino-4-äthylamino-II. — Pflanzenwachstumsregler. (**D. A. S. 1 118 206** Kl. 12p vom 5/5. 1960, ausg. 30/11. 1961. Schwz. Prior. 6/5. 1959.) A. KALIX. 6313

Velsicol Chemical Corp., Chicago (Erfinder: Alfred A. Levin, Skokie, und Hyman M. Molotsky, Chicago), Ill., V.St.A., **Chlorierte 5-Äthinylbicyclo-[2.2.1]-heptene-(2)** der allg. Formel I, in der R = H oder CH_3 u. X u. Y H oder Cl sein können, erhält man durch Rk. von mindestens äquimol. Mengen eines chlorierten Cyclopentadiens mit Buten-(1)-in-(3) oder 2-Methylbuten-(1)-in-(3) bei vorzugsweise $<100^0$ nach DIELS-ALDER. — Die Rk. kann auch in Ggw. inerter Lsgm. u. bes. in Ggw. HCl-bindender Stoffe, wie $CaCO_3$, Propylenoxyd oder Phenoxypropylenoxyd, durchgeführt werden, wodurch die Ausbeuten noch weiter verbessert werden. — Es werden hergestellt: *5-Äthinyl-5-methyl-1.2.3.4.7.7-hexachlorbicyclo-*[2.2.1]*-hepten-*(2), viscoses Öl, n_D^{20} 1,5723; Ausbeute 50%. — *5-Äthinyl-1.2.3.4.7.7-hexachlorbicyclo-*[2.2.1]*-hepten-*(2), Kp.$_{1,5}$ 103—106°. — *5-Äthinyl-1.2.3.4-tetrachlorbicyclo* [2.2.1]*-hepten-*(2). — *5-Äthinyl-1.2.3.4.7-pentachlorbicyclo-*[2.2.1]*-hepten-*(2). — *5-Äthinyl-5-methyl-1.2.3.4-tetrachlorbicyclo-*[2.2.1]*-hepten-*(2). — *5-Äthinyl-5-methyl-1.2.3.4.7-pentachlorbicyclo-*[2.2.1]*-hepten-*(2). — *Schädlingsbekämpfungsmittel*, bes. *Fungicide*, die sich bes. zur Bekämpfung von *Fusarium roseum, Monilia frucotiola* u. *Uromyces phaseoli* eignen. Zum Beispiel wird Bohnenrost (*Uromyces phaseoli*) mit einer Lsg. von 100 Teilen in 1 Million Teile zu 82% bekämpft. Die Verbb. eignen sich auch als *Saatgutbeize*, zur Bekämpfung von Pilzwachstum auf Holz, Kunststoffen, Textilien u. im Erdboden. (**D. A. S. 1 112 737** Kl. 12o vom 8/2. 1960, ausg. 17/8. 1961. **E. P. 868 910** vom 29/1. 1960, ausg. 25/5. 1961. Beide A. Prior. 11/2. 1959. **A. P. 2 967 126** vom 11/2. 1959, ausg. 3/1. 1961.) R. HAUSS. 6313

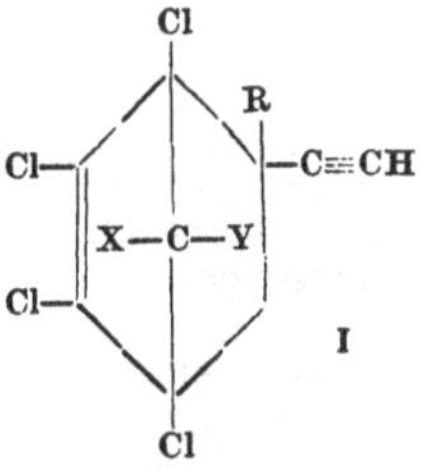

I

Giancarlo Trevisan, Mogliano Veneto, Treviso, Italien, **Mittel gegen Sporenkrankheiten der Weinrebe und der Obstbäume**, enthaltend 15—80 (%) $[Cu(NH_3)_4] \cdot SO_4 \cdot H_2O$, gemessen als $CuSO_4 \cdot 5\,H_2O$, 5—20 Na_2CO_3 u. ggf. etwas $CaCO_3$ oder 15—80 $CuSO_4 \cdot 5\,H_2O$, 2,3—17,6 Ammoniumsalze, gemessen als NH_3, u. 6—38,5 $Ca(OH)_2$. Man kann die festen Salze vermischen. Beim Lösen in W. bildet sich dann $[Cu(NH_3)_4]SO_4 \cdot H_2O$. Dieses Salz bildet sich auch schon, wenn man $CuSO_4 \cdot 5\,H_2O$ mit trockenem NH_3 in Ggw. von Na_2CO_3 sättigt, welches das Kristallwasser aufnimmt. (**It. P. 532 951** vom 19/4. 1952.) K. KOEBKE. 6313

Riedel-de Haën Akt.-Ges., Seelze (Erfinder: Horst Hirschfeld, Havelse), **Fungicides, baktericides und algicides Mittel**, dad. gek., daß es als wirksamen Bestandteil eine Mischung von Zn-Dimethyldithiocarbamat (I) u. bekannten fungicid wirksamen Phenyl-Hg-Verbb. enthält, z. B. 1 (Teil) I u. ca. 0,01—0,5 C_6H_5HgCl. (**D.A.S. 1 125 118** Kl. 30i vom 9/8. 1960, ausg. 8/3. 1962.) K. KOEBKE. 6313

Hokko Kagaku Kogyo Kabushiki Kaisha, Tokyo (Erfinder: Yasuyuki Miyahara, Fukuoka), Japan, **Insekticid.** Es enthält als Hauptbestandteil Doppelsalze der Formel $MF_n \cdot x\,AF$ (M = Mn, Fe, Co, Zn, Mg, Cr; A = Alkalimetall oder NH_4; n = 2 oder 3; x = 1—3), auch zusammen mit Schutzkolloiden. — Man rührt in 100 Liter 2%ig. NaF-Lsg. 6,5 kg $FeSO_4 \cdot 7\,H_2O$ u. erhält als Fällung $FeF_2 \cdot 2\,NaF$ oder $2\,Fe_2F \cdot NaF$. — $FeF_3 \cdot 2\,KF$, $FeF_2 \cdot 1{,}5\,NaF$, $MnF_2 \cdot KF$, $ZnF_2 \cdot NaF$, $MgF_2 \cdot 2\,NaF$, $CrF_3 \cdot 2\,NaF$, $CoF_2 \cdot 2\,NH_4F$ sind weitere Doppelsalze. (**Jap. A. S. 648/1960** vom 4/3. 1957, ausg. 30/1. 1960.) M. PANKOW. 6313

Lentia G. m. b. H., Ein- und Verkauf, München (Erfinder: Gerhard Bodo, Wien, Alfred Diskus und Walter Beck, Linz, Österreich), **Schwelmittel** zum Verräuchern von chem. Substanzen (*Schädlingsbekämpfungsmittel*), ggf. mit Zusatz von Füllstoffen (saugfähig) u./oder den Abbrand steuernden Stoffen (z. B. NH_4NO_3), dad. gek., daß es im wesentlichen aus Hexamethylentetramindinitrat besteht. (**D. A. S. 1 120 336** Kl. 78d vom 23/3. 1961, ausg. 21/12. 1961. Oe. Prior. 13/4. 1960.) A. GRADL. 6313

F. Hoffmann-La Roche & Co. Akt.-Ges., Basel (Erfinder: Waldemar Guex, Rudolf Rüegg, Bottmingen, und Ulrich Schwieter, Basel), Schweiz, **Herstellung von ungesättigten, gegebenenfalls veresterten Alkoholen** der allg. Formel A—CH=CH—CH=CH—B, in der A u. B für geradkettige Alkylreste mit zusammen 10—14 C-Atomen stehen, von denen einer eine endständige, ggf. veresterte OH-Gruppe aufweist, dad. gek., daß man entweder ein Halogenid der Formel A'—C≡C—CH_2—Hal durch eine GRIGNARD- oder REFORMATSKI-Rk. mit einem Aldehyd der Formel OHC—B' kondensiert u. aus dem erhaltenen Acetylencarbinol 1 Mol W. abspaltet, oder daß man eine Acetylen-Verb. der Formel A'—CH=CH—C≡CH in ein metallorgan. Deriv. überführt u. dieses mit einem Halogenid Hal—B' kondensiert, wobei A' u. B' für Alkylreste mit zusammen 9—13, bes. 12 C-Atomen stehen, von denen zweckmäßig jeder mindestens 3 C-Atome enthält, u. einer dieser Reste in Abhängigkeit von den Rk.-Bedingungen eine endständige, ggf. veresterte oder verätherte Hydroxymethylengruppe, eine ggf. veresterte Carboxylgruppe oder eine acetalisierte Carbonylgruppe trägt (Propylrest der eine u. 1-Hydroxynonylrest der andere), worauf man in beliebiger Reihenfolge das erhaltene Rk.-Prod. partiell (mit einem mit Pb vergifteten Pd-Katalysator) hydriert u. ggf. den endständigen Substituenten in eine ggf. veresterte Hydroxymethylengruppe überführt. So kondensiert man ein Halogenid Alkyl—C≡C—CH_2—Hal mittels GRIGNARD- oder REFORMATZKY-Rk. mit einem geradkettigen Aldehyd OHC—Alkyl—X_1, wobei X_1 für eine ggf. veresterte Carboxylgruppe, eine ggf. veresterte oder verätherte Hydroxymethylengruppe oder eine acetalisierte Carbonylgruppe steht, oder man kondensiert in gleicher Weise einen Aldehyd Alkyl—CHO mit einem Halogenid Hal—CH_2—C≡C—Alkyl—X_2, wobei X_2 im Falle einer GRIGNARD-Rk. für eine acetalisierte Carbonylgruppe oder verätherte Hydroxymethylengruppe u. im Falle einer REFORMATZKY-Rk. für eine dieser beiden Gruppen oder eine veresterte Carbonyl- oder Hydroxymethylengruppe steht, oder man führt eine Acetylen-Verb. Alkyl—CH=CH—C≡CH in ein metallorgan. Deriv. über u. kondensiert dieses mit einem Halogenid Hal—Alkyl—X_1 oder setzt eine Acetylen-Verb. HC≡C—CH=CH—Alkyl—X_1 in ein metallorgan. Deriv. um, welches mit einem Halogenid Alkyl–Hal kondensiert wird, worauf wie oben angegeben in beliebiger Reihenfolge weiter verfahren wird. Man erhält so aus Hexin-(1)-ol-(4) → Hexen-(3)-in-(1), $Kp._{300}$ 58—62°, UV_{max} 223 mμ → Pentadecaen-(12)-in-(10)-ol-(1), UV_{max} 228, → 10 Mono-cis-pentadecadien-(10.12)-ol-(1), farbloses, zähfl. Öl, UV_{max} 233 mμ; aus 1-Bromhexin-(2) u. 10-Acetoxydecanal → 1-Acetoxyhexadecin-(12)-ol-(10), farbloses Öl, → 1-Acetoxy-10-p-toluolsulfonyloxyhexadecin-(12) → Hexadecaen-(10)-in-(12)-ol-(1), UV_{max} 228 mμ, → 12-mono-cis-Hexadecadien-(10.12)-ol-(1), farbloses Öl, UV_{max} 233 mμ. Die Prodd. wirken auf Insekten als Lockstoffe u. sind mit Insekticiden verwendbar zur *Insektenbekämpfung*. (**D. A. S. 1 118 192** Kl. 12o vom 26/1. 1960, ausg. 30/11. 1961. Schwz. Prior. 16/2. 1959.) W. GRÄGER. 6313

Soc. des Usines Chimiques Rhône-Poulenc, Paris (Erfinder: Jean Metivier, Arpajon), Frankreich, **Insekticide und acaricide Mittel,** gek. durch den Geh. an Verbb. der Formel $(RO)_2P(=X_1)-X_2-A-S-B-CON(R_1)(R_2)$ (R = niedermol. Alkylrest; R_1, R_2 = H oder niedermol. Alkylrest oder zusammen mit dem N-Atom ein gesätt. Heteroring; X_1, X_2 = O oder S; jedoch muß X_1 oder X_2 = S sein; A = Äthylen- oder Propylenrest; B = Methylen- oder Äthylengruppe. — Vgl. auch F. P. 1 193 017; C. **1961.** 14072. (**D. A. S. 1 123 863** Kl. 45 l vom 9/1. 1959, ausg. 15/2. 1962. F. Prior. 28/1. u. 16/7. 1958.) E. PETERSEN. 6313

Stauffer Chemical Co., Chicago Heights (Erfinder: Edward N. Walsh, Chicago Heights), Ill., V.St.A., **Phosphorigsäure-di(sek.-amide)** der Formel $[(R_1)(R_2)N][(R_3)(R_4)N]P(:O)H$, wobei R_1, R_2, R_3 u. R_4 für gleiche oder verschiedene niedere Alkylreste stehen u. R_1 u. R_2 bzw. R_3 u. R_4 jeweils zu einem gesätt., im Ring durch 1 O- bzw. N-Atom oder durch die CO-Gruppe substituierten Ring zusammengeschlossen sein können, erhält man durch Rk. von 2 (Mol) eines Phosphorigsäuretriamids mit ca. 1 H_3PO_3 bei Normal-Temp. bis 150°. — Zu 35,2 g *Hexamethylphosphorigsäuretriamid* gibt man unter Rühren u. Kühlen $<40°$ in 36 Min. 13,8 g *H_3PO_3*, rührt die Rk.-Mischung 30 Min. bei 35°, dann 15 Min. bei 40°, zuletzt 15 Min. bei 60° u. läßt sie über Nacht bei Normal-Temp. stehen. Durch Dest. erhält man 30,1 g *Phosphorigsäuredi-(dimethylamid)*, $Kp.^{1,5-2}$ 72°, n_D^{25} 1,4518. — Analog erhält man *Phosphorigsäuredi-(diäthylamid)*, $Kp._6$ 120°, n_D^{25} 1,4545; *Phosphorigsäuredi-(dibutylamid)*, $Kp._{0,1}$ 140°, n_D^{25} 1,4560; *Phosphorigsäuredi-(morpholylamid)*, hygroskop. Feststoff. — Herst. von *Insekticiden*. (**D. A. S. 1 125 425** Kl. 12o vom 4/2. 1960, ausg. 15/3. 1962. A. Prior. 16/2. 1959.) A. JAHN. 6313

Cooper, McDougall & Robertson Ltd., Berkhamsted, England, **Schädlingsbekämpfungsmittel.** Ein fl. Insekticid (I) wird in einem wärmebeständigen und gesätt. Alkydharz dispergiert, das leicht zerrieben oder vermahlen werden kann. — Beispiele für I: O.O-Dimethyl-S-(1.2-dicarbäthoxyäthyl)-dithiophosphat; O.O-Diäthyl-O-[2-isopropyl-4-methylpyrimidyl-(6)]-thiophosphat; Pyrethrin; Dioxan-2.3-dithiol-bis-[O.O-diäthylthionophosphat]; Methylen-bis-[O.O-diäthyldithiophosphat]; O.O-Diäthyl-O-(2.4-dichlorphenyl)-thiophosphat. (**Port. P. 37 509** vom 19/8. 1960, Auszug veröff. 27/5. 1961.) A. KALIX. 6313

Sumitomo Chemical Co. Ltd., Osaka, Japan, **Herstellung von Phosphorsäureestern.** O.O-Dimethylchlorthionophosphate werden mit Verbb. der allg. Formel I kondensiert, in der M ein H- oder Alkalimetallatom darstellt. Bevorzugt hergestellt wird *O-(3-Methyl-4-nitrophenyl)-O.O-dimethylthionophosphat*. Verw. zur *Bekämpfung von Reisschädlingen*. (**Port. P. 38 219** vom 29/3. 1961, Auszug veröff. 27/5. 1961.) A. KALIX. 6313

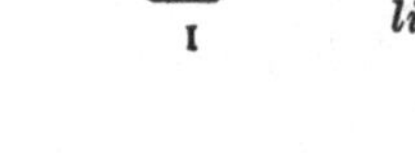

I

Farbenfabriken Bayer Akt.-Ges., Leverkusen (Erfinder: Gerhard Schrader, Wuppertal), **Herstellung von O.O-Dialkyl-S-aryl- bzw. -S-alkylmonothiophosphorsäureestern** der allg. Formel $(R'O)_2P(O)-S-R''$, dad. gek., daß man Sulfenylmonothioate bzw. -dithioate der allg. Formel RO—P(S oder O)—S—S—R'' mit X/ Trialkylphosphiten der allg. Formel $(R'O)_3P$ umsetzt (R = Alkyl; R' = ggf. beliebig substituiertes Alkyl; R'' = Aryl oder Alkyl; X = Alkyl, Aryl oder Alkoxy). — Beispiele: *O.O-Diäthyl-S-äthylthiolphosphat*, $Kp._{0,01}$ 54°, u. *O.O-Diäthyl-S-p-chlorphenylthiolphosphat* (I), $Kp._{0,01}$ 103°. — *O.O-Diäthyl-S-äthylthiophosphat* u. *O-[β-Äthylmercaptoäthyl]-O-äthyl-S-p-chlorphenylthiolphosphat*, $Kp._{0,01}$ 114°. — *O.O-Dimethyl-S-äthylthiolphosphat*, $Kp._{0,05}$ 35°, u. I. — *O.O-Diäthyl-S-β-chloräthylthiolphosphat*, $Kp._{0,01}$ 86°, u. *O.O-β-Chloräthyl-S-p-chlorphenylthiolphosphat*, $Kp._{0,01}$ 136°. — *Schädlingsbekämpfungsmittel.* (**D. A. S. 1 108 234** Kl. 12q vom 30/10. 1959, ausg. 8/6. 1961.) O. MÜLLER-MEININGEN. 6313

Victor Chemical Works, Chicago (Erfinder: Thomas M. Beck, Homewood, und George I. Klein, Park Forest), Ill., V.St.A., **Phenylthiophosphonsäure-O-äthyl-O-p-nitrophenylester** erhält man durch Rk. von 1 (mol) Phenylthiophosphonsäuredichlorid (**I**) mit ca. 1 A. (**II**) u. ca. 1 Triäthylamin in Bzl. als Lsgm. u. weitere Rk. des Gemisches ohne Abtrennung des entstandenen Phenylthiophosphonsäure-O-äthylesterchlorids mit ca. 1 p-Nitrophenol (**III**) u. ca. 1 Triäthylamin. Bes. wendet man nur soviel Bzl. an, als der Summe der Gew.-Mengen von **I**, **II** u. **III** entspricht. — Zu 66,3 g I in 100 ml Bzl. tropft man innerhalb von 27 Min. eine Mischung aus 15,3 g II u. 36,5 g Triäthylamin bei 35—40°. Die etwas viscose Mischung rührt man 2 Std. bei 38—40° u. gibt dann innerhalb von 20 Min. bei einer Anfangs-Temp. von 25° 46,1 g III u. innerhalb weiterer 20 Min. 30,2 g Triäthylamin zu, wobei die Temp. auf 60° steigt. Nach $^3/_4$ std. Rühren bei 55—60° werden nach der Aufarbeitung 91,3 g Phenylthiophosphonsäure-O-äthyl-O-p-nitrophenylester erhalten, Ausbeute 90%. — *Insekticid.* (**D. A. S. 1 111 629** Kl. 12o vom 8/5. 1959, ausg. 27/7. 1961. A. Prior. 11/12. 1958.) A. JAHN. 6313

Dow Chemical Co., Midland, Mich., übert. von: Fred W. Raths, Memphis, Tenn., V.St.A., **O-Nitroalkylphosphorsäureamidester** der Formel $O_2N-C(R)_2-CH_2-O-P(:S)(X)(Y)$ (R = Alkylrest mit 1—5 C-Atomen; X = Alkylaminorest mit 1—5 C-Atomen; Y = X oder Alkoxyrest mit 1—5 C-Atomen) erhält man durch Rk. von O-Nitroalkyl-N-alkylthiophosphorsäureamidesterchlorid der Formel $O_2N-C(R)_2-CH_2-O-P(:S)(X)Cl$ mit einem Alkalimetallalkoholat in Ggw. von inerten Lsgm. bei —10 bis +50°. — In eine Mischung aus 0,0529 (Mol) O-(2-Methyl-2-nitropropyl)-N-methylthiophosphorsäureamidchloridester in 500 ml Bzl. tropft man innerhalb von 10 Min. bei 5° 0,1058 Methylamin, läßt das Gemisch sich auf Normal-Temp. erwärmen u. rührt es noch 16 Stunden. Nach der Aufarbeitung erhält man *O-(2-Methyl-2-nitropropyl)-N.N'-dimethylthiophosphorsäurediamidester*, F. 42,5—43,5° (A./W.). — Analog erhält man: *O-(2-Methyl-2-nitropropyl)-O-methyl-N-methylthiophosphorsäureamiddiester*, Fl. n_D^{25} 1,4885; *O-(2-Methyl-2-nitropropyl)-O-isopropyl-N-methylthiophosphorsäureamiddiester*, Fl. n_D^{25} 1,4798. — *Parasiticide, Herbicide.* (**A. P. 2 975 207** vom 18/12. 1959, ausg. 14/3. 1961.) A. JAHN. 6313

Montecatini Soc. Gen. per l'Industria Mineraria e Chimica, Mailand, Italien, *Kontinuierliche Herstellung von Superphosphat.* (**Holl. P. 99 815** vom 20/8. 1953, ausg. 15/12. 1961. It. Prior. 28/8. 1952. — C. **1957.** 2047 [D. B. P. 946 624].)

Parke, Davis & Co., Detroit, Mich., V.St.A., *Herstellung eines Norleucinderivates.* (**Holl. P. 98 645** vom 24/8. 1956, ausg. 17/7. 1961. A. Prior. 25/8. 1955. — C. **1960.** 1302 [Oe. P. 197 350].)

Parke, Davis & Co., Detroit, Mich., V.St.A., *Herstellung eines Norleucinderivates.* (**Holl. P. 98 650** vom 24/8. 1956, ausg. 17/7. 1961. A. Prior. 25/8. 1955. — C. **1960.** 1303 [Oe. P. 197 355].)

Boots Pure Drug Co. Ltd., Nottingham, England, *Organische Isothiocyanate und Sulfonamidoisothiocyanate.* (**Belg. PP. 554 679** vom 2/2. 1957, ausg. 29/1. 1960. E. Prior. 3/2. u. 15/5. 1956 u. **554 680** vom 2/2. 1957, ausg. 29/1. 1960. E. Prior. 3/2., 9/5., 15/5. u. 28/5. 1956. — C. **1961.** 15535 [Aust. P. 215 133] u. C. **1961.** 10340 [E. PP. 840 121 u. 840 122].)

Union Carbide Corp., V.St.A. (Erfinder: **Herbert Hughes Moorefield**), *Insekticide auf Basis von Naphthyl-(1)-N-methylcarbamat.* (**F. P. 1 221 016** vom 19/1. 1959, ausg. 30/5. 1960. A. Prior. 20/1. 1958. — C. **1960.** 10376 [A. PP. 2 904 463, 2 904 464 u. 2 904 465].)

N. V. Philips' Gloeilampenfabrieken, Holland, *Nematodenbekämpfungsmittel.* (**F. P. 1 219 466** vom 25/3. 1959, ausg. 18/5. 1960. Holl. Prior. 27/3. u. 17/11. 1958. — C. **1961.** 15898 [D. A. S. 1 107 446].)

Fahlberg-List G. m. b. H. (Erfinder: **Bernhard Gaudian** und **Günter Goeze**), Wolfenbüttel, *Schädlingsbekämpfungsmittel.* (**Schwz. P. 357 918** vom 13/6. 1957, ausg. 15/12. 1961. D. Prior. 13/6. 1956. — C. **1959.** 13296 [E. P. 800 568].)

Dow Chemical Co. (Erfinder: **Richard W. Hummer** und **Eugene E. Kenaga**), Midland, Mich., V.St.A., *Mittel zur Bekämpfung von Milbeneiern.* (**D. B. P. 975 426** Kl. 451 vom 1/10. 1950, ausg. 23/11. 1961. Anmeldung bekanntgemacht 4/2. 1954. A. Prior. 2/2. 1949. — C. **1955.** 1596 [E. P. 669 076].)

N. V. Philips' Gloeilampenfabrieken, Eindhoven (Erfinder: **Hendrik Michael Filk,** Weesp), Holland, *Mittel zur Bekämpfung von Spinnmilben.* (**Schwz. P. 356 953**) vom 18/2. 1957, ausg. 31/10. 1961. Holl. Prior. 20/2. 1956. — C. **1960.** 12138 [Oe. P. 200 389].)

Montecatini Soc. Gen. per l'Industria Mineraria e Chimica, Mailand, Italien, *Phosphorsäure- und Thiophosphorsäureester.* (E. P. 859 737 vom 6/11. 1957, ausg. 25/1. 1961. It. Prior. 7/11. 1956. — C. 1961. 7372 [Oe. P. 201 612].)

Farbenfabriken Bayer Akt.-Ges., Leverkusen (Erfinder: **Hanshelmut Schlör, Ernst Schegk und Gerhard Schrader,** Wuppertal), *Thionophosphonsäureester.* (A. P. 2 983 748 vom 16/6. 1958, ausg. 9/5. 1961. D. Prior. 24/6. 1957. — C. 1960. 1305 [D. A. S. 1 057 112].)

VIII. Metallurgie. Korrosion

Flache Bleischürfe, Grant und Lafayette Counties, Wis. W. A. Grosh. (U. S. Dep. Interior, Bur. Mines, Rep. Invest. **1960.** Nr. 5684. 1—59; engl.) — Im oberen Mississippital wurde der Bergbau früher nur in den flachen Lagerstätten meist als Tagebau betrieben, wobei vornehmlich *Bleiglanz* gewonnen wurde. In der Tiefe wird *Zinkblende* mit geringen Bleiglanzmengen abgebaut. Zur Unters., ob die früheren Abgänge der Bleierzgewinnung noch verwertbar sind, wurden Analysen von Schürfproben angefertigt. Ein sehr großer Teil ist nicht mehr bauwürdig, aber ein anderer Teil ist durchaus durch Aufbereitung zu Konzentraten zu verarbeiten. Angabe von Ergebnissen bei der Aufbereitung in halbtechn. Vers.-Anlagen. Bei nassen Sieb-Verss. mit Herdarbeit reichert sich das *PbS* in Sandkonzentrat an. F. ENNSLIN. 6354 □

Die Rolle der Setzmaschinen in der neuzeitlichen Erzaufbereitung. F. A. Williams. (J. South African Inst. Mining Metallurgy **61.** 569—83. Juli 1961; engl.) — Im Anschluß an die C. **1962.** 1010 referierte Arbeit beschreibt Vf. die Anwendung von Setzmaschinen bei der Aufbereitung von *Au-*, *Pt-*, *Co-*, *Pb-*, *Zn*-Erzen u. *Diamanten.* — Diskussion. W. WESLY. 6360 □

Die Aufbereitung des Kupferschiefers. Günther Krug. (Neue Hütte **6.** 616—22. Okt. 1961. Sangerhausen; dt.) — Die Verss. zeigten, daß sich die an organ. Substanzen reicheren unteren Lagen des Kupferschiefers wesentlich schlechter flotieren lassen als die oberen Lagen. Eine Trennung der unteren u. oberen Lagen nach der Dichte erwies sich als möglich. Durch eine Schwertrübetrennung wurden daher die unteren Lagen vom Roherz abgeschieden. Die Flotation ergab bei 5facher Anreicherung ein Metallausbringen für *Cu, Pb* u. *Zn* von 80%. F. VIER. 6360 □

Über Veränderungen der Stoffzusammensetzung von polymetallischem Stein bei ihrer Konvertierung. M. A. Abdejew, I. A. Stroitelew und O. G. Miller. (Цветные Металлы [Nichteisenmetalle] **29.** Nr. 6. 24—30. Juni 1956; russ.) — Unters. des Verh. von polymetall. Stein mit 37,86 (%) *Cu*, 6,63 *Pb*, 6,68 *Zn*, 24,0 *Fe*, 20,3 *S*, der *Pb-* u. *PbZn*-Gewinnung im Konverter. — Im Verlauf der ersten 10 Min. wird metall. *Cu* durch *Pyrrhotin* sulfidiert, wobei *Fe* in die Schlacke übergeht. Das *PbS* sublimiert, u. ein Teil geht in die Schlacke über. Zum Schluß der 1. Periode (ca. 170 Min.) oxydiert *PbS* zu sek. *Pb*, welches in der 2. Periode als solches sublimiert. Gleichfalls geht das *Zn* in die Schlacke über. Das *CuS* oxydiert erst in der 2. Periode, wenn der *Fe*-Geh. unterhalb 1% absinkt. Es wird empfohlen, zur besseren *Pb*-Beseitigung, bes. zum Schluß der 1. Periode, die Konvertierung bei höheren Temp. zu führen u. mit der 2. Periode bei einem Geh. von 3—4% zu beginnen; so wird ein erhöhtes Ausbringen von reinerem *Cu* erzielt. J. TŮMOVÁ. 6360 □

Die feuerfeste Auskleidung der Gießpfannen für basischen Sauerstoffstahl. B. L. Dorsey. (Proc. Conf., nat. Open Hearth Committee Iron Steel Divis., Amer. Inst. Mining metallurg. Petroleum Engr. **43.** 279—84. April 1960. Pittsburgh, Jones & Laughlin Steel Corp.; engl.) — Für die feuerfeste Ausmauerung der Gießpfannen in einem „LD"-Stahlwerk werden Richtlinien für den Aufbau u. die Steinqualität zur Erzielung einer hohen Pfannenhaltbarkeit vermittelt. — Diskussion. H. HOCHSTEIN. 6370 □

Fortschritte bei der Auskleidung der Herdsohle von Siemens-Martin-Öfen mit Kohlenstoffsteinen. J. E. Smith. (Proc. Conf., nat. Open Hearth Committee Iron Steel Divis., Amer. Inst. Mining metallurg. Petroleum Engr. **43.** 186—95. April 1960; engl.) — Angaben über den Aufbau u. die Haltbarkeit der Herdsohle von SM-Öfen mit Kohlenstoffsteinen. — Diskussion. H. HOCHSTEIN. 6370 □

Einblasen von verschiedenen Materialien in den Hochofen. Versuche mit Brennöl und Erdgas. J. A. Cordier. (Blast Furnace, Coke Oven, raw Mater. Committee **19.** 238—78. April 1960. St. Germain-en-Laye, Inst. de Rech. de la Sidérurgie; engl.) — Die Einführung oxydierender, neutraler u. reduzierender Stoffe, wie O_2, Dampf, Abgase, N_2, Kohle, Schwelkoks, Koksklein, Koksofengas, Brennöl, Erdgas, in den Hochofen, der Einfl. auf die Wärmebilanz, den Koksverbrauch, die Ofenleistung u. die Regelmäßigkeit der Ofenbetriebsverhältnisse werden besprochen. Die beim Einblasen der verschiedenen Stoffe in den Hochofen gemachten Beobachtungen über die Regelmäßigkeit des Betriebes u. den Einfl. auf die Durchsatzleistung u. den Kokssatz werden mit.

geteilt u. dabei werden der Ersatz des Kokses vor dem Windformen durch einen anderen Brennstoff sowie die hierdurch bedingten, verbesserten, wärmewirtschaftlichen Leistungen im Ofengang erläutert. Die Gichtgasqualität, technolog. Schwierigkeiten bei der Einführung der verschiedenen Materialien, bes. von Brennöl u. Erdgas, werden besprochen u. dabei Angaben über die Möllerung, Winddruck, Gichtgasdruck, eine zweckmäßige Ofenkonstruktion, Sinteranlage, das Gas-Syst. u. über die Gesamt-Hochofenanlage gemacht. — Berechnungen, Diskussion. H. Hochstein. 6370□

Analyse eines Hochofen-Winderhitzers unter Anwendung spezieller Temperaturmessungen. H. W. Meyer, N. F. Simcic, W. H. Ceckler und H. N. Lander. (Blast Furnace, Coke Oven, raw Mater. Committee **19.** 580—600. April 1960. Jones & Laughlin Steel Corp.; engl.) — Berechnung des Wärmeübergangs in einem Winderhitzer mit mehreren Meßhöhen im Gittermauerwerk mit Hilfe einer elektron. Rechenmaschine. Auf Grund der Messungen u. Berechnungen lassen sich Betriebswerte für die Wind-Temp. u. Wind-Geschw. bei verschiedenen Umsetzzeiten ermitteln. — Diskussion. H. Hochstein. 6370□

Voraussage der Hochofenleistung aus Betriebs- und Wärme-Werten. H. N. Lander, H. W. Meyer und F. D. Delve. (Blast Furnace, Coke Oven, raw Mater. Committee **19.** 219—37. April 1960. Pittsburgh, Pa., Jones & Laughlin Steel Corp.; engl.) — Die Abhängigkeit der Hochofenleistung von den therm. Erfordernissen wird erörtert, u. es werden Vers.-Werte über die Ofenleistung bei einer 2monatigen Vers.-Zeit bei einer Möllerung mit 30% Pellets mitgeteilt. Hierbei wird ein Vgl. zwischen den berechneten u. den im Betrieb beobachteten Ofenleistungen angestellt. Es werden Ausführungen über eine Voraussage der Ofenleistung bei Veränderungen einer einzigen oder mehreren Betriebsveränderlichen gemacht. Auch wird der Einfl. einer Erdgaszufuhr auf die Ofenleistung festgestellt. Aus Berechnungen u. den Betriebsbeobachtungen wird gefolgert, daß Veränderungen in den Hochofenleistungen auf Grund von Materialbetrachtungen u. der therm. Betriebserfordernisse errechnet werden können. Die hierzu benutzten Gleichungen können auch zur Voraussage der Änderungen in der Hochofenleistung durch Änderungen im Betrieb verwendet werden. Es wird nachgewiesen, daß die von mäßigen Änderungen in einer Anzahl von individuellen Veränderlichen herrührenden Leistungsschwankungen zuverlässig vorausbestimmt werden können. Für größere Betriebsänderungen hängt die Genauigkeit der Voraussage von dem Betrag ab, bis zu dem die neuen Hochofenbetriebsbedingungen genau ermittelt werden können. — Diskussion. H. Hochstein. 6370□

Verhüttungsversuch unter Einsatz von Kalkkoks im Hochofen. Paul Hüttemann und Robert Mintrop. (Stahl u. Eisen **81.** 1041—47. 3/8. 1961. Rheinhausen; dt.) — Die chem. u. physikal. Eigg. von erzeugtem *Kalkkoks* (Ruhrkohlen mit 8% Kalkstein) werden besprochen u. ein Vgl. der Betriebsergebnisse beim Einsatz von Kalkkoks in einen Hochofen gegenüber dem Betrieb mit üblichem Hochofenkoks angestellt, woraus sich ergibt, daß eine grundlegende Verbesserung der Betriebsbedingungen durch Verw. von Kalkkoks nicht wahrscheinlich ist, wenn hochwertiger metallurg. Koks zur Verfügung steht. Bei Verarbeitung jedoch von Kohlen mit sehr ungünstigen Verkokungs-Eigg. ist die Verw. von Kalkkoks aussichtsreicher. H. Hochstein. 6370□

Leistungssteigerung von Siemens-Martin-Öfen durch strömungstechnische Untersuchungen. Hans-Jürgen Därmann, Alfred Esch und Heinz Möller. (Stahl u. Eisen **81.** 1057—62. 3/8. 1961. Dortmund; dt.) — Die Betriebsverhältnisse im Stahlwerk werden besprochen u. die Leistungsbegrenzung durch hohen Druckverlust erläutert. Die Strömungs- u. Druckverhältnisse im Siemens-Martin-Ofen, bes. im Brennerkopf, werden untersucht u. hieraus Forderungen für den Ofenbetrieb gezogen. Die Bedeutung des Brennerstrahlimpulses wird erläutert, u. es werden Angaben über Verschleißbeobachtungen gemacht. — Diskussion. H. Hochstein. 6370□

Theoretische Grundlagen der kontinuierlichen Zonenraffination. Toshio Abe. (Nippon Kinzoku Gakkai-Si [J. Japan Inst. Metals] **25.** 593—97. 1961; jap., Auszug: engl.) — Für die kontinuierliche Zonenraffination wird eine Theorie aufgestellt; dabei werden mehrere Gleichungen abgeleitet. W. Wesly. 6380□

Probenahme von Sand. Anonym. (Mod. Castings **40.** Nr. 1. 49—54. Juli 1961. AFS Grading, Fineness and Distribution Comm.; engl.) — Eine krit. Prüfung der Verff. zur Probenahme von Gießereisand zeigt, daß jedes Labor. u. jeder Betrieb eine eigene, auf seine Arbeitsbedingungen zugeschnittene Arbeitsweise verwendet, die sich nicht überall eignet. Die gleichmäßigste Probe erhält man während der Schiffsverladung. W. Wesly. 6382□

Problem der Feuchtigkeitsmessung von Formmassen in Anlehnung an ihre dielektrischen Eigenschaften. Antoni Pach. (Prace Inst. Odlewnictwa **10.** 38—73.

1960, herausgeg. 1961; pol.) — Zur dielektr. Best. des Wasser-Geh. von Formmassen wird ein Fühler in Form eines Zweischichtenkondensators benutzt, dessen eine Schicht die Probe ist. Zur Auswertung ist die Messung der dielektr. Durchdringung besser geeignet als die Messung des Verlustwinkels. Das Ergebnis ist von der Verdichtung der Formmasse abhängig. Oberhalb der Dichte 1,42 ist dieser Einfl. zu vernachlässigen. Auch Schwankungen in der Zus. der Masse u. in der Sandkorngröße haben einen gewissen Einfl. auf die Messung. — 97 Literaturangaben. F. URBAN. 6382 □

Schmelzen und Gießen im Vakuum. Grundsätzliche Betrachtungen. K. G. Lewis. (Iron and Steel **33.** 3—8. Jan.; 47—52. Febr.; 109—13. März; 147—52. April; 179—83. Mai 1960; engl.) — Vom metallurg. Standpunkt werden die Hauptmeth. des Schmelzens u. Gießens von Metallen im Vakuum erörtert u. Angaben über die Einfl. dieser Behandlung auf die Zus. sowie auf die physikal. u. mechan. Eigg. gemacht. Die verschiedenen Oxydationsformen, wie sie beim normalen Gießen auftreten können, werden kurz behandelt, u. es wird gezeigt, daß alle Formen der Vakuumbehandlung zu einer Qualitätsverbesserung infolge Verringerung der verschiedenen Einschlüsse u. Seigerungen u. Erhöhung der Gleichmäßigkeit der Gefügeausbldg. führen. — 141 Literaturangaben. H. HOCHSTEIN. 6382 □

Anwendung unsulfurierter Verbindungen für die Flotation von Eisenerzen. F. N. Belasch, O. W. Pugina und I. K. Getmanski. (Маслобойно-Жировая Промышленность [Öl- u. Fett-Ind.] **27.** Nr. 7. 32—34. Juli 1961. Kriwoi Rog, Inst. für Hüttenwesen; Forsch.-Inst. für synthet. Fette u. Waschmittel; russ.) — Bei der Herst. von *Na-Alkylsulfaten sek. Alkohole* durch direkte Oxydation von *Synthin* entsteht ein Gemisch von *unsulfurierten Verbb.* (I; spezif. Gew. 0.82; $Kp._{20}$ 95—225°). Eine Zugabe von 20% I zur *Tallölseife* (II) erhöht die selektiven Eigg. der ungesätt. Fettsäuren der II u. verbessert die Struktur des bei der Flotation von Fe-Erzen mit II sich bildenden Schaumes. Durch Zugabe von I zu einem Gemisch von II u. *Monoalkylphenolpolyglykoläther* konnte der *Fe*-Geh. eines angereicherten Fe-Erz-Flotationskonzentrats von 63,3 auf 67,0% gesteigert werden. S. BARYSCHNIKOW. 6390

Calciumferrite in Beziehung zur Sinterung von Eisenerz. Kenneth P. Hass, Gust Bitsianes und T. L. Joseph. (Blast Furnace, Coke Oven, raw Mater. Committee **19.** 429—53. April 1960. National Steel Corp.; Minnesota, Univ.; engl.) — Das bin. Syst. *CaO–Fe_2O_3* sowie der Fe-reiche Schnitt des tern. *CaO–FeO–Fe_2O_3*-Syst. werden erörtert. Es werden Verss. zur Bldg. von *CaO-Ferriten* mit einem CaO/Fe_2O_3-Mol-Verhältnis zwischen 0,5 u. 2,25 durchgeführt u. Angaben über die Verw. kombinierter CaO–Ferrit-Briketts unter Angabe der verwendeten Rohmaterialien gemacht. Die Verss. zeigen, daß eine Identifizierung von drei bin. Ferriten u. eines tern. Ferrits im CaO–Fe_2O_3-Syst. durch Verw. einer verd. Lsg. von HF in Alkohol erhalten wurde. Unter der Wrkg. dieser Ätzmittel wurde der *Dicalium-Ferrit* braungrau in der Farbe, der *Ca-Hemiferrit* dunkelgrau u. der *tern. Ferrit* nur schwach verdunkelt, während der *Monocalciumferrit* keiner sichtbaren Änderung unterlag. Bei der Bldg. von bin. Ferriten wurde an der Berührungsfläche von CaO u. Fe_2O_3 die gleichzeitige Ggw. der gesamten Ferrite nachgewiesen. Unterhalb von 1205°, dem niedrigsten F. im Syst., wurden die Ferrite durch Diffusions-Rkk. im festen Zustand gebildet; sie waren in wahrer topochem. Art gemäß dem bin. Gleichgewichts-Diagramm orientiert. Die Bldg.-Geschw. waren hier außerordentlich niedrig u. unterhalb von 1175° vernachläßigbar gering. Während des Sinterns wird die Bldg. der Ferrite im festen Zustand auf ein Mindestmaß gesenkt, da die Schichten nicht über einige μ Dicke unter den Prozeßbedingungen wachsen können. Oberhalb von 1205° werden in der Schmelzzone des Syst. die Ferrite sehr schnell gebildet. Eine Einzelphase zwischen *CaO* u. *Fe_3O_4* wurde nachgewiesen u. versuchsweise als tern. Ferrit, *$CaO \cdot Fe_3O_4$*, identifiziert. Ca-Ferrite treten in hochwertigem Labor.-Sinter auf, der aus Gemischen mit einem CaO/SiO_2-Verhältnis über 3 erzeugt ist. In bis ca. 10% CaO-haltigen Beschickungen tritt zunächst eine Rk. mit den Bestandteilen der Gangart unter Bldg. einer Silicatphase auf, während der Rest eine Ferritphase vom tern. $CaO \cdot Fe_3O_4$-Typ bildete. Diese Ferrit-Bldg. war vom Schmelztyp u. der Anteil der Verb. nahm mit dem verfügbaren CaO-Geh. bis zu einem Punkt zu, bei dem 10—15% der Sinterstruktur ferrit. war. Keiner der beiden bin. Ferrite des CaO–Fe_2O_3-Syst. wurde in dem experimentell hergestellten unter den Vers.-Bedingungen beobachtet. Das Fehlen dieser Ferrite u. die Ggw. der tern. Verb. wird auf die stark reduzierenden Bedingungen in der Zone der Sinter-Bldg. zurückgeführt. Das verfügbare CaO stand prinzipiell mit dem durch Red. von Hämatit gebildeten *Fe_3O_4* in Berührung. Wenn der CaO-Geh. 10% übersteigt, erscheint mit einem CaO/Fe_2O_3-Verhältnis von über 0,15 im Gemisch der bin. Dicalcium-Ferrit als Mikrobestandteil, der mit dem tern. Ferrit u. den Fe–Oxidphasen koexistiert. Offenbar war bei den hohen CaO-Konzz. die Löslichkeitsgrenze für Dicalcium-Ferrit in dem Syst. überschritten u. der überschüssige CaO kam in der ferrit. Form zur Ausscheidung. $CaO \cdot Fe_3O_4$ besitzt eine wichtigere Bindefähigkeit im selbstgängingen Sinter als einer der bin. Ca-Ferrite. — 24 Literaturangaben. Diskussion. H. HOCHSTEIN. 6390 □

Dilatometrische Untersuchung über die Sinterung von Eisenerzen. H. U. Ross, B. A. Strathdee und J. E. Pierdon. (Blast Furnace, Coke Oven, raw Mater. Committee **19.** 454—68. April 1960. Toronto, Univ., Hamilton, Ontario, Dominion Foundries and Steel Ltd.; Toronto, Internat. Business Machines Co., Ltd.; engl.) — Durch dilatometr. Messungen bei Eisenerz-Verss. wurde festgestellt, daß die Sintertemp. bei einer viel niedrigeren Temp. als erwartet lag. Der Grund hierfür lag in der Tatsache, daß die Zeit, während der das Erz auf erhöhten Temp. gehalten wurde, viel länger als sonst in der Praxis üblich war. Es wird ein elektr. SiC-Heizelemente besitzender Ofen beschrieben, in dem die Sinterung des Erzes bei höherer Temp. mit größerer Geschw. u. bei niedrigerer Temp. mit geringerer Geschw. durchführbar ist. Ein Kriterium der guten Sinterqualität ist die Bruchfestigkeit unter Schlag- u. Druckbeanspruchung. Es werden die verschiedenen Prüfmeth., bes. die Siebmeth., besprochen. Auch die Reduzierbarkeit des vergüteten Sinterprod. ist ebenso von großer Bedeutung. Der Mechanismus, durch den CaO-Zusätze die Sintertemp. erniedrigen, erscheint noch nicht geklärt. — Diskussion.
H. HOCHSTEIN. 6390 □

Verwendung von vorgewärmter Luft beim Sintern. D. F. Ball und J. M. Ridgion. (Blast Furnace, Coke Oven, raw Mater. Committee **19.** 409—28. April 1960. Aberdeen, Univ.; Normandy, York, Iron Making Div.; engl.) — Die Verw. von auf 270—300° vorgewärmter Luft während des ersten Drittels der Sinterung eines einheim. Erzgemisches verringert den erforderlichen Kokssatz von 6,0 auf 5,1%. Die günstigste Geschw. des Wärmeaufwandes u. der prozentuale Anteil von Luftüberschuß während der Zündung bleiben im wesentlichen die gleichen wie für die normale Sinterung, jedoch ist zur Vermeidung einer Oberflächenverschlackung eine Verminderung des gesamten Wärmeaufwandes während der Zündung von etwa 25% notwendig. Die Verringerung des Kokssatzes infolge der Verw. vorgewärmter Luft nach der Zündung für die Sinterung ausländ. Erzgemische wird zu einem bestimmten Betrag durch die ausgewählten Erze bestimmt. Mit gemischtem schwed. Cerro-Bolivar-Erzfein kann der Kokssatz um ein Fünftel durch vorgewärmte Luft vor oder nach der Zündung vermindert werden, jedoch bleibt der gesamte Wärmeaufwand des Prozesses unverändert. Die Verw. von vorgewärmter Luft ist therm. unwirksam. Bei Abnahme des Wärmeaufwandes nimmt die Sinterfestigkeit viel weniger schnell ab, wenn vorgewärmte Luft verwendet wird. Eine zweiseitige Flammenfront beim Sintern mit Verw. von vorgewärmter Luft nach der Zündung der Oberschicht blieb ohne bes. Erfolg. Die Einführung einer dritten Schicht, die vor der Zündung vorgetrocknet war, ergab eine Verminderung des Luftbedarfs je Tonne Sinter um ca. 20% u. eine Sinterfestigkeit, die vergleichbar ist mit der Einflammenfrontsinterung eines sortierten Sinterbettes. — Diskussion. H. HOCHSTEIN. 6390 □

Einige Erfahrungen im Sintern reicher Hämatiterze in Australien. Howard K. Worner. (Blast Furnace, Coke Oven, raw Mater. Committee **19.** 648—52. April 1960. Shortland, New South Wales, Australien, Broken Hill Proprietary Co. Ltd.; engl.) — Die beim Sintern reicher Hämatiterze in Australien auftretenden Probleme, wie hoher Feinerz-Geh., keine exotherm. Oxydationswärme, geringe Gangart für die Schlackenbindung, spezieller Charakter der Yampi-Erzkörner, werden erörtert, u. es werden Angaben über die Sinterbettdurchlässigkeit u. selbstgängige Sintererzeugung gemacht.
H. HOCHSTEIN. 6390 □

Direkte Reduktion von feinen Eisenkonzentraten in einem selbstsinternden Wirbelschichtbett. B. G. Langston und F. M. Stephens jun. (Blast Furnace, Coke Oven, raw Mater. Committee **19.** 205—18. April 1960. Battelle Mem. Inst.; engl.) — Die Gleichgewichts-Kurven für die beiden Syst. $Fe–H_2–Fe_3O_4$ u. $Fe–CO–Fe_3O_4$ werden erörtert u. die Theorie des Selbstsinterungsprozesses entwickelt, wobei Angaben über den Einfl. der Teilchengröße der feine Fe-Konzentrate auf die Gas-Geschw. im Wirbelschichtbett gemacht werden. Auch wird der Temp.-Einfl. auf den physikal. Zustand des Sinters behandelt. Auf Grund eigener Verss. werden Angaben über die Verteilung der Teilchengröße, der Teilchenzunahme, der physikal. Teilchenstruktur, der Selbstsinterung u. der Beschickungsaufnahme gemacht. Die bei den Verss. erhaltenen Werte über die direkte Red. von feingemahlenen Fe-Konzentraten mit H_2 lassen einen Mechanismus erkennen, der von den adhäsiven Merkmalen der Teilchen im Wirbelschichtbett für die Erzeugung gesinterter Teilchen von einer geregelten Größe Gebrauch macht. Es wird angenommen, daß die durch die Verss. gewonnenen Grundbegriffe des Red.-Prozesses

auch auf andere Materialien als Fe-Konzentrate anwendbar sind, sofern diese Materialien bei der Betriebs-Temp. des Wirbelschichtreaktors adhäsive Eigg. besitzen. — Diskussion.
H. Hochstein. 6390 □

Über die Standardmethodik zur Bestimmung der Reduzierbarkeit. N. L. Goldstein. (Сталь [Stahl] **22.** 19. Jan. 1962. Magnitogorsk, Inst. für Bergbau u. Metallurgie; russ.) — Die von Schkodin (vgl. C. **1961.** 16630) vorgeschlagene Meth. zur Best. der Reduzierbarkeit von Agglomeraten wird erörtert u. mit anderen bekannten Meth. verglichen, wobei festgestellt wird, daß als Standard-Meth. ein Verf. zweckmäßig ist, welches die Reproduzierbarkeit der Ergebnisse, eine ausreichend deutliche Ermittlung der Zus.- u. Strukturveränderungen des Agglomerates u. die beste Übereinstimmung mit den Resultaten der Hochofenschmelze sicherstellt. H. Hochstein. 6390 □

Die Herstellung von verschiedenen Gußeisensorten aus einer einzigen Kupolofencharge. F. E. Kasch. (Mod. Castings **38.** 46—50. Dez. 1960. Columbus, Ohio, Gray Iron Res. Inst., Inc.; engl.) — Zur Herst. verschiedener Gußeisensorten aus einer einzigen Kupolofenschmelze gibt es verschiedene Möglichkeiten, nämlich 1. Veränderung der metall. Beschickung während der Schmelzung; 2. Veränderung der Betriebsbedingungen zusätzlich zur Änderung der Beschickung; 3. Veränderung der Analyse des Gußeisens in der Pfanne entweder durch Zusatz von Legg. u. C oder durch die Entfernung von S u. anderen Elementen; 6. Veränderung der Analyse eines Teiles des geschmolzenen Metalles in einer anderen Ofenart. Die verschiedenen Verff. werden in ihrer Durchführung besprochen, u. die hierbei erhaltenen verschiedenen Gußeisensorten werden nach ihrer Zus. u. ihren mechan. Eigg. erörtert. H. Hochstein. 6402 □

Gedanken über phosphorhaltiges Gußeisen. R. V. Riley. (Brit. Foundryman **54.** 449—51. Okt. 1961; engl.) — Diskussion zu der C. **1961.** 12251 referierten Arbeit.
M. Gehlen-Keller. 6402 □

Die Verteilung der Legierungselemente bei der Strukturbildung von weißem Gußeisen. I. Je. Lew. (Известия Высших Учебных Заведений (Москва), Черная Металлургия [Hochschulnachr. (Moskau), Eisenmetallurgie] **1960.** Nr. 2. 148—50. Dnepropetrowsk, Metallurg Inst.; russ.) — Die über den Einfl. der Abkühlungs-Geschw. auf die Verteilung der Leg.-Elemente zwischen den Phasen eines weiß erstarrten Gußeisens auf Grund von Unterss. mit verschiedenen Abkühlungs-Geschw. gezogenen Folgerungen bestehen darin, daß mit einer Erhöhung der Abkühlungs-Geschw. die selektive Verteilung der Leg.-Elemente zwischen den Phasen verzögert wird. Hierbei ist diese Verzögerung um so bedeutender, je größer die Abkühlungs-Geschw. ist u. je langsamer das betreffende Element diffundiert. H. Hochstein. 6404 □

Der Heißwind-Kupolofen in seiner Verwendung bei der Stahlerzeugung. J. E. Rehder. (Blast Furnace, Coke Oven, raw Mater. Committee **19.** 618—28. April 1960. Montreal, Canada Iron Foundries, Ltd.; engl.) — Nach einem kurzen Überblick über die Entw. der Heißwind-Kupolofen-Konstruktion in den letzten 10 Jahren werden der chem. Ablauf der metallurg. Rk. sowie der Betrieb eines wassergekühlten Heißwindkupolofens (Brennstoffanforderungen, Schlackenkontrolle, Regulierung der Metall-Zus., Schmelzgeschw., Koksbeschaffenheit, Beschickungsmaterialien, Luftmenge, Wasserkühlung u. Betriebspraxis) behandelt. H. Hochstein. 6408 □

Die Stellung des Heißwind-Kupolofens in der Stahl-Industrie. S. T. Jazwinski. (Blast Furnace, Coke Oven, raw Mater. Committee **19.** 629—47. April 1960. Harrisburg, Pa., Phoenix Steel Corp.; engl.) — Die Bedeutung des Heißwind-Kupolofens in der Stahlindustrie zur Herst. von fl. *Roheisen* für den bas. O_2-Prozeß sowie zur Erhöhung der Leistung einer Siemens-Martin-Ofen-Anlage wird erörtert u. eine Beschreibung der Kupolofenanlagen gegeben u. Betriebswerte mitgeteilt. Der günstigste Anteil des in einer Beschickung für den Einschlacken-Siemens-Martin-Ofen erforderlichen fl. Roheisens wird angegeben. Als großer Nachteil des Heißwind-Kupolofens wird die Ggw. schädlicher Bestandteile, wie Cu, gehalten. Die Projektierung einer Kupolofenanlage als Bestandteil eines Stahlwerks wird erörtert. — Diskussion.
H. Hochstein. 6408 □

Die Verwendung von Ultraschall zur Prüfung des Reinheitsgrades. A. C. Mager. (Proc. Conf., nat. Open Hearth Committee Iron Steel Divis., Amer. Inst. Mining metallurg. Petroleum Engr. **43.** 72—85. April 1960. Pittsburgh, Pa., Heppenstall Co.; engl.) — Als Ergebnis von Ultraschallprüfungen des Reinheitsgrades von *Stahlschmelzen* werden Qualitätsverbesserungen auch bei erhöhten Abstich-Temp. u. Haltezeiten des Stahles in der Pfanne sowie bei *SiC*-Pfannenzusätzen festgestellt. Die Verw. der Ultraschallprüfung gilt als eine ideale Meth. zur Beurteilung von Änderungen im Stahl-Herstellungsverfahren. — Diskussion. H. Hochstein. 6408 □

Basische Elektroofenstähle. Kinetik der Entphosphorung und Entschwefelung. J. Zotos und E. De Luca. (Mod. Castings **38.** 107—16. Dez. 1960. Watertown, Mass., Arsenal; engl.) — Die bei neuen Unterss. metallurg. Prozesse erhaltenen Werte werden zur Beurteilung der Entphosphorungs- u. Entschwefelungs-Kinetik während der Stahl-Herst. in einem 6,5 t-bas. Lichtbogenofen verwendet. Hierbei zeigt sich, daß die Entphosphorung in Übereinstimmung mit der Übertragungs-Rk. $P_{Metall} \rightarrow P_{Schlacke}$ voranschreitet u. in bezug auf den P-Geh. des Stahles typ. für eine kinet. Rk. ist. Die logarithm. Entphosphorungs-Geschw. [d log [P]/dt] ist während der Oxydationsperiode einer Charge konstant, nimmt aber in der Größenordnung von Charge zu Charge zu, wenn die mittlere Entphosphorungskraft [(P)/[P]) an Wert zunimmt. Die Entschwefelung schreitet in Übereinstimmung mit den Übertragungs-Rk.: $S_{Metall} \rightarrow S_{Schlacke}$ voran u. ist typ. für eine kinet. Rk. in bezug auf den S-Geh. des Stahles. Die logarithm. Entschwefelungs-Geschw. d log [S]/dt] ist während der Red.-Periode einer Charge konstant, nimmt aber an Größe von Charge zu Charge zu, wenn 1. die mittlere Entschwefelungskraft [(S)/[S]] an Wert zunimmt oder 2. der mittlere Schlackenparameter [(% CaO)/(% SiO_2). (% FeO)] zunimmt. H. HOCHSTEIN. 6408□

Der halbberuhigte Stahl. J. Uřičář. (Hutnické Listy **16.** 88—94. Febr. 1961. Třinec, Třinecké železárny VŘSR; tschech.) — Nach kurzer Zusammenfassung der Sorten von halbberuhigtem Stahl, dessen Vor- u. Nachteilen, werden die in Třinecké železárny seit dem Jahre 1954 gemachten Erfahrungen beschrieben. Gute Erfahrungen wurden mit Zusätzen von ca. 0,8—0,9 kg/t *Ferrosilicium*, ohne oder mit 0,18 kg/t *Al* in die Pfanne u. dann beim Guß in jede Kokille (ca. 8 t) maximal 50 g/t Al-Gries (Mittel 25 g/t) gemacht. Der durchschnittliche Ertrag an Qualitätsstahl stieg nach Einführung dieser Meth. auf rund 90%. — 15 Literaturangaben. J. TŮMOVÁ. 6408□

Der Einfluß von Begleitelementen auf halbberuhigte Stähle. Percival Greenway (Stahl u. Eisen **81.** 1047—56. 3/8. 1961. Vanderbijlpark, Südafrikan. Union.; dt.) — Die Herst. von Blechen aus halbberuhigten Stählen in Südafrika wird beschrieben u. dargelegt, daß die dort verfügbaren Rohstoffe die Herst. von Blechen mit guten mechan. Eigg. bei gutem Blockausbringen ermöglichen. Die C-Grenzen können ohne Beeinträchtigung der Schweißbarkeit höher gesetzt werden, als normalerweise dort zulässig ist, wo bei durchweg höheren Schrottanteilen im Einsatz mehr härtesteigernde Elemente in den Stahl gelangen. Eine wirksame, ständige Überwachung der Fertigung ist notwendig. — Diskussion. H. HOCHSTEIN. 6408□

Niedriglegierte Baustähle. Der Einfluß der chemischen Zusammensetzung auf ihre mechanischen Eigenschaften. A. G. Haynes. (Res. appl. in Ind. **14.** 367—76. Sept. 1961. London, Internat. Nickel-Co. Ltd.; engl.) — Der Geh. an C u. an den in einem Stahl vorhandenen Leg.-Elementen bestimmt die Art des während einer Wärmebehandlung in verschiedenen Querschnittsgrößen erzeugten Mikrogefüges. Verschiedene Arten von Mikrostruktur u. Veränderungen im Geh. an Leg.- u. Verunreinigungs-Elementen beeinflussen die Zugfestigkeit, die Kerbschlagzähigkeit u. die Dauerfestigkeit der Baustähle. Eine vollständige Härtung zur Erzielung einer martensit. Struktur, die anschließend angelassen wird, ergibt die beste Kombination von Eigg. in den niedrig- u. mittelhoch gekohlten legierten Stählen. Einzelheiten werden für einen neuen 1,8%ig. *Ni-Co-Mo*-Stahl mitgeteilt, welcher eine bes. hohe Zugfestigkeit u. eine hervorragende Dehnung besitzt. H. HOCHSTEIN. 6408□

Schleuder-Stahlgußrohr — Eigenschaften und Verwendungen. E. D. McCauley. (Mod. Castings **38.** 56—65. Dez. 1960. Birmingham, Ala., American Cast Iron Pipe Co.; engl.) — Die erfolgreiche Anwendung von Schleuder-Stahlgußrohren in der Industrie u. die üblichen Herst.-Verff. mit ihren Vorzügen u. Nachteilen werden besprochen. Als neue Meth. wird das Schleuderguß-Verf. mit Verw. einer keram. Form u. unter Verw. viel größerer Gieß-Geschw. als bisher behandelt. Die sonst bei hohen Gießgeschw. auftretenden Wärmerisse werden bei dem neuen Verf. vermieden. Die physikal. Eigg. der hochwertigen, nach dem neuen Schleuderguß-Verf. hergestellten Gußstücke werden mitgeteilt u. mit denen ähnlicher, nach den bekannten Meth. hergestellter Teile verglichen. Eine Qualitätsüberwachung wird für notwendig gehalten. H. HOCHSTEIN. 6408□

Anlaßsprödigkeit von Stahl. L. M. Utewski. (Металловедение и Термическая Обработка Металлов [Metallkunde therm. Metallbearb.] **1961.** Nr. 6. 35—41. Juni. Zentr. Forsch.-Inst. für Eisenhüttenwesen; russ.) — Die Anlaßsprödigkeit von Stahl entsteht dann, wenn die *P*-Anreicherung in den Bereichen beschleunigter Carbid-Bldg. den Widerstand des legierten Stahls gegenüber dem interkrist. Sprödbruch erniedrigt. Eine Ungleichmäßigkeit der festen Lsg. hinsichtlich ihrer Grundelemente kann einen mehrfach verstärkten Einfl. infolge der Anreicherung der Korngrenzzonen an

Beimengungen ergeben. Wichtig dabei ist, daß unter bestimmten Bedingungen die Anreicherung auch bei Erhöhung der überschüssigen Korngrenzenenergie auftritt, weil die wirksame Kraft dieses Vorganges nicht die Adsorptionsabnahme der „Oberflächen energie" ist, sondern die Abnahme der freien Volumenenergie beim Ausgleich des durch die Entstehung der ungleichmäßigen Konz. der Beimengung verursachten chem. Potentials. H. Hochstein. 6408□

Untersuchung der Korngrenzen mittellegierter, zur Anlaßsprödigkeit neigender Stähle. T. M. Slutzkaja und Ju. B. Malewski. (Автоматическая Сварка [Automat. Schweißen] **14.** Nr. 10. 6—13. Okt. 1961. Paton-Inst. für Elektroschweißung der Akad. der Wiss. der UkrainSSR; russ.) — Die Ursache der Sprödigkeitssteigerung von Stählen mit niedrigem C-Geh. (0,14—0,16%) sowie mit Leg.-Geh. an *Cr*, *Mn*, *Ni* u. *V* beim langsamen Anlassen ist die Ausscheidung von Carbiden an den Korngrenzen. Zur Vermeidung dieser Versprödung werden eine Erhöhung der Anlaß-Temp. auf 700° (ca. 20—30° unterhalb des Ac_1-Punktes) sowie eine Leg. des Stahles mit *Mo* empfohlen. In beiden Fällen verteilen sich die Carbide gleichmäßig u. sind nicht an den Korngrenzen konzentriert. H. Hochstein. 6410□

Verarbeiteter (aus-worked) 12%iger Cr-Stahl mit hoher Streckgrenze und Bruchfestigkeit. J. E. Srawley und T. C. Lupton. (Rep. NRL Progr. **1960.** Nr. PB 161278. 7—10. Febr.; engl.) — Geeignet zusammengesetzte Stähle können beträchtlich stärker verfestigt werden, als dies durch eine normale Vergütungsbehandlung der Fall ist, wenn sie vor der Vergütung in bestimmter Art u. Weise verarbeitet werden. Unter dem Begriff „aus-working" wird eine starke plast. Verformung eines austenit. Stahles bei solchen Temp. verstanden, bei denen der Austenit unstabil ist, jedoch noch nicht mit der mehrere Std. dauernden Umwandlung begonnen hat. Diese Behandlungs-Meth. wird auf einen härtbaren nichtrostenden Stahl mit 12% Cr u. 0,15% C angewendet, der eine Streckgrenze von 140 ksi bei normaler Wärmebehandlung besitzt. Der nach dem neuen Verf. behandelte Stahl (aus-worked) hat in der Form eines 0,06 in. dicken Bandes eine Streckgrenze von 247 ksi. Auch ist seine Bruchzähigkeit ausgezeichnet, u. die Übergangs-Temp. für den vollen Scherbruch lag unter 0°. Der so behandelte Stahl eignet sich bes. für hochfeste, dünnwandige Konstruktionen. H. Hochstein. 6410□

Bemerkungen zur Versprödung der Stähle AK 1 (Cr 13). Jaroslav Koutský und Josef Teindl. (Hutnické Listy **16.** 129—35. Febr. 1961. Plzeň, Závody, V. I. Lenina u. Ostrava, Vys. škola báňská; tschech.) — Unters. der Versprödungsgrenze von Stählen mit 13% *Cr* u. 0,07—0,15% *C* beim Anlassen zeigt, daß die Versprödung Folge von zwei entgegengesetzt verlaufenden Rkk. ist; die eine, irreversible, ist die Ausscheidung u. Koagulierung von Carbiden infolge des Martensitzerfalls, die zweite ist reversibel u. beeinträchtigt von den mechan. Eigg. nur die Sprödigkeit. Prakt. Überprüfungen zeigen, daß beim Belasten bei 450° die Kerbschlagzähigkeit nicht unter 4 mkg/cm^2 fällt u. diese bei der Arbeitstemp. noch bedeutend höher liegen muß. Am vorteilhaftesten erscheint, diesen Werkstoff auf die geringste Härte, das ist auf die Struktur eines sehr groben Sorbits, anzulassen. J. Tůmová. 6410□

Einfluß der Wärmebehandlung auf die mechanischen Eigenschaften der gegossenen 13% Chromstähle. Stanislav Drápal. (Hutnické Listy **16.** 120—28. Febr. 1961. Praha, Stát. výzk. ústav. materiálu a technol.; tschech.) — Mit steigendem *C*-Geh. kommt es bei diesen Stählen zum Erhöhen der Streckgrenze u. Festigkeit, Verminderung der Dehnung, Einschnürung u. Kerbschlagzähigkeit sowie zu einer starken Verschiebung der Temp. des Überganges vom zähen zum spröden Zustand in Richtung zu den höheren Temperaturen. Es ist vorteilhafter, Stähle mit 0,12—0,18% C u. niedrigen Anlaßtemp. zu verwenden, als solche mit höherem C-Geh. u. höheren Anlaßtemperaturen. Das Homogenisierungsglühen ist bis zu 0,22% C prakt. ohne Einfluß. Am vorteilhaftesten erscheint langsames Anwärmen (50°/h) u. Abkühlen zwischen 300—1000°; ein Anhalten bei 1000° ist zwecklos. J. Tůmová. 6410□

Einfluß der Kohlenstoffgehalte auf Korrosionsfestigkeit und mechanische Eigenschaften von Ni-Mo-Cr-Legierungen. Shigehiro Inoue und Takashi Tsuchiya. (Nippon Kinzoku Gakkai-Si [J. Japan Inst. Metals] **25.** 544—48. 1961; jap., Auszug: engl.) — Legg. mit 63,50—65,15 (%) *Ni*, 16,66—18,66 *Mo* u. 15,31—16,42 *Cr*, 0,03—0,12 *C* zeigen mit zunehmendem C-Geh. eine Steigerung der Korrosion durch sd. 10- u. 2%ig. HCl in 24 Std. u. der Härte, aber eine Verminderung der Dehnung. Nach 30 Min. langem Anlassen bei 700 u. 800° fällt die Korrosionsfestigkeit mit steigendem C-Geh. infolge der kontinuierlichen Carbidausscheidung an den Korngrenzen. W. Wesly. 6410□

Über neue Schnelldrehstähle. A. G. Iwanow. (Сталь [Stahl] **22.** 69—71. Jan. 1962. Zentr. Forsch.-Inst. für das Eisenhüttenwesen; russ.) — Die neuen Stähle enthalten 0,8—1,5 *C*; 3,8—4,6 *Cr*; 9,0—24,0 *W*; 2,0—5,1 *V*; 5—10,5 *Co*; 0,4—0,8 *Mo*. In

allen diesen Stählen sind je ≦ 0,4 *Mn*, *Si* u. *Ni*, sowie 0,03 *S* u. *P* zulässig. Sie unterscheiden sich durch Warmhärte u. Warmfestigkeit von den Stählen *R 18* u. *R 9* u. gewährleisten eine um das 1,5—3fache erhöhte Verschleißbeständigkeit.
H. Hochstein. 6410□

Korrosionsbeständigkeit von austenitischen Stählen nach einer Druckbehandlung bei tiefen Temperaturen. N. N. Ljulitschewa und N. W. Pissarewa. (Известия Высших Учебных Заведений (Москва), Черная Металлургия [Hochschulnachr. (Moskau), Eisenmetallurgie] **1960.** Nr. 2. 78—80. Charkow, Luftfahrt-Inst.; russ.) — In austenit. Stählen mit einem instabilen Austenit führt eine Niedertemp.-Behandlung bei — 183° durch eine Druckverformung um 27 u. 39%, die zwecks Festigkeitserhöhung durchgeführt worden ist, nicht zu einer wesentlichen Verschlechterung der Korrosionsbeständigkeit.
H. Hochstein. 6410□

Der Restaustenit. Aleš Kalivoda. (Hutnické Listy **16.** 135—38. Febr. 1961. Ostrava, Výzk. a zkuš ústav NHKG.; tschech.) — Nach kurzer Zusammenfassung der Bedeutung des Restaustenits werden Ergebnisse der Unterss. an einem Stahl mit 0,37 (%) *C*, 1 *Cr*, 0,15 *Mo* u. 1,85 *Ni* mitgeteilt. Mit sinkender Abkühlungs-Geschw. steigt der Geh. an Restaustenit; beim Abschrecken in fl. N_2 kann die Restaustenit-Bldg. ganz beseitigt werden. Beim Anlassen ist der Restaustenit bis 200° stabil u. zerfällt erst zwischen 250—300°. Der durch Abschrecken in ein Ölbad von 200° stabilisierte Restaustenit zerfällt vollständig nicht einmal bei 400°. Es wird geschlossen, daß Martensit durch Keim-Bldg. von Austenitgitterstörungen gebildet wird, welche wiederum von der Abschrecktemp. u. -Geschw. abhängen. — 12 Literaturangaben. J. Tůmová. 6410□

Entwicklung von Sonderstählen. Tomo-o Sato. (Nippon Kinzoku Gakkai-Si [J. Japan Inst. Metals] **25.** M1—M16. 1961; jap., Auszug: engl.) — Fortschrittsbericht über die Entw. von Sonderstählen seit 1945. — 108 Schrifttumshinweise.
W. Wesly. 6410□

Sulfide in rostfreien Stählen. Hideo Kaneko, Taiji Nishizawa und Koreaki Tamaki. (Nippon Kinzoku Gakkai-Si [J. Japan Inst. Metals] **25.** 560—64. 1961; jap., Auszug: engl.) — Unterss. der aus ferrit. u. austenit., rostfreien Stählen elektrolyt. isolierten Sulfide zeigen, daß *CrS* in Stählen mit 13 (%) Cr u. mit 18 Cr, 8 Ni enthalten ist. *Ni*, *Co*, *Mo*, *W* u. *Si* haben wenig Einfl. auf die Eigg. von CrS. *V* reichert sich in CrS unter Verdrängung von Cr bis zur Zus. *VS* an. *Mn*, *Nb*, *Ti* u. *Zr* bilden *MnS*, *NbS*, *TiS* u. *ZrS*. CrS, MnS u. ZrS sind kugelförmig, VS u. NbS dendr.; TiS ist plattenförmig.
W. Wesly. 6410□

Intensivierung des Prozesses der elektrolytischen Raffination von Nickel. W. N. Rosow. (Цветные Металлы [Nichteisenmetalle] **29.** Nr. 6. 18—23. Juni 1956. Nördliches Nickelkombinat; russ.) — Eine bedeutende Erhöhung der Produktion wurde durch Vergrößern der Kathodenfläche (13%), Verringerung der Diaphragmastärke u. Einlegen von neuen Elektroden in den so gewonnenen Platz der bestehenden Wannen (7%), Erhöhung der Stromdichte auf ca. 200 A/m² (54%) erreicht. — Infolge verbesserter Verff. konnte der *S*-Geh. von 1,41 auf 0,92% bei gleichbleibendem *Cu*-Geh. u. nur sehr gering ansteigendem *Co*- u. *Fe*-Geh. herabgesetzt werden. J. Tůmová. 6434□

Einfluß der Vanadingehalte auf Korrosionsfestigkeit und mechanische Eigenschaften von Ni–Mo-Legierungen. Shigehiro Inoue und Takashi Tsuchiya. (Nippon Kinzoku Gakkai-Si [J. Japan Inst. Metals] **25.** 548—51. 1961; jap., Auszug: engl.) — Legg. mit 67,21—70,33 (%) *Ni*, 27,33—28,66 *Mo* u. 0,05 *C* werden in 24 Std. durch sd. 20%ig. HCl mit steigendem V-Geh. etwas stärker angegriffen; gleichzeitig erhöht sich die Zugfestigkeit. Die Korrosionsfestigkeit von Proben mit 1,5—3,0% V verringert sich nicht nach 1std. Anlassen bei 700°, wohl aber nach längerem Anlassen. Hohe Festigkeit u. Korrosionsfestigkeit zeigen 25 Std. bei 850° gealterte Proben mit 1,5—2,0% V.
W. Wesly. 6434□

Einfluß kleiner Beimengungen auf die Zipfelbildung bei Reinaluminium. H. Hug. (Aluminium **37.** 648—49. Okt. 1961. Neuhausen am Rheinfall, Schweiz; dt.) — Vgl. C. **1961.** 7380. — Untersucht wurde das Zipfel-Verh. von Al 99,8 mit zunehmendem *Be*-Geh. bis 0,1 (%). Schon bei einem Be-Zusatz von 0,02 treten trotz hohen Kaltverformungsgrades von 92 die sonst bei diesem Reinheitsgrad auch bei tiefen Walz-Temp. beobachteten hohen 45°-Zipfel in 0/90° auf. Bei Zusätzen von 0,05—0,1 Be werden Zipfelwerte erreicht, wie sie sonst nur bei Reinst-Al erhalten wurden. Auch bei normaler Walztemp. treten bei genügend hohem Be-Zusatz Zipfel in 0/90° auf. Ähnliche Wrkg. wurden auch bei Zusätzen von *Mn*, *Cr*, *V* u. *Zr*, deren Aluminide ebenso wie die von Be Fe aufnehmen können, beobachtet. V führt selbst bei hohen Reckgraden bei Geh. von 0,05% zu zipfelfreien Blechen. F. Vier. 6446□

Über die Bildung von spannungsinduziertem Martensit in Ti–Al–Co-Legierungen. Masao Adachi und Tokuzô Tsujimoto. (Nippon Kinzoku Gakkai-Si [J. Japan Inst. Metals] **25.** 568—73. 1961; jap., Auszug: engl.) — Unterss. über die Knickfestigkeit (KF) von *Ti*-Legg. mit 4—8 (%) *Al* u. 2—6 *Co* nach Abschreckung vom β- oder $\alpha + \beta$-Feld zeigen, daß die Abnahme der KF in Proben mit 2—4 Co auf der durch Martensit-Bldg. verursachten Verformung beruht. Die Bldg. von spannungsinduziertem Martensit erfolgt in *Ti–Al–Co-*, nicht aber in *Ti–Co*-Legg., weil Al die Entstehung der ω-Phase inhibiert. W. WESLY. 6448□

Pressen schwer schmelzbarer Metallpulver. J. C. Lachmann. (Ind. Engng. Chem., int. Edit. **53.** Nr. 12. 46A—48A, 50A. Hoskins Mfg. Co. Dez. 1961; engl.) — Beschreibung eines isostat. (auch hydrostat. genannten) Drucksyst. zum Pressen von Blöcken, Elektroden usw. aus schwer schmelzbaren Metallpulvern, z. B. *Ti, Re, Ta.* W. WESLY. 6474□

Der Einfluß der Sinterungsbedingungen auf die Festigkeit von Legierungen auf Grundlage von Carbiden, die durch Verbindung mit NiAl zementiert wurden. Je. I. Mosshuchin, W. P. Jeljutin und Ja. Ss. Umanski. (Известия Высших Учебных Заведений (Москва), Черная Металлургия [Hochschulnachr. (Moskau), Eisenmetallurgie] **1960.** Nr. 2. 142—47. Moskau, Stahl-Inst.; russ.) — Die Sintertemp. beeinflußt wesentlich die Kalt- u. Warmfestigkeit von Legg. auf der Grundlage von *Ti–W–Carbid T 15* (38,6 Mol.-% TiC, 61,4 Mol.-% WC oder 16 Gew.-% TiC, 84 Gew.-% WC). Die Ggw. von WC in der Leg. erniedrigt die Sintertemperatur. Die Legg., die 5 u. 10% Bindemittel enthalten, besitzen bei einer Sintertemp. von 1700°, u. Legg. mit 15 u. 20% bei 1600° Sintertemp. die größte Festigkeit. Verschiedene optimale Sintertemp. von Legg., die eine verschiedene Menge der zementierenden Bindelsg. *NiAl* enthalten, deuten darauf hin, daß zur Erzielung optimaler Eigg. der Legg. bei Sintertemp. eine optimale Menge an fl. Phase vorhanden sein muß. Diese optimale Menge an fl. Phase muß offenbar für alle Zus. der untersuchten Legg. auf Grund des Carbids *T 15* annähernd gleich sein. Zur Erzielung einer annähernd gleichen Menge an fl. Phase bei Sintertemp. müssen die Legg. mit einem geringeren Geh. an Bindemittel bei höheren Temp. sintern, weil die Erhöhung der Sintertemp. die Menge an fl. Phase infolge Auflsg. in ihrem carbid. Bestandteil erhöht. H. HOCHSTEIN. 6476□

Problematik der Beziehungen zwischen den Kennwerten des Zugversuches und jenen der Berstdruckprüfung von Aluminiumfolien. E. Amann und H. Langen. (Schweiz. Arch. angew. Wiss. Techn. **27.** 313—25. Juli 1961. Neuhausen, Schweiz, Aluminium-Ind.-AG., Forschungsinst., Singen/Hohentwiel, Aluminium-Walzwerke GmbH; dt.) — Nach Beschreibung der Fehlerquellen bei der Berstdruckmessung von Al-Folien wird gezeigt, daß eine befriedigende Lösung dieser Prüfung nur zu erwarten ist, wenn die Folie als Membrane dient. Für die Beziehung zwischen den Kennwerten der Berstdruck- u. der Zugprüfung wird eine Gleichung abgeleitet. — 17 Schrifttumshinweise. W. WESLY. 6480□

Biegeprüfeigenschaften von modifizierten 43XX-Vanadinstahlblechen und Blechen aus Stahl mit 5% Chrom. E. P. Klier, George Boras und Jane Jellison. (Mater. Res. Standards **2.** 32—38. Jan. 1962. Washington, D.C., Cathol. Univ.; Naval Res. Labor., Metallurgy Div.; engl.) — Bei Zimmer-Temp. u. Temp. bis —320° F an mehreren, modifizierten *43XX V*-Stählen [mit 0,18—0,20 (%) V u. 0,21—0,60 C] u. 5% Cr-Stählen (mit 0,24—0,39% C) ausgeführte Biegeprüfungen nach erfolgter Ermittlung der Kerb-Eigg. führen zur Entw. der Zeit–Last- u. Last–Durchbiegungs-Kurven. Zwischen beiden Verff. besteht, bes. für die Werkstoffe mit geringem C-Geh., eine Wechselbeziehung. Werkstoffe mit höheren C-Geh. verhalten sich in der Biegeprüfung ungünstiger als im Kerbzugspannungsversuch. W. WESLY. 6480□

Bruchprüfung von hochfesten Blechmaterialien. (3. Bericht eines besonderen ASTM-Ausschusses). Anonym. (Mater. Res. Standards **1.** 877—85. Nov. 1961; engl.) — Es werden Unterss. üb · eine geeignete Kerbprobe zur Ermittlung der Bruchfestigkeit von Blechen aus hochfesten Werkstoffen angestellt u. dabei werden Kerbzug-Verss. an unterschiedlich breiten Flachproben mit verschiedenen Kerbformen aus Warmarbeitsstahl mit ca. 0,4 (%) C, 5,2 Cr, 1,3 Mo u. teils 0,5 V, aus kaltgewalztem *nichtrostendem Stahl* mit ca. 0,1 (%) *C*, 17,2 *Cr*, 7,3 *Ni* sowie aus einer *Ti*-Leg. mit 0,02 C, 3,4 *Al*, 10,5 Cr u. 13,7 *V* durchgeführt. Der Einfl. des Kerbradius, der Kerb-Herst. u. der Wärmebehandlung wird ermittelt u. das Bruch-Verh. der Proben wird durch einen Kennwert beschrieben. H. HOCHSTEIN. 6480□

Der Einfluß einiger Spurenelemente auf die Sprödbruchspannung von Eisen und Eisenlegierungen von hoher Reinheit. B. E. Hopkins und H. R. Tipler. (Mém. sci. Rev. Métallurgie **58.** 757—68. Okt. 1961. Teddington, Nat. Physic. Labor.; franz.) — Der Einfl. gewisser Elemente in Mengen bis zu 0,01% auf die Sprödbruchspannung von

Fe u. Fe-Legg. von hohem Reinheitsgrad werden in bezug auf ihren Einfl. auf eine interkristalline Schwäche untersucht. Es wird dabei festgestellt, daß die Behandlung, welche diese Schwäche in ihrer stärksten Form entwickelt, eine Wasserabschreckung von 500—800° ist. Mit dieser Behandlung erhält man sehr schwache Sprödbruchspannungen, beispielsweise in *Fe–O-* u. *Fe–N*-Legierungen. Die größte Stärke der interkristallinen Sprödigkeit bei sehr schnellen Abkühlungs-Geschw. aus dem Austenitbereich kann durch die Kennzeichen einer isothermen Brüchigkeit erklärt werden. Die Umkehrbarkeit u. die Geschw. der Brüchigkeit werden durch eine Betrachtung der Seigerung an den Korngrenzen untersucht u. hierbei wird ihr Einfl. auf die Oberflächenenergien besprochen. O u. N rufen eine Schwäche der Korngrenzen hervor. Auch andere Elemente können in diesem Sinne sehr akt. sein; bes. kann der im Fe zurückgehaltene *H* bei geringen Konzz. sehr schädlich sein. Der wichtige Effekt der Korngröße auf die Neigung zur interkristallinen Schwächung wird an einer Fe-Leg. mit 1% *Si* nachgewiesen, wobei dargelegt wird, daß eine in geringer Konz. vorhandene Unreinheit mehr als Si selbst dafür verantwortlich ist. Die *Fe–Ni*-Legg. sind empfindlicher als Fe in Ggw. von O. *C* ist dagegen fähig, einer Tendenz zur interkristallinen Schwächung entgegenzuwirken. Im Rahmen der Unters. sind *Fe–Mn*-Legg. nicht empfindlich, können jedoch bei einer Erhöhung des O-Geh. empfindlicher sein. *Fe–Cr-* u. *Fe–Mo*-Legg. dagegen zeigen eine etwas schwächere Korngrenzenfestigkeit. H. Hochstein. 6480□

Hochtemperatur-Festigkeit von Wolfram und Molybdän. Masayoshi Kanno. (Nippon Kinzoku Gakkai-Si [J. Japan Inst. Metals] **25.** 597—601. 1961.; jap., Auszug: engl.) — In einem bes. Vakuumglasgerät (Abb.) ausgeführte Unterss. von 0,05 mm starken, durch elektr. Widerstandsheizung auf 1000—3000° K gebrachten W- u. Mo-Drähten zeigen, daß die Zugfestigkeit nicht durchhängender W-Drähte fällt, wenn die Verweilzeit von 1 auf 10 Std. bis 1800° K steigt; > 1800° zeigt die Zugfestigkeit gleiche Werte. Rekrist. Draht hat niedrigere Werte. Die Festigkeit von thoriertem W-Draht ist höher als die nicht durchhängender Drähte, die ihrerseits höhere Werte als reines W aufweisen. W. Wesly. 6480□

Einflüsse der Kaltbearbeitung auf die Eigenschaften der magnetischen Shunt-Legierungen MSO (Fe–Ni–Cr-Reihe). Yâki Shirakawa, Toru Ôhara und Takashi Miyazaki. (Nippon Kinzoku Gakkai-Si [J. Japan Inst. Metals] **25.** 557—59. 1961; jap., Auszug: engl.) — Mit zunehmendem Grad der Kaltbearbeitung von magnet. Legg. mit 33,2 (%) *Ni*, 8,3 *Cr* u. 58,5 *Fe* sowie 34,1 Ni, 10,9 Cr u. 55 Fe sinkt die Permeabilität T bei 0°, steigt der Temp.-Koeff. der Permeabilität u. fällt das Temp.-Intervall mit demselben Temp.-Koeff. der Permeabilität. Durch Anlassen > 600° werden diese Eigg. fast wie vor der Kaltbearbeitung zurückgewonnen. Die durch das Anlassen bewirkten Änderungen von Sättigung, Magnetisierung, Koerzitivkraft, elektr. Widerstand u. Rockwell-Härte werden gemessen. W. Wesly. 6480□

Die morphologische Einteilung von Ausscheidungen bei erhöhter Temperatur in rostfreiem, durch Titan stabilisiertem 18-8-Stahl und ihre Ausscheidungsart. Eiji Miyoshi und Ryoichi Kazui. (Nippon Kinzoku Gakkai-Si [J. Japan Inst. Metals] **25.** 581—84. 1961; jap., Auszug: engl.) — Unterss. der in 18-8-Stählen ausgeschiedenen Carbide u. der Wert ihrer Ausscheidungen zeigen, daß 3 Arten von Ausscheidungen stattfinden: an den Korngrenzen, im Korn u. an den Zwillingsgrenzen. Nach jeder Wärmebehandlung beobachtet man ein bes. Carbid; diese Carbide kennzeichnen den untersuchten rostfreien Stahl *321.* W. Wesly. 6482□

Elektronenmikroskopische Untersuchung von Ausscheidungen bei der Alterung von Eisen und Stahl bei 100°. Yoshimi Tanabe und Nobujiro Takamoto. (Nippon Kinzoku Gakkai-Si [J. Japan Inst. Metals] **25.** 552—56. 1961; jap., Auszug: engl.) — Unterss. über die Ausscheidungen in *Gußeisen* mit 0,018 (%) *C* u. in *Stahl* mit 0,08 *C* nach 1std. Alterung bei 100° zeigen eine Spitze in der Härte–Zeit-Kurve; jedoch stellt die Menge der Ausscheidungen bei dieser Zeit keinen Höchstwert dar; dieser findet sich nach 2 Std. bei niedrigerer Härte. Größe u. Menge der Ausscheidungen beeinflussen die Härte–Zeit-Kurve nicht allein, sondern die Einfl. der G.-P.-Zone u. die Ausscheidung scheinen eine Rolle zu spielen. Bei der 100°-Alterung erscheinen nach 2,4 Min. verhältnismäßig mehr Ausscheidungen in der Ferritgrundmasse. Die Größe der Ausscheidungen wird nicht von der Alterungszeit allein bestimmt; jede Probe enthält Ausscheidungen verschiedener Größe. Sie bestehen vermutlich aus *Fe-Carbid.* Ausscheidungen < 200 Å haben Scheiben-, > 200 Å Kugelform. W. Wesly. 6482□

Gasdruck-Befestigung. S. J. Paprocki, E. S. Hodge und P. J. Gripshover. (Light Metal Age **19.** Nr. 11/12. 17. 20. 22—23. Dez. 1961. Battelle Mem. Inst.; engl.) — Grundzüge, Ausführung u. Anwendung des Verf. der Gasdruckbefestigung (Verw. hoher, isostat. Drücke u. hoher Temp.) von Metallen, bes. in der Flugzeug- u. Raketenindustrie u. in Kernkraftwerken. W. Wesly. 6490□

Die Wärmebehandlung von Stahlteilen in einer exothermischen Atmosphäre mit einem erhöhten Kohlenstoffgehalt. N. P. Petrow und I. T. Troschkin. (Металловедение и Термическая Обработка Металлов [Metallkunde therm. Metallbearb.] **1961.** Nr. 6. 18—21. Juni. Moskau, Technolog. Inst.; russ.) — Die Verw. der exotherm. Schutzatmosphäre *PNOO E* mit 0,4—0,6 (%) CO_2, 11—15 *CO* u. 14—21 H_2, oder 0,5 bis 0,6 CO_2, 6,5—8 CO u. 12,5—13,0 H_2 (Rest in beiden Fällen N_2) u. einem Luftüberschuß-Koeff. von 0,7—0,75 gewährleistet bei Erhöhung seines C-Geh. durch Einführung eines CH_4-Zusatzes in Grenzen von 3—6%, in Abhängigkeit von den Abdichtungsbedingungen des Ofens, eine teilweise oder vollständige Beseitigung der entkohlten Anfangsschicht von den Stahlgegenständen. Die Dauerfestigkeit von Gegenständen aus den Stählen *30ChGSA* u. *30ChGSAN* nach der Wärmebehandlung in einer exotherm. Schutzatmosphäre mit erhöhtem C-Potential wird um mindestens 50% im Vgl. zur Dauerfestigkeit von nur in Luft erhitzten Gegenständen erhöht, dagegen ist die Dauerfestigkeit nur wenig höher gegenüber derjenigen von Teilen, die in einer CH_4-freien Schutzatmosphäre wärmebehandelt wurden. H. Hochstein. 6492□

Umwandlungen in Stählen beim Härten. E. I. Mirowski. (Известия Высших Учебных Заведений (Москва), Черная Металлургия [Hochschulnachr. (Moskau), Eisenmetallurgie] **1960.** Nr. 2. 118—20. Ukrain. Akad. der Landwirtsch.-Wiss.; russ.) — Beim Härten von Stählen beginnt die Austenitumwandlung beim Erreichen der A_3-Temp. u. verläuft kontinuierlich bis zur martensit. Umwandlung, wobei sie dann mit der letzteren zusammen auftritt. In Abhängigkeit von der Austenitumwandlungs-Temp. befindet sich im α-Mischkristall eine verschiedene C-Menge, die nach Maßgabe der Temp.-Erniedrigung erhöht wird. H. Hochstein. 6492□

Die „Wirbelschicht" ein neues Härtemedium mit regulierbarem Kühlvermögen. N. N. Warygin. (Металловедение и Термическая Обработка Металлов [Metallkunde therm. Metallbearb.] **1961.** Nr. 6. 13—18. Juni. Moskau, Inst. für den Maschinenbau der chem. Ind.; russ.) — Es werden die allg. Grundlagen des Wirbelschicht-erhitzungs-Verf. bei der Härtung von Stahl erörtert u. als Vorzüge dieses Verf. herausgestellt: 1. die lange Lebensdauer des gehärteten Gegenstandes, die Unveränderlichkeit des Kühlvermögens, die Regelbarkeit der Abkühlungs-Geschw., wodurch der Prozeß der Wärmebehandlung automatisiert werden kann; 2. die Möglichkeit einer freien Bewegung des Wärmegutes in der Wirbelschicht infolge der geringen Zähigkeit des Erwärmungsmittels (Quarzsand); 3. die Möglichkeit der Abkühlung des Gußstückes unmittelbar nach dem Ausleeren der Gußform; 4. schnelle Wärmeabfuhr aus dem Kühlbad durch Zufuhr von kaltem W. in die Wirbelschicht. H. Hochstein. 6492□

Die beste Wärmebehandlung für rostfreie PH-Stähle. D. C. Ludwigson. (Product Engng. **32.** Nr. 19. 32—34. 8/5. 1961. Battelle Mem. Inst.; engl.) — Tabellar. Angaben über die geeignetste Wärmebehandlung zur Härtung von ausscheidungshärtbaren, rostfreien *17-7-PH* u. *PH 15-7-Mo* u. die sich aus der Behandlung ergebenden Eigenschaften. W. Wesly. 6492□

Kalt- und Warmeinsenken von Warmarbeitsstahl. K.-E. Thelning. (Schweiz. Arch. angew. Wiss. Techn. **27.** 503—10. Dez. 1961. Bofors/Schweden, Stahlwerke Bofors AG.; dt.) — Kalteinsenk-Verss. mit u. ohne Haltering sowie Warmeinsenk-Verss. mit im Haltering eingesetzten Proben bei Temp. bis zu 500° werden an Stählen mit Härten zwischen 110 u. 230 H_B ausgeführt u. die hierbei erhaltenen Ergebnisse werden mitgeteilt. Die Warmfestigkeits-Verss., die mit einigen Stählen ausgeführt wurden, deuten auf eine Abhängigkeit der Einsenkbarkeit bei Wärme bei den in Frage stehenden Temp. vom Quotienten aus Dehnung u. Streckgrenze hin. Es wird über Verss. aus der Praxis mit kalt- bzw. warmeingesenkten Werkzeugen berichtet. H. Hochstein. 6492□

Tiefe Entkohlung eines Stahls durch Wasserstoff. N. N. Liptschin und I. P. Tasskajew. (Известия Высших Учебных Заведений (Москва), Черная Металлургия [Hochschulnachr. (Moskau), Eisenmetallurgie] **1960.** Nr. 2. 135—41. Perm, Univ.; russ.) — Die zur Berechnung der Tiefe der entkohlten Schicht bei der H_2-Behandlung eines Stahles *U 8* dienenden Gleichungen werden mitgeteilt. Die Schichttiefe d beträgt dabei 0,9 $\sqrt{\tau}$ in mm, wobei τ die Behandlungsdauer bedeutet. Die hiermit zu berechnenden Werte stimmen mit den Experimentalwerten bei längeren Haltezeiten gut überein. H. Hochstein. 6492□

Technologische Hinweise für das Badnitrieren von Bauteilen. Horst Weissgerber. (Fertigungstechn. u. Betr. **11.** 524—26. Aug. 1961. Bernsdorf, Hoh.-Er; dt.) — Beschreibung, Erläuterung u. Prüfung der Badnitrierung von Bauteilen. W. Wesly. 6492□

Einfluß von Probenahme, Elektrodenart und Schweißbedingungen auf den Wasserstoffgehalt im Schweißgut. Herbert Zitter. (Schweißtechnik [Wien] **16.** 15—21. Febr. 1962. — C. **1961.** 6665; dt.) F. VIER. 6506□

Über den Zusammenhang zwischen der Schweißgeschwindigkeit und der Verteilung nichtmetallischer Einschlüsse im Metall der Schweißnaht. Ju. B. Malewski und W. W. Podgajetzki. (Автоматическая Сварка [Automat. Schweißen] **14.** Nr. 12. 12—15. Dez. 1961. Paton-Inst. für Elektroschweißung der Akad. der Wiss. der UkrainSSR.; russ.) — Untersucht wird der Einfl. der Schweiß-Geschw. auf die Verteilung nichtmetall. Einschlüsse in den Einzelkristalliten der Metallschweißnaht. Bei großen Schweiß-Geschw. treten die nichtmetall. Einschlüsse bevorzugt im Innern der Kristallite auf, aber bei kleinen Geschw. wird ein wesentlicher Teil solcher Einschlüsse an den zwischenkristallinen Korngrenzen angesammelt. H. HOCHSTEIN. 6506□

Veränderung der technischen Bedingungen beim Flußmittel AN-26. I. I. Kumysch. (Автоматическая Сварка [Automat. Schweißen] **14.** Nr. 10. 90. Okt. 1961; russ.) — Da bei der Verw. des Flußmittels *AN-26* mit bis 0,7% C beim Schweißen austenit. nichtrostender Stähle eine Aufkohlung des Metalls stattfindet, die ihrerseits wieder die interkristalline Korrosionsbeständigkeit nachteilig beeinflußt, wird der zulässige C-Geh. des Flußmittels *AN-26* auf 0,05% begrenzt. Die Best. des C-Geh. im Flußmittel erfolgt in gleicher Weise wie bei Metallen. H. HOCHSTEIN. 6506□

Legierung des Metalls einer Schweißnaht bei Schweißung mit Elektroden mit Plastüberzügen. A. G. Masel, Je. M. Rogowa und L. I. Ssorokin. (Автоматическая Сварка [Automat. Schweißen] **14.** Nr. 12. 28—33. Dez. 1961. Allunions-Forsch.-Inst. für Stahl; russ.) — Untersucht wird der Einfl. verschiedener Leg.-Elemente, die in einem Elektrodenüberzug aus Kunststoff enthalten sind, auf die Eigg. des Metalls der Schweißnaht. Die Kunststoffüberzüge der Schweißelektroden gewährleisten einen wirkungsvolleren Übergang der Leg.-Elemente in die Schweißnaht als Wasserglasüberzüge. Dieser starke Übergang der Leg.-Elemente bestimmt in weiten Grenzen die mechan. Eigg. des aufgetragenen Metalls. Ein bes. Interesse hat die Verfestigung der Nähte durch *Mo*, wodurch bei Stahl eine Festigkeit von über 90 kg/mm^2 bei ausreichender Bruchdehnung u. Kerbschlagzähigkeit erreicht wird. Im Zusammenhang mit der Möglichkeit der Herst. von Schweißnähten mit hohem C-Geh. u. des wirksamen Übergangs der Leg.-Elemente ist auch die Verw. von Elektroden mit Kunststoffüberzügen für Aufschmelzarbeiten aussichtsreich. H. HOCHSTEIN. 6506□

Die Untersuchung von Elektroden mit einem Gasschutzcelluloseüberzug. I. N. Wornowitzki und A. G. Masel. (Сварочное Производство [Schweißtechn. Betr.] **1962.** Nr. 2. 12—14. Febr. Allunions-Forsch.-Inst. für Stahl; russ.) — Durchgeführt werden Unterss. zur Best. des Cellulose-Gew. in einem Elektrodenüberzug als wirksamer Gasschutz für die Schweißnaht. Die Möglichkeit einer C-Abnahme im Schweißgut infolge einer Einführung von *Mn*-Erz u. *Hämatit* in die Überzugsmasse, der Einfl. der Elektroden-Temp. auf die chem. Zus. des Schweißgutes u. auf dessen Gassättigung wird nachgewiesen u. dabei gezeigt, daß eine Temp.-Erhöhung auf über 120—150° zu einer Zunahme des C-Geh. u. einer Güteverschlechterung des Schweißgutes führen kann. H. HOCHSTEIN. 6506□

Zur Frage einer lokalen Zerstörung von Schweißverbindungen austenitischer Stähle. B. I. Medowar und W. A. Lutzjuk-Chudin. (Автоматическая Сварка [Automat. Schweißen] **14.** Nr. 12. 45—55. Dez. 1961. Paton-Inst. für Elektroschweißung der Akad. der Wiss. der UkrainSSR; russ.) — Die interkristalline Zerstörung der Schweißverbindungen austenit. Stähle im Nahtbereich kann auch unter Labor-Bedingungen erzeugt u. untersucht werden. Es wird angenommen, daß das Auftreten der Neigung zu einer örtlichen Zerstörung bei Temp. über 580—600° u. zu einer „Messerschnittkorrosion" austenit. Stähle durch die Wrkg. derselben Faktoren bedingt wird. Die Mittel zur Verhütung der Zerstörung im Nahtbereich der Schweißverbindungen von bei hohen Temp. langarbeitenden austenit. Stählen werden besprochen. H. HOCHSTEIN. 6506□

Fragen der Elektronenstrahlschweißung von Molybdän. Ss. M. Gurewitsch und G. K. Chartschenko. (Автоматическая Сварка [Automat. Schweißen] **14.** Nr. 12. 4—11. Dez. 1961. Paton-Inst. für Elektroschweißung der Akad. der Wiss. der UkrainSSR; russ.) — Die Elektronenstrahlschweißung ist eine wirksame Meth. zum Verbinden von Teilen aus Mo. Im Vgl. zu der Elektrolichtbogenschweißung mit einer W-Elektrode in einem inerten Gas ergibt diese Meth. verformbarere Schweißverbindungen, die eine wesentlich geringere Neigung zur Riß-Bldg. besitzen. Infolge der außerordentlich großen Zunahme der Körner bei der Erwärmung oberhalb der Rekristallisations-Temp. ist Mo gegen Überhitzungen sehr empfindlich. Die Zunahme der Schweißenergie führt zu einer merklichen Vergröberung der Körner des Schweißmetalls u. des Nahtbereiches. Die

Schweißung von Mo muß daher so ausgeführt werden, daß möglichst wenig Energie verbraucht wird. Die Schweißnähte mit größter Plastizität werden aus geschmolzenem Mo erhalten. Die Arbeitsweisen für die Elektronenstrahlschweißung von Mo mit einer Dicke von 1—3 mm werden mitgeteilt. H. HOCHSTEIN. 6506□

Tantal — ein neues Mittel zur Verhinderung von Warmrissen bei der Schweißung stabil-austenitischer Stähle und Legierungen. B. I. Medowar und L. W. Tschekotilo. (Автоматическая Сварка [Automat. Schweißen] **14.** Nr. 10. 88—90. Okt. 1961. Paton-Inst. für Elektroschweißung der Akad. der Wiss. der UkrainSSR; russ.) — Die Leg. des Metalls einer stabilaustenit. Schweißnaht mit Ta erhöht ihre Beständigkeit gegenüber Warmrißbildung. Diese günstige Wrkg. des in die austenit. Schweißnaht eingeführten Ta wird durch den Einfl. dieses Metalls auf den Charakter der Primärkristallisation der Schweiße erklärt. Beim Fehlen von Ta hat das Metall der Schweißnaht eine typ. ausgerichtete Transkristallisationsstruktur. Bei Zusatz von 3—4% Ta wird diese Struktur feinkristallin u. desorientiert. Ta ermöglicht als energ. Carbidbildner eine Verfeinerung der Primärstruktur durch Bldg. einer großen Menge primärer, als Kristallisationszentren dienender Carbide. H. HOCHSTEIN. 6506□

Sonderprobleme der Metallreinigung. A. Pollack. (Industrieblatt **61.** 20—25. Jan. 1961; dt.) — Übersicht über die Fortschritte der Metallreinigung: Alkal. Entfettung, Dampfstrahlreinigung, Entrostung, Entfettung u. Passivierung durch saure Reinigungsmittel, elektrolyt. Entfettung, elektrolyt. Entzunderung, Dampfentfettung, Ultraschallreinigung, Salzschmelzen für Gußeisen, rostfreie Stähle, Ti. — 19 Literaturhinweise. W. WESLY. 6508□

Untersuchungen über das Diamantscheibenschleifen. 1. Mitt. **Der Einfluß der Diamantkonzentration.** Yoshinobu Tanaka und Naoya Ikawa. (Technol. Rep. Osaka Univ. **10.** 119—28. Jan. 1960. Dep. of Appl. Physics and Precis. Mach.; engl.) — Der Einfl. der Diamantsplittermenge auf Diamantschleifscheiben zum Schleifen von Carbidwerkstücken auf die Menge des abgeschliffenen Materials wird theoret. u. prakt. untersucht. Die Abschleif-Geschw. nimmt mit zunehmender Diamant-Konz. auf der Schleifscheibe ab. W. BETCKE. 6510□

Ein neues kontinuierliches Verfahren zur Verzinkung von patentiertem Stahldraht. D. A. Hackett. (Wire Ind. **28.** 1097—99. 1116. Nov. 1961. AEI-Birlee Ltd., Spec. Furnace Dep.; engl.) — Beschreibung der techn. Ausführung des SENDZIMIR-Verf. zur Verzinkung von patentiertem Stahldraht mit überwachter Oberflächenoxydation des Drahtes, anschließender Red. der dünnen Oxidschicht in H_2-reicher Atmosphäre u. Eintauchen des Drahtes in geschmolzenes Zn. W. WESLY. 6522□

Impedanzeigenschaften isolierter Aluminiumoxid-Filme. D. F. MacLennan. (Corrosion [Houston] **15.** Nr. 6. 283t—285t. Juni 1959. Dartmouth, Nova Scotia, Naval Res. Establ., Phys.-Chem. Sect.; engl.) — In einer Impedanzzelle ausgeführte Unterss. von *Al_2O_3*-Filmen, die sich bei der anod. Oxydation von Al in H_2SO_4 bilden, zeigen, daß der Film aus einer dicken porösen äußeren Schicht u. einer dünnen undurchdringlichen inneren Schicht besteht u. die Filmporen teilweise infolge der Vorbehandlung mit heißem W. oder Dampf blockiert sind. Der sich beim Sealing des Films bildende *Böhmit* stammt eher von der Hydratation des schon vorhandenen Oxidfilms als von einer Korrosion des Al-Metalls. W. WESLY. 6530□

Korrosion der Metalle in tropischer Umgebung. 4. Mitt. **Schmiedeeisen.** C. R. Southwell, B. W. Forgeson und A. L. Alexander. (Corrosion [Houston] **16.** 512t bis 518t. Okt. 1960. U.S. Naval Res. Labor.; engl.) — 3. vgl. C. **1961.** 8103. — Unterss. über die 8jährige Einw. von Süß- u. Seewasser, See- u. Landluft von Panama auf Schmiedeeisen (SE), un- u. schwach legierte Baustähle zeigen, daß die durch den Gew.-Verlust ermittelte Korrosion von SE in Süßwasser der entspricht, die durch abwechselnde Einw. von Seewasser u. -luft (schwankender Wasserstand als Folge der Gezeiten) verursacht wird. Am schnellsten verläuft die Korrosion bei ständigem Eintauchen der Proben in Seewasser. Die Walzhaut des SE beschleunigt den Lochfraß der ständig von Seewasser bespülten Proben, wenn auch weniger als bei Baustählen. Anfangs zeigen SE u. Flußstahl wenig Unterschied in der Geschw. der Korrosion durch trop. Wässer; nach 8 Jahren hat Stahl einen größeren Gew.-Verlust. Seeluft greift SE in 8 Jahren 1,6mal so stark wie Landluft an. SE erleidet in trop. Umgebung einen $>$ 2mal so großen Gew.-Verlust wie schwach legierte Baustähle. W. WESLY. 6538□

Wirksamkeit von organischen Überzügen in tropischer Umgebung. A. L. Alexander, B. W. Forgeson und C. R. Southwell. (Corrosion [Houston] **15.** Nr. 6. 291t bis 294t. Juni 1959. U.S. Naval Res. Labor., Chem. Branch; engl.) — Ergebnisse einer 1—7jährigen Einw. von Meerwasser, Süßwasser, Seeluft u. Landluft der Tropen auf $>$ 350 Syst. aus *Alkyd-*, *Epoxy-*, *synthet. Kautschuk-*, *Phenol-*, *Vinylharz* u. *Bitumen-*Schutzfilmen, Kombinationen u. Gemischen (Zahlentafeln). W. WESLY. 6538□

Feuchtigkeit, der Schlüssel zur Korrosion durch Brom. D. E. Lake und A. A. Gunkler. (Chem. Engng. **67.** Nr. 22. 136—38. 31/10. 1960. Midland, Mich., Dow Chemical Co., Bromine Sect.; engl.) — Unterss. zeigen, daß trocknes Br für die meisten Nichteisenmetalle unschädlich ist, aber in Ggw. von Feuchtigkeit (7 bzw. 57 mg/kg) stark korrodierend wirkt. Gegen handelsübliches Br mit einem Wasser-Geh. von < 20—30 (mg/kg), der aber in Berührung mit feuchter Luft auf 300 steigen kann, sind ***Monel***, ***Ni*** u. *Bronzen* korrosionsfest. W. WESLY. 6538□

Untersuchung über Spannungskorrosion von austenitischem, rostfreiem Stahl. 1. Mitt. Einfluß der Schrotabstrahlung auf die Spannungskorrosion. Hideo Togano, Kazuo Osato und Hayata Shigeno. (Rep. Government chem. ind. Res. Inst., Tokyo **56.** 51—58. Febr. 1961; jap., Auszug: engl. S. 5—6.) — Zugspannung in der Oberflächenschicht eines Metalls verursacht Spannungskorrosion; jedoch kann die Zugspannung durch eine Druckspannung vermindert werden. Unterss. über den Einfl. der Schrotabstrahlung auf die Spannungskorrosion von austenit., rostfreiem Stahl *304* (unter Verw. von konz., wss. $MgCl_2$-Lsg. als korrodierendes Medium) zeigen, daß die nützliche Wrkg. der Schrotabstrahlung erst eintritt, wenn diese bestimmte Werte der „Abdeckung" u. „Bogenhöhe" erreicht hat. Da eine Metalloberfläche durch Schrotabstrahlung uneben wird, muß sie stärker korrodieren. Rostfreier, mit Schrot abgestrahlter Stahl korrodiert stärker, wo er akt. gemacht, aber nicht stärker, wo er passiv gemacht worden ist. W. WESLY. 6538□

Spannungskorrosionsrisse von kalt gewalzten, austenitischen, rostfreien Stählen in $MgCl_2$-Lösung. Shigeru Morita. (Nippon Kinzoku Gakkai-Si [J. Japan Inst. Metals] **25.** 610—14. 1961; jap., Auszug: engl.) — Unterss. über den Einfl. der Kaltbearbeitung auf die Anfälligkeit von 5 austenit., rostfreien Stählen in sd. 42%ig. $MgCl_2$-Lsg. für Spannungskorrosionsrisse zeigen: Bei 18-8-, 25-20- u. 18-8-Stahl mit 0,56% *Nb* steigt die Schwellenspannung, unterhalb der kein Riß entsteht, mit der Dickenabnahme durch Kaltbearbeitung. Die 3 Stähle erleiden allg. Korrosion im gehärteten Zustand. In 18-12-Stahl mit 2,77 (%) *Mo* u. 18-20-Stahl mit 2,37 Mo u. 1,95 *Cu* steigt die Schwellenspannung kaum mit der Dickenabnahme. Die allg. Korrosion ist selbst in gehärtetem Zustand gering. W. WESLY. 6538□

Wege der Spannungskorrosionsrisse von α-Aluminiumbronze in Ammoniak- und Dampfatmosphären. J. F. Klement, R. E. Maersch und P. A. Tully. (Corrosion [Houston] **15.** Nr. 6. 295t—298t. Juni 1959. Milwaukee, Ampco Metal, Inc.; engl.) — Unterss. über die Einw. von NH_3 u. Dampf auf Al-Bronzen mit 5 u. 8 (%) Al u. mit 6,5 Al u. 2,5 Fe, die auf ca. 80% der Knickfestigkeit beansprucht werden, zeigen, daß die Gleichgewichtskorngrenzenseigerung der Leg.-Elemente, die nicht zur Bldg. ausgeschiedener Phasen führt, eine der Hauptursachen der Spannungskorrosionsrisse ist. Auch der Angriff korrosiver Stoffe auf gelöste Seigerungselemente spielt eine Rolle. Die erhaltenen Risse werden (Abb.) wiedergegeben. Der Fe-Geh. der Legg. hat auf die Risse prakt. keinen Einfluß. Die Ergebnisse werden erörtert. W. WESLY. 6538□

Korrosionsschutz technischer Federn. Klaus Wanke und Joachim Heinke. (Fertigungstechn. u. Betr. **11.** 527—32. Aug. 1961. Karl-Marx-Stadt; dt.) — Übersicht über die für Federn u. Belastungsarten günstigsten Korrosionsschutz-Verff., die Behandlung der Federn mit Korrosionsschutzmitteln (chem. u. galvan. Behandlung, Lack- u. Kunststoffüberzüge) u. die Eigg. der so geschützten Federn. — 10 Schriftumshinweise. W. WESLY. 6538□

Faktoren, die die Korrosion von Stahl durch Gemische von Öl–Salzsole–Schwefelwasserstoff beeinflussen. Donald W. Shannon und James E. Boggs. (Corrosion [Houston] **15.** Nr. 6. 299t—302t. Juni 1959. Richland, Wash., General Electric Co.; Austin, Tex., Univ.; engl.) — Unterss. über die die Korrosion von Stahl in Öl–Sole–H_2S-Gemischen beeinflussenden Faktoren zeigen, daß die Anfangskorrosions-Geschw. (KG) von der H_2S-Konz. abhängt. Nach 1 Tag wird die KG von der Diffusion bestimmt u. ist von der H_2S-Konz. in einem weiten Bereich unabhängig. Bei sehr hohen H_2S-Konzz. vermindert sich die KG infolge Bldg. eines dichteren, kristallinen FeS-Films, der die Diffusion verlangsamt. NaCl erhöht die KG in Konzz. $\leq$ 1% durch Verhinderung der FeS-Film-Bldg.; > 1% NaCl vermindert die KG, weil NaCl vermutlich als Korrosionsinhibitor wirkt. W. WESLY. 6538□

Verhinderung der Korrosion mit Inhibitoren in der Ammoniakindustrie. Korrosion des Stahls in sulfidhaltigen CO–CO_2-gesättigten wässerigen Lösungen. Eino Uusitalo. (Teknillisen Kem. Aikakauslehti [Z. techn. Chem.] **18.** 539—45. 1961. Helsingfors, TH; schwed.) — Labor.- u. Betriebs-Verss. zur Prüfung von 20 verschiedenen Korrosionsinhibitoren zur Verhinderung der Korrosion von Stahl in Convertierungsanlagen der Ammoniakindustrie. Neben K_2CrO_4 u. KNO_2 sind auch organ. Inhibitoren (*Norust PR*) geeignet, Stahlkorrosionen durch CO_2-gesätt., S-haltige wss. Lsgg. zu vermeiden. E. FRITSCHE. 6538□

Untersuchungen über die Korrosion von Bleipfannen. Martin Buch. (Draht-Welt **46.** 153—56. März 1960. Aachen, TH, Inst. für Bildsame Formgebung.) — Aus den Vers.-Ergebnissen läßt sich für die Praxis ableiten, daß ein beruhigt vergossener Stahl gegen fl. Pb widerstandsfähiger ist als unberuhigt vergossener, daß auf sorgfältige Flammen- u. Heizgasführung geachtet werden muß (keine örtliche Überhitzung), daß die Badoberfläche (bes. bei höheren Bad-Temp.) mit Holzkohlepulver, Koksgrus usw. abgedeckt werden soll u. daß die Außen- u. Innenhaut eines Pb-Bades aus einem zunderbeständigen Werkstoff bestehen soll, während die mechan. Beanspruchungen von einer starken mittleren Schicht aus normalem Stahl übernommen werden können. E. MIESSGANG. 6538□

Finnische Erfahrungen mit alten Kochern in der Zelluloseindustrie. Jaakko Salokangas. (Valtion tekn. Tutkimuslaitos, Sarja II [State Inst. techn. Res., Ser. II] **1962.** Nr. 12. 1—24. Helsinki, Staatl. Techn. Forschungsanst.; dt.) — Die an alten, ausgemauerten Sulfitcellulosekochern gemachten Erfahrungen über die Korrosion der Stähle u. die Entstehung von Haarrissen in den Laschen werden beschrieben. Die Haarrisse u. wurmfraßähnlichen Stellen werden mittels Ultraschallot untersucht. Aus den Ergebnissen berechnet man die Kennzahl des Kochers als Mittelwert der Echobildhöhen, multipliziert mit dem Verhältnis zwischen der Zahl der Defekte u. der geloteten Nietzwischenräume. Auf Grund dieser Kennzahl wird die Lebensdauer eines Kochers vorausgesagt. Über 2 Explosionsfälle von Kochern wird berichtet. W. WESLY. 6538□

Korrosionsbekämpfung in Rohr-Turm-Destillieranlagen. Kazimierz Szadkowski. (Wiadomości Naftowe **6.** 34—36. Febr. 1960; pol.) — H_2S u. HCl werden während der Dest. der Erdöl-Prodd. durch kontinuierliche Dosierung einer wss. Na_2CO_3–$NaOH$-Lsg. unschädlich gemacht. Auch bei Abwesenheit von HCl wirkt H_2S in Ggw. von Wasserdampf korrodierend auf *Fe*. F. URBAN. 6538□

Der kathodische Schutz von Strahlrohren in Wasser- und Gasleitungen. G. Noiroux. (Werkstoffe u. Korrosion **13.** 81—83. Febr. 1962. — C. **1961.** 17375; dt.) F. VIER. 6538□

Einfluß von Handelsinhibitoren für die Säurekorrosion auf die Wasserstoffsprödigkeit von Stahl. Ss. A. Balesin und I. W. Nikolski. (Известия Высших Учебных Заведений (Москва), Черная Металлургия [Hochschulnachr. (Moskau), Eisenmetallurgie] **1960.** Nr. 5. 159—62. Moskau, Pädagog. Inst. für Fernunterricht; russ.) — HCl bewirkt ohne Inhibitorzusatz eine H_2-Versprödung, die geringer ist als die durch H_2SO_4. Die Inhibitoren *PB-5* u. *TschM*, die HCl u. H_2SO_4 zugesetzt werden, beseitigen die Möglichkeit des Auftretens der H_2-Versprödung des Stahls bei dessen Beizung mit einer Behandlungsdauer von 30 Minuten. Bei einer 24std. Beizung zeigte der Inhibitor *TschM* den größten Einfl. bei einer H_2SO_4-Konz. von 1n u. der Inhibitor *PB-5* bei einer HCl-Konz. über 6n. H. HOCHSTEIN. 6538□

Einwirkung von Inhibitoren in einem Mehrmetallsystem. M. H. Tikkanen, E. Uusitalo und I. Mäkimattila. (Teknillisen Kem. Aikakauslehti [Z. techn. Chem.] **18.** 532—38. 1961. Helsingfors, TH; schwed.) — In Labor.-Verss. wurden die Eigg. von *Morpholin* (I), *Propargylalkohol*, $NaNO_3$, $(NaPO_3)_6$ mit u. ohne I u. *Natriumbenzoat* in ihrer Eignung als Korrosionsinhibitoren in Mehrmetall-Syst. (Korrosionsmedium W. eines Wärmeaustauscher-Syst.) an *Stahl* mit 0,16 (%) *C*, 0,12 *Si*, 1,0 *Mn*, 0,02 *S*, 0,02 *P*; ein rostfreier Stahl (18 Cr, 9 Ni), *Elektrolytkupfer*; *Messing* (37 Zn) u. *Bronze* (10 Sn) untersucht. Es wurden sowohl die Einzelpotentiale wie auch das Potential der zusammengeschalteten Proben (Polyelektrode) in Abhängigkeit vom jeweiligen Zusatzmittel bestimmt. Aus den Verss. ist ersichtlich, daß I, Propargylalkohol u. $NaNO_3$ als Inhibitoren für Cu u. Cu-Legg., $(NaPO_3)_6$ mit u. ohne I für Stahl u. Natriumbenzoat für alle untersuchten Metallproben als Korrosionsinhibitor geeignet sind. E. FRITSCHE. 6540□

Lösungs- und Passivierungsgeschwindigkeit von hafniumfreien Zirkonium in Flußsäure. M. E. Straumanis, W. J. James und A. S. Neiman. (Corrosion [Houston] **15.** Nr. 6. 286t—290t. Juni 1959. Rolla, Miss., Univ., School of Mines and Metallurgy, Dep. of Chem. Engng.; Menlo Park, Calif., Stanford Res. Inst.; engl.) — Die Lösungs-Geschw. von Zr in HF nach der Gleichung $Zr + 4 H^+ = Zr^{4+} + 2 H_2$ ist bei 25° höher als die von Ti u. bei Konz. $\leqq$ 0,5n eine lineare Funktion der HF-Konzentration. Während der Auflösung überzieht sich Zr mit einem schwarzen Hydridfilm. Die Lösungs-Geschw. wird durch Zusätze von NH_4F, KF u. NaF erhöht; größere Zusätze führen zur Passivierung. Potentialmessungen von Zr in HF ergeben mit steigender HF-Konz. eine Annäherung an den stetigen Wert von ca. —0,74 V. Die Potential–Zeit-

Kurve ist im allg. logarithm.; mit zunehmender Zeit wird das Potential positiver. F^--Zusätze zerstören den bei Auflösung von Zr in HF entstehenden Film, wobei das Potential plötzlich auf — 1,112 V fällt. Infolge der Zusätze wird das Potential allmählich positiver; NaF erzeugt das positivste (— 0,528 V) Potential. — 23 Literaturangaben.
W. WESLY. 6540□

Lochkartenauswertung von Ergebnissen von Prüfungen in der Atmosphäre. W. H. Ailor und M. R. Hodgson. (ASTM Bull. **250.** 45—49. Dez. 1960. Richmond, Va., Reynolds Metals Co.; engl.) — Beschreibung der maschinenmäßigen Auswertung von Lochkarten, die Angaben über die Bedingungen 20jähriger Korrosions-Unterss. enthalten, wobei die Maschine die Korrosions-Geschw. in mg/dm² u. Tag u. mils/Jahr sowie die prozentuale Veränderung von Zugfestigkeit, Knickfestigkeit u. Dehnung angibt.
W. WESLY. 6540□

British Oxygen Co. Ltd., übert. von: Thomas Christopher Churcher, Sutton, England, **Behandlung von geschmolzenem Fe** zur Beseitigung von Verunreinigungen, wie *C, Si, Mn, P* u. *S*, mit freiem Hindurchfallen des Fe in unterteilter Form durch einen turmartigen, feuerfest ausgekleideten Rk.-Zwischenraum in Berührung mit einem in diesen Raum eingeleiteten oxydierenden Gasstrom, dad. gek., daß zur Verringerung des aus dem Rk.-Zwischenraum entweichenden Dampfes die Injektor-Wrkg. des in den Raum eingeleiteten oxydierenden Gasstromes benutzt wird, um wenigstens einen Teil des aus dem Raum entweichenden Dampfes an einer Stelle, die von der Zuführungsstelle des oxydierenden Gases entfernt angeordnet ist, abzuziehen u. um den abgezogenen Dampf nach seiner Umwandlung in ein oxydierendes Gas wieder in den Rk.-Raum zurückzuleiten. — Abbildung. (**A. P. 2 969 282** vom 26/4. 1960, ausg. 24/1. 1961. E. Prior. 6/5. 1959.)
H. HOCHSTEIN. 6391

Vereinigte Österreichische Eisen- und Stahlwerke Akt.-Ges. (Erfinder: Rudolf Rinesch), Linz, Österreich, **Behandlung von Blöcken aus Eisen oder Stahl,** bes. von Stahlblöcken mit einem Gew. von über 8 t, dad. gek., daß der vergossene Block, sobald seine Mitte teigig zu werden beginnt, mit O_2 oder einem gasförmigen O_2-reichen Frischmittel nachgefrischt wird, wobei gleichzeitig bas., schlackenbildende Stoffe, wie Kalkstaub u. calcinierte Soda, zugeführt werden. Bei den so behandelten Blöcken werden Seigerungen vermieden bzw. auf ein Minimum herabgesetzt. (**Oe. P. 213 572** vom 30/4. 1959, ausg. 27/2. 1961.)
H. HOCHSTEIN. 6391

Centre National de Recherches Métallurgiques A. S. B. L., Lüttich, Belgien, **Entschwefelung von Roheisen,** dad. gek., daß die Entschwefelungsmittel als Pulver oder Körnchen in Suspension in einem Gas oder Gasgemisch mit großer Geschw. in das Roheisenbad in Form eines feinen u. kompakten Strahles mittels einer Lanze, deren Ende nicht in das Bad eintaucht, eingeblasen werden. Bes. werden als Gasträger N_2, *Luft* oder ein schwach *oxydierendes Gas* u. als Entschwefelungsmittel *Kalk* verwendet. (**Belg. P. 569 068** vom 1/7. 1958, ausg. 17/3. 1961.)
H. HOCHSTEIN. 6401

Bot Brassert Oxygen Technik Akt.-Ges., Zürich, Schweiz, **Frischen von phosphorreichem Roheisen,** bes. THOMAS-Roheisen mit einem *P*-Geh. von 1,7 bis 2,20%, durch Verblasen des Roheisens mit einem O_2-haltigen Frischmittel, dad. gek., daß die Roheisencharge im THOMAS-Konverter bis zur Erreichung niedriger P-Werte nach Entfernung des C verblasen, die Schlacke abgezogen u. die Schmelze aufgekohlt wird, worauf das aufgekohlte P-arme Bad in einem anderen Frischgefäß nach Zusatz von weiteren Schlackenbildnern mit von oben auf die Oberfläche aufgeblasenem reinem O_2 in bekannter Weise fertiggefrischt wird. (**Oe. P. 214 953** vom 2/10. 1958, ausg. 10/5. 1961.)
H. HOCHSTEIN. 6401

Mond Nickel Co. Ltd., London (Erfinder: Ronald Herbert Thomas Dixon, Erdington, und John Henry Gittus, Studley), England, **Behandlung von Gußeisen.** Die Gußeisenschmelze wird während der Erstarrung in der Gießform vibriert, die ohne diese Behandlung nicht grau, sondern über den ganzen oder den größten Teil des Querschnittes unter Carbid-Bldg. erstarren würde, zum Zwecke, die Graphitisierung herbeizuführen bzw. bei einer nachfolgenden Temperung zu erleichtern. Bes. setzt die Vibrationsbehandlung erst ein, wenn der Guß teilweise erstarrt ist, damit nur der noch fl. Kern grau erstarrt. Zweckmäßig wird das Verf. auf Gußeisen mit 2,7 bis 3,2 (%) *C*, 18—28 *Ni*, 1,5 —4 *Cr* u. ggf. 6—8 *Cu* an Stelle eines entsprechenden Teiles Ni angewendet. (**Oe. P. 213 939** vom 30/4. 1958, ausg. 10/3. 1961. **A. P. 2 973 564** vom 29/4. 1958, ausg. 7/3. 1961. Beide E. Prior. 2/5. 1957.)
H. HOCHSTEIN. 6403

General Electric Co., übert. von: Winston H. Chang, Cincinnati, Ohio, V.St.A., **Niedriglegierter hochfester Stahl** besteht aus 0,45—0,55 (%) *C*, 0,5—2,0 *Mn* + *MO* + *V*, 4,5—7,5 *Ni*, 0,75—1,25 *Cr*, 1,75—2,25 *Si*, Rest *Fe* mit den üblichen Ver-

unreinigungen. Bes. besteht dieser Stahl aus 0,45—0,55 C, 0,5—1,0 Mn, 0,4—0,6 Mo, 0,03—0,07 V, 4,5—7,5 Ni, 0,75—1,25 Cr, 1,75—2,25 Si, Rest im wesentlichen Fe. Neben der hohen Festigkeit besitzt der Stahl für seine Verarbeitung im metastabilen austenit. Zustand eine hohe Duktilität. (**A. P. 2 978 319** vom 6/11. 1959, ausg. 4/4. 1961.)
H. HOCHSTEIN. 6411

Schoeller-Bleckmann Stahlwerke Akt.-Ges., Wien (Erfinder: Herbert Souresny, Ternitz), Österreich, **Stahllegierungen zur Herstellung von Schwerstangen für Tiefbohrgestänge.** Verwendet werden nichtmagnetisierbare, austenit. Cr-Mg-Stahl-Legg. mit bis 0,25 (%) *C*, bis ca. 1,00 *Si*, 12—25 *Mn*, 10—20 *Cr*, bis ca. 5 *Ni*, bis ca. 1 *Mo*, 0,05—0,50 *N*, Rest *Fe* mit den üblichen Begleitelementen, ggf. mit in solchen Stählen üblichen Zusatzelementen, wie *W*, *Ti*, *Ta*, *Nb*, *B*, *V*, *Cu* u. *Co*, einzeln oder gemeinsam, als Werkstoff zur Herst. von Schwerstangen für Tiefbohrgestänge, die durch Kaltverformung auf eine Streckgrenze von ca. 70 kg/mm² u. darüber, zumindest im Bereich der Enden, gebracht werden. (**Oe. P. 214 466** vom 4/6. 1959, ausg. 10/4. 1961.)
H. HOCHSTEIN. 6411

General Motors Corp., Detroit, übert. von: William B. Larson, Birmingham, Robert F. Thomson, Grosse Pointe Woods, und Fred J. Webbere, Orchard Lake, Mich., V.St.A., **Herstellung von Gußstücken aus graphithaltigem Eisen** mit hohem Elastizitätsmodul, hoher Zugfestigkeit u. Streckgrenze im Gußzustand, dad. gek., daß eine Schmelze aus Eisen mit 1—2,5 (%) *C*, 1,5—3,2 *Si*, bis zu 1,15 *Mn*, 0,001—0,05 *B*, Rest *Fe* erzeugt wird, die bei 2900—3100° so lange überhitzt wird, daß ein an lamellarem Graphit freies Gußgefüge mit Ausbildung des Graphits in kompakter Form entsteht, u. daß die Schmelze bei 2600—2800° F in eine Form abgegossen wird. (**A. P. 2 978 320** vom 29/12. 1958, ausg. 4/4. 1961.)
H. HOCHSTEIN. 6411

General Motors Corp., Detroit, übert. von: Ralph H. Mitchel und Raymond E. Schwyn, Flint, Mich., V.St.A., **Magnetisierbare Eisenlegierung,** deren Permeabilität mit steigender Temp. abnimmt, als Werkstoff für Anzeigegeräte, bes. für Geschw.-Messer, besteht aus 29,25—31,25 (%) *Ni*, 1—2,4 *Mn*, unter 0,5 *Si*, unter 0,3 *Cr*, Rest *Fe*. Zweckmäßig beträgt ihr Ni-Geh. 30,5—31,0%. Die Anzeige des mit dieser Leg. versehenen Meßinstrumentes wird durch Temp.-Änderungen nicht beeinflußt. — Kurvenbilder. (**A. P. 2 975 339** vom 14/4. 1958, ausg. 14/3. 1961.)
H. HOCHSTEIN. 6419

Aluminum Co. of America, Pittsburgh, übert. von: Raymond J. Towner und John P. Lyle jun., New Kensington, Pa., V.St.A., **Aluminium-Legierungen** bestehen aus mindestens 70 (%) *Al*, bis 1 *Fe*, 1,5—15 *Mn*, 0,1—10 mindestens eines der härtenden Komponenten *Ni*, *Co*, *Cr*, *Ti*, *V*, *Mo*, *Zr* u. *W*, deren Summe jedoch 10 nicht überschreiten soll. Die Legg., die mit Ausnahme von Verunreinigungen frei von Elementen sind, die mit Al eine feste Lsg. eingehen u. die auf dem Sinterwege hergestellt werden, besitzen eine Zugfestigkeit bei 600° nach 100std. Beanspruchung von mindestens 12000 lbs./sq.in. u. eine Streckgrenze von mindestens 10000 lbs./sq.in. Nach A. P. 2 966 732 enthalten die Legg. an Stelle von 1,5—15 Mn 0,5—15 *Cr*, nach A. P. 2 966 733 2,5—15 *Mo*, nach A. P. 2 966 734 1—15 *W*, nach A. P. 2 966 735 0,1 bis 15 *Ti* u. nach A. P. 2 966 736 3,5—15 *Zr*. (**A. PP. 2 966 731, 2 966 732, 2 966 733, 2 966 734, 2 966 735 u. 2 966 736** vom 27/3. 1958, ausg. 3/1. 1961.) C. GÖTZE. 6447

Kaiser Aluminum & Chemical Corp., Oakland, Calif., übert. von: Sidney G. Roberts, Opportunity, Maurice C. Fetzer und James B. Hess, Spokane, Wash., V.St.A., **Aluminiumlegierungen** bestehen aus 3—10 (%) *Mn*, 1—6 *Zr*, 3—12 *Fe*, 2—5 *Mo*, 1—6 *Cr*, 0,5—4 *Ti*, 0,1—0,5 *V* einzeln oder zu mehreren, Rest *Al*. Zwecks Herst. der Legg. wird die Schmelze zerstäubt mit Hilfe eines unter Druck stehenden Gasstrahles, worauf die Teilchen schnell an der Luft oder durch Einleiten in ein Gefäß mit Fl. abgekühlt werden, um die Bldg. grober Kristalle von Zwischenphasen zu vermeiden. Die Teilchen werden dann in der Hitze verfestigt u. zu Werkstücken verarbeitet. Die Legg. besitzen gute physikal. Eigg. bei hohen Temperaturen. (**A. P. 2 967 351** vom 14/12. 1956, ausg. 10/1. 1961.)
C. GÖTZE. 6447

Ford Motor Co., Dearborn, übert. von: Michael Humenik jun., Inkster, und David Moskowitz, Detroit, Mich., V.St.A., **Schneidwerkzeuge** bestehen aus *TiC* u. 5—50 (%) eines Bindemittels aus 25—70 *Mo* oder *MoC* oer einer Mischung derselben mit einem Rest *Fe*, *Ni*, *Co* oder Legg. derselben. Der Werkstoff muß frei von schädlichen Nitriden oder Oxiden sein. (**A. P. 2 967 349** vom 22/6. 1959, ausg. 10/1. 1961.)
C. GÖTZE. 6477

Phoenix-Rheinrohr Akt.-Ges., Vereinigte Hütten- und Röhrenwerke, Düsseldorf, **Herstellung von mit Titan oder seinen Legierungen plattiertem Stahl** durch Walzschweißplattieren, dad. gek., daß zunächst auf dem Stahl eine Schicht aus einer *Ni–Cu*-Leg., z. B. *Monel*-Metall, aufplattiert u. dann in einem weiteren

Arbeitsgang auf diese Leg. *Ti* oder eine Ti-Leg. unter Verw. einer Zwischenschicht aus *Ag* oder einer *Ag–Mn*-Leg., z. B. mit 85% Ag u. 15% Mn, aufplattiert wird. Das Schweißen kann unter Ar bei einer Temp. dicht unter dem F. von Ag bzw. der Ag–Mn-Leg. vorgenommen werden. Die aufgebrachte Ti-Schicht haftet fest auf dem Stahl. (**Oe. P. 214 242** vom 21/5. 1959, ausg. 27/3. 1961. D. Prior. 23/5. 1958.) F. VIER. 6479

Maurice Gay-Balmaz, Lausanne, Schweiz, **Reinigen von Silbergegenständen.** Die Ag-Gegenstände werden in einer warmen *Alkali-* oder *Erdalkali*-Lsg. behandelt, in der *Al*-Pulver suspendiert ist. Durch Drehen der Körbe mit den zu reinigenden Gegenständen in dem Reinigungsbehälter wirken die Al-Teilchen scheuernd auf der Ag-Oberfläche u. entfernen so die Schicht aus red. Ag. — Abbildung. (**Schwz. P. 353 596** vom 2/10. 1959, ausg. 31/5. 1961.) F. MARKHOFF. 6513

Hanson-VanWinkle-Munning Co., übert. von: Donald Gardner Foulke, Watchung, William B. Stoddard jun., Matawan, Otto Kardos, Red Bank, und Walter B. Kleiner, Plainfield, N.J., V.St.A., **Galvanisches Abscheiden von Nickelüberzügen.** Zur Erzielung eines sehr duktilen Überzuges werden einem üblichen WATTS-Ni-Bad *3-Bromcumarin* bis zur Sättigung zugesetzt. Der pH-Wert des Bades soll 3—4,5 u. die Arbeits-Temp. 135—180° F betragen. (**A. P. 2 976 225** vom 3/3. 1959, ausg. 21/3. 1961.) H. HÄNLE. 6521

Harshaw Chemical Co., übert. von: Jack L. Towle, Cleveland, Ohio, V.St.A., **Galvanisches Nickelbad** enthält *aromat. Sulfonamide, Sulfonate* oder *ungesätt. aliphat. Sulfonamide* oder *Sulfonsäuren* u. 0,0025—0,075 g/Liter einer Verb. der allg. Formel $R(CH_2)_{n'}{-}\underset{W\;X}{S}(CH_2)_nCN$, in der R = H, CN, $-\underset{W\;X}{S}(CH_2)_nCN$ oder $CH_3\cdot(CH_2)_{n'}{-}\underset{W\;X}{S}{-}$, W = KW, X = Sulfat, Sulfonat, Halogen oder Perchlorat u. n bzw. n' = 1—6 bedeuten. Z. B. 300 (g/Liter) *$NiSO_4\cdot 7\,H_2O$*, 40 *$NiCl_2\cdot 6\,H_2O$*, 40 *H_3BO_3*, 0,15 *Na-Laurylsulfat*, 0,15 *1.2-Äthylen-bis-(B-cyanäthyläthylsulfoniumäthylsulfat)*, 3 *$(C_6H_5\cdot SO_2NHSO_2C_6H_5)_2$*. Temp. 140° F, Stromdichte 40 A/sq.ft. (**A. P. 2 972 571** vom 10/2. 1960, ausg. 21/2. 1961.) H. HÄNLE. 6521

Atomic Energy of Canada Ltd., Ottawa, übert. von: Gregory J. Biefer und Ferdinand H. Krenz, Deep River, Ontario, Canada, **Korrosionsschutz von Aluminium–Nickel-Legierungen** mit 0,5—5% *Ni* gegen dest. u. entionisiertes Kühlwasser bei Temp. von 150—350° durch Zusatz von in W. lösl. *SiO_2* in Mengen von mindestens 100 Teilen ppm W. bis zur Sättigung des W. mit SiO_2 bei der Arbeitstemperatur. (**A. P. 2 977 260** vom 9/10. 1958, ausg. 28/3. 1961.) H. BAUR. 6539

Amchem Products, Inc., übert. von: Albert J. Saukaitis, Wayne, George S. Gardner, Elkins Park, und Gregory W. Gibson, Jenkintown, Pa., V.St.A., **Korrosionsinhibitor.** Die schützende Mischung, bes. für Ölsonden, besteht aus 1 Teil *Propargylalkohol* u. 0,5—3 Teilen eines *Rosinamin*-Abkömmlings der allg. Formel $RN{<}^{x}_{y}$ in der R ein Abiethyl-, Hydroabiethyl- oder Dehydroabiethylrest, x die Gruppe CH_2R' oder H u. y die Gruppe CH_2R', wobei R' eine α-Ketonylgruppe ist, darstellen. Beispiel: 217 g *Rosinamin*, 232 g *Diacetonalkohol*, 163 ml wss. *Formaldehyd-Lsg.* (37% ig.) u. 100 ml *HCl* (20° Bé) werden gemischt. Nach 15 Std. langem Erwärmen bei Rückfluß-Temp. trennt sich das Gemisch in 2 Schichten. Die untere ölige Schicht wird abgetrennt u. mit gleichen Teilen *Propargylalkohol* gelöst. — Vgl. D. A. S. 1 037 229 Kl. 48d vom 26/9. 1953, ausg. 21/8. 1958; C. **1959.** 12376. (**A. P. 2 975 125** vom 1/3. 1957, ausg. 14/3. 1961.) H. BAUR. 6539

Freeport Sulphur Co. (Erfinder: **Courtney S. Simons III**), *Gewinnung von Metallen aus Limoniten.* (**Aust. P. 228 532** vom 5/3. 1958, ausg. 30/6. 1960. — C. **1959.** 945 [A. P. 2 798 804].)

Reymersholms Gamla Industri Aktiebolag (Erfinder: **Torsten Gustaf Holst** und **Knut Olle Roland Fureby**), Hälsingborg, Schweden, *Trennung chlorierbarer Stoffgemische.* (**D. A. S. 1 117 880** Kl. 40a vom 20/1. 1958, ausg. 23/11. 1961. Schwed. Prior. 25/1. 1957. — C. **1961.** 14819 [E. P. 835 730].)

Badische Anilin- & Soda-Fabrik Akt.-Ges., Ludwigshafen/Rh., *Durchführung chemischer Reaktionen zwischen festen Stoffen und Gasen.* (**Holl. P. 99 297** vom 15/2. 1956, ausg. 16/10. 1961. D. Prior. 18/2. 1955. — C. **1958.** 10199 [D. A. S. 1 018 227].)

Reymersholms Gamla Industri Aktiebolag (Erfinder: **Torsten Gustaf Holst** und **Olle Fureby**), Hälsingborg, Schweden, *Herstellung von Kupfer, Zink und Magnetit.* (**D. A. S. 1 117 618** Kl. 18a vom 15/2. 1955, ausg. 23/11. 1961. — C. **1958.** 1420 [F. P. 1 129 885].)

Inland Steel Co. (Erfinder: **Michael Tenenbaum, James W. Halley** und **Frank W. Luerssen**), *Verfahren zur gleichmäßigen Verteilung geringer Pb-Mengen im Stahl.* (**Aust. P. 230 906** vom 22/6. 1959, ausg. 17/11. 1960. A. Prior. 23/6. 1958. — C. **1962.** 2157 [A. P. 2 947 622].)

Vereinigte Österreichische Eisen- und Stahlwerke Akt.-Ges., Linz, Österreich (Erfinder: **Erich Pelzel**, Stolberg/Rhld.), *Herstellung eines Lagerwerkstoffes aus Zn–Al–Cu-Legierungen.* (**D. A. S. 1 091 345** Kl. 40d vom 16/8. 1957, ausg. 20/10. 1960. Oe. Prior. 18/8. 1956. — C. **1960.** 4345 [Oe. P. 200 346].)

British Oxygen Co. Ltd., London, England, *Bleiraffination.* (**Ind. P. 64 266** vom 3/6. 1958, ausg. 19/11. 1959. E. Prior. 21/6. 1957. — C. **1961.** 15192 [E. P. 824 216].)

Molybdenum Corp. of America, New York, N.Y., V.St.A., *Behandeln von Kupfer und seinen Legierungen.* (**Belg. P. 567 450** vom 6/5. 1958, ausg. 12/8. 1960. A. Prior. 8/5. 1957. — C. **1961.** 293 [Oe. P. 205 006].)

American Metal Climax, Inc., vormals **American Metal Co. Ltd.**, New York, N.Y., V.St.A., *Kupfer-Zirkonium-Legierungen.* (**E. P. 865 958** vom 30/7. 1957, ausg. 26/4. 1961. A. Prior. 2/8. 1956. — C. **1960.** 643 [A. P. 2 842 438].)

Westinghouse Electric Corp., Pittsburgh, Pa., V.St.A., *Nickel-Legierungen.* (**E. P. 863 912** vom 4/3. 1959, ausg. 29/3. 1961. A. Prior. 7/3. 1958. — C. **1962.** 295 [F. P. 1 221 245].)

Birmingham Small Arms Co. Ltd., Birmingham (Erfinder: **Geoffrey Thomas Harris**, Sheffield, und **Henri Cave Child**, Rotherham), England, *Nickel-Legierung.* (**Schwz. P. 352 832** vom 16/11. 1956, ausg. 28/4. 1961. E. Prior. 16/11. 1955. — C. **1959.** 15500 [F. P. 1 160 309].)

Knapsack-Griesheim Akt.-Ges., Knapsack b. Köln (Erfinder: **Armin Schneider**, Göttingen, und **Wolfram H. O. Ziegler**, Überlingen), *Verfeinerung des Korngefüges von Magnesium-Legierungen.* (**D. A. S. 1 109 902** Kl. 40b vom 29/5. 1954, ausg. 29/6. 1961. — C. **1960.** 11105 [F. P. 1 127 459 u. E. P. 811 109].)

E. I. du Pont de Nemours & Co., Wilmington (Erfinder: **Thor Nathaniel Rhodin jun.**, Alapocas), Del., V.St.A., *Niob–Aluminium–Chrom-Legierungen.* (**D. A. S. 1 111 837** Kl. 40b vom 14/11. 1957, ausg. 27/7. 1961. A. Prior. 14/11. 1956. — C. **1961.** 1722 [F. P. 1 190 582].)

Max Baermann, Sensberg-Wulfshof, *Herstellung von permanenten Magneten.* (**A. P. 2 965 953** vom 5/2. 1954, ausg. 27/12. 1960. D. Prior. 6/2. 1953. — C. **1957.** 4525 [F. P. 1 092 081].)

Firth Sterling, Inc., übert. von: **William W. Wellborn**, Pittsburgh, Pa., V.St.A., *Carbidmetall.* (**A. P. 2 942 335** vom 3/2. 1955, ausg. 28/6. 1960. — C. **1959.** 13626 [F. P. 1 145 454].)

Knapp Mills, Inc., Long Island, N. Y. (Erfinder: **Victor E. Knapp**, Roslyn, N.Y., und **Neil F. Ritchey**, Westtown, Pa.), V.St.A., *Verbinden von Blechen aus Aluminium oder Aluminiumlegierungen mit Blei.* (**D. A. S. 1 121 428** Kl. 48b vom 26/9. 1958, ausg. 4/1. 1962. A. Prior. 30/9. 1957. — C. **1962.** 9888 [F. P. 1 210 959].)

Reinhard Straumann, Waldenburg, Schweiz, *Herstellung von Triebfederbändern.* (**D. A. S. 1 103 601** Kl. 40d vom 20/12. 1952, ausg. 30/3. 1961. Schwz. Prior. 14/1. 1952. — C. **1950.** 2851 [Schwz. P. 299 223].)

Imperial Chemical Industries Ltd., London (Erfinder: **Marion Katharine Mcquillan**, Birmingham, Warwickshire, und **Evan William Evans**, Halesowen, Worcestershire), England, *Oberflächenhärten von* ($\alpha + \beta$)*-Ti-Legierungen.* (**D. A. S. 1 112 838** Kl. 40d vom 27/2. 1959, ausg. 17/8. 1961. E. Prior. 28/2. 1958 u. 18/2. 1959. — C. **1962.** 2898 [F. P. 1 224 337].)

Harald Lundin, North Bergen, N.J., V.St.A., *Herstellung eines Aluminiumüberzuges auf Metall.* (**D. A. S. 1 116 014** Kl. 48b vom 31/8. 1953, ausg. 26/10. 1951. Zusatz zu D. A. S. 1 012 794; C. 1958. 11074. — C. **1956.** 6521 [E. P. 736 255].)

Design & Research Centre for the Gold, Silver and Jewellery Industries, London, und **J. Goddard & Sons Ltd.** (Erfinder: **Harold Robert Treece**), Leicester, England, *Entfernen der Anlaufschicht auf Silber.* (**D. A. S. 1 120 244** Kl. 48d vom 22/10. 1954, ausg. 21/12. 1961. E. Prior. 22/10. 1953 u. 12/10. 1954. — C. **1959.** 14556 [E. P. 762 961].)

Metallgesellschaft Akt.-Ges. (Erfinder: **Werner Rausch**, **Heinrich Fleischhauer** und **Artur Mayr**), Frankfurt/M., *Erzeugen eines Überzuges zur Verbesserung der Kaltverformung von metallischen Werkstücken.* (**D. A. S. 1 121 429** Kl. 48d vom 18/12. 1953, ausg. 4/1. 1962. — C. **1961.** 11888 [Schwz. P. 340 691].)

Aktiebolaget Kanthal, Schweden, *Zum Flammenspritzen bestimmtes pulverförmiges Gemisch.* (**Belg. P. 556 000** vom 21/3. 1957, ausg. 26/2. 1960. Schwed. Prior. 23/3. 1956 u. 18/2. 1957. — C. **1960.** 17610 [Oe. P. 204 794].)

Aluminium Laboratories Ltd., Montreal (Erfinder: **Roy Cowieson Spooner**, **Kingston, Ontario**), Canada, *Nachbehandlung von anodisch erzeugten Oxidschichten auf Aluminium und dessen Legierungen.* (**D. A. S. 1 120 245** Kl. 48d vom 23/7. 1957, ausg. 21/12. 1961. E. Prior. 30/7. 1956. — C. **1961.** 1724 [E. P. 810 231 u. F. P. 1 180 249].)

Montecatini Soc. Gen. per l'Industria Mineraria e Chimica und **Giuseppe de Varda** (Erfinder: **Gerolamo Calabria**), *Herabsetzen der Durchlässigkeit von feuerfestem Material.* (**Aust. P. 228 579** vom 2/1. 1958 ausg. 30/6. 1960. It. Prior. 5/1. 1957. — C. **1959.** 9728 [D. A. S. 1 045 987].)

X. Färberei. Organische Farbstoffe

Untersuchung der Wirksamkeit von Xylenylmonoglykoläther als Überträger für Polyesterfasern. Jan Všianský. (Textil [Praha] **17.** 145—47. April 1962. Brno, Výzkumný ústav vlnařsky; tschech.) — Die Verw. von *Xylenylmonoglykoläther* **(I)** sowie *Salicylsäuremethylester*, *Levegal PT* u. *Xylenol* (techn.) als Farbstoffüberträger bei Polyesterfasern sowie zur Beseitigung störender Phenolaktivität wird geprüft u. gefunden, daß **I** die günstigsten Voraussetzungen erfüllt. — 3 Abb., 2 Tabellen, 3 Literaturhinweise. Klaus Schmidt. 7006☐

Untersuchung von Metallphthalocyaninen in Lösungen. 1. Mitt. Stabilität der Phthalocyanine einiger Metalle der Mitte der vierten Periode. B. D. Beresin. (Известия Высших Учебных Заведений (Иваново), Химия и Химическая Технология [Hochschulnachr. (Iwanowo), Chem. u. chem. Technol.] **2.** 10—14. 1959. Iwanowo, Chem.-technol. Inst.; russ.). — Die meisten *Metallphthalocyanine* (MePc) treten in schwefelsaurer Lsg. in Rk. mit Protonen unter Bldg. von freiem Phthalocyanin nach $(MePc)_{fest} + 2\,H_3O^+ \rightleftharpoons Me_{aq}^{2+} + (H_2Pc)_{fest} + 2\,H_2O$. Aus der Löslichkeit von CoPc, NiPc, CuPc, ZnPc u. FePc wird das Verhältnis $[Me^{2+}]/[H_3O^+]^2$ ermittelt für CuPc u. CoPc ist die Gleichgewichts-Konst. bei 20—70° von der Größenordnung 10^{-6}. Aus der geringen Löslichkeit von CuPc, NiPc u. CoPc kann geschlossen werden, daß Pigmentfarbstoffe mit diesen MePc bei Behandlung mit 7—8m H_2SO_4 keine MePc-Verluste u. keine Verschlechterung des Farbtons durch Anreicherung von H_2Pc oder dessen Zers.-Prodd. erleiden. Am stabilsten ist NiPc. R. K. MÜLLER. 7072 □

Identifizierung von Farbstoffen auf Textilfasern. Mototeru Atsumi. (J. Soc. Textile Cellulose Ind., Japan [Sen-i Gakkaishi] **18.** 298—304. März 1962; jap.) — Übersicht. — 7 Tabellen, 22 Literaturhinweise. G.-D. GOLLNISCH. 7086 □

Beschleunigung der chromatographischen Feststellung der Reinheit und Identität von Farbstoffen durch Abtrennung im Zentrifugalfeld. J. Šrámek. (Textil [Praha] **17.** 147—48. April 1962; tschech.) — Beschreibung einer App. zur Chromatographie im Zentrifugalfeld nach dem Prinzip der zentralen Punktentw. mit druckloser Zuführung des Entwicklerbades. — 2 Abb., 10 Literaturhinweise. KLAUS SCHMIDT. 7086 □

Imperial Chemical Industries Ltd., England, **Färben von künstlichen Fasern und von Naturseide** unter Verw. von wss. Suspensionen von in W. unlösl. Farbstoffen, welche eine Mono- oder Dihalogen-1.3.5-triazinyl-(2)-aminogruppe enthalten. Zu E. P. 825 912; C. **1962.** 3993 ist folgendes Beispiel nachzutragen: 1 (Teil) eines Farbstoffes aus je 1 Mol 4-Amino-4′-dimethylaminoazobenzol u. Cyanurchlorid wird in 20 W. dispergiert, worauf die Dispersion in eine Lsg. von 4 des Kondens.-Prod. aus Äthylenoxid u. einem Fettalkohol in 4000 W. eingetragen wird. In das erhaltene Färbebad wird ein Nylongewebe 60 Min. lang bei 95° eingetaucht. Danach wird das Gewebe in eine warme wss. Lsg. gebracht, die 0,1% Seife u. 0,1% Na_2CO_3 enthält. Es wird eine waschfeste gelbe Färbung erhalten. Eine gleiche Färbung wird bei Verw. eines Farbstoffes, der aus 4-Amino-2′-hydroxy-5′-methylazobenzol u. der äquimol. Menge 2-Methoxy-4.6-dichlor-1.3.5-triazin erhalten wird, erhalten. — Weitere 33 Beispiele. (**F. P. 1 179 434** vom 15/6. 1957, ausg. 25/5. 1959. E. Prior. 15/6. 1956 u. 31/5. 1957.) M. F. MÜLLER. 7021

Food Machinery & Chemical Corp., San Jose, Calif., übert. von: Edward S. Shanley, Kenmore, und Hans O. Kauffmann, Eggertsville, N.Y., V.St.A., **Färbung peroxidgebleichter Wolle.** Die Wolle wird vor der Färbung zur Zers. von restlichem Peroxid mit 0,1—1% (bezogen auf die Wollmenge) eines Red.-Mittels, bes. Hydrosulfiten oder Thioglykolaten, das ggf. dem Färbebad selbst zugesetzt werden kann, behandelt. (**Can. P. 552 280** vom 9/12. 1955, ausg. 28/1. 1958.) EBERHARD RIEDEL. 7021

Cassella Farbwerke Mainkur Akt.-Ges., Deutschland, **Färben und Bedrucken von Cellulosematerialien,** bes. *Baumwolle,* unter Verw. von wasserlösl. Azo-, Anthrachinon-, Phthalocyanin- oder Nitrofarbstoffen, die wenigstens eine ungesätt. Acylaminogruppe enthalten oder eine solche Gruppe zu bilden vermögen. Für das Verf. geeignete Disazofarbstoffe entsprechen der Formel $R_3{-}N{=}N{-}M{-}N{=}N{-}R_2{\cdot}NH{\cdot}R_1{-}(\text{Halogen})_n$, worin R_1 = aliphat. Acylrest, z. B. ein CO-Alkyl- oder SO_2-Alkylrest, wie β-Chlorpropionylrest, R_2 = Arylrest der Benzol- oder Naphthalinreihe, der ggf. den $-NH-R_1$-Halogenrest enthält, n = 1, 2 oder 3, M = Zwischenglied, welches 1 oder 2 lösl. machende Gruppen enthält. Die Farbstoffe enthalten wenigstens 3 lösl. machende Gruppen, z. B. SO_3H oder COOH. Die Zwischenkomponente M wird mit 2 Mol einer Diazoverb. der Benzol- oder Naphthalinreihe, die die Gruppe $-NH{\cdot}R_1-(\text{Halogen})_n$ enthält, gekuppelt. Zur Herst. von Monoazofarbstoffen werden Diazoverbb. von β-Halogenpropionylaminoaroylaminosulfon- oder -carbonsäuren in saurem Medium mit 2-Amino-8-hydroxynaphthalin-3.6-disulfonsäuren gekuppelt, deren Aminogruppe eine Alkyl-, Cycloalkyl-, Aralkylgruppe oder einen Arylrest der Benzolreihe enthalten kann. Ein anderer Typ von geeigneten Farbstoffen wird erhalten aus wasserlösl. Farbstoffen, die prim. oder sek. freie Aminogruppen enthalten, durch Einführung der Gruppe $-CO-C(R_3){=}C(R_1)(R_2)$, sofern diese Gruppe nicht schon in dem Ausgangsfarbstoff enthalten ist (R_1 u. R_2 = H oder ein einwertiger Substituent; R_3 = H, Halogen, Alkyl- oder COOH-Rest). —.Ein Baumwoll- oder Viscoseseidegewebe wird mit einer Druckpaste bedruckt, welche im kg 25—50 (g) eines Monoazofarbstoffes **I**, 5—10 Na_2CO_3, $NaHCO_3$ oder K_2CO_3 u. Harnstoff enthält. Nach dem Waschen u. Seifen wird ein leuchtender bläulichroter Druck erhalten. **I** entsteht aus diazotierter 1-Amino-3-[β-chlorpropionyl]-benzol-6-sulfonsäure u. 1-[β-Chlorpropionylamino]-8-hydroxynaphthalin-3.6-disulfonsäure. — 9 weitere Beispiele u. zahlreiche Tabellen. (**F. P. 1 202 897** vom 1/3. 1958, ausg. 14/1. 1960. D. Prior. 1/3., 25/7. u. 2/11. 1957.) M. F. MÜLLER. 7023

N. P. Bazyn, F. E. Ssegaljewitsch, M. I. Ssidorow, T. A. Melnikowa und A. N. Tjerechow, **Herstellen einer Reserve für das Kaltfärben,** bestehend aus

700 (g) eingedampftem Filtrat einer Korn–Kartoffel-Schlempe von der A.-Herst., fünf 30%ig. CH_3COOH u. 295 H_2O. Ein Gewebe wird mit der Reserve bedruckt, getrocknet, diazotiert, mit 30%ig. Bisulfit behandelt u. zum Schluß mit heißem u. kaltem W. gewaschen. (**UdSSR. P. 109 450** vom 29/12. 1956.) B. Pankow. 7023

Badische Anilin- & Soda-Fabrik Akt.-Ges. (Erfinder: Alfons Janson, Johannes Conrad und Karl Morweiser), Ludwigshafen/Rh., **Haltbares saures Abziehbad** zum Entfernen von Textilfärbungen, bes. auf Wolle. Es enthält Salze von Kondens.-Prodd. niedermol. α-Hydroxyalkansulfinsäuren mit NH_3 oder prim. oder sek. aliphat. Mono- oder Polyaminen u. außerdem geringe Mengen an Aldehyden oder solchen Verbb., die unter den Bedingungen des Abziehvorgangs Aldehyd abspalten. — Beispiel: 200 (Teile) W., 1 HCOOH, 2 Ca-Salz des Kondens.-Prod. aus 3 Mol $HOCH_2 \cdot SO_2H$ u. 1 Mol NH_3, 0,3 Glyoxal. (**D. A. S. 1 108 660** Kl. 8m vom 20/12. 1958, ausg. 15/6. 1961.) F. Böhm. 7027

Badische Anilin- & Soda-Fabrik Akt.-Ges. (Erfinder: Alfred Schuhmacher und Alfred Erhardt), Ludwigshafen/Rh., **Herstellung von 2.5-Diarylaminoterephthalsäuredihalogeniden,** dad. gek., daß die entsprechenden Terephthalsäuren, bes. in Ggw. von gegenüber anorgan. Halogenverbb., inerten organ. Lsgm. u./oder Verdünnungsmitteln, bei Temp. bis zu 120° mit $SOCl_2$, PCl_5 oder PBr_5 behandelt werden. — Zum Beispiel werden 23,5 (Teile) PCl_5 in ein Gemisch aus 17,4 2.5-Dianilinoterephthalsäure (I) in 178 CCl_4 bei 25° eingetragen. Wenn die rote Farbe des Nd. in Blau umgeschlagen ist, wird abgesaugt u. 17 (89%) I-*Dichlorid*, $C_{20}H_{14}ClN_2O_2$, erhalten. Die Verb. färbt sich ohne zu schmelzen bei 165° braun, bei 250° rot u. geht hierbei in lineares *trans-Chinacridon* über, das bei 360° noch nicht geschmolzen ist. Terephthalsäuredichloride: *2.5-Bis-[4-chloranilino]-*, $C_{20}H_{12}Cl_4N_2O_2$, Zers. > 220°. — *2.5-Bis-[2.4-dichloranilino]-*, $C_{20}H_{10}Cl_6N_2O_2$, Zers. > 215°. — *2.5-Bis-[3.4-dichloranilino]-*, $C_{20}H_{10}Cl_6N_2O_2$, Zers. > 190°. — *2.5-Bis-[naphthyl-(1)-amino]-*, $C_{28}H_{16}Cl_2N_2O_2$, Zers. > 170°. Die blauen Verbb. können z. B. aus o-Dichlorbenzol bei < 100° umkrist. werden. — Zwischenprodd. zur *Herst. von Farbstoffen.* (**D. A. S. 1 123 959** Kl. 12q vom 23/12. 1960, ausg. 1/2. 1962.) O. Müller-Meiningen. 7049

Thera-Chemie G. m. b. H. (Erfinder: Wilhelm Jakob Kaiser und Peter Berth), Düsseldorf, **Monoquartäre Ammoniumverbindungen des 2-Nitrophenylendiamins-(1.4).** Wird 2-Nitrophenylendiamin-(1.4) (**I**) mit als Quaternierungsmittel bekannten Alkyl-Verbb. quaterniert, die entstandene monoquart. Ammoniumverb. durch Behandeln mit überhitztem Wasserdampf in 2-Nitro-4-dialkylaminoanilin (**II**) übergeführt u. in **II** durch erneute Quaternierung ein von den schon vorhandenen Alkylgruppen verschiedener KW-Stoffrest eingeführt, so wird eine monoquart. Ammoniumverbb. von **I** erhalten, die sich zum Färben von *tier. Fasern* eignet. — Zum Beispiel werden zu einem Gemisch aus 61,2 g **I**, 33,6 g $NaHCO_3$ u. 400 g Bzl. bei 40° langsam 151 g $(CH_3O)_2SO_2$, sowie weitere 33,6 g $NaHCO_3$ gegeben. Die Temp. wird auf 75° gesteigert u. das Gemisch 3 Std. lang bei dieser Temp. gekocht. Der abgetrennte, mit 400 g Aceton ausgekochte u. in ca. 1000 g W. gelöste Nd. wird auf 80° erwärmt, mit verd. NaOH neutralisiert u. filtriert. Mit 300 g NaCl wird leuchtend gelbes *[3-Nitro-4-aminophenyl]-trimethylammoniumchlorid* (**III**) ausgesalzen; 80% Ausbeute. Durch 10 Min. langes Behandeln von 10 g **III** mit Wasserdampf von 300° wird ein Destillat erhalten, aus dem mit 1 g NaOH *2-Nitro-4-dimethylaminoanilin* (**IV**) frei gemacht u. mit Ae. extrahiert wird. Durch 1½ std. Kochen von 1,81 g **IV** mit 8 g $ClCH_2CH_2OH$ (**V**) u. Abdest. von überschüssigem **V** werden als Rückstand 2,5 g *Dimethyl-[2-hydroxyäthyl]-[3-nitro-4-aminophenyl]-ammoniumchlorid* erhalten. Analog werden erhalten: krist. *N.N-Dimethyl-N-[3-nitro-4-aminophenyl]-ammonioessigsäurechlorid*, aus **IV** u. $ClCH_2 \cdot COOH$; *N.N-Dimethyl-N-[3-nitro-4-aminophenyl]-ammonioessigsäureäthylesterchlorid* aus **IV** u. $ClCH_2COOC_2H_5$; gelbgrünes krist. *Dimethyl-[3-nitro-4-aminophenyl]-benzylammoniumchlorid*, F. 164° (Zers.), aus **IV** u. Benzylchlorid; gelbgrünes krist. *Dimethyl-[3-nitro-4-aminophenyl]-[p-dodecylbenzyl]-ammoniumchlorid*, F. 196° (Zers.), aus **IV** u. p-Dodecylbenzylchlorid; *Dimethyl-[3-nitro-4-aminophenyl]-octylammoniumchlorid*, F. 191° (Zers.), aus **IV** u. Octylbromid. Bei 20 std. Behandlung von 362 (Gew.-Teilen) **IV** mit 750 $BrCH_2CH_2Br$ bei 110—120° entsteht *N.N.N'.N'-Tetramethyl-N.N'-bis-[3-nitro-4-aminophenyl]-äthylendiammoniumdibromid.* (**D. A. S. 1 071 712** Kl. 12q vom 25/12. 1958, ausg. 24/12. 1959.) A. Mohr. 7051

J. R. Geigy Akt.-Ges. (Erfinder: Werner Kuster), Basel, Schweiz, **Herstellung von acetonlöslichen Umwandlungsprodukten metallisierter Azofarbstoffe.** Komplexverbb. von Azofarbstoffen (ohne SO_3H-Gruppen) der allg. Formel I (X_1 u. X_2 = metallisierbare Gruppen in Nachbarstellung zur Azobrücke; ein X muß —OH sein; A = Rest der Benzol-, Naphthalin-, Pyrazolon- oder Acetessigsäurearylamidreihe u.

B = Rest der Benzol- oder Naphthalinreihe, wobei —COOH in Nachbarstellung zu X_2 stehen muß) werden mit organ. N-Basen (davon mindestens 70% ohne Farbstoffcharakter) umgesetzt; die Farbstoffe eignen sich zum Färben von Lacken u. Celluloseacetat in der Masse. So gefärbte Acetatseide besitzt gute Allgemeinechtheiten.

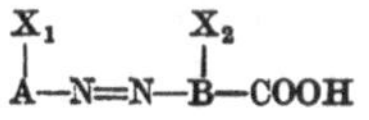

I

— 38,6 (Teile) des Monoazofarbstoffs aus *2-Amino-4-methansulfonylphenol* → *2-Hydroxynaphthoesäure-(3)* u. 6 Weinsäure werden in 300 W. unter Zugabe von Na_2CO_3 bei 80° gelöst. Dann wird mit 100 einer wss. Lsg. von Co-Acetat (3,5% Co) metallisiert u. bei 70° mit einer schwach ameisensauren wss. Lsg. von 15 Rosinamin D (Dehydroabietylamin) versetzt. Der isolierte Farbstoff ist ein dunkelrotes Pulver, das sich in vielen organ. Lsgm. bes. in Aceton gut löst. Der Farbstoff kann zum Färben von Nitro- oder Einbrennlacken u. von Acetatseide verwendet werden. Die bordogefärbte Acetatseide ist gut naß- u. hervorragend lichtecht. (**D. A. S. 1 110 786** Kl. 22a vom 11/6. 1959, ausg. 13/7. 1961. **F. P. 1 227 024** vom 11/6. 1959 ausg. 18/8. 1960. Beide Schwz. Prior. 12/6. 1958.)

F. RATH. 7053

Farbenfabriken Bayer Akt.-Ges., Leverkusen (Erfinder: Walter Wunder, Karl-Heinz Gehringer, Köln, und Erich Lehmann, Burscheid), **Erzeugung unlöslicher Azofarbstoffe auf Gebilden aus aromatischen Polyestern.** Diazoaminoverbb. der Formel I werden aus wss. Medium — zweckmäßig bei 90—130° — gemeinsam oder nacheinander mit üblichen Eisfarbenkomponenten auf die zu färbenden Gebilde aufgebracht u. anschließend die Farbstoffe in Ggw. aromat. Carbonsäuren, wie Benzoesäure, Salicylsäure, Naphthoesäure-(1) oder Phthalsäure (R, R_1 = Reste der Benzol- oder Naphthalinreihe; R_2, R_3 = Alkyl-, substituierte Alkyl-, Cycloalkyl-, Aralkyl- oder Arylreste ohne hydrophile Gruppen, wobei die ggf. substituierten Alkylreste auch gemeinsam mit dem N-Atom einen heterocycl. Ring bilden können; X_1, X_3 = H, Halogen, Alkyl-, substituierte Alkyl-, Alkoxy-, Arylamino-, NO_2-, CN-, Sulfonamid- oder N-Dialkylsulfonamidreste; X_2 = H, Halogen, Alkyl-, Alkoxy-, Arylamino-, NO_2-, CN-, Sulfonamidreste oder Rest der Formel $(R_2)(R_3)N—N=N—$; X_1, Y_2 = H, Alkyl-, Alkoxy-, Arylamino-, Sulfonamid- oder N-Dialkylsulfonamidreste) entwickelt. (**D. A. SS. 1 108 179** Kl. 8m vom 28/11. 1958, ausg. 8/6. 1961 u. **1 112 719** [Zusatz-Anmeldung] Kl. 8m vom 5/2. 1959, ausg. 17/8. 1961. **E. P. 874 118** vom 27/11. 1959, ausg. 2/8. 1961. D. Prior. 28/11. 1958 u. 5/2. 1959.)

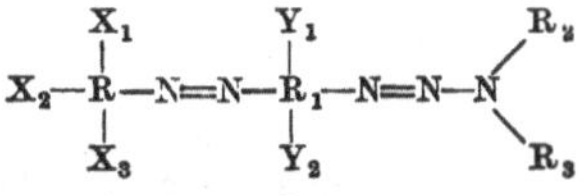

I

F. BÖHM. 7055

General Aniline & Film Corp., New York (Erfinder: Leon Katz, Springfield), N.Y., V.St.A., **Verbesserung von Phthalocyaninpigmenten.** Weiche Pigmente mit verbesserten Farbtönen werden erhalten, wenn 1 (Gew.-Teil) mit 0,5—3 einer Arylsulfonsäure vermahlen, dann das Gemisch mit W. versetzt u. in üblicher Weise aufgearbeitet wird. — Zum Beispiel werden 70 rohes Cu-Phthalocyanin mit 100 p-Toluolsulfonsäure bei 65—70° vermahlen. (**D. A. S. 1 116 629** Kl. 8m vom 24/5. 1958, ausg. 9/11. 1961. **E. P. 843 051** vom 8/4. 1958, ausg. 4/8. 1960. Beide A. Prior. 27/6. 1957.)

F. BÖHM. 7073

Sandoz Soc. An., Schweiz, **Herstellung von metallhaltigen Lacken** unter Verw. von Monoazofarbstoffen der allg. Formel **I**, worin A_1 u. A_2 = ein- oder mehrkernige aromat. Reste, R = Alkyl- oder Arylgruppe, x = COOH-Gruppe, Y = SO_3H-Gruppe, m u. n = 0, 1 oder 2, m + n = 1 oder 2. Die Verbb. **I** sind Acylamide der Essigsäure, die 1 oder 2 Carbon- oder Sulfonsäuregruppen enthalten, die mit 2- oder höherwertigen Metallen neutralisiert sind u. die außer den genannten Gruppen u. der enolisierbaren CO-Gruppe keine weiteren hydrolysierbaren Gruppen besitzen. Die Monoazofarbstoffe werden hergestellt unter Verw. von Acylacetylaminoverbb. als Kupplungskomponenten, z. B. von Benzoylacetylaminobenzolen u. -naphthalinen, bes. Acetoacetylaminobenzole oder -naphthaline. Genannt sind z. B. 1-Acetoacetylamino-2-chlorbenzol, -2-methoxybenzol, -2-methoxy-5-methylbenzol, -2-methoxy-4-chlor-5-methylbenzol, -2-methoxy-4-acetylamino-5-chlorbenzol. — Ein Monoazofarbstoff aus diazotierter 1-Amino-5-methyl-4-chlorbenzol-2-sulfonsäure u. 1-Acetoacetylamino-2-methoxybenzol werden in W. gelöst u. unter Zusatz von $CaCl_2$ u. W. sind bei 80° ein Lack hergestellt, der Polyvinylchlorid in der Masse grünlichgelb färbt. (**F. P. 1 203 865** vom 14/5. 1958, ausg. 21/1. 1960. Schwz. Prior. 16/5. 1957.)

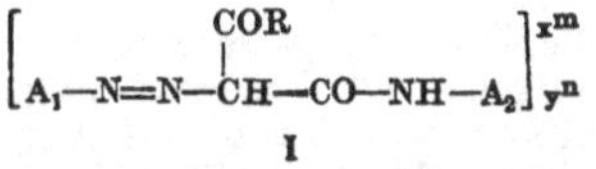

I

M. F. MÜLLER. 7079

Otto Mecheels, Hrsg., Deutscher Färberkalender für das Jahr 1962. Jahrgang 66. München: Eder. 1961. (376, 95 S. m. Abb.) 8°. DM 16,—.

—, Methods for the determination of the colour fastness of textiles. 1st revision. London: British Standards Institution. 1961. (108 S. m. Tab. u. Diagr.) 30 s.

—, Procion dyestuffs in textile dyeing. London: Imperial Chemical Industries. 1962. (380 S. m. Taf., Tab. u. Diagr.)

XIa. Farben. Anstriche. Lacke. Naturharze

Entwicklungen bei Phthalocyanin-Pigmenten. D. M. Varley. (Paint Manufact. **31.** 373—79. Nov. 1961. Imp. Chem. Ind. Ltd., Dyestuffs Div.; engl.) — Vf. gibt einen Überblick über Entw., Eigg. u. Anwendungen der Phthalocyaninpigmente in Anstrich- u. Druckfarben u. geht vor allem auf die Bestrebungen ein, ihre Nachteile, wie z. B. Kristallisation, Ausflockung u. begrenzter Farbbereich (Blau bis Blaugrün), zu vermindern. Das Kristallwachstum beim Cu-Phthalocyanin, das jetzt in steigendem Maße in der β-Form verwendet wird, wird durch Zusatz wasserlösl. Salze beim Mahlen des Rohprod. verhindert. Die Ausflockung, die bes. stark bei TiO_2 enthaltenden Farben auftritt, wird durch Einführung von $-SO_3H$-Gruppen verringert. Bes. bewährt hat sich das Monosulfonat (grünlich). Eine Mischung von normalem Phthalocyanin mit substituiertem Ammoniumsalz von o-Carboxybenzamidomethylphthalocyanin 20:1 verleiht dem Pigment Kristallisations- u. Ausflockwiderstand (rötliche Färbung). Durch Einführung von Cl-Atomen (bis zu 16) in die Phthalocyanine, entweder durch Anwendung des substituierten Phthalonitrils oder durch Einw. von Cl in Ggw. von Metallhalogeniden werden grüne Farbtöne erzeugt, entsprechend mit Br gelbe. — 13 Literaturangaben.
H. PENN. 7092□

Porzellanerde in Farben. L. E. Cook. (Paint Manufact. **31.** 383—86. Nov. 1961. Engl. Clays Lovering Pochin u. Co. Ltd.; engl.) — Bei der als Streckmittel verwendeten Porzellanerde (ca. 90% Kaolin, Teilchengröße 1—10 μ) können H-Ionen teilweise durch Kationen ausgetauscht werden, z. B. bei Stockalit, pH 7—8, das in W. vollständig dispergiert u. sich langsam zu harten Ndd. absetzt, im Gegensatz zu den sauren Porzellanerden, die weiche Ndd. bilden. Durch Einführung langkettiger Amine als Kationen wird die Dispergierbarkeit in organ. Lsgm. erhöht. Verw.: Zusatz zu Grundierungen u. matten Farben, da sie den Glanz herabsetzt (100 g Porzellanerde absorbieren 50 g Öl). Durch Zusatz zu hochpigmentierten Farben werden thixotrope Anstriche erzeugt. Dabei bilden die Blättchen der Porzellanerde eine „Kartenhausstruktur", in deren Hohlräume das Medium eingelagert ist, wodurch das Absitzen bei der Lagerung vermieden wird. Durch Rühren u. Streichen wird die Struktur zerstört. Die Farbe verläuft gut, da das Wiederansteigen der Viscosität nicht zu schnell erfolgt. Beim Calcinieren unter bestimmten Bedingungen ändert die Porzellanerde ihre Struktur u. erhält schwach pigmentierende Eigg. u. kann so teilweise die teuren weißen Pigmente ersetzen. H. PENN. 7096□

Chemische Reaktionen bei der Härtung von Epoxyharz-Amin-Systemen und deren Bedeutung für die Praxis. P. Bruin. (Kunststoff-Rdsch. **6.** 485—89. Nov. 1959. Amsterdam-Noord, Koninklijke Shell Labor.; dt.) — Vf. kennzeichnet in seiner zusammenfassenden Übersicht den derzeitigen Stand der Kenntnisse über die bei der Härtung von Epoxyharzen auf Diphenylolbasis mit Aminen (tert. u. sek. Aminen, aliphat. u. aromat. Di- u. Polyaminen mit prim. Amingruppen) auftretenden Rkk., deren Bedeutung für die Praxis bes. der Anstrichmittel-Herst. erörtert wird. H. SONTAG. 7096□

1.10-Phenanthrolin und seine Aktivität als Trocknungskatalysator in organischen Anstrichen. W. H. Canty, G. K. Wheeler und R. R. Myers. (Ind. Engng. Chem., int. Edit. **52.** 67—70. Jan. 1960. East Norwalk, Conn., E. T. Vanderbilt Co., Inc.; engl.) — Die Trocknungs-Geschw. von Sojaalkydfilmen unter Zusatz von 1.10-Phenanthrolin (I; Molgew.-Verhältnis zum Metall von 0,25—20:1) u. Co- oder Mn-Naphthenat (0,001 bis 0,08 Gew.-% Metall auf Alkydharz) wird messend verfolgt. Beim schnellsten Trocknen bildet sich mit Co-Salz ein Bis-I-Co-Komplex, bei Mn treten wahrscheinlich zwei Komplex-Verbb. auf; darüber werden theoret. Überlegungen angestellt. Das Verhältnis des gebundenen I zum Metall bleibt über einen großen Bereich der Metall-Konz. konst., begleitet von einer fast konst. Konz. an freiem I. Pigmente, wie Ruß oder TiO_2, beeinflussen das I/Metall-Verhältnis gar nicht, die Konz. des freien I nur geringfügig. Das Verhältnis gebundenes I:Metall ist für die Trocknungsaktivierung entscheidend, doch ist der optimale Aufwand an I etwas höher, da Bindemittel u. Pigmente ebenfalls I binden. I wirkt auch in Abwesenheit der Metall-Verbb. trocknungsbeschleunigend.
M. HAGEDORN. 7096□

Erklärung für den Verlauf der mit der Zeit eintretenden Veränderungen in der Zusammensetzung von WP 1-Metallgrundierungshilfsmitteln. Edward R. Allen. (Corrosion [Houston] **17.** 288t—292t. Juni 1961; engl.) — Für die im Laufe der Zeit eintretende Verringerung der Haftfestigkeit zwischen einem Metall u. dem Grundierungsmittel WP 1 (einem Komplex aus einer alkohol. H_3PO_4-Lsg. u. einer Dispersion von Zn-Tetraoxychromat in alkohol. Polyvinylbutyraldehyd) werden nachst. Vorgänge verantwortlich gemacht: Zers. des Harzes durch Aldehydspaltung, Ggw. übermäßiger Mengen Komplexgemisch, Bldg. großer oder unreiner Mengen Zn-Phosphat, übermäßiger Verbrauch saurer Phosphate, wodurch der pH-Wert derart steigt, daß das Metall geätzt wird. — 19 Schrifttumshinweise. W. WESLY. 7096□

Blasenbildung auf gestrichenem Stahl. J. A. W. Van Laar. (Paint Varnish Product. **51.** 31—37. 88. Juli, 49—52. Aug., 41—45. Okt. 1961. Eindhoven, N.V. Philips' Gloeilampenfabriken; engl.) — Vf. beschreibt die Filmzerstörung durch H_2, der bei der Korrosion an der Metalloberfläche entsteht. Das „Dia-Phänomen" u. sein Einfl. auf die Blasen-Bldg. bei Anstrichen aus pigmentierten u. unpigmentierten Anstrichmitteln wird erörtert. Theorie u. Deutung der bei der Zerstörung gestrichenen Stahls erfolgenden Rkk. werden mitgeteilt. B. SCHEIFELE. 7106□

Die Verwendung eines verbesserten inerten Überzugs zum Abdecken von Proben beim Korrosionstest. G. Butler und E. C. Seabrook. (Chem. and Ind. **1958.** 155—56. 8/2. Teddington, Chem. Res. Labor.; engl.) — Gegenüber verschiedenen Chemikalien erwiesen sich Schutzüberzüge auf der Basis von Polytrichlorfluoräthylen als genügend resistent u. zugleich haftfest auf Stahl. B. SCHEIFELE. 7106□

Analyse von Mennige nach einer cerimetrischen Methode. M. R. Verna, S. K. Mathur und P. Dayal. (Paint Manufact. **31.** 387—88. Nov. 1961. New Delhi, Nat Phys. Labor.; engl.) — Vf. gibt einen Überblick über die gebräuchlichen Meth. der Mennigeanalyse u. beschreibt eine cerimetr. Meth., wobei die Probe (Pb_3O_4 ca. 0,8 g, PbO_2 ca. 0,2 g) in 15 cm^3 verd. HNO_3 unter Zugabe von 25 cm^3 n/7 Oxalsäure zum Sieden erhitzt u. dann auf 60° gekühlt wird. Diese Lsg. wird mit n/10 Ceriammoniumnitrat-Lsg. gegen Ferroin titriert. Unter gleichen Bedingungen wird eine Blindprobe ausgeführt. — 12 Literaturangaben. H. PENN. 7152□

Walter Marx & Co. K. G., Hallein (Erfinder: Ladislaus Klimits, Niederalm), Österreich, **Herstellung von in Wasser leicht dispergierbaren, feinteiligen Aluminiumpigmentpasten** durch Vermahlung des vorzerkleinerten Metalls in Ggw. eines Dispergiermittels sowie eines Gleit- u. Schmiermittels, worauf der Hauptteil des Dispergiermittels entfernt wird, dad. gek., daß als Dispergiermittel W. verwendet wird u. diesem bereits vor Beginn des Mahlvorgangs Emulgatoren zur Feinverteilung der Gleit- u. Schmiermittel zugesetzt werden. Als Emulgatoren werden z. B. Albumine, Casein, Gelatine, Leim, Gummi arabicum u. als Gleit- u. Schmiermittel Fette oder Fettsäuren angewendet. Das Al-Pulver wird z. B. durch Versprühen von Al aus dem Schmelzfluß in einer Korngröße von 0,5 mm erhalten. (**D. A. S. 1 124 619** Kl. 22f vom 17/11. 1959, ausg. 1/3. 1962. Oe. Prior. 19/11. 1958.) K. DEMMLER. 7093

W. Maier K. G. (Erfinder: Otto Maier), Schwenningen, **Herstellung von tritiumhaltigen Leuchtpigmenten,** dad. gek., daß tritiumhaltige schwerlösl. Metallhydroxide auf die luminescierende Substanz, bes. durch Ausfällen oder Vermischen, aufgebracht werden, wobei die Metallhydroxide durch Behandeln der Oxide mit tritium haltigem W. oder Wasserdampf hergestellt werden. (**D. A. S. 1 125 576** Kl. 22f vom 29/11. 1960, ausg. 15/3. 1962.) K. DEMMLER. 7093

Chemische Fabrik Hoesch K. G., Düren, **Wasserunlösliche, basische, komplexe Bleisalze** der Formel $nPbO \cdot PbAc_1 \cdot mPb(Ac_2)_x$ ($n = 0-16$; $m = 0{,}5-4$, Ac_1 = anorgan. zweibas. Säurerest, bes. SO_4^{2-}, CO_3^{2-}, HPO_3^{2-}; Ac_2 = organ. Mono- oder Dicarbonsäurerest, bes. Stearin-, Laurin-, Äthylhexan-, Öl-, Cocosspaltfett-, Linol-, Ricinol-, Malein-, Adipin-, Benzoe-, Salicyl- oder Phthalsäurerest; $x = 1$ bei zweibas. bzw. 2 bei einbas. Säureresten) werden gewonnen durch Rk. entsprechender bas. anorgan. Bleisalze, bes. bas. Bleisulfate, -phosphite oder -carbonate, oder deren Bldg.-Komponenten mit organ. Säuren, einzeln oder in Mischung miteinander, in Schuppenform oder geschmolzenem Zustand, ggf. in Ggw. katalyt. wirksamer Netzmittel in wss. Lsg. bzw. Dispersion bei erhöhten Temperaturen. Die erhaltenen bas. Bleisalze werden ggf. mit Bleioxid unter Hindurchleiten von Luft bis zur maximalen Aufnahmefähigkeit von Bleioxid umgesetzt. — 3 (g) Triäthanolstearat werden in W. bei 55° mit 54,4 Stearinsäureschuppen (I) verrührt u. 2½ Std. mit 119,5 $4PbO \cdot PbSO_4$ umgesetzt: *$3PbO \cdot PbSO_4 \cdot Pb(C_{17}H_{35}COO)_2$*. — 52,4 I werden bei 55° in W. mit 0,06 NaOH u. 74,3 $2PbO \cdot PbHPO_3 \cdot 0{,}5 H_2O$ umgesetzt: *$PbO \cdot PbHPO_3 \cdot Pb(C_{17}H_{35}COO)_2$*. — 77,6 $Pb(OH)_2 \cdot 2PbCO_3$ werden in W. in Ggw. von Polyäthylenglykol 1 Std. bei 55° mit 27,2 I umgesetzt: *$0.5\ Pb(OH)_2 \cdot 2PbCO_3 \cdot 0{,}5\ Pb(C_{17}H_{35}COO)_2$*. — *Farbpigmente.* (**Oe. P. 208 358** vom 21/12. 1956, ausg. 11/4. 1960. D. Prior. 22/12. 1955.) EBERHARD RIEDEL. 7093

Solvic Soc. An., Brüssel, Belgien, **Herstellung von löslichen Copolymeren aus Vinylacetat und Vinylchlorid oder Vinylidenchlorid** in wss. Dispersion mit Polyvinylalkohol als Dispergiermittel. Man erhitzt das Polymere 30—180 Min. auf 30—80° in Ggw. von Malein-, Oxal- oder Phthalsäure, deren sauren Derivv. oder Substitutionsprodukten. Die Polymeren sind dann in üblichen organ. Lsgm. vollständig löslich. — Man hält 850 (g) Vinylchlorid u. 150 Vinylacetat in 1500 3%ig. wss. Polyvinylalkohol-Lsg. mit 5 Lauroylperoxid 10 Std. unter N_2 bei 60° u. behandelt das erhaltene Mischpolymerisat 1 Std. bei 50° mit einer Lsg. von 50 g Maleinsäure in 1 Liter Wasser. — *Filme* aus Lsgg. der Polymeren in organ. Lsgm. zeigen keine Trübung u. geringere Durchlässigkeit gegen Luft u. Wasserdampf als unbehandelte Filme. (**Oe. P. 211 549** vom 13/3. 1958, ausg. 25/10. 1960. Belg. Prior. 14/3. 1957.) M. Pankow. 7107

Jenaer Glaswerk Schott & Gen., Mainz, **Leitfähige, lichtdurchlässige, nichtmetallische Überzüge auf Nichtleitern** (Glas, Kunststoffe). Eine Verb. (Si-organ. Verb., Kieselsäure oder Titansäureester) wird nach unvollständiger Hydrolyse durch Wärme in ein überschuß- oder defektleitendes Oxid umgewandelt, ggf. werden Metallsalze (Sn- oder Cd-Salze) als Aktivatoren zugesetzt u. das Prod. wird in einzelnen oder mehreren Schichten auf den Nichtleiter aufgebracht, so daß eine reflexionsmindernde Interferenzschicht entsteht. Mit Hilfe derartiger leitfähiger Schichten, bei denen die zur Entspiegelung nötigen opt. Eigg. uneingeschränkt realisierbar sind, können auch die hochleitfähigen bekannten, transparenten Überzüge zu einer leistungsfähigen Entspiegelung unter Beibehaltung ihrer elektr. Wirksamkeit kombiniert werden. — Zum Beispiel besteht ein Belag auf einer Glasunterlage vom n 1,52 aus einer hochleitfähigen $\lambda/4$ dicken SnO_2-Schicht, deren n durch Zusatz von CdO oder In-Oxyfluorid auf 1,79 eingestellt ist, einer darüber befindlichen leitfähigen, $\lambda/4$ dicken Störstellen-TiO_2-Schicht u. einer $\lambda/4$ dicken, schwach leitfähigen SiO_2-Schicht; die beiden äußeren Schichten brauchen dabei nur einen hinreichend niedrigen Querwiderstand aufzuweisen. (**Oe. P. 207 058** vom 6/8. 1957, ausg. 11/1. 1960. D. Prior. 1/9. 1956.) O. Kayser. 7107

Nederlandse Organisatie voor Toegepast-Natuurwetenschappelijk Onderzoek ten Behoeve van Nijverheid, Handel en Verkeer, Den Haag (Erfinder: Salomon Pezarro, Rijswijk), Holland, **Herstellung von Gegenständen mit geriffelter Oberfläche.** Man überzieht die Gegenstände mit einer Paste, die Polyvinylchlorid (I), einen Weichmacher, ein Co-haltiges Sikkativ sowie Holzöl in der 0,1 bis 0,4fachen Menge von **I** enthält, geliert bei $< 100°$ vor u. erhitzt dann auf $> 100°$. (**Holl. P. 98 105** vom 18/7. 1959, ausg. 15/5. 1961.) F. Böhm. 7107

American Chemical Paint Co. (Erfinder: **Ferdinand P. Heller** und **Frank Palin Spruance jun.**), Ambler, Pa., V.St.A., *Vorbehandeln von Metalloberflächen vor dem Aufbringen von Anstrichen.* (**D. B. P. 975 498** Kl. 48d vom 27/6. 1952, ausg. 14/12. 1961. Anmeldung bekanntgemacht 7/7. 1955. A. Prior. 27/6. 1951 u. 29/3. 1952. — C. **1955**. 8975 [E. P. 714 541].)

Ciba Ltd., Basel, Schweiz, *Feinverteilung von Farbpigmenten.* (**E. P. 858 068** vom 12/7. 1957, ausg. 4/1. 1961. Schwz. Prior. 20/7., 21/9. 1956 u. 26/3. 1957. — C. **1959**. 12391 [Oe. P. 199 775].)

Union Carbide Corp., übert. von: **James O. Koehler**, Parma, und **Headlee Lamprey**, Lakewood, Ohio, V.St.A., *Pigmentpasten.* (**A. P. 2 989 412** vom 17/4. 1956, ausg. 20/6. 1961. — C. **1962**. 6597 [E. P. 863 412].)

N. V. de Bataafsche Petroleum Mij., Den Haag, Holland, *Bindemittel für Anstrichfarben.* (**Holl. P. 99 271** vom 19/9. 1955, ausg. 16/10. 1961. A. Prior. 20/9. 1954. — C. **1959**. 1279 [E. P. 778 026].)

Byk-Gulden Lomberg Chemische Fabrik G. m. b. H., Konstanz/Bodensee (Erfinder: **Emil Dreher**, Überlingen/Bodensee, und **Fritz Rack**, Konstanz/Bodensee), *Behandlung von Lackfarben und anderen filmbildenden Suspensionen zur Verhinderung des Absitzens der Pigmente und Füllstoffe.* (**E. P. 884 147** vom 6/10. 1958, ausg. 6/12. 1961. D. Prior. 11/10. 1957. — C. **1961**. 15938 [D. A. S. 1 099 109].)

Bee Chemical Co., Chicago, Ill., V.St.A., *Flüssige Überzugsmassen.* (**E. P. 882 199** vom 12/12. 1957, ausg. 15/11. 1961. A. Prior. 31/12. 1956. — C. **1962**. 6222 [Belg. P. 563 675].)

G. Champetier and **H. Rabaté**, Physique des peintures, vernis et pigments. 1. Paris: Dunod. 1962. (VIII + 411 S. m. Abb.) 8°. 68 NF.

XIb. Plaste (Kunstharze. Plastische Massen)

Grundlegende Untersuchungen über das mechanische Scherverhalten von Polymeren. M. Lorant. (Kunststoffe — Plastics [Solothurn] 6. 469—70. 1959. London; engl.) — An Polyisobutylen-Lsgg. verschiedener Konz. in n-Hexadecan wurde der Einfl. von Scherkräften auf das Molgew. der Polymeren untersucht. Es wurde festgestellt, daß mit Zunahme der Scherkräfte das durchschnittliche Molgew. der Polymeren absinkt, was durch ein Zerreißen chem. Bindungen unter dem Einfl. mechan. Kräfte zu deuten ist. K. Gröbe. 7170□

Die Wirkung von Füllstoffzusätzen auf die Eigenschaften von Weich-PVC-Folien. W. Schubert. (Plaste u. Kautschuk 9. 28—31. Jan. 1962. Coswig, Dt. Forschungs- u. Entw.-Stelle für die Kunstlederind.; dt.) — Untersucht wurde der Einfl. von Füllstoffen (Kreide, Leunakalk, Kaolin, Schwerspat, Talkum, Schiefermehl) auf Ölbedarf, Zugfestigkeit, Dehnung, Abrieb sowie Wasseraufnahme u. Wasserdampfdurchlässigkeit von Weich-PVC-Folien. Die verwendeten Füllstoffe verhielten sich bei den verschiedenen Prüfungen unterschiedlich, weshalb sie je nach Verw.-Zweck auszuwählen sind. B. SCHEIFELE. 7172□

Die metallkatalytische Oxydation von Polyäthylen. Harvey Alter. (Ind. Engng. Chem., int. Edit. 52. 121—24. Febr. 1960. Bound Brook, N.J., Union Carbide Plastics Co.; engl.) — Abbau von verzweigtem Hochdruckpolyäthylen (Pulver, 40—60 Maschen) bei erhöhter Temp. (bis 80°) unter verschiedenen Bedingungen: Wärmelagerung; Oxydation mit O_2 u. O_3, auch unter Druck bis zu 1000 lbs./sq.in., fest, gelöst oder in Fll. suspendiert, in Ggw. von Katalysatoren, wie Cu-Metall, u. festen oder gelösten Cu-, Cr-, Co-, Mn- oder Pb-Verbindungen. Der Oxydationsgrad wird den IR-Spektren entnommen, von der völligen Isolierung u. Identifizierung einzelner Oxydations-Prodd. abgesehen. Einzeleffekte werden beschrieben; eine Aufklärung des ganzen Oxydationsmechanismus kann noch nicht gegeben werden. Auf die mögliche Schutz-Wrkg. üblicher Antioxydantien gegen den durch Pigmente katalysierten Abbau von Polyäthylen wird hingewiesen sowie auf den katalysierten O_3-Abbau von hochverzweigtem, ungesätt. Polyäthylen als künftiges Ausgangsmaterial für Chemikalien, wie Polyole, Wachse u. andere. M. HAGEDORN. 7172□

Produktionskontrolle bei der Herstellung von Preßartikeln auf Grundlage Niederdruck-Polyäthylen. Giancarlo Suar und Francarlo Telara. (Rass. chim. 11. Nr. 6. 23—26. Nov./Dez. 1959. Soc. Solvay & Cie., Labor. Assistenza tecn.; ital.) — Die Best. der Dichte an kleinen, aus Preßstücken entnommenen Materialmengen aus linearem Polyäthylen ermöglicht es, verschiedene Probleme des Druckpressens zu klären u. die Produktion durch Veränderungen der Arbeitsmeth. u. der Preßstempel zu verbessern. Der Meßapp. zur Best. der Dichte wird beschrieben (Abb. u. Tabelle). G. PLATZER. 7172□

Neuentwicklungen bei Acrylgläsern. Franz Esser. (Kunststoffe 50. 309—12. Mai 1960. Darmstadt; dt.) — Vf. kennzeichnet den derzeitigen Stand der Technik bzgl. des Einsatzes von Acrylgläsern. Im einzelnen wird — unter Erörterung der in der Praxis auftretenden Probleme — auf die Verw. dieses Werkstoffs in der Uhren- u. Leuchtenindustrie, der Werbung u. auf dem sanitären u. Bausektor eingegangen. H. SONTAG. 7172□

Zur Kenntnis der Polyesteramide. 1. Mitt. K. Thinius, W. Broy und K.-H. Wingerter. (Plaste u. Kautschuk 6. 372—75. Aug. 1959. Leipzig, Inst. für Chem. u. Technol. der Plaste; dt.) — Vff. weisen an einigen neu dargestellten Bis-oxypropylamiden aus homologen aliphat. Dicarbonsäuren u. Terephthalsäure die Amidstruktur durch IR-Analyse nach. Die Bis-hydroxyäthylamide aliphat. Dicarbonsäuren oder der Terephthalsäure sind einer Selbstkondens. nicht zugänglich. Der zweistufige Polykondens.-Prozeß: Dicarbonsäure + Monoäthanolamin → Bis-hydroxyäthylamid + Dicarbonsäure → Polykondensat führt infolge von Austausch-Rkk. zu dem gleichen End-Prod. wie das einstufige Verfahren. Da letzteres außerdem noch wirtschaftlicher ist, wird ihm der Vorzug gegeben. Aussichtsreich für eine techn. Verw. sind die Polyesteramide aus Sebacinsäure u. Propanolamin bzw. seinen höheren Homologen. Ferner wurden Polyesteramide aus Gemischen von aliphat. Dicarbonsäuren u. Terephthalsäure hergestellt. Vff. führen einige für Polyesteramide geeignete Weichmacher auf. H. SONTAG. 7180□

Zur Kenntnis der Polyesteramide. 2. Mitt. **Über Mischpolykondensate aus Terephthalsäure, Diolen und Alkanolaminen.** K. Thinius und K.-H. Wingerter. (Plaste u. Kautschuk 7. 78—80. Febr. 1960. Leipzig, Inst. für Chem. u. Technol. der Plaste; dt.) — 1. vgl. vorst. Referat. — Für den Aufbau der Polyesteramide aus Terephthalsäure (I) (eingesetzt als Dichlorid oder Dimethylester) wurden folgende Wege untersucht: 1. direkte Mischpolykondens. aus den Grundkomponenten I, Alkanolamin u. Diol, 2. Mischpolykondens. aus 2 oligomeren Komponenten (I-Diolestern u. I-Hydroxyalkylamiden) bzw. 3. Mischpolykondens. aus Bis-alkanolamiden von I u. kurzkettigen Polyestern. Am zweckmäßigsten ist die 2. Meth.: es entstehen durch polykondensierende Austausch-Rk. von Polyäthylenterephthalat u. Polyoxypropylamid-1.3-terephthalat in Ggw. von PbO_2 durch 2std. Vorkondens. bei 200—240° u. 20 mm Hg u. nach weiteren 7—10 Std. bei gleicher Temp. u. 5 mm Hg gelblichbraune, glasige Prodd. mit guten Film-Bldg.-Eigg. u. Löslichkeiten (Erweichungspunkt 85—92° bzw. F. 104—120°, je nach Mischungsverhältnis der oligomeren Komponenten). R. SCHÄFF. 7180□

Darstellung von Polyalkylkieselsäureestern. H. Hopff und R. Egli. (Kunststoffe-Plastics [Solothurn] **6. 433**—41. 1959. Zürich, ETH, Techn.-chem. Labor.; dt.) — Es wird die Kondens. von Dihydroxy-Verbb. mit Dialkyldichlorsilanen, welche zu Polyalkylkieselsäureestern führt, besprochen, außerdem die Darst. dieser Verbb. durch Umesterung sowie durch Polymerisation, Polyaddition u. Polykondens. von Kohlenstoff-Verbb., die —O—Si—O-Gruppen als heteroatomigen Einbau in dem entsprechenden Monomeren enthalten u. die Eigg. der Verbindungen. — 25 Literaturangaben. K. Gröbe. 7188□

Ein neues Armierungsmaterial für Kunstharze, insbesondere für ungesättigte Polyesterharze. F. Klema. (Kunststoffe-Plastics [Solothurn] **6.** 471—72. 1959. Innsbruck; dt.) — Als Armierungsmaterial für verstärkte Kunststoffe werden lange Naturfasern, z. B. Sisalfasern, vorgeschlagen, die verfilzt werden. Von Vorteil sind die gute Chemikalienbeständigkeit, die gute Harzhomogenisierung u. die geringeren Kosten; die Festigkeit ist etwas geringer als mit Glasfaserverstärkung. K. Gröbe. 7204□

Ermittlung der Versprödungstemperatur von Polyäthylen. A. M. Birks und A. Rudin. (ASTM Bull. **1960.** Nr. 246. **49**—53. Mai. Canadian Ind. Ltd.; engl.) — Ausführliche Beschreibung der Grundlagen einer neuen Meßanordnung (Hammerschlag): genaue Temp.-Kontrolle bis auf —100°; druckverformte, angeglichene Prüfkörper mit Kerbe; genaue Halterung; abgeändertes Kriterium für die Beurteilung der Schlagergebnisse; method. Verkürzung des Prüfverfahrens. Übereinstimmung der Prüfergebnisse aus verschiedenen Labor. ist gut; Anwendungsbeispiele. M. Hagedorn. 7210□

Phillips Petroleum Co., Del., übert. von: Peter J. Canterino und Albert N. De Vault, Bartlesville, Okla., V.St.A., **Halogenieren von festen aliphatischen Olefinpolymerisaten** bei 150—300° während 1—30 Std. u. mindestens teilweises Enthalogenieren bei mindestens 175° unter HCl-Entfernung erfolgt in einem Arbeitsgang, indem man die Rk. u. die Temp. so regelt, daß das Prod. noch 2—15% ungesätt. Bestandteile u. höchstens 10% gebundenes Cl enthält. Man polymerisiert z. B. Äthylen mit einem Cr-Oxidkatalysator bei 320° F u. 400 lbs./sq.in. in Ggw. von Isooctan bis zu einem Molgew. von 13460, schmilzt das in Bzl. u. Aceton unlösl. Prod., hält die Temp. auf 160°, rührt während 4 Std. 66 g Cl_2 unter Einw. von UV-Licht u. Erhaltung der Temp. auf 150—170° ein, rührt weiter, erhitzt 8 Std. auf 250° zur Entfernung von HCl durch Einleiten von CO_2 u. erhält ein Prod. mit 5,05% Cl u. 6,9% —C=C—-Gruppen auf 100 Äthyleneinheiten. Man vulkanisiert 100 (Teile) des Prod. mit 2 Stearinsäure, 2 S, 5 ZnO, 1 Hydrochinonmonobenzyläther, 1,5 N.N-Dimethyl-S-tert.-butylsulfenyldithiocarbamat u. 50 Ruß 45 Min. bei 300° F für *elektr. Isolierungen* bzw. ohne Ruß für *Graphitbindemittel* in Bleistiftminen. — Mengenbeispiele, physikal. Tabellen. (**A. P. 2 850 490** vom 12/7. 1954, ausg. 2/9. 1958.) G. Vogel. 7173

Monsanto Chemical Co., St. Louis, Mo., übert. von: William S. Knowles, Kirkwood, Mo., und Joachim Dazzi, Dayton, Ohio, V.St.A., **Lichtstabile Harze aus halogenhaltigen Olefinpolymeren,** dad. gek., daß 100 (Teile) des Harzes (Polymerisate von Vinylchlorid, Vinylidenchlorid, Vinylchloracetat, Chlorstyrol, chloriertes Butadien usw. oder Mischpolymerisate dieser Stoffe mit anderen ungesätt. Monomeren) 30—100 einer Mischung enthalten, die aus 10—90 eines neutralen Phosphorsäureesters der allg. Formel $(R_1O)(R_2O)(R_3O)P{=}O$ (R_1 = Alkylrest mit höchstens 20 C-Atomen; R_2 = Arylrest mit 6—20 C-Atomen; $R_3 = R_1$ oder R_2) u. 90—10 eines Arylalkansulfonats der allg. Formel $R_4—(SO_2—OR_5)_x$ besteht (R_4 = gesätt., aliphat. KW-Stoff-Rest mit 6—24 C-Atomen; R_5 = Arylrest mit 6—12 C-Atomen; x = ganze Zahl, bes. von 1—3). — Man mischt z. B. 100 Polyvinylchlorid, 25 2-Äthylhexyldiphenylphosphat u. 25 einer Phenylestermischung aus Alkansulfonsäuren mit 6—12 C-Atomen im Alkanrest zu einer teigigen Masse, walzt die Masse bei 165° unter Zusatz von 2 bas. Pb-Oxids u. 0,5 zweibas. Pb-Stearats während des Schmelzens der Masse, homogenisiert u. mahlt ca. 10 Min. bei 165°. — Herst. von hellem *Polstermaterial* u. *Schuhzeug.* — Mengenbeispiele. Ester- u. Verfärbungstabellen. (**A. P. 2 885 377** vom 28/6. 1954, ausg. 5/5. 1959.) G. Vogel. 7173

Minnesota Mining & Mfg. Co., St. Paul, Minn. (Erfinder: Albert Lee Dittman, Jersey City, N.J., und John Mowell Wrightson, Whittier, Calif.), V.St.A., **Perhalogendiacylperoxide** erhält man durch Rk. eines Perhalogenacylhalogenids, mit wenigstens 3 C-Atomen, mit einem anorgan. Peroxid bei ca. —20 bis ca. 0°, bes. —16°, in Ggw. eines Lsgm. u. Ausziehen der Rk.-Mischung mit einem Lösungsmittel. — Aus 21,6 g Trifluordichlorpropionylchlorid (hergestellt durch Rk. von Trifluortrichlorpropen mit Cl_2 u. O_2 unter Bestrahlung mit UV-Licht) u. 3,3 g Na_2O_2 in 248 g 20%ig. wss. NaCl bei —16° u. Extraktion mit Trichlormonofluormethan → 10,3 g *Bis-*

(*trifluordichlorpropionyl*)-*peroxyd*. Ferner sind herstellbar: *Bis*-(*trichlordifluorpropionyl*)-; *Bis*-(*tetrafluorchlorpropionyl*)-; *Bis*-(*tetrafluorpropionyl*)-; *Perfluorpropionyl*-; *Perchlorpropionyl*-; *Bis*-(*pentafluordichlorbutyryl*)-; *Bis*-(*pentachlordifluorbutyryl*)-; *Bis*-(*tetrafluortrichlorbutyryl*)-; *Bis*-(*tetrachlortrifluorbutyryl*)-; *Perfluorbutyryl*-; *Perchlorbutyryl*- *Bis*-(*heptafluordichlorvaleryl*)-; *Bis*-(*pentafluortetrachlorvaleryl*)-; *Bis*-(*pentachlortetrafluorvaleryl*)-; *Perfluorvaleryl*- u. *Perchlorvalerylperoxid*. — *Katalysatoren* für die *Polymerisation* von *Trifluorchloräthylen* bei -15^0; NST-Wert >300 (s. D. A. S. 1 030 563; C. **1959.** 10076), vgl. Tabelle. (**D. A. S. 1 058 993** Kl. 12o vom 16/4. 1952, ausg. 11/6. 1959. A. Prior. 11/5. 1951.) G. KRAUSS. 7173

Minnesota Mining & Mfg. Co., St. Paul, Minn., übert. von: Arthur H. Ahlbrecht, White Bear Lake, und Duane E. Morin, St. Paul, Minn., V.St.A., **Nichtionische oberflächenaktive Derivate von Perfluoralkansulfamiden** der allg. Formel $R_F \cdot SO_2 \cdot N(R)R'$ (R_F = Perfluoralkylgruppe mit 4—12 C-Atomen; R = H, niedermol. Alkyl oder R'; R' = Polyoxaalkylgruppe der Formel $-(CH_2)_m \cdot [OCH_2 \cdot CH(R'')]_n \cdot OR''$, worin m die Zahlen 2 oder 3, n eine Zahl im Wert von 2—20 u. R'' jeweils H oder CH_3 bedeutet), verwendbar als *oberflächenakt.*, *pH-unabhängige Zusätze* beim *Emulgieren* von *fluorhaltigen Monomeren*, die zu ölfesten Elastomeren polymerisiert werden sollen, erhält man durch Kondens. von geeignet substituierten Perfluoralkylsulfamidoalkanolen mit Äthylen- oder Propylenoxid in alkal. Medium z. B. nach: $R_F \cdot SO_2 \cdot N(R') \cdot CH_2 \cdot CH_2OH + n\text{-}\underline{CH_2 \cdot CH(R) \cdot O} \rightarrow R_F \cdot SO_2 \cdot N(R') \cdot CH_2 \cdot CH_2 \cdot [OCH_2 \cdot CH(R)]_n \cdot OH$. — Leitet man z. B. in ein mit Aceton u. festem CO_2 gekühltes Gemisch aus 20 g N-Äthyl-N-2-hydroxyäthylperfluoroctansulfamid, $F_{17}C_8 \cdot SO_2 \cdot N(C_2H_5)CH_2 \cdot CH_2OH$, u. 0,8 g 50%ig. NaOH Äthylenoxid ein u. erwärmt anschließend 4 Std. auf 90—110°, bis insgesamt 15,5 g Äthylenoxid absorbiert sind, so gelangt man zu dem farblosen, viscosen, öligen Polyäther der Formel $F_{17}C_8 \cdot SO_2 \cdot N(C_2H_5) \cdot C_2H_4(OCH_2CH_2)_{10}OH$. Bei Ersatz von Äthylenoxid durch Propylenoxid erhält man entsprechend die Verb. $F_{17}C_8 \cdot SO_2 \cdot N(C_2H_5) \cdot C_2H_4 \cdot [OCH_2 \cdot CH(CH_3)]_{10}OH$. Das viscose, braune *Perfluoroctansulfo-N-(4.7.10.13-tetraoxatetradecyl)-amid*, $F_{17}C_8 \cdot SO_2 \cdot NH \cdot (CH_2)_3 \cdot (OCH_2CH_2)_3OCH_3$, kann man auch durch Kondens. von Perfluoroctansulfonylfluorid mit 4.7.10.13-Tetraoxatetradecylamin (im Handel erhältlich als „Polyglycolamin H-221-M“) in exothermer Rk. in wasserfreiem Ae. herstellen. (**A. P. 2 915 554** vom 23/7. 1957, ausg. 1/12. 1959.) A. MOHR. 7173

Phillips Petroleum Co., Del., übert. von: Kenneth R. Cantwell, Bartlesville, Okla., V.St.A., **Mischungen von polymeren 1-Olefinen und konjugierten Dienen**, dad. gek., daß man ein 1-Olefin mit 2—8 C-Atomen u. keiner Abzweigung einer Seitenkette vor dem 4C-Atom in Ggw. eines fl., nichtpolymerisierbaren KW-Stoffs polymerisiert, der Mischung ein konjugiertes Dien zusetzt u. in der Mischung polymerisiert u. die Mischung der Polymeren vom KW-Stoff abtrennt. Als 1-Olefine sind Äthylen, Propylen, 1-Buten, 1-Penten, 1-Hexen, 1-Octen, 4-Äthyl-1-penten, 4-Methyl-1-hexen, 6-Methyl-1-hepten u. 4-Methyl-1-hepten bzw. als konjugierte Diene Butadien-(1.3), 2.3-Dimethylbutadien-(1.3), Chloropren, die mit sich selbst polymerisiert oder unter sich oder mit anderen Monoolefinen, wie Styrol, α-Methylstyrol, Methyl- oder Äthylacrylat, Methyl- oder Äthylmethacrylat, 2-Vinylpyridin, 2-Methyl-5-vinylpyridin usw. mischpolymerisiert sein können u. als KW-Stoff Cyclohexan, Paraffine oder Cycloparaffine mit 3 bis 12 C-Atomen genannt. Beim Polymerisieren des 1-Olefins werden Cr-Oxid u. beim (Misch-) Polymerisieren des Diens Trialkyl-Al u. TiJ_4 als Katalysatoren verwendet. — Zeichnung. (**A. P. 2 910 451** vom 9/1. 1957, ausg. 27/10. 1959.) G. VOGEL. 7173

United States of America, Secretary of Agriculture, übert. von: Frank C. Magne, Evald L. Skau und Reuben O. Feuge, New Orleans, La., V.St.A., **Polyvinylchloridharze**, bes. Vinylchlorid–Vinylacetat-Mischpolymerisate, gek. durch einen Geh. von 50—66 (Teilen) eines Weichmachers auf 100 Harz, der aus einer Mischung aus 1 eines nichtflüchtigen, fl., neutralen Phosphorsäureesters u. 0,25—1 eines gemischten Triglycerids besteht. Genannt sind Trikresylphosphat u. bes. Kresyldiphenylphosphat bzw. Diessigsäureölsäureglycerinester u. der homologe Stearinester. Herst. von nicht brennbaren Gegenständen. — Festigkeitstabelle. (**A. P. 2 857 348** vom 27/5. 1954, ausg. 21/10. 1958.) G. VOGEL. 7173

Harold M. Olson, Hudson, Ohio, V.St.A., **Vinylharz-Plastisol**, bestehend aus Polyvinylchlorid, Vinylchlorid (I)–Vinylacetat- oder I–Diäthylmaleat-Mischpolymerisat, einem Weichmacher u. 0,1 bis ca. 110 (Teilen), bes. 0,5—4, auf 100 Harz bezogen, eines Tri-n-amyl-, Tri-2-äthylhexyl-, Tri-n-dodecyl-, Tri-o-, -m- oder -p-kresyl-, Trioleyl-, Triphenyl-, Tri-2-phenylcyclohexyl- oder Tri-o-chlorphenylborsäureesters. Die Prodd. zeigen beim Gießen langsamere Viscositätszunahme u. gute Entlüftung. — Tabelle. (**A. P. 2 912 400** vom 4/4. 1957, ausg. 10/11. 1959.) G. VOGEL. 7173

Union Carbide Corp., New York, N.Y., übert. von: Raymond I. Hoaglin, South Charleston, William J. Reid, Charleston, und Robert G. Kelso, St. Albans, W.Va., V.St.A., **Plastische Masse,** bestehend aus einem Vinylharz mit ≧85% Polyvinylchlorid, ggf. geringen Mengen eines Vinylchlorid–Vinylacetat-Mischpolymerisats als Rest, u. ca. 0,11—2,3 (Teilen) auf 1 Harz eines Polyesters der allg. Formel: $HO-CH_2-CHR_1-CHR_2-CHR_3-CH_2-O-[CO-R-CO-O-CH_2-CHR_1-CHR_2-CHR_3-CH_2-O-]_n-H$ (R = Alkylenrest mit 2—8 C-Atomen; n = ganze Zahl von 4—12; R_1, R_2 u. R_3 = H oder Alkylrest mit 1—4 C-Atomen; Summe der C-Atome in $R_1 + R_2 + R_3 \leq 5$, davon mindestens 1 Rest = Alkyl). — Zur Herst. der Polyester eignen sich bes. die Pentandiole: 3-Methyl-1.5-, 2-Methyl-1.5-, 2-Äthyl-1.5- u. 2-Äthyl-3-methyl-1.5-pentandiol bzw. als aliphat. Dicarbonsäuren (oder deren Anhydride): Bernstein-, Glutar-, 2-Methylglutar-, 2-Äthylglutar-, 2-Äthyl-3-methylglutar-, Adipin-, Pimelin-, Kork-, Azelain- u. Sebacinsäure. Man erhitzt 2,66 (Mol) Glutarsäureanhydrid u. 2,97 3-Methyl-1.5-pentandiol (**I**) auf 165°, fügt unter Rückfluß langsam Dibutyläther zu, erhitzt weiter, bis 47 g W. abdest. sind, erhitzt auf 220°, hält diese Temp. durch Zusatz oder Entfernung von Dibutyläther 15 Std. aufrecht, so daß der Säure-Geh. der Mischung <0,6% (auf Essigsäure bezogen) beträgt, kühlt auf 120°, entfernt niedrigsd. Stoffe bei einem Druck von 10 mm u. dann mit Dampf 2 Std. bei einem Druck von 60 mm, trocknet den Polyester bei 120° u. einem Druck von 1 mm, filtriert unter Druck u. erhält *3-Methyl-1.5-pentandiolglutarat,* Molgew. 2140 nach MENZIES-WRIGHT, Viscosität 17,545 cSt bei 20°; analog aus 6,48 3-Methylglutarsäure u. 7,22 **I** → *3-Methyl-1.5-pentandiol-3-methylglutarat,* Molgew. 2350, Viscosität 26,456 cSt bei 20°; aus 3 Adipinsäure (**II**) u. 3,3 **I** → *3-Methyl-1.5-pentandioladipat,* Molgew. 1655; aus 3 Sebacinsäure u. 3,3 **I** → *3-Methyl-1.5-pentandiolsebacat,* Molgew. 1882, Viscosität 9,716 cSt bei 100° F; aus 2,04 **II** u. 2-Äthyl-3-methyl-1.5-pentandiol → *2-Äthyl-3-methyl-1.5-pentandioladipat;* aus 2 Azelainsäure (**III**) u. 2,1 2-Äthyl-1.5-pentandiol → *2-Äthyl-1.5-pentandiolazelat;* aus 1,09 Diäthyl-2-äthyl-3-methylglutarat (**IV**) u. 1,14 **I** → *3-Methyl-1.5-pentandiol-2-äthyl-3-methylglutarat,* Molgew. 1680, Viscosität 3,08 cSt bei 100° F; aus 1,09 **IV** u. 1,14 2-Methyl-1.5-pentandiol → *2-Methyl-1.5-pentandiol-2-äthyl-3-methylglutarat,* Molgew. 2110, Viscosität 9,983 cSt bei 100° F; aus 8 **II** u. 8,8 **I** → *3-Methyl-1.5-pentandioladipat,* Molgew. 1930; aus 8 **III** u. 8 **I** → *3-Methyl-1.5-pentandiolazelat,* Molgew. 2180. Die Polyester werden in Vinylchlorid–Vinylacetat (95 : 5)-Mischpolymerisate („Bakelitharz VYNW") eingearbeitet, die 41,1 bis 47,2% Ester enthaltende Mischung gemahlen u. bei 160° verarbeitet. Die Prodd. haben besonders geringe Verluste durch Verflüchtigung u. bei der Extraktion mit W. oder Mineralöl. — Herst. von *Regenkleidung, Polsterschichten, Handtaschen, Bodenbelag, ärztlichen Kanülen, Gartenschläuchen, elektr. Isolierungen, Puppengliedern, Handschuhen* u. *Sportmatten.* — Mengenbeispiele, Tabelle. (**A. P. 2 909 499** vom 27/3. 1957, ausg. 20/10. 1959.) G. VOGEL. 7173

Eastman Kodak Co., Rochester, N.Y., übert. von: John W. Tamblyn und Harry W. Coover jun., Kingsport, Tenn., V.St.A., **Plastische Masse,** gek. durch einen Geh. von 0,1—10 (Teilen) eines amidierten Phosphinoxids der allg. Formel: $(R)_2(R')P{=}O$ auf 100 Polyvinylchlorid als Stabilisator gegen UV-Licht [R = NH_2-, $(CH_3)_2N$- oder C_6H_5-NH-Rest; R' = $(CH_3)_2N$-, CH_3O-, C_6H_5- oder $ClCH_2$-Rest]. Genannt sind bes. $[(CH_3)_2N]_3P{=}O$, $ClCH_2-P({=}O)[N:(CH_3)_2]_2$ u. $C_6H_5-P({=}O)(NH_2)_2$. Ggf. kann noch ein Stabilisator gegen Hitze zugesetzt sein. — Beispiele, Tabellen. (**A. P. 2 912 411** vom 27/11. 1957, ausg. 10/11. 1959.) G. VOGEL. 7173

Esso Research and Engineering Co., Elizabeth, übert. von: Wilbur F. Fischer, Cranford, N.J., V.St.A., **Hitze- und lichtstabile Massen aus Vinylchloridpolymeren** (Polymerisate oder Mischpolymerisate von Vinylchlorid oder Vinylidenchlorid), gek. durch den Zusatz eines Alkylesters einer mehrbas. Säure (Alkylrest mit verzweigter Kette u. 7—13 C-Atomen), 0,01—5% Phenylsalicylat u. 0,01—5% eines Bis-phenols der allg. Formel: R—X—R' als Stabilisator (X = 2.2-Alkylidenrest mit 3—6 C-Atomen, 3.3-Alkylidenrest mit 5—7 C-Atomen, S oder SO; R u. R' = Hydroxyphenylrest, ggf. durch 1 Cl-Atom oder einen Alkylrest mit 1—3 C-Atomen substituiert). Zur Herst. der Ester sind bes. Phthalsäure, deren Anhydrid, H_3PO_4, Adipin-, Citronen- oder Sebacinsäure u. Alkohole mit verzweigter Kette u. 7—12 C-Atomen, bes. 2-Äthylhexylalkohol oder das bei der Oxo-Synth. von Isooctylalkohol erhaltene Isomerengemisch, u. als Stabilisator bes. 2.2-Bis-(4'-hydroxyphenyl)-propan geeignet. Die Masse besteht bes. aus 100 (Teilen) Polyvinylchlorid, 50 Diisooctylphthalat, 2 „Vanstay" (Na-Salz eines H_3PO_4-Esters), 1 Pb-Stearat, 0,05 Diphenylolpropan u. 1 Phenylsalicylat. — Beispiele, Tabelle. (**A. P. 2 824 079** vom 8/6. 1954, ausg. 18/2. 1958.) G. VOGEL. 7173

J. R. Geigy Akt.-Ges., Basel, übert. von: Heinrich Hopff, Küsnacht, Zürich, Schweiz, **Neue hitzestabile Masse,** bestehend aus 100 (Teilen) hochmol. Polyvinylchlorids oder einer Mischung von Polyvinylidenchlorid u. chloriertem Kautschuk

u. 1—3 eines festen Stabilisators, bestehend aus 1.3-Di-(epoxyäthyl)-benzol, 1.4-Di-(epoxyäthyl)-benzol oder 1.3.5-Tri-(epoxyäthyl)-benzol. Herst. von hitze-, licht- u. wetterbeständigen Schichten. — Mengenbeispiele. (**A. P. 2 887 465** vom 10/2. 1958, ausg. 19/5. 1959. **E. P. 875 017** vom 13/2. 1958, ausg. 16/8. 1961. Beide Schwz. Prior. 14/2. 1957.) G. VOGEL. 7173

Alec Norman Roper, Eccles, Manchester, Ernest Seijo, Sale, und Wolfgang Gersen Barb, Surbiton, England, **Plastische Masse,** gek. durch eine Mischung aus 10—40 (Teilen) eines elastomeren Mischpolymerisats aus einem konjugierten Dien u. Acrylonitril (I) u. 60—90 eines tern. Mischpolymerisats aus a) 50—80 (%) einer alkenylsubstituierten Verb., wie Styrol, α-Methyl-, Dimethyl- oder 3.4-Diäthylstyrol, Vinylnaphthalin oder Vinyltoluol, b) 15—40 eines α,β-äthylen. ungesätt. Nitrils der allg. Formel: R—CR=CR—CN (R = H oder KW-Stoff-Rest) u. c) 5—35 eines äthylen. ungesätt. Dicarbonsäureanhydrids. Das elastomere Mischpolymerisat besteht bes. aus $\leq$60 I u. $\geq$40 Butadien u. das tern. Mischpolymerisat aus Styrol, I u. Chlormaleinsäureanhydrid oder ggf. Maleinsäure- oder Tetrahydrophthalsäureanhydrid. — *Heißwasserbeständige Prodd.* mit sehr *hoher Erweichungstemperatur.* — Mengenbeispiele. (**A. P. 2 914 505** vom 12/4. 1957, ausg. 24/11. 1959.) G. VOGEL. 7173

Curtiss-Wright Corp., Del., übert. von: Charles P. West, Metuchen, N.J., und Leonard Feiler, Brooklyn, N.Y., V.St.A., **Phenolaldehydharze.** In p-Stellung unsubstituierte, dagegen in o-Stellung eine weitere OH-Gruppe tragende Phenole u. Aldehyde mit bis zu 6 C-Atomen werden mit 5—15% eines Zr-Alkoxids (Zr-Tetrabutoxid), in dem die Alkoxygruppe 1—6 C-Atome enthält, kondensiert. Die entstehenden Zr-modifizierten Harze können in der Hitze zu Formkörpern u. Schichtstoffen gehärtet werden. (**A. P. 2 941 918** vom 12/6. 1957, ausg. 21/6. 1960.) F. KOCH. 7177

Imperial Chemical Industries Ltd., London, England (Erfinder: Robert Alfred Darrall, Arthur Lambert und Georg Henry Lang), **Schaumstoffe aus Phenolharzen,** wobei das Phenol ein einwertiges mit Methylgruppen substituiertes oder die Mischung eines solchen mit einem unsubstituierten 2wertigen Phenol ist, werden in Ggw. eines Sulfensäurehydrazids, wie Phenolsulfenhydrazid, u. eines sauren Katalysators hergestellt. (**E. P. 861 156** vom 26/3. 1958, ausg. 15/2. 1961.) F. KOCH. 7177

Schenectady Varnish Co., Inc., V.St.A. (Erfinder: Clinton A. Braidwood), **Herstellung von Brommethylmethylolphenolen,** dad. gek., daß man ein 4-Methylolalkylphenol mit HBr umsetzt. — 2000 (g) p-[Diisobutyl]-phenol u. 1060 15%ig. NaOH werden auf 95° erwärmt, auf 50° abgekühlt u. mit 1260 37%ig. HCHO versetzt; nach 12std. Stehen wird mit HCl neutralisiert u. das Gemisch aus *Mono-* u. *Dimethylol-p-[diisobutyl]-phenol* bei 686 mm u. 125—130° dest.; das Resol wird in Bzl. gelöst u. unter Rühren bei 25—30° HBr eingeleitet; man dest. Bzl. ab u. erhält ein *polymeres Harz,* F. 43°. — Als Ausgangsstoffe können ferner verwendet werden: p-[tert.-Butyl]- u. p-Amylphenol, p-[$\alpha.\alpha.\gamma.\gamma$-Tetramethylbutyl]-, p-Dodecyl-, p-Eicosyl-, p-Tetradecyl-, p-[n-Hexyl]-, p-[tert.-Hexyl]-, p-Nonyl-, 2.6-Dimethylol-4-[tert.-butyl]-, -amyl- u. -octyl-, -4-dodecyl-, -4-eicosyl-, 2-Methylol-4-[tert.-octyl]-, -4-[n-octyl]-, -4-[n-hexyl]-, -4-eicosylphenol. (**F. P. 1 225 653** vom 25/9. 1958, ausg. 4/7. 1960. A. Prior. 27/9. 1957.) S. BÖTTCHER. 7177

Ciba Akt.-Ges. (Erfinder: Arthur Maeder), Basel, Schweiz, **Herstellung von carboxylgruppenhaltigen Mischpolymerisaten,** deren Alkali- u. Aminsalze hydrophil u. mindestens in Kombination mit einem anderen organ. Lsgm., bes. einem niedrigmol. wasserlösl. aliphat. Alkohol, auch in den bei Normaltemp. gasförmigen, mehrfach halogenierten KW-Stoffen lösl. sind, dad. gek., daß man im polymerisierten Zustand verseifbare Ester von aliphat. mischpolymerisierbaren äthylen. ungesätt. Carbonsäuren, bes. Ester niedrigmol. aliphat. Alkohole, zusammen mit N-substituierten Acrylsäureamiden der allg. Formel CH_2=C(R)—C(O)—X, worin R = H oder C_{1-2}-Alkyl u. X = —NH—R_1 oder —N(R_2)(R_3) bedeuten, R_1 ein organ. Substituent, der mit einem sek. oder tert. C-Atom an das Amid-N-Atom gebunden ist, u. R_2 u. R_3 je einen organ. Substituenten bedeuten, ggf. zusammen mit anderen polymerisierbaren Verbb., mit Polymerisationskatalysatoren in einem waserlösl. Lsgm. gelöst polymerisiert u. anschließend mit alkal. Mitteln so viel Estergruppen verseift, bis das Polymerisatsalz hydrophil ist. — In den zahlreichen Mengenbeispielen dienen als Ausgangskomponenten: Äthylacrylat (**I**) u. N-tert.-Butylacrylamid (**II**), **I**, Methylmethacrylat u. **II**, Methylacrylat u. N-Diisobutylacrylamid, **I** u. Isopropylacrylamid, **I** u. N-Cyclohexylacrylamid (**III**), n-Butylacrylat u. Isobornylacrylamid, Dimethylitaconat u. **III**, Diäthylmaleat u. **III**, **I** u. N-tert.-Amylacrylamid (**IV**), Dimethylfumarat u. **IV**, n-Butylacrylat u. N-Phenylacrylamid, **I** u. N-Diphenylacrylamid. Als Lsgm. werden A., Isopropanol, A. u. Methylenchlorid, als Katalysatoren Benzoylperoxyd, ggf. nachfolgend Azoisobutyrodinitril, verwendet. Das Verf. wird absatzweise u. bei 70—80° durchgeführt. Die Teilverseifung wird mit KOH in A. oder

Isopropanol gelöst vorgenommen. Man erhält mittelviscose Lsgg., die durch Versprühen u. Trocknen gegen Öl u. Fettrückstände sowie gegen fettlösende Lsgm. widerstandsfähige Filme bilden. Besonders geeignet als Hautschutz, der nach Quellen in W. leicht entfernt werden kann. (**D. A. S. 1 087 807** Kl. 39c vom 24/12. 1957, ausg. 25/8. 1960. Schwz. Prior. 28/12. 1956, 7/2. u. 21/3. 1957.) H. SCHINDLER. 7177

Chemische Werke Albert, Wiesbaden-Biebrich (Erfinder: Rolf Zimmermann, Wiesbaden, und Hermann Hotze, Mainz), **Formkörper und Überzüge aus Acetalgruppen aufweisenden Polymeren,** die noch lösl. sind, u. anpolymerisierbaren ungesätt. Monomeren, gek. durch das Verwenden von halbacetalisierten Polymeren, die unter Zusatz von Alkalinitrit, Li–Al-Hydrid, oder Na–B-Hydrid aus Acrolein u. mehrere OH-Gruppen enthaltenden (ggf. Epoxidgruppen enthaltenden oder aliphat. Allyläthern mit freien OH-Gruppen) Verbb. hergestellt sind. (**D. A. S. 1 112 628** Kl. 39b vom 28/3. 1959, ausg. 10/8. 1961.) F. KOCH. 7177

Farbenfabriken Bayer Akt.-Ges., Leverkusen (Erfinder: Mathieu Quaedvlieg, Leverkusen, und Günther Boehmke, Köln), **Herstellung von Diestern aus eine freie OH-Gruppe aufweisenden Polyäthern,** dad. gek., daß man Dicarbonsäuren mit nur eine freie OH-Gruppe enthaltenden nichtionogenen grenzflächenakt. Kondens.-Prodd. aus Alkylenoxiden u. reakttionsfähigen H aufweisenden, mindestens 8 C-Atome in ununterbrochener Anordnung enthaltenden Verbb. bei erhöhter Temp. unter Bldg. der neutralen Ester umsetzt. — 900 Teile eines grenzflächenakt. Polyglykoläthers [aus 6 (Mol) Äthylenoxid u. 1 Laurylalkohol] werden mit 98 g Maleinsäureanhydrid 1 Std. bis 120°, darauf noch 12 Std. auf 160—170° im Vakuum erhitzt. Der Diester ist in W. leicht emulgierbar. — Egalisier- u. Dispergiermittel mit nur geringer Schaumneigung, Emulgatoren für Öle. (**D. A. S. 1 115 027** Kl. 39c vom 26/3. 1958, ausg. 12/10. 1961.) J. MÜHLEISEN. 7177

Swift & Co., Chicago, Ill., V.St.A., **Herstellung von Polymerisaten** durch Polymerisieren von epoxydierten Fetten oder Fettsäuren, z. B. 9.10-Epoxystearinsäure, deren Methylester, epoxydiertes Sojaöl, Leinöl oder epoxydierte Monoglyceride, in Ggw. von zwei- oder mehrbas. Säuren oder deren Anhydriden, BF_3, H_2SO_4, oder durch Bestrahlen mit aktin. Licht oder Strahlen. Die Prodd. sind mit Polyvinylchlorid oder Cellulosenitrat mischpolymerisierbar. — *Kautschukersatz, Gießharze, Klebstoffe.* (**Ind. P. 62 130** vom 29/10. 1957, ausg. 23/4. 1960.) C. LÜTTGEN. 7177

Devoe & Raynolds Co., Inc., New York, N.Y., übert. von: William Joseph Belanger und Harold Groves Cooke jun., Louisville, Ky., V.St.A., **Härten von Polyepoxiden** durch Erhitzen mit neutralen quatern. Ammoniumsalzen (z. B. Trimethylbenzylammoniumchlorid, -sulfat, -phosphat), auch zusammen mit Polyphenolen (Resorcin, Bis-phenol), Anhydriden mehrbas. Säuren oder prim. oder sek. Aminen als Aktivatoren, bei 100—200°. — Man gibt zu 20 (Gew.-Teilen) Epoxidharz von 150° 0,5 60%ig. wss. Lsg. von Trimethylbenzylammoniumchlorid: Gel-Bldg. in 30 Minuten. Mischungen von Epoxidharz u. quatern. Ammonium-Verb. können bei Raum-Temp. gelagert werden. (**F. P. 1 183 861** vom 3/10. 1957, ausg. 15/7. 1959. **D. A. S. 1 100 278** Kl. 39b vom 5/10. 1957, ausg. 23/2. 1961. **E. P. 855 205** vom 22/8. 1957, ausg. 30/11. 1960. Alle A. Prior. 5/10., 8/10., 5/12. u. 10/12. 1956. **A. PP. 2 928 794** vom 5/12. 1956, **2 928 807** vom 8/10. 1956 u. **2 928 808** vom 10/12. 1956, alle ausg. 15/3. 1960.) M. PANKOW. 7177

Chas. Pfizer & Co., Inc., Brooklyn, N.Y., V.St.A., **Härter für Epoxyharze,** die $\geqq 2$ endständige 1.2-Epoxygruppen pro Mol. enthalten, bestehend aus Methylbernsteinsäureanhydrid. Dieses härtet schneller u. bei niederer Temp. als Bernsteinsäureanhydrid u. gibt zudem farblose u. klare Produkte. (**Ind. P. 62 535** vom 11/12. 1957, ausg. 18/4. 1960.) C. LÜTTGEN. 7177

Dr. Walter Mäder Lack- und Farbenfabrik Akt.-Ges., Baden (Erfinder: Leo Heinrich Scheller, Schirmensee/Feldbach, und Walter Mäder, Ennetbaden), Schweiz, **Veresterung von partiell verätherten Kondensaten** aus Formaldehyd (I) u. solchen Verbb., die mit I unter Bldg. von Methylolgruppen Harze zu bilden vermögen, dad. gek., daß man die partiell verätherten Kondensate mit einem Ester einer Säure eines Metalls der IV. Gruppe des Period. Syst. (*Butyltitanat*) verestert. — 600 (g) 37%ig. I werden mit 12 konz. wss. NH_3 u. 190 Harnstoff unter Rückfluß zum Sieden erhitzt. Nach 15 Min. werden unter vermindertem Druck bei 55—60° ca. 300 W. abdestilliert. Dann werden 5 85%ig. HCOOH in 240 Butanol binnen 1 Std. zugesetzt, wobei die Temp. bis zum Kp. gesteigert u. das Destillat nach Abtrennung des W. in das Rk.-Gefäß zurückgeführt wird. Nach 1 Std. fügt man ein Gemisch aus 60 Butanol u. 60 Toluol zu. Das Gemisch mit dem partiell verätherten Kondensat wird im Kreislauf geführt, bis die Temp. im Rk.-Gemisch 110° erreicht hat. Dann werden 40 monomeres Butyltitanat in 40 einer Mischung aus wasserfreiem Butanol u. Toluol (1 : 1) binnen 50 Min. zugesetzt. Man erhitzt 2 Std., bis 114° erreicht sind. Die Lsgm. werden abdest., bis eine Lsg. des partiell verätherten u. veresterten Kondensats mit ca. 50% Feststoff-Geh. zurückbleibt. Die Harze sind mit anderen Kunstharzen verträglich. Sie geben beim Erwärmen oder in Ggw. saurer Katalysatoren vernetzte *Filme* mit guter Hitze- u. Lichtbeständigkeit. (**Schwz. P. 352 829** vom 4/6. 1956, ausg. 28/4. 1961.) W. SCHLITT. 7177

Elfriede Husemann (Erfinder: Helmut Ringsdorf und Gerd Greber), Freiburg/Breisgau, **Herstellung von über —N=CH-Brücken verzweigten beziehungsweise vernetzten Polymerisaten,** die mit Säuren in die prim. Mol. spaltbar sind, dad. gek., daß polymerisierbare bifunktionelle Verbb., die mindestens 1 —N=CH-Gruppe enthalten, mit Vinyl-Verbb. mischpolymerisiert werden. Beispiele für Vernetzung von Polystyrol mit N.N'-Bis-(4-methacryloxybenzyliden)-1.2-diaminoäthan u. mit Terephthaldialdehydbis-(4-vinylanil) (I) u. Mischpolymerisation von Styrol mit I. Aus den Tabellen geht die Abhängigkeit des Gelpunktes u. Quellungsgrades vom Geh. an Divinyl-Verb. u. von der Polymerisationsdauer hervor. (**D. A. S. 1 115 022** Kl. 39c vom 23/12. 1957, ausg. 12/10. 1961.) H. SCHINDLER. 7181

Ciba Akt.-Ges., Basel (Erfinder: Arthur Maeder, Therwil), Schweiz, **Polymerisieren von basischen Amiden von polymerisierbaren, α,β-ungesättigten Di- und Monocarbonsäuren,** die im Amidteil des Mol. mindestens eine tert. Aminogruppe aufweisen, mit Hilfe von Peroxidkatalysatoren, dad. gek., daß man das Rk.-Gemisch mit CO_2 sättigt u. darauf die Polymerisation bei erhöhter Temp. durchführt, wobei man CO_2 durchleitet. Die ungesätt. Monocarbonsäuren sollen der allg. Formel $CH_2=C(COOH)\cdot C_{p-1}H_{2p-1}$ entsprechen, worin $p = \gtreqless 3$ ist. Bes. werden Verbb. der allg. Formel $H_2C=C(C_{p-1}H_{2p-1})C(O)NH-CH_2-(-CH_2-)_K-N(C_mH_{2m+1})(C_nH_{2n+1})$ beansprucht, worin K eine ganze Zahl, m u. n je eine kleine ganze Zahl u. $p = \gtreqless 3$ ist. Die Verbb. können homo- oder mit einer anderen mischpolymerisierbaren Verb. mischpolymerisiert werden. Das Verf. wird in Lsg. oder in wss. Dispersion durchgeführt. Als Ausgangsstoffe sind in den Mengenbeispielen genannt: Acrylsäure-γ-diäthylaminopropylamid (I), Gemische von Acrylsäurealkylamiden, deren Alkylaminreste der Zus. eines Gemisches aus ca. 30(%) Palmitylamin, 40 Stearylamin, 20 Arachidylamin u. 10 Behenylamin entsprechen, Acrylsäureäthylester, Acrylsäure-tert.-butylamid u. I, Styrol u. Fumarsäure-di-[γ-dimethylaminopropylamid), I u. Acrylnitril, I u. Dibutylaminoäthylvinyläther, I u. Fumarsäurediäthylester, I u. Acrylsäureisobutylester sowie Styrol u. Crotonsäure-β-diäthylaminoäthylamid. Die Endprodd. eignen sich bes. als Hilfsstoffe in der Textil-, Leder- u. Papierindustrie, als Klebstoffe, Salbengrundlagen u. in Form der Fluorsilicate als Mottenschutzmittel. Sie verbessern die Wasch- u. Wasserfestigkeit von synthet. Fasern u. Filmen. (**D. A. S. 1 094 983** Kl. 39c vom 1/4. 1958, ausg. 15/12. 1960. Schwz. Prior. 10/4. 1957.) H. SCHINDLER. 7181

Imperial Chemical Industries Ltd., London (Erfinder: Gerald Patrick Crowley, Manchester), England, **Herstellung von Polyurethanelastomeren.** Die Verf. der D. A. SS. 1092647; C. **1961.** 8136 u. 1097130; C. **1961.** 13381 werden dahingehend erweitert, daß ganz allg. Polyester, Polyesteramide oder Polyäther, also auch solche mit einem F. $< 182°$, mit einem Überschuß eines Polyisocyanates, ggf. unter Mitverwenden von Vernetzern (Glykole, Triole oder Diamine), unter Abschrecken der Rk.-Masse, z. B. auf 20—35°, umgesetzt werden. (**D. A. S. 1 114 029** Kl. 39b vom 24/3. 1959, ausg. 21/9. 1961. **F. P. 1 226 779** vom 17/4. 1959, ausg. 16/8. 1960.) E. DÖRFEL. 7181

Farbenfabriken Bayer Akt.-Ges., Leverkusen (Erfinder: Wilhelm Bunge, Otto Bayer, Erich Klauke, Leverkusen, und Hans Hertlein, München), **Urethangruppen aufweisende, gegebenenfalls verschäumte Kunststoffe** werden hergestellt durch Rk. von Additions-Prodd. von Alkylenoxiden (Äthylen- u. Propylenoxid) an tert.-Butylphenol-CH_2O-Harze mit Polyisocyanaten (I) oder mit den Rk.-Prodd. ggf. harzartiger, mehrere akt. H-Atome aufweisender Verbb. (Alkohole, Amine, Polyester, Polyäther u. Polyacetale) mit überschüssigem I sowie ggf. Vernetzungsmitteln wie Wasser. Beschleuniger (tert. Amine, Phenolate, Alkalisalze von Carbonsäuren u. lösl. Schwermetall-Verbb.), zusätzliche Treibmittel ($CFCl_3$), Füllmittel (Holzmehl, Glimmer, Graphit, Carborund, magnet. Fe-Oxyde u. Faserstoffe) u. Emulgatoren werden mitverwendet. Die härtbaren Massen dienen als Spachtel-, Kleb-, Überzugsmassen u. zur Herst. von Gießkörpern u. Schaumstoffen. (**D. A. S. 1 106 066** Kl. 39b vom 15/10. 1959, ausg. 4/5. 1961.) G. TEWES. 7181

Farbenfabriken Bayer Akt.-Ges., Leverkusen (Erfinder: Horst Koepnick, Günther Loew, Köln, und Detlef Delfs, Opladen), **Polyätherurethan-Schaumstoffe** werden hergestellt durch Rk. des Umsetzungs-Prod. eines verzweigten Polyalkylenglykoläthers (OH-Zahl > 25; aus Glycerin u. Propylenoxid; propoxyliertes

Trimethylolpropan) mit einem mindestens 3 NCO-Gruppen aufweisenden Polyisocyanat (Toluol-2.4.6-triisocyanat u. 4.4'.4''-Triisocyanatotriphenylphosphat), in dem nicht mehr als 30% der OH-Gruppen umgesetzt sind, mit Polyisocyanat u. (Toluylendiisocyanat) u. W., ggf. in Ggw. von Organo-Sn-Verbb., wie Sn_{II}-Äthylhexoat, tert. Aminen (Endoäthylenpiperazin) u. alkoxylierten Organopolysiloxanen. (**D. A. S. 1 106 953** Kl. 39b vom 10/9. 1959, ausg. 18/5. 1961.) G. TEWES. 7181

Dow Corning Corp., übert. von: Edwin P. Plueddemann, Midland, Mich., V.St.A., **Herstellung von Organosiloxanperoxiden** mit den Struktureinheiten YOO–$(CH_3)_mRSi(R'_n)O_{(3-n)/2}$ u. $[O_{(3-n)/2}Si(R'_n)RC(CH_3)_m]_2OO$, worin Y H, einen nicht aromat. ggf. halogenierten KW-Stoff-Rest (I) oder einen Acylrest (II) der Formel R''C(:O)— bedeutet, in dem R'' ein ggf. halogenierter KW-Stoff-Rest ist, m für 1 oder 2, R für einen KW-Stoff-Rest mit < 12 C-Atomen, R' für einen ggf. halogenierten KW-Stoff-Rest mit < 7 C-Atomen u. n für 0,1 oder 2 steht. Zur Herstellung der Siloxane in denen Y I bedeutet, führt man die entsprechenden Siloxanalkohole oder Siloxane, die solche Siloxanalkoholreste enthalten, mit H_2SO_4 in die Sulfate über, die dann mit Hydroperoxiden der Formel HOOY umgesetzt werden. Zur Gewinnung von Verbb. in denen Y H bedeutet erfolgt die Umsetzung analog jedoch mit HOOH, wobei man auch die Disiloxanperoxide erhält. Verbb., in denen Y II ist, erhält man aus den Organo-Siloxanhydroperoxiden durch Rk. mit einem Acylchlorid in Ggw. von HCl-Acceptoren, wie Pyridin. Die Verbb., in denen Y einen ungesättigten ggf. halogenierten KW-Stoff-Rest bedeutet, stellt man aus den K-Salzen der Siloxanhydroperoxide durch Rk. mit einem halogenierten Olefin unter Abspaltung von K-Halogenid her. Alle diese Rkk. erfolgen bei niederen Temp. im Bereich von —25 bis 25°, um die Abspaltung von Gruppen zu vermeiden. Die Siloxanhydroperoxide kann man auch durch selektive Oxydation von tert. C-Atome aufweisenden Siloxanen mit den Struktureinheiten $O_{(3-n)/2}Si(R'_n)RC\cdot(CH_3)_2H$ mittels O_2 bei 80—100° erhalten, wobei in den Ausgangsstoffen R' ein oxydationsfester Rest, wie CH_3, C_6H_5 u. Trifluorpropyl, ist. — 46,8 g $(CH_3)_3SiOSi(CH_3)_2\cdot CH_2CH_2C(CH_3)_2OH$ (III) $Kp._{45}$ 110—116°, d^{25} 0,865 [erhalten durch Rk. von $CH_2{=}CHC(CH_3)_2OH$ mit $(CH_3)_3SiOSi(CH_3)_2H$ in Ggw. von Chlorplatinsäure bei 119—126°] werden mit 30 g 70%ig. H_2SO_4 bei 0—5° umgesetzt, worauf man das Sulfat bei —10° mit 25 g tert.-Butylhydroperoxid bei —10° reagieren läßt, das Gemisch dann 6 Std. lang rührt u. bis 25° erwärmen läßt. Die abgetrennte organ. Schicht wird nach Waschen mit W., $NaHCO_3$-Lsg. u. wieder W. über Na_2SO_4 getrocknet. Der Rückstand wird durch Erhitzen bis 50° bei 1 mm Hg abgestreift, u. man erhält ein Peroxysiloxan der Formel $(CH_3)_3SiOSi(CH_3)_2CH_2CH_2C(CH_3)_2OOC(CH_3)_3$, $Kp._{0,6}$ 70—75° unter Zersetzung. Weitere Umsetzungen: III + H_2SO_4 + H_2O_2 → Gemisch von $(CH_3)_3SiOSi(CH_3)_2CH_2\cdot CH_2C(CH_3)_2OOH$ u. $[(CH_3)_3SiOSi(CH_3)_2CH_2CH_2C(CH_3)_2]_2OO$; $(CH_3)_3SiOSi(CH_3)_2C(:CH_2)\cdot C(CH_3)_2OH$ (erhalten aus $CH{\equiv}CC(CH_3)_2OH$ u. $(CH_3)_3SiOSi(CH_3)_2H$) + H_2SO_4 + tert. Butylhydroperoxid → $(CH_3)_3SiOSi(CH_3)_2C(:CH_2)C(CH_3)_2OOC(CH_3)_3$, $Kp._{0,5}$ 60—62°. — *Vulkanisationsmittel* für *Polysiloxane*. (**A. P. 2 963 501** vom 6/4. 1959, ausg. 6/12. 1960.) J. MÜHLEISEN. 7189

Dow Corning Akt.-Ges., Basel, Schweiz (Erfinder: Remo R. Maneri, Midland, Mich., V.St.A.), **Stabilisatoren für elastomere Organopolysiloxane** sind Oxide oder Hydroxide der Lanthaniden. (**D. A. S. 1 109 368** Kl. 39b vom 24/11. 1959, ausg. 22/6. 1961. A. Prior. 28/11. 1958.) F. KOCH. 7189

Dow Chemical Co., übert. von: Lawrence F. Sonnabend und Charles R. Williams, Midland, Mich., V.St.A., **Verharzen von Holz** ist möglich durch Behandeln desselben mit SO_2 u. dann unter dem Druck eines Schutzgases mit einer nichtharzartigen, aber die Bldg. eines Harzes in sich schließenden Fl., z. B. einer Lsg von Phenol–Formaldehyd, Phenol–Furfural- oder Harnstoff-Aldehyd — Schema. (**A. P. 2 947 648** vom 21/12. 1955, ausg. 2/8. 1960.) F. KOCH. 7199

Caradco, Inc., Iowa, übert. von: Arthur E. Gabriel, Ocean Grove, N.J., V.St.A., **Lignocelluloseprodukte**, die hitzehärtbar sind, werden erhalten entweder durch Zusetzen von 0,5—20 Gew.-% Silica-Gel (I) oder bis zu 20% $FeSO_4\cdot 7\,H_2O$ u. I oder $FeSO_4\cdot 7\,H_2O$ u. Lignin u. $CaCO_3$ als Aktivator. Aushärtung unter Druck bei 400 bis 700° F. (**A. PP. 2 959 490** vom 16/7. 1958, ausg. 8/11. 1960 u. **2 964 519** vom 16/7. 1958, ausg. 13/12. 1960.) F. KOCH. 7199

Caradco, Inc., Iowa, übert. von: William T. Glab, Dubuque, Iowa, V.St.A., **Lignocelluloseprodukte.** Trockene Lignocellulose wird mit 1—10 Gew.-% $NH_4H_2PO_4$ vermischt u. bei 300—550° F 4—60 Min. lang unter einem Druck von 100—1000 lbs/sq. in. erhitzt. (**A. P. 2 964 416** vom 8/9. 1958, ausg. 13/12. 1960.) F. KOCH. 7199

Richard Jonke, Vaucresson, Seine-et-Oise, und Josef Lintner, La-Garenne-Colombes, Seine, Frankreich, **Herstellen von durch Gewebe, Faserfilze oder dergleichen verstärkten Kunststofformteilen im Spritzgießverfahren,** die ggf. durch ein waben- oder gitterförmiges Rippen-Syst. versteift sind, dad. gek., daß zunächst der Kunststoff in zähfl. Zustand langsam u. unter Druck von einem Punkt, der sich auf der Berührungslinie der beiden Formhälften befindet, in die mit den Geweben oder dgl. ausgelegte Form derart eingeführt wird, daß während der Füllung der Form mit Kunststoff dieser seine Temp. nicht wesentlich ändert u. er die Gewebe oder dgl. gegen eine oder beide Formwandungen drückt, ohne die Gewebe oder dgl. zu durchdringen, daß nach völliger Füllung des Hohlraumes zwischen den Geweben u. der Formwand der noch fl. Kunststoff unter einem höheren Druck in die Gewebe oder dgl. eingepreßt wird u. daß schließlich der Kunststoff durch Temp.-Änderung (Erwärmen oder Abkühlung) verfestigt wird. (**D. A. S. 1 107 396** Kl. 39a vom 12/12. 1955, ausg. 25/5. 1961. F. Prior. 14/12. 1954.)

H. Nather. 7205

British Rubber Producers' Research Association, London, England (Erfinder: **James Donald Burnett, Raymond John Ceresa** und **William Ferguson Watson**), *Herstellung von Polymerisaten.* (**E. P. 832 700** vom 23/11. 1956, ausg. 13/4. 1960. — C. **1962.** 6605 [Ind. P. 62 355].)

Monsanto Chemical Co., St. Louis, Mo., V.St.A., *Herstellung von Mischpolymerisaten.* (**E. P. 869 011** vom 28/3. 1958, ausg. 25/5. 1961. A. Prior. 1/4. 1957. — C. **1961.** 6699 [A. P. 2 886 553].)

Esso Research and Engineering Co., Elizabeth, N.J., V.St.A., *Kontinuierliche Polymerisation.* (**E. P. 835 587** vom 1/2. 1957, ausg. 25/5. 1960. A. Prior. 23/2. 1956. — C. **1961.** 5626 [A. P. 2 889 314].)

Farbwerke Hoechst Akt.-Ges., vormals Meister Lucius & Brüning, Frankfurt/M., *Emulsions- oder Suspensionspolymerisation von ungesättigten Verbindungen.* (**E. P. 843 700** vom 8/2. 1957, ausg. 10/8. 1960. D. Prior. 8/2. 1956. — C. **1960.** 5332 [F. P. 1 166 853].)

Esso Research and Engineering Co., Elizabeth, N.J., V.St.A., *Polymerisationskatalysatoren.* (**E. P. 841 295** vom 19/3. 1957, ausg. 13/7. 1960. A. Prior. 2/4. u. 18/4. 1956. — C. **1961.** 4900 [A. P. 2 898 327] u. C. **1961.** 13376 [A. P. 2 925 392].)

Farbwerke Hoechst Akt.-Ges., vormals Meister Lucius & Brüning, Frankfurt/M., *Stabilisieren von halogenhaltigen Polymerisaten.* (**E. P. 841 151** vom 19/9. 1956, ausg. 13/7. 1960. D. Prior. 22/9. 1955. — C. **1960.** 2707 [F. P. 1 167 741].)

Diamond Alkali Co., Cleveland, Ohio, V.St.A., *Wärmestabilisieren von flammenfest gemachten Harzen.* (**E. P. 827 543** vom 18/10. 1956, ausg. 10/2. 1960. A. Prior. 20/10. 1955. — C. **1961.** 13377 [F. P. 1 161 228].)

Phillips Petroleum Co., Bartlesville, Okla., V.St.A., *Abscheiden von Polymeren aus Lösungen.* (**E. P. 833 731** vom 13/6. 1957, ausg. 27/4. 1960. A. Prior. 5/7. 1956. — C. **1961.** 3165 [Belg. P. 558 819].)

Goodyear Tire & Rubber Co., übert. von: **Onni L. Law,** Akron, Ohio, V.St.A., *Thermoplastische Masse.* (**A. P. 2 956 980** vom 29/6. 1955, ausg. 18/10. 1960. — C. **1959.** 2979 [E. P. 785 172].)

Montecatini Soc. Gen. per l'Industria Mineraria e Chimica, Mailand, Italien, und **Karl Ziegler,** Mülheim/Ruhr (Erfinder: **Franco Ranalli,** Mailand, Italien), *Verbesserte thermoplastische Stoffe.* (**Jap. A. S. 7088/1960** vom 10/7. 1958, ausg. 14/6. 1960. It. Prior. 16/7. 1957. — C. **1961.** 675 [Oe. P. 206 179].)

Rohm & Haas Co., Philadelphia, Pa., V.St.A., *Herstellung thermoplastischer Pfropfpolymerisate.* (**E. P. 830 785** vom 6/11. 1956, ausg. 23/3. 1960. A. Prior. 15/11. 1955. — C. **1960.** 1346 [A. P. 2 857 360].)

Badische Anilin- & Soda-Fabrik Akt.-Ges. (Erfinder: **Bruno Vollmert**), *Schlagfeste Kunststoffmassen.* (**Aust. P. 228 574** vom 26/9. 1957, ausg. 30/6. 1960. D. Prior. 28/9. 1956. — C. **1962.** 671 [F. P. 1 183 497].)

Montecatini Soc. Gen. per l'Industria Mineraria e Chimica (Erfinder: **Giulio Natta, Enrico Beati** und **Febo Severini**), *Schlagfeste Polymerisate.* (**Aust. P. 228 582** vom 8/4. 1958, ausg. 30/6. 1960. It. Prior. 9/4. 1957. — C. **1961.** 11917 [D. P. [DDR] 19 872].)

Montecatini Soc. Gen. per l'Industria Mineraria e Chimica (Erfinder: **Enzo Di Giulio** und **Paolo Pavrini**), Mailand, Italien, *Material zum Kopieren.* (**Jap. A. S. 6884/1960** vom 8/6. 1957, ausg. 10/6. 1960. It. Prior. 13/6. 1956. — C. **1959.** 11085 [Oe. P. 200 342].)

Hercules Powder Co., Wilmington, Del., V.St.A., *Polymerisation von Olefinen.* (**Jap. A. S. 6641/1960** vom 16/5. 1956, ausg. 7/6. 1960. A. Prior. 18/5. 1955. — C. **1959.** 14268 [E. P. 790 399].)

Houillères du Bassin du Nord et du Pas-de-Calais, Douai, Frankreich, *Polymerisieren von Olefinen.* (**E. P. 868 855** vom 13/9. 1957, ausg. 25/5. 1961. F. Prior. 13/9. u. 26/10. 1956. — C. **1960.** 13209 [F. P. 1 160 108].)

Ruhrchemie Akt.-Ges., Oberhausen-Holten, *Olefinpolymerisation.* (**E. P. 869 137** vom 11/7. 1957, ausg. 31/5. 1961. D. Prior. 7/8. 1956. — C. **1960.** 6337 [F. P. 1 179 802].)

Farbwerke Hoechst Akt.-Ges., vormals Meister Lucius & Brüning, Frankfurt/M., *Herstellung von Polyolefinen.* (**E. P. 848 888** vom 17/12. 1956, ausg. 21/9. 1960. D. Prior. 16/12. 1955 u. 12/10. 1956. — C. **1959.** 316 [Oe. P. 197 081].)

E. I. du Pont de Nemours & Co., Wilmington, Del., V.St.A., *Mischpolymerisate aus Olefinen und SO_2.* (**E. P. 870 080** vom 11/10. 1957, ausg. 14/6. 1961. A. Prior. 1/11. 1956. — C. **1961.** 17454 [A. P. 2 943 077].)

Union Carbide & Carbon Corp., New York, N.Y., V.St.A., übert. von: **Frederick Eugene Bailey jun., Frank Joseph Welch, Stephen Gates** und **Bruce R. Thompson,** *Polymerisation von α-Olefinen.* (**E. P. 849 553** vom 3/8. 1956, ausg. 28/9. 1960. A. Prior. 8/8. 1955. — C. **1962.** 1431 [F. P. 1 157 382].)

Bergwerksgesellschaft Hibernia Akt.-Ges., Herne, *Katalysator für α-Olefinpolymerisation.* (**E. P. 834 775** vom 19/11. 1958, ausg. 11/5. 1960. D. Prior. 20/11. 1957. — C. **1961.** 7769 [Oe. P. 208 074].)

Phillips Petroleum Co., Bartlesville, Okla., V.St.A., *Gewinnung von Olefinpolymeren aus Lösungen.* (**E. P. 835 625** vom 28/8. 1957, ausg. 25/5. 1960. A. Prior. 14/9. 1956. — C. **1961.** 3165 [Belg. P. 560 787].)

E. I. du Pont de Nemours & Co., Wilmington, Del., V.St.A., *Entfernen von Katalysatorresten aus Olefinpolymerisaten.* (**E. P. 869 110** vom 18/6. 1957, ausg. 31/5. 1961. A. Prior. 21/6. 1956. — C. **1961.** 5979 [A. P. 2 890 214].)

Farbwerke Hoechst Akt.-Ges., vormals Meister Lucius & Brüning (Erfinder: **Ernst Stärk, Erhard Wilhelm Grams** und **Werner Sommer**), Frankfurt/M., *Vergüten von polymeren Olefinen.* (**Schwz. P. 347 004** vom 23/6. 1956, ausg. 30/7. 1960. D. Prior. 24/6. 1955. — C. **1959.** 3660 [F. P. 1 152 803].)

California Research Corp., San Francisco, Calif., V.St.A., *Polyäthylenherstellung.* (**E. P. 866 430** vom 11/7. 1957, ausg. 26/4. 1961. A. Prior. 16/7. 1956. — C. **1962.** 1046 [Belg. P. 558 704].)

Eastman Kodak Co., New York, N.Y., V.St.A., übert. von: **James Edwin Guillet** und **Harry Wesley Coover jun.**, *Polyäthylenherstellung.* (**E. P. 869 534** vom 11/6. 1957, ausg. 31/5. 1961. A. Prior. 12/6. 1956. — C. **1961.** 2112 [A. P. 2 891 936].)

Karl Ziegler (Erfinder: **Heinz Martin**), Mülheim/Ruhr, *Herstellung von Polyäthylen gleichmäßigen Polymerisationsgrades.* (**Jap. A. S. 6997/1960** vom 16/8. 1955, ausg. 13/6. 1960. D. Prior. 16/8. 1954. — C. **1959.** 3315 [Oe. P. 194 607].)

Röhm & Haas G. m. b. H., Darmstadt, *Polymerisation von äthylenisch ungesättigten Verbindungen.* (**E. P. 836 046** vom 2/5. 1957, ausg. 1/6. 1960. D. Prior. 2/5. 1956. — C. **1960.** 7013 [D. A. SS. 1 027 401 u. 1 034 363].)

E. I. du Pont de Nemours & Co., Wilmington, Del., V.St.A., *Katalysatorkombination für Äthylenpolymerisation.* (**E. P. 840 453** vom 9/10. 1957, ausg. 6/7. 1960. A. Prior. 9/10. 1956. — C. **1961.** 6697 [A. P. 2 909 513].)

Houillères du Bassin du Nord et du Pas-de-Calais, Douai, übert. von: **Henri Sack**, Sainte-Genevieve-des-Bois, und **Charles Cousin**, Lalenissiere, Frankreich, *Reinigen von Polyäthylen.* (**A. P. 2 960 724** vom 7/2. 1957, ausg. 22/11. 1960. F. Prior. 9/3. 1956. — C. **1959.** 7975 [F. P. 1 145 580].)

Dow Chemical Co., übert. von: **Louis C. Rubens, John D. Griffin** und **Demetrius Urchick**, Midland, Mich., V.St.A., *Herstellung von Schaumkörpern aus Polyäthylen.* (**A. P. 2 948 665** vom 18/10. 1956, ausg. 9/8. 1960. — C. **1961.** 2113 [Jap. A. S. 7185/1958].)

Minnesota Mining & Mfg. Co. (Erfinder: **Norman G. Carlson**), St. Paul, Minn., V.St.A., *Polymerisation von Fluoräthylenen.* (**Jap. A. S. 6241/1960** vom 8/11. 1958, ausg. 1/6. 1960. A. Prior. 8/11. 1957. — C. **1961.** 6698 [A. P. 2 912 373].)

Farbwerke Hoechst Akt.-Ges., vormals Meister Lucius & Brüning, Frankfurt/M., *Abbau von linearen Propylenpolymeren.* (**E. P. 870 392** vom 27/6. 1957, ausg. 14/6. 1961. D. Prior. 27/6. 1956. — C. **1960.** 12514 [Oe. P. 203 207].)

Esso Research and Engineering Co., Elizabeth, N.J., V.St.A. (Erfinder: **Robert Paul Cahn**), *Wiedergewinnung des Monomeren bei der Isobutylenpolymerisation.* (**E. P. 838 402** vom 24/1. 1958, ausg. 22/6. 1960. — C. **1960.** 666 [A. P. 2 842 533].)

Phillips Petroleum Co., Bartlesville, Okla., V.St.A., *Herstellung von Polymeren aus mindestens einem konjugierten Dien.* (**Oe. P. 212 562** vom 17/10. 1956, ausg. 27/12. 1960. A. Prior. 17/10. 1955, 16/4., 20/4. u. 30/4. 1956. — C. **1962.** 7715 [Belg. P. 551 851].)

Farbenfabriken Bayer Akt.-Ges., Leverkusen, übert. von: **Paul Schneider**, Opladen, **Gottfried Scriba** und **Wilhelm Graulich**, Leverkusen, *Mischungen aus elastomeren Butadien-Mischpolymerisaten und thermoplastischen Styrol–Acrylnitril-Mischpolymerisaten.* (**A. P. 2 925 399** vom 3/7. 1956, ausg. 16/2. 1960. D. Prior. 9/7. 1955. — C. **1960.** 8699 [F. P. 1 154 914].)

Union Carbide Corp., New York, N.Y. (Erfinder: **Fred Eli Martin**, South Charleston, W.Va.), V.St.A., *Vinylätherpolymerisation.* (**Jap. A. S. 5991/1960** vom 4/7. 1958, ausg. 28/5. 1960. A. Prior. 5/7. 1957. — C. **1962.** 6987 [D. A. S. 1 106 078].)

Farbwerke Hoechst Akt.-Ges., vormals Meister Lucius & Brüning, Frankfurt/M., *Herstellung von stabilen und glasklar verarbeitbaren Polymerisaten und Mischpolymerisaten chlorhaltiger Vinylverbindungen.* (**Belg. P. 552 971** vom 27/11. 1956, ausg. 15/1. 1960. D. Prior. 22/10. 1955. F. Prior. 21/11. 1956. — C. **1958.** 6978 [D. A. S. 1 018 224].)

Ciba Ltd., Basel, Schweiz, *Färben von Vinylpolymerisaten.* (**Belg. P. 550 097** vom 4/8. 1956, ausg. 4/12. 1959. **E. P. 834 580** vom 3/8. 1956, ausg. 11/5. 1960. Beide Schwz. Prior. 4/8. 1955 u. 12/7. 1956. — C. **1959.** 11744 [F. P. 1 155 384].)

Union Carbide Corp., New York, N.Y., übert. von: **Harry A. Stansbury**, South Charleston, und **Howard R. Guest**, Charleston, W.Va., V.St.A., *Mischpolymerisate auf Basis Äthyl-3-chlor-2-hydroxy-3-butenoat.* (**A. P. 2 938 886** vom 12/11. 1954, ausg. 31/5. 1960. — C. **1961.** 1745 [E. P. 791 779].)

Farbenfabriken Bayer Akt.-Ges., Leverkusen, *Herstellung von 2-Chlorbutadien-(1.3)–Acrylnitril-Mischpolymerisaten.* (**Jap. A. S. 6141/1960** vom 6/12. 1958, ausg. 31/5. 1960. D. Prior. 7/12. 1957. — C. **1962.** 6989 [E. P. 858 444].)

Union Carbide Corp., New York, N.Y., V.St.A. (Erfinder: **John Robert Kilsheimer** und **Ralph Stickle jun.**), *Polymerisation ungesättigter Ester des Epoxycyclohexylmethanols.* (**E. P. 852 019** vom 25/6. 1958, ausg. 19/10. 1960. A. Prior. 26/6. 1957. — C. **1961.** 14116 [D. A. S. 1 063 808].)

E. I. du Pont de Nemours & Co. (Erfinder: **Edward Terry Cline**), Wilmington, Del., V.St.A., *Herstellung von Formaldehydmischpolymerisaten.* (**Jap. A. S. 2194/1960** vom 21/5. 1957, ausg. 12/3. 1960. — C. **1960.** 6340 [E. P. 807 589].)

Columbia-Southern Chemical Corp., Pittsburgh, Pa. (Erfinder: **Henry Conrad Stevens**, Akron, Ohio), V.St.A., *Herstellung von Polycarbonaten.* (**Jap. A. S. 3400/1960** vom 5/10. 1957, ausg. 9/4. 1960. A. Prior. 5/10. 1956. — C. **1961.** 3169 [E. P. 820 603].)

Union Carbide Corp., New York, N.Y., V.St.A. (Erfinder: **B. Phillips, P. S. Starcher, C. W. McGary jun.** und **C. T. Patrick jun.**), *Härtbare Massen aus Polyepoxiden, Polycarbonsäureanhydriden und Polycarbonsäuren.* (**Belg. P. 557 991** vom 31/5. 1957, ausg. 11/3. 1960. A. Prior. 1/6. 1956. — C. **1960.** 7359 [F. P. 1 179 370].)

Union Carbide Corp., New York, N.Y. (Erfinder: **Fritz Hostettler**, Charleston, und **Leland C. Shriver**, South Charleston, W.Va.), V.St.A., *Herstellung von Lactonaddukten.* (**Jap. A. S. 497/1960** vom 12/4. 1957, ausg. 26/1. 1960. A. Prior. 13/4. 1956. — C. **1962.** 4364 [A. P. 2 914 556].)

Union Carbide Corp., New York, N.Y., V.St.A. (Erfinder: **Benjamin Phillips, Paul Spencer Starcher, Charles Wesley McGary jun.** und **Charles Theo Patrick jun.**), *Herstellung härtbarer, Epoxygruppen enthaltender Polyätherharze.* (**E. P. 832 565** vom 31/5. 1957, ausg. 13/4. 1960. A. Prior. 1/6. 1956. — C. **1960.** 7359 [Oe. P. 204 781].)

Union Carbide Corp., New York, N.Y., V.St.A. (Erfinder: **Benjamin Phillips, Paul Spencer Starcher, Charles Wesley McGary jun.** und **Charles Theo Patrick jun.**), *Herstellung fester Harze auf Basis Bis-(2.3-epoxycyclopentyl)-äther.* (**E. PP. 839 238, 839 239** u. **839 240** vom 18/12. 1957, ausg. 29/6. 1960. Alle A. Prior. 20/12. 1956. — C. **1960.** 9046 [Oe. PP. 204 278, 204 279, 204 783 u. 204 784].)

Union Carbide Corp., V.St.A. (Erfinder: **Fred Noble Hill** und **John Thomas Fitlpatrick**), *Epoxidpolymerisation.* (**F. P. 1 203 757** vom 2/4. 1958, ausg. 21/1. 1960. A. Prior. 5/4. 1957. — C. **1960.** 8363 [A. P. 2 866 761].)

Devoe & Raynolds Co., Inc., übert. von: **Darrell D. Hicks, John E. Masters** und **William J. Belanger**, Louisville, Ky., V.St.A., *Modifizierte Epoxidharze.* (**A. P. 2 934 506** vom 11/6. 1956, ausg. 26/4. 1960. — C. **1960.** 4370 [D. A. S. 1 060 138].)

Union Carbide Corp., New York, N.Y., V.St.A. (Erfinder: **B. Phillips, F. C. Frostick jun., C. W. McGary jun.** und **C. T. Patrick jun.**), *Polymere von 3.4-Epoxycyclohexancarboxylaten von 3.4-Epoxycyclohexylmethyl.* (**Belg. P. 557 665** vom 20/5. 1957, ausg. 11/3. 1960. A. Prior. 24/5. 1956. — C. **1961.** 10385 [A. P. 2 890 209].)

N. V. Onderzoekingsinstituut Research, Arnhem, Holland, *Polyester in Trockenform.* (**E. P. 836 742** vom 5/2. 1958, ausg. 9/6. 1960. Holl. Prior. 20/2. 1957. — C. **1961.** 13023 [Holl. P. 96 018].)

Farbenfabriken Bayer Akt.-Ges., Leverkusen, *Selbstverlöschende Kunststoffe.* (**Belg. P. 568 215** vom 31/5. 1958, ausg. 12/8. 1960. D. Prior. 28/6. u. 17/10. 1957. — C. **1961.** 13739 [D. A. S. 1 089 967].)

Ciba Soc. An., Schweiz, *Rasch härtbare Gemische von Epoxyharzen und Polyamidharzen.* (**F. P. 1 214 185** vom 29/9. 1958, ausg. 7/4. 1960. Schwz. Prior. 11/10. 1957. — C. **1960.** 14535 [Oe. P. 207 120].)

VEB Leuna-Werke „Walter Ulbricht", Leuna (Erfinder: **Alfred Schaffler** und **Ehrhard Fritzsche**), *Herstellung von Polyamiden.* (**E. P. 831 981** vom 3/10. 1956, ausg. 6/4. 1960. — C. **1959.** 320 [Oe. P. 197 082].)

Monsanto Chemical Co. (Erfinder: **Fred Applegath** und **Raymond Amend**), *Herstellung von Polyharnstoffen.* (**Aust. P. 230 539** vom 12/3. 1958, ausg. 27/10. 1960. — C. **1962.** 4005 [D. A. S. 1 109 889].)

Farbenfabriken Bayer Akt.-Ges. (Erfinder: **Günther Loew**), *Herstellung von Polyurethanschaumstoffen.* (**Aust. P. 230 924** vom 26/6. 1958, ausg. 24/11. 1960. A. Prior. 17/7. 1957. — C. **1961.** 2115 [F. P. 1 207 832].)

Imperial Chemical Industries Ltd. (Erfinder: **Guillaume Ward Jamin, Albert Francis Knowles** und **Eric Arthur Packer**), *Herstellung von vernetzten Polyurethanen.* (**Aust. P. 228 534** vom 18/3. 1958, ausg. 30/6. 1960. E. Prior. 22/3. 1957. — C. **1961.** 5983 [F. P. 1 203 647].)

Esso Research and Engineering Co., Elizabeth, N.J., V.St.A. (Erfinder: **Thomas Stanford Tutwiler, William Claude Hollyday jun., James Francis Black** und **Henry Robinson Ertelt**), *Polymerisation ungesättigter stickstoffhaltiger Verbindungen mit γ-Strahlen.* (**E. P. 852 831** vom 15/4. 1957, ausg. 2/11. 1960. — C. **1959.** 5313 [A. P. 2 803 599].)

Union Carbide Corp., New York, N.Y., V.St.A. (Erfinder: **Multon Leon Dunham jun.** und **Clarence Leroy Bitner jun.**), *Herstellung von Organopolysiloxanelastomeren.* (**Jap. A. S. 3384/1960** vom 26/4. 1957, ausg. 9/4. 1960. A. Prior. 30/4. 1956. — C. **1961.** 6703 [Belg. P. 557 114].)

Rohm & Haas Co., Philadelphia, Pa., V.St.A. (Erfinder: **Seymour Salomon Feuer**), *Herstellung thermoplastischer Methylmethacrylat-Butadien-Polymerisate.* (**Jap. A. S. 5996/1960** vom 21/1. 1958, ausg. 28/5. 1960. A. Prior. 30/1. 1957. — C. **1961.** 13741 [D. A. S. 1 100 290].)

Walter Mink, Grundzüge der Spritzgußtechnik. Speyer/Rh.: Zechner. 1961. (196 S. m. 92 Abb. u. 16 Tab.) 8° = Die Kunststoffbücherei. DM 14,80.

XII. Kautschuk

Untersuchung der strukturmechanischen Eigenschaften von Kautschuklatices bei der Gelatinierung. D. M. Ssandomirski und I. D. Pilmenstein. (Каучук и Резина [Kautschuk u. Gummi] **19.** Nr. 11. **5—11.** Nov. 1960. Moskau, Lomonossow-Inst. für chem. Technol.; russ.) — Zur Unters. der Veränderungen der strukturmechan. Eigg. von Latices während der Gelatinierung wurde ein mit automat. Registrierung versehenes Gerät aufgebaut. Naturlatex (I) erweist seine strukturmechan. Eigg. bei Gelatinierung mit ZnO bereits lange vor der Gelbildung. Im Chloropren-Latex (II) erfolgt unmittelbar vor der Gel-Bldg. ein rascher Anstieg der Viscosität. Mit Konz.-Erhöhung des **I** u. der gelatinierenden Mittel u. mit Temp.-Erhöhung wird eine bessere Beständigkeit der gebildeten Strukturen erzielt. Das unterschiedliche Verh. von **I** u. **II** wird diskutiert. — 12 Literaturangaben. C. Kozák. 7222 □

Die Eigenschaften der Copolymeren des Äthylens und Propylens. I. A. Liwschitz, W. N. Reich, K. P. Rjasanzew, K. Ju. Ssalniss, W. W. Ssamoletowa, W. I. Stepanowa und D. I. Schlifer. (Каучук и Резина [Kautschuk u. Gummi] **19.** Nr. 11. 1—5. Nov. 1960. Gummi-Asbest-Kunststoffe **14.** 800—04. Sept. 1961. Allunions-Lebedew-Forsch.-Inst. für synthet. Kautschuk; russ.) — Vff. beschreiben ausführlich die Eigg. des sowjet. Prod. *SKEP* (Copolymerisat aus Äthylen u. Propylen) sowie dessen Eignung für die Herst. von Kautschuk. C. Kozák. 7224 □

Zusammenhänge zwischen der polymeren Struktur und den Eigenschaften von Urethanen. J. H. Saunders. (Rubber Chem. Technol. **33.** 1259—92. Dez. 1960. New Martinsville, Va., Mobay Chem. Co.; engl.) — Die Eigg. hängen von dem Molgew., den intermol. Kräften, der Kristallisation, der Steifheit der Ketteneinheit, der Vernetzungsart u. der Leichtigkeit, mit der die Kettensegmente zu rotieren vermögen, ab. Vf.

erörtert den Einfl. der Struktur von Urethankomponenten, z. B. Äther-, aromat. Ringstruktur, auf den Schmelzpunkt, 2 Gruppen von Elastomeren, Polyesterurethane u. Polyätherurethane, werden besprochen u. schließlich wird auf die entsprechenden Schäume eingegangen. — 30 Literaturangaben. H. Jacobi. 7224□

Die Bildung von Urethan-Schaumstoffen. J. H. Saunders. (Rubber Chem. Technol. **33.** 1293—1322. Dez. 1960. New Martinsville, Va., Mobay Chem. Co.; engl.) — Vgl. vorst. Referat. — Vf. erörtert an Hand der Literatur den Chemismus der Schaum-Bldg. u. Härtung u. geht auf die Rkk. der Isocyanate bzw ihrer Funktion beim Schäumen ein. Als Katalysatoren werden 3 Gruppen genannt: tert. Amine, Sn-Katalysatoren, gemischte Katalysatorsysteme. Nach Eingehen auf die kolloidchem. Gesichtspunkte der Schaum-Bldg. werden die viskoelast. Veränderungen besprochen. — 32 Literaturangaben. H. Jacobi. 7224□

Über die Wirkung von Aktivatoren in Abhängigkeit von der Temperatur der Vulkanisation. M. Ss. Feldstein, P. N. Orlowski und B. A. Dogadkin. (Каучук и Резина [Kautschuk u. Gummi] **19.** Nr. 12. 27—31. Dez. 1960. Forsch.-Inst. der Reifenind.; russ.) — Es wurde die Einw. von *ZnO* u. *Ca(OH)*$_2$ auf die Modulveränderung u. Zerreißfestigkeit von *Butadien-Styrol-* u. *Naturkautschuken* in Abhängigkeit von der Temp. untersucht. Am Beispiel von solchen Gemischen, die verschiedene Typen von akt. Füllmitteln u. Beschleunigern enthielten, wurde festgestellt, daß eine Temp.-Erhöhung von 143 auf 163° in Ggw. von ZnO (als Aktivator), eine Modulerniedrigung der erhaltenen Vulkanisate verursachen kann. In Ggw. von $Ca(OH)_2$ werden dagegen im angeführten Temp.-Intervall Vulkanisate mit höheren Modulwerten erhalten. C. Kozák. 7228□

Hochtemperaturbearbeitung von Ruß als Verstärker von Kautschuk. G. A. Bloch, G. Ss. Grischko und N. N. Podossinnikow. (Известия Высших Учебных Заведений (Иваново), Химия и Химическая Технология [Hochschulnachr. (Iwanowo), Chem. u. chem. Technol.] **2.** 114—22. 1959. Dnepropetrowsk, Chem.-Technol. Inst.; russ.) — Vgl. C. **1960.** 1350. — Vff. untersuchen den Einfl. des Erhitzens von Ruß auf 900, 1200, 1400 oder 1700° auf die physikal.-chem. Eigg. des unter Zusatz dieses Rußes hergestellten Gummis aus Butadien-Styrol- (I) oder Chloroprenkautschuk. Durch das Erhitzen nimmt der Geh. des Rußes an C zu, an H u. O ab, seine spezif. Festigkeit ändert sich; die relative Viscosität der Lsg. von damit versetztem Kautschuk nimmt etwas zu, also nimmt das Adsorptionsvermögen für Kautschuk ab, der Grad der räumlichen Ordnung der Rußstruktur nimmt zu. Am stärksten nehmen die physikal.-mechan. Werte des Gummis ab, wenn auf 1700° erhitzter Gasruß als Zusatz zu I verwendet wird; der Effekt wird auf die Abnahme der Zahl der akt. Zentren der chem. Umsetzung zwischen Ruß u. I, der spezif. Oberfläche u. der Adsorptionsaktivität der Rußstruktur gegenüber I zurückgeführt. R. K. Müller. 7228□

Über den Einfluß der zwischenmolekularen Reaktion auf die Festigkeit der Vulkanisate. W. Je. Gul. (Известия Высших Учебных Заведений (Иваново), Химия и Химическая Технология [Hochschulnachr. (Iwanowo), Chem. u. chem. Technol.] **2.** 109—13. 1959. Moskau, Lomonossow-Inst. für feinchem. Technol.; russ.) — Vgl. C. **1959.** 5316. — In Ziehverss. an dünnen Vulkanisatproben aus synthet. Kautschuk (I; SKN mit verschiedenem Geh. an Acrylnitril) mit u. ohne vorherigen Einschnitt wird die Abhängigkeit der Ermüdungszeit τ von der maximalen Spannung P untersucht; die Kurven log τ — log P stellen als Gerade die Abnahme von τ mit Zunahme von P dar. Mit Zunahme von 1/T (T = Temp.) steigt log τ ebenfalls linear an. Mit zunehmender Intensität der intermol. Umsetzung (Vernetzung) nimmt τ zu u. umgekehrt. Zur Verminderung der intermol. Umsetzung wird I in Dibutyl-, Dimethyl-phthalat u. Dioctylsebacinat gequollen. Ein prinzipieller Unterschied besteht im Einfl. der intermol. Umsetzung bei Vorwiegen chem. oder physikal. Faktoren. R. K. Müller. 7230□

Esso Research and Engineering Co., Elizabeth (Erfinder: Augustus B. Small, Westfield, N.J., Lawrence W. McLean und George O. Hillard jun., Baton Rouge, La.), V.St.A., **Butylkautschukpolymerisate** von hoher Vicosität, die in KW-Stoffen lösl. sind, erhält man, wenn man 70—99,5 (Teile) eines 99,2—99,6%ig. reinen Isoolefins mit 0,5—30 eines Multiolefins in Ggw. von 0,1—0,8 einer 55—60%ig. reinen aromat. Divinyl-Verb., bes. Divinylbenzol, polymerisiert. Die Polymerisate sind frei von unlösl. Gel, eignen sich zur Herst. von stark gefüllten Mischungen u. geben verbesserte Vulkanisate. (**D. A. S. 1 124 697** Kl. 39c vom 25/11. 1960, ausg. 1/3. 1962. A. Prior. 31/12. 1959.) L. Stadelmann. 7225

Phillips Petroleum Co. (Erfinder: Floyd Edmond Naylor), Bartlesville, Okla., V.St.A., **Polybutadien mit 1.2-Addition** erhält man durch Polymerisation von

Butadien in Ggw. eines Katalysators, der $MoCl_5$ u. eine Verb. der Formel R_nM oder $M'-M''H_4$ enthält, worin R Alkyl-, Aryl-, Cycloalkyl-, Aralkyl- oder Alkarylreste bedeutet, M Pb, Zn, Hg oder Ind, M' ein Alkalimetall u. M'' Al oder B ist. — *Kautschukartige Polymerisate.* (**D. A. S. 1 124 699** Kl. 39c vom 5/3. 1959, ausg. 1/3. 1962. A. Prior. 6/3. 1958.) L. STADELMANN. 7225

Pennsalt Chemicals Corp., Philadelphia (Erfinder: Harry Albert, Lafayette Hill), Pa., V.St.A., Zum **Unterbrechen der Emulsionspolymerisation** von *kautschukbildenden,* Butadien oder dessen Derivv. enthaltenden Monomerenmischungen verwendet man ein Monoalkyldithiocarbamat der Formel $RCH_2NHCSSM$, wobei R ein n-Propyl- oder ein Butylrest u. M ein Alkalimetall ist, in einer Menge von 0,025—2,0%, bezogen auf die Monomeren. Das Abbruchsmittel wirkt bes. schnell, die Vulkanisations-Geschw. der Kautschuke wird hierdurch nicht wesentlich verändert. (**D. A. S. 1 124 700** Kl. 39c vom 23/11. 1960, ausg. 1/3. 1962. A. Prior. 16/12. 1959.) L. STADELMANN. 7225

Phillips Petroleum Co., Del., übert. von: Fredrick M. Smith, Rosamond, Calif., und James E. Pritchard, Bartlesville, Okla., V.St.A., **Modifizieren von synthetischem Kautschuk mit Vinylcyclohexanthiol.** Man polymerisiert 100 (Teile) Butadien/Styrol mit 0,3—1,6 Vinylcyclohexanthiol (I) in wss. Emulsion in Ggw. von Persulfaten bei 50° oder man setzt Polybutadien in Latexform oder in Lsg. bei 50° mit I in Ggw. von O_2 um u. erhält je nach der eingeführten Menge I ein kautschukartiges Prod. von niedrigem MOONEY-Wert oder ein harzartiges Polymeres. Beide Prodd. sind im wesentlichen *ölfest.* (**A. P. 2 973 345** vom 30/7. 1957, ausg. 28/2. 1961.) L. STADELMANN. 7227

Phoenix Gummiwerke Akt.-Ges. (Erfinder: Reinhard Meyer), Hamburg, **Herstellung von Polyäthern** aus 2.6-Dimethylol-Verbb. einwertiger Phenole, dad. gek., daß man 2.6-Dimethylol-Verbb. einwertiger Phenole, die in 4-Stellung substituiert sind, in Ggw. von Halogen-H-Säuren als Kondens.-Mittel bei 80—130° mit zweiwertigen Alkoholen polykondensiert. — 16,8 g 2.6-Dimethylol-4-methylphenol u. 9,0 g 1.3-Butylenglykol werden 8 Std. lang in Ggw. von 0,1 cm^3 konz. HCl auf dem Wasserbad erhitzt, wobei man nach Reinigung des Prod., durch Lösen in Essigester (I), Waschen mit W., Trocknen u. Abdest. von I 20 g eines chlorfreien, klaren, weichbrüchigen Ätherharzes mit einem Molgewicht von 1080 erhält. *Weich-* u. *Klebrigmacher* für *Mischungen aus synthet. Kautschuk.* Mit 3—4wertigen Methyl-Verbb. ergeben die Prodd. harte, glänzende, kratz-, stoß- u. schlagfeste Filme. (**D. A. S. 1 121 816** Kl. 39c vom 1/4. 1960, ausg. 11/1. 1962.) J. MÜHLEISEN. 7227

Imperial Chemical Industries Ltd., London (Erfinder: Kenneth John Brimley, Stevenston, Ayrshire, und Robert Archibald Gardner, Thornliebank, Glasgow), England, **Herstellen eines Walzenbelages,** dad. gek., daß eine Mischung aus Organopolysiloxankautschuk kontinuierlich in einen von dem drehbar angeordneten, zu überziehenden Walzenkern u. einer frei drehbaren Walze gebildeten Walzenspalt eingeführt wird, bis die gewünschte Dicke des Belages erreicht ist, u. danach der Belag durch Erwärmen vulkanisiert wird. Der Organopolysiloxankautschukmischung können Füllstoffe, Pigmente, Weichmacher u. Härtungsmittel beigemischt sein. (**D. A. S. 1106947** Kl. 39a vom 8/12. 1959, ausg. 18/5. 1961. E. Prior. 8/12. 1958 u. 20/11. 1959.) H. NATHER. 7231

Hercules Powder Co., Wilmington, Del. (Erfinder: **Robert Maurice Brooks,** Milltown, N.J., und **Vernon Robert Grassie,** Willowdale, Kennett Square, Pa.), V.St.A., *Herstellung von Chlorkautschuk.* (**D. A. S. 1 128 641** Kl. 39b vom 5/5. 1956, ausg. 26/4. 1962. A. Prior. 27/6. 1955. — C. **1959.** 17524 [E. P. 793 663].)

General Aniline & Film Corp., New York, N.Y. (Erfinder: **George Green Stoner,** Easton, Pa., **Julian Louis Azorlosa,** Westbury, Long Island, N.Y., und **Charles Peter Albus,** Easton, Pa.), V.St.A., *Wärmesensibilisierte Kautschukmilchmischung.* (**D. A. S. 1 128 642** Kl. 39b vom 4/9. 1956, ausg. 26/4. 1962. A. Prior. 9/9. 1955. — C. **1959.** 11749 [A. P. 2 805 210].)

B. F. Goodrich Co., New York, N.Y. (Erfinder: **Joseph Bruce Hoertz,** Cuyahoga Falls, Ohio), V.St.A., *Herstellung stabiler Latices.* (**D. A. S. 1 122 259** Kl. 39c vom 29/6. 1956, ausg. 18/1. 1962. A. Prior. 30/6. 1955. — C. **1959.** 17522 [A. P. 2 847 404].)

General Tire & Rubber Co. (Erfinder: **Jean Paul Ferrin**), Akron, Ohio, V.St.A., *Weichmachen von synthetischen Kautschukarten.* (**D. A. S. 1 127 073** Kl. 39b vom 25/3. 1954, ausg. 5/4. 1962. A. Prior. 9/4. 1953. — C. **1957.** 13497 [A. P. 2 776 693 u. E. P. 759 792].)

XIII. Ätherische Öle. Parfümerie. Kosmetik

Einige theoretische und praktische Fragen über die Herstellung von terpenfreien flüchtigen Ölen. Radomir Lásztity, János Nedelkovits und Nándor Bogyó. (Élelmezési Ipar [Lebensmittel-Ind.] **16.** 80—84. März 1962. Budapest, TU, Lehrst. Lebensm. Chem.; ung.) — Die O-Verbb. u. Sesquiterpene können von den Terpen-KW-

Stoff-Verbb. des Citronen- u. Apfelsinenöls in einer Dest.-Kolonne mit niedriger theoret. Bodenzahl mit gutem Wrkg.-Grad getrennt werden. Die Dest.-Temp. ist hoch, auch Hochvakuum verhindert die Verminderung des Wertes des flüchtigen Öles nicht. Durch ein kombiniertes Extraktions-Dest.-Verf. können die O enthaltenden Terpen-Derivv. u. die Sesquiterpenfraktion scharf getrennt werden, wodurch sich ein Prod. entsprechender Qualität ergibt. Am besten hat sich die chromatograph. Meth. erwiesen, wobei die Trennung der O enthaltenden Verbb. durch Adsorption an Silicagel erfolgt.
K. GÄRTNER. 7262

Die ätherischen Öle der Podocarpaceae Neuseelands. 3. Mitt. **Podocarpus nivalis und Dacrydium laxifolium.** J. Murray. (J. appl. Chem. **10.** 366. Sept. 1960. New Zealand, Univ. of Otago, Chem. Dep.; engl.) — 2. vgl. C. **1962.** 12492. — Bei *Dacrydium laxifolium* ergab die Dest. von 1400 g der ganzen Pflanze 0,672 g eines weißen festen Öles, das fast ausschließlich aus (+)-*Phyllocladen*, F. 96°, bestand. Die Ggw. einer Spur α-*Pinen* wurde nur durch das IR-Spektrum belegt. 280 g Blätter u. Zweige von *Podocarpus nivalis* lieferten beim Dest. 0,9 g eines schwach gelben festen Öles, dessen Hauptkomponente ebenfalls (+)-*Phyllocladen* war. Weiterhin waren ein nicht identifiziertes Sesquiterpen, *Myrcen* u. vermutlich (—)-α-*Pinen* Bestandteile dieses Öles.
G. LOSSNER. 7262□

Beitrag zum Studium einiger Organextrakte. Jean M. Cotte. (Parfümerie u. Kosmet. **40.** 280—85. Mai 1959. France Parfumes **1.** Nr. 5. 8—15. Aug. 1958. Lyon, Hosp. Civiles; dt.) — Wss. Extrakte (Typ FILATOV), total lyophilisierte Extrakte u. Glycerin-Glykol-Extrakte von Humanplacenta, Rinderembryo u. Rinderbindegewebe wurden hergestellt u. chem. durch papierchromatograph. Best. der in ihnen enthaltenen Aminosäuren sowie biolog. durch Best. ihres Einfl. auf Gemüsewachstum u. durch klin. Experimente in der Gewebetherapie untersucht. Vf. bringt Vorschläge u. prakt. Hinweise für die Verw. solcher Extrakte bei der Herst. kosmet. Präparate. H. SONTAG. 7284

Organextrakte und ihre Anwendung in Dermatologie und Kosmetik. J. Cotte. (Parfumerie, Cosmét., Savons **3.** 135—41. April 1960. Riv. ital. Essenze, Profumi, Piante officin, Olii veget., Saponi **41.** 419—23. Sept. 1959; franz.) — Vgl. vorst. Referat. — Übersicht über lyophilisierte Extrakte u. Extrakte des FILATOV-Typs u. deren Anwendung in der Kosmetik.
E. LÜCK. 7284□

Eine neuartige Theorie über das Make-up. Widerstand der kosmetischen Rohstoffe und des Fertigprodukts. François Peyron. (Seifen-Öle-Fette-Wachse **85.** 739—43. 25/11. 1959; dt.) — Inhaltlich ident. mit der C. **1960.** 6347 referierten Arbeit.
H. SPOHN. 7284□

Untersuchungen zur Mikroanalyse ätherischer Ölbestandteile. 4. Mitt. **Der Tüpfeltest ätherischer Ölbestandteile mit Antimonpentachlorid.** Keiichiro Hayashi und Yohei Hashimoto. (Pharmac. Bull. [Tokyo] **5.** 611—13. Dez. 1957. Kyoto, Univ., Med. Fac., Pharm. Inst.; engl.) — 3. vgl. Pharmac. Bull. [Tokyo] **5.** [1957.] 74. — Zahlreiche Bestandteile äther. Öle (Geraniol, Nerol, Citronellol, Linalool, Terpineol, Borneol, Eugenol, Geranyl-, Linalyl-, Bornylacetat, Methylanthranilat, Anisaldehyd, Citral, Citronellal) lassen sich durch einen Tüpfeltest auf Filtrierpapier mit einer 10%ig. Lsg. von $SbCl_5$ in trockenem Chlf., das 0,01% J enthält, durch charakterist. Färbungen nachweisen. Der J-Zusatz beschleunigt stark die Farbentw., auch erweist sich dieses Reagens einer 30%ig. $SbCl_3$-Lsg. in Chlf. hinsichtlich der Empfindlichkeit überlegen. Carbonyl-Verbb. werden vorher durch Auftropfen einer 20%ig. $NaHSO_3$-Lsg. in der Mitte des Flecks fixiert; andere Verbb. werden dadurch an die Peripherie des Fleckes gespült, was die Differenzierung der Farben erleichtert. Aus Drogen (0,5 g) gewinnt man ein Wasserdampfdestillat, das mit 2 ml Ae. extrahiert u. wie oben weiterverarbeitet wird.
WINFRIED KRÜGER. 7286□

Untersuchungen zur Mikroanalyse ätherischer Ölbestandteile. 5. Mitt. **Bestimmung ätherischer Ölbestandteile durch Papierelektrophorese.** Keiichiro Hayashi. (Pharmac. Bull. [Tokyo] **5.** 518—24. Dez. 1957; engl.) — 4. vgl. vorst. Referat. — Vff. untersuchten ausführlich die Möglichkeiten zur Trennung von Bestandteilen äther. Öle durch Hochspannungspapierelektrophorese (500—8000 V) an silicon- oder $NaHSO_3$-imprägnierten Papieren u. durch Wahl verschiedener Elektrolyte. Terpenalkohole (Borneol, Citronellol, Geraniol, Linalool, Menthol, Nerol) sowie andere Alkohole (Methyl-, Benzyl-) werden als Anthranilate, Hydrogenphthalate oder Borate getrennt. Terpenaldehyde u. -ketone (p-Toluylaldehyd, Citral, α-Ionon, Carvon) lassen sich an imprägnierten Papieren in $NaHSO_3$-Lsg. trennen. Ebenso wird bei aromat. Aldehyden (Vanillin, Methyl- u. Äthylvanillin, Heliotropin, Anisaldehyd) u. den Cumarin(I)-Derivv. [I, 4.7-Dihydroxy-I, Umbelliferon (II), 4-Methyl-II u. II-Methyläther]-verfahren. Andere Aldehyde u. Lactone werden als $HgCl_2$–$CdCl_2$-Addukte in $HgCl_2$-Lsg. getrennt. Die

Sichtbarmachung der gewanderten Substanzen erfolgt mit bekannten Reagentien oder durch Betrachtung der Pherogramme im Ultraviolettlicht. Für alle untersuchten Substanzen sind tabellar. die Wanderungsstrecken unter verschiedenen Bedingungen (Puffer, Spannung, Papierimprägnierung) sowie die Fleckenfarbe nach Entwickeln mit den speziellen Reagentien angegeben. Winfried Krüger. 7286□

Alfred T. Blomquist und Joseph Wolinsky, Ithaca, N.Y., V.St.A., **Cycloalken-(1)-one-(9)** erhält man durch partielle Red. von Cyclotetradecandion-(1.8), Cyclohexadecandion-(1.9) u. Cyclooctadecandion-(1.10) mit H_2 in essigsaurer Lsg. in Ggw. von vorred. Adams-PtO_2-Katalysator (fein verteiltes Pt), Abfiltrieren des Katalysators. Entfernen der Essigsäure im Vakuum, Aufnehmen des Rückstandes in Hexan, Abfiltrieren einer geringen Menge von gebildetem Cycloalkandiol, Abkühlen der filtrierten Hexan-Lsg. auf 0—5°, Abtrennen des Kristallisats, Adsorption des Filtrats an einer Magnesol-Celite-Kolonne, Eluieren mit einer Pentan–Benzol- u. dann Chlf.–Benzol-Mischung, Kristallisation des Chlf.-Benzol-Eluats, Vereinigung der beiden Kristallisate, Dehydratisieren des z. B. in 61%ig. Ausbeute erhaltenen *9-Hydroxycyclohexadecanons*, feine flockige Nadeln, F. 76—77°, bzw. des *10-Hydroxycyclooctadecanons*, F. (aus Pentan) 80—81°, mit $KHSO_4$ durch 5 Min. langes Erhitzen auf 250°, Abkühlen des Gemisches, Extraktion mit Pentan, Eindampfen der Pentan-Lsg. u. Dest. des als Rückstand erhaltenen alicycl. ungesätt. Ketons, z. B. von *Cyclohexadecen-(1)-on-(8)*, F. 17—22°; (Ausbeute) 80%, oder *Cyclooctadecen-(1)-on-(9)*, F. (nach Sublimation) 40—41°; 66%. — *Moschusriechstoffe.* (**A. P. 2 790 005** vom 9/12. 1955, ausg. 23/4. 1957.)
R. Hauss. 7277

Soc. des Usines Chimiques Rhône-Poulenc (Erfinder: Marc Julia), Paris, Frankreich, **Herstellung von ungesättigten Alkoholen** der allg. Formel **I**, in der R einen Alkylrest (bes. Methyl- oder Äthylrest), R_2 einen Alkylrest (bes. mit 1—3 C-Atomen), R_1 ein H-Atom, einen Alkylrest (bes. mit 1—4 C-Atomen) oder einen Aralkylrest (Benzylrest) u. n eine ganze Zahl $\leqq 3$ bedeuten, wobei die in Klammern folgenden Gruppen ident. oder verschieden sein können, dad. gek., daß man einen Alkohol der allg. Formel **II** mit einer konz. Halogenwasserstoffsäure, bes. 48%ig. HBr, unter Öffnung des Cyclopropanrings in das Halogen-Deriv. der allg. Formel **III** u. dieses dann in den Alkohol **I** überführt, zweckmäßig über das Br-Deriv., aus dem man durch Erhitzen mit wasserfreiem Alkaliacetat das Acetyl-Deriv. erhält, welches durch Kochen

I II III

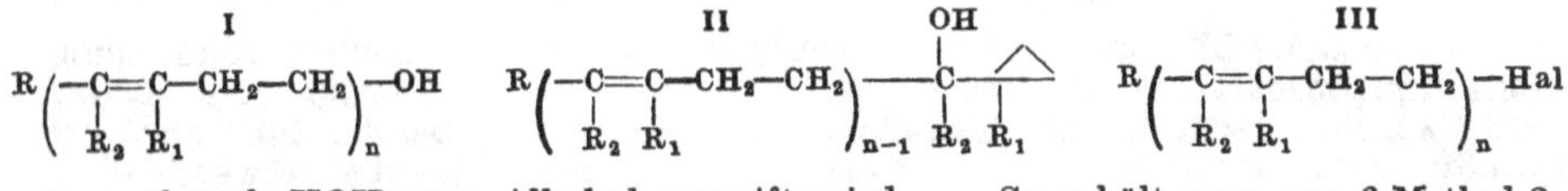

mit methanol. KOH zum Alkohol verseift wird. — So erhält man aus 6-Methyl-2-cyclopropylhepten-(5)-ol-(2), $Kp._1$ 72°, → 1-Brom-4.8-dimethylnonadien-(3.7), $Kp._1$ 88 bis 92°, → Acetoxy-Deriv., $Kp._1$ 99—102°, → *4.8-Dimethylnonadien-(3.7)-ol-(1)*, $Kp._1$ 96°, $Kp._{0,25}$ 74—75°, $n_D^{24,5}$ 1,4726; 6.10-Dimethyl-2-cyclopropylundecadien-(5.9)-ol-(2), $Kp._1$ 128—132°. → 1-Brom-4.8.12-trimethyltridecatrien-(3.7.11), $Kp._{0,35}$ 120—124°, n_D^{22} 1,4990, → Acetoxy-Deriv., $Kp._{0,15}$ 105—108°. → *4.8.12-Trimethyltridecatrien-(3.7.11)-ol-(1)*, $Kp._{0,4}$ 115°, $n_D^{22,5}$ 1,4862; 6-Methyl-2-cyclopropylocten-(5)-ol-(2) → 1-Brom-4.8-dimethyldecadien-(3.7), $Kp._{15}$ 115—117°, n_D^{19} 1,4885, → Acetoxy-Deriv., $Kp._{24}$ 150 bis 152°, $n_D^{17,5}$ 1,4627, → *4.8-Dimethyldecadien-(3.7)-ol-(1)*, $Kp._{25}$ 140—140,5°, $n_D^{20,5}$ 1,4739; 6.10-Dimethyl-2-cyclopropyldodecadien-(5.9)-ol-(2), $Kp._{0,09}$ 120—122°, → 1-Brom-4.8.12-trimethyltetradecatrien-(3.7.11), $Kp._{0,15}$ 130—134°, $n_D^{18,5}$ 1,4976, → Acetoxy-Deriv., $Kp._{0,125}$ 115—119°, $n_D^{19,5}$ 1,4795, → *4.8.12-Trimethyltetradecatrien-(3.7.11)-ol-(1)*, $Kp._{0,45}$ 122—124°, n_D^{17} 1,4866; 5.6-Dimethyl-2-cyclopropylhepten-(5)-ol-(2) → 1-Brom-4.7.8-trimethylnonadien-(3.7), $Kp._{1,2}$ 96—98°, n_D^{18} 1,4931, → Acetoxy-Deriv., $Kp._{0,35}$ 87°, n_D^{20} 1,4660, → *4.7.8-Trimethylnonadien-(3.7)-ol-(1)*, $Kp._{0,7}$ 93°, n_D^{22} 1,4780; 6.9.10-Trimethyl-2-cyclopropylundecadien-(5.9)-ol-(2) → 1-Brom-4.8.11.12-tetramethyltridecatrien-(3.7.11), $Kp._{0,5}$ 104—109°, n_D^{21} 1,4973, → Acetoxy-Deriv., $Kp._{0,05}$ 110°, n_D^{20} 1,48, → *4.8.11.12-Tetramethyltridecatrien-(3.7.11)-ol-(1)*, $Kp._{0,25}$ 115°, n_D^{21} 1,4897. — Verw. in der Riechstoffindustrie. (**D. A. S. 1 119 256** Kl. 12o vom 5/8. 1959, ausg. 14/12. 1961. F. Prior. 5/8. 1958 u. 8/7. 1959.) W. Gräger. 7277

Samuel de Benveniste, Seine, Frankreich, **Herstellung von Parfüms in fester Form.** Man vermischt durch Zusammenschmelzen eine äther. Öle adsorbiert enthaltende Fettsubstanz mit einer wachsartigen Substanz (z. B. Carnauba-, Candellila-, Bienenwachs, Paraffin, Ceresin, synthet. Wachs). (**F. P. 1 150 041** vom 25/4. 1956, ausg. 6/1. 1958.) T. Oppermann. 7277

Dow Corning Corp., übert. von: **Charles W. Todd**, Midland, Mich., V.St.A., *Körperpuder*. (**Can. P. 558 947** vom 23/6. 1956, ausg. 17/6. 1958. A. Prior. 23/11. 1955. — C. **1958**. 10798 [D. A. S. 1 021 540].)

Dresset Corp., New York, N.Y. (Erfinder: **Karl H. Mamlok** und **Milton H. Schwarz**, Morristown, N.J.), V.St.A., *Fixiermittel für natürlich oder künstlich gewelltes Haar*. (**Schwz. P. 360 167** vom 27/5. 1957, ausg. 30/3. 1962. — C. **1958**. 11093 [A. P. 2 793 980].)

Ciba Akt.-Ges., Basel, Schweiz, *Herstellung von Aerosol-Spray-Haarpflegemitteln*. (**Oe. P. 215 083** vom 21/3. 1958, ausg. 10/5. 1961. Schwz. Prior. 22/3. 1957. — C. **1961**. 10004 [D. A. S. 1 095 467].)

XIV. Zucker. Kohlenhydrate. Stärke

Übersicht über die Verluste am Lagerplatz. Alessandro Pasetti. (Ind. saccarif. ital. **52**. 485—92. Nov./Dez. 1959; ital.) — Vf. untersucht die Ursachen der Polarisationsminderung bei den in die Fabriken gelieferten Zuckerrüben u. den Rübenschnitzeln nach der automat. Wägung. Die während der Saison gemachten Beobachtungen ermöglichen, die Verluste folgenden Faktoren zuzuschreiben. Fehler bei der Analyse, Lagerung in den Silos u. Endwäsche. Die Schlußwägung zeigt die exakten Verlustwerte. — 15 Literaturangaben. G. PLATZER. 7406□

Die Sedimentation von trüben Suspensionen bei der Klärung mit Kohle. A. R. Giona und E. Mariani. (Ind. saccarif. ital. **52**. 272—81. Mai/Juni 1959. Roma, Univ., Ist. di Chim. appl. e. ind.; ital.) — Die Unterss. über die Gültigkeit der Beziehungen, die die Sedimentations-Geschw. für kristalline Materialien mit gleichförmiger Korngröße im Falle der trüben Suspensionen bei der Klärung mit Kohle ausdrücken, zeigen, daß die Gleichung von ROBINSON [1926] auch für diese Suspensionen (carbonisierte Zuckersäfte) anwendbar ist. G. PLATZER. 7412□

Vergleich zwischen statischer und zentrifugaler Filtration und Dekantation. 1. Mitt. Alberto Paratella. (Ind. saccarif. ital. **52**. 493—99. Nov./Dez. 1959. Padova, Univ., Ist. di Impianti ind. chim.; ital.) — Vf. weist auf den „Trennfaktor" S von BLOCK [1931] bzgl. des Vgl. zwischen stat. u. zentrifugaler Dekantation hin u. wendet ihn auf Filtrationsprozesse in der Zuckerindustrie an. — 15 Literaturangaben. G. PLATZER. 7412□

Einige technische Aspekte der Verwendung unglasierter keramischer Röhrenfilterelemente bei der Behandlung des zweiten Saturationssaftes und von Feinsirup bei der Weißzuckerfabrikation. Wei Chen und S. H. Wu. (Rep. Taiwan Sugar Exp. Stat. **1961**. 143—51. Mai; chin., Auszug: engl.) — Aufzählung einiger techn. Gesichtspunkte bei der Saft- u. Sirupfiltration in Weißzuckerfabriken. M. REIHER. 7412□

Untersuchung über die relative Nutzbarkeit von Ammoniumsulfat, Ammoniumchlorid und Harnstoff durch Zuckerrohr. P. Tsai und T. R. Sheng. (Rep. Taiwan Sugar Exp. Stat. **1961**. 55—65. Mai; chin., Auszug: engl.) — Bei der Zuckerrohrsorte NCo: 310 wurde untersucht, wie die Zuckererträge von der Art des verwendeten N-Düngers abhängen (60 kg/ha P; 100 kg/ha K; 0,90, 135, 180 kg/ha N). Unter 126 kg N/ha spricht NH_4Cl am besten an, darüber $(NH_4)_2SO_4$. Harnstoff liefert in allen Fällen die niedrigsten Erträge. — 10 Literaturangaben. M. REIHER. 7440□

Erstellung von Nomogrammen für Kationenaustauscher-Charakteristiken im Zuckerrohrbetrieb. Wei Chen und S. H. Wu. (Rep. Taiwan Sugar Exp. Stat. **1961**. 153—57. Mai; chin., Auszug: engl.) — Zur betrieblichen Überwachung des Entkalkens von Dünnsaft mittels Kationenaustauschern werden Nomogramme angegeben, die die einzelnen, das Verf. beeinflussenden Faktoren berücksichtigen. Die Kapazität eines Harzes hängt hauptsächlich von der Menge, der Konz. u. der Wirksamkeit des Regenerierungsmittels ab, ferner von der Wertigkeit der im Saft vorhandenen Härtebildner. M. REIHER. 7440□

Ablaufverwertung und Abwasserreinigung in der Stärkeindustrie. K. R. Dietrich. (Stärke **13**. 11—19. Jan. 1961. Berlin-Dahlem; dt.) — Vf. stellt fest, daß bei der Aufarbeitung von Abwässern der Mais-, Weizen- u. Kartoffelstärke-Herst. durch übliche biolog. Verff. oder durch Verregnung usw. noch hohe Stoffverluste oder Kosten entstehen. Es wird vorgeschlagen, in den Abläufen anaerob Vitamin-B_{12}-bildende Organismen wie *Bacillus propioni Freudenreichii* bzw. *Shermanii* oder dgl. zu züchten, wobei ein Vitamin-B_{12}-reiches, durch seinen Propionsäure-Geh. haltbares Wachstums- u. Mastbeifuttermittel mit hoher APF-Wrkg. gewonnen wird, das mit den durch therm. Konz. der Abläufe erhaltenen Eiweiß-Prodd., Pülpe usw., gemischt werden kann. Da die Enzym-Syst. vorst. Organismen die bei der Säurehydrolyse nicht abgebauten Oligosaccharide u. wahrscheinlich auch die Gentiobiose zu assimilierbaren Zuckern abbauen, wird die Stärkeindustrie dadurch aller Abwassersorgen enthoben. Es wird noch auf die mögliche biolog. Anreicherung von Gibberellin in den Abläufen hingewiesen. — 29 Literaturangaben. G. VOGEL. 7448□

Glutamin, Glutaminsäure und deren Anhydrid. Guido Noto la Diega. (Ind. saccarif. ital. **52.** 294—301. Mai/Juni 1959. Palermo, Univ., Ist. di Chim. ind. e Padova, Univ., Ist di Impianti chim; ital.) — Das umkehrbare Syst. Glutaminsäure (I)-Pyrrolidoncarbonsäure wurde bei pH 3—13 untersucht u. die kinet. Wechselbeziehungen der Dehydratisierungs- u. Hydrolyse-Rkk. bestimmt. Die Verss. ergeben auf Grund der bei der Herst. der verschiedenen Prodd. ausgeführten Best. ein Bild der verschiedenen N-Formen, ausgehend vom Glutamin der Zuckerrüben bis zu den für die Rückgewinnung von I bestimmten Melasseschlempen. — 12 Literaturangaben. G. PLATZER. 7470□

Untersuchung der thermophysikalischen Eigenschaften der Zuckerlösungen. A. M. Tscherny. (Известия Высших Учебных Заведений (Краснодар), Пищевая Технология [Hochschulnachr. (Krasnodar), Nahrungsmittel-Technol.] **1960.** Nr. 3. 150 bis 157. Kiew, Technol. Inst. für Nahrungsmittelind.; russ.) — Vf. beschreibt eine neue Meth. zur komplexen Messung der thermophysikal. Koeff. von Flüssigkeiten. Die theoret. Grundlagen der Meth. sowie die Konstruktion der Meßapp. werden angegeben. Die Meth. wird zur Unters. der thermophysikal. Eigg. der bei der Zuckerfabrikation anfallenden Prodd. vorgeschlagen. H.-P. PIETSCH. 7470□

Beiträge zum Problem der analytischen Charakterisierung von reinstem und Handelszucker. Giorgio Mantovani. (Ind. saccarif. ital. **52.** 282—93. Mai/Juni 1959; ital.) — Übersicht über den Unterschied zwischen den Eigg. von Handels- u. analysenreinem Zucker, die Meth. zur Best. der Qualität u. chem. Zus. des Zuckers (Veraschung, Ionenaustauscherharze, Radioisotopen, konduktometr., spektrophotometr., papier- u. gaschromatograph. Meth., Elektrophorese), die Best. der reduzierenden Zucker (chromatograph. Ultramikro-Meth.) u. der Feuchtigkeit unter bes. Berücksichtigung der Messung der DK. — 37 Literaturangaben. G. PLATZER. 7488□

Vergleich des Wertes verschiedener Methoden zur Bestimmung der Fettsubstanz in Milchzucker. José A. Marini, Aldo Polizza und Enrique A. Pellegrini. (Ind. lechera **41.** 16. 18. 20. 30. Jan. 1959; span.) — Von den verglichenen Meth. der Fett-Best. in Milchzucker gibt das Verf. von ROSE u. GOTTLIEB die niedrigsten, das von DENIGES die höchsten Werte; die dazwischen liegenden Werte des modifizierten Verf. von GERBER (mit Butyrometer, H_2SO_4) liegen dem mathemat. Mittel am nächsten. Dieses Verf. erscheint zur offiziellen Einführung am geeignetsten. R. K. MÜLLER. 7488□

Säure-butyrometrische Bestimmung der Fettsubstanz in Milchzucker. Félix Miasnik Gerber. (Ind. lechera **41.** 252—54. Juni 1959; span.) — Für die Best. des Fett-Geh. in Milchzucker (I) werden 5,5 g I mit 3 ml dest. W. von 90° mittels eines Glasstabes digeriert, 4mal mit je 1 ml W. gewaschen u. die gesammelten Lsgg. in ein Butyrometer mit 10 ml H_2SO_4 vom spezif. Gew. 1,7744 gegeben, nach Zusatz von 1 ml Amylalkohol geschüttelt, nach Öffnen zum Entweichen der Gase in einem Wasserbad von 60° 5—10 Min. lang erwärmt, 15 Min. lang zentrifugiert, nochmals 5 Min. lang erwärmt, abgelesen u. das Ergebnis mit 2 multipliziert; man erhält so g Fett auf 100 g I. R. K. MÜLLER. 7488□

Untersuchungen über die Chromatographie von Stärken. 6. Mitt. **Über den Amylosegehalt von Reisstärken während der Reifungszeit.** Motoji Taki. (J. agric. chem. Soc. Japan [Nippon Nōgei-Kagaku Kaishi] **33.** 778—81. 15/8. 1959. Mie Daigaku, Nōgaku-Bu.; jap.) — 5. vgl. C. **1962.** 7490. — 1 Woche nach der Blütezeit des Reises bis zu seiner Ernte wurde während der 8 Wochen wöchentlich sein Geh. an *Amylose* papierchromatograph. bestimmt, der von 18% bis auf 22,4% in der 3. Woche anstieg u. sich später fast auf der gleichen Höhe hielt. F. MOSSNER. 7490

Untersuchungen über die Chromatographie von Stärken. 7. Mitt. **Über die Eignung von Amylosefällungsmitteln zur Trennung von Amylose und Amylopektin.** Motoji Taki. (J. agric. chem. Soc. Japan [Nippon Nōgei-Kagaku Kaishi] **33.** 781—85. 15/8. 1959; jap.) — 6. vgl. vorst. Referat. — Von den 9 zur Trennung aus Reisstärke isolierten Gemischen von *Amylose* u. *Amylopektin* benutzten Fällungsmitteln *n-Butanol, Isoamylalkohol, n-Amylalkohol* (I), *n-Octylalkohol, Laurylalkohol, Thymol* (II), *Cyclohexanol, Methylcyclohexanol* (1 : 2) u. Menthol eignen sich am besten I u. II. F. MOSSNER. 7490

Ario Bonelli, Mailand, Italien, **Gewinnung von Zucker aus Zuckerrüben,** dad. gek., daß man in der 1. Stufe die zerkleinerten Rüben mit Kalkmilch (≧0,8% CaO, bezogen auf das Gewicht der Rüben) behandelt. Das Filtrat kann durch Behandlung mit CaO u. CO_2 u./oder mit Ionenaustauschern weiter gereinigt werden. (**It. P. 534 077** vom 2/7. 1954.) K. KOEBKE. 7413

Dow Chemical Co., übert. von: Leonard J. Lefevre und William I. Childs, Midland, Mich., V.St.A., **Entfärbung von Rohzuckersäften,** gek. durch die Behandlung der Rohsäfte mit einem unlösl., vernetzten Copolymeren eines Monovinylaryl-KW-Stoffes (mit der Vinylgruppe als einziger ungesätt. Gruppe) u. 0,2—20% einer copolymerisierbaren, vernetzend wirkenden Verb. mit mindestens 2 $CH_2{=}C$-Gruppen, wobei am Arylkern des Copolymeren $-CH_2-N-$Methylglucamingruppen sitzen. (**A. P. 2 970 071** vom 19/2. 1959, ausg. 31/1. 1961.) A. GRADL. 7413

American Sugar Refining Co., New York, übert. von: William M. Grosvenor jun., Pelham, N.Y., V.St.A., **Reinigung von Rübenzuckersäften,** dad. gek., daß die aufwärtsströmenden Säfte im Gegenstrom mit einer Absorptionskohle mit ausflockender Wrkg. behandelt werden. — Zeichnung. (**A. P. 2 969 297** vom 22/6. 1959, ausg. 24/1. 1961.) A. GRADL. 7413

Spreckles Sugar Co., San Francisco, übert. von: Richard A. McGinnis, San Rafael, Calif., V.St.A., **Reinigung von Rübenzuckersäften,** gek. durch eine progressive u. kontrollierte Behandlung der Säfte in einer Batterie von Absorptionskohlen mit ausflockender Wirkung. (**A. P. 2 969 298** vom 22/6. 1959, ausg. 24/1. 1961.) A. GRADL. 7413

Breda Elettrotecnica e Locomotive S. p. A., Sesto Giovanni, Mailand, Italien, **Aufarbeitung von Rübenzuckermelasse.** Man beseitigt oder vermindert die Giftigkeit der bei der Melasseverbrennung im TOMLINSON-Ofen entstehenden Salze, indem man während der Verbrennung in den Ofen Fe oder S oder deren Verbb. einführt. Die Zusätze können auch in die Salzschmelze am Ausgang des Ofens gemischt werden. (**It. P. 533 706** vom 24/10. 1953.) K. KOEBKE. 7419

Corn Products Co., Del., übert. von: Ralph W. Kerr, Riverside, und Frank C. Cleveland, Chicago, Ill., V.St.A., **Anorganische Orthoester der Stärke** erhält man bei der Rk. von nichtgelatinierter Stärke mit der wss. Lsg. eines Salzes einer anorgan. mehrwertigen Orthooxosäure, wie der Phosphor-, Arsen-, Bor- u. Schwefelsäure, zwischen 160—200° u. einem pH von 4—8,5. Nach dem Vermischen der Ausgangsstoffe in dem wss. Medium wird der Brei filtriert u. der Feuchtigkeits-Geh. auf ca. 20% eingestellt. In manchen Fällen ist es angezeigt, dem Gemisch aus Stärke u. Mineralsäure Stoffe, wie Na_2SO_4, K_2SO_4, NaCl, zuzusetzen, welche die Gelatinierungs-Temp. erhöhen. (**A. P. 2 961 440** vom 23/1. 1956, ausg. 22/11. 1960.) G. KÖNIG. 7449

Kiichiro Ensei und Hisae Takeuchi, Tokyo, Japan, **Herstellung von Stärkederivaten.** Man läßt auf 100 (Gew.-Teile) wasserfreie Stärke 10—100 Benzylchlorid, 10—40 $ClCH_2COOH$ oder deren Salze, 40—80 Alkali (NaOH) u. 100—300 W. u./oder organ. Lsgm., wie Alkohole, Aceton, Bzl., einwirken. — Zu 10 gereinigter oder mit HCHO vorbehandelter Stärke gibt man unter gutem Rühren in 50 Min. 100 Benzylchlorid u. 10 $ClCH_2COONa$ in 100 W., dann in 70 Min. 80 NaOH in 200 W. u. hält $<70°$. (**Jap. A. S. 5099/1960** vom 28/12. 1956, ausg. 13/5. 1960.) M. PANKOW. 7449

Corn Products Co., Del., übert. von: Eugene F. Paschall, Orland Park, und William H. Minkema, La Grange, Ill., V.St.A., **Gelatinierte Cyanäthyläther der Stärke** erhält man bei Rk. von nicht gequollener granulierter Stärke in einem wss. alkal. Medium mit Acrylnitril in Ggw. eines Gelatinierungsinhibitors bei Temp. vorzugsweise zwischen 30 u. 50°. Die Konz. an Alkali wird auf ca. 0,02—0,15 Mol Alkali auf 1 Anhydroglucoseeinheit gehalten. Nach der Bldg. der Cyanoäthylätherstärke wird der Inhibitor entfernt. Anschließend wird der Äther mit einer wss. alkal. Lauge bei einem pH <11 u. bei einer Temp. um 100° gelatiniert. (**A. P. 2 965 632** vom 15/7. 1957, ausg. 20/12. 1960.) G. KÖNIG. 7449

XV. Gärungsindustrie

Über die antagonistischen Eigenschaften der Bierhefe. A. M. Kormuschkina. (Известия Высших Учебных Заведений (Краснодар), Пищевая Технология [Hochschulnachr. (Krasnodar), Nahrungsmittel-Technol.] **1961.** Nr. 5. 71—75. Leningrad, Technolog. Inst. für Lebensmittelind., Lehrstuhl für das Gärungsgewerbe; russ.) — Die antagonist. Eigg. der *Bierhefe*-Rassen *Saccharomyces cerevisiae* 776 u. 11 gegenüber *Bact. subtilis, Sarcina pediococcus, Bact. coli communis* u. *Bact. prodigiosum* werden erörtert. Die deutlich ausgeprägten hemmenden Eigg. der Hefe gegenüber den vorst. Mikroorganismen erreichen ihr Maximum (zu 77—81% im Wachstum behinderte Sarcinazellen) nur bei Anwendung physiolog. akt. Stämme. S. BARYSCHNIKOW. 7506

Die Art der Zuckerverwertung durch die Hefe und hefeartigen Mikroorganismen. Anna Kocková-Kratochvílová, Anna Vojtková-Lepšíková und Margita

Fischerová. (Brauwissenschaft **12.** 110—14. Mai 1959. 143—49. Juni 1959. Beil. zu: Brauwelt, Ausg. B. Preßburg, Chem. Inst. der Slowak. Akad. Wiss.; dt.) — Vff. arbeiteten eine Meth. aus, die sich zur Charakterisierung u. Identifizierung von Hefen u. hefeartigen Mikroorganismen verwenden läßt. Die beiden Zuckergemische a) *Lactose, Maltose, Glucose, Fructose* u. b) *Raffinose, Saccharose, Galaktose, Arabinose*, wurden in 5%ig. Hefewasser bereitet, die Kultur eingeimpft, bei 25° 7 Tage lang inkubiert u. die Zucker papierchromatograph. analysiert. Gemisch a) vergärt Monosen, Gemisch b) dagegen nicht. Die getesteten Mikroorganismen zeigen, daß zwischen den 4 Hauptgärungstypen eine biochem. Verwandtschaft u. Entwicklungsbeziehung besteht. — 55 Literaturangaben. K.-U. Riedel. 7506□

Über die Beziehungen zwischen äußeren und inneren Qualitätsmerkmalen bei Braugerste im Hinblick auf die Braugerstenzüchtung. 2. Mitt. Intervarietale Korrelationen zwischen inneren Brauqualitätsmerkmalen. Dieter Lau. (Brauwissenschaft **13.** 321—25. Okt. 1960. Beil. zu: Brauwelt, Ausg. B. Hadmersleben, Forschungsstelle für Getreidezüchtung.; dt.) — 1. vgl. C. **1962.** 9551. — Folgende innere Qualitätsmerkmale von Braugersten wurden miteinander in Beziehung gesetzt: Eiweiß-Geh., Extraktausbeute, Extraktdifferenz, Hartong-, Kolbach u. Bishop-Zahl. — 38 Literaturhinweise. K.-U. Riedel. 7540□

Atmung und Gärung im geweichten Gerstenkorn. Ihr Einfluß auf die Keimung. L. Chapon. (Brauwissenschaft **14.** 457—65. Nov./Dez. 1961. Nancy, Brauerei-Hochsch.; dt.) — Vf. stellte Verss. über den Einfl. von CO_2 u. A. bei der Keimung von Gerste an. Er konnte bestätigen, daß jede Keimung des Gerstenkorns mit einer anaeroben Gärungsphase beginnt, was durch die Bldg. von A. nachgewiesen wurde. Erst wenn der Keimling die Testa durchbricht, hört die Gärung auf. Eine A.-Konz. von 0,1% bewirkte bereits Anomalien im Wachstum. Sowohl O_2-Mangel beim Weichen als auch sehr frühe CO_2-Rast bei der Keimung führen zur intramol. Atmung. Vf. empfiehlt daher, eine CO_2-Rast erst in der chem. Phase des Mälzens anzuwenden, um eine gute Lsg. ohne hohen Mälzungsschwund zu erreichen. S. Zaake. 7540□

Die Unversehrtheit der amylolytischen Fermente des Malzes bei der Behandlung mit Wasser und bei der Desinfektion. W. A. Wittkowskaja und A. G. Sabrodski. (Известия Высших Учебных Заведений (Краснодар), Пищевая Технология [Hochschulnachr. (Krasnodar), Nahrungsmittel-Technol.] **1960.** Nr. 3. 62—67. Ukrain. Forsch.-Inst. für Alkohol- u. Likörind.; russ.) — Vff. untersuchen den Einfl. des Wasch- u. Desinfektionsprozesses von Malz auf die *amylolyt. Fermente* (I) u. stellen fest, daß unzerkleinertes Malz 2 Std. mit kaltem W. (15—25°) ohne merkliche Verluste an I behandelt werden kann, während bei Verw. von heißem W. (60—70°) die Bearbeitungsdauer 15 Min. nicht überschreiten darf. Die Desinfektion des Malzes mit einer 0,2—0,5% ig. Formalin-Lsg. führt bei einer Einw.-Dauer bis zu 1 Std. ebenfalls zu keinen Verlusten an I. Bei höheren Konzz. der Formalin-Lsg. (1%ig.) werden α- u. *β-Amylase* inaktiviert; es kommt zu einer Verringerung der Verzuckerungsfähigkeit des Malzes.
H.-P. Pietsch. 7540□

Untersuchungen über Hirsemalz und Brauen. 8. Mitt. **Nährwert einiger Hirseprodukte.** M. C. Aucamp, J. T. Grieff, L. Novellie, B. Papendick, H. M. Schwartz und A. G. Steer. (J. Sci. Food Agric. **12.** 449—56. Juni 1961. Pretoria, Council for Sci. and Ind. Res., Nat. chem. Res. Labor.; engl.) — 7. vgl. C. **1962.** 7734. — Die Geh. mehrerer Proben Hirsekorn u. -malz u. daraus gewonnener Nahrungsmittel an Eiweiß, Fett, Fasern, Asche, Thiamin, Riboflavin u. Nicotinsäure werden wiedergegeben. In einer größeren Zahl von Hirsebierproben ist bes. deren Geh. an Vitamin B von Bedeutung. Die Schwankungen dieser Geh. während der Gärung werden bestimmt u. die die Schwankungen beeinflussenden Faktoren (Übergang der Vitamine in den Schaum, Rohstoffart, Brau-Verff.) erörtert. W. Wesly. 7540□

Untersuchungen über Hirsemalz und Brauen. 9. Mitt. **Zusammensetzung der Aminosäuren von Hirsekorn und -malz.** P. J. Horn und H. M. Schwartz. (J. Sci. Food Agric. **12.** 457—59. Juni 1961; engl.) — 8. vgl. vorst. Referat. — Die Analyse von 3 Sorten Hirsekorn u. 1 Sorte Hirsemalz (Zahlentafel) ergibt an vom Ernährungsstandpunkt wichtigen Aminsoäuren: 0,697—0,945 (%) Prolin, 0,122—0,176 Methionin u. 0,210—0,259 Lysin. — 17 Literaturangaben. W. Wesly. 7540□

Untersuchungen über Hirsemalz und Brauen. 10. Mitt. **Die Neigung von Sorghumstärke zur Amylolyse.** L. Novellie und R. J. Schütte. (J. Sci. Food Agric. **12.** 552—59. Aug. 1961; engl.) — 9. vgl. vorst. Referat. — Unterss. über die Einw. von Wärme, Salzen u. Säuren auf Sorghum-Stärke durch Best. des Grades des Stärkeabbaus durch Sorghum-Malzamylasen (I) zeigen, daß Temp. unterhalb des üblichen Gelatinierungsbereiches mindestens teilweise eine Neigung zur Amylolyse verursachen. Die Ggw. von I beim Erwärmen auf solche Temp. bewirkt einen unmittelbaren Angriff auf die rohe u. die gelatinierte Stärke. Durch Säuren wird die Gelatinierung nicht beeinflußt; jedoch verhütet ein niedriges pH den Enzymangriff auf die rohe Stärke. — 19 Literaturangaben. W. Wesly. 7540 □

Das Abfüllen von Bier ohne Überschäumen. A. Maringe. (Brasserie **15.** 354—57. Dez. 1960. **16.** 8—12. Jan. 1961. Nancy, École de Brasserie u. Bur. d'Études Ind. de la Brasserie et Malterie Françaises; franz.) — Inhaltlich ident. mit der C. **1962.** 9930 referierten Arbeit. W. Wesly. 7550 □

Der Lichtgeschmack des Bieres. Heinrich Lüers. (Brauwissenschaft **14.** 476—82. Nov./Dez. 1961; dt.) — Vf. gibt einen Überblick über Arbeiten, die sich mit der Ursache des Lichtgeschmacks im Bier befassen. Danach wird der Lichtgeschmack durch eine photochem. Rk. zwischen Humulonen, Lupulonen u. ihren Analogen mit Schwefel-Verbb. verursacht, indem die Phenylgruppen der Hopfenstoffe mit den Thiolgruppen der Schwefel-Verb. reagieren. S. Zaake. 7550 □

Über das Auftreten von Acetoin und Diacetyl in biologisch reinen untergärigen deutschen Bieren. Gustav-Adolf Voerkelius. (Brauwissenschaft **14.** 389—97. Sept. 1961. Weihenstephan, Staatl. Brautechn. Prüf- u. Vers.-Anst.; dt.) — Dosen von 0,35 mg/Liter Diacetyl bzw. 2,3 mg/Liter Acetoin verleihen dem Bier bereits abwegige, dumpfe bis süßliche, nach Sarcinainfektion schmeckende Geruchs- u. Geschmacksnoten. Ursache der unerwünschten Acetoin- bzw. Diacetylgärung sind träge Hefegärung durch Fehler in der Gärkellerarbeit. Durch gärtüchtige, untergärige Anstellhefe vermeidet man diese Fehlgärungen. Die diacetylreduzierende Kraft der Hefe ist während der stärksten Zellvermehrung am intensivsten, bes. bei höherem Hefe-Geh. des Jungbieres. Maßnahmen zur Entfernung von bereits gebildetem Acetoin u. Diacetyl werden angegeben. L. Macher. 7550 □

Polyphenolstoffe in der Biererzeugung. Vladimír Karel. (Brauwissenschaft **14.** 411—12. Sept. 1961. Prag, Unters.-Anst. für Brauerei u. Mälzerei; dt.) — Inhaltlich ident. mit der C. **1962.** 6242 referierten Arbeit. L. Macher. 7550 □

Über den Sauerstoffverbrauch von Ascorbinsäure, schwefliger Säure, Natriumpyrosulfit und Hefe. Josef Mühlbauer und Willi Fischer. (Brauwissenschaft **14.** 465—76. Nov./Dez. 1961. Bayreuth, Brauerei Gebr. Maisel; dt.) — Vff. stellen den O_2-Verbrauch von Ascorbinsäure (**I**), schwefliger Säure (**II**), Na-Pyrosulfit (**III**) sowie untergäriger (**IV**) u. obergäriger Bierhefe (**V**) in einem O_2- reichen Quellwasser u. das Red.-Vermögen in Bier durch ITT-Messung bzw. Redox-Titration nach Paukner fest. Die Zugabe von **I**, **II**, u. **III** zum Quellwasser verursachte eine erhebliche pH-Erniedrigung, die im Bier wegen der guten Pufferung nicht auftrat. Der O_2-Verbrauch von 40 mg **II**, entsprechend 60 mg **III**, wurde mit 8,13 mg/Liter, der von 40 mg **I** mit 9,70 mg/Liter ermittelt. Das Red.-Vermögen von **I** war jedoch 4mal so groß wie das von **III**. Die gefundenen Werte der O_2-Bindung von **I** waren mehr als doppelt so hoch wie der stöchiometr. Berechnung entspricht; die Ursache konnte nicht ermittelt werden. Das O_2-Bindungsvermögen von **IV** u. **V** lag zwischen 8,19 u. 956 mg/Liter. Vff. sehen daher in Bierhefe u. Kräusen hervorragende Sauerstoffstabilisatoren. S. Zaake. 7550 □

Besonderheiten des Einflusses einiger Hefearten auf die sekundäre Gärung bei der Champagnerherstellung. M. Mawlani. (Узбекский Биологический Журнал [Usbek. biol. J.] **1961.** Nr. 5. 13—21. Botan. Inst. der Akad. der Wiss. der Usbek SSR; russ., Auszug: usbek.) — Die Wildhefen (WH) *Brettanomyces vini*, *Pichia alcoholophila*, *Hanseniaspora apiculata* bzw. *Saccharomycoides Ludwigii* u. ihre Stoffwechselprodd. stören den Verlauf der normalen Nachgärung des Champagners. Hefen der *Torulopsis*-Art beeinträchtigen dagegen die Qualität des Champagner nicht. Durch die Wrkg. der WH kann die Aktivität von Champagnerhefen vollständig unterdrückt werden. Die wertvollen Eigg. der Stämme *B III-19*, *K-9* u. *III-28* von *Saccharomyces vini* bei der Bereitung von Champagner mit hohen organolept. Eigg. werden erörtert. S. Baryschnikow. 7554

Über die Reaktion der Pentosen und Aminosäuren bei der Destillation von Wein auf Cognacspiritus. W. W. Basilewski. (Известия Высших Учебных Заведений (Краснодар), Пищевая Технология [Hochschulnachr. (Krasnodar), Nahrungsmittel-Technol.] **1960.** Nr. 3. 37—43. Odessa, Technol. Inst. für Nahrungsmittel- u. Kälteind.; russ.) — Vf. untersucht an Modell-Lsgg. von *Aminosäuren* (**I**) u. *Pentosen* (**II**) die bei der Dest. von Wein beobachtete Bldg. von Aldehyden u. Melanoidinen. Beim Kochen wss. **I**-Lsgg. tritt eine Desaminierung von **I** ein, die durch Zusatz von Tannin im neutralen u. sauren Medium katalyt. beschleunigt wird. Fe- u. Cu-Ionen beeinflussen die Desaminierungs-Rk. nicht. Mit zunehmender **I**-Konz. u. längerer Kochdauer steigt die Menge der gebildeten Aldehyde an. Beim Kochen wss. **I**- u. **II**-Lsgg. kommt es zur Dehydratisierung von

II, zur Rk. des Furfurols mit I u. zur Desaminierung von I. Die Gesamtmenge der Carbonyl-Verbb. wird erhöht. Fe-Ionen katalysieren die Rk. zwischen I u. II.

H.-P. PIETSCH. 7554 □

Beiträge zur Untersuchung der Bildung von Methanol und Fuselölen in Obstweinen. Zygmunt Pacholczyk. (Zeszyty naukowe Szkoły głównej Gospodarstwa wiejskiego Warszawie, Rolnictwo **1961.** Nr. 1. 93—113. Warszawa, SGGW, Kat. Przem. Roln.-Spoż.; pol.) — In Trauben- u. Obstweinen wurden 0,069—0,129 (ml/Liter) Methanol (I) u. 0,250—0,584 Fuselöle (II) gefunden. Der I-Geh. des Weines wird durch die Fruchtart selbst u. durch die Meth. des Mostens bestimmt: Most mit viel Fruchtmark (Erdbeeren, Johannisbeeren), also mit hohem Pektin-Geh., liefert Wein mit höherem I-Gehalt. 80 % des entstehenden I bilden sich in den ersten 2 Tagen der Gärung. Die Art der verwendeten Hefe hat ebenso wie ein evtl. Zusatz von SO_2 keinen Einfl. auf den I-Geh. des Weines. Der II-Geh. wird bes. durch die Art der angewandten Hefe bestimmt. Weinhefe bildet stets mehr II als eine Gärung ohne Hefezusatz. 75% II bilden sich in den ersten 7 Tagen der Gärung. Die Art des Rohstoffs u. die Mostzubereitung haben keinen deutlichen Einfl. auf die Bldg. von II. — 15 Literaturangaben.

F. URBAN. 7556 □

Reinigung der Butanolschlempe nach der anaeroben Gärung auf dem Rieselbett. Jadwiga Tomczyńska. (Przemysł spożywczy **15.** Nr. 1. 58—64. 1961. Inst. Przem. Ferment; pol.) — Durch anaerobe Gärung der Butanolschlempe werden 85 % der Schlempe umgesetzt. Die weitere Reinigung kann nach Verdünnen mit W. auf das 10fache Vol. auf Rieselfeldern erfolgen. Der Umsetzungsgrad beträgt ca. 50%.

F. URBAN. 7578 □

Untersuchungen über das Hochhaufen-Belüftungs-Verfahren in Anwendung auf einige industrielle Fermentationen. 2. Mitt. **Allgemeine Beschreibung des verbesserten Verfahrens.** Gyōzō Terui, Isao Shibasaki und Tsutomu Mochizuki. (Technol. Rep. Osaka Univ. **8.** 213—26. März 1958. Osaka, Univ., Dep. of Fermentation Technol.; engl.) — 1. vgl. C. **1962.** 10676. — Beschreibung einer Vers.-App., mit der in Haufen bis zu 150 cm Höhe die Citronensäuregärung (auf Süßkartoffeln mit *Aspergillus niger*), Herst. von Koji bzw. Miso, Saké u. Soyasauce mittels *Aspergillus oryzae*, von „Pilzkleie" mittels *Asp. Usami* u. *Asp. niger* sowie von Bakterien-Amylase bzw. -Protease mittels *Bacillus amylosolvens Terui* in halbtechn. Maßstab durchgeführt werden. Bes. wichtig ist geeignete Befeuchtung u. Belüftung sowie Abführen der entwickelten Wärme.

A. HESSE. 7578 □

Der störende Einfluß der Sorbinsäure auf die spektrophotometrische Bitterstoffbestimmung in Bieren. Pentti Rintala und Vilho Arkima. (Brauwisenschaft **14.** 397—99. Sept. 1961. Helsinki, Staatl. Alkoholmonopol (Alko), Forschungs-Labor.; dt.) — Bei der spektrophotometr. Bitterstoff-Best. im Bier wurde der stark störende Einfl. des Konservierungsmittels *Sorbinsäure* (I) beobachtet, da die I die Extinktion des Isooctanauszuges erhöht. Im Wellenlängenbereich von 260—275 mμ wird der Verlauf der Absorptionsspektren flach u. unterscheidet sich daher vom steilen Anstieg der Kurve im Absorptionsspektrum der Iso-α-Säuren im gleichen Wellenlängengebiet.

L. MACHER. 7600 □

Ethicon, Inc., N.J., übert. von: Alfred Bloch, Highland Park, und Ralph A. Messing, Somerville, N.J., V.St.A., **Erzeugung von verbessertem Pinguinain,** dad. gek., daß man Früchte von Bromelia pinguin auspreßt, den Saft sprühtrocknet, wobei der Saft mit einer Eigentemp. von 70—100° F am Einlaß einer Trocken-Temp. von 200—250° F u. am Auslaß einer Temp. von 95—225° F unterworfen wird, das Trockenprod. löst u. die Enzym-Lsg. bei 0—25° C mit wss. $(NH_4)_2SO_4$-Lsg. (Sättigungsgrad 0,15—0,4) oder einem niederen wss. Alkohol, bes. A., Methanol, Isopropylalkohol (Konz. 37—71%), fraktioniert. Die proteolyt. Wrkg. des Prod. wird bei der Herst. von Bier (Kältetrübentfernung), Käse u. Fleischwaren (Zartmachungsmittel) u. bes. parenteral in der Pharmazie (Auflösen von totem eitrigem oder verbranntem Gewebe) ausgenützt. — Mengenbeispiele, Tabellen. (**A. P. 2 977 287** vom 25/11. 1957, ausg. 28/3. 1961.)

G. VOGEL. 7509

American Home Products Corp., New York, N.Y., übert. von: George H. Warren, Havertown, Pa., V.St.A., **Erzeugung von Hyaluronsäure (I)** aus Streptokokken, dad. gek., daß man letztere, bes. *Streptococcus pyogenes,* in einem wss., hyaluronidaseempfindliche Polysaccharide nicht enthaltendem Nährmedium wachsen läßt, das nur Caseinhydrolysat, ferner Na-, K-, Mg-, PO_4- u. SO_4-Ionen, Ca-d-Pantothenat, Pyridoxin, Riboflavin u. Glucose als selektive Nährstoffe u. ein für die Bakterien nicht tox. Sulfat der Alginsäure oder Heparin als Inhibitor gegen die Hyaluronidase-Wrkg. enthält, bis zur maximalen I-Bldg. weiterzüchtet u. I für physiolog. Forschungen u. therapeut. Zwecke gewinnt. — Mengenbeispiele, Diagramm. (**A. P. 2 975 104** vom 21/5. 1959, ausg. 14/3. 1961.) G. VOGEL. 7509

Bruno Kaiser und Emil Pauls, Hamburg, übert. von: Richard Keller und Karl Quest, Dortmund, **Abfüllen von heißen, CO_2 enthaltenden Getränken,** die auf Pasteurisier-Temp. erhitzt sind u. unter einem dem Sättigungsdruck bei dieser Temp. entsprechenden Druck stehen, dad. gek., daß man die Getränke heiß durch ein mit dem Gefäß (Faß, Flasche, Kanne) dicht verbundenes Gegendruckfilter drückt, den Druck im Gefäß aufhebt, das Gefäß entfernt u. verschließt. Das Abfüllventil wird mit heißem W. besprüht (erwärmt). — Zeichnung. (**A. P. 2 973 267** vom 13/11. 1958, ausg. 28/2. 1961. D. Prior. 14/11. 1957.) G. VOGEL. 7515

T. & H. Smith Ltd., Edinburgh, Schottland (Erfinder: William Young Samuel), **Vergällen von trinkbaren alkoholischen Flüssigkeiten,** dad. gek., daß man der Fl. ein quart. Salz der allg. Formel: $[(CH_3)_2-C_6H_3-NH-CO-CH_2-NR_1-(C_2H_5)_2]X$ zusetzt ($X = Cl, Br, J$; $R_1 =$ Benzyl- oder Chlorbenzylrest). Man vergällt A. bes. mit 0,005—0,01% ω-Diäthylamino-2.6-dimethylacetanilidbenzylchlorid. — Mengenbeispiele. (**E. P. 866 605** vom 18/8. 1959, ausg. 26/4. 1961.) G. VOGEL. 7537

Anthony J. Nugey und Anthony L. Nugey, Rahway, N.J., V.St.A., **Selbstverzuckernde stärkehaltige Rohfruchtkörner für Brauzwecke,** dad. gek., daß sie mit wärmestabilen, geruchslosen, lösl., hochwirksamen Enzymen behaftet sind u. ein ziemlich trockenes Pulver bilden. — Man mischt z. B. 100 lbs. Braureis, Reismehl, Maisflocken oder -stärke mit 10—100 g hoch amylolyt. u. proteolyt. Enzymen (aus *Bacterium subtilis* oder *Bacterium mesentericus*), bis die Körneroberfläche mit dem Enzym überzogen ist. Das durch völlige Abwesenheit von Malzspelzen usw. geschmacksreine, versandfähige Prod. liefert ohne Mitverw. von Malz bzw. Malzbestandteilen, hellere, haltbarere u. billigere *Bierwürzen.* — Mengenbeispiele, Tabellen. (**A. P. 2 970 054** vom 15/6. 1953, ausg. 31/1. 1961.) G. VOGEL. 7541

Brewing Patents Ltd., London, England (Erfinder: James Shanks Hough), **Brauen von Bier,** dad. gek., daß man sterile Würze kontinuierlich einem geschlossenen Bottich oder mehreren solcher Hefe enthaltender Gärbottiche zuführt, die Hefe durch Rühren gleichmäßig in der Würze verteilt, die Gärverhältnisse u. die Temp. in allen Bottichen durch separate Heiz- bzw. Kühl-Vorr. u. ohne Änderung der Hefe-Konz. von außen (wie Heferückführung) möglichst konst. hält, kontinuierlich vom einzigen oder vom letzten Bottich soviel vergorene Würze abzieht, daß in den Bottichen die gewünschte Erniedrigung der Dichte der Würze erfolgt u. die Hefe aus der abgezogenen Würze separiert. — Beispiel, Zeichnung. (**E. P. 863 708** vom 5/9. 1957, ausg. 22/3. 1961.) G. VOGEL. 7551

California Packing Corp., San Francisco, Calif., V.St.A. (Erfinder: Alan C. Richardson), **Essigerzeugung,** dad. gek., daß man eine fl. Mischung, die A. u. Acetobacter enthält, in einen zylindr. Tank bringt, aus diesem fortlaufend einen Teil der Fl. abzieht, innig mit Luft mischt, u. den Strom aus Fl. u. Luft sofort tangential unter Druck in den Tank unterhalb der Fl.-Oberfläche zurückführt, so daß in der Fl. kleine Luftblasen dispergiert werden. — Mengenbeispiele, Zeichnung. (**E. P. 865 508** vom 15/6. 1959, ausg. 19/4. 1961.) G. VOGEL. 7565

Miles Laboratories, Inc., übert. von: Leonard B. Schweiger, Elkhart, Ind., V.St.A., **Erzeugung von Citronensäure** durch submerse Gärungen von *Aspergillus niger* in einem organ. Substrat, das aus einer unreinen Kohlenhydratquelle stammt u. $\geqq$ 0,2 (ppm) Fe enthält, dad. gek., daß (durch Fe-Ionen verursachte) metabol. Zellenveränderungen des Pilzes durch Zusatz von ca. 0,1—500 Cu-Ionen (Lsg. von Cu-Salzen) vor Ablauf der ersten Wachstumsperiode verhindert werden. — Mengenbeispiele, Tabellen. (**A. P. 2 970 084** vom 21/1. 1958, ausg. 31/1. 1961.) G. VOGEL. 7579

Chas. Pfizer & Co., Inc., Brooklyn, übert. von: Hsing T. Huang, Fresh Meadows, N.Y., V.St.A., **Gärungen.** Nach A. P. 2 973 304 erzeugt man *l*-Phenylalanin dadurch, daß man den Stamm *E. coli* ATCC Nr. 13281 submers u. aerob bei pH 6—8 in einer wss. Nähr-Lsg. gären läßt, die als Kohlenhydratquelle Glycerin, Sorbit, Mannit, Saccharose, ggf. gemischt, ferner eine N-, Mg- u. K-Quelle, Spurenmetalle u. ca. 10 bis 200 mg *l*-Tyrosin im Liter enthält. Letzteres kann in Form entsprechender Mengen von Maisweichwasser oder säurehydrolysiertem Casein zugesetzt werden. — Mengenbeispiele. Nach A. P. 2975105 erhält man unter gleichen Bedingungen *l*-Valin mit dem Stamm *E. coli* ATCC Nr. 13005 in einer Nähr-Lsg., die Saccharose, Lactose, ggf. gemischt, die obigen anorgan. Zusätze u. 0,1—1 g *l*-Threonin im Liter enthält. — Mengenbeispiele. (**A. PP. 2 973 304** vom 2/10. 1958, ausg. 28/2. 1961 u. **2 975 105** vom 10/12. 1957, ausg. 14/3. 1961.) G. VOGEL. 7579

XVI. Nahrungs-, Genuß- und Futtermittel

Radioisotope und nucleare Techniken in der Lebensmitteltechnologie. John H. Rust. (Proc. techn. Sessions annu. Convent. nat. Canners Assoc. **53.** Nr. 1764. 1–3. 30/1. 1960; engl.) — Vortrag. M. WINIKER. 7630 □

Anwendung der Strahlungsmikrobiologie auf Nahrungsmittel. T. Horne und B. A. Bridges. (Int. J. appl. Radiat. Isotopes **6.** 100–04. Okt. 1959. Wantage, Wantage Radiation Labor., Isotope Division, Technological Irradiation Group; engl.) — Zusammenfassender Überblick an Hand der Literatur. — 26 Literaturangaben. C. GOTTFRIED. 7634

Die Erhaltung der Qualität von Lebensmitteln durch Chelatbildnern. H. L. Aamoth und F. J. Butt. (Ann. New York Acad. Sci. **88.** 526–31. 18/8. 1960. Midland, Mich., Dow Chemical Co.; engl.) — Vortrag, in dem die Möglichkeiten der Qualitätserhaltung von Lebensmitteln durch *Ca-EDTA* u. *Na_2-EDTA* behandelt werden. — 21 Literaturangaben. M. WINIKER. 7634 □

Darstellung von Polyoxyäthylenderivaten der Ester aus Rohrzucker und langkettigen Fettsäuren. Saburô Komori, Mitsuo Okahara und Kenzô Okamoto. (J. chem. Soc. Japan, ind. Chem. Sect. [Kôgyô Kagaku Zasshi] **63.** 600–04. April 1960. Ôsaka-Miyakozimaku, Ôsaka-Daigaku, Kôgakubu; jap., Auszug: engl. S. A 32.) — Aus *Saccharose* (**I**) u. der doppelten Menge (in Mol.) Fettsäuremethylester werden durch 6std. Erhitzen in Formylmorpholin (**II**) auf 100° bei 30 mm Hg unter Zusatz von K_2CO_3 nachst. *Diester* von **I** hergestellt (in Klammern physikal. Eigg. u. Lsgm.): **I**-*Dimyristinsäureester* (**III**) (F. 73–75°, VZ. 144,1, $[\alpha]_D^{25}$ +31,23° (Chlf.)); **I**-*Dipalmitinsäureester* (**IV**) (F. 69–71°, VZ. 138,5, $[\alpha]_D^{25}$ +29,16° (Chlf.)); **I**-*Distearinsäureester* (**V**), (F. 64–67°, VZ. 129,6, $[\alpha]_D^{25}$ +25,29° (Chlf.)); **I**-*Diölsäureester* (**VI**) (F. 65–70°, VZ. 133,9, $[\alpha]_D^{25}$ +27,12° (A.)); **I**-*Dierucasäureester* (**VII**) (F. 63–72°, VZ. 117,1, $[\alpha]_D^{25}$ +29,79° (A.)). Aus den Diestern werden durch Erhitzen mit Äthylenoxid (**VIII**) im Autoklaven unter Zusatz von alkal. Substanzen, wie NaOH, KOH, Na-Methylat, Methylmorpholin oder Dimethylbenzylamin, auf 103–140° ihre *Polyoxyäthylen-Derivv.* hergestellt, wobei Bzl., **II**, Dimethylformamid, Toluol oder Xylol als Lsgm. verwendet werden können. Die Prodd., welche aus 1 Mol. Diester **III, IV, V, VI** oder **VII** u. 15–190 Moll. **VIII** bestehen, sind wasserlösl. u. stark grenzflächenakt., zeigen jedoch kaum Giftigkeit u. erweisen sich als brauchbare nichtionogene Emulgatoren für Lebensmittel. E. MAEKAWA. 7642 □

Saccharoseester. Ihre technologischen Anwendungen in der Industrie der Lebensmittel und der pharmazeutischen Hilfsmittel. Sergio Kioroglian. (Olii minerali, Grassi Saponi, Colori Vernici **36.** 441–43. Nov. 1959. Milano, Ledoga, S.p.A.; ital.) — Übersicht über die durch Umsetzung von Rohrzucker mit Fetten oder Fettsäuren erhaltenen Ester mit oberflächenakt. Eigg. u. ihre Anwendung in den Industrien der Kosmetika, Arzneimittel, Lebensmittel u. Textilien. R. K. MÜLLER. 7642 □

Kontrolle der Lebensmittelzusatzstoffe. A. C. Frazer. (Lab. Pract. **9.** 651–54. Sept. 1960. Birmingham, Univ., Medical School, Dep. of Medical Biochem. and Pharmacology; engl.) — Allg. Ausführungen aus der Sicht des Pharmakologen unter bes. Berücksichtigung der Getreide-Prodd., Früchte u. Gemüse sowie von Fleisch u. Fisch. E. LÜCK. 7642 □

Chloridgehalt von Kuchenmehlen und bestimmten Mehlfraktionen. William F. Sollars. (Cereal Chem. **38.** 487–500. Nov. 1961. Pullman, Wash., U. S. Dep. of Agric., Agric. Res. Serv., Crops Res. Div., Western Wheat Qual. Labor.; engl.) — Durch Chlorbleichung von Kuchenmehlen erhöht sich deren Cl-Geh. auf etwa das 3fache. Die zusätzlich ermittelte Cl-Menge liegt zu annähernd gleichen Teilen in den wasserlösl. Anteilen des Mehles sowie in der isolierten Kleberfraktion vor, während die aus dem Mehl isolierte Primastärke durch die Bleichung nicht in ihrem Cl-Geh. beeinflußt wird. Die prozentuale Aufteilung des Cl zwischen Kleber- u. wasserlösl. Fraktion ist von der angewandten Bleichmitteldosis unabhängig. In der wasserlösl. Fraktion liegt Cl überwiegend als Cl^--Ion vor. Mehr als die Hälfte des zusätzlichen Kleber-Cl scheint an die im Kleber vorliegenden Lipide gebunden zu sein. M. W. ROTHE. 7670 □

Einfluß der ionisierenden und ultravioletten Strahlen auf den Vitamin-C-Gehalt in einigen Gemüse- und Obstprodukten. F. Balla. (Консервная и Овощесушильная Промышленность [Konserven- u. Dörrgemüse-Ind.] **16.** Nr. 3. 37–39. März 1961. Prag, Sekretariat der ständigen Kommission des Rats für gegenseitige Wirtschaftshilfe auf dem Gebiet der Leicht- u. Schwerindustrie; russ.) — Die Einw. der γ- (**a**) u. UV-Bestrahlung (**b**) auf den *Vitamin C* (**I**)-Geh. in Lebensmittel-Prodd. aus Paprika, Hagebutten, Pfirsichen, Himbeeren, Tomaten u. Äpfeln wird erörtert. Bei Prodd., deren

Fermente durch vorherige (zweckmäßig therm.) Behandlung inaktiviert wurden, beobachtet man bei **a** (0,3—0,6 Mz) nur eine geringe Erniedrigung (6,6—10,0%) des I-Gehaltes. Die beobachteten höheren I-Verluste (14—26%) in einzelnen Fällen sind den Oxydationsprozessen zuzuschreiben. Die bedeutende Rolle der das natürliche I begleitenden Schutzstoffe, O-Acceptoren u. Kolloide wird gezeigt. Bei **a** wird das Verhältnis *Dehydroascorbinsäure* (II)/*Ascorbinsäure* (III) stark verändert: II nimmt zu, III ab. Die geringere Beständigkeit der II im behandelten Prod. macht sich nur nach längerer Lagerung bemerkbar. Kürzere (60 Min.). aber intensivere (0,6 Mr) γ-Bestrahlung erniedrigt die Bldg. von II u. ist demzufolge zu empfehlen. Bei **b** (180·10^3—900·10^3 erg/cm^2 während 1—3 Min.) ist der I-Geh. um 4—16% gesenkt. Wie bei **a** (bes. bei Prodd. mit niedrigem Anfangs-Geh. an I) wird die Bldg. von II gefördert.
S. BARYSCHNIKOW. 7690

Einfluß ionisierender Strahlung auf die Lagerfestigkeit von Kartoffeln, Gemüse und Obst. L. W. Metlitzki und Je. N. Muchin. (Консервная и Овощесушильная Промышленность [Konserven- u. Dörrgemüse-Ind.] **16.** Nr. 7. 22—25. Juli 1961. Biochem. Bach-Inst. der Akad. der Wiss. der UdSSR; russ.) — Vgl. C. **1961.** 2125. — Allg. Ausführungen über den Einfl. der ionisierenden Strahlen auf die Lagerfestigkeit von Kartoffeln, Äpfeln, Tomaten, Gurken u. Erdbeeren. S. BARYSCHNIKOW. 7690

Veränderung der Färbung der durch Wärme und γ-Strahlen sterilisierten Konserven nach 2jähriger Lagerung. L. P. Kowalskaja, Je. W. Dorofejewa und K. W. Jegorowa. (Консервная и Овощесушильная Промышленность [Konserven- u. Dörrgemüse-Ind.] **16.** Nr. 12. 15—17. Dez. 1961. Zentr. Forsch.-Inst. für Konserven- u. Dörrgemüse-Ind.; russ.) — Die Resultate von Analysen (opt. Dichte bzw. Absorptionsspektren) von mit 1,5—2,0 Mr bestrahlten u. 2 Jahre gelagerten Konserven aus Roten Beeten, grünen Erbsen, Himbeeren, schwarzen Johannisbeeren u. Pflaumen werden erörtert. S. BARYSCHNIKOW. 7690

Verwertung der Preßrückstände von Heidelbeeren (Vaccinium myrtillus L.) in der Fruchtverarbeitung. Stefan Mrożewski und Bohdan Drzazga. (Zeszyty naukowe Szkoły glównej Gospodarstwa wiejskiego Warszawie, Rolnictwo **1961.** Nr. 1. 135 bis 147. Warszawa, SGGW, Kat. Przem. Roln.-Spoż.; pol.) — Der Preßrückstand von Heidelbeeren enthält beträchtliche Mengen Zucker, organ. Säuren, Pektine, Gerbstoffe u. Farbstoffe. Durch Aufbrühen mit heißem W. u. Verreiben wird daraus ein Fruchtmark erhalten, das zur Verbesserung der Farbe u. Konsistenz von Marmeladen verwendet werden kann. Auf Most verarbeitet kann er zum Verschneiden anderer Obstmoste u. zur Färbung von Fruchtsäften dienen. F. URBAN. 7702 □

Versuche zur Zusammenstellung und Produktion diätetischer vitaminhaltiger Fruchtmark-Präparate mit besonderer Berücksichtigung von Kürbis als Bestandteil. Stefan Mrożewski und Andrzej Kaszyński. (Zeszyty naukowe Szkoły glównej Gospodarstwa wiejskiego Warszawie, Rolnictwo **1961.** Nr. 1. 115—33. Warszawa, SGGW, Kat. Przem. Roln.-Spoż.; pol.) — Durch Verreiben von gedämpftem Gemüse u. Obst u. Zusatz von ungekochtem Fruchtmark mit hohem *Vitamin C* (I)-Geh. werden vitaminreiche Nährmittel erhalten. Aus geschmacklichen Gründen wird an Stelle von Karotten als β-Carotin (II)-Träger Kürbis verwendet. Die Grundsubstanz besteht aus geriebenen Äpfeln, Kürbis u. Karotten. Sie enthält im Mittel 3 mg% II u. 30 mg% I. Der Vitaminverlust ist bei Lagerung während 4 Monaten gering. — 14 Literaturangaben.
F. URBAN. 7702 □

Kühllagerversuche mit Süßwaren. L. Hickethier. (Lebensmittelindustrie **8.** 89—91. März 1961. Halle, VVB Süß- u. Dauerbackwarenind.; dt.) — Als günstigste Kühllagerungsbedingungen für *Persipan*-Artikel wurden ermittelt: —8 bis —10° bei einer relativen Luftfeuchtigkeit von 75—80%. M. WINIKER. 7704 □

Einfluß ionisierender Strahlung auf die Ausbeute und Qualität von Traubensaft. M. L. Frumkin, L. P. Kowalskaja, K. W. Jegorowa und Je. W. Dorofejewa. (Консервная и Овощесушильная Промышленность [Konserven- u. Dörrgemüse-Ind.] **16.** Nr. 7. 16—20. Juli 1961. Zentr. Forsch.-Inst. für Konserven- u. Dörrgemüse-Ind.; russ.) — Durch Bestrahlung von Weintrauben mit 400000—600000 rad wird die Gesamtausbeute an Saft um ca. 10% erhöht. Das Verf. erhöht den Geh. des Saftes an Zucker, Pektin-, Farb- u. Gerbstoffen (I). Infolge der Zerstörung einiger organ. Säuren, bes. der Äpfelsäure (der Geh. an Weinsäure bleibt unverändert), erniedrigt sich die Gesamtacidität des Saftes. Die Bestrahlung erniedrigt den Geh. an Gallocatechin- u. d-Catechin-Komponenten der I u. erhöht den Geh. an deren Oxydations-Prodd.: Delphinin u. Cyanin. Bei intensiv-bestrahlten Trauben kann die Oxydation der I eine Bldg. von Flavonen zur Folge haben. S. BARYSCHNIKOW. 7706

Über Bergamotten, Bergamottensaft und Bergamottöl. Erich Benk und Irmtraut Wildfeuer. (Fruchtsaft-Ind. **6.** 22—25. Jan. 1961. Reutlingen, Chem. Landesuntersuchungsamt; dt.) — Vff. berichten über die Eigg. vollreifer Bergamotten sowie über die Zus. eines Fruchtsaftes u. eines sizilian. Schalenöls. Die Ergebnisse werden mit Angaben aus der Literatur (12 Hinweise) verglichen. M. WINIKER. 7706□

Bergamottöl und seine nichtflüchtigen Bestandteile. Francesco la Face. (Fruchtsaft-Ind. **6.** 210—11. Juni 1961. Reggio Calabria, Staz. Speriment. per l'Ind. delle Essenze e dei Derivati degli Agrumi; dt.) — Kritik an den Ausführungen von BENK u. WILDFEUER (vgl. vorst. Referat). M. WINIKER. 7706□

Clementinen, mandarinenähnliche Citrusfrüchte. Erich Benk. (Fruchtsaft-Ind. **6.** 208—10. Juni 1961. Reutlingen, Chem. Landesuntersuchungsamt; dt.) — Nach einer eingehenden Beschreibung der Eigg. der Clementinen berichtet Vf. über die Zus. des Fruchtsafts u. der frischen Schale. Letztere ist reicher an Vitamin C, Carotinoiden u. Hesperidin als der Saft. M. WINIKER. 7706□

Chemische Analyse von Tabak „Pusa 28". S. K. Vasistha und T. Sankaranarayan. (Indian J. appl. Chem. **22.** 243—45. 1959. Varanasi, Banaras Hindu Univ., Organ. Chem. Labor.; engl.) — Der ind. Tabak „Pusa 28" gehört auf Grund seiner Zus. zum sauren Typ, der zur Herst. von Zigaretten nur in geeigneter Mischung brauchbar ist. Sein Geh. an Stoffen, die mit PAe. extrahierbar sind, ist hoch. W. WESLY. 7734□

Unterschiede in der Kalium-, Stickstoff- und Gesamtalkaloid-Konzentration bei 10 Burley-Tabak-Varietäten. C. E. Bortner, A. M. Wallace und J. L. Hamilton. (Tobacco Sci. **4.** 151—55. 1960; engl.) — Das Blattgewebe von 10 Burley-Tabaken der Ernte 1957, die auf zwei Farmen unter etwas abweichenden Boden- u. Klimaverhältnissen kultiviert wurden, wurde auf *Gesamt-N*, auf *Gesamtalkaloide* (I) u. nach Veraschung flammenphotometr. auf *K* untersucht. Die einzelnen Tabaksorten zeigten relative Unterschiede im Geh. an *K* u. I trotz verschiedener Bodenlage. K nahm im regenärmeren Gebiet von den Grundblättern zur Pflanzenspitze hin zu, im regenreichen Gebiet zur Spitze hin ab. Der *Gesamt-N*-Geh. wies stets eine Zunahme mit der Insertionshöhe der Blätter auf, während I von den Grundblättern zu den „leaves" einen Anstieg u. bei den Spitzenblättern wieder einen Abfall ergab. Es bestand bei keiner der untersuchten Sorten eine Korrelation zwischen I u. Gesamt-N. F. HOFMANN. 7734□

Carbonyl-Bestandteile in den flüchtigen Ölen aus heißluftgetrocknetem Tabak. Wilma G. J. Shaw, R. L. Stephens und J. A. Weybrew. (Tobacco Sci. **4.** 179—81. 1960. Raleigh, N.C., North Carolina State College, Dep. of Chemistry; engl.) — Heißluftgetrockneter Schnittabak wurde unter Luftausschluß bei 80° im Vakuum (1 mm Hg) trocken dest. u. die bei 70° aufgefangenen Destillate unmittelbar mit 2.4-Dinitrophenylhydrazin in HCl-haltigem Methanol umgesetzt. Die methanol. Lsg. der 2.4-Dinitrophenylhydrazone wurde papierchromatograph. im Syst. N.N-Dimethylformamid-Hexan u., nach Imprägnieren des Papiers mit Phenoxyäthanol, im Syst. Methanol–Isooctan aufsteigend getrennt. Aus dem Vgl. der R_F-Werte mit Testsubstanzen, den UV-Spektren u. der gaschromatograph. Unters. mittels einer α-Ketoglutarsäure-2.4-Dinitrophenylhydrazon-Austausch-Meth. gelang der Nachw. von *Formaldehyd, Furfurol, Acetaldehyd, Propionaldehyd, Aceton, Isobutyraldehyd, 2-Butanon, Isovaleraldehyd* u. eines höhermol. aliphat. Ketons, wahrscheinlich des *2-Nonanons.* F. HOFMANN. 7734□

Untersuchungen über die Fermentation der Tabake. 18. Mitt. **Veränderungen der stickstoffhaltigen Substanzen in dem der Fermentation für „Toscani"-Zigarren unterworfenem Kentucky-Tabak, die durch die Mikroorganismen, welche die Fermentation bewirken, verursacht werden.** M. Giovannozzi. (Tabacco **65.** 327—35. Juli/Sept. 1961; ital.) — 17. vgl. GIOVANNOZZI-SERMANNI, C. **1960.** 11852. — Bei der Fermentation von Kentucky-Tabak für „Toscani"-Zigaretten verursachen die Mikroorganismen, welche die Fermentation bewirken, eine mehr oder weniger starke Abnahme des Geh. an Gesamt-N, lösl. N u. Nicotin sowie eine Zunahme des Geh. an Eiweiß-N.
B. SCHEIFELE. 7734□

Mikrobiologie der Fleischpökelung. 3. Mitt. **Einige mikrobiologische und verwandte technologische Aspekte in der Fabrikation fermentierter Würste.** R. H. Deibel, C. F. Niven jun. und G. D. Wilson. (Appl. Microobiol. **9.** 156—61. März 1961; engl.) — 2. vgl. C. **1961.** 5846. — Vff. beobachteten keine oder nur geringe mikrobiolog. Aktivität während der allgemein praktizierten 2 bis 4tägigen Lagerungsperiode der Wurstmischung vor dem Pökeln. Die mikrobiolog. Aktivität trat hauptsächlich während des Erhitzens u. Pökelns, die Red. von Nitrat im allg. während der ersten 2—16 Std. des Erhitzens u. Pökelns auf. Die Säureproduktion begann gewöhnlich nach 8—16 Stunden. Vff. dentifizierten u. zählten die Arten u. die Anzahl der Bakterien, die in den untersuchten

Würsten auftraten. Lactobacillus plantarum herrschte vor, u. eine bedeutende Anzahl dieser Bakterien war fähig, ein Polysaccharid aus Saccharose zu synthetisieren. Pediococcus cerevisiae trat häufig auf u. war charakterist. für Thüringer Wurstwaren.

D. PÖHLAND. 7750□

Mikrobiologie der Fleischpökelung. 4. Mitt. Eine lyophilisierte Starter-Kultur von Pediococcus cerevisiae für fermentierte Wurst. R. H. Deibel, G. D. Wilson und C. F. Niven jun. (Appl. Microbiol. **9.** 239—43. Mai 1961; engl.) — 3. vgl. vorst. Referat. — Bei der Entw. einer lyophilisierten Kultur von Pediococcus cerevisiae für fermentierte Würste gingen Vff. von der Notwendigkeit einer charakterist. Milchsäurefermentation, einer weiten Verteilung der Kultur auf die Herstellungsbetriebe u. von Inokulationsproblemen aus. Während des Lyophilisationsprozesses trat ein Verlust der NaCl-Toleranz auf, der durch Haltung der Kultur in einem Medium mit 6,5% Salz verhindert werden konnte. Eine Labor.-Meth. zur Best. der Aktivität der Starter-Kultur wird beschrieben. Die Aktivität wird bestimmt durch die gebildete Säure, durch Farbe u. Textur des Fleisches. Die Starter-Kultur genügte den Anforderungen unter Produktionsbedingungen u. erwies sich als nützlich in der handelsüblichen Produktion einer Anzahl fermentierter Würste.

D. PÖHLAND. 7750□

Der natürliche Zustand der Milchproteine. 1. Mitt. Zusammensetzung des micellaren und löslichen Caseins der Milch nach Ultrazentrifugations-Sedimentation. H. U. Bohren und V. R. Wenner. (J. Dairy Sci. **44.** 1213—23. Juli 1961. Vevey, Schweiz, Nestlé Products, Res. Lab.; engl.) — Vff. beschreiben ein neues Verf. zur vollständigen Abtrennung (99%) des *Caseins* (I) aus Sammelmagermilch mit Hilfe der Ultrazentrifuge. Die neue Meth. stellt eine bemerkenswerte Verbesserung gegenüber dem klass. Verf. von WARNER (1944) dar, bei dem ein merklicher Verlust in der γ-I-Fraktion durch wiederholtes Auswaschen des Nd. mit organ. Lsgm. zur Entfernung der bei der Elektrophorese störenden Lipide auftrat. Die Abtrennung des I in der Ultrazentrifuge ist vom Ca-Geh. der Milch abhängig u. gelingt ohne Ca-Zusatz nicht vollständig. Bei 4°, 280 Min. (Zentrifugierdauer) u. 50000 x g (Schwerefeld) sowie 50 Min. u. 100000 x g bleiben 3—7% I in Lösung. Nach Zusatz von 2 ml 3,0 m $CaCl_2$-Lsg. zu 100 ml der überstehenden Lsg. u. einer nochmaligen Zentrifugierung (20°, 180 Min., 50000 x g) kann diese I-Fraktion gefällt werden. Bei Abtrennung des Gesamt-I wird nach folgendem Schema verfahren: 100 ml Milch + 2 ml 3,0 m $CaCl_2$-Lsg. mit 1,0 n KOH auf pH 6,7 einstellen u. bei 20° entweder 180 Min. bei 50000 x g oder 30 Min. bei 100000 x g zentrifugieren. Die einzelnen Ca–Caseinat-Ndd. werden über Amberlite IR 120 (625 mesh, Na-Form) in koll. Na–Caseinat-Lsgg. umgewandelt, die sich für elektrophoret. Verss. eignen. Diese zeigen, daß das erst auf Ca-Zusatz abzentrifugierbare I vorwiegend aus β- u. γ-I besteht. Die bessere Löslichkeit der β- u. γ-Fraktionen führen Vff. auf die Eig. zurück bes. bei tiefen Temp. keine Micellen zu bilden. Dieses Verh. wird durch das Ca-unempfindliche $\varkappa$-I unterstützt, das sich in den lösl. I-Fraktionen mit ähnlicher elektrophoret. Beweglichkeit wie das α-I findet.

WINFRIED KRÜGER. 7756□

Über Kriechen, Entspannen, Relaxation und elastisches „Gedächtnis" einiger Gele aus geronnener Milch. G. W. Scott Blair und J. Burnett. (Brit. J. appl. Physics **10.** 15—20. Jan. 1959. Reading, Univ., Nat. Inst. for Res. in Dairying; engl.) — Bei der Anwendung geringer Drücke auf ein Gel aus geronnener Milch (Quark) ergab sich in 1. Näherung ein Verh. als „BURGERS-Körper" mit dem Unterschied, daß die Kriechkurve eine wesentlich schnellere Dehnung als die Entspannungskurve erkennen ließ. Die Relaxation bei konst. Dehnung folgt einem Potenzgesetz zwischen Zug u. Zeit, dessen Exponent 0,40 beträgt. Die zur Halbierung der Zugspannung erforderliche Zeit ist proportional der anfänglichen Dehnungsgeschwindigkeit. Unter ausgewählten Bedingungen ähneln die Kurven für Kriechen u. Relaxation dem BOLTZMANNschen Überlagerungsprinzip. Die durch wiederholte Be- u. Entlastung erhaltene Hysteresekurve läßt deutliche Versteifung erkennen, auf die ein (BAUSCHINGER-) Erweichen folgt, wenn die Belastungsrichtung umgekehrt wird. Bei geeignetem Zug in abwechselnder Richtung zeigte der Quark ein „elast. Gedächtnis", d. h. die Entspannungskurven änderten ihre Richtungen, weshalb sich die Notwendigkeit zur Erweiterung des BURGER-Modells ergab. Diskutiert wurde eine modifizierte Übergangsgleichung; die Gleichung von GRAHAM, die ein ANDRADE-Glied enthält, wurde auf einige der Meßdaten angewandt.

E. ÜHLEIN. 7756□

Verteilung der Relaxationszeiten in einem symmetrisch gestreckten Gel aus geronnener Milch. G. W. Scott Blair und J. Burnett. (Brit. J. appl. Physics **10.** 97—99. 1959. Reading, Univ., Nat. Inst. for Res. in Dairying; engl.) — Bei Anwendung der graph. Meth. des „zentralen Grenzfalles" fand man, daß sich bei mehrfach wiederholten Relaxations-Unterss. an geeigneten Gelen aus geronnener Milch unter optimalen

Temp.-Bedingungen eine normal-logarithm. Verteilung der Relaxationszeiten ergibt. Dies ist davon abhängig, daß die Versteifung des Gels bei der Dehnung durch Richtungsänderung der Zugkraft möglichst gering gehalten wird, wie auch davon, daß die Zeit 0 entsprechend festgelegt wird. Das Mißverhältnis zwischen der unmittelbaren elast. Verschiebung dieser Gele unter Belastung u. dem Teil der unmittelbaren Regenerierung, das früher auf eine Form von Thixotropie zurückgeführt wurde, wird nun durch „stat. Erschöpfung" erklärt. E. ÜHLEIN. 7756□

Beobachtungen über die oxydative Wirkung hochmolekularer Globuline der Molke auf das Milchfett. Anna Dłużewska. (Zeszyty naukowe Szkoły głównej Gospodarstwa wiejskiego Warszawie, Rolnictwo **1961.** Nr. 1. 247—93. Warszawa, SGGW, Kat. Przem. Roln.-Spoż.; pol.) — Die Unters. soll Beweise für die Beobachtung liefern, daß die Autoxydation des Milchfettes mit steigendem Globulin (I)-Geh. der Molke zunimmt. Die Verss. wurden mit einer elektrophoret. einheitlichen I-Fraktion aus der Molke durchgeführt, die durch Fällung mit 2,05 m $(NH_4)_2SO_4$-Lsg. erhalten wird. Diese Fraktion enthält prakt. die gesamte Katalase der Molke, zeigt aber keine Peroxydase-, Aldehyd–Xanthin-Dehydrogenase- u. Prolactin-Wirkung. Die peroxydative Wrkg. der I-Fraktion auf Sahne nach mehrstd. Lagerung bei 4° wird bei anschließendem Erhitzen auf 110—115° sichtbar. Im Sommer ist die Wrkg. stärker als im Winter. Während der Übergangszeit in der Ernährung der Kühe kehrt sich die peroxydative Wrkg. von I manchmal in eine antioxydative um. In pasteurisiertem Zustand hat die I-Fraktion nur antioxydative Wirkung. Die reduzierenden Eigg. der denaturierten I sind durch Freisetzen von Sulfhydrylgruppen bedingt. Die Autoxydation des Milchfettes in Ggw. von I wird durch Carotin beschleunigt, durch höhere Acidität aber gehemmt. — 71 Literaturhinweise. F. URBAN. 7756□

Untersuchungen über die Haltbarkeit von Butter aus Sahne, die mit Wasserstoffperoxid behandelt worden ist. E. Pijanowski, S. Gilewski und J. Wolski. (Zeszyty naukowe Szkoły głównej Gospodarstwa wiejskiego Warszawie, Rolnictwo **1961.** Nr. 1. 295—302. Warszawa, SGGW, Kat. Przem. Roln.-Spoż.; pol.) — Zusatz von 0,03 oder 0,1% H_2O_2 zu pasteurisiertem Süßrahm vor dem Ausbuttern bewirkt, daß die Acidität der Butter während der Lagerung bei 5° langsamer ansteigt als bei normal hergestellter Butter. Die Zers. von Eiweiß während der Lagerung wird in den ersten 4 Monaten ebenfalls gehemmt. Die Autoxydation u. die Zers. von Carotin werden dagegen beschleunigt. Bei Sauerrahm lassen sich keine Unterschiede durch Zusatz von H_2O_2 feststellen. Der Geschmack der mit H_2O_2-Zusatz erhaltenen Butter wird besser beurteilt. — 13 Literaturangaben. F. URBAN. 7758□

Methodik der Qualitätserhaltung von Markenbutter während der Lagerung. E. Gröschner, W. Eichwald, O. Hamann und W. Wartemann. (Nahrung **3.** 922—47. 1959. Magdeburg, Forschungsinst. für die Kühl- u. Gefrierwirtschaft; dt.) — Es wird dargelegt, daß durch Anwendung des Schnellgefrierens Butter guter Qualität u. guter Lagerfähigkeit bis zu 9 Monate lang bei —18° aufbewahrt werden kann. Besteht Neigung zu frühzeitigem Qualitätsabfall, so kann auch durch die erhöhte Einfrier-Geschw. keine Verlängerung der Haltbarkeit bewirkt werden. M. WINIKER. 7758□

Untersuchungen über Hydroxamsäuren. 9. Mitt. **Mikronachweis und -bestimmung von Ameisensäure und anorganischen Formiaten. Ihre Anwendung auf Nahrungsmittel.** Omar A. Guagnini und Eugenio E. Vonesch. (Mikrochim. Acta [Wien] **1959.** 372—81; An. Asoc. quím. argent. **47.** 41—51. März 1959; span.) — 8. vgl. VONESCH u. GUAGNINI, C. **1960.** 5676. — Das ausführlich beschriebene Verf. basiert darauf, daß die *Ameisensäure* (bzw. ihre Metallsalze) in *Äthylformiat* übergeführt wird, letzteres in ammoniakal. Hydroxylamin-Lsg. zwecks Umwandlung in *Formhydroxamsäure* (I) überdest. u. schließlich I als *Fe(III)-Chelat*-Verb. photometriert wird. M. WINIKER. 7788□

Die Bestimmung der Feuchtigkeit in der Gesamtteilchensubstanz von Zigarrenrauch. John B. Fishel. (Tobacco Sci. **4.** 198—200. 1960. Lancaster, Pa., General Cigar Company, Res. Labor.; engl.) — Vergleichende Wasser-Best. an Zigarrenrauchkondensaten nach KARL FISCHER u. einer IR-spektroskop. Meth. in Tetrahydrofuran, die die Absorption zwischen 3400 u. 3700 cm^{-1} auswertet, zeigten gute Übereinstimmung. Wachsendes Zug-Vol. (20, 35, 50 u. 65 ml Luft) ergab nur einen geringen, wachsende Zugzahl (1, 2, 4 u. 12 Züge in 60 Sek.) einen starken Anstieg des Wasser-Geh. im Rauchkondensat. Die Zugdauer betrug stets 2 Sekunden. Entsprechend nahm auch die trockene Rauchteilchenmasse mit dem Zug-Vol. u. der Zugzahl zu, um sich bei jedem Zug-Vol. für kontinuierliches Ziehen (Zugzahl → 30) asymptot. einem Maximalwert zu nähern. F. HOFMANN. 7836□

Die Bestimmung von Menthol in mentholisierten Zigaretten. J. J. Lubus und H. D. Bogue. (Tobacco Sci. **4.** 213—15. 1960. Greensboro, N.C., P. Lorillard Co.;

engl.) — Tabak u. Papier von 6 Menthol (I) enthaltenden Zigaretten werden mit 150 ml abs. A. 2 Std. geschüttelt. 1 ml des Extraktes wird unter Vakuum im Heißluftstrom bei 90—95° Bad-Temp. dest. u. das Destillat bei —70° aufgefangen. Nach Verdünnen des Destillats mit p-Dimethylaminobenzaldehyd-Lsg. (0,75 g in 240 ml konz. H_2SO_4 u. 150 ml W.) erfolgt die Farb-Entw. des I durch Erwärmen im sd. Wasserbad (3 Min.). Die Absorption wird bei 525 mμ gemessen, wobei eine aus 6 I-freien Zigaretten in gleicher Weise erhaltene Lsg. zum Vgl. dient. Die Extinktion der Färbung ist der I-Konz. im Bereich von 0,035—0,125 mg I/ml Extrakt linear proportional. Zur Best. von I im Zigarettenrauchkondensat ist die Meth. infolge störender Begleitstoffe ungeeignet.
F. Hofmann. 7836□

Ottavio di Gaeta und Aliero Poggioli, Salerno, Italien, **Konservierung von Pflanzen.** Pflanzen oder Pflanzenteile, bes. solche, die zur menschlichen u. tier. Ernährung dienen, werden in rohem, gekochtem oder anders zubereitetem Zustande in einem Vakuumbehälter zunächst auf —35 bis —40° abgekühlt, dann so lange einem Vakuum von 10—50 mm unterworfen, bis prakt. alle Feuchtigkeit daraus entfernt ist. Das konservierte Material ist dann unbeschränkt bei + 20 bis 25° u. einer Luftfeuchtigkeit haltbar. (**Port. P. 38 154** vom 7/3. 1961, Auszug veröff. 27/5. 1961. It. Prior. 11/10. 1960.)
A. Kalix. 7635

José Hidalgo Vilaclara, Madrid, Spanien, Francisco Benito Serrano und José Luis Serrano, Lissabon, Portugal, **Herstellung eines Grundnahrungsmittels.** 1 kg eines Gemisches aus Mehl und Stärke wird mit 4 Liter W. angerührt, filtriert, mit etwas Salz u. Zucker versetzt u. auf dem Wasserbade zur Trockne eingedampft. Zuvor können noch Gewürze, Fleischbrühe, Fruchtsäfte, Fisch-Präpp. oder andere Geschmackskomponenten zugesetzt werden. (**Port. P. 37 962** vom 11/1. 1961, Auszug veröff. 29/3. 1961.) A. Kalix. 7673

Willy Seck, Baden-Baden, **Herstellung von schnellkochbarem Reis** durch trockenes Erhitzen des normal feuchten Reises auf Endtemp. zwischen 43 u. 140°, dad. gek., daß der dabei auf einen Wasser-Geh. von 3—6% heruntergetrocknete Reis unmittelbar nach der Erhitzung durch rasche Wasserzugabe überfeuchtet wird u. nach einer Ruhezeit von 30—60 Min. auf seinen anfänglichen Feuchtigkeits-Geh. gebracht wird. Der Reis ist bes. geeignet zum Schnellkochen in Milch. (**D. A. S. 1 117 987** Kl. 53k vom 19/1. 1959, ausg. 23/11. 1961.) W. Kranz. 7687

Alexander Winterberg, Ramat Shaul, Haifa, Israel, **Überziehen von Lebensmitteln, wie Fleisch oder Käse,** mit Kunstharzen, innerhalb denen eine Atmung u. Reifung möglich ist. Man überzieht diese mit einem nichttox. Polyvinylacetatharz, das ein hydrophiles Wachs enthält. Das Verhältnis von Harz:Wachs beträgt $4^1/_4$ bis ca. 16. Man trocknet die Überzugsmasse, bis sich Poren in dem Überzug für die Atmung gebildet haben. Nach erfolgter Reifung der Lebensmittel erhöht man die Temp. des Überzugs, um das Wachs zu schmelzen u. den Überzug für Gas u. Feuchtigkeit undurchlässig zu machen. (**A. P. 2 961 322** vom 1/2. 1957, ausg. 22/11. 1960.) H. Maass. 7761

General Cigar Co., Inc., New York, N.Y. (Erfinder: **Walter Gustave Frankenburg,** Millersville, Pa., V.St.A., und **Peter H. Waltz,** Auvernier, Schweiz), *Herstellung von tabakhaltigen Produkten.* (**Schwz. P. 357 324** vom 22/5. 1956, ausg. 15/11. 1961. A. Prior. 24/5. 1955. — C. **1959.** 981 [F. P. 1 154 480].)

National Research Development Corp., London (Erfinder: **William Gardiner Wearmouth,** Shinfield/Reading, Berkshire), England, *Behandlung von frischer oder kondensierter Milch.* (**Schwz. P. 357 957** vom 19/9. 1956, ausg. 15/12. 1961. E. Prior. 19/9. 1955. — C. **1959.** 6989 [F. P. 1 156 770].)

—, Grüne Liste 1960. Verzeichnis diätetischer Lebensmittel. Herausgeg. vom Verband der Diätetischen Lebensmittelindustrie, Frankfurt/Main. Aulendorf/Wttbg.: Editio Cantor. 1960. (96 S.) DM 6,—.

XVII. Fette. Seifen. Wasch- u. Reinigungsmittel. Wachse. Bohnermassen usw.

Zur Wirkung von Aminosäuren bei der Fettoxydation. 2. Mitt. **Untersuchungen mit Linoleat.** R. Marcuse. (Fette, Seifen, Anstrichmittel **63.** 940—44. Okt. 1961. Göteborg, Schweden, Inst. für Konservierungsforsch.; dt.) — 1. vgl. Fette, Seifen, Anstrichmittel **63.** [1961.] 547. — Mittels manometr. Best. des O_2-Verbrauches in der Warburg-App. wird der Einfl. von Aminosäuren (I) auf die Autoxydation von durch Lauge in Lsg. gebrachtem *Linoleat* (II) untersucht. Alle untersuchten I hemmen die II-Oxydation, lediglich Cystein wirkt prooxydativ. Mit zunehmendem I-Geh. kann eine Wrkg.-Umkehr eintreten. Zusatz von Phosphat kann die antioxydative Wrkg. der I verstärken bzw. die prooxydative Wrkg.-Umkehr verdrängen. Die antioxydative Wrkg. der I ist bei pH 9,5 stärker als bei pH 7,5. Tocopherol verstärkt die günstige Wrkg. der I synergistisch.
H. P. Fiedler. 7878□

Über die Autoxydation gesättigter Fettsäuren. 1. Mitt. Der Verlauf der Autoxydation. H. Thaler und W. Saumweber. (Fette, Seifen, Anstrichmittel **63**. 945 bis 949. Okt. 1961. München, Dt. Forsch.-Anst. für Lebensmittelchem.; dt.) — Reinste *Laurin-* bzw. *Stearinsäure* bzw. deren Methylester bilden während der Oxydation bei 120 oder 150° u. in Abwesenheit von Katalysatoren analog den ungesätt. Fettsäuren Peroxide, wobei die Ester höhere Peroxidwerte erreichen als die reinen Fettsäuren. Nach bestimmten Zeiten der Oxydation wird ein Maximum erreicht, danach sinkt die Peroxidzahl ab, um schließlich im weiteren Verlauf der Oxydation einen konst. Wert anzunehmen. Die SZ. der freien Fettsäuren nimmt zu Beginn der Oxydation bei 150° ab, um erst nach Std. wieder anzusteigen, während die SZ. der Methylester bereits zu Beginn der Oxydation ansteigt. Wahrscheinlich begünstigt das H-Atom der COOH-Gruppe der freien Fettsäuren die Polymerisation, die dann im Verlauf der Oxydation nach Erreichen eines bestimmten Peroxidwertes von den inzwischen gebildeten niedrigmol. Fettsäuren überlagert wird. Da reinste Stearinsäure mit JZ. 0 nicht nur bei 60°, sondern auch bei 20° während der Lagerung Peroxide, allerdings nur in geringer Menge, bildet, wird gefolgert, daß die gesätt. Fettsäuren ebenfalls der Autoxydation unterliegen.
H. P. FIEDLER. 7878 □

Fortschritte in der Verarbeitung von Ölsaaten. F. Wittka. (Seifen-Öle-Fette-Wachse **84**. 200—04. 16/4. 243—46. 30/4. 1958; dt.) — Bei der Silolagerung der Ölsaat soll die Feuchtigkeit nach der Trommeltrocknung 10—11% nicht überschreiten, 1—2% Feuchtigkeit soll eine besondere Haltbarkeit gegen Schimmel u. Insekten garantieren. Die Konservierung wird durch Vorreinigung, gasförmige Gifte, Freßgifte oder chem. Konservierungsmittel durchgeführt. Vor dem Pressen wird die Saat gereinigt, geschält u. in Walzstühlen gemahlen. Moderne kontinuierliche Pressen belassen $<3\%$ Öl im Preßling. Das Preßöl wird durch Absitzen geklärt, gefiltert u. durch Dest. konzentriert. Ölarme Saaten sollen direkt extrahiert werden, ölreiche nach erfolgter Vorpressung. Als Lsgm. werden Hexan, chlorierte KW-Stoffe u. CS_2 verwendet. Vf. beschreibt moderne App. u. diskutiert den Substanzverlust in Ölmühlen.
H. STACHE. 7894□

Verarbeitung ungeschälter Baumwollsamen nach der Extraktionsmethode ohne Vorpressen. A. L. Markman und A. I. Gluschenkowa. (Известия Высших Учебных Забедений (Краснодар), Пищевая Технология [Hochschulnachr. (Krasnodar), Nahrungsmittel-Technol] **1961**. Nr. 5. 49—52. Taschkent, Polytechn. Inst., Lehrstuhl für Technol. der Pflanzenöle; russ.) — Das Verf. der Verarbeitung ungeschälter Baumwollsamen nach der Extraktions-Meth. ohne Vorpressen ermöglicht die Bereitung von Miscellen mit 21% Öl-Geh. (statt 8—12%) u. eines weniger gefärbten Rohöls mit erniedrigter SZ. (1,2). Die Raffination des gewonnenen Öls erfordert $^1/_2$—$^1/_3$ der beim üblichen Verf. erforderlichen Lauge. Als Nachteile der Meth. ist die erniedrigte Leistung der Anlage u. der erhöhte Geh. des Schrotes an Öl (3,5—4,5%) u. an Gossypol (0,3%) zu bezeichnen. Diese Nachteile sind bedingt durch die mehlige Struktur des extrahierten Materials.
S. BARYSCHNIKOW. 7894

Zur Frage der Lagerung von Sonnenblumensamen ohne Luftzutritt. W. M. Kopeikowski und N. W. Trubitzyn. (Известия Высших Учебных Заведений (Краснодар), Пищевая Технология [Hochschulnachr. (Krasnodar), Nahrungsmittel-Technol.] **1961**. Nr. 5. 13—19. Krasnodar, Inst. für Lebensmittelind., Lehrstuhl für Technol. der Fette; russ.) — Untersucht wurde der Einfl. des Wasser-Geh. (7,95—18,00%) u. der Raum-Temp. (7—30°) auf die Lagerfestigkeit von Sonnenblumensamen, die 3—6 Monate ohne Luftzutritt aufbewahrt wurden. Bei 3monatiger hermet. Aufbewahrung feuchter Samen verringert sich (im Vgl. zu der üblichen Lagerung) der Ölverlust der Samen auf $^1/_2$—$^1/_6$ u. die SZ. des Öls (3—6monatige Aufbewahrung bei 20—30°) um das 2½—5fache. Eine Aufbewahrung des Prod. bei 30° erhöht die SZ. der Ölkomponente bis ca. 30 u. ist demzufolge nicht zweckmäßig.
S. BARYSCHNIKOW. 7894

Über die Hydrierung von Sonnenblumenöl bei gleichzeitiger Ultrabeschallung. B. N. Tjutjunnikow und Ss. Wyssotzki. (Известия Высших Учебных Заведений (Краснодар), Пищевая Технология [Hochschulnachr. (Krasnodar), Nahrungsmittel-Technol.] **1961**. Nr. 5. 44—48. Charkow, Polytechn. Lenin-Inst., Lehrstuhl für Technol. der Fette; russ.) — Untersucht wurde der Einfl. der Ultrabeschallung (UB) auf die Hydrierungs-Geschw., die Selektivität der Hydrierung der Reste u. die Reihenfolge der Sättigung von Öl- u. Leinölsäureresten bei der Sättigung des Sonnenblumenöls bis zur Erreichung der JZ. 70 (untersucht wurden JZ.-Intervalle von 10—15). Es wurde ein nur geringer Einfl. der UB mit 300 kHz auf die Hydrierungsselektivität der Säurereste des Öls festgestellt.
S. BARYSCHNIKOW. 7894

Hydrierung von Fetten im Schaum. Ss. Ju. Jelowitsch, G. M. Shabrowa, P. G. Kriwenkowa und T. D. Ssemenowskaja. (Журнал Прикладной Химии

[J. angew. Chem.] **32.** 187—93. Jan. 1959; russ.) — Das Hydrieren von *Baumwollsaatöl* im Schaum, der sich beim Durchleiten von H_2 durch SCHOTT-Filter bildet, führt zu einem überaus selektiven Ablauf des Prozesses. Das Verhältnis der Hydrier-Geschw. der Oleinreste u. der Sättigungs-Geschw. von Linolresten ist 0,01—0,04. Eine Analyse der Vers.-Ergebnisse führt zur Schlußfolgerung, daß der Prozeß im Schaum bei allen Komponenten der heterogenen Rk. des katalyt. Hydrierens im kinet. Bereich verläuft. Die elektronenmkr. Unters. des bei den Verss. verwendeten Ni-Katalysators aus Ni-Formiat läßt darauf schließen, daß die überwiegende Zahl der Partikeln die Größe 0,1—0,2 μ hat. H. TREUMANN. 7894□

Chemie und Technologie der Nahrungsfette. 1. Mitt. A. Montefredine und S. Anselmi. (Olearia [Roma] **15.** 235—49. Sept./Okt. 1961. Pescara, Labor. Chim. Provinc. u. Labor. Chim. dell'Ist. Super. di Sanità; ital.) — Allg. Fortschrittsbericht über die Chemie u. Technologie der Nahrungsfette. Nach einem Hinweis auf die Bedeutung der Glyceridstruktur, der akzessor. Bestandteile u. der essentiellen Fettsäuren für die Ernährung werden neuere Meth. der Fettraffination unter besonderer Berücksichtigung des Nährwertes des anfallenden Prod. u. die Veränderungen besprochen, die im Verlauf der Hydrierung eintreten, wobei die Nähr-Eigg. der trans-Isomeren bes. berücksichtigt werden. Auch die Umesterung der Fette bzw. der Margarine u. die biolog. Wrkg. oxydierter Fette wird in die Diskussion mit einbezogen. H. P. FIEDLER. 7900□

Mischen — Kneten — Rühren. Heinz Zilske. (Seifen-Öle-Fette-Wachse **84.** 215—19. 16/4. 1958; dt.) — Am Beispiel der Seifen-Herst. werden die Verteilungseffekte beim Mischer mit verschieden ausgebildeten Mischorganen besprochen. Bei pastösen oder übertrockneten pulverförmigen Ingredientien ist eine Intensivmischung nicht ohne Kunstgriff möglich. Hier ist ein Kneter besser, wo eine besondere Anordnung der Mischflügel bzw. kurvenförmigen Flacheisen das Mischgut stets von beiden Seiten zur Mitte befördert. Ein neuer Kneter mit einer am Trogboden eingebauten Schnecke zur Verhinderung der Klumpung wird beschrieben. Beim Rühren werden fl. Bestandteile gemischt. Es wird für die Waschpulver-Herst. ein Vorbereitungskessel beschrieben, in dem mehrere Rühr-Syst. arbeiten u. eine selbsttätige Drehzahlregelung je nach Beschaffenheit des Rührgutes Motorenüberlastung verhindert. H. STACHE. 7910□

Grenzflächenaktive Polyhydroxylverbindungen. 15. Mitt. **Wasch-, Schaum- und Netzvermögen grenzflächenaktiver Saccharosemonourethane.** E. Ulsperger. (J. prakt. Chem. [4] **13 (285).** 90—94. Mai 1961. Berlin, Dt. Akad. der Wiss., Inst. für Fettchemie; dt.) — 14. vgl. J. prakt. Chem. [4] **13.** [1961.] 138. — Bei der vergleichenden Prüfung der Wasch-Wrkg. der Isomerengemische von *Saccharoseoctylurethan* (I) u. *Saccharosedodecylurethan* (II) u. von *Na-Dodecylsulfat* (III) gegenüber Zellwolle–Wolle-Mischfasergut zeigt II bei Konzz. von 1,0 u. 1,5 g/Liter nur wenig geringeren Wascheffekt als III, während die Wasch-Wrkg. von I unbefriedigend ist; durch Zugabe von höhermol. Na-Alkylmonosulfaten wird dieselbe beträchtlich gesteigert. Das Schaumvermögen von I u. II liegt jedoch auch bei höheren Konzz. erheblich unter dem von III. Im Netzvermögen ist II den beiden Saccharose-Derivv. deutlich überlegen, doch kann das von II in Konzz. von 1,0 u. 1,5 g/Liter als gut bezeichnet werden. Auf die besondere Bedeutung der Ergebnisse im Hinblick auf die Forderung biolog. leichter abbaubarer Waschrohstoffe wird hingewiesen. H. SPOHN. 7912□

Cesare Piantanida, Monza, Mailand, Italien, **Regenerieren von Bleicherde,** die zur Reinigung von Ölen oder Fetten, bes. von Olivenöl, verwendet worden ist. Man extrahiert die in der Bleicherde enthaltenen Reste von Öl mit Bzn., Bzl., CS_2, CCl_4, Trichloräthylen oder ähnlichen Lsgm. u. erhitzt auf 500—550°. (**It. P. 519 079** vom 29/7. 1954.) K. KOEBKE. 7875

P. Fournier, Marseille, Frankreich, **Toiletten- und Haushaltseife.** Die Festbestandteile sind zu mindestens 88 (%) Seifen von gesätt. Fettsäuren (I) mit höchstens 12 ungesätt. I, wobei $\geqq$50 der I 12—14 C-Atome aufweisen; ferner enthalten die Seifen 15—35 nichtionogene waschakt. Polyglykoläther, bes. Anlagerungs-Prodd. von Äthylen- u./oder Propylenoxid an Fettalkohole. (**Belg. P. 562 289** vom 9/11. 1957, ausg. 3/6. 1960. F. Prior. 13/11. 1956.) C. LÜTTGEN. 7911

E. I. du Pont de Nemours & Co., übert. von: Klaus Falk, Wilmington, und Walter Renold Taplin, New Castle, Del., V.St.A., **Sulfonsäuren und Schwefelsäureester** erhält man durch Behandeln von Alkoholen, bes. mit 8—22 C-Atomen, Olefinen, Aromaten, Alkylaromaten oder heterocycl. Verbb. mit einem Gemisch aus einem inerten Gas u. 2—12% SO_3 im Gleichstrom, wobei das zu sulfonierende Prod. zusammen mit Inertgas durch Konz. um das zur Einführung von SO_3 + Inertgas dienende Rohr unterhalb von dessen Austrittsöffnung angeordnete Rohre in turbulenter Strömung eingeführt wird. — Aus Laurylalkohol u. SO_3 → *Laurylsulfat.* — Oleylalkohol → *Oleylsulfat.* — Addukt aus Oleylalkohol u. 1,5 Mol Äthylenoxid → *Sulfat + Sulfonsäure.* — Dodecylbenzol → *Dodecylbenzolsulfonsäure.* Ferner können umgesetzt werden: Myristyl-, Stearylalkohol, Glycerin, Glycerinmonolaurat, Sorbit, Xylol, Toluol, Nitrobenzol. — *Oberflächenakt. Mittel, Reinigungsmittel.* — Vorr., Zeichnungen. (**A. P. 2 923 728** vom 19/11. 1957, ausg. 2/2. 1960.) G. Krauss. 7913

Roger Louis Bidet und Charles Antoine Quillet, Frankreich, **Reinigungspaste** für bemalte Flächen, Gips- u. Stuckgegenstände aus einem Gemisch von 1 kg Roggenmehl mit 1120 ml einer wss. Lsg., welche im Liter 20 g $CuSO_4$ u. 150 ml Glycerin enthält. (**F. P. 1 205 759** vom 10/10. 1958, ausg. 4/2. 1960.) M. F. Müller. 7917

Antoine Roger genannt René Rue, Frankreich, **Reinigungsmittel für Schmuck und Edelsteine** aus einem Gemisch eines häutchenbildenden Wachses, wie Stearin, Paraffin oder gesätt. höhere Fettalkohole u. einem sulfonierten Fettalkohol. Das Schmuckstück wird damit gebürstet u. mit W. abgespült. (**F. P. 1 216 460** vom 26/11. 1958, ausg. 26/4. 1960.) M. F. Müller. 7917

Firmin Lorans und Robert Couliou, Frankreich, **Auffrischungsmittel für lackierte Gegenstände,** bes. Möbel, aus 65 (%) Vaselinöl, 30 geruchfreiem Petroleum, 4,5 Paraffinöl, 0,5 Ricinusöl mit geringen Zusätzen an Lotwurz (Racine d'orcanète) u. Lavendelessenz. (**F. P. 1 218 266** vom 4/3. 1959, ausg. 10/5. 1960.) M. F. Müller. 7927

Ugo Forchetti, Chieti, Italien, **Mittel gegen das Beschlagen von Glasscheiben,** bestehend aus 28 (%) reinem Glycerin, 50 A. u. 22 Aceton. (**It. P. 518 617** vom 1/4. 1954.) K. Koebke. 7929

Unilever Ltd., Port Sunlight, übert. von: **John P. Parke**, Bebington, County of Chester, England, *Seifenzusammenstellung.* (**Can. P. 558 093** vom 7/11. 1953, ausg. 27/5. 1958. E. Prior. 17/11. 1952. — C. **1958.** 3477 [Oe. P. 190 192].)

VEB Farbenfabrik Wolfen, Wolfen (Erfinder: **Albert Schwalenberg**, Halle/Saale, und **Horst Laqua**, Delitzsch), *Netzmittel.* (**Ung. P. 145 102** vom 29/5. 1957, ausg. 15/8. 1959. D. Prior. 22/11. 1956. — C. **1959.** 4663 [D. A. S. 1 034 134].)

Unilever Ltd. (Erfinder: **Jan van Alphen** und **Adolf Lucas de Jong**), *Oberflächenaktive Mittel.* (**Aust. P. 231 559** vom 9/5. 1958, ausg. 19/1. 1961. E. Prior. 10/5. 1957. — C. **1961.** 10406 [Oe. P. 205 478].)

Unilever Ltd., Port Sunlight, übert. von: **Charles E. Harvey**, Bebington, County of Chester, England, *Reinigung von Acylaminomethansulfonaten.* (**Can. P. 558 776** vom 12/10. 1956, ausg. 10/6. 1958. E. Prior. 14/10. 1955. — C. **1959.** 10761 [E. P. 789 032].)

XVIIIa. Holz. Cellulose. Zellstoff. Papier. Papierdruck. Celluloid. Linoleum

Einfluß des Feinstoffinhalts auf die Eigenschaften von Holzschliff. Čestmír Skalický und Milena Vondráková. (Sborník výskumných Prác Odboru Celulozy Papiera **5.** 9—28. 1960; tschech.) — Eine Reihe tschechoslowak. Holzschliffe (Hs) wird analysiert u. der Einfl. von Feinstoff (Fs) wird auf die physikal. Eigg. von Hs untersucht. Der Fs wird in einem Fraktioniergerät abgetrennt u. anderen Hs-Mustern in verschiedenen Verhältnissen zugegeben. Mit abnehmendem Fs-Anteil wird eine Zunahme des Entwässerungsfaktors u. eine Abnahme (Ab) des Mahlgrades beobachtet. Einige Hs zeigen keine Änderung der strukturellen initialen Festigkeit (siF) mit zunehmendem Fs-Geh., z. B. Zeitungsdruck-Hs, Stoffe, die auf schnellaufenden Papiermaschinen (sPM) verarbeitet werden sollen u. aus Frischholz hergestellter Hs. Eine geringe Ab der siF wird bei Hs für graph. Papiere, eine bedeutende bei Hs für Kartone u. minderwertige Druckpapiere beobachtet. Der Fs beeinflußt Reißlänge u. Berstfestigkeit von Hs nur wenig. Die Durchreißfestigkeit nach Elmendorf nimmt mit zunehmendem Fs-Geh. ab. Bei einem Fs-Geh. von 40% bedingt eine weitere Fs-Zunahme eine lineare Ab des log der Doppelfalzzahl (50 g Belastung). Es wird darauf hingewiesen, daß es möglich ist, die Verarbeitungsfähigkeit von Hs auf sPM durch künstliches Aussortieren von 5—10% Fs wesentlich zu verbessern. — 12 Abb., 1 Tabelle, 11 Literaturhinweise. G. Reisner. 7952 □

Stoff- und Phasenbeziehungen in einem kontinuierlichen Kocher. 1. Mitt. Josef Schmied. (Sborník výskumných Prác Odboru Celulózy Papiera **5.** 59—69. 1960; tschech.) — Eine allg. Analyse der Änderungen (Ä) beim Stoff (St)- u. Phasen (Ph)-Durchfluß (Df) im kontinuierlichen Kocher (Ko) wird durchgeführt. Die Aufteilung des Ko in einfachere Teile, die funktionell u. zuständlich verschieden sind, der St- u. Ph-Df, der Zu- u. Abfluß u. ihre Ä in Abhängigkeit von der Inter-Ph-Leitung des St oder dem Entstehen u. Verschwinden des St u. ähnliches wird definiert. — 1 Abbildung. G. Reisner. 7956 □

Wärmeeigenschaften der Sulfat- und Neutralsulfitablaugen vom Standpunkt der Regenerierung. Ján Hojnos. (Sborník výskumných Prác Odburo Celulózy Papiera 5. 97—114. 1960; slowak.) — Die Grundparameter einiger Sulfatablaugen (**A**) nach dem Aufschluß (Af) von Fichten- (**B**), Buchen- (**C**) u. Pappelholz (**D**) [48—79% Ausbeute (Ab)], sowie Neutralsulfitablaugen (**E**) nach dem Af von **C** u. **D** (70—80% Ab) werden bestimmt. Bei der Unters. der Änderung des oberen Heizwertes (Ho) in Abhängigkeit von der Ab wird festgestellt, daß Ho bei **A** bei Ab > 60% eine fallende Tendenz zeigt, sowohl für die Trockensubstanz (Ts) als auch die organ. Stoffe. Bei **E** fällt der Ho der Ts von **E**, da bei steigender Ab der anorgan. Anteil steigt, der Ho der reinen organ. Stoffe im gesamten Ab-Bereich jedoch konst. bleibt. Die elementare Zus. der Ablauge (Abl), bes. der H-Geh., ändert sich in Abhängigkeit von der Ab nur wenig. Auf Grund von Elementaranalysen wird der Ho auf Hu bzw. $Hu_{red.}$ umgerechnet. $Hu_{red.}$ von auf 65% eingedickter Abl kann als Kriterium der Wärmeselbständigkeit (Ws) bei der Verbrennung (Ve) dienen. Nicht nur normale **A**, sondern auch Hoch-Ab-**A** kann nach dem Af von **C**, **B** u. **D** ohne zusätzlichen Brennstoff (**G**) verbrannt werden. **E** nach dem Af von **C** liegen unter der unteren Grenze der Ws, **E** nach dem Af von **D** müssen mit Hilfe von zusätzlichem **G** verbrannt werden. Der Zündpunkt (Z) der Ts von **A** liegt in der 1. Stufe (St) bei 230°, in der 2. bei 510°. Der Z der Ts von **E** ist in beiden St. um 100° höher, was die schwierigere Ve erklärt. — 5 Abb., 8 Tabellen, 11 Literaturhinweise.
G. REISNER. 7960□

Beschleunigung des Sulfitaufschlusses. Rudolf Boříšek. (Sborník výskumných Prác Odboru Celulózy Papiera 5. 45—57. 1960; slowak.) — Bei sehr kurzen Sulfitkochungen (Suko) übt die Temp. den Haupt-Einfl. bei der Delignifizierung aus. Bei 170—180° ist der Einfl. von SO_2 unwesentlich, so daß bei kontinuierlichen Ko mit $NaHSO_3$ die Abwesenheit von SO_2 vorteilhaft ist. Um die Ko zu beschleunigen, ist es nicht nötig, für die Ligninsulfonierung (Sul) die Konventions-Temp. von 110—120° einzuhalten; die Zeit bis zum Erreichen der maximalen Temp. kann theoret. auf 10—20 Min. verkürzt werden. Bei höheren Temp. verläuft die Sul vorteilhaft bei einem höheren Geh. an gebundenem SO_2; dadurch wird die unerwünschte Hydrolyse gehemmt oder unterdrückt. — 5 Abb., 3 Tabellen, 16 Literaturhinweise. G. REISNER. 7962□

Einige physikalisch-chemische Bedingungen der Wäsche von Ca-Bisulfit-Hochausbeutezellstoffen. Ján Fellegi und Viera Farkašová. (Sborník výskumných Prác Odboru Celulózy Papiera 5. 71—80. 1960; slowak.) — Bei der Erhöhung (Eh) der Ausbeute (Ab) an Ca-Bisulfit-Hoch-Ab-Zellstoff (**A**) ändert sich der Charakter des Wasch (Ws)-Prozesses; dadurch wird das Vol. der Mutterablaugen relativ groß. Die Diffusionsbedingungen werden schlechter, da die Dicke der Faserbündel bzw. der ungekochten Schnitzel größer ist. Daher steigt die Ws-Konst. mit steigender Ab. Bei Ab-Eh wird gleichzeitig der Einfluß der Austreibung (At) vermindert, was sich durch eine Verminderung des Konz.-Verhältnisses des Ws-Wassers (Ww) der kombinierten At- u. Auslaugewäsche (AuW) bemerkbar macht; bei 60%ig. Ab wird die Gleichgewichts-Konz. nicht erreicht. Daher sinkt unter gleichen Ws-Bedingungen mit steigender Ab die Ausnutzung der lösl. Stoffe. Es wird empfohlen, bei der W von **A** nach der At- eine Au-Stufe mit Zirkulation des Ww einzuschalten u. bei Ab >55—60% **A** nach dem Defibrieren in einem Ws-Filter mit Ww nachzuwaschen. — 5 Abb., 2 Literaturhinweise.
G. REISNER. 7962□

Natriumbisulfitaufschluß mit Chemikalienregenerierung. Václav Kubelka und Václav Enderšt. (Sborník výskumných Prác Odboru Celulózy Papiera 5. 81—96. 1960; tschech.) — Der Einfl. der Ballastsalze (**A**), die bei der Chemikalienregenerierung der $NaHSO_3$-Kochung von Zellstoff (**B**) entstehen, wird untersucht. Die Ggw. von $Na_2 \cdot S_2O_3$ (I) in der Aufschluß (Af)-Säure bis zu einer Konz. von 4 g/Liter bedingt keine wesentliche Verschlechterung der Eigg. des erzeugten **B**. Einen ähnlichen Einfl. zeigt H_2S, das in der Soda-Lsg. (**C**), aus der die Af-Lsg. bereitet wird, vorhanden ist. Zur Verminderung von **A** in der Af-Lsg. wird das Regenerierungs-Syst. nach Tschech. P. 90 211 umgestellt. Die regenerierte **C** wird in 2 Stufen, u. zwar zuerst bei der ursprünglichen hohen Konz. beim Kp. sulfitiert. Danach wird die Lsg. verd. u. die Af-Lsg. der erforderlichen Konz. zubereitet. Durch die Einführung der heißen Vorsulfitierungsstufe wird die Menge von entstehendem **I** im Vgl. zum normalen Verf. auf 20—30% herabgesetzt. Die Verbesserung (Ve) der Eigg. der Säure bedingen eine Ve der Wärmestabilität u. der **B**-Eigg., sowohl im Labor. als auch in der Pilotanlage. — 3 Abb., 6 Tabellen, 14 Literaturhinweise. G. REISNER. 7962□

Einige Bemerkungen zur Bestimmung der Entwässerungsfähigkeit von Holzschliffen. Václav Šetelík und Miloš Vocílka. (Sborník výskumných Prác Odburo Celulózy Papiera 5. 29—44. 1960; tschech.) — Bei 70 tschechoslowak. (ts) Holzschliffmustern wird der Mahlgrad y (in °SR) u. die Entwässerungszeit x (in Sek.) nach der ts Norm CSN 50 0290 bestimmt. Es wird festgestellt, daß es genügt, nur eine dieser Best. durchzuführen; die andere Größe kann nach $y = 100 - [7500/(x + 75)]$ berechnet werden. Bei $y = 26{,}5^0$ SR u. $x = 25{,}7$ Sek. ist der Meßfehler (M) gleich groß, bei höheren Werten ist M bei $x < y$, so daß es vorteilhafter ist, nur x festzustellen. Diese Messung ermöglicht auch eine bessere Unterscheidung von kleinen Unterschieden der Entwässerungsfähigkeit z als bei der Best. von y (nach SCHOPPER-RIEGLER), da der Anstieg der Kurve $\Delta y/\Delta z$ im prakt. verwendbaren Gebiet geringer ist als die der Kurve $\Delta x/\Delta z$. — 3 Abb., 5 Tabbellen, 10 Literaturhinweise. G. REISNER. 8004 □

Deutsche Solvay-Werke G. m. b. H., Solingen (Erfinder: Rudolf Rössler, Wilhelm Scholles und Reinhard Stempel, Rheinberg), **Markierung von öligen und ölhaltigen Holzschutzmitteln,** bes. zum qual. Nachweis u. zur Best. der Aufwandmenge im Holz, gek. durch die Verw. öllösl. Cd-Verbb. (I) als Zusatzstoffe. Verw. von Salzen der im Tallöl vorkommenden Säuren oder von Naphthensäuren als **I**. (**D. A. S. 1 080 327** Kl. 421 vom 14/5. 1959, ausg. 21/4. 1960.) W. v. HUHN. 7953

Feldmühle Papier- und Zellstoffwerke Akt.-Ges. (Erfinder: Hans Wolfgang Barnscheidt), Düsseldorf, **Ermittlung des Mahlgrades (I) in einer zur Herstellung von Papier oder Pappe geeigneten Faserstoffsuspension,** bei der diese Ermittlung ohne Probeentnahme in einem im Betriebe gegebenen Stoffstrom (II) erfolgt, dad. gek., daß der **II** in einer Leitung über ein Sieb (**III**) geführt wird, das einen mit einem Vakuummesser (**IV**) versehenen u. mit W. gefüllten Meßraum (**V**) abdeckt, ferner dad., daß innerhalb einer abgemessenen Zeit eine zur Bldg. einer Stoffschicht auf dem **III** ausreichende Wassermenge aus dem **II** in den **V** eingesaugt wird, worauf dann vom **IV** nach einem bestimmten u. ggf. einstellbaren Zeitraum nach Beginn des Absaugens der Druck im **V** gemessen wird, der als Maß des **I** des Faserstoffes im **II** dient. (**D. A. S. 1 058 281** Kl. 421 vom 18/6. 1958, ausg. 27/5. 1959.) W. v. HUHN. 7977

Hanns Ullstein, München, **Kaschieren von Polyalkylenfolien** (Polyäthylen) auf Papiermittels Klebstoffs, dad. gek., daß die Folie vor dem Kaschieren polarer gemacht wird, z. B. durch eine Behandlung mit Chromschwefelsäure oder auf elektrostat. Wege. (**D. A. S. 1 123 903** Kl. 55f vom 31/10. 1960, ausg. 15/2. 1962.) A. GRADL. 7987

Minnesota Mining & Mfg. Co., St. Paul (Erfinder: Thomas W. Wartman, Mendota Heights, und Donal E. Edwards, St. Paul), Minn., V.St.A., **Zurichtverfahren für Hochdruck.** Ein wärmedehnbarer Zurichtbogen, z. B. mit einer Dispersion von p.p'-Oxy-bis-[benzolsulfonsäurehydrazid] in einem Gemisch von Celluloseacetatbutyrat u. Polyvinylacetat beschichtet, wird mittels der zuzurichtenden Druckform klebrig bedruckt u. mit einem wärmeabsorbierenden Pulver, z. B. Kaolin mit Ruß gemischt, bestäubt. An den nicht bedruckten Stellen wird das Pulver entfernt. Dann wird der Bogen gleichmäßig IR-bestrahlt, wodurch die bedruckten Stellen sich in der Höhe ausdehnen. (**D. A. S. 1 122 555** Kl. 15k vom 12/1. 1959, ausg. 25/1. 1962. A. Prior. 13/1. 1958.) C. KITTLER. 7989

Gevaert Photo-Producten N. V., Mortsel (Erfinder: Karel Frans Marcel de Troeyer, Antwerpen, und Paul Maria Cassiers, Mortsel), Belgien, **Entwicklung von latenten elektrostatischen Bildern.** Das latente Bild wird zunächst in der üblichen Weise mit einem beliebigen Pigmentpulver (I) entwickelt, aber nicht fixiert. Die von I freigelassenen Stellen des Trägers werden dann in der Weise umgewandelt, daß nach Entfernen von I ein deutlich sichtbares Bild zurückbleibt, z. B. durch Aufsprühen einer schnell trocknenden Farbstofflösung. Das Verf. kann auch so ausgeführt werden, daß eine Komponente für eine Farbstoff-Bldg. dem Schichtträger zugesetzt wird, z. B. eine Diazo- oder Leuko-Verbb. u. die andere, z. B. eine Azo-Verb. oder ein Oxydationsmittel, in der Sprüh-Fl. enthalten ist. (**D. A. S. 1 114 832** Kl. 15k vom 1/12. 1959, ausg. 12/10. 1961. E. Prior. 2/12. 1958.) A. KALIX. 7989

Commonwealth of Australia, Staatssekretär für das Versorgungswesen, Melbourne (Erfinder: Kenneth Archibald Metcalfe, Graymore, und Robert John Wright, Hectorville), Australien, **Herstellen xerographischer Bilder.** Die Photoleiterfläche wird unter der ihr eigenen Beladung u. unter einem transparenten Negativ durch Licht- oder Wärme-Einw. modifiziert u. mit einem in einer Isolier-Fl. suspendierten Entwickler mit einer Korngröße von $< 0{,}5\ \mu$ entwickelt. (**D. A. S. 1 118 813** Kl. 15k vom 5/3. 1960, ausg. 7/12. 1961. Aust. Prior. 5/3. 1959.) C. KITTLER. 7989

Farbwerke Hoechst Akt.-Ges., vormals Meister Lucius & Brüning (Erfinder: Wilhelm Eckert), Frankfurt/M., **„Naphthoylen-[1'.8':1.2]-naphthimidazol"**

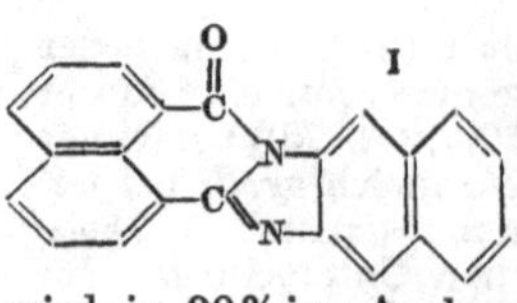

I

(I), ein für den Druck auf Papier sowie zum Färben von Lacken u. Druckfarben sehr gut geeigneter Farbstoff, wird in Ggw. oder Abwesenheit von Lsgm. oder Verdünnungsmitteln durch Kondens. von Naphthalsäure oder deren Anhydrid (II) mit 2.3-Diaminonaphthalin (III) erhalten. — Durch 5std. Kochen von 20 (Gew.-Teilen) II u. 16 III in 300 Vol.-Teilen Eisessig wird in 90%ig. Ausbeute I, gelbe Prismen, F. 286—287°, in konz. H_2SO_4 rötlichgelb lösl., erhalten; gibt im Druck auf Papier ein sehr klares rotstichiges Gelb u. färbt auch Lacke u. Druckfarben echt. (**D. A. S. 1 121 750** Kl. 22e vom 18/4. 1959, ausg. 11/1. 1962.) O. ROICK. 7991

E. I. du Pont de Nemours & Co., Wilmington, Del., übert. von: David Ivan Sapper, Buffalo, N.Y., V.St.A., **Verbesserung der Heißverklebbarkeit von gestreckten Polyäthylenterephthalatfilmen,** dad. gek., daß mindestens eine Seite des Films mit einer wss. Dispersion überzogen wird, deren Trockensubstanz a) 65—99 (%) Partikel eines Mischpolymerisats aus ca. 34—38 Butadien-(1.3), ca. 29—39 Styrol oder einem α- u. kernsubstituierten Alkyl- oder Chlorstyrol u. ca. 27—33 Acrylnitril, b) 0 bis 35 Polyvinylchloridpartikel, c) 0—35 NH_4-Naphthenat-Partikel u. d) 0—35 Paraffin oder mikrokrist. Wachs enthält u. den überzogenen Film trocknet. — Herst. von *Verpackungsmaterial.* — Tabellen. (**A. P. 2 898 237** vom 16/9. 1957, ausg. 4/8. 1959.) G. VOGEL. 7993

United States Rubber Co., New York, N.Y., übert. von: Paul V. Butsch, South Bend, Ind., V.St.A., **Herstellung von Vinylharzschwämmen,** dad. gek., daß 100 (Teile) eines Plastisols aus einem thermoplast. Vinylharz, wie Polyvinylchlorid oder Mischpolymerisaten aus CH_2=CHCl u. CH_3COOCH=CH, CH_2=CCl_2, Maleinsäure- oder Fumarsäurediäthylester (95:5 bis 85:15) u. 50—400 eines hochsd., fl., organ. Weichmachers mit 1—25 eines nichtion. oberflächenakt. Mittels, 3—100 eines Alkalisalzes einer sulfonierten Fettsäure u. 1—25 eines Alkalisalzes von Äthylendiamintetraessigsäure (I) mit der umgebenden gasförmigen Atmosphäre zu Schaum geschlagen, der Schaum unter Erhaltung seiner Struktur auf Sinter-Temp. erhitzt u. gekühlt wird. Es werden bes. auf 100 Harz 138 Phosphorsäureoctyldiphenylester, 5,9 eines Monoesters aus einem Polyglykol u. einer langkettigen Fettsäure (Rk.-Prodd. aus Äthylenoxid oder Polyäthylenglykol mit Ölsäure), 29,4 Na-Laurylsulfat u. 5,9 des Tetra-Na-Salzes von I zugemischt. — Beispiele, Tabellen, Fließschema. (**A. P. 2 861 963** vom 3/7. 1957, ausg. 25/11. 1958.) G. VOGEL. 8001

Continental Elektroindustrie Akt.-Ges., Askania-Werke, Berlin (Erfinder: Massimo Rosicarelli, Mailand, Italien), **Messung und/oder Regelung der Konsistenz von Flüssigkeiten oder Aufschwemmungen,** bes. von *Papierstoffen,* dad. gek., daß in der Fl. ein Hilfsstrom eines fluiden Hilfsmediums (I) vorgegebener Anfangsenergie erzeugt u. der Energieverlust des strömenden I ermittelt wird. Bes. geeignet für die Regelung der Stoffdichte von *Papiermassen* bei der Papiererzeugung. (**D. A. S. 1 115 479** Kl. 42l vom 18/12. 1958, ausg. 19/10. 1961.) W. v. HUHN. 8011

XVIIIb. Textilfasern

Neues einheimisches Entschlichtungsmittel bakterieller Herkunft. František Svoboda. (Textil [Praha] **17.** 142—45. April 1962. Dvůr Králové nad Labem, Vyzkumný ústav zušlechtovací; tschech.) — Herst., Eigg. u. Verw. eines neuen Entschlichtungsmittels (*Bolamylaza*) auf *Amylose*-Basis aus Kulturen von *Bacillus subtilis* nach dem Submersverfahren. KLAUS SCHMIDT. 8030□

Silicon-Kunstharzappreturen in der Textilindustrie. László Salánki. (Koloristikai Értesítő [Kolorist. Rdsch.] **3.** 334—40. Dez. 1961. Budapest, Kl. Gottwald-Fabr.; ung.) — Übersicht über Meth. zur Herst. wasser- u. schmutzabstoßender bzw. knitterfester Ausrüstungen von Textilien durch Silicon-Kunstharze. — 30 Literaturhinweise. P. TOLNAY. 8032

Die Eigenschaften von mit fluororganischen Verbindungen und Hydrophobierungsmitteln behandelten Baumwollgeweben. Herman B. Goldstein. (Textile Res. J. **31.** 377—87. April 1961. Wood River Junction, R.I., Sun Chem. Corp., Warwick Chem. Div.; engl.) — Die Hydrophobierung von Baumwollgeweben mit handelsüblichen Prodd. wird durch Zusatz von Derivv. der Perfluorbuttersäure, ebenfalls in Form im Handel befindlicher Präpp., modifiziert. Es ergibt sich dadurch eine erhebliche Verbesserung der hydrophoben Wrkg., der Beständigkeit der Ausrüstung gegen Waschen, Trocknen, Abrieb u. der Beständigkeit des Gewebes gegen Fäulnis u. Pilzbefall; weiter wird die abweisende Wrkg. für Schmutz- u. Ölflecke verbessert. Kurze Bewetterungsperioden beeinflussen die Wrkg. der kombinierten Ausrüstung nicht. H. STEFFENS. 8036□

Welche Eigenschaften der Zellwolle beeinflussen die Garnfestigkeit und die Garngleichheit? Stanislav Vydra. (Textil [Praha] **16.** 422—24. Nov. 1961. Neratovice, Spolana, n. p.; tschech.) — Die physikal. u. mechan. Eigg. der Zellwolle (Abweichung vom Nennstapel, Häufigkeit kurzer u. langer Fasern, Abweichung vom Nenntiter, Fadendehnung im trocknen Zustand, Fadenfestigkeit u. Ungleichmäßigkeit der Feinheit) werden besprochen. Die Oberflächenbehandlung der Fasern wird diskutiert. W. BERNARD. 8074□

Untersuchungen über Cellulosephenylthiourethan. 1. Mitt. **Die Gewinnung von Cellulosephenylthiourethan.** Iwao Terasaki. (J. Soc. Textile Cellullose Ind., Japan [Sen-i-Gakkaishi] **18.** 244—47. März 1962. Nobeoka City, Miyazaki Prefecture, Japan, Asahi Chem. Ind. Co. Ltd., Rayon Factory; jap., Auszug: engl. S. 243.) — Cellulosephenylthiourethan wird aus Zn-Xanthogenat u. Anilin in Ggw. überschüssiger freier Zn-Ionen gewonnen. Die Rk. wird von gleichzeitig ablaufenden Neben-Rkk. begleitet. Die Haupt-Rk. kann beschleunigt werden, wenn ein niedrig substituiertes Xanthogenat bei tiefen Temp. eingesetzt wird. G.-D. GOLLNISCH. 8080□

Untersuchungen über Cellulosephenylthiourethan. 2. Mitt. **Eigenschaften der gemischten Viscose und Spinnbarkeit.** Iwao Terasaki und Hiroshi Yokoyama. (J. Soc. Textile Cellulose Ind., Japan [Sen-i Gakkaishi] **18.** 247—50. März 1962; jap., Auszug: engl. S. 243.) — 1. vgl. vorst. Referat. Für das Verspinnen am geeignetsten ist ein Cellulosephenylthiourethan (CPTU), das zu 0,225 Mol je Glucoseeinheit substituiert ist u. in 6—9%ig. NaOH homogen gelöst wird. Die Viscosität gemischter Viscosen nimmt mit dem Geh. an CPTU ab. Bei deren Verspinnung in ein Müllerbad steigt die Verstreckbarkeit mit dem CPTU-Gehalt. Bei einem Geh. von 30% CPTU läßt die Viscose maximale Spinn-Geschw. zu. G.-D. GOLLNISCH. 8080□

Untersuchungen über Cellulosephenylthiourethan. 3. Mitt. **Eigenschaften der Fasermischungen aus Cellulose und Cellulosephenylthiourethan.** Iwao Terasaki und Hiroshi Yokoyama. (J. Soc. Textile Cellulose Ind., Japan [Sen-i- Gakkaishi] **18.** 250—54. März 1962; jap., Auszug: engl. S. 244.) — 2. vgl. vorst. Referat. — In Fasern mit einem Geh. von 15—20% Cellulosephenylthiourethan (CPTU) nimmt die Reißfestigkeit leicht ab, doch zeigen Reißdehnung u. YOUNG-Modul maximale Werte. Dies wird mit der Bldg. von H-Brücken zwischen den OH- u. $NH_2C_6H_5$-Gruppen erklärt. Saugfähigkeit u. Quellung nehmen mit steigendem CPTU-Geh. ab, wahrscheinlich wegen der Verminderung der zugänglichen OH-Gruppen. Die Fasermischungen zeigen bes. nach einer heißen Nachbehandlung eine hohe Alkalibeständigkeit. G.-D. GOLLNISCH. 8080□

Spinnen von Polypropylenfaser. Osamu Ishizuka. (J. Soc. Textile Cellulose Ind., Japan [Sen-i Gakkaishi] **18.** 189—93. März 1962. Fukuyama-machi, Fukushima Prefecture, Japan, Nitto Boseki Co., Res. Labor.; jap., Auszug: engl.) — Polypropylenfaser kann auch in hohen Feinheiten nach dem Schmelzspinn-Verf. erhalten werden, wenn die Viscosität der Schmelze durch mehrstd. Erhitzen auf 250° oder darüber herabgesetzt wird. Die Eigg. der Fasern sind unabhängig von der Zeit des Erhitzens u. damit auch vom Molgewicht. Das gesponnene Garn kann um mehrere hundert % verstreckt werden. G.-D. GOLLNISCH. 8080□

Nachbehandlung der Polypropylenfaser. Osamu Ishizuka. (J. Soc. Textile Cellulose Ind., Japan [Sen-i Gakkaishi] **18.** 194—98. März 1962. Fukuyama-machi, Fukushima Prefecture, Japan, Nitto Boseki Co., Res. Labor.; jap., Auszug: engl.) — Die gesponnene Polypropylenfaser wird auf das Mehrfache ihrer ursprünglichen Länge verstreckt. Das Verstreckungsverhältnis übt einen merklichen Einfl. auf die mechan. Eigg. der Fasern aus. Ein hohes Verhältnis ist wünschenswert. Um eine therm. Dimensionsstabilität der Fasern zu erreichen, werden sie einige Min. lang auf 120—150° erwärmt. G.-D. GOLLNISCH. 8080□

Das Spinnen von Polyvinylalkohol in Natronlaugebäder. Hiroshi Kawakami und Hideshi Sato. (J. Soc. Textile Cellulose Ind., Japan [Sen-i Gakkaishi] **18.** 183—88

März 1962. Ako City, Hyogo Prefecture, Japan, Dai Nippon Spinning Co., Sakoshi Factory; jap., Auszug: engl.) — Der Rundheits-Koeff. der Faserquerschnitte von Polyvinylalkoholfasern, die in NaOH-Bäder gesponnen werden, beträgt $>90\%$, wenn die Laugen-Konz. geringer als 350 g/Liter ist. Heißverstreckte oder unter Konstanthaltung der Länge heißbehandelte Fasern zeigen eine ausgezeichnete Kochwasserbeständigkeit. Ein Einfl. des Verstreckungsverhältnisses auf die Faserfestigkeit ist kaum vorhanden. G.-D. GOLLNISCH. 8080□

Untersuchungen über tetrahydrofurfuroxyacetalisierten PVA. 1. Mitt. **Der Einfluß der Reaktion auf die Beschaffenheit von tetrahydrofurfuroxyacetalisiertem PVA.** Masao Ishii. (J. Soc. Textile Cellulose Ind., Japan [Sen-i Gakkaishi] **18.** 223—26. März 1962. Otake City, Hiroshima Prefecture, Japan, Mitsubishi Rayon Co. Ltd., Res. Labor.; jap., Auszug: engl. S. 222.) — Die Tetrahydrofurfuroxyacetalisierung von Polyvinylalkohol verläuft rasch bei hoher H_2SO_4-Konzentration. Die Löslichkeit des Rk.-Prod. in sd. W. ist schlecht. Quellungsgrad u. Löslichkeit des Films sind gering. Findet die Rk. in Ggw. geringer Mengen H_2SO_4 statt, dann schreitet sie nur langsam fort. Das Rk.-Prod. ist gut kochwasserlösl.; Quellung u. Löslichkeit des Films sind hoch. Die Kristallisation ist gehemmt. G.-D. GOLLNISCH. 8080□

Untersuchungen über tetrahydrofurfuroxyacetalisierten PVA. 2. Mitt. **Die Eigenschaften der aus tetrahydrofurfuroxyacetalisiertem PVA hergestellten Fasern.** Masao Ishii. (J. Soc. Textile Cellulose Ind., Japan [Sen-i Gakkaishi] **18.** 226—30. März 1962; jap., Auszug: engl. S. 222—23.) — 1. vgl. vorst. Referat. — Wenn der Acetalisierungsgrad im Gemisch von tetrahydrofurfuroxyacetalisiertem u. unverändertem Polyvinylalkohol unter 6 Mol-% liegt, sind Kochwasserbeständigkeit u. mechan.-technolog. Faser-Eigg. gut. Die Farbstoffaffinität zu Direkt- u. Cellitonfarbstoffen ist besser als bei Vinylon. G.-D. GOLLNISCH. 8080□

Untersuchungen über die Verbesserung von Vinylon durch die Verwendung der verseiften Copolymeren von Vinylacetat und Allylidendiacetat. Masao Ishii. (J. Soc. Textile Cellulose Ind., Japan [Sen-i Gakkaishi] **18.** 231—35. März 1962. Otake City, Hiroshima Prefecture, Japan, Mitsubishi Rayon Co. Ltd., Res. Labor.; jap., Auszug: engl.) — Kochwasserbeständigkeit u. Eigg. der Faser aus der verseiften Substanz der Copolymeren sind schlecht. Sie sind besser als bei der gewöhnlichen formalisierten Faser, bei einer heißbehandelten Faser aus Polyvinylalkohol u. partiell verseiften Copolymeren. G.-D. GOLLNISCH. 8080□

Über die Alkalibeständigkeit von quervernetztem Superreyon. Yasuo Tomari, Taketoshi Kōshiro und Yoshiaki Sakata. (J. Soc. Textile Cellulose Ind., Japan [Sen-i Gakkaishi] **18.** 255—58. März 1962. Yatsushiro City, Kumamoto Prefecture, Japan, Kokoku Rayon & Pulp Co. Ltd., Yatsushiro Labor.; jap., Auszug: engl.) — Durch Quervernetzung eines Superreyons mit einem Dialdehyd wird eine im Vgl. zu Baumwolle gut naß- u. alkalifeste Faser mit guten mechan. Eigg. erhalten. Die schlechte Färbbarkeit kann durch eine alkal. Nachbehandlung verbessert werden, ohne daß dadurch die anderen Eigg. der Faser beeinflußt werden. G.-D. GOLLNISCH. 8080□

Einfache und schnelle Feststellung von sauren und basischen Rückständen auf Textilfasern. Ladislav Beníšek. (Textil [Praha] **16.** 436—37. Nov. 1961. Brno, Výzk úst. vlnařský; tschech.) — Es werden 3 Best.-Meth. beschrieben. Dabei wird 1. eine Lsg. von Dimethylglyoxim-Ni, 2. eine Lsg. von $ZnCl_2$ + alkohol. 8-Hydroxychinolin, 3. KJO_3 + KJ-Lsg. verwendet. Die bei verschieden behandelten Wollen bestimmten pH-Werte werden miteinander verglichen. W. BERNARD. 8096□

Ein Vergleich der Hauptprüfmethoden für die Bewertung von Mitteln für die Mottenechtausrüstung. J. H. Cole und F. G. Sarel Whitfield. (J. Textile Inst., Proc. **53.** P236—P251. März 1962. Avebury Res. Labor. Ltd.; engl.) — Die Entw. der Prüf-Meth. für Mittel zur *Mottenechtausrüstung* von der Arbeit von MECHBACH [1921] an bis in die neueste Zeit wird kurz beschrieben. Ein Überblick über mehrere der heute verwendeten Meth. wird gegeben. Die Ergebnisse von 4 modernen Meth. werden nachgeprüft u. miteinander verglichen. G. REISNER. 8098□

Die quantitative Bestimmung und Untersuchung der Begleitstoffe in Pflanzenfasern. 2. Mitt. Erich Frieser. (Textil-Rdsch. [St. Gallen] **16.** 304—14. Juni 1961. Wien, Bundesfinanzverwalt., Techn. Unters.-Anst.; dt.) — 1. vgl. C. **1962.** 8842. — In Ergänzung der 1. Mitt. werden weitere Angaben zur quant. Best. von Wachs- u. Fettkörpern, von Pektin u. Lignin in Pflanzenfasern gemacht. Ausführlich wird über die quant. Best. u. Unters. der Asche von Baumwolle, einigen Bastfasern, Blattfasern u. Cocosfaser berichtet. Analysenergebnisse werden aus der Literatur zusammengestellt. — 17 Tabellen, 56 Literaturhinweise. W. Wergin. 8102□

Eine colorimetrische Untersuchung über die Gilbung und Bräunung von Seide im XYZ-Farbsystem der C.I.E. Tsutomu Nakamura und Toshiji Takemura. (J. Soc. Textile Cellulose Ind., Japan [Sen-i Gakkaishi] **18.** 294—97. März 1962. Matsumoto City, Naguno Prefecture, Japan, Text. Res. Inst.; Shinshu Univ., Fac. of Liberal Arts and Sci., Dep. of Phys.; jap., Auszug: engl.) — Seide wird 0—200 Std. lang mit Bogenlicht bestrahlt. Von jeder Probe werden die Helligkeit u. Farbkoordinaten XYZ bestimmt u. die Gilbung u. Bräunung abgeschätzt. Zwischen der Helligkeit Y (%) u. der Belichtungszeit t (h) wird die Beziehung $Y = 100{,}9 \cdot (t + 18)^{-0{,}047}$ gefunden. Die Beziehung zwischen Reflexion R (%) bei der Wellenlänge 480 nm u. Belichtungszeit lautet $R = 108{,}5\ (t + 18)^{-0{,}077}$. G.-D. Gollnisch. 8110□

Bestimmung der Lipoidfreundlichkeit von Textilfasern mit Hilfe radioaktiv markierter Jodölsäure. M. Rösseler. (Isotopentechnik **1.** 178—79. 1960/61. Leipzig, Inst. für angew. Radioaktivität; dt.) — Durch radiometr. Messungen wird die adsorbierte Menge von mit ^{131}J markierter Jodölsäure an *Lanon, Dederon* u. *Zellwolle* ermittelt. Nach Desorption durch geeignete Wasch-Verff. mit techn. Waschmitteln (CCl_4, Gardinol OTS, Melavin B) wird durch Messung der Restaktivität die an der Faser verbliebene „Fettmenge" bestimmt. Die Haftfestigkeit der Jodölsäure ist an verschiedenen Geweben verschieden groß; Gardinol OTS ist als Waschmittel nicht geeignet; es verbleiben nach der Wäsche am Gewebe 24—31% (Zellwolle), 60—82% (Dederon), 77—93,5% (Lanon) der adsorbierten Jodölsäuremenge. Die nach dieser Meth. ermittelten Ergebnisse stimmen mit den nach der Fluorescenz-Meth. erhaltenen Werten überein. M. Schenk. 8116□

Röntgenuntersuchungen bei der Herstellung von Polypropylenfasern. Osamu Ishizuka. (J. Soc. Textile Cellulose Ind., Japan [Sen-i Gakkaishi] **18.** 198—206. März 1962. Fukuyama-machi, Fukushima Prefecture, Japan, Nitto Boseki Co., Res. Labor., jap., Auszug: engl.) — Das geschmolzene Polypropylen krist. bei langsamem Kühlen monoklin, bei schnellem Kühlen pseudohexagonal. Die Beugungsabstände der aus der Schmelze gesponnenen Fasern werden von der Dauer der Schmelzperiode beeinflußt; mit zunehmender Zeit nimmt die Orientierung ab. Nach dem Verstrecken von unorientierter Faser wird das orientierte Röntgendiagramm erhalten. Bei unverstreckter Faser kann die Molekularachse parallel oder senkrecht zur Faserachse stehen; nach den Verstrecken werden sie nur noch parallel gefunden. Das pseudohexagonale Gitter verstreckter Fasern wandelt sich beim Erhitzen auf 120° leicht in das monokline um.
G.-D. Gollnisch. 8116□

Günther von Hornuff, Dresden, und Günther Magister, Radebeul, **Verkürzung der Bleichdauer in esteraktivierten Natriumchloritbädern** unter Verw. von Estergemischen. Außer dem bekannten Aktivator, z. B. Äthyllactat oder -tartrat, werden ein oder mehrere andere, schneller hydrolysierende organ. Ester, z. B. Äthyloxalat, zugesetzt. (**D. P. [DDR] 21 562** Kl. 8i vom 4/7. 1959, ausg. 14/7. 1961 [Wirtschaftspatent].) M. F. Müller. 8027

F. M. Hämmerle, Dornbirn, Vorarlberg, Österreich, **Saure Peroxidbleiche von Textilfasern.** Zur Einstellung des für den Bleichvorgang günstigen Ionengleichgewichts beim Bleichen von Textilfasern, wie nativen oder regenerierten Cellulosefasern, Proteinfasern oder synthet. Fasern mittels Peroxide, wie H_2O_2 (I) u. $(CH_3CO)_2O$ (II) oder CH_3COOH werden NH_3 (III) oder substituierte Ammoniumbasen verwendet. — Zum Beispiel werden 0,72 (kg) **I**, 2,2 **II** u. 0,5 **III** in 1000 Liter W. gelöst, die Lsg. zweckmäßig noch mit 0,23 Na-Pyrophosphat versetzt, wobei der pH-Wert der Lsg. 5,5 nicht überschreiten soll, u. das Textilgut mit dieser Lsg. 1—2 Std. lang bei 70—95° behandelt. (**Oe. P. 211 779** vom 25/11. 1957, ausg. 10/11. 1960. **Zusatz zu Oe. P. 203454; C. 1960. 7045.**) W. Raetz. 8027

Otto Dawn, Erlangen, **Herstellung von Thiophendioxidverbindungen** der allg. Formel I, in der Ar einen aromat. Rest darstellt u. 2 benachbarte C-Atome einen Teil eines weiteren Ring-Syst. bilden können, durch Oxydation eines 2-Arylbenzothiophens mit H_2O_2 oder einer Persäure, z. B. Perbenzoesäure, in Chlf. oder Chlorbenzol. — Zum Beispiel wird 1 (Teil) 2-Phenylbenzothiophen (F. 174—175°) in ca. 50 Eisessig gelöst u.

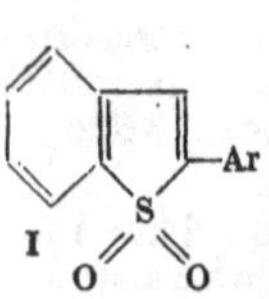

I

5 einer 30%ig. H_2O_2-Lsg. hinzugefügt. Dieses Gemisch wird ca. 45 Min. lang auf dem Wasserbad erhitzt. Durch Eintropfen von kaltem W. fällt *2-Phenylbenzothiophen-1.1-dioxid*, F. 175—177°, aus; analog wird erhalten: *5-Methyl-2-phenylbenzothiophen-1.1-dioxid*, F. 182—184°; *3-Brom-2-phenylbenzothiophen-1.1-dioxid*, F. 151—152°; *2-[4'-Chlorphenyl]-benzothiophen-1.1-dioxid*, F. 167—169°; *3-Acetoxy-2-phenylbenzothiophen-1.1-dioxid*, F. 183—184°; *5-Chlor-2-phenylbenzothiophen-1.1-dioxid*, F. 217—219°; *6-Methoxy-2-phenylbenzothiophen-1.1-dioxid*, F. 162—164°; *6-Äthoxy-5-methyl-2-phenylbenzothiophen-1.1-dioxid*, F. 222—224°; *4.7-Dimethyl-5-chlor-2-phenylbenzothiophen-1.1-dioxid*, F. 232—234°; *4.7-Dimethyl-5-chlor-2-[4'-chlorphenyl]-benzothiophen-1.1-dioxid*, F. 279—281°; *2-Naphthylbenzothiophen-1.1-dioxid*, *Naphthothiophen-1.1-dioxid*; *3-Hydroxy-2-phenylbenzothiophen-1.1-dioxid*, F. 177—178°. — *Textilhilfsmittel.* (**Ind. P. 63 004** vom 31/1. 1958, ausg. 6/5. 1960. E. Prior. 12/9. 1957.) H. NEBELSIEK. 8029

Willy Hofmann, Reichenbach, **Schlichten und Steifausrüsten von der Graphitanschmutzung ausgesetzten Fäden** aus linearen Hochpolymeren am laufenden Faden oder im Fadenverband. Die Fäden werden mit einer wss. Dispersion von Polyvinylacetat unter Zusatz von Phthalsäuredibutylester oder einem anderen für Polyvinylacetat geeigneten Weichmacher u. einem niedrig viscosen, verseiften Polyvinylacetat unter Zusatz von Butylenglykol oder einem anderen Glykol behandelt. Dabei wird der Faden von einem nur teilweise wasserlösl., steifmachenden Film umschlossen, der zwar Graphitpulver aufnimmt, es aber ebenso leicht wieder abgibt u. ein gleichmäßiges Einlagern der Farbstoffe u. der Textilhilfsmittel gestattet. Die wasserlösl. Bestandteile treten beim Waschprozeß wieder aus u. nur das unlösl. Polyvinylacetat bedingt die Steife der Fertigware. Die Dispersion kann als Schlichtemittel mit permanenter Steife in der Breit- u. Bandweberei Verw. finden. (**D. P. [DDR] 21 568** Kl. 8k vom 28/5. 1959, ausg. 31/7. 1961 [Wirtschaftspatent].) M. F. MÜLLER. 8033

Heinrich Knapp, Bad Blankenburg, und Ernst Sontag, Karl-Marx-Stadt, **Mitläuferstoff mit gummiabweisender Ausrüstung** zur Verhinderung des Zusammenklebens von aufzuwickelnden oder abzulegenden Gummibahnen, Gummiplatten, gummierten Textilien oder Profilen. Der Stoff wird ein- oder beidseitig mit einem Gemisch von Polyvinylalkohol u. Weichmacher, z. B. A., Glycerin u./oder Glykol, beschichtet. (**D. P. [DDR] 21 541** Kl. 8l vom 18/6. 1959, ausg. 14/7. 1961 [Wirtschaftspatent].) M. F. MÜLLER. 8033

VEB Farbenfabrik Wolfen, Wolfen, Kr. Bitterfeld (Erfinder: Albert Schwalenberg, Halle), **Herstellung von optischen Aufhellungsmitteln** auf der Basis von Derivv. der 4.4'-Diaminostilben-2.2'-disulfonsäure durch Rk. von 1 Mol Di-Na-4.4'-Bis-[2-methoxy-4-chlor-1.3.5-triazinyl-(6)-amino]-stilben-2.2'-disulfonat (**I**) mit 1 Mol eines prim. aromat. u. 1 Mol eines prim. oder sek. aliphat. Amins bzw. von 1 Mol **I** mit 2 Mol eines prim. oder sek. aliphat. oder aromat. Amins oder mit je 1 Mol zweier verschiedener aromat. Amine. — 2,65 (g) Na_2CO_3 werden in ein Gemisch aus 38 CH_3OH u. 4 W. eingerührt, bei 10—15° werden 9,25 Cyanurchlorid (**II**) innerhalb von 15 Min. zugerührt. Nach 1 std. Rühren wird mit 80 W. verd. u. 3,05 $HOCH_2CH_2NH_2$ u. 2,65 Na_2CO_3 werden zugegeben. Das Gemisch wird 3 Std. lang bei 35—40° nachgerührt (Lsg. **A**). Getrennt davon werden 2,65 Na_2CO_3 wie vorher in 38 CH_3OH u. 4 W., dann 9,52 **II** eingetragen. Nach dem Zusammenrühren werden 80 W., 4,65 Anilin u. 2,65 Na_2CO_3 zugerührt u. 3 Std. lang wird bei 35—40° nachgerührt (Lsg. **B**). **A** u. **B** werden vereinigt u. 18,5 4.4'-Diaminostilben-2.2'-disulfonsäure (90%ig.) u. 10,6 Na_2CO_3 in 200 W. eingetragen. Es wird 3 Std. lang bei 80—85° gerührt, heiß filtriert u. bei 20° ausgesalzt. Es wird *Di-Na-4-[2-Methoxy-4-äthanolamino-1.3.5-triazinyl-(6)-amino]-4'-[2-methoxy-4-anilino-1.3.5-triazinyl-(6)-amino]-stilben-2.2'-disulfonat* als opt. Aufheller für Cellulose- u. Polyamidfasern erhalten. — Weitere Aufhellungsmittel sind z. B. *Di-Na-4-[2-Methoxy-4-diäthanolamino-1.3.5-triazinyl-(6)-amino]-4'-[2-methoxy-4-(o-anisidino)-1.3.5-triazinyl-(6)-amino]-stilben-2.2'-disulfonat* u. *Di-Na-4-[2-Methoxy-4-diäthanolamino-1.3.5-triazinyl-(6)-amino]-4'-[2-methoxy-4-(2.5-dimethylanilino)-1.3.5-triazinyl-(6)-amino]-stilben-2.2'-disulfonat.* (**D. P. [DDR] 21 795** Kl. 8i vom 30/7. 1959, ausg. 15/8. 1961 [Wirtschaftspatent].) M. F. MÜLLER. 8033

Union Carbide Corp., übert. von: Robert R. Burnham, Eggertsville, N.Y., V.St.A., **Polyäthylenemulsion zur säure- und alkalifesten Imprägnierung von Textilien,** bestehend aus 4,8—7,5 (Teilen) Polyäthylen, 5—17 Paraffin, 9,0—15 Testbenzin, 0,15—0,35 Al-Distearat, 50—60,8 W., 1,7—2,3 Hydroxyäthylcellulose, 3,9—6,5 Dispergiermittel u. 4,5—8 $(CH_3COO)_3Al$. (**A. P. 2 868 742** vom 16/4. 1956, ausg. 13/1. 1959.) C. LÜTTGEN. 8037

Rolf Scharf, Limbach, und Karl August Reif, Karl-Marx-Stadt, **Waschbeständiges Flammenfestmachen von Textilien** mit Synthesefaserbeimischung unter Verw. von Metalloxiden u. Polyvinylchlorid. Dieses wird in organ. P-Verbb. dispergiert. Der Metalloxid–Polyvinylchlorid-Dispersion in organ. Lsgm. werden Chlorparaffine mit einem Chlorierungsgrad von mindestens 70% oder umgekehrt werden den in organ. Lsgm. gelösten Chlorparaffinen die erstgenannten Komponenten zugesetzt. — Zu 10 (Teilen) Tetrahydronaphthalin werden eine Dispersion von 20 Polyvinylchlorid in 10—20 Trikresylphosphat u. 15 Sb_2O_3 gegeben. Dazu werden 10 Chlorparaffin u. 5 eines Emulgators mit 30 W. dispergiert. Die wss. Dispersion dient zum Imprägnieren eines Mischgewebes aus Baumwolle/Polyesterfasern/Polyamidfasern auf dem Foulard. Nach dem Trocknen auf einem Spannrahmen erfolgt die Gelierung bei 150°. (**D. P. [DDR] 21 376** Kl. 8k vom 21/3. 1959, ausg. 27/5. 1961 [Wirtschaftspatent].) M. F. MÜLLER. 8037

Phrix-Werke Akt.-Ges., Hamburg (Erfinder: Herbert Bader, Hirschberg, und Josef König, Krefeld), **Herstellung von Fäden hoher Trocken- und Schlingenfestigkeit.** Eine aus stark vorgereifter Alkalicellulose mit einem Polymerisationsgrad ≦300 hergestellte unreife Viscose mit einer HOTTENROTH-Zahl >40, einem Molverhältnis CS_2 : Glucose von 2,1—2,25 u. einem Verhältnis Ätzalkali : Cellulose von mindestens 0,9 wird versponnen u. der erhaltene Faden wird in üblicher Weise in einem Heißwasserbad möglichst stark verstreckt. (**D. B. P. 974 699** Kl. 29b vom 30/9. 1943, ausg, 6/4. 1961. Anmeldung bekanntgemacht 9/10. 1952.) F. BÖHM. 8075

Ethicon, Inc., N.J., übert. von: Alfred Bloch, Highland Park, und Irving B. Oneson, Somerville, N.J., V.St.A., **Bereitung einer Dispersion gequollener Kollagenfasern** in einer wss. (essig-) sauren Lsg., dad. gek., daß fett- u. muskelfaserfreies fein verteiltes Bindegewebe mit einer Elastase-Lsg. bei ca. 5—45° u. pH ca. 5—9 behandelt, dadurch das Elastin entfernt, das nicht angegriffene Kollagen abgetrennt u. z. B. durch Waschen mit Aceton, von der absorbierten Elastase befreit wird. Absorbiertes Ficin kann mit H_2O_2 zerstört werden. Als Enzym kann Malzdiastase verwendet werden. — Herst. von Filmen, Röhren, Gehäusen, Schwämmen, bes. chirurg. Fäden u. Verbänden aus Kollagen. — Beispiele, Tabellen. (**A. P. 2 973 302** vom 5/2. 1958, ausg. 28/2. 1961.) G. VOGEL. 8079

Heiner Schmiedeknecht, Teltow-Seehof, **Herstellung von Präparationsmitteln für Fäden aus synthetischen linearen Hochpolymeren,** wie Polyamiden oder Polyestern, die einen Filmbildner, bes. Polyvinylalkohol oder Polyacrylsäure, enthalten, dad. gek., daß der Lsg. des Filmbildners Alkylsulfonsäure-Derivv. auf Basis Mersolat, sulfonierter Fettsäureester, sulfonierter Alkylphenole, Benzylanilinsulfonsäure, Naphthalinsulfonsäure–Formaldehyd-Kondens.-Prodd. u. Alkylnaphthalinsulfonate als sulfonierte Alkyl–Aryl- oder Naphthyl-Prodd. u. Äthylenoxid-Kondens.-Prodd. mit maximal 200 Mol, bes. 8—20 Mol, Äthylenoxid als nicht ionogene Fettkörper in Abwesenheit eines mehrwertigen Alkohols zugesetzt werden, bis die Lsg. eine Viscosität von 1,5—2,5° E bei einer Temp. von 20° erreicht hat. — 4 (Teile) Spindelöl, 2 sulfonierte Fettsäurebutylester, 4 eines Alkylsulfonsäure-Deriv., 1,5 Fettsäure u. 0,5 NH_3 werden in 493 W. emulgiert. Getrennt davon werden 1 Polyvinylalkohol u. 2 Äthylenoxidkondensat in 492 W. gelöst u. zu der Emulsion hinzugefügt. Es entstehen 1000 Präparationsflotte. (**D. P. [DDR] 21 569** Kl. 8k vom 3/6. 1959, ausg. 31/7. 1961 [Wirtschaftspatent]. **Zusatz zu D. P. [DDR] 18 149; C. 1961. 5300.**) M. F. MÜLLER. 8081

L. O. F. Glass Fibers Co., Toledo (Erfinder: Dominick Labino, Maumee), Ohio, V.St.A., **Temperaturbeständige Fasermatte aus Siliciumdioxid.** Glasfasern aus einem bes. aus SiO_2 u. Metalloxiden bestehendem Glas werden auf trockenem oder nassem Wege verfilzt u. dann mittels hindurchgeleiteter, evtl. erwärmter wss. Säure, wie 5- bis 20%ig. HCl oder H_2SO_4, ausgelaugt. Der zurückbleibende Filz besteht je nach den gewählten Bedingungen aus reinem oder noch andere Oxide enthaltendem SiO_2-Fasern mit bes. guter chem. u. mechan. Beständigkeit. (**Schwz. P. 356 395** vom 21/3. 1957, ausg. 29/9. 1961.) G. FRIKELL. 8083

Deutsche Gold- und Silber-Scheideanstalt vormals Roessler, übert. von: **Karl Dithmar** und **Elfriede Naujoks,** Frankfurt/M., *Behandlung von Geweben.* (**Can. P. 557 285** vom 29/6. 1956, ausg. 13/5. 1958. D. Prior. 8/7. 1955. — **C. 1958.** 9945 [D. A. S. 1 018 181].)

Ciba Ltd., Basel, übert. von: **Armin Hiestand,** Binningen, und **Otto Albrecht,** Neuewelt, Schweiz, *Reaktionsprodukt aus Polyalkylenpolyamin, nichtaromatischen Carbonsäuren, Nitrilen oder Säureamiden.* (**Can. P. 556 901** vom 3/8. 1954, ausg. 6/5. 1958. Schwz. Prior. 11/8. 1953 u. 16/7. 1954. — **C. 1959.** 12417 [E. P. 773 336].)

Shell Development Co., New York, N.Y., V.St.A., übert. von: **Maurice Elton,** Sidcup, Kent, und **Philip A. Winsor,** Kelsall, Cheshire, England, *Schmälzmittel.* (**Can. P. 557 760** vom 15/3. 1955, ausg. 20/5. 1958. E. Prior. 29/3. 1954. — **C. 1960.** 6016 [A. P. 2 853 453].)

Ciba Akt.-Ges., Basel (Erfinder: **Jacques Wegmann**, Basel, **Henri Riat**, Arlesheim, **Rudolf Aenishänsli**, Reinach, und **Andreas Ruperti**, Arlesheim), Schweiz, *Veränderung der Eigenschaften von Fasermaterialien.* (**D. P. [DDR] 21 750** Kl. 8k vom 8/4. 1959, ausg. 15/8. 1961 [Ausschließungspatent]. Schwz. Prior. 10/4. 1958. — C. **1962.** 3679 [F. P. 1 221 493].)

Joh. A. Benckiser G. m. b. H., Chemische Fabrik, Ludwigshafen/Rh. (Erfinder: **Karl Schuster**, Ludwigshafen/Rh., und **Fritz Rödlich**, Augsburg), *Stabilisierte Kunstharzflotten für Textilausrüstung.* (**D. A. S. 1 129 922** Kl. 8k vom 10/7. 1954, ausg. 24/5. 1962. — C. **1957.** 9806 [F. P. 1 127 337].)

J. R. Geigy Akt.-Ges., Basel, Schweiz (Erfinder: **Anthony Fenwick Daglish**, **Rodolphe Vonderwahl** und **George Arnold Tillotson**), *Optische Aufheller.* (**Aust. P. 232 296** vom 22/5. 1958, ausg. 23/2. 1961. Schwz. Prior. 29/5. 1957. **Ind. P. 64 114** vom 19/5. 1958, ausg. 5/9. 1960. — C. **1961.** 17438 [Oe. P. 206 398].)

J. R. Geigy Akt.-Ges., Basel, übert. von: **Ernst Keller**, Binningen, **Reinhard Zweidler** und **Heinrich Häusermann**, Basel, Schweiz, *Herstellung fluorescierender Monotriazolverbindungen.* (**Can. P. 558 619** vom 11/1. 1955, ausg. 10/6. 1958. Schwz. Prior. 13/1. 1954. — C. **1961.** 14511 [F. P. 67 420].)

American Cyanamid Co., New York, N.Y. (Erfinder: **Raymond Polanski** und **William Frank Herbes**, Sommerville, N.J.), V.St.A., *Herstellung härtbarer hydrophiler Harze.* (**Jap. A. S. 6392/1960** vom 4/4. 1957, ausg. 3/6. 1960. A. Prior. 30/4. 1956. — C. **1960.** 1370 [A. P. 2 854 437].)

Joh. A. Benckiser G. m. b. H., Chemische Fabrik, Ludwigshafen/Rh. (Erfinder: **Hermann Rudy**, Heidelberg, **Friedrich Austen** und **Herbert Schulzen**, Ludwigshafen/Rh.), *Entfernen von Kunstharzkondensaten von Textilgut.* (**D. B. P. 975 675** Kl. 8k vom 12/7. 1953, ausg. 26/4. 1962. Anmeldung bekanntgemacht 5/5. 1955. — C. **1957.** 12339 [F. P. 1 103 838].)

Victor Chemical Works, übert. von: **James R. Costello jun.** und **Thornton P. Traise**, South Chicago Heights, Ill., V.St.A., *Flammfestmachen von Fasern.* (**A. P. 2 841 507** vom 22/9. 1953, ausg. 1/7. 1958. — C. **1957.** 10092 [E. P. 759 329].)

Albright & Wilson Ltd., Birmingham, Warwickshire, England, übert. von: **Carl Hamalainen**, New Orleans, La., V.St.A., *Addukte von ungesättigten Phosphonitrilestern und Polyhalogenkohlenwasserstoffen.* (**Can. P. 557 553** vom 9/11. 1955, ausg. 20/5. 1958. A. Prior. 9/11. 1954. — C. **1958.** 6709 [F. P. 1 137 880].)

Farbwerke Hoechst Akt.-Ges., vormals Meister Lucius & Brüning, Frankfurt/M., übert. von: **Hermann Haakh**, Bad Soden/Taunus, **Helmut Seifert**, Hofheim/Taunus, und **Kurt Stetzelberg**, Frankfurt/M., *Appretierung.* (**Can. P. 558 244** vom 8/7. 1955, ausg. 3/6. 1958. D. Prior. 9/7. 1954. — C. **1957.** 9252 [F. P. 1 127 289].)

Shell Development Co., New York, N.Y., übert. von: **Carl W. Schroeder**, Orinda, Calif., V.St.A., *Wasser- und schrumpffeste Ausrüstung wollhaltiger Textilien.* (**Can. P. 556 721** vom 4/4. 1955, ausg. 29/4. 1958. A. Prior. 26/4. 1954. — C. **1959.** 17567 [A. P. 2 829 071].)

Farbenfabriken Bayer Akt.-Ges. (Erfinder: **Friedrich Muth** und **Alfons Dorlas**), Leverkusen, *Herstellung von Sulfurylamiden.* (**Schwz. PP. 357 066** u. **357 067** vom 12/3. 1958, ausg. 15/11. 1961. D. Prior. 20/4. 1957. — C. **1960.** 10805 [Oe. P. 205 803].)

Courtaulds Ltd., London (Erfinder: **John Oliver Smith**, Coventry, und **Brian Conrad Gardner**, Kenilworth), England, *Herstellung gekräuselter Cellulosehydratfäden.* (**A. P. 2 986 446** vom 25/7. 1957, ausg. 30/5. 1961. E. Prior. 1/8. 1956. **D. A. S. 1 122 214** Kl. 29b vom 30/7. 1957, ausg. 18/1. 1962. E. Prior. 1/8. 1956 u. 12/4. 1957. — C. **1962.** 4392 [Holl. P. 97 030].)

N. V. Onderzoekingsinstituut Research (Erfinder: **Pieter Coenraad Limburg**, **Aart Buurman** und **Robbert Aldert Vroom**), *Künstliche Viscosefasern.* (**Aust. P. 231 564** vom 18/6. 1958, ausg. 19/1. 1961. Holl. Prior. 13/7. 1957. — C. **1960.** 13889 [Oe. P. 205 650].)

Algemeene Kunstzijde Unie N. V., Arnhem, Holland, übert. von: **Pieter H. van Scherpenzeel**, Asheville, N.C., V.St.A., *Verarbeitung von Viscosegarn.* (**Can. P. 558 501** vom 9/11. 1954, ausg. 10/6. 1958. A. Prior. 2/6. 1954. — C. **1957.** 12639 [F. P. 1 115 538].)

Spinnfaser Akt.-Ges., übert. von: **Franz Berndt**, Kassel-Bettenhausen, und **Hans-Georg Wendlandt**, Kassel, *Abluftreinigung in Viscosefabriken.* (**Can. P. 557 765** vom 23/3. 1956, ausg. 20/5. 1958. D. Prior. 24/3. 1955. — C. **1959.** 4344 [Oe. P. 195 902].)

Celanese Corp. of America, New York, N.Y., übert. von: **Marshall Duke**, **Fred Fortress**, Summit, N.J., und **Conrad Hohing jun.**, Cumberland, Md., V.St.A., *Textilschmälze.* (**Can. P. 557 594** vom 9/2. 1953, ausg. 20/5. 1958. A. Prior. 7/3. 1952. — C. **1956.** 7965 [A. P. 2 732 933].)

E. I. du Pont de Nemours & Co., übert. von: **Robert L. Keefe jun.**, Wilmington, Del., V.St.A., *Behandlung von Kunstfasern.* (**A. P. 2 978 788** vom 13/7. 1955, ausg. 11/4. 1961. — C. **1959.** 13354 [F. P. 1 154 922].)

E. I. du Pont de Nemours & Co., Wilmington, Del., V.St.A. (Erfinder: **D. D. Mooberry**), *Gewebeappretur.* (**Belg. P. 556 217** vom 28/3. 1957, ausg. 26/2. 1960. A. Prior. 28/3. 1956. — C. **1961.** 10033 [A. P. 2 920 980].)

Ciba Soc. An., Schweiz, *Schützen von vollsynthetischen Fasern gegen Ultraviolettstrahlen.* (**F. P. 1 245 865** vom 4/1. 1960, ausg. 3/2. 1961. Schwz. Prior. 15/1. 1959. — C. **1962.** 4394 [Oe. P. 212 798].)

Vereinigte Glanzstoff-Fabriken Akt.-Ges., Wuppertal, *Bleichen von Textilien aus Polycaprolactam.* (**E. P. 865 804** vom 1/2. 1960, ausg. 19/4. 1961. D. Prior. 3/2. 1959. — C. **1961.** 7800 [D. A. S. 1 088 456].)

Farbenfabriken Bayer Akt.-Ges., Leverkusen (Erfinder: **Annemarie Wagner**, **Anton Schlachter**, Leverkusen, und **Herbert Marzolph**, Dormagen), *Verwendung von Diaryl- und Triarylpyrazolin als Aufhellungsmittel.* (**Schwz. P. 355 763** vom 16/2. 1957, ausg. 15/9. 1961. **Belg. P. 555 431** vom 1/3. 1957, ausg. 12/2. 1960. Beide D. Prior. 3/3. 1956 u. 8/1. 1957. — C. **1960.** 1371 [Oe. P. 197 319].)

Vereinigte Glanzstoff-Fabriken Akt.-Ges., Wuppertal, *Herabsetzen der elektrostatischen Eigenschaften von faserbildenden linearen Polymeren.* (**E. P. 862 963** vom 17/6. 1957, ausg. 15/3. 1961. D. Prior. 16/6. 1956. — C. **1959.** 16634 [D. A. S. 1 063 379].)

Vereinigte Glanzstoff-Fabriken Akt.-Ges., Wuppertal, *Antistatische Textilausrüstung.* (**E. P. 867 820** vom 1/12. 1959, ausg. 10/5. 1961. D. Prior. 13/12. 1958. — C. **1961.** 7453 [D. A. S. 1 091 078].)

État d'Israel, Ministère de l'Agriculture (Institute for Fibres and Forest Products) und **M. Lewin**, Jerusalem, Israel, *Filzfreie Wolle.* (**Belg. P. 555 773** vom 14/3. 1957, ausg. 12/2. 1960. Israel. Prior. 5/6. 1955. — C. **1961.** 10798 [A. P. 2 923 596].)

American Cyanamid Co., New York, N.Y., V.St.A., *Stabilisieren von Lösungen von Polymeren.* (**E. P. 859 262** vom 23/10. 1957, ausg. 18/1. 1961. A. Prior. 1/11. 1956. — C. **1961.** 12317 [A. P. 2 946 762].)

Farbenfabriken Bayer Akt.-Ges., Leverkusen (Erfinder: **Hanns Gerber**, Düsseldorf, und **Rudolf Stroh**, Leverkusen), *Herstellung von Spinnlösungen.* (**Holl. P. 99 693** vom 21/11. 1957, ausg. 15/11. 1961. D. Prior. 17/1. 1957. — C. **1959.** 5999 [D. A. S. 1 039 700].)

Montecatini Soc. Gen. per l'Industria Mineraria e Chimica (Erfinder: **Enzo di Giulio** und **Francesco Denti**), Mailand, Italien, *Herstellung von elastischen Garnen.* (**D. P. [DDR] 22 084** Kl. 29b vom 2/11. 1958, ausg. 12/10. 1961 [Ausschließungspatent]. It. Prior. 6/11. 1957. — C. **1961.** 17441 [F. P. 1 215 719].)

Montecatini Soc. Gen. per l'Industria Mineraria e Chimica, Mailand, Italien, *Färbbare polymere Verbindungen und ihre Herstellung.* (**E. P. 873 830** vom 5/12. 1957, ausg. 26/7. 1961. It. Prior. 12/12. 1956 u. 19/11. 1957. — C. **1961.** 13404 [F. P. 1 190 703 u. Oe. P. 210 055].)

Union Carbide & Carbon Corp., New York, N.Y., V.St.A., *Herstellung von Fasern und Fäden.* (**Belg. P. 557 115** vom 30/4. 1957, ausg. 11/3. 1960. A. Prior. 4/5. 1956. — C. **1959.** 14292 [Oe. P. 202 688].)

Chemstrand Corp., Decatur, Ala., V.St.A., *Herstellung von geformten Gebilden, insbesondere Fasern und Fäden, aus polymerem Material.* (**Schwz. P. 355 561** vom 24/9. 1954, ausg. 31/8. 1961. A. Prior. 24/9. 1953. — C. **1958.** 299 [A. P. 2 743 994].)

Dow Chemical Co., Midland, Mich., V.St.A., *Herstellung geformter Gebilde, insbesondere Fäden.* (**E. P. 819 049** vom 14/2. 1957, ausg. 26/8. 1959. **Belg. P. 555 500** vom 4/3. 1957, ausg. 12/2. 1960. Beide A. Prior. 5/3. 1956. — C. **1961.** 10799 [A. P. 2 949 435].)

Dow Chemical Co., Midland, Mich., V.St.A., *Färbbare polymere Massen.* (**E. P. 837 982** vom 22/5. 1957, ausg. 22/6. 1960. A. Prior. 18/10. 1956. — C. **1961.** 9647 [Jap. A. S. 2133/1959].)

Imperial Chemical Industries Ltd., London (Erfinder: **Niuma Benjamin Rajchenbaum**, Welwyn Garden City, **Roy George Wakerly**, Blackpool, und **Robert Edward Jones**, Cleveleys), England, *Herstellung von Stapelfasern aus endlosen Fäden von synthetischen linearen Kondensationspolymeren.* (**D. A. S. 1 105 105** Kl. 29a vom 1/3. 1955, ausg. 20/4. 1961. E. Prior. 3/3. 1954 u. 16/2. 1955. — C. **1960.** 5688 [Belg. P. 536 200].)

Imperial Chemical Industries Ltd., London, England, *Verbesserung der Verarbeitbarkeit von Fäden aus Polykondensationsprodukten.* (**Holl. P. 99 011** vom 26/2. 1955, ausg. 15/9. 1961. E. Prior. 5/3. 1954. — C. **1957.** 12640 [E. P. 770 415].)

Phillips Petroleum Co., Bartlesville, Okla., V.St.A., *Herstellung von gezogenen Polymeren.* (**E. P. 851 605** vom 23/10. 1956, ausg. 19/10. 1960. A. Prior. 26/10. 1955. — C. **1961.** 2142 [Belg. P. 552 114].)

E. I. du Pont de Nemours & Co. (Erfinder: **Douglas George Bannerman**), Wilmington, Del., V.St.A., *Verbundfaden.* (**D. A. S. 1 111 772** Kl. 29b vom 29/6. 1956, ausg. 27/7. 1961. A. Prior. 30/6. 1955. — C. **1961.** 18186 [E. P. 830 442].)

E. I. du Pont de Nemours & Co. (Erfinder: **Eugen Edward Magat, Donald Rittler Strachan**, Wilmington, Del., und **Ray Clyde Houtz**, West Chester, Pa.), V.St.A., *Herstellung von aus hochmolekularen Polymeren bestehenden Gebilden, wie Filmen oder Fäden.* (**D. A. S. 1 118 395** Kl. 29b vom 7/5. 1952, ausg. 30/11. 1961. A. Prior. 12/5. 1951 u. 25/3. 1952. — C. **1959.** 10437 [Oe. P. 198 873].)

E. I. du Pont de Nemours & Co. (Erfinder: **Douglas George Bannerman**), Wilmington, Del., V.St.A., *Herstellung von geformten Gebilden aus Polymeren.* (**Schwz. P. 353 487** vom 30/6. 1956, ausg. 31/5. 1961. A. Prior. 30/6. 1955. — C. **1961.** 18186 [E. P. 830 442].)

E. I. du Pont de Nemours & Co., Wilmington, Del., V.St.A., *Verbesserung der Spinneigenschaften von Polymeren.* (**E. P. 852 360** vom 23/10. 1957, ausg. 26/10. 1960. A. Prior. 23/10. 1956. Zusatz zu E. P. 808 144; C. 1960. 11485. — C. **1959.** 15222 [A. P. 2 842 532].)

E. I. du Pont de Nemours & Co. (Erfinder: **Edward T. Cline** und **D. Tanner**), Wilmington, Del., V.St.A., *Verändern von Formkörpern aus organischen Polymeren.* (**Jap. A. S. 3247/1960** vom 8/3. 1957, ausg. 7/4. 1960. A. Prior. 8/3. 1956. — C. **1961.** 15252 [F. P. 1 169 204].)

Soc. Rhodiaceta, Paris, Frankreich, *Geformte Gebilde aus Polymerisaten.* (**Belg. P. 554 498** vom 25/1. 1957, ausg. 29/1. 1960. F. Prior. 28/1. 1956. — C. **1958.** 7926 [F. P. 1 142 024].)

Soc. Rhodiaceta, Paris, Frankreich, *Geformte Gebilde aus Hochpolymeren.* (**Belg. P. 554 499** vom 25/1. 1957, ausg. 29/1. 1960. F. Prior. 28/1. 1956. — C. **1958.** 7926 [F. P. 1 142 025].)

Perfogit S. p. A., Mailand, übert. von: **Werner Muench**, Cesano Maderno, **Luigi Notarbartolo**, Mailand, und **Giuseppe Mariani**, Varedo, Italien, *Rückgewinnung niedermolekularer Fraktionen beim Schmelzspinnen synthetischer Linearpolymerer.* (**Can. P. 557 084** vom 25/8. 1953, ausg. 6/5. 1958. It. Prior. 17/9. 1952. — C. **1959.** 14293 [D. A. S. 1 035 315].)

Deutsche Gold- und Silber-Scheideanstalt vormals Roessler, Frankfurt/M., *Bleichen von vollsynthetischen Fasern.* (**Oe. P. 216 463** vom 1/9. 1958, ausg. 25/7. 1961. D. Prior. 6/9. 1957. — C. **1959.** 5336 [D. A. S. 1 033 630].)

Snia-Viscosa Soc. Nazionale Industria Applicazioni Viscosa, Mailand, Italien, *Herstellung geschichteter Produkte.* (**Oe. P. 218 254** vom 25/1. 1957, ausg. 27/11. 1961. It. Prior. 31/1. 1956. — C. **1962.** 2217 [E. P. 835 914].)

Bradford Dyer's Association Ltd., Bradford, England, *Hydrophobiermittel.* (**Belg. P. 566 614** vom 9/4. 1958, ausg. 29/7. 1960. E. Prior. 9/4. 1957. — C. **1962.** 7016 [Aust. P. 227 195].)

Elektrochemische Fabrik Kempen/Rhein, Dr. Brandenburg & Weyland G. m. b. H., Kempen/Ndrh., *Textilhydrophobierung.* (**Belg. P. 554 716** vom 4/2. 1957, ausg. 29/1. 1960. D. Prior. 4/2., 10/2. u. 24/12. 1956. — C. **1959.** 9770 [D. A. S. 1 048 866].)

N. V. Onderzoekingsinstituut Research, Arnheim, Holland, *Verbesserung hydrophober Synthesetextilien.* (**Belg. P. 554 508** vom 25/1. 1957, ausg. 29/1. 1960. Holl. Prior. 15/2. 1956. — C. **1960.** 7723 [Oe. P. 199 157].)

Böhme Fettchemie G. m. b. H. (Erfinder: **Hermann Haas, Hans Markert** und **Gustav Lietz**), Düsseldorf, *Antistatische Ausrüstung von Textilgewebe oder -gewirke.* (**D. B. P. 975 308** Kl. 29b vom 22/12. 1953, ausg. 2/11. 1961. Anmeldung bekanntgemacht 22/11. 1956. — C. **1958.** 4662 [E. P. 769 039].)

Ciba Akt.-Ges., Basel, Schweiz, *Antistatischmachen von synthetischen Fasern.* (**Oe. P. 207 798** vom 20/1. 1959, ausg. 25/2. 1960. Schwz. Prior. 21/1. 1958. — C. **1961.** 9253 [D. A. S. 1 097 402].)

Dow Chemical Co., Midland, Mich., V.St.A. (Erfinder: **S. A. Murdock, T. G. Traylor** und **T. B. Lefferdink**), *Antistatisches Textilausrüstungsmittel.* (**Belg. P. 557 192** vom 3/5. 1957, ausg. 11/3. 1960. A. Prior. 4/5. 1956. — C. **1960.** 13891 [E. P. 815 947].)

Vereinigte Glanzstoff-Fabriken Akt.-Ges., Wuppertal, übert. von: **Wolfgang Jurgeleit**, Davenport, Iowa, V.St.A., *Stabilisieren von hochmolekularen Polyolefindispersionen für Spinnzwecke.* (**A. P. 2 966 474** vom 3/12. 1957, ausg. 27/12. 1960. D. Prior. 8/12. 1956. — C. **1959.** 12418 [Oe. P. 200 713].)

Vereinigte Glanzstoff-Fabriken Akt.-Ges., Wuppertal, *Herstellung von Fäden aus Polyolefinen.* (**Belg. P. 556 923** vom 24/4. 1957, ausg. 26/2. 1960. D. Prior. 16/6. 1956. — C. **1959.** 4664 [D. A. S. 1 024 201].)

Vereinigte Glanzstoff-Fabriken Akt.-Ges., Wuppertal, *Herstellung von Fäden aus Polyolefinen.* (**Belg. P. 568 644** vom 16/6. 1958, ausg. 18/11. 1960. D. Prior. 23/7. 1957. — C. **1959.** 9093 [D. A. S. 1 031 468].)

Montecatini Soc. Gen. per l'Industria Mineraria e Chimica (Erfinder: **Vittorio Coppuccio, Francesco Vacanti** und **Maolo Maltese**), *Herstellung von färbbaren Massen aus kristallinen Polyolefinen.* (**Aust. P. 229 839** vom 6/12. 1957, ausg. 8/9. 1960. It. Prior. 12/12. 1956 u. 19/11. 1957. — C. **1961.** 13404 [F. P. 1 190 703].)

Soc. Rhodiaceta, Paris, Frankreich, *Geformte Gebilde aus Polyolefinen.* (**Belg. P. 554 497** vom 25/1. 1957, ausg. 29/1. 1960. F. Prior. 28/1. 1956. — C. **1958.** 7926 [F. P. 1 142 023].)

Chemstrand Corp., Decatur, Ala., V.St.A., *Polyäthylenlösungen.* (**E. P. 865 869** vom 26/7. 1957, ausg. 19/4. 1961. A. Prior. 8/8., 10/8. u. 5/9. 1956. — C. **1961.** 7801 [D. A. S. 1 092 652].)

E. I. du Pont de Nemours & Co., Wilmington, Del. (Erfinder: **Jack Carlton Smith**, Silver Springs, **Lawton Arthur Burrows**, Mendenhall, Pa., und **Walter Edwin Jordan**, Wilmington, Del.), V.St.A., *Herstellung stark orientierter polymerer Tetrafluoräthylene.* (**Schwz. P. 350 464** vom 12/8. 1955, ausg. 14/1. 1961. A. Prior. 12/8. 1954. — C. **1960.** 12884 [F. P. 1 136 792].)

Montecatini Soc. Gen. per l'Industria Mineraria e Chimica, Mailand, Italien, *Anfärbbares Polypropylen.* (**E. P. 866 920** vom 25/9. 1957, ausg. 3/5. 1961. It. Prior. 27/9. 1956. Zusatz zu E. P. 810 023; C. 1960. 7360. — C. **1960.** 14563 [Oe. P. 206 643 u. F. P. 1 187 838].)

Montecatini Soc. Gen. per l'Industria Mineraria e Chimica (Erfinder: **Enrico Cernia** und **Alberto Bonvicini**), Mailand, Italien, *Herstellung von Polyvinylchlorid-Spinnlösungen.* (**D. A. S. 1 100 873** Kl. 29b vom 25/2. 1958, ausg. 2/3. 1961. It. Prior. 28/2. 1957. — C. **1962.** 1467 [E. P. 825 032].)

Dow Chemical Co., Midland (Erfinder: **Carl B. Havens**, Hope, **Albert J. Mason** und **Almar T. Widiger**, Midland), Mich., V.St.A., *Nicht zur Preßformverkrustung neigende Vinylidenchloridpolymerisat-Preßmasse.* (**D. A. S. 1 062 924** Kl. 39b vom 11/8. 1956, ausg. 6/8. 1959. A. Prior. 29/8. 1955. **A. P. 2 935 490** vom 29/8. 1955, ausg. 3/5. 1960. — C. **1959.** 9093 [E. P. 790 601].)

Montecatini Soc. Gen. per l'Industria Mineraria e Chimica (Erfinder: **Bianco Battaglioli**), Mailand, Italien, *Herstellung von färbbaren Gebilden aus Polypropylen.* (**D. A. S. 1 120 070** Kl. 29b vom 23/9. 1957, ausg. 21/12. 1961. **Belg. P. 551 156** vom 26/9. 1957, ausg. 20/5. 1960. Beide It. Prior. 27/9. 1956. — C. **1960.** 14563 [F. P. 1 187 838].)

Farbwerke Hoechst Akt.-Ges., vormals Meister Lucius & Brüning, Frankfurt/M., *Kontinuierliche Herstellung von gegen kochendes Wasser beständigen Fäden aus Polyvinylalkohol.* (**Belg. P. 564 962** vom 19/2. 1958, ausg. 15/7. 1960. D. Prior. 19/2. 1957. — C. **1958.** 11113 [D. A. S. 1 022 750].)

Farbwerke Hoechst Akt.-Ges., vormals Meister Lucius & Brüning, Frankfurt/M., *Herstellung geformter Gebilde aus Polyvinylalkohol.* (**E. P. 854 987** vom 25/2. 1957, ausg. 23/11. 1960. D. Prior. 24/2. 1956. — C. **1960.** 1716 [F. P. 1 167 218].)

Hercules Powder Co. (Erfinder: **Edwin James Vandenberg**), Wilmington, Del., V.St.A., *Herstellung von kristallisiertem Polyvinyläther.* (**Jap. A. S. 4988/1960** vom 19/4. 1957, ausg. 12/5. 1960. A. Prior. 20/4., 5/7. 1956 u. 18/3. 1957. — C. **1960.** 10106 [D. A. S. 1 033 413].)

Gevaert Photo-Producten N.V., Mortsel bei Antwerpen, Belgien, *Herstellung linearer Polyanhydride.* (**Belg. P. 553 897** vom 3/1. 1957, ausg. 29/1. 1960. E. Prior. 25/4. u. 28/8. 1956. — C. **1960.** 12883 [F. P. 1 164 500].)

General Aniline & Film Corp., New York, N.Y., V.St.A., *Ultraviolettstabilisierte Polyestertextilien.* (**E. P. 867 262** vom 4/5. 1959, ausg. 3/5. 1961. A. Prior. 26/5. 1958. — C. **1961.** 7804 [A. P. 2 920 978].)

Chemstrand Corp. (Erfinder: **Paul Reed Cox jun.**), Decatur, Ala., V.St.A., *Lösungsmittel für bestimmte Polymischester.* (**D. A. S. 1 128 977** Kl. 39b vom 24/11. 1958, ausg. 3/5. 1962. A. Prior. 25/11. 1957. — C. **1960.** 13891 [A. PP. 2 912 404 u. 2 912 405].)

Chemstrand Corp., Decatur, Ala., V.St.A., *Modifizierte Polyester.* (**E. P. 847 090** vom 30/11. 1956, ausg. 7/9. 1960. A. Prior. 16/12. 1955. — C. **1960.** 15956 [Aust. P. 217 925].)

Vereinigte Glanzstoff-Fabriken Akt.-Ges., Wuppertal, *Nachbehandeln von Polyesterfäden.* (**Belg. P. 568 645** vom 16/6. 1958, ausg. 18/11. 1960. D. Prior. 28/6. 1957. — C. **1960.** 17569 [Oe. P. 202 546].)

Vereinigte Glanzstoff-Fabriken Akt.-Ges., Wuppertal-Elberfeld, übert. von: **Erhard Siggel**, Kleinwallstadt, *Lösungsmittelabtrennung von aromatischen Polyestern.* (**Can. P. 558 778** vom 27/8. 1953, ausg. 10/6. 1958. D. Prior. 28/8. 1952. — C. **1956.** 8513 [F. P. 1 078 845].)

Heberlein & Co. Akt.-Ges., Wattwil, Schweiz, *Veredlung von Polyesterfasern enthaltenden Textilien.* (**Belg. P. 558 379** vom 14/6. 1957, ausg. 25/3. 1960. Schwz. Prior. 16/7. 1956. — C. **1960.** 11157 [F. P. 1 178 985].)

Farbwerke Hoechst Akt.-Ges., vormals Meister Lucius & Brüning, Deutschland, *Erhöhung der Haftfestigkeit von Polyestern.* (**F. P. 1 226 915** vom 6/6. 1959, ausg. 18/8. 1960. D. Prior. 6/6. 1958. — C. **1961.** 6008 [D. A. S. 1 093 322].)

Farbwerke Hoechst Akt.-Ges., vormals Meister Lucius & Brüning, Frankfurt/M., *Hochmolekulare lineare Polyester.* (**E. P. 835 743** vom 25/6. 1956, ausg. 25/5. 1960. D. Prior. 24/6. 1955. — C. **1960.** 3743 [F. P. 1 151 814].)

Farbwerke Hoechst Akt.-Ges., vormals Meister Lucius & Brüning, Frankfurt/M. (Erfinder: **Paul Schlack**, Leitershofen), *Partielle Verseifung von Formkörpern aus hochschmelzenden Polymeren mit Estergruppen in der Kette.* (**Jap. A. S. 1848/1960** vom 31/5. 1956, ausg. 8/3. 1960. — C. **1957.** 10093 [D. A. S. 1 011 392].)

Imperial Chemical Industries Ltd., London, England (Erfinder: **J. W. Batty, A. E. Henshall** und **H. Sagar**), *Modifizieren von synthetischen, insbesondere Polyesterfasern.* (**Belg. P. 555 529** vom 5/3. 1957, ausg. 12/2. 1960. E. Prior. 7/3. 1956 u. 13/2. 1957. — C. **1960.** 16985 [F. P. 1 169 169].)

Imperial Chemical Industries Ltd., London, England (Erfinder: **Philip William Eggleston, William Glen, Kenneth William Hillier** und **Ian Marshall**), *Behandlung von Polyesterfasern.* (**E. P. 840 796** vom 31/5. 1955, ausg. 13/7. 1960. — C. **1960.** 6017 [F. P. 1 154 495].)

N. V. Onderzoekingsinstituut Research, Arnheim, übert. von: **Georg Hannemann**, Velp, Holland, *Behandlung von Polyesterfasern*. (**A. P. 2 998 296** vom 27/11. 1957, ausg. 29/8. 1961. Holl. Prior. 14/12. 1956. — C. **1961**. 13405 [F. P. 1 189 299].)

Imperial Chemical Industries Ltd., London (Erfinder: **Harry James Twitchett** und **Arthur Scott Wild**, Manchester), England, *Herstellung von zum Spinnfärben von Fäden oder Fasern aus Polyestern oder Polyamiden verwendbaren Pigmentzubereitungen*. (**D. A. S. 1 111 771** Kl. 29b vom 20/3. 1958, ausg. 27/7. 1961. — C. **1961**. 6008 [E. P. 820 975].)

American Cyanamid Co., New York, N.Y. (Erfinder: **Thomas Herbert Robertson**, Stamford, und **Percival William Cummings jun.**, Cos Cob, Conn.), V.St.A., *Herstellung von künstlichen Gebilden aus Polyacrylnitril*. (**D. A. S. 1 105 107** Kl. 29b vom 9/12. 1954, ausg. 20/4. 1961. A. Prior. 9/12. 1953. — C. **1958**. 5842 [F. P. 1 117 493].)

American Cyanamid Co., New York, N.Y., V.St.A., *Herstellung von Polyacrylnitrilfäden*. (**E. P. 866 982** vom 19/8. 1957, ausg. 3/5. 1961. A. Prior. 21/8. 1956. — C. **1961**. 10032 [A. P. 2 916 348].)

Farbenfabriken Bayer Akt.-Ges., Leverkusen, *Spinnfärben von Acrylnitrilpolymerisaten*. (**E. P. 855 153** vom 16/10. 1958, ausg. 30/11. 1960. D. Prior. 18/10. 1957. — C. **1960**. 15956 [D. A. S. 1 077 372].)

Chemstrand Corp. (Erfinder: **Hobson Dewey DeWitt**), Decatur, Ala., V.St.A., *Herstellung von Gebilden, wie Fäden, Fasern oder Filmen, aus Acrylnitrilpolymerisaten*. (**D. A. S. 1 114 277** Kl. 29b vom 10/12. 1955, ausg. 28/9. 1961. A. Prior. 13/12. 1954. — C. **1957**. 8393 [A. P. 2 752 318].)

Chemstrand Corp., Decatur, Ala., V.St.A., *Verformen von Acrylnitrilpolymerisaten zu Fäden, Fasern oder Filmen*. (**Belg. P. 553 539** vom 19/12. 1956, ausg. 15/1. 1960. A. Prior. 19/12. 1955. — C. **1960**. 17323 [Aust. P. 216 480].)

Chemstrand Corp. (Erfinder: **Alfred Boyce Craig**), Decatur, Ala., V.St.A., *Herstellung von Pigmentdispersionen in Polyacrylnitrillösungen*. (**Jap. A. S. 7488/1960** vom 8/6. 1956, ausg. 20/6. 1960. A. Prior. 8/6. 1955. — C. **1960**. 13890 [Aust. P. 214 069].)

Chemstrand Corp., Decatur, Ala., V.St.A., *Herstellung von Pigmentdispersionen in Polyacrylnitrillösungen*. (**Schwz. P. 347 639** vom 8/6. 1956, ausg. 31/8. 1960. A. Prior. 8/6. 1955. — C. **1960**. 13890 [Aust. P. 214 069].)

Ciba Akt.-Ges., Basel (Erfinder: **Franz Ackermann**, Binningen, und **Adolf Emil Siegrist**, Basel), Schweiz, *Lichtechte optische Aufheller für Polyacrylnitril*. (**D. A. S. 1 114 461** Kl. 8i vom 9/2. 1956, ausg. 5/10. 1961. Schwz. Prior. 15/2. u. 30/12. 1955. **A. P. 2 977 319** vom 6/2. 1956, ausg. 28/3. 1961. Schwz. Prior. 15/2. 1955. — C. **1961**. 2837 [E. P. 824 659].)

Courtaulds Ltd. (Erfinder: **Wilhelm Georg Schmidt**), London, England, *Herstellung von Lösungen von Polymeren oder Copolymeren des Acrylnitrils*. (**Schwz. P. 357 501** vom 14/9. 1956, ausg. 30/11. 1961. E. Prior. 16/9., 1/11. 1955, 11/5. u. 21/6. 1956. — C. **1960**. 12883 [D. A. S. 1 067 214].)

Dow Chemical Co., Midland, Mich. (Erfinder: **George W. Stanton**, Walnut Creek, **Theodore B. Lefferding**, Concord, **Richard W. Meikle**, Newport Beach, und **Mary J. Charlesworth**, Walnut Creek, Calif.), V.St.A., *Herstellung von gut färbbaren Polyacrylnitrilfäden*. (**D. A. S. 1 115 406** Kl. 29b vom 19/11. 1953, ausg. 19/10. 1961. A. Prior. 26/1. 1953. — C. **1957**. 6319 [E. P. 758 937].)

Dow Chemical Co., Midland, Mich. (Erfinder: **Thomas Cecil Spence**, Yorktown, und **Stanley Allen Zurdock**, Newport News, Va.), V.St.A., *Herstellung von nicht zusammengeklebten Fasern oder Fäden aus Polyacrylnitril*. (**D. A. S. 1 122 215** Kl. 29b vom 12/3. 1959, ausg. 18/1. 1962. A. Prior. 16/4. 1958. — C. **1961**. 16705 [A. P. 2 935 426].)

Paul Halbig, Freiburg, Schweiz, *Herstellung von Polyacrylnitrilfäden*. (**E. P. 867 846** vom 27/8. 1957, ausg. 10/5. 1961. Schwz. Prior. 27/8. 1956. — C. **1959**. 2658 [D. A. S. 1 030 969].)

Farbwerke Hoechst Akt.-Ges., vormals Meister Lucius & Brüning, Frankfurt/M., *Herstellung von Acrylnitrilmischpolymerisaten*. (**D. B. P. 975 601** Kl. 39c vom 31/10. 1952, ausg. 8/2. 1962. Anmeldung bekanntgemacht 17/11. 1955. — C. **1957**. 2091 [F. P. 1 092 572].)

Montecatini Soc. Gen. per l'Industria Mineraria e Chimica, Mailand, Italien, *Polymerisation von Acrylnitril*. (**E. P. 872 542** vom 10/12. 1957, ausg. 12/7. 1961. It. Prior. 11/12. 1956. — C. **1961**. 14512 [Belg. P. 563 086].)

E. I. du Pont de Nemours & Co., Wilmington, Del. (Erfinder: **Harrison Inman Anthes**, W.Va.), V.St.A., *Herstellung besserer Polyacrylnitrile*. (**Jap. A. S. 4235/1960** vom 12/7. 1957, ausg. 25/4. 1960. A. Prior. 12/7. 1956. — C. **1961**. 10414 [E. P. 823 345].)

Montecatini Soc. Gen. per l'Industria Mineraria e Chimica, Mailand, Italien, *Herstellung von Fäden aus Acrylnitrilpolymeren*. (**Holl. P. 98 506** vom 7/2. 1957, ausg. 17/7. 1961. It. Prior. 15/2. 1956. — C. **1959**. 13039 [F. P. 1 168 482].)

Montecatini Soc. Gen. per l'Industria Mineraria e Chimica (Erfinder: **Domenico Maragliano** und **Enrico Cernia**), Mailand, Italien, *Herstellung von Fasern aus Polymeren des Acrylnitrils*. (**Schwz. P. 353 845** vom 5/2. 1957, ausg. 15/6. 1961. **Belg. P. 554 995** vom 14/2. 1957, ausg. 12/2. 1960. Beide It. Prior. 15/2. 1956. — C. **1959**. 13039 [F. P. 1 168 482].)

B. F. Goodrich Co., New York, N.Y. (Erfinder: **John Alexis Yanko**, Cleveland, Ohio), V.St.A., *Herstellen von Lösungen von Mischpolymeren des Vinylidencyanids*. (**Schwz. P. 358 235** vom 8/12. 1956, ausg. 30/12. 1961. A. Prior. 9/12. 1955. — C. **1960**. 6017 [D. A. S. 1 062 883].)

B. F. Goodrich Co., New York, N.Y., V.St.A. (Erfinder: **Hansjörg Heller**, Basel, Schweiz), *Herstellung von Mischpolymerisaten des Vinylidencyanids*. (**Schwz. P. 356 596** vom 2/8. 1956, ausg. 13/10. 1961. A. Prior. 3/8. 1955. — C. **1961**. 10033 [D. A. S. 1 057 337].)

Farbenfabriken Bayer Akt.-Ges., Leverkusen, *Lineare Polyoxalate*. (**E. P. 857 378** vom 14/11. 1957, ausg. 29/12. 1960. D. Prior. 20/11. 1956. — C. **1960**. 12883 [D. A. S. 1 055 544].)

Farbenfabriken Bayer Akt.-Ges., Leverkusen, *Polycarbonate*. (**E. P. 842 759** vom 14/11. 1957, ausg. 27/7. 1960. D. Prior. 20/11. 1956. — C. **1960**. 12883 [D. A. S. 1 050 544].)

N. V. Onderzoekingsinstituut Research, Arnheim (Erfinder: **Bart Paul Gibben**, Arnheim, und **Henricus Gerardus Joseph Overmars**, Zeist), Holland, *Herstellung von makromolekularen Polycarbonaten*. (**D. A. S. 1 114 636** Kl. 39c vom 11/4. 1958, ausg. 5/10. 1961. Holl. Prior. 16/5. 1957. — C. **1961**. 5658 [Holl. P. 94 031].)

Toyo Koatsu Industries, Inc., Tokyo (Erfinder: **Yanosuke Inaba**, **Koji Kimoto**, Fujisawa, und **Toshimi Nakagawa**, Kamakura), Japan, *Herstellung faserbildender linearer Polyharnstoffe*. (**D. A. S. 1 123 826** Kl. 39c vom 6/11. 1958, ausg. 15/2. 1962. — C. **1961**. 1776 [F. P. 1 207 356].)

Toyo Koatsu Industries, Inc., Tokyo (Erfinder: **Yanosuke Inaba**, Fujisawa City, **Kunihiko Miyake**, Kamakura City, und **Goro Kimura**, Fujisawa City), Japan, *Herstellung linearer Polyharnstoffe.* (**D. A. S. 1 123 827** Kl. 39c vom 15/5. 1959, ausg. 15/2. 1962. Jap. Prior. 16/5. 1958. — **C. 1962.** 1844 [F. P. 1 224 598].)

Toyo Koatsu Industries, Inc. (Erfinder: **Yanosuke Inaba, Koji Kimoto** und **Toshimi Nakagawa**), Tokyo, Japan, *Herstellung von linearen Polyharnstoffen.* (**E. P. 864 888** vom 29/10. 1958, ausg. 12/4. 1961. — **C. 1961.** 1776 [F. P. 1 207 356].)

E. I. du Pont de Nemours & Co., Wilmington, Del., V.St.A., *Polyurethanfilme und -fäden.* (**E. P. 867 882** vom 8/5. 1958, ausg. 10/5. 1961. A. Prior. 8/5. 1957. — **C. 1961.** 4936 [D. A. S. 1 093 086].)

Farbenfabriken Bayer Akt.-Ges., Leverkusen (Erfinder: **J. Wagner**), *Transparente Polyamidfäden.* (**Belg. P. 565 806** vom 18/3. 1958, ausg. 29/7. 1960. D. Prior. 18/3. 1957. — **C. 1959.** 11769 [D. A. S. 1 047 372].)

Vereinigte Glanzstoff-Fabriken Akt.-Ges., Wuppertal, *Antistatische Polyamidtextilien.* (**E. P. 869 086** vom 7/12. 1959, ausg. 31/5. 1961. D. Prior. 7/1. 1959. — **C. 1961.** 13771 [D. A. S. 1 096 322].)

Vereinigte Glanzstoff-Fabriken Akt.-Ges., Wuppertal-Elberfeld, *Verbesserung der Hitzebeständigkeit von Polyamiden.* (**Oe. P. 215 156** vom 12/11. 1959, ausg. 25/5. 1961. D. Prior. 14/1. 1959. — **C. 1961.** 16331 [D. A. S. 1 101 757].)

Ions Exchange & Chemical Corp., New York (Erfinder: **Meyer Mendelsohn**, New York, und **Carl Horowitz**, Brooklyn), N.Y., V.St.A., *Behandlung von Polyamidmaterial.* (**Jap. A. S. 4783/1960** vom 24/10. 1956, ausg. 9/5. 1960. A. Prior. 25/10. 1955. — **C. 1960.** 9768 [E. P. 812 460].)

Inventa Akt.-Ges. für Forschung und Patentverwertung, Zürich, übert. von: **Kaspar Ryffel, Hans Rutishauser** und **Ernst Schweizer**, Ems/Graubünden, Schweiz, *Verspinnen von Polyamiden.* (**Can. P. 558 270** vom 12/7. 1954, ausg. 3/6. 1958. Schwz. Prior. 15/7. 1953. — **C. 1957.** 6319 [F. P. 1 103 251].)

Inventa Akt.-Ges. für Forschung und Patentverwertung, Luzern, Schweiz, *Herstellung eines Mischpolyamids.* (**Holl. P. 98 485** vom 26/9. 1956, ausg. 17/7. 1961. Schwz. Prior. 9/3. 1956. — **C. 1960.** 14917 [E. P. 814 222].)

Imperial Chemical Industries Ltd., London, England, *Herstellung von Polyoxamiden.* (**Holl. P. 99 874** vom 2/2. 1956, ausg. 15/12. 1961. E. Prior. 9/2. 1955. — **C. 1959.** [E. P. 793 451].)

Imperial Chemical Industries Ltd., London (Erfinder: **Harold Graham Holland** und **Elias Isaacs**, Harrogate), England, *Herstellung von Gebilden, wie Fäden oder Filmen, aus aromatischen Polyestern.* (**D. A. S. 1 100 872** Kl. 29b vom 31/8. 1956, ausg. 2/3. 1961. E. Prior. 2/9. 1955 u. 24/8. 1956. — **C. 1961.** 6353 [Belg. P. 550 701].)

Imperial Chemical Industries Ltd., London (Erfinder: **Neil Munro**, Blackley), England, *Hochmolekulare Polymethylenterephthalate, die feinverteilte inerte Stoffe enthalten.* (**D. A. S. 1 119 511** Kl. 39c vom 2/11. 1955, ausg. 14/12. 1961. E. Prior. 4/11. 1954 u. 26/9. 1955. — **C. 1958.** 8225 [E. P. 766 849].)

Distillers Co. Ltd., Edinburgh, Schottland (Erfinder: **Edward James Gasson, David James Hadley** und **Barrie Wood**, England), *Herstellung von Polyäthylenterephthalat.* (**Jap. A. S. 4242/1960** vom 25/9. 1956, ausg. 25/4. 1960. E. Prior. 27/9. 1955. — **C. 1960.** 11517 [F. P. 1 161 141].)

Farbwerke Hoechst Akt.-Ges., vormals Meister Lucius & Brüning, Frankfurt/M. (Erfinder: **Herbert Kurzke** und **Helmut Sattler**, Bobingen), *Herstellung von dünnen geformten Gebilden, wie Fäden oder Folien, aus Polyäthylenterephthalat.* (**Schwz. P. 354 202** vom 12/5. 1956, ausg. 30/6. 1961. D. Prior. 13/5. 1955. — **C. 1960.** 17659 [D. A. S. 1 079 788].)

Chemstrand Corp., Decatur, Ala., V.St.A., *Herstellung von linearen Mischpolymerisaten.* (**Schwz. P. 351 106** vom 26/3. 1956, ausg. 15/2. 1961. A. Prior. 28/3. 1955. — **C. 1959.** 16825 [Aust. P. 210 007].)

Stockholms Superfosfat Fabriks Aktiebolag, Stockholm (Erfinder: **Olof Sundén, Sten Erik Arne Lennart Tunefors**, Ljungawerk, und **Sven Hugo Sönnerskog**, Brämhult), Schweden, *Herstellung von Fäden, Fasern oder Folien aus vernetzten Mischpolymerisaten.* (**F. P. 1 197 615** vom 21/10. 1955, ausg. 2/12. 1959. Schwed. Prior. 25/10. 1954 u. 10/5. 1955. **Oe. P. 210 557** vom 25/7. 1957, ausg. 10/8. 1960. — **C. 1960.** 13890 [Schwz. P. 344 176].)

Imperial Chemical Industries Ltd., London, England, *Optisch aufgehellte Mischpolymerisatprodukte.* (**Jap. A. S. 7498/1960** vom 5/12. 1957, ausg. 20/6. 1960. E. Prior. 5/12. 1956 u. 22/11. 1957. — **C. 1961.** 6008 [Belg. P. 562 949].)

Deutsche Akademie der Wissenschaften zu Berlin, Berlin, *Herstellung von (Misch-) Polymerisaten auf Acrylnitrilbasis.* (**E. P. 849 864** vom 22/9. 1958, ausg. 28/9. 1960. D. Prior. 20/9. 1957. — **C. 1960.** 15955 [D. A. S. 1 052 687].)

E. I. du Pont de Nemours & Co., Wilmington, Del. (Erfinder: **Richard Nelson Blomberg**, Ward, Pa.), V.St.A., *Herstellung von Polyacrylnitril–Viscose-Mischungen.* (**Schwz. P. 348 551** vom 31/5. 1956, ausg. 14/10. 1960. A. Prior. 1/6. 1955. — **C. 1961.** 6353 [E. P. 801 326].)

Chemstrand Corp., Philadelphia, Pa., übert. von: **Julian K. Lawson**, Decatur, Ala., V.St.A., *Copolymere von Acrylnitril und 1-Vinylimidazol.* (**Can. P. 557 268** vom 4/3. 1952, ausg. 13/5. 1958. A. Prior. 6/3. 1951. — **C. 1955.** 4736 [F. P. 1 057 012].)

Monsanto Chemical Co., St. Louis, Mo. (Erfinder: **Ross Melvin Hedrick** und **James Alan Herbig**, Dayton, Ohio), V.St.A., *Herstellung von stickstoffhaltigen Isobutylen–Maleinsäureanhydrid-Mischpolymerisaten.* (**D. A. S. 1 109 373** Kl. 39c vom 22/8. 1956, ausg. 22/6. 1961. A. Prior. 23/8. 1955. — **C. 1961.** 17441 [Aust. P. 218 743].)

Christopher Lumley Wilson, Columbus, Ohio (Erfinder: **Henry George Hammon**, Stevensville, Mich.), V.St.A., *Herstellung von Schwammkörpern.* (**D. A. S. 1 117 304** Kl. 39b vom 16/1. 1953, ausg. 16/11. 1961. — **C. 1955.** 7813 [E. P. 707 247].)

Studiengesellschaft Kohle m. b. H., Mülheim/Ruhr, *Herstellung von Nitrocyclododecan.* (**Holl. P. 99 137** vom 16/4. 1958, ausg. 15/9. 1961. D. Prior. 18/4. 1957. — **C. 1961.** 3525 [D. A. S. 1 060 859].)

American Cyanamid Co., New York, N.Y. (Erfinder: **Thomas Robert Blanchard**, Waterbury, Conn.), V.St.A. , *Aufbereitung von verdünnten sauren Thiocyanatlösungen.* (**D. A. S. 1 105 555** Kl. 29b vom 17/5. 1956, ausg. 27/4. 1961. A. Prior. 25/8. 1955. — **C. 1960.** 6369 [A. P. 2 871 093].)

XIX. Brennstoffe. Erdöl. Mineralöle

Der Einfluß der Vorwärmung auf die Ausbeute von Chloroformextrakten aus der Kohle. K. Ōuchi. (Fuel **40.** 485—90. Nov. 1961. Kawaguchi-Saitama, Japan, Agency of Ind. Sci. and Technol., Resources Res. Inst.; engl.) — Kohlen, Rückstände

einer Pyridinextraktion u. deren Extrakte werden mit Chlf. bei verschiedenen Temp. extrahiert, um festzustellen, ob die durch die Vorwärmung bedingte erhöhte Ausbeute bei der Chlf.-Extraktion auf die Depolymerisation der Kohlenstruktur oder auf die unvollständige Extraktion bei Raum-Temp. zurückzuführen ist. Folgende Erklärung wird angenommen: Ein Lsgm., wie Chlf., kann Stoffe mit niedrigem Molgew., die in der Kohlestruktur sehr fest gebunden sind, nicht vollständig lösen; wenn die Kohle jedoch auf eine bestimmte Temp. erhitzt wird, beginnen diese Stoffe zu schmelzen u. treten vom Inneren des Kohleteilchens an dessen Oberfläche, von der sie durch das Lsgm. dann leichter aufgelöst werden können. — 2 Abb., 1 Tabelle, 7 Literaturhinweise.
H. SCHÖBERL. 8126□

Eine thermomagnetische Methode zur Anreicherung und Entschwefelung von Kohlen. A. S. Jurowski und I. D. Remessnikow. (Кокс и Химия [Koks u. Chem.] **1958.** Nr. 12. 8—13. Inst. für fossile Brennstoffe der Akad. der Wiss. der UdSSR; russ.) — Die Meth. beruht auf der 2—5 Min. langen therm. Behandlung von Kohlen mit einer Körnung von 1—0 mm in Drehtrommeln bei 320—340° mit einem Luft-Dampf-Gemisch. Hierbei entsteht auf der Oberfläche der Pyritkörner, die frei oder gemischt mit Gestein oder Kohle auftreten, eine Haut aus Fe-Verbb. mit magnet. Eigg., wodurch eine Absonderung von reinen Kohlenkörnern im Magnetabscheider u. damit außer der Entschwefelung noch eine Erniedrigung des Asche-Geh. ermöglicht wird. Die Größe der magnet. Susceptibilität hängt von der Art der Fe—O-Verbb. u. von der Stärke der magnet. Haut ab. Diese Meth. kann bei der Anreicherung u. Entschwefelung der Siebrückstände u. Stäube in Kohlentrockenaufbereitungsanlagen sowie bei der ergänzenden Anreicherung u. Entschwefelung von Flotationskonzentraten von der Korngröße 1—0 u. 3—0 mm Verw. finden. Die Vorteile dieser Meth. werden erörtert.
A. BABCZYŃSKI. 8134□

Die Verwendung von oberflächenaktiven Stoffen für die Intensivierung der Entwässerung von Flotationskonzentraten. W. Ss. Kaminski und M. Ss. Ssokolowa. (Кокс и Химия [Koks u. Chem.] **1958.** Nr. 12. 13—18. Allunions-Forschungsinst. für Kohleaufbereitung; russ.) — Verss. über die Intensivierung der Entwässerung durch verschiedene oberflächenakt. Stoffe (u. a. Sedipur der BASF) werden durchgeführt, wobei die Oberflächenspannung (OS) u. Viscosität von deren Lsgg. untersucht wird. Die Naphthenseifen zeigten in einer Menge von 4 kg/t Kohle die beste Wrkg., wobei deren 0,1%ig. wss. Lsg. eine OS von 57,4 Dyn/cm aufweist. Lsgg. von Präpp. mit geringerer OS sind weniger wirksam, in einigen Fällen von gegenteiliger Wirkung. Es wird auch die Wrkg. verschiedener Flockungsmittel bei der Entwässerung untersucht. Gute Ergebnisse zeigt Sedipur, wobei 0,2 (g/Liter) W. benötigt werden, statt der von der BASF angegebenen 0,02. Ein Überschuß der Reagentien über 0,2 zieht Hydrophilisierung u. einen größeren Wasser-Geh. des Filterkuchens nach sich. Verss. zeigen, daß von der Konz. des Hydrophobisierungsmittels in der fl. Phase dessen Adsorption durch die Kohle abhängt. Eine Temp.-Erhöhung erniedrigt die Wrkg. der Naphthenseife.
A. BABCZYŃSKI. 8134□

Die Entschwefelung von Kohlen durch molekularen Wasserstoff. K. P. Medwedew, W. M. Petropolskaja und K. A. Nikitina. (Кокс и Химия [Koks u. Chem.] **1959.** Nr. 2. 5—9. Charkow, Forschungsinst. für Kohlechem.; russ.) — Das Verh. von Pyrit u. organ. S-Verbb. bei Einw. von mol. H_2 auf Gaskohlen bei 100 at u. 100—300°, ferner auf Kokskohlen bei gleichem Druck u. 200—340° u. anderem Druck wird untersucht. Die laboratoriumsmäßigen Verss. erfolgen im Drehautoklav nach Zerkleinerung der Kohlen unter 0,25 mm innerhalb von 1½ Stunden. Nach Abkühlung wird im Muffelofen bei 850° verkokt u. in den Rk.-Prodd. u. Ausgangsmaterialien Pyrit-, Sulfid- u. organ. S. bestimmt. Aus allen Vers.-Ergebnissen läßt sich ableiten, daß die Hydrierung bei hohem oder niedrigem Druck u. erhöhten Temp. für die Entschwefelung von metallurg. Koks nicht empfohlen werden kann.
N. HVIID. 8134□

Die thermische Vorbereitung von Kohlen für die Verkokung. L. I. Jerkin, W. K. Petrow und M. A. Bernatzkaja. (Кокс и Химия [Koks u. Chem.] **1959.** Nr. 2. 13—16. Östl. Forschungsinst. für Kohlechem.; russ.) — Die Erhitzung der Kohlen vor der Verkokung auf 150—350° unter Ausschluß einer Oxydation führt zur wesentlichen Stabilititätserhöhung des Kokses, bes. bei Kohlen von verminderter Backfähigkeit. Alle untersuchten Kohlen haben für die Erlangung eines Kokses von hoher struktureller Stabilität eine optimale Erhitzungs-Temp. von 150—250°. Als Ursache dafür muß eine Verdichtung der Kohlencharge erachtet werden, die mit einer Veränderung der physikal. Eigg. der Kohle beim Erhitzen zusammenhängt. Es darf daher die Erhitzung der Kohle als eine der für die Verdichtung der Kohlenchargen u. somit der Erhöhung der Koksstabilität maßgebende Möglichkeit angesehen werden.
N. HVIID. 8142□

Die Rissigkeit des Kokses aus dem Schütt- und Stampfbetrieb in Abhängigkeit von den Verkokungseigenschaften der Kohlen. J. Kunc. (Paliva **41.** 365—69. 1961. Běchovíce, Ustav pro výzkum paliv; tschech.) — Verss. mit typ. Kohlen (Ko)-Sorten, bei denen die Rissigkeit (R) der erzeugten Kokse (Kk) verfolgt wird, werden beschrieben. Die R der Kk stimmt, unter der Voraussetzung guter Backfähigkeit der Ko, mit der Schrumpfkurve des Entgasungsverlaufes gut überein. Die Abhängigkeit der R vom Schüttgew. wird diskutiert u. eine Hypothese über die Riß-Bldg. bei der Kk-Bldg. aufgestellt. — 4 Abb., 2 Tabellen, 14 Literaturhinweise. G. REISNER. 8144□

Eine Laboratoriumsmethode zur Erkennung der Koksstückgröße. P. K. Finkelstein. (Кокс и Химия [Koks u. Chem.] **1959.** Nr. 2. 10—13. Dnepropetrowsk, Chem.-technolog. Inst.; russ.) — Die Bldg. von Makrorissen, die eine Zerteilung des *Koksmonoliths* bedingen, ist direkt proportional dem Fließvermögen der plast. Masse u. der Teerausbeute bei der Schwelung. Die Koksgröße ist ihnen jedoch umgekehrt proportional. Daraus wird für die Best. der Koksgröße folgende Formel abgeleitet: $K = 1/(T \cdot S_m)$ (K = Koksgröße; T = Fließvermögen der plast. Schicht; S_m = Teerausbeute bei der Schwelung in %, bezogen auf Trockenkohle). Mit dieser Meth. werden Werte für K von 4,2—59,60 gefunden. Der Vgl. von K für Betriebschargen u. Labor.-Gemischen zeigt, daß Chargen mit Beigaben von bis 40% Gaskohle die erforderliche Backfähigkeit gewährleisten u. die aus ihnen zu erwartende Siebzus. des Kokses das Niveau der besten Betriebskokse haben muß. Auch Chargen mit 55% Gaskohlen gewährleisten die erforderliche Backfähigkeit u. können bei zeitgemäßem Zustand der Kohlenvorbereitung u. Verkokung einen Koks mit $\geqq$42% der Klasse von $>$60 mm liefern. Die Labor.-Meth. wird als Voraussage der Koksgröße durch Analysen von 1 g (Charge) empfohlen u. die Möglichkeit der Anwendung des vorgeschlagenen Verkokungsparameters für die Kontrolle u. rationelle Auswahl der Produktionschargen nachgewiesen. N. HVIID. 8144□

Gesetzmäßigkeiten des Durchwärmens der Kohlenbeschickung in Koksöfen. N. K. Kulakow. (Кокс и Химия [Koks u. Chem.] **1959.** Nr. 2. 20—27. Projektierungsinst. für Betriebe der Kokschem. u. Kokereien; russ.) — Das Temp.-Feld von Dinas-Koksöfen u. die Gesetzmäßigkeiten seiner Änderungen während der Verkokungsperiode, ferner die Faktoren des Wärmeflusses von den Kammerwänden zur Beschickung im Verlauf der Verkokung werden untersucht u. die Wärmeleitzahlen von Dinas-Ziegeln für Wände der Ofenkammern verschiedener Breiten berechnet. Die während der Verkokung festgestellten Temp.-Änderungen in verschiedenen Punkten der Ofenkammerbreite in den Kontrollheizkanälen, ferner die Temp.-Isochrone nach Breite der Ofenkammer während der Verkokungsperiode werden graph. dargestellt u. die aus der Analyse der Isochrone u. der Kurven für die Temp.-Erhöhung im Verlauf der Verkokung erhaltenen Ergebnisse erörtert. N. HVIID. 8144□

Die Vervollkommnung des Löschens von Koks. I. G. Kapelson, E. D. Lewin, A. M. Sseppar und F. P. Schibajew. (Кокс и Химия [Koks u. Chem.] **1959.** Nr. 3. 27—34. Magnitogorsk, Metallurg. Kombinat; russ.) — Für ein gutes *Ablöschen* ist neben einer gleichmäßigen Koksverteilung auf dem Löschwagen u. der verbesserten techn. Einrichtung der Löschstation auch die Qualität des Löschwassers wichtig. Werden Ab- u. Gebrauchswässer gemeinsam verwendet, sind die Komponenten gleichmäßig zu dosieren. Betriebsschemata u. Tabellen werden gebracht. F. OTTO. 8144□

Ein geformter Hochofenbrennstoff aus nichtkokender Kohle. L. M. Ssaposhnikow. (Кокс и Химия [Koks u. Chem.] **1959.** Nr. 3. 22—27. Inst. für fossile Brennstoffe der Akad. der Wiss. der UdSSR; russ.) — Hohe *Gasundurchlässigkeit* der Kohle im plast. Zustand ist die Voraussetzung für festen Koks. Durch Änderung der Erhitzungs-Geschw. u. -dauer kann diese Eig. beeinflußt werden u. aus im üblichen Verf. nicht verkokbaren Kohlen kann ein abriebfester Hochofenbrennstoff erhalten werden. Bei der kontinuierlichen Verkokung wird deshalb in 5 Verf.-Stufen (VS) in getrennten App. gearbeitet. In der 1. VS wird die auf 3 mm zerkleinerte Kohle mit Spülgas sehr schnell bis zum plast. Zustand, meist $>400^0$, erhitzt u. sofort wieder vom Spülgas abgetrennt. In der 2. VS wird diese Temp. ½—2 Min. lang gehalten, wobei das Kohlekorn erweicht u. leichte Prodd. austreten. In der 3. VS wird die plast. Masse bei 2—5 at zu runden Formkörpern gepreßt. Die 4. u. 5. VS erfolgt in einem Vertikalofen bei einer Aufheizgeschw. von 1,5—2^0/min. Im oberen Teil erfolgt bei ca. 500^0 die Verkokung u. Teer-Bldg., die im unteren Teil bei 750—800^0 beendet wird. F. OTTO. 8144□

Das Erdgas und seine Bedeutung als Energieträger und Rohstoff. G. Wirth. (Montan-Rdsch. [Wien] **10.** 50—52. März 1962. Wien; dt.) — Übersicht über die Erzeugung u. Verw. von Erdgas. — 9 Literaturhinweise. G. REISNER. 8186□

Charakteristik der Gas- und Flüssigkeitsphase von Erdöl-Gaskondensatorsystemen in großen Tiefen. T. P. Shuse und G. N. Juschkewitsch. (Нефтяное Хозяйство [Erdöl-Wirtsch.] **39.** Nr. 7. 30—34. Juli 1961; russ.) — Angaben über den Phasenzustand u. die Phasen-Zus. zweier *Erdöl–Gaskondensat-Syst.* bei einer Temp. bis 150° u. Drücken bis 700 atm werden gebracht. Es wird darauf hingewiesen, daß in diesem Temp.- u. Druckintervall das Syst. 2 phasig verbleibt. Auf Grund einer annähernden Extrapolation wird die Vermutung ausgesprochen, daß der krit. Zustand des Erdöl–Gaskondensat-Syst. der Lagerstätte von Stepnowskoe bei 150° 1100—1200 at entspricht. W. HANTZSCH. 8188□

Die Auswahl von Wasser als Spülmittel für Erdölbohrungen. M. K. Alekper-Sade. (Азербайджанское Нефтяное Хозяйство [Erdöl-Wirtsch. Aserbaidshan] **41.** Nr. 4. 31—33. April 1962; russ.) — Die Verminderung der Ergiebigkeit einer Bohrung nach einer Spülung wegen negativer Einw. des Capillardrucks schwankt je nach Qualität des Spülmittels zwischen 8 u. 25%. Zur Spülung von Erdölbohrungen in allen Horizonten auf den Ölfeldern „Kirowneft" wird die Verw. von W. des Sees Bejuk-Schor oder von Mischwasser (aus See u. Meer) in verschiedenen Mischverhältnissen u. von Schichtwässern, die hohe erdölspülende Eigg. besitzen, empfohlen. W. HANTZSCH. 8190□

Die Herabsetzung der Strukturviscosität von Erdölen und bituminösen Erdölprodukten. Je. A. Myschkin. (Нефтяное Хозяйство [Erdöl-Wirtsch.] **40.** Nr. 4. 52—54. April 1962; russ.) — Die Verringerung von *Druckhöhenverlusten* an rauhen u. unebenen Rohrleitungswandungen wird durch Sulfonat (I) erreicht, das an den Rohrwandungen adsorbiert wird u. eine Solvatschicht bildet. Dadurch wird der Strahl des durchfließenden Erdöls von der Berührung mit der Rohrfläche isoliert. Die Druckhöhenverluste vermindern sich dabei um 40%. Durch I wird dabei auch eine Korrosionsverminderung erreicht. I, bes. die Ca-haltigen, besitzen dazu noch eine dispergierende u. spülende Wirkung. W. HANTZSCH. 8190□

Ergebnisse der industriellen Untersuchung nichtionogener oberflächenaktiver Stoffe als Demulgatoren für Erdöl. P. P. Rakow. (Нефтяное Хозяйство [Erdöl-Wirtsch.] **39.** Nr. 3. 46—51. 1961; russ.) — Auf Grund von Labor.-Verss. wurde in großem Maßstab die Anwendbarkeit einiger nichtionogener, oberflächenakt. Stoffe, KAUFE 14 (Äthoxyalkylphenol aus Steinkohlenphenol u. der alkylierten Fraktion des Cracking-Kerosins, Kp. 120—135°), das nur hydroxyäthylierte UFE_8 sowie OP-10 u. OP-7 (die Rk.-Prodd. der Mono- u. Dialkylphenole, die aus synthet. Phenol u. Äthylenoxid erhalten werden), als *Demulgatoren* für die Entwässerung u. Entsalzung von Erdölen untersucht. Der Verbrauch an nichtionogenen Demulgatoren (I) ist niedriger als der von „NTschK-Kontakt" (II) bei gleichen Entsalzungs- u. Entwässerungsergebnissen. Jeder Demulgator ist bei einer besonderen Erdölsorte wirksam. Besonders hervorzuheben ist die hohe Reinheit der Abwässer (25—35 mg Erdöl/Liter W.). Bei Anwendung von I ist bes. auf die genaue Einhaltung der richtigen Dosierung u. Lsg.-Konz. zu achten (Richtwerte sind angegeben), da sich sonst bei Unter- oder Überdosierung die demulgierende Wrkg. ins Gegenteil verkehrt. Zu beachten ist ferner, daß die Abwässer eine saure Rk. zeigen, was Korrosionen in den nachgeschalteten App. verursachen kann. Besonders günstig erweist sich der Einsatz von Gemischen aus KAUFE 14 bzw. UFE_8- u. ammoniakal. II. Dabei verringert sich der Verbrauch an II auf die Hälfte. Außerdem gibt dieses Demulgatorgemisch die Möglichkeit, einstufig zu entsalzen.
H. V. ADOLPHI. 8190□

Über die Stabilisierung von Erdöl in Betrieben. K. I. Kowalenko. (Нефтяное Хозяйство [Erdöl-Wirtsch.] **37.** Nr. 8. 49—53. Aug. 1959.) — Die devon. Erdöle enthalten 2,5 bis 3—4,5% leichte KW-Stoffe, die am Gewinnungsort zwecks Vermeidung von „Verdampfungsverlusten" beim Transport zu den Raffinerien abdest. u. *„stabilisiert"* werden. Es wird unterschieden zwischen *Debutanisierung* (C_1—C_4), wobei eine enge Fraktion u. *Depentanisierung*, wo eine weite (C_5 u. höher) abgenommen wird. Verss. u. Analysen mit beschriebenen Stabilisierungs-Syst. zeigen, daß nur die Debutanisierung für den Gewinnungsort der Erdöle in Frage kommt u. unter Druck (5—7,5 at) erfolgen sollte, weil dadurch eine bessere Fraktionierung gewährleistet u. die sonst erforderliche Kompressorarbeit für den Gastransport zur Gasbenzinfabrik erübrigt wird. Die Depentanisierung soll hingegen in den Raffinerien erfolgen, da zufolge des geringen *Pentan*-Geh. u. des höheren Dampfdrucks Transportverluste kaum zu befürchten sind. Die Entwässerung u. Entsalzung des in die Raffinerien abzugebenden Rohöls muß vor dem Versand in Hochfrequenzdehydratoren erfolgen. Auf angeführte Analysentabellen u. wirtschaftliche Berechnungen wird verwiesen. N. HVIID. 8192

Die Anwendung von gebrauchter Schwefelsäure für die Reinigung heller Erdöldestillate. M. A. Mardanow und G. S. Alekperow. (Азербайджанское Нефтяное Хозяйство [Erdöl-Wirtsch. Aserbaidshan] **41.** Nr. 4. 37—39. April 1962; russ.) — Entwickelt wird eine Meth. zur Reinigung von Brennstoffdestillaten, T-5, T-1, deren

Kennzahlen tabellar. gebracht werden, u. von Leuchtkerosin mit gebrauchter H_2SO_4. Die Reinigung durch gebrauchte H_2SO_4 ermöglicht die Verbrennungswärme zu steigern u. die therm. Stabilität dieser Brennstoffe zu verbessern. Die Reinigung von Kerosin für Beleuchtungszwecke durch H_2SO_4 läßt die nichtrußende Flamme größer werden.
W. Hantzsch. 8192□

Die Reinigung von Rohbenzolfraktionen nach der Methode der katalytischen Hydrierung unter dem Druck des Koksgases. I. I. Jeru, Ju. M. Wolkow und A. A. Lange. (Кокс и Химия [Koks u. Chem.] **1959**. Nr. 2. 35—38. Charkow, Forschungsinst. für Kohlechem.; russ.) — Eine erfolgreiche Gewinnung von besonders reinen Benzolsorten läßt sich nicht durch eine gut ausgearbeitete katalyt. *Hydroraffination* allein realisieren. Es müssen hierbei auch hochwirksame Rektifizierkolonnen u. andere wirksame Meth. für die Befreiung der Benzol–KW-Stoffe von den sie begleitenden Beimengungen nicht aromat. Verbb. angewendet werden. Hydroraffinations-Verss. mit einem bei 160° u. 40 at Koksgasdruck bereits therm. vorpolymerisierten Rohbenzol werden zunächst period. in einer Tropfapp. u. anschließend kontinuierlich in einer Labor.-App. durchgeführt. Als Katalysator dient Mo–Co-Oxid auf Tonerde. Er wird wegen seiner geringeren Aktivität im Vgl. zum W–Ni-Sulfidkatalysator diesem vorgezogen, weil sich bei dessen Verw. auch eine Hydrierung der Beimengungen bemerkbar macht. Bes. Cyclohexan u. n-Heptan gelten wegen ihrer Neigung zur Bldg. azeotroper Gemische mit Bzl. u. der Schwierigkeit ihrer Trennung als unerwünschte Benzolbegleiter. Bei 350° u. 40 at Koksgasdruck konnte auf der kontinuierlichen Anlage die Bromzahl des vorpolymerisierten Rohbenzols von 9,61 (g/100 ml) auf 0,0252 u. der Thiophen-Geh. von 1,20 auf 0,0026 Gew.-% gesenkt werden. n_D^{20} beträgt 1,4980 gegenüber 1,4960—1,4950 in der period. Anlage beim Vers. mit dem W–Ni-Sulfidkatalysator.
N. Hviid. 8202□

Einfluß des Druckes eines neutralen Gases auf die Schmierfähigkeit von Schmiermitteln. Grégoire Volovick. (C. R. hebd. Séances Acad. Sci. **252**. 1460—61. 6/3. 1961; franz.) — Vf. untersuchte die Änderungen der Schmierfähigkeit von Schmiermitteln für Kältemaschinen bei N_2-Drücken bis 1050 at bei 20°. Es wird festgestellt, daß bis zu einem Druck von 200 at N_2 die Adsorption des Gases durch die Wand mit dem Druck wächst, das Gas mehr u. mehr dazu neigt, das Schmiermittel zu ersetzen, wodurch die Schmierfähigkeit abnimmt. Diese Erscheinung ist reversibel. Von einem Druck von 200 at N_2 an nimmt die Schmierfähigkeit bis zu einem Druck von 1050 at laufend zu. Es ist sehr wahrscheinlich, daß sich die Schicht der monomol. Schichten des Schmiermittels auf der Wand in eine Schicht plast. Substanz umwandelt, die sehr schmierfähig u. sehr widerstandsfähig ist. C. Gottfried. 8222

Untersuchung der Elektrisierung von plastischen Schmiermitteln. Ju. F. Deinega und A. W. Dumansky. (Доповiдi Академiї Наук Української РСР [Ber. Akad. Wiss. UkrainSSR] **1960**. 798—800. Inst. für allg. u. anorgan. Chem. der Akad. der Wiss. der UkrainSSR; ukrain, Auszug: engl.) — In Verss. mit den Schmiermitteln *Konstalin* (verdickt mit Na-Seife von Ricinusöl) u. *ZIATIM-201* (verdickt mit Li-Seife) wird festgestellt, daß bei geringer Verformungs-Geschw. ein positives, bei hoher Geschw. ein negatives Potential auftritt. Die Umkehrung des Vorzeichens des Potentials beruht auf dem besonderen Charakter des Fließens in der wandnahen Schicht u. im Innern des verformten Systems. O. Lebtag. 8222□

Verbesserung der Technologie der Verarbeitung von Steinkohlenphenolen. G. D. Charlampowitsch und A. K. Ognewa. (Кокс и Химия [Koks u. Chem.] **1958**. Nr. 12. 41—45. Uraler Polytechn. Inst.; russ.) — Die pechartigen Rückstände der *Phenole* (**A**) werden dest., wobei eine breite Ölfraktion mit folgenden Eigg. erhalten wird: D. 1,095, Kp. 237°, mittleres Molgew. 140—145, Ausbeute 47—40%, **A**-Geh. 84%, Rest **A**-Pech mit einem Erweichungspunkt von 115—120°. 65% des **A**-Peches sind in Butylalkohol löslich. Der Rückstand bildet eine schwarzbraune, pulverartige Masse mit einem Erweichungspunkt von 70—75°, unlösl. in Bzl. u. Benzin. **A**-Pech enthält 1,3 (%) Asche, 1,23 S u. 0,23 Sulfat-S. Obige breite Fraktion wird einerseits rektifiziert, anderseits vom neutralen Öl befreit, daraus über *Phenolate* **A** abgeschieden u. rektifiziert. Diese Verss. zeigen, daß die untersuchten Dest.-Rückstände von **A** 5—9% *Xylenole* sowie viel *Polyalkylphenole* u. *β-Naphthol* enthalten. Weiterhin wird der Einfl. des Erhitzens auf die Zus. von **A** untersucht. Längeres Erhitzen höherer **A** gibt eine Erhöhung des **A**-Pech-Geh. u. eine Senkung des Geh. der niedrigsd. Komponenten. Die Ggw. von **A**-Pech beeinflußt die Zers. von **A**, ebenso die Erhitzungsdauer. Vorherige Absonderung von **A**-Pech u. Kürzung der Erhitzungszeit verringert die **A**-Pechmenge u. erhöht den Geh. an *Naphtholen* sowie deren Homologen. Die breite Fraktion enthält **A**

mit antisept. u. oxydationsverhindernden Eigg. sowie 8—10% *α-Naphthol*. Die Dest.-Rückstände müssen zu Beginn der **A**-Dest. bei kürzester Erhitzungsdauer ausgeschieden werden, was ihre Menge verringert u. ihre Qualität erhöht. Auf vorst. Unterss. gestützt, wird eine Verbesserung der Phenolverarbeitung beschrieben u. ein Schema der neuen Meth. angeführt. A. BABCZYŃSKI. 8228□

Die elektrische Leitfähigkeit der bei der Herstellung von Schwefelkohlenstoff angewandten kohlenstoffhaltigen Materialien. 1. Mitt. I. N. Agranowski und L. I. Gailewski. (Химические Волокна [Chemiefasern] **1961**. Nr. 3. 38—41. Leningrad, Zweigstelle des Allunions-Inst. für Kunstfasern; russ.) — Der elektr. Widerstand von Holzkohle aus Birken-, Espen-, Tannen- u. Buchenholz sowie aus Lignin in Abhängigkeit von der Herst.-Temp. (400, 600, 800, 1000°) bei einem Druck von 0,15 u. 0,5 at wird untersucht. Aus der Holzkohle werden zylindr. Prüfkörper von 3—4 cm Höhe u. 1,5 cm Ø hergestellt u. deren Widerstand zwischen 2 Elektroden unter Druckbelastung gemessen. Der spezif. Widerstand der aus Birkenholz bei 400° hergestellten Holzkohle beträgt bei 0,15 at Belastung $0,6\cdot10^9$ ($\Omega\cdot$cm), bei 0,5 at $0,5\cdot10^9$. Das aus dem gleichen Material bei 1000° hergestellte Präp. gibt die Meßwerte 0,2 u. 0,1. Bei sämtlichen untersuchten Proben wird ein Absinken des spezif. Widerstandes bei Erhöhung der Brenntemp. bzw. der Belastung festgestellt. Die Messungen werden längs u. quer zur Faser des Holzes durchgeführt. Die spezif. Widerstände der untersuchten Holzkohlen liegen bei Brenntemp. bis 600° im Bereich 10^9—10^4. Es handelt sich also prakt. um Nichtleiter. Erst eine Erhöhung der Temp. auf 700—1000° führt zu einem Absinken des Widerstandes auf den Bereich 10—0,1. Die gemessenen Werte sind nur sehr wenig von der Art des als Ausgangsmaterial verwendeten Holzes abhängig. Es wird weiter festgestellt, daß bei der Widerstandsmessung längs u. quer zur Faser prakt. der gleiche Wert gemessen wird. Es wird vorgeschlagen, die Widerstandsmessung zur Best. der chem. Zus. der Holzkohlen zu verwenden. E. WINKLER. 8244□

Die Huminsäure in tschechoslowakischen Braunkohlen und ihre Bestimmung. J. Hubácek und M. Lustigová. (Paliva **41**. 370—74. 1961. Běchovice, ÚVP; tschech.) — Aus der Unters. von 22 Braunkohlen (Bk)-Proben folgt, daß der Geh. an Huminsäuren (**A**) in Bk mit steigendem Inkohlungsgrad unstetig fällt. Eine neue, auf Kationenaustausch beruhende, Meth. zur Best. von **A** geht davon aus, daß das mittlere Äquivalent-Gew. (Ä) von **A** 350 ist u. daß 1 Mol. 4 COOH-Gruppen enthält (andere Autoren nehmen ein Ä von 1400 an). Die indirekte gravimetr. Best.-Meth. von KREULEN gibt meistens niedrigere Werte, was durch die Löslichkeit von Hymatomelansäure in A., die Oxydation der organ. Substanz der Bk während der Analyse u. das Adsorptionsvermögen der Bk erklärt wird. — 3 Tabellen, 24 Literaturhinweise. G. REISNER. 8244□

Untersuchungen der Huminsäuren-Chemie. 2. Mitt. **Huminsäureanhydride.** J. C. Wood, S. E. Moschopedis und W. den Hertog. (Fuel **40**. 491—502. Nov. 1961. Edmonton, Canada, Res. Council of Alberta; engl.) — 1. vgl. C. **1962**. 7020. — Wenn Huminsäuren (**A**) mit $(CH_3CO)_2O$ behandelt oder in Sulfolan gelöst u. auf $>100°$ erhitzt werden, liefern sie eine Reihe von Anhydriden, deren IR-Spektren eine eindeutige Auskunft über die Natur u. Verteilung der O-haltigen funktionellen Gruppen im **A**-Mol. geben. Im besonderen kann gezeigt werden, daß einige COOH-Gruppen paarweise an gegenüberliegenden angrenzenden Seiten vorkommen, während andere an isolierten Stellen oder in Scharen mit ungeraden Zahlen zu finden sind. Auch über die Verteilung der OH-Gruppen können versuchsweise Schlußfolgerungen gezogen werden. Es ist auch möglich, Schätzungen über die relativen Konzz. der verschiedenen Formen von COOH- u. OH-Gruppen vorzunehmen. H. SCHÖBERL. 8244□

Bestimmung von Aminen und Alkylphosphaten in Kerosin-Lösungen, die Uran und Schwefelsäure enthalten. Allan W. Ashbrook. (Analytica chim. Acta [Amsterdam] **24**. 504—08. Juni 1961. Ottawa, Ontario, Eldorado Mining and Refining Ltd., Res. and Dev. Div.; engl.) — Eine Meth. zur Best. von Aminen, Alkylphosphorsäuren (APS) u. Tributylphosphat (I) in Kerosin-Lsg., die außerdem U u. H_2SO_4 enthält, wird beschrieben. Zur Best. des Amins werden 30 ml einer Probe 3mal mit 20 ml einer 20 Vol.-%ig. H_2SO_4 ausgeschüttelt u. die organ. Phase filtriert. Ein aliquoter Teil (5 ml) wird in Chlf.-Lsg. mit einigen Tropfen einer Thymolblau-Lsg. (0,5% in A.) versetzt u. mit einer CH_3ONa-Lsg. (ca. 0,1n) bis zum Umschlag nach Tiefblau behandelt. Mit einer $HClO_4$-Lsg. (0,1n in Dioxan) wird bis zum Umschlag nach Gelb versetzt u. bis zum Umschlag nach Purpur titriert. Zur Best. der APS wird das U-freie Filtrat mit 5 g $(CH_3COO)_2Ca$ 1 Min. lang geschüttelt u. filtriert. Ein aliquoter Teil wird, in Chlf. gelöst, mit $HClO_4$-Lsg. gegen Thymolblau bis zum purpurnen Umschlag titriert. Zur Best. von I werden 2 ml einer Probe in Ggw. von MgO verbrannt, mit $HClO_4$ abgeraucht u. PO_4^{3-} nach üblichen Meth. bestimmt. Die Differenz zwischen der Gesamtmenge P

u. der APS gibt die Menge an I. Zur Erprobung der Meth. werden tert. Alkylamine, Monoheptadecyl- u. Bis-[2-äthylhexyl]-phosphat verwendet. J. WEINER. 8252□

Bestimmung von nichtaromatischen ungesättigten Kohlenwasserstoffen in Automobilauspuffgasen durch spektrometrische Titration. Paul P. Mader, Karl Schoenemann und Marcel Eye. (Analytic. Chem. **33.** 733—36. Mai 1961. Los Angeles, Calif., Air Pollution District, County of Los Angeles; engl.) — Das Verf. umfaßt die Extraktion der ungesätt. Aliphaten durch CCl_4 u. die Titration im Eisessig/CH_3OH/HCl/KBr (40%ig)/$ZnSO_4$ (20%ig)-Gemisch mit Bromat–Bromid-Lösung. Vor jeder neuen Reagenszugabe wird die Extinktion der Lsg. bei 290 mμ (Absorptionsmaximum des am Äquivalenzpunkt auftretenden Tribromidions) bestimmt. Die Auswertung erfolgt graphisch. Die Meth. ist geeignet für Olefin-Konzz. im Bereich zwischen 25 u. 1000 ppm. Die Recovery-Werte des Verf. sind bei C_5-KW-Stoffen sehr gut, beiC_4-KW-Stoffen ca. 50% u. bei KW-Stoffen mit noch geringerem Molgew. niedrig. Aromaten, C_2H_2, C_2H_4 u. Propadien stören die Best. nicht. Das Verf. wird auf folgende Verbb. angewendet: *Propylen, Buten-(1), cis-* u. *trans-Buten-(2), Penten-(2), Hexen-(1), Hexen-(2), Cyclohexen, 2-Methylpenten-(1), 4-Methylcyclohexen-(1), Hepten-(1), Octen-(1), Octen-(2), 2.4.4-Trimethylpenten-(1)* u. *2.6-Dimethylhepten-(4).* U. UHLICH. 8254□

Ube Kosan Kabushiki Kaisha, Kogushi, Ube City, Japan, **Herstellung von Katalysatoren für die Konvertierung von Kohlenstoffmonoxid und Wasserdampf.** Ein im wesentlichen aus Fe_2O_3 u. geringen Mengen Cr_2O_3 bzw. einem Cr-Salz u. $CuSO_4$ bestehendes Gemisch, dem noch geringe Mengen eines Oxids oder Salzes von K, Al oder Mg zugesetzt sein können [Beispiel: 100 (Teile) Fe_2O_3, 5 Cr_2O_3, 3 K_2O u. 4 $CuSO_4$], wird auf Temp. <Zers.-Temp. von $CuSO_4$ (Beispiel: 350°) erhitzt. Die sonst bei der Konvertierung parallel laufende Rk. $2\,CO \rightarrow C + CO_2$ tritt bei Verw. der erfindungsgemäßen Katalysatoren nicht ein. (**E. P. 857 136** vom 13/2. 1959, ausg. 29/12. 1960. Jap. Prior. 14/2. 1958.) K. WOLK. 8155

Olof Erik August Aspegren, Stockholm, Schweden (Erfinder: Thomas D. Nevens, Robert A. Fisher und William J. Culbertson, Denver, Colo., V.St.A.), **Pyrolysieren von festen, bei der Pyrolyse brennbare Rückstände hinterlassenden Stoffen,** wie *Ölschiefer*, dad. gek., daß die Verbrennungsgase samt den unverbrannten Rückständen mit wesentlich gesteigerter Geschw. eine 2. Zone durchströmen, durch welche auch die Wärmeträger geführt werden. — Vorr., Zeichnungen. (**D. A. S. 1 115 391** Kl. 23b vom 11/12. 1958, ausg. 19/10. 1961. A. Prior. 11/12. 1957.) E. KAHLES. 8181

Hydrocarbon Research, Inc., New York, übert. von: Michael J. Cicalese, West Hempstead, N.Y., V.St.A., **Gewinnung eines Kohlenwasserstoffes aus Erdgas.** Zum Gas wird eine KW-Stofffraktion mit einem höheren Molgew. als Butan in Mengen von 0,5—5 Mol-% gegeben u. dann die Temp. des resultierenden Gemisches auf —95° F gesenkt, wobei der erhöhte Druck beibehalten wird. Hierdurch kondensieren sich alle KW-Stoffe außer CH_4. Das Kondensat wird fraktioniert u. die Fraktion herausgeschnitten, die dem Erdgas zugesetzt wird. — Zeichnungen. (**A. P. 2 973 834** vom 12/8. 1958, ausg. 7/3. 1961.) E. KAHLES. 8187

British Petroleum Co. Ltd. (Erfinder: Stanley Francis Birch und Peter Desmond Holmes), **Entfernung von Thiophenen aus Gemischen mit aromatischen Kohlenwasserstoffen** im Überschuß, bes. aus den bei der *Lsgm.-Extraktion von Petroleum-KW-Stoffen* anfallenden Prodd., durch Behandeln mit H_2, dad. gek., daß als Katalysator (**A**) mit wss. HF imprägniertes Al_2O_3 verwendet wird. **A** wird wie folgt hergestellt: 1520 g Al-Isopropylat werden mit 3500 (ml) dest. W. hydrolysiert. 40 Min. lang wird stehengelassen, zentrifugiert, das abgeschiedene Gel mit 50 Eisessig peptisiert, 17 Std. lang stehengelassen, 55,12 40%ig. HF zugegeben, 3½ Std. lang bei 110° u. 16½ Std. lang bei 120—140° getrocknet u. 3½ Std. lang bei 190—200° u. 3 Std. lang bei 500 bis 550° geglüht. (**Aust. P. 229 210** vom 25/3. 1958, ausg. 4/8. 1960. E. Prior. 5/4. 1957.) C. LÜTTGEN. 8195

Georg Kowalski, Augsburg, **Extraktion von Mineralölen (A)** durch Behandlung mit Nitrilen (**B**), dad. gek., daß **A** mit **B** unter Zusatz von Hilfsextraktionsmitteln (**C**), wobei das Verhältnis von **C** zu **B** 1:1 bis 1:5 beträgt, u./oder unter Zusatz von W. extrahiert werden. (**D. A. S. 1 117 249** Kl. 23b vom 13/3. 1958, ausg. 16/11. 1961.) E. KAHLES. 8195

Gas, Inc., Detroit, Mich., übert. von: Julius D. Madaras, Longview, Tex., V.St.A., **Erhitzen und Reformieren von Kohlenwasserstoffgasen.** Das Gas wird unter hohem Druck in einen zuvor erhitzten Wärmespeicher eingebracht u. dabei der Druck gesteigert. Dann wird das Gas entspannt u. der Cyclus von vorn begonnen. (**A. P. 2971752** vom 30/8. 1954, ausg. 14/2. 1961.) E. KAHLES. 8201

California Research Corp., San Francisco, übert. von: Eddie G. Lindstrom, Martinez, und Maurice R. Barusch, Richmond, Calif., V.St.A., **Motortreibstoff auf Benzinbasis.** Das Bzn. hat einen Kp. im Leichtbenzinbereich. Im Bzn. sind 0,0003—1,5 Gew.-% eines Salzes einer Phosphorsäure, wie H_3PO_4 oder substituierte Phosphorsäure, u. eines N-Aminoalkylfettsäureamids der Formel R—CO—N(R')—A—NHR' (R = acycl. KW-Stoffrest mit 11—17 C-Atomen, A = Alkylenrest mit 2—4 C-Atomen u. R' = H u. Alkyl-, Hydroxyalkyl- u. Aminoalkylreste) enthalten. (**A. P. 2 974 022** vom 11/8. 1958, ausg. 7/3. 1961.) E. KAHLES. 8205

Esso Research and Engineering Co., übert. von: Joel R. Siegel, Irvington, und John V. Clarke jun., Cranford, N.J., V.St.A., **Brennstoffe** vom Kp. 300 bis 600° F, welche 0,001—2 Gew.-% eines öllösl. Polymeren, wie ein Mischpolymerisat mit einem Molgew. von 6000—20000 aus aliphat. C_8- bis C_{24}-Alkylmischestern einer ungesätt. 2-basigen C_4- bis C_5-Säure u. eines Vinylesters einer kurzkettigen Fettsäure, worin die aliphat. Reste C_2- bis C_3-Alkyle bedeuten, oder ein Mischpolymerisat aus 20—99 Gew.-% eines aliphat. C_8- bis C_{18}-Allylesters einer Acrylsäure oder α-substituierten Acrylsäure, wobei der Substituent in α-Stellung ein niedriger Alkylrest ist, oder von 0,5—50 Gew.-% eines bas. tert.-Aminoalkylacrylats oder von 0—79 Gew.-% eines mischpolymerisierbaren olefin. Monomeren oder von 0,001—2 Gew.-% eines Hydrazin-Deriv. der Formel (R)(R')N—NH_2 (R u. R' = H, Alkylreste mit 1—6 C-Atomen oder Acylreste aus Fettsäuren mit 8—18 C-Atomen enthalten. (**A. P. 2 978 302** vom 28/2. 1958, ausg. 4/4. 1961.) E. KAHLES. 8211

Standard Oil Co., Chicago, übert. von: Fred K. Kawahara, Park Forest, Ill., V.St.A., **Destillatbrennöl,** welches 5—50 ppm eines äquimolaren Gemisches aus kondensierten Fettsäuren, wie dimerer Linolensäure, trimerer Linolensäure oder Gemischen der beiden, u. einer Verb. der Formel R—C(R') = N—NH_2 (R u. R' = H, CH_3, C_2H_5, Propyl, Isopropyl, Butyl, Isobutyl, Amyl, Isoamyl oder Phenyl) enthält. (**A. P. 2 972 526** vom 4/11. 1957, ausg. 21/2. 1961.) E. KAHLES. 8211

Esso Research and Engineering Co., übert. von: Henry R. Ertelt, Fanwood, N.J., Edward F. Perlowski jun., Lenox, Mass., und Thomas S. Tutwiler, Plainfield, N.J., V.St.A., **Aschefreie Brennstoffzusätze zu Brennölen,** die mindestens 20 Vol.-% vom Kp. >290° F aufweisen. Das Öl enthält 0,001—0,045 Gew.-% eines Mischpolymerisats aus (a) einem Acrylsäureester von nichtsubstituierten aliphat. C_8- bis C_{18}-Alkoholen oder α-substituierten Acrylsäureestern von diesen Alkoholen, worin der α-Substituent ein niedriger Alkylrest ist, u. (b) einem tert. Aminoalkylacrylat. Das Mischpolymerisat hat einen Geh. an bas. Amino-N von 0,2—3,5 Gew.-% u. 2—18 Gew.-Teile an tert.-Alkyl-prim. Amin mit 8—27 C-Atomen. — Zeichnung. (**A. P. 2 974 025** vom 24/1. 1958, ausg. 7/3. 1961.) E. KAHLES. 8211

Gulf Oil Corp., Pittsburgh, übert. von: Claude R. Summers jun., Havertown, Pa., V.St.A., **Heizöl.** In das Heizöl wird ein wasserhaltiges Gel, das W., S u. Cu enthält, zur Verhinderung der Bldg. von Mikroorganismen eingebracht. (**A. P. 2975042** vom 29/9. 1955, ausg. 14/3. 1961.) E. KAHLES. 8217

California Research Corp., San Francisco, übert. von: William T. Stewart, El Cerrito, Donovan R. Wilgus, Berkeley, und Frank A. Stuart, Orinda, Calif., V. St. A., **Schmieröl.** Es enthält folgende Polymere: A) Polymere oder Mischpolymere von 1. Ester von C_{8-30}-Fettsäuren mit C_{1-7}-α.β-ungesätt. Alkoholen; 2. C_{6-24}-Δ^1-Olefinen; 3. C_{4-22}-Vinyl- u. Allyläther u. Maleinsäure im Mol-Verhältnis 1:1; B) Mischpolymere aus mindestens 2 folgender Monomeren: 1. Maleinsäure; 2. C_{8-30}-Alkylester von C_{3-8}-α.β-ungesätt. Monocarbonsäuren; 3. Ester von Fettsäuren (bis 30 C-Atome). Die Polymeren A) u. B) sind teilverestert mit Polyalkylenglykolen (Molgew. 106 bis 10000), oder deren Alkyläthern mit 2—7 C-Atomen je Alkylen- u. 1—30 C-Atomen je Alkylrest. Das Gew.-Verhältnis A:B beträgt 0,15—5:1. (**A. P. 2 892 793** vom 19/9. 1957, ausg. 30/6. 1959.) E. DREWS. 8221

Monsanto Chemical Co., übert. von: Harry W. Faust, St. Louis, Mo., V.St.A., **Mineralschmieröle** enthalten A) 0,1—40 Gew.-% öllösl. Rk.-Prod. aus 1 (Mol.) P-Sulfid mit 4 dicycl. Terpen u. B) 0,1—40 Gew.-% öllösl. Rk.-Prod. aus

1 (Mol. Teil) CO_2 mit 2 bas. Ba-Salz einer langkettigen alkylsubstituierten Benzolsulfonsäure, die nicht über 4 langkettige Alkylsubstituenten enthält. Die Herst. von B) erfolgt durch Rk. von Bzl. mit Chlorparaffin, Sulfonierung von Alkylbenzol, weiterem Behandeln mit $Ba(OH)_2 \cdot 8\,H_2O$ in Mineralöl u. Durchleiten von CO_2. (**A. P. 2 916 451** vom 18/12. 1952, ausg. 8/12. 1959.) E. DREWS. 8221

Standard Oil Co., übert. von: Ellis K. Fields, Chicago, Ill., V.St.A., **Schmieröle** enthalten zur Verbesserung ihrer Detergent- u. Antirost-Eigg. 0,001—20% eines mit bas. Alkali- oder Erdalkali-Verbb. neutralisierten Gemisches aus 0,5—20 (Gew.-Teilen) einer ölunlösl. Aminocarbonsäure u. 100 eines P-Sulfid/KW-Stoff-Rk.-Produkt. — Beispiel: Zusatz von 3,3% neutralisierten Gemisches, erhalten durch Neutralisieren des Gemisches aus 15 (g) Iminoessigsäure u. 300 P-Sulfid-Rk.-Prod. von Polybuten (Molgew. 1000) mit 75 $Ba(OH)_2 \cdot H_2O$. (**A. P. 2 885 361** vom 31/10. 1955, ausg. 5/5. 1959.) E. DREWS. 8221

Standard Oil Co., Chicago, Ill., übert. von: Norman E. Lemmon, Whiting, Ind., und Ellis K. Fields, Chicago, Ill., V.St.A., **Schmieröle** mit Rostschutz- u. Detergent-Eigg. enthalten 0,001—10 (Gew.-%) eines bei 180—280° F erhaltenen Rk.-Prod. aus 1—20 Alkyl- oder Arylaminen oder C_{4-9}-heterocycl. Aminen mit 80—99 eines mit einer bas. Alkali- oder Erdalkali-Verb. neutralisierten Rk.-Prod., das aus einem Olefin mit 15—50 P-Sulfid bei 200—500° F erhalten wird. (**A. P. 2 907 713** vom 8/9. 1955, ausg. 6/10. 1959.) E. DREWS. 8221

Standard Oil Co., übert. von: Donald J. Groetch, Chicago, Ill., V.St.A., **Schmieröle** für Verbrennungskraftmaschinen mit Funkenzündung auf Mineralölbasis enthalten 0,5—15 (%) öllösl. Polyacrylate von einwertigen C_{4-18}-Alkoholen, 0,5—10 neutralisierte metallhaltige P-Sulfid–KW-Stoff-Rk.-Prodd. von nicht gasförmigen KW-Stoffen u. 0,5—10 Kondens.-Prodd. aus chlorierten C_{10-50}-Paraffinen u. ein- oder zweikernigen Aromaten oder Hydroxyaromaten zur Verbesserung des durch den Esterzusatz verschlechterten Octanzahlbedarfs. — Beispiel: Zusatz von 5,5 Laurylpolymethacrylat (Acryloid 794), 5 neutralisiertes Ba-haltiges Rk.-Prod. von P_2S_5 u. Polybuten (Molgew. 1000) in 19,8 Öl u. 14,8 sulfuriertem Dipenten (65,4 Ba), 1 Kondens.-Prod. aus Chlorparaffin u. Naphthalin. — Diagramm. (**A. P. 2 916 447** vom 26/4. 1956, ausg. 8/12. 1959.) E. DREWS. 8221

Farbenfabriken Bayer Akt.-Ges., Deutschland (Erfinder: Max Zimmermann, Heinrich Morschel, Detlef Delfs, Walter Droste und Walter Lohmar), **Schmiermittel** für Vorr. zur Kraftübertragung (z. B. Zahnräder, kon. Getriebe, Schneckenräder) aus Polyäthern, Polyätherestern, Polyesteräthern, gemischten Estern oder ihren Gemischen. (**F. P. 1 169 801** vom 19/3. 1957, ausg. 6/1. 1959. D. Prior. 19/3. u. 21/3. 1956.) T. OPPERMANN. 8223

Jacques Blanckaert & Co. Soc. An., Belgien, **Bodenverfestigung** für Straßen u. Flugplätze. Der Boden (Sand usw.) wird mit je 0,5—10% hydraul. Bindemittel (Portlandzement) u. Verschnittbitumen, das Benetzungsmittel enthält, vermischt. (**F. P. 1 234 814** vom 20/5. 1959, ausg. 19/10. 1960.) O. KAYSER. 8237

Gelsenkirchener Bergwerks-Akt.-Ges., Essen, übert. von: **Franz Eisenhut**, Gelsenkirchen, **Viktor Goblet**, Bottrop, und **Adolf Siegl**, Essen, *Kohle-Erz-Briketts.* (**A. P. 2 834 660** vom 18/3. 1953, ausg. 13/5. 1958. D. Prior. 19/3. 1952. — C. **1956.** 1459 [F. P. 1 075 556].)

Esso Research and Engineering Co., Elizabeth, N.J., V.St.A., *Verkoken von Kohlenwasserstoffölen.* (**Holl. P. 99 299** vom 12/3. 1956, ausg. 16/10. 1961. A. Prior. 15/3. 1955. — C. **1958.** 6430 [D. A. S. 1 014 256].)

Charbonnages de France, Paris, übert. von: **André François Boyer**, Verneuil, Frankreich, *Herstellung von Hüttenkoks.* (**A. P. 2 877 163** vom 1/8. 1955, ausg. 10/3. 1959. F. Prior. 21/9. 1954. — C. **1958.** 1189 [F. P. 1 108 871].)

Surface Combustion Corp., übert. von: **Donald Beggs** und **Theodore F. Loughry**, Toledo, Ohio, V.St.A., *Pyrolyse von Kohlenwasserstoffen.* (**Can. P. 558 362** vom 24/3. 1954, ausg. 3/6. 1958. A. Prior. 28/5. 1953. — C. **1957.** 9256 [F. P. 1 101 403].)

Henri M. Guinot, Versailles, Seine-et-Oise, und **Soc. pour l'Équipement des Industries Chimiques (S.P.E.I.-C.H.I.M.) — Réunion des Anciens Établissements Barbet, Egrot & Grangé, Pingris & Mollet-Fontaine**, Paris, Frankreich, *Reinigung von Gasen.* (**Can. P. 558 432** vom 27/7. 1956, ausg. 3/6. 1958. F. Prior. 28/7. 1955. — C. **1961.** 13778 [F. P. 1 130 145].)

Rayonier, Inc., New York, N.Y., übert. von: **Kenneth R. Gray**, und **Hartzell L. Crosby**, Shelton, Wash., V.St.A., *Behandlung von Borken.* (**Can. P. 557 743** vom 9/1. 1956, ausg. 20/5. 1958. A. Prior. 2/3. 1955. — C. **1958.** 7004 [A. P. 2 782 241].)

N. F. Dubowkin, Handbuch der Kohlenwasserstoffbrennstoffe und ihrer Verbrennungsprodukte. Moskau-Leningrad: Gossenergoisdat. 1962. (288 S. m. graph. Darst.) 1 Rbl. 8 Kop. [Russ.]

L. Ss. Sarubin u. a., Filterzentrifugen für die Entwässerung von Kohlenklein. Moskau: Gossgortechisdat. 1961. (110 S.) 34 Kop. [Russ.]

Je. M. Taitz u. a., Methoden der Analyse und Prüfung der Kohlen als industrieller Rohstoff. Moskau: Gossgortechisdat. 1961. (316 S.) 90 Kop. [Russ.]

XXIV. Photographie

Die Struktur des latenten Bildes. C. Candler. (Z. wiss. Photogr., Photophysik Photochem. **56.** 110—31. April 1962. Adelaide, S.A. Inst. of Technol.; engl.) — Nach Vf. beschreibt folgende Gleichung eine diatomare Rk., die durch P-Photonen ausgelöst wird: $(sE)^P = n/(1-n)$. Hierin bedeutet n die Anzahl Körner, die durch die Belichtung E mit P-Photonen entwickelbar werden; s ist der Wrkg.-Querschnitt des Halogensilberkornes. Wird mit n der Bruchteil der F-Zentren bezeichnet, die während einer Belichtung E zerstört werden, so gilt diese Gleichung für einfache Kristalle von AgCl, AgBr u. KCl wie auch allg. für photograph. Emulsionen; ein F-Zentrum entspricht einem eingefangenen Elektron u. ein F'-Zentrum einem Entwicklungszentrum. Im KCl sind die F-Zentren nach einer BOLTZMANNschen Statistik verteilt. Die Variation der F-Zentrenverteilung mit der Temp. zwischen —170 u. —100° ergibt die Anregungsenergie von 0,097 eV. Dieser Wert befindet sich in guter Übereinstimmung mit dem von POHL gefundenen Ergebnis von 0,10 eV, wenn er die VAN'T HOFF-Isochore auf eine Lsg. von K in KCl bei 500—750° anwandte. — In einer photograph. Emulsion ist die diatomare Rk. der maßgebende Prozeß für die Geschwindigkeit. Die Zeit, die hierfür beansprucht wird, liegt bei 10^{-3} Sek.; sie entspricht der längsten Blitzdauer, die den CLAYDEN-Effekt hervorruft. Wie es die Theorie verlangt, ist diese Zeit um ein vielfaches länger, als die längste Zeit, bei der die Reziprozitätsregel gilt. So wie im Alkalihalogenid eine Strahlung einer Wellenlänge innerhalb der F'-Zentrenabsorptionsbande die F'-Zentren zerstört, so zerstört auch in der Emulsion eine Strahlungsbande bei 690 mμ die Entw.-Zentren u. ruft den HERSCHEL-Effekt hervor. Das Redoxpotential, das notwendig ist, damit ein Entw.-Zentrum die Entw. einleitet, ist ca. 80 mV größer als dasjenige, das Ag entwickelt, nachdem die Rk. in Gang gekommen ist. Ein Entw.-Zentrum hat seine eigene Struktur, sein Gitter entspricht weder dem des Ag noch dem des AgBr. Möglicherweise ist das Ag-Gitter lose mit dem negativ geladenen Zwischengitterion verbunden. Dadurch entsteht ein F'-Zentrum. Ein eben stabiles Subbild ist nicht verträglich mit dieser Berechnung u. muß auf andere Weise erklärt werden. — 70 Literaturhinweise. W. GÜNTHER.8594 □

Der Silberniederschlag beim Diffusionsprozeß. E. Weyde, E. Klein und H. J. Metz. (J. photogr. Sci. **10.** 110—15. März/April 1962. Leverkusen, Agfa AG., Wissenschaftl.-Photograph. Labor.; engl.) — Vff. stellten Unterss. über die Abhängigkeit der diffusen Reflexionsdichte u. der Farbe einer Silber-Gelatine-Schicht von der Packungsdichte der einzelnen Ag-Partikelchen an, wobei sie zu folgenden Ergebnissen kamen. Schichten mit einer sehr hohen Vol.-Silber-Konz. (>3%) zeigen eine hohe Dichte u. eine Farbtonverschiebung nach Schwarz. Der Einfl. der Teilchengröße ist nur gering. Bei Schichten mit geringer Vol.-Silber-Konz. hängt der Farbton des entwickelten Ag von der Größe der einzelnen Aggregate ab, der annähernd nach der Theorie von MIE berechnet werden kann. Bei Verss., bei denen der Emulsion Blautoner, z. B. *Phenylmercaptotetrazol* oder *Mercaptotrimethylpyrazolenin*, zugesetzt wurden, zeigte es sich, daß sich Zonen mit hoher Vol.-Silber-Konz. bilden. In diesem Fall kann also die eigentliche Wrkg. des Blautoners nicht vom Effekt der hohen Vol.-Silber-Konz. getrennt werden. Zur Erklärung des Blautoneffektes wird die Annahme zur Diskussion gestellt, daß z. B. Phenylmercaptotetrazol die Kerne im oberen Teil der Schicht „vergiftet" u. auf diese Weise die Ag-Abscheidung verhindert. Schichten mit gleicher Vol.-Silber-Konz. u. gleicher Teilchengröße zeigen ohne Blautonerzusätze eine Farbe, die von Gelb bis Braun reicht, nach Zugabe dieser Verbb. einen blauschwarzen Farbton. — Literaturangaben (Patente). W. GÜNTHER. 8596 □

Bericht über die Diskussion in der Klasse Emulsions-Technik, geführt auf dem Internationalen Kolloquium über Wissenschaftliche Photographie in Zürich 1961. P. Faelens. (Photogr. Korresp. **98.** 83—88. Juni 1962. Mortsel-Antwerpen, Belgien, Gevaert-Photo-Producten, Forsch.-Labor.; dt.) — Bericht über die Diskussionssitzung über Emulsionstechnik mit Charakter einer Übersicht. Eingehend werden erörtert u. diskutiert: Fällung (Bindemittel; Halogen- oder Ag^+-Überschuß), physikal. Reifung, chem. Sensibilisierung, Sensibilisierung mittels anderer Meth., Stabilisierung. H. CZECH. 8600 □

Beiträge zur Herstellung photographischer Kunststoff-Silberhalogenid-Emulsionen. 5. Mitt. **Der Einfluß von capillaraktiven Substanzen auf die photographischen Eigenschaften von Polyvinylalkohol-Silberhalogenid-Emulsionen.** F. Evva. (Z. wiss. Photogr., Photophysik Photochem. **56.** 94—109. April 1962. Vác (Ungarn), FORTE Fotokémiai Ipar, Forschungslabor.; dt.) — 4. vgl. C. **1959.** 9444. — Die Wrkg. capillarakt. Substanzen auf das Kornwachstum wurde durch das nephelometr. Verf. nach AMMANN geprüft. Die Schutzkolloid-Konz. betrug in allen Fällen 2 g/100 ml. Als Schutzkolloid wurde *Polyvinylalkohol* u. das *Polyvinylacetal des p-Trimethylammoniobenzaldehydmethylsulfats* mit 10—12 Mol.-% Acetal-Geh. verwendet. Vers.-Temp. 60°. Der Halogenüberschuß betrug in allen Fällen 20 Mol.-%, abgesehen von den Fällen, in denen der Einfl. des Halogenüberschusses geprüft wurde. Als Vers.-Emulsion diente eine vollammoniakal. Bromjodsilberemulsion u. eine Chlorsilberemulsion. Folgende capillarakt. Substanzen wurden geprüft: *2-n-Cetylmercaptobenzthiazol, 2.5-n-Dicetylmercapto-1.3.4-thiadiazol, 5-n-Cetylmercapto-1-phenyltetrazol, n-Cetylamin,* ferner anion. u. kation. Polyseifen, hergestellt aus *Maleinsäureanhydrid-N-vinylpyrrolidon* bzw. *Poly-N-Vinylimidazol* u. *Poly-4-vinylpyridin*-Grundpolymeren. — Es wurden folgende Feststellungen gemacht: Die Empfindlichkeit der ammoniakal. Grundemulsion konnte in den meisten Fällen durch Zusatz der capillarakt. Substanzen auf die zwei- bis dreifache Empfindlichkeit gesteigert werden. Die Wirksamkeit der Sensibilisierungs-Meth. dagegen wurde stark herabgesetzt, sowohl die der spektralen Sensibilisierung als auch die der Goldsensibilisierung. Bei der Chlorsilberemulsion war der Empfindlichkeitsgewinn viel höher; allerdings kann diese Empfindlichkeitssteigerung auch durch spektrale Sensibilisierung leicht erreicht werden. Die capillarakt. Substanzen zeigen unerwünschte Wrkg., z. B. Verringerung der Gradation u. der maximalen Dichte, außerdem erhöhen sie den Schleier. Bei Prüfungen mit dem Elektronenmikroskop konnte bei der Chlorsilberemulsion ein Zusammenhaften der Körner beobachtet werden. Bei den ammoniakal. Emulsionen ist die Korngrößenverteilung heterodispers. Die Anwesenheit der untersuchten capillarakt. Substanzen in der Emulsion wirkt sich eher ungünstig als vorteilhaft aus. — Literaturhinweise. W. Günther. 8600 □

Über die spektrale photographische Sensibilisation. Hans Zwicky. (Chimia [Aarau, Schweiz] **15.** 300—07. 12/4. 1961. Burgdorf, Typon AG.; dt.) — Vortrag über den heutigen Stand der Kenntnisse von der spektralen Sensibilisierung photograph. Halogensilberemulsionen: Sensibilisierungsfarbstoffe, Sensibilisierungsmechanismus, Adsorption der Sensibilisatoren am Halogensilberkristall, Absorption der Sensibilisatoren, Energieübertragung, Übertragungszahl, Keimverteilung, Übersensibilisierung u. Antisensibilisierung, Desensibilisierung. — Obwohl viele Erscheinungen der spektralen Sensibilisierung in den letzten Jahren eine befriedigende Deutung fanden, kann man das Gesamtproblem noch nicht als gelöst betrachten. Bes. die Frage der Energieübertragung steht weiter zur Diskussion, ebenso wie die Frage der Übersensibilisierung. Viele Unsicherheiten erklären sich aus der Inhomogenität der Kornoberfläche, so daß aus der Bearbeitung dieser Probleme neue Erkenntnisse über den Sensibilisierungsvorgang zu erhoffen sind. — 13 Literaturhinweise. W. Günther. 8604 □

Methoden der Bildaufzeichnung mit Ausnahme der klassischen photographischen Verfahren. J. Eggert und K. Pfister. (Chimia [Aarau, Schweiz] **15.** 295—300. 12/4. 1961. Zürich, ETH, Photograph. Inst.; dt.) — Es hat nicht an Verss. gefehlt, den photograph. Verff., die sich der Lichtempfindlichkeit der Ag-Salze bedienen, Meth. an die Seite zu stellen, denen andere Licht-Rkk. zugrunde liegen. Vff. geben eine Zusammenstellung der Arbeitsweise solcher Verff., die bereits techn. Bedeutung erlangt haben: Lichtempfindliches Glas der Corning-Gesellschaft, Verff. der Diazotypie, Kalfax-Verf. der Kalvar Corporation, Thermofax der Minnesota Mining and Manufacturing Co., Xerographie-Verf. der Haloid Xero X-Inc., Elektrofax-Verf. der Radio Corporation America, Evaporoskopie von Czerny, Eidophor-Verf., thermoplast. Bildaufzeichnungs-Verff., Verff., die sich der Bildwandlerröhre bedienen u. die Meth. der magnet. Bildaufzeichnung der Ampex-Corporation. — 12 Literaturhinweise. W. Günther. 8646 □

Die Eigenschaften von Diazomikrofilm-Duplikaten. G. W. Smith. (J. photogr. Sci. **10.** 83—91. März/April 1962. Loughton, Essex, Ozalid Company Ltd.; engl.) — Es werden die Eigg. eines Diazomikrofilmes beschrieben, der sich dazu eignet, von Originaldokumentenfilmnegativen auf trockenem Wege Duplikate herzustellen. Die Unterss. befassen sich mit folgenden Teilproblemen: Beschaffenheit des Originals, Auflösungsvermögen, Tonumfang u. Kontrast, Spektralempfindlichkeit, Umkehr-Verf., Haltbarkeit u. Vergrößerungsfähigkeit. W. Günther. 8646 □

Kopieren durch selektive Destillation. A. Games. (J. photogr. Sci. **10.** 100—03. März/April 1962. London, Imagic Ltd.; engl.) — Vf. beschreibt ein neues Dokumentationsmaterial zur Herst. von Reproduktionen, dessen Anwendung auf dem Prinzip der selektiven Dest. beruht. Das hierzu verwendete Papier enthält auf der mit dem Original beim Kopieren in Kontakt kommenden Schichtseite ein verdampfbares Medium. Durch Belichten mit einer IR-Lichtquelle wird dieses an den geschwärzten Stellen des Originals zum Verdampfen gebracht u. in eine Kopierschicht dest., wo ein latentes Bild erzeugt wird, das sich mit einer thermoplast. Farbe haltbar einfärben läßt. — Weitere Einzelheiten vgl. Original. W. Günther. 8646 □

Erinnerungseffekte bei der Elektrophotographie. P. M. Cassiers. (J. photogr. Sci. **10.** 57–64. März/April 1962. Mortsel, Belgien, Gevaert Photo-Producten N. V.; engl.) — Die in der Elektrophotographie verwendeten Photoleitfähigkeitsschichten zeigen ein mehr oder weniger gutes „Erinnerungsvermögen", wenn sie vor ihrer Verarbeitung belichtet wurden. Das trifft in gleicher Weise auf anorgan., organ. u. polymere Photokonduktoren zu, z. B. *ZnO, Se, ZnS, CdS, Leukomalachitgrün* u. *Poly-N-vinylcarbazol.* Es wird eine Vers.-Anordnung beschrieben, um Vgl.-Messungen über das Erinnerungsvermögen anzustellen. Es zeigt sich, daß man das „Geisterbild" durch Licht, Wärme oder elektr. Energie löschen kann. Es wurde nun gefunden, daß man zu einem beständigen, unzerstörbaren latenten Photoleitfähigkeitsbild kommen kann, wenn man an Stelle der bisher verwendeten physikal. Photokonduktoren chem. Photoleitfähigkeitsschichten benützt, z. B. Halogen-KW-Stoffe, Diazo-Verbb., eingebettet in Vinylpolymere, Poly-Kondens.-Prodd. oder Polysaccharide (bezeichnet als O.M.C. = Organic Memory Coatings). Das neue Material zeigt bemerkenswerte Vorteile. Das Bild wird nicht durch elektr. Ladungen zerstört, auch nicht durch IR-Strahlung. Das unentwickelte Bild hält sich mehrere Tage lang. Das unbelichtete Material hält sich mindestens ein Jahr. Es genügen sehr geringe Mengen (0,2%) von der photosensitiven Verbindung. Die Spektralempfindlichkeit liegt im UV, die Empfindlichkeit zwischen Diffusionsübertragungspapier u. Diazopapier. Der Kontrast des neuen Materials ist geringer als der von anderen Photoleitfähigkeitsschichten. — Es wird versucht, eine Erklärung für die in dem neuen Material ablaufenden Vorgänge zu geben. — 17 Literaturhinweise. W. GÜNTHER. 8652 □

Die Qualitätskontrolle von chemischen Rohstoffen in der photographischen Industrie. 1. Mitt. L. Roosens. (Photogr. Korresp. **98.** 89–93. Juni 1962. Mortsel-Antwerpen, Belgien, Gevaert-Photo-Producten N. V.; dt.) — Wert, Umfang u. Ausmaße der Kontrolle werden vom Standpunkt der „Philosophie einer integralen Qualitätskontrolle" aus behandelt. Speziell wird eingegangen auf 1. Zielsetzung u. Tätigkeit des chem. Kontroll-Labor. u. 2. die Probenahme. H. CZECH. 8658 □

Die Messung der Information in praktischen photographischen Systemen. M. G. Fisher. (J. photogr. Sci. **10.** 65–73. März/April 1962. Ilford, Essex, Ilford Ltd., Res. Labor.; engl.) — Die Leistungsfähigkeit eines Filmes für einen bestimmten Zweck, z. B. für astronom. Aufnahmen, wird definiert durch die Beziehung F^2/E_F, wobei F das Auflösungsvermögen in Linien pro mm u. E_F das mittlere Belichtungsniveau bedeuten, mit dem sich das Auflösungsvermögen F erreichen läßt. E_F kann z. B. in erg/cm² gemessen werden. Es werden die Meth. zur Best. des Auflösungsvermögens beschrieben, unter Verw. der allg. gebräuchlichen Kontrastwiedergabekurven u. unter Einbeziehung der Körnigkeit. Es kann gezeigt werden, wie sich der maximale Wert für die Leistungsfähigkeit, die Informationsempfindlichkeit, mit dem Filmtyp ändert (Kurven für 5 verschiedene Filme mit einer Empfindlichkeit von 25–39° Scheiner, vgl. Original). Es werden Betrachtungen angestellt, um das Material mit der höchsten Informationsempfindlichkeit zu bestimmen. — 8 Literaturhinweise. W. GÜNTHER. 8660 □

Filmdosimetrie zur Messung ionisierender Strahlen. I. Bojtor, K. Dósay und J. Koczkás. (Z. wiss. Photogr., Photophysik Photochem. **56.** 132–40. April 1962. Budapest, Röntgen- u. Strahlenphysikal. Landesinst.; dt.) — Nach einer kurzen Einführung in die Probleme des personellen Strahlenschutzes u. der Dosismessung wird über Unterss. von FORTE-Röntgenfilmen u. -papieren berichtet. Schwärzungskurven dieser Materialien nach Einw. von Röntgenstrahlen, ^{137}Cs u. ^{60}Co vgl. Original. Ferner werden Kassetten beschrieben, die sich dazu eignen, Dosismessungen mit Röntgenstrahlen, radioakt. Isotopen, β-, γ- u. Neutronenstrahlen durchzuführen. — 8 Literaturhinweise. W. GÜNTHER. 8662 □

Monsanto Chemical Co., St. Louis, Mo., übert. von: Forrest V. Williams, Dayton, Ohio, V.St.A., **Herstellung von Halogensilberdispersionen (für photographische Zwecke).** Das Halogensilber wird aus wasserlösl. Halogeniden u. $AgNO_3$ in einer 0,001–0,1%ig. Lsg. eines Mischpolymerisats (I) vom Molgew. 250–250000 ausgefällt, das aus —Z·CH(COX)·CH(COY)-Einheiten aufgebaut ist. Es bilden sich dabei Kristalle mit einem größten Durchmesser von 0,1–0,5 μ. Die Dispersion wird dann mit der Lsg. eines für photograph. Material üblichen Schichtbildners (z. B. Gelatine oder Polyvinylalkohol) u. den sonstigen Zusätzen gemischt u. auf einen Träger vergossen. Hierbei ist Z eine Alkylengruppe mit 2–4 C-Atomen u. X u. Y sind OH-, NH_2- oder CNH_4-Gruppen oder Alkalimetallatome. Die **I** bestehen vorzugsweise aus Mischpolymerisaten aus Maleinsäureanhydrid einerseits u. Äthylen, Propylen oder Butylen andrerseits u. werden in Form von Alkali- oder Ammoniumsalzen, Halbamiden, Diamiden, Monoamid-Monoammoniumsalzen u. freien Säuren verwendet. Das Verf. soll die Empfindlichkeit des Halogensilbers erhöhen. (**A. P. 2 957 767** vom 18/12. 1957, ausg. 25/10. 1960.) A. Kalix. 8601

General Aniline & Film Corp., New York, übert. von: Fritz Dersch und Millet R. de Angelus, Binghamton, N.Y., V.St.A., **Stabilisatoren für Halogensilberemulsionen** bilden S-Carboxyalkylcysteine der allg. Formel ROOC—CH—(NHR_1)—CH_2—S(CH_2)$_n$—COOR. Hierbei ist R ein H-, Ag- oder Alkalimetall-Atom, eine niedrigmol. Alkyl-, Oxyalkyl-, Carboxyalkyl-, Aryl-, Aralkyl-, Diäthylamin-, Triäthylamin-, Triäthanolamin- oder NH_4-Gruppe, R_1 ist ein H-Atom oder ein Carbonsäurerest. Beispiele sind folgende Cysteine (I): S-Carboxymethyl-I, S-(β-carboxyäthyl-I, S-(γ-Carboxypropyl)-I, sowie die Ag-, Na-, K-, NH_4- u. Aminsalze dieser Verbb., S-Carboxymethyl-I·HCl, S-Carboxymethyl-I-äthylester, S-(β-Carbäthoxymethyl)-I-äthylester, N-Benzoyl-S-carboxymethyl-I, N-Benzoyl-S-carboxymethyl-I-methylester u. N-Acetyl-S-carboxymethyl-I-äthylester. Dosierung auf 1 Mol Halogensilber: 0,20—2,5 mg als Reifungszusatz u. 2,0—10,0 mg als Gießzusatz für alle Arten von Halogensilberemulsionen. Herst. der I z. B. nach den Verff. von J. Biol. Chem. Soc. **106**. 331—341 u. Helv. Chim. Acta **27**. 1280—84. (**A. P. 2 955 036** vom 25/4. 1958, ausg. 4/10. 1960.) A. Kalix. 8601

G. Stillemans, Brüssel, Belgien, **Photographisches Aufnahmeverfahren.** Auf das Objektiv (I) wird ein Tubus aufgesetzt, in dessen Vorderende eine genau sphär. geschliffene Glaskugel (II) eingesetzt ist. I wird auf das auf der hinteren Fläche von II entstehende Bild des Gegenstands scharf eingestellt. Das davon hergestellte Positiv auf einen Schirm mit sphär. Krümmung projiziert, wobei es eine pseudostereoskop. Wrkg. zeigt. (**Belg. P. 567 119** vom 25/4. 1958, ausg. 12/8. 1960.) A. Kalix. 8591

Polaroid Corp., Cambridge, übert. von: **Robert B. Woodward**, Belmont, Mass., V.St.A., *Entwickler*. (Can. PP. 558 698 vom 16/4. 1953 u. 558 699 vom 30/11. 1956, beide ausg. 10/6. 1958. Beide A. Prior. 10/7. 1952. — C. 1950/54. 2219 S [A. P. 2 674 533].)

Battelle Development Corp., übert. von: **Lewis E. Walkup**, Columbus, Ohio, V.St.A., *Entwicklung elektrostatischer Bilder*. (Can. P. 558 593 vom 15/12. 1951, ausg. 10/6. 1958. — C. 1955. 1424 [E. P. 698 994].)

Canadian Kodak Co. Ltd., Toronto, Ontario, Canada, übert. von: **Scheuring S. Fierke** und **Jonas J. Chechak**, Rochester, N.Y., V.St.A., *Photographische Färbedispersionen*. (Can. P. 558 533 vom 11/7. 1955, ausg. 10/6. 1958. A. Prior. 20/12. 1954. — C. 1959. 10454 [F. P. 1 148 474].)

Canadian Kodak Co. Ltd., Toronto, Ontario, Canada, übert. von: **Leopold Godowsky** und **Jerome J. Duane**, Westport, Conn., V.St.A., *Herstellung photographischer Emulsionen*. (Can. P. 558 534 vom 11/7. 1955, ausg. 10/6. 1958. A. Prior. 20/12. 1954. — C. 1959. 13365 [A. P. 2 787 544].)

Ditto, Inc., Chicago, übert. von: **Richard G. Maguire**, Chicago, und **Glen W. Hendrick**, Glen Ellyn, Ill., V.St.A., *Vervielfältigungsverfahren*. (A. P. 2 864 720 vom 29/10. 1954, ausg. 16/12. 1958. — C. 1961. 15267 [E. P. 802 170].)

N. V. Philips' Gloeilampenfabrieken, übert. von: **Theo T. Boersma**, Eindhoven, Holland, *Gerbbilder*. (Can. P. 559 367 vom 14/8. 1953, ausg. 24/6. 1958. Holl. Prior. 19/8. 1952. — C. 1956. 14551 [F. P. 1 082 297].)

Canadian Kodak Co. Ltd., Toronto, Ontario, Canada, übert. von: **Edward B. Knott** und **Philipp K. Brooks**, Wealdstone, Middlesex, England, *Bildtonverbesserung bei der Hochglanzheißtrocknung*. (Can. P. 558 525 vom 29/3. 1952, ausg. 10/6. 1958. E. Prior. 30/3. 1951. — C. 1955. 2588 [A. P. 2 657 136].)

Redaktionsschluss: 20. Juli 1962

Herausgeber: Prof. Dr. Heinrich Bertsch, Berlin, u. Prof. Dr. Dr. h. c. Wilhelm Klemm, Münster. Chefredakteure und verantwortlich für den Inhalt: Dr. Eugen Klever, Berlin W 30, Geisbergstraße 39, Fernsprecher: 249541 u. Dr. Willi Barz, Berlin N 4, Schiffbauerdamm 19, Fernsprecher: 425571.
©
Verlag: Akademie-Verlag GmbH, Berlin W 8, Leipziger Str. 3—4 (Fernsprecher: 220441, Telex-Nr. 011773, Postscheckkonto Berlin 35021), und Verlag Chemie, GmbH, Weinheim/Bergstr. (Fernsprecher: Weinheim 3635 [Sammelnummer]; Fernschreiber: 0465516 chemieverlwhn; Postscheckkonten: Frankfurt/M. 145314 u. Berlin [West] 7430). Bestellnummer: 1007/133. Das Chemische Zentralblatt erscheint wöchentlich. Preis des Jahrganges einschl. Autoren-, Patent-, Sach- u. Formelregister: DM 1200,—; einseitig bedruckte Ausgabe: DM 1350,—. Abgabe der Zeitschrift nur mit sämtlichen Registern. Abbestellungen nur bis spätestens 6 Wochen vor Ablauf des Kalenderjahres.

Satz u. Druck: VEB Leipziger Druckhaus, Leipzig, III/18/203. VIII. 62.
Veröffentlicht unter der Lizenznummer ZLN 5002 des Ministeriums für Kultur, Hauptverwaltung Verlagswesen.
Printed in Germany.

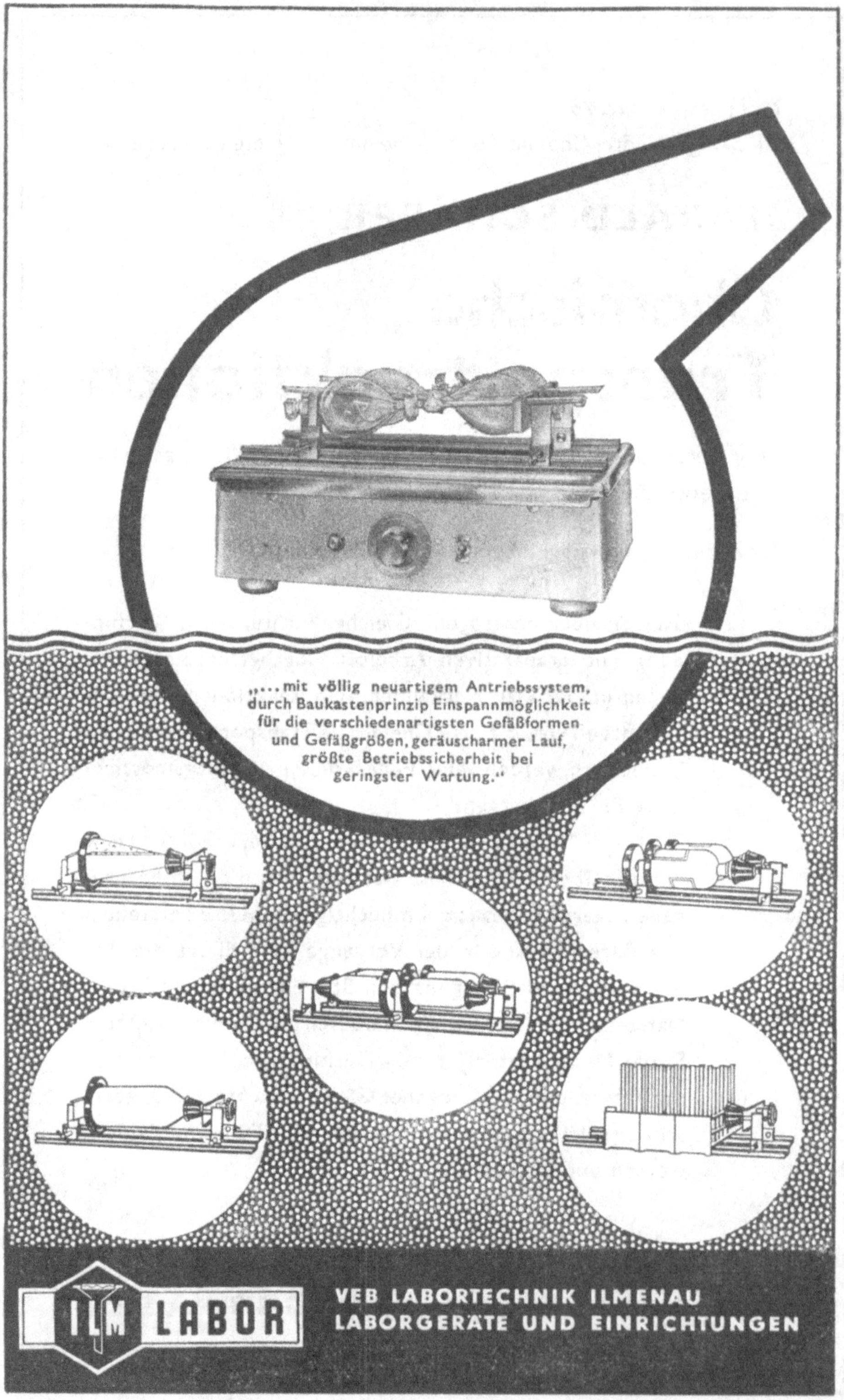
„...mit völlig neuartigem Antriebssystem, durch Baukastenprinzip Einspannmöglichkeit für die verschiedenartigsten Gefäßformen und Gefäßgrößen, geräuscharmer Lauf, größte Betriebssicherheit bei geringster Wartung."
ILM LABOR
VEB LABORTECHNIK ILMENAU
LABORGERÄTE UND EINRICHTUNGEN

FSC
www.fsc.org
MIX
Papier | Fördert gute Waldnutzung
FSC® C083411

Kolibri 360 GmbH
Ferdinand-Jühlke-Straße 7
99095 Erfurt, Deutschland
produktsicherheit@kolibri360.de